工程建设焊接消耗量计算手册

主编 蒋玉翠
参编 魏家斌 陈春利 王国兴

中国建筑工业出版社

图书在版编目（CIP）数据

工程建设焊接消耗量计算手册/蒋玉翠主编. 一北京：
中国建筑工业出版社，2007
ISBN 978-7-112-08709-9

Ⅰ. 工… Ⅱ. 蒋… Ⅲ. 建筑工程-焊接-消耗量-计算-
技术手册 Ⅳ. TU758. 11-62

中国版本图书馆 CIP 数据核字（2006）第 159956 号

本手册较全面地介绍了与焊接消耗量计算相关的基础知识、技术参数及焊接工艺，系统地将焊接常用符号、图例、计算公式、基本参数、焊缝金属重量、消耗量计算方法及计算实例等提供给读者，为各行业在工程建设施工中计算焊接材料、人工、机械台班消耗量提供了方便。

本书可供工程造价和施工管理人员等参考使用。

* * *

责任编辑：王莉慧 许顺法
责任设计：崔兰萍
责任校对：关 健

工程建设焊接消耗量计算手册

主编 蒋玉翠
参编 魏家斌 陈春利 王国兴

*

中国建筑工业出版社出版、发行（北京西郊百万庄）
新 华 书 店 经 销
北京密云红光制版公司制版
北京建筑工业印刷厂印刷

*

开本：787×1092 毫米 横 1/16 印张：34½ 字数：836 千字
2007 年 2 月第一版 2007 年 2 月第一次印刷
印数：1—3500 册 定价：**69.00** 元
ISBN 978-7-112-08709-9
(15373)

版权所有 翻印必究
如有印装质量问题，可寄本社退换
（邮政编码 100037）

本社网址：http://www.cabp.com.cn
网上书店：http://www.china-building.com.cn

前 言

在我国经济建设发展时期，焊接广泛地应用于国民经济各个领域。由于焊接技术不断涌现新工艺、新技术和机械化、自动化水平不断提高，焊接消耗量计算通用、快速、准确是一项重要课题，本手册的编写从基础参数到计算数据以附表的形式提供给读者，通过查表（或图形及计算公式）得到您所需要的各种坡口形式、焊接方法、材质及规格焊缝金属重量数据，计算简单易懂，满足了工程建设各个领域焊接消耗量的确定和施工班组成本核算。

本手册较全面地介绍了与焊接消耗量计算相关的基础知识、技术参数及焊接工艺，系统地将焊接常用符号、图例、计算公式、基本参数、焊缝金属重量、消耗量计算方法及计算实例等提供给读者，为各行业在工程建设施工中计算焊接材料、人工、机械台班消耗量提供了方便。本手册参照施工规范规定的坡口形式及基础参数编写，技术与经济相结合，具有实用性、可靠性、先进性，是工程建设人员工作中必备的实用焊接数据资料，也是从事工程造价和施工管理人员解决实际问题时得心应手的工具书。

本手册在编写过程中得到郎向发、周庆延、白洁如、孙启君、冯震友、王明秀等同志的支持和帮助，特此表示感谢。

由于编写水平有限，书中欠妥之处在所难免，望读者提出宝贵意见。

蒋玉翠

2006.8

目 录

第一章　基础知识 ………………………………… 1
一、概述 …………………………………………… 1
　1. 金属焊接的定义 …………………………… 1
　2. 金属焊接的特点 …………………………… 1
　3. 焊接方法的分类 …………………………… 1
二、焊接专用术语 ………………………………… 1
三、常用的坡口形式 ……………………………… 4
四、焊缝代号 ……………………………………… 6
五、常用金属材料的密度 ………………………… 10

第二章　技术参数 ……………………………… 11
一、电焊条 ………………………………………… 11
　1. 电焊条的组成及作用 ……………………… 11
　2. 焊条药皮的类型及焊条的分类 …………… 14
　3. 焊条牌号的编制方法 ……………………… 15
　4. 焊条的规格、熔敷率及单根重量 ………… 18
二、焊丝 …………………………………………… 18
　1. 焊丝的分类 ………………………………… 18
　2. 焊丝牌号（或型号）的表示方法 ………… 19
　3. 常用焊丝的规格及熔敷率 ………………… 19
三、焊剂 …………………………………………… 20
　1. 焊剂的分类 ………………………………… 20
　2. 焊剂牌号的表示方法 ……………………… 21
四、钨极 …………………………………………… 22
　1. 钨极的种类及特点 ………………………… 22
　2. 钨极的常用牌号 …………………………… 22
　3. 钨极的常用规格 …………………………… 23
五、碳精棒 ………………………………………… 23
　1. 碳精棒的组成及特点 ……………………… 23
　2. 碳精棒常用规格 …………………………… 23
六、气体 …………………………………………… 23
　1. 氩气 ………………………………………… 23
　2. 氧气 ………………………………………… 24
　3. 乙炔 ………………………………………… 24
　4. 氢气 ………………………………………… 24
七、常用焊接机械种类及参数 …………………… 24
　1. 焊条电弧焊焊机常用规格及输出功率 …… 24
　2. 埋弧自动焊机常用规格及输出功率 ……… 26
　3. CO_2 气体保护自动焊机常用规格及输出功率 … 26
　4. CO_2 气体保护半自动焊机常用规格及输出功率 … 27
　5. 氩弧焊机常用规格及输出功率 …………… 27
　6. 国内常用气电立焊焊机规格及技术参数 … 28

第三章　焊接工艺 ……………………………… 29
一、常用焊接方法介绍 …………………………… 29
　1. 电弧焊 ……………………………………… 29
　2. 电阻焊 ……………………………………… 30
　3. 高能束焊 …………………………………… 30

4. 钎焊 … 31	第四章 焊接材料消耗量计算 … 72
5. 其他焊接方法 … 31	一、常用焊缝金属重量的计算 … 72
二、常用焊接方法表示代号 … 32	1. 板材、型材及管材规格型号及壁厚 … 72
三、焊接工艺参数 … 32	2. 坡口尺寸 … 72
1. 焊条的选择 … 33	3. 焊缝金属重量计算 … 72
2. 焊接电流的选择 … 34	二、焊接材料消耗量计算 … 72
3. 电弧电压的选择 … 34	1. 电焊条未利用部分的计算 … 73
4. 焊接速度 … 35	2. 焊条（焊丝）利用率的确定 … 73
5. 焊接层数 … 35	3. 焊条（焊丝）消耗量计算 … 73
6. 预热 … 35	4. 各种材质密度 … 75
7. 后热 … 36	5. 各种焊接方法材料配比 … 75
四、焊接工艺评定 … 36	6. 焊接过程中需增加焊材消耗量参考系数 … 76
五、焊接通用规定 … 36	
六、焊接工程施工要求 … 46	第五章 焊接工日与机械台班消耗量计算 … 77
1. 碳钢的焊接 … 46	一、有效焊接时间与辅助时间 … 77
2. 低合金钢的焊接 … 47	1. 有效焊接时间与辅助时间的内容 … 77
3. 不锈钢的焊接 … 53	2. 各种焊接方法每工日施焊工艺时间 … 77
4. 铝及铝合金的焊接 … 61	二、各种焊接方法工作内容 … 77
5. 铜及铜合金的焊接 … 62	三、焊接工日产量的确定 … 78
6. 钛及钛合金的焊接 … 64	1. 板材焊接工日产量 … 78
7. 锆及锆合金的焊接 … 66	2. 管材焊接工日产量 … 81
七、焊接检验 … 67	四、人工工日消耗量计算公式 … 83
1. 射线探伤 … 67	五、机械台班消耗量计算 … 83
2. 超声波探伤 … 68	六、其他说明 … 84
3. 渗透探伤 … 69	1. 焊接位置不同时工日、机械台班的调整 … 84
八、热处理 … 70	2. 球罐焊接工日、机械台班的调整 … 84
1. 热处理的基本概念 … 70	3. 管道焊接工日、机械台班的调整 … 84
2. 热处理的意义和目的 … 70	
3. 热处理的分类 … 70	

第六章 焊接消耗量计算方法及实例 ·············· 85
一、焊接消耗量计算方法 ·············· 85
1. 计算内容 ·············· 85
2. 计算步骤 ·············· 85
二、消耗量计算实例 ·············· 86
三、长距离输送管道焊接消耗量计算 ·············· 96
1. 长距离输送管道的概念 ·············· 96
2. 长距离输送管道的划分 ·············· 96
3. 长距离输送管道的敷设方式 ·············· 96
4. 长距离输送管道的施工程序 ·············· 97
5. 长距离输送管道的焊接 ·············· 97
6. 焊接材料消耗量计算表 ·············· 100

附表一 板材、型材焊缝金属重量计算表 ·············· 127
1. 卷边坡口 ·············· 127
2. I形坡口单面对接焊缝 ·············· 129
3. I形坡口双面对接焊缝 ·············· 135
4. Y形坡口单面对接焊缝 ·············· 139
5. Y形坡口双面对接焊缝 ·············· 148
6. VY形坡口单面对接焊缝 ·············· 154
7. VY形坡口双面对接焊缝 ·············· 158
8. 带钝边U形坡口单面对接焊缝 ·············· 167
9. 带钝边U形坡口双面对接焊缝 ·············· 169
10. V形带垫板坡口单面对接焊缝 ·············· 175
11. Y形带垫板坡口单面对接焊缝 ·············· 177
12. 双U形坡口带钝边双面对接焊缝 ·············· 179
13. 双Y形坡口带钝边双面对接焊缝 ·············· 185
14. 2/3 V形坡口双面对接焊缝 ·············· 197
15. K形坡口T形接头焊缝 ·············· 201
16. I形坡口T形接头焊缝 ·············· 204
17. Y形坡口T形接头单面对接焊缝 ·············· 209
18. Y形坡口T形接头双面对接焊缝 ·············· 210
19. V形带垫板T形接头单面对接焊缝 ·············· 213
20. 单边V形坡口T形接头单面对接焊缝 ·············· 215
21. 单边V形坡口T形接头双面对接焊缝 ·············· 218
22. 单边V形带垫板单面对接焊缝 ·············· 223
23. I形坡口搭接接头焊缝 ·············· 226
24. I形坡口单面对接焊缝（气电立焊） ·············· 228
25. V形坡口单面对接焊缝（气电立焊） ·············· 229
26. X形坡口双面对接焊缝（气电立焊） ·············· 230
27. 单边V形坡口单面对接焊缝 ·············· 232
28. 单边V形坡口双面对接焊缝 ·············· 234
29. 带钝边单边V形坡口单面对接焊缝 ·············· 238
30. 带钝边单边V形坡口双面对接焊缝 ·············· 240
31. 氩弧焊打底焊缝填充金属重量表 ·············· 242

附表二 管材焊缝金属重量计算表 ·············· 243
1. I形坡口单面对接焊缝 ·············· 243
2. Y形坡口单面对接焊缝 ·············· 258
3. Y形坡口双面对接焊缝 ·············· 337
4. VY形坡口单面对接焊缝 ·············· 365
5. U形坡口单面对接焊缝 ·············· 387
6. 管座焊接 ·············· 409
7. 平焊法兰焊接（适用于≤1MPa，不带内坡口） ·············· 427
8. 平焊法兰焊接（适用于≤2.5MPa，带内坡口） ·············· 452
9. 氩弧焊打底焊缝填充金属重量表 ·············· 471

附表三 焊缝无损探伤及热处理消耗量计算表 ·············· 494

1. X射线探伤 …… 494
2. γ射线探伤 …… 496
3. 超声波探伤 …… 498
4. 磁粉探伤 …… 499
5. 渗透探伤 …… 500
6. 板材焊缝局部热处理 …… 501
7. 管道焊缝焊后局部热处理 …… 501

附录一 《气焊、手工电弧焊及气体保护焊焊缝坡口的基本形式与尺寸》(GB 985—88) …… 505

附录二 《埋弧焊焊缝坡口的基本形式和尺寸》(GB 986—88) …… 514

附录三 《焊缝符号表示法》(GB 324—88) …… 522

第一章 基 础 知 识

一、概 述

焊接在机械制造中是一种十分重要的加工工艺，据工业发达国家统计，每年用于制造焊接结构的钢材占钢总产量的70%左右。

焊接不仅可以解决各种钢材的连接问题，而且还可以解决铝、铜等有色金属及钛、锆等特种金属材料的连接问题。焊接既能连接异种金属，又能连接厚薄相差悬殊的金属，因而已广泛应用于机械、汽车、船舶、石油化工、电力、建筑、原子能、海洋工程、宇航工程、电子技术等工业领域。

1. 金属焊接的定义

所谓金属焊接是指通过适当的手段，使两个分离的金属物体（同种金属或异种金属）产生原子（分子）间结合而联成一体的连接方法。

促使原子或分子之间产生结合或扩散的方法是加热或加压，或同时加热和加压。

2. 金属焊接的特点

(1) 焊接过程中被焊接件必须彼此相互接近，达到原子（分子）间力能够相互作用的程度；

(2) 焊接过程中必须对需要结合的部位进行加热使之熔化或者通过加压（先加热到塑性状态后再加压）使之达到原子（分子）间结合。

3. 焊接方法的分类

按照焊接过程中金属所处的状态及工艺特点，可以将焊接方法分为熔化焊、压力焊和钎焊三大类。

(1) 熔化焊：分为气焊、电弧焊、铝热焊、激光焊、电渣焊、电子束焊等，其中电弧焊又可分为：熔化极的焊条电弧焊、埋弧焊、氩弧焊（MIG）、CO_2 气体保护电弧焊、药芯焊丝电弧焊和非熔化极的钨极氩弧焊（TIG）、原子氢焊、等离子弧焊等；

(2) 压力焊：分为锻焊、摩擦焊、冷压焊、超声波焊、电阻焊、扩散焊、高频焊、爆炸焊等，其中电阻焊又可分为：点焊、缝焊、对焊等；

(3) 钎焊：分为火焰钎焊、烙铁钎焊、感应钎焊、电阻钎焊、炉中钎焊、盐溶钎焊等。

二、焊接专用术语

1. 负载持续率

电焊机在断续工作及断续周期工作方式中，负载工作的持续时间与整个周期时间的比值。

2. 焊接线能量

单位长度焊缝所得到的焊接电弧热能量。

3. 焊接接头

由两个或者两个以上的零件用焊接方法连接的接头。

4. 对接接头

两焊件端面相对平行的接头。

5. 角接接头

两焊件端面间构成大于30°，小于135°夹角的接头。

6. 搭接接头

两焊件部分重叠构成的接头。

7. T形接头

一焊件之端面与另一焊件表面构成直角或接近直角的接头。

8. 焊接电弧

是指在一定条件下，电荷通过电极与工件之间气体空间的导电过程或气体放电现象。

9. 电弧电压

是指电弧两端（两电极）之间的电压降。

10. 焊接速度

是指焊接过程中单位时间内完成的焊缝长度。

11. 后热

是指焊后立即对焊件的全部（或局部）进行加热或保温，使其缓冷的工艺措施。

12. 焊后热处理

是指焊后为改善焊接接头的显微组织和性能或消除焊接残余应力而进行的热处理。

13. 冷裂纹

焊接接头冷却到较低温度下（对于钢来说在Ms线以下）产生的裂纹。

14. 热裂纹

焊接过程中，焊缝和热影响区金属冷却到固相线附近的高温区域所产生的焊接裂纹。

15. 再热裂纹

焊后，焊件在一定温度范围内再次加热（消除应力热处理或其他加热过程）而产生的裂纹。

16. 气孔

焊接时，熔池中的气体在凝固时未能及时逸出而残留下来所形成的空穴。

17. 夹渣

残留在焊缝金属中的熔渣。

18. 未熔合

熔焊时焊道与母材之间或焊道与焊道之间，未完全熔化结合的部分。

19. 未焊透

焊接时焊接接头底层未完全熔透的现象。

20. 焊瘤

焊接过程中熔化金属流淌到焊缝之外未熔化的母材上所形成的金属瘤。

21. 弧坑
焊缝收尾处产生的下陷部分。
22. 咬边
由于焊接工艺参数选择不当或焊工操作不正确，在沿着焊趾的母材部位烧熔形成的沟槽或凹陷。
23. 根部间隙
焊前，在接头根部之间预留的空隙。
24. 钝边高度
焊件开坡口时，沿焊件厚度方向未开坡口的端面部分。
25. 坡口角度
两坡口之间的夹角。
26. 焊缝余高
超出表面焊趾连接上面的那部分焊缝金属的高度。
27. 单面焊
仅在焊件的一面施焊，完成整条焊缝所进行的焊接。
28. 双面焊
在焊件两面施焊，完成整条焊缝所进行的焊接。
29. 填充金属
为了形成熔敷部而熔化作填充的金属。
30. 手工焊
用手工完成全部焊接操作的焊接方法。
31. 自动焊
用自动焊接装置完成全部焊接操作的焊接方法。
32. 半自动焊
用手工操作完成焊接热源的移动，而送丝、送气则由相应的机械化装置完成的焊接方法。
33. 飞溅
电焊及气焊时，在焊接中溅开的熔渣及金属粒。
34. 夹渣
熔渣残留在熔敷金属中或在与母材的熔合部内的缺陷。
35. 射线探伤
采用 X 射线或 γ 射线照射焊接接头，检查内部缺陷的无损检验法。
36. 超声波探伤
利用超声波探测焊接接头内部缺陷的无损检验法。

37. 磁粉探伤

利用在强磁场中，铁磁性材料表层缺陷产生的漏磁场吸附磁粉的现象而进行的无损检验法。

38. 渗透探伤

采用带有荧光染料（荧光法）或红色染料（着色法）的渗透剂的渗透作用，显示缺陷痕迹的无损检验法。

三、常用的坡口形式

常用坡口形式包括：Y形坡口、VY形坡口、带钝边U形坡口、I形坡口、V形带垫板坡口、Y形带垫板坡口、双U形坡口带钝边、双Y形坡口带钝边、K形坡口、I形坡口（T接）、Y形坡口（T接）、V形带垫板（T接）、单边V形坡口（T接）、单边V形带垫板（对接）、I形坡口（搭接）、I形坡口（气电立焊）、V形坡口（气电立焊）、X形坡口（气电立焊）、单边V形坡口、带钝边单边V形坡口、2/3双Y形坡口等21种（见表1）。焊接过程中，我们根据材质、板厚、焊接方法等因素的不同，合理选择不同的坡口形式进行焊接。

常用坡口形式表　　　　　　　　　　　　　　　表1

序号	坡口名称	坡口形式	序号	坡口名称	坡口形式
1	Y形坡口	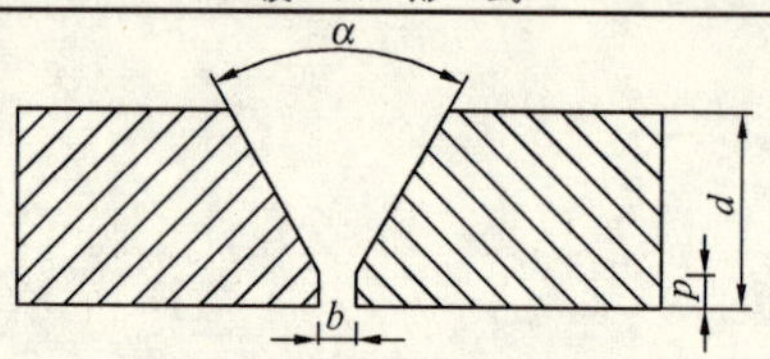	5	V形带垫板坡口	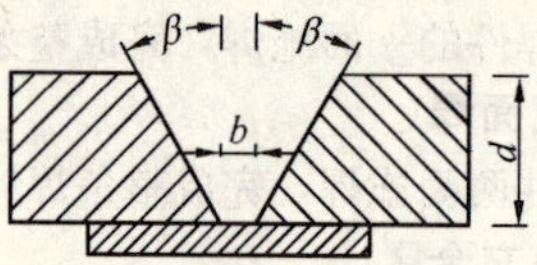
2	VY形坡口	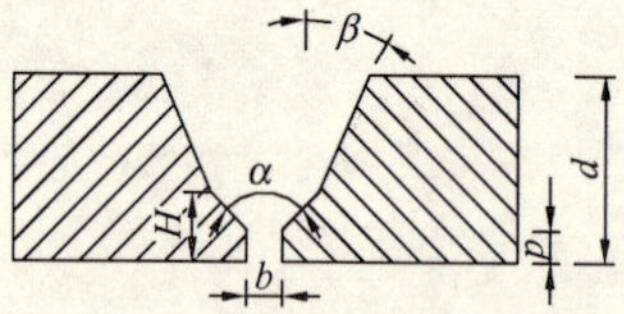	6	Y形带垫板坡口	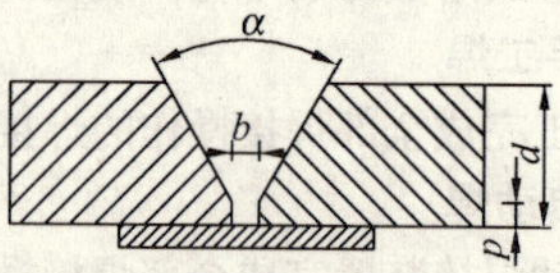
3	带钝边U形坡口	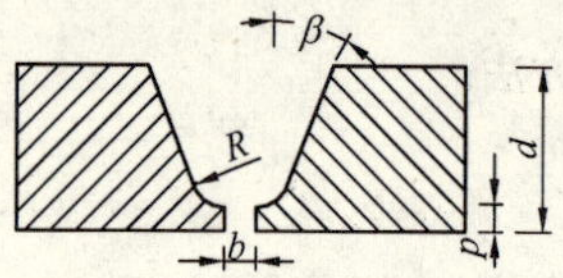	7	双U形坡口带钝边	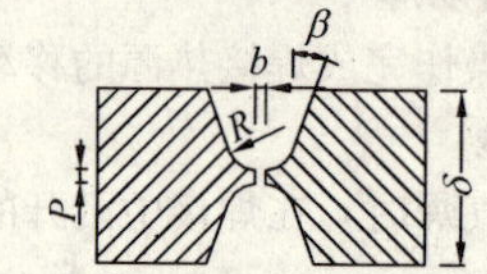
4	I形坡口	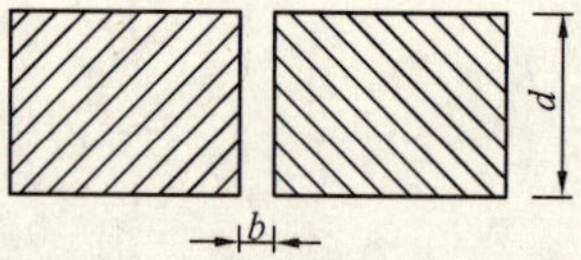	8	双Y形坡口带钝边	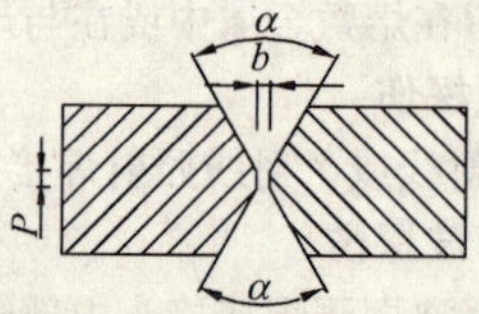

续表

序号	坡口名称	坡口形式	序号	坡口名称	坡口形式
9	K形坡口	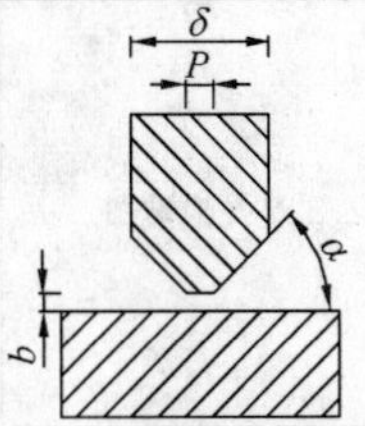	14	单边V形带垫板（对接）	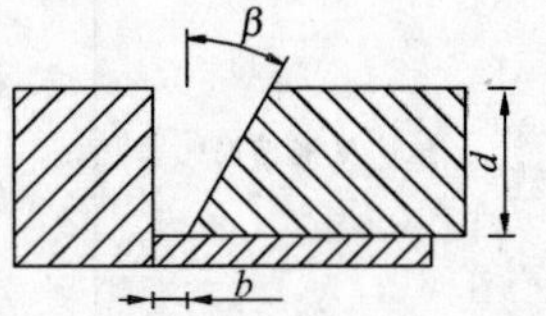
10	I形坡口（T接）	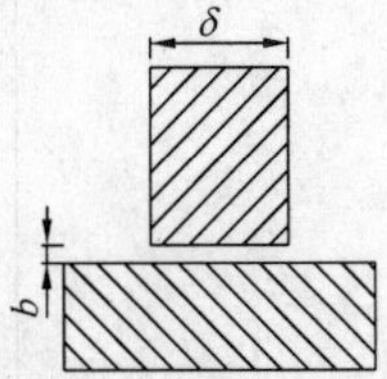	15	I形坡口（搭接）	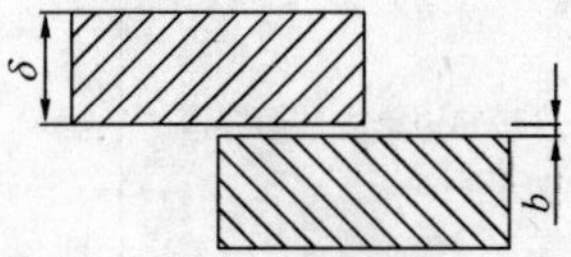
11	Y形坡口（T接）	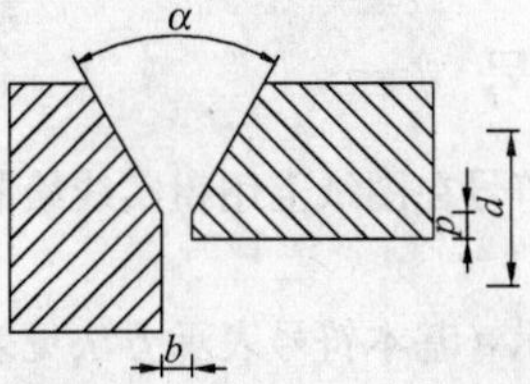	16	I形坡口（气电立焊）	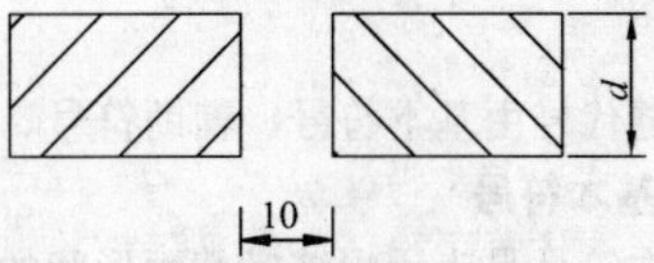
12	V形带垫板（T接）	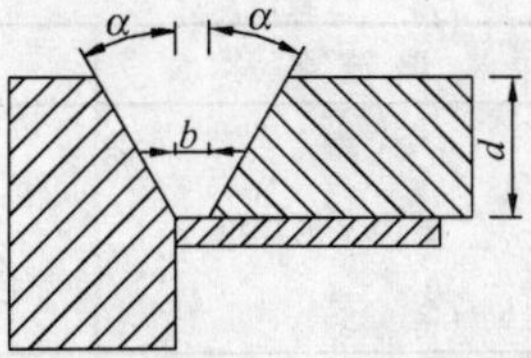	17	V形坡口（气电立焊）	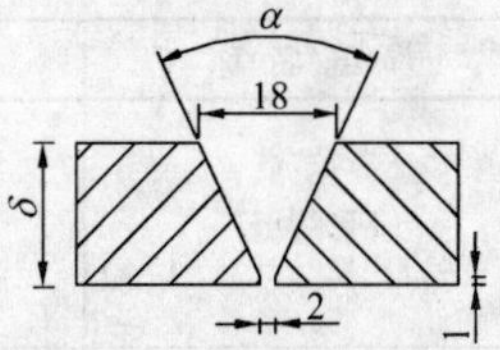
13	单边V形坡口（T接）	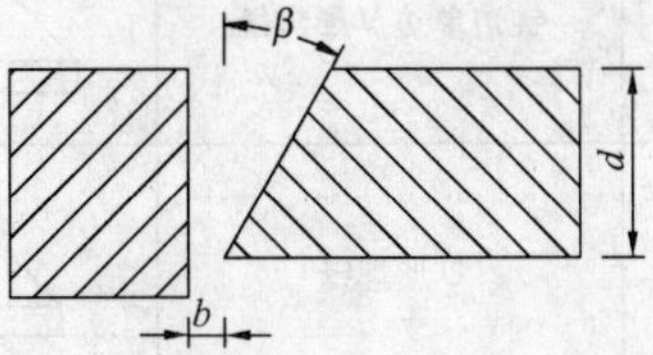	18	X形坡口（气电立焊）	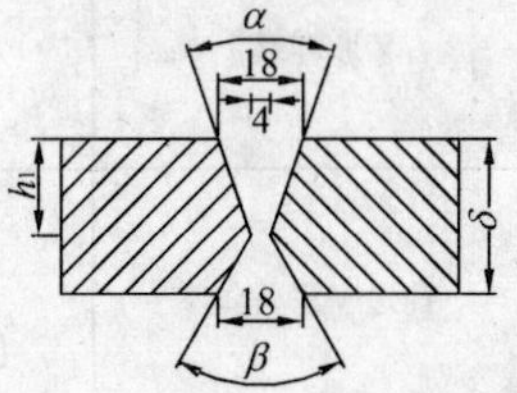

续表

序号	坡口名称	坡口形式	序号	坡口名称	坡口形式
19	单边V形坡口	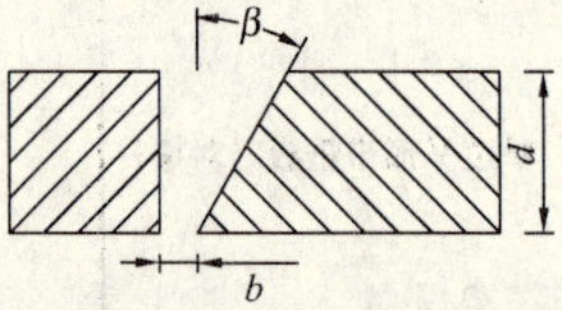	21	2/3双Y形坡口	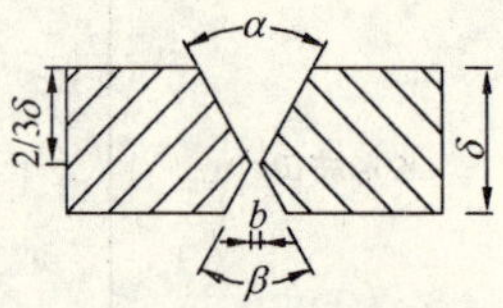
20	带钝边单边V形坡口	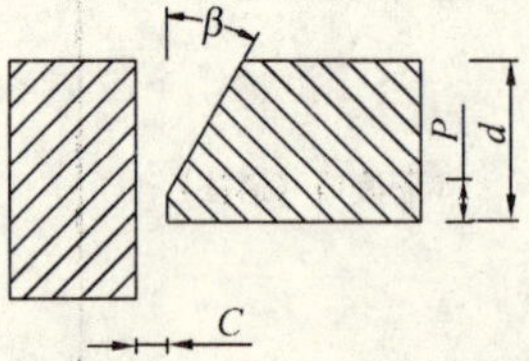			

四、焊缝代号

焊缝代号由基本符号、辅助符号、引出线和焊缝尺寸符号等组成，基本符号和辅助符号在图纸上用粗实线绘制，引出线用细实线绘制。

1. 基本符号

基本符号是表示焊缝横截面形状的符号，它采用近似于焊缝横截面形状的符号来表示，基本符号表示方法见表2。

基本符号表　　　　表2

序号	焊缝名称	焊缝形式	符号	序号	焊缝名称	焊缝形式	符号
1	I形焊缝	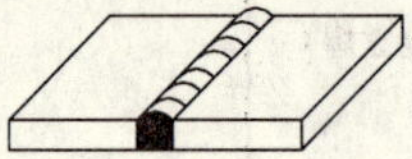	∥	4	单边V形焊缝	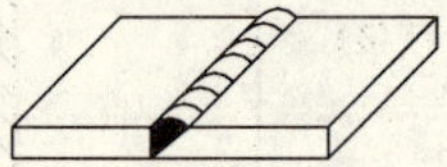	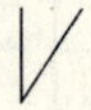 V
2	V形焊缝	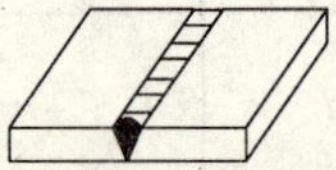	V	5	钝边单边V形焊缝	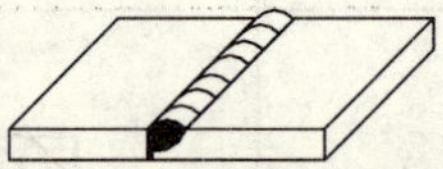	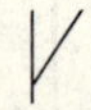 V
3	钝边V形焊缝	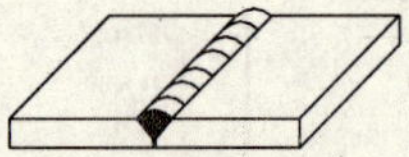	Y	6	U形焊缝	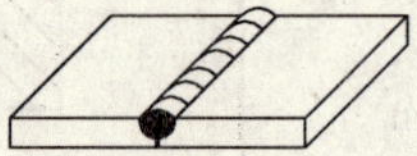	 U

续表

序号	焊缝名称	焊缝形式	符号	序号	焊缝名称	焊缝形式	符号
7	单边U形焊缝		 ⊢	12	点焊缝	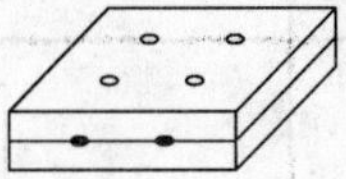	○
8	喇叭形焊缝	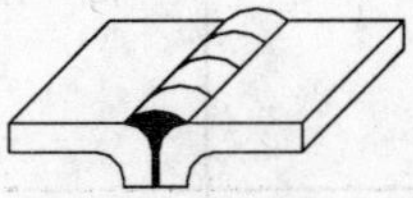	)(	13	缝焊缝	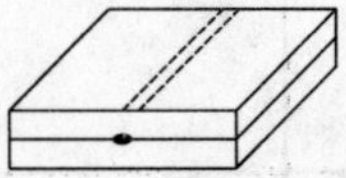	 ⊖
9	单边喇叭形焊缝	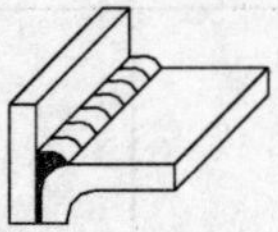	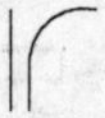)∣	14	封底焊缝	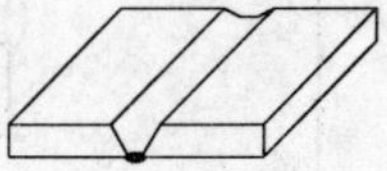	 ⌣
10	角焊缝	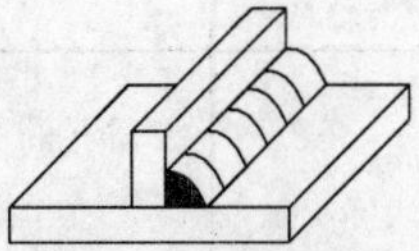	 ▷	15	堆焊缝	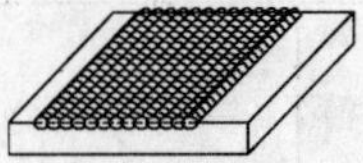	 ⌒⌒
11	塞焊缝	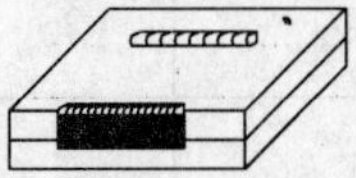	⊔				

2. 辅助符号

辅助符号是表示对焊缝辅助要求的符号。常用辅助符号见表3。

常用辅助符号表　　　　　　　　　　　　　　　　表3

序号	名　称	形　式	符　号	说　明
1	平面符号	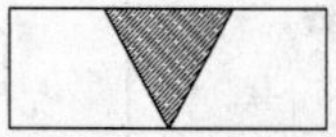	 —	表示焊缝表面齐平
2	凹面符号	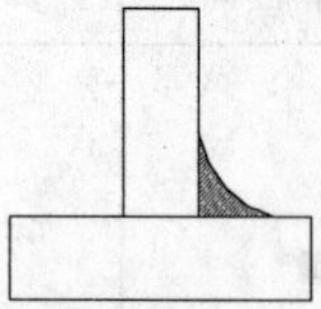	⌣	表示焊缝表面凹陷
3	凸起符号	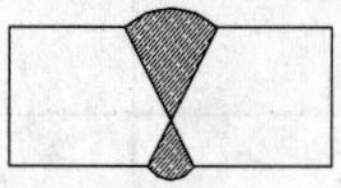	⌢	表示焊缝表面凸起
4	带垫板符号	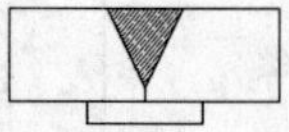	▭	表示焊缝底部有垫板
5	三面焊缝符号	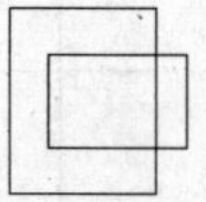	 ⊐	要求三面焊缝符号的开口方向与三面焊缝的实际方向应画得基本一致
6	周围焊缝符号	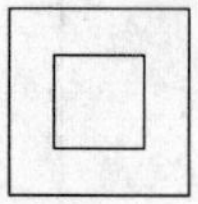	○	表示环绕工件周围焊缝
7	现场符号	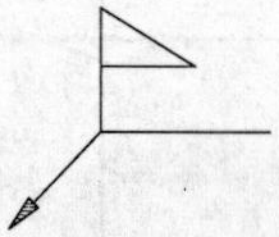	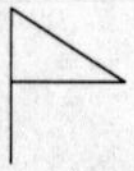 ▶	表示在现场或工地上进行焊接
8	交错断续焊缝符号	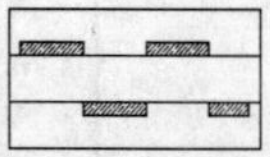	 Z	表示双面交错断续分布焊缝

3. 引出线

引出线一般由指引线、横线组成。指引线应指向有关焊缝处，横线一般应与主题栏平行。焊缝符号标注在横线上，必要时，可在横线末端加一尾部，作为其他说明之用。引出线表示方法见图1。

4. 焊缝尺寸符号及其标注方法

焊缝尺寸一般不标注。如果设计要求或生产需要注明焊缝尺寸，焊缝尺寸符号表示方法见表4。

焊缝标注时，应注意其标注位置的正确性。标注位置规定如下：

（1）在焊缝符号左边标注：钝边高度 p，坡口高度 H，焊角高度 K，焊缝余高 h，熔透深度 s，根部半径 R，焊缝宽度 c，焊点直径 d。

（2）在焊缝符号右边标注：焊缝长度 l，焊缝间隙 e，相同焊缝数量 n。

（3）在焊缝符号上边标注：坡口角度 α，根部间隙 b。

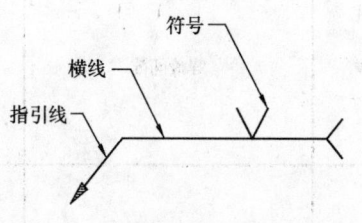

图1 引出线表示方法示意图

焊缝尺寸符号表示　　　　　　　　　　表4

符号	名称	示意图	符号	名称	示意图
δ	板材厚度	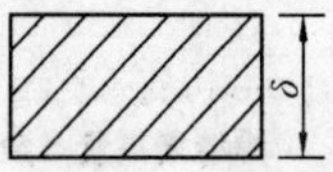	C	焊缝宽度	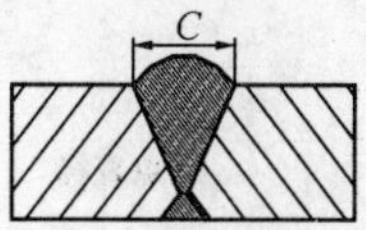
α	坡口角度	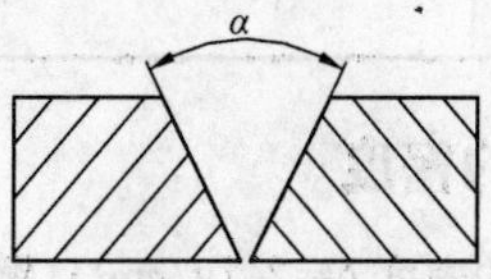	P	钝边高度	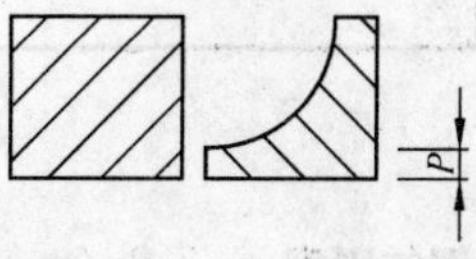
b	根部间隙	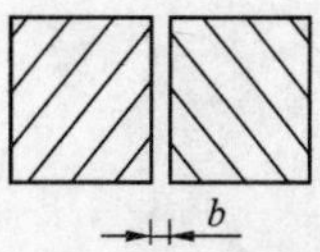	R	根部半径	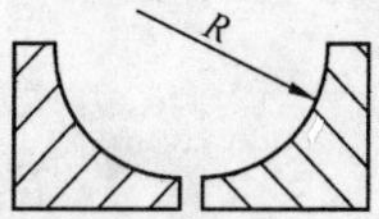
l	焊缝长度	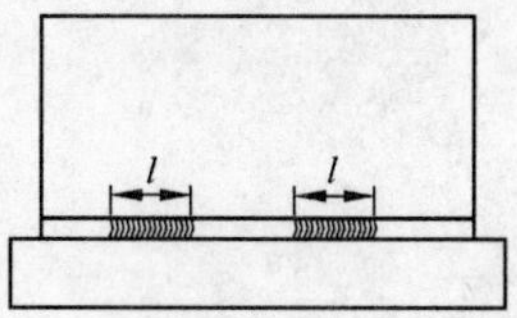	s	熔透深度	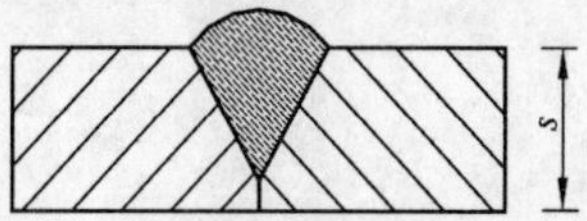

符号	名称	示意图	符号	名称	示意图
e	焊缝间隙	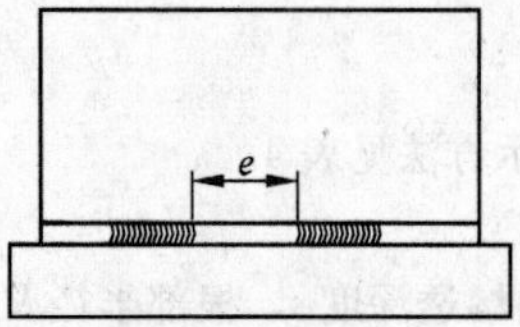	n	相同焊缝数量符号	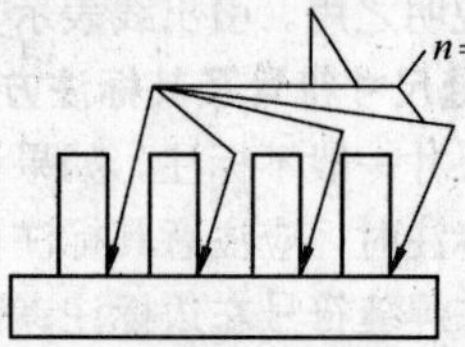
K	焊角高度	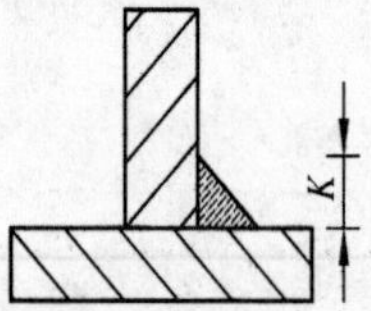	H	坡口高度	
d	焊点直径	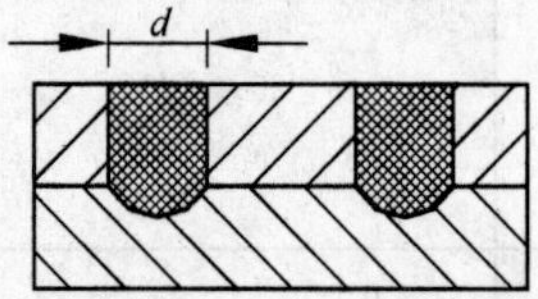	h	焊缝增高量（余高）	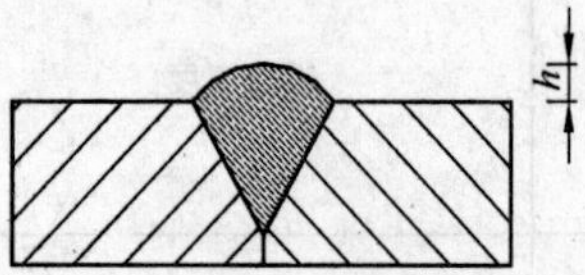

五、常用金属材料的密度

低碳钢的密度 $\rho=7.8\text{g/cm}^3$；合金钢和不锈钢的密度 $\rho=7.88\text{g/cm}^3$；铝及铝合金的密度 $\rho=2.7\text{g/cm}^3$；铜的密度 $\rho=8.94\text{g/cm}^3$；黄铜的密度 $\rho=8.5\text{g/cm}^3$；镁的密度 $\rho=1.74\text{g/cm}^3$；钛的密度 $\rho=4.54\text{g/cm}^3$；锆的密度 $\rho=6.51\text{g/cm}^3$。

第二章 技 术 参 数

一、电 焊 条

电焊条就是涂有药皮的供焊条电弧焊使用的熔化电极。焊条电弧焊时,焊条即作为电极,在焊条熔化以后又作为填充金属直接过渡到熔池,与液态的母材熔合以后形成焊缝金属。因此,焊条质量不但影响电弧的稳定性,而且直接影响到焊缝金属的力学性能。

1. 电焊条的组成及作用

焊条由焊芯(金属芯)和药皮组成(见图2)。在焊条前端药皮有45°左右的倒角,在尾部有裸焊芯,约占焊条长度的1/16。

(1) 焊芯

焊条中被药皮包裹的金属芯称为焊芯。焊芯一般是一根具有一定长度及直径的钢丝。焊接时,焊芯有两个作用,一是传导焊接电流,产生电弧把电能转化成热能;二是焊芯本身熔化作为填充金属与液体母材金属熔合形成焊缝。作焊芯用的钢丝都是经过特殊冶炼的,这种焊接专用钢丝,用来制作焊条,就是焊芯;如果用于埋弧焊、气体保护焊、气焊等熔焊方法作填充金属时,则称为焊丝。

① 焊芯中各合金元素对焊接的影响

a. 碳(C)

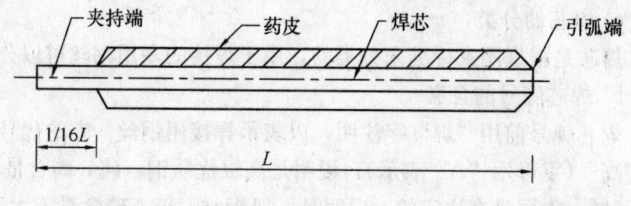

图2 焊条组成示意图

碳是钢中的主要合金元素,当含碳量增加时,钢的强度、硬度明显提高,而塑性降低。在焊接过程中,碳是一种良好的脱氧剂,在电弧高温作用下与氧发生化合作用,生成一氧化碳和二氧化碳气体,将电弧区和熔池周围气体排开,防止空气中的氧、氮等有害气体侵入熔池,减少焊缝金属中的氧、氮等的含量。如果含碳量过高,还原作用剧烈,会引起较大的飞溅和气孔。考虑到碳对钢的淬硬性及其裂纹敏感性增加的影响,低碳钢焊芯的含碳量一般低于0.1%。

b. 锰(Mn)

锰是钢中一种较好的合金剂,随着锰含量的增加,钢的强度和硬度会不断增加。在焊接过程中,锰也是一种较好的脱氧剂,能减少焊缝金属中氧的含量。锰与硫发生反应,生成硫化锰浮于熔渣中,减少了焊缝金属的热裂倾向。因此一般碳素结构钢中的含锰量为0.3%~0.55%,焊接一些特殊钢材使用的钢丝,其含锰量可以高达1.7%~2.1%。

c. 硅(Si)

硅也是钢中一种较好的合金剂,在钢中加入适量的硅可以提高钢的强度、弹性和抗酸性能。如果含量过高,则降低钢的塑性和韧性。在焊接过程中,硅具有比锰还强的脱氧能力,与氧发生反应生成二氧化硅。但二氧化硅会提高熔渣的黏度,焊缝金属容易产生非金属夹杂物。过多的二氧化硅还能增加焊接熔化金属的飞溅,因此焊芯中含硅量一般控制在0.03%以下。

d. 铬(Cr)

铬是钢中一种重要的合金元素，用它来冶炼合金钢和不锈钢，能够提高钢的硬度、耐磨性和耐腐蚀性。对于低碳钢来说，铬是一种偶然的夹杂。铬的主要冶金特征就是易于急剧氧化，形成难熔的氧化物三氧化二铬，增加焊缝金属产生夹杂物的可能性。三氧化二铬过渡到熔渣内，使熔渣的黏度增加，流动性降低。因此除了不锈钢、耐热钢等特殊钢丝以外，焊芯中含铬量一般控制在0.2%以下。

e. 镍（Ni）

镍对低碳钢来说，也是一种杂质。焊芯中含镍量一般控制在0.3%以下。镍对钢的冲击韧性有比较显著的影响，一般低温冲击要求高的情况下，钢中可以适量加入一定的镍金属。

f. 硫（S）

硫是一种有害杂质，能使焊缝金属的力学性能降低，硫的主要危害就是随着硫含量的增加，将增大焊缝金属的热裂倾向，降低焊缝金属的冲击韧性，特别是低温冲击韧性。因此焊芯中硫的含量不得大于0.04%。在焊接重要构件时，硫含量不得大于0.03%。

g. 磷（P）

磷是一种有害杂质，能使焊缝金属的力学性能降低，磷的主要危害就是容易使焊缝金属产生冷脆现象。随着磷含量的增加，将造成焊缝金属的冲击韧性特别是低温冲击韧性的降低。因此焊芯中磷的含量不得大于0.04%。在焊接重要构件时，磷含量不得大于0.03%。

② 焊芯的分类及牌号含义

a. 焊芯的分类

焊芯是根据国家标准来分类的，用于焊接的专用钢丝可以分为碳素结构钢、合金结构钢、不锈钢三类。

b. 焊芯牌号的含义

焊芯牌号前用"焊"字注明，以表示焊接用钢丝。它的代号是"H"，即"焊"的第一个拼音字母。其后的牌号表示方法与钢号表示方法一致。末尾注有"高"（字母用"A"表示），说明是高级优质钢，硫、磷含量不大于0.03%；末尾注有"特"（字母用"E"表示），说明是特级钢材，硫、磷含量不大于0.025%；末尾没有注字的，说明是一般钢材，硫、磷含量不大于0.04%。

（2）药皮

压涂在焊芯表面的涂料层称为药皮。焊条药皮在焊接过程中起着极其重要的作用，它是决定焊缝金属质量的主要因素之一。

① 焊条药皮的作用

a. 机械保护作用

（a）气保护

焊接过程中，焊条药皮熔化后产生大量气体笼罩在电弧区和熔池，把熔融的焊缝金属与空气隔绝开；同时，这些气体大部分是还原性气体，能在电弧区和熔池四周形成一个很好的保护层，防止空气中的氧、氮等气体的侵入，对熔化的焊缝金属起到一个很好的气体保护作用。

（b）渣保护

焊接过程中药皮被电弧高温熔化以后形成熔渣，覆盖在熔滴和液态焊缝金属熔池表面，这样不仅隔绝空气中的氧、氮，保护焊缝金属；而且还能减缓焊缝金属的冷却速度，促进焊缝金属中的气体的排出，减少生成气孔的可能性，并能改善焊缝的成型和结晶，起到渣保护的作用。

b. 冶金处理渗合金的作用

焊接过程中，在电弧高温作用下，焊缝金属中的一些合金元素被烧损（氧化或氮化），这样会使焊缝金属的力学性能降低。我们通过在焊条药皮中加入一定数量的合金元素，一方面可以通过药皮熔化，将合金元素过渡到焊缝金属中，以弥补合金元素的烧损；另一方面，液态熔渣通过与熔化的焊缝金属发生冶金反应，去除焊缝金属中的有害杂质如氧、氢、硫、磷等。

c. 改善焊接工艺性能

由于焊条药皮中加入了部分低电离电位的物质，使电弧燃烧的稳定性增加。另外，焊接过程中，焊条药皮熔化比焊芯稍晚一些，这样，在焊条端部形成一小段药皮套筒，药皮套筒可以使电弧热量更加集中，能稳定电弧燃烧、减少飞溅、促进熔滴过渡。这些作用保证了焊条在焊接过程中具有良好的焊接工艺性能。

② 焊条药皮的组成

焊条药皮是由各种矿物质、铁合金和金属类、有机物类、化工产品等原材料组成。焊条药皮的组成成分非常复杂，一种焊条药皮的配方中，组成物质有七八种之多。我们把这些物质按照焊接过程中所起的作用分为：

a. 稳弧剂

稳弧剂的主要作用就是改善焊条引弧功能和提高焊接电弧稳定性。焊条药皮中通常加入一些电离电压较低的物质，比如钾、钠、钙的化合物等，来改善电弧空间气体电离的条件，使电弧的导电性增强，使焊接电流易于通过电弧空间，从而大大增强焊接电弧的稳定性。常用的稳弧剂包括：硝酸钾、硝酸钠、钾硝石、水玻璃及大理石、花岗石、长石、钛白粉等。

b. 造渣剂

造渣剂的主要作用就是形成一些具有物理、化学性能的熔渣，产生良好的机械保护作用和冶金处理作用。焊接过程中，在焊接电弧热作用下，这些物质被熔化，形成液态熔渣浮于焊缝金属表面，使之不受空气的侵入，并具有一定的黏度和透气性及与熔池金属发生反应的冶金能力，保证焊缝金属的质量和成型美观。常用的造渣剂包括：钛铁矿、赤铁矿、金红石、长石、大理石、花岗石、萤石、锰矿等。

c. 造气剂

造气剂的主要作用就是产生保护气体，保护熔滴及液态金属熔池，同时有利于熔滴过渡。常用的造气剂包括：大理石、磷镁矿、白云石、木粉、纤维素、淀粉等。

d. 脱氧剂

脱氧剂的主要作用就是对熔渣和焊缝金属进行脱氧。常用的脱氧剂包括：锰铁、硅铁、铝铁、钛铁、石墨等。

e. 合金剂

合金剂的主要作用就是向焊缝金属渗入必要的合金元素，以补偿合金元素的烧损和补加特殊性能的合金。常用的合金剂包括：铬、钼、锰、硅、钛、钨、钒的铁合金和铬、锰等纯金属。

f. 稀释剂

稀释剂的主要作用就是降低熔渣的黏度，增加熔渣的流动性。常用的稀释剂包括：萤石、钛铁矿、钛白粉、金红石、锰矿等。

g. 粘结剂

粘结剂的主要作用就是将药皮牢固地粘结在焊芯上。常用的粘结剂包括：水玻璃及树胶等物质。

h. 增塑剂

增塑剂的主要作用就是改善涂料的塑性和滑性，使之易于机械压涂在焊芯上。常用的增塑剂包括：云母、白泥、钛白粉等。

2. 焊条药皮的类型及焊条的分类

（1）焊条药皮的类型

对于不同的焊芯和焊缝要求，焊条药皮的成分和性能是不一样的，焊条电弧焊常用的药皮类型包括九类：

① 钛型药皮

药皮以氧化钛为主要组成物。这类药皮电弧燃烧稳定，再引弧容易，熔深较浅，易于脱渣，飞溅少，焊缝成型美观，适于全位置焊接。但是焊缝金属的塑性和抗裂性能较差。

② 钛钙型药皮

药皮中含有 30% 以上的氧化钛及小于 20% 的钙或镁的碳酸盐矿石。这类药皮电弧燃烧稳定，熔渣流动性能良好，熔深一般，脱渣容易，飞溅小，焊缝成型美观，适于全位置焊接。

③ 钛铁矿型药皮

药皮中含有 30% 以上的钛铁矿。这类药皮熔渣流动性能良好，电弧稍强，熔深较浅，渣覆盖性良好，脱渣容易，飞溅一般，焊波整齐，适用于全位置焊接。

④ 氧化铁型药皮

药皮中含有较多的氧化铁和锰铁脱氧剂。这类药皮熔化速度快，焊接生产率高，电弧燃烧稳定，再引弧容易，熔深较深，飞溅稍多，适于中厚板的平焊，立焊、仰焊操作性能较差，焊缝金属抗裂性能较好。

⑤ 纤维素型药皮

药皮中含有 15% 以上有机物和 30% 左右的氧化钛。这类药皮电弧强，熔深深，熔化速度快，熔渣少，脱渣容易，飞溅一般，适于全位置焊接，特别适于立焊、仰焊和向下立焊。

⑥ 低氢钾型药皮

药皮主要以碳酸盐和氟化物组成。焊接工艺性能一般，脱渣困难，可全位置焊接。焊缝金属中扩散氢含量较低，故又叫低氢型药皮。具有良好的抗裂性能和力学性能，气孔敏感性较强。

⑦ 低氢钠型药皮

药皮主要以碳酸盐和氟化物组成，与低氢钾型药皮比较，只是缺少了一定的稳弧剂。其余与低氢钾型药皮完全相同。

⑧ 石墨型药皮

药皮中含有较多的石墨，通常用于铸铁和堆焊焊条。采用低碳钢焊芯时，焊接工艺性较差，飞溅多，烟雾大，熔渣少，适于平焊。采用非钢铁焊芯时，能改善其焊接工艺性能，但是焊接电流不宜过大。

⑨ 盐基型药皮

药皮中含有大量氯化物和氟化物，主要用于铝及铝合金焊条。吸潮性强，焊前要烘干。药皮熔点低，熔化速度快。焊接工艺性较差，短弧操作，熔渣有腐蚀性，焊后需要热水清洗。

（2）焊条的分类

根据国家标准，通常焊条电弧焊焊条分为十类：

①低碳钢和低合金高强钢焊条（结构钢焊条）

这类焊条的熔敷金属在自然环境下具有一定的力学性能。

②钼和铬钼耐热钢焊条

这类焊条的熔敷金属具有不同程度的高温工作能力。

③不锈钢焊条

这类焊条的熔敷金属在常温、高温或低温中具有不同程度的抗大气或抗腐蚀性介质腐蚀的能力和一定的力学性能。

④堆焊焊条

这类焊条主要用于金属表面层的堆焊焊接，熔敷金属在常温和高温中具有一定程度的耐不同类型磨耗或腐蚀等性能。

⑤低温钢焊条

这类焊条的熔敷金属在不同的低温介质条件下，具有一定的低温工作能力。

⑥铸铁焊条

这是一种专门焊接或焊补铸铁用的焊条。

⑦镍及镍合金焊条

这类焊条用于镍及镍合金的焊接、焊补或堆焊。某些焊条可用于铸铁焊补、异种金属的焊接。

⑧铜及铜合金焊条

这类焊条用于铜及铜合金的焊接、焊补或堆焊。某些焊条可用于铸铁焊补、异种金属的焊接。

⑨铝及铝合金焊条

这类焊条用于铝及铝合金的焊接、焊补或堆焊。

⑩特殊用途焊条

这类焊条主要用于特殊用途的焊接，相当于专用焊条。

3. 焊条牌号的编制方法

焊条牌号由四部分组成，第一部分表示焊条所属大类，用简称汉字表示；第二部分为两位数字，在不同类别的焊条中，所表示的内容也不同；第三部分为一位数字，表示药皮类型及电源种类；第四部分为焊条附加特点说明，只有个别焊条有此部分，有的表示成分特点，用元素汉字名称表示，有的表示焊条的主要用途。常用焊条的牌号编制方法有：

（1）结构钢焊条

这类焊条主要按照焊缝金属的抗拉强度来划分。在牌号前加"结"字表示结构钢焊条。牌号第一、二位数字表示焊缝金属的抗拉强度等级（见表5）；第三位数字表示药皮类型及电源种类（见表6）。

（2）钼及铬钼耐热钢焊条

牌号前加"热"字，表示钼及铬钼耐热钢焊条。牌号第一位数字表示焊缝金属合金成分含量等级（见表7）；第二位数字表示同一焊缝金属合金含量等级中的不同牌号，按照0、1、2、3、4、5、6、7、8、9顺序编号；第三位数字表示药皮类型及电源种类（见表6）。

（3）不锈钢焊条

结构钢焊条焊缝金属抗拉强度等级分类表　　表5

牌　号	型　号	焊缝金属抗拉强度等级	
		MPa	kgf/mm²
结42×	T42-×	420	42
结50×	T50-×	500	50
结55×	T55-×	550	55
结60×	T60-×	600	60
结70×	T70-×	700	70
结80×	T80-×	800	80
结90×	T90-×	900	90
结100×	T100-×	1000	100

药皮类型及电源种类表　　表6

牌　号	型　号	药皮类型	焊接电源种类
××0	T××-0	不属于规定的类型	不规定
××1	T××-1	钛型	直流或交流
××2	T××-2	钛钙型	直流或交流
××3	T××-3	钛铁矿型	直流或交流
××4	T××-4	氧化铁型	直流或交流
××5	T××-5	纤维素型	直流或交流
××6	T××-6	低氢钾型	直流或交流
××7	T××-7	低氢钠型	直流
××8	T××-8	石墨型	直流或交流
××9	T××-9	盐基型	直流

牌号前加"铬"表示铬不锈钢焊条；加"奥"表示奥氏体不锈钢焊条。牌号第一位数字，表示焊缝金属主要化学成分组成等级（见表8）；第二位数字表示同一焊缝金属化学成分组成等级中的不同牌号，按照0、1、2、3、4、5、6、7、8、9顺序编号；第三位数字表示药皮类型及电源种类（见表6）。

耐热钢焊条焊缝金属主要合金含量等级表　　表7

牌　号	型　号	焊缝金属主要化学成分组成等级
热1××	TRMo-×	含Mo量约为0.5%
热2××	TRCrMo-×	含Cr量约为0.5%，含Mo量约为0.5%
热3××	TRCrMo-×	含Cr量约为1%～2%，含Mo量约为0.5%～1%
热4××	TRCr3Mo1-×	含Cr量约为2.5%，含Mo量约为1%
热5××	TRCr5Mo-×	含Cr量约为5%，含Mo量约为0.5%
热6××	TRCr7Mo1-×	含Cr量约为7%，含Mo量约为1%
热7××	TRCr9Mo1-×	含Cr量约为9%，含Mo量约为1%
热8××	TRCr11Mo1-×	含Cr量约为11%，含Mo量约为1%

不锈钢焊条焊缝金属主要化学成分等级表　　表8

牌　号	型　号	焊缝金属主要化学成分等级
铬2××	TB13-×	含Cr量约为13%
铬3××	TB17-×	含Cr量约为17%
奥0××	TB18-XD-×	含C量≤0.04%（超低碳）
奥1××	TB18-8-×	含Cr量约为18%，含Ni量约为8%
奥2××	TB18-12-×	含Cr量约为18%，含Ni量约为12%
奥3××	TB25-13-×	含Cr量约为25%，含Ni量约为13%
奥4××	TB25-20-×	含Cr量约为25%，含Ni量约为20%
奥5××	TB16-25-×	含Cr量约为16%，含Ni量约为25%
奥6××	TB15-35-×	含Cr量约为15%，含Ni量约为35%
奥7××	TBCrMn-XN-×	铬锰氮不锈钢
奥8××	TB18-18-×	含Cr量约为18%，含Ni量约为18%
奥9××	—	待发展

(4) 堆焊焊条

牌号前加"堆"表示堆焊焊条。牌号的第一位数字表示焊条的用途、组织或焊缝金属的主要成分（见表9）；第二位数字表示同一用途、组织或焊缝金属的主要成分中的不同牌号；第三位数字表示药皮类型及电源种类（见表6）。

堆焊焊条的用途、组织或焊缝金属的主要成分表　　表9

牌　号	型　号	用途、组织或焊缝金属的主要成分	牌　号	型　号	用途、组织或焊缝金属的主要成分
堆1××	TD1×-×	普通常温用	堆5××	TD5×-×	阀门用
堆2××	TD2×-×	普通常温用（包括锰13堆焊）	堆6××	TD6×-×	合金铸铁用
堆3××	TD3×-×	刀具及工具用	堆7××	TD7×-×	合金铸铁用
堆4××	TD4×-×	刀具及工具用	堆8××	TD8×-×	钴基合金

(5) 低温钢焊条

牌号前加"温"表示低温钢焊条。牌号第一、二位数字表示低温钢焊条工作温度等级（见表10）；第三位数字表示药皮类型及电源种类（见表6）。

低温钢焊条工作温度等级　　表10

牌　号	型　号	工作温度等级	牌　号	型　号	工作温度等级
温70	TW70-×	－70℃	温19	TW19-×	－190℃
温90	TW90-×	－90℃	温25	TW25-×	－253℃
温11	TW11-×	－110℃			

(6) 铸铁焊条

牌号前加"铸"表示铸铁焊条。牌号第一位数字，表示焊缝金属合金类型（见表11）；第二位数字表示同一合金类型中的不同牌号；第三位数字表示药皮类型及电源种类（见表6）。

铸铁焊条焊缝金属合金类型表　　表11

牌　号	型　号	焊缝金属合金类型	牌　号	型　号	焊缝金属合金类型
铸1××	TZ1×-×	碳钢或高钒钢	铸5××	TZ5×-×	镍铜
铸2××	TZ2×-×	铸铁（包括球墨铸铁）	铸6××	TZ6×-×	铜铁
铸3××	TZ3×-×	纯镍	铸7××	TZ7×-×	待发展
铸4××	TZ4×-×	镍铁			

(7) 有色金属焊条

牌号前加"镍"表示镍及镍合金焊条；牌号前加"铜"表示铜及铜合金焊条；牌号前加"铝"表示铝及铝合金焊条。牌号第一位数字，表示焊缝金属的化学成分类型（见表12）；第二位数字表示同一化学成分类型中的不同牌号；第三位数字表示药皮类型及电源种类（见表6）。

有色金属焊条焊缝金属的化学成分类型表 表12

牌 号	型 号	焊缝金属的化学成分类型	牌 号	型 号	焊缝金属的化学成分类型
镍1××	TN1×-× 或 T1×-×	纯镍	铝1××	TL1×-× 或 T1×-×	纯铝
镍2××	TN2×-× 或 T2×-×	镍铜合金（70-30）	铝2××	TL2×-× 或 T2×-×	铝硅合金
铜1××	TT1×-× 或 T1×-×	纯铜	铝3××	TL3×-× 或 T3×-×	铝锰合金
铜2××	TT2×-× 或 T2×-×	青铜			

（8）特殊用途焊条

牌号前加"特"表示特殊用途焊条。牌号第一位数字，表示焊条的用途（见表13）；第二位数字表示同一用途的不同牌号；第三位数字表示药皮类型及电源种类（见表6）。

特殊用途焊条的牌号及用途表 表13

牌 号	用 途
特202	水下焊条
特304	水下割条
特404	开槽焊条
特500	管状焊条
特607	铁锰铝焊条
特700	高硫堆焊焊条

4. 焊条的规格、熔敷率及单根重量

（1）焊条的规格

焊条直径（焊芯直径）通常分为：$\Phi1.6mm$、$\Phi2.0mm$、$\Phi2.5mm$、$\Phi3.2mm$、$\Phi4.0mm$、$\Phi5.0mm$、$\Phi5.8mm$、$\Phi6.0mm$、$\Phi8.0mm$、$\Phi10mm$、$\Phi12mm$等几种，单根焊条长度一般在250～450mm之间。其中，铝及铝合金焊条只有$\Phi3.2mm$、$\Phi4.0mm$、$\Phi5.0mm$、$\Phi6.0mm$四种规格，其长度为：345mm、350mm、355mm；铜及铜合金焊条只有$\Phi2.5mm$、$\Phi3.2mm$、$\Phi4.0mm$、$\Phi5.0mm$、$\Phi6.0mm$五种规格，第一种长度为300mm，其余均为350mm。

（2）焊条的熔敷率

焊条的焊接损失包括：焊条剩头损失，通常为焊条重量的10%～15%；燃烧及飞溅损失为5%～10%；形成熔渣损失为18%～35%。焊条的损失系数 $K=0.33～0.6$。所以，通常一根焊条的熔敷率在40%～67%之间。

（3）单根焊条的重量

根据不同的牌号、成分、规格，不同生产厂家出产的单根焊条的重量是有差距的。一般情况下，一包5公斤350mm长焊条，$\Phi3.2mm$焊条在150根左右，单根重量在30g左右；$\Phi4.0mm$焊条在90～95根之间，单根重量在52～55g之间；$\Phi5.0mm$焊条在60～65根之间，单根重量在73～83g之间。

二、焊 丝

1. 焊丝的分类

焊丝是埋弧焊、气体保护焊、电渣焊、气焊等用的主要焊接材料，其主要作用是填充金属或同时传导电流。此外，有时通过焊丝向焊缝过渡合金元素；对于自保护药芯焊丝，在焊接过程中还起到保护、脱氧和去氮作用。

焊丝按照制造方法分为实芯焊丝和药芯焊丝两大类，其中药芯焊丝又可分为气保护和自保护两种。按照焊接工艺方法可分为埋弧焊丝、气保护焊丝、电渣焊焊丝、堆焊焊丝和气焊焊丝。按照适用对象分为低碳钢焊丝、低合金钢焊丝、不锈钢焊丝、铜及铜合金焊丝、铝及铝合金焊丝、硬质合金堆焊焊丝和铸铁焊丝等。

2. 焊丝牌号（或型号）的表示方法

（1）实芯焊丝牌号（或型号）的表示方法

①钢焊丝牌号的表示方法

钢焊丝牌号前第一位符号为"H"；在"H"之后的第一位（千分数）或两位（万分数）数字表示碳的质量分数的平均约数；在碳的质量分数后面的化学元素符号及其后面的数字，表示该元素的大约质量分数，当主要合金元素的质量分数≤1%时，可以省略数字只记该元素的符号；在牌号尾部标有"A"或"E"，分别表示"高级优质"和"特高级优质"，后者比前者含S、P杂质更低。

②气体保护焊用碳钢、低合金钢焊丝型号的表示方法

以字母"ER"表示焊丝，ER后面两位数字表示熔敷金属的最低抗拉强度，两位数字后用短划"-"与后面的字母或数字隔开，该字母或数字表示焊丝化学成分的分类代号，如果还附加其他化学成分时，可直接用该元素的符号表示，并用短划"-"与前面的字母或数字隔开。

③铸铁焊丝型号的表示方法

以字母"R"表示焊丝，字母"Z"表示该焊丝用于铸铁焊接。在之后用焊丝主要化学元素符号或熔敷金属类型代号表示，如以"C"表示熔敷金属为铸铁，"CH"表示熔敷金属为合金铸铁，"CQ"表示为球墨铸铁。

④铜及铜合金焊丝牌号表示方法

以字母"HS"作为牌号的标记，在"HS"之后的化学元素符号，表示焊丝的主要组成元素。元素后面的数字表示顺序号，并用"-"与前面分开。

⑤铝及铝合金焊丝型号表示方法

以字母"S"表示焊丝，在"S"之后的化学元素符号，表示焊丝的主要组成元素，其尾部数字表示同类焊丝的不同品种的编号，并用"-"与前面化学元素符号分开。

⑥镍基合金焊丝型号表示方法

以字母"ER"表示焊丝，后接化学元素符号，表示焊丝的主要组成成分，其尾部数字表示同类焊丝的不同品种的编号，并用"-"与前面化学元素符号分开。

⑦高温合金焊丝牌号表示方法

以字母"H"表示焊接用的高温合金焊丝，后面接"GH"表示"高合"，跟着数字表示合金强化类型，尾部数字表示高温合金焊丝牌号的顺序号。

⑧硬质合金堆焊焊丝型号表示方法

以字母"HS"表示焊丝，后接一位数字"1"表示硬质合金堆焊用焊丝，末两位数字表示牌号的编号。

（2）药芯焊丝型号的表示方法

药芯焊丝型号有两部分构成，第一部分以字母"EF"表示药芯焊丝代号，"EF"之后的第一位数字表示适用的焊接位置，"0"表示用于平焊和横焊，"1"表示用于全位置焊接。第二部分用四位数字表示焊缝金属的力学性能，前两位数字表示最低抗拉强度，后两位数字表示夏比冲击吸收功，其中第一位数字为冲击吸收功不小于27 J所对应的实验温度，第二位数字为冲击吸收功不小于47 J所对应的实验温度。

3. 常用焊丝的规格及熔敷率

（1）实芯焊丝

实芯焊丝是经过热轧线材经拉丝加工而成的。为了防止焊丝生锈，除不锈钢焊丝以外，一般表面须进行镀铜处理。

①埋弧焊用实芯焊丝

埋弧焊一般采用粗焊丝，常用的焊丝规格包括：Φ1.6mm、Φ2.0mm、Φ2.4mm、Φ2.8mm、Φ3.0mm、Φ3.2mm、Φ4.0mm、Φ4.8mm、Φ5.0mm、Φ5.6mm、Φ6.0mm、Φ6.8mm等，焊接时的熔敷率在95%～98%。

②气保护焊用实芯焊丝

气保护焊一般采用细焊丝，常用的焊丝规格包括：Φ0.9mm、Φ1.0mm、Φ1.2mm、Φ1.6mm、Φ2.0mm、Φ2.4mm、Φ3.2mm、Φ4.0mm、Φ4.8mm等，焊接时的熔敷率在90%～95%。

（2）药芯焊丝

药芯焊丝也称粉芯焊丝或管状焊丝。按照保护气体的有无，可分为气保护药芯焊丝和自保护药芯焊丝；根据内层填料中有无造渣剂，可分为药粉型焊丝和金属粉型焊丝。

①气保护药芯焊丝

常用的气保护药芯焊丝规格包括：Φ0.9mm、Φ1.0mm、Φ1.2mm、Φ1.6mm、Φ2.0mm、Φ2.4mm、Φ3.2mm、Φ4.0mm、Φ4.8mm等，焊接时的熔敷率一般在70%～85%左右。其中金属粉型药芯焊丝的熔敷率在90%～95%之间。

②自保护药芯焊丝

常用的自保护药芯焊丝规格包括：Φ1.2mm、Φ1.6mm、Φ2.0mm、Φ2.4mm、Φ3.2mm、Φ4.0mm、Φ4.8mm等，焊接时的熔敷率一般在60%～75%左右。

三、焊　　剂

焊剂是焊接时能够熔化形成熔渣（有的也有气体），对熔化的焊缝金属起到保护作用和冶金作用的一种颗粒状物质。焊剂和焊条药皮的作用相似，但它必须与焊丝配合使用，共同决定熔敷金属的化学成分和性能。

1. 焊剂的分类

焊剂的分类方法有很多，但是每一种分类方法只能反映焊剂某一方面的特性。

（1）按照制造方法分类，焊剂可以分为熔炼焊剂和非熔炼焊剂两大类。

①熔炼焊剂

是将一定比例的各种配料放在炉中熔炼，然后经水冷粒化、烘干、筛选而制成的一种焊剂。

因制造过程中配料需高温熔化，故焊剂中不能加入碳酸盐、脱氧剂和合金剂；由于熔炼焊剂制造的特殊性，实际生产过程中，制造高碱度焊剂也很困难。根据颗粒结构的不同，熔炼焊剂可分为玻璃状焊剂、结晶状焊剂和浮石状焊剂。

②非熔炼焊剂

焊剂所用粉状配料不经熔炼，而是加入粘结剂后经造粒和焙烧而成。按照焙烧温度不同又分为粘结焊剂和烧结焊剂两类。

a. 粘结焊剂

又称陶质焊剂或低温烧结焊剂，是将一定比例的各种粉状配料加入适量粘结剂，经混合搅拌、造粒和低温（一般在400℃以下）烘干而制成。

b. 烧结焊剂

烧结焊剂是粉状配料加入粘结剂并搅拌以后，经高温（600～1 000℃）烧结成块，然后粉碎、筛选而制成。

(2) 按照化学成分分类

在熔炼焊剂中，有一种是按照主要化学成分 SiO_2、MnO 和 CaF_2 来分类的。

① 按照 SiO_2 含量分：

高硅焊剂（$SiO_2 > 30\%$）

中硅焊剂（$SiO_2 > 10\% \sim 30\%$）

低硅焊剂（$SiO_2 < 10\%$）

② 按照 MnO 含量分：

高锰焊剂（$MnO > 30\%$）

中锰焊剂（$MnO > 15\% \sim 30\%$）

低锰焊剂（$MnO = 2\% \sim 15\%$）

无锰焊剂（$MnO < 2\%$）

③ 按照 CaF_2 含量分：

高氟焊剂（$CaF_2 > 30\%$）

中氟焊剂（$CaF_2 = 10\% \sim 30\%$）

低氟焊剂（$CaF_2 < 10\%$）

(3) 按照焊剂的化学性质分：

按酸碱度分为酸性焊剂、中性焊剂、碱性焊剂；按活性分为氧化性焊剂、弱氧化性焊剂、惰性焊剂。

2. 焊剂牌号的表示方法

(1) 熔炼焊剂

用汉语拼音字母"HJ"表示埋弧焊或电渣焊使用焊剂；"HJ"后第一位数字表示焊剂类型，以焊剂中 MnO 含量编序（见表14）；第二位数字也表示焊剂类型，以焊剂中 SiO_2 和 CaF_2 的含量编序（见表15）；第三位数字为同一类型的不同牌号，按照 0、1、2、3、4、5、6、7、8、9 顺序排列。同一牌号焊剂生产两种颗粒度时，在细颗粒焊剂牌号后面加短划"-"，再加表示"细"的汉语拼音字母"X"。

熔炼焊剂常用的表示方法：

HJ X1 X2 X3-X，其中 X1 X2 的含义见表14、表15。

焊剂类型（X1） 表14

X1	焊剂类型	MnO 含量（%）
1	无锰	<2
2	低锰	2～15
3	中锰	15～30
4	高锰	>30

(2) 烧结焊剂

用汉语拼音字母"SJ"表示埋弧焊用烧结焊剂；"SJ"后第一位数字表示焊剂熔渣渣系（见表16）；第二、三位数字表示相同熔渣渣系中的不同牌号，按照 01、02、03、04、05、06、07、08、09 顺序排列。

烧结焊剂常用的表示方法：

SJ X1 X2 X3，其中 X1 的含义见表16。

焊剂类型（X2）　　表 15

X2	焊剂类型	SiO_2 的含量（%）	CaF_2 的含量（%）
1	低硅低氟	<10	<10
2	中硅低氟	10～30	
3	高硅低氟	>30	
4	低硅中氟	<10	10～30
5	中硅中氟	10～30	
6	高硅中氟	>30	
7	低硅高氟	<10	>30
8	中硅高氟	10～30	
9	高硅高氟	不规定	

烧结焊剂熔渣渣系表（X1）　　表 16

X1	熔渣渣系类型	主要化学成分（质量分数）组成类型
1	氟碱型	$CaF_2 \geqslant 15\%$ $CaO+MgO+MnO+CaF_2>50\%$ $SiO_2<20\%$
2	高铝型	$Al_2O_3 \geqslant 20\%$ $Al_2O_3+CaO+MgO>45\%$
3	硅钙型	$CaO+MgO+SiO_2>60\%$
4	硅锰型	$MnO+SiO_2>50\%$
5	铝钛型	$Al_2O_3+TiO_2>45\%$
6	其他型	不规定

四、钨　　极

用金属钨棒作为 TIG 焊和等离子弧焊的电极，简称钨极。属于不熔化电极的一种。

作为不熔化电极，对钨极的基本要求就是：能传导焊接电流，有较强的电子发射能力，使用寿命长，高温下不熔化等。金属钨极能导电，其熔点（3 410℃）和沸点（5 900℃）都很高，电子逸出功低，电子发射能力强，是合适的非熔化极焊接方法的电极材料。

1. 钨极的种类及特点

国内外常用的钨极主要有：纯钨、铈钨、钍钨和锆钨等四种。

（1）纯钨极

纯钨极熔点和沸点高，不易熔化蒸发、烧损。但是电子发射能力较其他钨极弱，不利于电弧稳定燃烧。此外，其电流承载能力较弱，抗污染性差。

（2）钍钨极

钍钨极电子发射能力强，允许电流密度大，电弧燃烧稳定，使用寿命长。但是钍元素放射性较强，对人体伤害较大。

（3）铈钨极

铈钨极电子逸出功低，引弧和稳弧不亚于钍钨极，化学稳定性高，允许电流密度大，无放射性，是国内外使用较多的钨极。

（4）锆钨极

锆钨极的性能介于纯钨极和钍钨极之间，一般在防止电极污染焊缝的特殊情况下使用。

2. 钨极的常用牌号

常用的钨极牌号包括：

（1）纯钨极

牌号：W1、W2，含钨 99.85％以上。

(2) 钍钨极

牌号：WTh-7、WTh-10、WTh-15，含有 1％～2％的氧化钍。

(3) 铈钨极

牌号：WCe-5、WCe-13、WCe-20，分别含有 0.5％、1.3％、2％的氧化铈。

(4) 锆钨极

牌号：WZr-15。

3. 钨极的常用规格

常用钨极的规格有：Φ0.5mm、Φ1.0mm、Φ1.6mm、Φ2.0mm、Φ2.5mm、Φ3.2mm、Φ4.0mm、Φ5.0mm、Φ6.3mm、Φ8.0mm、Φ10mm 等。制造厂家按照长度范围供给 76～610mm 的钨极。

五、碳 精 棒

1. 碳精棒的组成及特点

碳棒是由碳、石墨加上适当的粘合剂，通过挤压成形，焙烤后镀一层铜而制成的。由于碳棒在使用过程中不断地被烧损，所以对碳棒的要求就是耐高温、导电性良好、不易断裂、断面组织细致、灰分少、成本低。一般都采用镀铜实芯碳棒，主要使用的碳棒主要分圆碳棒和扁碳棒两种。其中圆碳棒最常用。

2. 碳精棒常用规格

碳棒常用规格见表 17。

碳棒常用规格表　　　表 17

断面形状	规格（mm）	备注	断面形状	规格（mm）	备注
圆形	3×355		扁形	3×12×355	
	4×355			4×8×355	
	5×355			4×12×355	
	6×355			5×10×355	
	7×355			5×12×355	
	8×355			5×15×355	
	9×355			5×18×355	
	10×355			5×20×355	

六、气 体

1. 氩气

氩气由单原子分子组成，是空气密度的 1.4 倍，它是一种惰性气体，既不与金属反应，又不溶于液态金属。氩气的沸点介于氧和氮之间，是制氧的副产品。焊接用氩气一般的纯度是 99.99％，氩气纯度的技术要求见表 18。

2. 氧气

常温状态下，氧气是一种无色、无味、无毒的气体，比空气略重，微溶于水；氧气本身不能燃烧，但能助燃，几乎能和所有的可燃气体和可燃蒸气混合形成爆炸性混合物；氧具有很强的化学活泼性，能和许多元素化合；压缩的气态氧与矿物油、油脂或细微分散的可燃物质接触时能发生自燃。

3. 乙炔

乙炔（C_2H_2）又称电石气，是一种无色、有特殊臭味的气体。标准状态下，乙炔的密度为1.17kg/m³，比空气略重。乙炔是易燃、易爆气体，与空气混合燃烧产生的火焰温度为2350℃，与氧气混合燃烧产生的火焰温度为3100～3300℃，适用于气焊、气割。当温度超过300℃或压力增加到0.15MPa时，乙炔遇火就会发生爆炸；当温度超过580℃或压力增加到0.15MPa时，乙炔就会自行爆炸。

氩气纯度的技术要求表　　　表18

项目名称	指　标	项目名称	指　标
氩含量（%）	≥99.99	氢含量	≤5×10⁻⁶
氮含量	≤50×10⁻⁶	碳含量	≤10×10⁻⁶
氧含量	≤10×10⁻⁶	水分含量	≤15×10⁻⁶

注：1. 含量为体积比；

2. 水分在15℃，大于12MPa条件下测定。

4. 氢气

氢气是一种无色无味的气体，密度0.07kg/m³，是空气密度的1/14.38。氢气点火能量低，是一种易燃、易爆的气体。氢气在空气中的自燃点为560℃，在氧气中的自燃点为450℃。氢气与氧气混合气的爆炸极限为4.64%～93.9%，氢气与空气混合气的爆炸极限为4%～80%，氢气与氯气1：1混合，见光即可爆炸。

七、常用焊接机械种类及参数

1. 焊条电弧焊焊机常用规格及输出功率

焊条电弧焊电源主要包括：弧焊发电机、弧焊整流器、弧焊变压器等三类。弧焊变压器的常用型号及技术参数见表19；弧焊发电机的常用型号及技术参数见表20；弧焊整流器的常用型号及技术参数见表21。

常用弧焊变压器技术参数表　　　表19

型号（旧型号）	BX-500（BA-500）	BX1-330（BS-330）		BX3-300（BK-300）	
变压器类别	同体式	动铁芯式		动圈式	
电网电压（V）	380或220	380或220		380或220	
接法		单相	三相	单相	三相
空载电压（V）	60	70	60	75	60
焊接电流调节范围（A）	150～700	50～180	160～450	40～125	115～400
额定负载持续率（%）	65	65		60	
额定工作电压（V）	30	30		30	
额定焊接电流（A）	500	330		300	
功率（kW）	30	22		21	

续表

型号（旧型号）	BX-500（BA-500）		BX1-330（BS-330）		BX3-300（BK-300）	
功率因素	0.52		0.5		0.53	
不同负载持续率时允许焊接电流（A）	100%	400	100%	265	100%	232
	65%	500	65%	330	60%	300
	30%	700	30%	450	30%	400

常用弧焊发电机技术参数表　　　　表20

型　号	AX-320	AX1-500	AX3-500	型　号	AX-320	AX1-500	AX3-500
电网电压（V）	380或220	380或220	380或220	额定工作电压（V）	30	40	25～40
空载电压（V）	50～80	60～90	75	额定焊接电流（A）	320	500	500
焊接电流调节范围（A）	45～320	120～600	80～600	功率（kW）	14	26	26
额定负载持续率（%）	65	65	60	功率因素	0.87	0.88	0.9

常用弧焊整流器技术参数表　　　　表21

型号（旧型号）	ZXG-300		ZXG-500	
电网电压（V）	380（三相）		380（三相）	
空载电压（V）	70		70	
焊接电流调节范围（A）	15～300		25～500	
额定工作电压（V）	25～30		25～40	
额定焊接电流（A）	300		500	
额定负载持续率（%）	60		60	
功率（kW）	21		38	
不同负载持续率时允许焊接电流（A）	100%	230	100%	387
	60%	300	60%	500

2. 埋弧自动焊机常用规格及输出功率

埋弧自动焊机主要包括变速送丝和等速送丝两大类，常用规格及输出功率见表22。

埋弧自动焊机常用规格及输出功率表　　　　　表22

技术参数＼型号	NZA-1000	MZ-1000	MZ1-1000	MZ2-1500	MZ3-500	MZ6-2×500	MU-2×300	MU1-1000
送丝方式	变速送丝	变速送丝	等速送丝	等速送丝	等速送丝	等速送丝	等速送丝	变速送丝
焊机结构特点	埋弧、明弧两用	焊车	焊车	悬挂式自动车头	电磁爬行小车	焊车	堆焊专用焊机	堆焊专用焊机
焊接电流（A）	200～1 200	400～1 200	200～1 000	400～1 500	180～600	200～600	160～300	400～1 000
焊丝直径（mm）	3.0～5.0	3.0～6.0	1.6～5	3.0～6.0	1.6～2	1.6～2	1.6～2	焊带宽30～80 厚0.5～1
送丝速度（cm/min）	50～600(弧压反馈)	50～200(弧压35V)	87～672	47.5～375	180～700	250～1 000	160～540	25～100
焊接速度（cm/min）	3.5～130	25～117	26.5～210	22.5～187	16.7～108	13.3～100	32.5～58.3	12.5～58.3
电流种类	直流	直流或交流	直流	直流或交流	直流或交流	交流	直流	直流
送丝速度调整方法	电位器无级调速	电位器调节直流电动机转速	调换齿轮	调换齿轮	自耦变压器无级调节直流电动机转速	自耦变压器无级调节直流电动机转速	调换齿轮	电位器调节直流电动机转速

3. CO_2 气体保护自动焊机常用规格及输出功率

CO_2 气体保护自动焊机主要包括平外特性和缓降外特性两种，常用规格及输出功率见表23。

CO_2 气体保护自动焊机常用规格及输出功率表　　　　　表23

型号	ZPG-200	ZPG5-300	ZPG1-500	ZPG2-500	ZPG7-1000
电网电压（V）	380	380	380	380	380
工作电压调节范围（V）	14～30	15～35	15～42	20～40	30～50
焊接电流调节范围（A）	40～200	40～300	35～500	60～500	200～1 000
外特性曲线	平	平	平	缓降	平、陡降
整流方式	三相桥全波	三相桥全波	三相桥全波	六相半波	三相桥全波
额定焊接电流（A）	200	300	500	500	1 000
功率（kW）	7.5	24	30	30	100
调压方式	抽头	抽头	磁放大器	磁放大器	磁放大器
用途	CO_2 气体保护焊电源	CO_2 气体保护焊电源	CO_2 气体保护焊电源、熔化极氩弧焊电源	熔化极气体保护焊电源	粗丝 CO_2 气体保护焊电源

4. CO_2 气体保护半自动焊机常用规格及输出功率

常用 CO_2 气体保护半自动焊机规格及输出功率见表24。

CO_2 气体保护半自动焊机常用规格及输出功率表　　表24

型号	NBC-200	NBC3-200	NBC1-200	NBC1-300	NBC1-500-1	NBC1-500
电源电压（V）	380	380	220/380	380	380	380
工作电压（V）	17～30	21～32	14～30	17～30	15～40	15～42
额定焊接电流（A）	200	200	200	300	500	500
焊接电流调节范围（A）	40～200	40～153	—	50～300	50～500	—
焊丝直径（mm）	0.5～1.2	0.8～1.2	0.8～1.2	0.8～1.4	1.0～2.0	0.8～2.0
送丝速度（cm/min）	1.5～9.0	3.2～9.0	1.7～17	2.0～8.0	2.0～8.0	1.7～17
CO_2 气体流量	6.0～12.0	6.0～12.0	25	20	25	25
焊件厚度（mm）	0.6～4	1.0～5.0	1.0～10.0	1.0～8.0	1.0～16	1.0～70

5. 氩弧焊机常用规格及输出功率

常用氩弧焊机规格及输出功率见表25。

氩弧焊机常用规格及输出功率表　　表25

类别	手工交流钨极氩弧焊机	手工交直流钨极氩弧焊机	手工直流钨极氩弧焊机	自动交直流钨极氩弧焊机	手工脉冲钨极氩弧焊机
型号	WSJ-400-1	WSE5-315	WS-300	W2E-500	WSM-250
电网电压（V）	380（单相）	380（单相）	380（单相）	380（单相）	380（单相）
空载电压（V）	70～75	80	72	68（直流）80（交流）	55
额定焊接电流（A）	400	315	300	500	脉冲峰值电流50～250
电流调节范围（A）	50～400	30～315	20～300	50～500	基值电流25～60
引弧方式	脉冲	高频高压	高频高压	脉冲	高频高压
稳弧方式	脉冲	脉冲（交流）	—	脉冲	—
消除直流分量方法	电容	—	—	电容（交流）	—
钨极直径（mm）	1.0～7.0	1.0～6.0	1.0～5.0	2.0～7.0	1.6～4
额定负载持续率（%）	60	35	60	60	60
焊接速度（cm/min）	—	—	—	8～130	—
送丝速度（cm/min）	—	—	—	33～1700	—
焊接电流衰减时间（s）	—	0～10	0～5	5.0～15	0～15
气体滞后时间（s）	—	0～15	0～15	0～15	0～15
氩气流量（L/min）	25	25	15	50	15
冷却水流量（L/min）	1	1	1	1	1

6. 国内常用气电立焊焊机规格及技术参数

国内常用的气电立焊焊机规格及技术参数见表26。

国内常用气电立焊焊机规格及技术参数表　　表26

型　号	AUTO-EG-2	YS-EGW-MDS	SEGARC-SAT
自动行走速度（cm/min）	0～75	0～270	0～55
焊接电流调节范围（A）	50～815	50～600	50～600
行走方式	导轨	导轨	导轨
额定负载持续率（%）	100	100	100
适用最小曲率半径（m）	5	5	5
可焊钢板厚范围（mm）	6～90	3～50	8～50
焊枪调节方式	手动	手动	手动
摆动形式	板厚方向，直线振动	板厚方向，直线振动	板厚方向，直线振动
摆动幅度（mm）	6～50	6～30	5～30
最大摆动频率（次/min）	50	50	50
两端停留时间（s）	0～3	0～3	0～3

第三章 焊接工艺

一、常用焊接方法介绍

1. 电弧焊

电弧焊是目前应用最广泛的焊接方法。它包括有焊条电弧焊、埋弧焊、钨极气体保护电弧焊、等离子弧焊、熔化极气体保护焊等。

绝大部分电弧焊是以电极与工件之间燃烧为热源的。在形成接头时，可以采用也可以不采用填充金属。所用的电极是在焊接时熔化的焊丝时，叫作熔化极电弧焊，诸如焊条电弧焊、埋弧焊、气体保护电弧焊、管状焊丝电弧焊等；所用的电极是在焊接过程中不熔化的钨棒时，叫作不熔化极电弧焊，诸如钨极氩弧焊、等离子弧焊等。

（1）焊条电弧焊

焊条电弧焊是各种电弧焊方法中发展最早、目前仍然应用最广的一种焊接方法。它是以外部涂有涂料的焊条作电极和填充金属，电弧是在焊条的端部和被焊工件表面之间燃烧。涂料在电弧热作用下一方面可以产生气体以保护电弧，另一方面可以产生熔渣覆盖在熔池表面，防止熔化金属与周围气体的相互作用。熔渣的更重要作用是与熔化金属产生物理化学反应或添加合金元素，改善焊缝金属性能。

焊条电弧焊设备简单、轻便，操作灵活，可以应用于维修及装配中的短缝的焊接，特别是可以用于难以达到的部位的焊接。焊条电弧焊配用相应的焊条可适用于大多数工业用碳钢、不锈钢、铸铁、铜、铝、镍及其合金的焊接。

（2）埋弧焊

埋弧焊是以连续送进的焊丝作为电极和填充金属。焊接时，在焊接区的上面覆盖一层颗粒状焊剂，电弧在焊剂层下燃烧，将焊丝端部和局部母材熔化，形成焊缝。在电弧热的作用下，一部分焊剂熔化成熔渣并与液态金属发生冶金反应。熔渣浮在金属熔池的表面，一方面可以保护焊缝金属，防止空气的污染，并与熔化金属产生物理化学反应，改善焊缝金属的成分及性能；另一方面还可以使焊缝金属缓慢冷却。

埋弧焊可以采用较大的焊接电流。与焊条电弧焊相比，其最大的优点是焊缝质量好、焊接速度高。因此，它特别适于焊接大型工件的直缝和环缝，而且多数采用机械化焊接。

埋弧焊已广泛用于碳钢、低合金结构钢和不锈钢的焊接。由于熔渣可降低接头的冷却速度，故某些高强度结构钢、高碳钢等也可采用埋弧焊焊接。

（3）钨极气体保护电弧焊

这是一种不熔化极气体保护电弧焊，是利用钨极和工件之间的电弧使金属熔化而形成焊缝的。焊接过程中钨极不熔化，只起电极的作用。同时由焊炬的喷嘴送进氩气或氦气作保护气。还可以根据需要另外添加填充金属，通称为TIG焊。

钨极气体保护电弧焊由于能很好地控制热输入，所以它是连接薄板金属和打底焊的一种极好方法。这种方法几乎可以用于所有金属的连接，尤其适用于焊接铝、镁这些能形成难熔氧化物的金属以及钛和锆这些活泼金属。这种焊接方法的焊缝质量高，但与其他电弧焊相比，其焊接速度较慢。

（4）等离子弧焊

等离子弧焊也是一种不熔化极电弧焊。它是利用电极和工件之间的压缩电弧（转移电弧）实现焊接的。所用的电极通常是钨极。产生等离子弧的等离子气可用氩气、氦气、氦气或其中二者的混合气。同时还通过喷嘴用惰性气体保护。焊接时可以外加填充金属，也可以不加填充金属。等离子弧焊焊接时，由于其电弧挺直、能量密度大，因而电弧穿透能力强。等离子弧焊焊接时产生的小孔效应，对于一定厚度范围内的大多数金属可以进行不开坡口对接，并能保证熔透和焊缝均匀一致。因此，等离子弧焊的生产率高、焊缝质量好。但等离子弧焊设备（包括喷嘴）比较复杂，对焊接工艺参数的控制要求较高。

钨极气体保护电弧焊可焊接的绝大多数金属，均可采用等离子弧焊接。与之相比，对于1mm以下的极薄的金属的焊接，用等离子弧焊可较易进行。

(5) 熔化极气体保护电弧焊

这种焊接方法是利用连续送进的焊丝与工件之间燃烧的电弧作热源，由焊炬喷嘴喷出的气体来保护电弧进行焊接的。

熔化极气体保护电弧焊通常用的保护气体有氩气、氦气、CO_2 气或这些气体的混合气。以氩气或氦气为保护气时称为熔化极惰性气体保护电弧焊（简称为 MIG 焊）；以惰性气体与氧化性气体（O_2，CO_2）的混合气体为保护气时，或以 CO_2 气体或 CO_2+O_2 的混合气为保护气时，统称为熔化极活性气体保护电弧焊（称为 MAG 焊）。

熔化极气体保护电弧焊的主要优点是可以方便地进行各种位置的焊接，同时也具有焊接速度较快、熔敷率较高等优点。熔化极活性气体保护电弧焊可适用于大部分主要金属的焊接，包括碳钢、合金钢。熔化极惰性气体保护焊适用于不锈钢、铝、镁、铜、钛及镍合金。利用这种焊接方法还可以进行电弧点焊。

(6) 药芯焊丝电弧焊

药芯焊丝电弧焊也是利用连续送进的焊丝与工件之间燃烧的电弧为热源来进行焊接的，可以认为是熔化极气体保护焊的一种类型。所使用的焊丝是药芯焊丝，焊丝的芯部装有各种组成成分的药粉。焊接时，外加保护气体，主要是 CO_2。药粉受热分解或熔化，起着造气和造渣保护熔池、渗合金及稳弧等作用。

药芯焊丝电弧焊不另外加保护气体时，叫做自保护药芯焊丝电弧焊，是以药粉分解产生的气体作为保护气体。这种方法的焊丝伸长度变化不会影响保护效果，其变化范围可较大。

药芯焊丝电弧焊除具有上述熔化极气体保护电弧焊的优点外，由于药粉的作用，使之在冶金上更具优点。药芯焊丝电弧焊可以应用于大多数黑色金属各种厚度、各种接头的焊接。药芯焊丝电弧焊在我国已得到迅速发展。

2. 电阻焊

这是以电阻热为能源的一类焊接方法，包括以熔渣电阻热为能源的电渣焊和以固体电阻热为能源的电阻焊。

电阻焊一般是使工件处在一定电极压力作用下并利用电流通过工件时所产生的电阻热将两工件之间的接触表面熔化而实现连接的焊接方法，通常使用较大的电流。为了防止在接触面上发生电弧并且为了锻压焊缝金属，焊接过程中始终要施加压力。

进行这一类电阻焊时，被焊工件的表面状况对于获得稳定的焊接质量是头等重要的。因此，焊前必须将电极与工件以及工件与工件间的接触表面进行清理。

3. 高能束焊

这一类焊接方法包括电子束焊和激光焊。

(1) 电子束焊

电子束焊是以集中的高速电子束轰击工件表面时所产生的热能进行焊接的方法。电子束焊接时，由电子枪产生电子束并加速。常用的电子束焊有高真空电子束焊、低真空电子束焊和非真空电子束焊。前两种方法都是在真空室内进行的，焊接准备时间（主要是抽真空时间）较长，工件尺寸受真空室大小限制。

电子束焊与电弧焊相比，主要的特点是焊缝熔深大、熔宽小、焊缝金属纯度高。它既可以用在很薄材料的精密焊接，又可以用在很厚的（最厚达300mm）构件焊接。所有用其他焊接方法能进行熔化焊的金属及合金都可以用电子束焊接。它主要用于要求高质量的产品的焊接，还能解决异种金属、易氧化金属及难熔金属的焊接，但不适于大批量产品。

（2）激光焊

激光焊是利用大功率相干单色光子流聚焦而成的激光束为热源进行的焊接。这种焊接方法通常有连续功率激光焊和脉冲功率激光焊。

激光焊的优点是不需要在真空中进行，缺点则是穿透力不如电子束焊强。激光焊时能进行精确的能量控制，因而可以实现精密微型器件的焊接。它能应用于很多金属，特别是能解决一些难熔金属及异种金属的焊接。

4. 钎焊

钎焊的能源可以是化学反应热，也可以是间接热能。它是利用熔点比被焊材料熔点低的金属作钎料。经过加热使钎料熔化，靠毛细管作用将钎料吸入到接头接触面的间隙内，润湿被焊金属表面，使液相与固相之间相互扩散而形成钎焊接头。因此，钎焊是一种固相兼液相的焊接方法。

钎焊加热温度较低，母材不熔化，而且也不得施加压力。但焊前必须采取一定的措施清除被焊工件表面的油污、灰尘、氧化膜等。这是使工件润湿性好、确保接头质量的重要保证。钎料的液相线温度高于450℃而低于母材金属的熔点时，称为硬钎焊；低于450℃时，称为软钎焊。根据热源或加热方法的不同，钎焊可分为火焰钎焊、感应钎焊、炉中钎焊、浸渍钎焊、电阻钎焊等。钎焊时由于加热温度比较低，故对工件材料的性能影响较小，焊件的应力变形也较小。但钎焊接头的强度一般比较低，耐热能力较差。

钎焊可以用于焊接碳钢、不锈钢、高温合金、铝、铜等金属材料，还可以连接异种金属、金属与非金属。适于焊接受载不大或常温下工作的接头，对于精密的、微型的以及复杂的多钎缝的焊件尤其适用。

5. 其他焊接方法

主要包括以电阻热为能源的电渣焊、高频焊；以化学能为焊接能源的气焊、气压焊、爆炸焊；以机械能为焊接能源的摩擦焊、冷压焊、超声波焊、扩散焊。

（1）电渣焊

电渣焊是以熔渣的电阻热为能源的焊接方法。焊接过程是在立焊位置，在由两工件端面与两侧水冷铜滑块形成的装配间隙内进行。焊接时利用电流通过熔渣产生的电阻热将工件端部熔化。根据焊接时所用的电极形状，电渣焊分为丝极电渣焊、板极电渣焊和熔嘴电渣焊。电渣焊的优点是可焊的工件厚度大（从30～1000mm），生产率高，主要用于大断面对接接头及丁字接头的焊接。

电渣焊可用于各种钢结构的焊接，也可用于铸件的组焊。电渣焊接头由于加热及冷却均较慢、热影响区小、显微组织粗大、韧性低，因此焊接以后一般须进行正火处理。

（2）高频焊

高频焊是以固体电阻热为能源。焊接时利用高频电流在工件内产生的电阻热使工件焊接区表层加热到熔化或接近熔化的塑性状态，随即施加（或不施加）顶锻力而实现金属的结合。因此它是一种固相电阻焊方法。

高频焊根据高频电流在工件中产生热的方式可分为接触高频焊和感应高频焊。接触高频焊时，高频电流通过与工件机械接触而传入工件。感应高频焊时，高频电流通过工件外部感应圈的耦合作用而在工件内产生感应电流。

高频焊是专业化较强的焊接方法，要根据产品配备专用设备，生产率高，焊接速度可达30m/min，主要用于制造管子时纵缝或螺旋缝的焊接。

（3）气焊

气焊是用气体火焰为热源的一种焊接方法。应用最多的是以乙炔气作为燃料的氧-乙炔焊。但气焊加热速度及生产率较低，热影响区较大，且容易引起较大的变形。

气焊可用于很多黑色金属、有色金属及合金的焊接。一般适用于维修及单件薄板焊接。

(4) 气压焊

气压焊和气焊一样，气压焊也是以气体火焰为热源。焊接时将两对接的工件的端部加热到一定温度，然后再施加足够的压力以获得牢固的接头。气压焊是一种固相焊接。

气压焊时不加填充金属，常用于铁轨和钢筋焊接。

(5) 爆炸焊

爆炸焊也是以化学反应热为能源的另一种固相焊接方法。它是利用爆炸所产生的能量来实现金属连接的。在爆炸波作用下，两件金属在不到1秒的时间内即可被加速撞击形成金属的结合。

在各种焊接方法中，爆炸焊可以焊接的异种金属的组合范围最广。可以用爆炸焊将冶金不相容的两种金属焊成各种过渡接头。爆炸焊多用于表面积相当大的平板包覆，是制造复合板的高效方法。

(6) 摩擦焊

摩擦焊是以机械能为能源的固相焊接。它是利用两表面间的机械摩擦所产生的热来实现金属的连接的。

摩擦焊时，热量集中在接合面处，因此热影响区窄。两表面间须施加压力，多数情况是在加热终止时增大压力，使热态金属受顶锻而结合，一般结合面并不熔化。

摩擦焊生产率较高，原理上几乎所有能进行热锻的金属都能用摩擦焊焊接。摩擦焊还可用于异种金属的焊接，主要适用于横断面为圆形的最大直径为100mm的工件。

(7) 超声波焊

超声波焊也是一种以机械能为能源的固相焊接方法。进行超声波焊时，焊接工件在较低的静压力下，由声极发出的高频振动能使接合面产生强烈摩擦并加热到焊接温度而形成结合。

超声波焊可用于大多数金属材料之间的焊接，能实现金属、异种金属及金属与非金属间的焊接，可适用于金属丝、箔或2~3mm以下的薄板金属接头的重复生产。

(8) 扩散焊

扩散焊一般是以间接热能为能源的固相焊接方法。通常是在真空或保护气氛下进行。焊接时使两被焊工件的表面在高温和较大压力下接触并保温一定时间，以达到原子间距离，经过原子相互扩散而结合。焊前不仅需要清洗工件表面的氧化物等杂质，而且表面粗糙度要低于一定值才能保证焊接质量。

扩散焊对被焊材料的性能几乎不产生有害作用。它可以焊接很多同种和异种金属以及一些非金属材料，如陶瓷等。

二、常用焊接方法表示代号

常用焊接方法的表示代号有：焊条电弧焊（SMAW）、气焊（OFW）、钨极气体保护焊（GTAW）、熔化极气体保护焊（GMAE）、药芯焊丝气体保护焊（FCAW）、埋弧焊（SAW）、电渣焊（ESW）、摩擦焊（FRW）、螺柱焊（SW）、气电立焊（EGW）等。

三、焊接工艺参数

焊接工艺参数就是焊接时，为了保证焊接质量而选定的诸物理量的总称。以焊条电弧焊为例，焊条电弧焊影响焊接质量的主要的焊接工艺参数通常包括：焊条的选择、焊接电流、电弧电压、焊接速度、焊接层数、预热、后热等。焊接工艺参数选择的正确与否，将直接影响焊缝的形状、尺寸、焊接质量和生产效率，因此，选择合适的焊接工艺参数是焊接生产中不可忽视的一个重要问题。

1. 焊条的选择

(1) 焊条牌号的选择

焊缝金属的性能主要由焊条和焊件金属相互熔化来决定，因此，焊接时应该选择合适的焊条牌号才能保证焊缝金属具备所要求的性能。在焊接材料的选用过程中，除了考虑材料的成分、性能和用途外，还应当考虑被焊焊件的使用状况和施工条件等因素。焊条牌号的选用一般应考虑以下原则：

①焊接材料的力学性能和化学成分

a. 对于普通结构钢，通常要求焊缝金属与母材等强度，应选用抗拉强度等于或者稍高于母材的焊接材料；

b. 对于合金结构钢，通常要求焊缝金属的主要化学成分与母材金属相同或接近；

c. 在被焊结构刚性大、接头应力高、焊缝容易产生裂纹的情况下，可以考虑选用比母材强度低一个强度等级的焊接材料；

d. 当母材金属中C、S、P等元素含量偏高时，焊缝容易产生裂纹，应选用抗裂性能好的低氢型焊接材料。

②焊件的使用性能和工作条件

a. 对承受动载荷和冲击载荷的焊件，除满足强度要求外，还要保证焊缝金属具有较高的韧性和塑性，应选择韧性和塑性较高的焊接材料；

b. 接触腐蚀介质的焊件，应根据介质的性质及腐蚀特征，选用相应的具有耐腐蚀性能的焊接材料；

c. 在高温或低温条件下工作的焊件，应选用相应的耐高温或低温的焊接材料。

③焊件的结构特点和受力状况

a. 对结构形状复杂、刚性大及大厚度的焊件，为防止产生裂纹，应选用抗裂性能好的焊接材料；

b. 对焊接部位难以清理的焊件，应选用氧化性强，对铁锈、氧化皮、油污不敏感的焊接材料；

c. 对受条件限制不能翻转的焊件，应选用可以适合全位置焊接的焊接材料。

④施工条件及设备

在没有直流电源，而焊接结构又必须使用低氢型焊接材料的场合，应选用交、直流两用的低氢型焊接材料；在狭小或通风差的场所，应选用发尘量低的焊接材料。

⑤其他因素

在保证产品性能的条件下，尽量选用电弧稳定、飞溅小、焊缝成型美观的焊接材料；在满足使用性能和操作工艺性能的条件下，尽量选用成本低、效率高的焊接材料。

(2) 焊条直径的选择

焊接过程中，为了提高生产率，应尽可能选用较大直径的焊条，但是使用直径过大的焊条焊接，会造成未焊透或焊缝成型不良等问题。因此必须正确选择焊条的直径。焊条直径大小的选择与以下因素有关：

①焊件的厚度

厚度较大的焊件应选用直径较大的焊条；反之，薄焊件的焊接，则应选用小直径的焊条。

②焊缝位置

在板厚相同的条件下焊接平焊缝用的焊条直径应比其他位置大一些，立焊最大不超过5mm，而仰焊、根焊最大直径不超过4mm，这是为了造成较小的熔池，减少熔化金属的下淌。

③焊接层数

在进行多层焊时，如果第一层焊缝所采用的焊条直径过大，会造成因电弧过长而不能焊透，因此为了防止根部焊不透，所以对多层焊的第一层焊道应采用直径较小的焊条进行焊接。以后各层可以根据焊件厚度，选用较大直径的焊条。

④接头形式

搭接接头、T形接头因不存在全焊透问题，所以应选用较大的焊条直径以提高生产效率。

2. 焊接电流的选择

焊接时，流经焊接回路的电流称为焊接电流。焊接电流的大小是影响焊接生产率和焊接质量的重要因素之一。

增大焊接电流能提高生产率，但电流过大易造成焊缝咬边、烧穿等缺陷，同时增加了金属飞溅，也会使接头的组织因过热而发生变化；而电流过小也易造成夹渣、未焊透等缺陷。为了保证焊接接头的力学性能，我们应适当地选择焊接电流。焊接时决定电流强度的依据很多，如焊条类型、焊条直径、焊件厚度、接头形式、焊缝位置和层数等，但是主要的是焊条直径、焊缝位置和焊条类型。

（1）根据焊条直径选择

焊条直径的选择取决于焊件的厚度和焊缝的位置，当焊件厚度较小时，焊条直径要选小些；焊接电流也应小些；反之，则应选择较大直径的焊条。焊条直径越大，熔化焊条所需要的电弧热量也越大，电流强度也相应要大。焊接电流大小与焊条直径的关系，一般可根据下面的经验公式来选择：

$$I = (35 \sim 55)d$$

式中　I——焊接电流（A）；

　　　d——焊条直径（mm）。

根据以上公式所求得的焊接电流只是一个大概数值，在实际生产中，焊工一般都凭自己的经验来选择适当的焊接电流。先根据焊条直径算出一个大概的焊接电流，然后在钢板上进行试焊。在试焊过程中，可根据下述几点来判断选择的电流是否合适。

①看飞溅。电流过大时，电弧吹力大，可看到较大颗粒的铁水向熔池外飞溅，焊接时爆裂声大。电流过小时，电弧吹力小，熔池和铁水不易分清。

②看焊缝成形。电流过大时，熔深大、焊缝余高低、两侧易产生咬边。电流过小时，焊缝窄而高、熔深浅、且两侧与母材金属熔合不好；电流适中时，焊缝两侧与母材金属熔合得很好，呈圆滑过渡。

③看焊条熔化状况。电流过大时，当焊条熔化了大半根时，其余部分均已发红；电流过小时，电弧燃烧不稳定，焊条容易粘在焊件上。

（2）根据焊缝位置选择

相同焊条直径的条件下，在焊接平焊缝时，由于运条和控制熔池中的熔化金属都比较容易，因此可以选择较大的电流进行焊接。但在其他位置焊接时，为了避免熔化金属从熔池中流出，要使熔池尽可能小些，所以电流相应要比平焊小一些。

（3）根据焊条类型选择

当其他条件相同时，碱性焊条使用的焊接电流应比酸性焊条小些，否则焊缝中易形成气孔。

3. 电弧电压的选择

焊条电弧焊的电弧电压主要由电弧长度来决定。电弧长，电弧电压高；电弧短，电弧电压低。在焊接过程中，电弧不宜过长，电弧过长会出现下列几种不良现象：

(1) 电弧燃烧不稳定，易摆动，电弧热能分散，飞溅增多，造成金属和电能的浪费。
(2) 熔深小，容易产生咬边、未焊透、焊缝表面高低不平整、焊波不均匀等缺陷。
(3) 对熔化金属的保护差，空气中氧、氮等有害气体容易侵入，使焊缝产生气孔的可能性增加，使焊缝金属的力学性能降低。

因此在焊接时应力求使用短弧焊接，在立、仰焊时弧长应比平焊时更短一些。以利于熔滴过渡，防止熔化金属下淌。碱性焊条焊接时应比酸性焊条弧长短些，以利于电弧的稳定和防止气孔。所谓短弧一般认为应是焊条直径的 0.5～1.0 倍，用计算式表示如下：

$$L_{弧} = （0.5 \sim 1.0） d （mm）$$

式中 $L_{弧}$——电弧长度；
d——焊条直径。

4. 焊接速度

单位时间内完成的焊缝长度称为焊接速度。焊接过程中，焊接速度应该均匀适当，既要保证焊透又要保证不烧穿，同时还要使焊缝宽度和高度符合图纸设计要求。

如果焊接速度过慢，使高温停留时间增长，热影响区宽度增加，焊接接头的晶粒变粗，力学性能降低，同时使变形量增大，当焊接较薄焊件时，则易烧穿。如果焊接速度过快，熔池温度不够，易造成未焊透、未熔合、焊缝成型不良等缺陷。

焊接速度直接影响焊接生产率，所以应该在保证焊缝质量的基础上，采用较大的焊条直径和焊接电流，同时根据具体情况适当加快焊接速度，以保证在获得焊缝的高低和宽窄一致的条件下，提高焊接生产率。

5. 焊接层数

在焊件厚度较大时，往往需要多层焊。对于低碳钢和强度等级低的普通钢的多层焊时，每层焊缝厚度过大时，对焊缝金属的塑性（主要表现在冷弯角上）稍有不利的影响。因此对质量要求较高的焊缝，每层厚度最好不大于 4～5mm。根据实际经验：每层厚度约等于焊条直径的 0.8～1.2 倍时，生产率较高，并且比较容易操作。因此焊接层数可近似地按如下经验公式计算：

$$n = \delta / md$$

式中 n——焊接层数；
δ——焊件厚度（mm）；
m——经验系数，一般取 0.8～1.2；
d——焊条直径（mm）。

6. 预热

(1) 预热的作用

预热能降低焊后冷却速度。对于给定成分的钢种，焊缝及热影响区的性能取决于冷却速度的大小。对于易淬火钢，通过预热可以减小淬硬程度，防止产生焊接裂纹。另外，预热可以减小热影响区的温度差别，在较宽范围内得到比较均匀的温度分布，有助于减少由于温度差别而造成的焊接应力。

由于预热有以上良好作用，在焊接有淬硬倾向的钢材时，经常采用预热措施。但是，对于铬镍奥氏体钢，预热使热影响区在敏化温度区间的停留时间增加，从而增大腐蚀倾向。因此，在焊接铬镍奥氏体不锈钢时，不可进行预热。

(2) 预热温度的选择

焊件焊接时是否需要预热，以及预热温度的选择，应根据钢材的成分、厚度、结构刚性、接头形式、焊接材料、焊接方法以及环境因素等综合考虑，并通过可焊性试验来确定。

(3) 预热方法

预热时的加热范围，对于对接接头每侧加热宽度不得小于板厚的5倍，一般在坡口两侧各75～100毫米范围内应保持一个均热区域，测温点应取在均热区域的边缘。如果采用火焰加热，测温最好在加热面的反面进行。除火焰加热外，还可用工频感应加热、红外线加热等方法加热。在刚度很大的结构上进行局部预热时，应注意加热部位，避免造成很大的热应力。

7. 后热

(1) 后热的作用

焊后将焊件保温缓冷，可以减缓焊缝和热影响区的冷却速度，起到与预热相似的作用。对于冷裂纹倾向性大的低合金高强度钢等材料，还有一种专门的后热处理，也称为消氢处理，即在焊后立即将焊件加热到250～350℃温度范围，保温2～6小时后空冷。消氢处理的目的，主要是使焊缝金属中的扩散氢加速逸出，大大降低焊缝和热影响区中的氢含量，防止产生冷裂纹。消氢处理的加热温度较低，不能起到消除焊接应力的作用。对于焊后要求进行热处理的焊件，因为在热处理过程中可以达到除氢目的，不需要另作消氢处理。但是，焊后若不能立即进行热处理而焊件又必须及时除氢时，则需及时作消氢处理，否则焊件有可能在热处理前的放置期间内产生裂纹。

(2) 后热的方法

后热的加热方法、加热区宽度、测温部位等要求与预热相同。

四、焊接工艺评定

焊接工艺评定是指：为验证所拟定的焊件焊接工艺的正确性而进行的实验过程及结果评价。

五、焊接通用规定

不同壁厚黑色金属板材、管材焊接选用的坡口形式和尺寸见表27；铝及铝合金板材、管材焊接选用的坡口形式和尺寸见表28；紫铜手工氩弧焊选用的坡口形式和尺寸见表29；黄铜氧乙炔焊选用的坡口形式和尺寸见表30；钛及钛合金焊接选用的坡口形式和尺寸见表31；镍及镍合金焊接选用的坡口形式和尺寸见表32。

黑色金属焊件坡口形式和尺寸表　　　　表27

项次	厚度 δ (mm)	坡口类型	坡口形式	坡口尺寸			备注
				间隙 b (mm)	钝边 P (mm)	坡口角度 α (β)	
1	1～3	I形坡口	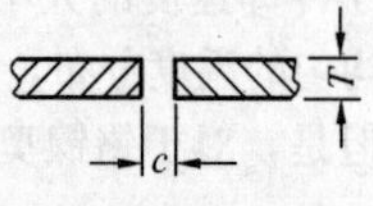	0～1.5	—	—	单面焊
	3～6			0～2.5			双面焊

续表

项次	厚度δ (mm)	坡口类型	坡口形式	坡口尺寸			备注
				间隙 b (mm)	钝边 P (mm)	坡口角度 α (β)	
2	3～9	V形坡口	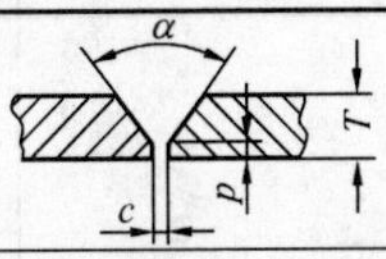	0～2	0～2	65～75	
	9～26			0～3	0～3	55～65	
3	6～9	带垫板V形坡口	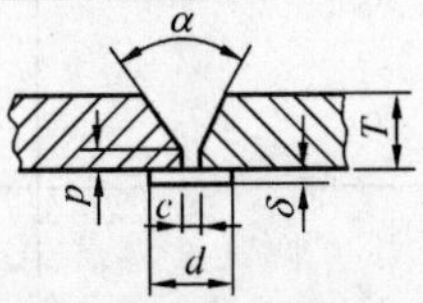	3～5	0～2	45～55	
	9～26			4～6	0～2		
4	12～60	X形坡口	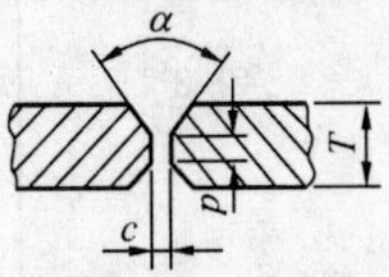	0～3	0～3	55～65	
5	20～60	双V形坡口	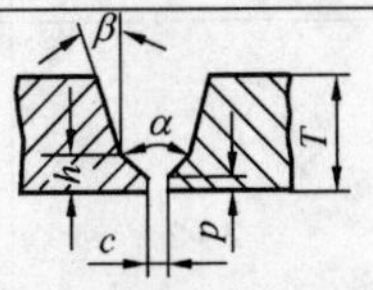	0～3	1～3	65～75 (8～12)	
6	20～60	U形坡口	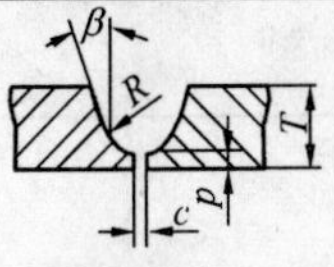	0～3	1～3	(8～12)	
7	2～30	T形接头I形坡口	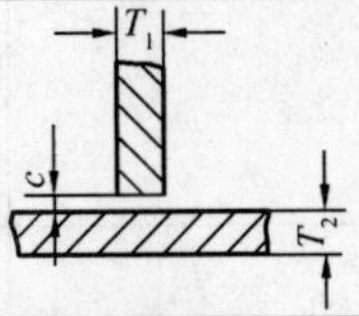	0～2	—	—	
8	6～10	T形接头单边V形坡口	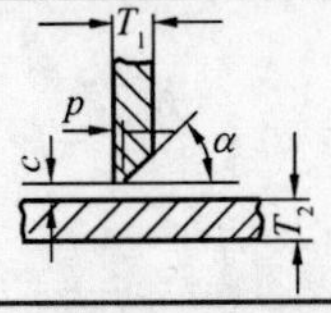	0～2	0～2	45～55	
	10～17			0～3	0～3		
	17～30			0～4	0～4		

37

续表

项次	厚度δ (mm)	坡口类型	坡口形式	坡口尺寸			备注
				间隙 b (mm)	钝边 P (mm)	坡口角度 α (β)	
9	20~40	T形接头对称K形坡口	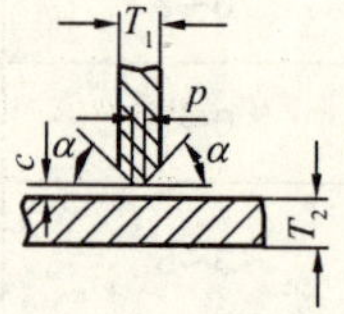	0~3	2~3	45~55	
10	管径 φ≤76	管座坡口	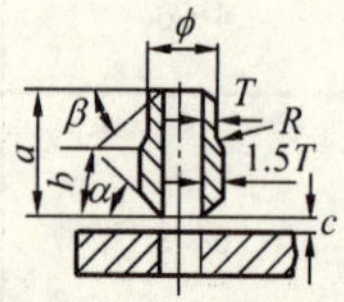 a=100 b=70 R=5	2~3	—	50~60 (30~35)	
11	管径 φ76~133	管座坡口	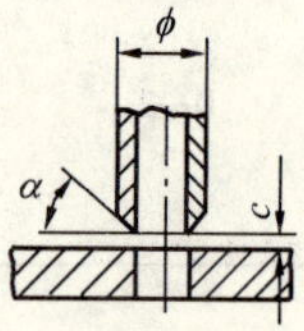	2~3	—	45~60	
12		法兰角接接头	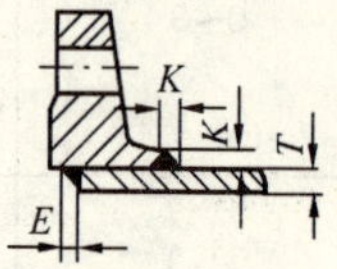	—	—	—	K=1.4T，且不大于颈部厚度；E=6.4mm且不大于T
13		承插焊接法兰	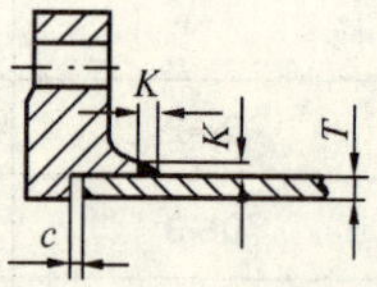	1.6	—	—	K=1.4T，且不大于颈部厚度

续表

项次	厚度δ (mm)	坡口类型	坡口形式	坡口尺寸			备注
				间隙 b (mm)	钝边 P (mm)	坡口角度 α (β)	
14		承插焊接接头	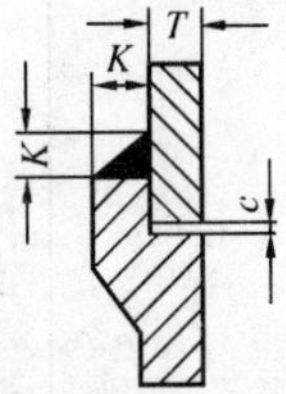	1.6	—	—	$K=1.4T$，且不大于 3.2mm

铝及铝合金坡口形式及尺寸表

表28

焊接方法	项次	厚度δ (mm)	坡口类型	坡口形式	坡口尺寸			备注
					间隙 b (mm)	钝边 P (mm)	坡口角度 α (β)	
手工钨极氩弧焊	1	1~2	卷边	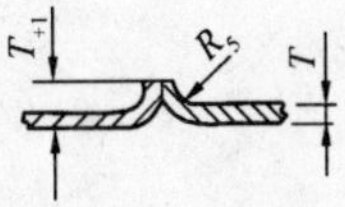	—	—	—	卷边高度 T+1 不添加焊丝
	2	<3	I形坡口	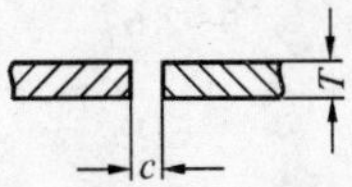	0~1.5	—	—	单面焊
		3~5			0.5~2.5			双面焊
	3	3~5	V形坡口	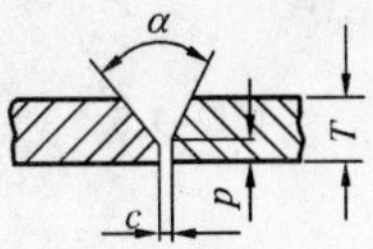	0~2.5	1~1.5	70~80	(1) 横焊位置坡口角度上半边 40°~50°，下半边 20°~30°；(2) 单面焊坡口根部内侧最好倒棱；(3) U形坡口根部圆角半径为 6~8mm
		5~12			2~4	1~2	60~70	

续表

焊接方法	项次	厚度δ(mm)	坡口类型	坡口形式	坡口尺寸			备注
					间隙 b (mm)	钝边 P (mm)	坡口角度 α (β)	
手工钨极氩弧焊	4	4~12	带垫板V形坡口	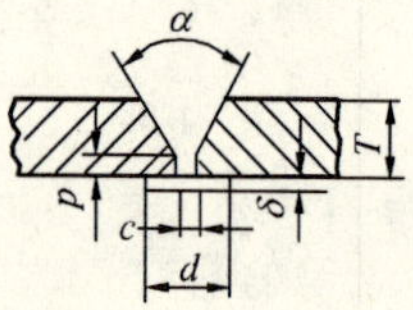	3~6	—	50~60	(1) 横焊位置坡口角度上半边40°~50°，下半边20°~30°； (2) 单面焊坡口根部内侧最好倒棱； (3) U形坡口根部圆角半径为6~8mm
	5	>8	U形坡口	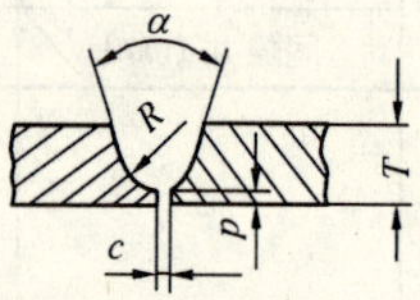	0~2.5	1.5~2.5	55~65	
	6	>12	X形坡口	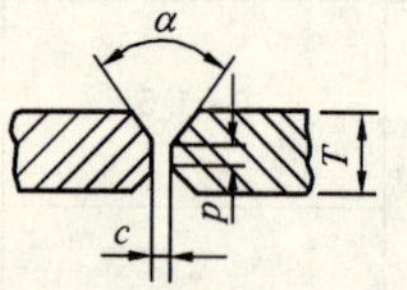	0~2.5	2~3	60~80	
	7	≤6	不开坡口T形接头	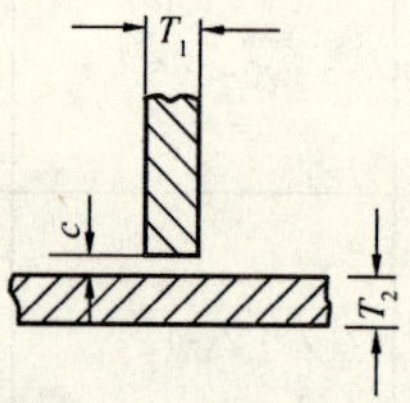	0.5~1.5	—	—	

续表

焊接方法	项 次	厚度δ (mm)	坡口类型	坡口形式	坡口尺寸			备 注
					间隙 b (mm)	钝边 P (mm)	坡口角度 α (β)	
手工钨极氩弧焊	8	6~10	T形接头单边V形坡口	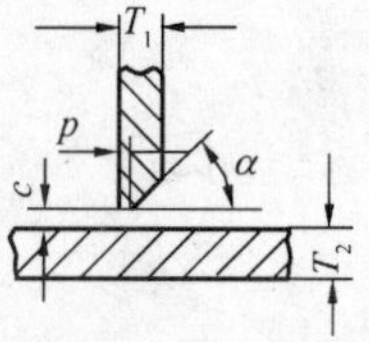	0.5~2	≤2	50~55	
	9	≥8	T形接头对称K形坡口	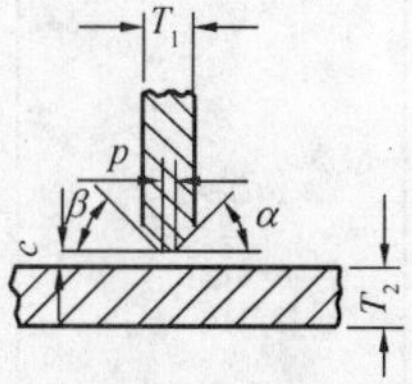	0~2	≤2	50~55	
熔化极氩弧焊	10	≤10	I形坡口	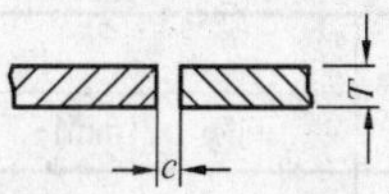	0~3	—	—	
	11	8~20	V形坡口	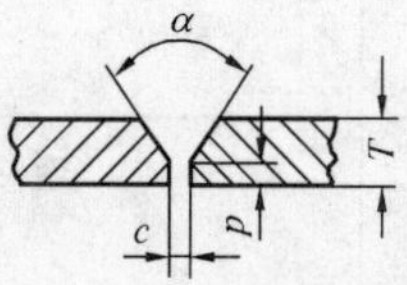	0~3	3~4	60~70	
	12	8~25	带垫板V形坡口	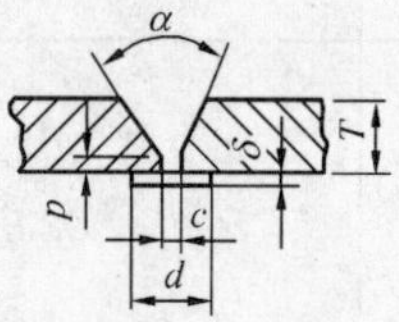	3~6	—	50~60	

续表

焊接方法	项次	厚度 δ (mm)	坡口类型	坡口形式	坡口尺寸 间隙 b (mm)	钝边 P (mm)	坡口角度 α (β)	备注
熔化极氩弧焊	13	>20	U形坡口	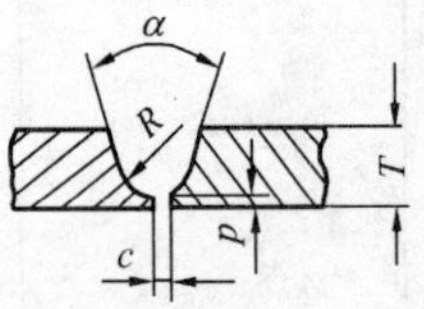	0~3	3~5	40~50	
	14	>8	X形坡口	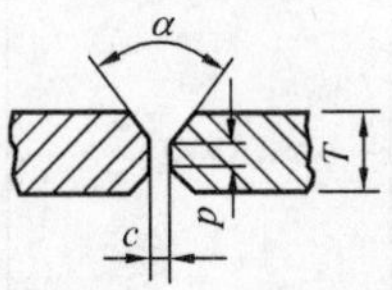	0~3	3~6	70~80	
		>26				5~8	60~70	

紫铜手工氩弧焊坡口形式和尺寸表　　表29

项次	厚度 δ (mm)	坡口类型	坡口形式	坡口尺寸 间隙 b (mm)	钝边 P (mm)	坡口角度 α (β)	备注
1	≤2	I形坡口	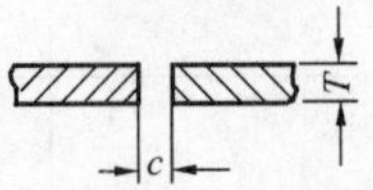	0	—	—	单面焊
2	3~4	V形坡口	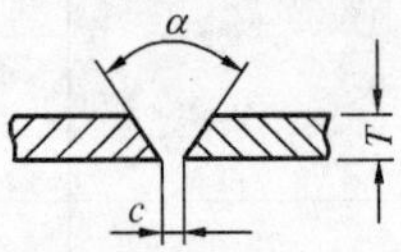	0	—	60~70	
3	5~8	V形坡口	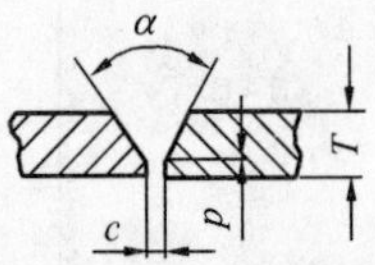	0	1~2	60~70	

续表

项次	厚度δ (mm)	坡口类型	坡口形式	坡口尺寸			备 注
				间隙 b (mm)	钝边 P (mm)	坡口角度 α (β)	
4	10～14	X形坡口	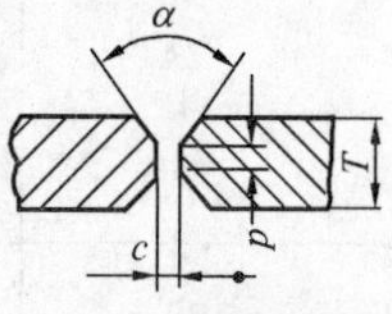	0	—	60～70	

黄铜氧乙炔焊坡口形式和尺寸表

表30

项次	厚度δ (mm)	坡口类型	坡口形式	坡口尺寸			备 注
				间隙 b (mm)	钝边 P (mm)	坡口角度 α (β)	
1	≤2	卷边		—	—	—	不添加金属
2	≤3	I形坡口	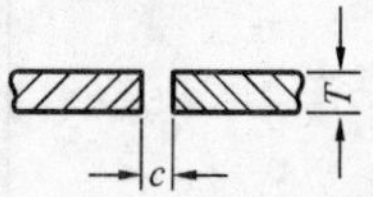	0～4	—	—	单面焊
	3～6			3～5	—	—	双面焊不能两侧同时焊
3	3～12	V形坡口	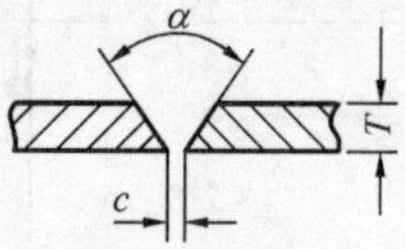	3～6	0	60～70	
4	>6	V形坡口	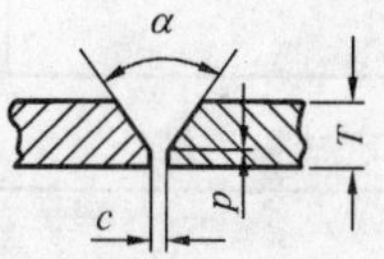	3～6	0～3	60～70	
5	>8	X形坡口	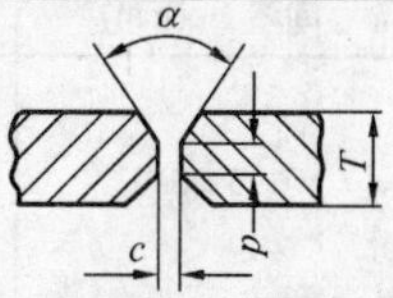	3～6	0～4	60～70	

钛及钛合金钨极氩弧焊坡口形式和尺寸表

表31

项次	厚度δ (mm)	坡口类型	坡口形式	坡口尺寸			备注
				间隙 b (mm)	钝边 P (mm)	坡口角度 α (β)	
1	1~2	I形坡口	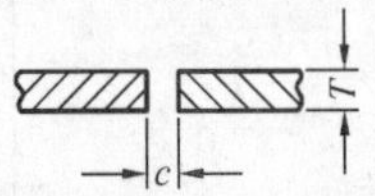	0~1	—	—	
2	2~10	V形坡口	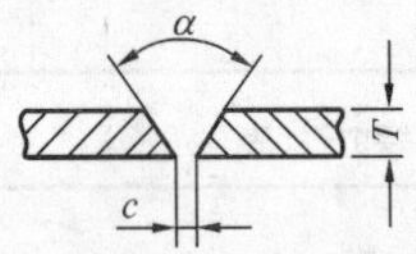	0.5~2	1~1.5	60~65	
3	2~10	不等厚管壁对接V形坡口	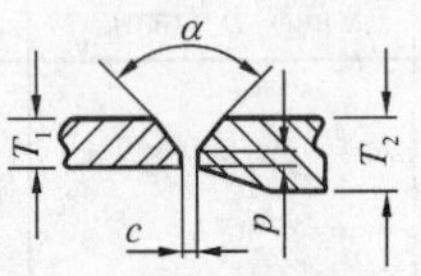	0.5~2	1~1.5	60~65	
4	2~10	跨接式三通支管坡口	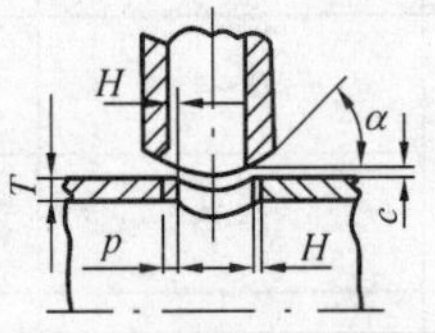	1~2.5	1~2	40~50	
5	2~10	插入式三通主管坡口	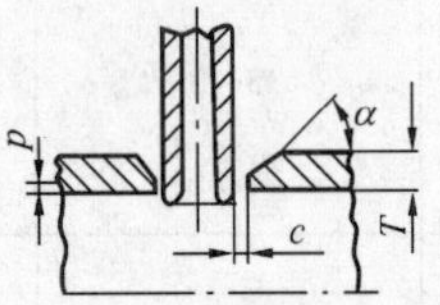	1~2.5	1~2	40~50	

镍及镍合金钨极氩弧焊坡口形式和尺寸表

表32

项次	厚度δ (mm)	坡口类型	坡口形式	坡口尺寸			备注
				间隙 b (mm)	钝边 P (mm)	坡口角度 α (β)	
1	1~3	I形坡口	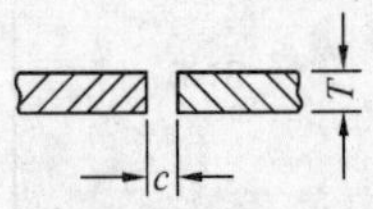	1.5±0.5	—	—	

续表

项次	厚度δ (mm)	坡口类型	坡口形式	坡口尺寸			备注
				间隙 b (mm)	钝边 P (mm)	坡口角度 α (β)	
2	≤8	V形坡口	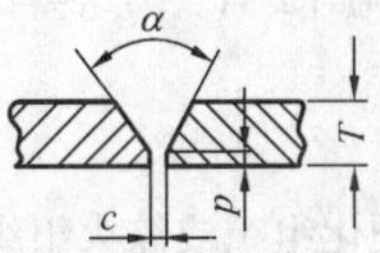	2.5±0.5	1±0.5	75±5	
	>8			2.5±0.5	1±0.5	70±5	
3	≥17	双V形坡口	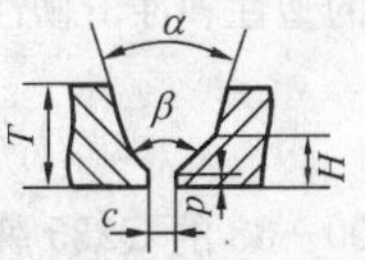	2.5±0.5	1±0.5 H=T/3	α=50-55 β=75±5	
4	≥17	U形坡口	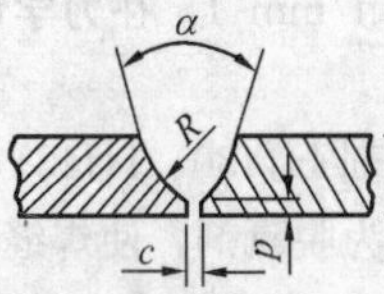	3±0.5	1.5±0.5	30~40 R=5~6	
5		法兰角接头	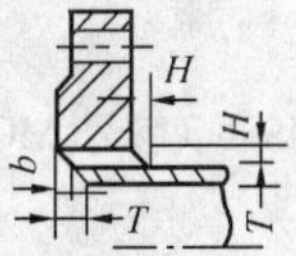	b=1~3	H=1.4T	—	
6	≥4	管件角接头	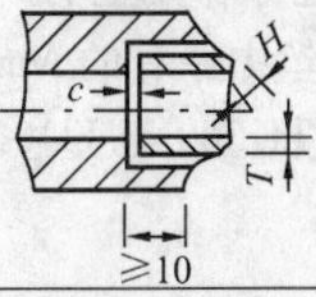	c=2~3 b=0.5~1	H=T	—	
7	≥4	跨接式三通 直管坡口	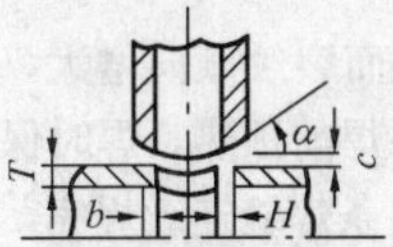	c=2~3 b=1±0.5	H=0~2	60±5	
8	≥4	插入式三通 主管坡口	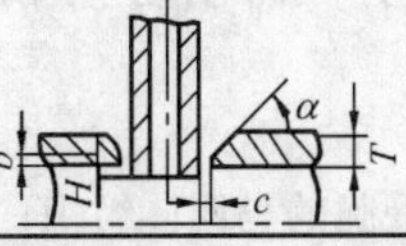	c=2~3 b=1~2	H=0~2.5	55±5	

六、焊接工程施工要求

1. 碳钢的焊接

按照含碳量碳钢分为：低碳钢（C≤0.3%）、中碳钢（C=0.3%～0.6%）和高碳钢（C>0.6%）三类，不同的碳钢具有不同的焊接特点。

(1) 低碳钢的焊接

①低碳钢的焊接特点

低碳钢中的C、Mn、Si等元素含量少，通常情况下不会因为焊接产生严重的硬化组织或淬火组织。低碳钢的焊接性能优良，一般不需要预热、控制层间温度和后热，焊后也不必采用热处理改善组织。焊接完成以后，形成的焊接接头的塑性和冲击韧性较高。

②低碳钢焊接材料的选用

a. 焊条

焊接低碳钢时，大多使用E43XX系列的焊条，因为低碳钢结构通常使用GB 700—88的Q235牌号钢材制造，这类钢材的抗拉强度平均值为417.5MPa（42.5kgf/mm^2），而E43XX系列焊条熔敷金属的抗拉强度不小于420MPa（43kgf/mm^2），在力学性能上正好与之匹配。

b. 埋弧焊焊丝和焊剂

低碳钢埋弧焊一般选用实心焊丝H08A或H08E，它们与高锰高硅低氟熔炼焊剂HJ430、HJ431、HJ433或HJ434配合，应用甚广。焊接时，焊剂中的MnO和SiO$_2$在高温下与铁反应，Mn与Si得以还原。熔池冷却时，Mn和Si即成为脱氧剂，使焊缝脱氧，同时又可有足够数量余留下来，成为合金剂，保证焊缝力学性能。

c. 气体保护焊焊丝

碳钢实心焊丝主要由CO$_2$气体保护，且主要配合50公斤级母材，其型号为ER-49-1（牌号MG-49-1，即过去的H08Mn2SiA），强度稍低。

d. 电渣焊焊丝和焊剂

电渣焊熔池温度比埋弧焊低，焊接过程中焊剂更新量又少，所以焊剂的Si、Mn还原作用也弱。低碳钢电渣焊时，如果仍按埋弧焊选用H08A、H08E焊丝与高锰高硅低氟焊剂配合，则焊缝得不到足够数量的Si和Mn，特别是母材和焊丝中原有的Mn还会烧损。另一方面，Mn的过渡量与焊剂碱度有关，碱度愈大，过渡量也愈大。为此，低碳钢电渣焊时，往往选用中锰高硅中氟熔炼焊剂HJ360与H10Mn2或H10MnSi焊丝配合。也可使用高锰高硅低氟焊剂（例如HJ431）与H10MnSi配合。

③低碳钢在低温下的焊接

在严寒冬天或类似的气温条件下焊接低碳钢结构，焊接接头冷却速度较快，从而裂纹倾向增大，特别是焊接大厚度或大刚度结构更是如此。其中，多层焊接的第1道焊缝开裂倾向又比其他为大。为避免裂纹，可以采取以下措施：a. 焊前预热，焊时保持层间温度；b. 采用低氢或超低氢焊接材料；c. 点固焊时加大电流，减慢焊速，适当增大点固焊缝截面和长度，必要时施加预热；d. 整条焊缝连续焊完，尽量避免中断；e. 不在坡口以外的母材上打弧，熄弧时，弧坑要填满；f. 弯板、矫正和装配时，尽可能不在低温下进行；g. 尽可能改善严寒下劳动生产条件。以上措施可单独采用或综合采用。

(2) 中碳钢的焊接

①中碳钢的焊接特点

中碳钢中的C含量较高，焊接性能较差。焊接过程中焊接热影响区容易产生硬脆的马氏体组织；如果S、P等杂质元素控制不严，容易出现热裂纹；大多数情况下中碳钢焊接需要预热、控制层间温度和后热，焊后最好进行消除应力热处理。

②中碳钢焊接材料的选用

应当尽量选用低氢焊接材料，例如低氢焊条，它们有一定脱硫能力，熔敷金属塑性和韧性良好，扩散氢量又少，所以，无论对热裂纹或氢致冷裂纹来说，抗裂性都较高。在个别情况下，也可采用钛铁矿型或钛钙型焊条，但一定要有严格的工艺措施配合，例如认真控制预热温度和尽量减少母材熔深（减少焊缝 w（C）），方能有满意结果。

特殊情况下，亦可采用铬镍奥氏体不锈钢焊条焊接。这时不需预热，而焊缝奥氏体金属塑性良好，可以减少焊接接头应力，避免热影响区冷裂纹产生。用于中碳钢焊接的铬镍不锈钢焊条牌号有 E308-16（A102）、E308-15（A107）、E309-16（A302）、E309-15（A307）、E310-16（A402）、E310-15（A407）等。

③中碳钢焊接工艺特点

大多数情况下，中碳钢焊接需要预热和控制层间温度，以降低焊缝和热影响区冷却速度，从而防止产生马氏体。预热温度取决于碳当量、母材厚度、结构刚性、焊条类型和工艺方法。通常，35 号和 45 号钢预热温度可为 150～250℃，w（C）再高，或厚度大，或刚性大，则预热温度可在 250～400℃。焊后最好立即进行消除应力热处理，特别是大厚度工件、大刚性结构件和苛刻的工况条件下（例如动载荷或冲击载荷）工作的工件更如此。消除应力回火温度一般为 600～650℃。如果不可能立即消除应力，也应当后热，以便扩散氢逸出。后热温度不一定与预热温度相同，视具体情况而定。后热保温时间大约每 10mm 厚度为 1h 左右。当焊接沸腾钢时，加入含有足够数量脱氧剂（例如 Al、Mn、Si）的填充金属，可以防止焊缝气孔。埋弧焊的焊丝和焊剂配合适当，可以有足够的脱氧剂，例如 Si 或 Mn 也可防止焊接沸腾钢引起焊缝气孔。

（3）高碳钢的焊接

①高碳钢的焊接特点

高碳钢 w（C）大于 0.6%，除了高碳结构钢外，还包括高碳碳素钢铸件和碳素工具钢等。它们的 w（C）比中碳钢更高，更容易产生硬脆的高碳马氏体，所以淬硬倾向和裂纹敏感倾向更大，从而焊接性更差。因此，这类钢实际上不用于制造焊接结构，而用于高硬度或耐磨部件、零件和工具，以及某些铸件，亦即用于工具钢和铸钢。所以它们的焊接也大多数为焊接修复。为了获得高硬度或耐磨性，高碳钢零件一般都经过热处理，常为淬火＋回火，因此，焊接前应经过退火，可以减少裂纹倾向，焊后再进行热处理，以达到高硬度和耐磨要求。

②高碳钢焊接材料的选用

焊接材料通常不用高碳钢，具体根据钢的含碳量、工件设计和使用条件等，选用合适的填充金属。焊缝要与母材性能完全相同比较困难，这些钢的抗拉强度大多在 675MPa 以上，选用的焊接材料视产品设计要求而定，要求强度高时，一般用 E7015-DZ（J707）或 E6015-DI（J607），要求不高时可用 E5016（J506）或 E5015（J507）等焊条，或者分别选用与以上强度等级相当的低合金钢焊条或填充金属。所有焊接材料都应当是低氢型的。必要时也可以用铬镍奥氏体不锈钢焊条焊接，其牌号与中碳钢用者相同，例如 A102、A107、A142、A146、A172、A302、A307 等。

③高碳钢焊接工艺特点

高碳钢应先行退火，方能焊接。采用结构钢焊条焊接时，焊前必须预热，一般为 250～350℃以上。焊接过程中还需要保持与预热一样的层间温度。焊后工件保温，并立即送入炉中，在 650℃保温，进行消除应力热处理。工件刚度、厚度较大时，应采取减少焊接应力的措施，例如合理排列焊道，分段倒退焊法，焊后锤击等。

2. 低合金钢的焊接

低合金钢一般是在碳钢的基础上添加一定数量的合金化元素制成的，合金元素的含量一般不超过 5%。常用的低合金钢分为高强度钢、低温用钢、耐腐蚀用钢和珠光体耐热钢四类。

(1) 低合金高强钢的焊接

①低合金高强钢的分类

低合金高强度钢的分类是按照力学性能划分的，钢的牌号由代表屈服点的汉语拼音字母"Q"、屈服点数值、质量等级符号三个部分按顺序排列。按照钢的屈服强度，低合金高强钢分5个强度等级，分别是295MPa、345MPa、390MPa、420MPa及460MPa。每个强度等级又根据冲击吸收功要求分成A、B、C、D、E 5个质量等级，分别代表不同的冲击韧性要求。

②低合金高强钢的焊接性

低合金高强钢含有一定量的合金元素及微合金化元素，其焊接性与碳钢有差别，主要是焊接热影响区组织与性能的变化对焊接热输入较敏感，热影响区淬硬倾向增大，对氢致裂纹敏感性较大，含有碳、氮化合物形成元素的低合金高强钢还存在再热裂纹的危险等。

a. 焊接热影响区组织与性能

依据焊接热影响区被加热的峰值温度不同，焊接热影响区可分为熔合区（1350～1450℃）、粗晶区（1000～1300℃）、细晶区（800～1000℃）、不完全相变区（700～800℃）及回火区（500～700℃）。不同部位热影响区组织与性能取决于钢的化学成分和焊接时加热和冷却的速度。对于某些低合金高强钢，如果焊接冷却速度控制不当，焊接热影响区局部区域将产生淬硬或脆性组织，导致抗裂性或韧性降低。

低合金高强钢焊接时，热影响区中被加热到1100℃以上的粗晶区及加热温度为700～800℃的不完全相变区是焊接接头的两个薄弱区。热轧钢焊接时，如果焊接热输入过大，粗晶区将因晶粒严重长大或出现魏氏组织等而降低韧性；如果焊接热输入过小，由于粗晶区组织中马氏体比例增大而降低韧性。正火钢焊接时，粗晶区组织性能受焊接热输入的影响更为显著。Nb、V微合金化的14MnNb、Q420等正火钢焊接时，如果热输入较大，粗晶区的Nb（C，N）、V（C，N）析出相将因溶于奥氏体中，从而失去了抑制奥氏体晶粒长大及细化组织的作用，粗晶区将产生粗大的粒状贝氏体、上贝氏体组织而导致粗晶区韧性的显著降低。焊接热影响区的不完全相变区，在焊接加热时，该区域内只有部分富碳组元发生奥氏体转变，在随后的焊接冷却过程中，这部分富碳奥氏体将转变成高碳孪晶马氏体，而且这种高碳马氏体的转变终了温度（Mf）低于室温，相当一部分奥氏体残留在马氏体岛的周围，形成所谓的M-A组元。M-A组元的形成是该区域的组织脆化的主要原因。防止不完全相变区组织脆化的措施是控制焊接冷却速度，避免脆硬的马氏体产生。

焊接热影响区软化是控轧控冷钢焊接时遇到的主要问题，当采用埋弧焊、电渣焊及闪光对焊等高热输入焊接工艺方法时，控轧控冷钢焊接热影响区软化问题变得非常突出。焊接热影响区的软化使焊接接头强度明显低于母材，给焊接接头的疲劳性能带来损害。另外，焊接热输入还影响控轧控冷钢热影响区的组织和韧性，当采用较小的热输入焊接时，由于焊接冷却速度较快，焊接热影响区获得下贝氏体组织，具有较优良的韧性，而随着焊接热输入的增加，焊接冷却速度降低，焊接热影响区获得上贝氏体或侧板条铁素体组织，韧性显著降低。

b. 热应变脆化

在自由氮含量较高的C-Mn系低合金钢中，焊接接头熔合区及最高加热温度低于AC3的亚临界热影响区，常常有热应变脆化现象。一般认为，这种脆化是由于氮、碳原子聚集在位错周围，对位错造成打孔作用所造成的。热应变脆化容易在最高加热温度范围200～400℃的亚临界热影响区产生。如有缺口效应，则热应变脆化更为严重，熔合区常常存在缺口性质的缺陷，当缺陷周围受到连续的焊接热应变作用后，由于存在应变集中和不利组织，热应变脆化倾向就更大，所以热应变脆化也容易发生在熔合区。

c. 冷裂纹敏感性

焊接氢致裂纹（通常称焊接冷裂纹或延迟裂纹）是低合金高强钢焊接时最容易产生，而且是危害最为严重的工艺缺陷，它常常是焊接结构失效破坏的主要原因。低合金高强钢焊接时产生的氢致裂纹主要发生在焊接热影响区，有时也出现在焊缝金属中。根据钢种的类型、焊接区氢含量及应力水平的不同，氢致裂纹可能在焊后200℃以下立即产生，或在焊后一段时间内产生。研究表明，当低合金高强钢焊接热影响区中产生淬硬的 M 或 M＋B＋F 混合组织时，对氢致裂纹敏感；而产生 B 或 B＋F 组织时，对氢致裂纹不敏感。热影响区最高硬度可被用来粗略的评定焊接氢致裂纹敏感性。对一般低合金高强钢，为防止氢致裂纹的产生，焊接热影响区硬度应控制在 350HV 以下。热影响区淬硬倾向可以采用碳当量公式加以评定。

  d. 热裂纹敏感性

与碳素钢相比，低合金高强钢的 w（C）、w（S）较低，且 w（Mn）较高，其热裂纹倾向较小。但有时也会在焊缝中出现热裂纹，如厚壁压力容器焊接生产中，在多层多道埋弧焊焊缝的根部焊道或靠近坡口边缘的高稀释率焊道中易出现焊缝金属热裂纹；电渣焊时，如母材含碳量偏高并含 Nb 时，电渣焊焊缝可能出现八字形分布的热裂纹。另外，焊接热裂纹也常常在低碳的控轧控冷管线钢根部焊缝中出现，这种热裂纹产生的原因与根部焊缝基材的稀释率大及焊接速度较快有关。采用 Mn：Si 含量较高的焊接材料，减小焊接热输入，减少母材在焊缝中的熔合比，增大焊缝成形系数（即焊缝宽与高度之比），有利于防止焊缝金属的热裂纹。

  e. 再热裂纹敏感性

低合金钢焊接接头中的再热裂纹亦称消除应力裂纹，出现在焊后消除应力热处理过程中。再热裂纹属于沿晶断裂，一般都出现在热影响区的粗晶区，有时也在焊缝金属中出现。其产生与杂质元素 P、Sn、Sb、As 在初生奥氏体晶界的偏聚导致的晶界脆化有关，也与 V、Nb 等元素的化合物强化晶内有关。Mn-Mo-Nb 和 Mn-Mo-V 系低合金高强钢对再热裂纹的产生有一定的敏感性，这些钢在焊后热处理时应注意防止再热裂纹的产生。

  f. 层状撕裂倾向

大型厚板焊接结构焊接时，如在钢材厚度方向承受较大的拉伸应力，可能沿钢材轧制方向发生阶梯状的层状撕裂。这种裂纹带出现于要求熔透的角接接头或丁字接头中。选用抗层状撕裂钢；改善接头形式以减缓钢板 z 向的应力应变；在满足产品使用要求的前提下，选用强度级别较低的焊接材料或采用低强焊材预堆边；采用预热及降氢等措施都有利于防止层状撕裂。

  ③低合金高强钢的焊接工艺

  a. 焊接方法的选择

低合金高强钢可采用焊条电弧焊、熔化极气体保护焊、埋弧焊、钨极氩弧焊、气电立焊、电渣焊等所有常用的熔焊及压焊方法焊接。具体选用何种焊接方法取决于所焊产品的结构、板厚、对性能的要求及生产条件等。其中焊条电弧焊、埋弧焊、实芯焊丝及药芯焊丝气体保护电弧焊是常用的焊接方法。对于氢致裂纹敏感性较强的低合金高强钢的焊接，无论采用哪种焊接工艺，都应采取低氢的工艺措施。厚度大于 100mm 低合金高强钢结构的环形和长直线焊缝，常常采用单丝或双丝窄间隙埋弧焊。当采用高热输入的焊接工艺方法，如电渣焊、气电立焊及多丝埋弧焊焊接低合金高强钢时，在使用前应对焊缝金属和热影响区的韧性作认真的评定，以保证焊接接头的韧性能够满足使用要求。

  b. 焊接材料的选择

低合金高强钢焊接材料的选择首先应保证焊缝金属的强度、塑性、韧性达到产品的技术要求，同时还应该考虑抗裂性及焊接生产效率等。由于低合金高强钢氢致裂纹敏感性较强，因此，选择焊接材料时应优先采用低氢焊条和碱度适中的埋弧焊焊剂。焊条、焊剂使用前应按照制造厂或工艺规程规定进行烘干。焊条烘干后应存放在保温筒中随用随取。另外，为了保证焊接接头具有与母材相当的冲击韧度，正火钢与控轧控冷钢焊接材料优先选用高韧度焊材，配以正确的焊接工艺以保证焊缝金属和热影响区具有优良的冲击韧度。

  c. 焊接热输入的控制

焊接热输入的变化将改变焊接冷却速度，从而影响焊缝金属及热影响区的组织组成，并最终影响焊接接头的力学性能及抗裂性。屈服强度不超过500MPa的低合金高强度钢焊缝金属，如能获得细小均匀针状铁素体组织，其焊缝金属则具有优良的强韧性。而针状铁素体组织的形成需要控制焊接冷却速度。因此为了确保焊缝金属的韧性，不宜采用过大的焊接热输入。焊接操作上尽量不用横向摆动和挑弧焊接，推荐采用多层窄焊道焊接。

热输入对焊接热影响区的抗裂性及韧性也有显著的影响。低合金高强钢热影响区组织的脆化或软化都与焊接冷却速度有关。与正火或正火加回火钢及控轧控冷钢相比，热轧钢可以适应较大的焊接热输入。含碳量较低的热轧钢（09Mn2、09MnNb等）以及含碳量偏下限的16Mn钢焊接时，焊接热输入没有严格的限制。因为这些钢焊接热影响区的脆化及冷裂倾向较小。但是，当焊接含碳量偏上限的16Mn钢时，为降低淬硬倾向，防止冷裂纹的产生，焊接热输入应偏大一些。含V、Nb、Ti微合金化元素的钢种，为降低热影响区粗晶区的脆化，确保焊接热影响区具有优良的低温韧性，应选择较小的焊接热输入。如14MnNbq钢焊接热输入应控制在37kJ/cm以下，15MnVN钢的焊接热输入值在40～45kJ/cm以下。碳及合金元素含量较高、屈服强度为490MPa的正火钢，如18MnMoNb等，选择热输入时既要考虑钢种的淬硬倾向，同时也要兼顾热影响区粗晶区的过热倾向。一般为了确保热影响区的韧性，应选择较小的热输入，同时采用低氢焊接方法配合适当的预热或及时的焊后消氢处理来防止焊接冷裂纹的产生。控冷控轧钢的碳含量和碳当量均较低，对氢致裂纹不敏感，为了防止焊接热影响区的软化，提高热影响区韧性，应采用较小的热输入焊接，使焊接冷却时间控制在10s以内为佳。

d. 预热及焊道间温度

预热可以控制焊接冷却速度，减少或避免热影响区中淬硬马氏体的产生，降低热影响区硬度，同时预热还可以降低焊接应力，并有助于氢从焊接接头的逸出。因此，预热是防止低合金高强度钢焊接氢致裂纹产生的有效措施。但预热常常恶化劳动条件，使生产工艺复杂化，不合理的、过高的预热和焊道间温度还会损害焊接接头的性能。因此，焊前是否需要预热及合理的预热温度，都需要认真考虑或通过试验确定。

e. 焊接后热及焊后热处理

（a）焊接后热及消氢处理

焊接后热是指焊接结束或焊完一条焊缝后，将焊件或焊接区立即加热到150～250℃范围内，并保温一段时间；而消氢处理则是在300～400℃加热温度范围内保温一段时间。两种处理的目的都是加速焊接接头中氢的扩散逸出，消氢处理效果比低温后热更好。焊后及时后热及消氢处理是防止焊接冷裂纹的有效措施之一，特别是对于氢致裂纹敏感性较强的14MnMoV、18MnMoNd等厚钢板焊接接头，采用这一工艺不仅可以降低预热温度、减轻焊工劳动强度，而且还可以采用较低的焊接热输入使焊接接头获得良好的综合力学性能。对于厚度超过100mm的厚壁压力容器及其他重要的产品构件，焊接过程中，应至少进行2～3次中间消氢处理，以防止因厚板多道多层焊氢的积聚而导致的氢致裂纹。

（b）焊后热处理

热轧、控轧控冷及正火钢一般焊后不进行热处理。电渣焊的焊缝热影响区的晶粒粗大，焊后必须进行正火处理以细化晶粒。

（c）消除应力处理

厚壁高压容器、要求抗应力腐蚀的容器以及要求尺寸稳定性的焊接结构，焊后需要进行消除应力处理。此外，对于冷裂纹倾向大的高强钢，也要求焊后及时进行消除应力处理。

消除应力热处理是最常用的松弛焊接残余应力的方法，该方法是将焊件均匀加热到AC1点以下某一温度，保温一段时间后，随炉冷到300～400℃，最后焊件在炉外空冷。合理的消除应力热处理工艺可以起到消除内应力并改善接头的组织与性能的目的。对于某些含V、Nb的低合金钢热影响区和焊缝金属，如焊后热处理的加热温度和保温时间选择不当，会因碳、氮化合物的析出产生消除应力脆化，降低接头韧性。因此应恰当地选择加热温度，避免焊件在敏感的温度区长时间加热。另外，消除应力热处理的加热温度不应超过母材原来的回火温度，以免损伤母材性能。

(2) 低合金低温用钢的焊接
① 低合金低温用钢的种类及应用范围

低温用钢可分为不含 Ni 及含 Ni 的两大类，我国常用的低温压力容器用钢包括：16MnDR、09Mn2VDR、15MnNiDR 及 09MnNiDR 等，常用低合金低温钢锻件钢号有：16MnD、09Mn2VD、09MnNiD、16MnMoD、20MnMoD、08MnNiCrMoVD 及 10Ni3MoVD 等（JB 4727—2000）。对低温用钢的主要性能要求是保证在使用温度下具有足够的韧性及抵抗脆性破坏的能力。低温用钢一般是通过合金元素的固溶强化、晶粒细化，并通过正火或正火加回火处理细化晶粒、均化组织，而获得良好的低温韧性。在低温用钢中常加入 V、Al、Nb 及 Ni 等合金元素，为保证低温韧性，在低温用钢中尽量降低含碳量，并严格限制 S、P 含量。

低温用钢主要用于低温下工作的容器、管道和结构，如液化石油气储罐、冷冻设备及石油化工低温设备等。

② 低合金低温用钢的焊接特点

不含 Ni 的低温用钢由于其含碳量低，其他合金含量也不高，淬硬和冷裂倾向小，因而具有良好的焊接性，一般可不采用预热，但应避免在低温下施焊。含镍低温用钢由于添加了 Ni，增大了钢的淬硬性，但不显著，冷裂倾向不大。当板厚较大或拘束较大时，应采用适当预热。Ni 可能增大热裂倾向，但是严格控制钢及焊接材料中的 C、S 及 P 的含量，以及采用合理的焊接工艺条件，增大焊缝成形系数，可以避免热裂纹。保证焊缝和粗晶区的低温韧性是低温用钢焊接时的技术关键。

③ 低合金低温用钢的焊接工艺

a. 焊接方法及热输入的选择

常用的焊接方法有焊条电弧焊、埋弧焊、钨极氩弧焊及熔化极气体保护焊等。低合金低温用钢焊接时，为避免焊缝金属及近缝区形成粗大组织而使焊缝及热影响区的韧性恶化，焊接时，焊条尽量不摆动，采用窄焊道、多道多层焊，焊接电流不宜过大，它用快速多道焊以减轻焊道过热，并通过多层焊的重复加热作用细化晶粒。多道焊时，要控制层间温度，应采用小热输入施焊，焊条电弧焊热输入应控制在 20kJ/cm 以下，熔化极气体保护焊焊接热输入应控制在 25kJ/cm 左右。埋弧焊时，焊接热输入应控制在 28~45kJ/cm。如果需要预热，应严格控制预热温度及多层多道焊时的层间温度。

b. 焊接材料的选择

焊接低温用钢的焊条，如焊接 −40℃ 级 16MnDR 钢可采用 E5015-G 或 E5016-G 高韧性焊条。埋弧焊时，可用中性熔炼焊剂配合 Mn-Mo 焊丝或碱性熔炼焊剂配合含 Ni 焊丝；也可采用 C-Mn 钢焊丝配合碱性非熔炼焊剂，由焊剂向焊缝渗入微量 Ti、B 合金元素，以保证焊缝金属获得良好的低温韧性。焊接含 Ni 的低合金低温钢所用焊条的含 Ni 量应与基材相当或稍高。但要注意，在焊态下的焊缝，其 $w(Ni) > 2.5\%$ 时，焊缝组织中出现大量粗大的板条贝氏体或马氏体，韧性较低。只有焊后经调质处理，焊缝的韧性才能随其含 Ni 量的增加而提高。添加少量的 Ti 可以细化 $w(Ni) = 2.5\%$ 的焊缝金属的组织，提高其韧性，添加少量的 Mo 可以克服其回火脆性。

(3) 耐候钢及耐海水腐蚀用钢的焊接
① 耐候钢及耐海水腐蚀用钢的种类及应用

Cu、P 是提高钢材耐大气腐蚀（耐候）及耐海水腐蚀的有效合金元素，它们能显著降低在这些环境下的腐蚀速度。我国的耐候及耐海水腐蚀用钢以 Cu、P 合金化为主。并配以 Cr、Mn、Ti、Ni、Nb 等合金元素，Cr 能提高钢的抗腐蚀稳定性，Ni 与 Cu、P、Cr 同时加入，能加强抗腐蚀效果。为了降低含磷钢的冷脆敏感性和改善焊接性，要限制钢中的碳含量（$w(C) \leqslant 0.16\%$）。我国常用的耐候及耐海水腐蚀钢有国产的 16CuCr、12MnCuCr、15MnCuCr、

09Mn2Cu、16MnCu、09CuPCrNi-A、09CuPCrNi-B 及 09CuP 钢等。

耐候及耐海水腐蚀钢广泛地用于车辆、船舶、箱、罐、塔、桥及门窗等结构和产品的制造。

② 耐候钢及耐海水腐蚀用钢的焊接特点

耐候钢及耐海水腐蚀用钢的主要合金化元素是 Cu 和 P，Cu 和 P 对钢的淬硬性影响不大，焊后即使在很快的冷却条件下，其焊接热影响区的最高硬度也不超过 350HV。由于钢中含有 Cu、P 等合金元素，其 MS 点较高，淬硬倾向很小，其焊接性良好，冷裂倾向很小。钢中的 w（C）=（0.2～0.4）%左右，焊接时不会产生热裂纹。含磷钢中 w（C）、w（P）都控制在 0.25%以下，因而钢的冷脆倾向不大。

③ 耐候钢及耐海水腐蚀用钢焊接材料的选择

大部分耐候及耐海水腐蚀用钢的焊接性与屈服强度为 235～345MPa 的热轧钢相当。所以其焊接工艺可参考这一强度级别热轧钢的焊接工艺。用于焊接耐候钢及耐海水腐蚀用钢的焊接材料应具有与基材相同的抗腐蚀性，因此，应选用耐候钢及耐海水腐蚀用钢的专用焊接材料。埋弧焊时，采用 H08MnA 或 H10Mn2 焊丝配合 HJ431 焊剂或 SJ101 焊剂。

(4) 低合金耐热钢的焊接

① 低合金耐热钢的种类

目前，在动力工程、石油化工和其他工业部门应用的低合金耐热钢已有 20 余种。其中最常用的是 Cr-Mo、Mn-Mo 型耐热钢和 Cr-Mo 基多元合金耐热钢。

② 低合金耐热钢的焊接特点

低合金耐热钢的焊接具有以下特点：首先这些钢按其合金含量具有不同程度的淬硬倾向。在焊接热循环决定的冷却速度下，焊缝金属和热影响区内可能形成对冷裂敏感的显微组织；其次，耐热钢中大多数含有 Cr、Mo、V、Nb 和 Ti 等强碳化物形成的元素，从而使接头的过热区具有不同程度的再热裂纹（亦称消除应力裂纹）敏感性；最后，某些耐热钢焊接接头，当有害的残余元素总含量超过容许极限时会出现回火脆性或长时脆变。

a. 淬硬性

钢的淬硬性取决于它的碳含量、合金成分及其含量。低合金耐热钢中的主要合金元素铬和钼等都能显著地提高钢的淬硬性。其作用机理是延迟了钢在冷却过程中的转变，提高了过冷奥氏体的稳定性。对于成分一定的合金钢，最高淬硬度则取决于其奥氏体相的冷却速度。

b. 再热裂纹倾向

低合金耐热钢焊接接头的再热裂纹（亦称消除应力裂纹）主要取决于钢中碳化物形成元素的特性及其含量以及焊接热规范。为防止再热裂纹的形成，可采取下列冶金和工艺措施：

(a) 严格控制母材和焊材中加剧再热裂纹的合金成分，应在保证钢材热强性的前提下，将 V、Ti、Nb 等合金元素的含量控制在最低的容许范围内；

(b) 选用高温塑性优于母材的焊接填充材料；

(c) 适当提高预热温度和层间温度；

(d) 采用低热输入焊接方法和工艺，以缩小焊接接头过热区的宽度，限制晶粒长大；

(e) 选择合理的热处理规范，尽量缩短在敏感温度区间的保温时间；

(f) 合理设计接头的形式，降低接头的拘束度。

c. 回火脆性（长时脆变）

铬钼钢及其焊接接头在 370～565℃温度区间长期运行过程中发生渐进的脆变现象称为回火脆性或长时脆变。这种脆变归因于钢中的微量元素，如 P、As、Sb 和 Sn 沿晶界的扩散偏析。

③低合金耐热钢的焊接工艺

a. 焊接方法的选择

耐热钢常用的焊接方法有：焊条电弧焊、埋弧焊、熔化极气体保护焊、电渣焊、钨极氩弧焊、电阻焊和感应加热压力焊等。

其中：埋弧焊由于熔敷效率高，焊缝质量好，在压力容器、管道、重型机械、钢结构、大型铸件以及汽轮机转子的焊接中都得到了广泛应用。

焊条电弧焊由于具有机动、灵活、能够全位置焊接的特点，在低合金耐热钢结构的焊接中应用广泛。为确保焊缝金属的韧性，降低裂纹倾向，低合金耐热钢的焊条电弧焊大都采用低氢型碱性焊条，但对于合金含量较低的耐热钢薄板，为改善工艺适应性，亦可采用高纤维素或高氧化钛酸性焊条。对低合金耐热钢而言，焊条电弧焊的缺点是建立低氢的焊接条件较困难，焊接工艺较复杂，且效率低，焊条利用率不高等。

钨极氩弧焊具有低氢、工艺适应性强，易于实现单面焊双面成形的特点，多半用于低合金耐热钢管道的封底层焊道或小直径薄壁管的焊接。这种方法的另一个优点是可采用抗回火脆性能力较强的低硅焊丝，提高焊缝金属的纯度。钨极氩弧焊的缺点是效率低。

熔化极气体保护焊是一种高效、优质、低成本焊接方法。药芯焊丝气体保护焊具有熔敷效率高、操作性能优良、飞溅小、焊缝成形美观等特点。另外，药芯焊丝比药皮焊条具有较好的抗潮性，可得到低氢的焊缝金属，这对于低合金耐热钢厚壁焊件尤为重要。

电渣焊是一种焊接效率相当高的焊接方法。最大焊接厚度可达 1000mm 左右，已在低合金耐热钢厚壁容器的生产中得到稳定的应用。这种方法的另一优点是电渣焊过程中产生的大量热能对焊接熔池上面的母材起到了良好的预热作用。另外，电渣焊过程的热循环曲线比较平缓，焊接区的冷却速度相当缓慢，对焊缝金属中的扩散氢的逸出十分有利。电渣焊的缺点是焊缝金属和高温热影响区的初次晶粒十分粗大。对于一些重要的焊接结构，焊后必须作正火处理或双相热处理，以细化晶粒，提高接头的缺口冲击韧性。

b. 焊接材料的选用

低合金耐热钢焊接材料的选用原则是焊缝金属的合金成分与强度性能应基本符合母材标准规定的下限值或应达到产品技术条件规定的最低性能指标。如焊件焊后需经退火、正火或热成形，则应选择合金成分和强度级别较高的焊接材料。为提高焊缝金属的抗裂性，通常将焊接材料中的碳含量控制在低于母材的碳含量。对于一些特殊用途的焊丝和焊条，其焊缝金属的 w(C) 应控制在 0.05% 以下。

c. 预热和焊后热处理

预热是防止低合金耐热钢焊接接头冷裂纹和再热裂纹的有效措施之一。预热温度主要依据钢的碳当量、接头的拘束度和焊缝金属的氢含量来决定。大型焊件的局部预热应注意保证预热区的宽度大于所焊壁厚的 4 倍，至少不小于 150mm，且预热区内外表面均应达到规定的预热温度。

低合金耐热钢焊件可按钢和对接接头性能的要求，作下列焊后处理：（a）不作焊后热处理；（b）580～760℃温度范围内回火或消除应力热处理；（c）正火处理。

3. 不锈钢的焊接

不锈钢按照组织类型分为：铁素体不锈钢、马氏体不锈钢、奥氏体不锈钢、双相不锈钢和沉淀硬化不锈钢五类。

(1) 铁素体不锈钢的焊接

①铁素体不锈钢的种类

目前铁素体不锈钢可分为普通铁素体不锈钢和超纯铁素体不锈钢两大类，其中普通铁素体不锈钢有 Cr12-14 型，如 00Cr12、0Cr13Al；Cr16-18 型，如

1Cr17Mo、00Cr17Mo、00Cr18Mo；Cr25-30 型，如 00Cr27Mo、00Cr30Mo。对于普通铁素体不锈钢，由于其碳、氮含量较高，因此其成型加工和焊接都比较困难，耐蚀性也难以保证，成为普通铁素体不锈钢发展与应用的主要障碍。由于影响高铬铁素体不锈钢的晶间腐蚀敏感性的元素不仅是碳，氮也起着至关重要的作用，因此，在超纯铁素体不锈钢中严格控制了铁素体钢中的 C+N 含量，一般控制在 0.35%～0.045%、0.030%、0.010%～0.015% 三个水平，在控制 C+N 含量的同时，还添加必要的合金化元素进一步提高耐腐蚀性能及其他综合性能。

② 铁素体不锈钢的焊接特点

a. 焊接接头的塑性与韧性

对于普通铁素体不锈钢，一般尽可能在低的温度下进行热加工，再经短时的 780～850℃ 退火热处理，得到晶粒细化、碳化物均匀分布的组织，并具有良好的力学性能与耐蚀性能。但在焊接高温的作用下，在加热温度达到 1000℃ 以上的热影响区，特别是近缝区的晶粒会急剧长大，进而引起近缝区的塑韧性大幅度降低，引起热影响区的脆化；在焊接拘束度较大时，还容易产生焊接裂纹。热影响区的脆化与铁素体不锈钢中 C+N 含量密切相关，在较低温度 815℃ 水淬状态下，铁素体不锈钢都具有较低的脆性转变温度，随着 C、N 含量的提高，脆性转变温度有所提高，经高温 1150℃ 加热处理后，脆性转变温度明显提高，而且随着 C、N 含量的提高脆性转变温度也明显提高。超纯铁素体不锈钢与普通铁素体不锈钢相比，随着含量 C、N 的降低，其塑性与韧性大幅度提高，焊接热影响区的塑韧性也得到明显改善。

b. 焊接接头的晶间腐蚀

对于普通高铬铁素体不锈钢，高温加热对于不含稳定化元素的普通铁素体不锈钢的晶间腐蚀敏感性的影响仍与通常的铬镍奥氏体不锈钢不同，将通常的铬镍奥氏体不锈钢在 500～800℃ 敏化温度区加热保温，将会出现晶间腐蚀现象，在 950℃ 以上加热固溶处理后，由于富铬碳化物的固溶，晶间敏化消除。与此相反，把普通高铬铁素体不锈钢加热到 950℃ 以上温度冷却，则产生晶间敏化，而在 700～850℃ 短时保温退火处理，敏化消失。因此通常检验铁素体不锈钢晶间腐蚀敏感性的温度不像奥氏体不锈钢在 650℃ 保温 1～2h，而是加热到 950℃ 以上，然后空冷或水冷。加热温度越高，敏化程度愈大。由此可见，普通铁素体不锈钢焊接热影响区的近缝区将由于受到焊接热循环的高温作用而产生晶间敏化，在强氧化性酸中将产生晶间腐蚀，为了防止晶间腐蚀，焊后进行 700～850℃ 的退火处理，使铬重新均匀化，进而恢复焊接接头的耐蚀性。对于超纯铁素体不锈钢，1100℃ 水淬处理后，与普通铁素体不锈钢相比，腐蚀率很低，晶界上无富铬的碳化物与氮化物析出，不产生晶间腐蚀。1100℃ 空冷时，晶界上有碳、氮化物析出，晶间腐蚀严重。在 900℃ 短时保温，析出物集聚长大并变得不连续，但没有晶间腐蚀发生。在 600℃ 短时保温，晶界上有析出物，有晶间腐蚀的倾向。在 600℃ 长时间保温，晶界上有析出物，但没有晶间腐蚀，由此说明，晶界上碳、氮化物的析出与晶间腐蚀的发生并不存在严格的对应关系。根据晶间腐蚀的贫铬理论，晶间腐蚀能否产生，关键是晶界是否贫铬。在高铬铁素体不锈钢中，碳、氮的溶解度都很低，随着温度的升高，溶解度也增大。当加热温度达到 950℃ 以上时，碳、氮化物开始溶解，而且温度越高溶解的越多，1100～1200℃ 正是碳、氮化物大量溶解的温度。在冷却过程中，在 900～500℃ 的温度范围内，过饱和的碳和氮将以化合物的形式重新析出，碳、氮化物的析出是否会引起晶界贫铬与碳、氮的过饱和度、冷却速度及其他稳定化元素，如 Mo、Ti、Nb 等元素有关。降低铁素体不锈钢中的碳、氮含量是消除晶间腐蚀的根本措施；目前已研制出 w（C+N）≤0.010% 的超高纯铁素体不锈钢，由于 C+N 含量很低，在较高温度时也没有足够能引起晶界贫铬的富铬碳、氮化物析出，因此该类合金在水淬、空冷或在敏化温度区保温都难以引起晶间敏化。

c. 铁素体不锈钢的焊接工艺与焊接材料的选择

（a）普通铁素体不锈钢的焊接工艺与焊接材料选择

对于普通铁素体不锈钢，可采用焊条电弧焊、气体保护焊、埋弧焊、等离子等熔焊工艺方法进行焊接。该类钢在焊接热循环的作用下，热影响区的晶粒长大严重，碳、氮化物在晶界聚集，焊接接头的塑韧性很低，在拘束度较大时，容易产生焊接裂纹，接头的耐蚀性也严重恶化。为了防止焊接裂纹，改善接头的塑韧性和耐蚀性，在采用同材质熔焊工艺时，可采取下列工艺措施：采取预热措施，在100～150℃左右预热，使母材在富有塑韧性的状态焊接，含铬量越高，预热温度也应有所提高。采用较小的热输入，焊接过程中不摆动，不连续施焊。多层多道焊时，控制层间温度在150℃以上，但也不可过高，以减少高温脆化和475℃脆化。焊后进行750～800℃的退火热处理，由于在退火过程中铬重新均匀化，碳、氮化物球化，晶间敏化消除，焊接接头的塑韧性也有一定的改善。退火后应快速冷却，以防止σ相产生和475℃脆化。

当采用奥氏体型焊接材料焊接时，焊前预热及焊后热处理可以免除，有利于提高焊接接头的塑韧性，但对于不含稳定化元素的铁素体不锈钢来讲，热影响区的敏化难以消除。对于Cr25-30型的铁素体不锈钢，目前常用的奥氏体不锈钢焊接材料有Cr25-Ni13型、Cr25Ni20型超低碳焊条及气体保护焊丝。对于Cr16-18型铁素体不锈钢，常用的奥氏体不锈钢焊接材料有Cr19-Ni10型、Cr18-Ni12Mo型超低碳焊条及气体保护焊丝。另外，采用铬含量基本与母材相当的奥氏体＋铁素体双相钢焊接材料也可以焊接铁素体不锈钢，如采用Cr25-Ni5-Mo3型和Cr25-Ni9-Mo4型超低碳双相钢焊接材料焊接Cr25-30型铁素体不锈钢时，焊接接头不仅具有较高的强度及塑韧性，焊缝金属还具有较高的耐腐蚀性能。

(b) 超纯高铬铁素体不锈钢的焊接工艺与焊接材料选择

对于碳、氮、氧等间隙元素含量极低的超纯高铬铁素体不锈钢，高温引起的脆化并不显著，焊接接头具有很好的塑韧性，不需焊前预热和焊后热处理。在同种钢焊接时，目前仍没有标准化的超高纯高铬铁素体不锈钢的焊接材料，一般采用与母材同成分的焊丝做填充材料，由于超纯高铬铁素体不锈钢中的间隙元素含量已经极低，因此关键是在焊接过程中防止焊接接头区的污染，这是保证焊接接头的塑韧性和耐蚀性的关键。在焊接工艺方面应采取以下措施：增加熔池保护，如采用双层气体保护，增大喷嘴直径，适当增加氩气流量，填充焊丝时，要防止焊丝高温端离开保护区；附加拖罩，增加尾气保护，这对于多道多层焊尤为重要；焊缝背面通氩气保护，最好采用通氩的水冷铜垫板，以减少过热增加冷却速度；尽量减少焊接热输入，多层多道焊时，控制层间温度低于100℃。

(2) 马氏体不锈钢的焊接

①马氏体不锈钢的类型

目前普遍采用的马氏体不锈钢可分为Cr13型马氏体不锈钢、低碳马氏体不锈钢和超级马氏体不锈钢。对于Cr13型马氏体不锈钢，主要作为具有一般抗腐蚀性能的不锈钢使用，随着碳含量的不断增加，其强度与硬度提高，塑性与韧性降低，作为焊接用钢，w (C) 含量一般不超过0.15%。以Cr12为基的马氏体不锈钢，因加入Ni、Mo、W、V等合金元素，除具有一定的耐腐蚀性能之外，还具有较高的高温强度及抗高温氧化性能，因此在电站设备中的高温高压管道及航空发动机中广泛应用。另外，因其较好的耐磨性能，也用于液压缸体、柱塞及轴类部件以及刀具类工具。低碳、超低碳马氏体不锈钢是在Cr13基础上，在大幅度降低碳含量的同时，将w (Ni) 控制在4%～6%的范围，还加入少量的Mo、Ti等合金元素的一类高强马氏体钢，除具有一定的耐腐蚀性能外，还具有良好的抗汽蚀、磨损性能，因此在水轮机及大型水泵中有广泛的应用。近年来，国外还研制开发了一类新型的超级马氏体不锈钢，它的成分特点是超低碳及低氮，w (Ni) 控制在4%～7%的范围，还加入少量的Mo、Ti、Si、Cu等合金元素。这类钢高强、高韧性，具有良好的抗腐蚀性能，在油气输送管道中获得较广泛的应用。

②马氏体不锈钢的焊接特点

对于Cr13型马氏体不锈钢来讲，由于焊接是一个快速加热与快速冷却的不平衡冶金过程，因此，此类焊缝及焊接热影响区焊后的组织通常为硬而脆的高碳马氏体，含碳量越高，这种硬脆倾向就越大。当焊接接头的拘束度较大或氢含量较高时，很容易导致冷裂纹的产生。与此同时，由于此类钢的化学成分使其组织位于M与M＋F相组织的交界处，在冷却速度较慢时，近缝区及焊缝金属会形成粗大铁素体及沿晶析出碳化物，使接头的塑韧性显著降低。因此，在采用同材质焊接材料焊接此类马氏体钢时，为了细化焊缝金属的晶粒，提高焊缝金属的塑韧性，焊接材料中通常加入少量的 Nb、Ti、Al 等合金化元素，同时应采取一定工艺措施。

对于低碳以及超级马氏体不锈钢，由于其 $w(C)$ 已降低到 0.05%、0.03%、0.02%的水平，因此从高温奥氏体状态冷却到室温时，虽然也全部转变为低碳马氏体，但没有明显的淬硬倾向。不同的冷却速度对热影响区的硬度没有显著的影响，具有良好的焊接性，该类钢经淬火和一次回火或二次回火热处理后，由于韧化相逆变奥氏体均匀弥散分布于回火马氏体基体，因此，具有较高的强度和良好的塑韧性，表现出强韧性的良好匹配。与此同时，其抗腐蚀能力明显优于 Cr13 型马氏体钢。

③马氏体不锈钢的焊接方法和焊接材料的选择

a. 常用的焊接方法

焊条电弧焊、钨极氩弧焊、熔化极气体保护焊、等离子焊、埋弧焊、电渣焊、电阻焊、闪光焊甚至电子束与激光焊接都可用于马氏体不锈钢的焊接。

焊条电弧焊是最常用的焊接方法，焊条需经过 300~350℃高温烘干，以减少扩散氢的含量，降低焊接冷裂纹的敏感性。钨极氩弧焊主要用于薄壁构件（如薄壁管道）及其他重要部件的打底焊。它的特点是焊接质量高，焊缝成形美观。对于重要部件的焊接接头，为了防止焊缝背面的氧化，打底焊时通常采取氩气背面保护的措施。$Ar+CO_2$ 或 $Ar+O_2$ 的富氩混合气体保护焊也应用于马氏体钢的焊接，它具有焊接效率高，焊缝质量较高的特点，焊缝金属也具有较高的抗冷致裂纹性能。

b. 焊接材料选择

Cr13 型的马氏体不锈钢，总体来看，其焊接性较差，因此，除采用与母材化学成分、力学性能相当的同材质焊接材料外，对于含碳量较高的马氏体钢，或在焊前预热、焊后热处理难以实施以及接头拘束度较大的情况下，也常采用奥氏体型的焊接材料，以提高焊接接头的塑韧性，防止焊接裂纹的发生。但值得注意的是，当焊缝金属为奥氏体组织或以奥氏体为主的组织时，焊接接头在强度方面通常为低强匹配，而且由于焊缝金属在化学成分、金相组织与热物理性能及其他力学性能方面与母材有很大的差异，焊接残余应力不可避免，对焊接接头的使用性能产生不利的影响，如焊接残余应力可能引起应力腐蚀破坏或高温蠕变破坏。因此，在采用奥氏体型焊接材料时，应根据对焊接接头性能的要求，做较严格的焊接材料选择与焊接接头性能评定。有时还采用镍基焊接材料，使焊缝金属的热膨胀系数与母材相接近，尽量降低焊接残余应力及在高温状态使用时的热应力。

对于低碳以及超级马氏体不锈钢，由于其良好的焊接性，一般采用同材质焊接材料，通常不需要预热或仅需低温预热，但需进行焊后热处理，以保证焊接接头的塑韧性。在接头拘束度较大，焊前预热和后热难以实施的情况下，也采用其他类型的焊接材料，如奥氏体型的 00Cr23Ni12、00Cr18Ni12Mo 焊接材料，国内研制的 0Cr17Ni6MnMo 焊接材料常用于大厚度 0Cr13Ni4-6Mo 马氏体不锈钢的焊接，其特点是焊接预热温度低，焊缝金属的韧性高、抗裂纹性能好。

(3) 奥氏体不锈钢的焊接

①奥氏体不锈钢的类型

奥氏体不锈钢是实际应用最广泛的不锈钢，以高 Cr-Ni 型不锈钢最为普遍。目前奥氏体不锈钢大致可分为 Cr18-Ni8 型，如 0Cr18Ni9、00Cr19Ni10、0Cr18Ni10NbN、0Cr17Ni12Mo2 等；Cr25-Ni20 型，如 0Cr25Ni20、ZG4Cr25Ni20 等；Cr25-Ni35 型，如 4Cr25Ni35（国外铸造不锈钢）。另外还有目前广泛开发应用的超级奥氏体不锈钢，这类钢的化学成分介于普通奥氏体不锈钢与镍基合金之间，含有较高的 Mo、V、Cu 等合金化元素，以提高奥氏体组织的稳定性、耐腐蚀性，特别是提高抗 Cl^- 应力腐蚀破坏的性能。

②奥氏体不锈钢的焊接特点

a. 焊接接头的热裂纹

奥氏体不锈钢具有较高的热裂纹敏感性，在焊缝及近缝区都有产生热裂纹的可能。热裂纹通常可分为凝固裂纹、液化裂纹和高温失塑裂纹三大类，由于裂纹均在焊接过程的高温区发生，所以又称高温裂纹。凝固裂纹主要发生在焊缝区，最常见的弧坑裂纹就是凝固裂纹。液化裂纹多出现在靠近熔合线的近缝区。在多层多道焊缝中，层道间也有可能出现液化裂纹。高温失塑裂纹通常发生在焊缝金属凝固结晶完了的高温区。

产生热裂纹的基本原因：奥氏体不锈钢的物理特性是热导率小、线膨胀系数大，因此在焊接局部加热和冷却条件下，焊接接头部位的高温停留时间较长，焊缝金属及近缝区在高温承受较高的拉伸应力与拉伸应变，这是产生热裂纹的基本条件之一。对于奥氏体不锈钢焊缝，通常联生结晶形成方向性很强的粗大柱状晶组织，在凝固结晶过程中，一些杂质元素及合金元素，如 S、P、Sn、Sb、Si、B、Nb 易于在晶间形成低熔点的液态膜，因此造成焊接凝固裂纹。对于奥氏体不锈钢母材，当上述杂质元素的含量较高时，将易产生近缝区的液化裂纹。

b. 焊接接头的耐蚀性

（a）晶间腐蚀

根据不锈钢及其焊缝金属化学成分、所采用的焊接工艺方法，焊接接头可能在三个部位出现晶间腐蚀，包括焊缝的晶间腐蚀、紧靠熔合线的过热区"刀蚀"及热影响区敏化温度区的晶间腐蚀。对于焊缝金属，根据贫铬理论，在晶界上析出碳化铬，造成贫铬的晶界是晶间腐蚀的主要原因。因此，防止焊缝金属发生晶间腐蚀措施有：选择合适的超低碳焊接材料，保证焊缝金属为超低碳的不锈钢；选用含有稳定化元素 Nb 或 Ti 的低碳焊接材料，一般要求焊缝金属中 Nb 或 Ti 含量（质量分数）为 $1.0 \leqslant Nb \leqslant 8 \sim 10C\%$；选择合适的焊接材料使焊缝金属中含有一定数量的 δ 铁素体（一般控制在 $4\% \sim 12\%$），δ 铁素体分散在奥氏体晶间，对控制晶间腐蚀有一定的作用。

过热区的"刀蚀"仅发生在由 Nb 或 Ti 稳定化的奥氏体不锈钢热影响区的过热区，其原因是当过热区的加热温度超过 1 200℃时，大量的 NbC 或 TiC 因溶于奥氏体晶界内，峰值温度越高，固溶量越大，冷却时将有部分活泼的碳原子向奥氏体晶界扩散并聚集，Nb 或 Ti 原子因来不及扩散，使碳原子在奥氏体晶界处于过饱和状态，再经过敏化温度区的加热后，在奥氏体晶界将析出碳化铬，造成贫铬的晶界，形成晶间腐蚀，而且越靠近熔合线，腐蚀越严重，形成像刀痕一样的腐蚀沟，俗称"刀蚀"。要防止"刀蚀"的发生，采用超低碳不锈钢及其配套的超低碳不锈钢焊接材料是最为根本的措施。

热影响区敏化温度区的晶间腐蚀发生在热影响区中加热峰值温度在 600~1 000℃ 范围的区域，产生晶间腐蚀的原因仍是奥氏体晶界析出碳化铬造成晶界贫铬所致。因此，防止焊缝金属晶间腐蚀的措施对防止敏化区温度区的晶间腐蚀均有参考价值，选用稳定化的低碳奥氏体不锈钢或超低碳奥氏体不锈钢将可防止晶间腐蚀。在焊接工艺上，采用较小的焊接热输入，加快冷却速度，将有利于防止晶间腐蚀的发生。

（b）应力腐蚀开裂

奥氏体不锈钢焊接接头的应力腐蚀开裂是焊接接头比较严重的失效形式，通常表现为无塑性变形的脆性破坏，危害严重，它也是最为复杂和难以解决的问题之一。影响奥氏体应力腐蚀开裂的因素有焊接残余拉应力，焊接接头的组织变化，焊前的各种热加工、冷加工引起的残余应力，酸洗处理不当或在母材上随意打弧，焊接接头设计不合理造成应力集中或腐蚀介质的局部浓度提高等等。应力腐蚀裂纹的金相特征是裂纹从表面开始向内部扩展，点蚀往往是裂纹的根源，裂纹通常表现为穿晶扩展，裂纹的尖端常出现分枝，裂纹整体为树枝状。裂纹的断口没有明显的塑性变形，微观上具有准解理、山形、扇形、河川及伴有腐蚀产物的泥状龟裂的特征，还可看到二次裂纹或表面蚀坑。要防止应力腐蚀的发生，需要采取的措施有：合理设计焊接接头，避免腐蚀介质在焊接接头部位聚集，降低或消除焊接接头的应力集中；尽量降低焊接残余应力，在工艺方法上合理布置焊道顺序，如采用分段退步焊，采取一些消除应力措施，如焊后完全退火，在难以实施热处理时，采用焊后锤击或喷丸等；合理选择母材与焊接材料，如在高浓度氯化物介质中，超级奥氏体不锈钢就显示出明显的耐应力腐蚀能力。在选择焊接材料时，为了保证焊缝金属的耐应力腐蚀性能，通常采用超合金化的焊接材料，即焊缝金属中的耐蚀合金元素（Cr、Mo、Ni 等）含量高于母材；采用合理工艺方法保证焊接接头部位光滑洁净。焊接飞溅物、电弧擦伤等往往是腐蚀开始的部位，也是导致应力腐蚀发生的根源，因此，焊接接头的外在质量也是至关重要的。

(c) 焊接接头的脆化

焊缝金属的低温脆化对于奥氏体不锈钢焊接接头来说是最为关键的性能，在低温使用时，为了满足低温韧性的要求，焊缝组织通常希望获得单一的奥氏体组织，避免 δ 铁素体的存在。

焊接接头的 σ 相脆化。σ 相是一种脆硬的金属间化合物，主要析集于柱状晶的晶界。在奥氏体焊缝中，γ 与 δ 相均可发生 σ 相转变，如 Cr25-Ni20 型焊缝在 800～900℃加热时，将发生强烈的 γ-σ 相的转变；在奥氏体+铁素体双相组织的焊缝中，当 δ 铁素体含量较高时，如超过 12% 时，δ-σ 相的转变将非常显著，造成焊缝金属的明显脆化。σ 相析出的脆化还与奥氏体不锈钢中合金化程度相关，对于 Cr、Mo 等合金元素含量较高的超级奥氏体不锈钢，易析出 σ 相。Cr、Mo 具有明显的 σ 化作用，提高奥氏体化合金元素 Ni 含量，防止 Ni 在焊接过程中的降低可有效地抑制它们的 σ 化作用，是防止焊接接头脆化的有效冶金措施。

③奥氏体不锈钢的焊接方法的选择

焊条电弧焊具有适应各种焊接位置与不同板厚的优点，但焊接效率较低。埋弧焊焊接效率高，适合于中厚板的平焊，由于埋弧焊热输入大，熔深大，应注意防止焊缝中心区热裂纹的产生和热影响区耐蚀性的降低。特别是焊丝与焊剂的组合对焊接性与焊接接头的综合性能有直接的影响。钨极氩弧焊具有热输入小，焊接质量优的特点，特别适合于薄板与薄壁管件的焊接。熔化极富氩气体保护焊是高效优质的焊接方法，对于中厚板采用射流过渡焊接，对于薄板采用短路过渡焊接，对于 10～12mm 以下的奥氏体不锈钢，等离子焊接是一种高效、经济的焊接方法，采用微弧等离子焊接时，焊接件的厚度可小于 0.5mm。

(4) 铁素体-奥氏体双相不锈钢的焊接

①铁素体-奥氏体双相不锈钢的特点及应用

所谓铁素体-奥氏体双相不锈钢是指铁素体与奥氏体各约占 50% 的不锈钢。它的主要特点是屈服强度可达 400～550MPa，是普通不锈钢的 2 倍，因此可以节约用材，降低设备制造成本。在抗腐蚀性能方面，特别是在介质环境比较恶劣（如 Cl^- 含量较高）的条件下，双相不锈钢的抗点蚀、缝隙腐蚀、应力腐蚀及腐蚀疲劳性能明显优于通常的 Cr-Ni 及 Cr-Ni-Mo 奥氏体型不锈钢（如 0Cr18Ni9、00Cr18Ni9、304、304L、0Cr18Ni12Mo2、00Cr18Ni12Mo、316、316L 等），可与高合金奥氏体不锈钢相媲美。与此同时，双相不锈钢具有良好的焊接性，与铁素体不锈钢及奥氏体不锈钢相比，它既不像铁素体不锈钢的焊接热影响区，由于晶粒严重粗化而使塑韧性大幅度降低，也不像奥氏体不锈钢那样，对焊接热裂纹比较敏感。因此，铁素体-奥氏体双相不锈钢在石油化工设备、海水与废水处理设备、输油输气管线、造纸机械等工业领域获得越来越广泛的应用。

②铁素体-奥氏体双相不锈钢的焊接特点

焊接过程是一个快速加热与快速冷却的热循环过程。在加热过程中，当热影响区的温度超过双相钢的固溶处理温度，在 1150～1400℃的高温状态下，晶粒将会发生长大，而且发生 γ-δ 相变，γ 相明显减少，δ 相增多。一些钢的高温近缝区会出现晶粒较粗大的 δ 铁素体组织。如果焊后的冷却速度较快，将抑制 δ-γ 的二次相变，使热影响区的相比例失调，当 δ 铁素体大于 70% 时，一次转变的 γ 奥氏体也变为针状和羽毛状，具有魏氏组织特征，导致力学性能及耐腐蚀性能的恶化。当焊后冷却速度较慢时，则 δ-γ 的二次相变比较充分，室温下为相比例较为合适的双相组织。因此，为了防止热影响区的快速冷却，使 δ-γ 二次相变较为充分，保证较合理的相比例，足够的焊接热输入是必要的。随着母材厚度的增加，焊接热输入应适当提高。

对于双相钢焊缝金属，仍以单相 δ 铁素体凝固结晶，并随温度的降低发生 δ-γ 组织转变。但由于其熔化-凝固-冷却相变是一个速度较快的不平衡过程，因此，焊缝金属冷却过程中的δ-γ组织转变必然是不平衡的。当焊缝金属的化学成分与母材的相同，或者母材自熔时，焊缝金属中的δ相将偏高，而γ相偏低。为了保证焊缝金属中有足够的γ相，应提高焊缝金属化学成分的Ni当量，通常的方法是提高奥氏体化元素（Ni、N）的含量，因此就出现了焊缝金属超合金化的特点。

另外，为了防止双相钢焊接过程中碳化物的析出，双相钢及焊缝金属的含碳量通常控制在超低碳（w（C）≤0.03%）的水平。研究表明，当双相钢的相比例失调时，如热影响区出现较多的铁素体，由于N在铁素体中的溶解度很低（≤0.05%），过饱和的N则很容易与Cr及其他金属元素形成Cr_2N、CrN及σ相，进而使这些局部区域的抗腐蚀性能与塑韧性大幅度降低。由于N在奥氏体中的溶解度很高（0.2%～0.5%），当奥氏体相适当时，可以溶解较多N，进而减少了各种氮化物的形成与析出。由此可见，保持相比例的平衡对防止热影响区的腐蚀与脆化是非常重要的。

③铁素体-奥氏体双相不锈钢的焊接工艺方法和焊接材料的选择

a. 焊接工艺方法的选择

焊条电弧焊、钨极氩弧焊、熔化极气体保护焊（实心焊丝或药芯焊丝）、埋弧焊都可用于铁素体-奥氏体双相钢的焊接。

焊条电弧焊是最常用的焊接工艺方法，其特点是灵活方便，并可实现全位置焊接。钨极氩弧焊的特点是焊接质量优良，自动焊的效率也较高，因此广泛用于管道的打底焊缝及薄壁管道的焊接。钨极氩弧焊的保护气体通常采用纯Ar，当进行管道打底焊接时，应采用纯Ar+2%N_2或纯Ar+5%N_2的保护气体，同时还应采用纯Ar或高纯N进行焊缝背面保护，以防止根部焊道的铁素体化。熔化极气体保护焊的特点是较高的熔敷效率，既可采用较灵活的半自动焊，也可实现自动焊。当采用药芯焊丝时，还易于进行全位置焊接。对于熔化极气体保护焊的保护气体，当采用实心焊丝时，可采用Ar+1%O_2、Ar+30%O_2、He+1%O_2、Ar+2%CO_2、Ar+15%He+2%CO_2；当采用药芯焊丝时，可采用Ar+1%O_2、Ar+2%CO_2、Ar+20%CO_2、甚至采用100%CO_2。埋弧焊是高效率的焊接工艺方法，适合于中厚板的焊接，采用的焊剂通常为碱性焊剂。

b. 焊接材料选择

对于焊条电弧焊，根据耐腐蚀性、接头韧性的要求及焊接位置，可选用酸性或碱性焊条。采用酸性焊条时，脱渣优良，焊缝光滑，接头成形美观，但焊缝金属的冲击韧度较低，与此同时，为了防止焊接气孔及焊接氢致裂纹需严格控制焊条中的氢含量。当要求焊缝金属具有较高的冲击韧度，并需进行全位置焊接时应采用碱性焊条。另外，在根部打底焊时，通常采用碱性焊条。当对焊缝金属的耐腐蚀性能具有特殊要求时，还应采用超级双相钢成分的碱性焊条。对于实心气保护焊焊丝，在保证焊缝金属具有良好耐腐蚀性与力学性能的同时，还应注意其焊接工艺性能。对于药芯焊丝，当要求焊缝光滑，接头成形美观时，可采用金红石型或钛钙型药芯焊丝；当要求较高的冲击韧度或在较大的拘束条件下焊接时，宜采用碱度较高的药芯焊丝。对于埋弧焊丝，宜采用直径较小的焊丝，实现中小焊接规范下的多层多道焊，以防止焊接热影响区及焊缝金属的脆化。与此同时，应采用配套的碱性焊剂，以防止焊接氢致裂纹。

④各类双相钢的焊接要点

a. Cr18型双相钢的焊接要点

Cr18型双相钢是超低碳的双相不锈钢，具有良好的焊接性，其焊接冷裂纹及焊接热裂纹敏感性都比较小，焊接接头的脆化倾向也较铁素体不锈钢低，因此焊前不需要预热，焊后不经热处理。当母材的相比例约在50%时，只要合理选择焊接材料，控制焊接热输入（通常不大于15kJ/cm）和层间温度（通常不高于150℃）就能防止焊接热影响区出现晶粒粒大的单相铁素体组织及焊缝金属的脆化，保证焊接接头力学性能、耐晶间腐蚀及抗应力腐蚀性能。对于Cr18型双相钢，尽管经长期加热时有σ相、碳氮化合物及475℃脆化倾向，但由于Cr含量较低，这种脆化倾向较其他高合金双相钢的脆化倾向小。

b. Cr23无Mo型双相钢的焊接要点

Cr23无Mo型双相钢具有良好的焊接性，其焊接冷裂纹及热裂纹敏感性很小，焊接接头的脆化倾向也小，因此焊前不需要预热，焊后不经热处理。为获得合理相比例及防止各种脆化相的析出，焊接热输入应控制在10～25kJ/cm范围，层间温度低于150℃。优先采用的焊接材料与Cr18型双相钢的相同，另外可选用Cr含量较高，但不含Mo的奥氏体型（如309L型）不锈钢焊接材料，其不足之处是焊缝的屈服强度偏低。

c. Cr22型双相钢的焊接要点

与Cr18型双相钢相比，Cr22型双相钢的Cr含量较高，Si含量较低，而且N含量明显提高，因此它的耐均匀腐蚀性能、抗点蚀能力及抗应力腐蚀性能均优于Cr18型双相钢，也优于316L类型的奥氏体不锈钢。Cr22型双相钢具有良好的焊接性，焊接冷裂纹及热裂纹的敏感性都较小。通常焊前不预热，焊后不热处理，而且由于较高的N含量，热影响区的单相铁素体化倾向较小，当焊接材料选择合理，焊接热输入控制在10～25kJ/cm，层间温度控制在150℃以下时，焊接接头具有良好的综合性能。

d. Cr25型双相钢的焊接要点

对于Cr25型双相钢，当其抗点蚀指数大于40时，称为超级双相不锈钢。现代Cr25型双相钢的成分特点是在Cr25Ni5Mo合金系统的基础上，进一步提高Mo、N含量，以提高该类型钢的抗腐蚀能力与组织稳定性，有些还加入一定量的Cu和W，进一步提高其抗腐蚀能力。当Mo、N含量控制在成分范围的上限，而且加入一定量的Cu和W时，其抗点蚀指数通常大于40成为超级双相钢。Cr25型双相钢同其他双相钢一样具有良好的焊接性，通常焊前不预热，焊后不需热处理。但由于其合金含量较高，而且还添加有Cu和W元素，在600～1000℃范围内加热时，焊接热影响区及多层多道的焊缝金属易析出σ相、γ相、碳、氮化物（$Cr_{23}C_6$、Cr_2N、CrN）及其他各种金属间化合物，造成接头抗腐蚀性能及塑韧性的大幅度降低。因此焊接此类钢时要严格控制焊接热输入，另外当冷却速度过快时，将抑制$\delta\gamma$相的转变，造成单相铁素体化，因此焊接热输入还不能过小。一般控制在10～15kJ/cm范围内，层间温度不高于150℃，基本原则是中薄板采用中小热输入，中厚板采用较大热输入。

（5）沉淀硬化不锈钢的焊接

①沉淀硬化不锈钢的类型及应用

析出硬化不锈钢按其组织形态可分为三种类型：析出硬化半奥氏体不锈钢、析出硬化马氏体不锈钢及析出硬化奥氏体不锈钢。析出硬化不锈钢经合理的热处理或机械处理后具有超高强度，同时具有较高的塑韧性与耐蚀性。在航天、航空及核工业中获得广泛的应用，是制造高强、耐蚀零件，如各种传动轴、叶轮、泵体的主要用钢。

②沉淀硬化不锈钢的焊接特点

a. 析出硬化马氏体不锈钢的焊接特点

该类钢具有良好的焊接性，进行同材质等强度焊接时，在拘束度不大的情况下，一般不需要焊前预热或后热，焊后热处理采用同母材相同的低温回火时效将可获得等强的焊接接头。当不要求等强度的焊接接头时，通常采用奥氏体类型的焊接材料焊接，焊前不预热，不后热，焊接接头中不会产生裂纹，在热影响区，虽然形成马氏体组织，但由于碳含量低没有强烈的淬硬倾向，在拘束度不大的情况下，不会产生焊接冷裂纹。

b. 析出硬化半奥氏体不锈钢的焊接特点

该类钢通常具有良好的焊接性，当焊缝与母材成分相同时，即要求同材质焊接时，在焊接热循环的作用下，将可能出现如下问题：

（a）由于焊缝及近缝区加热温度远高于固溶温度，铁素体相比例有所增加，铁素体含量过高将可能引起接头的软化。

（b）在焊接高温区，碳化物特别是铬的碳化物大量溶入奥氏体固溶体，提高了固溶体中的有效合金元素含量，进而增加了奥氏体的稳定性，降低了焊缝及近缝区的MS点，使奥氏体在低温下都难以转变为马氏体，造成焊接接头的强度难以与母材相匹配。为此，必须采用适当的焊后热处理，使碳化物析出，降低合金元素的有效含量，促进奥氏体向马氏体的转变，通常的措施是焊接结构的整体复合热处理。其中包括：焊后调整热处理：746℃加热3h空冷，使铬的碳化物析出，提高 MS 点，促进马氏体转变。低温退火：930℃加热 1h 水淬，使 Cr23C6 等碳化物从固溶体中析出，可大大提高 MS 点。冰冷处理：在低温退火的基础上，立即进行冰冷处理（-73℃保持 3h），使奥氏体几乎全部转变为马氏体，然后升温到室温。

当不要求同材质等强度焊接时，可采用常用的奥氏体型（Cr18Ni9、Cr18Ni12Mo2）焊接材料，焊缝与热影响区均没有明显的裂纹敏感性。

c. 析出硬化奥氏体不锈钢的焊接特点

由于 A-286 钢与 17-10P 钢的合金体系与强化元素存在较大的差异，因此两种不锈钢的焊接性也有很大的差别。对于 A-286 钢，虽然含有较多的时效强化合金元素，但其焊接性与半奥氏体析出强化不锈钢的焊接性相当，采用通常的熔焊工艺时，裂纹敏感性小，焊前不需要预热或后热。焊后按照母材时效处理的工艺进行焊后热处理即可获得接近等强的焊接接头。对于 17-10P 钢，尽管严格控制了 S 的含量，但由于 w（P）高达 0.30，高温时磷化物在晶界的富集不可避免，由此造成近缝区具有很大的热裂纹敏感性与脆性。

③沉淀硬化不锈钢的焊接方法的选择

除高 P 含量的析出硬化奥氏体不锈钢 17-10P 外，焊条电弧焊、熔化极惰性气体保护焊、非熔化极惰性气体保护焊等熔焊工艺方法都可用于析出硬化不锈钢的焊接。

4. 铝及铝合金的焊接

(1) 铝及铝合金的分类

铝及铝合金按成材方式可分为变形铝、铝合金和铸造铝合金。按合金化系列，铝及铝合金可分为 1×××系（工业纯铝）、2×××系（铝-铜）、3×××系（铝-锰）、4×××系（铝-硅）、5×××（铝-镁）、6×××系（铝-镁-硅）、7×××系（铝-锌-镁-铜）、8×××系（其他）等八类合金。按强化方式，可分为热处理不可强化铝、铝合金及热处理强化铝合金。前者仅可变形强化，后者既可热处理强化，亦可变形强化。

(2) 铝及铝合金焊接材料的选择

①焊接纯铝时，可采用同型号纯铝焊丝；

②焊接铝-锰合金时，可采用同型号铝-锰合金焊丝或纯铝 SAl-1 焊丝；

③焊接铝-镁合金时，如果 w(Mg) 在 3% 以上，可采用同系同型号焊丝；如果 w(Mg) 在 3% 以下，如 5A01 及 5A02 合金，由于其热裂倾向强，应采用高 Mg 含量的 SAlMg5 或 ER5356 焊丝；

④焊接铝-镁-硅合金时，由于生成焊接裂纹的倾向强，一般应采用 SAlSi-1 焊丝；如果焊丝与母材颜色不匹配，在结构拘束度不大的情况下，可改用 SAlMg-5 铝-镁合金焊丝；

⑤焊接铝-铜-镁、铝-铜-镁-硅合金时，如硬铝合金 2Al2、2Al4，由于焊接时热裂倾向强，易生成焊缝金属结晶裂纹和近缝区母材液化裂纹，一般应采用抗热裂性能好的 SAlSi-1、ER4145 或 Bj-380A 焊丝。ER4145（Al-10Si-4Cu）焊丝抗热裂能力很强，但焊丝及焊缝的延性很差，在焊接变形及应力发展过程中焊缝易发生撕裂，一般只用于结构拘束度不大及不太重要的结构生产中。SAlSi-1（Al-5Si-Ti）焊丝抗热裂能力强，形成的焊缝金属的延性较好，用于钨极氩弧焊时，能有效防止焊缝金属结晶裂纹，但该焊丝防止近缝区母材液化裂纹能力较差。这是因为 SAlSi-1 属铝-硅合金焊丝，其固相线温度为 577℃，而母材晶界上低熔点共晶体液化或凝固时的最低温度为 507℃，当焊丝成分在坡口焊缝成分中占主导地位，焊接过程中焊缝金属结束冷却凝固时，近缝区母材晶界可能仍滞留在液化状态，焊接收缩应变即可能集中并作用于近缝母材，将其液化晶界撕裂成液化裂纹。Bj-380A（Al-5Si-2Cu-Ti-B）焊丝基本上继承了 SAlSi-1 焊丝的主要成分，但添加了有利于降低合金固相线温度的 w(Cu)2% 及细化晶粒组织作用更强的适量钛及硼（钛与硼的含量比例保持为 5 比 1）。Cu 的加入使 Bj-380A 焊丝的固相线温度降为 540℃，比 SAlSi-1 焊丝的固相线温度 577℃ 降低了 37℃，再加上焊接时母材内 Cu 的溶入，Bj-380A 焊丝的焊

缝金属固相线温度与母材晶界低熔点共晶相最低固相线温度即相差不大了；

⑥焊接铝-铜-锰合金时，如 2A16、2219 合金，由于其焊接性较好，可采用化学成分与母材基本相同的 SAlCu、ER2319 焊丝；

⑦焊接铝-锌-镁合金时，由于焊接时有产生焊接裂纹的倾向，可采用与母材成分相同的铝-锌-镁焊丝、高镁的铝-镁合金焊丝或高镁低锌的 X5180 焊丝；

⑧焊接铝-镁-锂、铝-镁-锂-钪合金时，由于生成焊接裂纹倾向性不大，可采用化学成分与母材成分相近的铝-镁合金、铝-镁-钪合金焊丝。

(3) 铝及铝合金的焊接特点

①铝及铝合金极易氧化，在金属表面形成一层致密的氧化膜，焊接前如果不清理干净，容易出现未焊透、夹渣等焊接缺陷，同时容易出现电弧漂移现象；

②铝及铝合金导热性强、热容量大，焊接时需要强热源才能满足正常焊接要求；

③气孔和热裂纹是铝及铝合金焊接过程中最容易出现的缺陷；

④铝及铝合金焊接过程中由于合金元素的大量蒸发，焊缝金属的化学成分和性能不易保证；

⑤铝及铝合金固、液态没有明显变化，焊接过程中容易出现塌陷和烧穿等问题。

5. 铜及铜合金的焊接

(1) 铜及铜合金的分类

工业生产的铜及铜合金的种类繁多，目前大多数国家都是根据化学成分来进行分类的，而常用的铜及铜合金可从它的表面颜色看出其区别，如常用的纯铜、黄铜、青铜和白铜。但实质上是纯铜、铜-锌、铜-铝、铜-锡、铜-硅的合金和铜-镍合金等。

(2) 铜及铜合金的焊接性

由于铜及铜合金的化学成分、物理性能有独特的方面，在实际焊接时以内在和外在的缺陷来综合判断焊接性的好坏，而且常与低碳钢相比较来进行评价。

①高热导率的影响

焊接铜及铜合金时，当采用的工艺参数与焊接同厚度低碳钢差不多时，则母材就很难熔化，填充金属与母材也不能很好地熔合，产生焊不透的现象，焊后的变形也比较严重，外观成形差。这些现象是与铜及铜合金的热导率、线胀系数和收缩率有关。铜的热导率比普通碳钢大 7～11 倍，使母材与填充金属难以熔合。即使焊接使用大功率热源，还得在焊前预热或焊接过程中采取同步加热的措施。母材厚度越大，散热愈严重，也愈难达到熔化温度。铜在熔化温度时的表面张力比铁小 1/3，流动性比铁大 1～1.5 倍，表面成形能力较差。铜的线胀系数及收缩率也比较大，约比铁大一倍以上。焊接时的大功率热源也会使焊接热影响区加宽。如果工件的刚度不大，又无防变形措施，必然会产生较大变形。当工件刚度很大时，由于变形的受阻，也会产生很大的焊接应力。因此，需要控制冷却速度。

②焊接接头的热裂倾向大

焊接时，铜能与其中的杂质分别生成熔点为 270℃的 Cu+Bi，熔点为 326℃的 Cu+Pb，熔点为 106℃的 Cu_2+Cu，熔点为 1 067℃的 Cu+Cu_2S 等多种低熔点共晶。它们在结晶过程中都分布在枝晶间或晶界处，使铜或铜合金具有明显的热脆性。焊缝处于凝固过程的固液阶段，热影响区的易熔共晶处于液化状态下都容易因焊接应力而造成热裂纹。其中以氧的危害性最大，它不但在冶炼时以杂质的形式存在于铜内，在以后的轧制加工过程和焊接过程中，都会以氧化亚铜的形式溶入。研究结果表明，当焊缝含 0.2%以上的 Cu_2O（含氧约为 0.02%）或含 Pb 超过 0.03%，含 Bi 超过 0.005%就会出现热裂纹。此外，铜和很多铜合金在加热过程中无同素异构转变，铜焊缝中也生成大量的柱状晶；同时铜和铜合金的膨胀系数和收缩率较大，增加了焊接接头的应力，更增大了接头的热裂倾向。为此，熔焊接铜及其合金时可根据具体情况采取一些冶金措施，避免接头裂纹的出现：

　　a. 严格限制铜中的杂质含量；

　　b. 增强对焊缝的脱氧能力，通过焊丝加入硅、锰、磷等合金元素；

　　c. 选用能获得双相组织的焊丝，使焊缝晶粒细化，晶界增多，使易熔共晶物分散、不连续。

　③气孔

　　熔焊接铜及铜合金时，气孔出现的倾向比低碳钢要严重很多。所形成的气孔几乎分布在焊缝的各个部位。尽管铜中的气孔主要也是由溶解的氢直接引起的扩散性气孔和氧化还原反应引起的反应性气孔，但铜自身性质却使这种倾向大大加剧，成了铜熔焊中的主要困难之一。

　　a. 氢在铜中的溶解度虽也如在钢中一样，当铜处在液-固态转变时有一突变，并随温度升降而增减，但在电弧作用下的高温熔池中，氢在液态铜中的极限溶解度（铜被加热至2130℃蒸发温度前的最高溶解度）与熔点时的最大溶解度之比高达3.7，而铁仅为1.4，就是说铜焊缝结晶时，其氢的过饱和程度比钢焊缝大好几倍。这样形成的气孔称扩散性气孔。

　　b. 熔池中的Cu_2O在焊缝凝固时不溶于铜而析出，与氢或CO反应生成的水蒸气和CO_2也不溶于铜而促使反应性气孔的形成。

　　c. 铜的热导率比铁大8倍以上。焊缝的冷却速度比钢要大得多，氢扩散逸出和H_2O的上浮条件严重恶劣，形成气孔的敏感性自然增大。很明显，为了减少或消除铜焊缝中的气孔，主要的措施是减少氢和氧的来源和用预热来延长熔池存在时间，使气体易于逸出。采用含铝、钛等强脱氧剂的焊丝（它们同时又是脱氮、脱氢的强烈元素）或在铜合金中加入铝、锡等元素都会获得良好的效果。

　　d. 铜中的钢、锌、磷等元素的沸点低，焊接时上述元素的蒸发也会形成气孔。焊接时采用快速焊合含这些元素低的填充丝。

　④接头性能的变化

　　铜和铜合金在熔焊过程中，由于晶粒严重长大，杂质和合金元素的掺入，有用合金元素的氧化、蒸发等，使接头性能发生很大的变化。

　　a. 塑性严重变坏。焊缝与热影响区晶粒变粗，各种脆性的易熔共晶出现于晶界，使接头的塑性和韧性显著下降。例如纯铜焊条电弧焊或埋弧焊时，接头的伸长率仅为基材的20%～50%左右。

　　b. 导电性下降。铜中任何元素的掺入都会使其导电性下降。因此焊接过程中杂质和合金元素的溶入都会不同程度地使接头导电性能变坏。

　　c. 耐蚀性能下降。铜合金的耐蚀性能是依靠锌、锡、锰、镍、铝等元素的合金化而获得。熔焊过程中这些元素的蒸发和氧化烧损都会不同程度地使接头耐蚀性下降。焊接应力的存在则使对应力腐蚀比较敏感的高锌黄铜、铝青铜、镍锰青铜的焊接接头在腐蚀环境中过早地破坏。

　　d. 晶粒粗化，大多数铜及铜合金在焊接过程中，一般不发生固态相变，焊缝得到的是一次结晶的粗大柱状晶。而铜及铜合金的晶粒易长大，也使接头的力学性能降低。

　　e. 焊接时锌的蒸发形成的烟雾，会覆盖焊接区，给操作带来困难，既影响了焊缝的质量也对焊工健康不利。

　　改善接头性能的措施，除了尽量减弱热作用、焊后进行消除应力热处理外，主要的冶金措施是控制杂质含量和通过合金化对焊缝进行变质处理。这些措施往往有时是互相矛盾的。例如变质处理、细化焊缝组织可改善塑性，提高耐蚀性能，但必然带来导电性能的下降。为了避免接头导电能力的下降就必须防止合金化的不良影响。因此需要根据不同铜合金接头的不同要求来选用。

　（3）铜及铜合金焊接方法的选择

　　熔焊是铜及其合金焊接中应用最广泛，并容易实现的一类工艺方法，除了传统的气焊、碳弧焊、焊条电弧焊和埋弧焊外，近年迅速发展起来的钨极和熔化极气体保护焊、等离子焊和电子束焊等一些新工艺已成功地用于铜及铜合金结构的焊接中，并积累了不少较成熟的经验。合理选择焊接方法，除了根据基材的成分、厚度和结构特点外,还要考虑合金元素及数量等。总之,焊接铜及铜合金需要大功率、高能束的熔焊热源,热效率愈高,能量愈集中愈有利。不同厚度的材料对不同焊接方法有其适应性。如薄板焊接以钨极氩弧焊、焊条电弧焊和气焊为好,中厚板以熔化极气体保护焊和电子束焊较合理,厚板则建议使用埋弧焊 MIG 焊和电渣焊。

(4) 铜及铜合金焊接材料的选择

熔焊时焊接材料是控制冶金反应、调整焊缝成分以保证获得优质焊缝的重要手段,针对不同的铜合金及其对接头性能的要求,选择不同的熔焊方法,所选用的焊接材料亦有很大的差别。

①焊丝

焊接铜及铜合金的焊丝除了要满足对焊丝的一般工艺、冶金要求外,最重要的是控制其中杂质含量和提高其脱氧能力,以避免热裂纹和气孔的出现。焊纯铜用的焊丝主要加入 Si、Mn、P 等脱氧元素。对黄铜来说,脱氧剂 Si 可抑制 Zn 的烧损。国内也有参照国外配方在焊丝中加入脱氧性极强的合金元素 Al 的。所加入的 Al 除作为合金剂和具有脱氧作用外,还可细化焊缝晶粒,提高接头的塑性和耐腐蚀性。但脱氧剂过多会造成过多高熔点氧化物而成为夹杂缺陷。焊丝中加入 Fe 可提高焊缝强度和耐磨性,但会降低塑性。Sn 元素的适量加入会增加液体金属的流动性,改善焊丝的工艺性能。

②焊剂

为防止熔池金属氧化和其他气体侵入熔池,并改善液体金属的流动性,气焊、碳弧焊及埋弧焊、电渣焊时都使用焊剂。甚至在进行气体保护焊时,有时也在焊缝表面加入一层焊剂以改善电弧的热能利用和进一步加强对焊缝的保护作用,即所谓沿焊剂焊接法。由于熔焊中各种热源的热功率及温度差异很大,不同焊接方法所使用的焊剂是不同的。气焊、碳弧焊通用的焊剂主要由硼酸盐、卤化物或它们的混合物组成。其中硼砂的熔点只有 743℃,在液态下有很强的化学去膜能力,能迅速与氧化铜、氧化锌反应生成硼酸的复盐变为熔渣,浮于熔池表面。硼酸的熔点仅为 580℃,加热脱水后变为硼酐 B_2O_3,它是很强的酸性氧化物,容易与铜合金熔池中的碱性氧化物反应生成 $ZnO \cdot B_2O_3$、$CuO \cdot B_2O_3$、$2Fe_2O_3 \cdot B_2O_3$ 等复盐,也浮于熔池表面成渣被清除。

③埋弧焊与电渣焊焊接铜及铜合金时可借用焊接低碳钢所用的焊剂

国内常用的牌号有焊剂 431、260、150 等。其中高硅高锰焊剂 431 工艺性好,但氧化性较强,容易向焊缝过渡 Si、Mn 等元素,造成接头导电性、耐蚀性及塑性下降。焊剂 260、150 氧化性较弱,和普通纯铜焊丝配合使用时,焊缝金属的伸长率可达 38%~45%。

6. 钛及钛合金的焊接

(1) 钛及钛合金的分类

我国现行标准按照钛合金退火状态的室温平衡组织分为 α 钛合金、β 钛合金和 $\alpha+\beta$ 钛合金 3 类,分别用 TA、TB 和 TC 表示。TA2、TA7、TC4、TC10、TB2 分别是 α 型、$\alpha+\beta$ 型和 β 型钛合金的代表。

(2) 钛及钛合金的焊接性

①间隙元素污染引起脆化

钛是一种活性金属,常温下能与氧生成致密的氧化膜而保持高的稳定性和耐腐蚀性。540℃以上生成的氧化膜则不致密。高温下钛与氧、氮、氢反应速度较快,钛在 300℃以上快速吸氢,600℃以上快速吸氧,700℃以上快速吸氮,在空气中钛的氧化过程很容易进行。

a. 氧和氮的影响:氧在 α 钛中的最大溶解度为 14.5%(原子),在 β 钛中为 1.8%(原子),氮则分别为 7% 和 2%(原子)。氧和氮间隙固溶于钛中,使钛晶格畸变,变形抗力增加,强度和硬度增加,塑性和韧性降低。

b. 氢的影响:氢对工业纯钛焊缝和焊接接头力学性能的影响,如 w(H) 从 0.010% 增加到 0.058%,焊缝金属的脆性转变温度大约升高 40℃。随氢含量增加，焊缝金属冲击韧度急剧降低，而塑性下降较少。

c. 碳的影响：常温时，碳在α钛中的溶解度为0.13%（质量分数），碳以间隙形式固溶于α钛中，使强度提高、塑性下降，但作用不如氢、氧显著。碳量超过溶解度时生成硬而脆的TiC，呈网状分布，易于引起裂纹。

② 焊接相变引起的性能变化

由于钛的熔点高，比热及热导系数小，冷却速度慢，焊接热影响区在高温下停留时间长，使高温β晶粒极易过热粗化，接头塑性降低。

a. α合金

这类合金焊接性良好，在所有钛合金中它焊接性最好。用钨极氩弧焊填加同质焊丝或不填加焊丝，在保护良好的条件下焊接接头强度系数接近100%，接头塑性稍差。

b. α+β合金

它的最大特点是可热处理强化。目前我国应用的这类合金主要有TC1、TC4和TC10 3种。这类合金室温平衡组织为α+β。TC1合金退火状态下β相含量很少，焊接性良好，焊接时冷却速度以12~15℃/s为宜。TC4合金以α相为主，β相较少。加热到β相转变温度（996±14℃）以上温度快冷时β0-α′，α′为钛过饱和针状马氏体，晶粒粗大的原始β相晶界清晰可见。TC4合金多为退火状态下使用，为提高强度，可淬火状态下焊接，焊后时效处理。TC10合金是一种高强度、高淬透性合金，由于合金元素含量较高，焊接性较差。

c. β合金

这类合金又可分为亚稳β合金和稳定β合金两种，亚稳β合金TB2平衡组织为β加极少量α相，容易得到亚稳β相，焊后热处理时析出α相，容易引起脆性。TB2合金抗拉强度可达1320MPa，焊后进行520~580℃时效处理，接头强度可达1180MPa，伸长率可达7%。

③ 裂纹

由于钛及钛合金中S、P、C等杂质很少，低熔点共晶很难在晶界出现，有效结晶温度区间窄，加之焊缝凝固时收缩量小，因此很少出现焊接热裂纹。但如果母材和焊丝质量不合格，特别是焊丝有裂纹、夹层等缺陷，在裂纹、夹层处存在大量有害杂质时，则有可能出现焊接热裂纹，因此要特别注意焊丝质量。

焊接时，保护不良或α+β合金中含β稳定元素较多时会出现热应力裂纹和冷裂纹。加强焊接保护，防止有害杂质污染和焊前预热，焊后缓冷可以减少甚至消除热应力裂纹和冷裂纹。

钛合金焊接时，热影响区可能出现延迟裂纹。这与氢有关。焊接时由于熔池和低温区母材中的氢向热影响区扩散，引起热影响区氢含量增加，引起裂纹。

④ 气孔

气孔是钛及钛合金焊接时最常见的焊接缺陷。原则上气孔可以分为两类：即焊缝中部气孔和熔合线气孔。在焊接热输入较大时，气孔一般位于熔合线附近；在焊接热输入较小时，气孔则位于焊缝中部。气孔的影响主要在于降低焊接接头疲劳强度，能使疲劳强度降低一半甚至四分之三。

在一般情况下，金属中溶解的氢不是产生气孔的主要原因。焊丝和坡口表面的清洁度是影响气孔的最主要因素。在拉丝时粘附在焊丝表面的润滑剂是引起气孔的重要原因。打磨时残留在坡口表面的磨粒、清洗时乙醇以及橡胶手套溶解的增塑剂、擦拭坡口时的残留物都会引起气孔。薄板剪切时形成的粗糙的端面容易受到形成气孔物质的污染，去掉毛刺和减少表面粗糙度可以大大减少这种污染，从而可减少气孔。

（3）钛及钛合金焊接方法的选择

氩弧焊、等离子弧焊和电子束焊是三种使用比较多的焊接方法。

(4) 钛及钛合金焊接材料的选择

a. 填充金属

一般来说，钛及钛合金焊接时，填充金属与母材的标称成分相同。为改善接头的韧、塑性，有时采用强度低于母材的填充金属，例如用工业纯钛（TA1、TA2，不用 TA3）作填充金属焊接 TA7 和厚度不大的 TC4，用 TC3 焊 TC4。为了改善焊缝的韧、塑性，填充金属的间隙元素含量较低，一般只有母材的一半左右，例如 w（O）⩽0.12%，w（N）⩽0.03%，w（H）⩽0.006%，w（C）⩽0.04%。填充丝直径 1～3mm。因为具有较大的表面积/体积比，如果焊丝表面稍有污物，焊缝可能被严重污染。焊丝缺陷如裂纹、皱褶等会聚集污染物，又难于清理，这种焊丝不能应用。焊前焊丝应认真清理，去除拉丝时附着的润滑剂，也可用硝酸氢氟酸水溶液清洗，以确保表面清洁。

b. 保护气体

一般采用氩气，只有在深熔焊和仰焊位置焊接时，有时才用氦气，前者为增加熔深，后者为改善保护。为保证保护效果，一般采用一级纯氩（Ar⩾99.99%），其露点低于－60℃。由于橡皮软管会吸气，一般不采用，多用环氧基或乙烯基塑料软管输送保护气体。

7. 锆及锆合金的焊接

(1) 锆及锆合金的分类

锆合金的研制与核工业的发展密切相关。锆合金可分为两类：一类是核工业用锆合金，它限制了铪含量（小于万分之一），因为铪的热中子吸收截面大。另一类是核工业以外的锆合金，铪的含量可以达到 4%左右。此外，用于核工业的锆及锆合金通常都要经过热处理。

(2) 锆及锆合金的焊接性

锆的焊接性能良好，可以用熔焊、钎焊、固态焊等多种方法焊接锆及锆合金。就热物理性能而言，锆及锆合金的焊接性与 Cr-Ni 钢没有明显的差别，只是热膨胀系数特别低，热变形量较小以及相变时产生的体积变化也很小。

考虑到锆对气体反应的敏感性，必须尽量想法防止焊缝污染。焊缝被污染其抗腐蚀性能将降低，还往往变脆。为了避免由于氧、氢、氮的过量污染，焊接工作箱气体含量的上限值必须维持在：氧为 0.13%，氮为 7.0×10^{-3}%，氢为 2.5×10^{-3}%。锆焊接可能产生气孔，焊接工艺接近钛，但保护效果要高于钛，焊接措施要严于钛。要采用高纯的氩或氦或真空条件保护熔池金属和热影响区。有的锆焊缝不要求焊后热处理。有些焊件在约 675℃下进行 15～20min 的消除应力处理。

(3) 锆及锆合金焊接材料的选择

锆及锆合金的焊接材料主要指填充焊丝、钎料、扩散焊使用的中间层材料和保护气体与钨极等。

①填充金属

锆及锆合金的焊接中，根据与母材成分相匹配的原则来选择填充焊丝的成分。ERZr-2 型焊丝用于焊接工业纯锆（R60702 等级），ERZr-3 型用于 Zr-1.5Sn 合金（R60704 等级），ERZr-4 型用于焊接 Zr-2.5Nb 合金（R6705 和 R60706 等级）。如果用于核结构材料时，焊丝的杂质含量应控制得更加严格，至少是 w（Hf）应低于 0.01%。

②钎料

铅锌料的多数开发研究工作是针对反应堆用锆合金器材或锆的异种材料钎焊而进行的，研究中首先考虑的是接头的抗腐蚀问题。能满足使用要求的钎料有 Zr-5Be、Cu-20Pd-3In、Ni-20Pd-10Si、Ni-3Ge-13Cr、Ni-6P、Zr-50Ag、Zr-29Mn、Zr-24Sn。其中后三种钎料的焊接温度较高，分别为 1520℃、1380℃和 2595℃，其接头的抗腐蚀能力与力学性能是合格的。

③扩散焊中间层材料

锆及锆合金的扩散焊，采用银、铜和铁作中间层材料，能获得良好的锆合金扩散焊接头，在锆与钢的扩散焊接中，还选用银、镍双金属作中间层，因为银与锆、镍与钢的物理性能要接近一些，对扩散焊有利。

④保护气体与钨极

锆及锆合金的焊接，目前使用的保护气体只有氩、氦或两者的混合气体。氩气中的杂质容积总含量应小于0.1%，以减少接头及附近部位的污染。焊接锆及锆合金使用保护气体的场合较多，如在工作箱内充氩激光焊、氩弧焊、钎焊、电阻焊等都要用氩气保护。用于氩弧焊接的电极主要是铈-钨。在锆的手工焊接中，要尽量避免夹钨。

七、焊接检验

焊接检验一般采用无损检测。

无损检测是指在不损坏工件的条件下，发现工件中存在缺陷的检验方法，包括射线探伤、超声波探伤、磁粉探伤、着色探伤及涡流探伤等。

1. 射线探伤

射线探伤是施工检验上应用广泛的一种探伤技术，它能很准确地检验出工件内部或表面所存在的缺陷大小、位置和性质。射线探伤包括χ射线、γ射线、高能χ射线探伤，它们的基本原理相同。

χ射线或γ射线就本质而言与可见光相同，都属于电磁波，但波长不同，所以性质也有所差异。χ射线的波长为1.019～0.006Å，但在实用上多为3.1～0.006Å；γ射线的波长为1.339～0.003Å，波长越短，射线越硬，穿透力越强。反之，穿透力越弱。

（1）χ射线探伤原理

χ射线是由χ光发射管发射的，χ光发射管阴极 K 由钨丝绕成，当通过电流加热时，钨极发射出电子流，电子在χ射线发射管两端的高电压作用下，以极高的速度撞击倾斜45°的钨极（阳极 A ）。此时，绝大部分的动能变为热能，仅有一小部分（约1%）转变为χ射线发射出来。

χ射线本质上与普通可见光相同，也是电磁辐射波的一种，只是波长是可见光的数千分之一，因此它可以穿透可见光所不能穿透的物质，如钢、铸铁等金属（但不能穿透铅），并能使照相底片感光，以及使某些物质（例如钨酸钡、硫化锌等）发光。χ射线探伤就是利用这两个特性进行的。图3所示为χ射线探伤照片摄取方法。

从χ光发射管发出具有强大穿透能力的χ射线，照射到需要探伤的工件上，工件的背面放有带暗匣的χ光软片。由于金属内部缺陷的密度比金属本身的密度低，如果金属中有气孔、裂纹、未焊透、夹渣等缺陷时，则这些有缺陷的部位吸收射线能量较少，也就是χ射线使穿透率大的缺陷部分感光强烈，穿透率小的金属部分感光弱些。照相底片经洗相处理后可以看到相应焊件的焊

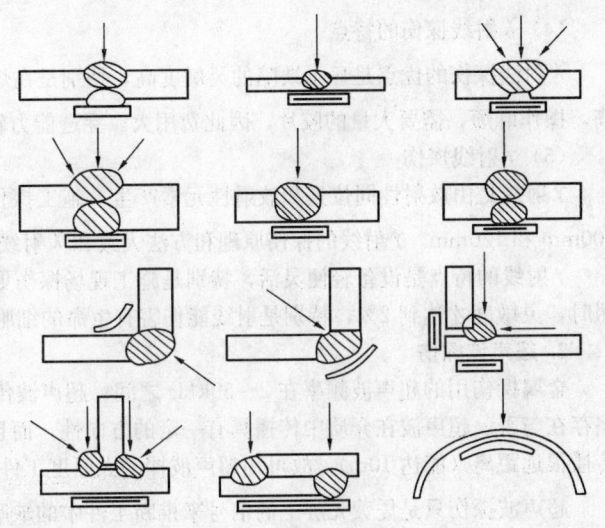

图3 χ光照片的摄取方法

缝部位是一条白的条纹，这是由于焊缝比基本金属较厚的缘故，如有气孔、裂纹、未焊透、夹渣存在，就在白色条纹上出现一些黑色条纹或麻点，这样基本上能确定缺陷的性质、部位与大小，但缺陷的深度位置不能确定。如能把工件翻转90°，再透照一次，就可以确定缺陷的空间位置。通常χ射线可以检查出不小于透视工件厚度的1.5%～2.0%（即灵敏度）的缺陷尺寸。

(2) χ射线透照方法

χ射线透照方法如图3所示。对于不开坡口的对接焊缝产生的缺陷，大多属未焊透，所以χ射线应垂直于焊缝表面进行照射。对于开V形坡口的对接焊缝，未焊透可能产生在根部，但也可能产生在坡口边缘。所以，χ射线可垂直于焊缝平面进行透照，也可按坡口斜边方向进行透照。对于角接焊缝，χ射线可垂直透照，也可以45°角方向进行透照。其他各类焊接缝透照方法可参考图4进行。

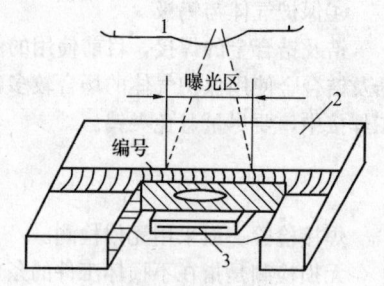

图4 其他各类焊接缝
透照方法参考图
（箭头为χ射线入射方向）
1—χ光发射管；2—工件；
3—有暗匣的软片

用χ射线拍摄出来的焊缝照片上的影像与工件中的实际缺陷不完全一样，而且影像只是一个平面的投影，不能表示缺陷的立体形状。所以对缺陷的分析、辨认需有一定经验，有时还需要重复透照才能确定。

(3) 焊缝各种缺陷特征

①未焊透。这种缺陷常呈现一条连续或断续的黑直线。

②夹渣。多呈现为不同形状的点或条纹。

③气孔。手工焊产生的气孔多呈现圆形或椭圆形黑点。

④裂纹。焊缝裂纹的特征多呈现为略带曲折的、波浪状的黑色条纹，有时也呈直线细纹。

(4) χ射线探伤的特点

χ射线探伤的优点是显示缺陷的灵敏度高，特别是在焊缝厚度小于30mm时，较γ射线灵敏度高；其次是透照时间短、速度快。缺点是设备复杂，成本高，操作麻烦，需要大量的胶片，因此费用大。穿透能力较γ射线小；χ射线对人体健康有害。

(5) γ射线探伤

γ射线是由放射性同位素和放射性元素产生。施工探伤都采用同位素作为射线源。常用的同位素为钴60（Co^{60}）或铯137（Cs^{137}），探伤厚度分别为200mm和120mm。γ射线的探伤原理和方法大致和χ射线相同。

γ射线的特点是设备轻便灵活，特别是施工现场探伤更为方便，而且投资少，成本低。但是它的曝光时间长，灵敏度低，用超微粒软片铅箔增感进行透照时，灵敏度才达到2%，特别是射线能伤害有生命的细胞，对人体有危害作用，目前在国内施工使用较少。

2. 超声波探伤

金属探伤用的超声波频率在2～50kHz之间。超声波传播到两种介质的分界面上时，能被反射回来。超声波探伤就是利用这一性质，来确定金属内部缺陷存在与否。超声波在介质中传播具有一定的方向性，而且传播速度恒定不变，据此可用来测定超声波传播的距离，进行缺陷定位。超声波在金属中可以传播很远距离（能达10m），故可用超声波探测大厚度工件。超声波对检查裂纹等平面型缺陷灵敏度很高。

超声波探伤只是凭荧光屏上的信号来推断工件中的缺陷，直观性很差，记录性差，判定缺陷类型和定位准确性也不高。它不能像χ射线探伤那样可以根据χ射线照相较直观地了解被探部位的缺陷形状和性质。常用的A型显示超声波探伤仪向操作者提供的是"时间"和"回波高度"两个信息。操作人员要根据这两个信息结合具体情况对被探伤部位作出正确的判断。这就要求操作人员有较为广泛的技术知识、高度的责任心及工作时的良好精神状态才能保证探伤结果的可靠性。

超声波探伤如能与射线探伤配合应用，即先用超声波探伤进行普查，有疑问时再做射线透照核实，这样能取得更好的检验效果。

3. 渗透探伤

渗透探伤是一种最古老的探伤技术。它最早是以油—白色粉末为基础的探伤技术，广泛地应用于检查钢铁表面的质量。常用的渗透探伤分磁粉探伤、荧光探伤、着色探伤三大类。

(1) 磁粉探伤

磁粉探伤是用于探测铁磁性工件的表面或近表面缺陷的方法。铁、钴、镍及它们的合金钢称为铁磁性物质，将这些金属制成的工件置于磁场内，则工件被磁化，若检查工件部分的导磁率无变化，磁力线是分布均匀的。工件有缺陷部位则由于裂纹、气孔等缺陷本身的导磁率远远小于工件材料，则阻碍磁力线通过，磁力线不但会在工件内部产生弯曲，而且还会有一部分磁力线绕过缺陷而暴露在空气中，产生漏磁现象。这种漏磁就在工件表面产生一对S、N极的局部磁场，这个磁场能吸引磁铁粉，把磁铁粉聚集成与缺陷形状和长度相近似的迹象。漏磁的大小与缺陷类型以及缺陷的深度有关，如圆形缺陷（气孔）和离表面较近的缺陷引起漏磁较少，磁粉聚集不明显。对于表面裂纹这一类缺陷，也只有裂纹与磁力线相垂直时最敏感。因此，在实际操作中就必须对工件进行磁化，以求达到将所有表面和近表面的缺陷都发现的目的，磁粉探伤原理如图5所示。通常磁粉探伤能够发现工件表面宽度为0.01mm，深度0.03mm以上的缺陷。

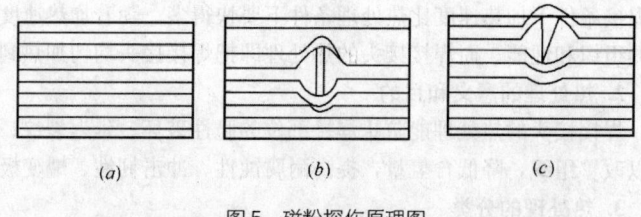

图5　磁粉探伤原理图

(a) 无损伤；(b) 内部缺陷；(c) 表面缺陷

对于非磁性钢种（奥氏体为基体）不能用磁粉探伤方法进行表面探伤，因为形不成磁力线。

(2) 荧光探伤

荧光探伤与磁粉探伤相比，优点是可用于磁性及非磁性材料工件的检查，如奥氏体不锈钢、铜、铝等金属和陶瓷等非金属材料。但是它只能检查表面缺陷，探伤灵敏度也稍低于磁粉探伤。

荧光探伤时，紫外线光源一般采用高压水银灯，它是荧光探伤的主要设备。荧光探伤时，把荧光粉与具有强渗透力的油液按一定比例混合，将这种混合而成的荧光液涂在工件表面，让其渗入到工件表面的缺陷内，待一定时间后，将工件表面擦干净，再涂以显像粉，此时工件在紫外线的辐射作用下，便能使渗入缺陷内的荧光液发光，即可显示出缺陷的形状大小。在一般的紫外线内总含有一些可见光线，这些可见光线有害于缺陷观察，故通常在水银灯管下面放置一块镍玻璃，将可见光线吸收掉，只让紫外线通过，以利于暗室内观察缺陷。

(3) 着色探伤

着色探伤的原理与荧光探伤相似，应用范围和灵敏度也相同，但是着色探伤不需要紫外光源照射和不需在暗室观察，所以比荧光探伤方法方便，在施工现场被广泛使用。着色探伤色液（渗透剂）用渗透力强的液体，如苯、松节油、水杨酸甲酯、煤油等混合液，再加染粉（如红丹粉）制成。清洗液用易挥发的有机溶剂，如丙酮、乙醇，再加乳化剂制成。显像剂由氧化锌有机溶剂和稀释液等混合而成。

着色探伤一般操作方法是：在经过清洁处理的被检验工件的表面上涂刷或喷上一层色液，待色液渗入表面缺陷（时间约为15～30min）之后，用清洗剂或乳化剂除去工件表面的色液，然后在工件表面涂刷或喷上一层显示剂，由于毛细管作用，缺陷中的色液被吸收到工件表面显示出来，从而判别缺陷存在及大小。

八、热 处 理

1. 热处理的基本概念

把金属加热到给定温度并保持一段时间，然后选定速度和方法使之冷却以得到所需要的显微组织和性能的操作工艺，被称为热处理。

施工中的热处理一般是指焊接接头的热处理。焊接热源的高温作用不仅使被焊接金属熔化，而且使熔池接邻的母材金属受到了热作用的影响，这部分受到热作用的母材就称为热影响区，又称为近缝区。焊接接头就是焊缝与热影响区的统称。焊接接头在焊接过程中经历了一个不均匀的加热与冷却过程。在焊接条件下加热速度比热处理条件下要快得多。随着加热速度的提高，奥氏体的均匀化和碳化物溶解过程也不很充分，因此又影响到冷却过程中热影响区的组织和性能。而焊接接头的热处理即把焊接接头均匀加热到一定温度并保温，然后冷却的过程。

2. 热处理的意义和目的

焊接接头的热处理能防止焊接部位的脆性破坏、延迟裂纹、应力腐蚀和氢气腐蚀等。经过正确的热处理，可以使焊接残余应力松弛，淬硬区软化，也可以改善组织，降低含氢量，提高耐腐蚀性、冲击韧性、蠕变极限等。但如果焊接接头热处理不当，反而会使接头的性能下降。

3. 热处理的分类

根据热处理的方法、目的和作用，热处理通常分为局部热处理和整体热处理两种。

（1）焊后局部热处理

①焊后局部热处理的作用

a. 焊接残余应力是由于焊接引起焊件不均匀的温度分布，焊缝金属的热胀冷缩等原因造成的，所以伴随焊接施工必然会产生残余应力。

消除残余应力最通常的方法是高温回火，即将焊件放在热处理炉中加热到一定温度和保温一定时间，利用材料在高温下屈服极限的降低，使内应力高的地方产生塑性流动，弹性变形逐渐减少，塑性变形逐渐增加而使应力降低。同时由于在焊后热处理过程中随着碳化物的析出，马氏体晶格歪扭程度减小，使局部塑性变形的阻力减少，金属的组织变化而促使残余应力的降低。

b. 焊后局部热处理对金属抗拉强度、蠕变极限的影响与热处理的温度和保温时间有关。热处理温度越高，保温时间越长，焊缝金属的常温抗拉强度就越低。当热处理温度不够高或保温时间不够长时，焊缝金属中的淬火组织或其他不稳定组织不能得到充分分解，碳化物来不及充分聚集，因而处理后的焊缝金属组织仍不够稳定，在长时间的高温运行下，常常还会产生组织变化，如碳化物的析出和聚集，淬火组织分解等使蠕变极限下降，所以对各种钢材都要选择一个最佳的热处理温度，来保证金属抗拉强度得到良好的蠕变极限。

c. 焊后局部热处理对焊缝金属冲击韧性的影响随钢种的不同而不同。对于铬—钼、铬—钼—钒及其他绝大部分珠光体、马氏体耐热钢，恰当的热处理都可以提高冲击韧性；而某些高强度钢经过热处理后则会引起冲击值的下降。对于低碳钢、锰—铌—镍钢，焊缝金属的冲击韧性无明显影响。但是过分的热处理对任何钢都会引起冲击值的下降。

②焊后局部热处理方法的选择

焊后热处理一般选用单一高温回火或正火加高温回火处理。对于气焊焊口采用正火加高温回火热处理，这是因为气焊的焊缝及热影响区的晶粒粗大，需要细化晶粒，故采用正火处理。然而单一的正火不能消除残余应力，故需要再加高温回火以消除应力。单一的中温回火只适用于工地拼装的大型普通低碳钢容器的组装焊缝，其目的是为了达到部分消除残余应力和去氢。绝大多数场合是选用单一的高温回火。高温回火温度范围为 500～780℃（一般要求不超过 800℃）。热处理的加热和冷却不宜过快，力求内外壁均匀。

③焊后局部热处理的一般要求

a. 焊接接头的热处理，一般应在焊后及时进行。

b. 焊后热处理的加热范围，以焊口中心为基准，每侧不应小于焊缝宽度的3倍。

c. 焊后热处理的加热速度，升温至300℃后加热速率不应超过220×25.4/S℃/h（S=壁厚，mm），不大于220℃/h。

d. 焊后热处理的恒温时间，碳素钢每毫米壁厚为2～5min，合金钢每毫米壁厚为3min，且不小于30min。

e. 焊后热处理的冷却速率，恒温后降温速率不应超过275×25.4/S℃/h且不大于275℃/h；300℃以下自然冷却。

f. 异种金属焊接接头的焊后热处理要求，一般应按合金成分较低的钢材确定。

④焊后局部热处理的加热方法

a. 感应加热

钢材在交变磁场中产生感应电势，因涡流和磁滞的作用使钢材发热，即感应加热。管道焊缝感应加热是将焊缝置于感应线圈里，当加热温度未超过居里点，钢管成为非磁性材料，这时只有涡流的作用。它们所产生的热能都与交变磁场的频率有关，频率越高，涡流及磁滞越大，加热作用越强。但是，频率效应越高，集肤效应也越强，即其热量趋于钢管表面，造成钢管内外壁温差越大，这对厚壁管道焊缝的热处理不利，因此，频率提高受到一定限制。

现在工程上多采用设备简单的工频感应加热，而中频感应加热有效率高、省电、升温速度快、调节方便、无剩磁等优点，但设备结构复杂、成本高、维护困难。

b. 辐射加热

辐射加热由热源把热能辐射到金属表面，再由金属表面把热能向其他方向传导。所以，辐射加热时金属内外壁温度差别大，其加热效果较感应加热为差。辐射加热常用火焰加热法、电阻炉加热法、红外线加热法。

工程上采用氧气—乙炔气混合燃烧产生的高温作为焊后局部热处理的方法，采用柴油加热内燃法作为焊后整体热处理的方法。采用以上火焰加热方法，虽然热量损失大，温度难以控制，但是不需要专门设备。为了达到热处理的目的，常用保温材料进行保温，同时在热处理部位安装热电偶加以控制温度，可获得较理想的效果。

电阻炉是目前小管子焊缝热处理广泛采用的加热设备，虽然加热效果不及感应加热，但是结构简单，使用方便。

红外线加热即是能量转换为波长2～20μm的红外线形式辐射到焊件上，使焊件表面吸收了红外线自身发热，再把热量向其他方向传导。红外线加热可适用于各种尺寸、各种形状的焊接接头的热处理，效果稍次于感应加热。

（2）整体热处理

①整体热处理的目的

整体热处理是为了消除焊接产生的应力，稳定各种几何尺寸，改变焊接金相组织，提高金属的韧性和抗应力能力，阻止裂纹的产生。

由于焊接时局部加热，焊接金属的金相组织的变化而引起内应力，另外焊接应力分布已比较复杂，同时金属也产生内应力。为消除残余应力和减轻焊缝附近金相组织的局部硬化，改善焊缝的机械性能，采用整体热处理方法。如球罐组装焊接完成后，采用整体热处理的方法。

②整体热处理的方法

整体热处理的方法目前有两种：一是内燃法，二是电加热法。

焊缝无损探伤及热处理消耗量计算见附表三。

第四章　焊接材料消耗量计算

焊接材料消耗量是指在符合设计规范对产品质量要求的条件下，熔合焊缝所必须消耗的一定品种规格的材料数量标准。焊接材料消耗量的计算，是以国家标准规定的焊缝断面尺寸、坡口形式计算的。

一、常用焊缝金属重量的计算

依据《手工电弧焊接接头的基本形式与尺寸》（GB 985—88）、《埋弧焊焊缝坡口的基本形式和尺寸》（GB 986—88）的规定图形，根据施工要求取定焊缝间隙、钝边、角度、余高等基础参数，并列出各种坡口形式的断面面积、重心距、管周长及金属体积计算公式，计算出规定计量单位不同坡口形式、焊接方法、材质及各种规格型号的焊缝金属重量。

1. 板材、型材及管材规格型号及壁厚

规格型号是指板材及型材的厚度、管材的外径、壁厚，焊件厚度用“δ”、管外径用“Φ”来表示。焊接手册中规格型号是参照国内制造厂的生产标准，壁厚是按照现行规范中规定的不同坡口形式、厚度范围确定的。

2. 坡口尺寸

坡口是根据设计或工艺需要，在焊件的待焊部位加工成的一定几何形状的沟槽。焊缝尺寸符号表示见第一章焊缝代号中表 4。

3. 焊缝金属重量计算

根据焊接接头的基本形式与尺寸的有关规定，本手册焊缝金属重量计算按不同的坡口形式分为单面焊、双面焊（双面焊包括封底焊、清根焊）两种形式。

坡口形式主要选择了 I 形坡口、Y 形坡口、V 形坡口、VY 形坡口、U 形坡口、双 Y 形坡口、双 U 形坡口、T 形坡口、搭接、T 接与角接等。

焊接方法主要选择了氧乙炔焊、氢氧焊、手工电弧焊、手工氩电联焊、手工钨极气体保护焊、熔化极气体保护半自动焊、熔化极气体保护自动焊、熔化极惰性气体保护焊、药芯焊丝自保护自动焊、埋弧自动焊、气电立焊、热风焊等。

材质主要选择了碳钢、合金钢、不锈钢、钛、铝及铝合金、铜、铅、哈氏合金、锆材、复合钢、塑料等。

使用时可根据实际情况或参数进行换算。焊缝金属重量的计算过程（坡口尺寸、焊缝断面积、焊缝断面重心距、管周长、金属体积）、参数确定及计算值见：

附表一：板材、型材焊缝金属重量计算表

附表二：管材焊缝金属重量计算表

二、焊接材料消耗量计算

焊接材料消耗量是指在符合设计规范对产品质量要求的条件下，熔合焊缝所必须消耗的一定品种规格的材料数量标准。

常用焊接材料包括电焊条、焊丝、焊剂、钎料、钎剂、焊接用气体及钨极等。

1. 电焊条未利用部分的计算

电焊条的组成：焊条是指在一定长度的金属芯外表层均匀地涂敷一定厚度的具有特殊作用的手弧焊用的熔化电极。焊条由焊芯和涂料药皮组成。

焊芯指焊条中被药皮包覆的金属芯，焊芯有两个作用：一是传导电流，产生焊接电弧；二是焊芯本身熔化形成焊缝中的填充金属。

药皮是由具有不同物理和化学性质的细颗粒状物质经粘接均匀包覆在焊芯表面的涂料层。药皮主要作用是造气、造渣、脱氧、合金化、稳弧、粘接、成形等。

(1) 电焊条未利用部分的计算：包括焊药、焊条剩头损失、飞溅损失。

①焊药占比例

国内生产的碳钢电焊条药皮重量占电焊条重量的 32.32%；不锈钢电焊条药皮重量占电焊条重量的 32%。

②焊条剩头占比例

a. 常用碳钢电焊条规格：400mm×ϕ4mm、350mm×ϕ3.2mm、300mm×ϕ2.5mm，不能利用电焊条头长度确定为 50mm，碳钢电焊条剩头占电焊条重量的 14.46%；

b. 常用不锈钢电焊条规格：350mm×ϕ4mm、300mm×ϕ3.2mm、250mm×ϕ2.5mm，不能利用电焊条头长度确定为 50mm，不锈钢电焊条剩头占电焊条重量的 17%。

③飞溅物占比例

熔敷过程中飞溅的损失量占电焊条重量的 3%。

(2) 电焊条未利用部分占电焊条重量为：

碳钢电焊条：　32.32%+14.46%+3%=49.78%

不锈钢电焊条：　32%+17%+3%=52%

2. 焊条（焊丝）利用率的确定

焊条（焊丝）利用率是指实际熔化到焊缝中去的焊条（焊丝）金属重量（焊件焊后与焊前的重量差）与所消耗的焊条（焊丝）重量之比。

(1) 焊条利用率的计算

计算公式：

$$K=\frac{q}{Q}$$

式中　K——焊条（焊丝）利用率（%）；

q——焊条（焊丝）转化为焊缝金属的重量（kg）；

Q——焊件消耗焊条（焊丝）的重量（kg）。

(2) 焊条（焊丝）利用率确定见表 33。

3. 焊条（焊丝）消耗量计算

计算公式：

$$Q = \frac{SL\gamma}{K}N$$

式中 Q——焊件消耗焊条（焊丝）的重量（kg）；
S——焊缝断面积（mm²）；
L——焊缝长度或管口周长（mm）；
K——焊条（焊丝）利用率（%）；
γ——金属密度（g/cm³）；
N——增加焊材消耗量系数；
$SL\gamma$——焊条（焊丝）构成焊缝的金属的重量（kg）。

焊条（焊丝）利用率表　　　　　　表33

序号	焊接方法		材　质	利用率（%）
1	氧乙炔焊		碳钢、合金钢	90
			铜	93
2	氢氧焊		铅	85
3	手工电弧焊		碳钢、合金钢	50
			不锈钢	48
4	手工钨极气体保护焊		碳钢、合金钢、不锈钢（哈氏合金）、锆、铝	90
			钛	85
5	熔化极气体保护半自动（自动）焊		碳钢、合金钢、不锈钢、哈氏合金	90
6	熔化极惰性气体保护焊		不锈钢、铝	93
7	药芯焊丝自保护自动焊		碳钢、合金钢	70
8	气电立焊			80
9	埋弧自动焊		碳钢、合金钢、不锈钢	95
10	热风焊		塑料	90
11	手工下向焊		长距离输送管道焊接碳钢、合金钢	50
12	半自动下向焊	根焊		28
13		盖面		85
14	半自动焊			80
15	全自动焊			90

4. 各种材质密度

各种材质密度表

表34

材质	碳钢	合金钢	不锈钢	哈氏合金	黄铜	紫铜	铝	钛	锆	铅	塑料	镁
密度（g/cm³）	7.80	7.88	7.88	7.88	8.50	8.94	2.70	4.54	6.51	11.34	1.40	1.74

5. 各种焊接方法材料配比

（1）手工钨极气体保护焊：焊丝、氩气、铈钨棒比例见表35。

焊丝、氩气、铈钨棒比例

表35

名 称	比 例	单 位	名 称	比 例	单 位
焊丝∶氩气	1∶2.8	kg∶m³	氩气∶铈钨棒	1∶2	m³∶g

（2）熔化极气体保护半自动（自动）焊：焊丝、气体比例见表36。

焊丝、气体比例

表36

项目名称	材 质	焊丝（kg）	二氧化碳气体（m³）	氩气（氮、氦气）（m³）
熔化极二氧化碳气体保护焊	碳钢、合金钢、不锈钢	1	0.53	—
熔化极惰性气体保护焊	不锈钢	1	—	0.28
	铝	1	—	1.2

（3）药芯自保护自动焊：焊丝、焊嘴防堵剂比例见表37。
（4）埋弧自动焊：焊丝、埋弧焊剂比例见表38。

焊丝、焊嘴防堵剂比例 表37

项目名称	焊丝（kg）	焊嘴防堵剂（kg）
药芯自保护自动焊	1	0.005

焊丝、埋弧焊剂比例 表38

项目名称	焊丝（kg）	埋弧焊剂（kg）
埋弧自动焊	1	0.5

（5）氧乙炔焊接：乙炔气、氧气比例见表39。
（6）氢氧焊接：氢气、氧气比例见表40。

乙炔气与氧气比例 表39

名 称	乙炔气（kg）	氧气（m³）
氧乙炔焊接	1	2.6

氢气、氧气比例 表40

名 称	比 例	单 位
焊丝∶氧气	1∶1.2	kg∶m³
氧气∶氢气	1∶2	m³∶m³

(7) 气电立焊：焊丝、二氧化碳气体比例见表41。

(8) 清根焊炭精棒消耗量

①碳精棒：碳钢焊接清根方法为电弧气刨，碳钢板材焊接清根炭精棒消耗量为0.6kg/每米焊缝；管材焊接清根炭精棒消耗量为0.45kg/每米焊缝。

②砂轮片：不锈钢焊接清根按规范要求为砂轮片打磨，不锈钢板材（管材）焊接清根用砂轮片0.5片/每米焊缝。

焊丝、二氧化碳气体比例　　表41

名　称	焊丝（kg）	二氧化碳气体（m³）
气电立焊	1	0.5

6. 焊接过程中需增加焊材消耗量参考系数

(1) 小管径、薄壁管材焊接增加焊材消耗量系数

低中压管道手工电弧焊小规格管口焊接时断弧情况较多，二遍成型难度大，焊条损耗较大，在计算电焊条消耗量时，当管径 $DN \leqslant 76mm$、壁厚 $\leqslant 4mm$ 时，适当增加电焊条消耗量，参考系数4%～7%。

(2) 焊接过程中层间焊道修磨增加焊材消耗量参考系数见表42。

层间焊道修磨增加焊材消耗量参考系数　　表42

名　称	焊接方法	层间焊道修磨系数（%）	名　称	焊接方法	层间焊道修磨系数（%）
板材、型材	手工电弧焊	2	管材	手工电弧焊、手工向下焊	3
	手工氩电联焊	1		手工氩电联焊	2
	钨极、熔化极气体保护焊	1		钨极、熔化极气体保护焊	1
	药芯焊丝自保护自动焊	1		埋弧自动焊	1
	埋弧自动焊	1		半（全）自动焊（长距离输送管焊接）	1
	气电立焊	1			

(3) 无损探伤返修焊接增加焊条消耗量

在规范允许一次合格率范围内的返修焊，由于无损探伤不合格，返修应增加焊材消耗量参考系数（见表43）。

返修焊增加焊材消耗量参考系数　　表43

名　称	焊接方法	返修焊增加系数（%）	名　称	焊接方法	返修焊增加系数（%）
板材、型材	手工电弧焊	2.3	管材	手工电弧焊、手工向下焊	6.3
	手工氩电联焊（综合）	1.7		手工氩电联焊（综合）	2.25
	钨极、熔化极气体保护焊	1.5		钨极、熔化极气体保护焊	1.5
	药芯焊丝自保护自动焊	1.7		埋弧自动焊	1.7
	埋弧自动焊	1.7		半（全）自动焊（长距离输送管焊接）	1.5
	气电立焊	1.7			

第五章 焊接工日与机械台班消耗量计算

一、有效焊接时间与辅助时间

1. 有效焊接时间与辅助时间的内容

焊接时间由有效焊接时间和辅助时间组成。有效焊接时间是指施焊每米（管口）金属结构焊缝时，电弧燃烧熔化焊条（丝）金属的时间；辅助时间指为完成每米（管口）金属结构焊缝所做的下列工作需要的时间：

（1）准备工作：包括焊接设备及其附属装置的安装与连接、调整；焊材的领取及烘烤、装盘或预处理；焊件组对情况检查及被焊区的再清理等。
（2）焊缝清理：包括焊缝层间修整，熔渣及金属飞溅的清除，焊缝外表面清理等。
（3）清焊根：指双面焊背面电弧气刨。
（4）层间焊道修磨：包括焊条焊完后对焊道缺陷部位、接头处及电弧气刨后所进行的砂轮打磨。
（5）间歇：包括工艺所要求的温度控制时间和操作工人生理必需的休息时间。
（6）焊后自检、记录及焊缝标记等。

2. 各种焊接方法每工日施焊工艺时间

根据有关规定和实际测算，在8小时（480min）工作时间内按不同的焊接方法确定有效焊接时间。施焊工艺时间分配见下表（见表44）。

管材焊接与板材焊接有所不同，因为管道焊接每工日焊材消耗量因施工条件、焊接位置、管径大小、壁厚及压力的不同等诸多因素造成差距较大，所以在计算过程中，根据不同的壁厚与管径来确定施焊时间（见表45）。

板材每工日施焊工艺时间参考表　　表44

焊接方法	有效焊接时间（min）	辅助时间（min）
钛材手工钨极气体保护焊	160	320
埋弧自动焊	180	300
其他焊接方法	200	280

管材每工日施焊工艺时间参考表　　表45

焊接方法	有效焊接时间（min）	辅助时间（min）
钛管手工钨极气体保护焊	60～170	420～310
埋弧自动焊	80～200	400～280
其他焊接方法	190～240	300～240

二、各种焊接方法工作内容

1. **手工电弧焊**：准备工作，领取焊条，焊条烘干，焊接，层间焊道修磨，清根，清除焊渣，焊材回收。
2. **手工氩电联焊**：准备工作，领取焊丝、焊条和焊接用气体，焊条烘干，焊接，层间焊道修磨，清除焊渣，焊材回收。
3. **手工钨极气体保护焊**：准备工作，领取焊丝和焊接用气体，焊接，层间焊道修磨，清理焊缝，焊材回收。
4. **二氧化碳气体保护半自动焊**：准备工作，领取焊丝和焊接用气体，装卸送丝盘，焊接，层间焊道修磨，清理焊缝，焊材回收。
5. **二氧化碳气体保护自动焊**：准备工作，领取焊丝和焊接用气体，盘丝，装卸送丝盘，轨道铺设，焊接，层间焊道修磨，清理焊缝，焊材回收。

6. 熔化极惰性气体保护焊：准备工作，领取焊丝和焊接用气体，盘丝，装卸送丝盘，轨道铺设，焊接，层间焊道修磨，清理焊缝，焊材回收。

7. 药芯焊丝自保护自动焊：准备工作，领取焊丝，盘丝，装卸送丝盘，轨道铺设，焊接，涂焊嘴防堵剂，清根，层间焊道修磨，清除焊渣，焊材回收。

8. 埋弧自动焊：准备工作，领取焊丝、焊剂，焊剂过筛，盘丝，装卸送丝盘，轨道铺设，加衬垫，焊接，回收焊剂，清根，层间焊道修磨，清除焊渣，焊材回收。

9. 气电立焊：准备工作，领取焊丝和焊接用气体，装卸送丝盘，轨道铺设，焊接，层间焊道修磨，清理焊缝，焊材回收。

10. 手工氧乙炔焊、氢氧焊：准备工作，领取焊丝和焊接用气体，焊接，焊材回收。

三、焊接工日产量的确定

每台焊接机械配备焊接人员：

手工电弧焊：1人；

手工钨极气体保护焊：1人；

熔化极气体保护半自动和自动焊（二氧化碳、惰性气体等）：1.5人（其中配合工0.5人）；

气电立焊：2人（其中配合工1人）；

埋弧自动焊：2人（其中配合工1人）；

药芯焊丝自保护自动焊：1.5人（其中配合工0.5人）。

1. 板材焊接工日产量

考虑到实际焊接过程中，所焊金属材料的板厚和其他施焊条件的不同，所采用的焊接工艺参数（如焊丝直径、焊接电流等）有所不同，因此按焊接方法、材质和板厚分别确定工日产量供使用者参考。

（1）氧乙炔焊焊工每工日消耗的焊材量（见表46）。

焊工每工日消耗的焊材量（单位：kg/工日）

表46

板厚(mm)	碳 钢	合 金 钢	铜	铝及铝合金	铅
1	1.08	0.94	0.60	0.85	0.95
1.5	1.55	1.35	0.86		
2	1.97	1.71	1.00		
2.5	2.00	1.74	1.20		
3	2.05	1.78	1.25		
3.5			1.64		
4			2.09		2.50
5			2.42	1.45	
6			2.50		
8				1.50	3.00

(2) 手工电弧焊焊工每工日消耗的焊材量（见表47）。
(3) 手工钨极气体保护焊焊工每工日消耗的焊材量（见表48）。

焊工每工日消耗的焊材量（单位：kg/工日） 表47

板厚 (mm)	碳钢	合金钢	不锈钢
δ≤6	4.86	4.23	3.74
6<δ≤10	6.30	5.48	4.85
10<δ≤14	7.20	6.26	5.54
14<δ≤20	9.00	7.83	6.92
δ>20以上	10.00	8.70	7.69

注：复合钢板覆层及过渡层堆焊时，按5.8kg/工日计算。

焊工每工日消耗的焊材量（单位：kg/工日） 表48

板厚 (mm)	碳钢	合金钢	不锈钢	铝及铝合金	铜	钛
δ≤3	0.90	0.86	0.78	1.46	1.60	0.59
3<δ≤6	1.10	1.05	0.96	1.62	2.00	0.73
6<δ≤10	1.20	1.14	1.04	1.80	2.20	0.79
δ>10	1.30	1.24	1.13	1.98	2.30	0.86

注：复合钢板覆层及过渡层堆焊时，按1.25kg/工日计算。

(4) 熔化极气体保护半自动焊焊工每工日消耗的焊材量（见表49）。
(5) 熔化极气体保护自动焊焊工每工日消耗的焊材量（见表50）。

焊工每工日消耗的焊材量（单位：kg/工日） 表49

板厚 (mm)	碳钢	合金钢	不锈钢
δ≤8	7.29	6.34	5.47
8<δ≤10	9.59	8.34	7.21
10<δ≤20	10.8	9.39	8.10
δ>20以上	12.00	10.43	9.00

焊工每工日消耗的焊材量（单位：kg/工日） 表50

板厚 (mm)	碳钢	合金钢	不锈钢
δ≤8	8.38	7.29	6.29
8<δ≤10	11.03	9.59	8.27
10<δ≤20	12.96	11.27	9.72
δ>20以上	14.40	12.52	10.80

(6) 熔化极惰性气体保护半自动焊及全自动焊焊工每工日消耗的焊材量（见表51）。

焊工每工日消耗的焊材量（单位：kg/工日）

表51

板厚（mm）	铝及铝合金钢		板厚（mm）	铝及铝合金钢	
	半自动焊	全自动焊		半自动焊	全自动焊
$\delta \leqslant 5$	2.50	3.00	$20 < \delta \leqslant 22$	4.50	5.40
$6 < \delta \leqslant 8$	3.00	3.60	$22 < \delta \leqslant 30$	5.00	6.00
$8 < \delta \leqslant 20$	4.00	4.80	$\delta > 30$	5.50	6.60

（7）气电立焊焊工每工日消耗的焊材量（见表52）。

焊工每工日消耗的焊材量（单位：kg/工日）

表52

板厚（mm）	碳 钢	合 金 钢
$8 < \delta \leqslant 16$	21.53	18.72
$16 < \delta \leqslant 22$	21.71	18.88
$22 < \delta \leqslant 40$	21.98	19.11

（8）埋弧自动焊焊工每工日消耗的焊材量（见表53）。

焊工每工日消耗的焊材量（单位：kg/工日）

表53

板厚（mm）	碳钢	合金钢	不锈钢	板厚（mm）	碳钢	合金钢	不锈钢
$\delta 4$	6.60	6.00	4.42	$\delta 16$	17.38	15.80	11.64
$\delta 5$	8.25	7.50	5.53	$\delta 18$	19.29	17.54	12.92
$\delta 6$	9.90	9.00	6.63	$18 < \delta \leqslant 22$	23.36	21.24	15.65
$\delta 7$	11.55	10.50	7.74	$22 < \delta \leqslant 30$	28.09	25.54	18.82
$\delta 8$	12.38	11.25	8.29	$30 < \delta \leqslant 34$	30.69	27.90	20.56
$\delta 10$	14.31	13.01	9.59	$34 < \delta \leqslant 38$	34.00	30.91	22.78
$\delta 12$	14.96	13.60	10.02	$38 < \delta \leqslant 46$	35.75	32.50	23.95
$\delta 14$	15.62	14.20	10.47	$\delta \geqslant 48$	40.60	36.90	27.20

注：无坡口对接埋弧自动焊焊工每工日消耗的焊材量乘以系数0.8计算。

（9）药芯焊丝自保护自动焊焊工每工日消耗的焊材量（见表54）。

焊工每工日消耗的焊材量（单位：kg/工日）
表54

板厚 (mm)	碳 钢	合 金 钢	板厚 (mm)	碳 钢	合 金 钢
δ≤8	8.38	7.29	10<δ≤20	12.96	11.27
8<δ≤10	11.03	9.59	δ>20	14.40	12.52

注：熔化极气体保护半自动和自动焊（二氧化碳、惰性气体等）、气电立焊、埋弧自动焊、药芯焊丝自保护自动焊焊工每工日消耗的焊材量等于台班产量。

2. 管材焊接工日产量

管材焊接每工日焊材消耗量，按焊接方法、材质和管外径×壁厚分别确定工日产量供使用者参考。

（1）氧乙炔焊焊工每工日消耗的焊材量（见表55）。

焊工每工日消耗的焊材量（单位：kg/工日）
表55

材 质	管 壁 厚 (mm)								
	2.0	2.5	3.0	3.5	4.0	4.5	5.0	6.0	7.0
碳钢管	0.9	1.05	1.20	1.33	1.44	1.54	1.63	1.82	1.90
合金钢管	0.86	1.00	1.14	1.26	1.37	1.46	1.55	1.73	1.81
铝及铝合金管	0.36	0.56	0.72	0.89	1.08	1.28			
铜管	0.72	0.95	1.10	1.20	1.30				
铅管	0.45	0.53	0.60	0.67	0.72	0.77	0.82	0.91	0.95

（2）手工电弧焊焊工每工日消耗的焊材量（见表56）。

焊工每工日消耗的焊材量（单位：kg/工日）
表56

材 质	管 壁 厚 (mm)																
	2.0	2.5	3.0	3.5	4.0	4.5	5.0	6.0	7.0	8.0	9.0	10	12	14	16	18	20以上
碳钢管	1.00	1.25	1.45	1.60	1.70	2.10	2.15	2.60	3.20	3.60	4.10	4.60	5.80	7.00	7.70	8.20	8.80
合金钢管	0.90	1.13	1.31	1.45	1.55	1.89	1.95	2.36	2.91	3.27	3.73	4.18	5.27	6.30	6.93	7.45	8.00
不锈钢管	0.70	0.88	1.10	1.20	1.40		1.80	2.10	2.45	2.80	3.22	3.57	4.27	4.90	5.39	5.74	6.16
碳钢板卷管					3.00	3.40	3.70	4.50	5.30	6.00	6.70	7.50	9.00	9.50	12.00		
不锈钢板卷管					2.30	2.60	3.00	3.30	4.00	4.60	5.20	5.70	6.75	7.90	9.00		
有缝低温钢管					2.80	3.20	3.50	4.20	5.00	5.50	6.30	6.87	7.80	8.40	9.40		
碳钢、合金钢管座	1.10	1.38	1.60	1.76	1.87	2.31	2.37	2.80	2.90	3.30	4.00	4.70	5.80	7.00	8.47	9.00	9.68
不锈钢管座	0.85	1.06	1.23	1.35	1.44	1.78	1.82	2.15	2.23	2.54	3.08	3.61	4.46	5.38	6.52	6.92	7.45

（3）手工钨极气体保护焊焊工每工日消耗的焊材量（见表57）。

焊工每工日消耗的焊材量（单位：kg/工日）

表57

材 质	管 壁 厚 (mm)												
	2.0	2.5	3.0	3.5	4.0	4.5	5.0	6.0	7	8	9	10	12
碳钢管	0.43	0.57	0.68	0.79	0.86	0.95	1.03	1.10	1.16	1.21	1.26		
合金钢管	0.41	0.54	0.65	0.75	0.82	0.90	0.98	1.05	1.10	1.15	1.20		
不锈钢管	0.37	0.48	0.58	0.66	0.73	0.81	0.88	0.94	0.99	1.03	1.07		
不锈钢板卷管				0.77	0.86	0.93	0.99	1.04	1.09	1.13			
钛管			0.30		0.46		0.58	0.68	0.73	0.77	0.80	0.83	
铝及铝合金管	0.60	0.76		0.88		0.98	1.05	1.08	1.12	1.15	1.16		1.18
紫铜管	1.10		1.45		1.65		1.85	1.98	2.05	2.10	2.18	2.02	2.20
哈氏合金管	0.30	0.38	0.46	0.53	0.58	0.65	0.70	0.75	0.79	0.82	0.86		
锆管			0.25		0.38		0.48	0.57	0.61	0.64	0.67	0.69	

（4）熔化极气体保护半自动焊焊工每工日消耗的焊材量（见表58）。

焊工每工日消耗的焊材量（单位：kg/工日）

表58

材 质	管 壁 厚 (mm)													
	3.0	3.5	4.0	4.5	5.0	6.0	7.0	8.0	9.0	10	12	14	16	18	20
碳钢管	1.97	2.15	2.58	2.84	2.98	3.53	4.45	5.06	5.83	6.59	7.42	8.24	9.05	9.65	10.35
合金钢管	1.77	1.94	2.32	2.56	2.68	3.18	4.01	4.55	5.25	5.93	6.68	7.42	8.15	8.69	9.32

（5）熔化极气体保护自动焊焊工每工日消耗的焊材量（见表59）。

焊工每工日消耗的焊材量（单位：kg/工日）

表59

材 质	管 壁 厚 (mm)													
	3.0	3.5	4.0	4.5	5.0	6.0	7.0	8.0	9.0	10	12	14	16	18	20
碳钢管	2.17	2.37	2.84	3.12	3.28	3.88	4.90	5.57	6.41	7.25	8.16	9.06	9.96	10.62	11.39
合金钢管	1.97	2.15	2.58	2.84	2.98	3.53	4.45	5.06	5.83	6.59	7.42	8.24	9.05	9.65	10.35

（6）埋弧自动焊焊工每工日消耗的焊材量（见表60）。

焊工每工日消耗的焊材量（单位：kg/工日）

表60

材 质	管 壁 厚（mm）								
	6	8	9	10	12	14	16	18	20
碳钢管	5.25	8.10	9.11	10.10	10.87	11.18	11.48	12.15	14.40
合金钢管	4.20	6.48	7.29	8.08	8.70	8.94	9.18	9.872	11.52

（7）热风焊焊工每工日消耗的焊材量（见表61）。

焊工每工日消耗的焊材量（单位：kg/工日）

表61

材 质	管 壁 厚（mm）								
	2	3	3.5	4	4.5	5	6	7	8
塑料管	0.05	0.06	0.09	0.12	0.13	0.14	0.20	0.25	0.30

注：熔化极气体保护半自动和自动焊、埋弧自动焊焊工每工日消耗的焊材量等于台班产量。

四、人工工日消耗量计算公式

人工消耗量的计算是以金属在特定的施工条件和单位时间内，电弧燃烧熔合焊缝所消耗的焊条（焊丝）量（或填充金属量）与每工日熔合焊条（焊丝）消耗量之比。其计算公式如下：

计算公式：

$$C = \frac{V}{A} N$$

式中 C——每米（或每个管口）焊缝用工量；
V——每米（或每个管口）焊缝熔合焊缝消耗量；
A——每工日熔合焊条（焊丝）消耗量；
N——需增加焊接工日系数。

五、机械台班消耗量计算

焊接机械的选用见表62。

焊接机械的选用表

表62

序号	焊 接 方 法	焊接机械型号及规格	序号	焊 接 方 法	焊接机械型号及规格
1	手工电弧焊	电弧焊机	7	药芯焊丝自保护自动焊	自动焊机
2	手工钨极气体保护焊	氩弧焊机300A	8	气电立焊	气电立焊自动焊机
3	手工氩电联焊	电弧焊机、氩弧焊机300A	9	埋弧自动焊	自动埋弧焊机1000A
4	熔化极气体保护半自动焊	半自动CO_2弧焊机	10	热风焊	空气压缩机0.6m³/min
5	熔化极气体保护自动焊	自动CO_2弧焊机	11	清根	直流弧焊机0.6m³/min 空气压缩机
6	熔化极惰性气体保护焊	自动或半自动氩弧焊机	12	焊条烘干	焊条烘干箱、焊条恒温箱

焊接机械与焊接人工的配比：
(1) 焊接机械
①手工电弧焊、手工钨极气体保护焊、热风焊机械：

$$焊接工日：焊接机械台班=1:1$$

②熔化极气体保护半自动（自动）焊、熔化极惰性气体保护半自动（自动）焊、药芯焊丝自保护自动焊机械：

$$焊接工日：焊接机械台班=1:0.667$$

③埋弧自动焊、气电立焊机械：

$$焊接工日：焊接机械台班=1:0.5$$

(2) 层间焊道修磨角向磨光机

$$焊接工日：角向磨光机=1:0.2$$

$$角向磨光机用电量：2.69kWh/台班$$

(3) 清根机械

$$焊接工日：直流弧焊机：空气压缩机=1:0.2:0.2$$

(4) 焊条烘干、恒温箱机械

$$焊接工日：焊条烘干箱(恒温)=1:0.1$$

六、其 他 说 明

1. 焊接位置不同时工日、机械台班的调整

板材、型材焊工每工日消耗的焊材量是按全位置焊接综合测定的，由于焊接位置不同（平焊、横焊、立焊、仰焊），人工、机械消耗有所差异，使用时根据工程焊接位置乘以下列系数进行调整（见表63）。

焊接位置不同时工日、机械台班调整系数参考表　　　表63

焊接位置	平　焊	横　焊	立　焊	仰　焊
系　数	0.90	1.00	1.20	1.28

2. 球罐焊接工日、机械台班的调整

根据球罐规范施工要求，焊接一次合格率高，无损检验严格，焊接强度及焊接环境差等因素，可适当增加球罐（球体）焊接工日与机械台班消耗量，可乘以下列系数进行调整（见表64）。

3. 管道焊接工日、机械台班的调整

管道焊接焊工每工日消耗的焊材量，是按预制与现场安装综合测定的。考虑到在管道预制场焊接是地面活动口，而管道在现场安装时固定口占一定的比例，焊接难度大，应增加人工工日与机械台班消耗量，可乘以下列系数进行调整（见表65）。

球罐焊接工日、机械台班调整系数参考表　　表64

名称	板材焊接	球体焊接	球体焊前预热后焊接
系数	1.00	1.10	1.20

管道焊接工日、机械台班调整系数参考表　　表65

名　称	管口焊接（综合）	预制场焊接或现场活动口焊接	固定口焊接
系　数	1.00	0.90	1.20

第六章 焊接消耗量计算方法及实例

在我国经济建设发展时期，焊接广泛地应用于国民经济各个领域，焊接材料是工程建设中构成工程实体的一种消耗材料，焊接量大，使用广泛。手册的编制力求做到实用、科学、可靠、先进，并采用最新国内标准，为各行业工程建设施工中遇到的新材质及各种规格型号计算消耗量提供了方便。

一、焊接消耗量计算方法

1. 计算内容

(1) 焊接材料：分为构成实体材料和消耗材料两类。实体材料指电焊条、焊丝；消耗材料指氩气、氢气、氧气、乙炔气、铈钨棒、碳精棒及砂轮片等。
(2) 焊接人工工日：分为电焊工和辅助工。辅助工主要在埋弧自动焊、熔化极气体保护焊、药芯焊丝自保护自动焊、气电立焊时配备。
(3) 焊接机械：分为焊接机械和其他机械。其他机械主要包括空气压缩机、电焊条烘干箱、电焊条恒温箱等。

2. 计算步骤

焊接消耗量计算，是根据第四章"焊接材料消耗量计算"中基础数据（附表一和附表二：焊缝金属重量计算表），第五章"焊接工日与机械台班消耗量计算"中焊条（丝）、人工计算公式及其他参数为基础，对任意一种材质、规格、壁厚及焊接方法都可以简便地计算出所需要的规定计量单位人工、材料、机械台班消耗量，计算步骤如下：

(1) 材料

①焊条（丝）消耗量：按照"附表一：板材、型材焊缝金属重量计算表和附表二：管材焊缝金属重量计算表"找到所需要的坡口形式、焊接方法、材质及规格，查到焊缝金属重量（如表中没有所需要的数据，可参照表中图形及计算公式自行计算焊缝金属重量），再按照第四章中"焊条（丝）消耗量计算公式"及"焊条（丝）利用率表"计算出焊条（丝）消耗量。

焊接过程中需增加的焊材消耗量，可参照第四章"层间打磨增加焊材消耗量参考系数"、"返修焊增加焊材消耗量参考系数"、"小管径、薄壁厚管材焊接增加焊材消耗量系数"计算。

计算式

$$电焊条（丝）消耗量 = \frac{焊缝金属重量}{利用率} \times N(a.b.c)$$

N——a. 层间打磨增加焊材消耗量系数
  b. 返修焊增加焊材消耗量系数
  c. 小管径薄壁厚管材焊接增加焊材消耗量系数

$$焊缝金属重量 = 焊缝体积 \times 金属比重 / 1\,000\,000$$

②气体消耗量（m^3）：查看第四章找到"各种焊接方法材料配比"，以焊丝消耗量为基数计算出各种气体消耗量。
③铈钨棒消耗量（g）：按照第四章"各种焊接方法材料配比"，以氩气消耗量为基数×2。
④焊嘴防堵剂（kg）：按照第四章"各种焊接方法材料配比"，以焊丝消耗量为基数×0.005。

⑤埋弧焊剂（kg）：按照第四章"各种焊接方法材料配比"，以焊丝消耗量为基数×0.5。
⑥碳精棒按照第四章"各种焊接方法材料配比"计算。
⑦其他材料如砂轮片（层间焊道修磨）、白垩粉等按实际测算。

(2) 人工工日

工日：电焊条（丝）消耗量计算完成后，根据第五章查"焊接工日产量参考表"找到所需要的数据，再按照第五章"人工工日消耗量计算公式"，用焊条（丝）重量除焊工每工日消耗的焊材量计算出焊接工日。

由于特殊情况需增加焊接工日时，可参照第五章查"板材焊接位置不同时工日调整系数参考表"、"球罐焊接工日、机械台班调整系数参考表"、"管道焊接工日、机械台班调整系数参考表"计算。

计算式

$$工日消耗量 = \frac{每米（或每个管口）焊缝重量}{焊工每工日消耗的焊材量} \times N(a,b,c)$$

N——a. 板材焊接位置不同时工日、机械台班调整系数
　　b. 球罐焊接工日、机械台班调整系数
　　c. 管道焊接工日、机械台班调整系数

(3) 机械台班

焊接工日消耗量计算完成后，根据第五章查"焊接机械与人工的配比"找到所需要的各种机械种类数据，以焊接工日消耗量为基数计算出各种机械台班消耗量。

二、消耗量计算实例

按照消耗量计算方法和计算步骤，依据本手册提供的"焊缝金属重量表"基础数据及有关参数，计算焊接所需要的人工、材料、机械台班消耗量。

计算实例Ⅰ：

板材焊接：Y形坡口、手工电弧焊（单面焊）、碳钢板，焊接消耗量计算见表66。

计算步骤：

第一步：电焊条消耗量（kg）＝金属重量/利用率50%×层间打磨系数1.02×返修焊系数1.023

第二步：工日消耗量（工日）＝电焊条消耗量（kg）/每工日消耗焊材量

第三步：机械台班消耗量（台班）＝工日消耗量：电焊机：焊条烘干箱（恒温箱）＝1：1：0.1

焊接消耗量计算表（单位：m） 表66

δ (mm)	材料		人工		机械（台班）		
	查附表一 金属重量（kg）	电焊条（kg）	查表47 每工日消耗焊条量	工日	电焊机	焊条烘干箱	焊条恒温箱
3.0	0.085	0.177	4.86	0.036	0.036	0.004	0.004
3.5	0.103	0.214	4.86	0.044	0.044	0.004	0.004

续表

δ (mm)	材料		人工		机械（台班）		
	查附表一 金属重量（kg）	电焊条（kg）	查表47 每工日消耗焊条量	工日	电焊机	焊条烘干箱	焊条恒温箱
4.0	0.141	0.295	4.86	0.061	0.061	0.006	0.006
5.0	0.248	0.517	4.86	0.106	0.106	0.011	0.011
6.0	0.316	0.660	4.86	0.136	0.136	0.014	0.014
8.0	0.483	1.008	6.30	0.160	0.160	0.016	0.016
10.0	0.778	1.624	6.30	0.258	0.258	0.026	0.026
12.0	1.026	2.141	7.20	0.297	0.297	0.030	0.030
14.0	1.310	2.734	7.20	0.380	0.380	0.038	0.038
16.0	1.692	3.530	9.00	0.392	0.392	0.039	0.039
18.0	2.054	4.286	9.00	0.476	0.476	0.048	0.048
20.0	2.452	5.116	9.00	0.568	0.568	0.057	0.057
22.0	2.886	6.022	10.00	0.602	0.602	0.060	0.060
24.0	3.356	7.004	10.00	0.700	0.700	0.070	0.070
26.0	3.862	8.060	10.00	0.806	0.806	0.081	0.081

计算实例Ⅱ：
板材焊接：Y形坡口、手工钨极气体保护焊（单面焊）不锈钢板，焊接消耗量计算见表67。
计算步骤：
第一步：焊丝消耗量（kg）＝金属重量/利用率90％×层间打磨系数1.01×返修焊系数1.015
　　　　氩气消耗量（m³）＝焊丝消耗量×2.8
　　　　铈钨棒消耗量（g）＝氩气消耗量×2
第二步：工日消耗量（工日）＝焊丝消耗量（kg）/每工日消耗焊材量
第三步：机械台班消耗量（台班）＝工日消耗量：氩弧焊机＝1：1

焊接消耗量计算表（单位：m） 表67

δ (mm)	材料				人工		机械（台班）
	查附表一 金属重量（kg）	焊丝（kg）	氩气（m³）	铈钨棒（g）	查表48 每工日消耗焊丝量	工日	氩弧焊机
3.0	0.076 1	0.086	0.240	0.480	0.78	0.110	0.110
3.5	0.091 6	0.103	0.289	0.578	0.96	0.132	0.132
4.0	0.128 0	0.144	0.404	0.809	0.96	0.150	0.150
5.0	0.227 2	0.256	0.717	1.435	0.96	0.267	0.267
6.0	0.291 5	0.329	0.920	1.841	0.96	0.342	0.342
8.0	0.450 1	0.508	1.421	2.843	1.04	0.488	0.488
10.0	0.740 8	0.835	2.339	4.679	1.04	0.803	0.803
12.0	0.982 2	1.108	3.102	6.203	1.13	0.980	0.980
14.0	1.260 0	1.421	3.979	7.958	1.13	1.258	1.258
16.0	1.635 0	1.844	5.163	10.326	1.13	1.632	1.632
18.0	1.991 7	2.246	6.289	12.579	1.13	1.988	1.988
20.0	2.384 7	2.689	7.530	15.061	1.13	2.380	2.380
22.0	2.814 2	3.174	8.887	17.773	1.13	2.809	2.809
24.0	3.280 0	3.699	10.358	20.715	1.13	3.274	3.274
26.0	3.782 2	4.266	11.943	23.887	1.13	3.775	3.775

计算实例Ⅲ：

板材焊接：VY形坡口、熔化极气体保护自动焊（单面焊）碳钢，焊接消耗量计算见表68。

计算步骤：

第一步：焊丝消耗量（kg）＝金属重量/利用率90％×层间打磨系数1.01×返修焊系数1.015

二氧化碳气体消耗量(m³)＝焊丝消耗量×0.53

第二步：工日消耗量（工日）＝焊丝消耗量（kg）/每工日消耗焊材量×1.5（配合用工0.5人）

第三步：机械台班消耗量（台班）＝工日消耗量：自动CO_2弧焊机＝1：0.667

焊接消耗量计算表（单位：m） 表68

δ (mm)	材 料			人 工		机械（台班）
	查附表一 金属重量（kg）	焊丝（kg）	二氧化碳气体（m³）	查表50 每工日消耗焊丝量	工 日	自动CO₂ 弧焊机
20.0	1.894 1	2.157	1.143	12.96	0.250	0.167
22.0	2.155 2	2.455	1.301	14.40	0.256	0.171
24.0	2.427 3	2.765	1.465	14.40	0.288	0.192
26.0	2.710 5	3.087	1.636	14.40	0.322	0.215
28.0	3.004 6	3.422	1.814	14.40	0.357	0.238
30.0	3.309 7	3.770	1.998	14.40	0.393	0.262
32.0	3.625 9	4.130	2.189	14.40	0.430	0.287
34.0	3.587 1	4.086	2.166	14.40	0.426	0.284
36.0	3.903 4	4.446	2.356	14.40	0.463	0.309
38.0	4.230 7	4.819	2.554	14.40	0.502	0.335
40.0	4.448 6	5.067	2.686	14.40	0.528	0.352
42.0	4.773 7	5.437	2.882	14.40	0.566	0.378
45.0	5.279 8	6.014	3.187	14.40	0.626	0.418
48.0	5.808 2	6.616	3.506	14.40	0.689	0.460
50.0	6.172 8	7.031	3.727	14.40	0.732	0.489

计算实例Ⅳ：
板材焊接：K形坡口（T接）、埋弧自动焊（双面焊）碳钢，焊接消耗量计算见表69。
计算步骤：
第一步：焊丝消耗量（kg）＝金属重量/利用率95％×层间打磨系数1.01×返修焊系数1.017
　　　　埋弧焊剂(kg)＝焊丝消耗量×0.5
第二步：工日消耗量（工日）＝焊丝消耗量（kg）/每工日消耗焊材量×2（其他用工1人）
第三步：机械台班消耗量（台班）＝工日消耗量∶自动埋弧焊机＝1∶0.5

焊接消耗量计算表（单位：m） 表69

δ (mm)	材料			人工		机械（台班）
	查附表一 金属重量 (kg)	焊丝 (kg)	埋弧焊剂 (kg)	查表53 每工日消耗焊丝量	工日	埋弧焊机
10	0.597	0.646	0.323	14.31	0.090	0.045
12	0.725	0.784	0.392	14.96	0.105	0.052
14	0.868	0.938	0.469	15.62	0.120	0.060
16	1.026	1.110	0.555	17.38	0.128	0.064
18	1.201	1.298	0.649	19.29	0.135	0.067
20	1.474	1.594	0.797	23.36	0.136	0.068
22	1.754	1.897	0.948	23.36	0.162	0.081
24	2.155	2.330	1.165	28.09	0.166	0.083
26	2.412	2.608	1.304	28.09	0.186	0.093
28	2.794	3.021	1.511	28.09	0.215	0.108
30	2.888	3.123	1.561	28.09	0.222	0.111
32	3.824	4.135	2.067	30.69	0.269	0.135
34	4.172	4.511	2.256	30.69	0.294	0.147
36	4.677	5.057	2.528	34.00	0.297	0.149
38	5.064	5.476	2.738	34.00	0.322	0.161
40	5.467	5.911	2.956	35.75	0.331	0.165

计算实例Ⅴ：

球罐焊接：对称双Y形坡口、药芯焊丝自保护自动焊（清根焊）合金钢，焊接消耗量计算见表70。

计算步骤：

第一步：焊丝消耗量（kg）＝金属重量/利用率70%×层间打磨系数1.01×返修焊系数1.017

　　　　焊嘴防堵剂(kg)＝焊丝消耗量×0.005

　　　　碳精棒消耗量(kg)＝0.6kg/每米焊缝

第二步：工日消耗量（工日）＝焊丝消耗量（kg）/每工日消耗焊材量×球罐焊接系数1.1×1.5（配合用工0.5人）

第三步：机械台班消耗量（台班）＝工日消耗量÷自动焊焊机：直流弧焊机：空气压缩机＝1：0.667：0.2：0.2

焊接消耗量计算表（单位：m）　　　　表70

δ (mm)	材　料				人　工		机械（台班）		
	查附表一 金属重量（kg）	药芯焊丝 (kg)	焊嘴防堵剂 (kg)	炭精棒 (kg)	查表54 每工日消耗焊丝量	工　日	自动焊焊机	直流电焊机	空气压缩机
18.0	1.0623	1.559	0.008	0.600	12.960	0.198	0.132	0.040	0.040
20.0	1.2249	1.797	0.009	0.600	14.400	0.206	0.137	0.041	0.041
22.0	1.4022	2.058	0.010	0.600	14.400	0.236	0.157	0.047	0.047
24.0	1.5943	2.339	0.012	0.600	14.400	0.268	0.179	0.054	0.054
26.0	1.8010	2.643	0.013	0.600	14.400	0.303	0.202	0.061	0.061
28.0	2.0224	2.968	0.015	0.600	14.400	0.340	0.227	0.068	0.068
30.0	2.2585	3.314	0.017	0.600	14.400	0.380	0.253	0.076	0.076
32.0	2.4619	3.613	0.018	0.600	14.400	0.414	0.276	0.083	0.083
34.0	2.7241	3.997	0.020	0.600	14.400	0.458	0.305	0.092	0.092
36.0	3.0010	4.404	0.022	0.600	14.400	0.505	0.337	0.101	0.101
38.0	3.2925	4.831	0.024	0.600	14.400	0.554	0.369	0.111	0.111
40.0	3.5988	5.281	0.026	0.600	14.400	0.605	0.404	0.121	0.121
42.0	4.3432	6.373	0.032	0.600	14.400	0.730	0.487	0.146	0.146
45.0	4.8783	7.158	0.036	0.600	14.400	0.820	0.547	0.164	0.164
48.0	5.4464	7.992	0.040	0.600	14.400	0.916	0.611	0.183	0.183
50.0	5.8435	8.575	0.043	0.600	14.400	0.983	0.655	0.197	0.197
52.0	6.2553	9.179	0.046	0.600	14.400	1.052	0.702	0.210	0.210
55.0	6.9006	10.126	0.051	0.600	14.400	1.160	0.774	0.232	0.232
58.0	7.5789	11.121	0.056	0.600	14.400	1.274	0.850	0.255	0.255
60.0	8.0494	11.812	0.059	0.600	14.400	1.353	0.903	0.271	0.271

计算实例Ⅵ：

管材焊接：Y形坡口、手工电弧焊（单面焊）、碳钢管，焊接消耗量计算见表71。

计算步骤：

第一步：电焊条消耗量（kg）＝金属重量/利用率50％×层间打磨系数1.03×返修焊系数1.063×小管薄壁1.04（$DN \leqslant 76mm$、壁厚$\leqslant 4mm$时）

第二步：工日消耗量（工日）＝电焊条消耗量（kg）/每工日消耗焊材量

第三步：机械台班消耗量（台班）＝工日消耗量：电焊机：焊条烘干箱（恒温箱）＝1：1：0.1

焊接消耗量计算表（单位：管口） 表 71

Φ	δ	材料		人工		机械（台班）		
(mm)		查附表二 金属重量（kg）	电焊条 （kg）	查表 56 每工日消耗焊条量	工日	电焊机	焊条烘干箱	焊条恒温箱
22.0	3.0	0.007	0.016	1.45	0.011	0.011	0.001	0.001
22.0	4.0	0.012	0.027	1.70	0.016	0.016	0.002	0.002
22.0	5.0	0.015	0.033	2.15	0.015	0.015	0.002	0.002
28.0	3.0	0.009	0.020	1.45	0.014	0.014	0.001	0.001
28.0	4.0	0.014	0.031	1.70	0.019	0.019	0.002	0.002
28.0	6.0	0.024	0.053	2.60	0.020	0.020	0.002	0.002
34.0	3.0	0.011	0.024	1.45	0.017	0.017	0.002	0.002
34.0	4.0	0.019	0.043	1.70	0.025	0.025	0.003	0.003
34.0	7.0	0.040	0.088	3.20	0.027	0.027	0.003	0.003
42.0	3.0	0.013	0.030	1.45	0.021	0.021	0.002	0.002
42.0	4.0	0.024	0.053	1.70	0.031	0.031	0.003	0.003
42.0	7.0	0.051	0.110	3.20	0.034	0.034	0.003	0.003
48.0	3.0	0.015	0.034	1.45	0.024	0.024	0.002	0.002
48.0	4.0	0.027	0.061	1.70	0.036	0.036	0.004	0.004
48.0	8.0	0.069	0.150	3.60	0.042	0.042	0.004	0.004
57.0	3.5	0.021	0.048	1.60	0.030	0.030	0.003	0.003
57.0	5.0	0.041	0.090	2.15	0.042	0.042	0.004	0.004
57.0	9.0	0.104	0.226	4.10	0.055	0.055	0.006	0.006
76.0	4.0	0.043	0.097	1.70	0.057	0.057	0.006	0.006
76.0	6.0	0.070	0.152	2.60	0.058	0.058	0.006	0.006
76.0	12.0	0.214	0.463	5.80	0.080	0.080	0.008	0.008
89.0	4.0	0.051	0.110	1.70	0.065	0.065	0.006	0.006
89.0	6.0	0.082	0.178	2.60	0.069	0.069	0.007	0.007
89.0	12.0	0.253	0.549	5.80	0.095	0.095	0.009	0.009
108.0	4.5	0.070	0.152	2.10	0.072	0.072	0.007	0.007
108.0	7.0	0.135	0.292	3.20	0.091	0.091	0.009	0.009
108.0	8.0	0.162	0.351	3.60	0.097	0.097	0.010	0.010

续表

Φ	δ	材 料		人 工		机械（台班）		
(mm)		查附表二 金属重量（kg）	电焊条 (kg)	查表56 每工日消耗焊条量	工 日	电焊机	焊条烘干箱	焊条恒温箱
108.0	14.0	0.394	0.854	7.00	0.122	0.122	0.012	0.012
114.0	5.0	0.084	0.182	2.15	0.085	0.085	0.008	0.008
114.0	7.0	0.142	0.309	3.20	0.096	0.096	0.010	0.010
114.0	14.0	0.418	0.905	7.00	0.129	0.129	0.013	0.013
133.0	4.5	0.087	0.188	2.10	0.089	0.089	0.009	0.009
133.0	7.0	0.167	0.361	3.20	0.113	0.113	0.011	0.011
133.0	16.0	0.634	1.375	7.70	0.179	0.179	0.018	0.018
159.0	5.0	0.118	0.255	2.15	0.119	0.119	0.012	0.012
159.0	8.0	0.240	0.521	3.60	0.145	0.145	0.014	0.014
159.0	20.0	1.097	2.380	8.80	0.270	0.270	0.027	0.027
219.0	6.0	0.205	0.445	2.60	0.171	0.171	0.017	0.017
219.0	10.0	0.493	1.070	4.60	0.233	0.233	0.023	0.023
219.0	20.0	1.542	3.344	8.80	0.380	0.380	0.038	0.038
273.0	8.0	0.416	0.902	3.60	0.251	0.251	0.025	0.025
273.0	12.0	0.815	1.767	5.80	0.305	0.305	0.030	0.030
273.0	20.0	1.942	4.212	8.80	0.479	0.479	0.048	0.048
325.0	8.0	0.496	1.076	3.60	0.299	0.299	0.030	0.030
325.0	14.0	1.244	2.697	7.00	0.385	0.385	0.039	0.039
325.0	20.0	2.328	5.048	8.80	0.574	0.574	0.057	0.057
377.0	10.0	0.857	1.859	4.60	0.404	0.404	0.040	0.040
377.0	16.0	1.874	4.064	7.70	0.528	0.528	0.053	0.053
377.0	20.0	2.713	5.884	8.80	0.669	0.669	0.067	0.067
426.0	10.0	0.970	2.104	4.60	0.457	0.457	0.046	0.046
426.0	18.0	2.578	5.590	8.20	0.682	0.682	0.068	0.068
426.0	20.0	3.077	6.672	8.80	0.758	0.758	0.076	0.076
480.0	10.0	1.095	2.374	4.60	0.516	0.516	0.052	0.052
480.0	17.0	2.649	5.743	8.20	0.700	0.700	0.070	0.070
480.0	20.0	3.477	7.540	8.80	0.857	0.857	0.086	0.086
530.0	20.0	3.847	8.343	8.80	0.948	0.948	0.095	0.095

计算实例Ⅶ：

碳钢管焊接：Y形坡口、氩弧打底电弧盖面（单面焊）碳钢管，焊接消耗量计算见表72。

计算步骤：

第一步：焊丝消耗量(kg)＝金属重量/利用率90％×层间打磨系数1.01

电焊条消耗量(kg)＝金属重量/利用率50％×层间打磨系数1.02 ×返修系数1.025

氩气消耗量(m^3)＝焊丝消耗量×2.8

铈钨棒消耗量(g)＝氩气消耗量×2

第二步：工日消耗量(工日)＝焊丝消耗量(kg)/每工日消耗焊材量＋电焊条消耗量(kg)/每工日消耗焊材量

第三步：机械台班消耗量(台班)＝工日消耗量：电弧焊机(氩弧焊机)：焊条烘干箱(恒温箱)＝1：1：0.1

焊接消耗量计算表（单位：管口）

表72

Φ (mm)	δ (mm)	材料						人工					机械（台班）			
		查附表二金属重量 (kg)	焊丝 (kg)	查附表二金属重量 (kg)	电焊条 (kg)	氩气 (m^3)	铈钨棒 (g)	查表57每工日消耗焊丝量	氩弧工日	查表56每工日消耗焊条量	电焊工日	工日合计	电焊机	氩弧焊机	焊条烘干箱	焊条恒温箱
127.0	20.0	0.024	0.027	0.739 2	1.546	0.074	0.148	1.260	0.021	8.80	0.176	0.197	0.176	0.021	0.018	0.018
133.0	20.0	0.025	0.028	0.780 2	1.631	0.079	0.159	1.260	0.022	8.80	0.185	0.208	0.185	0.022	0.019	0.019
159.0	20.0	0.032	0.036	0.958 0	2.003	0.102	0.203	1.260	0.029	8.80	0.228	0.256	0.228	0.029	0.023	0.023
159.0	22.0	0.031	0.035	1.066 0	2.229	0.098	0.196	1.260	0.028	8.80	0.253	0.281	0.253	0.028	0.025	0.025
159.0	26.0	0.029	0.033	1.284 8	2.686	0.091	0.183	1.260	0.026	8.80	0.305	0.331	0.305	0.026	0.031	0.031
159.0	28.0	0.028	0.031	1.395 2	2.917	0.088	0.176	1.260	0.025	8.80	0.332	0.356	0.332	0.025	0.033	0.033
219.0	20.0	0.049	0.055	1.368 1	2.861	0.153	0.305	1.260	0.043	8.80	0.325	0.368	0.325	0.043	0.033	0.033
219.0	24.0	0.046	0.052	1.695 7	3.546	0.146	0.292	1.260	0.041	8.80	0.403	0.444	0.403	0.041	0.040	0.040
219.0	28.0	0.044	0.050	2.034 6	4.254	0.139	0.278	1.260	0.039	8.80	0.483	0.523	0.483	0.039	0.048	0.048
219.0	35.0	0.040	0.045	2.652 0	5.545	0.127	0.254	1.260	0.036	8.80	0.630	0.666	0.630	0.036	0.063	0.063
273.0	20.0	0.063	0.071	1.737 2	3.633	0.199	0.398	1.260	0.056	8.80	0.413	0.469	0.413	0.056	0.041	0.041
273.0	25.0	0.061	0.068	2.274 0	4.755	0.190	0.381	1.260	0.054	8.80	0.540	0.594	0.540	0.054	0.054	0.054
273.0	28.0	0.059	0.066	2.610 1	5.458	0.185	0.370	1.260	0.052	8.80	0.620	0.673	0.620	0.052	0.062	0.062
273.0	32.0	0.057	0.064	3.073 8	6.427	0.178	0.357	1.260	0.051	8.80	0.730	0.781	0.730	0.051	0.073	0.073
273.0	36.0	0.055	0.061	3.554 1	7.432	0.171	0.343	1.260	0.049	8.80	0.845	0.893	0.845	0.049	0.084	0.084
273.0	40.0	0.052	0.059	3.899 6	8.154	0.165	0.329	1.260	0.047	8.80	0.927	0.973	0.927	0.047	0.093	0.093

续表

Φ (mm)	δ (mm)	材料						人工					机械（台班）			
		查附表二金属重量 (kg)	焊丝 (kg)	查附表二金属重量 (kg)	电焊条 (kg)	氩气 (m³)	铈钨棒 (g)	查表57每工日消耗焊丝量	氩弧工日	查表56每工日消耗焊条量	电焊工日	工日合计	电焊机	氩弧焊机	焊条烘干箱	焊条恒温箱
273.0	50.0	0.047	0.053	5.176 0	10.823	0.148	0.295	1.260	0.042	8.80	1.230	1.272	1.230	0.042	0.123	0.123
325.0	20.0	0.077	0.087	2.092 7	4.376	0.243	0.486	1.260	0.069	8.80	0.497	0.566	0.497	0.069	0.050	0.050
325.0	25.0	0.075	0.084	2.750 3	5.751	0.235	0.469	1.260	0.067	8.80	0.654	0.720	0.654	0.067	0.065	0.065
325.0	30.0	0.072	0.081	3.448 2	7.210	0.226	0.452	1.260	0.064	8.80	0.819	0.883	0.819	0.064	0.082	0.082
325.0	36.0	0.069	0.077	4.335 8	9.066	0.216	0.432	1.260	0.061	8.80	1.030	1.091	1.030	0.061	0.103	0.103
325.0	40.0	0.067	0.075	4.769 9	9.974	0.209	0.418	1.260	0.059	8.80	1.133	1.193	1.133	0.059	0.113	0.113
325.0	50.0	0.061	0.069	6.380 1	13.341	0.192	0.384	1.260	0.054	8.80	1.516	1.570	1.516	0.054	0.152	0.152
325.0	60.0	0.056	0.062	8.490 2	17.753	0.175	0.350	1.260	0.050	8.80	2.017	2.067	2.017	0.050	0.202	0.202
377.0	20.0	0.091	0.103	2.448 2	5.119	0.288	0.575	1.260	0.081	8.80	0.582	0.663	0.582	0.081	0.058	0.058
377.0	22.0	0.090	0.101	2.753 2	5.757	0.284	0.568	1.260	0.081	8.80	0.654	0.735	0.654	0.081	0.065	0.065
377.0	26.0	0.088	0.099	3.388 5	7.085	0.277	0.555	1.260	0.079	8.80	0.805	0.884	0.805	0.079	0.081	0.081
377.0	32.0	0.085	0.095	4.402 4	9.206	0.267	0.534	1.260	0.076	8.80	1.046	1.122	1.046	0.076	0.105	0.105
377.0	36.0	0.083	0.093	5.117 5	10.701	0.260	0.520	1.260	0.074	8.80	1.216	1.290	1.216	0.074	0.122	0.122
377.0	40.0	0.081	0.090	5.640 2	11.794	0.253	0.507	1.260	0.072	8.80	1.340	1.412	1.340	0.072	0.134	0.134
377.0	50.0	0.075	0.084	7.584 2	15.859	0.236	0.473	1.260	0.067	8.80	1.802	1.869	1.802	0.067	0.180	0.180
377.0	60.0	0.070	0.078	10.132 2	21.186	0.219	0.439	1.260	0.062	8.80	2.408	2.470	2.408	0.062	0.241	0.241
426.0	20.0	0.105	0.118	2.783 1	5.820	0.329	0.659	1.260	0.093	8.80	0.661	0.755	0.661	0.093	0.066	0.066
426.0	22.0	0.104	0.116	3.132 4	6.550	0.326	0.652	1.260	0.092	8.80	0.744	0.837	0.744	0.092	0.074	0.074
426.0	26.0	0.102	0.114	3.861 4	8.074	0.319	0.638	1.260	0.090	8.80	0.918	1.008	0.918	0.090	0.092	0.092
426.0	32.0	0.098	0.110	5.028 4	10.514	0.309	0.618	1.260	0.088	8.80	1.195	1.282	1.195	0.088	0.119	0.119
426.0	40.0	0.094	0.105	6.460 2	13.508	0.295	0.590	1.260	0.084	8.80	1.535	1.619	1.535	0.084	0.154	0.154
426.0	50.0	0.089	0.099	8.718 9	18.231	0.278	0.556	1.260	0.079	8.80	2.072	2.151	2.072	0.079	0.207	0.207
426.0	60.0	0.083	0.093	11.679 4	24.422	0.261	0.522	1.260	0.074	8.80	2.775	2.849	2.775	0.074	0.278	0.278
480.0	20.0	0.119	0.134	3.152 3	6.591	0.375	0.751	1.260	0.106	8.80	0.749	0.855	0.749	0.106	0.075	0.075
480.0	25.0	0.117	0.131	4.170 0	8.719	0.367	0.734	1.260	0.104	8.80	0.991	1.095	0.991	0.104	0.099	0.099
480.0	30.0	0.114	0.128	5.261 5	11.002	0.358	0.717	1.260	0.102	8.80	1.250	1.352	1.250	0.102	0.125	0.125

续表

Φ (mm)	δ (mm)	材料						人工					机械（台班）			
		查附表二金属重量 (kg)	焊丝 (kg)	查附表二金属重量 (kg)	电焊条 (kg)	氩气 (m^3)	铈钨棒 (g)	查表57每工日消耗焊丝量	氩弧工日	查表56每工日消耗焊条量	电焊工日	工日合计	电焊机	氩弧焊机	焊条烘干箱	焊条恒温箱
480.0	36.0	0.111	0.124	6.665 7	13.938	0.348	0.696	1.260	0.099	8.80	1.584	1.683	1.584	0.099	0.158	0.158
480.0	40.0	0.109	0.122	7.364 0	15.398	0.341	0.683	1.260	0.097	8.80	1.750	1.847	1.750	0.097	0.175	0.175
480.0	50.0	0.103	0.116	10.466 0	21.884	0.324	0.648	1.260	0.092	8.80	2.487	2.579	2.487	0.092	0.249	0.249
480.0	55.0	0.100	0.113	11.894 2	24.871	0.316	0.631	1.260	0.089	8.80	2.826	2.916	2.826	0.089	0.283	0.283
480.0	60.0	0.098	0.110	13.384 5	27.987	0.307	0.614	1.260	0.087	8.80	3.180	3.267	3.180	0.087	0.318	0.318
530.0	20.0	0.133	0.149	3.494 1	7.306	0.418	0.836	1.260	0.118	8.80	0.830	0.949	0.830	0.118	0.083	0.083
530.0	26.0	0.130	0.146	4.865 0	10.173	0.408	0.816	1.260	0.116	8.80	1.156	1.272	1.156	0.116	0.116	0.116
530.0	30.0	0.128	0.143	5.846 5	12.225	0.401	0.802	1.260	0.114	8.80	1.389	1.503	1.389	0.114	0.139	0.139
530.0	36.0	0.124	0.140	7.417 3	15.510	0.391	0.781	1.260	0.111	8.80	1.762	1.873	1.762	0.111	0.176	0.176
530.0	40.0	0.122	0.137	8.200 8	17.148	0.384	0.768	1.260	0.109	8.80	1.949	2.057	1.949	0.109	0.195	0.195
530.0	50.0	0.117	0.131	11.674 9	24.412	0.367	0.734	1.260	0.104	8.80	2.774	2.878	2.774	0.104	0.277	0.277
530.0	60.0	0.111	0.125	14.963 3	31.288	0.350	0.700	1.260	0.099	8.80	3.555	3.655	3.555	0.099	0.356	0.356

三、长距离输送管道焊接消耗量计算

1. 长距离输送管道的概念

长距离输送管道由于距离长、管径大，在平原、丘陵或山区等地段敷设，有时还要穿（跨）越天然或人为障碍，如河流、湖泊、沼泽、山谷、铁路、公路、地下电缆（光缆）或管道等，因而施工比较复杂。此外，长距离输送管道有专门的生产管理机构和系统的配套工程，如长途通信，沿线布设各种站（场）和构筑物，有独特的专业特点，因此，将其称谓长距离输送管道。

2. 长距离输送管道的划分

（1）位于厂矿、油田（区域边界线以外）、气田（天然气处理厂、输气首站以外）油库所属区域以外，且距离在25km以上的输油、输气管道。

（2）自水源地至厂矿（城市）第一个储水池之间10km以上的钢制输水管道。

（3）自煤气制气厂至城市第一个煤气站10km以上煤气输送管道。

3. 长距离输送管道的敷设方式

长距离输送管道敷设工程的主要部分是线路，线路是用已经防腐绝缘的管子，经过焊接并施行防腐绝缘补口以后敷设的管道。

（1）敷设方式

①埋地敷设：管顶标高位于自然地坪以下，自然地坪标高与管顶标高之差就是管道的埋深。管沟的深度等于管道的埋深加上管道的外径。

②半埋地敷设：其管底处于自然地坪以下，而管顶处于自然地坪以上。管沟深度和回填土以及覆盖土高度，根据水文地质和地面排水条件等因素确定。

③地面敷设：其管底与自然地面为同一标高或超过自然地坪标高。覆盖管线的堆土从外地运来。堆土高度和宽度通过管线结构和热力计算，由设计确定。

④地上敷设（架空敷设）：管线安装在管墩或管架上。

（2）敷设地形

管道敷设由于地形的不同，划分为不同地段，一般规定：

①平原——管道敷设在较长距离之间的高差不大，从高处到低处变化平缓，坡度不超过10度。

②丘陵——系指矮岗、土丘，一公里距离以内的地形起伏相对高差不超过50米的地带。

③沼泽——系指有水的草丛湿地或泥水淤积的地带。

④山区——系指一般的土岭、沟谷，在250米距离以内的地形起伏相对高差30米以上的地带。

4. 长距离输送管道的施工程序

长距离输送管道施工内容主要包括：用地准备（测量放线、作业带开拓清理、修施工便道）、管沟开挖、钢管预制和防腐、运输和布管、弯管预制、组装焊接、焊口无损检测、补口补伤、吊管下沟、管沟回填、清扫、试压、恢复地貌和竣工验收等。

5. 长距离输送管道的焊接

（1）焊接方式

按管道的焊接方式，长距离输送管道主要分为：手工电弧焊、半自动焊和全自动焊。三种焊接方法分别具有不同的应用特点及使用范围。

①半自动焊（手工电弧焊＋自保护药芯半自动焊）

管道半自动焊接工艺为自动送丝，手工运条，是一种采用连续管状药芯焊丝，在焊接过程中形成气体和焊渣保护熔敷金属，不需外加任何气体和焊剂的一种先进的焊接工艺。它具有工作效率高，抗风能力强，焊缝成型美观和焊工易于掌握等特点，因此，成为管线焊接施工的首选焊接方法。

②内焊自动焊（内焊机自动焊根焊＋全位置自动焊填充、盖面）

根焊采用内焊自动焊机气体保护焊，填充、盖面焊采用全位置外自动焊机 CO_2 和 Ar 混合气体保护焊接方法。填充焊、盖面焊由一套自动焊系统（两台焊接小车）完成。施工采取流水作业施工方法。该方法与STT半自动焊根焊＋全位置自动焊（填充、盖面）焊接方案比较，因根焊道采用内自动焊机，焊接效率高，焊工劳动强度低，焊接质量稳定，特别适用于长输管线平原段的焊接施工。

③PWT外根焊自动焊（外焊机自动焊根焊＋全位置自动焊填充、盖面）

根焊采用外焊自动焊机气体保护焊，填充、盖面焊采用 CO_2 和 Ar 混合气体保护全位置自动焊接方法。填充焊、盖面焊由一套自动焊机完成整道焊接，施工采取流水作业施工方法。该方法，因根焊与填充盖面焊接工艺均采用下向气体保护焊接工艺，焊丝采用实芯焊丝，与手工焊相比较：具有焊后无药皮，焊缝成形好，焊接质量和焊接效率高，劳动强度低，焊接过程烟尘可降低90％等优点。特别适用于长输管线平原段的焊接施工。

④手工电弧焊和氩电联焊

手工电弧焊具有工艺简单、轻便灵活、受环境影响小的特点，因此，管线连头以及地势起伏较大和组对较困难的地段及返修焊接中采用该焊接方法。

氩电联焊：根焊采用氩弧焊，用氩气作为保护介质，盖面、填充采用电弧焊的一种焊接方法。用氩弧焊打底能有效地隔绝周围空气，电弧和熔池可见性好，没有熔渣或很少熔渣，管内侧不需焊后清渣。该焊接方法适用于长输管道穿跨越管道焊接和站场工艺管道焊接。

（2）常用管径和壁厚

根据GB/T 9711.7—1997标准，管径和壁厚如下：

①长距离输送管道常用管径有：Φ219.1mm、Φ273mm、Φ323.9mm、Φ355.6mm、Φ406.4mm、Φ457mm、Φ508mm、Φ559mm、Φ610mm、Φ660mm、Φ711mm、Φ762mm、Φ813mm、Φ864mm、Φ914mm、Φ965mm、Φ1 016mm、Φ1 067mm、Φ1 118mm等。

②长距离输送管道常用壁厚有：δ6.4mm、δ7.1mm、δ7.9mm、δ8.7mm、δ9.5mm、δ10.3mm、δ11.1mm、δ11.9mm、δ12.7mm、δ14.3mm、δ15.9mm、δ17.5mm、δ19.1mm、δ20.6mm、δ22.2mm、δ23.8mm、δ25.4mm、δ27mm、δ28.6mm等。

(3) 焊接接头断面数据

焊接材料消耗量根据焊接工艺规定确定焊缝钝边、间隙、余高以及坡口角度，确定焊缝重心距、焊缝长度和焊缝体积，计算出焊材用量（见表73）。

表73

项目名称		上向焊	下向焊	半自动焊	氩电联焊 $\delta \leq 10$	氩电联焊 $\delta > 10$	带内焊 全自动焊	单面 自动焊
坡口型式				Y 型			复合型	复合型
钝边 (a)	$\delta=5.2\sim15.9$	1.5	1.6	1.6	1.6	1.6	1.5	1.5
间隙 (b)	$\delta=5.2\sim15.9$	2.5	2.0	2.0	2.5	2.5	0.5	1.5
焊缝高度 (c)	$\delta<10$	2.5	2.0	2.0	2.0	2.0		
	$\delta>10$	2.5	2.5	2.5	2.5	2.5		
	内焊 (c1)						0.5	
	填盖焊 (c)						1.0	1.0
坡口角度 (α)	$\delta=5.2\sim15.9$	70	65	65	70	60		
	内 焊						70	
	填焊内						90	90
	填焊外						10	20
焊缝宽度 (d)	$\delta=5.2\sim15.9$			坡口上口每边压2mm				
	内 (d1)						内坡口每边压1mm	
	外 (d)						外坡口每边压2mm	外坡口每边压2mm
打底高度 (r)	$\delta=5.2\sim15.9$			3				
	内						2.5	
	外							3
打底面积	$\delta=5.2\sim15.9$				10.8			

(4) 焊接接头图形

①手工焊、半自动焊、氩电联焊焊接接头图形（Y型坡口）(图6)。

②带内焊自动焊焊接接头图形（复合型坡口）(图7)。

③单面自动焊焊接接头图形（复合型坡口）(图8)。

(5) 计算公式

①半自动焊、氩电联焊

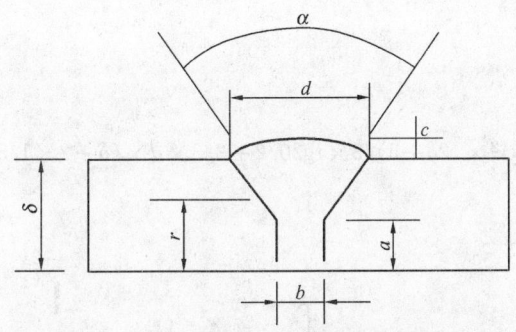

图6　单面自动焊焊接接头及焊道层示意图

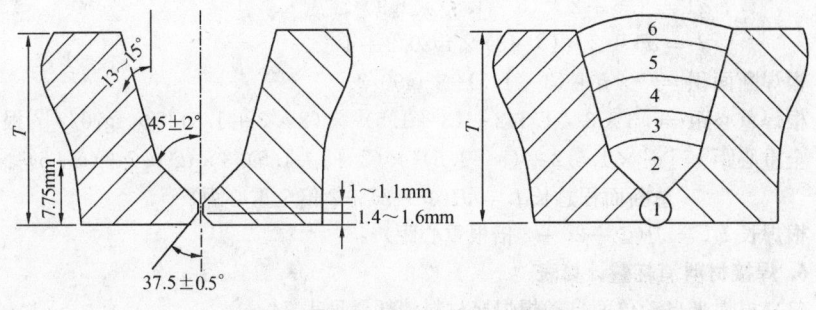

图7　内焊自动焊接头设计及焊道层示意图

图8　单面自动焊接接头设计及焊道层示意图

总断面积：$A=\delta b+(\delta-a)^2\mathrm{tg}(\alpha/2)+(2/3)dc$

根焊断面积：A 根 $=rb+(r-a)^2\mathrm{tg}(\alpha/2)$

焊缝宽度：$d=b+2(\delta-a)\mathrm{tg}(\alpha/2)+4$

根焊焊缝宽度：b

全重心距：$F=b\delta^2/2+2cd(2c/5+\delta)/3+[(\delta-a)^2\times \mathrm{tg}(\alpha/2)\times(a+2\delta)/3]/A$

根焊重心距：F 根 $=r^2b/2+[(r-a)^2\mathrm{tg}(\alpha/2)\times(a+2r)/3]/A$ 根

根焊环缝长度：L 根 $=\pi(\varphi-2\delta+2F$ 根$)$

环缝长度：$L=\pi(\varphi-2\delta+2F)$

②带内焊自动焊

根焊面积$=1.5^2\mathrm{tg}75/2+0.5\times1.5+2/3\times c1\times d1+0.5\times1$

$d1=2\times1.5\times\mathrm{tg}75/2+2+0.5$

填焊面积$=2.8\times0.5+2.8\times\mathrm{tg}90/2+(\delta-5.3)^2\times\mathrm{tg}10/2+(\delta-5.3)\times d2+(\delta-5.3)\times0.5+2/3\times d3\times c$

$d2=2\times2.8\times\mathrm{tg}90/2+0.5$

$d3=d2+2(\delta-5.3)\times\mathrm{tg}10/2+4$

根焊长度$=\pi[\Phi-2\times(\delta-2.5)]$

填焊长度$=\pi[\Phi-(\delta-2.5)/2]$

③单面自动焊

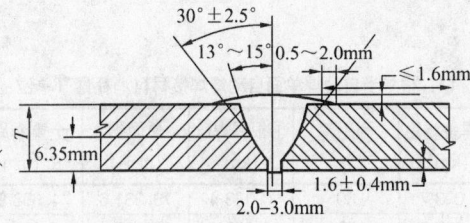

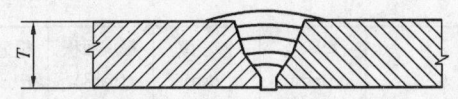

总断面积$=\delta\times b+(5-1.5)^2\times \mathrm{tg}90/2+(d1-1.5)\times(\delta-5)+(\delta-5)^2\times \mathrm{tg}20/2+2/3\times d\times C$

$d1=1.5+2\times(5-1.5)\times \mathrm{tg}90/2$

$d=d1+2\times(\delta-5)\times \mathrm{tg}20/2+4$

根焊断面积$=3\times b+(3-1.5)^2\times \mathrm{tg}90/2$

根焊重心距$=[3\times 3\times 1.5/2+(3-1.5)^2\times(2\times 3+1.5)/3\times \mathrm{tg}90/2]/$根焊断面积

全重心距$=[\delta^2\times 1.5/2+(5-1.5)^2\times(2\times 5+1.5)/3\times \mathrm{tg}90/2+(\delta-5)^2\times(d1-1.5)/2+(\delta-5)^2\times(2\delta+5)/3\times \mathrm{tg}20/2+2/3\times d\times(\delta+2\times 1/5)]/$

总断面积总长 $L=Л(\Phi-2\delta+2$ 倍全重心距)

根焊长 $L1=Л(\Phi-2\delta+2$ 倍根重心距)

6. 焊接材料消耗量计算表

(1) 根焊半自动单面自动焊焊接材料消耗量见表 74。

(2) 带内焊全自动焊焊接材料消耗量见表 75。

(3) 半自动下向焊焊接材料消耗量见表 76。

(4) 手工下向焊焊接材料消耗量见表 77。

(5) 氩电联焊焊接材料消耗量见表 78。

(1) 根焊半自动焊单面自动焊焊接材料消耗量（单位：管口）　　表 74

序　号	管　径 (mm)	壁　厚 (mm)	根焊面积 (mm^2)	根重心距 F1 (mm)	根焊金属重 (kg)	利用率 (%)	①根焊焊丝 (kg)	总面积 (mm^2)	全重心距 F (mm)	金属总重 (kg)	填金属重 (kg)	利用率 (%)	②填焊丝总重 (kg)	①+②焊丝总计 (kg)
1	610	10.3	6.75	1.833 3	0.098 7	80	0.123 4	79.331 5	4.658 9	1.171 4	1.072 6	90	1.191 8	1.315 2
2	610	11.1	6.75	1.833 3	0.098 5	80	0.123 1	87.927 4	5.020 1	1.296 4	1.197 9	90	1.331 0	1.454 1
3	610	11.9	6.75	1.833 3	0.098 2	80	0.122 7	96.748 9	5.404 0	1.424 4	1.326 3	90	1.473 6	1.596 4
4	610	12.7	6.75	1.833 3	0.097 9	80	0.122 4	105.796 2	5.805 9	1.555 6	1.457 6	90	1.619 6	1.742 0
5	610	14.3	6.75	1.833 3	0.097 4	80	0.121 7	124.567 6	6.650 7	1.826 9	1.729 5	90	1.921 7	2.043 5
6	610	15.9	6.75	1.833 3	0.096 9	80	0.121 1	144.241 8	7.535 5	2.110 4	2.013 5	90	2.237 3	2.358 3
7	610	17.5	6.75	1.833 3	0.096 3	80	0.120 4	164.818 5	8.449 1	2.405 9	2.309 6	90	2.566 2	2.686 6
8	610	19.1	6.75	1.833 3	0.095 8	80	0.119 7	186.298 0	9.384 2	2.713 3	2.617 5	90	2.908 3	3.028 1
9	610	20.6	6.75	1.833 3	0.095 3	80	0.119 1	207.254 7	10.275 9	3.012 3	2.917 0	90	3.241 1	3.360 2
10	610	22.2	6.75	1.833 3	0.094 8	80	0.118 5	230.483 1	11.239 8	3.342 7	3.247 9	90	3.608 8	3.727 3
11	610	23.8	6.75	1.833 3	0.094 2	80	0.117 8	254.614 1	12.214 4	3.684 8	3.590 6	90	3.989 5	4.107 3
12	610	25.4	6.75	1.833 3	0.093 7	80	0.117 1	279.647 7	13.197 9	4.038 6	3.944 9	90	4.383 2	4.500 3
13	610	27.0	6.75	1.833 3	0.093 2	80	0.116 5	305.584 0	14.188 8	4.404 0	4.310 8	90	4.789 8	4.906 2
14	610	28.6	6.75	1.833 3	0.092 6	80	0.115 8	332.423 0	15.186 0	4.780 9	4.688 3	90	5.209 2	5.325 0
15	660	10.3	6.75	1.833 3	0.107 0	80	0.133 8	79.331 5	4.658 9	1.269 2	1.162 1	90	1.291 3	1.425 1
16	660	11.1	6.75	1.833 3	0.106 8	80	0.133 5	87.927 4	5.020 1	1.404 8	1.298 0	90	1.442 2	1.575 7
17	660	11.9	6.75	1.833 3	0.106 5	80	0.133 1	96.748 9	5.404 0	1.543 7	1.437 2	90	1.596 9	1.730 1

续表

序号	管径 (mm)	壁厚 (mm)	根焊面积 (mm²)	根重心距 F1 (mm)	根焊金属重 (kg)	利用率 (%)	①根焊焊丝 (kg)	总面积 (mm²)	全重心距 F (mm)	金属总重 (kg)	填金属重 (kg)	利用率 (%)	②填焊丝总重 (kg)	①+② 焊丝总计 (kg)
18	660	12.7	6.75	1.833 3	0.106 2	80	0.132 8	105.796 2	5.805 9	1.686 0	1.579 8	90	1.755 3	1.888 1
19	660	14.3	6.75	1.833 3	0.105 7	80	0.132 1	124.567 6	6.650 7	1.980 5	1.874 8	90	2.083 1	2.215 3
20	660	15.9	6.75	1.833 3	0.105 2	80	0.131 5	144.241 8	7.535 5	2.288 3	2.183 1	90	2.425 6	2.557 1
21	660	17.5	6.75	1.833 3	0.104 7	80	0.130 8	164.818 5	8.449 1	2.609 1	2.504 5	90	2.782 7	2.913 5
22	660	19.1	6.75	1.833 3	0.104 1	80	0.130 1	186.298 0	9.384 2	2.943 0	2.838 9	90	3.154 3	3.284 5
23	660	20.6	6.75	1.833 3	0.103 6	80	0.129 5	207.254 7	10.275 9	3.267 9	3.164 3	90	3.515 8	3.645 4
24	660	22.2	6.75	1.833 3	0.103 1	80	0.128 9	230.483 1	11.239 8	3.626 9	3.523 8	90	3.915 3	4.044 2
25	660	23.8	6.75	1.833 3	0.102 6	80	0.128 2	254.614 1	12.214 4	3.998 8	3.896 2	90	4.329 1	4.457 3
26	660	25.4	6.75	1.833 3	0.102 0	80	0.127 5	279.647 7	13.197 9	4.383 4	4.281 4	90	4.757 1	4.884 6
27	660	27.0	6.75	1.833 3	0.101 5	80	0.126 9	305.584 0	14.188 8	4.780 8	4.679 3	90	5.199 2	5.326 1
28	660	28.6	6.75	1.833 3	0.101 0	80	0.126 2	332.423 0	15.186 0	5.190 8	5.089 8	90	5.655 4	5.781 6
29	711	10.3	6.75	1.833 3	0.115 5	80	0.144 4	79.331 5	4.658 9	1.369 0	1.253 4	90	1.392 7	1.537 1
30	711	11.1	6.75	1.833 3	0.115 3	80	0.144 1	87.927 4	5.020 1	1.515 4	1.400 1	90	1.555 7	1.699 8
31	711	11.9	6.75	1.833 3	0.115 0	80	0.143 8	96.748 9	5.404 0	1.665 4	1.550 4	90	1.722 7	1.866 5
32	711	12.7	6.75	1.833 3	0.114 7	80	0.143 4	105.796 2	5.805 9	1.819 1	1.704 4	90	1.893 7	2.037 2
33	711	14.3	6.75	1.833 3	0.114 2	80	0.142 8	124.567 6	6.650 7	2.137 2	2.023 0	90	2.247 8	2.390 5
34	711	15.9	6.75	1.833 3	0.113 7	80	0.142 1	144.241 8	7.535 5	2.469 7	2.356 0	90	2.617 8	2.759 9
35	711	17.5	6.75	1.833 3	0.113 1	80	0.141 4	164.818 5	8.449 1	2.816 4	2.703 3	90	3.003 6	3.145 1
36	711	19.1	6.75	1.833 3	0.112 6	80	0.140 8	186.298 0	9.384 2	3.177 3	3.064 7	90	3.405 3	3.546 0
37	711	20.6	6.75	1.833 3	0.112 1	80	0.140 1	207.254 7	10.275 9	3.528 5	3.416 4	90	3.796 0	3.936 2
38	711	22.2	6.75	1.833 3	0.111 6	80	0.139 5	230.483 1	11.239 8	3.916 8	3.805 2	90	4.228 0	4.367 5
39	711	23.8	6.75	1.833 3	0.111 0	80	0.138 8	254.614 1	12.214 4	4.319 0	4.208 0	90	4.675 5	4.814 3
40	711	25.4	6.75	1.833 3	0.110 5	80	0.138 1	279.647 7	13.197 9	4.735 1	4.624 6	90	5.138 5	5.276 6
41	711	27.0	6.75	1.833 3	0.110 0	80	0.137 5	305.584 0	14.188 8	5.165 1	5.055 1	90	5.616 8	5.754 3
42	711	28.6	6.75	1.833 3	0.109 4	80	0.136 8	332.423 0	15.186 0	5.608 9	5.499 4	90	6.110 5	6.247 3
43	762	10.3	6.75	1.833 3	0.124 0	80	0.155 0	79.331 5	4.658 9	1.468 7	1.344 7	90	1.494 1	1.649 2
44	762	11.1	6.75	1.833 3	0.123 8	80	0.154 7	87.927 4	5.020 1	1.626 0	1.502 2	90	1.669 1	1.823 8
45	762	11.9	6.75	1.833 3	0.123 5	80	0.154 4	96.748 9	5.404 0	1.787 1	1.663 6	90	1.848 5	2.002 8
46	762	12.7	6.75	1.833 3	0.123 2	80	0.154 0	105.796 2	5.805 9	1.952 2	1.828 9	90	2.032 1	2.186 2
47	762	14.3	6.75	1.833 3	0.122 7	80	0.153 4	124.567 6	6.650 7	2.293 9	2.171 2	90	2.412 4	2.565 8
48	762	15.9	6.75	1.833 3	0.122 2	80	0.152 7	144.241 8	7.535 5	2.651 1	2.528 9	90	2.809 9	2.962 6

续表

序 号	管 径 (mm)	壁 厚 (mm)	根焊面积 (mm^2)	根重心距 F1 (mm)	根焊金属重 (kg)	利用率 (%)	①根焊焊丝 (kg)	总面积 (mm^2)	全重心距 F (mm)	金属总重 (kg)	填金属重 (kg)	利用率 (%)	②填焊丝总重 (kg)	①+②焊丝总计 (kg)
49	762	17.5	6.75	1.833 3	0.121 6	80	0.152 0	164.818 5	8.449 1	3.023 7	2.902 1	90	3.224 5	3.376 6
50	762	19.1	6.75	1.833 3	0.121 1	80	0.151 4	186.298 0	9.384 2	3.411 7	3.290 6	90	3.656 2	3.807 5
51	762	20.6	6.75	1.833 3	0.120 6	80	0.150 7	207.254 7	10.275 9	3.789 2	3.668 6	90	4.076 2	4.227 0
52	762	22.2	6.75	1.833 3	0.120 1	80	0.150 1	230.483 1	11.239 8	4.206 7	4.086 6	90	4.540 7	4.690 7
53	762	23.8	6.75	1.833 3	0.119 5	80	0.149 4	254.614 1	12.214 4	4.639 2	4.519 7	90	5.021 9	5.171 3
54	762	25.4	6.75	1.833 3	0.119 0	80	0.148 8	279.647 7	13.197 9	5.086 9	4.967 9	90	5.519 9	5.668 6
55	762	27.0	6.75	1.833 3	0.118 5	80	0.148 1	305.584 0	14.188 8	5.549 5	5.431 0	90	6.034 5	6.182 5
56	762	28.6	6.75	1.833 3	0.117 9	80	0.147 4	332.423 0	15.186 0	6.027 0	5.909 1	90	6.565 6	6.713 0
57	813	10.3	6.75	1.833 3	0.132 5	80	0.165 6	79.331 5	4.658 9	1.568 5	1.436 0	90	1.595 5	1.761 2
58	813	11.1	6.75	1.833 3	0.132 3	80	0.165 3	87.927 4	5.020 1	1.736 6	1.604 3	90	1.782 6	1.947 9
59	813	11.9	6.75	1.833 3	0.132 0	80	0.165 0	96.748 9	5.404 0	1.908 8	1.776 8	90	1.974 2	2.139 2
60	813	12.7	6.75	1.833 3	0.131 7	80	0.164 6	105.796 2	5.805 9	2.085 2	1.953 5	90	2.170 6	2.335 2
61	813	14.3	6.75	1.833 3	0.131 2	80	0.164 0	124.567 6	6.650 7	2.450 6	2.319 4	90	2.577 1	2.741 1
62	813	15.9	6.75	1.833 3	0.130 7	80	0.163 3	144.241 8	7.535 5	2.832 5	2.701 9	90	3.002 1	3.165 4
63	813	17.5	6.75	1.833 3	0.130 1	80	0.162 7	164.818 5	8.449 1	3.231 0	3.100 9	90	3.445 4	3.608 1
64	813	19.1	6.75	1.833 3	0.129 6	80	0.162 0	186.298 0	9.384 2	3.646 0	3.516 4	90	3.907 1	4.069 1
65	813	20.6	6.75	1.833 3	0.129 1	80	0.161 4	207.254 7	10.275 9	4.049 9	3.920 8	90	4.356 4	4.517 8
66	813	22.2	6.75	1.833 3	0.128 6	80	0.160 7	230.483 1	11.239 8	4.496 6	4.368 0	90	4.853 3	5.014 0
67	813	23.8	6.75	1.833 3	0.128 0	80	0.160 0	254.614 1	12.214 4	4.959 5	4.831 5	90	5.368 3	5.528 3
68	813	25.4	6.75	1.833 3	0.127 5	80	0.159 4	279.647 7	13.197 9	5.438 6	5.311 1	90	5.901 2	6.060 6
69	813	27.0	6.75	1.833 3	0.127 0	80	0.158 7	305.584 0	14.188 8	5.933 8	5.806 9	90	6.452 1	6.610 8
70	813	28.6	6.75	1.833 3	0.126 4	80	0.158 0	332.423 0	15.186 0	6.445 1	6.318 7	90	7.020 7	7.178 8
71	864	10.3	6.75	1.833 3	0.141 0	80	0.176 3	79.331 5	4.658 9	1.668 3	1.527 3	90	1.697 0	1.873 2
72	864	11.1	6.75	1.833 3	0.140 7	80	0.175 9	87.927 4	5.020 1	1.847 2	1.706 4	90	1.896 0	2.071 9
73	864	11.9	6.75	1.833 3	0.140 5	80	0.175 6	96.748 9	5.404 0	2.030 5	1.890 0	90	2.100 0	2.275 6
74	864	12.7	6.75	1.833 3	0.140 2	80	0.175 3	105.796 2	5.805 9	2.218 3	2.078 1	90	2.309 0	2.484 2
75	864	14.3	6.75	1.833 3	0.139 7	80	0.174 6	124.567 6	6.650 7	2.607 2	2.467 6	90	2.741 7	2.916 3
76	864	15.9	6.75	1.833 3	0.139 1	80	0.173 9	144.241 8	7.535 5	3.013 9	2.874 8	90	3.194 2	3.368 1
77	864	17.5	6.75	1.833 3	0.138 6	80	0.173 3	164.818 5	8.449 1	3.438 3	3.299 7	90	3.666 3	3.839 6
78	864	19.1	6.75	1.833 3	0.138 1	80	0.172 6	186.298 0	9.384 2	3.880 3	3.742 2	90	4.158 0	4.330 6
79	864	20.6	6.75	1.833 3	0.137 6	80	0.172 0	207.254 7	10.275 9	4.310 6	4.173 0	90	4.636 6	4.808 6

续表

序 号	管 径 (mm)	壁 厚 (mm)	根焊面积 (mm^2)	根重心距 F1 (mm)	根焊金属重 (kg)	利用率 (%)	①根焊焊丝 (kg)	总面积 (mm^2)	全重心距 F (mm)	金属总重 (kg)	填金属重 (kg)	利用率 (%)	②填焊丝总重 (kg)	①+②焊丝总计 (kg)
80	864	22.2	6.75	1.833 3	0.137 0	80	0.171 3	230.483 1	11.239 8	4.786 4	4.649 4	90	5.166 0	5.337 3
81	864	23.8	6.75	1.833 3	0.136 5	80	0.170 6	254.614 1	12.214 4	5.279 7	5.143 2	90	5.714 7	5.885 3
82	864	25.4	6.75	1.833 3	0.136 0	80	0.170 0	279.647 7	13.197 9	5.790 3	5.654 3	90	6.282 6	6.452 6
83	864	27.0	6.75	1.833 3	0.135 4	80	0.169 3	305.584 0	14.188 8	6.318 2	6.182 7	90	6.869 7	7.039 0
84	864	28.6	6.75	1.833 3	0.134 9	80	0.168 6	332.423 0	15.186 0	6.863 2	6.728 3	90	7.475 9	7.644 5
85	914	10.3	6.75	1.833 3	0.149 3	80	0.186 7	79.331 5	4.658 9	1.766 1	1.616 8	90	1.796 4	1.983 1
86	914	11.1	6.75	1.833 3	0.149 1	80	0.186 3	87.927 4	5.020 1	1.955 6	1.806 5	90	2.007 2	2.193 6
87	914	11.9	6.75	1.833 3	0.148 8	80	0.186 0	96.748 9	5.404 0	2.149 8	2.001 0	90	2.223 3	2.409 3
88	914	12.7	6.75	1.833 3	0.148 5	80	0.185 7	105.796 2	5.805 9	2.348 7	2.200 2	90	2.444 7	2.630 3
89	914	14.3	6.75	1.833 3	0.148 0	80	0.185 0	124.567 6	6.650 7	2.760 8	2.612 8	90	2.903 2	3.088 2
90	914	15.9	6.75	1.833 3	0.147 5	80	0.184 3	144.241 8	7.535 5	3.191 8.	3.044 3	90	3.382 6	3.566 9
91	914	17.5	6.75	1.833 3	0.146 9	80	0.183 7	164.818 5	8.449 1	3.641 5	3.494 6	90	3.882 9	4.066 6
92	914	19.1	6.75	1.833 3	0.146 4	80	0.183 0	186.298 0	9.384 2	4.110 0	3.963 6	90	4.404 0	4.587 0
93	914	20.6	6.75	1.833 3	0.145 9	80	0.182 4	207.254 7	10.275 9	4.566 1	4.420 2	90	4.911 4	5.093 7
94	914	22.2	6.75	1.833 3	0.145 4	80	0.181 7	230.483 1	11.239 8	5.070 6	4.925 3	90	5.472 5	5.654 2
95	914	23.8	6.75	1.833 3	0.144 8	80	0.181 0	254.614 1	12.214 4	5.593 7	5.448 8	90	6.054 3	6.235 3
96	914	25.4	6.75	1.833 3	0.144 3	80	0.180 4	279.647 7	13.197 9	6.135 1	5.990 8	90	6.656 5	6.836 9
97	914	27.0	6.75	1.833 3	0.143 8	80	0.179 7	305.584 0	14.188 8	6.695 0	6.551 2	90	7.279 1	7.458 8
98	914	28.6	6.75	1.833 3	0.143 2	80	0.179 0	332.423 0	15.186 0	7.273 1	7.129 9	90	7.922 1	8.101 1
99	965	10.3	6.75	1.833 3	0.157 8	80	0.197 3	79.331 5	4.658 9	1.865 9	1.708 1	90	1.897 9	2.095 1
100	965	11.1	6.75	1.833 3	0.157 6	80	0.196 9	87.927 4	5.020 1	2.066 2	1.908 6	90	2.120 7	2.317 6
101	965	11.9	6.75	1.833 3	0.157 3	80	0.196 6	96.748 9	5.404 0	2.271 5	2.114 2	90	2.349 1	2.545 7
102	965	12.7	6.75	1.833 3	0.157 0	80	0.196 3	105.796 2	5.805 9	2.481 8	2.324 8	90	2.583 1	2.779 4
103	965	14.3	6.75	1.833 3	0.156 5	80	0.195 6	124.567 6	6.650 7	2.917 5	2.761 0	90	3.067 8	3.263 4
104	965	15.9	6.75	1.833 3	0.156 0	80	0.194 9	144.241 8	7.535 5	3.373 2	3.217 3	90	3.574 7	3.769 7
105	965	17.5	6.75	1.833 3	0.155 4	80	0.194 3	164.818 5	8.449 1	3.848 8	3.693 4	90	4.103 8	4.298 1
106	965	19.1	6.75	1.833 3	0.154 9	80	0.193 6	186.298 0	9.384 2	4.344 3	4.189 4	90	4.654 9	4.848 5
107	965	20.6	6.75	1.833 3	0.154 4	80	0.193 0	207.254 7	10.275 9	4.826 8	4.672 4	90	5.191 6	5.384 5
108	965	22.2	6.75	1.833 3	0.153 9	80	0.192 3	230.483 1	11.239 8	5.360 5	5.206 7	90	5.785 2	5.977 5
109	965	23.8	6.75	1.833 3	0.153 3	80	0.191 7	254.614 1	12.214 4	5.913 9	5.760 6	90	6.400 7	6.592 3
110	965	25.4	6.75	1.833 3	0.152 8	80	0.191 0	279.647 7	13.197 9	6.486 9	6.334 1	90	7.037 9	7.228 8
111	965	27.0	6.75	1.833 3	0.152 3	80	0.190 3	305.584 0	14.188 8	7.079 3	6.927 1	90	7.696 7	7.887 1

续表

序 号	管 径 (mm)	壁 厚 (mm)	根焊面积 (mm^2)	根重心距 $F1$ (mm)	根焊金属重 (kg)	利用率 (%)	①根焊焊丝 (kg)	总面积 (mm^2)	全重心距 F (mm)	金属总重 (kg)	填金属重 (kg)	利用率 (%)	②填焊丝总重 (kg)	①+②焊丝总计 (kg)
112	965	28.6	6.75	1.833 3	0.151 7	80	0.189 7	332.423 0	15.186 0	7.691 2	7.539 5	90	8.377 2	8.566 8
113	1 016	10.3	6.75	1.833 3	0.166 3	80	0.207 9	79.331 5	4.658 9	1.965 7	1.799 4	90	1.999 3	2.207 2
114	1 016	11.1	6.75	1.833 3	0.166 0	80	0.207 6	87.927 4	5.020 1	2.176 8	2.010 7	90	2.234 1	2.441 7
115	1 016	11.9	6.75	1.833 3	0.165 8	80	0.207 2	96.748 9	5.404 0	2.393 2	2.227 4	90	2.474 9	2.682 1
116	1 016	12.7	6.75	1.833 3	0.165 5	80	0.206 9	105.796 2	5.805 9	2.614 9	2.449 4	90	2.721 5	2.928 4
117	1 016	14.3	6.75	1.833 3	0.165 0	80	0.206 2	124.567 6	6.650 7	3.074 2	2.909 2	90	3.232 5	3.438 7
118	1 016	15.9	6.75	1.833 3	0.164 4	80	0.205 6	144.241 8	7.535 5	3.554 6	3.390 2	90	3.766 9	3.972 4
119	1 016	17.5	6.75	1.833 3	0.163 9	80	0.204 9	164.818 5	8.449 1	4.056 1	3.892 2	90	4.324 7	4.529 6
120	1 016	19.1	6.75	1.833 3	0.163 4	80	0.204 2	186.298 0	9.384 2	4.578 6	4.415 3	90	4.905 8	5.110 1
121	1 016	20.6	6.75	1.833 3	0.162 9	80	0.203 6	207.254 7	10.275 9	5.087 5	4.924 6	90	5.471 8	5.675 4
122	1 016	22.2	6.75	1.833 3	0.162 3	80	0.202 9	230.483 1	11.239 8	5.650 4	5.488 1	90	6.097 9	6.300 8
123	1 016	23.8	6.75	1.833 3	0.161 8	80	0.202 3	254.614 1	12.214 4	6.234 2	6.072 3	90	6.747 0	6.949 3
124	1 016	25.4	6.75	1.833 3	0.161 3	80	0.201 6	279.647 7	13.197 9	6.838 6	6.677 3	90	7.419 2	7.620 8
125	1 016	27.0	6.75	1.833 3	0.160 8	80	0.200 9	305.584 0	14.188 8	7.463 7	7.302 9	90	8.114 3	8.315 3
126	1 016	28.6	6.75	1.833 3	0.160 2	80	0.200 3	332.423 0	15.186 0	8.109 3	7.949 1	90	8.832 3	9.032 6
127	1 067	10.3	6.75	1.833 3	0.174 8	80	0.218 5	79.331 5	4.658 9	2.065 4	1.890 6	90	2.100 7	2.319 2
128	1 067	11.1	6.75	1.833 3	0.174 5	80	0.218 2	87.927 4	5.020 1	2.287 3	2.112 8	90	2.347 6	2.565 7
129	1 067	11.9	6.75	1.833 3	0.174 3	80	0.217 8	96.748 9	5.404 0	2.514 8	2.340 6	90	2.600 6	2.818 5
130	1 067	12.7	6.75	1.833 3	0.174 0	80	0.217 5	105.796 2	5.805 9	2.747 9	2.573 9	90	2.859 9	3.077 4
131	1 067	14.3	6.75	1.833 3	0.173 5	80	0.216 8	124.567 6	6.650 7	3.230 9	3.057 4	90	3.397 1	3.613 9
132	1 067	15.9	6.75	1.833 3	0.172 9	80	0.216 2	144.241 8	7.535 5	3.736 1	3.563 1	90	3.959 0	4.175 2
133	1 067	17.5	6.75	1.833 3	0.172 4	80	0.215 5	164.818 5	8.449 1	4.263 4	4.091 0	90	4.545 6	4.761 1
134	1 067	19.1	6.75	1.833 3	0.171 9	80	0.214 8	186.298 0	9.384 2	4.812 9	4.641 1	90	5.156 8	5.371 6
135	1 067	20.6	6.75	1.833 3	0.171 4	80	0.214 2	207.254 7	10.275 9	5.348 1	5.176 8	90	5.752 0	5.966 2
136	1 067	22.2	6.75	1.833 3	0.170 8	80	0.213 5	230.483 1	11.239 8	5.940 3	5.769 5	90	6.410 5	6.624 1
137	1 067	23.8	6.75	1.833 3	0.170 3	80	0.212 9	254.614 1	12.214 4	6.554 4	6.384 1	90	7.093 4	7.306 3
138	1 067	25.4	6.75	1.833 3	0.169 8	80	0.212 2	279.647 7	13.197 9	7.190 3	7.020 5	90	7.800 6	8.012 8
139	1 067	27.0	6.75	1.833 3	0.169 2	80	0.211 5	305.584 0	14.188 8	7.848 0	7.678 8	90	8.532 0	8.743 5

续表

序号	管径 (mm)	壁厚 (mm)	根焊面积 (mm^2)	根重心距 $F1$ (mm)	根焊金属重 (kg)	利用率 (%)	①根焊焊丝 (kg)	总面积 (mm^2)	全重心距 F (mm)	金属总重 (kg)	填金属重 (kg)	利用率 (%)	②填焊丝总重 (kg)	①+②焊丝总计 (kg)
140	1 067	28.6	6.75	1.833 3	0.168 7	80	0.210 9	332.423 0	15.186 0	8.527 4	8.358 7	90	9.287 4	9.498 3
141	1 118	10.3	6.75	1.833 3	0.183 3	80	0.229 1	79.331 5	4.658 9	2.165 2	1.981 9	90	2.202 1	2.431 3
142	1 118	11.1	6.75	1.833 3	0.183 0	80	0.228 8	87.927 4	5.020 1	2.397 9	2.214 9	90	2.461 0	2.689 8
143	1 118	11.9	6.75	1.833 3	0.182 8	80	0.228 4	96.748 9	5.404 0	2.636 5	2.453 8	90	2.726 4	2.954 9
144	1 118	12.7	6.75	1.833 3	0.182 5	80	0.228 1	105.796 2	5.805 9	2.881 0	2.698 5	90	2.998 3	3.226 5
145	1 118	14.3	6.75	1.833 3	0.182 0	80	0.227 4	124.567 6	6.650 7	3.387 5	3.205 6	90	3.561 8	3.789 2
146	1 118	15.9	6.75	1.833 3	0.181 4	80	0.226 8	144.241 8	7.535 5	3.917 5	3.736 0	90	4.151 2	4.377 9
147	1 118	17.5	6.75	1.833 3	0.180 9	80	0.226 1	164.818 5	8.449 1	4.470 7	4.289 8	90	4.766 5	4.992 6
148	1 118	19.1	6.75	1.833 3	0.180 4	80	0.225 4	186.298 0	9.384 2	5.047 3	4.866 9	90	5.407 7	5.633 1
149	1 118	20.6	6.75	1.833 3	0.179 9	80	0.224 8	207.254 7	10.275 9	5.608 8	5.429 0	90	6.032 2	6.257 0
150	1 118	22.2	6.75	1.833 3	0.179 3	80	0.224 2	230.483 1	11.239 8	6.230 2	6.050 9	90	6.723 2	6.947 3
151	1 118	23.8	6.75	1.833 3	0.178 8	80	0.223 5	254.614 1	12.214 4	6.874 6	6.695 8	90	7.439 8	7.663 3
152	1 118	25.4	6.75	1.833 3	0.178 3	80	0.222 8	279.647 7	13.197 9	7.542 0	7.363 8	90	8.182 0	8.404 8
153	1 118	27.0	6.75	1.833 3	0.177 7	80	0.222 2	305.584 0	14.188 8	8.232 4	8.054 6	90	8.949 6	9.171 7
154	1 118	28.6	6.75	1.833 3	0.177 2	80	0.221 5	332.423 0	15.186 0	8.945 5	8.768 3	90	9.742 6	9.964 1

(2) 带内焊全自动焊焊接材料消耗量（单位：管口）

表 75

序号	管径 (mm)	壁厚 (mm)	根焊面积 (mm^2)	填充焊面积 (mm^2)	面积合计 (mm^2)	金属重量 (kg)	①根焊焊丝 (kg)	②填充焊丝 (kg)	①+②焊丝总重 (kg)	焊丝利用率 (%)
1	610	10.3	4.577 1	46.704 2	51.281 2	0.765 2	0.074 5	0.775 7	0.850 2	90
2	610	11.1	4.577 1	52.833 5	57.410 6	0.856 1	0.074 3	0.876 9	0.951 2	90
3	610	11.9	4.577 1	59.074 8	63.651 9	0.948 6	0.074 1	0.979 8	1.054 0	90
4	610	12.7	4.577 1	65.428 2	70.005 2	1.042 6	0.073 9	1.084 5	1.158 4	90
5	610	14.3	4.577 1	78.470 8	83.047 9	1.235 3	0.073 5	1.299 0	1.372 5	90
6	610	15.9	4.577 1	91.961 5	96.538 6	1.434 1	0.073 1	1.520 3	1.593 4	90
7	610	17.5	4.577 1	105.900 2	110.477 2	1.639 0	0.072 7	1.748 4	1.821 1	90
8	610	19.1	4.577 1	120.286 8	124.863 9	1.850 0	0.072 3	1.983 2	2.055 6	90
9	610	20.6	4.577 1	134.181 2	138.758 3	2.053 4	0.072 0	2.209 6	2.281 5	90

续表

序 号	管 径 (mm)	壁 厚 (mm)	根焊面积 (mm^2)	填充焊面积 (mm^2)	面积合计 (mm^2)	金属重量 (kg)	①根焊焊丝 (kg)	②填充焊丝 (kg)	①+②焊丝总重 (kg)	焊丝利用率 (%)
10	610	22.2	4.577 1	149.435 9	154.012 9	2.276 2	0.071 6	2.457 5	2.529 1	90
11	610	23.8	4.577 1	165.138 5	169.715 6	2.504 9	0.071 2	2.712 1	2.783 3	90
12	610	25.4	4.577 1	181.289 2	185.866 3	2.739 7	0.070 8	2.973 4	3.044 1	90
13	610	27.0	4.577 1	197.887 9	202.464 9	2.980 5	0.070 4	3.241 3	3.311 6	90
14	610	28.6	4.577 1	214.934 5	219.511 6	3.227 2	0.070 0	3.515 8	3.585 7	90
15	660	10.3	4.577 1	46.704 2	51.281 2	0.828 4	0.080 8	0.839 7	0.920 5	90
16	660	11.1	4.577 1	52.833 5	57.410 6	0.926 9	0.080 6	0.949 3	1.029 9	90
17	660	11.9	4.577 1	59.074 8	63.651 9	1.027 1	0.080 4	1.060 8	1.141 2	90
18	660	12.7	4.577 1	65.428 2	70.005 2	1.128 9	0.080 2	1.174 1	1.254 4	90
19	660	14.3	4.577 1	78.470 8	83.047 9	1.337 7	0.079 8	1.406 5	1.486 3	90
20	660	15.9	4.577 1	91.961 5	96.538 6	1.553 1	0.079 4	1.646 3	1.725 7	90
21	660	17.5	4.577 1	105.900 2	110.477 2	1.775 2	0.079 0	1.893 5	1.972 5	90
22	660	19.1	4.577 1	120.286 8	124.863 9	2.004 0	0.078 6	2.148 0	2.226 7	90
23	660	20.6	4.577 1	134.181 2	138.758 3	2.224 5	0.078 2	2.393 4	2.471 6	90
24	660	22.2	4.577 1	149.435 9	154.012 9	2.466 1	0.077 8	2.662 2	2.740 1	90
25	660	23.8	4.577 1	165.138 5	169.715 6	2.714 2	0.077 4	2.938 4	3.015 8	90
26	660	25.4	4.577 1	181.289 2	185.866 3	2.968 9	0.077 0	3.221 8	3.298 8	90
27	660	27.0	4.577 1	197.887 9	202.464 9	3.230 1	0.076 6	3.512 4	3.589 0	90
28	660	28.6	4.577 1	214.934 5	219.511 6	3.497 8	0.076 2	3.810 3	3.886 5	90
29	711	10.3	4.577 1	46.704 2	51.2812	0.892 9	0.087 2	0.904 9	0.992 1	90
30	711	11.1	4.577 1	52.833 5	57.410 6	0.999 1	0.087 0	1.023 1	1.110 1	90
31	711	11.9	4.577 1	59.074 8	63.651 9	1.107 1	0.086 8	1.143 3	1.230 1	90
32	711	12.7	4.577 1	65.428 2	70.005 2	1.217 0	0.086 6	1.265 6	1.352 2	90
33	711	14.3	4.577 1	78.470 8	83.047 9	1.442 1	0.086 2	1.516 1	1.602 3	90
34	711	15.9	4.577 1	91.961 5	96.538 6	1.674 5	0.085 8	1.774 8	1.860 6	90
35	711	17.5	4.577 1	105.900 2	110.477 2	1.914 2	0.085 4	2.041 5	2.126 9	90
36	711	19.1	4.577 1	120.286 8	124.863 9	2.161 0	0.085 0	2.316 1	2.401 2	90
37	711	20.6	4.577 1	134.181 2	138.758 3	2.399 0	0.084 6	2.580 9	2.665 6	90

续表

序号	管径 (mm)	壁厚 (mm)	根焊面积 (mm²)	填充焊面积 (mm²)	面积合计 (mm²)	金属重量 (kg)	①根焊焊丝 (kg)	②填充焊丝 (kg)	①+②焊丝总重 (kg)	焊丝利用率 (%)
38	711	22.2	4.577 1	149.435 9	154.012 9	2.659 8	0.084 2	2.871 1	2.955 3	90
39	711	23.8	4.577 1	165.138 5	169.715 6	2.927 7	0.083 8	3.169 1	3.253 0	90
40	711	25.4	4.577 1	181.289 2	185.866 3	3.202 7	0.083 4	3.475 1	3.558 5	90
41	711	27.0	4.577 1	197.887 9	202.464 9	3.484 8	0.083 0	3.789 0	3.872 0	90
42	711	28.6	4.577 1	214.934 5	219.511 6	3.773 9	0.082 6	4.110 6	4.193 3	90
43	762	10.3	4.577 1	46.704 2	51.281 2	0.957 4	0.093 6	0.970 2	1.063 8	90
44	762	11.1	4.577 1	52.833 5	57.410 6	1.071 3	0.093 4	1.096 9	1.190 4	90
45	762	11.9	4.577 1	59.074 8	63.651 9	1.187 2	0.093 2	1.225 9	1.319 1	90
46	762	12.7	4.577 1	65.428 2	70.005 2	1.305 0	0.093 0	1.357 0	1.450 0	90
47	762	14.3	4.577 1	78.470 8	83.047 9	1.546 6	0.092 6	1.625 8	1.718 4	90
48	762	15.9	4.577 1	91.961 5	96.538 6	1.795 9	0.092 2	1.903 3	1.995 5	90
49	762	17.5	4.577 1	105.900 2	110.477 2	2.053 1	0.091 8	2.189 4	2.281 3	90
50	762	19.1	4.577 1	120.286 8	124.863 9	2.318 1	0.091 4	2.484 2	2.575 7	90
51	762	20.6	4.577 1	134.181 2	138.758 3	2.573 5	0.091 0	2.768 4	2.859 5	90
52	762	22.2	4.577 1	149.435 9	154.012 9	2.853 5	0.090 6	3.079 9	3.170 5	90
53	762	23.8	4.577 1	165.138 5	169.715 6	3.141 1	0.090 2	3.399 9	3.490 1	90
54	762	25.4	4.577 1	181.289 2	185.866 3	3.436 5	0.089 8	3.728 5	3.818 3	90
55	762	27.0	4.577 1	197.887 9	202.464 9	3.739 4	0.089 4	4.065 5	4.154 9	90
56	762	28.6	4.577 1	214.934 5	219.511 6	4.050 0	0.089 0	4.411 0	4.500 0	90
57	813	10.3	4.577 1	46.704 2	51.281 2	1.021 9	0.100 0	1.035 5	1.135 5	90
58	813	11.1	4.577 1	52.833 5	57.410 6	1.143 5	0.099 8	1.170 8	1.270 6	90
59	813	11.9	4.577 1	59.074 8	63.651 9	1.267 2	0.099 6	1.308 4	1.408 0	90
60	813	12.7	4.577 1	65.428 2	70.005 2	1.393 1	0.099 4	1.448 4	1.547 8	90
61	813	14.3	4.577 1	78.470 8	83.047 9	1.651 0	0.099 0	1.735 5	1.834 5	90
62	813	15.9	4.577 1	91.961 5	96.538 6	1.917 4	0.098 6	2.031 8	2.130 4	90
63	813	17.5	4.577 1	105.900 2	110.477 2	2.192 1	0.098 2	2.337 4	2.435 6	90
64	813	19.1	4.577 1	120.286 8	124.863 9	2.475 1	0.097 8	2.652 3	2.750 1	90
65	813	20.6	4.577 1	134.181 2	138.758 3	2.748 0	0.097 4	2.956 0	3.053 4	90

续表

序 号	管 径 (mm)	壁 厚 (mm)	根焊面积 (mm²)	填充焊面积 (mm²)	面积合计 (mm²)	金属重量 (kg)	①根焊焊丝 (kg)	②填充焊丝 (kg)	①+②焊丝总重 (kg)	焊丝利用率 (%)
66	813	22.2	4.577 1	149.435 9	154.012 9	3.047 2	0.097 0	3.288 7	3.385 8	90
67	813	23.8	4.577 1	165.138 5	169.715 6	3.354 6	0.096 6	3.630 7	3.727 3	90
68	813	25.4	4.577 1	181.289 2	185.866 3	3.670 2	0.096 2	3.981 8	4.078 0	90
69	813	27.0	4.577 1	197.887 9	202.464 9	3.994 1	0.095 8	4.342 0	4.437 9	90
70	813	28.6	4.577 1	214.934 5	219.511 6	4.326 1	0.095 4	4.711 4	4.806 8	90
71	864	10.3	4.577 1	46.704 2	51.281 2	1.086 4	0.106 4	1.100 7	1.207 1	90
72	864	11.1	4.577 1	52.833 5	57.410 6	1.215 7	0.106 2	1.244 6	1.350 8	90
73	864	11.9	4.577 1	59.074 8	63.651 9	1.347 3	0.106 0	1.391 0	1.497 0	90
74	864	12.7	4.577 1	65.428 2	70.005 2	1.481 1	0.105 8	1.539 9	1.645 7	90
75	864	14.3	4.577 1	78.470 8	83.047 9	1.755 5	0.105 4	1.845 1	1.950 5	90
76	864	15.9	4.577 1	91.961 5	96.538 6	2.038 8	0.105 0	2.160 3	2.265 3	90
77	864	17.5	4.577 1	105.900 2	110.477 2	2.331 0	0.104 6	2.485 4	2.590 0	90
78	864	19.1	4.577 1	120.286 8	124.863 9	2.632 2	0.104 2	2.820 4	2.924 6	90
79	864	20.6	4.577 1	134.181 2	138.758 3	2.922 6	0.103 8	3.143 5	3.247 3	90
80	864	22.2	4.577 1	149.435 9	154.012 9	3.240 9	0.103 4	3.497 6	3.601 0	90
81	864	23.8	4.577 1	165.138 5	169.715 6	3.568 0	0.103 0	3.861 5	3.964 5	90
82	864	25.4	4.577 1	181.289 2	185.866 3	3.904 0	0.102 6	4.235 2	4.337 8	90
83	864	27.0	4.577 1	197.887 9	202.464 9	4.248 7	0.102 2	4.618 6	4.720 8	90
84	864	28.6	4.577 1	214.934 5	219.511 6	4.602 2	0.101 8	5.011 7	5.113 6	90
85	914	10.3	4.577 1	46.704 2	51.281 2	1.149 7	0.112 7	1.164 7	1.277 4	90
86	914	11.1	4.577 1	52.833 5	57.410 6	1.286 5	0.112 5	1.317 0	1.429 5	90
87	914	11.9	4.577 1	59.074 8	63.651 9	1.425 8	0.112 3	1.471 9	1.584 2	90
88	914	12.7	4.577 1	65.428 2	70.005 2	1.567 4	0.112 1	1.629 5	1.741 6	90
89	914	14.3	4.577 1	78.470 8	83.047 9	1.857 9	0.111 7	1.952 6	2.064 3	90
90	914	15.9	4.577 1	91.961 5	96.538 6	2.157 8	0.111 3	2.286 3	2.397 6	90
91	914	17.5	4.577 1	105.900 2	110.477 2	2.467 3	0.110 9	2.630 5	2.741 4	90
92	914	19.1	4.577 1	120.286 8	124.863 9	2.786 1	0.110 5	2.985 2	3.095 7	90
93	914	20.6	4.577 1	134.181 2	138.758 3	3.093 7	0.110 1	3.327 3	3.437 4	90

续表

序号	管径 (mm)	壁厚 (mm)	根焊面积 (mm²)	填充焊面积 (mm²)	面积合计 (mm²)	金属重量 (kg)	①根焊焊丝 (kg)	②填充焊丝 (kg)	①+②焊丝总重 (kg)	焊丝利用率 (%)
94	914	22.2	4.577 1	149.435 9	154.012 9	3.430 8	0.109 7	3.702 3	3.812 0	90
95	914	23.8	4.577 1	165.138 5	169.715 6	3.777 3	0.109 3	4.087 7	4.197 0	90
96	914	25.4	4.577 1	181.289 2	185.866 3	4.133 2	0.108 9	4.483 5	4.592 4	90
97	914	27.0	4.577 1	197.887 9	202.464 9	4.498 4	0.108 5	4.889 7	4.998 2	90
98	914	28.6	4.577 1	214.934 5	219.511 6	4.872 9	0.108 1	5.306 2	5.414 3	90
99	965	10.3	4.577 1	46.704 2	51.281 2	1.214 2	0.119 1	1.230 0	1.349 1	90
100	965	11.1	4.577 1	52.833 5	57.410 6	1.358 7	0.118 9	1.390 8	1.509 7	90
101	965	11.9	4.577 1	59.074 8	63.651 9	1.505 8	0.118 7	1.554 5	1.673 2	90
102	965	12.7	4.577 1	65.428 2	70.005 2	1.655 5	0.118 5	1.721 0	1.839 4	90
103	965	14.3	4.577 1	78.470 8	83.047 9	1.962 3	0.118 1	2.062 3	2.180 4	90
104	965	15.9	4.577 1	91.961 5	96.538 6	2.279 2	0.117 7	2.414 8	2.532 5	90
105	965	17.5	4.577 1	105.900 2	110.477 2	2.606 2	0.117 3	2.778 5	2.895 8	90
106	965	19.1	4.577 1	120.286 8	124.863 9	2.943 2	0.116 9	3.153 3	3.270 2	90
107	965	20.6	4.577 1	134.181 2	138.758 3	3.268 2	0.116 5	3.514 8	3.631 3	90
108	965	22.2	4.577 1	149.435 9	154.012 9	3.624 5	0.116 1	3.911 2	4.027 2	90
109	965	23.8	4.577 1	165.138 5	169.715 6	3.990 8	0.115 7	4.318 5	4.434 2	90
110	965	25.4	4.577 1	181.289 2	185.866 3	4.367 0	0.115 3	4.736 9	4.852 2	90
111	965	27.0	4.577 1	197.887 9	202.464 9	4.753 0	0.114 9	5.166 3	5.281 1	90
112	965	28.6	4.577 1	214.934 5	219.511 6	5.149 0	0.114 5	5.606 6	5.721 1	90
113	1 016	10.3	4.577 1	46.704 2	51.281 2	1.278 7	0.125 5	1.295 3	1.420 7	90
114	1 016	11.1	4.577 1	52.833 5	57.410 6	1.430 9	0.125 3	1.464 7	1.589 9	90
115	1 016	11.9	4.577 1	59.074 8	63.651 9	1.585 9	0.125 1	1.637 0	1.762 1	90
116	1 016	12.7	4.577 1	65.428 2	70.005 2	1.743 5	0.124 9	1.812 4	1.937 3	90
117	1 016	14.3	4.577 1	78.470 8	83.047 9	2.066 8	0.124 5	2.172 0	2.296 4	90
118	1 016	15.9	4.577 1	91.961 5	96.538 6	2.400 7	0.124 1	2.543 3	2.667 4	90
119	1 016	17.5	4.577 1	105.900 2	110.477 2	2.745 2	0.123 7	2.926 5	3.050 2	90
120	1 016	19.1	4.577 1	120.286 8	124.863 9	3.100 2	0.123 3	3.321 4	3.444 7	90
121	1 016	20.6	4.577 1	134.181 2	138.758 3	3.442 7	0.122 9	3.702 4	3.825 2	90

续表

序号	管径(mm)	壁厚(mm)	根焊面积(mm²)	填充焊面积(mm²)	面积合计(mm²)	金属重量(kg)	①根焊焊丝(kg)	②填充焊丝(kg)	①+②焊丝总重(kg)	焊丝利用率(%)
122	1 016	22.2	4.577 1	149.435 9	154.012 9	3.818 2	0.122 5	4.120 0	4.242 5	90
123	1 016	23.8	4.577 1	165.138 5	169.715 6	4.204 2	0.122 1	4.549 3	4.671 4	90
124	1 016	25.4	4.577 1	181.289 2	185.866 3	4.600 7	0.121 7	4.990 2	5.111 9	90
125	1 016	27.0	4.577 1	197.887 9	202.464 9	5.007 7	0.121 3	5.442 8	5.564 1	90
126	1 016	28.6	4.577 1	214.934 5	219.511 6	5.425 0	0.120 9	5.907 0	6.027 8	90
127	1 067	10.3	4.577 1	46.704 2	51.281 2	1.343 2	0.131 9	1.360 5	1.492 4	90
128	1 067	11.1	4.577 1	52.833 5	57.410 6	1.503 2	0.131 7	1.538 5	1.670 2	90
129	1 067	11.9	4.577 1	59.074 8	63.651 9	1.666 0	0.131 5	1.719 6	1.851 1	90
130	1 067	12.7	4.577 1	65.428 2	70.005 2	1.831 6	0.131 3	1.903 8	2.035 1	90
131	1 067	14.3	4.577 1	78.470 8	83.047 9	2.171 2	0.130 9	2.281 6	2.412 5	90
132	1 067	15.9	4.577 1	91.961 5	96.538 6	2.522 1	0.130 5	2.671 9	2.802 3	90
133	1 067	17.5	4.577 1	105.900 2	110.477 2	2.884 1	0.130 1	3.074 5	3.204 6	90
134	1 067	19.1	4.577 1	120.286 8	124.863 9	3.257 3	0.129 7	3.489 5	3.619 2	90
135	1 067	20.6	4.577 1	134.181 2	138.758 3	3.617 2	0.129 3	3.889 9	4.019 2	90
136	1 067	22.2	4.577 1	149.435 9	154.012 9	4.011 9	0.128 9	4.328 8	4.457 7	90
137	1 067	23.8	4.577 1	165.138 5	169.715 6	4.417 7	0.128 5	4.780 1	4.908 6	90
138	1 067	25.4	4.577 1	181.289 2	185.866 3	4.834 5	0.128 1	5.243 6	5.371 7	90
139	1 067	27.0	4.577 1	197.887 9	202.464 9	5.262 3	0.127 7	5.719 4	5.847 0	90
140	1 067	28.6	4.577 1	214.934 5	219.511 6	5.701 1	0.127 3	6.207 3	6.334 6	90
141	1 118	10.3	4.577 1	46.704 2	51.281 2	1.407 7	0.138 3	1.425 8	1.564 1	90
142	1 118	11.1	4.577 1	52.833 5	57.410 6	1.575 4	0.138 1	1.612 3	1.750 4	90
143	1 118	11.9	4.577 1	59.074 8	63.651 9	1.746 0	0.137 9	1.802 2	1.940 0	90
144	1 118	12.7	4.577 1	65.428 2	70.005 2	1.919 6	0.137 7	1.995 3	2.132 9	90
145	1 118	14.3	4.577 1	78.470 8	83.047 9	2.275 7	0.137 3	2.391 3	2.528 5	90
146	1 118	15.9	4.577 1	91.961 5	96.538 6	2.643 5	0.136 9	2.800 4	2.937 2	90
147	1 118	17.5	4.577 1	105.900 2	110.477 2	3.023 1	0.136 5	3.222 5	3.359 0	90
148	1 118	19.1	4.577 1	120.286 8	124.863 9	3.414 3	0.136 1	3.657 6	3.793 7	90
149	1 118	20.6	4.577 1	134.181 2	138.758 3	3.791 8	0.135 7	4.077 4	4.213 1	90

续表

序号	管径（mm）	壁厚（mm）	根焊面积（mm^2）	填充焊面积（mm^2）	面积合计（mm^2）	金属重量（kg）	①根焊焊丝（kg）	②填充焊丝（kg）	①+②焊丝总重（kg）	焊丝利用率（%）
150	1 118	22.2	4.577 1	149.435 9	154.012 9	4.205 6	0.135 3	4.537 7	4.672 9	90
151	1 118	23.8	4.577 1	165.138 5	169.715 6	4.631 2	0.134 9	5.010 8	5.145 7	90
152	1 118	25.4	4.577 1	181.289 2	185.866 3	5.068 3	0.134 5	5.496 9	5.631 4	90
153	1 118	27.0	4.577 1	197.887 9	202.464 9	5.517 0	0.134 1	5.995 9	6.130 0	90
154	1 118	28.6	4.577 1	214.934 5	219.511 6	5.977 2	0.133 7	6.507 7	6.641 4	90

（3）半自动下向焊焊接材料消耗量（单位：管口）

表 76

序号	管径×壁厚	几何尺寸				金属重量（kg）	①+②焊条重量（kg）	打底焊条						盖面焊条		
		d（mm）	F（mm）	L（mm）	A（mm^2）			F（mm）	L（mm）	A（mm^2）	金属重量（kg）	利用率（%）	①耗用量（kg）	金属重量（kg）	利用率（%）	②耗用量（kg）
1	610×15.9	22.512 2	11.747 8	1 890.29	187.382 7	3.039 1	3.843 2	1.664 0	1 826.93	7.131 6	0.111 8	28	0.399 2	2.927 3	85	3.443 9
2	610×17.5	24.359 8	12.809 4	1 886.90	221.559 5	3.587 0	4.486 2	1.664 0	1 816.88	7.131 6	0.111 2	28	0.397 0	3.475 8	85	4.089 2
3	610×19.1	26.207 3	13.871 6	1 883.52	258.692 3	4.180 7	5.183 2	1.664 0	1 806.82	7.131 6	0.110 6	28	0.394 9	4.070 1	85	4.788 4
4	610×20.6	27.939 3	14.867 8	1 880.36	296.189 0	4.778 6	5.885 3	1.664 0	1 797.40	7.131 6	0.110 0	28	0.392 8	4.668 6	85	5.492 5
5	610×22.2	29.786 8	15.930 8	1 876.99	339.049 1	5.460 3	6.685 8	1.664 0	1 787.34	7.131 6	0.109 4	28	0.390 6	5.350 9	85	6.295 2
6	610×23.8	31.634 4	16.994 2	1 873.61	384.865 3	6.187 0	7.539 3	1.664 0	1 777.29	7.131 6	0.108 8	28	0.388 4	6.078 2	85	7.150 9
7	610×25.4	33.481 9	18.057 9	1 870.24	433.637 4	6.958 5	8.445 4	1.664 0	1 767.24	7.131 6	0.108 1	28	0.386 2	6.850 4	85	8.059 2
8	610×27.0	35.329 4	19.121 8	1 866.88	485.365 7	7.774 5	9.404 0	1.664 0	1 757.18	7.131 6	0.107 5	28	0.384 0	7.667 0	85	9.020 0
9	610×28.6	37.176 9	20.186 0	1 863.51	540.049 9	8.634 9	10.414 7	1.664 0	1 747.13	7.131 6	0.106 9	28	0.381 8	8.528 0	85	10.032 9
10	660×15.9	22.512 2	11.747 8	2 047.37	187.382 7	3.291 7	4.163 3	1.664 0	1 984.01	7.131 6	0.121 4	28	0.433 6	3.170 3	85	3.729 7
11	660×17.5	24.359 8	12.809 4	2 043.98	221.559 5	3.885 6	4.860 6	1.664 0	1 973.96	7.131 6	0.120 8	28	0.431 4	3.764 8	85	4.429 2
12	660×19.1	26.207 3	13.871 6	2 040.60	258.692 3	4.529 3	5.616 4	1.664 0	1 963.90	7.131 6	0.120 2	28	0.429 2	4.409 1	85	5.187 2
13	660×20.6	27.939 3	14.867 8	2 037.44	296.189 0	5.177 8	6.377 9	1.664 0	1 954.48	7.131 6	0.119 6	28	0.427 1	5.058 2	85	5.950 8
14	660×22.2	29.786 8	15.930 8	2 034.07	339.049 1	5.917 2	7.246 4	1.664 0	1 944.42	7.131 6	0.119 0	28	0.424 9	5.798 2	85	6.821 5
15	660×23.8	31.634 4	16.994 2	2 030.69	384.865 3	6.705 7	8.172 5	1.664 0	1 934.37	7.131 6	0.118 4	28	0.422 7	6.587 3	85	7.749 8
16	660×25.4	33.481 9	18.057 9	2 027.32	433.637 4	7.542 9	9.156 0	1.664 0	1 924.32	7.131 6	0.117 7	28	0.420 5	7.425 2	85	8.735 5
17	660×27.0	35.329 4	19.121 8	2 023.96	485.365 7	8.428 7	10.196 6	1.664 0	1 914.26	7.131 6	0.117 1	28	0.418 3	8.311 6	85	9.778 3
18	660×28.6	37.176 9	20.186 0	2 020.59	540.049 9	9.362 7	11.294 0	1.664 0	1 904.21	7.131 6	0.116 5	28	0.416 1	9.246 2	85	10.877 9

续表

序号	管径×壁厚	几何尺寸				金属重量(kg)	①+②焊条重量(kg)	打底焊条						盖面焊条		
		d (mm)	F (mm)	L (mm)	A (mm^2)			F (mm)	L (mm)	A (mm^2)	金属重量(kg)	利用率(%)	①耗用量(kg)	金属重量(kg)	利用率(%)	②耗用量(kg)
19	711×15.9	22.512 2	11.747 8	2 207.59	187.382 7	3.549 3	4.489 8	1.664 0	2 144.23	7.131 6	0.131 2	28	0.468 6	3.418 1	85	4.021 2
20	711×17.5	24.359 8	12.809 4	2 204.21	221.559 5	4.190 2	5.242 4	1.664 0	2 134.18	7.131 6	0.130 6	28	0.466 4	4.059 6	85	4.776 0
21	711×19.1	26.207 3	13.871 6	2 200.83	258.692 3	4.884 9	6.058 3	1.664 0	2 124.12	7.131 6	0.130 0	28	0.464 2	4.755 0	85	5.594 1
22	711×20.6	27.939 3	14.867 8	2 197.66	296.189 0	5.585 0	6.880 4	1.664 0	2 114.70	7.131 6	0.129 4	28	0.462 1	5.455 6	85	6.418 3
23	711×22.2	29.786 8	15.930 8	2 194.29	339.049 1	6.383 3	7.818 2	1.664 0	2 104.65	7.131 6	0.128 8	28	0.459 9	6.254 5	85	7.358 3
24	711×23.8	31.634 4	16.994 2	2 190.92	384.865 3	7.234 8	8.818 4	1.664 0	2 094.59	7.131 6	0.128 2	28	0.457 7	7.106 6	85	8.360 7
25	711×25.4	33.481 9	18.057 9	2 187.55	433.637 4	8.139 0	9.880 8	1.664 0	2 084.54	7.131 6	0.127 6	28	0.455 5	8.011 5	85	9.425 3
26	711×27.0	35.329 4	19.121 8	2 184.18	485.365 7	9.095 9	11.005 1	1.664 0	2 074.49	7.131 6	0.126 9	28	0.453 3	8.969 0	85	10.551 7
27	711×28.6	37.176 9	20.186 0	2 180.81	540.049 9	10.105 1	12.190 9	1.664 0	2 064.43	7.131 6	0.126 3	28	0.451 1	9.978 8	85	11.739 8
28	762×15.9	22.512 2	11.747 8	2 367.81	187.382 7	3.806 9	4.816 4	1.664 0	2 304.45	7.131 6	0.141 0	28	0.503 6	3.665 8	85	4.312 8
29	762×17.5	24.359 8	12.809 4	2 364.43	221.559 5	4.494 8	5.624 2	1.664 0	2 294.40	7.131 6	0.140 4	28	0.501 4	4.354 4	85	5.122 8
30	762×19.1	26.207 3	13.871 6	2 361.05	258.692 3	5.240 6	6.500 1	1.664 0	2 284.35	7.131 6	0.139 8	28	0.499 2	5.100 8	85	6.000 9
31	762×20.6	27.939 3	14.867 8	2 357.88	296.189 0	5.992 1	7.382 9	1.664 0	2 274.92	7.131 6	0.139 2	28	0.497 1	5.852 9	85	6.885 8
32	762×22.2	29.786 8	15.930 8	2 354.51	339.049 1	6.849 4	8.390 0	1.664 0	2 264.87	7.131 6	0.138 6	28	0.495 0	6.710 8	85	7.895 1
33	762×23.8	31.634 4	16.994 2	2 351.14	384.865 3	7.763 8	9.464 4	1.664 0	2 254.81	7.131 6	0.138 0	28	0.492 8	7.625 9	85	8.971 6
34	762×25.4	33.481 9	18.057 9	2 347.77	433.637 4	8.735 2	10.605 6	1.664 0	2 244.76	7.131 6	0.137 4	28	0.490 6	8.597 8	85	10.115 1
35	762×27.0	35.329 4	19.121 8	2 344.40	485.365 7	9.763 2	11.813 6	1.664 0	2 234.71	7.131 6	0.136 7	28	0.488 4	9.626 4	85	11.325 2
36	762×28.6	37.176 9	20.186 0	2 341.03	540.049 9	10.847 5	13.087 8	1.664 0	2 224.65	7.131 6	0.136 1	28	0.486 2	10.711 4	85	12.601 7
37	813×15.9	22.512 2	11.747 8	2 528.03	187.382 7	4.064 5	5.142 9	1.664 0	2 464.67	7.131 6	0.150 8	28	0.538 6	3.913 6	85	4.604 3
38	813×17.5	24.359 8	12.809 4	2 524.65	221.559 5	4.799 3	6.006 0	1.664 0	2 454.62	7.131 6	0.150 2	28	0.536 4	4.649 1	85	5.469 6
39	813×19.1	26.207 3	13.871 6	2 521.27	258.692 3	5.596 2	6.942 0	1.664 0	2 444.57	7.131 6	0.149 6	28	0.534 2	5.446 6	85	6.407 8
40	813×20.6	27.939 3	14.867 8	2 518.10	296.189 0	6.399 3	7.885 4	1.664 0	2 435.14	7.131 6	0.149 0	28	0.532 2	6.250 3	85	7.353 3
41	813×22.2	29.786 8	15.930 8	2 514.73	339.049 1	7.315 5	8.961 9	1.664 0	2 425.09	7.131 6	0.148 4	28	0.530 0	7.167 1	85	8.431 9
42	813×23.8	31.634 4	16.994 2	2 511.36	384.865 3	8.292 9	10.110 3	1.664 0	2 415.04	7.131 6	0.147 8	28	0.527 8	8.145 1	85	9.582 5
43	813×25.4	33.481 9	18.057 9	2 507.99	433.637 4	9.331 3	11.330 4	1.664 0	2 404.98	7.131 6	0.147 2	28	0.525 6	9.184 1	85	10.804 9
44	813×27.0	35.329 4	19.121 8	2 504.62	485.365 7	10.430 4	12.622 0	1.664 0	2 394.93	7.131 6	0.146 5	28	0.523 4	10.283 9	85	12.098 6
45	813×28.6	37.176 9	20.186 0	2 501.25	540.049 9	11.589 9	13.984 7	1.664 0	2 384.88	7.131 6	0.145 9	28	0.521 2	11.444 0	85	13.463 6

续表

序号	管径×壁厚	几何尺寸				金属重量(kg)	①+②焊条重量(kg)	打底焊条						盖面焊条		
		d(mm)	F(mm)	L(mm)	A(mm²)			F(mm)	L(mm)	A(mm²)	金属重量(kg)	利用率(%)	①耗用量(kg)	金属重量(kg)	利用率(%)	②耗用量(kg)
46	864×15.9	22.512 2	11.747 8	2 688.25	187.382 7	4.322 0	5.469 4	1.664 0	2 624.89	7.131 6	0.160 6	28	0.573 6	4.161 4	85	4.895 8
47	864×17.5	24.359 8	12.809 4	2 684.87	221.559 5	5.103 9	6.387 8	1.664 0	2 614.84	7.131 6	0.160 0	28	0.571 4	4.943 9	85	5.816 4
48	864×19.1	26.207 3	13.871 6	2 681.49	258.692 3	5.951 8	7.383 9	1.664 0	2 604.79	7.131 6	0.159 4	28	0.569 2	5.792 4	85	6.814 6
49	864×20.6	27.939 3	14.867 8	2 678.33	296.189 0	6.806 5	8.388 0	1.664 0	2 595.36	7.131 6	0.158 8	28	0.567 2	6.647 7	85	7.820 8
50	864×22.2	29.786 8	15.930 8	2 674.95	339.049 1	7.781 6	9.533 7	1.664 0	2 585.31	7.131 6	0.158 2	28	0.565 0	7.623 4	85	8.968 7
51	864×23.8	31.634 4	16.994 2	2 671.58	384.865 3	8.822 0	10.756 2	1.664 0	2 575.26	7.131 6	0.157 6	28	0.562 8	8.664 4	85	10.193 4
52	864×25.4	33.481 9	18.057 9	2 668.21	433.637 4	9.927 4	12.055 2	1.664 0	2 565.20	7.131 6	0.157 0	28	0.560 6	9.770 5	85	11.494 7
53	864×27.0	35.329 4	19.121 8	2 664.84	485.365 7	11.097 6	13.430 5	1.664 0	2 555.15	7.131 6	0.156 3	28	0.558 4	10.941 3	85	12.872 1
54	864×28.6	37.176 9	20.186 0	2 661.48	540.049 9	12.332 4	14.881 6	1.664 0	2 545.10	7.131 6	0.155 7	28	0.556 2	12.176 6	85	14.325 4
55	914×15.9	22.512 2	11.747 8	2 845.33	187.382 7	4.574 6	5.789 6	1.664 0	2 781.97	7.131 6	0.170 2	28	0.608 0	4.404 4	85	5.181 6
56	914×17.5	24.359 8	12.809 4	2 841.95	221.559 5	5.402 5	6.762 1	1.664 0	2 771.92	7.131 6	0.169 6	28	0.605 8	5.232 9	85	6.156 4
57	914×19.1	26.207 3	13.871 6	2 838.57	258.692 3	6.300 5	7.817 1	1.664 0	2 761.87	7.131 6	0.169 0	28	0.603 6	6.131 5	85	7.213 5
58	914×20.6	27.939 3	14.867 8	2 835.41	296.189 0	7.205 7	8.880 6	1.664 0	2 752.44	7.131 6	0.168 4	28	0.601 5	7.037 2	85	8.279 1
59	914×22.2	29.786 8	15.930 8	2 832.03	339.049 1	8.238 5	10.094 3	1.664 0	2 742.39	7.131 6	0.167 8	28	0.599 3	8.070 7	85	9.495 0
60	914×23.8	31.634 4	16.994 2	2 828.66	384.865 3	9.340 7	11.389 5	1.664 0	2 732.34	7.131 6	0.167 2	28	0.597 1	9.173 5	85	10.792 4
61	914×25.4	33.481 9	18.057 9	2 825.29	433.637 4	10.511 9	12.765 8	1.664 0	2 722.28	7.131 6	0.166 6	28	0.594 9	10.345 3	85	12.170 9
62	914×27.0	35.329 4	19.121 8	2 821.92	485.365 7	11.751 8	14.223 1	1.664 0	2 712.23	7.131 6	0.166 0	28	0.592 7	11.585 8	85	13.630 4
63	914×28.6	37.176 9	20.186 0	2 818.56	540.049 9	13.060 2	15.761 0	1.664 0	2 702.18	7.131 6	0.165 3	28	0.590 5	12.894 9	85	15.170 4
64	965×17.5	24.359 8	12.809 4	3 002.17	221.559 5	5.707 1	7.143 9	1.664 0	2 932.14	7.131 6	0.179 4	28	0.640 8	5.527 7	85	6.503 2
65	965×19.1	26.207 3	13.871 6	2 998.79	258.692 3	6.656 1	8.258 9	1.664 0	2 922.09	7.131 6	0.178 8	28	0.638 6	6.477 3	85	7.620 4
66	965×20.6	27.939 3	14.867 8	2 995.63	296.189 0	7.612 8	9.383 1	1.664 0	2 912.67	7.131 6	0.178 2	28	0.636 5	7.434 6	85	8.746 6
67	965×22.2	29.786 8	15.930 8	2 992.25	339.049 1	8.704 6	10.666 1	1.664 0	2 902.61	7.131 6	0.177 6	28	0.634 3	8.527 0	85	10.031 8
68	965×23.8	31.634 4	16.994 2	2 988.88	384.865 3	9.869 8	12.035 4	1.664 0	2 892.56	7.131 6	0.177 0	28	0.632 1	9.692 8	85	11.403 3
69	965×25.4	33.481 9	18.057 9	2 985.51	433.637 4	11.108 0	13.490 6	1.664 0	2 882.51	7.131 6	0.176 4	28	0.629 9	10.931 6	85	12.860 7
70	965×27.0	35.329 4	19.121 8	2 982.14	485.365 7	12.419 0	15.031 6	1.664 0	2 872.45	7.131 6	0.175 8	28	0.627 7	12.243 3	85	14.403 8
71	965×28.6	37.176 9	20.186 0	2 978.78	540.049 9	13.802 6	16.657 9	1.664 0	2 862.40	7.131 6	0.175 1	28	0.625 5	13.627 5	85	16.032 3
72	1 016×17.5	24.359 8	12.809 4	3 162.39	221.559 5	6.011 7	7.525 7	1.664 0	3 092.36	7.131 6	0.189 2	28	0.675 8	5.822 5	85	6.850 0

续表

序号	管径×壁厚	几何尺寸				金属重量（kg）	①+②焊条重量（kg）	打 底 焊 条						盖 面 焊 条		
		d（mm）	*F*（mm）	*L*（mm）	*A*（mm²）			*F*（mm）	*L*（mm）	*A*（mm²）	金属重量（kg）	利用率（%）	①耗用量（kg）	金属重量（kg）	利用率（%）	②耗用量（kg）
73	1 016×19.1	26.207 3	13.871 6	3 159.01	258.692 3	7.011 7	8.700 8	1.664 0	3 082.31	7.131 6	0.188 6	28	0.673 6	6.823 1	85	8.027 2
74	1 016×20.6	27.939 3	14.867 8	3 155.85	296.189 0	8.020 0	9.885 6	1.664 0	3 072.89	7.131 6	0.188 0	28	0.671 5	7.832 0	85	9.214 1
75	1 016×22.2	29.786 8	15.930 8	3 152.48	339.049 1	9.170 7	11.237 9	1.664 0	3 062.83	7.131 6	0.187 4	28	0.669 3	8.983 3	85	10.568 6
76	1 016×23.8	31.634 4	16.994 2	3 149.10	384.865 3	10.398 9	12.681 3	1.664 0	3 052.78	7.131 6	0.186 8	28	0.667 1	10.212 1	85	12.014 2
77	1 016×25.4	33.481 9	18.057 9	3 145.73	433.637 4	11.704 1	14.215 4	1.664 0	3 042.73	7.131 6	0.186 2	28	0.664 9	11.517 9	85	13.550 5
78	1 016×27.0	35.329 4	19.121 8	3 142.37	485.365 7	13.086 3	15.840 0	1.664 0	3 032.67	7.131 6	0.185 6	28	0.662 7	12.900 7	85	15.177 3
79	1 016×28.6	37.176 9	20.186 0	3 139.00	540.049 9	14.545 0	17.554 8	1.664 0	3 022.62	7.131 6	0.185 0	28	0.660 5	14.360 1	85	16.894 2
80	1 067×10.3	16.045 9	8.036 5	3 337.87	91.042 8	2.607 4	3.550 8	1.664 0	3 297.83	7.131 6	0.201 8	28	0.720 7	2.405 6	85	2.830 1
81	1 067×11.1	16.969 7	8.566 3	3 336.17	102.588 6	2.936 5	3.937 3	1.664 0	3 292.80	7.131 6	0.201 5	28	0.719 6	2.735 1	85	3.217 7
82	1 067×11.9	17.893 4	9.096 2	3 334.47	114.873 5	3.286 5	4.348 3	1.664 0	3 287.77	7.131 6	0.201 2	28	0.718 5	3.085 3	85	3.629 8
83	1 067×12.7	18.817 2	9.626 2	3 332.77	127.897 3	3.657 3	4.783 7	1.664 0	3 282.75	7.131 6	0.200 9	28	0.717 4	3.456 4	85	4.066 4
84	1 067×14.3	20.664 7	10.686 7	3 329.38	156.162 0	4.461 0	5.727 8	1.664 0	3 272.69	7.131 6	0.200 3	28	0.715 2	4.260 7	85	5.012 6
85	1 067×15.9	22.512 2	11.747 8	3 326.00	187.382 7	5.347 4	6.769 2	1.664 0	3 262.64	7.131 6	0.199 6	28	0.713 0	5.147 7	85	6.056 2
86	1 067×17.5	24.359 8	12.809 4	3 322.62	221.559 5	6.316 3	7.907 6	1.664 0	3 252.59	7.131 6	0.199 0	28	0.710 8	6.117 2	85	7.196 8
87	1 067×19.1	26.207 3	13.871 6	3 319.24	258.692 3	7.367 4	9.142 7	1.664 0	3 242.53	7.131 6	0.198 4	28	0.708 6	7.168 9	85	8.434 1
88	1 067×20.6	27.939 3	14.867 8	3 316.07	296.189 0	8.427 2	10.388 1	1.664 0	3 233.11	7.131 6	0.197 8	28	0.706 5	8.229 4	85	9.681 6
89	1 067×22.2	29.786 8	15.930 8	3 312.70	339.049 1	9.636 8	11.809 8	1.664 0	3 223.06	7.131 6	0.197 2	28	0.704 3	9.439 6	85	11.105 4
90	1 067×23.8	31.634 4	16.994 2	3 309.32	384.865 3	10.927 9	13.327 2	1.664 0	3 213.00	7.131 6	0.196 6	28	0.702 2	10.731 3	85	12.625 1
91	1 067×25.4	33.481 9	18.057 9	3 305.96	433.637 4	12.300 2	14.940 2	1.664 0	3 202.95	7.131 6	0.196 0	28	0.700 0	12.104 3	85	14.240 3
92	1 067×27.0	35.329 4	19.121 8	3 302.59	485.365 7	13.753 5	16.648 5	1.664 0	3 192.90	7.131 6	0.195 4	28	0.697 8	13.558 1	85	15.950 7
93	1 067×28.6	37.176 9	20.186 0	3 299.22	540.049 9	15.287 4	18.451 7	1.664 0	3 182.84	7.131 6	0.194 8	28	0.695 6	15.092 7	85	17.756 1
94	1 118×10.3	16.045 9	8.036 5	3 498.09	91.042 8	2.732 5	3.721 5	1.664 0	3 458.05	7.131 6	0.211 6	28	0.755 7	2.520 9	85	2.965 8
95	1 118×11.1	16.969 7	8.566 3	3 496.39	102.588 6	3.077 6	4.126 7	1.664 0	3 453.02	7.131 6	0.211 3	28	0.754 6	2.866 3	85	3.372 1
96	1 118×11.9	17.893 4	9.096 2	3 494.69	114.873 5	3.444 4	4.557 6	1.664 0	3 447.99	7.131 6	0.211 0	28	0.753 5	3.233 5	85	3.804 1
97	1 118×12.7	18.817 2	9.626 2	3 493.00	127.897 3	3.833 1	5.014 1	1.664 0	3 442.97	7.131 6	0.210 7	28	0.752 4	3.622 4	85	4.261 7
98	1 118×14.3	20.664 7	10.686 7	3 489.61	156.162 0	4.675 6	6.003 8	1.664 0	3 432.91	7.131 6	0.210 1	28	0.750 2	4.465 6	85	5.253 6
99	1 118×15.9	22.512 2	11.747 8	3 486.22	187.382 7	5.605 0	7.095 7	1.664 0	3 422.86	7.131 6	0.209 4	28	0.748 0	5.395 5	85	6.347 7

续表

序号	管径×壁厚	几何尺寸				金属重量 (kg)	①+② 焊条重量 (kg)	打 底 焊 条						盖 面 焊 条		
		d (mm)	*F* (mm)	*L* (mm)	*A* (mm^2)			*F* (mm)	*L* (mm)	*A* (mm^2)	金属重量 (kg)	利用率 (%)	①耗用量 (kg)	金属重量 (kg)	利用率 (%)	②耗用量 (kg)
100	1 118×17.5	24.359 8	12.809 4	3 482.84	221.559 5	6.620 8	8.289 4	1.664 0	3 412.81	7.131 6	0.208 8	28	0.745 8	6.412 0	85	7.543 5
101	1 118×19.1	26.207 3	13.871 6	3 479.46	258.692 3	7.723 0	9.584 5	1.664 0	3 402.75	7.131 6	0.208 2	28	0.743 6	7.514 8	85	8.840 9
102	1 118×20.6	27.939 3	14.867 8	3 476.29	296.189 0	8.834 4	10.890 6	1.664 0	3 393.33	7.131 6	0.207 6	28	0.741 6	8.626 7	85	10.149 1
103	1 118×22.2	29.786 8	15.930 8	3 472.92	339.049 1	10.102 9	12.381 6	1.664 0	3 383.28	7.131 6	0.207 0	28	0.739 4	9.895 9	85	11.642 2
104	1 118×23.8	31.634 4	16.994 2	3 469.55	384.865 3	11.457 0	13.973 2	1.664 0	3 373.22	7.131 6	0.206 4	28	0.737 2	11.250 6	85	13.236 0
105	1 118×25.4	33.481 9	18.057 9	3 466.18	433.637 4	12.896 4	15.665 1	1.664 0	3 363.17	7.131 6	0.205 8	28	0.735 0	12.690 6	85	14.930 1
106	1 118×27.0	35.329 4	19.121 8	3 462.81	485.365 7	14.420 7	17.457 0	1.664 0	3 353.12	7.131 6	0.205 2	28	0.732 8	14.215 6	85	16.724 2
107	1 118×28.6	37.176 9	20.186 0	3 459.44	540.049 9	16.029 9	19.348 6	1.664 0	3 343.06	7.131 6	0.204 6	28	0.730 6	15.825 3	85	18.618 0
108	1 168×10.3	16.045 9	8.036 5	3 655.17	91.042 8	2.855 2	3.888 9	1.664 0	3 615.13	7.131 6	0.221 2	28	0.790 0	2.634 0	85	3.098 9
109	1 168×11.1	16.969 7	8.566 3	3 653.47	102.588 6	3.215 8	4.312 4	1.664 0	3 610.10	7.131 6	0.220 9	28	0.788 9	2.994 9	85	3.523 5
110	1 168×11.9	17.893 4	9.096 2	3 651.77	114.873 5	3.599 3	4.762 7	1.664 0	3 605.07	7.131 6	0.220 6	28	0.787 8	3.378 7	85	3.974 9
111	1 168×12.7	18.817 2	9.626 2	3 650.08	127.897 3	4.005 5	5.239 9	1.664 0	3 600.05	7.131 6	0.220 3	28	0.786 7	3.785 2	85	4.453 2
112	1 168×14.3	20.664 7	10.686 7	3 646.69	156.162 0	4.886 1	6.274 5	1.664 0	3 589.99	7.131 6	0.219 7	28	0.784 5	4.666 4	85	5.489 9
113	1 168×15.9	22.512 2	11.747 8	3 643.30	187.382 7	5.857 5	7.415 8	1.664 0	3 579.94	7.131 6	0.219 1	28	0.782 3	5.638 5	85	6.633 5
114	1 168×17.5	24.359 8	12.809 4	3 639.92	221.559 5	6.919 5	8.663 7	1.664 0	3 569.89	7.131 6	0.218 4	28	0.780 1	6.701 0	85	7.883 5
115	1 168×19.1	26.207 3	13.871 6	3 636.54	258.692 3	8.071 6	10.017 7	1.664 0	3 559.83	7.131 6	0.217 8	28	0.777 9	7.853 8	85	9.239 8
116	1 168×20.6	27.939 3	14.867 8	3 633.37	296.189 0	9.233 5	11.383 3	1.664 0	3 550.41	7.131 6	0.217 2	28	0.775 9	9.016 3	85	10.607 4
117	1 168×22.2	29.786 8	15.930 8	3 630.00	339.049 1	10.559 9	12.942 2	1.664 0	3 540.36	7.131 6	0.216 6	28	0.773 7	10.343 2	85	12.168 5
118	1 219×10.3	16.045 9	8.036 5	3 815.39	91.042 8	2.980 4	4.059 6	1.664 0	3 775.35	7.131 6	0.231 0	28	0.825 0	2.749 4	85	3.234 6
119	1 219×11.1	16.969 7	8.566 3	3 813.69	102.588 6	3.356 9	4.501 8	1.664 0	3 770.32	7.131 6	0.230 7	28	0.823 9	3.126 2	85	3.677 8
120	1 219×11.9	17.893 4	9.096 2	3 811.99	114.873 5	3.757 2	4.972 0	1.664 0	3 765.30	7.131 6	0.230 4	28	0.822 8	3.526 8	85	4.149 2
121	1 219×12.7	18.817 2	9.626 2	3 810.30	127.897 3	4.181 3	5.470 2	1.664 0	3 760.27	7.131 6	0.230 1	28	0.821 7	3.951 2	85	4.648 5
122	1 219×14.3	20.664 7	10.686 7	3 806.91	156.162 0	5.100 8	6.550 5	1.664 0	3 750.22	7.131 6	0.229 5	28	0.819 5	4.871 3	85	5.731 0
123	1 219×15.9	22.512 2	11.747 8	3 803.52	187.382 7	6.115 1	7.742 4	1.664 0	3 740.16	7.131 6	0.228 9	28	0.817 4	5.886 3	85	6.925 0
124	1 219×17.5	24.359 8	12.809 4	3 800.14	221.559 5	7.224 0	9.045 5	1.664 0	3 730.11	7.131 6	0.228 2	28	0.815 2	6.995 8	85	8.230 3
125	1 219×19.1	26.207 3	13.871 6	3 796.76	258.692 3	8.427 3	10.459 6	1.664 0	3 720.06	7.131 6	0.227 6	28	0.813 0	8.199 6	85	9.646 6
126	1 219×20.6	27.939 3	14.867 8	3 793.59	296.189 0	9.640 7	11.885 8	1.664 0	3 710.63	7.131 6	0.227 1	28	0.810 9	9.413 7	85	11.074 9

续表

序号	管径×壁厚	几何尺寸				金属重量 (kg)	①+② 焊条重量 (kg)	打底焊条						盖面焊条		
		d (mm)	F (mm)	L (mm)	A (mm^2)			F (mm)	L (mm)	A (mm^2)	金属重量 (kg)	利用率 (%)	①耗用量 (kg)	金属重量 (kg)	利用率 (%)	②耗用量 (kg)
127	1 219×22.2	29.786 8	15.930 8	3 790.22	339.049 1	11.026 0	13.514 0	1.664 0	3 700.58	7.131 6	0.226 4	28	0.808 7	10.799 5	85	12.705 3
128	1 321×10.3	16.045 9	8.036 5	4 135.83	91.042 8	3.230 7	4.401 1	1.664 0	4 095.79	7.131 6	0.250 6	28	0.895 1	2.980 1	85	3.506 0
129	1 321×11.1	16.969 7	8.566 3	4 134.13	102.588 6	3.638 9	4.880 6	1.664 0	4 090.77	7.131 6	0.250 3	28	0.894 0	3.388 6	85	3.986 6
130	1 321×11.9	17.893 4	9.096 2	4 132.44	114.873 5	4.073 0	5.390 5	1.664 0	4 085.74	7.131 6	0.250 0	28	0.892 9	3.823 0	85	4.497 7
131	1 321×12.7	18.817 2	9.626 2	4 130.74	127.897 3	4.532 9	5.930 9	1.664 0	4 080.71	7.131 6	0.249 7	28	0.891 8	4.283 2	85	5.039 1
132	1 321×14.3	20.664 7	10.686 7	4 127.35	156.162 0	5.530 1	7.102 6	1.664 0	4 070.66	7.131 6	0.249 1	28	0.889 6	5.281 1	85	6.213 0
133	1 321×15.9	22.512 2	11.747 8	4 123.96	187.382 7	6.630 3	8.395 4	1.664 0	4 060.61	7.131 6	0.248 5	28	0.887 4	6.381 9	85	7.508 1
134	1 321×17.5	24.359 8	12.809 4	4 120.58	221.559 5	7.833 2	9.809 1	1.664 0	4 050.55	7.131 6	0.247 9	28	0.885 2	7.585 3	85	8.923 9
135	1 321×19.1	26.207 3	13.871 6	4 117.20	258.692 3	9.138 5	11.343 3	1.664 0	4 040.50	7.131 6	0.247 2	28	0.883 0	8.891 3	85	10.460 3
136	1 321×20.6	27.939 3	14.867 8	4 114.04	296.189 0	10.455 1	12.890 8	1.664 0	4 031.07	7.131 6	0.246 7	28	0.880 9	10.208 4	85	12.009 9
137	1 321×22.2	29.786 8	15.930 8	4 110.66	339.049 1	11.958 2	14.657 7	1.664 0	4 021.02	7.131 6	0.246 0	28	0.878 7	11.712 1	85	13.779 0

(4) 手工下向焊焊接材料消耗量（单位：管口）

表 77

序号	管径×壁厚	几何尺寸 (mm)				焊条用量					
		a	b	c	d	F (mm)	L (mm)	A (mm^2)	金属重量 (kg)	利用率 (%)	耗用量 (kg)
1	610×15.9	1.6	2.0	2.5	22.512 2	11.747 8	1 890.29	187.382 7	3.039 1	50	6.078 2
2	610×17.5	1.6	2.0	2.5	24.359 7	12.809 4	1 886.90	221.559 5	3.587 0	50	7.174 0
3	610×19.1	1.6	2.0	2.5	26.207 3	13.871 6	1 883.52	258.692 3	4.180 7	50	8.361 3
4	610×20.6	1.6	2.0	2.5	27.939 3	14.867 8	1 880.36	296.189 0	4.778 6	50	9.557 2
5	610×22.2	1.6	2.0	2.5	29.786 8	15.930 8	1 876.99	339.049 1	5.460 3	50	10.920 5
6	610×23.8	1.6	2.0	2.5	31.634 4	16.994 2	1 873.61	384.865 2	6.187 0	50	12.374 0
7	610×25.4	1.6	2.0	2.5	33.481 9	18.057 9	1 870.24	433.637 4	6.958 5	50	13.917 0
8	610×27.0	1.6	2.0	2.5	35.329 4	19.121 8	1 866.88	485.365 6	7.774 5	50	15.549 1
9	610×28.6	1.6	2.0	2.5	37.176 9	20.186 0	1 863.51	540.049 9	8.634 9	50	17.269 7
10	660×15.9	1.6	2.0	2.5	22.512 2	11.747 8	2 047.37	187.382 7	3.291 7	50	6.583 3
11	660×17.5	1.6	2.0	2.5	24.359 7	12.809 4	2 043.98	221.559 5	3.885 6	50	7.771 2
12	660×19.1	1.6	2.0	2.5	26.207 3	13.871 6	2 040.60	258.692 3	4.529 3	50	9.058 6

续表

序号	管径×壁厚	几何尺寸（mm）				焊条用量					
		a	*b*	*c*	*d*	*F*（mm）	*L*（mm）	*A*（mm²）	金属重量（kg）	利用率（%）	耗用量（kg）
13	660×20.6	1.6	2.0	2.5	27.939 3	14.867 8	2 037.44	296.189 0	5.177 8	50	10.355 6
14	660×22.2	1.6	2.0	2.5	29.786 8	15.930 8	2 034.07	339.049 1	5.917 2	50	11.834 4
15	660×23.8	1.6	2.0	2.5	31.634 4	16.994 2	2 030.69	384.865 2	6.705 7	50	13.411 4
16	660×25.4	1.6	2.0	2.5	33.481 9	18.057 9	2 027.32	433.637 4	7.542 9	50	15.085 8
17	660×27.0	1.6	2.0	2.5	35.329 4	19.121 8	2 023.96	485.365 6	8.428 7	50	16.857 4
18	660×28.6	1.6	2.0	2.5	37.176 9	20.186 0	2 020.59	540.049 9	9.362 7	50	18.725 4
19	711×15.9	1.6	2.0	2.5	22.512 2	11.747 8	2 207.59	187.382 7	3.549 3	50	7.098 5
20	711×17.5	1.6	2.0	2.5	24.359 7	12.809 4	2 204.21	221.559 5	4.190 2	50	8.380 4
21	711×19.1	1.6	2.0	2.5	26.207 3	13.871 6	2 200.83	258.692 3	4.884 9	50	9.769 9
22	711×20.6	1.6	2.0	2.5	27.939 3	14.867 8	2 197.66	296.189 0	5.585 0	50	11.169 9
23	711×22.2	1.6	2.0	2.5	29.786 8	15.930 8	2 194.29	339.049 1	6.383 3	50	12.766 6
24	711×23.8	1.6	2.0	2.5	31.634 4	16.994 2	2 190.92	384.865 2	7.234 8	50	14.469 5
25	711×25.4	1.6	2.0	2.5	33.481 9	18.057 9	2 187.55	433.637 4	8.139 0	50	16.278 1
26	711×27.0	1.6	2.0	2.5	35.329 4	19.121 8	2 184.18	485.365 6	9.095 9	50	18.191 8
27	711×28.6	1.6	2.0	2.5	37.176 9	20.186 0	2 180.81	540.049 9	10.105 1	50	20.210 2
28	762×15.9	1.6	2.0	2.5	22.512 2	11.747 8	2 367.81	187.382 7	3.806 9	50	7.613 7
29	762×17.5	1.6	2.0	2.5	24.359 7	12.809 4	2 364.43	221.559 5	4.494 8	50	8.989 5
30	762×19.1	1.6	2.0	2.5	26.207 3	13.871 6	2 361.05	258.692 3	5.240 6	50	10.481 1
31	762×20.6	1.6	2.0	2.5	27.939 3	14.867 8	2 357.88	296.189 0	5.992 1	50	11.984 3
32	762×22.2	1.6	2.0	2.5	29.786 8	15.930 8	2 354.51	339.049 1	6.849 4	50	13.698 8
33	762×23.8	1.6	2.0	2.5	31.634 4	16.994 2	2 351.14	384.865 2	7.763 8	50	15.527 7
34	762×25.4	1.6	2.0	2.5	33.481 9	18.057 9	2 347.77	433.637 4	8.735 2	50	17.470 3
35	762×27.0	1.6	2.0	2.5	35.329 4	19.121 8	2 344.40	485.365 6	9.763 2	50	19.526 3
36	762×28.6	1.6	2.0	2.5	37.176 9	20.186 0	2 341.03	540.049 9	10.847 5	50	21.695 1
37	813×15.9	1.6	2.0	2.5	22.512 2	11.747 8	2 528.03	187.382 7	4.064 5	50	8.128 9
38	813×15.9	1.6	2.0	2.5	24.359 7	12.809 4	2 524.65	221.559 5	4.799 3	50	9.598 7
39	813×17.5	1.6	2.0	2.5	26.207 3	13.871 6	2 521.27	258.692 3	5.596 2	50	11.192 4
40	813×19.1	1.6	2.0	2.5	27.939 3	14.867 8	2 518.10	296.189 0	6.399 3	50	12.798 6

续表

序号	管径×壁厚	几何尺寸（mm）				焊条用量					
		a	*b*	*c*	*d*	*F*（mm）	*L*（mm）	*A*（mm²）	金属重量（kg）	利用率（%）	耗用量（kg）
41	813×20.6	1.6	2.0	2.5	29.786 8	15.930 8	2 514.73	339.049 1	7.315 5	50	14.631 0
42	813×22.2	1.6	2.0	2.5	31.634 4	16.994 2	2 511.36	384.865 2	8.292 9	50	16.585 8
43	813×23.8	1.6	2.0	2.5	33.481 9	18.057 9	2 507.99	433.637 4	9.331 3	50	18.662 6
44	813×25.4	1.6	2.0	2.5	35.329 4	19.121 8	2 504.62	485.365 6	10.430 4	50	20.860 8
45	813×27.0	1.6	2.0	2.5	37.176 9	20.186 0	2 501.25	540.049 9	11.589 9	50	23.179 9
46	813×28.6	1.6	2.0	2.5	22.512 2	11.747 8	2 688.25	187.382 7	4.322 0	50	8.644 1
47	864×17.5	1.6	2.0	2.5	24.359 7	12.809 4	2 684.87	221.559 5	5.103 9	50	10.207 8
48	864×19.1	1.6	2.0	2.5	26.207 3	13.871 6	2 681.49	258.692 3	5.951 8	50	11.903 6
49	864×20.6	1.6	2.0	2.5	27.939 3	14.867 8	2 678.33	296.189 0	6.806 5	50	13.612 9
50	864×22.2	1.6	2.0	2.5	29.786 8	15.930 8	2 674.95	339.049 1	7.781 6	50	15.563 2
51	864×23.8	1.6	2.0	2.5	31.634 4	16.994 2	2 671.58	384.865 2	8.822 0	50	17.644 0
52	864×25.4	1.6	2.0	2.5	33.481 9	18.057 9	2 668.21	433.637 4	9.927 4	50	19.854 8
53	864×27.0	1.6	2.0	2.5	35.329 4	19.121 8	2 664.84	485.365 6	11.097 6	50	22.195 3
54	864×28.6	1.6	2.0	2.5	37.176 9	20.186 0	2 661.48	540.049 9	12.332 4	50	24.664 7
55	914×15.9	1.6	2.0	2.5	22.512 2	11.747 8	2 845.33	187.382 7	4.574 6	50	9.149 2
56	914×17.5	1.6	2.0	2.5	24.359 7	12.809 4	2 841.95	221.559 5	5.402 5	50	10.805 0
57	914×19.1	1.6	2.0	2.5	26.207 3	13.871 6	2 838.57	258.692 3	6.300 5	50	12.600 9
58	914×20.6	1.6	2.0	2.5	27.939 3	14.867 8	2 835.41	296.189 0	7.205 7	50	14.411 3
59	914×22.2	1.6	2.0	2.5	29.786 8	15.930 8	2 832.03	339.049 1	8.238 5	50	16.477 1
60	914×23.8	1.6	2.0	2.5	31.634 4	16.994 2	2 828.66	384.865 2	9.340 7	50	18.681 4
61	914×25.4	1.6	2.0	2.5	33.481 9	18.057 9	2 825.29	433.637 4	10.511 9	50	21.023 7
62	914×27.0	1.6	2.0	2.5	35.329 4	19.121 8	2 821.92	485.365 6	11.751 8	50	23.503 6
63	914×28.6	1.6	2.0	2.5	37.176 9	20.186 0	2 818.56	540.049 9	13.060 2	50	26.120 4
64	965×17.5	1.6	2.0	2.5	24.359 7	12.809 4	3 002.17	221.559 5	5.707 1	50	11.414 2
65	965×19.1	1.6	2.0	2.5	26.207 3	13.871 6	2 998.79	258.692 3	6.656 1	50	13.312 2
66	965×20.6	1.6	2.0	2.5	27.939 3	14.867 8	2 995.63	296.189 0	7.612 8	50	15.225 7
67	965×22.2	1.6	2.0	2.5	29.786 8	15.930 8	2 992.25	339.049 1	8.704 6	50	17.409 3
68	965×23.8	1.6	2.0	2.5	31.634 4	16.994 2	2 988.88	384.865 2	9.869 8	50	19.739 5

续表

序 号	管径×壁厚	几何尺寸（mm）				焊 条 用 量					
		a	*b*	*c*	*d*	*F*（mm）	*L*（mm）	*A*（mm²）	金属重量（kg）	利用率（%）	耗用量（kg）
69	965×25.4	1.6	2.0	2.5	33.481 9	18.057 9	2 985.51	433.637 4	11.108 0	50	22.216 0
70	965×27.0	1.6	2.0	2.5	35.329 4	19.121 8	2 982.14	485.365 6	12.419 0	50	24.838 0
71	965×28.6	1.6	2.0	2.5	37.176 9	20.186 0	2 978.78	540.049 9	13.802 6	50	27.605 2
72	1 016×17.5	1.6	2.0	2.5	24.359 7	12.809 4	3 162.39	221.559 5	6.011 7	50	12.023 4
73	1 016×19.1	1.6	2.0	2.5	26.207 3	13.871 6	3 159.01	258.692 3	7.011 7	50	14.023 5
74	1 016×20.6	1.6	2.0	2.5	27.939 3	14.867 8	3 155.85	296.189 0	8.020 0	50	16.040 0
75	1 016×22.2	1.6	2.0	2.5	29.786 8	15.930 8	3 152.48	339.049 1	9.170 7	50	18.341 5
76	1 016×23.8	1.6	2.0	2.5	31.634 4	16.994 2	3 149.10	384.865 2	10.398 9	50	20.797 7
77	1 016×25.4	1.6	2.0	2.5	33.481 9	18.057 9	3 145.73	433.637 4	11.704 1	50	23.408 2
78	1 016×27.0	1.6	2.0	2.5	35.329 4	19.121 8	3 142.37	485.365 6	13.086 3	50	26.172 5
79	1 016×28.6	1.6	2.0	2.5	37.176 9	20.186 0	3 139.00	540.049 9	14.545 0	50	29.090 1
80	1 067×10.3	1.6	2.0	2.5	16.045 9	8.036 5	3 337.87	91.042 8	2.607 4	50	5.214 8
81	1 067×11.1	1.6	2.0	2.5	16.969 7	8.566 3	3 336.17	102.588 6	2.936 5	50	5.873 1
82	1 067×11.9	1.6	2.0	2.5	17.893 4	9.096 2	3 334.47	114.873 4	3.286 5	50	6.573 0
83	1 067×12.7	1.6	2.0	2.5	18.817 2	9.626 2	3 332.77	127.897 3	3.657 3	50	7.314 5
84	1 067×14.3	1.6	2.0	2.5	20.664 7	10.686 7	3 329.38	156.162 0	4.461 0	50	8.921 9
85	1 067×15.9	1.6	2.0	2.5	22.512 2	11.747 8	3 326.00	187.382 7	5.347 4	50	10.694 8
86	1 067×17.5	1.6	2.0	2.5	24.359 7	12.809 4	3 322.62	221.559 5	6.316 3	50	12.632 5
87	1 067×19.1	1.6	2.0	2.5	26.207 3	13.871 6	3 319.24	258.692 3	7.367 4	50	14.734 7
88	1 067×20.6	1.6	2.0	2.5	27.939 3	14.867 8	3 316.07	296.189 0	8.427 2	50	16.854 4
89	1 067×22.2	1.6	2.0	2.5	29.786 8	15.930 8	3 312.70	339.049 1	9.636 8	50	19.273 7
90	1 067×23.8	1.6	2.0	2.5	31.634 4	16.994 2	3 309.32	384.865 2	10.927 9	50	21.855 9
91	1 067×25.4	1.6	2.0	2.5	33.481 9	18.057 9	3 305.96	433.637 4	12.300 2	50	24.600 5
92	1 067×27.0	1.6	2.0	2.5	35.329 4	19.121 8	3 302.59	485.365 6	13.753 5	50	27.507 0
93	1 067×28.6	1.6	2.0	2.5	37.176 9	20.186 0	3 299.22	540.049 9	15.287 4	50	30.574 9
94	1 118×10.3	1.6	2.0	2.5	16.045 9	8.036 5	3 498.09	91.042 8	2.732 5	50	5.465 1
95	1 118×11.1	1.6	2.0	2.5	16.969 7	8.566 3	3 496.39	102.588 6	3.077 6	50	6.155 2
96	1 118×11.9	1.6	2.0	2.5	17.893 4	9.096 2	3 494.69	114.873 4	3.444 4	50	6.888 9

续表

序　号	管径×壁厚	几何尺寸（mm）				焊　条　用　量					
		a	b	c	d	F（mm）	L（mm）	A（mm²）	金属重量（kg）	利用率%	耗用量（kg）
97	1 118×12.7	1.6	2.0	2.5	18.817 2	9.626 2	3 493.00	127.897 3	3.833 1	50	7.666 2
98	1 118×14.3	1.6	2.0	2.5	20.664 7	10.686 7	3 489.61	156.162 0	4.675 6	50	9.351 3
99	1 118×15.9	1.6	2.0	2.5	22.512 2	11.747 8	3 486.22	187.382 7	5.605 0	50	11.210 0
100	1 118×17.5	1.6	2.0	2.5	24.359 7	12.809 4	3 482.84	221.559 5	6.620 8	50	13.241 7
101	1 118×19.1	1.6	2.0	2.5	26.207 3	13.871 6	3 479.46	258.692 3	7.723 0	50	15.446 0
102	1 118×20.6	1.6	2.0	2.5	27.939 3	14.867 8	3 476.29	296.189 0	8.834 4	50	17.668 7
103	1 118×22.2	1.6	2.0	2.5	29.786 8	15.930 8	3 472.92	339.049 1	10.102 9	50	20.205 8
104	1 118×23.8	1.6	2.0	2.5	31.634 4	16.994 2	3 469.55	384.865 2	11.457 0	50	22.914 0
105	1 118×25.4	1.6	2.0	2.5	33.481 9	18.057 9	3 466.18	433.637 4	12.896 4	50	25.792 7
106	1 118×27.0	1.6	2.0	2.5	35.329 4	19.121 8	3 462.81	485.365 6	14.420 7	50	28.841 5
107	1118×28.6	1.6	2.0	2.5	37.176 9	20.186 0	3 459.44	540.049 9	16.029 9	50	32.059 7
108	1 168×10.3	1.6	2.0	2.5	16.045 9	8.036 5	3 655.17	91.042 8	2.855 2	50	5.710 5
109	1 168×11.1	1.6	2.0	2.5	16.969 7	8.566 3	3 653.47	102.588 6	3.215 8	50	6.431 7
110	1 168×11.9	1.6	2.0	2.5	17.893 4	9.096 2	3 651.77	114.873 4	3.599 3	50	7.198 5
111	1 168×12.7	1.6	2.0	2.5	18.817 2	9.626 2	3 650.08	127.897 3	4.005 5	50	8.010 9
112	1 168×14.3	1.6	2.0	2.5	20.664 7	10.686 7	3 646.69	156.162 0	4.886 1	50	9.772 2
113	1 168×15.9	1.6	2.0	2.5	22.512 2	11.747 8	3 643.30	187.382 7	5.857 5	50	11.715 1
114	1 168×17.5	1.6	2.0	2.5	24.359 7	12.809 4	3 639.92	221.559 5	6.919 5	50	13.838 9
115	1 168×19.1	1.6	2.0	2.5	26.207 3	13.871 6	3 636.54	258.692 3	8.071 6	50	16.143 3
116	1 168×20.6	1.6	2.0	2.5	27.939 3	14.867 8	3 633.37	296.189 0	9.233 5	50	18.467 1

续表

序 号	管径×壁厚	几何尺寸（mm）				焊 条 用 量					
		a	b	c	d	F (mm)	L (mm)	A (mm²)	金属重量 (kg)	利用率%	耗用量 (kg)
117	1 168×22.2	1.6	2.0	2.5	29.786 8	15.930 8	3 630.00	339.049 1	10.559 9	50	21.119 8
118	1 219×10.3	1.6	2.0	2.5	16.045 9	8.036 5	3 815.39	91.042 8	2.980 4	50	5.960 8
119	1 219×11.1	1.6	2.0	2.5	16.969 7	8.566 3	3 813.69	102.588 6	3.356 9	50	6.713 7
120	1 219×11.9	1.6	2.0	2.5	17.893 4	9.096 2	3 811.99	114.873 4	3.757 2	50	7.514 4
121	1 219×12.7	1.6	2.0	2.5	18.817 2	9.626 2	3 810.30	127.897 3	4.181 3	50	8.362 6
122	1 219×14.3	1.6	2.0	2.5	20.664 7	10.686 7	3 806.91	156.162 0	5.100 8	50	10.201 6
123	1 219×15.9	1.6	2.0	2.5	22.512 2	11.747 8	3 803.52	187.382 7	6.115 1	50	12.230 2
124	1 219×17.5	1.6	2.0	2.5	24.359 7	12.809 4	3 800.14	221.559 5	7.224 0	50	14.448 1
125	1 219×19.1	1.6	2.0	2.5	26.207 3	13.871 6	3 796.76	258.692 3	8.427 3	50	16.854 5
126	1 219×20.6	1.6	2.0	2.5	27.939 3	14.867 8	3 793.59	296.189 0	9.640 7	50	19.281 4
127	1 219×22.2	1.6	2.0	2.5	29.786 8	15.930 8	3 790.22	339.049 1	11.026 0	50	22.051 9
128	1 321×10.3	1.6	2.0	2.5	16.045 9	8.036 5	4 135.83	91.042 8	3.230 7	50	6.461 4
129	1 321×11.1	1.6	2.0	2.5	16.969 7	8.566 3	4 134.13	102.588 6	3.638 9	50	7.277 9
130	1 321×11.9	1.6	2.0	2.5	17.893 4	9.096 2	4 132.44	114.873 4	4.073 0	50	8.146 0
131	1 321×12.7	1.6	2.0	2.5	18.817 2	9.626 2	4 130.74	127.897 3	4.532 9	50	9.065 9
132	1 321×14.3	1.6	2.0	2.5	20.664 7	10.686 7	4 127.35	156.162 0	5.530 1	50	11.060 3
133	1 321×15.9	1.6	2.0	2.5	22.512 2	11.747 8	4 123.96	187.382 7	6.630 3	50	13.260 6
134	1 321×17.5	1.6	2.0	2.5	24.359 7	12.809 4	4 120.58	221.559 5	7.833 2	50	15.666 4
135	1 321×19.1	1.6	2.0	2.5	26.207 3	13.871 6	4 117.20	258.692 3	9.138 5	50	18.277 0
136	1 321×20.6	1.6	2.0	2.5	27.939 3	14.867 8	4 114.04	296.189 0	10.455 1	50	20.910 1
137	1 321×22.2	1.6	2.0	2.5	29.786 8	15.930 8	4 110.66	339.049 1	11.958 2	50	23.916 3

(5) 氩电联焊焊接材料消耗量（单位：管口）

表78

序	管径×壁厚	几何尺寸(mm)							金属重量	氩弧焊打底焊条						盖帽焊条		
号		钝边 a	间隙 b	焊缝高 c	焊缝宽度 d（mm）	焊缝重心 F（mm）	环缝长度 L（mm）	焊缝面积 A（mm²）	(kg)	F (mm)	L (mm)	A (mm²)	金属重量 (kg)	利用率 (%)	①耗用量 (kg)	金属重量 (kg)	利用率 (%)	②耗用量 (kg)
1	610×17.5	1.6	2.5	2.5	24.859 7	12.676 3	1 886.063 2	231.142 7	3.422 2	1.96	1 818.730 8	10.8	0.154 192	90	0.178 6	3.268 0	50	7.143 9
2	610×19.1	1.6	2.5	2.5	26.707 3	13.737 5	1 882.678 0	269.075 5	3.976 7	1.96	1 808.677 7	10.8	0.153 34	90	0.177 6	3.823 3	50	8.357 8
3	610×20.6	1.6	2.5	2.5	28.439 3	14.733 0	1 879.507 9	307.322 2	4.534 3	1.96	1 799.252 9	10.8	0.152 541	90	0.176 7	4.381 7	50	9.578 5
4	610×22.2	1.6	2.5	2.5	30.286 8	15.795 3	1 876.129 6	350.982 3	5.169 1	1.96	1 789.199 8	10.8	0.151 688	90	0.175 7	5.017 4	50	10.968 1
5	610×23.8	1.6	2.5	2.5	32.134 3	16.858 1	1 872.754 1	397.598 4	5.845 1	1.96	1 779.146 7	10.8	0.150 836	90	0.174 7	5.694 3	50	12.447 8
6	610×25.4	1.6	2.5	2.5	33.981 9	17.921 2	1 869.381 0	447.170 6	6.562 1	1.96	1 769.093 6	10.8	0.149 984	90	0.173 7	6.412 1	50	14.016 8
7	610×27.0	1.6	2.5	2.5	35.829 4	18.984 7	1 866.010 0	499.698 8	7.319 7	1.96	1 759.040 5	10.8	0.149 131	90	0.172 7	7.170 5	50	15.674 8
8	610×28.6	1.6	2.5	2.5	37.676 9	20.048 5	1 862.640 8	555.183 0	8.117 7	1.96	1 748.987 4	10.8	0.148 279	90	0.171 8	7.969 5	50	17.421 2
9	660×17.5	1.6	2.5	2.5	24.859 7	12.676 3	2 043.142 8	231.142 7	3.707 2	1.96	1 975.810 4	10.8	0.167 509	90	0.194 0	3.539 7	50	7.737 8
10	660×19.1	1.6	2.5	2.5	26.707 3	13.737 5	2 039.757 7	269.075 5	4.308 5	1.96	1 965.757 3	10.8	0.166 657	90	0.193 0	4.141 8	50	9.054 0
11	660×20.6	1.6	2.5	2.5	28.439 3	14.733 0	2 036.587 5	307.322 2	4.913 2	1.96	1 956.332 5	10.8	0.165 858	90	0.192 1	4.747 4	50	10.377 7
12	660×22.2	1.6	2.5	2.5	30.286 8	15.795 3	2 033.209 2	350.982 3	5.601 9	1.96	1 946.279 4	10.8	0.165 006	90	0.191 1	5.436 9	50	11.885 1
13	660×23.8	1.6	2.5	2.5	32.134 3	16.858 1	2 029.833 7	397.598 4	6.335 4	1.96	1 936.226 4	10.8	0.164 153	90	0.190 1	6.171 3	50	13.490 4
14	660×25.4	1.6	2.5	2.5	33.981 9	17.921 2	2 026.460 6	447.170 6	7.113 5	1.96	1 926.173 3	10.8	0.163 301	90	0.189 2	6.950 2	50	15.193 1
15	660×27.0	1.6	2.5	2.5	35.829 4	18.984 7	2 023.089 6	499.698 8	7.935 8	1.96	1 916.120 2	10.8	0.162 449	90	0.188 2	7.773 4	50	16.992 6
16	660×28.6	1.6	2.5	2.5	37.676 9	20.048 5	2 019.720 4	555.183 0	8.802 3	1.96	1 906.067 1	10.8	0.161 596	90	0.187 2	8.640 7	50	18.888 6
17	711×17.5	1.6	2.5	2.5	24.859 7	12.676 3	2 203.364 0	231.142 7	3.997 9	1.96	2 136.031 6	10.8	0.181 093	90	0.209 8	3.816 8	50	8.343 6
18	711×19.1	1.6	2.5	2.5	26.707 3	13.737 5	2 199.978 9	269.075 5	4.646 9	1.96	2 125.978 5	10.8	0.180 24	90	0.208 8	4.466 6	50	9.764 1
19	711×20.6	1.6	2.5	2.5	28.439 3	14.733 0	2 196.808 8	307.322 2	5.299 8	1.96	2 116.553 8	10.8	0.179 441	90	0.207 9	5.120 3	50	11.193 0
20	711×22.2	1.6	2.5	2.5	30.286 8	15.795 3	2 193.430 5	350.982 3	6.043 4	1.96	2 106.500 7	10.8	0.178 589	90	0.206 9	5.864 8	50	12.820 4
21	711×23.8	1.6	2.5	2.5	32.134 3	16.858 1	2 190.055 0	397.598 4	6.835 5	1.96	2 096.447 6	10.8	0.177 737	90	0.205 9	6.657 7	50	14.553 8
22	711×25.4	1.6	2.5	2.5	33.981 9	17.921 2	2 186.681 9	447.170 6	7.675 9	1.96	2 086.394 5	10.8	0.176 885	90	0.204 9	7.499 0	50	16.392 8
23	711×27.0	1.6	2.5	2.5	35.829 4	18.984 7	2 183.310 9	499.698 8	8.564 3	1.96	2 076.341 4	10.8	0.176 032	90	0.203 9	8.388 3	50	18.336 8
24	711×28.6	1.6	2.5	2.5	37.676 9	20.048 5	2 179.941 7	555.183 0	9.500 6	1.96	2 066.288 3	10.8	0.175 18	90	0.202 9	9.325 4	50	20.385 4
25	762×17.5	1.6	2.5	2.5	24.859 7	12.676 3	2 363.585 3	231.142 7	4.288 7	1.96	2 296.252 9	10.8	0.194 676	90	0.225 5	4.094 0	50	8.949 4
26	762×19.1	1.6	2.5	2.5	26.707 3	13.737 5	2 360.200 1	269.075 5	4.985 3	1.96	2 286.199 8	10.8	0.193 824	90	0.224 5	4.791 5	50	10.474 2
27	762×20.6	1.6	2.5	2.5	28.439 3	14.733 0	2 357.030 0	307.322 2	5.686 3	1.96	2 276.775 0	10.8	0.193 025	90	0.223 6	5.493 3	50	12.008 3

续表

序号	管径×壁厚	几何尺寸(mm)							金属重量(kg)	氩弧焊打底焊条						盖帽焊条		
		钝边	间隙	焊缝高	焊缝宽度	焊缝重心	环缝长度	焊缝面积		F	L	A	金属重量	利用率	①耗用量	金属重量	利用率	②耗用量
		a	b	c	d (mm)	F (mm)	L (mm)	A (mm²)		(mm)	(mm)	(mm²)	(kg)	(%)	(kg)	(kg)	(%)	(kg)
28	762×22.2	1.6	2.5	2.5	30.286 8	15.795 3	2 353.651 7	350.982 3	6.484 8	1.96	2 266.721 9	10.8	0.192 173	90	0.222 6	6.292 6	50	13.755 7
29	762×23.8	1.6	2.5	2.5	32.134 3	16.858 1	2 350.276 2	397.598 4	7.335 6	1.96	2 256.668 8	10.8	0.191 32	90	0.221 6	7.144 2	50	15.617 3
30	762×25.4	1.6	2.5	2.5	33.981 9	17.921 2	2 346.903 1	447.170 6	8.238 3	1.96	2 246.615 7	10.8	0.190 468	90	0.220 6	8.047 8	50	17.592 6
31	762×27.0	1.6	2.5	2.5	35.829 4	18.984 7	2 343.532 1	499.698 8	9.192 8	1.96	2 236.562 6	10.8	0.189 616	90	0.219 6	9.003 2	50	19.681 0
32	762×28.6	1.6	2.5	2.5	37.676 9	20.048 5	2 340.162 9	555.183 0	10.198 9	1.96	2 226.509 5	10.8	0.188 763	90	0.218 7	10.010 1	50	21.882 1
33	813×17.5	1.6	2.5	2.5	24.859 7	12.676 3	2 523.806 5	231.142 7	4.579 4	1.96	2 456.474 1	10.8	0.208 26	90	0.241 2	4.371 1	50	9.555 3
34	813×19.1	1.6	2.5	2.5	26.707 3	13.737 5	2 520.421 3	269.075 5	5.323 7	1.96	2 446.421 0	10.8	0.207 408	90	0.240 2	5.116 3	50	11.184 3
35	813×20.6	1.6	2.5	2.5	28.439 3	14.733 0	2 517.251 2	307.322 2	6.072 8	1.96	2 436.996 2	10.8	0.206 609	90	0.239 3	5.866 2	50	12.823 5
36	813×22.2	1.6	2.5	2.5	30.286 8	15.795 3	2 513.872 9	350.982 3	6.926 2	1.96	2 426.943 1	10.8	0.205 756	90	0.238 3	6.720 5	50	14.691 0
37	813×23.8	1.6	2.5	2.5	32.1343	16.858 1	2 510.497 4	397.598 4	7.835 6	1.96	2 416.890 0	10.8	0.204 904	90	0.237 3	7.630 7	50	16.680 8
38	813×25.4	1.6	2.5	2.5	33.9819	17.921 2	2 507.124 3	447.170 6	8.800 7	1.96	2 406.836 9	10.8	0.204 052	90	0.236 4	8.596 7	50	18.792 3
39	813×27.0	1.6	2.5	2.5	35.829 4	18.984 7	2 503.753 3	499.698 8	9.821 3	1.96	2 396.783 8	10.8	0.203 199	90	0.235 4	9.618 1	50	21.025 2
40	813×28.6	1.6	2.5	2.5	37.676 9	20.048 5	2 500.384 1	555.183 0	10.897 1	1.96	2 386.730 7	10.8	0.202 347	90	0.234 4	10.694 8	50	23.378 8
41	864×17.5	1.6	2.5	2.5	24.859 7	12.676 3	2 684.027 7	231.142 7	4.870 1	1.96	2 616.695 3	10.8	0.221 843	90	0.257 0	4.648 2	50	10.161 1
42	864×19.1	1.6	2.5	2.5	26.707 3	13.737 5	2 680.642 6	269.075 5	5.662 2	1.96	2 606.642 2	10.8	0.220 991	90	0.256 0	5.441 2	50	11.894 4
43	864×20.6	1.6	2.5	2.5	28.439 3	14.733 0	2 677.472 4	307.322 2	6.459 3	1.96	2 597.217 4	10.8	0.220 192	90	0.255 1	6.239 2	50	13.638 8
44	864×22.2	1.6	2.5	2.5	30.286 8	15.795 3	2 674.094 1	350.982 3	7.367 7	1.96	2 587.164 3	10.8	0.219 34	90	0.254 1	7.148 4	50	15.626 3
45	864×23.8	1.6	2.5	2.5	32.134 3	16.858 1	2 670.718 6	397.598 4	8.335 7	1.96	2 577.111 2	10.8	0.218 487	90	0.253 1	8.117 2	50	17.744 2
46	864×25.4	1.6	2.5	2.5	33.981 9	17.921 2	2 667.345 5	447.170 6	9.363 2	1.96	2 567.058 1	10.8	0.217 635	90	0.252 1	9.145 5	50	19.992 1
47	864×27.0	1.6	2.5	2.5	35.829 4	18.984 7	2 663.974 5	499.698 8	10.449 8	1.96	2 557.005 0	10.8	0.216 783	90	0.251 1	10.233 0	50	22.369 4
48	864×28.6	1.6	2.5	2.5	37.676 9	20.048 5	2 660.605 3	555.183 0	11.595 4	1.96	2 546.952 0	10.8	0.215 931	90	0.250 1	11.379 5	50	24.875 6
49	914×17.5	1.6	2.5	2.5	24.859 7	12.676 3	2 841.107 3	231.142 7	5.155 1	1.96	2 773.774 9	10.8	0.235 161	90	0.272 4	4.919 9	50	10.755 0
50	914×19.1	1.6	2.5	2.5	26.707 3	13.737 5	2 837.722 2	269.075 5	5.994 0	1.96	2 763.721 8	10.8	0.234 308	90	0.271 4	5.759 7	50	12.590 6
51	914×20.6	1.6	2.5	2.5	28.439 3	14.733 0	2 834.552 1	307.322 2	6.838 3	1.96	2 754.297 1	10.8	0.233 509	90	0.270 5	6.604 8	50	14.438 1
52	914×22.2	1.6	2.5	2.5	30.286 8	15.795 3	2 831.173 8	350.982 3	7.800 5	1.96	2 744.244 0	10.8	0.232 657	90	0.269 5	7.567 8	50	16.543 3
53	914×23.8	1.6	2.5	2.5	32.134 3	16.858 1	2 827.798 2	397.598 4	8.826 0	1.96	2 734.190 9	10.8	0.231 805	90	0.268 5	8.594 2	50	18.786 9
54	914×25.4	1.6	2.5	2.5	33.981 9	17.921 2	2 824.425 2	447.170 6	9.914 5	1.96	2 724.137 8	10.8	0.230 952	90	0.267 5	9.683 6	50	21.168 3

续表

序号	管径×壁厚	几何尺寸(mm) 钝边 a	间隙 b	焊缝高 c	焊缝宽度 d (mm)	焊缝重心 F (mm)	环缝长度 L (mm)	焊缝面积 A (mm²)	金属重量 (kg)	氩弧焊打底焊条 F (mm)	L (mm)	A (mm²)	金属重量 (kg)	利用率 (%)	①耗用量 (kg)	盖帽焊条 金属重量 (kg)	利用率 (%)	②耗用量 (kg)
55	914×27.0	1.6	2.5	2.5	35.829 4	18.984 7	2 821.054 2	499.698 8	11.066 0	1.96	2 714.084 7	10.8	0.230 1	90	0.266 5	10.835 9	50	23.687 2
56	914×28.6	1.6	2.5	2.5	37.676 9	20.048 5	2 817.685 0	555.183 0	12.280 0	1.96	2 704.031 6	10.8	0.229 248	90	0.265 5	12.050 7	50	26.342 9
57	965×17.5	1.6	2.5	2.5	24.859 7	12.676 3	3 001.328 6	231.142 7	5.445 8	1.96	2 933.996 2	10.8	0.248 744	90	0.288 1	5.197 1	50	11.360 8
58	965×19.1	1.6	2.5	2.5	26.707 3	13.737 5	2 997.943 4	269.075 5	6.332 4	1.96	2 923.943 1	10.8	0.247 892	90	0.287 1	6.084 5	50	13.300 7
59	965×20.6	1.6	2.5	2.5	28.439 3	14.733 0	2 994.773 3	307.322 2	7.224 8	1.96	2 914.518 3	10.8	0.247 093	90	0.286 2	6.977 7	50	15.253 3
60	965×22.2	1.6	2.5	2.5	30.286 8	15.795 3	2 991.395 0	350.982 3	8.241 9	1.96	2 904.465 2	10.8	0.246 241	90	0.285 2	7.995 7	50	17.478 6
61	965×23.8	1.6	2.5	2.5	32.134 3	16.858 1	2 988.019 5	397.598 4	9.326 0	1.96	2 894.412 1	10.8	0.245 388	90	0.284 2	9.080 7	50	19.850 3
62	965×25.4	1.6	2.5	2.5	33.981 9	17.921 2	2 984.646 4	447.170 6	10.477 0	1.96	2 884.359 0	10.8	0.244 536	90	0.283 3	10.232 4	50	22.368 1
63	965×27.0	1.6	2.5	2.5	35.829 4	18.984 7	2 981.275 4	499.698 8	11.694 5	1.96	2 874.305 9	10.8	0.243 684	90	0.282 3	11.450 8	50	25.031 4
64	965×28.6	1.6	2.5	2.5	37.676 9	20.048 5	2 977.906 2	555.183 0	12.978 3	1.96	2 864.252 8	10.8	0.242 831	90	0.281 3	12.735 4	50	27.839 7
65	1 016×17.5	1.6	2.5	2.5	24.859 7	12.676 3	3 161.549 8	231.142 7	5.736 5	1.96	3 094.217 4	10.8	0.262 328	90	0.303 9	5.474 2	50	11.966 6
66	1 016×19.1	1.6	2.5	2.5	26.707 3	13.737 5	3 158.164 6	269.075 5	6.670 8	1.96	3 084.164 3	10.8	0.261 475	90	0.302 9	6.409 3	50	14.010 8
67	1 016×20.6	1.6	2.5	2.5	28.439 3	14.733 0	3 154.994 5	307.322 2	7.611 4	1.96	3 074.739 5	10.8	0.260 676	90	0.302 0	7.350 7	50	16.068 6
68	1 016×22.2	1.6	2.5	2.5	30.286 8	15.795 3	3 151.616 2	350.982 3	8.683 4	1.96	3 064.686 4	10.8	0.259 824	90	0.301 0	8.423 5	50	18.413 9
69	1 016×23.8	1.6	2.5	2.5	32.134 3	16.858 1	3 148.240 7	397.598 4	9.826 1	1.96	3 054.633 3	10.8	0.258 972	90	0.300 0	9.567 2	50	20.913 8
70	1 016×25.4	1.6	2.5	2.5	33.981 9	17.921 2	3 144.867 6	447.170 6	11.039 4	1.96	3 044.580 2	10.8	0.258 12	90	0.299 0	10.781 3	50	23.567 9
71	1 016×27.0	1.6	2.5	2.5	35.829 4	18.984 7	3 141.496 6	499.698 8	12.322 9	1.96	3 034.527 1	10.8	0.257 267	90	0.298 0	12.065 7	50	26.375 6
72	1 016×28.6	1.6	2.5	2.5	37.676 9	20.048 5	3 138.127 4	555.183 0	13.676 5	1.96	3 024.474 0	10.8	0.256 415	90	0.297 0	13.420 1	50	29.336 4
73	1 067×10.3	1.6	2.5	2.5	16.545 9	7.911 3	3 337.070 7	97.026 1	2.541 7	1.96	3 299.677 5	10.8	0.279 747	90	0.324 0	2.261 9	50	4.944 6
74	1 067×11.1	1.6	2.5	2.5	17.469 7	8.439 7	3 335.364 1	108.971 9	2.853 2	1.96	3 294.651 0	10.8	0.279 321	90	0.323 5	2.573 8	50	5.626 4
75	1 067×11.9	1.6	2.5	2.5	18.393 4	8.968 4	3 333.659 4	121.656 7	3.183 7	1.96	3 289.624 4	10.8	0.278 894	90	0.323 1	2.904 8	50	6.349 8
76	1 067×12.7	1.6	2.5	2.5	19.317 2	9.497 3	3 331.956 4	135.080 6	3.533 1	1.96	3 284.597 9	10.8	0.278 468	90	0.322 6	3.254 7	50	7.114 7
77	1 067×14.3	1.6	2.5	2.5	21.164 7	10.556 1	3 328.555 5	164.145 3	4.289 0	1.96	3 274.544 8	10.8	0.277 616	90	0.321 6	4.011 4	50	8.768 8
78	1 067×15.9	1.6	2.5	2.5	23.012 2	11.615 8	3 325.160 6	196.166 0	5.120 4	1.96	3 264.491 7	10.8	0.276 764	90	0.320 6	4.843 7	50	10.588 2
79	1 067×17.5	1.6	2.5	2.5	24.859 7	12.676 3	3 321.771 0	231.142 7	6.027 3	1.96	3 254.438 6	10.8	0.275 911	90	0.319 6	5.751 3	50	12.572 4
80	1 067×19.1	1.6	2.5	2.5	26.707 3	13.737 5	3 318.385 8	269.075 5	7.009 2	1.96	3 244.385 5	10.8	0.275 059	90	0.318 6	6.734 2	50	14.720 9
81	1 067×20.6	1.6	2.5	2.5	28.439 3	14.733 0	3 315.215 7	307.322 2	7.997 9	1.96	3 234.960 7	10.8	0.274 26	90	0.317 7	7.723 6	50	16.883 9

续表

序号	管径×壁厚	几何尺寸(mm)							金属重量(kg)	氩弧焊打底焊条						盖帽焊条		
		钝边	间隙	焊缝高	焊缝宽度	焊缝重心	环缝长度	焊缝面积		F	L	A	金属重量	利用率	①耗用量	金属重量	利用率	②耗用量
		a	b	c	d (mm)	F (mm)	L (mm)	A (mm^2)		(mm)	(mm)	(mm^2)	(kg)	(%)	(kg)	(kg)	(%)	(kg)
82	1 067×22.2	1.6	2.5	2.5	30.286 8	15.795 3	3 311.837 4	350.982 3	9.124 8	1.96	3 224.907 6	10.8	0.273 408	90	0.316 7	8.851 4	50	19.349 2
83	1 067×23.8	1.6	2.5	2.5	32.134 3	16.858 1	3 308.461 9	397.598 4	10.326 2	1.96	3 214.854 5	10.8	0.272 555	90	0.315 7	10.053 6	50	21.977 3
84	1 067×25.4	1.6	2.5	2.5	33.981 9	17.921 2	3 305.088 8	447.170 6	11.601 8	1.96	3 204.801 4	10.8	0.271 703	90	0.314 7	11.330 1	50	24.767 6
85	1 067×27.0	1.6	2.5	2.5	35.829 4	18.984 7	3 301.717 8	499.698 8	12.951 4	1.96	3 194.748 3	10.8	0.270 851	90	0.313 7	12.680 6	50	27.719 8
86	1 067×28.6	1.6	2.5	2.5	37.676 9	20.048 5	3 298.348 6	555.183 0	14.374 8	1.96	3 184.695 3	10.8	0.269 998	90	0.312 7	14.104 8	50	30.833 1
87	1118×10.3	1.6	2.5	2.5	16.545 9	7.911 3	3 497.292 0	97.026 1	2.663 7	1.96	3 459.898 8	10.8	0.293 33	90	0.339 8	2.370 4	50	5.181 7
88	1 118×11.1	1.6	2.5	2.5	17.469 7	8.439 7	3 495.585 4	108.971 9	2.990 2	1.96	3 454.872 2	10.8	0.292 904	90	0.339 3	2.697 3	50	5.896 3
89	1 118×11.9	1.6	2.5	2.5	18.393 4	8.968 4	3 493.880 6	121.656 7	3.336 7	1.96	3 449.845 7	10.8	0.292 478	90	0.338 8	3.044 2	50	6.654 6
90	1 118×12.7	1.6	2.5	2.5	19.317 2	9.497 3	3 492.177 6	135.080 6	3.703 0	1.96	3 444.819 1	10.8	0.292 052	90	0.338 3	3.411 0	50	7.456 4
91	1 118×14.3	1.6	2.5	2.5	21.164 7	10.556 1	3 488.776 7	164.145 3	4.495 4	1.96	3 434.766 0	10.8	0.291 199	90	0.337 3	4.204 2	50	9.190 4
92	1 118×15.9	1.6	2.5	2.5	23.012 2	11.615 8	3 485.381 8	196.166 0	5.367 1	1.96	3 424.712 9	10.8	0.290 347	90	0.336 3	5.076 8	50	11.097 9
93	1 118×17.5	1.6	2.5	2.5	24.859 7	12.676 3	3 481.992 2	231.142 7	6.318 0	1.96	3 414.659 8	10.8	0.289 495	90	0.335 3	6.028 5	50	13.178 3
94	1 118×19.1	1.6	2.5	2.5	26.707 3	13.737 5	3 478.607 1	269.075 5	7.347 7	1.96	3 404.606 7	10.8	0.288 643	90	0.334 3	7.059 0	50	15.431 0
95	1 118×20.6	1.6	2.5	2.5	28.439 3	14.733 0	3 475.436 9	307.322 2	8.384 4	1.96	3 395.182 0	10.8	0.287 844	90	0.333 4	8.096 6	50	17.699 1
96	1 118×22.2	1.6	2.5	2.5	30.286 8	15.795 3	3 472.058 6	350.982 3	9.566 3	1.96	3 385.128 9	10.8	0.286 991	90	0.332 4	9.279 3	50	20.284 5
97	1 118×23.8	1.6	2.5	2.5	32.134 3	16.858 1	3 468.683 1	397.598 4	10.826 3	1.96	3 375.075 8	10.8	0.286 139	90	0.331 4	10.540 1	50	23.040 7
98	1 118×25.4	1.6	2.5	2.5	33.981 9	17.921 2	3 465.310 1	447.170 6	12.164 2	1.96	3 365.022 7	10.8	0.285 287	90	0.330 5	11.879 0	50	25.967 4
99	1 118×27.0	1.6	2.5	2.5	35.829 4	18.984 7	3 461.939 0	499.698 8	13.579 9	1.96	3 354.969 6	10.8	0.284 434	90	0.329 5	13.295 5	50	29.063 9
100	1 118×28.6	1.6	2.5	2.5	37.676 9	20.048 5	3 458.569 9	555.183 0	15.073 1	1.96	3 344.916 5	10.8	0.283 582	90	0.328 5	14.789 5	50	32.329 9
101	1 168×10.3	1.6	2.5	2.5	16.545 9	7.911 3	3 654.371 6	97.026 1	2.783 4	1.96	3 616.978 4	10.8	0.306 647	90	0.355 2	2.476 7	50	5.414 1
102	1 168×11.1	1.6	2.5	2.5	17.469 7	8.439 7	3 652.665 0	108.971 9	3.124 6	1.96	3 611.951 8	10.8	0.306 221	90	0.354 7	2.818 4	50	6.161 0
103	1 168×11.9	1.6	2.5	2.5	18.393 4	8.968 4	3 650.960 2	121.656 7	3.486 7	1.96	3 606.925 3	10.8	0.305 795	90	0.354 2	3.180 9	50	6.953 4
104	1 168×12.7	1.6	2.5	2.5	19.317 2	9.497 3	3 649.257 2	135.080 6	3.869 6	1.96	3 601.898 7	10.8	0.305 369	90	0.353 7	3.564 2	50	7.791 4
105	1 168×14.3	1.6	2.5	2.5	21.164 7	10.556 1	3 645.856 3	164.145 3	4.697 8	1.96	3 591.845 7	10.8	0.304 517	90	0.352 7	4.393 3	50	9.603 8
106	1 168×15.9	1.6	2.5	2.5	23.012 2	11.615 8	3 642.461 5	196.166 0	5.609 0	1.96	3 581.792 6	10.8	0.303 664	90	0.351 7	5.305 4	50	11.597 5
107	1 168×17.5	1.6	2.5	2.5	24.859 7	12.676 3	3 639.071 9	231.142 7	6.603 0	1.96	3 571.739 5	10.8	0.302 812	90	0.350 8	6.300 2	50	13.772 2
108	1 168×19.1	1.6	2.5	2.5	26.707 3	13.737 5	3 635.686 7	269.075 5	7.679 5	1.96	3 561.686 4	10.8	0.301 96	90	0.349 8	7.377 5	50	16.127 2

续表

序号	管径×壁厚	几何尺寸（mm）							金属重量（kg）	氩弧焊打底焊条						盖帽焊条		
		钝边 a	间隙 b	焊缝高 c	焊缝宽度 d（mm）	焊缝重心 F（mm）	环缝长度 L（mm）	焊缝面积 A（mm²）		F（mm）	L（mm）	A（mm²）	金属重量（kg）	利用率（%）	①耗用量（kg）	金属重量（kg）	利用率（%）	②耗用量（kg）
109	1 168×20.6	1.6	2.5	2.5	28.439 3	14.733 0	3 632.516 6	307.322 2	8.763 4	1.96	3 552.261 6	10.8	0.301 161	90	0.348 8	8.462 2	50	18.498 4
110	1 168×22.2	1.6	2.5	2.5	30.286 8	15.795 3	3 629.138 3	350.982 3	9.999 0	1.96	3 542.208 5	10.8	0.300 308	90	0.347 9	9.698 7	50	21.201 4
111	1 219×10.3	1.6	2.5	2.5	16.545 9	7.911 3	3 814.592 8	97.026 1	2.905 4	1.96	3 777.199 6	10.8	0.320 231	90	0.370 9	2.585 2	50	5.651 2
112	1 219×11.1	1.6	2.5	2.5	17.469 7	8.439 7	3 812.886 2	108.971 9	3.261 7	1.96	3 772.173 1	10.8	0.319 805	90	0.370 4	2.941 9	50	6.430 9
113	1 219×11.9	1.6	2.5	2.5	18.393 4	8.968 4	3 811.181 4	121.656 7	3.639 7	1.96	3 767.146 5	10.8	0.319 379	90	0.369 9	3.320 3	50	7.258 2
114	1 219×12.7	1.6	2.5	2.5	19.317 2	9.497 3	3 809.478 4	135.080 6	4.039 5	1.96	3 762.120 0	10.8	0.318 953	90	0.369 5	3.720 6	50	8.133 1
115	1 219×14.3	1.6	2.5	2.5	21.164 7	10.556 1	3 806.077 5	164.145 3	4.904 3	1.96	3 752.066 9	10.8	0.318 1	90	0.368 5	4.586 2	50	10.025 4
116	1 219×15.9	1.6	2.5	2.5	23.012 2	11.615 8	3 802.682 7	196.166 0	5.855 8	1.96	3 742.013 8	10.8	0.317 248	90	0.367 5	5.538 5	50	12.107 2
117	1 219×17.5	1.6	2.5	2.5	24.859 7	12.676 3	3 799.293 1	231.142 7	6.893 7	1.96	3 731.960 7	10.8	0.316 396	90	0.366 5	6.577 3	50	14.378 0
118	1 219×19.1	1.6	2.5	2.5	26.707 3	13.737 5	3 795.907 9	269.075 5	8.017 9	1.96	3 721.907 6	10.8	0.315 543	90	0.365 5	7.702 3	50	16.837 3
119	1 219×20.6	1.6	2.5	2.5	28.439 3	14.733 0	3 792.737 8	307.322 2	9.149 9	1.96	3 712.482 8	10.8	0.314 744	90	0.364 6	8.835 2	50	19.313 7
120	1 219×22.2	1.6	2.5	2.5	30.286 8	15.795 3	3 789.359 5	350.982 3	10.440 5	1.96	3 702.429 7	10.8	0.313 892	90	0.363 6	10.126 6	50	22.136 7
121	1 321×10.3	1.6	2.5	2.5	16.545 9	7.911 3	4 135.035 3	97.026 1	3.149 5	1.96	4 097.642 1	10.8	0.347 398	90	0.402 4	2.802 1	50	6.125 3
122	1 321×11.1	1.6	2.5	2.5	17.469 7	8.439 7	4 133.328 7	108.971 9	3.535 8	1.96	4 092.615 5	10.8	0.346 972	90	0.401 9	3.188 8	50	6.970 7
123	1 321×11.9	1.6	2.5	2.5	18.393 4	8.968 4	4 131.623 9	121.656 7	3.945 7	1.96	4 087.589 0	10.8	0.346 546	90	0.401 4	3.599 2	50	7.867 8
124	1 321×12.7	1.6	2.5	2.5	19.317 2	9.497 3	4 129.920 9	135.080 6	4.379 3	1.96	4 082.562 4	10.8	0.346 12	90	0.400 9	4.033 2	50	8.816 5
125	1 321×14.3	1.6	2.5	2.5	21.164 7	10.556 1	4 126.520 0	164.145 3	5.317 2	1.96	4 072.509 3	10.8	0.345 267	90	0.399 9	4.971 9	50	10.868 6
126	1 321×15.9	1.6	2.5	2.5	23.012 2	11.615 8	4 123.125 1	196.166 0	6.349 2	1.96	4 062.456 2	10.8	0.344 415	90	0.398 9	6.004 8	50	13.126 5
127	1 321×17.5	1.6	2.5	2.5	24.859 7	12.676 3	4 119.735 5	231.142 7	7.475 1	1.96	4 052.403 1	10.8	0.343 563	90	0.398 0	7.131 6	50	15.589 6
128	1 321×19.1	1.6	2.5	2.5	26.707 3	13.737 5	4 116.350 4	269.075 5	8.694 7	1.96	4 042.350 0	10.8	0.342 71	90	0.397 0	8.352 0	50	18.257 5
129	1 321×20.6	1.6	2.5	2.5	28.439 3	14.733 0	4 113.180 2	307.322 2	9.923 0	1.96	4 032.925 3	10.8	0.341 911	90	0.396 0	9.581 1	50	20.944 2
130	1 321×22.2	1.6	2.5	2.5	30.286 8	15.795 3	4 109.801 9	350.982 3	11.323 4	1.96	4 022.872 2	10.8	0.341 059	90	0.395 1	10.982 3	50	24.007 3

附表一　板材、型材焊缝金属重量计算表

1. 卷边坡口

焊缝图形及计算公式	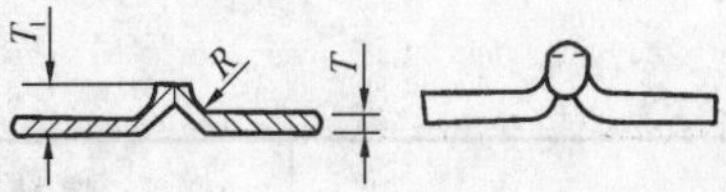	$S = 4/3\delta_e$

(1) 氧乙炔焊

① 碳钢

尺　寸 (mm)			焊缝断面 (mm²)	焊缝体积 (mm³)	金属重量 (kg/m)
δ	e	r			
1.0	1.5	2.0	2.00	2 000.000 0	0.015 6
1.5	1.5	2.0	3.00	3 000.000 0	0.023 4
2.0	1.5	2.0	4.00	4 000.000 0	0.031 2

② 黄铜

尺　寸 (mm)			焊缝断面 (mm²)	焊缝体积 (mm³)	金属重量 (kg/m)
δ	e	r			
1.0	1.5	2.0	2.00	2 000.000 0	0.017 0
1.5	1.5	2.0	3.00	3 000.000 0	0.025 5
2.0	1.5	2.0	4.00	4 000.000 0	0.034 0

(2) 手工钨极气体保护焊

①碳钢

尺 寸 (mm)			焊缝断面 (mm²)	焊缝体积 (mm³)	金属重量 (kg/m)
δ	e	r			
1.0	2.0	2.0	2.67	2 670.000 0	0.020 8
1.5	2.0	2.0	4.00	4 000.000 0	0.031 2
2.0	2.0	2.0	5.33	5 330.000 0	0.041 6

②不锈钢

尺 寸 (mm)			焊缝断面 (mm²)	焊缝体积 (mm³)	金属重量 (kg/m)
δ	e	r			
1.0	2.0	2.0	2.67	2 670.000 0	0.021 0
1.5	2.0	2.0	4.00	4 000.000 0	0.031 5
2.0	2.0	2.0	5.33	5 330.000 0	0.042 0

③紫铜

尺 寸 (mm)			焊缝断面 (mm²)	焊缝体积 (mm³)	金属重量 (kg/m)
δ	e	r			
1.0	2.0	2.0	2.67	2 670.000 0	0.023 9
1.5	2.0	2.0	4.00	4 000.000 0	0.035 8
2.0	2.0	2.0	5.33	5 330.000 0	0.047 7

2. I形坡口单面对接焊缝

焊缝图形及计算公式	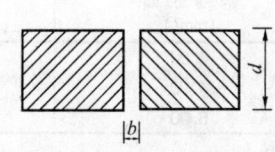 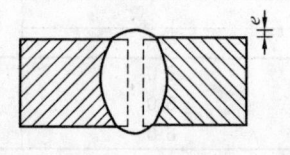	$B = b + 6$ $S = \delta b + 2/3 B \times e$

(1) 氧乙炔焊

① 碳钢

尺　寸 (mm)				焊缝断面 (mm^2)	焊缝体积 (mm^3)	金属重量 (kg/m)
δ	b	e	B			
1.0	1.0	1.0	7.0	5.67	5 666.666 7	0.044 2
1.5	1.5	1.5	7.5	9.75	9 750.000 0	0.076 1
2.0	1.5	2.0	7.5	13.00	13 000.000 0	0.101 4
2.5	1.5	2.0	7.5	13.75	13 750.000 0	0.107 3
3.0	1.5	2.0	7.5	14.50	14 500.000 0	0.113 1

② 黄铜

尺　寸 (mm)				焊缝断面 (mm^2)	焊缝体积 (mm^3)	金属重量 (kg/m)
δ	b	e	B			
1.0	1.0	1.0	7.0	5.67	5 666.666 7	0.048 2
1.5	2.0	1.5	8.0	11.00	11 000.000 0	0.093 5
2.0	2.5	1.5	8.5	13.50	13 500.000 0	0.114 8
2.5	3.0	2.0	9.0	19.50	19 500.000 0	0.165 8
3.0	3.0	2.0	9.0	21.00	21 000.000 0	0.178 5
3.5	3.0	2.0	9.0	22.50	22 500.000 0	0.191 3
4.0	3.5	2.0	9.5	26.67	26 666.666 7	0.226 7
4.5	3.5	2.0	9.5	28.42	28 416.666 7	0.241 5
5.0	4.0	2.0	10.0	33.33	33 333.333 3	0.283 3
6.0	4.0	2.0	10.0	37.33	37 333.333 3	0.317 3

③铅

尺寸 (mm)			焊缝断面 (mm²)	焊缝体积 (mm³)	金属重量 (kg/m)
δ	e	B			
2.0	1.0	6.0	4.00	4 000.000 0	0.045 4
2.5	1.0	6.0	4.00	4 000.000 0	0.045 4
3.0	1.5	6.0	6.00	6 000.000 0	0.068 0

(2) 手工电弧焊

①碳钢

尺寸 (mm)				焊缝断面 (mm²)	焊缝体积 (mm³)	金属重量 (kg/m)
δ	b	e	B			
1.0	0.5	1.0	6.5	4.83	4 833.333 3	0.037 7
1.5	0.5	1.0	6.5	5.08	5 083.333 3	0.039 7
2.0	1.0	1.5	7.0	9.00	9 000.000 0	0.070 2
2.5	1.5	1.5	7.5	11.25	11 250.000 0	0.087 8
3.0	1.5	1.5	7.5	12.00	12 000.000 0	0.093 6

②合金钢、不锈钢

尺寸 (mm)				焊缝断面 (mm²)	焊缝体积 (mm³)	金属重量 (kg/m)
δ	b	e	B			
1.0	0.5	1.0	6.5	4.83	4 833.333 3	0.038 1
1.5	0.5	1.0	6.5	5.08	5 083.333 3	0.040 1
2.0	1.0	1.5	7.0	9.00	9 000.000 0	0.070 9
2.5	1.5	1.5	7.5	11.25	11 250.000 0	0.088 7
3.0	1.5	1.5	7.5	12.00	12 000.000 0	0.094 6

(3) 手工钨极气体保护焊

①碳钢

尺寸 (mm)				焊缝断面 (mm²)	焊缝体积 (mm³)	金属重量 (kg/m)
δ	b	e	B			
1.0	0.5	1.0	6.5	4.83	4 833.333 3	0.037 7
1.5	0.5	1.0	6.5	5.08	5 083.333 3	0.039 7
2.0	1.0	1.5	7.0	9.00	9 000.000 0	0.070 2
2.5	1.5	1.5	7.5	11.25	11 250.000 0	0.087 8
3.0	1.5	1.5	7.5	12.00	12 000.000 0	0.093 6
4.0	1.5	1.5	7.5	13.50	13 500.000 0	0.105 3

② 合金钢、不锈钢

尺寸 (mm)				焊缝断面 (mm²)	焊缝体积 (mm³)	金属重量 (kg/m)
δ	b	e	B			
1.0	0.5	1.0	6.5	4.83	4 833.333 3	0.038 1
1.5	0.5	1.0	6.5	5.08	5 083.333 3	0.040 1
2.0	1.0	1.5	7.0	9.00	9 000.000 0	0.070 9
2.5	1.5	1.5	7.5	11.25	11 250.000 0	0.088 7
3.0	1.5	1.5	7.5	12.00	12 000.000 0	0.094 6
4.0	1.5	1.5	7.5	13.50	13 500.000 0	0.106 4

③ 钛

尺寸 (mm)				焊缝断面 (mm²)	焊缝体积 (mm³)	金属重量 (kg/m)
δ	b	e	B			
1.0	0.5	1.0	6.5	4.83	4 833.333 3	0.021 9
1.5	0.5	1.0	6.5	5.08	5 083.333 3	0.023 1
2.0	1.0	1.5	7.0	9.00	9 000.000 0	0.040 9
2.5	1.0	1.5	7.0	9.50	9 500.000 0	0.043 1
3.0	1.5	1.5	7.5	12.00	12 000.000 0	0.054 5
4.0	1.5	1.5	7.5	13.50	13 500.000 0	0.061 3

④ 铝、铝合金

尺寸 (mm)				焊缝断面 (mm²)	焊缝体积 (mm³)	金属重量 (kg/m)
δ	b	e	B			
1.0	1.0	1.0	7.0	5.67	5 666.666 7	0.015 3
1.5	1.0	1.0	7.0	6.17	6 166.666 7	0.016 7
2.0	1.5	1.5	7.5	10.50	10 500.000 0	0.028 4
2.5	1.5	1.5	7.5	11.25	11 250.000 0	0.030 4
3.0	1.5	2.0	7.5	14.50	14 500.000 0	0.039 2
4.0	2.0	2.0	8.0	18.67	18 666.666 7	0.050 4
5.0	2.0	2.0	8.0	20.67	20 666.666 7	0.055 8

（4）熔化极气体保护自动焊
①碳钢

尺 寸 (mm)				焊缝断面 (mm²)	焊缝体积 (mm³)	金属重量 (kg/m)
δ	b	e	B			
1.0	0.5	1.0	6.5	4.83	4 830.000 0	0.037 7
1.5	0.5	1.0	6.5	5.08	5 080.000 0	0.039 6
2.0	1.0	1.5	7.0	9.00	9 000.000 0	0.070 2
2.5	1.5	1.5	7.5	11.25	11 250.000 0	0.087 8
3.0	1.5	1.5	7.5	12.00	12 000.000 0	0.093 6
4.0	2.0	2.0	8.0	18.67	18 670.000 0	0.145 6

②合金钢

尺 寸 (mm)				焊缝断面 (mm²)	焊缝体积 (mm³)	金属重量 (kg/m)
δ	b	e	B			
1.0	0.5	1.0	6.5	4.83	4 830.000 0	0.038 1
1.5	0.5	1.0	6.5	5.08	5 080.000 0	0.040 0
2.0	1.0	1.5	7.0	9.00	9 000.000 0	0.070 9
2.5	1.5	1.5	7.5	11.25	11 250.000 0	0.088 7
3.0	1.5	1.5	7.5	12.00	12 000.000 0	0.094 6
4.0	2.0	2.0	8.0	18.67	18 670.000 0	0.147 1

（5）熔化极气体保护半自动焊
①碳钢

尺 寸 (mm)				焊缝断面 (mm²)	焊缝体积 (mm³)	金属重量 (kg/m)
δ	b	e	B			
1.0	0.5	1.0	6.5	4.83	4 833.333 3	0.037 7
1.5	0.5	1.0	6.5	5.08	5 083.333 3	0.039 7
2.0	1.0	1.5	7.0	9.00	9 000.000 0	0.070 2
2.5	1.0	1.5	7.0	9.50	9 500.000 0	0.074 1
3.0	1.0	1.5	7.0	10.00	10 000.000 0	0.078 0
4.0	1.0	2.0	7.0	13.33	13 333.333 3	0.104 0

②合金钢

尺 寸 (mm)				焊缝断面 (mm²)	焊缝体积 (mm³)	金属重量 (kg/m)
δ	b	e	B			
1.0	0.5	1.0	6.5	4.83	4 833.333 3	0.038 1
1.5	0.5	1.0	6.5	5.08	5 083.333 3	0.040 1
2.0	1.0	1.5	7.0	9.00	9 000.000 0	0.070 9
2.5	1.0	1.5	7.0	9.50	9 500.000 0	0.074 9
3.0	1.0	1.5	7.0	10.00	10 000.000 0	0.078 8
4.0	1.0	2.0	7.0	13.33	13 333.333 3	0.105 1

（6）埋弧自动焊

①碳钢

尺 寸 (mm)				焊缝断面 (mm²)	焊缝体积 (mm³)	金属重量 (kg/m)
δ	b	e	B			
3.0	1.0	1.5	7.0	10.00	10 000.000 0	0.078 0
4.0	1.0	2.0	7.0	13.33	13 333.333 3	0.104 0
5.0	1.0	2.0	7.0	14.33	14 333.333 3	0.111 8
6.0	1.0	2.0	7.0	15.33	15 333.333 3	0.119 6
8.0	1.0	2.5	7.0	19.67	19 666.666 7	0.153 4
10.0	1.0	2.5	7.0	21.67	21 666.666 7	0.169 0

②合金钢

尺 寸 (mm)				焊缝断面 (mm²)	焊缝体积 (mm³)	金属重量 (kg/m)
δ	b	e	B			
3.0	1.0	1.5	7.0	10.00	10 000.000 0	0.078 8
4.0	1.0	2.0	7.0	13.33	13 333.333 3	0.105 1
5.0	1.0	2.0	7.0	14.33	14 333.333 3	0.112 9
6.0	1.0	2.0	7.0	15.33	15 333.333 3	0.120 8
8.0	1.0	2.5	7.0	19.67	19 666.666 7	0.155 0
10.0	1.0	2.5	7.0	21.67	21 666.666 7	0.170 7

(7) 药芯焊丝自保护自动焊
①碳钢

尺 寸 (mm)				焊缝断面 (mm²)	焊缝体积 (mm³)	金属重量 (kg/m)
δ	b	e	B			
3.0	1.0	1.5	7.0	10.00	10 000.000 0	0.078 0
4.0	1.0	1.5	7.0	11.00	11 000.000 0	0.085 8
5.0	2.0	2.0	8.0	20.67	20 666.666 7	0.161 2
6.0	2.0	2.0	8.0	22.67	22 666.666 7	0.176 8

②合金钢

尺 寸 (mm)				焊缝断面 (mm²)	焊缝体积 (mm³)	金属重量 (kg/m)
δ	b	e	B			
3.0	1.0	1.5	7.0	10.00	10 000.000 0	0.078 8
4.0	1.0	1.5	7.0	11.00	11 000.000 0	0.086 7
5.0	2.0	2.0	8.0	20.67	20 666.666 7	0.162 9
6.0	2.0	2.0	8.0	22.67	22 666.666 7	0.178 6

(8) 热风焊
塑料

尺 寸 (mm)				焊缝断面 (mm²)	焊缝体积 (mm³)	金属重量 (kg/m)
δ	b	e	B			
2.0	1.0	1.5	7.0	9.00	9 000.000 0	0.012 6
2.5	1.5	1.5	7.5	11.25	11 250.000 0	0.015 8
3.0	1.5	1.5	7.5	12.00	12 000.000 0	0.016 8
3.5	2.0	1.5	8.0	15.00	15 000.000 0	0.021 0
4.0	2.5	2.0	8.5	21.33	21 330.000 0	0.029 9
5.0	2.5	2.0	8.5	23.83	23 830.000 0	0.033 4
6.0	3.0	2.0	9.0	30.00	30 000.000 0	0.042 0
8.0	3.0	2.5	9.0	39.00	39 000.000 0	0.054 6
10.0	3.0	2.5	9.0	45.00	45 000.000 0	0.063 0
12.0	3.0	2.5	9.0	51.00	51 000.000 0	0.071 4
14.0	3.0	2.5	9.0	57.00	57 000.000 0	0.079 8
16.0	3.0	3.0	9.0	66.00	66 000.000 0	0.092 4
18.0	3.0	3.0	9.0	72.00	72 000.000 0	0.100 8
20.0	3.0	3.0	9.0	78.00	78 000.000 0	0.109 2

3. I 形坡口双面对接焊缝

焊缝图形及计算公式	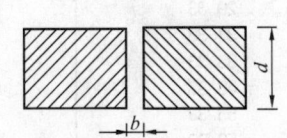 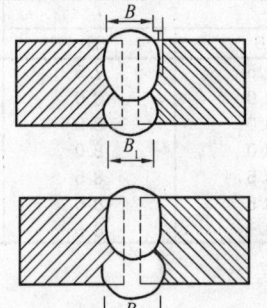	$B_1 = b + 6$ $S_1 = \delta b + 2/3 B \times e + 2/3 B_1 \times e$ $B_2 = b + 10$ $S_2 = \delta b + 2/3 B \times e + 2/3 B_2 \times e + 9/2 \times \pi$

（1）手工电弧焊

①碳钢（封底焊）

尺 寸 (mm)					焊缝断面 (mm^2)	焊缝体积 (mm^3)	金属重量 (kg/m)
δ	b	e	B	B_1			
3.0	1.5	1.5	7.5	7.5	19.50	19 500.000 0	0.152 1
4.0	2.0	1.5	8.0	8.0	24.00	24 000.000 0	0.187 2
5.0	2.5	2.0	8.5	8.5	35.17	35 166.666 7	0.274 3
6.0	2.5	2.0	8.5	8.5	37.67	37 666.666 7	0.293 8

②合金钢、不锈钢（封底焊）

尺 寸 (mm)					焊缝断面 (mm^2)	焊缝体积 (mm^3)	金属重量 (kg/m)
δ	b	e	B	B_1			
3.0	1.5	1.5	7.5	7.5	19.50	19 500.000 0	0.153 7
4.0	2.0	1.5	8.0	8.0	24.00	24 000.000 0	0.189 1
5.0	2.5	2.0	8.5	8.5	35.17	35 166.666 7	0.277 1
6.0	2.5	2.0	8.5	8.5	37.67	37 666.666 7	0.296 8

（2）熔化极气体保护自动焊

①碳钢（封底焊）

尺 寸 (mm)					焊缝断面 (mm^2)	焊缝体积 (mm^3)	金属重量 (kg/m)
δ	b	e	B	B_1			
3.0	1.5	1.5	7.5	7.5	19.50	19 500.000 0	0.152 1
4.0	2.0	2.0	8.0	8.0	29.33	29 333.333 3	0.228 8
5.0	2.0	2.0	8.0	8.0	31.33	31 333.333 3	0.244 4
6.0	2.0	2.0	8.0	8.0	33.33	33 333.333 3	0.260 0
8.0	2.5	2.5	8.5	8.5	48.33	48 333.333 3	0.377 0
10.0	2.5	2.5	8.5	8.5	53.33	53 333.333 3	0.416 0
12.0	2.5	2.5	8.5	8.5	58.33	58 333.333 3	0.455 0

②合金钢（封底焊）

尺　寸 (mm)					焊缝断面 (mm²)	焊缝体积 (mm³)	金属重量 (kg/m)
δ	b	e	B	B₁			
3.0	1.5	1.5	7.5	7.5	19.50	19 500.000 0	0.153 7
4.0	2.0	2.0	8.0	8.0	29.33	29 333.333 3	0.231 1
5.0	2.0	2.0	8.0	8.0	31.33	31 333.333 3	0.246 9
6.0	2.0	2.0	8.0	8.0	33.33	33 333.333 3	0.262 7
8.0	2.5	2.5	8.5	8.5	48.33	48 333.333 3	0.380 9
10.0	2.5	2.5	8.5	8.5	53.33	53 333.333 3	0.420 3
12.0	2.5	2.5	8.5	8.5	58.33	58 333.333 3	0.459 7

（3）熔化极气体保护半自动焊

①碳钢（封底焊）

尺　寸 (mm)					焊缝断面 (mm²)	焊缝体积 (mm³)	金属重量 (kg/m)
δ	b	e	B	B₁			
3.0	1.5	1.5	7.5	7.5	19.50	19 500.000 0	0.152 1
4.0	1.5	2.0	7.5	7.5	26.00	26 000.000 0	0.202 8
5.0	1.5	2.0	7.5	7.5	27.50	27 500.000 0	0.214 5
6.0	1.5	2.0	7.5	7.5	29.00	29 000.000 0	0.226 2
8.0	1.5	2.5	7.5	7.5	37.00	37 000.000 0	0.288 6
10.0	1.5	2.5	7.5	7.5	40.00	40 000.000 0	0.312 0
12.0	1.5	2.5	7.5	7.5	43.00	43 000.000 0	0.335 4

②合金钢（封底焊）

尺　寸 (mm)					焊缝断面 (mm²)	焊缝体积 (mm³)	金属重量 (kg/m)
δ	b	e	B	B₁			
3.0	1.5	1.5	7.5	7.5	19.50	19 500.000 0	0.153 7
4.0	1.5	2.0	7.5	7.5	26.00	26 000.000 0	0.204 9
5.0	1.5	2.0	7.5	7.5	27.50	27 500.000 0	0.216 7
6.0	1.5	2.0	7.5	7.5	29.00	29 000.000 0	0.228 5
8.0	1.5	2.5	7.5	7.5	37.00	37 000.000 0	0.291 6
10.0	1.5	2.5	7.5	7.5	40.00	40 000.000 0	0.315 2
12.0	1.5	2.5	7.5	7.5	43.00	43 000.000 0	0.338 8

（4）埋弧自动焊

①碳钢（封底焊）

尺　寸 (mm)					焊缝断面 (mm²)	焊缝体积 (mm³)	金属重量 (kg/m)
δ	b	e	B	B₁			
3.0	1.0	1.5	7.0	7.0	17.00	17 000.000 0	0.132 6
4.0	1.0	2.0	7.0	7.0	22.67	22 666.666 7	0.176 8
5.0	1.0	2.0	7.0	7.0	23.67	23 666.666 7	0.184 6
6.0	1.0	2.0	7.0	7.0	24.67	24 666.666 7	0.192 4
8.0	1.0	2.5	7.0	7.0	31.33	31 333.333 3	0.244 4
10.0	1.0	2.5	7.0	7.0	33.33	33 333.333 3	0.260 0

②碳钢（清根焊）

尺 寸 (mm)					焊缝断面 (mm²)	焊缝体积 (mm³)	金属重量 (kg/m)
δ	b	e	B	B_2			
6.0	2.0	2.0	8.0	12.0	36.80	36 803.866 7	0.287 1
8.0	2.0	2.5	8.0	12.0	43.47	43 470.533 3	0.339 1
10.0	2.0	2.5	8.0	12.0	47.47	47 470.533 3	0.370 3
12.0	2.0	2.5	8.0	12.0	51.47	51 470.533 3	0.401 5
14.0	2.0	2.5	8.0	12.0	55.47	55 470.533 3	0.432 7
16.0	2.0	3.0	8.0	12.0	62.14	62 137.200 0	0.484 7
18.0	2.0	3.0	8.0	12.0	66.14	66 137.200 0	0.515 9
20.0	2.0	3.0	8.0	12.0	70.14	70 137.200 0	0.547 1
22.0	2.0	3.0	8.0	12.0	74.14	74 137.200 0	0.578 3
24.0	2.0	3.0	8.0	12.0	78.14	78 137.200 0	0.609 5

③合金钢（封底焊）

尺 寸 (mm)					焊缝断面 (mm²)	焊缝体积 (mm³)	金属重量 (kg/m)
δ	b	e	B	B_1			
3.0	1.0	1.5	7.0	7.0	17.00	17 000.000 0	0.134 0
4.0	1.0	2.0	7.0	7.0	22.67	22 666.666 7	0.178 6
5.0	1.0	2.0	7.0	7.0	23.67	23 666.666 7	0.186 5
6.0	1.0	2.0	7.0	7.0	24.67	24 666.666 7	0.194 4
8.0	1.0	2.5	7.0	7.0	31.33	31 333.333 3	0.246 9
10.0	1.0	2.5	7.0	7.0	33.33	33 333.333 3	0.262 7

④合金钢（清根焊）

尺 寸 (mm)					焊缝断面 (mm²)	焊缝体积 (mm³)	金属重量 (kg/m)
δ	b	e	B	B_2			
6.0	2.0	2.0	8.0	12.0	36.80	36 803.866 7	0.290 0
8.0	2.0	2.5	8.0	12.0	43.47	43 470.533 3	0.342 5
10.0	2.0	2.5	8.0	12.0	47.47	47 470.533 3	0.374 1
12.0	2.0	2.5	8.0	12.0	51.47	51 470.533 3	0.405 6
14.0	2.0	2.5	8.0	12.0	55.47	55 470.533 3	0.437 1

续表

尺 寸 (mm)					焊缝断面 (mm^2)	焊缝体积 (mm^3)	金属重量 (kg/m)
δ	b	e	B	B_2			
16.0	2.0	3.0	8.0	12.0	62.14	62 137.200 0	0.489 6
18.0	2.0	3.0	8.0	12.0	66.14	66 137.200 0	0.521 2
20.0	2.0	3.0	8.0	12.0	70.14	70 137.200 0	0.552 7
22.0	2.0	3.0	8.0	12.0	74.14	74 137.200 0	0.584 2
24.0	2.0	3.0	8.0	12.0	78.14	78 137.200 0	0.615 7

(5) 药芯焊丝自保护自动焊

①碳钢（清根焊）

尺 寸 (mm)				焊缝断面 (mm^2)	焊缝体积 (mm^3)	金属重量 (kg/m)
δ	b	e	B_2			
3.0	1.0	1.5	11.0	28.14	28 137.200 0	0.219 5
4.0	1.0	1.5	11.0	29.14	29 137.200 0	0.227 3
5.0	2.0	2.0	12.0	40.14	40 137.200 0	0.313 1
6.0	2.0	2.0	12.0	42.14	42 137.200 0	0.328 7
7.0	2.0	2.0	12.0	44.14	44 137.200 0	0.344 3
8.0	2.0	2.5	12.0	50.14	50 137.200 0	0.391 1
9.0	2.0	2.5	12.0	52.14	52 137.200 0	0.406 7

②合金钢（清根焊）

尺 寸 (mm)				焊缝断面 (mm^2)	焊缝体积 (mm^3)	金属重量 (kg/m)
δ	b	e	B_2			
3.0	1.0	1.5	11.0	28.14	28 137.200 0	0.221 7
4.0	1.0	1.5	11.0	29.14	29 137.200 0	0.229 6
5.0	2.0	2.0	12.0	40.14	40 137.200 0	0.316 3
6.0	2.0	2.0	12.0	42.14	42 137.200 0	0.332 0
7.0	2.0	2.0	12.0	44.14	44 137.200 0	0.347 8
8.0	2.0	2.5	12.0	50.14	50 137.200 0	0.395 1
9.0	2.0	2.5	12.0	52.14	52 137.200 0	0.410 8

4. Y形坡口单面对接焊缝

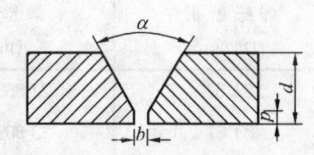

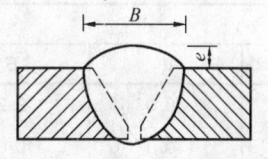

焊缝图形及计算公式		$B=b+2\times(\delta-p)\times tga/2+4$ $S=\delta b+(\delta-p)^2\times tga/2+2/3B\times e$

(1) 氧乙炔焊

①碳钢

尺寸 (mm)						焊缝断面	焊缝体积	金属重量
δ	b	p	e	α	B	(mm^2)	(mm^3)	(kg/m)
3.0	1.5	1.5	2.0	60.0	7.2	15.44	15 440.983 3	0.120 4
3.5	2.0	1.5	2.0	60.0	8.3	20.39	20 387.200 0	0.159 0
4.0	2.5	1.5	2.0	60.0	9.4	26.12	26 121.916 7	0.203 8

②合金钢

尺寸 (mm)						焊缝断面	焊缝体积	金属重量
δ	b	p	e	α	B	(mm^2)	(mm^3)	(kg/m)
3.0	1.5	1.5	2.0	60.0	7.2	15.44	15 440.000 0	0.121 7
3.5	2.0	1.5	2.0	60.0	8.3	20.39	20 390.000 0	0.160 7
4.0	2.5	1.5	2.0	60.0	9.4	26.12	26 120.000 0	0.205 8

③黄铜

尺寸 (mm)						焊缝断面	焊缝体积	金属重量
δ	b	p	e	α	B	(mm^2)	(mm^3)	(kg/m)
3.0	3.0	1.5	2.0	65.0	8.9	22.18	22 179.583 3	0.188 5
3.5	3.0	1.5	2.0	65.0	9.5	25.54	25 538.666 7	0.217 1
4.0	4.0	1.5	2.0	65.0	11.2	34.52	34 519.583 3	0.293 4
5.0	4.0	1.5	2.0	65.0	12.5	43.68	43 680.250 0	0.371 3
6.0	5.0	1.5	3.0	65.0	14.7	71.15	71 150.250 0	0.604 8
8.0	5.0	1.5	3.0	65.0	17.3	98.94	98 940.250 0	0.841 0

④铅

尺寸 (mm)						焊缝断面 (mm^2)	焊缝体积 (mm^3)	金属重量 (kg/m)
δ	b	p	e	α	B			
4.0	1.0	1.0	2.0	70.0	9.2	22.57	22 568.266 7	0.255 9
5.0	1.0	1.0	2.5	70.0	10.6	33.87	33 869.333 3	0.384 1
6.0	2.0	1.0	3.0	70.0	13.0	55.50	55 504.000 0	0.629 4
8.0	2.0	1.0	3.5	70.0	15.8	87.17	87 173.200 0	0.988 5
10.0	2.0	1.0	4.0	70.0	18.6	126.31	126 309.600 0	1.432 4

(2) 手工电弧焊

①碳钢

尺寸 (mm)						焊缝断面 (mm^2)	焊缝体积 (mm^3)	金属重量 (kg/m)
δ	b	p	e	α	B			
3.0	1.5	1.5	1.0	65.0	7.4	10.87	10 873.916 7	0.084 8
3.5	1.5	1.5	1.0	65.0	8.0	13.16	13 163.333 3	0.102 7
4.0	2.0	1.5	1.0	65.0	9.2	18.10	18 104.583 3	0.141 2
5.0	2.0	1.5	2.0	65.0	10.5	31.75	31 748.583 3	0.247 6
6.0	2.0	1.5	2.0	65.0	11.7	40.54	40 543.250 0	0.316 2
8.0	2.0	1.5	2.0	65.0	14.3	61.95	61 954.583 3	0.483 2
10.0	3.0	1.5	2.5	60.0	16.8	99.74	99 740.000 0	0.778 0
12.0	3.0	1.5	2.5	60.0	19.1	131.53	131 530.000 0	1.025 9
14.0	3.0	1.5	2.5	60.0	21.4	167.93	167 930.000 0	1.309 9
16.0	3.0	1.5	3.0	60.0	23.7	216.87	216 870.000 0	1.691 6
18.0	3.0	1.5	3.0	60.0	26.1	263.29	263 290.000 0	2.053 7
20.0	3.0	1.5	3.0	60.0	28.4	314.32	314 320.000 0	2.451 7
22.0	3.0	1.5	3.0	60.0	30.7	369.97	369 970.000 0	2.885 8
24.0	3.0	1.5	3.0	60.0	33.0	430.25	430 250.000 0	3.356 0
26.0	3.0	1.5	3.0	60.0	35.3	495.13	495 130.000 0	3.862 0

②合金钢、不锈钢

尺寸(mm)						焊缝断面	焊缝体积	金属重量
δ	b	p	e	α	B	(mm²)	(mm³)	(kg/m)
3.0	1.5	1.5	1.0	65.0	7.4	10.87	10 873.916 7	0.085 7
3.5	1.5	1.5	1.0	65.0	8.0	13.16	13 163.333 3	0.103 7
4.0	2.0	1.5	1.0	65.0	9.2	18.10	18 104.583 3	0.142 7
5.0	2.0	1.5	2.0	65.0	10.5	31.75	31 748.583 3	0.250 2
6.0	2.0	1.5	2.0	65.0	11.7	40.54	40 543.250 0	0.319 5
8.0	2.0	1.5	2.0	65.0	14.3	61.95	61 954.583 3	0.488 2
10.0	3.0	1.5	2.5	60.0	16.8	99.74	99 738.454 2	0.785 9
12.0	3.0	1.5	2.5	60.0	19.1	131.53	131 526.754 2	1.036 4
14.0	3.0	1.5	2.5	60.0	21.4	167.93	167 933.854 2	1.323 3
16.0	3.0	1.5	3.0	60.0	23.7	216.87	216 874.137 5	1.709 0
18.0	3.0	1.5	3.0	60.0	26.1	263.29	263 288.637 5	2.074 7
20.0	3.0	1.5	3.0	60.0	28.4	314.32	314 321.937 5	2.476 9
22.0	3.0	1.5	3.0	60.0	30.7	369.97	369 974.037 5	2.915 4
24.0	3.0	1.5	3.0	60.0	33.0	430.24	430 244.937 5	3.390 3
26.0	3.0	1.5	3.0	60.0	35.3	495.13	495 134.637 5	3.901 7

(3) 手工钨极气体保护焊

①碳钢

尺寸(mm)						焊缝断面	焊缝体积	金属重量
δ	b	p	e	α	B	(mm²)	(mm³)	(kg/m)
3.0	1.5	2.0	1.0	65.0	6.8	9.65	9 653.000 0	0.075 3
3.5	1.5	2.0	1.0	65.0	7.4	11.62	11 623.916 7	0.090 7
4.0	2.0	2.0	1.0	65.0	8.5	16.25	16 246.666 7	0.126 7
5.0	2.0	2.0	2.0	65.0	9.8	28.83	28 829.000 0	0.224 9
6.0	2.0	2.0	2.0	65.0	11.1	36.99	36 986.666 7	0.288 5
8.0	2.0	2.0	2.0	65.0	13.6	57.12	57 124.000 0	0.445 6
10.0	3.0	2.0	2.5	60.0	16.2	94.01	94 013.066 7	0.733 3
12.0	3.0	2.0	2.5	60.0	18.5	124.65	124 646.666 7	0.972 2
14.0	3.0	2.0	2.5	60.0	20.9	159.90	159 899.066 7	1.247 2
16.0	3.0	2.0	3.0	60.0	23.2	207.49	207 492.200 0	1.618 4
18.0	3.0	2.0	3.0	60.0	25.5	252.75	252 752.000 0	1.971 5
20.0	3.0	2.0	3.0	60.0	27.8	302.63	302 630.600 0	2.360 5
22.0	3.0	2.0	3.0	60.0	30.1	357.13	357 128.000 0	2.785 6
24.0	3.0	2.0	3.0	60.0	32.4	416.24	416 244.200 0	3.246 7
26.0	3.0	2.0	3.0	60.0	34.7	479.98	479 979.200 0	3.743 8

②合金钢、不锈钢

尺　寸 (mm)						焊缝断面 (mm^2)	焊缝体积 (mm^3)	金属重量 (kg/m)
δ	b	p	e	α	B			
3.0	1.5	2.0	1.0	65.0	6.8	9.65	9 653.000 0	0.076 1
3.5	1.5	2.0	1.0	65.0	7.4	11.62	11 623.916 7	0.091 6
4.0	2.0	2.0	1.0	65.0	8.5	16.25	16 246.666 7	0.128 0
5.0	2.0	2.0	2.0	65.0	9.8	28.83	28 829.000 0	0.227 2
6.0	2.0	2.0	2.0	65.0	11.1	36.99	36 986.666 7	0.291 5
8.0	2.0	2.0	2.0	65.0	13.6	57.12	57 124.000 0	0.450 1
10.0	3.0	2.0	2.5	60.0	16.2	94.01	94 013.066 7	0.740 8
12.0	3.0	2.0	2.5	60.0	18.5	124.65	124 646.666 7	0.982 2
14.0	3.0	2.0	2.5	60.0	20.9	159.90	159 899.066 7	1.260 0
16.0	3.0	2.0	3.0	60.0	23.2	207.49	207 492.200 0	1.635 0
18.0	3.0	2.0	3.0	60.0	25.5	252.75	252 752.000 0	1.991 7
20.0	3.0	2.0	3.0	60.0	27.8	302.63	302 630.600 0	2.384 7
22.0	3.0	2.0	3.0	60.0	30.1	357.13	357 128.000 0	2.814 2
24.0	3.0	2.0	3.0	60.0	32.4	416.24	416 244.200 0	3.280 0
26.0	3.0	2.0	3.0	60.0	34.7	479.98	479 979.200 0	3.782 2

③钛

尺　寸 (mm)						焊缝断面 (mm^2)	焊缝体积 (mm^3)	金属重量 (kg/m)
δ	b	p	e	α	B			
3.0	1.0	1.0	2.0	60.0	7.3	15.06	15 055.266 7	0.068 4
4.0	1.0	1.0	2.0	60.0	8.5	20.48	20 481.616 7	0.093 0
5.0	1.5	1.5	2.0	60.0	9.5	27.29	27 294.470 8	0.123 9
6.0	1.5	1.5	2.0	60.0	10.7	34.95	34 952.870 8	0.158 7
8.0	1.5	1.5	2.0	60.0	13.0	53.73	53 733.770 8	0.244 0
10.0	2.0	1.5	2.5	30.0	15.8	88.07	88 071.787 5	0.399 8
12.0	2.0	1.5	2.5	60.0	18.1	117.86	117 860.087 5	0.535 1
14.0	2.5	1.5	2.5	60.0	20.9	160.10	160 100.520 8	0.726 9
16.0	2.5	1.5	3.0	60.0	23.2	207.87	207 874.137 5	0.943 7
18.0	2.5	1.5	3.0	60.0	25.6	253.29	253 288.637 5	1.149 9

④铝、铝合金

尺　寸（mm）						焊缝断面 (mm²)	焊缝体积 (mm³)	金属重量 (kg/m)
δ	b	p	e	α	B			
3.0	2.0	1.5	3.0	70.0	8.1	23.78	23 775.000 0	0.064 2
3.5	2.0	1.5	3.0	70.0	8.8	27.40	27 400.000 0	0.074 0
4.0	2.0	1.5	3.0	70.0	9.5	31.38	31 375.000 0	0.084 7
5.0	2.5	1.5	3.0	70.0	11.4	43.88	43 875.000 0	0.118 5
6.0	2.5	2.0	3.0	65.0	11.6	48.38	48 384.000 0	0.130 6
8.0	3.0	2.0	3.0	65.0	14.6	76.22	76 220.000 0	0.205 8
10.0	3.0	2.0	3.0	65.0	17.2	105.15	105 152.000 0	0.283 9
12.0	3.0	2.0	3.0	65.0	19.7	139.18	139 180.000 0	0.375 8

⑤紫铜

尺　寸（mm）					焊缝断面 (mm²)	焊缝体积 (mm³)	金属重量 (kg/m)
δ	p	e	α	B			
3.0	1.0	1.0	65.0	6.5	6.91	6 913.333 3	0.061 8
3.5	1.0	1.0	65.0	7.2	8.77	8 771.250 0	0.078 4
4.0	1.0	2.0	65.0	7.8	16.16	16 162.333 3	0.144 5
5.0	1.5	2.0	65.0	8.5	19.08	19 081.916 7	0.170 6
6.0	1.5	2.0	65.0	9.7	25.88	25 876.583 3	0.231 3
8.0	1.5	2.0	65.0	12.3	43.29	43 287.916 7	0.387 0
10.0	1.5	2.5	65.0	14.8	70.74	70 738.250 0	0.632 4
12.0	1.5	2.5	65.0	17.4	99.19	99 190.916 7	0.886 8

（4）熔化极气体保护自动焊

①碳钢

尺　寸（mm）						焊缝断面 (mm²)	焊缝体积 (mm³)	金属重量 (kg/m)
δ	b	p	e	α	B			
3.0	1.5	1.5	1.0	60.0	7.2	10.62	10 620.404 2	0.082 8
3.5	1.5	1.5	1.0	60.0	7.8	12.77	12 765.666 7	0.099 6
4.0	1.5	1.5	2.0	60.0	8.4	20.79	20 790.770 8	0.162 2
5.0	2.0	2.0	2.0	60.0	9.5	27.81	27 814.950 0	0.217 0
6.0	2.0	2.0	2.0	60.0	10.6	35.40	35 396.000 0	0.276 1

续表

尺 寸 (mm)						焊缝断面 (mm^2)	焊缝体积 (mm^3)	金属重量 (kg/m)
δ	b	p	e	α	B			
8.0	2.0	2.0	2.0	60.0	12.9	54.02	54 022.200 0	0.421 4
10.0	2.0	2.0	2.5	60.0	15.2	82.35	82 346.400 0	0.642 3
12.0	2.0	2.0	2.5	60.0	17.5	110.98	110 980.000 0	0.865 6

②合金钢、不锈钢

尺 寸 (mm)						焊缝断面 (mm^2)	焊缝体积 (mm^3)	金属重量 (kg/m)
δ	b	p	e	α	B			
3.0	1.5	1.5	1.0	60.0	7.2	10.62	10 620.404 2	0.083 7
3.5	1.5	1.5	1.0	60.0	7.8	12.77	12 765.666 7	0.100 6
4.0	1.5	1.5	2.0	60.0	8.4	20.79	20 790.770 8	0.163 8
5.0	2.0	2.0	2.0	60.0	9.5	27.81	27 814.950 0	0.219 2
6.0	2.0	2.0	2.0	60.0	10.6	35.40	35 396.000 0	0.278 9
8.0	2.0	2.0	2.0	60.0	12.9	54.02	54 022.200 0	0.425 7
10.0	2.0	2.0	2.5	60.0	15.2	82.35	82 346.400 0	0.648 9
12.0	2.0	2.0	2.5	60.0	17.5	110.98	110 980.000 0	0.874 5

③铝、铝合金

尺 寸 (mm)						焊缝断面 (mm^2)	焊缝体积 (mm^3)	金属重量 (kg/m)
δ	b	p	e	α	B			
4.0	2.0	3.0	2.0	65.0	7.3	18.34	18 335.666 7	0.049 5
5.0	2.5	3.0	2.0	65.0	9.0	27.11	27 112.000 0	0.073 2
6.0	2.5	3.0	2.0	65.0	10.3	34.50	34 495.666 7	0.093 1
8.0	3.0	3.0	2.0	65.0	13.4	57.75	57 751.666 7	0.155 9
10.0	3.0	3.0	3.0	65.0	15.9	93.05	93 049.000 0	0.251 2
12.0	3.0	4.0	3.0	65.0	17.2	111.15	111 152.000 0	0.300 1
14.0	3.0	4.0	3.0	65.0	19.7	145.18	145 180.000 0	0.392 0
16.0	3.0	4.0	3.0	65.0	22.3	184.30	184 304.000 0	0.497 6
18.0	3.0	4.0	3.0	65.0	24.8	228.52	228 524.000 0	0.617 0
20.0	3.0	4.0	3.0	65.0	27.4	277.84	277 840.000 0	0.750 2

(5) 熔化极气体保护半自动焊
①碳钢

尺　寸（mm）						焊缝断面 (mm²)	焊缝体积 (mm³)	金属重量 (kg/m)
δ	b	p	e	α	B			
3.0	2.0	1.5	1.0	50.0	7.4	11.98	11 980.500 0	0.093 4
3.5	2.0	1.5	1.0	50.0	7.9	14.11	14 106.666 7	0.110 0
4.0	2.0	1.5	2.0	50.0	8.3	22.02	22 019.166 7	0.171 7
5.0	2.5	2.0	2.0	50.0	9.3	29.09	29 088.666 7	0.226 9
6.0	2.5	2.0	2.0	50.0	10.2	36.09	36 093.333 3	0.281 5
8.0	2.5	2.0	2.0	50.0	12.1	52.90	52 898.666 7	0.412 6
10.0	2.5	2.0	2.5	50.0	14.0	78.08	78 084.000 0	0.609 1
12.0	2.5	2.0	2.5	50.0	15.8	102.97	102 966.666 7	0.803 1

②合金钢、不锈钢

尺　寸（mm）						焊缝断面 (mm²)	焊缝体积 (mm³)	金属重量 (kg/m)
δ	b	p	e	α	B			
3.0	2.0	1.5	1.0	50.0	7.4	11.98	11 980.500 0	0.094 4
3.5	2.0	1.5	1.0	50.0	7.9	14.11	14 106.666 7	0.111 2
4.0	2.0	1.5	2.0	50.0	8.3	22.02	22 019.166 7	0.173 5
5.0	2.5	2.0	2.0	50.0	9.3	29.09	29 088.666 7	0.229 2
6.0	2.5	2.0	2.0	50.0	10.2	36.09	36 093.333 3	0.284 4
8.0	2.5	2.0	2.0	50.0	12.1	52.90	52 898.666 7	0.416 8
10.0	2.5	2.0	2.5	50.0	14.0	78.08	78 084.000 0	0.615 3
12.0	2.5	2.0	2.5	50.0	15.8	102.97	102 966.666 7	0.811 4

(6) 熔化极惰性气体保护焊
铝、铝合金

尺　寸（mm）						焊缝断面 (mm²)	焊缝体积 (mm³)	金属重量 (kg/m)
δ	b	p	e	α	B			
4.0	2.0	3.0	2.0	65.0	7.3	18.34	18 335.666 7	0.049 5
5.0	2.5	3.0	2.0	65.0	9.0	27.11	27 112.000 0	0.073 2
6.0	2.5	3.0	2.0	65.0	10.3	34.50	34 495.666 7	0.093 1
8.0	3.0	3.0	2.0	65.0	13.4	57.75	57 751.666 7	0.155 9
10.0	3.0	3.0	3.0	65.0	15.9	93.05	93 049.000 0	0.251 2

续表

尺寸(mm)						焊缝断面	焊缝体积	金属重量
δ	b	p	e	α	B	(mm²)	(mm³)	(kg/m)
12.0	3.0	4.0	3.0	65.0	17.2	111.15	111 152.000 0	0.300 1
14.0	3.0	4.0	3.0	65.0	19.7	145.18	145 180.000 0	0.392 0
16.0	3.0	4.0	3.0	65.0	22.3	184.30	184 304.000 0	0.497 6
18.0	3.0	4.0	3.0	65.0	24.8	228.52	228 524.000 0	0.617 0
20.0	3.0	4.0	3.0	65.0	27.4	277.84	277 840.000 0	0.750 2
22.0	3.0	4.0	3.0	65.0	29.9	332.25	332 252.000 0	0.897 1
24.0	3.0	4.0	3.0	65.0	32.5	391.76	391 760.000 0	1.057 8
26.0	3.0	4.0	3.0	65.0	35.0	456.36	456 364.000 0	1.232 2

(7) 埋弧自动焊

①碳钢

尺寸(mm)						焊缝断面	焊缝体积	金属重量
δ	b	p	e	α	B	(mm²)	(mm³)	(kg/m)
10.0	2.0	6.0	2.5	65.0	11.1	48.69	48 685.333 3	0.379 7
12.0	2.0	6.0	2.5	65.0	13.6	69.67	69 672.000 0	0.543 4
14.0	2.0	6.0	2.5	65.0	16.2	95.75	95 754.666 7	0.746 9
16.0	2.0	6.0	3.0	65.0	18.7	133.18	133 180.000 0	1.038 8
18.0	2.0	6.0	3.0	60.0	19.8	158.78	158 784.000 0	1.238 5
20.0	2.0	6.0	3.0	60.0	22.2	197.40	197 404.000 0	1.539 8
22.0	2.0	6.0	3.0	60.0	24.5	240.64	240 640.000 0	1.877 0
24.0	2.0	6.0	3.0	60.0	26.8	288.49	288 492.000 0	2.250 2
26.0	2.0	6.0	3.0	60.0	29.1	340.96	340 960.000 0	2.659 5

②合金钢、不锈钢

尺寸(mm)						焊缝断面	焊缝体积	金属重量
δ	b	p	e	α	B	(mm²)	(mm³)	(kg/m)
10.0	2.0	6.0	2.5	65.0	11.1	48.69	48 685.333 3	0.383 6
12.0	2.0	6.0	2.5	65.0	13.6	69.67	69 672.000 0	0.549 0

续表

尺寸(mm)						焊缝断面 (mm²)	焊缝体积 (mm³)	金属重量 (kg/m)
δ	b	p	e	α	B			
14.0	2.0	6.0	2.5	65.0	16.2	95.75	95 754.666 7	0.754 5
16.0	2.0	6.0	3.0	65.0	18.7	133.18	133 180.000 0	1.049 5
18.0	2.0	6.0	3.0	60.0	19.8	158.78	158 784.000 0	1.251 2
20.0	2.0	6.0	3.0	60.0	22.2	197.40	197 404.000 0	1.555 5
22.0	2.0	6.0	3.0	60.0	24.5	240.64	240 640.000 0	1.896 2
24.0	2.0	6.0	3.0	60.0	26.8	288.49	288 492.000 0	2.273 3
26.0	2.0	6.0	3.0	60.0	29.1	340.96	340 960.000 0	2.686 8

(8) 热风焊

塑料

尺寸(mm)						焊缝断面 (mm²)	焊缝体积 (mm³)	金属重量 (kg/m)
δ	b	p	e	α	B			
2.0	1.5	0.5	1.0	60.0	7.2	9.12	9 120.404 2	0.012 8
2.5	1.5	0.5	1.5	60.0	7.8	13.87	13 868.800 0	0.019 4
3.0	2.0	0.5	1.5	60.0	8.9	18.50	18 495.187 5	0.025 9
3.5	2.0	1.0	1.5	60.0	8.9	19.50	19 495.187 5	0.027 3
4.0	2.0	1.0	1.5	60.0	9.5	22.66	22 660.250 0	0.031 7
5.0	2.0	1.0	2.0	60.0	10.6	33.40	33 396.000 0	0.046 8
6.0	2.5	1.5	2.0	60.0	11.7	42.29	42 286.204 2	0.059 2
8.0	2.5	1.5	2.5	60.0	14.0	67.74	67 735.620 8	0.094 8
10.0	3.0	1.5	2.5	60.0	16.8	99.74	99 738.454 2	0.139 6
12.0	3.0	1.5	2.5	60.0	19.1	131.53	131 526.754 2	0.184 1
14.0	3.0	1.5	2.5	60.0	21.4	167.93	167 933.854 2	0.235 1
16.0	3.0	1.5	3.0	60.0	23.7	216.87	216 874.137 5	0.303 6
18.0	3.0	1.5	3.0	60.0	26.1	263.29	263 288.637 5	0.368 6
20.0	3.0	1.5	3.0	60.0	28.4	314.32	314 321.937 5	0.440 1

5. Y形坡口双面对接焊缝

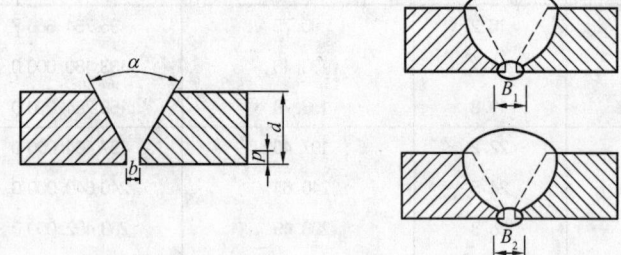

焊缝图形及计算公式

$B_1 = b + 6$
$S_1 = \delta b + (\delta - p)^2 \times \text{tg}\alpha /2 + 2/3 B \times e + 2/3 B_1 \times e$
$B_2 = b + 10$
$S_2 = \delta b + (\delta - p)^2 \times \text{tg}\alpha /2 + 2/3 B \times e + 2/3 B_2 \times e + 9/2 \times \pi$

（1）手工电弧焊

①碳钢（封底焊）

尺 寸 (mm)							焊缝断面 (mm^2)	焊缝体积 (mm^3)	金属重量 (kg/m)
δ	b	p	e	α	B	B_1			
3.0	1.5	1.5	1.0	65.0	7.4	7.5	15.87	15 873.916 7	0.123 8
3.5	1.5	1.5	1.0	65.0	8.0	7.5	18.16	18 163.333 3	0.141 7
4.0	2.0	1.5	1.0	65.0	9.2	8.0	23.44	23 437.916 7	0.182 8
5.0	2.0	1.5	2.0	65.0	10.5	8.0	42.42	42 415.250 0	0.330 8
6.0	2.0	1.5	2.0	65.0	11.7	8.0	51.21	51 209.916 7	0.399 4
8.0	2.0	1.5	2.0	65.0	14.3	8.0	72.62	72 621.250 0	0.566 4
10.0	3.0	2.0	2.5	60.0	16.2	9.0	109.01	109 013.066 7	0.850 3
12.0	3.0	2.0	2.5	60.0	18.5	9.0	139.65	139 646.666 7	1.089 2
14.0	3.0	2.0	2.5	60.0	20.9	9.0	174.90	174 899.066 7	1.364 2
16.0	3.0	2.0	3.0	60.0	23.2	9.0	225.49	225 492.200 0	1.758 8
18.0	3.0	2.0	3.0	60.0	25.5	9.0	270.75	270 752.000 0	2.111 9
20.0	3.0	2.0	3.0	60.0	27.8	9.0	320.63	320 630.600 0	2.500 9
22.0	3.0	2.0	3.0	60.0	30.1	9.0	375.13	375 128.000 0	2.926 0
24.0	3.0	2.0	3.0	60.0	32.4	9.0	434.24	434 244.200 0	3.387 1
26.0	3.0	2.0	3.0	60.0	34.7	9.0	497.98	497 979.200 0	3.884 2

②碳钢（清根焊）

尺寸(mm)							焊缝断面 (mm²)	焊缝体积 (mm³)	金属重量 (kg/m)
δ	b	p	e	α	B	B_2			
6.0	2.0	1.5	2.0	65.0	11.7	12.0	70.68	70 680.416 7	0.551 3
8.0	2.0	1.5	2.0	65.0	14.3	12.0	92.09	92 091.750 0	0.718 3
10.0	3.0	2.0	2.5	65.0	17.2	13.0	135.23	135 225.166 7	1.054 8
12.0	3.0	2.0	2.5	65.0	19.7	13.0	168.40	168 403.833 4	1.313 5
14.0	3.0	2.0	2.5	65.0	22.3	13.0	206.68	206 678.500 0	1.612 1
16.0	3.0	2.0	3.0	65.0	24.8	13.0	262.66	262 661.166 7	2.048 8
18.0	3.0	2.0	3.0	60.0	25.5	13.0	292.89	292 889.166 7	2.284 5
20.0	3.0	2.0	3.0	60.0	27.8	13.0	342.77	342 767.766 7	2.673 6
22.0	3.0	2.0	3.0	60.0	30.1	13.0	397.27	397 265.166 7	3.098 7
24.0	3.0	2.0	3.0	60.0	32.4	13.0	456.38	456 381.366 7	3.559 8
26.0	3.0	2.0	3.0	60.0	34.7	13.0	520.12	520 116.366 7	4.056 9

③合金钢、不锈钢（封底焊）

尺寸(mm)							焊缝断面 (mm²)	焊缝体积 (mm³)	金属重量 (kg/m)
δ	b	p	e	α	B	B_1			
3.0	1.5	1.5	1.0	65.0	7.4	7.5	15.87	15 873.916 7	0.125 1
3.5	1.5	1.5	1.0	65.0	8.0	7.5	18.16	18 163.333 3	0.143 1
4.0	2.0	1.5	1.0	65.0	9.2	8.0	23.44	23 437.916 7	0.184 7
5.0	2.0	1.5	2.0	65.0	10.5	8.0	42.42	42 415.250 0	0.334 2
6.0	2.0	1.5	2.0	65.0	11.7	8.0	51.21	51 209.916 7	0.403 5
8.0	2.0	1.5	2.0	65.0	14.3	8.0	72.62	72 621.250 0	0.572 3
10.0	3.0	2.0	2.5	60.0	16.2	9.0	109.01	109 013.066 7	0.859 0
12.0	3.0	2.0	2.5	60.0	18.5	9.0	139.65	139 646.666 7	1.100 4
14.0	3.0	2.0	2.5	60.0	20.9	9.0	174.90	174 899.066 7	1.378 2
16.0	3.0	2.0	3.0	60.0	23.2	9.0	225.49	225 492.200 0	1.776 9
18.0	3.0	2.0	3.0	60.0	25.5	9.0	270.75	270 752.000 0	2.133 5
20.0	3.0	2.0	3.0	60.0	27.8	9.0	320.63	320 630.600 0	2.526 6
22.0	3.0	2.0	3.0	60.0	30.1	9.0	375.13	375 128.000 0	2.956 0
24.0	3.0	2.0	3.0	60.0	32.4	9.0	434.24	434 244.200 0	3.421 8
26.0	3.0	2.0	3.0	60.0	34.7	9.0	497.98	497 979.200 0	3.924 1

④合金钢、不锈钢（清根焊）

尺 寸 (mm)							焊缝断面 (mm²)	焊缝体积 (mm³)	金属重量 (kg/m)
δ	b	p	e	α	B	B_2			
6.0	2.0	1.5	2.0	65.0	11.7	12.0	70.68	70 680.416 7	0.557 0
8.0	2.0	1.5	2.0	65.0	14.3	12.0	92.09	92 091.750 0	0.725 7
10.0	3.0	2.0	2.5	65.0	17.2	13.0	135.23	135 225.166 7	1.065 6
12.0	3.0	2.0	2.5	65.0	19.7	13.0	168.40	168 403.833 4	1.327 0
14.0	3.0	2.0	2.5	65.0	22.3	13.0	206.68	206 678.500 0	1.628 6
16.0	3.0	2.0	3.0	65.0	24.8	13.0	262.66	262 661.166 7	2.069 8
18.0	3.0	2.0	3.0	60.0	25.5	13.0	292.89	292 889.166 7	2.308 0
20.0	3.0	2.0	3.0	60.0	27.8	13.0	342.77	342 767.766 7	2.701 0
22.0	3.0	2.0	3.0	60.0	30.1	13.0	397.27	397 265.166 7	3.130 4
24.0	3.0	2.0	3.0	60.0	32.4	13.0	456.38	456 381.366 7	3.596 3
26.0	3.0	2.0	3.0	60.0	34.7	13.0	520.12	520 116.366 7	4.098 5

(2) 手工钨极气体保护焊

①碳钢（封底焊）

尺 寸 (mm)						焊缝断面 (mm²)	焊缝体积 (mm³)	金属重量 (kg/m)
δ	p	e	α	B	B_1			
4.0	2.0	1.0	65.0	6.5	6.0	10.91	10 913.333 3	0.085 1
5.0	2.0	2.0	65.0	7.8	6.0	24.16	24 162.333 3	0.188 5
6.0	2.0	2.0	65.0	9.1	6.0	30.32	30 320.000 0	0.236 5
8.0	2.0	2.0	65.0	11.6	6.0	46.46	46 457.333 3	0.362 4
10.0	2.0	2.5	60.0	14.2	6.0	74.42	74 421.333 3	0.580 5
12.0	2.0	2.5	60.0	16.7	6.0	101.60	101 600.000 0	0.792 5
14.0	2.0	2.5	60.0	19.3	6.0	133.87	133 874.666 7	1.044 2
16.0	2.0	3.0	60.0	21.8	6.0	180.52	180 524.000 0	1.408 1
18.0	2.0	3.0	60.0	24.4	6.0	223.84	223 840.000 0	1.746 0
20.0	2.0	3.0	60.0	26.9	6.0	272.25	27 2252.000 0	2.123 6
22.0	2.0	3.0	60.0	29.5	6.0	325.76	32 5760.000 0	2.540 9
24.0	2.0	3.0	60.0	32.0	6.0	384.36	384 364.000 0	2.998 0
26.0	2.0	3.0	60.0	34.6	6.0	448.06	448 064.000 0	3.494 9

②合金钢、不锈钢（封底焊）

尺寸(mm)						焊缝断面 (mm²)	焊缝体积 (mm³)	金属重量 (kg/m)
δ	p	e	α	B	B_1			
4.0	2.0	1.0	65.0	6.5	6.0	10.91	10 913.333 3	0.086 0
5.0	2.0	2.0	65.0	7.8	6.0	24.16	24 162.333 3	0.190 4
6.0	2.0	2.0	65.0	9.1	6.0	30.32	30 320.000 0	0.238 9
8.0	2.0	2.0	65.0	11.6	6.0	46.46	46 457.333 3	0.366 1
10.0	2.0	2.5	60.0	14.2	6.0	74.42	74 421.333 3	0.586 4
12.0	2.0	2.5	60.0	16.7	6.0	101.60	101 600.000 0	0.800 6
14.0	2.0	2.5	60.0	19.3	6.0	133.87	133 874.666 7	1.054 9
16.0	2.0	3.0	60.0	21.8	6.0	180.52	180 524.000 0	1.422 5
18.0	2.0	3.0	60.0	24.4	6.0	223.84	223 840.000 0	1.763 9
20.0	2.0	3.0	60.0	26.9	6.0	272.25	272 252.000 0	2.145 3
22.0	2.0	3.0	60.0	29.5	6.0	325.76	325 760.000 0	2.567 0
24.0	2.0	3.0	60.0	32.0	6.0	384.36	384 364.000 0	3.028 8
26.0	2.0	3.0	60.0	34.6	6.0	448.06	448 064.000 0	3.530 7

（3）埋弧自动焊

①碳钢（封底焊）

尺寸(mm)							焊缝断面 (mm²)	焊缝体积 (mm³)	金属重量 (kg/m)
δ	b	p	e	α	B	B_1			
10.0	2.0	8.0	2.5	65.0	8.5	8.0	50.13	50 128.000 0	0.391 0
12.0	2.0	8.0	2.5	65.0	11.1	8.0	66.02	66 018.666 7	0.514 9
14.0	2.0	8.0	2.5	65.0	13.6	8.0	87.01	87 005.333 3	0.678 6
16.0	2.0	8.0	3.0	65.0	16.2	8.0	121.15	121 152.000 0	0.945 0
18.0	2.0	8.0	3.0	60.0	17.5	8.0	144.83	144 829.000 0	1.129 7
20.0	2.0	8.0	3.0	60.0	19.9	8.0	178.85	178 851.200 0	1.395 0
22.0	2.0	8.0	3.0	60.0	22.2	8.0	217.49	217 492.200 0	1.696 4
24.0	2.0	8.0	3.0	60.0	24.5	8.0	260.75	260 752.000 0	2.033 9
26.0	2.0	8.0	3.0	60.0	26.8	8.0	308.63	308 630.600 0	2.407 3
28.0	2.0	8.0	3.0	60.0	29.1	8.0	361.13	361 128.000 0	2.816 8
30.0	2.0	8.0	3.0	60.0	31.4	8.0	418.24	418 244.200 0	3.262 3

②碳钢（清根焊）

尺寸(mm)							焊缝断面 (mm²)	焊缝体积 (mm³)	金属重量 (kg/m)
δ	b	p	e	α	B	B_2			
10.0	2.0	8.0	2.5	65.0	8.5	12.0	70.93	70 931.833 4	0.553 3
12.0	2.0	8.0	2.5	65.0	11.1	12.0	86.82	86 822.500 0	0.677 2
14.0	2.0	8.0	2.5	65.0	13.6	12.0	107.81	107 809.166 7	0.840 9
16.0	2.0	8.0	3.0	65.0	16.2	12.0	143.29	143 289.166 7	1.117 7
18.0	2.0	8.0	3.0	60.0	17.5	12.0	166.97	166 966.166 7	1.302 3
20.0	2.0	8.0	3.0	60.0	19.9	12.0	200.99	200 988.366 7	1.567 7
22.0	2.0	8.0	3.0	60.0	22.2	12.0	239.63	239 629.366 7	1.869 1
24.0	2.0	8.0	3.0	60.0	24.5	12.0	282.89	282 889.166 7	2.206 5
26.0	2.0	8.0	3.0	60.0	26.8	12.0	330.77	330 767.766 7	2.580 0
28.0	2.0	8.0	3.0	60.0	29.1	12.0	383.27	383 265.166 7	2.989 5
30.0	2.0	8.0	3.0	60.0	31.4	12.0	440.38	440 381.366 7	3.435 0

③合金钢、不锈钢（封底焊）

尺寸(mm)							焊缝断面 (mm²)	焊缝体积 (mm³)	金属重量 (kg/m)
δ	b	p	e	α	B	B_1			
10.0	2.0	8.0	2.5	65.0	8.5	8.0	50.13	50 128.000 0	0.395 0
12.0	2.0	8.0	2.5	65.0	11.1	8.0	66.02	66 018.666 7	0.520 2
14.0	2.0	8.0	2.5	65.0	13.6	8.0	87.01	87 005.333 3	0.685 6
16.0	2.0	8.0	3.0	65.0	16.2	8.0	121.15	121 152.000 0	0.954 7
18.0	2.0	8.0	3.0	60.0	17.5	8.0	144.83	144 829.000 0	1.141 3
20.0	2.0	8.0	3.0	60.0	19.9	8.0	178.85	178 851.200 0	1.409 3
22.0	2.0	8.0	3.0	60.0	22.2	8.0	217.49	217 492.200 0	1.713 8
24.0	2.0	8.0	3.0	60.0	24.5	8.0	260.75	260 752.000 0	2.054 7
26.0	2.0	8.0	3.0	60.0	26.8	8.0	308.63	308 630.600 0	2.432 0
28.0	2.0	8.0	3.0	60.0	29.1	8.0	361.13	361 128.000 0	2.845 7
30.0	2.0	8.0	3.0	60.0	31.4	8.0	418.24	418 244.200 0	3.295 8

④合金钢、不锈钢（清根焊）

尺寸(mm)							焊缝断面 (mm²)	焊缝体积 (mm³)	金属重量 (kg/m)
δ	b	p	e	α	B	B_2			
10.0	2.0	8.0	2.5	65.0	8.5	12.0	70.93	70 931.833 4	0.558 9
12.0	2.0	8.0	2.5	65.0	11.1	12.0	86.82	86 822.500 0	0.684 2
14.0	2.0	8.0	2.5	65.0	13.6	12.0	107.81	107 809.166 7	0.849 5
16.0	2.0	8.0	3.0	65.0	16.2	12.0	143.29	143 289.166 7	1.129 1
18.0	2.0	8.0	3.0	60.0	17.5	12.0	166.97	166 966.166 7	1.315 7

续表

尺寸(mm)							焊缝断面 (mm²)	焊缝体积 (mm³)	金属重量 (kg/m)
δ	b	p	e	α	B	B_2			
20.0	2.0	8.0	3.0	60.0	19.9	12.0	200.99	200 988.366 7	1.583 8
22.0	2.0	8.0	3.0	60.0	22.2	12.0	239.63	239 629.366 7	1.888 3
24.0	2.0	8.0	3.0	60.0	24.5	12.0	282.89	282 889.166 7	2.229 2
26.0	2.0	8.0	3.0	60.0	26.8	12.0	330.77	330 767.766 7	2.606 5
28.0	2.0	8.0	3.0	60.0	29.1	12.0	383.27	383 265.166 7	3.020 1
30.0	2.0	8.0	3.0	60.0	31.4	12.0	440.38	440 381.366 7	3.470 2

（4）药芯焊丝自保护自动焊

①碳钢（清根焊）

尺寸(mm)							焊缝断面 (mm²)	焊缝体积 (mm³)	金属重量 (kg/m)
δ	b	p	e	α	B	B_2			
10.0	1.0	3.0	2.5	50.0	11.5	11.0	84.51	84 511.166 7	0.659 2
12.0	1.0	3.0	2.5	50.0	13.4	11.0	104.53	104 529.833 4	0.815 3
14.0	1.0	3.0	2.5	50.0	15.3	11.0	128.28	128 276.500 0	1.000 6
16.0	1.0	3.0	3.0	50.0	17.1	11.0	165.12	165 123.166 7	1.288 0
18.0	1.0	3.0	3.0	50.0	19.0	11.0	196.95	196 947.166 7	1.536 2
20.0	1.0	3.0	3.0	50.0	20.8	11.0	232.50	232 499.166 7	1.813 5
22.0	1.0	3.0	3.0	50.0	22.7	11.0	271.78	271 779.166 7	2.119 9
24.0	1.0	3.0	3.0	50.0	24.6	11.0	314.79	314 787.166 7	2.455 3
26.0	1.0	3.0	3.0	50.0	26.4	11.0	361.52	361 523.166 7	2.819 9
28.0	1.0	3.0	3.0	50.0	28.3	11.0	411.99	411 987.166 7	3.213 5
30.0	1.0	3.0	3.0	50.0	30.2	11.0	466.18	466 179.166 7	3.636 2

②合金钢（清根焊）

尺寸(mm)							焊缝断面 (mm²)	焊缝体积 (mm³)	金属重量 (kg/m)
δ	b	p	e	α	B	B_2			
10.0	1.0	3.0	2.5	50.0	11.5	11.0	84.51	84 511.166 7	0.665 9
12.0	1.0	3.0	2.5	50.0	13.4	11.0	104.53	104 529.833 4	0.823 7
14.0	1.0	3.0	2.5	50.0	15.3	11.0	128.28	128 276.500 0	1.010 8
16.0	1.0	3.0	3.0	50.0	17.1	11.0	165.12	165 123.166 7	1.301 2
18.0	1.0	3.0	3.0	50.0	19.0	11.0	196.95	196 947.166 7	1.551 9
20.0	1.0	3.0	3.0	50.0	20.8	11.0	232.50	232 499.166 7	1.832 1
22.0	1.0	3.0	3.0	50.0	22.7	11.0	271.78	271 779.166 7	2.141 6
24.0	1.0	3.0	3.0	50.0	24.6	11.0	314.79	314 787.166 7	2.480 5
26.0	1.0	3.0	3.0	50.0	26.4	11.0	361.52	361 523.166 7	2.848 8
28.0	1.0	3.0	3.0	50.0	28.3	11.0	411.99	411 987.166 7	3.246 5
30.0	1.0	3.0	3.0	50.0	30.2	11.0	466.18	466 179.166 7	3.673 5

6. VY形坡口单面对接焊缝

焊缝图形及计算公式	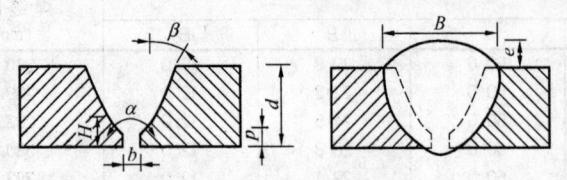 $B = b + 2 \times (H-p)\,\mathrm{tg}\alpha/2 + 2(\delta-H)\,\mathrm{tg}\beta + 4$ $S = \delta b + (H-p)^2 \mathrm{tg}\alpha/2 + (\delta-H)^2 \mathrm{tg}\beta + 2(\delta-H)(H-p)$ $\times \mathrm{tg}\alpha/2 + 2/3 B \times e$

(1) 手工电弧焊

①碳钢

| 尺　寸 (mm) | | | | | | | | 焊缝断面 (mm²) | 焊缝体积 (mm³) | 金属重量 (kg/m) |
δ	b	p	e	α	β	h	B			
20.0	3.0	1.5	3.0	70.0	10.0	9.0	21.4	279.01	279 008.750 0	2.176 3
22.0	3.0	1.5	3.0	70.0	10.0	9.0	22.1	315.89	315 887.550 0	2.463 9
24.0	3.0	1.5	3.0	70.0	10.0	9.0	22.8	354.18	354 176.750 0	2.762 6
26.0	3.0	1.5	3.0	70.0	10.0	9.0	23.5	393.88	393 876.350 0	3.072 2
28.0	3.0	1.5	3.0	70.0	10.0	9.0	24.2	434.99	434 986.350 0	3.392 9
30.0	3.0	1.5	3.0	70.0	10.0	9.0	24.9	477.51	477 506.750 0	3.724 6
32.0	3.0	1.5	3.0	70.0	10.0	9.0	25.6	521.44	521 437.550 0	4.067 2
34.0	3.0	1.5	3.0	70.0	10.0	9.0	26.3	566.78	566 778.750 0	4.420 9
36.0	3.0	1.5	3.0	70.0	10.0	9.0	27.0	613.53	613 530.350 0	4.785 5
38.0	3.0	1.5	3.0	70.0	10.0	9.0	27.7	661.69	661 692.350 0	5.161 2
40.0	3.0	2.0	5.0	65.0	9.0	9.0	25.7	665.69	665 689.400 0	5.192 4
42.0	3.0	2.0	5.0	65.0	9.0	9.0	26.4	711.91	711 912.600 0	5.552 9
45.0	3.0	2.0	5.0	65.0	9.0	9.0	27.3	783.62	783 623.400 0	6.112 3
48.0	3.0	2.0	5.0	65.0	9.0	9.0	28.3	858.19	858 185.400 0	6.693 8
50.0	3.0	2.0	5.0	65.0	9.0	9.0	28.9	909.48	909 477.400 0	7.093 9
52.0	3.0	2.0	5.0	65.0	9.0	9.0	29.5	962.04	962 036.600 0	7.503 9
55.0	3.0	2.0	5.0	60.0	9.0	9.0	29.7	999.13	999 130.283 3	7.793 2
58.0	3.0	2.0	5.0	60.0	8.0	9.0	28.9	1031.87	1 031 865.750 0	8.048 6
60.0	3.0	2.5	5.0	60.0	8.0	9.0	28.8	1048.74	1 048 738.420 8	8.180 2
65.0	3.0	2.5	5.0	60.0	8.0	9.0	30.2	1181.12	1 181 117.004 2	9.212 7
70.0	3.0	2.5	5.0	60.0	8.0	9.0	31.6	1320.52	1 320 520.587 5	10.300 1
75.0	3.0	2.5	5.0	60.0	8.0	9.0	33.1	1466.95	1 466 949.170 8	11.442 2
80.0	3.0	2.5	5.0	60.0	8.0	9.0	34.5	1620.40	1 620 402.754 2	12.639 1

②合金钢、不锈钢

尺寸 (mm)								焊缝断面 (mm²)	焊缝体积 (mm³)	金属重量 (kg/m)
δ	b	p	e	α	β	h	B			
20.0	3.0	1.5	3.0	70.0	10.0	9.0	21.4	279.01	279 008.750 0	2.198 6
22.0	3.0	1.5	3.0	70.0	10.0	9.0	22.1	315.89	315 887.550 0	2.489 2
24.0	3.0	1.5	3.0	70.0	10.0	9.0	22.8	354.18	354 176.750 0	2.790 9
26.0	3.0	1.5	3.0	70.0	10.0	9.0	23.5	393.88	393 876.350 0	3.103 7
28.0	3.0	1.5	3.0	70.0	10.0	9.0	24.2	434.99	434 986.350 0	3.427 7
30.0	3.0	1.5	3.0	70.0	10.0	9.0	24.9	477.51	477 506.750 0	3.762 8
32.0	3.0	1.5	3.0	70.0	10.0	9.0	25.6	521.44	521 437.550 0	4.108 9
34.0	3.0	1.5	3.0	70.0	10.0	9.0	26.3	566.78	566 778.750 0	4.466 2
36.0	3.0	1.5	3.0	70.0	10.0	9.0	27.0	613.53	613 530.350 0	4.834 6
38.0	3.0	1.5	3.0	70.0	10.0	9.0	27.7	661.69	661 692.350 0	5.214 1
40.0	3.0	2.0	5.0	65.0	9.0	9.0	25.7	665.69	665 689.400 0	5.245 6
42.0	3.0	2.0	5.0	65.0	9.0	9.0	26.4	711.91	711 912.600 0	5.609 9
45.0	3.0	2.0	5.0	65.0	9.0	9.0	27.3	783.62	783 623.400 0	6.175 0
48.0	3.0	2.0	5.0	65.0	9.0	9.0	28.3	858.19	858 185.400 0	6.762 5
50.0	3.0	2.0	5.0	65.0	9.0	9.0	28.9	909.48	909 477.400 0	7.166 7
52.0	3.0	2.0	5.0	65.0	9.0	9.0	29.5	962.04	962 036.600 0	7.580 8
55.0	3.0	2.0	5.0	60.0	9.0	9.0	29.7	999.13	999 130.283 3	7.873 1
58.0	3.0	2.0	5.0	60.0	8.0	9.0	28.9	1 031.87	1 031 865.750 0	8.131 1
60.0	3.0	2.5	5.0	60.0	8.0	9.0	28.8	1 048.74	1 048 738.420 8	8.264 1
65.0	3.0	2.5	5.0	60.0	8.0	9.0	30.2	1 181.12	1 181 117.004 2	9.307 2
70.0	3.0	2.5	5.0	60.0	8.0	9.0	31.6	1 320.52	1 320 520.587 5	10.405 7
75.0	3.0	2.5	5.0	60.0	8.0	9.0	33.1	1 466.95	1 466 949.170 8	11.559 6
80.0	3.0	2.5	5.0	60.0	8.0	9.0	34.5	1 620.40	1 620 402.754 2	12.768 8

(2) 手工钨极气体保护焊

①不锈钢

尺寸 (mm)								焊缝断面 (mm²)	焊缝体积 (mm³)	金属重量 (kg/m)
δ	b	p	e	α	β	h	B			
20.0	3.0	2.0	3.0	70.0	10.0	9.0	20.7	264.83	264 830.100 0	2.086 9
22.0	3.0	2.0	3.0	70.0	10.0	9.0	21.4	300.31	300 308.500 0	2.366 4
24.0	3.0	2.0	3.0	70.0	10.0	9.0	22.1	337.20	337 197.300 0	2.657 1
26.0	3.0	2.0	3.0	70.0	10.0	9.0	22.8	375.50	375 496.500 0	2.958 9
28.0	3.0	2.0	3.0	70.0	10.0	9.0	23.5	415.21	415 206.100 0	3.271 8

续表

尺 寸 (mm)								焊缝断面 (mm²)	焊缝体积 (mm³)	金属重量 (kg/m)
δ	b	p	e	α	β	h	B			
30.0	3.0	2.0	3.0	70.0	10.0	9.0	24.2	456.33	456 326.100 0	3.595 8
32.0	3.0	2.0	3.0	70.0	10.0	9.0	24.9	498.86	498 856.500 0	3.931 0
34.0	3.0	2.0	3.0	70.0	10.0	9.0	25.6	542.80	542 797.300 0	4.277 2
36.0	3.0	2.0	3.0	70.0	10.0	9.0	26.3	588.15	588 148.500 0	4.634 6
38.0	3.0	2.0	3.0	70.0	10.0	9.0	27.0	634.91	634 910.100 0	5.003 1
40.0	3.0	2.0	5.0	65.0	9.0	9.0	25.7	665.69	665 689.400 0	5.245 6
42.0	3.0	2.0	5.0	65.0	9.0	9.0	26.4	711.91	711 912.600 0	5.609 9
45.0	3.0	2.0	5.0	65.0	9.0	9.0	27.3	783.62	783 623.400 0	6.175 0
48.0	3.0	2.0	5.0	65.0	9.0	9.0	28.3	858.19	858 185.400 0	6.762 5
50.0	3.0	2.0	5.0	65.0	9.0	9.0	28.9	909.48	909 477.400 0	7.166 7
52.0	3.0	2.0	5.0	65.0	9.0	9.0	29.5	962.04	962 036.600 0	7.580 8
55.0	3.0	2.0	5.0	60.0	9.0	9.0	29.7	999.13	999 130.283 3	7.873 1
58.0	3.0	2.0	5.0	60.0	8.0	9.0	28.9	1 031.87	1 031 865.750 0	8.131 1
60.0	3.0	2.0	5.0	60.0	8.0	9.0	29.4	1 084.00	1 084 004.883 3	8.542 0

②钛

尺 寸 (mm)								焊缝断面 (mm²)	焊缝体积 (mm³)	金属重量 (kg/m)
δ	b	p	e	α	β	h	B			
6.0	1.5	1.5	3.0	70.0	10.0	9.0	14.9	48.35	48 348.350 0	0.219 5
8.0	1.5	1.5	3.0	70.0	10.0	9.0	15.6	72.35	72 354.350 0	0.328 5
10.0	2.0	1.5	3.0	70.0	10.0	9.0	16.9	103.77	103 770.750 0	0.471 1
12.0	2.0	1.5	3.0	70.0	10.0	9.0	17.6	131.60	131 597.550 0	0.597 5
14.0	2.0	1.5	3.0	70.0	10.0	9.0	18.3	160.83	160 834.750 0	0.730 2
16.0	2.0	1.5	3.0	70.0	10.0	9.0	19.0	191.48	191 482.350 0	0.869 3
18.0	2.0	1.5	3.0	70.0	10.0	9.0	19.7	223.54	223 540.350 0	1.014 9
20.0	3.0	1.5	3.0	70.0	10.0	9.0	21.4	279.01	279 008.750 0	1.266 7
22.0	3.0	1.5	3.0	70.0	10.0	9.0	22.1	315.89	315 887.550 0	1.434 1
24.0	3.0	1.5	3.0	70.0	10.0	9.0	22.8	354.18	354 176.750 0	1.608 0
26.0	3.0	1.5	3.0	70.0	10.0	9.0	23.5	393.88	393 876.350 0	1.788 2
28.0	3.0	1.5	3.0	70.0	10.0	9.0	24.2	434.99	434 986.350 0	1.974 8

(3) 熔化极气体保护自动焊

①碳钢

尺寸 (mm)								焊缝断面 (mm²)	焊缝体积 (mm³)	金属重量 (kg/m)
δ	b	p	e	α	β	h	B			
20.0	2.0	2.0	3.0	70.0	10.0	9.0	19.7	242.83	242 830.100 0	1.894 1
22.0	2.0	2.0	3.0	70.0	10.0	9.0	20.4	276.31	276 308.500 0	2.155 2
24.0	2.0	2.0	3.0	70.0	10.0	9.0	21.1	311.20	311 197.300 0	2.427 3
26.0	2.0	2.0	3.0	70.0	10.0	9.0	21.8	347.50	347 496.500 0	2.710 5
28.0	2.0	2.0	3.0	70.0	10.0	9.0	22.5	385.21	385 206.100 0	3.004 6
30.0	2.0	2.0	3.0	70.0	10.0	9.0	23.2	424.33	424 326.100 0	3.309 7
32.0	2.0	2.5	3.0	70.0	10.0	9.0	23.2	442.63	442 625.550 0	3.452 5
34.0	2.0	2.5	3.0	70.0	10.0	9.0	23.9	483.17	483 165.950 0	3.768 7
36.0	2.0	3.0	3.0	70.0	10.0	9.0	23.9	500.44	500 435.100 0	3.903 4
38.0	2.0	3.0	3.0	70.0	10.0	9.0	24.6	542.40	542 395.900 0	4.230 7
40.0	2.0	3.0	5.0	65.0	9.0	9.0	23.5	570.33	570 334.400 0	4.448 6
42.0	2.0	3.0	5.0	65.0	9.0	9.0	24.1	612.01	612 009.600 0	4.773 7
45.0	2.0	3.0	5.0	65.0	9.0	9.0	25.0	676.90	676 898.400 0	5.279 8
48.0	2.0	3.0	5.0	65.0	9.0	9.0	26.0	744.64	744 638.400 0	5.808 2
50.0	2.0	3.0	5.0	65.0	9.0	9.0	26.6	791.38	791 382.400 0	6.172 8

②合金钢、不锈钢

尺寸 (mm)								焊缝断面 (mm²)	焊缝体积 (mm³)	金属重量 (kg/m)
δ	b	p	e	α	β	h	B			
20.0	2.0	2.0	3.0	70.0	10.0	9.0	19.7	242.83	242 830.100 0	1.913 5
22.0	2.0	2.0	3.0	70.0	10.0	9.0	20.4	276.31	276 308.500 0	2.177 3
24.0	2.0	2.0	3.0	70.0	10.0	9.0	21.1	311.20	311 197.300 0	2.452 2
26.0	2.0	2.0	3.0	70.0	10.0	9.0	21.8	347.50	347 496.500 0	2.738 3
28.0	2.0	2.0	3.0	70.0	10.0	9.0	22.5	385.21	385 206.100 0	3.035 4
30.0	2.0	2.0	3.0	70.0	10.0	9.0	23.2	424.33	424 326.100 0	3.343 7
32.0	2.0	2.5	3.0	70.0	10.0	9.0	23.2	442.63	442 625.550 0	3.487 9
34.0	2.0	2.5	3.0	70.0	10.0	9.0	23.9	483.17	483 165.950 0	3.807 3
36.0	2.0	3.0	3.0	70.0	10.0	9.0	23.9	500.44	500 435.100 0	3.943 4
38.0	2.0	3.0	3.0	70.0	10.0	9.0	24.6	542.40	542 395.900 0	4.274 1
40.0	2.0	3.0	5.0	65.0	9.0	9.0	23.5	570.33	570 334.400 0	4.494 2
42.0	2.0	3.0	5.0	65.0	9.0	9.0	24.1	612.01	612 009.600 0	4.822 6
45.0	2.0	3.0	5.0	65.0	9.0	9.0	25.0	676.90	676 898.400 0	5.334 0
48.0	2.0	3.0	5.0	65.0	9.0	9.0	26.0	744.64	744 638.400 0	5.867 8
50.0	2.0	3.0	5.0	65.0	9.0	9.0	26.6	791.38	791 382.400 0	6.236 1

7. VY 形坡口双面对接焊缝

焊缝图形及计算公式

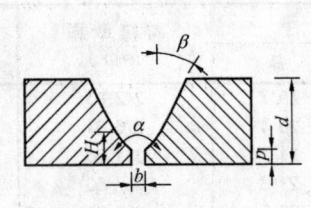

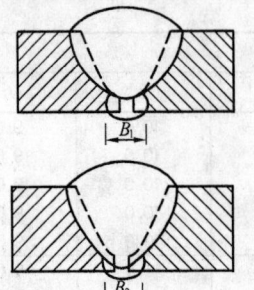

$$B_1 = b + 6$$

$$S_1 = \delta b + (H - p)^2 \mathrm{tg}\alpha / 2 + (\delta - H)^2 \mathrm{tg}\beta + 2(\delta - H)(H - p) \times \mathrm{tg}\alpha / 2 + 2/3B \times e + 2/3B_1 \times e$$

$$B_2 = b + 10$$

$$S_2 = \delta b + (H - p)^2 \mathrm{tg}\alpha / 2 + (\delta - H)^2 \mathrm{tg}\beta + 2(\delta - H)(H - p) \times \mathrm{tg}\alpha / 2 + 2/3B \times e + 2/3B_2 \times e + 9/2 \times \pi$$

(1) 手工电弧焊

①碳钢（封底焊）

尺寸（mm）									焊缝断面 (mm²)	焊缝体积 (mm³)	金属重量 (kg/m)
δ	b	p	e	α	β	h	B	B_1			
20.0	3.0	1.5	3.0	70.0	10.0	9.0	21.4	9.0	297.01	297 008.750 0	2.316 7
22.0	3.0	1.5	3.0	70.0	10.0	9.0	22.1	9.0	333.89	333 887.550 0	2.604 3
24.0	3.0	1.5	3.0	70.0	10.0	9.0	22.8	9.0	372.18	372 176.750 0	2.903 0
26.0	3.0	1.5	3.0	70.0	10.0	9.0	23.5	9.0	411.88	411 876.350 0	3.212 6
28.0	3.0	1.5	3.0	70.0	10.0	9.0	24.2	9.0	452.99	452 986.350 0	3.533 3
30.0	3.0	1.5	3.0	70.0	10.0	9.0	24.9	9.0	495.51	495 506.750 0	3.865 0
32.0	3.0	1.5	3.0	70.0	10.0	9.0	25.6	9.0	539.44	539 437.550 0	4.207 6
34.0	3.0	1.5	3.0	70.0	10.0	9.0	26.3	9.0	584.78	584 778.750 0	4.561 3
36.0	3.0	1.5	3.0	70.0	10.0	9.0	27.0	9.0	631.53	631 530.350 0	4.925 9
38.0	3.0	1.5	3.0	70.0	10.0	9.0	27.7	9.0	679.69	679 692.350 0	5.301 6
40.0	3.0	2.0	5.0	65.0	9.0	9.0	25.7	9.0	695.69	695 689.400 0	5.426 4
42.0	3.0	2.0	5.0	65.0	9.0	9.0	26.4	9.0	741.91	741 912.600 0	5.786 9
45.0	3.0	2.0	5.0	65.0	9.0	9.0	27.3	9.0	813.62	813 623.400 0	6.346 3
48.0	3.0	2.0	5.0	65.0	9.0	9.0	28.3	9.0	888.19	888 185.400 0	6.927 8
50.0	3.0	2.0	5.0	65.0	9.0	9.0	28.9	9.0	939.48	939 477.400 0	7.327 9
52.0	3.0	2.0	5.0	65.0	9.0	9.0	29.5	9.0	992.04	992 036.600 0	7.737 9
55.0	3.0	2.0	5.0	60.0	9.0	9.0	30.5	9.0	1 073.25	1 073 251.400 0	8.371 4
60.0	3.0	2.5	5.0	60.0	8.0	9.0	28.8	9.0	1 078.74	1 078 738.420 8	8.414 2
65.0	3.0	2.5	5.0	60.0	8.0	9.0	30.2	9.0	1 211.12	1 211 117.004 2	9.446 7
70.0	3.0	2.5	5.0	60.0	8.0	9.0	31.6	9.0	1 350.52	1 350 520.587 5	10.534 1
75.0	3.0	2.5	5.0	60.0	8.0	9.0	33.1	9.0	1 496.95	1 496 949.170 8	11.676 2
80.0	3.0	2.5	5.0	60.0	8.0	9.0	34.5	9.0	1 650.40	1 650 402.754 2	12.873 1

②碳钢（清根焊）

尺寸(mm)									焊缝断面 (mm²)	焊缝体积 (mm³)	金属重量 (kg/m)
δ	b	p	e	α	β	h	B	B_2			
20.0	3.0	1.5	3.0	70.0	10.0	9.0	21.4	13.0	319.15	319 151.950 0	2.489 4
22.0	3.0	1.5	3.0	70.0	10.0	9.0	22.1	13.0	356.03	356 030.750 0	2.777 0
24.0	3.0	1.5	3.0	70.0	10.0	9.0	22.8	13.0	394.32	394 319.950 0	3.075 7
26.0	3.0	1.5	3.0	70.0	10.0	9.0	23.5	13.0	434.02	434 019.550 0	3.385 4
28.0	3.0	1.5	3.0	70.0	10.0	9.0	24.2	13.0	475.13	475 129.550 0	3.706 0
30.0	3.0	1.5	3.0	70.0	10.0	9.0	24.9	13.0	517.65	517 649.950 0	4.037 7
32.0	3.0	1.5	3.0	70.0	10.0	9.0	25.6	13.0	561.58	561 580.750 0	4.380 3
34.0	3.0	1.5	3.0	70.0	10.0	9.0	26.3	13.0	606.92	606 921.950 0	4.734 0
36.0	3.0	1.5	3.0	70.0	10.0	9.0	27.0	13.0	653.67	653 673.550 0	5.098 7
38.0	3.0	1.5	3.0	70.0	10.0	9.0	27.7	13.0	701.84	701 835.550 0	5.474 3
40.0	3.0	2.0	5.0	65.0	9.0	9.0	25.7	13.0	723.16	723 159.933 3	5.640 6
42.0	3.0	2.0	5.0	65.0	9.0	9.0	26.4	13.0	769.38	769 383.133 3	6.001 2
45.0	3.0	2.0	5.0	65.0	9.0	9.0	27.3	13.0	841.09	841 093.933 3	6.560 5
48.0	3.0	2.0	5.0	65.0	9.0	9.0	28.3	13.0	915.66	915 655.933 3	7.142 1
50.0	3.0	2.0	5.0	65.0	9.0	9.0	28.9	13.0	966.95	966 947.933 3	7.542 2
52.0	3.0	2.0	5.0	65.0	9.0	9.0	29.5	13.0	1 019.51	1 019 507.133 3	7.952 2
55.0	3.0	2.0	5.0	60.0	9.0	9.0	30.5	13.0	1 100.72	1 100 721.933 3	8.585 6
60.0	3.0	2.5	5.0	60.0	8.0	9.0	28.8	13.0	1 106.21	1 106 208.954 2	8.628 4
65.0	3.0	2.5	5.0	60.0	8.0	9.0	30.2	13.0	1 238.59	1 238 587.537 5	9.661 0
70.0	3.0	2.5	5.0	60.0	8.0	9.0	31.6	13.0	1 377.99	1 377 991.120 8	10.748 3
75.0	3.0	2.5	5.0	60.0	8.0	9.0	33.1	13.0	1 524.42	1 524 419.704 2	11.890 5
80.0	3.0	2.5	5.0	60.0	8.0	9.0	34.5	13.0	1 677.87	1 677 873.287 5	13.087 4

③合金钢、不锈钢（封底焊）

尺寸（mm）									焊缝断面	焊缝体积	金属重量
δ	b	p	e	α	β	h	B	B_1	(mm^2)	(mm^3)	(kg/m)
20.0	3.0	1.5	3.0	70.0	10.0	9.0	21.4	9.0	297.01	297 008.750 0	2.316 7
22.0	3.0	1.5	3.0	70.0	10.0	9.0	22.1	9.0	333.89	333 887.550 0	2.604 3
24.0	3.0	1.5	3.0	70.0	10.0	9.0	22.8	9.0	372.18	372 176.750 0	2.903 0
26.0	3.0	1.5	3.0	70.0	10.0	9.0	23.5	9.0	411.88	411 876.350 0	3.212 6
28.0	3.0	1.5	3.0	70.0	10.0	9.0	24.2	9.0	452.99	452 986.350 0	3.533 3
30.0	3.0	1.5	3.0	70.0	10.0	9.0	24.9	9.0	495.51	495 506.750 0	3.865 0
32.0	3.0	1.5	3.0	70.0	10.0	9.0	25.6	9.0	539.44	539 437.550 0	4.207 6
34.0	3.0	1.5	3.0	70.0	10.0	9.0	26.3	9.0	584.78	584 778.750 0	4.561 3
36.0	3.0	1.5	3.0	70.0	10.0	9.0	27.0	9.0	631.53	631 530.350 0	4.925 9
38.0	3.0	1.5	3.0	70.0	10.0	9.0	27.7	9.0	679.69	679 692.350 0	5.301 6
40.0	3.0	2.0	5.0	65.0	9.0	9.0	25.7	9.0	695.69	695 689.400 0	5.426 4
42.0	3.0	2.0	5.0	65.0	9.0	9.0	26.4	9.0	741.91	741 912.600 0	5.786 9
45.0	3.0	2.0	5.0	65.0	9.0	9.0	27.3	9.0	813.62	813 623.400 0	6.346 3
48.0	3.0	2.0	5.0	65.0	9.0	9.0	28.3	9.0	888.19	888 185.400 0	6.927 8
50.0	3.0	2.0	5.0	65.0	9.0	9.0	28.9	9.0	939.48	939 477.400 0	7.327 9
52.0	3.0	2.0	5.0	65.0	9.0	9.0	29.5	9.0	992.04	992 036.600 0	7.737 9
55.0	3.0	2.0	5.0	60.0	9.0	9.0	30.5	9.0	1 073.25	1 073 251.400 0	8.371 4
60.0	3.0	2.5	5.0	60.0	8.0	9.0	28.8	9.0	1 078.74	1 078 738.420 8	8.414 2
65.0	3.0	2.5	5.0	60.0	8.0	9.0	30.2	9.0	1 211.12	1 211 117.004 2	9.446 7
70.0	3.0	2.5	5.0	60.0	8.0	9.0	31.6	9.0	1 350.52	1 350 520.587 5	10.534 1
75.0	3.0	2.5	5.0	60.0	8.0	9.0	33.1	9.0	1 496.95	1 496 949.170 8	11.676 2
80.0	3.0	2.5	5.0	60.0	8.0	9.0	34.5	9.0	1 650.40	1 650 402.754 2	12.873 1

④合金钢、不锈钢（清根焊）

尺　寸 (mm)									焊缝断面 (mm^2)	焊缝体积 (mm^3)	金属重量 (kg/m)
δ	b	p	e	α	β	h	B	B_2			
20.0	3.0	1.5	3.0	70.0	10.0	9.0	21.4	13.0	319.15	319 151.950 0	2.489 4
22.0	3.0	1.5	3.0	70.0	10.0	9.0	22.1	13.0	356.03	356 030.750 0	2.777 0
24.0	3.0	1.5	3.0	70.0	10.0	9.0	22.8	13.0	394.32	394 319.950 0	3.075 7
26.0	3.0	1.5	3.0	70.0	10.0	9.0	23.5	13.0	434.02	434 019.550 0	3.385 4
28.0	3.0	1.5	3.0	70.0	10.0	9.0	24.2	13.0	475.13	475 129.550 0	3.706 0
30.0	3.0	1.5	3.0	70.0	10.0	9.0	24.9	13.0	517.65	517 649.950 0	4.037 7
32.0	3.0	1.5	3.0	70.0	10.0	9.0	25.6	13.0	561.58	561 580.750 0	4.380 3
34.0	3.0	1.5	3.0	70.0	10.0	9.0	26.3	13.0	606.92	606 921.950 0	4.734 0
36.0	3.0	1.5	3.0	70.0	10.0	9.0	27.0	13.0	653.67	653 673.550 0	5.098 7
38.0	3.0	1.5	3.0	70.0	10.0	9.0	27.7	13.0	701.84	701 835.550 0	5.474 3
40.0	3.0	2.0	5.0	65.0	9.0	9.0	25.7	13.0	723.16	723 159.933 3	5.640 6
42.0	3.0	2.0	5.0	65.0	9.0	9.0	26.4	13.0	769.38	769 383.133 3	6.001 2
45.0	3.0	2.0	5.0	65.0	9.0	9.0	27.3	13.0	841.09	841 093.933 3	6.560 5
48.0	3.0	2.0	5.0	65.0	9.0	9.0	28.3	13.0	915.66	915 655.933 3	7.142 1
50.0	3.0	2.0	5.0	65.0	9.0	9.0	28.9	13.0	966.95	966 947.933 3	7.542 2
52.0	3.0	2.0	5.0	65.0	9.0	9.0	29.5	13.0	1 019.51	1 019 507.133 3	7.952 2
55.0	3.0	2.0	5.0	60.0	9.0	9.0	30.5	13.0	1 100.72	1 100 721.933 3	8.585 6
60.0	3.0	2.5	5.0	60.0	8.0	9.0	28.8	13.0	1 106.21	1 106 208.954 2	8.628 4
65.0	3.0	2.5	5.0	60.0	8.0	9.0	30.2	13.0	1 238.59	1 238 587.537 5	9.661 0
70.0	3.0	2.5	5.0	60.0	8.0	9.0	31.6	13.0	1 377.99	1 377 991.120 8	10.748 3
75.0	3.0	2.5	5.0	60.0	8.0	9.0	33.1	13.0	1 524.42	1 524 419.704 2	11.890 5
80.0	3.0	2.5	5.0	60.0	8.0	9.0	34.5	13.0	1 677.87	1 677 873.287 5	13.087 4

(2) 熔化极气体保护自动焊

①碳钢（封底焊）

尺寸 (mm)									焊缝断面 (mm^2)	焊缝体积 (mm^3)	金属重量 (kg/m)
δ	b	p	e	α	β	h	B	B_1			
20.0	2.0	2.0	3.0	70.0	10.0	9.0	19.7	9.0	260.84	260 835.700 0	2.034 5
22.0	2.0	2.0	3.0	70.0	10.0	9.0	20.4	9.0	294.31	294 314.100 0	2.295 6
24.0	2.0	2.0	3.0	70.0	10.0	9.0	21.1	9.0	329.20	329 202.900 0	2.567 8
26.0	2.0	2.0	3.0	70.0	10.0	9.0	21.8	9.0	365.50	365 502.100 0	2.850 9
28.0	2.0	2.0	3.0	70.0	10.0	9.0	22.5	9.0	403.21	403 211.700 0	3.145 1
30.0	2.0	2.0	3.0	70.0	10.0	9.0	23.2	9.0	442.33	442 331.700 0	3.450 2
32.0	2.0	2.0	3.0	70.0	10.0	9.0	23.9	9.0	482.86	482 862.100 0	3.766 3
34.0	2.0	2.0	3.0	70.0	10.0	9.0	24.6	9.0	524.80	524 802.900 0	4.093 5
36.0	2.0	2.0	3.0	70.0	10.0	9.0	25.3	9.0	568.15	568 154.100 0	4.431 6
38.0	2.0	2.0	3.0	70.0	10.0	9.0	26.0	9.0	612.92	612 915.700 0	4.780 7
40.0	2.0	2.0	5.0	65.0	9.0	9.0	24.7	9.0	652.36	652 356.066 7	5.088 4
42.0	2.0	2.0	5.0	65.0	9.0	9.0	25.4	9.0	696.58	696 579.266 7	5.433 3
45.0	2.0	2.0	5.0	65.0	9.0	9.0	26.3	9.0	765.29	765 290.066 7	5.969 3
48.0	2.0	3.0	5.0	65.0	9.0	9.0	26.0	9.0	774.64	774 638.400 0	6.042 2
50.0	2.0	3.0	5.0	65.0	9.0	9.0	26.6	9.0	821.38	821 382.400 0	6.406 8
52.0	2.0	3.0	5.0	65.0	9.0	9.0	27.3	9.0	869.39	869 393.600 0	6.781 3
55.0	2.0	3.0	5.0	60.0	9.0	9.0	28.2	9.0	943.79	943 786.400 0	7.361 5
60.0	2.0	3.0	5.0	60.0	8.0	9.0	27.3	9.0	980.43	980 427.300 0	7.647 3

②合金钢、不锈钢（封底焊）

尺寸 (mm)									焊缝断面 (mm^2)	焊缝体积 (mm^3)	金属重量 (kg/m)
δ	b	p	e	α	β	h	B	B_1			
20.0	2.0	2.0	3.0	70.0	10.0	9.0	19.7	9.0	260.84	260 835.700 0	2.055 4
22.0	2.0	2.0	3.0	70.0	10.0	9.0	20.4	9.0	294.31	294 314.100 0	2.319 2
24.0	2.0	2.0	3.0	70.0	10.0	9.0	21.1	9.0	329.20	329 202.900 0	2.594 1
26.0	2.0	2.0	3.0	70.0	10.0	9.0	21.8	9.0	365.50	365 502.100 0	2.880 2
28.0	2.0	2.0	3.0	70.0	10.0	9.0	22.5	9.0	403.21	403 211.700 0	3.177 3
30.0	2.0	2.0	3.0	70.0	10.0	9.0	23.2	9.0	442.33	442 331.700 0	3.485 6
32.0	2.0	2.0	3.0	70.0	10.0	9.0	23.9	9.0	482.86	482 862.100 0	3.805 0
34.0	2.0	2.0	3.0	70.0	10.0	9.0	24.6	9.0	524.80	524 802.900 0	4.135 4
36.0	2.0	2.0	3.0	70.0	10.0	9.0	25.3	9.0	568.15	568 154.100 0	4.477 1
38.0	2.0	2.0	3.0	70.0	10.0	9.0	26.0	9.0	612.92	612 915.700 0	4.829 8

续表

尺 寸 (mm)									焊缝断面 (mm^2)	焊缝体积 (mm^3)	金属重量 (kg/m)
δ	b	p	e	α	β	h	B	B_1			
40.0	2.0	2.0	5.0	65.0	9.0	9.0	24.7	9.0	652.36	652 356.066 7	5.140 6
42.0	2.0	2.0	5.0	65.0	9.0	9.0	25.4	9.0	696.58	696 579.266 7	5.489 0
45.0	2.0	2.0	5.0	65.0	9.0	9.0	26.3	9.0	765.29	765 290.066 7	6.030 5
48.0	2.0	3.0	5.0	65.0	9.0	9.0	26.0	9.0	774.64	774 638.400 0	6.104 2
50.0	2.0	3.0	5.0	65.0	9.0	9.0	26.6	9.0	821.38	821 382.400 0	6.472 5
52.0	2.0	3.0	5.0	65.0	9.0	9.0	27.3	9.0	869.39	869 393.600 0	6.850 8
55.0	2.0	3.0	5.0	60.0	9.0	9.0	28.2	9.0	943.79	943 786.400 0	7.437 0
60.0	2.0	3.0	5.0	60.0	8.0	9.0	27.3	9.0	980.43	980 427.300 0	7.725 8

（3）埋弧自动焊

①碳钢（封底焊）

尺 寸 (mm)									焊缝断面 (mm^2)	焊缝体积 (mm^3)	金属重量 (kg/m)
δ	b	p	e	α	β	h	B	B_1			
20.0	2.0	1.5	3.0	70.0	10.0	9.0	20.4	8.0	273.01	273 014.750 0	2.129 5
22.0	2.0	1.5	3.0	70.0	10.0	9.0	21.1	8.0	307.89	307 893.550 0	2.401 6
24.0	2.0	1.5	3.0	70.0	10.0	9.0	21.8	8.0	344.18	344 182.750 0	2.684 6
26.0	2.0	1.5	3.0	70.0	10.0	9.0	22.5	8.0	381.88	381 882.350 0	2.978 7
28.0	2.0	1.5	3.0	70.0	10.0	9.0	23.2	8.0	420.99	420 992.350 0	3.283 7
30.0	2.0	1.5	3.0	70.0	10.0	9.0	23.9	8.0	461.51	461 512.750 0	3.599 8
32.0	2.0	1.5	3.0	70.0	10.0	9.0	24.6	8.0	503.44	503 443.550 0	3.926 9
34.0	2.0	1.5	3.0	70.0	10.0	9.0	25.3	8.0	546.78	546 784.750 0	4.264 9
36.0	2.0	1.5	3.0	70.0	10.0	9.0	26.0	8.0	591.54	591 536.350 0	4.614 0
38.0	2.0	1.5	3.0	70.0	10.0	9.0	26.7	8.0	637.70	637 698.350 0	4.974 0
40.0	2.0	2.0	5.0	65.0	9.0	9.0	24.7	8.0	649.02	649 022.733 3	5.062 4
42.0	2.0	2.0	5.0	65.0	9.0	9.0	25.4	8.0	693.25	693 245.933 3	5.407 3
45.0	2.0	2.0	5.0	65.0	9.0	9.0	26.3	8.0	761.96	761 956.733 3	5.943 3
48.0	2.0	2.0	5.0	65.0	9.0	9.0	27.3	8.0	833.52	833 518.733 3	6.501 4
50.0	2.0	2.0	5.0	65.0	9.0	9.0	27.9	8.0	882.81	882 810.733 3	6.885 9
52.0	2.0	2.0	5.0	65.0	9.0	9.0	28.5	8.0	933.37	933 369.933 3	7.280 3
55.0	2.0	2.0	5.0	60.0	9.0	9.0	29.5	8.0	1 011.58	1 011 584.733 3	7.890 4
60.0	2.0	2.5	5.0	60.0	8.0	9.0	27.8	8.0	1 012.07	1 012 071.754 2	7.894 2
65.0	2.0	2.5	5.0	60.0	8.0	9.0	29.2	8.0	1 139.45	1 139 450.337 5	8.887 7
70.0	2.0	2.5	5.0	60.0	8.0	9.0	30.6	8.0	1 273.85	1 273 853.920 8	9.936 1
75.0	2.0	2.5	5.0	60.0	8.0	9.0	32.1	8.0	1 415.28	1 415 282.504 2	11.039 2
80.0	2.0	2.5	5.0	60.0	8.0	9.0	33.5	8.0	1 563.74	1 563 736.087 5	12.197 1

②碳钢（清根焊）

尺寸（mm）									焊缝断面	焊缝体积	金属重量
δ	b	p	e	α	β	h	B	B_2	(mm²)	(mm³)	(kg/m)
20.0	2.0	1.5	3.0	70.0	10.0	9.0	20.4	12.0	295.15	295 151.950 0	2.302 2
22.0	2.0	1.5	3.0	70.0	10.0	9.0	21.1	12.0	330.03	330 030.750 0	2.574 2
24.0	2.0	1.5	3.0	70.0	10.0	9.0	21.8	12.0	366.32	366 319.950 0	2.857 3
26.0	2.0	1.5	3.0	70.0	10.0	9.0	22.5	12.0	404.02	404 019.550 0	3.151 4
28.0	2.0	1.5	3.0	70.0	10.0	9.0	23.2	12.0	443.13	443 129.550 0	3.456 4
30.0	2.0	1.5	3.0	70.0	10.0	9.0	23.9	12.0	483.65	483 649.950 0	3.772 5
32.0	2.0	1.5	3.0	70.0	10.0	9.0	24.6	12.0	525.58	525 580.750 0	4.099 5
34.0	2.0	1.5	3.0	70.0	10.0	9.0	25.3	12.0	568.92	568 921.950 0	4.437 6
36.0	2.0	1.5	3.0	70.0	10.0	9.0	26.0	12.0	613.67	613 673.550 0	4.786 7
38.0	2.0	1.5	3.0	70.0	10.0	9.0	26.7	12.0	659.84	659 835.550 0	5.146 7
40.0	2.0	2.0	5.0	65.0	9.0	9.0	24.7	12.0	676.49	676 493.266 7	5.276 6
42.0	2.0	2.0	5.0	65.0	9.0	9.0	25.4	12.0	720.72	720 716.466 7	5.621 6
45.0	2.0	2.0	5.0	65.0	9.0	9.0	26.3	12.0	789.43	789 427.266 7	6.157 5
48.0	2.0	2.0	5.0	65.0	9.0	9.0	27.3	12.0	860.99	860 989.266 7	6.715 7
50.0	2.0	2.0	5.0	65.0	9.0	9.0	27.9	12.0	910.28	910 281.266 7	7.100 2
52.0	2.0	2.0	5.0	65.0	9.0	9.0	28.5	12.0	960.84	960 840.466 7	7.494 6
55.0	2.0	2.0	5.0	60.0	9.0	9.0	29.5	12.0	1 039.06	1 039 055.266 7	8.104 6
60.0	2.0	2.5	5.0	60.0	8.0	9.0	27.8	12.0	1 039.54	1 039 542.287 5	8.108 4
65.0	2.0	2.5	5.0	60.0	8.0	9.0	29.2	12.0	1 166.92	1 166 920.870 8	9.102 0
70.0	2.0	2.5	5.0	60.0	8.0	9.0	30.6	12.0	1 301.32	1 301 324.454 2	10.150 3
75.0	2.0	2.5	5.0	60.0	8.0	9.0	32.1	12.0	1 442.75	1 442 753.037 5	11.253 5
80.0	2.0	2.5	5.0	60.0	8.0	9.0	33.5	12.0	1 591.21	1 591 206.620 8	12.411 4

③合金钢、不锈钢（封底焊）

尺　　寸（mm）									焊缝断面 (mm^2)	焊缝体积 (mm^3)	金属重量 (kg/m)
δ	b	p	e	α	β	h	B	B_1			
20.0	2.0	1.5	3.0	70.0	10.0	9.0	20.4	8.0	273.01	273 014.750 0	2.151 4
22.0	2.0	1.5	3.0	70.0	10.0	9.0	21.1	8.0	307.89	307 893.550 0	2.426 2
24.0	2.0	1.5	3.0	70.0	10.0	9.0	21.8	8.0	344.18	344 182.750 0	2.712 2
26.0	2.0	1.5	3.0	70.0	10.0	9.0	22.5	8.0	381.88	381 882.350 0	3.009 2
28.0	2.0	1.5	3.0	70.0	10.0	9.0	23.2	8.0	420.99	420 992.350 0	3.317 4
30.0	2.0	1.5	3.0	70.0	10.0	9.0	23.9	8.0	461.51	461 512.750 0	3.636 7
32.0	2.0	1.5	3.0	70.0	10.0	9.0	24.6	8.0	503.44	503 443.550 0	3.967 1
34.0	2.0	1.5	3.0	70.0	10.0	9.0	25.3	8.0	546.78	546 784.750 0	4.308 7
36.0	2.0	1.5	3.0	70.0	10.0	9.0	26.0	8.0	591.54	591 536.350 0	4.661 3
38.0	2.0	1.5	3.0	70.0	10.0	9.0	26.7	8.0	637.70	637 698.350 0	5.025 1
40.0	2.0	2.0	5.0	65.0	9.0	9.0	24.7	8.0	649.02	649 022.733 3	5.114 3
42.0	2.0	2.0	5.0	65.0	9.0	9.0	25.4	8.0	693.25	693 245.933 3	5.462 8
45.0	2.0	2.0	5.0	65.0	9.0	9.0	26.3	8.0	761.96	761 956.733 3	6.004 2
48.0	2.0	2.0	5.0	65.0	9.0	9.0	27.3	8.0	833.52	833 518.733 3	6.568 1
50.0	2.0	2.0	5.0	65.0	9.0	9.0	27.9	8.0	882.81	882 810.733 3	6.956 5
52.0	2.0	2.0	5.0	65.0	9.0	9.0	28.5	8.0	933.37	933 369.933 3	7.355 0
55.0	2.0	2.0	5.0	60.0	9.0	9.0	29.5	8.0	1 011.58	1 011 584.733 3	7.971 3
60.0	2.0	2.5	5.0	60.0	8.0	9.0	27.8	8.0	1 012.07	1 012 071.754 2	7.975 1
65.0	2.0	2.5	5.0	60.0	8.0	9.0	29.2	8.0	1 139.45	1 139 450.337 5	8.978 9
70.0	2.0	2.5	5.0	60.0	8.0	9.0	30.6	8.0	1 273.85	1 273 853.920 8	10.038 0
75.0	2.0	2.5	5.0	60.0	8.0	9.0	32.1	8.0	1 415.28	1 415 282.504 2	11.152 4
80.0	2.0	2.5	5.0	60.0	8.0	9.0	33.5	8.0	1 563.74	1 563 736.087 5	12.322 2

④合金钢、不锈钢（清根焊）

尺寸（mm）									焊缝断面（mm^2）	焊缝体积（mm^3）	金属重量（kg/m）
δ	b	p	e	α	β	h	B	B_2			
20.0	2.0	1.5	3.0	70.0	10.0	9.0	20.4	12.0	295.15	295 151.950 0	2.325 8
22.0	2.0	1.5	3.0	70.0	10.0	9.0	21.1	12.0	330.03	330 030.750 0	2.600 6
24.0	2.0	1.5	3.0	70.0	10.0	9.0	21.8	12.0	366.32	366 319.950 0	2.886 6
26.0	2.0	1.5	3.0	70.0	10.0	9.0	22.5	12.0	404.02	404 019.550 0	3.183 7
28.0	2.0	1.5	3.0	70.0	10.0	9.0	23.2	12.0	443.13	443 129.550 0	3.491 9
30.0	2.0	1.5	3.0	70.0	10.0	9.0	23.9	12.0	483.65	483 649.950 0	3.811 2
32.0	2.0	1.5	3.0	70.0	10.0	9.0	24.6	12.0	525.58	525 580.750 0	4.141 6
34.0	2.0	1.5	3.0	70.0	10.0	9.0	25.3	12.0	568.92	568 921.950 0	4.483 1
36.0	2.0	1.5	3.0	70.0	10.0	9.0	26.0	12.0	613.67	613 673.550 0	4.835 7
38.0	2.0	1.5	3.0	70.0	10.0	9.0	26.7	12.0	659.84	659 835.550 0	5.199 5
40.0	2.0	2.0	5.0	65.0	9.0	9.0	24.7	12.0	676.49	676 493.266 7	5.330 8
42.0	2.0	2.0	5.0	65.0	9.0	9.0	25.4	12.0	720.72	720 716.466 7	5.679 2
45.0	2.0	2.0	5.0	65.0	9.0	9.0	26.3	12.0	789.43	789 427.266 7	6.220 7
48.0	2.0	2.0	5.0	65.0	9.0	9.0	27.3	12.0	860.99	860 989.266 7	6.784 6
50.0	2.0	2.0	5.0	65.0	9.0	9.0	27.9	12.0	910.28	910 281.266 7	7.173 0
52.0	2.0	2.0	5.0	65.0	9.0	9.0	28.5	12.0	960.84	960 840.466 7	7.571 4
55.0	2.0	2.0	5.0	60.0	9.0	9.0	29.5	12.0	1 039.06	1 039 055.266 7	8.187 8
60.0	2.0	2.5	5.0	60.0	8.0	9.0	27.8	12.0	1 039.54	1 039 542.287 5	8.191 6
65.0	2.0	2.5	5.0	60.0	8.0	9.0	29.2	12.0	1 166.92	1 166 920.870 8	9.195 3
70.0	2.0	2.5	5.0	60.0	8.0	9.0	30.6	12.0	1 301.32	1 301 324.454 2	10.254 4
75.0	2.0	2.5	5.0	60.0	8.0	9.0	32.1	12.0	1 442.75	1 442 753.037 5	11.368 9
80.0	2.0	2.5	5.0	60.0	8.0	9.0	33.5	12.0	1 591.21	1 591 206.620 8	12.538 7

8. 带钝边U形坡口单面对接焊缝

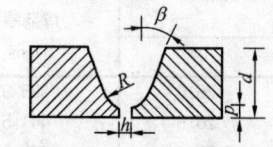

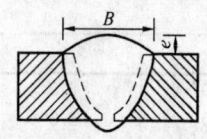

焊缝图形及计算公式		$B = b + 2R + 2(\delta - P - R)\text{tg}\,\beta + 4$ $S = \delta b + 1/2\pi R^2 + 2R(\delta - P - R) + (\delta - P - R)^2\text{tg}\,\beta + 2/3B \times e$

(1) 手工电弧焊

①碳钢

尺寸(mm)							焊缝断面 (mm²)	焊缝体积 (mm³)	金属重量 (kg/m)
δ	b	p	e	β	r	B			
20.0	3.0	1.5	3.0	8.0	8.0	26.0	395.92	395 922.325 0	3.088 2
22.0	3.0	1.5	3.0	8.0	8.0	26.5	441.51	441 509.325 0	3.443 8
24.0	3.0	1.5	3.0	8.0	8.0	27.1	488.22	488 220.325 0	3.808 1
26.0	3.0	1.5	3.0	8.0	8.0	27.6	536.06	536 055.325 0	4.181 2
28.0	3.0	1.5	3.0	8.0	8.0	28.2	585.01	585 014.325 0	4.563 1
30.0	3.0	1.5	3.0	6.0	7.0	25.5	591.15	591 152.275 0	4.611 0
32.0	3.0	1.5	3.0	6.0	7.0	25.9	635.45	635 452.075 0	4.956 5
34.0	3.0	1.5	3.0	6.0	7.0	26.4	680.59	680 592.675 0	5.308 6
36.0	3.0	1.5	3.0	6.0	7.0	26.8	726.57	726 574.075 0	5.667 3
38.0	3.0	1.5	3.0	6.0	7.0	27.2	773.40	773 396.275 0	6.032 5
40.0	3.0	2.0	5.0	5.0	7.0	26.4	826.70	826 702.033 3	6.448 3
42.0	3.0	2.0	5.0	5.0	7.0	26.8	873.07	873 068.700 0	6.809 9
45.0	3.0	2.0	5.0	5.0	7.0	27.3	943.93	943 931.200 0	7.362 7
50.0	3.0	2.0	5.0	4.0	6.0	24.9	960.74	960 740.133 3	7.493 8
52.0	3.0	2.0	5.0	4.0	6.0	25.2	1 003.69	1 003 694.933 3	7.828 8
55.0	3.0	2.0	5.0	4.0	6.0	25.6	1 069.18	1 069 175.633 3	8.339 6
58.0	3.0	2.0	5.0	4.0	6.0	26.0	1 135.91	1 135 914.533 3	8.860 1
60.0	3.0	2.0	5.0	4.0	6.0	26.3	1 181.11	1 181 106.133 3	9.212 6

② 合金钢、不锈钢

尺 寸 (mm)							焊缝断面 (mm^2)	焊缝体积 (mm^3)	金属重量 (kg/m)
δ	b	p	e	β	r	B			
20.0	3.0	1.5	3.0	8.0	8.0	26.0	395.92	395 922.325 0	3.119 9
22.0	3.0	1.5	3.0	8.0	8.0	26.5	441.51	441 509.325 0	3.479 1
24.0	3.0	1.5	3.0	8.0	8.0	27.1	488.22	488 220.325 0	3.847 2
26.0	3.0	1.5	3.0	8.0	8.0	27.6	536.06	536 055.325 0	4.224 1
28.0	3.0	1.5	3.0	8.0	8.0	28.2	585.01	585 014.325 0	4.609 9
30.0	3.0	1.5	3.0	6.0	7.0	25.5	591.15	591 152.275 0	4.658 3
32.0	3.0	1.5	3.0	6.0	7.0	25.9	635.45	635 452.075 0	5.007 4
34.0	3.0	1.5	3.0	6.0	7.0	26.4	680.59	680 592.675 0	5.363 1
36.0	3.0	1.5	3.0	6.0	7.0	26.8	726.57	726 574.075 0	5.725 4
38.0	3.0	1.5	3.0	6.0	7.0	27.2	773.40	773 396.275 0	6.094 4
40.0	3.0	2.0	5.0	5.0	7.0	26.4	826.70	826 702.033 3	6.514 4
42.0	3.0	2.0	5.0	5.0	7.0	26.8	873.07	873 068.700 0	6.879 8
45.0	3.0	2.0	5.0	5.0	7.0	27.3	943.93	943 931.200 0	7.438 2
50.0	3.0	2.0	5.0	4.0	6.0	24.9	960.74	960 740.133 3	7.570 6
52.0	3.0	2.0	5.0	4.0	6.0	25.2	1 003.69	1 003 694.933 3	7.909 1
55.0	3.0	2.0	5.0	4.0	6.0	25.6	1 069.18	1 069 175.633 3	8.425 1
58.0	3.0	2.0	5.0	4.0	6.0	26.0	1 135.91	1 135 914.533 3	8.951 0
60.0	3.0	2.0	5.0	4.0	6.0	26.3	1 181.11	1 181 106.133 3	9.307 1

（2）手工钨极气体保护焊

不锈钢

尺 寸 (mm)							焊缝断面 (mm^2)	焊缝体积 (mm^3)	金属重量 (kg/m)
δ	b	p	e	β	r	B			
20.0	3.0	1.5	3.0	8.0	8.0	26.0	395.92	395 922.325 0	3.119 9
22.0	3.0	1.5	3.0	8.0	8.0	26.5	441.51	441 509.325 0	3.479 1
24.0	3.0	1.5	3.0	8.0	8.0	27.1	488.22	488 220.325 0	3.847 2
26.0	3.0	1.5	3.0	8.0	8.0	27.6	536.06	536 055.325 0	4.224 1
28.0	3.0	1.5	3.0	8.0	8.0	28.2	585.01	585 014.325 0	4.609 9
30.0	3.0	1.5	3.0	6.0	7.0	25.5	591.15	591 152.275 0	4.658 3
32.0	3.0	1.5	3.0	6.0	7.0	25.9	635.45	635 452.075 0	5.007 4
34.0	3.0	1.5	3.0	6.0	7.0	26.4	680.59	680 592.675 0	5.363 1
36.0	3.0	1.5	3.0	6.0	7.0	26.8	726.57	726 574.075 0	5.725 4
38.0	3.0	1.5	3.0	6.0	7.0	27.2	773.40	773 396.275 0	6.094 4
40.0	3.0	2.0	5.0	5.0	7.0	26.4	826.70	826 702.033 3	6.514 4

9. 带钝边 U 形坡口双面对接焊缝

焊缝图形及计算公式	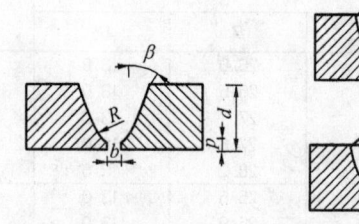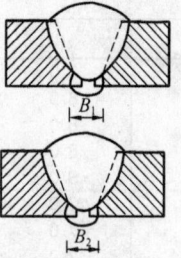	$B_1 = b + 6$ $S_1 = \delta b + 1/2\pi R^2 + 2R(\delta - P - R) + (\delta - P - R)^2 \text{tg}\beta + 2/3B \times e + 2/3B_1 \times e$ $B_2 = b + 10$ $S_2 = \delta b + 1/2\pi R^2 + 2R(\delta - P - R) + (\delta - P - R)^2 \text{tg}\beta + 2/3B \times e + 2/3B_2 \times e + 9/2 \times \pi$

(1) 手工电弧焊
①碳钢（封底焊）

\multicolumn{8}{	c	}{尺　　寸 (mm)}	焊缝断面	焊缝体积	金属重量
δ	b	p	e	β	r	B	B_1	(mm²)	(mm³)	(kg/m)
20.0	3.0	1.5	3.0	8.0	8.0	26.0	9.0	413.92	413 922.325 0	3.228 6
22.0	3.0	1.5	3.0	8.0	8.0	26.5	9.0	459.51	459 509.325 0	3.584 2
24.0	3.0	1.5	3.0	8.0	8.0	27.1	9.0	506.22	506 220.325 0	3.948 5
26.0	3.0	1.5	3.0	8.0	8.0	27.6	9.0	554.06	554 055.325 0	4.321 6
28.0	3.0	1.5	3.0	8.0	8.0	28.2	9.0	603.01	603 014.325 0	4.703 5
30.0	3.0	1.5	3.0	6.0	7.0	25.5	9.0	609.15	609 152.275 0	4.751 4
32.0	3.0	1.5	3.0	6.0	7.0	25.9	9.0	653.45	653 452.075 0	5.096 9
34.0	3.0	1.5	3.0	6.0	7.0	26.4	9.0	698.59	698 592.675 0	5.449 0
36.0	3.0	1.5	3.0	6.0	7.0	26.8	9.0	744.57	744 574.075 0	5.807 7
38.0	3.0	1.5	3.0	6.0	7.0	27.2	9.0	791.40	791 396.275 0	6.172 9
40.0	3.0	2.0	5.0	5.0	7.0	26.4	9.0	856.70	856 702.033 3	6.682 3
42.0	3.0	2.0	5.0	5.0	7.0	26.8	9.0	903.07	903 068.700 0	7.043 9
45.0	3.0	2.0	5.0	5.0	6.0	25.5	9.0	914.24	914 235.366 7	7.131 0
48.0	3.0	2.0	5.0	5.0	6.0	26.0	9.0	981.20	981 197.866 7	7.653 3
50.0	3.0	2.0	5.0	5.0	6.0	26.4	9.0	1 026.71	1 026 714.533 3	8.008 4
52.0	3.0	2.0	5.0	4.0	6.0	25.2	9.0	1 033.69	1 033 694.933 3	8.062 8
55.0	3.0	2.0	5.0	4.0	6.0	25.6	9.0	1 099.18	1 099 175.633 3	8.573 6
58.0	3.0	2.0	5.0	4.0	6.0	26.0	9.0	1 165.91	1 165 914.533 3	9.094 1
60.0	3.0	2.0	5.0	4.0	6.0	26.3	9.0	1 211.11	1 211 106.133 3	9.446 6

②碳钢（清根焊）

尺　寸 (mm)								焊缝断面 (mm^2)	焊缝体积 (mm^3)	金属重量 (kg/m)
δ	b	p	e	β	r	B	B_2			
20.0	3.0	1.5	3.0	8.0	8.0	26.0	13.0	436.06	436 059.525 0	3.401 3
22.0	3.0	1.5	3.0	8.0	8.0	26.5	13.0	481.65	481 646.525 0	3.756 8
24.0	3.0	1.5	3.0	8.0	8.0	27.1	13.0	528.36	528 357.525 0	4.121 2
26.0	3.0	1.5	3.0	8.0	8.0	27.6	13.0	576.19	576 192.525 0	4.494 3
28.0	3.0	1.5	3.0	8.0	8.0	28.2	13.0	625.15	625 151.525 0	4.876 2
30.0	3.0	1.5	3.0	6.0	7.0	25.5	13.0	631.29	631 289.475 0	4.924 1
32.0	3.0	1.5	3.0	6.0	7.0	25.9	13.0	675.59	675 589.275 0	5.269 6
34.0	3.0	1.5	3.0	6.0	7.0	26.4	13.0	720.73	720 729.875 0	5.621 7
36.0	3.0	1.5	3.0	6.0	7.0	26.8	13.0	766.71	766 711.275 0	5.980 3
38.0	3.0	1.5	3.0	6.0	7.0	27.2	13.0	813.53	813 533.475 0	6.345 6
40.0	3.0	2.0	5.0	5.0	7.0	26.4	13.0	884.17	884 172.566 7	6.896 5
42.0	3.0	2.0	5.0	5.0	7.0	26.8	13.0	930.54	930 539.233 3	7.258 2
45.0	3.0	2.0	5.0	5.0	6.0	25.5	13.0	941.71	941 705.900 0	7.345 3
48.0	3.0	2.0	5.0	5.0	6.0	26.0	13.0	1 008.67	1 008 668.400 0	7.867 6
50.0	3.0	2.0	5.0	5.0	6.0	26.4	13.0	1 054.19	1 054 185.066 7	8.222 6
52.0	3.0	2.0	5.0	4.0	6.0	25.2	13.0	1 061.17	1 061 165.466 7	8.277 1
55.0	3.0	2.0	5.0	4.0	6.0	25.6	13.0	1 126.65	1 126 646.166 7	8.787 8
58.0	3.0	2.0	5.0	4.0	6.0	26.0	13.0	1 193.39	1 193 385.066 7	9.308 4
60.0	3.0	2.0	5.0	4.0	6.0	26.3	13.0	1 238.58	1 238 576.666 7	9.660 9

③合金钢、不锈钢（封底焊）

尺　寸 (mm)								焊缝断面 (mm^2)	焊缝体积 (mm^3)	金属重量 (kg/m)
δ	b	p	e	β	r	B	B_1			
20.0	3.0	1.5	3.0	8.0	8.0	26.0	9.0	413.92	413 922.325 0	3.261 7
22.0	3.0	1.5	3.0	8.0	8.0	26.5	9.0	459.51	459 509.325 0	3.620 9
24.0	3.0	1.5	3.0	8.0	8.0	27.1	9.0	506.22	506 220.325 0	3.989 0
26.0	3.0	1.5	3.0	8.0	8.0	27.6	9.0	554.06	554 055.325 0	4.366 0
28.0	3.0	1.5	3.0	8.0	8.0	28.2	9.0	603.01	603 014.325 0	4.751 8
30.0	3.0	1.5	3.0	6.0	7.0	25.5	9.0	609.15	609 152.275 0	4.800 1
32.0	3.0	1.5	3.0	6.0	7.0	25.9	9.0	653.45	653 452.075 0	5.149 2
34.0	3.0	1.5	3.0	6.0	7.0	26.4	9.0	698.59	698 592.675 0	5.504 9
36.0	3.0	1.5	3.0	6.0	7.0	26.8	9.0	744.57	744 574.075 0	5.867 2
38.0	3.0	1.5	3.0	6.0	7.0	27.2	9.0	791.40	791 396.275 0	6.236 2
40.0	3.0	2.0	5.0	5.0	7.0	26.4	9.0	856.70	856 702.033 3	6.750 8
42.0	3.0	2.0	5.0	5.0	7.0	26.8	9.0	903.07	903 068.700 0	7.116 2
45.0	3.0	2.0	5.0	5.0	6.0	25.5	9.0	914.24	914 235.366 7	7.204 2
48.0	3.0	2.0	5.0	5.0	6.0	26.0	9.0	981.20	981 197.866 7	7.731 8
50.0	3.0	2.0	5.0	5.0	6.0	26.4	9.0	1 026.71	1 026 714.533 3	8.090 5

续表

尺寸 (mm)								焊缝断面 (mm^2)	焊缝体积 (mm^3)	金属重量 (kg/m)
δ	b	p	e	β	r	B	B_1			
52.0	3.0	2.0	5.0	4.0	6.0	25.2	9.0	1 033.69	1 033 694.933 3	8.145 5
55.0	3.0	2.0	5.0	4.0	6.0	25.6	9.0	1 099.18	1 099 175.633 3	8.661 5
58.0	3.0	2.0	5.0	4.0	6.0	26.0	9.0	1 165.91	1 165 914.533 3	9.187 4
60.0	3.0	2.0	5.0	4.0	6.0	26.3	9.0	1 211.11	1 211 106.133 3	9.543 5

④合金钢、不锈钢（清根焊）

尺寸 (mm)								焊缝断面 (mm^2)	焊缝体积 (mm^3)	金属重量 (kg/m)
δ	b	p	e	β	r	B	B_2			
20.0	3.0	1.5	3.0	8.0	8.0	26.0	13.0	436.06	436 059.525 0	3.436 1
22.0	3.0	1.5	3.0	8.0	8.0	26.5	13.0	481.65	481 646.525 0	3.795 4
24.0	3.0	1.5	3.0	8.0	8.0	27.1	13.0	528.36	528 357.525 0	4.163 5
26.0	3.0	1.5	3.0	8.0	8.0	27.6	13.0	576.19	576 192.525 0	4.540 4
28.0	3.0	1.5	3.0	8.0	8.0	28.2	13.0	625.15	625 151.525 0	4.926 2
30.0	3.0	1.5	3.0	6.0	7.0	25.5	13.0	631.29	631 289.475 0	4.974 6
32.0	3.0	1.5	3.0	6.0	7.0	25.9	13.0	675.59	675 589.275 0	5.323 6
34.0	3.0	1.5	3.0	6.0	7.0	26.4	13.0	720.73	720 729.875 0	5.679 4
36.0	3.0	1.5	3.0	6.0	7.0	26.8	13.0	766.71	766 711.275 0	6.041 7
38.0	3.0	1.5	3.0	6.0	7.0	27.2	13.0	813.53	813 533.475 0	6.410 6
40.0	3.0	2.0	5.0	5.0	7.0	26.4	13.0	884.17	884 172.566 7	6.967 3
42.0	3.0	2.0	5.0	5.0	7.0	26.8	13.0	930.54	930 539.233 3	7.332 6
45.0	3.0	2.0	5.0	5.0	6.0	25.5	13.0	941.71	941 705.900 0	7.420 6
48.0	3.0	2.0	5.0	5.0	6.0	26.0	13.0	1 008.67	1 008 668.400 0	7.948 3
50.0	3.0	2.0	5.0	5.0	6.0	26.4	13.0	1 054.19	1 054 185.066 7	8.307 0
52.0	3.0	2.0	5.0	4.0	6.0	25.2	13.0	1 061.17	1 061 165.466 7	8.362 0
55.0	3.0	2.0	5.0	4.0	6.0	25.6	13.0	1 126.65	1 126 646.166 7	8.878 0
58.0	3.0	2.0	5.0	4.0	6.0	26.0	13.0	1 193.39	1 193 385.066 7	9.403 9
60.0	3.0	2.0	5.0	4.0	6.0	26.3	13.0	1 238.58	1 238 576.666 7	9.760 0

（2）熔化极气体保护自动焊

①碳钢（封底焊）

尺寸（mm）								焊缝断面（mm²）	焊缝体积（mm³）	金属重量（kg/m）
δ	b	p	e	β	r	B	B_1			
20.0	2.5	2.0	3.0	8.0	8.0	25.3	9.0	393.20	393 201.200 0	3.067 0
22.0	2.5	2.0	3.0	8.0	8.0	25.9	9.0	437.51	437 507.200 0	3.412 6
24.0	2.5	2.0	3.0	8.0	8.0	26.4	9.0	482.94	482 937.200 0	3.766 9
26.0	2.5	2.0	3.0	8.0	8.0	27.0	9.0	529.49	529 491.200 0	4.130 0
28.0	2.5	2.0	3.0	8.0	8.0	27.6	9.0	577.17	577 169.200 0	4.501 9
30.0	2.5	2.0	3.0	6.0	7.0	24.9	9.0	583.71	583 708.700 0	4.552 9
32.0	2.5	2.0	3.0	6.0	7.0	25.3	9.0	626.80	626 798.300 0	4.889 0
34.0	2.5	2.0	3.0	6.0	7.0	25.8	9.0	670.73	670 728.700 0	5.231 7
36.0	2.5	2.0	3.0	6.0	7.0	26.2	9.0	715.50	715 499.900 0	5.580 9
38.0	2.5	2.0	3.0	6.0	7.0	26.6	9.0	761.11	761 111.900 0	5.936 7
40.0	2.5	3.0	5.0	5.0	7.0	25.8	9.0	815.11	815 114.533 3	6.357 9
42.0	2.5	3.0	5.0	5.0	7.0	26.1	9.0	860.13	860 131.200 0	6.709 0
45.0	2.5	3.0	5.0	5.0	6.0	24.8	9.0	871.10	871 097.866 7	6.794 6
48.0	2.5	3.0	5.0	5.0	6.0	25.3	9.0	936.04	936 035.366 7	7.301 1
50.0	2.5	3.0	5.0	5.0	6.0	25.7	9.0	980.20	980 202.033 3	7.645 6
52.0	2.5	3.0	5.0	4.0	6.0	24.5	9.0	987.48	987 480.966 7	7.702 4
55.0	2.5	3.0	5.0	4.0	6.0	24.9	9.0	1 051.04	1 051 042.266 7	8.198 1
58.0	2.5	3.0	5.0	4.0	6.0	25.4	9.0	1 115.86	1 115 861.766 7	8.703 7
60.0	2.5	3.0	5.0	4.0	6.0	25.6	9.0	1 159.77	1 159 773.766 7	9.046 2

②合金钢、不锈钢（封底焊）

尺寸（mm）								焊缝断面（mm²）	焊缝体积（mm³）	金属重量（kg/m）
δ	b	p	e	β	r	B	B_1			
20.0	2.5	2.0	3.0	8.0	8.0	25.3	9.0	393.20	393 201.200 0	3.098 4
22.0	2.5	2.0	3.0	8.0	8.0	25.9	9.0	437.51	437 507.200 0	3.447 6
24.0	2.5	2.0	3.0	8.0	8.0	26.4	9.0	482.94	482 937.200 0	3.805 5
26.0	2.5	2.0	3.0	8.0	8.0	27.0	9.0	529.49	529 491.200 0	4.172 4
28.0	2.5	2.0	3.0	8.0	8.0	27.6	9.0	577.17	577 169.200 0	4.548 1

续表

尺寸(mm)								焊缝断面	焊缝体积	金属重量
δ	b	p	e	β	r	B	B_1	(mm^2)	(mm^3)	(kg/m)
30.0	2.5	2.0	3.0	6.0	7.0	24.9	9.0	583.71	583 708.700 0	4.599 6
32.0	2.5	2.0	3.0	6.0	7.0	25.3	9.0	626.80	626 798.300 0	4.939 2
34.0	2.5	2.0	3.0	6.0	7.0	25.8	9.0	670.73	670 728.700 0	5.285 3
36.0	2.5	2.0	3.0	6.0	7.0	26.2	9.0	715.50	715 499.900 0	5.638 1
38.0	2.5	2.0	3.0	6.0	7.0	26.6	9.0	761.11	761 111.900 0	5.997 6
40.0	2.5	3.0	5.0	5.0	7.0	25.8	9.0	815.11	815 114.533 3	6.423 1
42.0	2.5	3.0	5.0	5.0	7.0	26.1	9.0	860.13	860 131.200 0	6.777 8
45.0	2.5	3.0	5.0	5.0	6.0	24.8	9.0	871.10	871 097.866 7	6.864 3
48.0	2.5	3.0	5.0	5.0	6.0	25.3	9.0	936.04	936 035.366 7	7.376 0
50.0	2.5	3.0	5.0	5.0	6.0	25.7	9.0	980.20	980 202.033 3	7.724 0
52.0	2.5	3.0	5.0	4.0	6.0	24.5	9.0	987.48	987 480.966 7	7.781 4
55.0	2.5	3.0	5.0	4.0	6.0	24.9	9.0	1 051.04	1 051 042.266 7	8.282 2
58.0	2.5	3.0	5.0	4.0	6.0	25.4	9.0	1 115.86	1 115 861.766 7	8.793 0
60.0	2.5	3.0	5.0	4.0	6.0	25.6	9.0	1 159.77	1 159 773.766 7	9.139 0

(3) 熔化极气体保护半自动焊

①碳钢(封底焊)

尺寸(mm)								焊缝断面	焊缝体积	金属重量
δ	b	p	e	β	r	B	B_1	(mm^2)	(mm^3)	(kg/m)
20.0	2.0	2.0	3.0	8.0	8.0	24.8	9.0	382.20	382 201.200 0	2.981 2
22.0	2.0	2.0	3.0	8.0	8.0	25.4	9.0	425.51	425 507.200 0	3.319 0
24.0	2.0	2.0	3.0	8.0	8.0	25.9	9.0	469.94	469 937.200 0	3.665 5
26.0	2.0	2.0	3.0	8.0	8.0	26.5	9.0	515.49	515 491.200 0	4.020 8
28.0	2.0	2.0	3.0	8.0	8.0	27.1	9.0	562.17	562 169.200 0	4.384 9
30.0	2.0	2.0	3.0	6.0	7.0	24.4	9.0	567.71	567 708.700 0	4.428 1
32.0	2.0	2.0	3.0	6.0	7.0	24.8	9.0	609.80	609 798.300 0	4.756 4
34.0	2.0	2.0	3.0	6.0	7.0	25.3	9.0	652.73	652 728.700 0	5.091 3
36.0	2.0	2.0	3.0	6.0	7.0	25.7	9.0	696.50	696 499.900 0	5.432 7
38.0	2.0	2.0	3.0	6.0	7.0	26.1	9.0	741.11	741 111.900 0	5.780 7

续表

尺寸(mm)								焊缝断面	焊缝体积	金属重量
δ	b	p	e	β	r	B	B_1	(mm²)	(mm³)	(kg/m)
40.0	2.0	3.0	5.0	5.0	7.0	25.3	9.0	793.45	793 447.866 7	6.188 9
42.0	2.0	3.0	5.0	5.0	7.0	25.6	9.0	837.46	837 464.533 3	6.532 2
45.0	2.0	3.0	5.0	5.0	6.0	24.3	9.0	846.93	846 931.200 0	6.606 1
48.0	2.0	3.0	5.0	5.0	6.0	24.8	9.0	910.37	910 368.700 0	7.100 9
50.0	2.0	3.0	5.0	5.0	6.0	25.2	9.0	953.54	953 535.366 7	7.437 6
52.0	2.0	3.0	5.0	4.0	6.0	24.0	9.0	959.81	959 814.300 0	7.486 6
55.0	2.0	3.0	5.0	4.0	6.0	24.4	9.0	1 021.88	1 021 875.600 0	7.970 6
58.0	2.0	3.0	5.0	4.0	6.0	24.9	9.0	1 085.20	1 085 195.100 0	8.464 5
60.0	2.0	3.0	5.0	4.0	6.0	25.1	9.0	1 128.11	1 128 107.100 0	8.799 2

②合金钢、不锈钢（封底焊）

尺寸(mm)								焊缝断面	焊缝体积	金属重量
δ	b	p	e	β	r	B	B_1	(mm²)	(mm³)	(kg/m)
20.0	2.0	2.0	3.0	8.0	8.0	24.8	9.0	382.20	382 201.200 0	3.011 7
22.0	2.0	2.0	3.0	8.0	8.0	25.4	9.0	425.51	425 507.200 0	3.353 0
24.0	2.0	2.0	3.0	8.0	8.0	25.9	9.0	469.94	469 937.200 0	3.703 1
26.0	2.0	2.0	3.0	8.0	8.0	26.5	9.0	515.49	515 491.200 0	4.062 1
28.0	2.0	2.0	3.0	8.0	8.0	27.1	9.0	562.17	562 169.200 0	4.429 9
30.0	2.0	2.0	3.0	6.0	7.0	24.4	9.0	567.71	567 708.700 0	4.473 5
32.0	2.0	2.0	3.0	6.0	7.0	24.8	9.0	609.80	609 798.300 0	4.805 2
34.0	2.0	2.0	3.0	6.0	7.0	25.3	9.0	652.73	652 728.700 0	5.143 5
36.0	2.0	2.0	3.0	6.0	7.0	25.7	9.0	696.50	696 499.900 0	5.488 4
38.0	2.0	2.0	3.0	6.0	7.0	26.1	9.0	741.11	741 111.900 0	5.840 0
40.0	2.0	3.0	5.0	5.0	7.0	25.3	9.0	793.45	793 447.866 7	6.252 4
42.0	2.0	3.0	5.0	5.0	7.0	25.6	9.0	837.46	837 464.533 3	6.599 2
45.0	2.0	3.0	5.0	5.0	6.0	24.3	9.0	846.93	846 931.200 0	6.673 8
48.0	2.0	3.0	5.0	5.0	6.0	24.8	9.0	910.37	910 368.700 0	7.173 7
50.0	2.0	3.0	5.0	5.0	6.0	25.2	9.0	953.54	953 535.366 7	7.513 9
52.0	2.0	3.0	5.0	4.0	6.0	24.0	9.0	959.81	959 814.300 0	7.563 3
55.0	2.0	3.0	5.0	4.0	6.0	24.4	9.0	1 021.88	1 021 875.600 0	8.052 4
58.0	2.0	3.0	5.0	4.0	6.0	24.9	9.0	1 085.20	1 085 195.100 0	8.551 3
60.0	2.0	3.0	5.0	4.0	6.0	25.1	9.0	1 128.11	1 128 107.100 0	8.889 5

10. V形带垫板坡口单面对接焊缝

焊缝图形及计算公式	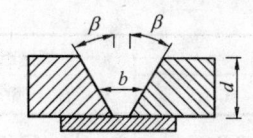 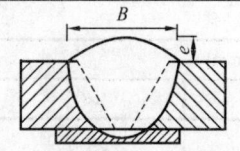	$B = b + 2\delta \times tg\beta + 4$ $S = \delta b + \delta^2 \times tg\beta + 2/3 B \times e$

（1）手工电弧焊

①碳钢

尺　寸　(mm)					焊缝断面	焊缝体积	金属重量
δ	b	e	β	B	(mm²)	(mm³)	(kg/m)
6.0	3.0	2.0	25.0	12.6	51.57	51 565.333 3	0.402 2
7.0	3.0	2.0	25.0	13.5	61.87	61 866.000 0	0.482 6
8.0	4.0	2.0	25.0	15.5	82.43	82 432.000 0	0.643 0
9.0	4.0	2.0	25.0	16.4	95.60	95 596.666 7	0.745 7
10.0	5.0	2.5	25.0	18.3	127.13	127 133.333 3	0.991 6
12.0	5.0	2.5	25.0	20.2	160.74	160 744.000 0	1.253 8
14.0	5.0	2.5	25.0	22.0	198.08	198 082.666 7	1.545 0
16.0	6.0	3.0	25.0	24.9	265.12	265 120.000 0	2.067 9
18.0	6.0	3.0	25.0	26.8	312.54	312 536.000 0	2.437 8
20.0	6.0	3.0	25.0	28.6	363.68	363 680.000 0	2.836 7

②合金钢、不锈钢

尺　寸　(mm)					焊缝断面	焊缝体积	金属重量
δ	b	e	β	B	(mm²)	(mm³)	(kg/m)
6.0	3.0	2.0	25.0	12.6	51.57	51 565.333 3	0.406 3
7.0	3.0	2.0	25.0	13.5	61.87	61 866.000 0	0.487 5
8.0	4.0	2.0	25.0	15.5	82.43	82 432.000 0	0.649 6
9.0	4.0	2.0	25.0	16.4	95.60	95 596.666 7	0.753 3
10.0	5.0	2.5	25.0	18.3	127.13	127 133.333 3	1.001 8
12.0	5.0	2.5	25.0	20.2	160.74	160 744.000 0	1.266 7
14.0	5.0	2.5	25.0	22.0	198.08	198 082.666 7	1.560 9
16.0	6.0	3.0	25.0	24.9	265.12	265 120.000 0	2.089 1
18.0	6.0	3.0	25.0	26.8	312.54	312 536.000 0	2.462 8
20.0	6.0	3.0	25.0	28.6	363.68	363 680.000 0	2.865 8

(2) 手工钨极气体保护焊

铝、铝合金

尺寸 (mm)					焊缝断面 (mm^2)	焊缝体积 (mm^3)	金属重量 (kg/m)
δ	b	e	β	B			
3.0	2.5	1.0	25.0	9.3	17.89	17 891.333 3	0.048 3
3.5	2.5	1.0	25.0	9.8	20.97	20 966.500 0	0.056 6
4.0	3.0	2.0	25.0	10.7	33.76	33 760.000 0	0.091 2
5.0	3.0	2.0	25.0	11.7	42.20	42 196.666 7	0.113 9
6.0	3.0	2.0	25.0	12.6	51.57	51 565.333 3	0.139 2
8.0	4.0	2.0	25.0	15.5	82.43	82 432.000 0	0.222 6
10.0	5.0	2.0	25.0	18.3	121.03	121 026.666 7	0.326 8
12.0	5.0	2.0	25.0	20.2	154.02	154 016.000 0	0.415 8

11. Y形带垫板坡口单面对接焊缝

焊缝图形及计算公式	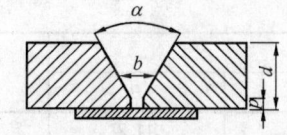 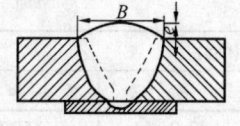	$B = b + 2 \times (\delta - p) \times \mathrm{tg}\alpha/2 + 4$ $S = \delta b + (\delta - p)^2 \times \mathrm{tg}\alpha/2 + 2/3 B \times e$

(1) 手工电弧焊

① 碳钢

尺　　寸（mm）						焊缝断面	焊缝体积	金属重量
δ	b	p	e	α	B	(mm²)	(mm³)	(kg/m)
6.0	3.0	1.5	3.0	55.0	11.7	51.91	51 912.950 0	0.404 9
8.0	3.0	1.5	3.0	55.0	13.8	73.53	73 530.950 0	0.573 5
10.0	3.0	1.5	3.0	55.0	15.9	99.31	99 313.750 0	0.774 6
12.0	4.0	1.5	3.0	55.0	18.9	143.26	143 261.350 0	1.117 4
14.0	4.0	1.5	3.0	55.0	21.0	179.37	179 373.750 0	1.399 1
16.0	4.0	1.5	3.0	55.0	23.1	219.65	219 650.950 0	1.713 3
18.0	5.0	1.5	3.0	50.0	24.4	265.73	265 725.975 0	2.072 7
20.0	5.0	1.5	3.0	50.0	26.3	312.10	312 097.375 0	2.434 4
22.0	5.0	1.5	3.0	50.0	28.1	362.20	362 199.175 0	2.825 2
24.0	6.0	1.5	3.0	50.0	31.0	442.03	442 031.375 0	3.447 8
26.0	6.0	1.5	3.0	50.0	32.8	501.59	501 593.975 0	3.912 4

② 合金钢、不锈钢

尺　　寸（mm）						焊缝断面	焊缝体积	金属重量
δ	b	p	e	α	B	(mm²)	(mm³)	(kg/m)
6.0	3.0	1.5	3.0	55.0	11.7	51.91	51 912.950 0	0.409 1
8.0	3.0	1.5	3.0	55.0	13.8	73.53	73 530.950 0	0.579 4
10.0	3.0	1.5	3.0	55.0	15.9	99.31	99 313.750 0	0.782 6
12.0	4.0	1.5	3.0	55.0	18.9	143.26	143 261.350 0	1.128 9
14.0	4.0	1.5	3.0	55.0	21.0	179.37	179 373.750 0	1.413 5
16.0	4.0	1.5	3.0	55.0	23.1	219.65	219 650.950 0	1.730 8
18.0	5.0	1.5	3.0	50.0	24.4	265.73	265 725.975 0	2.093 9
20.0	5.0	1.5	3.0	50.0	26.3	312.10	312 097.375 0	2.459 3
22.0	5.0	1.5	3.0	50.0	28.1	362.20	362 199.175 0	2.854 1
24.0	6.0	1.5	3.0	50.0	31.0	442.03	442 031.375 0	3.483 2
26.0	6.0	1.5	3.0	50.0	32.8	501.59	501 593.975 0	3.952 6

(2) 埋弧自动焊

①碳钢

尺寸 (mm)						焊缝断面 (mm²)	焊缝体积 (mm³)	金属重量 (kg/m)
δ	b	p	e	α	B			
6.0	3.0	1.5	3.0	50.0	11.2	49.84	49 835.975 0	0.388 7
8.0	3.0	1.5	3.0	50.0	13.1	69.82	69 824.975 0	0.544 6
10.0	3.0	1.5	3.0	50.0	14.9	93.54	93 544.375 0	0.729 6
12.0	4.0	2.0	3.0	50.0	17.3	129.28	129 282.000 0	1.008 4
14.0	4.0	2.0	3.0	50.0	19.2	161.53	161 529.600 0	1.259 9
16.0	4.0	2.0	3.0	50.0	21.1	197.51	197 507.600 0	1.540 6
18.0	4.0	2.0	3.0	50.0	22.9	237.22	237 216.000 0	1.850 3
20.0	4.0	2.0	3.0	50.0	24.8	280.65	280 654.800 0	2.189 1
22.0	4.0	3.0	3.0	50.0	25.7	307.77	307 773.100 0	2.400 6
24.0	4.0	3.0	3.0	50.0	27.6	356.81	356 807.500 0	2.783 1
26.0	4.0	3.0	3.0	50.0	29.4	409.57	409 572.300 0	3.194 7
28.0	4.0	3.0	3.0	50.0	31.3	466.07	466 067.500 0	3.635 3
30.0	4.0	3.0	3.0	50.0	33.2	526.29	526 293.100 0	4.105 1

②合金钢、不锈钢

尺寸 (mm)						焊缝断面 (mm²)	焊缝体积 (mm³)	金属重量 (kg/m)
δ	b	p	e	α	B			
6.0	3.0	1.5	3.0	50.0	11.2	49.84	49 835.975 0	0.392 7
8.0	3.0	1.5	3.0	50.0	13.1	69.82	69 824.975 0	0.550 2
10.0	3.0	1.5	3.0	50.0	14.9	93.54	93 544.375 0	0.737 1
12.0	4.0	2.0	3.0	50.0	17.3	129.28	129 282.000 0	1.018 7
14.0	4.0	2.0	3.0	50.0	19.2	161.53	161 529.600 0	1.272 9
16.0	4.0	2.0	3.0	50.0	21.1	197.51	197 507.600 0	1.556 4
18.0	4.0	2.0	3.0	50.0	22.9	237.22	237 216.000 0	1.869 3
20.0	4.0	2.0	3.0	50.0	24.8	280.65	280 654.800 0	2.211 6
22.0	4.0	3.0	3.0	50.0	25.7	307.77	307 773.100 0	2.425 3
24.0	4.0	3.0	3.0	50.0	27.6	356.81	356 807.500 0	2.811 6
26.0	4.0	3.0	3.0	50.0	29.4	409.57	409 572.300 0	3.227 4
28.0	4.0	3.0	3.0	50.0	31.3	466.07	466 067.500 0	3.672 6
30.0	4.0	3.0	3.0	50.0	33.2	526.29	526 293.100 0	4.147 2

12. 双U形坡口带钝边双面对接焊缝

焊缝图形及计算公式

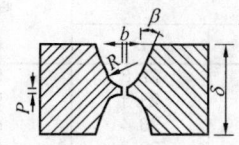

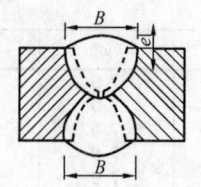

$$B = b + 2R + 2[(\delta - P)/2 - R]\mathrm{tg}\,\beta + 4$$

$$S_1 = \delta b + \pi R^2 + 4R[(\delta - P)/2 - R]$$
$$1 + 2[(\delta - P)/2 - R]^2\mathrm{tg}\,\beta + 4/3B \times e$$

$$S_2 = \delta b + \pi R^2 + 4R](\delta - P)/2 - R]$$
$$+ 2[(\delta - P)/2 - R]^2\mathrm{tg}\,\beta + 4/3B \times e + 9/2 \times \pi$$

(1) 手工电弧焊

①碳钢（清根焊）

尺寸 (mm)								焊缝断面 (mm²)	焊缝体积 (mm³)	金属重量 (kg/m)
δ	b	p	e	β	r	h	B			
30.0	3.0	3.0	3.0	8.0	7.0	13.5	22.8	543.25	543 253.850 0	4.237 4
32.0	3.0	3.0	3.0	8.0	7.0	14.5	23.1	582.31	582 311.850 0	4.542 0
34.0	3.0	3.0	3.0	8.0	7.0	15.5	23.4	621.93	621 931.850 0	4.851 1
36.0	3.0	3.0	3.0	8.0	7.0	16.5	23.7	662.11	662 113.850 0	5.164 5
38.0	3.0	3.0	3.0	8.0	7.0	17.5	24.0	702.86	702 857.850 0	5.482 3
40.0	3.0	3.0	3.0	8.0	7.0	18.5	24.2	744.16	744 163.850 0	5.804 5
42.0	3.0	3.0	5.0	8.0	7.0	19.5	24.5	851.40	851 398.516 7	6.640 9
45.0	3.0	3.0	5.0	8.0	7.0	21.0	24.9	916.38	916 378.266 7	7.147 8
48.0	3.0	3.0	5.0	8.0	7.0	22.5	25.4	982.62	982 622.516 7	7.664 5
50.0	3.0	3.0	5.0	8.0	7.0	23.5	25.6	1 027.49	1 027 487.850 0	8.014 4
52.0	3.0	3.0	5.0	8.0	7.0	24.5	25.9	1 072.92	1 072 915.183 3	8.368 7
55.0	3.0	3.0	5.0	8.0	7.0	26.0	26.3	1 142.11	1 142 109.933 3	8.908 5
58.0	3.0	3.0	5.0	8.0	7.0	27.5	26.8	1 212.57	1 212 569.183 3	9.458 0
60.0	3.0	4.0	5.0	8.0	7.0	28.0	26.9	1 239.34	1 239 336.600 0	9.666 8
65.0	3.0	4.0	5.0	8.0	7.0	30.5	27.6	1 360.28	1 360 281.183 3	10.610 2
70.0	3.0	4.0	5.0	8.0	7.0	33.0	28.3	1 484.74	1 484 738.266 7	11.581 0
75.0	3.0	4.0	5.0	8.0	7.0	35.5	29.0	1 612.71	1 612 707.850 0	12.579 1
80.0	3.0	4.0	5.0	8.0	7.0	38.0	29.7	1 744.19	1 744 189.933 3	13.604 7

②合金钢、不锈钢（清根焊）

尺寸(mm)								焊缝断面 (mm²)	焊缝体积 (mm³)	金属重量 (kg/m)
δ	b	p	e	β	r	h	B			
30.0	3.0	3.0	3.0	8.0	7.0	13.5	22.8	543.25	543 253.850 0	4.280 8
32.0	3.0	3.0	3.0	8.0	7.0	14.5	23.1	582.31	582 311.850 0	4.588 6
34.0	3.0	3.0	3.0	8.0	7.0	15.5	23.4	621.93	621 931.850 0	4.900 8
36.0	3.0	3.0	3.0	8.0	7.0	16.5	23.7	662.11	662 113.850 0	5.217 5
38.0	3.0	3.0	3.0	8.0	7.0	17.5	24.0	702.86	702 857.850 0	5.538 5
40.0	3.0	3.0	3.0	8.0	7.0	18.5	24.2	744.16	744 163.850 0	5.864 0
42.0	3.0	3.0	5.0	8.0	7.0	19.5	24.5	851.40	851 398.516 7	6.709 0
45.0	3.0	3.0	5.0	8.0	7.0	21.0	24.9	916.38	916 378.266 7	7.221 1
48.0	3.0	3.0	5.0	8.0	7.0	22.5	25.4	982.62	982 622.516 7	7.743 1
50.0	3.0	3.0	5.0	8.0	7.0	23.5	25.6	1 027.49	1 027 487.850 0	8.096 6
52.0	3.0	3.0	5.0	8.0	7.0	24.5	25.9	1 072.92	1 072 915.183 3	8.454 6
55.0	3.0	3.0	5.0	8.0	7.0	26.0	26.3	1 142.11	1 142 109.933 3	8.999 8
58.0	3.0	3.0	5.0	8.0	7.0	27.5	26.8	1 212.57	1 212 569.183 3	9.555 0
60.0	3.0	4.0	5.0	8.0	7.0	28.0	26.9	1 239.34	1 239 336.600 0	9.766 0
65.0	3.0	4.0	5.0	8.0	7.0	30.5	27.6	1 360.28	1 360 281.183 3	10.719 0
70.0	3.0	4.0	5.0	8.0	7.0	33.0	28.3	1 484.74	1 484 738.266 7	11.699 7
75.0	3.0	4.0	5.0	8.0	7.0	35.5	29.0	1 612.71	1 612 707.850 0	12.708 1
80.0	3.0	4.0	5.0	8.0	7.0	38.0	29.7	1 744.19	1 744 189.933 3	13.744 2

（2）熔化极气体保护自动焊

①碳钢（双面焊）

尺寸(mm)								焊缝断面 (mm²)	焊缝体积 (mm³)	金属重量 (kg/m)
δ	b	p	e	β	r	h	B			
30.0	2.5	3.0	3.0	8.0	8.0	13.5	24.0	556.74	556 744.650 0	4.342 6
32.0	2.5	3.0	3.0	8.0	8.0	14.5	24.3	598.24	598 240.650 0	4.666 3
34.0	2.5	3.0	3.0	8.0	8.0	15.5	24.6	640.30	640 298.650 0	4.994 3
36.0	2.5	3.0	3.0	8.0	8.0	16.5	24.9	682.92	682 918.650 0	5.326 8
38.0	2.5	3.0	3.0	8.0	8.0	17.5	25.2	726.10	726 100.650 0	5.663 6
40.0	2.5	3.0	3.0	8.0	8.0	18.5	25.5	769.84	769 844.650 0	6.004 8
42.0	2.5	3.0	5.0	8.0	8.0	19.5	25.7	882.77	882 767.983 3	6.885 6
45.0	2.5	3.0	5.0	8.0	8.0	21.0	26.2	951.40	951 404.733 3	7.421 0
48.0	2.5	3.0	5.0	8.0	8.0	22.5	26.6	1 021.31	1 021 305.983 3	7.966 2
50.0	2.5	3.0	5.0	8.0	8.0	23.5	26.9	1 068.61	1 068 609.316 7	8.335 2
52.0	2.5	3.0	5.0	8.0	8.0	24.5	27.1	1 116.47	1 116 474.650 0	8.708 5
55.0	2.5	3.0	5.0	8.0	8.0	26.0	27.6	1 189.33	1 189 326.400 0	9.276 7
58.0	2.5	3.0	5.0	8.0	8.0	27.5	28.0	1 263.44	1 263 442.650 0	9.854 9
60.0	2.5	4.0	5.0	8.0	8.0	28.0	28.1	1 290.93	1 290 929.066 7	10.069 2
65.0	2.5	4.0	5.0	8.0	8.0	30.5	28.8	1 417.97	1 417 968.650 0	11.060 2
70.0	2.5	4.0	5.0	8.0	8.0	33.0	29.5	1 548.52	1 548 520.733 3	12.078 5
75.0	2.5	4.0	5.0	8.0	8.0	35.5	30.2	1 682.59	1 682 585.316 7	13.124 2
80.0	2.5	4.0	5.0	8.0	8.0	38.0	30.9	1 820.16	1 820 162.400 0	14.197 3

②合金钢、不锈钢（双面焊）

尺　寸 (mm)								焊缝断面 (mm²)	焊缝体积 (mm³)	金属重量 (kg/m)
δ	b	p	e	β	r	h	B			
30.0	2.5	3.0	3.0	8.0	8.0	13.5	24.0	556.74	556 744.650 0	4.387 1
32.0	2.5	3.0	3.0	8.0	8.0	14.5	24.3	598.24	598 240.650 0	4.714 1
34.0	2.5	3.0	3.0	8.0	8.0	15.5	24.6	640.30	640 298.650 0	5.045 6
36.0	2.5	3.0	3.0	8.0	8.0	16.5	24.9	682.92	682 918.650 0	5.381 4
38.0	2.5	3.0	3.0	8.0	8.0	17.5	25.2	726.10	726 100.650 0	5.721 7
40.0	2.5	3.0	3.0	8.0	8.0	18.5	25.5	769.84	769 844.650 0	6.066 4
42.0	2.5	3.0	5.0	8.0	8.0	19.5	25.7	882.77	882 767.983 3	6.956 2
45.0	2.5	3.0	5.0	8.0	8.0	21.0	26.2	951.40	951 404.733 3	7.497 1
48.0	2.5	3.0	5.0	8.0	8.0	22.5	26.6	1 021.31	1 021 305.983 3	8.047 9
50.0	2.5	3.0	5.0	8.0	8.0	23.5	26.9	1 068.61	1 068 609.316 7	8.420 6
52.0	2.5	3.0	5.0	8.0	8.0	24.5	27.1	1 116.47	1 116 474.650 0	8.797 8
55.0	2.5	3.0	5.0	8.0	8.0	26.0	27.6	1 189.33	1 189 326.400 0	9.371 9
58.0	2.5	3.0	5.0	8.0	8.0	27.5	28.0	1 263.44	1 263 442.650 0	9.955 9
60.0	2.5	4.0	5.0	8.0	8.0	28.0	28.1	1 290.93	1 290 929.066 7	10.172 5
65.0	2.5	4.0	5.0	8.0	8.0	30.5	28.8	1 417.97	1 417 968.650 0	11.173 6
70.0	2.5	4.0	5.0	8.0	8.0	33.0	29.5	1 548.52	1 548 520.733 3	12.202 3
75.0	2.5	4.0	5.0	8.0	8.0	35.5	30.2	1 682.59	1 682 585.316 7	13.258 8
80.0	2.5	4.0	5.0	8.0	8.0	38.0	30.9	1 820.16	1 820 162.400 0	14.342 9

（3）熔化极气体保护半自动焊
①碳钢（双面焊）

尺　寸 (mm)								焊缝断面 (mm²)	焊缝体积 (mm³)	金属重量 (kg/m)
δ	b	p	e	β	r	h	B			
30.0	2.0	3.0	3.0	8.0	8.0	13.5	23.5	539.74	539 744.650 0	4.210 0
32.0	2.0	3.0	3.0	8.0	8.0	14.5	23.8	580.24	580 240.650 0	4.525 9
34.0	2.0	3.0	3.0	8.0	8.0	15.5	24.1	621.30	621 298.650 0	4.846 1
36.0	2.0	3.0	3.0	8.0	8.0	16.5	24.4	662.92	662 918.650 0	5.170 8
38.0	2.0	3.0	3.0	8.0	8.0	17.5	24.7	705.10	705 100.650 0	5.499 8

续表

尺寸（mm）								焊缝断面	焊缝体积	金属重量
δ	b	p	e	β	r	h	B	(mm²)	(mm³)	(kg/m)
40.0	2.0	3.0	3.0	8.0	8.0	18.5	25.0	747.84	747 844.650 0	5.833 2
42.0	2.0	3.0	5.0	8.0	8.0	19.5	25.2	858.43	858 434.650 0	6.695 8
45.0	2.0	3.0	5.0	8.0	8.0	21.0	25.7	925.57	925 571.400 0	7.219 5
48.0	2.0	3.0	5.0	8.0	8.0	22.5	26.1	993.97	993 972.650 0	7.753 0
50.0	2.0	3.0	5.0	8.0	8.0	23.5	26.4	1 040.28	1 040 275.983 3	8.114 2
52.0	2.0	3.0	5.0	8.0	8.0	24.5	26.6	1 087.14	1 087 141.316 7	8.479 7
55.0	2.0	3.0	5.0	8.0	8.0	26.0	27.1	1 158.49	1 158 493.066 7	9.036 2
58.0	2.0	3.0	5.0	8.0	8.0	27.5	27.5	1 231.11	1 231 109.316 7	9.602 7
60.0	2.0	4.0	5.0	8.0	8.0	28.0	27.6	1 257.60	1 257 595.733 3	9.809 2
65.0	2.0	4.0	5.0	8.0	8.0	30.5	28.3	1 382.14	1 382 135.316 7	10.780 7
70.0	2.0	4.0	5.0	8.0	8.0	33.0	29.0	1 510.19	1 510 187.400 0	11.779 5
75.0	2.0	4.0	5.0	8.0	8.0	35.5	29.7	1 641.75	1 641 751.983 3	12.805 7
80.0	2.0	4.0	5.0	8.0	8.0	38.0	30.4	1 776.83	1 776 829.066 7	13.859 3

②合金钢、不锈钢（双面焊）

尺寸（mm）								焊缝断面	焊缝体积	金属重量
δ	b	p	e	β	r	h	B	(mm²)	(mm³)	(kg/m)
30.0	2.0	3.0	3.0	8.0	8.0	13.5	23.5	539.74	539 744.650 0	4.253 2
32.0	2.0	3.0	3.0	8.0	8.0	14.5	23.8	580.24	580 240.650 0	4.572 3
34.0	2.0	3.0	3.0	8.0	8.0	15.5	24.1	621.30	621 298.650 0	4.895 8
36.0	2.0	3.0	3.0	8.0	8.0	16.5	24.4	662.92	662 918.650 0	5.223 8
38.0	2.0	3.0	3.0	8.0	8.0	17.5	24.7	705.10	705 100.650 0	5.556 2
40.0	2.0	3.0	3.0	8.0	8.0	18.5	25.0	747.84	747 844.650 0	5.893 0
42.0	2.0	3.0	5.0	8.0	8.0	19.5	25.2	858.43	858 434.650 0	6.764 5
45.0	2.0	3.0	5.0	8.0	8.0	21.0	25.7	925.57	925 571.400 0	7.293 5
48.0	2.0	3.0	5.0	8.0	8.0	22.5	26.1	993.97	993 972.650 0	7.832 5
50.0	2.0	3.0	5.0	8.0	8.0	23.5	26.4	1 040.28	1 040 275.983 3	8.197 4

续表

尺　寸（mm）								焊缝断面 (mm²)	焊缝体积 (mm³)	金属重量 (kg/m)
δ	b	p	e	β	r	h	B			
52.0	2.0	3.0	5.0	8.0	8.0	24.5	26.6	1 087.14	1 087 141.316 7	8.566 7
55.0	2.0	3.0	5.0	8.0	8.0	26.0	27.1	1 158.49	1 158 493.066 7	9.128 9
58.0	2.0	3.0	5.0	8.0	8.0	27.5	27.5	1 231.11	1 231 109.316 7	9.701 1
60.0	2.0	4.0	5.0	8.0	8.0	28.0	27.6	1 257.60	1 257 595.733 3	9.909 9
65.0	2.0	4.0	5.0	8.0	8.0	30.5	28.3	1 382.14	1 382 135.316 7	10.891 2
70.0	2.0	4.0	5.0	8.0	8.0	33.0	29.0	1 510.19	1 510 187.400 0	11.900 3
75.0	2.0	4.0	5.0	8.0	8.0	35.5	29.7	1 641.75	1 641 751.983 3	12.937 0
80.0	2.0	4.0	5.0	8.0	8.0	38.0	30.4	1 776.83	1 776 829.066 7	14.001 4

（4）埋弧自动焊

①碳钢（清根焊）

尺　寸（mm）								焊缝断面 (mm²)	焊缝体积 (mm³)	金属重量 (kg/m)
δ	b	p	e	β	r	h	B			
50.0	2.0	8.0	5.0	10.0	8.0	21.0	26.6	968.01	968 014.333 3	7.550 5
52.0	2.0	8.0	5.0	10.0	8.0	22.0	26.9	1 015.89	1 015 885.200 0	7.923 9
55.0	2.0	8.0	5.0	10.0	8.0	23.5	27.5	1 089.01	1 089 013.750 0	8.494 3
58.0	2.0	8.0	5.0	10.0	8.0	25.0	28.0	1 163.73	1 163 729.000 0	9.077 1
60.0	2.0	8.0	5.0	10.0	8.0	26.0	28.3	1 214.42	1 214 420.666 7	9.472 5
65.0	2.0	8.0	5.0	10.0	8.0	28.5	29.2	1 344.24	1 344 235.083 3	10.485 0
70.0	2.0	8.0	5.0	10.0	8.0	31.0	30.1	1 478.46	1 478 457.000 0	11.532 0
75.0	2.0	8.0	5.0	10.0	8.0	33.5	31.0	1 617.09	1 617 086.416 7	12.613 3
80.0	2.0	8.0	5.0	10.0	8.0	36.0	31.9	1 760.12	1 760 123.333 3	13.729 0
85.0	2.0	8.0	5.0	10.0	8.0	38.5	32.8	1 907.57	1 907 567.750 0	14.879 0
90.0	2.0	8.0	5.0	10.0	8.0	41.0	33.6	2 059.42	2 059 419.666 7	16.063 5
95.0	2.0	8.0	5.0	10.0	8.0	43.5	34.5	2 215.68	2 215 679.083 3	17.282 3
100.0	2.0	8.0	5.0	10.0	8.0	46.0	35.4	2 376.35	2 376 346.000 0	18.535 5

②合金钢、不锈钢（清根焊）

尺　寸（mm）								焊缝断面 (mm²)	焊缝体积 (mm³)	金属重量 (kg/m)
δ	b	p	e	β	r	h	B			
50.0	2	8.0	5.0	10.0	8.0	21.0	26.6	968.01	968 014.333 3	7.628 0
52.0	2	8.0	5.0	10.0	8.0	22.0	26.9	1 015.89	1 015 885.200 0	8.005 2
55.0	2	8.0	5.0	10.0	8.0	23.5	27.5	1 089.01	1 089 013.750 0	8.581 4
58.0	2	8.0	5.0	10.0	8.0	25.0	28.0	1 163.73	1 163 729.000 0	9.170 2
60.0	2	8.0	5.0	10.0	8.0	26.0	28.3	1 214.42	1 214 420.666 7	9.569 6
65.0	2	8.0	5.0	10.0	8.0	28.5	29.2	1 344.24	1 344 235.083 3	10.592 6
70.0	2	8.0	5.0	10.0	8.0	31.0	30.1	1 478.46	1 478 457.000 0	11.650 2
75.0	2	8.0	5.0	10.0	8.0	33.5	31.0	1 617.09	1 617 086.416 7	12.742 6
80.0	2	8.0	5.0	10.0	8.0	36.0	31.9	1 760.12	1 760 123.333 3	13.869 8
85.0	2	8.0	5.0	10.0	8.0	38.5	32.8	1 907.57	1 907 567.750 0	15.031 6
90.0	2	8.0	5.0	10.0	8.0	41.0	33.6	2 059.42	2 059 419.666 7	16.228 2
95.0	2	8.0	5.0	10.0	8.0	43.5	34.5	2 215.68	2 215 679.083 3	17.459 6
100.0	2	8.0	5.0	10.0	8.0	46.0	35.4	2 376.35	2 376 346.000 0	18.725 6

13. 双 Y 形坡口带钝边双面对接焊缝

焊缝图形及计算公式	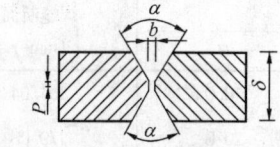 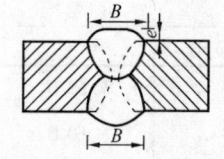	$B = b(\delta - P) \times tg\alpha/2 + 4$ $S_1 = \delta b + 1/2(\delta - P)^2 \times tg\alpha/2 + 4/3B \times e$ $S_2 = \delta b + 1/2(\delta - P)^2 \times tg\alpha/2 + 4/3B \times e + 9 \times (\pi - a/2)$

(1) 手工电弧焊
① 碳钢（清根焊）

尺　　寸 (mm)						焊缝断面	焊缝体积	金属重量
δ	b	p	e	α	B	(mm²)	(mm³)	(kg/m)
12.0	3.0	2.0	3.0	50.0	18.0	151.64	151 640.400 0	1.182 8
14.0	3.0	2.0	3.0	50.0	20.8	179.08	179 076.400 0	1.396 8
16.0	3.0	2.0	3.0	50.0	23.6	208.38	208 376.400 0	1.625 3
18.0	3.0	2.0	3.0	50.0	26.4	239.54	239 540.400 0	1.868 4
20.0	3.0	2.0	3.0	50.0	29.2	272.57	272 568.400 0	2.126 0
22.0	3.0	2.0	3.0	50.0	32.0	307.46	307 460.400 0	2.398 2
24.0	3.0	2.0	3.0	50.0	34.8	344.22	344 216.400 0	2.684 9
26.0	3.0	2.0	3.0	50.0	37.6	382.84	382 836.400 0	2.986 1
28.0	3.0	2.0	3.0	50.0	40.3	423.32	423 320.400 0	3.301 9
30.0	3.0	2.0	3.0	50.0	43.1	465.67	465 668.400 0	3.632 2
32.0	3.0	2.0	3.0	50.0	45.9	509.88	509 880.400 0	3.977 1
34.0	3.0	2.0	3.0	50.0	48.7	555.96	555 956.400 0	4.336 5
36.0	3.0	2.0	3.0	50.0	51.5	603.90	603 896.400 0	4.710 4
38.0	3.0	2.0	3.0	50.0	54.3	653.70	653 700.400 0	5.098 9
40.0	3.0	2.0	3.0	50.0	57.1	705.37	705 368.400 0	5.501 9
42.0	3.0	3.0	5.0	50.0	58.5	890.96	890 960.066 7	6.949 5
45.0	3.0	3.0	5.0	50.0	62.7	984.54	984 539.066 7	7.679 4
48.0	3.0	3.0	5.0	50.0	66.9	1 082.31	1 082 312.066 7	8.442 0
50.0	3.0	3.0	5.0	50.0	69.7	1 149.82	1 149 824.066 7	8.968 6
52.0	3.0	3.0	5.0	50.0	72.5	1 219.20	1 219 200.066 7	9.509 8
55.0	3.0	3.0	5.0	50.0	76.7	1 326.76	1 326 759.066 7	10.348 7
58.0	3.0	3.0	5.0	50.0	80.9	1 438.51	1 438 512.066 7	11.220 4
60.0	3.0	3.0	5.0	50.0	83.7	1 515.34	1 515 344.066 7	11.819 7

②合金钢、不锈钢（清根焊）

尺　寸（mm）						焊缝断面 (mm^2)	焊缝体积 (mm^3)	金属重量 (kg/m)
δ	b	p	e	α	B			
12.0	3	2.0	3.0	50.0	18.0	151.64	151 640.400 0	1.194 9
14.0	3	2.0	3.0	50.0	20.8	179.08	179 076.400 0	1.411 1
16.0	3	2.0	3.0	50.0	23.6	208.38	208 376.400 0	1.642 0
18.0	3	2.0	3.0	50.0	26.4	239.54	239 540.400 0	1.887 6
20.0	3	2.0	3.0	50.0	29.2	272.57	272 568.400 0	2.147 8
22.0	3	2.0	3.0	50.0	32.0	307.46	307 460.400 0	2.422 8
24.0	3	2.0	3.0	50.0	34.8	344.22	344 216.400 0	2.712 4
26.0	3	2.0	3.0	50.0	37.6	382.84	382 836.400 0	3.016 8
28.0	3	2.0	3.0	50.0	40.3	423.32	423 320.400 0	3.335 8
30.0	3	2.0	3.0	50.0	43.1	465.67	465 668.400 0	3.669 5
32.0	3	2.0	3.0	50.0	45.9	509.88	509 880.400 0	4.017 9
34.0	3	2.0	3.0	50.0	48.7	555.96	555 956.400 0	4.380 9
36.0	3	2.0	3.0	50.0	51.5	603.90	603 896.400 0	4.758 7
38.0	3	2.0	3.0	50.0	54.3	653.70	653 700.400 0	5.151 2
40.0	3	2.0	3.0	50.0	57.1	705.37	705 368.400 0	5.558 3
42.0	3	3.0	5.0	50.0	58.5	890.96	890 960.066 7	7.020 8
45.0	3	3.0	5.0	50.0	62.7	984.54	984 539.066 7	7.758 2
48.0	3	3.0	5.0	50.0	66.9	1 082.31	1 082 312.066 7	8.528 6
50.0	3	3.0	5.0	50.0	69.7	1 149.82	1 149 824.066 7	9.060 6
52.0	3	3.0	5.0	50.0	72.5	1 219.20	1 219 200.066 7	9.607 3
55.0	3	3.0	5.0	50.0	76.7	1 326.76	1 326 759.066 7	10.454 9
58.0	3	3.0	5.0	50.0	80.9	1 438.51	1 438 512.066 7	11.335 5
60.0	3	3.0	5.0	50.0	83.7	1 515.34	1 515 344.066 7	11.940 9

（2）手工钨极气体保护焊

①碳钢（双面焊）

尺寸(mm)						焊缝断面 (mm²)	焊缝体积 (mm³)	金属重量 (kg/m)
δ	b	p	e	α	B			
12.0	1.0	1.5	3.0	60.0	10.1	84.08	84 075.118 8	0.655 8
14.0	1.0	1.5	3.0	60.0	11.2	103.97	103 972.968 8	0.811 0
16.0	1.0	1.5	3.0	60.0	12.4	126.18	126 180.218 8	0.984 2
18.0	1.0	1.5	3.0	60.0	13.5	150.70	150 696.868 8	1.175 4
20.0	1.0	1.5	3.0	60.0	14.7	177.52	177 522.918 8	1.384 7
22.0	1.0	2.0	3.0	60.0	15.5	199.66	199 658.000 0	1.557 3
24.0	1.0	2.0	3.0	60.0	16.7	230.53	230 525.500 0	1.798 1
26.0	1.5	2.0	3.0	60.0	24.8	304.42	304 415.200 0	2.374 4
28.0	1.5	2.0	3.0	60.0	26.5	343.21	343 210.900 0	2.677 0
30.0	1.5	2.0	3.0	60.0	28.2	384.32	384 316.000 0	2.997 7
32.0	2.0	2.0	3.0	60.0	38.6	478.37	478 371.500 0	3.731 3
34.0	2.0	2.0	3.0	60.0	41.0	527.40	527 404.800 0	4.113 8
36.0	2.0	2.0	3.0	60.0	43.3	578.75	578 747.500 0	4.514 2
38.0	2.0	2.0	3.0	60.0	45.6	632.40	632 399.600 0	4.932 7
40.0	2.0	2.0	3.0	60.0	47.9	688.36	688 361.100 0	5.369 2
42.0	2.0	3.0	5.0	60.0	49.0	849.96	849 963.341 7	6.629 7
45.0	2.0	3.0	5.0	60.0	52.5	949.21	949 205.366 7	7.403 8
48.0	2.0	3.0	5.0	60.0	56.0	1 053.64	1 053 643.541 7	8.218 4
50.0	2.0	3.0	5.0	60.0	58.3	1 126.16	1 126 155.741 7	8.784 0

②合金钢、不锈钢（双面焊）

尺寸(mm)						焊缝断面 (mm²)	焊缝体积 (mm³)	金属重量 (kg/m)
δ	b	p	e	α	B			
12.0	1.0	1.5	3.0	60.0	10.1	84.08	84 075.118 8	0.662 5
14.0	1.0	1.5	3.0	60.0	11.2	103.97	103 972.968 8	0.819 3
16.0	1.0	1.5	3.0	60.0	12.4	126.18	126 180.218 8	0.994 3
18.0	1.0	1.5	3.0	60.0	13.5	150.70	150 696.868 8	1.187 5
20.0	1.0	1.5	3.0	60.0	14.7	177.52	177 522.918 8	1.398 9
22.0	1.0	2.0	3.0	60.0	15.5	199.66	199 658.000 0	1.573 3
24.0	1.0	2.0	3.0	60.0	16.7	230.53	230 525.500 0	1.816 5
26.0	1.5	2.0	3.0	60.0	24.8	304.42	304 415.200 0	2.398 8
28.0	1.5	2.0	3.0	60.0	26.5	343.21	343 210.900 0	2.704 5
30.0	1.5	2.0	3.0	60.0	28.2	384.32	384 316.000 0	3.028 4

续表

δ	b	p	e	α	B	焊缝断面 (mm²)	焊缝体积 (mm³)	金属重量 (kg/m)
尺 寸 (mm)								
32.0	2.0	2.0	3.0	60.0	38.6	478.37	478 371.500 0	3.769 6
34.0	2.0	2.0	3.0	60.0	41.0	527.40	527 404.800 0	4.155 9
36.0	2.0	2.0	3.0	60.0	43.3	578.75	578 747.500 0	4.560 5
38.0	2.0	2.0	3.0	60.0	45.6	632.40	632 399.600 0	4.983 3
40.0	2.0	2.0	3.0	60.0	47.9	688.36	688 361.100 0	5.424 3
42.0	2.0	3.0	5.0	60.0	49.0	849.96	849 963.341 7	6.697 7
45.0	2.0	3.0	5.0	60.0	52.5	949.21	949 205.366 7	7.479 7
48.0	2.0	3.0	5.0	60.0	56.0	1 053.64	1 053 643.541 7	8.302 7
50.0	2.0	3.0	5.0	60.0	58.3	1 126.16	1 126 155.741 7	8.874 1

（3）熔化极气体保护自动焊

①碳钢（双面焊）

δ	b	p	e	α	B	焊缝断面 (mm²)	焊缝体积 (mm³)	金属重量 (kg/m)
尺 寸 (mm)								
12.0	2.5	2.0	3.0	60.0	18.4	132.60	132 602.500 0	1.034 3
14.0	2.5	2.0	3.0	60.0	21.3	161.85	161 851.200 0	1.262 4
16.0	2.5	2.0	3.0	60.0	24.2	193.41	193 409.300 0	1.508 6
18.0	2.5	2.0	3.0	60.0	27.1	227.28	227 276.800 0	1.772 8
20.0	2.5	2.0	3.0	60.0	30.0	263.45	263 453.700 0	2.054 9
22.0	2.5	2.0	3.0	60.0	32.9	301.94	301 940.000 0	2.355 1
24.0	2.5	2.0	3.0	60.0	35.8	342.74	342 735.700 0	2.673 3
26.0	2.5	2.0	3.0	60.0	38.6	385.84	385 840.800 0	3.009 6
28.0	2.5	2.0	3.0	60.0	41.5	431.26	431 255.300 0	3.363 8
30.0	2.5	2.0	3.0	60.0	44.4	478.98	478 979.200 0	3.736 0
32.0	2.5	2.0	3.0	60.0	47.3	529.01	529 012.500 0	4.126 3
34.0	2.5	2.0	3.0	60.0	50.2	581.36	581 355.200 0	4.534 6
36.0	2.5	2.0	3.0	60.0	53.1	636.01	636 007.300 0	4.960 9
38.0	2.5	2.0	3.0	60.0	56.0	692.97	692 968.800 0	5.405 2
40.0	2.5	2.0	3.0	60.0	58.8	752.24	752 239.700 0	5.867 5

续表

尺寸(mm)						焊缝断面	焊缝体积	金属重量
δ	b	p	e	α	B	(mm²)	(mm³)	(kg/m)
42.0	2.5	3.0	5.0	60.0	60.3	946.02	946 018.841 7	7.378 9
45.0	2.5	3.0	5.0	60.0	64.6	1 052.53	1 052 534.366 7	8.209 8
48.0	2.5	3.0	5.0	60.0	69.0	1 164.25	1 164 246.041 7	9.081 1
50.0	2.5	3.0	5.0	60.0	71.8	1 241.61	1 241 607.241 7	9.684 5
52.0	2.5	3.0	5.0	60.0	74.7	1 321.28	1 321 277.841 7	10.306 0
55.0	2.5	3.0	5.0	60.0	79.1	1 445.11	1 445 113.866 7	11.271 9
58.0	2.5	3.0	5.0	60.0	83.4	1 574.15	1 574 146.041 7	12.278 3
60.0	2.5	3.0	5.0	60.0	86.3	1 663.05	1 663 054.241 7	12.971 8

②合金钢、不锈钢（双面焊）

尺寸(mm)						焊缝断面	焊缝体积	金属重量
δ	b	p	e	α	B	(mm²)	(mm³)	(kg/m)
12.0	2.5	2.0	3.0	60.0	18.4	132.60	132 602.500 0	1.044 9
14.0	2.5	2.0	3.0	60.0	21.3	161.85	161 851.200 0	1.275 4
16.0	2.5	2.0	3.0	60.0	24.2	193.41	193 409.300 0	1.524 1
18.0	2.5	2.0	3.0	60.0	27.1	227.28	227 276.800 0	1.790 9
20.0	2.5	2.0	3.0	60.0	30.0	263.45	263 453.700 0	2.076 0
22.0	2.5	2.0	3.0	60.0	32.9	301.94	301 940.000 0	2.379 3
24.0	2.5	2.0	3.0	60.0	35.8	342.74	342 735.700 0	2.700 8
26.0	2.5	2.0	3.0	60.0	38.6	385.84	385 840.800 0	3.040 4
28.0	2.5	2.0	3.0	60.0	41.5	431.26	431 255.300 0	3.398 3
30.0	2.5	2.0	3.0	60.0	44.4	478.98	478 979.200 0	3.774 4
32.0	2.5	2.0	3.0	60.0	47.3	529.01	529 012.500 0	4.168 6
34.0	2.5	2.0	3.0	60.0	50.2	581.36	581 355.200 0	4.581 1
36.0	2.5	2.0	3.0	60.0	53.1	636.01	636 007.300 0	5.011 7
38.0	2.5	2.0	3.0	60.0	56.0	692.97	692 968.800 0	5.460 6
40.0	2.5	2.0	3.0	60.0	58.8	752.24	752 239.700 0	5.927 6

续表

尺寸 (mm)						焊缝断面 (mm²)	焊缝体积 (mm³)	金属重量 (kg/m)
δ	b	p	e	α	B			
42.0	2.5	3.0	5.0	60.0	60.3	946.02	946 018.841 7	7.454 6
45.0	2.5	3.0	5.0	60.0	64.6	1 052.53	1 052 534.366 7	8.294 0
48.0	2.5	3.0	5.0	60.0	69.0	1 164.25	1 164 246.041 7	9.174 3
50.0	2.5	3.0	5.0	60.0	71.8	1 241.61	1 241 607.241 7	9.783 9
52.0	2.5	3.0	5.0	60.0	74.7	1 321.28	1 321 277.841 7	10.411 7
55.0	2.5	3.0	5.0	60.0	79.1	1 445.11	1 445 113.866 7	11.387 5
58.0	2.5	3.0	5.0	60.0	83.4	1 574.15	1 574 146.041 7	12.404 3
60.0	2.5	3.0	5.0	60.0	86.3	1 663.05	1 663 054.241 7	13.104 9

(4) 熔化极气体保护半自动焊

①碳钢（双面焊）

尺寸 (mm)						焊缝断面 (mm²)	焊缝体积 (mm³)	金属重量 (kg/m)
δ	b	p	e	α	B			
12.0	2.0	4.0	3.0	45.0	10.6	79.74	79 744.000 0	0.622 0
14.0	2.0	4.0	3.0	45.0	12.3	97.82	97 820.000 0	0.763 0
16.0	2.0	4.0	3.0	45.0	13.9	117.55	117 552.000 0	0.916 9
18.0	2.0	4.0	3.0	45.0	15.6	138.94	138 940.000 0	1.083 7
20.0	2.0	4.0	3.0	45.0	17.2	161.98	161 984.000 0	1.263 5
22.0	2.0	4.0	3.0	45.0	18.9	186.68	186 684.000 0	1.456 1
24.0	2.0	4.0	3.0	45.0	20.6	213.04	213 040.000 0	1.661 7
26.0	2.0	5.0	3.0	45.0	21.4	228.84	228 839.000 0	1.784 9
28.0	2.0	5.0	3.0	45.0	23.0	257.68	257 679.000 0	2.009 9
30.0	2.0	5.0	3.0	45.0	24.7	288.18	288 175.000 0	2.247 8
32.0	2.0	6.0	3.0	45.0	25.5	306.04	306 044.000 0	2.387 1
34.0	2.0	6.0	3.0	45.0	27.2	339.02	339 024.000 0	2.644 4
36.0	2.0	6.0	3.0	45.0	28.8	373.66	373 660.000 0	2.914 5
38.0	2.0	6.0	3.0	45.0	30.5	409.95	409 952.000 0	3.197 6
40.0	2.0	6.0	3.0	45.0	32.2	447.90	447 900.000 0	3.493 6

续表

尺寸(mm)						焊缝断面 (mm^2)	焊缝体积 (mm^3)	金属重量 (kg/m)
δ	b	p	e	α	B			
42.0	2.0	6.0	5.0	45.0	33.8	577.66	577 658.666 7	4.505 7
45.0	2.0	6.0	5.0	45.0	36.3	646.79	646 793.666 7	5.045 0
48.0	2.0	6.0	5.0	45.0	38.8	719.65	719 654.666 7	5.613 3
50.0	2.0	6.0	5.0	45.0	40.4	770.30	770 298.666 7	6.008 3

②合金钢、不锈钢(双面焊)

尺寸(mm)						焊缝断面 (mm^2)	焊缝体积 (mm^3)	金属重量 (kg/m)
δ	b	p	e	α	B			
12.0	2.0	4.0	3.0	45.0	10.6	79.74	79 744.000 0	0.628 4
14.0	2.0	4.0	3.0	45.0	12.3	97.82	97 820.000 0	0.770 8
16.0	2.0	4.0	3.0	45.0	13.9	117.55	117 552.000 0	0.926 3
18.0	2.0	4.0	3.0	45.0	15.6	138.94	138 940.000 0	1.094 8
20.0	2.0	4.0	3.0	45.0	17.2	161.98	161 984.000 0	1.276 4
22.0	2.0	4.0	3.0	45.0	18.9	186.68	186 684.000 0	1.471 1
24.0	2.0	4.0	3.0	45.0	20.6	213.04	213 040.000 0	1.678 8
26.0	2.0	5.0	3.0	45.0	21.4	228.84	228 839.000 0	1.803 3
28.0	2.0	5.0	3.0	45.0	23.0	257.68	257 679.000 0	2.030 5
30.0	2.0	5.0	3.0	45.0	24.7	288.18	288 175.000 0	2.270 8
32.0	2.0	6.0	3.0	45.0	25.5	306.04	306 044.000 0	2.411 6
34.0	2.0	6.0	3.0	45.0	27.2	339.02	339 024.000 0	2.671 5
36.0	2.0	6.0	3.0	45.0	28.8	373.66	373 660.000 0	2.944 4
38.0	2.0	6.0	3.0	45.0	30.5	409.95	409 952.000 0	3.230 4
40.0	2.0	6.0	3.0	45.0	32.2	447.90	447 900.000 0	3.529 5
42.0	2.0	6.0	5.0	45.0	33.8	577.66	577 658.666 7	4.552 0
45.0	2.0	6.0	5.0	45.0	36.3	646.79	646 793.666 7	5.096 7
48.0	2.0	6.0	5.0	45.0	38.8	719.65	719 654.666 7	5.670 9
50.0	2.0	6.0	5.0	45.0	40.4	770.30	770 298.666 7	6.070 0

(5) 熔化极惰性气体保护焊

铝及铝合金

δ	尺寸 (mm)					焊缝断面 (mm^2)	焊缝体积 (mm^3)	金属重量 (kg/m)
	b	p	e	α	B			
12.0	3	3.0	3.0	70.0	22.9	155.95	155 950.000 0	0.421 1
14.0	3	3.0	3.0	70.0	27.1	192.75	192 750.000 0	0.520 4
16.0	3	3.0	3.0	70.0	31.3	232.35	232 350.000 0	0.627 3
18.0	3	3.0	3.0	70.0	35.5	274.75	274 750.000 0	0.741 8
20.0	3	3.0	3.0	70.0	39.7	319.95	319 950.000 0	0.863 9
22.0	3	3.0	3.0	70.0	43.9	367.95	367 950.000 0	0.993 5
24.0	3	3.0	3.0	70.0	48.1	418.75	418 750.000 0	1.130 6
26.0	3	3.0	3.0	70.0	52.3	472.35	472 350.000 0	1.275 3
28.0	3	3.0	3.0	70.0	56.5	528.75	528 750.000 0	1.427 6
30.0	3	3.0	3.0	70.0	60.7	587.95	587 950.000 0	1.587 5
32.0	3	3.0	3.0	70.0	64.9	649.95	649 950.000 0	1.754 9
34.0	3	3.0	3.0	70.0	69.1	714.75	714 750.000 0	1.929 8
36.0	3	3.0	3.0	70.0	73.3	782.35	782 350.000 0	2.112 3
38.0	3	3.0	3.0	70.0	77.5	852.75	852 750.000 0	2.302 4
40.0	3	3.0	3.0	70.0	81.7	925.95	925 950.000 0	2.500 1
42.0	3	3.0	5.0	70.0	85.9	1 231.02	1 231 016.666 7	3.323 7
45.0	3	3.0	5.0	70.0	92.2	1 367.07	1 367 066.666 7	3.691 1
48.0	3	3.0	5.0	70.0	98.5	1 509.42	1 509 416.666 7	4.075 4
50.0	3	3.0	5.0	70.0	102.7	1 607.82	1 607 816.666 7	4.341 1
52.0	3	3.0	5.0	70.0	106.9	1 709.02	1 709 016.666 7	4.614 3
55.0	3	3.0	5.0	70.0	113.2	1 866.07	1 866 066.666 7	5.038 4
58.0	3	3.0	5.0	70.0	119.5	2 029.42	2 029 416.666 7	5.479 4
60.0	3	3.0	5.0	70.0	123.7	2 141.82	2 141 816.666 7	5.782 9

(6) 埋弧自动焊

①碳钢（清根焊）

尺寸 (mm)						焊缝断面 (mm²)	焊缝体积 (mm³)	金属重量 (kg/m)
δ	b	p	e	α	B			
24.0	2	5.0	3.0	60.0	25.9	276.27	276 272.900 0	2.154 9
26.0	2	5.0	3.0	60.0	28.2	312.58	312 584.900 0	2.438 2
28.0	2	5.0	3.0	60.0	30.5	351.20	351 204.900 0	2.739 4
30.0	2	5.0	3.0	60.0	32.9	392.13	392 132.900 0	3.058 6
32.0	2	5.0	3.0	60.0	35.2	435.37	435 368.900 0	3.395 9
34.0	2	5.0	3.0	60.0	37.5	480.91	480 912.900 0	3.751 1
36.0	2	5.0	3.0	60.0	39.8	528.76	528 764.900 0	4.124 4
38.0	2	5.0	3.0	60.0	42.1	578.92	578 924.900 0	4.515 6
40.0	2	5.0	3.0	60.0	44.4	631.39	631 392.900 0	4.924 9
42.0	2	6.0	5.0	60.0	45.5	781.94	781 943.066 7	6.099 2
45.0	2	6.0	5.0	60.0	49.0	875.94	875 935.566 7	6.832 3
48.0	2	6.0	5.0	60.0	52.5	975.12	975 121.066 7	7.605 9
50.0	2	6.0	5.0	60.0	54.8	1 044.13	1 044 129.733 3	8.144 2
52.0	2	6.0	5.0	60.0	57.1	1 115.45	1 115 446.400 0	8.700 5
55.0	2	6.0	5.0	60.0	60.5	1 226.75	1 226 748.900 0	9.568 6
58.0	2	6.0	5.0	60.0	64.0	1 343.24	1 343 244.400 0	10.477 3
60.0	2	6.0	5.0	60.0	66.3	1 423.79	1 423 793.066 7	11.105 6

②合金钢、不锈钢（清根焊）

尺寸 (mm)						焊缝断面 (mm²)	焊缝体积 (mm³)	金属重量 (kg/m)
δ	b	p	e	α	B			
24.0	2	5.0	3.0	60.0	25.9	276.27	276 272.900 0	2.177 0
26.0	2	5.0	3.0	60.0	28.2	312.58	312 584.900 0	2.463 2
28.0	2	5.0	3.0	60.0	30.5	351.20	351 204.900 0	2.767 5
30.0	2	5.0	3.0	60.0	32.9	392.13	392 132.900 0	3.090 0
32.0	2	5.0	3.0	60.0	35.2	435.37	435 368.900 0	3.430 7

续表

尺寸（mm）						焊缝断面	焊缝体积	金属重量
δ	b	p	e	α	B	(mm²)	(mm³)	(kg/m)
34.0	2	5.0	3.0	60.0	37.5	480.91	480 912.900 0	3.789 6
36.0	2	5.0	3.0	60.0	39.8	528.76	528 764.900 0	4.166 7
38.0	2	5.0	3.0	60.0	42.1	578.92	578 924.900 0	4.561 9
40.0	2	5.0	3.0	60.0	44.4	631.39	631 392.900 0	4.975 4
42.0	2	6.0	5.0	60.0	45.5	781.94	781 943.066 7	6.161 7
45.0	2	6.0	5.0	60.0	49.0	875.94	875 935.566 7	6.902 4
48.0	2	6.0	5.0	60.0	52.5	975.12	975 121.066 7	7.684 0
50.0	2	6.0	5.0	60.0	54.8	1 044.13	1 044 129.733 3	8.227 7
52.0	2	6.0	5.0	60.0	57.1	1 115.45	1 115 446.400 0	8.789 7
55.0	2	6.0	5.0	60.0	60.5	1 226.75	1 226 748.900 0	9.666 8
58.0	2	6.0	5.0	60.0	64.0	1 343.24	1 343 244.400 0	10.584 8
60.0	2	6.0	5.0	60.0	66.3	1 423.79	1 423 793.066 7	11.219 5

（7）药芯焊丝自保护自动焊

①碳钢（清根焊）

尺寸（mm）						焊缝断面	焊缝体积	金属重量
δ	b	p	e	α	B	(mm²)	(mm³)	(kg/m)
12.0	1.0	3.0	3.0	50.0	8.2	84.07	84 069.400 0	0.655 7
14.0	1.0	3.0	3.0	50.0	9.1	99.12	99 117.400 0	0.773 1
16.0	1.0	3.0	3.0	50.0	10.1	116.03	116 029.400 0	0.905 0
18.0	1.0	3.0	3.0	50.0	11.0	134.81	134 805.400 0	1.051 5
20.0	1.0	3.0	3.0	50.0	11.9	155.45	155 445.400 0	1.212 5
22.0	1.0	3.0	3.0	50.0	12.9	177.95	177 949.400 0	1.388 0
24.0	1.0	3.0	3.0	50.0	13.8	202.32	202 317.400 0	1.578 1
26.0	1.0	3.0	3.0	50.0	14.7	228.55	228 549.400 0	1.782 7
28.0	1.0	3.0	3.0	50.0	15.7	256.65	256 645.400 0	2.001 8
30.0	1.0	3.0	3.0	50.0	16.6	286.61	286 605.400 0	2.235 5

续表

尺寸（mm）						焊缝断面	焊缝体积	金属重量
δ	b	p	e	α	B	（mm²）	（mm³）	（kg/m）
32.0	1.0	3.0	3.0	45.0	16.0	312.42	312 420.600 0	2.436 9
34.0	1.0	3.0	3.0	45.0	16.8	345.69	345 694.200 0	2.696 4
36.0	1.0	3.0	3.0	45.0	17.7	380.83	380 831.800 0	2.970 5
38.0	1.0	3.0	3.0	45.0	18.5	417.83	417 833.400 0	3.259 1
40.0	1.0	3.0	3.0	45.0	19.3	456.70	456 699.000 0	3.562 3
42.0	1.0	3.0	5.0	45.0	20.2	551.17	551 172.066 7	4.299 1
45.0	1.0	3.0	5.0	45.0	21.4	619.08	619 075.066 7	4.828 8
48.0	1.0	3.0	5.0	45.0	22.6	691.17	691 172.066 7	5.391 1
50.0	1.0	3.0	5.0	45.0	23.5	741.57	741 566.733 3	5.784 2
52.0	1.0	3.0	5.0	45.0	24.3	793.83	793 825.400 0	6.191 8
55.0	1.0	3.0	5.0	45.0	25.5	875.71	875 708.400 0	6.830 5
58.0	1.0	3.0	5.0	45.0	26.8	961.79	961 785.400 0	7.501 9
60.0	1.0	3.0	5.0	45.0	27.6	1 021.50	1 021 500.066 7	7.967 7

②合金钢（清根焊）

尺寸（mm）						焊缝断面	焊缝体积	金属重量
δ	b	p	e	α	B	（mm²）	（mm³）	（kg/m）
12.0	1.0	3.0	3.0	50.0	8.2	84.07	84 069.400 0	0.662 5
14.0	1.0	3.0	3.0	50.0	9.1	99.12	99 117.400 0	0.781 0
16.0	1.0	3.0	3.0	50.0	10.1	116.03	116 029.400 0	0.914 3
18.0	1.0	3.0	3.0	50.0	11.0	134.81	134 805.400 0	1.062 3
20.0	1.0	3.0	3.0	50.0	11.9	155.45	155 445.400 0	1.224 9
22.0	1.0	3.0	3.0	50.0	12.9	177.95	177 949.400 0	1.402 2
24.0	1.0	3.0	3.0	50.0	13.8	202.32	202 317.400 0	1.594 3
26.0	1.0	3.0	3.0	50.0	14.7	228.55	228 549.400 0	1.801 0
28.0	1.0	3.0	3.0	50.0	15.7	256.65	256 645.400 0	2.022 4
30.0	1.0	3.0	3.0	50.0	16.6	286.61	286 605.400 0	2.258 5

续表

尺　　寸 (mm)						焊缝断面 (mm^2)	焊缝体积 (mm^3)	金属重量 (kg/m)
δ	b	p	e	α	B			
32.0	1.0	3.0	3.0	45.0	16.0	312.42	312 420.600 0	2.461 9
34.0	1.0	3.0	3.0	45.0	16.8	345.69	345 694.200 0	2.724 1
36.0	1.0	3.0	3.0	45.0	17.7	380.83	380 831.800 0	3.001 0
38.0	1.0	3.0	3.0	45.0	18.5	417.83	417 833.400 0	3.292 5
40.0	1.0	3.0	3.0	45.0	19.3	456.70	456 699.000 0	3.598 8
42.0	1.0	3.0	5.0	45.0	20.2	551.17	551 172.066 7	4.343 2
45.0	1.0	3.0	5.0	45.0	21.4	619.08	619 075.066 7	4.878 3
48.0	1.0	3.0	5.0	45.0	22.6	691.17	691 172.066 7	5.446 4
50.0	1.0	3.0	5.0	45.0	23.5	741.57	741 566.733 3	5.843 5
52.0	1.0	3.0	5.0	45.0	24.3	793.83	793 825.400 0	6.255 3
55.0	1.0	3.0	5.0	45.0	25.5	875.71	875 708.400 0	6.900 6
58.0	1.0	3.0	5.0	45.0	26.8	961.79	961 785.400 0	7.578 9
60.0	1.0	3.0	5.0	45.0	27.6	1 021.50	1 021 500.066 7	8.049 4

14. 2/3 双 V 形坡口双面对接焊缝

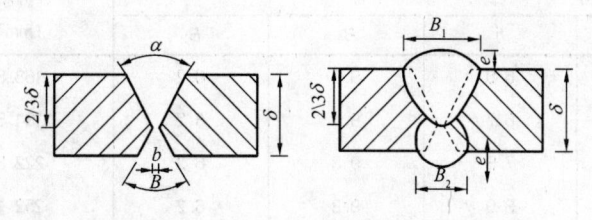

焊缝图形及计算公式		$B_1=b+2/3\times\delta\mathrm{tg}\alpha/2+6$ $B_2=b+1/3\times\delta\mathrm{tg}\alpha/2+6$ $S=\delta b+4/9\delta^2\times\mathrm{tg}\alpha/2+2/3B_1\times e$ $+1/9\delta^2\times\mathrm{tg}\alpha/2+2/3B_2\times e$ $B_{2埋}=b+1/3\times\delta\mathrm{tg}\beta/2+6$ $S_{埋}=\delta b+4/9\delta^2\times\mathrm{tg}\alpha/2+2/3B_1\times e$ $+1/9\delta^2\times\mathrm{tg}\beta/2+2/3B_2\times e$

(1) 手工电弧焊

①碳钢（清根焊）

尺寸 (mm)							焊缝断面 (mm^2)	焊缝体积 (mm^3)	金属重量 (kg/m)
δ	b	e	α	h	B_1	B_2			
18.0	3.0	3.0	50.0	6.0	9.3	6.2	168.87	168 866.600 0	1.317 2
20.0	3.0	3.0	50.0	6.7	9.3	6.2	194.55	194 554.822 2	1.517 5
22.0	3.0	3.0	50.0	7.3	9.3	6.2	222.32	222 315.488 9	1.734 1
24.0	3.0	3.0	50.0	8.0	9.3	6.2	252.15	252 148.600 0	1.966 8
26.0	3.0	3.0	50.0	8.7	9.3	6.2	284.05	284 054.155 6	2.215 6
28.0	3.0	3.0	50.0	9.3	9.3	6.2	318.03	318 032.155 6	2.480 7
30.0	3.0	3.0	50.0	10.0	9.3	6.2	354.08	354 082.600 0	2.761 8
32.0	3.0	3.0	50.0	10.7	9.3	6.2	392.21	392 205.488 9	3.059 2
34.0	3.0	3.0	50.0	11.3	9.3	6.2	432.40	432 400.822 2	3.372 7
36.0	3.0	3.0	50.0	12.0	9.3	6.2	474.67	474 668.600 0	3.702 4
38.0	3.0	3.0	50.0	12.7	9.3	6.2	519.01	519 008.822 2	4.048 3
40.0	3.0	3.0	50.0	13.3	9.3	6.2	565.42	565 421.488 9	4.410 3
42.0	3.0	5.0	50.0	14.0	9.3	6.2	634.53	634 528.333 3	4.949 3
45.0	3.0	5.0	50.0	15.0	9.3	6.2	711.14	711 141.833 3	5.546 9
48.0	3.0	5.0	50.0	16.0	9.3	6.2	792.42	792 418.333 3	6.180 9
50.0	3.0	5.0	50.0	16.7	9.3	6.2	849.19	849 193.222 2	6.623 7
52.0	3.0	5.0	50.0	17.3	9.3	6.2	908.04	908 040.555 6	7.082 7
55.0	3.0	5.0	50.0	18.3	9.3	6.2	1 000.20	1 000 197.388 9	7.801 5
58.0	3.0	5.0	50.0	19.3	9.3	6.2	1 097.02	1 097 017.222 2	8.556 7
60.0	3.0	5.0	50.0	20.0	9.3	6.2	1 164.15	1 164 154.333 3	9.080 4
65.0	3.0	5.0	50.0	21.7	9.3	6.2	1 341.06	1 341 064.055 6	10.460 3
70.0	3.0	5.0	50.0	23.3	9.3	6.2	1 530.93	1 530 926.555 6	11.941 2
75.0	3.0	5.0	50.0	25.0	9.3	6.2	1 733.74	1 733 741.833 3	13.523 2
80.0	3.0	5.0	50.0	26.7	9.3	6.2	1 949.51	1 949 509.888 9	15.206 2

②合金钢、不锈钢（清根焊）

尺　寸 (mm)							焊缝断面 (mm²)	焊缝体积 (mm³)	金属重量 (kg/m)
δ	b	e	α	h	B_1	B_2			
18.0	3.0	3.0	50.0	6.0	9.3	6.2	168.87	168 866.600 0	1.330 7
20.0	3.0	3.0	50.0	6.7	9.3	6.2	194.55	194 554.822 2	1.533 1
22.0	3.0	3.0	50.0	7.3	9.3	6.2	222.32	222 315.488 9	1.751 8
24.0	3.0	3.0	50.0	8.0	9.3	6.2	252.15	252 148.600 0	1.986 9
26.0	3.0	3.0	50.0	8.7	9.3	6.2	284.05	284 054.155 6	2.238 3
28.0	3.0	3.0	50.0	9.3	9.3	6.2	318.03	318 032.155 6	2.506 1
30.0	3.0	3.0	50.0	10.0	9.3	6.2	354.08	354 082.600 0	2.790 2
32.0	3.0	3.0	50.0	10.7	9.3	6.2	392.21	392 205.488 9	3.090 6
34.0	3.0	3.0	50.0	11.3	9.3	6.2	432.40	432 400.822 2	3.407 3
36.0	3.0	3.0	50.0	12.0	9.3	6.2	474.67	474 668.600 0	3.740 4
38.0	3.0	3.0	50.0	12.7	9.3	6.2	519.01	519 008.822 2	4.089 8
40.0	3.0	3.0	50.0	13.3	9.3	6.2	565.42	565 421.488 9	4.455 5
42.0	3.0	5.0	50.0	14.0	9.3	6.2	634.53	634 528.333 3	5.000 1
45.0	3.0	5.0	50.0	15.0	9.3	6.2	711.14	711 141.833 3	5.603 8
48.0	3.0	5.0	50.0	16.0	9.3	6.2	792.42	792 418.333 3	6.244 3
50.0	3.0	5.0	50.0	16.7	9.3	6.2	849.19	849 193.222 2	6.691 6
52.0	3.0	5.0	50.0	17.3	9.3	6.2	908.04	908 040.555 6	7.155 4
55.0	3.0	5.0	50.0	18.3	9.3	6.2	1 000.20	1 000 197.388 9	7.881 6
58.0	3.0	5.0	50.0	19.3	9.3	6.2	1 097.02	1 097 017.222 2	8.644 5
60.0	3.0	5.0	50.0	20.0	9.3	6.2	1 164.15	1 164 154.333 3	9.173 5
65.0	3.0	5.0	50.0	21.7	9.3	6.2	1 341.06	1 341 064.055 6	10.567 6
70.0	3.0	5.0	50.0	23.3	9.3	6.2	1 530.93	1 530 926.555 6	12.063 7
75.0	3.0	5.0	50.0	25.0	9.3	6.2	1 733.74	1 733 741.833 3	13.661 9
80.0	3.0	5.0	50.0	26.7	9.3	6.2	1 949.51	1 949 509.888 9	15.362 1

（2）埋弧自动焊

①碳钢（清根焊）

尺寸（mm）										焊缝断面	焊缝体积	金属重量
δ	b	p	e	α	β	r	h	B_1	B_2	(mm^2)	(mm^3)	(kg/m)
22.0	2.0	2.0	3.0	70.0	7.0	9.0	10.0	8.5	8.2	231.30	231 301.644 4	1.804 2
24.0	2.0	2.0	3.0	70.0	7.0	9.0	10.0	8.5	8.2	264.56	264 555.600 0	2.063 5
26.0	2.0	2.0	3.0	70.0	7.0	9.0	10.0	8.5	8.2	300.35	300 353.377 8	2.342 8
28.0	2.0	2.0	3.0	70.0	7.0	9.0	10.0	8.5	8.2	338.69	338 694.977 8	2.641 8
30.0	2.0	2.0	3.0	70.0	7.0	9.0	10.0	8.5	8.2	379.58	379 580.400 0	2.960 7
32.0	2.0	2.0	3.0	70.0	7.0	9.0	10.0	8.5	8.2	423.01	423 009.644 4	3.299 5
34.0	2.0	2.0	3.0	70.0	7.0	9.0	10.0	8.5	8.2	468.98	468 982.711 1	3.658 1
36.0	2.0	2.0	3.0	70.0	7.0	9.0	10.0	8.5	8.2	517.50	517 499.600 0	4.036 5
38.0	2.0	2.0	3.0	70.0	7.0	9.0	10.0	8.5	8.2	568.56	568 560.311 1	4.434 8
40.0	2.5	3.0	3.0	70.0	7.0	9.0	10.0	9.0	9.2	645.16	645 164.844 4	5.032 3
42.0	2.5	3.0	5.0	70.0	7.0	9.0	10.0	9.0	9.2	726.58	726 580.133 3	5.667 3
45.0	2.5	3.0	5.0	70.0	7.0	9.0	10.0	9.0	9.2	817.07	817 072.333 3	6.373 2
48.0	2.5	3.0	5.0	70.0	7.0	9.0	10.0	9.0	9.2	913.29	913 288.133 3	7.123 6
50.0	2.5	3.0	5.0	70.0	7.0	9.0	10.0	9.0	9.2	980.61	980 611.777 8	7.648 8
52.0	2.5	3.0	5.0	70.0	7.0	9.0	10.0	9.0	9.2	1 050.48	1 050 479.244 4	8.193 7
55.0	2.5	3.0	5.0	70.0	7.0	9.0	10.0	9.0	9.2	1 160.05	1 160 050.111 1	9.048 4
58.0	2.5	3.0	5.0	70.0	7.0	9.0	10.0	9.0	9.2	1 275.34	1 275 344.577 8	9.947 7
60.0	2.5	3.0	5.0	70.0	7.0	9.0	10.0	9.0	9.2	1 355.39	1 355 387.333 3	10.572 0
65.0	2.5	3.0	5.0	70.0	7.0	9.0	10.0	9.0	9.2	1 566.62	1 566 623.444 4	12.219 7
70.0	2.5	3.0	5.0	70.0	7.0	9.0	10.0	9.0	9.2	1 793.76	1 793 758.444 4	13.991 3
75.0	2.5	3.0	5.0	70.0	7.0	9.0	10.0	9.0	9.2	2 036.79	2 036 792.333 3	15.887 0
80.0	2.5	3.0	5.0	70.0	7.0	9.0	10.0	9.0	9.2	2 295.73	2 295 725.111 1	17.906 7

②合金钢、不锈钢（清根焊）

尺　寸 (mm)										焊缝断面 (mm²)	焊缝体积 (mm³)	金属重量 (kg/m)
δ	b	p	e	α	β	r	h	B_1	B_2			
22.0	2.0	2.0	3.0	70.0	7.0	9.0	10.0	8.5	8.2	231.30	231 301.644 4	1.822 7
24.0	2.0	2.0	3.0	70.0	7.0	9.0	10.0	8.5	8.2	264.56	264 555.600 0	2.084 7
26.0	2.0	2.0	3.0	70.0	7.0	9.0	10.0	8.5	8.2	300.35	300 353.377 8	2.366 8
28.0	2.0	2.0	3.0	70.0	7.0	9.0	10.0	8.5	8.2	338.69	338 694.977 8	2.668 9
30.0	2.0	2.0	3.0	70.0	7.0	9.0	10.0	8.5	8.2	379.58	379 580.400 0	2.991 1
32.0	2.0	2.0	3.0	70.0	7.0	9.0	10.0	8.5	8.2	423.01	423 009.644 4	3.333 3
34.0	2.0	2.0	3.0	70.0	7.0	9.0	10.0	8.5	8.2	468.98	468 982.711 1	3.695 6
36.0	2.0	2.0	3.0	70.0	7.0	9.0	10.0	8.5	8.2	517.50	517 499.600 0	4.077 9
38.0	2.0	2.0	3.0	70.0	7.0	9.0	10.0	8.5	8.2	568.56	568 560.311 1	4.480 3
40.0	2.5	3.0	3.0	70.0	7.0	9.0	10.0	9.0	9.2	645.16	645 164.844 4	5.083 9
42.0	2.5	3.0	5.0	70.0	7.0	9.0	10.0	9.0	9.2	726.58	726 580.133 3	5.725 5
45.0	2.5	3.0	5.0	70.0	7.0	9.0	10.0	9.0	9.2	817.07	817 072.333 3	6.438 5
48.0	2.5	3.0	5.0	70.0	7.0	9.0	10.0	9.0	9.2	913.29	913 288.133 3	7.196 7
50.0	2.5	3.0	5.0	70.0	7.0	9.0	10.0	9.0	9.2	980.61	980 611.777 8	7.727 2
52.0	2.5	3.0	5.0	70.0	7.0	9.0	10.0	9.0	9.2	1 050.48	1 050 479.244 4	8.277 8
55.0	2.5	3.0	5.0	70.0	7.0	9.0	10.0	9.0	9.2	1 160.05	1 160 050.111 1	9.141 2
58.0	2.5	3.0	5.0	70.0	7.0	9.0	10.0	9.0	9.2	1 275.34	1 275 344.577 8	10.049 7
60.0	2.5	3.0	5.0	70.0	7.0	9.0	10.0	9.0	9.2	1 355.39	1 355 387.333 3	10.680 5
65.0	2.5	3.0	5.0	70.0	7.0	9.0	10.0	9.0	9.2	1 566.62	1 566 623.444 4	12.345 0
70.0	2.5	3.0	5.0	70.0	7.0	9.0	10.0	9.0	9.2	1 793.76	1 793 758.444 4	14.134 8
75.0	2.5	3.0	5.0	70.0	7.0	9.0	10.0	9.0	9.2	2 036.79	2 036 792.333 3	16.049 9
80.0	2.5	3.0	5.0	70.0	7.0	9.0	10.0	9.0	9.2	2 295.73	2 295 725.111 1	18.090 3

15. K形坡口T形接头焊缝

焊缝图形及计算公式	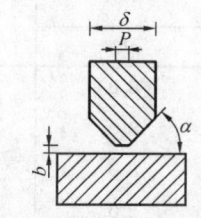 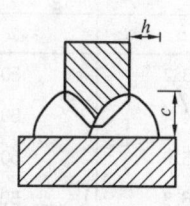	$C = 1/2\ (\delta - 1.5)\ \mathrm{tg}\alpha + 5$ $S = \delta b + 1/4\ (\delta - p)^2 \times \mathrm{tg}\alpha + 4/3c \times h$

(1) 手工电弧焊

①碳钢（双面焊）

尺 寸 (mm)						焊缝断面 (mm^2)	焊缝体积 (mm^3)	金属重量 (kg/m)
δ	b	p	c	α	h			
20	1.5	2.0	16.0	50	5.0	233.38	233 375.800 0	1.820 3
22	1.5	2.0	17.2	50	5.0	266.97	266 966.666 7	2.082 3
24	1.5	2.0	18.4	50	6.0	327.49	327 487.800 0	2.554 4
26	1.5	2.0	19.6	50	6.0	367.44	367 435.200 0	2.866 0
28	2.0	2.0	20.8	50	6.0	423.77	423 766.200 0	3.305 4
30	2.0	2.0	22.0	50	6.0	469.48	469 480.800 0	3.662 0
32	2.0	2.0	23.2	50	8.0	579.39	579 387.000 0	4.519 2
34	2.0	2.0	24.4	50	8.0	633.05	633 047.466 7	4.937 8
36	2.5	2.0	25.6	50	8.0	707.09	707 091.533 3	5.515 3
38	2.5	2.0	26.8	50	8.0	766.52	766 519.200 0	5.978 8
40	2.5	2.0	27.9	50	8.0	828.33	828 330.466 7	6.461 0

②合金钢、不锈钢（双面焊）

尺 寸 (mm)						焊缝断面 (mm^2)	焊缝体积 (mm^3)	金属重量 (kg/m)
δ	b	p	c	α	h			
20	1.5	2.0	16.0	50	5.0	233.38	233 375.800 0	1.839 0
22	1.5	2.0	17.2	50	5.0	266.97	266 966.666 7	2.103 7
24	1.5	2.0	18.4	50	6.0	327.49	327 487.800 0	2.580 6
26	1.5	2.0	19.6	50	6.0	367.44	367 435.200 0	2.895 4
28	2.0	2.0	20.8	50	6.0	423.77	423 766.200 0	3.339 3
30	2.0	2.0	22.0	50	6.0	469.48	469 480.800 0	3.699 5

续表

尺寸 (mm)						焊缝断面 (mm^2)	焊缝体积 (mm^3)	金属重量 (kg/m)
δ	b	p	c	α	h			
32	2.0	2.0	23.2	50	8.0	579.39	579 387.000 0	4.565 6
34	2.0	2.0	24.4	50	8.0	633.05	633 047.466 7	4.988 4
36	2.5	2.0	25.6	50	8.0	707.09	707 091.533 3	5.571 9
38	2.5	2.0	26.8	50	8.0	766.52	766 519.200 0	6.040 2
40	2.5	2.0	27.9	50	8.0	828.33	828 330.466 7	6.527 2

(2) 埋弧自动焊

① 碳钢（双面焊）

尺寸 (mm)						焊缝断面 (mm^2)	焊缝体积 (mm^3)	金属重量 (kg/m)
δ	b	p	c	α	h			
10	1.5	3.0	9.3	45	4.0	76.58	76 583.333 3	0.597 4
12	1.5	3.0	10.3	45	4.0	92.92	92 916.666 7	0.724 8
14	1.5	3.0	11.3	45	4.0	111.25	111 250.000 0	0.867 8
16	1.5	3.0	12.3	45	4.0	131.58	131 583.333 3	1.026 4
18	1.5	3.0	13.3	45	4.0	153.92	153 916.666 7	1.200 6
20	1.5	4.0	14.3	45	5.0	189.00	189 000.000 0	1.474 2
22	1.5	3.0	15.3	45	5.0	224.92	224 916.666 7	1.754 4
24	1.5	3.0	16.3	45	6.0	276.25	276 250.000 0	2.154 8
26	1.5	3.0	17.3	45	6.0	309.25	309 250.000 0	2.412 2
28	2.0	3.0	18.3	45	6.0	358.25	358 250.000 0	2.794 4
30	2.0	5.0	19.3	45	6.0	370.25	370 250.000 0	2.888 0
32	2.0	3.0	20.3	45	8.0	490.25	490 250.000 0	3.824 0
34	2.0	3.0	21.3	45	8.0	534.92	534 916.666 7	4.172 4
36	2.5	3.0	22.3	45	8.0	599.58	599 583.333 3	4.676 8
38	2.5	3.0	23.3	45	8.0	649.25	649 250.000 0	5.064 2
40	2.5	3.0	24.3	45	8.0	700.92	700 916.666 7	5.467 2

②合金钢、不锈钢（双面焊）

尺　寸 (mm)						焊缝断面 (mm^2)	焊缝体积 (mm^3)	金属重量 (kg/m)
δ	b	p	c	α	h			
10	1.5	3.0	9.3	45	4.0	76.58	76 583.333 3	0.603 5
12	1.5	3.0	10.3	45	4.0	92.92	92 916.666 7	0.732 2
14	1.5	3.0	11.3	45	4.0	111.25	111 250.000 0	0.876 7
16	1.5	3.0	12.3	45	4.0	131.58	131 583.333 3	1.036 9
18	1.5	3.0	13.3	45	4.0	153.92	153 916.666 7	1.212 9
20	1.5	4.0	14.3	45	5.0	189.00	189 000.000 0	1.489 3
22	1.5	3.0	15.3	45	5.0	224.92	224 916.666 7	1.772 3
24	1.5	3.0	16.3	45	6.0	276.25	276 250.000 0	2.176 9
26	1.5	3.0	17.3	45	6.0	309.25	309 250.000 0	2.436 9
28	2.0	3.0	18.3	45	6.0	358.25	358 250.000 0	2.823 0
30	2.0	5.0	19.3	45	6.0	370.25	370 250.000 0	2.917 6
32	2.0	3.0	20.3	45	8.0	490.25	490 250.000 0	3.863 2
34	2.0	3.0	21.3	45	8.0	534.92	534 916.666 7	4.215 1
36	2.5	3.0	22.3	45	8.0	599.58	599 583.333 3	4.724 7
38	2.5	3.0	23.3	45	8.0	649.25	649 250.000 0	5.116 1
40	2.5	3.0	24.3	45	8.0	700.92	700 916.666 7	5.523 2

16. I形坡口 T形接头焊缝

焊缝图形及计算公式	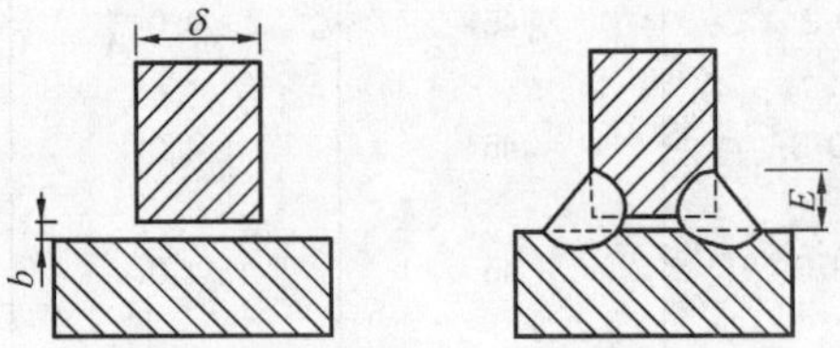	$S = k^2 + 4$

（1）手工电弧焊
①碳钢（双面焊）

尺 寸 （mm）			焊缝断面 (mm^2)	焊缝体积 (mm^3)	金属重量 (kg/m)	尺 寸 （mm）			焊缝断面 (mm^2)	焊缝体积 (mm^3)	金属重量 (kg/m)
δ	b	k				δ	b	k			
2.0	1.0	2.0	8.00	8 000.000 0	0.062 4	14.0	2.0	6.0	40.00	40 000.000 0	0.312 0
2.5	1.0	2.0	8.00	8 000.000 0	0.062 4	16.0	2.0	6.0	40.00	40 000.000 0	0.312 0
3.0	1.0	2.0	8.00	8 000.000 0	0.062 4	18.0	2.0	8.0	68.00	68 000.000 0	0.530 4
3.5	1.0	2.0	8.00	8 000.000 0	0.062 4	20.0	2.0	8.0	68.00	68 000.000 0	0.530 4
4.0	1.0	3.0	13.00	13 000.000 0	0.101 4	22.0	2.0	8.0	68.00	68 000.000 0	0.530 4
5.0	1.0	3.0	13.00	13 000.000 0	0.101 4	24.0	2.0	10.0	104.00	104 000.000 0	0.811 2
6.0	1.0	3.0	13.00	13 000.000 0	0.101 4	26.0	2.0	10.0	104.00	104 000.000 0	0.811 2
8.0	1.0	4.0	20.00	20 000.000 0	0.156 0	28.0	2.0	10.0	104.00	104 000.000 0	0.811 2
10.0	1.0	5.0	29.00	29 000.000 0	0.226 2	30.0	2.0	10.0	104.00	104 000.000 0	0.811 2
12.0	1.0	5.0	29.00	29 000.000 0	0.226 2						

②合金钢、不锈钢（双面焊）

尺 寸 （mm）			焊缝断面（mm²）	焊缝体积（mm³）	金属重量（kg/m）	尺 寸 （mm）			焊缝断面（mm²）	焊缝体积（mm³）	金属重量（kg/m）
δ	b	k				δ	b	k			
2.0	1.0	2.0	8.00	8 000.000 0	0.063 0	14.0	2.0	6.0	40.00	40 000.000 0	0.315 2
2.5	1.0	2.0	8.00	8 000.000 0	0.063 0	16.0	2.0	6.0	40.00	40 000.000 0	0.315 2
3.0	1.0	2.0	8.00	8 000.000 0	0.063 0	18.0	2.0	8.0	68.00	68 000.000 0	0.535 8
3.5	1.0	2.0	8.00	8 000.000 0	0.063 0	20.0	2.0	8.0	68.00	68 000.000 0	0.535 8
4.0	1.0	3.0	13.00	13 000.000 0	0.102 4	22.0	2.0	8.0	68.00	68 000.000 0	0.535 8
5.0	1.0	3.0	13.00	13 000.000 0	0.102 4	24.0	2.0	10.0	104.00	104 000.000 0	0.819 5
6.0	1.0	3.0	13.00	13 000.000 0	0.102 4	26.0	2.0	10.0	104.00	104 000.000 0	0.819 5
8.0	1.0	4.0	20.00	20 000.000 0	0.157 6	28.0	2.0	10.0	104.00	104 000.000 0	0.819 5
10.0	1.0	5.0	29.00	29 000.000 0	0.228 5	30.0	2.0	10.0	104.00	104 000.000 0	0.819 5
12.0	1.0	5.0	29.00	29 000.000 0	0.228 5						

（2）熔化极气体保护自动焊

①碳钢（双面焊）

尺 寸 （mm）			焊缝断面（mm²）	焊缝体积（mm³）	金属重量（kg/m）	尺 寸 （mm）			焊缝断面（mm²）	焊缝体积（mm³）	金属重量（kg/m）
δ	b	k				δ	b	k			
3.0	1.0	2.0	8.00	8 000.000 0	0.062 4	18.0	2.0	8.0	68.00	68 000.000 0	0.530 4
3.5	1.0	2.0	8.00	8 000.000 0	0.062 4	20.0	2.0	8.0	68.00	68 000.000 0	0.530 4
4.0	1.0	3.0	13.00	13 000.000 0	0.101 4	22.0	2.0	8.0	68.00	68 000.000 0	0.530 4
5.0	1.0	3.0	13.00	13 000.000 0	0.101 4	24.0	2.0	10.0	104.00	104 000.000 0	0.811 2
6.0	1.0	3.0	13.00	13 000.000 0	0.101 4	26.0	2.0	10.0	104.00	104 000.000 0	0.811 2
8.0	1.0	4.0	20.00	20 000.000 0	0.156 0	28.0	2.0	10.0	104.00	104 000.000 0	0.811 2
10.0	1.0	5.0	29.00	29 000.000 0	0.226 2	30.0	2.0	10.0	104.00	104 000.000 0	0.811 2
12.0	1.0	5.0	29.00	29 000.000 0	0.226 2						
14.0	2.0	6.0	40.00	40 000.000 0	0.312 0						
16.0	2.0	6.0	40.00	40 000.000 0	0.312 0						

②合金钢、不锈钢（双面焊）

尺 寸 （mm）			焊缝断面 (mm²)	焊缝体积 (mm³)	金属重量 (kg/m)	尺 寸 （mm）			焊缝断面 (mm²)	焊缝体积 (mm³)	金属重量 (kg/m)
δ	b	k				δ	b	k			
3.0	1.0	2.0	8.00	8 000.000 0	0.063 0	18.0	2.0	8.0	68.00	68 000.000 0	0.535 8
3.5	1.0	2.0	8.00	8 000.000 0	0.063 0	20.0	2.0	8.0	68.00	68 000.000 0	0.535 8
4.0	1.0	3.0	13.00	13 000.000 0	0.102 4	22.0	2.0	8.0	68.00	68 000.000 0	0.535 8
5.0	1.0	3.0	13.00	13 000.000 0	0.102 4	24.0	2.0	10.0	104.00	104 000.000 0	0.819 5
6.0	1.0	3.0	13.00	13 000.000 0	0.102 4	26.0	2.0	10.0	104.00	104 000.000 0	0.819 5
8.0	1.0	4.0	20.00	20 000.000 0	0.157 6	28.0	2.0	10.0	104.00	104 000.000 0	0.819 5
10.0	1.0	5.0	29.00	29 000.000 0	0.228 5	30.0	2.0	10.0	104.00	104 000.000 0	0.819 5
12.0	1.0	5.0	29.00	29 000.000 0	0.228 5						
14.0	2.0	6.0	40.00	40 000.000 0	0.315 2						
16.0	2.0	6.0	40.00	40 000.000 0	0.315 2						

（3）熔化极气体保护半自动焊

①碳钢（双面焊）

尺 寸 （mm）			焊缝断面 (mm²)	焊缝体积 (mm³)	金属重量 (kg/m)	尺 寸 （mm）			焊缝断面 (mm²)	焊缝体积 (mm³)	金属重量 (kg/m)
δ	b	k				δ	b	k			
3.0	0.5	2.0	8.00	8 000.000 0	0.062 4	18.0	1.5	8.0	68.00	68 000.000 0	0.530 4
3.5	0.5	2.0	8.00	8 000.000 0	0.062 4	20.0	1.5	8.0	68.00	68 000.000 0	0.530 4
4.0	0.5	3.0	13.00	13 000.000 0	0.101 4	22.0	1.5	8.0	68.00	68 000.000 0	0.530 4
5.0	0.5	3.0	13.00	13 000.000 0	0.101 4	24.0	1.5	10.0	104.00	104 000.000 0	0.811 2
6.0	0.5	3.0	13.00	13 000.000 0	0.101 4	26.0	1.5	10.0	104.00	104 000.000 0	0.811 2
8.0	0.5	4.0	20.00	20 000.000 0	0.156 0	28.0	1.5	10.0	104.00	104 000.000 0	0.811 2
10.0	0.5	5.0	29.00	29 000.000 0	0.226 2	30.0	1.5	10.0	104.00	104 000.000 0	0.811 2
12.0	0.5	5.0	29.00	29 000.000 0	0.226 2						
14.0	1.5	6.0	40.00	40 000.000 0	0.312 0						
16.0	1.5	6.0	40.00	40 000.000 0	0.312 0						

②合金钢、不锈钢（双面焊）

尺　寸　(mm)			焊缝断面 (mm²)	焊缝体积 (mm³)	金属重量 (kg/m)	尺　寸　(mm)			焊缝断面 (mm²)	焊缝体积 (mm³)	金属重量 (kg/m)
δ	b	k				δ	b	k			
3.0	0.5	2.0	8.00	8 000.000 0	0.063 0	18.0	1.5	8.0	68.00	68 000.000 0	0.535 8
3.5	0.5	2.0	8.00	8 000.000 0	0.063 0	20.0	1.5	8.0	68.00	68 000.000 0	0.535 8
4.0	0.5	3.0	13.00	13 000.000 0	0.102 4	22.0	1.5	8.0	68.00	68 000.000 0	0.535 8
5.0	0.5	3.0	13.00	13 000.000 0	0.102 4	24.0	1.5	10.0	104.00	104 000.000 0	0.819 5
6.0	0.5	3.0	13.00	13 000.000 0	0.102 4	26.0	1.5	10.0	104.00	104 000.000 0	0.819 5
8.0	0.5	4.0	20.00	20 000.000 0	0.157 6	28.0	1.5	10.0	104.00	104 000.000 0	0.819 5
10.0	0.5	5.0	29.00	29 000.000 0	0.228 5	30.0	1.5	10.0	104.00	104 000.000 0	0.819 5
12.0	0.5	5.0	29.00	29 000.000 0	0.228 5						
14.0	1.5	6.0	40.00	40 000.000 0	0.315 2						
16.0	1.5	6.0	40.00	40 000.000 0	0.315 2						

（4）埋弧自动焊

①碳钢（双面焊）

尺　寸　(mm)			焊缝断面 (mm²)	焊缝体积 (mm³)	金属重量 (kg/m)	尺　寸　(mm)			焊缝断面 (mm²)	焊缝体积 (mm³)	金属重量 (kg/m)
δ	b	k				δ	b	k			
3.0	1.0	3.0	13.00	13 000.000 0	0.101 4	18.0	1.5	8.0	68.00	68 000.000 0	0.530 4
3.5	1.0	3.0	13.00	13 000.000 0	0.101 4	20.0	1.5	9.0	85.00	85 000.000 0	0.663 0
4.0	1.0	4.0	20.00	20 000.000 0	0.156 0	22.0	1.5	9.0	85.00	85 000.000 0	0.663 0
5.0	1.0	4.0	20.00	20 000.000 0	0.156 0	24.0	1.5	10.0	104.00	104 000.000 0	0.811 2
6.0	1.0	4.0	20.00	20 000.000 0	0.156 0	26.0	1.5	10.0	104.00	104 000.000 0	0.811 2
8.0	1.0	5.0	29.00	29 000.000 0	0.226 2	28.0	1.5	10.0	104.00	104 000.000 0	0.811 2
10.0	1.0	6.0	40.00	40 000.000 0	0.312 0	30.0	1.5	10.0	104.00	104 000.000 0	0.811 2
12.0	1.5	6.0	40.00	40 000.000 0	0.312 0	40.0	2.0	10.0	104.00	104 000.000 0	0.811 2
14.0	1.5	7.0	53.00	53 000.000 0	0.413 4	50.0	2.0	10.0	104.00	104 000.000 0	0.811 2
16.0	1.5	7.0	53.00	53 000.000 0	0.413 4	60.0	2.0	10.0	104.00	104 000.000 0	0.811 2

②合金钢、不锈钢（双面焊）

尺 寸 （mm）			焊缝断面 (mm²)	焊缝体积 (mm³)	金属重量 (kg/m)	尺 寸 （mm）			焊缝断面 (mm²)	焊缝体积 (mm³)	金属重量 (kg/m)
δ	b	k				δ	b	k			
3.0	1.0	3.0	13.00	13 000.000 0	0.102 4	18.0	1.5	8.0	68.00	68 000.000 0	0.535 8
3.5	1.0	3.0	13.00	13 000.000 0	0.102 4	20.0	1.5	9.0	85.00	85 000.000 0	0.669 8
4.0	1.0	4.0	20.00	20 000.000 0	0.157 6	22.0	1.5	9.0	85.00	85 000.000 0	0.669 8
5.0	1.0	4.0	20.00	20 000.000 0	0.157 6	24.0	1.5	10.0	104.00	104 000.000 0	0.819 5
6.0	1.0	4.0	20.00	20 000.000 0	0.157 6	26.0	1.5	10.0	104.00	104 000.000 0	0.819 5
8.0	1.0	5.0	29.00	29 000.000 0	0.228 5	28.0	1.5	10.0	104.00	104 000.000 0	0.819 5
10.0	1.0	6.0	40.00	40 000.000 0	0.315 2	30.0	1.5	10.0	104.00	104 000.000 0	0.819 5
12.0	1.5	6.0	40.00	40 000.000 0	0.315 2	40.0	2.0	10.0	104.00	104 000.000 0	0.819 5
14.0	1.5	7.0	53.00	53 000.000 0	0.417 6	50.0	2.0	10.0	104.00	104 000.000 0	0.819 5
16.0	1.5	7.0	53.00	53 000.000 0	0.417 6	60.0	2.0	10.0	104.00	104 000.000 0	0.819 5

（5）热风焊

塑料板

尺 寸 （mm）			焊缝断面 (mm²)	焊缝体积 (mm³)	金属重量 (kg/m)	尺 寸 （mm）			焊缝断面 (mm²)	焊缝体积 (mm³)	金属重量 (kg/m)
δ	b	k				δ	b	k			
2.0	1.0	2.0	8.00	8 000.000 0	0.011 2	8.0	1.0	4.0	20.00	20 000.000 0	0.028 0
2.5	1.0	2.0	8.00	8 000.000 0	0.011 2	10.0	1.0	5.0	29.00	29 000.000 0	0.040 6
3.0	1.0	2.0	8.00	8 000.000 0	0.011 2	12.0	1.0	5.0	29.00	29 000.000 0	0.040 6
3.5	1.0	2.0	8.00	8 000.000 0	0.011 2	14.0	1.0	6.0	40.00	40 000.000 0	0.056 0
4.0	1.0	3.0	13.00	13 000.000 0	0.018 2	16.0	1.0	6.0	40.00	40 000.000 0	0.056 0
5.0	1.0	3.0	13.00	13 000.000 0	0.018 2	18.0	1.0	8.0	68.00	68 000.000 0	0.095 2
6.0	1.0	3.0	13.00	13 000.000 0	0.018 2	20.0	1.0	8.0	68.00	68 000.000 0	0.095 2

17. Y形坡口T形接头单面对接焊缝

焊缝图形及计算公式	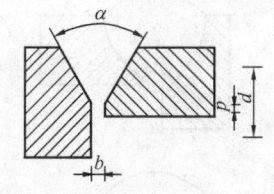 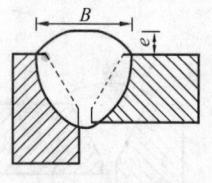	$B = b + 2 \times (\delta - p) \times tg\alpha/2 + 4$ $S = \delta b + (\delta - p)^2 \times tg\alpha/2 + 2/3 B \times e$

碳钢手工电弧焊

尺 寸 (mm)						焊缝断面 (mm²)	焊缝体积 (mm³)	金属重量 (kg/m)
δ	b	p	e	α	B			
10.0	2.0	1.5	2.5	45.0	13.0	71.66	71 661.616 7	0.559 0
12.0	2.0	1.5	2.5	45.0	14.7	94.16	94 162.550 0	0.734 5
14.0	2.0	1.5	2.5	45.0	16.4	119.98	119 977.083 3	0.935 8
16.0	2.0	1.5	3.0	45.0	18.0	155.11	155 109.150 0	1.209 9
18.0	2.0	1.5	3.0	45.0	19.7	188.10	188 103.150 0	1.467 2
20.0	2.0	1.5	3.0	45.0	21.3	224.41	224 410.750 0	1.750 4
22.0	2.0	1.5	3.0	45.0	23.0	264.03	264 031.950 0	2.059 4
24.0	2.0	1.5	3.0	45.0	24.6	306.97	306 966.750 0	2.394 3
26.0	2.0	1.5	3.0	45.0	26.3	353.22	353 215.150 0	2.755 1
28.0	2.0	1.5	3.0	45.0	28.0	402.78	402 777.150 0	3.141 7
30.0	2.0	1.5	3.0	45.0	29.6	455.65	455 652.750 0	3.554 1
10.0	2.0	1.5	2.5	45.0	13.0	71.66	71 661.616 7	0.564 7
12.0	2.0	1.5	2.5	45.0	14.7	94.16	94 162.550 0	0.742 0
14.0	2.0	1.5	2.5	45.0	16.4	119.98	119 977.083 3	0.945 4
16.0	2.0	1.5	3.0	45.0	18.0	155.11	155 109.150 0	1.222 3
18.0	2.0	1.5	3.0	45.0	19.7	188.10	188 103.150 0	1.482 3
20.0	2.0	1.5	3.0	45.0	21.3	224.41	224 410.750 0	1.768 4
22.0	2.0	1.5	3.0	45.0	23.0	264.03	264 031.950 0	2.080 6
24.0	2.0	1.5	3.0	45.0	24.6	306.97	306 966.750 0	2.418 9
26.0	2.0	1.5	3.0	45.0	26.3	353.22	353 215.150 0	2.783 3
28.0	2.0	1.5	3.0	45.0	28.0	402.78	402 777.150 0	3.173 9
30.0	2.0	1.5	3.0	45.0	29.6	455.65	455 652.750 0	3.590 5

18. Y形坡口T形接头双面对接焊缝

焊缝图形及计算公式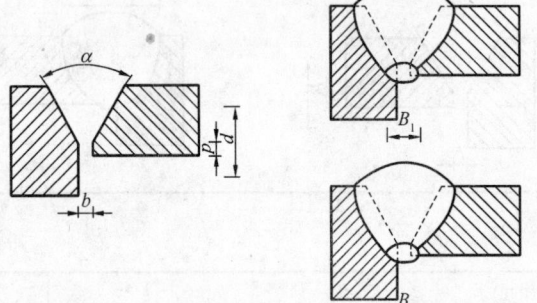

$B_1 = b + 6$

$S_1 = \delta b + (\delta - p)^2 \times tg\alpha/2 + 2/3B \times e + 2/3B_1 \times e$

$B_2 = b + 10$

$S_2 = \delta b + (\delta - p)^2 \times tg\alpha/2 + 2/3B \times e + 2/3B_2 \times e + 9/2 \times \pi$

(1) 手工电弧焊
①碳钢（封底焊）

尺寸 (mm)							焊缝断面 (mm²)	焊缝体积 (mm³)	金属重量 (kg/m)
δ	b	p	e	α	B	B_1			
10.0	2.0	1.5	2.5	45.0	13.0	8.0	84.99	84 994.950 0	0.663 0
12.0	2.0	1.5	2.5	45.0	14.7	8.0	107.50	107 495.883 3	0.838 5
14.0	2.0	1.5	2.5	45.0	16.4	8.0	133.31	133 310.416 7	1.039 8
16.0	2.0	1.5	3.0	45.0	18.0	8.0	171.11	171 109.150 0	1.334 7
18.0	2.0	1.5	3.0	45.0	19.7	8.0	204.10	204 103.150 0	1.592 0
20.0	2.0	1.5	3.0	45.0	21.3	8.0	240.41	240 410.750 0	1.875 2
22.0	2.0	1.5	3.0	45.0	23.0	8.0	280.03	280 031.950 0	2.184 2
24.0	2.0	1.5	3.0	45.0	24.6	8.0	322.97	322 966.750 0	2.519 1
26.0	2.0	1.5	3.0	45.0	26.3	8.0	369.22	369 215.150 0	2.879 9
28.0	2.0	1.5	3.0	45.0	28.0	8.0	418.78	418 777.150 0	3.266 5
30.0	2.0	1.5	3.0	45.0	29.6	8.0	471.65	471 652.750 0	3.678 9

②碳钢（清根焊）

尺寸 (mm)							焊缝断面 (mm²)	焊缝体积 (mm³)	金属重量 (kg/m)
δ	b	p	e	α	B	B_2			
10.0	2.0	1.5	2.5	45.0	13.0	12.0	105.79	105 791.616 7	0.825 2
12.0	2.0	1.5	2.5	45.0	14.7	12.0	128.29	128 292.550 0	1.000 7
14.0	2.0	1.5	2.5	45.0	16.4	12.0	154.11	154 107.083 3	1.202 0
16.0	2.0	1.5	3.0	45.0	18.0	12.0	193.24	193 239.150 0	1.507 3
18.0	2.0	1.5	3.0	45.0	19.7	12.0	226.23	226 233.150 0	1.764 6

续表

尺寸 (mm)							焊缝断面 (mm^2)	焊缝体积 (mm^3)	金属重量 (kg/m)
δ	b	p	e	α	B	B_2			
20.0	2.0	1.5	3.0	45.0	21.3	12.0	262.54	262 540.750 0	2.047 8
22.0	2.0	1.5	3.0	45.0	23.0	12.0	302.16	302 161.950 0	2.356 9
24.0	2.0	1.5	3.0	45.0	24.6	12.0	345.10	345 096.750 0	2.691 8
26.0	2.0	1.5	3.0	45.0	26.3	12.0	391.35	391 345.150 0	3.052 5
28.0	2.0	1.5	3.0	45.0	28.0	12.0	440.91	440 907.150 0	3.439 1
30.0	2.0	1.5	3.0	45.0	29.6	12.0	493.78	493 782.750 0	3.851 5

③合金钢、不锈钢（封底焊）

尺寸 (mm)							焊缝断面 (mm^2)	焊缝体积 (mm^3)	金属重量 (kg/m)
δ	b	p	e	α	B	B_1			
10.0	2.0	1.5	2.5	45.0	13.0	8.0	84.99	84 994.950 0	0.669 8
12.0	2.0	1.5	2.5	45.0	14.7	8.0	107.50	107 495.883 3	0.847 1
14.0	2.0	1.5	2.5	45.0	16.4	8.0	133.31	133 310.416 7	1.050 5
16.0	2.0	1.5	3.0	45.0	18.0	8.0	171.11	171 109.150 0	1.348 3
18.0	2.0	1.5	3.0	45.0	19.7	8.0	204.10	204 103.150 0	1.608 3
20.0	2.0	1.5	3.0	45.0	21.3	8.0	240.41	240 410.750 0	1.894 4
22.0	2.0	1.5	3.0	45.0	23.0	8.0	280.03	280 031.950 0	2.206 7
24.0	2.0	1.5	3.0	45.0	24.6	8.0	322.97	322 966.750 0	2.545 0
26.0	2.0	1.5	3.0	45.0	26.3	8.0	369.22	369 215.150 0	2.909 4
28.0	2.0	1.5	3.0	45.0	28.0	8.0	418.78	418 777.150 0	3.300 0
30.0	2.0	1.5	3.0	45.0	29.6	8.0	471.65	471 652.750 0	3.716 6

④合金钢、不锈钢（清根焊）

尺寸 (mm)							焊缝断面 (mm^2)	焊缝体积 (mm^3)	金属重量 (kg/m)
δ	b	p	e	α	B	B_2			
10.0	2.0	1.5	2.5	45.0	13.0	12.0	105.79	105 791.616 7	0.833 6
12.0	2.0	1.5	2.5	45.0	14.7	12.0	128.29	128 292.550 0	1.010 9
14.0	2.0	1.5	2.5	45.0	16.4	12.0	154.11	154 107.083 3	1.214 4
16.0	2.0	1.5	3.0	45.0	18.0	12.0	193.24	193 239.150 0	1.522 7
18.0	2.0	1.5	3.0	45.0	19.7	12.0	226.23	226 233.150 0	1.782 7
20.0	2.0	1.5	3.0	45.0	21.3	12.0	262.54	262 540.750 0	2.068 8
22.0	2.0	1.5	3.0	45.0	23.0	12.0	302.16	302 161.950 0	2.381 0
24.0	2.0	1.5	3.0	45.0	24.6	12.0	345.10	345 096.750 0	2.719 4
26.0	2.0	1.5	3.0	45.0	26.3	12.0	391.35	391 345.150 0	3.083 8
28.0	2.0	1.5	3.0	45.0	28.0	12.0	440.91	440 907.150 0	3.474 3
30.0	2.0	1.5	3.0	45.0	29.6	12.0	493.78	493 782.750 0	3.891 0

(2) 埋弧自动焊

①碳钢（清根焊）

尺寸 (mm)							焊缝断面 (mm^2)	焊缝体积 (mm^3)	金属重量 (kg/m)
δ	b	p	e	α	B	B_2			
10.0	2.5	6.0	2.5	50.0	10.2	12.5	84.47	84 474.800 0	0.658 9
12.0	2.5	6.0	2.5	50.0	12.1	12.5	101.91	101 909.466 7	0.794 9
14.0	2.5	6.0	2.5	50.0	14.0	12.5	123.07	123 074.533 3	0.960 0
16.0	2.5	6.0	3.0	50.0	15.8	12.5	157.41	157 412.000 0	1.227 8
18.0	2.5	6.0	3.0	50.0	17.7	12.5	186.66	186 659.600 0	1.455 9
20.0	2.5	6.0	3.0	50.0	19.6	12.5	219.64	219 637.600 0	1.713 2
22.0	2.5	6.0	3.0	50.0	21.4	12.5	256.35	256 346.000 0	1.999 5
24.0	2.5	6.0	3.0	50.0	23.3	12.5	296.78	296 784.800 0	2.314 9
26.0	2.5	6.0	3.0	50.0	25.2	12.5	340.95	340 954.000 0	2.659 4
28.0	2.5	6.0	3.0	50.0	27.0	12.5	388.85	388 853.600 0	3.033 1
30.0	2.5	6.0	3.0	50.0	28.9	12.5	440.48	440 483.600 0	3.435 8

②合金钢、不锈钢（清根焊）

尺寸 (mm)							焊缝断面 (mm^2)	焊缝体积 (mm^3)	金属重量 (kg/m)
δ	b	p	e	α	B	B_2			
10.0	2.5	6.0	2.5	50.0	10.2	12.5	84.47	84 474.800 0	0.665 7
12.0	2.5	6.0	2.5	50.0	12.1	12.5	101.91	101 909.466 7	0.803 0
14.0	2.5	6.0	2.5	50.0	14.0	12.5	123.07	123 074.533 3	0.969 8
16.0	2.5	6.0	3.0	50.0	15.8	12.5	157.41	157 412.000 0	1.240 4
18.0	2.5	6.0	3.0	50.0	17.7	12.5	186.66	186 659.600 0	1.470 9
20.0	2.5	6.0	3.0	50.0	19.6	12.5	219.64	219 637.600 0	1.730 7
22.0	2.5	6.0	3.0	50.0	21.4	12.5	256.35	256 346.000 0	2.020 0
24.0	2.5	6.0	3.0	50.0	23.3	12.5	296.78	296 784.800 0	2.338 7
26.0	2.5	6.0	3.0	50.0	25.2	12.5	340.95	340 954.000 0	2.686 7
28.0	2.5	6.0	3.0	50.0	27.0	12.5	388.85	388 853.600 0	3.064 2
30.0	2.5	6.0	3.0	50.0	28.9	12.5	440.48	440 483.600 0	3.471 0

19. V形带垫板T形接头单面对接焊缝

焊缝图形及计算公式	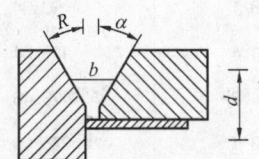 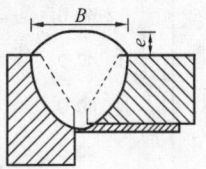	$B = b + 2\delta \times \mathrm{tg}\alpha + 4$ $S = \delta b + \delta^2 \mathrm{tg}\alpha / 2 + 2/3 B \times e$

(1) 手工电弧焊
① 碳钢

尺 寸 （mm）					焊缝断面 (mm^2)	焊缝体积 (mm^3)	金属重量 (kg/m)
δ	b	e	α	B			
6.0	4.0	3.0	40.0	18.1	90.34	90 340.000 0	0.704 7
8.0	4.0	3.0	40.0	21.4	128.54	128 544.000 0	1.002 6
10.0	4.0	3.0	40.0	24.8	173.46	173 460.000 0	1.353 0
12.0	4.0	3.0	40.0	28.1	225.09	225 088.000 0	1.755 7
14.0	4.0	3.0	40.0	31.5	283.43	283 428.000 0	2.210 7
16.0	5.0	3.0	30.0	27.5	282.64	282 640.000 0	2.204 6
18.0	5.0	3.0	30.0	29.8	336.49	336 492.000 0	2.624 6
20.0	5.0	3.0	30.0	32.1	394.96	394 960.000 0	3.080 7
22.0	5.0	3.0	30.0	34.4	458.04	458 044.000 0	3.572 7
24.0	5.0	3.0	30.0	36.7	525.74	525 744.000 0	4.100 8
26.0	5.0	3.0	30.0	39.0	598.06	598 060.000 0	4.664 9

② 合金钢、不锈钢

尺　寸　(mm)					焊缝断面 (mm^2)	焊缝体积 (mm^3)	金属重量 (kg/m)
δ	b	e	α	B			
6.0	4.0	3.0	40.0	18.1	90.34	90 340.000 0	0.711 9
8.0	4.0	3.0	40.0	21.4	128.54	128 544.000 0	1.012 9
10.0	4.0	3.0	40.0	24.8	173.46	173 460.000 0	1.366 9
12.0	4.0	3.0	40.0	28.1	225.09	225 088.000 0	1.773 7
14.0	4.0	3.0	40.0	31.5	283.43	283 428.000 0	2.233 4
16.0	5.0	3.0	30.0	27.5	282.64	282 640.000 0	2.227 2
18.0	5.0	3.0	30.0	29.8	336.49	336 492.000 0	2.651 6
20.0	5.0	3.0	30.0	32.1	394.96	394 960.000 0	3.112 3
22.0	5.0	3.0	30.0	34.4	458.04	458 044.000 0	3.609 4
24.0	5.0	3.0	30.0	36.7	525.74	525 744.000 0	4.142 9
26.0	5.0	3.0	30.0	39.0	598.06	598 060.000 0	4.712 7

（2）手工钨极气体保护焊

铝、铝合金

尺　寸　(mm)					焊缝断面 (mm^2)	焊缝体积 (mm^3)	金属重量 (kg/m)
δ	b	e	α	B			
3.0	3.0	2.0	50.0	14.2	38.60	38 597.333 3	0.104 2
3.5	3.0	2.0	50.0	15.3	45.56	45 560.666 7	0.123 0
4.0	3.0	2.0	50.0	16.5	53.12	53 120.000 0	0.143 4
5.0	3.0	2.0	50.0	18.9	70.03	70 026.666 7	0.189 1
6.0	4.0	3.0	50.0	22.3	111.52	111 520.000 0	0.301 1
8.0	4.0	3.0	50.0	27.1	162.43	162 432.000 0	0.438 6
10.0	5.0	3.0	50.0	32.8	234.88	234 880.000 0	0.634 2
12.0	5.0	3.0	50.0	37.6	306.86	306 864.000 0	0.828 5

20. 单边 V 形坡口 T 形接头单面对接焊缝

焊缝图形及计算公式

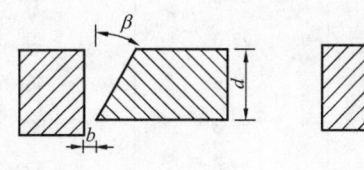

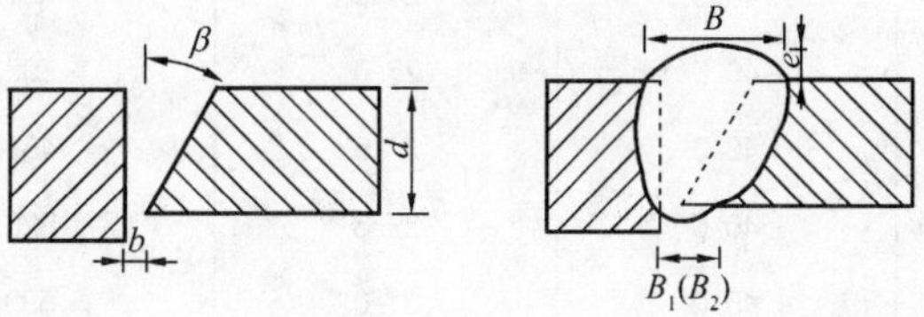

$B = b + \delta \times \mathrm{tg}\beta + 5$
$S = \delta b + 1/2\delta^2 \times \mathrm{tg}\beta + 2/3B \times e$

(1) 手工电弧焊
①碳钢

尺寸 (mm)					焊缝断面 (mm²)	焊缝体积 (mm³)	金属重量 (kg/m)
δ	b	e	β	B			
3.0	1.5	2.0	50.0	10.1	23.30	23 296.966 7	0.181 7
4.0	1.5	2.0	50.0	11.3	30.56	30 557.333 3	0.238 3
5.0	1.5	2.0	50.0	12.5	39.01	39 009.500 0	0.304 3
6.0	2.0	2.5	50.0	14.2	57.04	57 037.066 7	0.444 9
8.0	2.0	2.5	50.0	16.5	81.69	81 694.933 3	0.637 2
10.0	2.0	2.5	50.0	18.9	111.12	111 120.000 0	0.866 7
12.0	2.0	2.5	50.0	21.3	145.31	145 312.266 7	1.133 4
14.0	2.0	2.5	50.0	23.7	184.27	184 271.733 3	1.437 3
16.0	2.0	2.5	50.0	26.1	228.00	227 998.400 0	1.778 4
18.0	2.0	3.0	50.0	28.5	285.98	285 976.400 0	2.230 6

续表

尺 寸 (mm)					焊缝断面 (mm^2)	焊缝体积 (mm^3)	金属重量 (kg/m)
δ	b	e	β	B			
20.0	2.5	3.0	40.0	24.3	336.92	336 924.000 0	2.628 0
22.0	2.5	3.0	40.0	26.0	395.34	395 336.000 0	3.083 6
24.0	2.5	3.0	40.0	27.6	458.52	458 515.200 0	3.576 4
26.0	2.5	3.0	40.0	29.3	526.46	526 461.600 0	4.106 4
28.0	2.5	3.0	40.0	31.0	599.18	599 175.200 0	4.673 6
30.0	3.0	3.0	40.0	33.2	692.66	692 656.000 0	5.402 7
32.0	3.0	3.0	40.0	34.9	775.90	775 904.000 0	6.052 1
34.0	3.0	3.0	40.0	36.5	863.92	863 919.200 0	6.738 6
36.0	3.0	3.0	40.0	38.2	956.70	956 701.600 0	7.462 3
38.0	3.0	3.0	40.0	39.9	1 054.25	1 054 251.200 0	8.223 2
40.0	3.0	3.0	40.0	41.6	1 156.57	1 156 568.000 0	9.021 2

②合金钢、不锈钢

尺 寸 (mm)					焊缝断面 (mm^2)	焊缝体积 (mm^3)	金属重量 (kg/m)
δ	b	e	β	B			
3.0	1.5	2.0	50.0	10.1	23.30	23 296.966 7	0.183 6
4.0	1.5	2.0	50.0	11.3	30.56	30 557.333 3	0.240 8
5.0	1.5	2.0	50.0	12.5	39.01	39 009.500 0	0.307 4
6.0	2.0	2.5	50.0	14.2	57.04	57 037.066 7	0.449 5
8.0	2.0	2.5	50.0	16.5	81.69	81 694.933 3	0.643 8
10.0	2.0	2.5	50.0	18.9	111.12	111 120.000 0	0.875 6
12.0	2.0	2.5	50.0	21.3	145.31	145 312.266 7	1.145 1
14.0	2.0	2.5	50.0	23.7	184.27	184 271.733 3	1.452 1
16.0	2.0	2.5	50.0	26.1	228.00	227 998.400 0	1.796 6
18.0	2.0	3.0	50.0	28.5	285.98	285 976.400 0	2.253 5

续表

尺　寸　(mm)					焊缝断面 (mm^2)	焊缝体积 (mm^3)	金属重量 (kg/m)
δ	b	e	β	B			
20.0	2.5	3.0	40.0	24.3	336.92	336 924.000 0	2.655 0
22.0	2.5	3.0	40.0	26.0	395.34	395 336.000 0	3.115 2
24.0	2.5	3.0	40.0	27.6	458.52	458 515.200 0	3.613 1
26.0	2.5	3.0	40.0	29.3	526.46	526 461.600 0	4.148 5
28.0	2.5	3.0	40.0	31.0	599.18	599 175.200 0	4.721 5
30.0	3.0	3.0	40.0	33.2	692.66	692 656.000 0	5.458 1
32.0	3.0	3.0	40.0	34.9	775.90	775 904.000 0	6.114 1
34.0	3.0	3.0	40.0	36.5	863.92	863 919.200 0	6.807 7
36.0	3.0	3.0	40.0	38.2	956.70	956 701.600 0	7.538 8
38.0	3.0	3.0	40.0	39.9	1 054.25	1 054 251.200 0	8.307 5
40.0	3.0	3.0	40.0	41.6	1 156.57	1 156 568.000 0	9.113 8

（2）热风焊塑料板

尺　寸　(mm)					焊缝断面 (mm^2)	焊缝体积 (mm^3)	金属重量 (kg/m)
δ	b	e	β	B			
2.0	3.0	1.5	50.0	10.4	18.77	18 767.200 0	1.340 0
2.5	3.0	1.5	50.0	11.0	22.20	22 203.875 0	1.585 4
3.0	3.0	1.5	50.0	11.6	25.94	25 938.500 0	1.852 0
3.5	3.0	1.5	50.0	12.2	29.97	29 971.075 0	2.139 9
4.0	3.0	1.5	50.0	12.8	34.30	34 301.600 0	2.449 1
5.0	3.0	2.0	50.0	14.0	48.51	48 509.500 0	3.463 6
6.0	3.0	2.0	50.0	15.2	59.65	59 653.466 7	4.259 3
8.0	3.0	2.0	50.0	17.5	85.52	85 516.800 0	6.105 9
10.0	3.0	2.5	50.0	19.9	122.79	122 786.666 7	8.767 0
12.0	3.0	2.5	50.0	22.3	158.98	158 978.933 3	11.351 1
14.0	3.0	2.5	50.0	24.7	199.94	199 938.400 0	14.275 6
16.0	3.0	2.5	50.0	27.1	245.67	245 665.066 7	17.540 5
18.0	3.0	3.0	50.0	29.5	305.98	305 976.400 0	21.846 7
20.0	3.0	3.0	50.0	31.8	362.03	362 032.000 0	25.849 1

21. 单边 V 形坡口 T 形接头双面对接焊缝

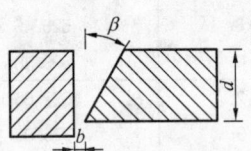

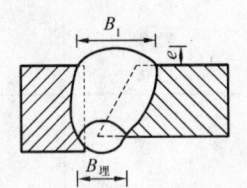

焊缝图形及计算公式		$B_1=b+6$ $S_1=\delta b+\delta^2/2\times \mathrm{tg}\beta+2/3B\times e+2/3B_1\times e$ $B_2=b+10$ $S_2=\delta b+\delta^2/2\times \mathrm{tg}\beta+2/3B\times e+2/3B_2\times e+9/4\times\pi+9/2\ (\pi/2-\beta)$ $B_埋=b+\ (\delta-p)\ \times \mathrm{tg}\beta+5$ $S_埋=\delta b+1/2\ (\delta-p)^2\mathrm{tg}\beta+2/3B\times e+2/3B_埋\times e+9/2\times\pi$

(1) 手工电弧焊

①碳钢（封底焊）

尺寸 (mm)						焊缝断面 (mm^2)	焊缝体积 (mm^3)	金属重量 (kg/m)
δ	b	e	β	B	B_1			
3.0	1.5	2.0	50.0	10.1	7.5	33.30	33 296.966 7	0.259 7
4.0	1.5	2.0	50.0	11.3	7.5	40.56	40 557.333 3	0.316 3
5.0	1.5	2.0	50.0	12.5	7.5	49.01	49 009.500 0	0.382 3
6.0	2.0	2.0	50.0	14.2	8.0	62.99	62 986.800 0	0.491 3
8.0	2.0	2.0	50.0	16.5	8.0	86.85	86 850.133 3	0.677 4
10.0	2.0	2.5	50.0	18.9	8.0	124.45	124 453.333 3	0.970 7
12.0	2.0	2.5	50.0	21.3	8.0	158.65	158 645.600 0	1.237 4
14.0	2.0	2.5	50.0	23.7	8.0	197.61	197 605.066 7	1.541 3
16.0	2.0	2.5	50.0	26.1	8.0	241.33	241 331.733 3	1.882 4
18.0	2.0	3.0	50.0	28.5	8.0	301.98	301 976.400 0	2.355 4

续表

尺 寸 (mm)						焊缝断面 (mm^2)	焊缝体积 (mm^3)	金属重量 (kg/m)
δ	b	e	β	B	B_1			
20.0	2.5	3.0	45.0	27.5	8.5	322.00	322 000.000 0	2.511 6
22.0	2.5	3.0	45.0	29.5	8.5	373.00	373 000.000 0	2.909 4
24.0	2.5	3.0	45.0	31.5	8.5	428.00	428 000.000 0	3.338 4
26.0	2.5	3.0	45.0	33.5	8.5	487.00	487 000.000 0	3.798 6
28.0	2.5	3.0	45.0	35.5	8.5	550.00	550 000.000 0	4.290 0
30.0	3.0	3.0	40.0	33.2	9.0	551.89	551 890.000 0	4.304 7
32.0	3.0	3.0	40.0	34.8	9.0	613.26	613 264.000 0	4.783 5
34.0	3.0	3.0	40.0	36.5	9.0	677.99	677 994.000 0	5.288 4
36.0	3.0	3.0	40.0	38.2	9.0	746.08	746 080.000 0	5.819 4
38.0	3.0	3.0	40.0	39.9	9.0	817.52	817 522.000 0	6.376 7
40.0	3.0	3.0	40.0	41.6	9.0	892.32	892 320.000 0	6.960 1

②碳钢（清根焊）

尺 寸 (mm)						焊缝断面 (mm^2)	焊缝体积 (mm^3)	金属重量 (kg/m)
δ	b	e	β	B	B_2			
3.0	1.5	2.0	50.0	10.1	11.5	49.23	49 233.200 0	0.384 0
4.0	1.5	2.0	50.0	11.3	11.5	56.49	56 493.566 7	0.440 6
5.0	1.5	2.0	50.0	12.5	11.5	64.95	64 945.733 3	0.506 6
6.0	2.0	2.0	50.0	14.2	12.0	78.92	78 923.033 3	0.615 6
8.0	2.0	2.0	50.0	16.5	12.0	102.79	102 786.366 7	0.801 7
10.0	2.0	2.5	50.0	18.9	12.0	141.72	141 722.900 0	1.105 4
12.0	2.0	2.5	50.0	21.3	12.0	175.92	175 915.166 7	1.372 1
14.0	2.0	2.5	50.0	23.7	12.0	214.87	214 874.633 3	1.676 0
16.0	2.0	2.5	50.0	26.1	12.0	258.60	258 601.300 0	2.017 1
18.0	2.0	3.0	50.0	28.5	12.0	320.58	320 579.300 0	2.500 5
20.0	2.5	3.0	45.0	27.5	12.5	378.96	378 962.900 0	2.955 9
22.0	2.5	3.0	45.0	29.5	12.5	438.02	438 018.500 0	3.416 5
24.0	2.5	3.0	45.0	31.5	12.5	501.84	501 841.300 0	3.914 4
26.0	2.5	3.0	45.0	33.5	12.5	570.43	570 431.300 0	4.449 4
28.0	2.5	3.0	45.0	35.5	12.5	643.79	643 788.500 0	5.021 6

续表

尺 寸 (mm)						焊缝断面 (mm^2)	焊缝体积 (mm^3)	金属重量 (kg/m)
δ	b	e	β	B	B_2			
30.0	3.0	3.0	40.0	33.2	13.0	729.25	729 252.900 0	5.688 2
32.0	3.0	3.0	40.0	34.8	13.0	812.50	812 500.500 0	6.337 5
34.0	3.0	3.0	40.0	36.5	13.0	900.52	900 515.300 0	7.024 0
36.0	3.0	3.0	40.0	38.2	13.0	993.30	993 297.300 0	7.747 7
38.0	3.0	3.0	40.0	39.9	13.0	1 090.85	1 090 846.500 0	8.508 6
40.0	3.0	3.0	40.0	41.6	13.0	1 193.16	1 193 162.900 0	9.306 7

③合金钢、不锈钢（封底焊）

尺 寸 (mm)						焊缝断面 (mm^2)	焊缝体积 (mm^3)	金属重量 (kg/m)
δ	b	e	β	B	B_1			
3.0	1.5	2.0	50.0	10.1	7.5	33.30	33 296.966 7	0.262 4
4.0	1.5	2.0	50.0	11.3	7.5	40.56	40 557.333 3	0.319 6
5.0	1.5	2.0	50.0	12.5	7.5	49.01	49 009.500 0	0.386 2
6.0	2.0	2.0	50.0	14.2	8.0	62.99	62 986.800 0	0.496 3
8.0	2.0	2.0	50.0	16.5	8.0	86.85	86 850.133 3	0.684 4
10.0	2.0	2.5	50.0	18.9	8.0	124.45	124 453.333 3	0.980 7
12.0	2.0	2.5	50.0	21.3	8.0	158.65	158 645.600 0	1.250 1
14.0	2.0	2.5	50.0	23.7	8.0	197.61	197 605.066 7	1.557 1
16.0	2.0	2.5	50.0	26.1	8.0	241.33	241 331.733 3	1.901 7
18.0	2.0	3.0	50.0	28.5	8.0	301.98	301 976.400 0	2.379 6
20.0	2.5	3.0	45.0	27.5	8.5	322.00	322 000.000 0	2.537 4
22.0	2.5	3.0	45.0	29.5	8.5	373.00	373 000.000 0	2.939 2
24.0	2.5	3.0	45.0	31.5	8.5	428.00	428 000.000 0	3.372 6
26.0	2.5	3.0	45.0	33.5	8.5	487.00	487 000.000 0	3.837 6
28.0	2.5	3.0	45.0	35.5	8.5	550.00	55 000 0.000 0	4.334 0
30.0	3.0	3.0	40.0	33.2	9.0	551.89	551 890.000 0	4.348 9
32.0	3.0	3.0	40.0	34.8	9.0	613.26	613 264.000 0	4.832 5
34.0	3.0	3.0	40.0	36.5	9.0	677.99	677 994.000 0	5.342 6
36.0	3.0	3.0	40.0	38.2	9.0	746.08	746 080.000 0	5.879 1
38.0	3.0	3.0	40.0	39.9	9.0	817.52	817 522.000 0	6.442 1
40.0	3.0	3.0	40.0	41.6	9.0	892.32	892 320.000 0	7.031 5

④合金钢、不锈钢（清根焊）

尺　寸 (mm)						焊缝断面 (mm²)	焊缝体积 (mm³)	金属重量 (kg/m)
δ	b	e	β	B	B_2			
3.0	1.5	2.0	50.0	10.1	11.5	49.23	49 233.200 0	0.388 0
4.0	1.5	2.0	50.0	11.3	11.5	56.49	56 493.566 7	0.445 2
5.0	1.5	2.0	50.0	12.5	11.5	64.95	64 945.733 3	0.511 8
6.0	2.0	2.0	50.0	14.2	12.0	78.92	78 923.033 3	0.621 9
8.0	2.0	2.0	50.0	16.5	12.0	102.79	102 786.366 7	0.810 0
10.0	2.0	2.5	50.0	18.9	12.0	141.72	141 722.900 0	1.116 8
12.0	2.0	2.5	50.0	21.3	12.0	175.92	175 915.166 7	1.386 2
14.0	2.0	2.5	50.0	23.7	12.0	214.87	214 874.633 3	1.693 2
16.0	2.0	2.5	50.0	26.1	12.0	258.60	258 601.300 0	2.037 8
18.0	2.0	3.0	50.0	28.5	12.0	320.58	320 579.300 0	2.526 2
20.0	2.5	3.0	45.0	27.5	12.5	378.96	378 962.900 0	2.986 2
22.0	2.5	3.0	45.0	29.5	12.5	438.02	438 018.500 0	3.451 6
24.0	2.5	3.0	45.0	31.5	12.5	501.84	501 841.300 0	3.954 5
26.0	2.5	3.0	45.0	33.5	12.5	570.43	570 431.300 0	4.495 0
28.0	2.5	3.0	45.0	35.5	12.5	643.79	643 788.500 0	5.073 1
30.0	3.0	3.0	40.0	33.2	13.0	729.25	729 252.900 0	5.746 5
32.0	3.0	3.0	40.0	34.8	13.0	812.50	812 500.500 0	6.402 5
34.0	3.0	3.0	40.0	36.5	13.0	900.52	900 515.300 0	7.096 1
36.0	3.0	3.0	40.0	38.2	13.0	993.30	993 297.300 0	7.827 2
38.0	3.0	3.0	40.0	39.9	13.0	1 090.85	1 090 846.500 0	8.595 9
40.0	3.0	3.0	40.0	41.6	13.0	1 193.16	1 193 162.900 0	9.402 1

（2）埋弧自动焊

①碳钢（清根焊）

尺　寸 (mm)							焊缝断面 (mm²)	焊缝体积 (mm³)	金属重量 (kg/m)
δ	b	p	e	β	B	B埋			
10.0	2.0	6.0	2.5	45.0	17.0	11.0	88.80	88 803.866 7	0.692 7
12.0	2.0	6.0	2.5	45.0	19.0	13.0	109.47	109 470.533 3	0.853 9
14.0	2.0	6.0	2.5	45.0	21.0	15.0	134.14	134 137.200 0	1.046 3
16.0	2.0	6.0	2.5	45.0	23.0	17.0	162.80	162 803.866 7	1.269 9
18.0	2.0	6.0	2.5	45.0	25.0	19.0	195.47	195 470.533 3	1.524 7

续表

尺 寸 (mm)							焊缝断面 (mm^2)	焊缝体积 (mm^3)	金属重量 (kg/m)
δ	b	p	e	β	B	B埋			
20.0	2.0	8.0	3.0	45.0	27.0	19.0	218.14	218 137.200 0	1.701 5
22.0	2.0	8.0	3.0	45.0	29.0	21.0	256.14	256 137.200 0	1.997 9
24.0	2.0	8.0	3.0	45.0	31.0	23.0	298.14	298 137.200 0	2.325 5
26.0	2.0	8.0	3.0	45.0	33.0	25.0	344.14	344 137.200 0	2.684 3
28.0	2.0	8.0	3.0	45.0	35.0	27.0	394.14	394 137.200 0	3.074 3
30.0	2.0	8.0	3.0	45.0	37.0	29.0	448.14	448 137.200 0	3.495 5

②合金钢、不锈钢（清根焊）

尺 寸 (mm)							焊缝断面 (mm^2)	焊缝体积 (mm^3)	金属重量 (kg/m)
δ	b	p	e	β	B	B_2			
10.0	2.0	6.0	2.5	45.0	17.0	11.0	88.80	88 803.866 7	0.699 8
12.0	2.0	6.0	2.5	45.0	19.0	13.0	109.47	109 470.533 3	0.862 6
14.0	2.0	6.0	2.5	45.0	21.0	15.0	134.14	134 137.200 0	1.057 0
16.0	2.0	6.0	2.5	45.0	23.0	17.0	162.80	162 803.866 7	1.282 9
18.0	2.0	6.0	2.5	45.0	25.0	19.0	195.47	195 470.533 3	1.540 3
20.0	2.0	8.0	3.0	45.0	27.0	19.0	218.14	218 137.200 0	1.718 9
22.0	2.0	8.0	3.0	45.0	29.0	21.0	256.14	256 137.200 0	2.018 4
24.0	2.0	8.0	3.0	45.0	31.0	23.0	298.14	298 137.200 0	2.349 3
26.0	2.0	8.0	3.0	45.0	33.0	25.0	344.14	344 137.200 0	2.711 8
28.0	2.0	8.0	3.0	45.0	35.0	27.0	394.14	394 137.200 0	3.105 8
30.0	2.0	8.0	3.0	45.0	37.0	29.0	448.14	448 137.200 0	3.531 3

22. 单边 V 形带垫板单面对接焊缝

焊缝图形及计算公式	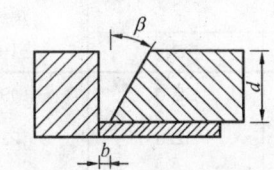 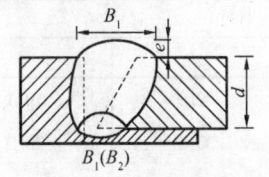	$B = b + \delta \times \mathrm{tg}\beta + 5$ $B_1 = b + 6$ $S = \delta b + \delta^2/2 \times \mathrm{tg}\beta + 2/3B \times e + 2/3B_1 \times e$

(1) 手工电弧焊

① 碳钢

尺 寸 (mm)						焊缝断面 (mm^2)	焊缝体积 (mm^3)	金属重量 (kg/m)
δ	b	e	β	B	B_1			
14.0	6.0	2.5	30.0	19.1	12.0	192.34	192 342.666 7	1.500 3
16.0	6.0	2.5	30.0	20.2	12.0	223.58	223 576.000 0	1.743 9
18.0	6.0	2.5	30.0	21.4	12.0	257.12	257 117.333 3	2.005 5
20.0	7.0	3.0	30.0	23.5	13.0	328.48	328 480.000 0	2.562 1
22.0	7.0	3.0	30.0	24.7	13.0	369.02	369 022.000 0	2.878 4
24.0	7.0	3.0	30.0	25.8	13.0	411.87	411 872.000 0	3.212 6
26.0	7.0	3.0	30.0	27.0	13.0	457.03	457 030.000 0	3.564 8
28.0	7.0	3.0	30.0	28.2	13.0	504.50	504 496.000 0	3.935 1
30.0	8.0	3.0	25.0	27.0	14.0	531.66	531 660.000 0	4.146 9
32.0	8.0	3.0	25.0	27.9	14.0	578.42	578 416.000 0	4.511 6
34.0	8.0	3.0	25.0	28.8	14.0	627.04	627 036.000 0	4.890 9
36.0	8.0	3.0	25.0	29.8	14.0	677.52	677 520.000 0	5.284 7
38.0	8.0	3.0	25.0	30.7	14.0	729.87	729 868.000 0	5.693 0
40.0	9.0	3.0	20.0	28.6	15.0	738.32	738 320.000 0	5.758 9
42.0	9.0	3.0	20.0	29.3	15.0	787.62	787 624.000 0	6.143 5
45.0	9.0	3.0	20.0	30.4	15.0	864.31	864 310.000 0	6.741 6
48.0	9.0	3.0	20.0	31.5	15.0	944.27	944 272.000 0	7.365 3
50.0	10.0	3.0	20.0	33.2	16.0	1 053.40	1 053 400.000 0	8.216 5
52.0	10.0	3.0	20.0	33.9	16.0	1 111.98	1 111 984.000 0	8.673 5
55.0	10.0	3.0	20.0	35.0	16.0	1 202.59	1 202 590.000 0	9.380 2
58.0	10.0	3.0	20.0	36.1	16.0	1 296.47	1 296 472.000 0	10.112 5
60.0	10.0	3.0	20.0	36.8	16.0	1 360.88	1 360 880.000 0	10.614 9
70.0	10.0	3.0	15.0	33.8	16.0	1 456.12	1 456 120.000 0	11.357 7
80.0	10.0	3.0	15.0	36.4	16.0	1 762.48	1 762 480.000 0	13.747 3

② 合金钢、不锈钢

尺 寸 (mm)						焊缝断面 (mm^2)	焊缝体积 (mm^3)	金属重量 (kg/m)
δ	b	e	β	B	B_1			
14.0	6.0	2.5	30.0	19.1	12.0	192.34	192 342.666 7	1.515 7
16.0	6.0	2.5	30.0	20.2	12.0	223.58	223 576.000 0	1.761 8
18.0	6.0	2.5	30.0	21.4	12.0	257.12	257 117.333 3	2.026 1
20.0	7.0	3.0	30.0	23.5	13.0	328.48	328 480.000 0	2.588 4
22.0	7.0	3.0	30.0	24.7	13.0	369.02	369 022.000 0	2.907 9
24.0	7.0	3.0	30.0	25.8	13.0	411.87	411 872.000 0	3.245 6
26.0	7.0	3.0	30.0	27.0	13.0	457.03	457 030.000 0	3.601 4
28.0	7.0	3.0	30.0	28.2	13.0	504.50	504 496.000 0	3.975 4
30.0	8.0	3.0	25.0	27.0	14.0	531.66	531 660.000 0	4.189 5
32.0	8.0	3.0	25.0	27.9	14.0	578.42	578 416.000 0	4.557 9
34.0	8.0	3.0	25.0	28.8	14.0	627.04	627 036.000 0	4.941 0
36.0	8.0	3.0	25.0	29.8	14.0	677.52	677 520.000 0	5.338 9
38.0	8.0	3.0	25.0	30.7	14.0	729.87	729 868.000 0	5.751 4
40.0	9.0	3.0	20.0	28.6	15.0	738.32	738 320.000 0	5.818 0
42.0	9.0	3.0	20.0	29.3	15.0	787.62	787 624.000 0	6.206 5
45.0	9.0	3.0	20.0	30.4	15.0	864.31	864 310.000 0	6.810 8
48.0	9.0	3.0	20.0	31.5	15.0	944.27	944 272.000 0	7.440 9
50.0	10.0	3.0	20.0	33.2	16.0	1 053.40	1 053 400.000 0	8.300 8
52.0	10.0	3.0	20.0	33.9	16.0	1 111.98	1 111 984.000 0	8.762 4
55.0	10.0	3.0	20.0	35.0	16.0	1 202.59	1 202 590.000 0	9.476 4
58.0	10.0	3.0	20.0	36.1	16.0	1 296.47	1 296 472.000 0	10.216 2
60.0	10.0	3.0	20.0	36.8	16.0	1 360.88	1 360 880.000 0	10.723 7
70.0	10.0	3.0	15.0	33.8	16.0	1 456.12	1 456 120.000 0	11.474 2
80.0	10.0	3.0	15.0	36.4	16.0	1 762.48	1 762 480.000 0	13.888 3

(2) 埋弧自动焊

①碳钢

尺 寸 (mm)						焊缝断面 (mm^2)	焊缝体积 (mm^3)	金属重量 (kg/m)
δ	b	e	β	B	B_1			
14.0	3.0	2.5	35.0	17.8	9.0	155.27	155 266.666 7	1.211 1
16.0	3.0	2.5	35.0	19.2	9.0	184.60	184 600.000 0	1.439 9
18.0	3.0	2.5	35.0	20.6	9.0	216.73	216 733.333 3	1.690 5
20.0	3.0	3.0	35.0	22.0	9.0	262.00	262 000.000 0	2.043 6
22.0	3.0	3.0	35.0	23.4	9.0	300.20	300 200.000 0	2.341 6
24.0	3.0	3.0	35.0	24.8	9.0	341.20	341 200.000 0	2.661 4
26.0	3.0	3.0	35.0	26.2	9.0	385.00	385 000.000 0	3.003 0
28.0	3.0	3.0	35.0	27.6	9.0	431.60	431 600.000 0	3.366 5
30.0	4.0	3.0	30.0	26.3	10.0	452.27	452 270.000 0	3.527 7
32.0	4.0	3.0	30.0	27.5	10.0	498.35	498 352.000 0	3.887 1
34.0	4.0	3.0	30.0	28.6	10.0	546.74	546 742.000 0	4.264 6
36.0	4.0	3.0	30.0	29.8	10.0	597.44	597 440.000 0	4.660 0
38.0	4.0	3.0	30.0	30.9	10.0	650.45	650 446.000 0	5.073 5
40.0	4.0	3.0	30.0	32.1	10.0	705.76	705 760.000 0	5.504 9

②合金钢、不锈钢

尺 寸 (mm)						焊缝断面 (mm^2)	焊缝体积 (mm^3)	金属重量 (kg/m)
δ	b	e	β	B	B_1			
14.0	3.0	2.5	35.0	17.8	9.0	155.27	155 266.666 7	1.223 5
16.0	3.0	2.5	35.0	19.2	9.0	184.60	184 600.000 0	1.454 6
18.0	3.0	2.5	35.0	20.6	9.0	216.73	216 733.333 3	1.707 9
20.0	3.0	3.0	35.0	22.0	9.0	262.00	262 000.000 0	2.064 6
22.0	3.0	3.0	35.0	23.4	9.0	300.20	300 200.000 0	2.365 6
24.0	3.0	3.0	35.0	24.8	9.0	341.20	341 200.000 0	2.688 7
26.0	3.0	3.0	35.0	26.2	9.0	385.00	385 000.000 0	3.033 8
28.0	3.0	3.0	35.0	27.6	9.0	431.60	431 600.000 0	3.401 0
30.0	4.0	3.0	30.0	26.3	10.0	452.27	452 270.000 0	3.563 9
32.0	4.0	3.0	30.0	27.5	10.0	498.35	498 352.000 0	3.927 0
34.0	4.0	3.0	30.0	28.6	10.0	546.74	546 742.000 0	4.308 3
36.0	4.0	3.0	30.0	29.8	10.0	597.44	597 440.000 0	4.707 8
38.0	4.0	3.0	30.0	30.9	10.0	650.45	650 446.000 0	5.125 5
40.0	4.0	3.0	30.0	32.1	10.0	705.76	705 760.000 0	5.561 4

23. I形坡口搭接接头焊缝

| 焊缝图形及计算公式 | 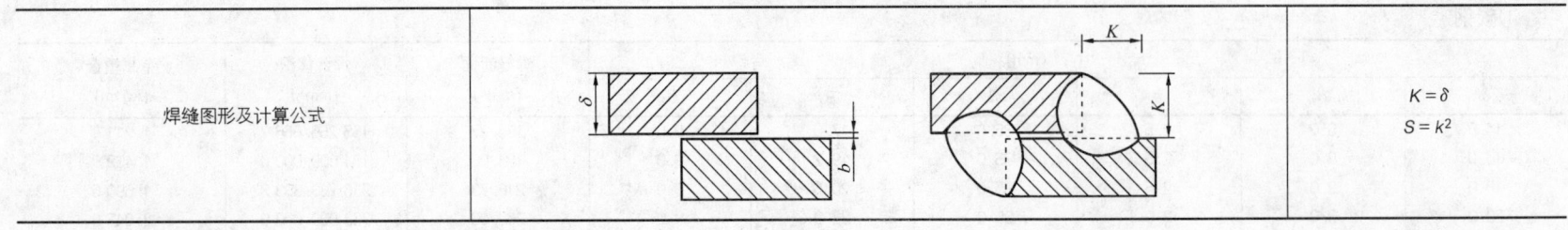 | $K=\delta$
$S=k^2$ |

(1) 手工电弧焊

①碳钢

尺 寸 (mm)		焊缝断面 (mm²)	焊缝体积 (mm³)	金属重量 (kg/m)	尺 寸 (mm)		焊缝断面 (mm²)	焊缝体积 (mm³)	金属重量 (kg/m)
δ	k				δ	k			
2.0	2.0	4.00	4 000.000 0	0.031 2	14.0	14.0	196.00	196 000.000 0	1.528 8
2.5	2.5	6.25	6 250.000 0	0.048 8	16.0	16.0	256.00	256 000.000 0	1.996 8
3.0	3.0	9.00	9 000.000 0	0.070 2	18.0	18.0	324.00	324 000.000 0	2.527 2
3.5	3.5	12.25	12 250.000 0	0.095 6	20.0	20.0	400.00	400 000.000 0	3.120 0
4.0	4.0	16.00	16 000.000 0	0.124 8	22.0	22.0	484.00	484 000.000 0	3.775 2
5.0	5.0	25.00	25 000.000 0	0.195 0	24.0	24.0	576.00	576 000.000 0	4.492 8
6.0	6.0	36.00	36 000.000 0	0.280 8	26.0	26.0	676.00	676 000.000 0	5.272 8
8.0	8.0	64.00	64 000.000 0	0.499 2	28.0	28.0	784.00	784 000.000 0	6.115 2
10.0	10.0	100.00	100 000.000 0	0.780 0	30.0	30.0	900.00	900 000.000 0	7.020 0
12.0	12.0	144.00	144 000.000 0	1.123 2					

②合金钢、不锈钢

尺 寸 (mm)		焊缝断面 (mm²)	焊缝体积 (mm³)	金属重量 (kg/m)	尺 寸 (mm)		焊缝断面 (mm²)	焊缝体积 (mm³)	金属重量 (kg/m)
δ	k				δ	k			
2.0	2.0	4.00	4 000.000 0	0.031 5	14.0	14.0	196.00	196 000.000 0	1.544 5
2.5	2.5	6.25	6 250.000 0	0.049 3	16.0	16.0	256.00	256 000.000 0	2.017 3
3.0	3.0	9.00	9 000.000 0	0.070 9	18.0	18.0	324.00	324 000.000 0	2.553 1
3.5	3.5	12.25	12 250.000 0	0.096 5	20.0	20.0	400.00	400 000.000 0	3.152 0
4.0	4.0	16.00	16 000.000 0	0.126 1	22.0	22.0	484.00	484 000.000 0	3.813 9
5.0	5.0	25.00	25 000.000 0	0.197 0	24.0	24.0	576.00	576 000.000 0	4.538 9
6.0	6.0	36.00	36 000.000 0	0.283 7	26.0	26.0	676.00	676 000.000 0	5.326 9
8.0	8.0	64.00	64 000.000 0	0.504 3	28.0	28.0	784.00	784 000.000 0	6.177 9
10.0	10.0	100.00	100 000.000 0	0.788 0	30.0	30.0	900.00	900 000.000 0	7.092 0
12.0	12.0	144.00	144 000.000 0	1.134 7					

(2) 埋弧自动焊
① 碳钢

尺寸 (mm)			焊缝断面 (mm²)	焊缝体积 (mm³)	金属重量 (kg/m)	尺寸 (mm)			焊缝断面 (mm²)	焊缝体积 (mm³)	金属重量 (kg/m)
δ	b	k				δ	b	k			
3.0	1.0	3.0	10.00	10 000.000 0	0.078 0	8.0	1.0	8.0	65.00	65 000.000 0	0.507 0
3.5	1.0	3.5	13.25	13 250.000 0	0.103 4	10.0	1.0	10.0	101.00	101 000.000 0	0.787 8
4.0	1.0	4.0	17.00	17 000.000 0	0.132 6	12.0	1.0	12.0	145.00	145 000.000 0	1.131 0
5.0	1.0	5.0	26.00	26 000.000 0	0.202 8	14.0	1.0	14.0	197.00	197 000.000 0	1.536 6
6.0	1.0	6.0	37.00	37 000.000 0	0.288 6	16.0	1.0	16.0	257.00	257 000.000 0	2.004 6

② 合金钢、不锈钢

尺寸 (mm)			焊缝断面 (mm²)	焊缝体积 (mm³)	金属重量 (kg/m)	尺寸 (mm)			焊缝断面 (mm²)	焊缝体积 (mm³)	金属重量 (kg/m)
δ	b	k				δ	b	k			
3.0	1.0	3.0	10.00	10 000.000 0	0.078 8	8.0	1.0	8.0	65.00	65 000.000 0	0.512 2
3.5	1.0	3.5	13.25	13 250.000 0	0.104 4	10.0	1.0	10.0	101.00	101 000.000 0	0.795 9
4.0	1.0	4.0	17.00	17 000.000 0	0.134 0	12.0	1.0	12.0	145.00	145 000.000 0	1.142 6
5.0	1.0	5.0	26.00	26 000.000 0	0.204 9	14.0	1.0	14.0	197.00	197 000.000 0	1.552 4
6.0	1.0	6.0	37.00	37 000.000 0	0.291 6	16.0	1.0	16.0	257.00	257 000.000 0	2.025 2

(3) 热风焊
塑料

尺寸 (mm)		焊缝断面 (mm²)	焊缝体积 (mm³)	金属重量 (kg/m)	尺寸 (mm)		焊缝断面 (mm²)	焊缝体积 (mm³)	金属重量 (kg/m)
δ	k				δ	k			
2.0	2.0	4.00	4 000.000 0	0.005 6	8.0	8.0	64.00	64 000.000 0	0.089 6
2.5	2.5	6.25	6 250.000 0	0.008 8	10.0	10.0	100.00	100 000.000 0	0.140 0
3.0	3.0	9.00	9 000.000 0	0.012 6	12.0	12.0	144.00	144 000.000 0	0.201 6
3.5	3.5	12.25	12 250.000 0	0.017 2	14.0	14.0	196.00	196 000.000 0	0.274 4
4.0	4.0	16.00	16 000.000 0	0.022 4	16.0	16.0	256.00	256 000.000 0	0.358 4
5.0	5.0	25.00	25 000.000 0	0.035 0	18.0	18.0	324.00	324 000.000 0	0.453 6
6.0	6.0	36.00	36 000.000 0	0.050 4	20.0	20.0	400.00	400 000.000 0	0.560 0

24. I 形坡口单面对接焊缝（气电立焊）

| 焊缝图形及计算公式 | 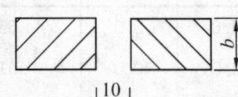 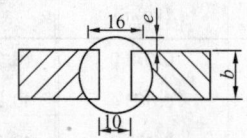 | $S = \delta \times 10 + 4/3 \times b \times e$ |

气电立焊
①碳钢

尺　寸（mm）			焊缝断面 (mm²)	焊缝体积 (mm³)	金属重量 (kg/m)	尺　寸（mm）			焊缝断面 (mm²)	焊缝体积 (mm³)	金属重量 (kg/m)
δ	b	e				δ	b	e			
8.0	16.0	2.5	133.33	133 333.333 3	1.040 0	12.0	16.0	2.5	173.33	173 333.333 3	1.352 0
10.0	16.0	2.5	153.33	153 333.333 3	1.196 0	16.0	16.0	2.5	213.33	213 333.333 3	1.664 0

②合金钢

尺　寸（mm）			焊缝断面 (mm²)	焊缝体积 (mm³)	金属重量 (kg/m)	尺　寸（mm）			焊缝断面 (mm²)	焊缝体积 (mm³)	金属重量 (kg/m)
δ	b	e				δ	b	e			
8.0	16.0	2.5	133.33	133 333.333 3	1.050 7	12.0	16.0	2.5	173.33	173 333.333 3	1.365 9
10.0	16.0	2.5	153.33	153 333.333 3	1.208 3	16.0	16.0	2.5	213.33	213 333.333 3	1.681 1

25. V形坡口单面对接焊缝（气电立焊）

焊缝图形及计算公式	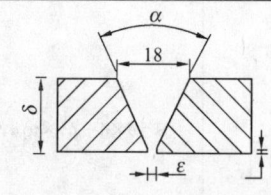 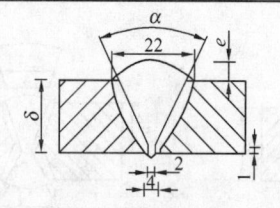	$S = \delta \times 2 + (\delta - 1)^2 \times tg\alpha/2 + 2/3 \times 22 \times e + 2/3 \times 4 \times e$

（1）碳钢

尺　寸　（mm）				焊缝断面	焊缝体积	金属重量
δ	b	e	α	（mm²）	（mm³）	（kg/m）
14.0	5.0	2.5	30.0	116.63	116 625.333 3	0.909 7
16.0	5.0	2.5	30.0	135.63	135 633.333 3	1.057 9
18.0	5.0	2.5	30.0	156.79	156 785.333 3	1.222 9
20.0	5.0	3.0	30.0	188.75	188 748.000 0	1.472 2
22.0	5.0	3.0	30.0	214.19	214 188.000 0	1.670 7
24.0	5.0	3.0	30.0	241.77	241 772.000 0	1.885 8
26.0	5.0	3.0	30.0	271.50	271 500.000 0	2.117 7
28.0	5.0	3.0	30.0	303.37	303 372.000 0	2.366 3
30.0	5.0	3.0	30.0	337.39	337 388.000 0	2.631 6
32.0	5.0	3.0	30.0	373.55	373 548.000 0	2.913 7

（2）合金钢

尺　寸　（mm）				焊缝断面	焊缝体积	金属重量
δ	b	e	α	（mm²）	（mm³）	（kg/m）
14.0	5.0	2.5	30.0	116.63	116 625.333 3	0.919 0
16.0	5.0	2.5	30.0	135.63	135 633.333 3	1.068 8
18.0	5.0	2.5	30.0	156.79	156 785.333 3	1.235 5
20.0	5.0	3.0	30.0	188.75	188 748.000 0	1.487 3
22.0	5.0	3.0	30.0	214.19	214 188.000 0	1.687 8
24.0	5.0	3.0	30.0	241.77	241 772.000 0	1.905 2
26.0	5.0	3.0	30.0	271.50	271 500.000 0	2.139 4
28.0	5.0	3.0	30.0	303.37	303 372.000 0	2.390 6
30.0	5.0	3.0	30.0	337.39	337 388.000 0	2.658 6
32.0	5.0	3.0	30.0	373.55	373 548.000 0	2.943 6

26. X形坡口双面对接焊缝（气电立焊）

焊缝图形及计算公式	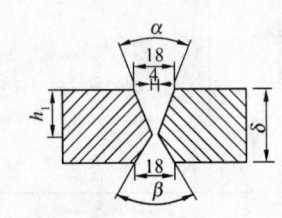 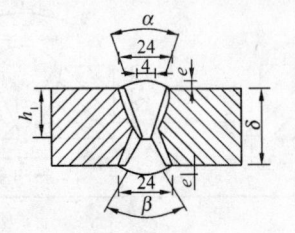	$S = \delta \times 4 + h_1^2 \times \mathrm{tg}\alpha/2 + (\delta-h_1)^2 \times \mathrm{tg}\beta/2 + 4/3 \times 24 \times e$

气电立焊

①碳钢（双面焊）

尺 寸 （mm）						焊缝断面 (mm^2)	焊缝体积 (mm^3)	金属重量 （kg/m）
δ	b	e	α	β	h_1			
22.0	5.0	3.0	25.0	30.0	13.4	243.71	243 710.596 0	1.900 9
24.0	5.0	3.0	25.0	30.0	14.6	263.06	263 060.544 0	2.051 9
26.0	5.0	3.0	25.0	30.0	15.9	283.40	283 397.444 0	2.210 5
28.0	5.0	3.0	25.0	30.0	17.1	304.72	304 721.296 0	2.376 8
30.0	5.0	3.0	25.0	30.0	18.3	327.03	327 032.100 0	2.550 9
32.0	5.0	3.0	25.0	30.0	19.5	350.33	350 329.856 0	2.732 6
34.0	5.0	3.0	25.0	30.0	20.7	374.61	374 614.564 0	2.922 0
36.0	5.0	3.0	25.0	30.0	22.0	399.89	399 886.224 0	3.119 1
38.0	5.0	3.0	25.0	30.0	23.2	426.14	426 144.836 0	3.323 9
40.0	5.0	3.0	25.0	30.0	24.4	453.39	453 390.400 0	3.536 4
42.0	5.0	5.0	25.0	30.0	25.6	545.62	545 622.916 0	4.255 9
45.0	5.0	5.0	25.0	30.0	27.5	589.82	589 822.225 0	4.600 6
48.0	5.0	5.0	25.0	30.0	29.3	636.24	636 242.176 0	4.962 7
50.0	5.0	5.0	25.0	30.0	30.5	668.42	668 422.500 0	5.213 7
52.0	5.0	5.0	25.0	30.0	31.7	701.59	701 589.776 0	5.472 4
55.0	5.0	5.0	25.0	30.0	33.6	753.19	753 191.225 0	5.874 9
58.0	5.0	5.0	25.0	30.0	35.4	807.01	807 013.316 0	6.294 7
60.0	5.0	5.0	25.0	30.0	36.6	844.13	844 128.400 0	6.584 2

②合金钢（双面焊）

尺　寸　(mm)						焊缝断面 (mm²)	焊缝体积 (mm³)	金属重量 (kg/m)
δ	b	e	α	β	h_1			
22.0	5.0	3.0	25.0	30.0	13.4	243.71	243 710.596 0	1.920 4
24.0	5.0	3.0	25.0	30.0	14.6	263.06	263 060.544 0	2.072 9
26.0	5.0	3.0	25.0	30.0	15.9	283.40	283 397.444 0	2.233 2
28.0	5.0	3.0	25.0	30.0	17.1	304.72	304 721.296 0	2.401 2
30.0	5.0	3.0	25.0	30.0	18.3	327.03	327 032.100 0	2.577 0
32.0	5.0	3.0	25.0	30.0	19.5	350.33	350 329.856 0	2.760 6
34.0	5.0	3.0	25.0	30.0	20.7	374.61	374 614.564 0	2.952 0
36.0	5.0	3.0	25.0	30.0	22.0	399.89	399 886.224 0	3.151 1
38.0	5.0	3.0	25.0	30.0	23.2	426.14	426 144.836 0	3.358 0
40.0	5.0	3.0	25.0	30.0	24.4	453.39	453 390.400 0	3.572 7
42.0	5.0	5.0	25.0	30.0	25.6	545.62	545 622.916 0	4.299 5
45.0	5.0	5.0	25.0	30.0	27.5	589.82	589 822.225 0	4.647 8
48.0	5.0	5.0	25.0	30.0	29.3	636.24	636 242.176 0	5.013 6
50.0	5.0	5.0	25.0	30.0	30.5	668.42	668 422.500 0	5.267 2
52.0	5.0	5.0	25.0	30.0	31.7	701.59	701 589.776 0	5.528 5
55.0	5.0	5.0	25.0	30.0	33.6	753.19	753 191.225 0	5.935 1
58.0	5.0	5.0	25.0	30.0	35.4	807.01	807 013.316 0	6.359 3
60.0	5.0	5.0	25.0	30.0	36.6	844.13	844 128.400 0	6.651 7

27. 单边 V 形坡口单面对接焊缝

焊缝图形及计算公式	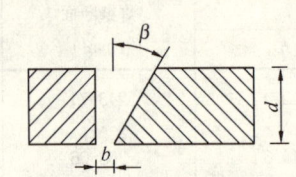 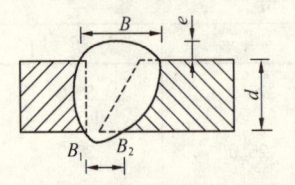	$B = b + \delta \times tg\beta + 5$ $S = \delta b + \delta^2 / 2 \times tg\beta + 2/3 B \times e$

手工电弧焊
①碳钢

尺 寸 (mm)					焊缝断面 (mm^2)	焊缝体积 (mm^3)	金属重量 (kg/m)
δ	b	e	β	B			
3.0	1.5	2.0	45.0	9.5	21.67	21 666.666 7	0.169 0
4.0	1.5	2.0	45.0	10.5	28.00	28 000.000 0	0.218 4
5.0	1.5	2.0	45.0	11.5	35.33	35 333.333 3	0.275 6
6.0	2.0	2.0	45.0	13.0	47.33	47 333.333 3	0.369 2
8.0	2.0	2.0	45.0	15.0	68.00	68 000.000 0	0.530 4
10.0	2.0	2.5	45.0	17.0	98.33	98 333.333 3	0.767 0
12.0	2.0	2.5	45.0	19.0	127.67	127 666.666 7	0.995 8
14.0	2.0	2.5	45.0	21.0	161.00	161 000.000 0	1.255 8
16.0	2.0	2.5	45.0	23.0	198.33	198 333.333 3	1.547 0
18.0	2.0	3.0	45.0	25.0	248.00	248 000.000 0	1.934 4
20.0	2.5	3.0	45.0	27.5	305.00	305 000.000 0	2.379 0
22.0	2.5	3.0	45.0	29.5	356.00	356 000.000 0	2.776 8
24.0	2.5	3.0	45.0	31.5	411.00	411 000.000 0	3.205 8
26.0	2.5	3.0	45.0	33.5	470.00	470 000.000 0	3.666 0
28.0	2.5	3.0	45.0	35.5	533.00	533 000.000 0	4.157 4
30.0	3.0	3.0	45.0	38.0	616.00	616 000.000 0	4.804 8
32.0	3.0	3.0	45.0	40.0	688.00	688 000.000 0	5.366 4
34.0	3.0	3.0	45.0	42.0	764.00	764 000.000 0	5.959 2
36.0	3.0	3.0	45.0	44.0	844.00	844 000.000 0	6.583 2
38.0	3.0	3.0	45.0	46.0	928.00	928 000.000 0	7.238 4
40.0	3.0	3.0	45.0	48.0	1 016.00	1 016 000.000 0	7.924 8

②合金钢、不锈钢

尺 寸 (mm)					焊缝断面 (mm²)	焊缝体积 (mm³)	金属重量 (kg/m)
δ	b	e	β	B			
3.0	1.5	2.0	45.0	9.5	21.67	21 666.666 7	0.170 7
4.0	1.5	2.0	45.0	10.5	28.00	28 000.000 0	0.220 6
5.0	1.5	2.0	45.0	11.5	35.33	35 333.333 3	0.278 4
6.0	2.0	2.0	45.0	13.0	47.33	47 333.333 3	0.373 0
8.0	2.0	2.0	45.0	15.0	68.00	68 000.000 0	0.535 8
10.0	2.0	2.5	45.0	17.0	98.33	98 333.333 3	0.774 9
12.0	2.0	2.5	45.0	19.0	127.67	127 666.666 7	1.006 0
14.0	2.0	2.5	45.0	21.0	161.00	161 000.000 0	1.268 7
16.0	2.0	2.5	45.0	23.0	198.33	198 333.333 3	1.562 9
18.0	2.0	3.0	45.0	25.0	248.00	248 000.000 0	1.954 2
20.0	2.5	3.0	45.0	27.5	305.00	305 000.000 0	2.403 4
22.0	2.5	3.0	45.0	29.5	356.00	356 000.000 0	2.805 3
24.0	2.5	3.0	45.0	31.5	411.00	411 000.000 0	3.238 7
26.0	2.5	3.0	45.0	33.5	470.00	47 000 0.000 0	3.703 6
28.0	2.5	3.0	45.0	35.5	533.00	533 000.000 0	4.200 0
30.0	3.0	3.0	45.0	38.0	616.00	616 000.000 0	4.854 1
32.0	3.0	3.0	45.0	40.0	688.00	688 000.000 0	5.421 4
34.0	3.0	3.0	45.0	42.0	764.00	764 000.000 0	6.020 3
36.0	3.0	3.0	45.0	44.0	844.00	844 000.000 0	6.650 7
38.0	3.0	3.0	45.0	46.0	928.00	928 000.000 0	7.312 6
40.0	3.0	3.0	45.0	48.0	1 016.00	1 016 000.000 0	8.006 1

28. 单边V形坡口双面对接焊缝

焊缝图形及计算公式	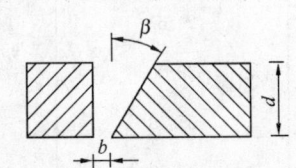 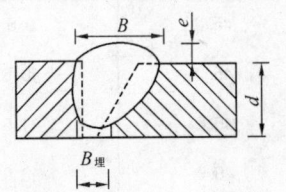	$B_1 = b + 6$ $S_1 = \delta b + \delta^2/2 \times tg\beta + 2/3B \times e + 2/3B_1 \times e$ $B_2 = b + 10$ $S_2 = \delta b + \delta^2/2 \times tg\beta + 2/3B \times e + 2/3B_2 \times e + 9/4 \times \pi + 9/2 \ (\pi/2 - \beta)$ $B_{埋} = b + (\delta - p) \times tg\beta + 5$ $S_{埋} = \delta b + 1/2 \ (\delta - p)^2 \times tg\beta + 2/3B \times e + 2/3B_{埋} \times e + 9/2 \times \pi$

(1) 手工电弧焊
①碳钢（封底焊）

尺　寸　(mm)						焊缝断面 (mm^2)	焊缝体积 (mm^3)	金属重量 (kg/m)
δ	b	e	β	B	B_1			
6.0	2.0	2.0	45.0	13.0	8.0	58.00	58 000.000 0	0.452 4
8.0	2.0	2.0	45.0	15.0	8.0	78.67	78 666.666 7	0.613 6
10.0	2.0	2.5	45.0	17.0	8.0	111.67	111 666.666 7	0.871 0
12.0	2.0	2.5	45.0	19.0	8.0	141.00	141 000.000 0	1.099 8
14.0	2.0	2.5	45.0	21.0	8.0	174.33	174 333.333 3	1.359 8
16.0	2.5	2.5	45.0	23.5	8.5	221.33	221 333.333 3	1.726 4
18.0	2.5	3.0	45.0	25.5	8.5	275.00	275 000.000 0	2.145 0
20.0	2.5	3.0	45.0	27.5	8.5	322.00	322 000.000 0	2.511 6
22.0	2.5	3.0	45.0	29.5	8.5	373.00	373 000.000 0	2.909 4
24.0	3.0	3.0	45.0	32.0	9.0	442.00	442 000.000 0	3.447 6

续表

尺寸(mm)						焊缝断面	焊缝体积	金属重量
δ	b	e	β	B	B_1	(mm^2)	(mm^3)	(kg/m)
26.0	3.0	3.0	45.0	34.0	9.0	502.00	502 000.000 0	3.915 6
28.0	3.0	3.0	45.0	36.0	9.0	566.00	566 000.000 0	4.414 8
30.0	3.0	3.0	45.0	38.0	9.0	634.00	634 000.000 0	4.945 2
32.0	3.0	3.0	45.0	40.0	9.0	706.00	706 000.000 0	5.506 8
34.0	3.0	3.0	45.0	42.0	9.0	782.00	782 000.000 0	6.099 6
36.0	3.0	3.0	45.0	44.0	9.0	862.00	862 000.000 0	6.723 6
38.0	3.0	3.0	45.0	46.0	9.0	946.00	946 000.000 0	7.378 8
40.0	3.0	3.0	45.0	48.0	9.0	1 034.00	1 034 000.000 0	8.065 2

②碳钢（清根焊）

尺寸(mm)						焊缝断面	焊缝体积	金属重量
δ	b	e	β	B	B_2	(mm^2)	(mm^3)	(kg/m)
6.0	2.0	2.0	45.0	13.0	12.0	73.94	73 936.233 3	0.576 7
8.0	2.0	2.0	45.0	15.0	12.0	94.60	94 602.900 0	0.737 9
10.0	2.0	2.5	45.0	17.0	12.0	128.94	128 936.233 3	1.005 7
12.0	2.0	2.5	45.0	19.0	12.0	158.27	158 269.566 7	1.234 5
14.0	2.0	2.5	45.0	21.0	12.0	191.60	191 602.900 0	1.494 5
16.0	2.5	2.5	45.0	23.5	12.5	238.60	238 602.900 0	1.861 1
18.0	2.5	3.0	45.0	25.5	12.5	293.60	293 602.900 0	2.290 1
20.0	2.5	3.0	45.0	27.5	12.5	340.60	340 602.900 0	2.656 7
22.0	2.5	3.0	45.0	29.5	12.5	391.60	391 602.900 0	3.054 5
24.0	3.0	3.0	45.0	32.0	13.0	460.60	460 602.900 0	3.592 7
26.0	3.0	3.0	45.0	34.0	13.0	520.60	520 602.900 0	4.060 7
28.0	3.0	3.0	45.0	36.0	13.0	584.60	584 602.900 0	4.559 9
30.0	3.0	3.0	45.0	38.0	13.0	652.60	652 602.900 0	5.090 3
32.0	3.0	3.0	45.0	40.0	13.0	724.60	724 602.900 0	5.651 9
34.0	3.0	3.0	45.0	42.0	13.0	800.60	800 602.900 0	6.244 7
36.0	3.0	3.0	45.0	44.0	13.0	880.60	880 602.900 0	6.868 7
38.0	3.0	3.0	45.0	46.0	13.0	964.60	964 602.900 0	7.523 9
40.0	3.0	3.0	45.0	48.0	13.0	1 052.60	1 052 602.900 0	8.210 3

③合金钢、不锈钢（封底焊）

尺寸（mm）						焊缝断面 (mm²)	焊缝体积 (mm³)	金属重量 (kg/m)
δ	b	e	β	B	B_1			
6.0	2.0	2.0	45.0	13.0	8.0	58.00	58 000.000 0	0.457 0
8.0	2.0	2.0	45.0	15.0	8.0	78.67	78 666.666 7	0.619 9
10.0	2.0	2.5	45.0	17.0	8.0	111.67	111 666.666 7	0.879 9
12.0	2.0	2.5	45.0	19.0	8.0	141.00	141 000.000 0	1.111 1
14.0	2.0	2.5	45.0	21.0	8.0	174.33	174 333.333 3	1.373 7
16.0	2.5	2.5	45.0	23.5	8.5	221.33	221 333.333 3	1.744 1
18.0	2.5	3.0	45.0	25.5	8.5	275.00	275 000.000 0	2.167 0
20.0	2.5	3.0	45.0	27.5	8.5	322.00	322 000.000 0	2.537 4
22.0	2.5	3.0	45.0	29.5	8.5	373.00	373 000.000 0	2.939 2
24.0	3.0	3.0	45.0	32.0	9.0	442.00	442 000.000 0	3.483 0
26.0	3.0	3.0	45.0	34.0	9.0	502.00	502 000.000 0	3.955 8
28.0	3.0	3.0	45.0	36.0	9.0	566.00	566 000.000 0	4.460 1
30.0	3.0	3.0	45.0	38.0	9.0	634.00	634 000.000 0	4.995 9
32.0	3.0	3.0	45.0	40.0	9.0	706.00	706 000.000 0	5.563 3
34.0	3.0	3.0	45.0	42.0	9.0	782.00	782 000.000 0	6.162 2
36.0	3.0	3.0	45.0	44.0	9.0	862.00	862 000.000 0	6.792 6
38.0	3.0	3.0	45.0	46.0	9.0	946.00	946 000.000 0	7.454 5
40.0	3.0	3.0	45.0	48.0	9.0	1 034.00	1 034 000.000 0	8.147 9

④合金钢、不锈钢（清根焊）

尺寸（mm）						焊缝断面 (mm²)	焊缝体积 (mm³)	金属重量 (kg/m)
δ	b	e	β	B	B_2			
6.0	2.0	2.0	45.0	13.0	12.0	73.94	73 936.233 3	0.582 6
8.0	2.0	2.0	45.0	15.0	12.0	94.60	94 602.900 0	0.745 5
10.0	2.0	2.5	45.0	17.0	12.0	128.94	128 936.233 3	1.016 0
12.0	2.0	2.5	45.0	19.0	12.0	158.27	158 269.566 7	1.247 2
14.0	2.0	2.5	45.0	21.0	12.0	191.60	191 602.900 0	1.509 8
16.0	2.5	2.5	45.0	23.5	12.5	238.60	238 602.900 0	1.880 2
18.0	2.5	3.0	45.0	25.5	12.5	293.60	293 602.900 0	2.313 6
20.0	2.5	3.0	45.0	27.5	12.5	340.60	340 602.900 0	2.684 0
22.0	2.5	3.0	45.0	29.5	12.5	391.60	391 602.900 0	3.085 8
24.0	3.0	3.0	45.0	32.0	13.0	460.60	460 602.900 0	3.629 6
26.0	3.0	3.0	45.0	34.0	13.0	520.60	520 602.900 0	4.102 4
28.0	3.0	3.0	45.0	36.0	13.0	584.60	584 602.900 0	4.606 7
30.0	3.0	3.0	45.0	38.0	13.0	652.60	652 602.900 0	5.142 5
32.0	3.0	3.0	45.0	40.0	13.0	724.60	724 602.900 0	5.709 9
34.0	3.0	3.0	45.0	42.0	13.0	800.60	800 602.900 0	6.308 8
36.0	3.0	3.0	45.0	44.0	13.0	880.60	880 602.900 0	6.939 2
38.0	3.0	3.0	45.0	46.0	13.0	964.60	964 602.900 0	7.601 1
40.0	3.0	3.0	45.0	48.0	13.0	1 052.60	1 052 602.900 0	8.294 5

(2) 埋弧自动焊
① 碳钢（清根焊）

尺寸 （mm)								焊缝断面 (mm^2)	焊缝体积 (mm^3)	金属重量 (kg/m)
δ	b	p	e	β	B	$B_埋$				
10.0	2.0	6.0	2.5	45.0	17.0	11.0		88.80	88 803.866 7	0.692 7
12.0	2.0	6.0	2.5	45.0	19.0	13.0		109.47	109 470.533 3	0.853 9
14.0	2.0	6.0	2.5	45.0	21.0	15.0		134.14	134 137.200 0	1.046 3
16.0	2.0	6.0	2.5	45.0	23.0	17.0		162.80	162 803.866 7	1.269 9
18.0	2.0	6.0	2.5	45.0	25.0	19.0		195.47	195 470.533 3	1.524 7
20.0	2.0	8.0	3.0	45.0	27.0	19.0		218.14	218 137.200 0	1.701 5
22.0	2.0	8.0	3.0	45.0	29.0	21.0		256.14	256 137.200 0	1.997 9
24.0	2.0	8.0	3.0	45.0	31.0	23.0		298.14	298 137.200 0	2.325 5
26.0	2.0	8.0	3.0	45.0	33.0	25.0		344.14	344 137.200 0	2.684 3
28.0	2.0	8.0	3.0	45.0	35.0	27.0		394.14	394 137.200 0	3.074 3
30.0	2.0	8.0	3.0	45.0	37.0	29.0		448.14	448 137.200 0	3.495 5

② 合金钢、不锈钢（清根焊）

尺寸 （mm)								焊缝断面 (mm^2)	焊缝体积 (mm^3)	金属重量 (kg/m)
δ	b	p	e	β	B	$B_埋$				
10.0	2.0	6.0	2.5	45.0	17.0	11.0		88.80	88 803.866 7	0.699 8
12.0	2.0	6.0	2.5	45.0	19.0	13.0		109.47	109 470.533 3	0.862 6
14.0	2.0	6.0	2.5	45.0	21.0	15.0		134.14	134 137.200 0	1.057 0
16.0	2.0	6.0	2.5	45.0	23.0	17.0		162.80	162 803.866 7	1.282 9
18.0	2.0	6.0	2.5	45.0	25.0	19.0		195.47	195 470.533 3	1.540 3
20.0	2.0	8.0	3.0	45.0	27.0	19.0		218.14	218 137.200 0	1.718 9
22.0	2.0	8.0	3.0	45.0	29.0	21.0		256.14	256 137.200 0	2.018 4
24.0	2.0	8.0	3.0	45.0	31.0	23.0		298.14	298 137.200 0	2.349 3
26.0	2.0	8.0	3.0	45.0	33.0	25.0		344.14	344 137.200 0	2.711 8
28.0	2.0	8.0	3.0	45.0	35.0	27.0		394.14	394 137.200 0	3.105 8
30.0	2.0	8.0	3.0	45.0	37.0	29.0		448.14	448 137.200 0	3.531 3

29. 带钝边单边 V 形坡口单面对接焊缝

焊缝图形及计算公式	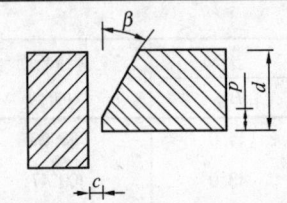 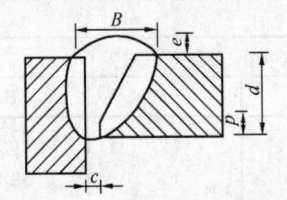	$B = c + (\delta - p) \times tg\beta + 5$ $S = \delta c + (\delta - p)^2 / 2 \times tg\beta + 2/3 B \times e$

（1）手工电弧焊

① 碳钢

尺 寸 (mm)						焊缝断面 (mm^2)	焊缝体积 (mm^3)	金属重量 (kg/m)
δ	c	p	e	β	B			
6.0	2.0	1.5	2.0	45.0	11.5	38.46	38 458.333 3	0.300 0
8.0	2.0	1.5	2.0	45.0	13.5	56.13	56 125.000 0	0.437 8
10.0	2.0	1.5	2.5	45.0	15.5	82.96	82 958.333 3	0.647 1
12.0	2.0	1.5	2.5	45.0	17.5	109.29	109 291.666 7	0.852 5
14.0	2.0	1.5	2.5	45.0	19.5	139.63	139 625.000 0	1.089 1
16.0	2.0	1.5	2.5	45.0	21.5	173.96	173 958.333 3	1.356 9
18.0	2.0	1.5	3.0	45.0	23.5	220.13	220 125.000 0	1.717 0
20.0	2.5	2.0	3.0	45.0	25.5	264.00	26 4000.000 0	2.059 2
22.0	2.5	2.0	3.0	45.0	27.5	311.00	311 000.000 0	2.425 8
24.0	2.5	2.0	3.0	45.0	29.5	362.00	362 000.000 0	2.823 6
26.0	2.5	2.0	3.0	45.0	31.5	417.00	417 000.000 0	3.252 6
28.0	2.5	2.0	3.0	45.0	33.5	476.00	476 000.000 0	3.712 8
30.0	2.5	2.0	3.0	45.0	35.5	539.00	539 000.000 0	4.204 2
32.0	2.5	2.0	3.0	45.0	37.5	606.00	606 000.000 0	4.726 8

② 合金钢、不锈钢

尺 寸 (mm)						焊缝断面 (mm^2)	焊缝体积 (mm^3)	金属重量 (kg/m)
δ	c	p	e	β	B			
6.0	2.0	1.5	2.0	45.0	11.5	38.46	38 458.333 3	0.303 1
8.0	2.0	1.5	2.0	45.0	13.5	56.13	56 125.000 0	0.442 3
10.0	2.0	1.5	2.5	45.0	15.5	82.96	82 958.333 3	0.653 7
12.0	2.0	1.5	2.5	45.0	17.5	109.29	109 291.666 7	0.861 2
14.0	2.0	1.5	2.5	45.0	19.5	139.63	139 625.000 0	1.100 2
16.0	2.0	1.5	2.5	45.0	21.5	173.96	173 958.333 3	1.370 8
18.0	2.0	1.5	3.0	45.0	23.5	220.13	220 125.000 0	1.734 6
20.0	2.5	2.0	3.0	45.0	25.5	264.00	264 000.000 0	2.080 3

续表

尺寸(mm)						焊缝断面 (mm²)	焊缝体积 (mm³)	金属重量 (kg/m)
δ	c	p	e	β	B			
22.0	2.5	2.0	3.0	45.0	27.5	311.00	311 000.000 0	2.450 7
24.0	2.5	2.0	3.0	45.0	29.5	362.00	362 000.000 0	2.852 6
26.0	2.5	2.0	3.0	45.0	31.5	417.00	417 000.000 0	3.286 0
28.0	2.5	2.0	3.0	45.0	33.5	476.00	476 000.000 0	3.750 9
30.0	2.5	2.0	3.0	45.0	35.5	539.00	539 000.000 0	4.247 3
32.0	2.5	2.0	3.0	45.0	37.5	606.00	606 000.000 0	4.775 3

(2) 埋弧自动焊

①碳钢

尺寸(mm)						焊缝断面 (mm²)	焊缝体积 (mm³)	金属重量 (kg/m)
δ	c	p	e	β	B			
8.0	2.5	6.0	2.0	45.0	9.5	35.67	35 666.666 7	0.278 2
10.0	2.5	6.0	2.5	45.0	11.5	53.17	53 166.666 7	0.414 7
12.0	2.5	6.0	2.5	45.0	13.5	71.50	71 500.000 0	0.557 7
14.0	2.5	6.0	2.5	45.0	15.5	93.83	93 833.333 3	0.731 9
16.0	3.0	7.0	2.5	45.0	17.0	117.83	117 833.333 3	0.919 1
18.0	3.0	7.0	3.0	45.0	19.0	153.50	153 500.000 0	1.197 3
20.0	3.0	7.0	3.0	45.0	21.0	187.50	187 500.000 0	1.462 5
22.0	3.0	7.0	3.0	45.0	23.0	225.50	225 500.000 0	1.758 9
24.0	3.0	7.0	3.0	45.0	25.0	267.50	267 500.000 0	2.086 5

②合金钢、不锈钢

尺寸(mm)						焊缝断面 (mm²)	焊缝体积 (mm³)	金属重量 (kg/m)
δ	c	p	e	β	B			
8.0	2.5	6.0	2.0	45.0	9.5	35.67	35 666.666 7	0.281 1
10.0	2.5	6.0	2.5	45.0	11.5	53.17	53 166.666 7	0.419 0
12.0	2.5	6.0	2.5	45.0	13.5	71.50	71 500.000 0	0.563 4
14.0	2.5	6.0	2.5	45.0	15.5	93.83	93 833.333 3	0.739 4
16.0	3.0	7.0	2.5	45.0	17.0	117.83	117 833.333 3	0.928 5
18.0	3.0	7.0	3.0	45.0	19.0	153.50	153 500.0 000	1.209 6
20.0	3.0	7.0	3.0	45.0	21.0	187.50	187 500.0 000	1.477 5
22.0	3.0	7.0	3.0	45.0	23.0	225.50	225 500.0 000	1.776 9
24.0	3.0	7.0	3.0	45.0	25.0	267.50	267 500.0 000	2.107 9

30. 带钝边单边V形坡口双面对接焊缝

焊缝图形及计算公式	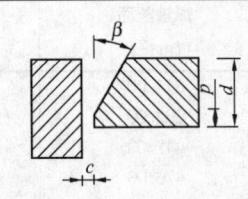 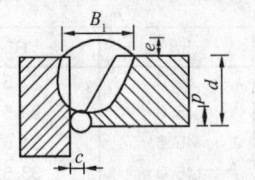	$B_1 = C + 6$ $S_1 = \delta C + (\delta - p)^2 / 2 \times tg\beta + 2/3 B \times e + 2/3 B_1 \times e$

(1) 手工电弧焊

① 碳钢（双面焊）

尺 寸 (mm)							焊缝断面 (mm²)	焊缝体积 (mm³)	金属重量 (kg/m)
δ	c	p	e	β	B	B_1			
6.0	2.0	1.5	2.0	45.0	11.5	8.0	48.13	48 125.000 0	0.375 4
8.0	2.0	1.5	2.0	45.0	13.5	8.0	65.79	65 791.666 7	0.513 2
10.0	2.0	1.5	2.5	45.0	15.5	8.0	95.29	95 291.666 7	0.743 3
12.0	2.0	1.5	2.5	45.0	17.5	8.0	121.63	121 625.000 0	0.948 7
14.0	2.0	1.5	2.5	45.0	19.5	8.0	151.96	151 958.333 3	1.185 3
16.0	2.0	1.5	2.5	45.0	21.5	8.0	186.29	186 291.666 7	1.453 1
18.0	2.0	1.5	3.0	45.0	23.5	8.0	235.13	235 125.000 0	1.834 0
20.0	2.5	2.0	3.0	45.0	25.5	8.5	280.00	280 000.000 0	2.184 0
22.0	2.5	2.0	3.0	45.0	27.5	8.5	327.00	327 000.000 0	2.550 6
24.0	2.5	2.0	3.0	45.0	29.5	8.5	378.00	378 000.000 0	2.948 4
26.0	2.5	2.0	3.0	45.0	31.5	8.5	433.00	433 000.000 0	3.377 4
28.0	2.5	2.0	3.0	45.0	33.5	8.5	492.00	492 000.000 0	3.837 6
30.0	2.5	2.0	3.0	45.0	35.5	8.5	555.00	555 000.000 0	4.329 0
32.0	2.5	2.0	3.0	45.0	37.5	8.5	622.00	622 000.000 0	4.851 6

② 合金钢、不锈钢（双面焊）

尺 寸 (mm)							焊缝断面 (mm²)	焊缝体积 (mm³)	金属重量 (kg/m)
δ	c	p	e	β	B	B_1			
6.0	2.0	1.5	2.0	45.0	11.5	8.0	48.13	48 125.000 0	0.379 2
8.0	2.0	1.5	2.0	45.0	13.5	8.0	65.79	65 791.666 7	0.518 4
10.0	2.0	1.5	2.5	45.0	15.5	8.0	95.29	95 291.666 7	0.750 9
12.0	2.0	1.5	2.5	45.0	17.5	8.0	121.63	121 625.000 0	0.958 4
14.0	2.0	1.5	2.5	45.0	19.5	8.0	151.96	151 958.333 3	1.197 4

续表

尺寸(mm)							焊缝断面	焊缝体积	金属重量
δ	c	p	e	β	B	B_1	(mm^2)	(mm^3)	(kg/m)
16.0	2.0	1.5	2.5	45.0	21.5	8.0	186.29	186 291.666 7	1.468 0
18.0	2.0	1.5	3.0	45.0	23.5	8.0	235.13	235 125.000 0	1.852 8
20.0	2.5	2.0	3.0	45.0	25.5	8.5	280.00	280 000.000 0	2.206 4
22.0	2.5	2.0	3.0	45.0	27.5	8.5	327.00	327 000.000 0	2.576 8
24.0	2.5	2.0	3.0	45.0	29.5	8.5	378.00	378 000.000 0	2.978 6
26.0	2.5	2.0	3.0	45.0	31.5	8.5	433.00	433 000.000 0	3.412 0
28.0	2.5	2.0	3.0	45.0	33.5	8.5	492.00	492 000.000 0	3.877 0
30.0	2.5	2.0	3.0	45.0	35.5	8.5	555.00	555 000.000 0	4.373 4
32.0	2.5	2.0	3.0	45.0	37.5	8.5	622.00	622 000.000 0	4.901 4

(2) 埋弧自动焊

① 碳钢（双面焊）

尺寸(mm)							焊缝断面	焊缝体积	金属重量
δ	c	p	e	β	B	B_1	(mm^2)	(mm^3)	(kg/m)
8.0	2.0	7.0	2.0	45.0	8.0	8.0	37.83	37 833.333 3	0.295 1
10.0	2.0	7.0	2.5	45.0	10.0	8.0	54.50	54 500.000 0	0.425 1
12.0	2.0	7.0	2.5	45.0	12.0	8.0	69.83	69 833.333 3	0.544 7
14.0	2.0	7.0	2.5	45.0	14.0	8.0	89.17	89 166.666 7	0.695 5
16.0	2.0	8.0	2.5	45.0	15.0	8.0	102.33	102 333.333 3	0.798 2
18.0	2.0	8.0	3.0	45.0	17.0	8.0	136.00	136 000.000 0	1.060 8
20.0	2.5	8.0	3.0	45.0	19.5	8.5	178.00	178 000.000 0	1.388 4
22.0	2.5	8.0	3.0	45.0	21.5	8.5	213.00	213 000.000 0	1.661 4
24.0	2.5	8.0	3.0	45.0	23.5	8.5	252.00	252 000.000 0	1.965 6

②合金钢、不锈钢（双面焊）

尺寸(mm)							焊缝断面	焊缝体积	金属重量
δ	c	p	e	β	B	B_1	(mm^2)	(mm^3)	(kg/m)
8.0	2.0	7.0	2.0	45.0	8.0	8.0	37.83	37 833.333 3	0.298 1
10.0	2.0	7.0	2.5	45.0	10.0	8.0	54.50	54 500.000 0	0.429 5
12.0	2.0	7.0	2.5	45.0	12.0	8.0	69.83	69 833.333 3	0.550 3
14.0	2.0	7.0	2.5	45.0	14.0	8.0	89.17	89 166.666 7	0.702 6
16.0	2.0	8.0	2.5	45.0	15.0	8.0	102.33	102 333.333 3	0.806 4

续表

δ	c	p	e	β	B	B_1	焊缝断面 (mm²)	焊缝体积 (mm³)	金属重量 (kg/m)
18.0	2.0	8.0	3.0	45.0	17.0	8.0	136.00	136 000.000 0	1.071 7
20.0	2.5	8.0	3.0	45.0	19.5	8.5	178.00	178 000.000 0	1.402 6
22.0	2.5	8.0	3.0	45.0	21.5	8.5	213.00	213 000.000 0	1.678 4
24.0	2.5	8.0	3.0	45.0	23.5	8.5	252.00	252 000.000 0	1.985 8

31. 氩弧焊打底焊缝填充金属重量表

（1）Y形坡口

δ	α	焊缝断面 (mm²)	焊缝体积 (mm³)	金属重量 (kg/m)
碳钢	60	10.80	10 800.000 0	0.084 2
合金钢	60	10.80	10 800.000 0	0.085 1
不锈钢	60	10.80	10 800.000 0	0.085 1
钛	60	10.80	10 800.000 0	0.049 0
铝、铝合金	60	10.80	10 800.000 0	0.785 2

（2）VY形坡口

δ	α	β	焊缝断面 (mm²)	焊缝体积 (mm³)	金属重量 (kg/m)
碳钢	70	10	11.08	11 080.000 0	0.086 4
合金钢	70	10	11.08	11 080.000 0	0.087 3
不锈钢	70	10	11.08	11 080.000 0	0.087 3
钛	70	10	11.08	11 080.000 0	0.050 3
铝、铝合金	70	10	11.08	11 080.000 0	0.805 5

（3）U形坡口

δ	α	β	焊缝断面 (mm²)	焊缝体积 (mm³)	金属重量 (kg/m)
碳钢	8	8	13.03	13 030.000 0	0.101 6
合金钢	8	8	13.03	13 030.000 0	0.102 7
不锈钢	8	8	13.03	13 030.000 0	0.102 7
钛	8	8	13.03	13 030.000 0	0.059 2
铝、铝合金	8	8	13.03	13 030.000 0	0.947 3

附表二　管材焊缝金属重量计算表

1. I形坡口单面对接焊缝

焊缝图形及计算公式	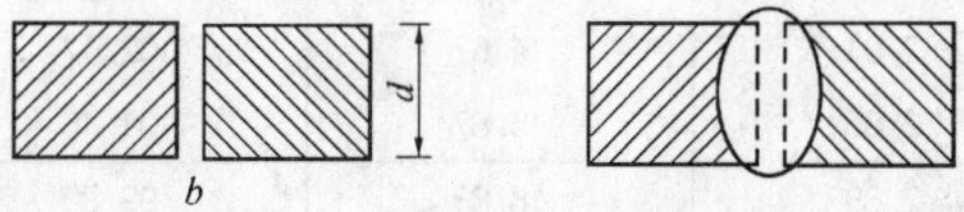 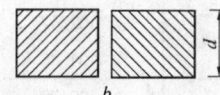 	$B = b + 6$ $S = \delta b + 2/3 B \times e$ $F = [1/2 \delta^2 b + 2/3 Be(\delta + 2/5 e)] / S$ $L = \pi(D - 2\delta + 2F)$

（1）氧乙炔焊

① 碳钢管

尺　寸（mm）					重心距 (mm)	断面 (mm²)	周　长 (mm)	体　积 (mm³)	金属重量 (kg/口)
Φ	δ	b	e	B					
10.0	1.5	1.5	1.5	7.5	1.79	9.75	33.23	323.976 8	0.002 5
10.0	2.0	2.0	2.0	8.0	2.31	14.67	33.36	489.250 7	0.003 8
14.0	2.0	2.0	2.0	8.0	2.31	14.67	45.92	673.557 5	0.005 3
14.0	2.5	2.0	2.0	8.0	2.65	15.67	44.90	703.402 7	0.005 5
16.0	2.0	2.0	2.0	8.0	2.31	14.67	52.21	765.710 9	0.006 0
16.0	2.5	2.0	2.0	8.0	2.65	15.67	51.18	801.839 3	0.006 3
18.0	2.0	2.0	2.0	8.0	2.31	14.67	58.49	857.864 3	0.006 7
18.0	2.5	2.0	2.0	8.0	2.65	15.67	57.46	900.275 8	0.007 0
18.0	3.0	2.5	2.0	8.5	2.88	18.83	55.82	1 051.281 7	0.008 2
22.0	2.0	2.0	2.0	8.0	2.31	14.67	71.06	1 042.171 1	0.008 1
22.0	2.5	2.0	2.0	8.0	2.65	15.67	70.03	1 097.149 0	0.008 6
22.0	3.0	2.5	2.0	8.5	2.88	18.83	68.39	1 287.948 4	0.010 0
25.0	2.0	2.0	2.0	8.0	2.31	14.67	80.48	1 180.401 2	0.009 2
25.0	2.5	2.0	2.0	8.0	2.65	15.67	79.46	1 244.803 9	0.009 7
25.0	3.0	2.5	2.0	8.5	2.88	18.83	77.81	1 465.448 4	0.011 4

续表

尺 寸 (mm)					重心距 (mm)	断 面 (mm²)	周 长 (mm)	体 积 (mm³)	金属重量 (kg/口)
Φ	δ	b	e	B					
28.0	2.0	2.0	2.0	8.0	2.31	14.67	89.91	1 318.631 3	0.010 3
28.0	2.5	2.0	2.0	8.0	2.65	15.67	88.88	1 392.458 7	0.010 9
28.0	3.0	2.5	2.0	8.5	2.88	18.83	87.24	1 642.948 4	0.012 8
32.0	2.0	2.0	2.0	8.0	2.31	14.67	102.47	1 502.938 1	0.011 7
32.0	2.5	2.0	2.0	8.0	2.65	15.67	101.45	1 589.331 9	0.012 4
32.0	3.0	2.5	2.0	8.5	2.88	18.83	99.80	1 879.615 1	0.014 7
34.0	2.0	2.0	2.0	8.0	2.31	14.67	108.76	1 595.091 5	0.012 4
34.0	2.5	2.0	2.0	8.0	2.65	15.67	107.73	1 687.768 5	0.013 2
34.0	3.0	2.5	2.0	8.5	2.88	18.83	106.09	1 997.948 4	0.015 6
38.0	2.0	2.0	2.0	8.0	2.31	14.67	121.32	1 779.398 3	0.013 9
38.0	2.5	2.0	2.0	8.0	2.65	15.67	120.30	1 884.641 6	0.014 7
38.0	3.0	2.5	2.0	8.5	2.88	18.83	118.65	2 234.615 1	0.017 4
42.0	2.5	2.0	2.0	8.0	2.65	15.67	132.86	2 081.514 8	0.016 2
42.0	3.0	2.5	2.0	8.5	2.88	18.83	131.22	2 471.281 8	0.019 3
45.0	2.5	2.0	2.0	8.0	2.65	15.67	142.29	2 229.169 7	0.017 4
45.0	3.0	2.5	2.0	8.5	2.88	18.83	140.64	2 648.781 8	0.020 7
48.0	2.5	2.0	2.0	8.0	2.65	15.67	151.71	2 376.824 5	0.018 5
48.0	3.0	2.5	2.0	8.5	2.88	18.83	150.07	2 826.281 8	0.022 0
57.0	3.0	2.5	2.0	8.5	2.88	18.83	178.34	3 358.781 8	0.026 2

②黄铜管

尺 寸 (mm)					重心距 (mm)	断 面 (mm²)	周 长 (mm)	体 积 (mm³)	金属重量 (kg/口)
Φ	δ	b	e	B					
6.0	1.0	1.5	1.0	7.5	1.19	6.50	20.06	130.376 1	0.001 1
6.0	2.0	2.5	1.5	8.5	2.01	13.50	18.90	255.097 4	0.002 2
8.0	1.0	1.5	1.0	7.5	1.19	6.50	26.34	171.216 8	0.001 5
8.0	2.0	2.5	1.5	8.5	2.01	13.50	25.18	339.920 4	0.002 9
8.0	3.0	4.0	2.0	10.0	2.71	25.33	23.31	590.619 5	0.005 0

续表

尺 寸（mm）					重心距（mm）	断 面（mm²）	周 长（mm）	体 积（mm³）	金属重量（kg/口）
Φ	δ	b	e	B					
10.0	2.0	2.5	1.5	8.5	2.01	13.50	31.46	424.743 4	0.003 6
10.0	2.5	3.0	2.0	9.0	2.51	19.50	31.49	614.024 4	0.005 2
10.0	3.0	4.0	2.0	10.0	2.71	25.33	29.60	749.793 5	0.006 4
12.0	2.0	2.5	1.5	8.5	2.01	13.50	37.75	509.566 4	0.004 3
12.0	2.5	3.0	2.0	9.0	2.51	19.50	37.77	736.546 5	0.006 3
12.0	3.0	4.0	2.0	10.0	2.71	25.33	35.88	908.967 6	0.007 7
14.0	2.0	2.5	1.5	8.5	2.01	13.50	44.03	594.389 4	0.005 1
14.0	2.5	3.0	2.0	9.0	2.51	19.50	44.05	859.068 6	0.007 3
14.0	3.0	4.0	2.0	10.0	2.71	25.33	42.16	1 068.141 6	0.009 1
16.0	2.0	2.5	1.5	8.5	2.01	13.50	50.31	679.212 4	0.005 8
16.0	2.5	3.0	2.0	9.0	2.51	19.50	50.34	981.590 7	0.008 3
16.0	3.0	4.0	2.0	10.0	2.71	25.33	48.45	1 227.315 7	0.010 4
18.0	2.0	2.5	1.5	8.5	2.01	13.50	56.60	764.035 4	0.006 5
18.0	2.5	3.0	2.0	9.0	2.51	19.50	56.62	1 104.112 9	0.009 4
18.0	3.0	4.0	2.0	10.0	2.71	25.33	54.73	1 386.489 7	0.011 8
20.0	2.0	2.5	1.5	8.5	2.01	13.50	62.88	848.858 4	0.007 2
20.0	3.0	4.0	2.0	10.0	2.71	25.33	61.01	1 545.663 8	0.013 1
22.0	2.0	2.5	1.5	8.5	2.01	13.50	69.16	933.681 4	0.007 9
22.0	3.0	4.0	2.0	10.0	2.71	25.33	67.30	1 704.837 8	0.014 5
24.0	2.0	2.5	1.5	8.5	2.01	13.50	75.44	1 018.504 5	0.008 7
24.0	3.0	4.0	2.0	10.0	2.71	25.33	73.58	1 864.011 8	0.015 8
26.0	2.0	2.5	1.5	8.5	2.01	13.50	81.73	1 103.327 5	0.009 4
26.0	3.0	4.0	2.0	10.0	2.71	25.33	79.86	2 023.185 9	0.017 2
28.0	2.0	2.5	1.5	8.5	2.01	13.50	88.01	1 188.150 5	0.010 1
28.0	3.0	4.0	2.0	10.0	2.71	25.33	86.15	2 182.359 9	0.018 6
30.0	2.0	2.5	1.5	8.5	2.01	13.50	94.29	1 272.973 5	0.010 8
30.0	3.0	4.0	2.0	10.0	2.71	25.33	92.43	2 341.534 0	0.019 9
32.0	2.0	2.5	1.5	8.5	2.01	13.50	100.58	1 357.796 5	0.011 5
32.0	3.0	4.0	2.0	10.0	2.71	25.33	98.71	2 500.708 0	0.021 3
34.0	2.0	2.5	1.5	8.5	2.01	13.50	106.86	1 442.619 5	0.012 3

续表

尺　寸 (mm)					重心距 (mm)	断　面 (mm²)	周　长 (mm)	体　积 (mm³)	金属重量 (kg/口)
Φ	δ	b	e	B					
34.0	3.0	4.0	2.0	10.0	2.71	25.33	105.00	2 659.882 1	0.022 6
36.0	2.0	2.5	1.5	8.5	2.01	13.50	113.14	1 527.442 5	0.013 0
36.0	3.0	4.0	2.0	10.0	2.71	25.33	111.28	2 819.056 1	0.024 0
38.0	2.0	2.5	1.5	8.5	2.01	13.50	119.43	1 612.265 5	0.013 7
38.0	3.0	4.0	2.0	10.0	2.71	25.33	117.56	2 978.230 2	0.025 3
40.0	2.0	2.5	1.5	8.5	2.01	13.50	125.71	1 697.088 5	0.014 4
40.0	3.0	4.0	2.0	10.0	2.71	25.33	123.84	3 137.404 2	0.026 6
45.0	2.0	2.5	1.5	8.5	2.01	13.50	141.42	1 909.146 1	0.016 2
45.0	3.0	4.0	2.0	10.0	2.71	25.33	139.55	3 535.339 3	0.030 1
48.0	2.0	2.5	1.5	8.5	2.01	13.50	150.84	2 036.380 6	0.017 3
48.0	3.0	4.0	2.0	10.0	2.71	25.33	148.98	3 774.100 4	0.032 1
50.0	2.0	2.5	1.5	8.5	2.01	13.50	157.13	2 121.203 6	0.018 0
50.0	3.0	4.0	2.0	10.0	2.71	25.33	155.26	3 933.274 4	0.033 4
55.0	2.0	2.5	1.5	8.5	2.01	13.50	172.83	2 333.261 1	0.019 8
55.0	3.0	4.0	2.0	10.0	2.71	25.33	170.97	4 331.209 5	0.036 8
65.0	3.0	4.0	2.0	10.0	2.71	25.33	202.38	5 127.079 8	0.043 6
68.0	3.0	4.0	2.0	10.0	2.71	25.33	211.81	5 365.840 8	0.045 6
70.0	3.0	4.0	2.0	10.0	2.71	25.33	218.09	5 525.014 9	0.047 0
76.0	3.0	4.0	2.0	10.0	2.71	25.33	236.94	6 002.537 0	0.051 0
89.0	3.0	4.0	2.0	10.0	2.71	25.33	277.78	7 037.168 3	0.059 8

（2）氢氧焊

铅管

尺　寸 (mm)				重心距 (mm)	断　面 (mm²)	周　长 (mm)	体　积 (mm³)	金属重量 (kg/口)
Φ	δ	e	B					
5.0	2.0	1.0	6.0	2.40	4.00	18.22	72.885 0	0.000 8
5.0	3.0	1.5	6.0	3.60	6.00	19.48	116.867 3	0.001 3
6.0	2.0	1.0	6.0	2.40	4.00	21.36	85.451 3	0.001 0
6.0	3.0	1.5	6.0	3.60	6.00	22.62	135.716 8	0.001 5
8.0	2.0	1.0	6.0	2.40	4.00	27.65	110.584 1	0.001 3

续表

尺 寸 (mm)				重心距 (mm)	断 面 (mm^2)	周 长 (mm)	体 积 (mm^3)	金属重量 (kg/口)
Φ	δ	e	B					
8.0	3.0	1.5	6.0	3.60	6.00	28.90	173.415 9	0.002 0
10.0	2.0	1.0	6.0	2.40	4.00	33.93	135.716 8	0.001 5
10.0	3.0	1.5	6.0	3.60	6.00	35.19	211.115 0	0.002 4
13.0	2.0	1.0	6.0	2.40	4.00	43.35	173.415 9	0.002 0
13.0	3.0	1.5	6.0	3.60	6.00	44.61	267.663 7	0.003 0
16.0	2.0	1.0	6.0	2.40	4.00	52.78	211.115 0	0.002 4
16.0	3.0	1.5	6.0	3.60	6.00	54.04	324.212 4	0.003 7
20.0	2.0	1.0	6.0	2.40	4.00	65.35	261.380 5	0.003 0
20.0	3.0	1.5	6.0	3.60	6.00	66.60	399.610 6	0.004 5
25.0	3.0	1.5	6.0	3.60	6.00	82.31	493.858 4	0.005 6
30.0	3.0	1.5	6.0	3.60	6.00	98.02	588.106 2	0.006 7
35.0	3.0	1.5	6.0	3.60	6.00	113.73	682.354 0	0.007 7

(3) 手工电弧焊

① 碳钢管

尺 寸 (mm)					重心距 (mm)	断 面 (mm^2)	周 长 (mm)	体 积 (mm^3)	金属重量 (kg/口)
Φ	δ	b	e	B					
22.0	2.0	1.0	1.5	7.0	2.24	9.00	70.65	635.858 4	0.005 0
22.0	2.5	1.5	1.5	7.5	2.48	11.25	69.01	776.366 2	0.006 1
22.0	3.0	1.5	1.5	7.5	2.81	12.00	67.94	815.243 4	0.006 4
25.0	2.0	1.0	1.5	7.0	2.24	9.00	80.08	720.681 4	0.005 6
25.0	2.5	1.5	1.5	7.5	2.48	11.25	78.44	882.394 9	0.006 9
25.0	3.0	1.5	1.5	7.5	2.81	12.00	77.36	928.340 7	0.007 2
28.0	2.0	1.0	1.5	7.0	2.24	9.00	89.50	805.504 4	0.006 3
28.0	2.5	1.5	1.5	7.5	2.48	11.25	87.86	988.423 7	0.007 7
28.0	3.0	1.5	1.5	7.5	2.81	12.00	86.79	1 041.438 1	0.008 1
32.0	2.0	1.0	1.5	7.0	2.24	9.00	102.07	918.601 8	0.007 2

续表

尺寸 (mm)					重心距 (mm)	断面 (mm²)	周长 (mm)	体积 (mm³)	金属重量 (kg/口)
Φ	δ	b	e	B					
32.0	2.5	1.5	1.5	7.5	2.48	11.25	100.43	1 129.795 4	0.008 8
32.0	3.0	1.5	1.5	7.5	2.81	12.00	99.35	1 192.234 5	0.009 3
34.0	2.0	1.0	1.5	7.0	2.24	9.00	108.35	975.150 5	0.007 6
34.0	2.5	1.5	1.5	7.5	2.48	11.25	106.71	1 200.481 2	0.009 4
34.0	3.0	1.5	1.5	7.5	2.81	12.00	105.64	1 267.632 8	0.009 9
38.0	2.5	1.5	1.5	7.5	2.48	11.25	119.28	1 341.852 9	0.010 5
38.0	3.0	1.5	1.5	7.5	2.81	12.00	118.20	1 418.429 2	0.011 1
42.0	2.5	1.5	1.5	7.5	2.48	11.25	131.84	1 483.224 6	0.011 6
42.0	3.0	1.5	1.5	7.5	2.81	12.00	130.77	1 569.225 7	0.012 2
45.0	2.5	1.5	1.5	7.5	2.48	11.25	141.27	1 589.253 4	0.012 4
45.0	3.0	1.5	1.5	7.5	2.81	12.00	140.19	1 682.323 1	0.013 1
48.0	2.5	1.5	1.5	7.5	2.48	11.25	150.69	1 695.282 1	0.013 2
48.0	3.0	1.5	1.5	7.5	2.81	12.00	149.62	1 795.420 4	0.014 0
57.0	3.0	1.5	1.5	7.5	2.81	12.00	177.89	2 134.712 4	0.016 7

②合金钢、不锈钢管

尺寸 (mm)					重心距 (mm)	断面 (mm²)	周长 (mm)	体积 (mm³)	金属重量 (kg/口)
Φ	δ	b	e	B					
22.0	2.0	1.0	1.5	7.0	2.24	9.00	70.65	635.858 4	0.005 0
22.0	2.5	1.5	1.5	7.5	2.48	11.25	69.01	776.366 2	0.006 1
22.0	3.0	1.5	1.5	7.5	2.81	12.00	67.94	815.243 4	0.006 4
25.0	2.0	1.0	1.5	7.0	2.24	9.00	80.08	720.681 4	0.005 7
25.0	2.5	1.5	1.5	7.5	2.48	11.25	78.44	882.394 9	0.007 0
25.0	3.0	1.5	1.5	7.5	2.81	12.00	77.36	928.340 7	0.007 3
28.0	2.0	1.0	1.5	7.0	2.24	9.00	89.50	805.504 4	0.006 3
28.0	2.5	1.5	1.5	7.5	2.48	11.25	87.86	988.423 7	0.007 8
28.0	3.0	1.5	1.5	7.5	2.81	12.00	86.79	1 041.438 1	0.008 2
32.0	2.0	1.0	1.5	7.0	2.24	9.00	102.07	918.601 8	0.007 2

续表

尺 寸 (mm)					重心距 (mm)	断 面 (mm²)	周 长 (mm)	体 积 (mm³)	金属重量 (kg/口)
Φ	δ	b	e	B					
32.0	2.5	1.5	1.5	7.5	2.48	11.25	100.43	1 129.795 4	0.008 9
32.0	3.0	1.5	1.5	7.5	2.81	12.00	99.35	1 192.234 5	0.009 4
34.0	2.0	1.0	1.5	7.0	2.24	9.00	108.35	975.150 5	0.007 7
34.0	2.5	1.5	1.5	7.5	2.48	11.25	106.71	1 200.481 2	0.009 5
34.0	3.0	1.5	1.5	7.5	2.81	12.00	105.64	1 267.632 8	0.010 0
38.0	2.5	1.5	1.5	7.5	2.48	11.25	119.28	1 341.852 9	0.010 6
38.0	3.0	1.5	1.5	7.5	2.81	12.00	118.20	1 418.429 2	0.011 2
42.0	2.5	1.5	1.5	7.5	2.48	11.25	131.84	1 483.224 6	0.011 7
42.0	3.0	1.5	1.5	7.5	2.81	12.00	130.77	1 569.225 7	0.012 4
45.0	2.5	1.5	1.5	7.5	2.48	11.25	141.27	1 589.253 4	0.012 5
45.0	3.0	1.5	1.5	7.5	2.81	12.00	140.19	1 682.323 1	0.013 3
48.0	2.5	1.5	1.5	7.5	2.48	11.25	150.69	1 695.282 1	0.013 4
48.0	3.0	1.5	1.5	7.5	2.81	12.00	149.62	1 795.420 4	0.014 1
57.0	3.0	1.5	1.5	7.5	2.81	12.00	177.89	2 134.712 4	0.016 8

（4）手工钨极气体保护焊

①碳钢管

尺 寸 (mm)					重心距 (mm)	断 面 (mm²)	周 长 (mm)	体 积 (mm³)	金属重量 (kg/口)
Φ	δ	b	e	B					
10.0	1.5	0.5	1.0	6.5	1.73	5.08	32.86	167.054 2	0.001 3
10.0	2.0	1.0	1.5	7.0	2.24	9.00	32.95	296.566 4	0.002 3
14.0	2.0	1.0	1.5	7.0	2.24	9.00	45.52	409.663 7	0.003 2
14.0	2.5	1.5	1.5	7.5	2.48	11.25	43.88	493.622 8	0.003 9
16.0	2.0	1.0	1.5	7.0	2.24	9.00	51.80	466.212 4	0.003 6
16.0	2.5	1.5	1.5	7.5	2.48	11.25	50.16	564.308 6	0.004 4
18.0	2.0	1.0	1.5	7.0	2.24	9.00	58.08	522.761 1	0.004 1
18.0	2.5	1.5	1.5	7.5	2.48	11.25	56.44	634.994 5	0.005 0
22.0	2.0	1.0	1.5	7.0	2.24	9.00	70.65	635.858 4	0.005 0
22.0	2.5	1.5	1.5	7.5	2.48	11.25	69.01	776.366 2	0.006 1

续表

尺寸 (mm)					重心距 (mm)	断面 (mm²)	周长 (mm)	体积 (mm³)	金属重量 (kg/口)
Φ	δ	b	e	B					
22.0	3.0	1.5	1.5	7.5	2.81	12.00	67.94	815.243 4	0.006 4
25.0	2.0	1.0	1.5	7.0	2.24	9.00	80.08	720.681 4	0.005 6
25.0	2.5	1.5	1.5	7.5	2.48	11.25	78.44	882.394 9	0.006 9
25.0	3.0	1.5	1.5	7.5	2.81	12.00	77.36	928.340 7	0.007 2
28.0	2.0	1.0	1.5	7.0	2.24	9.00	89.50	805.504 4	0.006 3
28.0	2.5	1.5	1.5	7.5	2.48	11.25	87.86	988.423 7	0.007 7
28.0	3.0	1.5	1.5	7.5	2.81	12.00	86.79	1 041.438 1	0.008 1
32.0	2.0	1.0	1.5	7.0	2.24	9.00	102.07	918.601 8	0.007 2
32.0	2.5	1.5	1.5	7.5	2.48	11.25	100.43	1 129.795 4	0.008 8
32.0	3.0	1.5	1.5	7.5	2.81	12.00	99.35	1 192.234 5	0.009 3
34.0	2.0	1.0	1.5	7.0	2.24	9.00	108.35	975.150 5	0.007 6
34.0	2.5	1.5	1.5	7.5	2.48	11.25	106.71	1 200.481 2	0.009 4
34.0	3.0	1.5	1.5	7.5	2.81	12.00	105.64	1 267.632 8	0.009 9
38.0	2.5	1.5	1.5	7.5	2.48	11.25	119.28	1 341.852 9	0.010 5
38.0	3.0	1.5	1.5	7.5	2.81	12.00	118.20	1 418.429 2	0.011 1
42.0	2.5	1.5	1.5	7.5	2.48	11.25	131.84	1 483.224 6	0.011 6
42.0	3.0	1.5	1.5	7.5	2.81	12.00	130.77	1 569.225 7	0.012 2
45.0	2.5	1.5	1.5	7.5	2.48	11.25	141.27	1 589.253 4	0.012 4
45.0	3.0	1.5	1.5	7.5	2.81	12.00	140.19	1 682.323 1	0.013 1
48.0	2.5	1.5	1.5	7.5	2.48	11.25	150.69	1 695.282 1	0.013 2
48.0	3.0	1.5	1.5	7.5	2.81	12.00	149.62	1 795.420 4	0.014 0
57.0	3.0	1.5	1.5	7.5	2.81	12.00	177.89	2 134.712 4	0.016 7

②合金钢、不锈钢管

尺寸 (mm)					重心距 (mm)	断面 (mm²)	周长 (mm)	体积 (mm³)	金属重量 (kg/口)
Φ	δ	b	e	B					
10.0	1.0	0.5	1.0	6.5	1.31	4.83	33.34	161.163 7	0.001 3
10.0	1.5	0.5	1.0	6.5	1.73	5.08	32.86	167.054 2	0.001 3
14.0	1.0	0.5	1.0	6.5	1.31	4.83	45.91	221.901 2	0.001 7
14.0	1.5	0.5	1.0	6.5	1.73	5.08	45.43	230.933 3	0.001 8
16.0	1.0	0.5	1.0	6.5	1.31	4.83	52.19	252.269 9	0.002 0

续表

尺 寸 (mm)					重心距 (mm)	断 面 (mm²)	周 长 (mm)	体 积 (mm³)	金属重量 (kg/口)
Φ	δ	b	e	B					
16.0	1.5	0.5	1.0	6.5	1.73	5.08	51.71	262.872 8	0.002 1
16.0	2.0	1.0	1.5	7.0	2.24	9.00	51.80	466.212 4	0.003 7
18.0	1.0	0.5	1.0	6.5	1.31	4.83	58.48	282.638 7	0.002 2
18.0	1.5	0.5	1.0	6.5	1.73	5.08	58.00	294.812 3	0.002 3
18.0	2.0	1.0	1.5	7.0	2.24	9.00	58.08	522.761 1	0.004 1
20.0	1.5	0.5	1.0	6.5	1.73	5.08	64.28	326.751 9	0.002 6
20.0	2.0	1.0	1.5	7.0	2.24	9.00	64.37	579.309 7	0.004 6
20.0	2.5	1.5	1.5	7.5	2.48	11.25	62.73	705.680 3	0.005 6
22.0	1.5	0.5	1.0	6.5	1.73	5.08	70.56	358.691 4	0.002 8
22.0	2.0	1.0	1.5	7.0	2.24	9.00	70.65	635.858 4	0.005 0
22.0	2.5	1.5	1.5	7.5	2.48	11.25	69.01	776.366 2	0.006 1
25.0	1.5	0.5	1.0	6.5	1.73	5.08	79.99	406.600 7	0.003 2
25.0	2.0	1.0	1.5	7.0	2.24	9.00	80.08	720.681 4	0.005 7
25.0	2.5	1.5	1.5	7.5	2.48	11.25	78.44	882.394 9	0.007 0
28.0	1.5	0.5	1.0	6.5	1.73	5.08	89.41	454.510 0	0.003 6
28.0	2.0	1.0	1.5	7.0	2.24	9.00	89.50	805.504 4	0.006 3
28.0	2.5	1.5	1.5	7.5	2.48	11.25	87.86	988.423 7	0.007 8
32.0	1.5	0.5	1.0	6.5	1.73	5.08	101.98	518.389 0	0.004 1
32.0	2.0	1.0	1.5	7.0	2.24	9.00	102.07	918.601 8	0.007 2
32.0	2.5	1.5	1.5	7.5	2.48	11.25	100.43	1 129.795 4	0.008 9
34.0	2.0	1.0	1.5	7.0	2.24	9.00	108.35	975.150 5	0.007 7
34.0	2.5	1.5	1.5	7.5	2.48	11.25	106.71	1 200.481 2	0.009 5
34.0	3.0	1.5	1.5	7.5	2.81	12.00	105.64	1 267.632 8	0.010 0
38.0	2.0	1.0	1.5	7.0	2.24	9.00	120.92	1 088.247 8	0.008 6
38.0	2.5	1.5	1.5	7.5	2.48	11.25	119.28	1 341.852 9	0.010 6

续表

尺寸 (mm)					重心距 (mm)	断 面 (mm²)	周 长 (mm)	体 积 (mm³)	金属重量 (kg/口)
Φ	δ	b	e	B					
38.0	3.0	1.5	1.5	7.5	2.81	12.00	118.20	1 418.429 2	0.011 2
42.0	2.5	1.5	1.5	7.5	2.48	11.25	131.84	1 483.224 6	0.011 7
42.0	3.0	1.5	1.5	7.5	2.81	12.00	130.77	1 569.225 7	0.012 4
45.0	2.5	1.5	1.5	7.5	2.48	11.25	141.27	1 589.253 4	0.012 5
45.0	3.0	1.5	1.5	7.5	2.81	12.00	140.19	1 682.323 1	0.013 3
48.0	2.5	1.5	1.5	7.5	2.48	11.25	150.69	1 695.282 1	0.013 4
48.0	3.0	1.5	1.5	7.5	2.81	12.00	149.62	1 795.420 4	0.014 1
57.0	2.5	1.5	1.5	7.5	2.48	11.25	178.97	2 013.368 4	0.015 9
57.0	3.0	1.5	1.5	7.5	2.81	12.00	177.89	2 134.712 4	0.016 8

③钛管

尺寸 (mm)					重心距 (mm)	断 面 (mm²)	周 长 (mm)	体 积 (mm³)	金属重量 (kg/口)
Φ	δ	b	e	B					
10.5	1.0	0.5	0.5	6.5	1.07	2.67	33.42	89.116 5	0.000 4
10.5	1.5	0.5	1.0	6.5	1.73	5.08	34.43	175.039 1	0.000 8
13.9	1.0	0.5	0.5	6.5	1.07	2.67	44.10	117.600 3	0.000 5
13.9	1.5	0.5	1.0	6.5	1.73	5.08	45.12	229.336 3	0.001 0
17.3	1.0	0.5	0.5	6.5	1.07	2.67	54.78	146.084 1	0.000 7
17.3	1.5	0.5	1.0	6.5	1.73	5.08	55.80	283.633 5	0.001 3
21.7	1.0	0.5	0.5	6.5	1.07	2.67	68.60	182.945 4	0.000 8
21.7	1.5	0.5	1.0	6.5	1.73	5.08	69.62	353.900 5	0.001 6
21.7	2.8	1.0	2.0	7.0	3.09	12.13	70.01	849.444 9	0.003 9
27.2	1.0	0.5	0.5	6.5	1.07	2.67	85.88	229.022 1	0.001 0
27.2	1.5	0.5	1.0	6.5	1.73	5.08	86.90	441.734 2	0.002 0
27.2	2.9	1.0	2.0	7.0	3.17	12.23	87.13	1 065.848 3	0.004 8
34.0	1.0	0.5	0.5	6.5	1.07	2.67	107.25	285.989 7	0.001 3
34.0	1.5	0.5	1.0	6.5	1.73	5.08	108.26	550.328 6	0.002 5
34.0	2.0	1.0	1.5	7.0	2.24	9.00	108.35	975.150 5	0.004 4

续表

尺寸 (mm)					重心距 (mm)	断面 (mm²)	周长 (mm)	体积 (mm³)	金属重量 (kg/口)
Φ	δ	b	e	B					
42.7	1.0	0.5	0.5	6.5	1.07	2.67	134.58	358.874 6	0.001 6
42.7	1.5	0.5	1.0	6.5	1.73	5.08	135.59	689.265 5	0.003 1
42.7	2.0	1.0	1.5	7.0	2.24	9.00	135.68	1 221.137 2	0.005 5
48.6	1.0	0.5	0.5	6.5	1.07	2.67	153.11	408.302 4	0.001 9
48.6	1.5	0.5	1.0	6.5	1.73	5.08	154.13	783.487 1	0.003 6
48.6	2.0	1.0	1.5	7.0	2.24	9.00	154.22	1 387.955 8	0.006 3

④铝、铝合金管

尺寸 (mm)					重心距 (mm)	断面 (mm²)	周长 (mm)	体积 (mm³)	金属重量 (kg/口)
Φ	δ	b	e	B					
16.0	1.5	1.0	1.5	7.0	1.86	8.50	52.54	446.577 4	0.001 2
18.0	1.5	1.0	1.5	7.5	1.88	9.00	58.90	530.143 8	0.001 4
18.0	2.0	1.0	1.5	7.5	2.26	9.50	58.20	552.920 4	0.001 5
20.0	1.5	1.0	1.5	7.5	1.88	9.00	65.19	586.692 5	0.001 6
20.0	2.0	1.0	1.5	7.5	2.26	9.50	64.49	612.610 6	0.001 7
22.0	1.5	1.0	1.5	7.5	1.88	9.00	71.47	643.241 2	0.001 7
22.0	2.0	1.0	1.5	7.5	2.26	9.50	70.77	672.300 9	0.001 8
25.0	1.5	1.0	1.5	7.5	1.88	9.00	80.90	728.064 2	0.002 0
25.0	2.0	1.0	1.5	7.5	2.26	9.50	80.19	761.836 3	0.002 1
28.0	1.5	1.0	1.5	7.5	1.88	9.00	90.32	812.887 2	0.002 2
28.0	2.0	1.0	1.5	7.5	2.26	9.50	89.62	851.371 7	0.002 3
30.0	1.5	1.0	1.5	7.5	1.88	9.00	96.60	869.435 9	0.002 3
30.0	2.0	1.0	1.5	7.5	2.26	9.50	95.90	911.062 0	0.002 5
30.0	2.5	1.5	2.0	8.0	2.77	14.42	95.92	1 382.903 1	0.003 7
32.0	1.5	1.0	1.5	7.5	1.88	9.00	102.89	925.984 5	0.002 5
32.0	2.0	1.0	1.5	7.5	2.26	9.50	102.18	970.752 2	0.002 6
32.0	2.5	1.5	2.0	8.0	2.77	14.42	102.21	1 473.485 7	0.004 0
34.0	1.5	1.0	1.5	7.5	1.88	9.00	109.17	982.533 2	0.002 7
34.0	2.0	1.0	1.5	7.5	2.26	9.50	108.47	1 030.442 5	0.002 8
34.0	2.5	1.5	2.0	8.0	2.77	14.42	108.49	1 564.068 3	0.004 2

续表

尺 寸 (mm)					重心距 (mm)	断 面 (mm²)	周 长 (mm)	体 积 (mm³)	金属重量 (kg/口)
Φ	δ	b	e	B					
36.0	1.5	1.0	1.5	7.5	1.88	9.00	115.45	1 039.081 9	0.002 8
36.0	2.0	1.0	1.5	7.5	2.26	9.50	114.75	1 090.132 8	0.002 9
36.0	2.5	1.5	2.0	8.0	2.77	14.42	114.77	1 654.650 9	0.004 5
38.0	1.5	1.0	1.5	7.5	1.88	9.00	121.74	1 095.630 6	0.003 0
38.0	2.0	1.0	1.5	7.5	2.26	9.50	121.03	1 149.823 0	0.003 1
38.0	2.5	1.5	2.0	8.0	2.77	14.42	121.06	1 745.233 5	0.004 7
40.0	1.5	1.0	1.5	7.5	1.88	9.00	128.02	1 152.179 2	0.003 1
40.0	2.0	1.0	1.5	7.5	2.26	9.50	127.32	1 209.513 3	0.003 3
40.0	2.5	1.5	2.0	8.0	2.77	14.42	127.34	1 835.816 0	0.005 0
42.0	1.5	1.0	1.5	7.5	1.88	9.00	134.30	1 208.727 9	0.003 3
42.0	2.0	1.0	1.5	7.5	2.26	9.50	133.60	1 269.203 6	0.003 4
42.0	2.5	1.5	2.0	8.0	2.77	14.42	133.62	1 926.398 6	0.005 2
45.0	1.5	1.0	1.5	7.5	1.88	9.00	143.73	1 293.550 9	0.003 5
45.0	2.0	1.0	1.5	7.5	2.26	9.50	143.03	1 358.739 0	0.003 7
45.0	2.5	1.5	2.0	8.0	2.77	14.42	143.05	2 062.272 5	0.005 6
48.0	1.5	1.0	1.5	7.5	1.88	9.00	153.15	1 378.373 9	0.003 7
48.0	2.0	1.0	1.5	7.5	2.26	9.50	152.45	1 448.274 4	0.003 9
48.0	2.5	1.5	2.0	8.0	2.77	14.42	152.47	2 198.146 4	0.005 9
50.0	1.5	1.0	1.5	7.5	1.88	9.00	159.44	1 434.922 6	0.003 9
50.0	2.0	1.0	1.5	7.5	2.26	9.50	158.73	1 507.964 6	0.004 1
50.0	2.5	1.5	2.0	8.0	2.77	14.42	158.76	2 288.729 0	0.006 2
52.0	1.5	1.0	1.5	7.5	1.88	9.00	165.72	1 491.471 3	0.004 0
52.0	2.0	1.0	1.5	7.5	2.26	9.50	165.02	1 567.654 9	0.004 2
52.0	2.5	1.5	2.0	8.0	2.77	14.42	165.04	2 379.311 6	0.006 4
55.0	2.0	1.0	1.5	7.5	2.26	9.50	174.44	1 657.190 3	0.004 5

续表

尺 寸 (mm)					重心距 (mm)	断 面 (mm^2)	周 长 (mm)	体 积 (mm^3)	金属重量 (kg/口)
Φ	δ	b	e	B					
55.0	2.5	1.5	2.0	8.0	2.77	14.42	174.46	2 515.185 5	0.006 8
58.0	2.0	1.0	1.5	7.5	2.26	9.50	183.87	1 746.725 7	0.004 7
58.0	2.5	1.5	2.0	8.0	2.77	14.42	183.89	2 651.059 4	0.007 2
60.0	2.0	1.0	1.5	7.5	2.26	9.50	190.15	1 806.416 0	0.004 9
60.0	2.5	1.5	2.0	8.0	2.77	14.42	190.17	2 741.642 0	0.007 4
60.0	3.0	1.5	2.0	8.0	3.12	15.17	189.23	2 870.054 6	0.007 7
62.0	2.0	1.0	1.5	7.5	2.26	9.50	196.43	1 866.106 2	0.005 0
62.0	2.5	1.5	2.0	8.0	2.77	14.42	196.45	2 832.224 6	0.007 6
62.0	3.0	1.5	2.0	8.0	3.12	15.17	195.52	2 965.349 6	0.008 0
65.0	2.0	1.0	1.5	7.5	2.26	9.50	205.86	1 955.641 6	0.005 3
65.0	2.5	1.5	2.0	8.0	2.77	14.42	205.88	2 968.098 5	0.008 0
65.0	3.0	1.5	2.0	8.0	3.12	15.17	204.94	3 108.292 1	0.008 4
70.0	2.0	1.0	1.5	7.5	2.26	9.50	221.56	2 104.867 3	0.005 7
70.0	2.5	1.5	2.0	8.0	2.77	14.42	221.59	3 194.555 0	0.008 6
70.0	3.0	1.5	2.0	8.0	3.12	15.17	220.65	3 346.529 6	0.009 0
75.0	2.0	1.0	1.5	7.5	2.26	9.50	237.27	2 254.093 0	0.006 1
75.0	2.5	1.5	2.0	8.0	2.77	14.42	237.30	3 421.011 5	0.009 2
75.0	3.0	1.5	2.0	8.0	3.12	15.17	236.36	3 584.767 1	0.009 7
80.0	2.5	1.5	2.0	7.5	2.74	13.75	252.84	3 476.565 4	0.009 4
80.0	3.0	1.5	2.0	7.5	3.09	14.50	251.87	3 652.101 9	0.009 9
85.0	2.5	1.5	2.0	7.5	2.74	13.75	268.55	3 692.549 9	0.010 0
85.0	3.0	1.5	2.0	7.5	3.09	14.50	267.58	3 879.867 4	0.010 5
90.0	2.5	1.5	2.0	7.5	2.74	13.75	284.26	3 908.534 4	0.010 6
90.0	3.0	1.5	2.0	7.5	3.09	14.50	283.29	4 107.632 8	0.011 1
95.0	2.5	1.5	2.0	7.5	2.74	13.75	299.97	4 124.518 9	0.011 1

续表

尺寸(mm)					重心距 (mm)	断面 (mm²)	周长 (mm)	体积 (mm³)	金属重量 (kg/口)
Φ	δ	b	e	B					
95.0	3.0	1.5	2.0	7.5	3.09	14.50	298.99	4 335.398 3	0.011 7
100.0	2.5	1.5	2.0	7.5	2.74	13.75	315.67	4 340.5034	0.011 7
100.0	3.0	1.5	2.0	7.5	3.09	14.50	314.70	4 563.163 8	0.012 3
110.0	2.5	1.5	2.0	7.5	2.74	13.75	347.09	4 772.472 5	0.012 9
110.0	3.0	1.5	2.0	7.5	3.09	14.50	346.12	5 018.694 8	0.013 6

⑤紫铜管

尺寸(mm)				重心距 (mm)	断面 (mm²)	周长 (mm)	体积 (mm³)	金属重量 (kg/口)
Φ	δ	e	B					
6.0	1.0	0.5	6.0	1.20	2.00	20.11	40.212 4	0.000 4
6.0	2.0	1.0	6.0	2.40	4.00	21.36	85.451 3	0.000 8
8.0	1.0	0.5	6.0	1.20	2.00	26.39	52.778 8	0.000 5
8.0	2.0	1.0	6.0	2.40	4.00	27.65	110.584 1	0.001 0
10.0	2.0	1.0	6.0	2.40	4.00	33.93	135.716 8	0.001 2
12.0	2.0	1.0	6.0	2.40	4.00	40.21	160.849 6	0.001 4
14.0	2.0	1.0	6.0	2.40	4.00	46.50	185.982 3	0.001 7
16.0	2.0	1.0	6.0	2.40	4.00	52.78	211.115 0	0.001 9
18.0	2.0	1.0	6.0	2.40	4.00	59.06	236.247 8	0.002 1
20.0	2.0	1.0	6.0	2.40	4.00	65.35	261.380 5	0.002 3
22.0	2.0	1.0	6.0	2.40	4.00	71.63	286.513 3	0.002 6
24.0	2.0	1.0	6.0	2.40	4.00	77.91	311.646 0	0.002 8
26.0	2.0	1.0	6.0	2.40	4.00	84.19	336.778 8	0.003 0
28.0	2.0	1.0	6.0	2.40	4.00	90.48	361.911 5	0.003 2
30.0	2.0	1.0	6.0	2.40	4.00	96.76	387.044 3	0.003 5
32.0	2.0	1.0	6.0	2.40	4.00	103.04	412.177 0	0.003 7
34.0	2.0	1.0	6.0	2.40	4.00	109.33	437.309 7	0.003 9
36.0	2.0	1.0	6.0	2.40	4.00	115.61	462.442 5	0.004 1
38.0	2.0	1.0	6.0	2.40	4.00	121.89	487.575 2	0.004 4

续表

尺　寸（mm）				重心距	断面	周长	体积	金属重量
Φ	δ	e	B	(mm)	(mm²)	(mm)	(mm³)	(kg/口)
40.0	2.0	1.0	6.0	2.40	4.00	128.18	512.708 0	0.004 6
45.0	2.0	1.0	6.0	2.40	4.00	143.88	575.539 8	0.005 1
48.0	2.0	1.0	6.0	2.40	4.00	153.31	613.239 0	0.005 5
50.0	2.0	1.0	6.0	2.40	4.00	159.59	638.371 7	0.005 7
55.0	2.0	1.0	6.0	2.40	4.00	175.30	701.203 6	0.006 3

（5）热风焊

塑料管

尺　寸（mm）					重心距	断面	周长	体积	金属重量
Φ	δ	b	e	B	(mm)	(mm²)	(mm)	(mm³)	(kg/口)
10.0	1.0	0.5	1.0	6.5	1.31	4.83	33.34	161.163 7	0.000 2
10.0	1.5	0.5	1.0	6.5	1.73	5.08	32.86	167.054 2	0.000 2
12.0	1.5	0.5	1.0	6.5	1.73	5.08	39.15	198.993 7	0.000 3
16.0	1.5	0.5	1.0	6.5	1.73	5.08	51.71	262.872 8	0.000 4
16.0	2.0	1.0	1.5	7.0	2.24	9.00	51.80	466.212 4	0.000 7
20.0	1.5	0.5	1.0	6.5	1.73	5.08	64.28	326.751 9	0.000 5
20.0	2.0	1.0	1.5	7.0	2.24	9.00	64.37	579.309 7	0.000 8
25.0	1.5	0.5	1.0	6.5	1.73	5.08	79.99	406.600 7	0.000 6
25.0	2.0	1.0	1.5	7.0	2.24	9.00	80.08	720.681 4	0.001 0
25.0	2.5	1.0	1.5	7.0	2.61	9.50	79.25	752.882 8	0.001 1
32.0	1.5	0.5	1.0	6.5	1.73	5.08	101.98	518.389 0	0.000 7
32.0	2.0	1.0	1.5	7.0	2.24	9.00	102.07	918.601 8	0.001 3
32.0	2.5	1.0	1.5	7.0	2.61	9.50	101.24	961.798 7	0.001 3
40.0	2.0	1.0	1.5	7.0	2.24	9.00	127.20	1 144.796 5	0.001 6
40.0	3.0	1.5	1.5	7.5	2.81	12.00	124.49	1 493.827 5	0.002 1
50.0	2.0	1.0	1.5	7.0	2.24	9.00	158.62	1 427.539 9	0.002 0
50.0	3.0	1.5	1.5	7.5	2.81	12.00	155.90	1 870.818 6	0.002 6

2. Y 形坡口单面对接焊缝

焊缝图形及计算公式

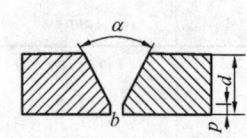

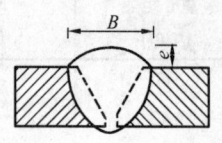

$B=b+2\times(\delta-p)\times \mathrm{tg}\alpha/2+4$

$S=\delta b+(\delta-p)^2\times \mathrm{tg}\alpha/2+2/3B\times e$

$F=[(1/2\delta^2 b)+(\delta-p)^2(2\delta+p)/3\ \mathrm{tg}\alpha/2+2/3B\times e(\delta+2/5e)]/S$

$L=\pi(D-2\delta+2F)$

(1) 氧乙炔焊

①碳钢管

尺寸(mm)							重心距 (mm)	断面 (mm^2)	周长 (mm)	体积 (mm^3)	金属重量 (kg/口)
Φ	δ	b	p	e	α	B					
18.0	3.0	1.5	0.5	2.0	60	8.4	2.96	19.29	56.28	1 085.741 0	0.008 5
22.0	3.0	1.5	0.5	2.0	60	8.4	2.96	19.29	68.85	1 328.156 0	0.010 4
22.0	3.5	2.0	0.5	2.0	60	9.5	3.20	24.81	67.25	1 668.848 5	0.013 0
25.0	3.0	1.5	0.5	2.0	60	8.4	2.96	19.29	78.27	1 509.967 3	0.011 8
25.0	3.5	2.0	0.5	2.0	60	9.5	3.20	24.81	76.68	1 902.724 0	0.014 8
28.0	3.0	1.5	0.5	2.0	60	8.4	2.96	19.29	87.70	1 691.778 5	0.013 2
28.0	3.5	2.0	0.5	2.0	60	9.5	3.20	24.81	86.10	2 136.599 4	0.016 7
32.0	3.0	1.5	0.5	2.0	60	8.4	2.96	19.29	100.27	1 934.193 5	0.015 1
32.0	3.5	2.0	0.5	2.0	60	9.5	3.20	24.81	98.67	2 448.433 3	0.019 1
32.0	4.0	2.5	1.0	2.0	60	10.0	3.49	28.48	97.32	2 771.693 3	0.021 6
34.0	3.0	1.5	0.5	2.0	60	8.4	2.96	19.29	106.55	2 055.401 0	0.016 0
34.0	3.5	2.0	0.5	2.0	60	9.5	3.20	24.81	104.95	2 604.350 2	0.020 3
34.0	4.0	2.5	1.0	2.0	60	10.0	3.49	28.48	103.60	2 950.648 6	0.023 0
38.0	3.0	1.5	0.5	2.0	60	8.4	2.96	19.29	119.11	2 297.8160	0.017 9
38.0	3.5	2.0	0.5	2.0	60	9.5	3.20	24.81	117.52	2 916.184 1	0.022 7
38.0	4.0	2.5	1.0	2.0	60	10.0	3.49	28.48	116.16	3 308.559 2	0.025 8
42.0	3.0	1.5	0.5	2.0	60	8.4	2.96	19.29	131.68	2 540.231 0	0.019 8
42.0	3.5	2.0	0.5	2.0	60	9.5	3.20	24.81	130.08	3 228.018 0	0.025 2
42.0	4.0	2.5	1.0	2.0	60	10.0	3.49	28.48	128.73	3 666.469 8	0.028 6
45.0	3.0	1.5	0.5	2.0	60	8.4	2.96	19.29	141.11	2 722.042 3	0.021 2
45.0	3.5	2.0	0.5	2.0	60	9.5	3.20	24.81	139.51	3 461.893 4	0.027 0
45.0	4.0	2.5	1.0	2.0	60	10.0	3.49	28.48	138.16	3 934.902 7	0.030 7
48.0	3.0	1.5	0.5	2.0	60	8.4	2.96	19.29	150.53	2 903.853 6	0.022 7
48.0	3.5	2.0	0.5	2.0	60	9.5	3.20	24.81	148.93	3 695.768 8	0.028 8
48.0	4.0	2.5	1.0	2.0	60	10.0	3.49	28.48	147.58	4 203.335 7	0.032 8

续表

尺　寸（mm）							重心距 (mm)	断　面 (mm²)	周　长 (mm)	体　积 (mm³)	金属重量 (kg/口)
Φ	δ	b	p	e	α	B					
57.0	3.0	1.5	0.5	2.0	60	8.4	2.96	19.29	178.81	3 449.287 3	0.026 9
57.0	3.5	2.0	0.5	2.0	60	9.5	3.20	24.81	177.21	4 397.395 1	0.034 3
57.0	4.0	2.5	1.0	2.0	60	10.0	3.49	28.48	175.85	5 008.634 5	0.039 1

②黄铜管

尺　寸（mm）							重心距 (mm)	断　面 (mm²)	周　长 (mm)	体　积 (mm³)	金属重量 (kg/口)
Φ	δ	b	p	e	α	B					
10.0	3.0	3.0	0.5	2.0	65	10.2	2.78	26.56	30.01	797.038 1	0.006 8
14.0	3.0	3.0	0.5	2.0	65	10.2	2.78	26.56	42.57	1 130.816 7	0.009 6
14.0	3.5	3.0	0.5	2.0	65	10.8	3.09	30.66	41.41	1 269.654 7	0.010 8
16.0	3.0	3.0	0.5	2.0	65	10.2	2.78	26.56	48.86	1 297.705 9	0.011 0
16.0	3.5	3.0	0.5	2.0	65	10.8	3.09	30.66	47.69	1 462.311 8	0.012 4
16.0	4.0	3.0	0.5	2.0	65	11.5	3.40	35.08	46.53	1 632.211 3	0.013 9
18.0	3.0	3.0	0.5	2.0	65	10.2	2.78	26.56	55.14	1 464.595 2	0.012 4
18.0	3.5	3.0	0.5	2.0	65	10.8	3.09	30.66	53.97	1 654.969 0	0.014 1
18.0	4.0	3.0	0.5	2.0	65	11.5	3.40	35.08	52.81	1 852.637 6	0.015 7
22.0	3.5	3.0	0.5	2.0	65	10.8	3.09	30.66	66.54	2 040.283 3	0.017 3
22.0	4.0	3.0	0.5	2.0	65	11.5	3.40	35.08	65.38	2 293.490 0	0.019 5
22.0	4.5	3.0	0.5	2.0	65	12.1	3.72	39.82	64.21	2 556.993 2	0.021 7
25.0	3.5	3.0	0.5	2.0	65	10.8	3.09	30.66	75.97	2 329.269 0	0.019 8
25.0	4.0	3.0	0.5	2.0	65	11.5	3.40	35.08	74.80	2 624.129 3	0.022 3
25.0	4.5	3.0	0.5	2.0	65	12.1	3.72	39.82	73.64	2 932.287 9	0.024 9
28.0	3.5	3.0	0.5	2.0	65	10.8	3.09	30.66	85.39	2 618.254 7	0.022 3
28.0	4.0	3.0	0.5	2.0	65	11.5	3.40	35.08	84.22	2 954.768 6	0.025 1
28.0	4.5	3.0	1.0	2.0	65	11.5	3.75	36.58	83.28	3 046.660 2	0.025 9
30.0	4.0	3.0	0.5	2.0	65	11.5	3.40	35.08	90.51	3 175.194 8	0.027 0
30.0	5.0	3.0	1.0	2.0	65	12.1	4.08	41.32	88.44	3 654.383 1	0.031 1
30.0	6.0	3.0	1.0	2.0	65	13.4	4.72	51.75	86.20	4 461.028 5	0.037 9
32.0	4.0	3.0	0.5	2.0	65	11.5	3.40	35.08	96.79	3 395.621 0	0.028 9
32.0	5.0	3.0	1.0	2.0	65	12.1	4.08	41.32	94.72	3 914.004 3	0.033 3
32.0	6.0	3.0	1.0	2.0	65	13.4	4.72	51.75	92.48	4 786.193 9	0.040 7
34.0	4.0	3.0	0.5	2.0	65	11.5	3.40	35.08	103.07	3 616.047 2	0.030 7

续表

尺　寸 (mm)							重心距 (mm)	断面 (mm^2)	周长 (mm)	体积 (mm^3)	金属重量 (kg/口)
Φ	δ	b	p	e	α	B					
34.0	5.0	3.0	1.0	2.0	65	12.1	4.08	41.32	101.01	4 173.625 6	0.035 5
34.0	6.0	3.0	1.0	2.0	65	13.4	4.72	51.75	98.77	5 111.359 2	0.043 4
36.0	4.0	3.0	0.5	2.0	65	11.5	3.40	35.08	109.36	3 836.473 4	0.032 6
36.0	5.0	3.0	1.0	2.0	65	12.1	4.08	41.32	107.29	4 433.246 8	0.037 7
36.0	6.0	3.0	1.0	2.0	65	13.4	4.72	51.75	105.05	5 436.524 6	0.046 2
36.0	7.0	3.0	1.5	2.0	65	14.0	5.41	58.95	103.09	6 076.647 3	0.051 7
38.0	4.0	3.0	0.5	2.0	65	11.5	3.40	35.08	115.64	4 056.899 6	0.034 5
38.0	5.0	3.0	1.0	2.0	65	12.1	4.08	41.32	113.57	4 692.868 1	0.039 9
38.0	6.0	3.0	1.0	2.0	65	13.4	4.72	51.75	111.33	5 761.689 9	0.049 0
40.0	4.0	3.0	0.5	2.0	65	11.5	3.40	35.08	121.92	4 277.325 8	0.036 4
40.0	5.0	3.0	1.0	2.0	65	12.1	4.08	41.32	119.86	4 952.489 3	0.042 1
40.0	6.0	3.0	1.0	2.0	65	13.4	4.72	51.75	117.62	6 086.855 3	0.051 7
40.0	7.0	3.0	1.5	2.0	65	14.0	5.41	58.95	115.66	6 817.375 2	0.057 9
45.0	4.0	3.0	0.5	2.0	65	11.5	3.40	35.08	137.63	4 828.391 4	0.041 0
45.0	5.0	3.0	1.0	2.0	65	12.1	4.08	41.32	131.35	5 427.329 5	0.046 1
45.0	6.0	3.0	1.0	2.0	65	13.4	4.72	51.75	129.28	6 690.545 1	0.056 9
48.0	4.0	3.0	0.5	2.0	65	11.5	3.40	35.08	155.32	5 448.773 1	0.046 3
48.0	5.0	3.0	1.0	2.0	65	12.1	4.08	41.32	140.77	5 816.761 3	0.049 4
48.0	6.0	3.0	1.0	2.0	65	13.4	4.72	51.75	138.71	7 178.293 1	0.061 0
50.0	4.0	3.0	0.5	2.0	65	11.5	3.40	35.08	161.60	5 669.199 4	0.048 2
50.0	5.0	3.0	1.0	2.0	65	12.1	4.08	41.32	147.06	6 076.382 6	0.051 6
50.0	6.0	3.0	1.0	2.0	65	13.4	4.72	51.75	144.99	7 503.458 5	0.063 8
55.0	4.0	3.0	0.5	2.0	65	11.5	3.40	35.08	177.31	6 220.264 9	0.052 9
55.0	5.0	3.0	1.0	2.0	65	12.1	4.08	41.32	162.76	6 725.435 7	0.057 2
55.0	6.0	3.0	1.0	2.0	65	13.4	4.72	51.75	160.70	8 316.371 8	0.070 7
55.0	7.0	3.0	1.5	2.0	65	14.0	5.41	58.95	158.46	9 340.305 9	0.079 4
65.0	4.0	3.0	0.5	2.0	65	11.5	3.40	35.08	213.05	7 474.042 4	0.063 5
65.0	5.0	3.0	1.0	2.0	65	12.1	4.08	41.32	194.18	8 023.541 9	0.068 2
65.0	6.0	3.0	1.0	2.0	65	13.4	4.72	51.75	192.11	9 942.198 6	0.084 5
65.0	7.0	3.0	1.5	2.0	65	14.0	5.41	58.95	189.87	11 192.125 8	0.095 1
68.0	4.0	3.0	0.5	2.0	65	11.5	3.40	35.08	222.47	7 804.681 7	0.066 3
68.0	5.0	3.0	1.0	2.0	65	12.1	4.08	41.32	203.61	8 412.973 8	0.071 5
68.0	6.0	3.0	1.0	2.0	65	13.4	4.72	51.75	201.54	10 429.946 6	0.088 7
76.0	4.0	3.0	0.5	2.0	65	11.5	3.40	35.08	243.28	8 534.740 1	0.072 5
76.0	5.0	3.0	1.0	2.0	65	12.1	4.08	41.32	228.74	9 451.458 8	0.080 3

续表

尺　寸 (mm)							重心距 (mm)	断面 (mm²)	周长 (mm)	体积 (mm³)	金属重量 (kg/口)
Φ	δ	b	p	e	α	B					
76.0	6.0	3.0	1.0	2.0	65	13.4	4.72	51.75	226.67	11 730.608 0	0.099 7
89.0	4.0	3.0	0.5	2.0	65	11.5	3.40	35.08	284.12	9 967.510 4	0.084 7
89.0	6.0	3.0	1.0	2.0	65	13.4	4.72	51.75	263.30	13 625.987 9	0.115 8
100.0	4.0	3.0	0.5	2.0	65	11.5	3.40	35.08	318.68	11 179.854 5	0.095 0
100.0	6.0	3.0	1.0	2.0	65	13.4	4.72	51.75	297.85	15 414.397 3	0.131 0
100.0	8.0	3.5	1.5	2.5	65	15.8	6.23	81.21	293.55	23 840.298 7	0.202 6
114.0	4.0	3.0	0.5	2.0	65	11.5	3.40	35.08	372.13	13 055.138 7	0.111 0
114.0	6.0	3.0	1.0	2.0	65	13.4	4.72	51.75	341.84	17 690.554 8	0.150 4
114.0	7.0	3.0	1.5	2.0	65	14.0	5.41	58.95	343.81	20 266.043 0	0.172 3
114.0	8.0	3.5	1.5	2.5	65	15.8	6.23	81.21	341.85	27 763.380 4	0.236 0
120.0	4.0	3.0	0.5	2.0	65	11.5	3.40	35.08	390.98	13 716.417 3	0.116 6
120.0	6.0	3.0	1.0	2.0	65	13.4	4.72	51.75	360.69	18 666.050 8	0.158 7
120.0	8.0	3.5	1.5	2.5	65	15.8	6.23	81.21	356.38	28 943.182 9	0.246 0
120.0	10.0	4.0	1.5	2.5	65	18.8	7.45	117.40	353.28	41 477.212 4	0.352 6
130.0	4.0	3.0	0.5	2.0	65	11.5	3.40	35.08	430.10	15 088.859 2	0.128 3
130.0	6.0	3.0	1.0	2.0	65	13.4	4.72	51.75	392.10	20 291.877 5	0.172 5
130.0	8.0	3.5	1.5	2.5	65	15.8	6.23	81.21	387.79	31 494.625 1	0.267 7
130.0	10.0	4.0	1.5	2.5	65	18.8	7.45	117.40	384.70	45 165.597 0	0.383 9
135.0	4.0	3.0	0.5	2.0	65	11.5	3.40	35.08	445.81	15 639.924 7	0.132 9
135.0	6.0	3.0	1.0	2.0	65	13.4	4.72	51.75	407.81	21 104.790 9	0.179 4
135.0	8.0	3.5	1.5	2.5	65	15.8	6.23	81.21	403.50	32 770.346 1	0.278 5
135.0	10.0	4.0	1.5	2.5	65	18.8	7.45	117.40	400.41	47 009.789 3	0.399 6
150.0	4.0	3.0	0.5	2.0	65	11.5	3.40	35.08	492.94	17 293.121 3	0.147 0
150.0	6.0	3.0	1.0	2.0	65	13.4	4.72	51.75	454.93	23 543.531 0	0.200 1
150.0	8.0	3.5	1.5	2.5	65	15.8	6.23	81.21	450.63	36 597.509 3	0.311 1
150.0	10.0	4.0	1.5	2.5	65	18.8	7.45	117.40	447.53	52 542.366 3	0.446 6
165.0	4.0	3.0	0.5	2.0	65	11.5	3.40	35.08	540.06	18 946.317 8	0.161 0
165.0	6.0	3.0	1.0	2.0	65	13.4	4.72	51.75	502.06	25 982.271 1	0.220 8
165.0	8.0	3.5	1.5	2.5	65	15.8	6.23	81.21	497.75	40 424.672 6	0.343 6
165.0	10.0	4.0	1.5	2.5	65	18.8	7.45	117.40	494.66	58 074.943 3	0.493 6
185.0	4.0	3.0	0.5	2.0	65	11.5	3.40	35.08	602.89	21 150.579 9	0.179 8
185.0	6.0	3.0	1.0	2.0	65	13.4	4.72	51.75	564.89	29 233.924 6	0.248 5
185.0	8.0	3.5	1.5	2.5	65	15.8	6.23	81.21	560.58	45 527.556 8	0.387 0
185.0	10.0	4.0	1.5	2.5	65	18.8	7.45	117.40	557.49	65 451.712 6	0.556 3
200.0	4.0	3.0	0.5	2.0	65	11.5	3.40	35.08	650.02	22 803.776 5	0.193 8

续表

尺寸(mm)							重心距 (mm)	断面 (mm^2)	周长 (mm)	体积 (mm^3)	金属重量 (kg/口)
Φ	δ	b	p	e	α	B					
200.0	6.0	3.0	1.0	2.0	65	13.4	4.72	51.75	612.01	31 672.664 7	0.269 2
200.0	8.0	3.5	1.5	2.5	65	15.8	6.23	81.21	607.71	49 354.720 0	0.419 5
200.0	10.0	4.0	1.5	2.5	65	18.8	7.45	117.40	604.61	70 984.289 5	0.603 4
225.0	4.0	3.0	0.5	2.0	65	11.5	3.40	35.08	728.55	25 559.104 1	0.217 3
225.0	6.0	3.0	1.0	2.0	65	13.4	4.72	51.75	690.55	35 737.231 5	0.303 8
225.0	8.0	3.5	1.5	2.5	65	15.8	6.23	81.21	686.24	55 733.325 4	0.473 7
225.0	10.0	4.0	1.5	2.5	65	18.8	7.45	117.40	683.15	80 205.251 1	0.681 7
250.0	4.0	3.0	0.5	2.0	65	11.5	3.40	35.08	807.09	28 314.431 6	0.240 7
250.0	6.0	3.0	1.0	2.0	65	13.4	4.72	51.75	769.09	39 801.798 4	0.338 3
250.0	8.0	3.5	1.5	2.5	65	15.8	6.23	81.21	764.78	62 111.930 7	0.528 0
250.0	10.0	4.0	1.5	2.5	65	18.8	7.45	117.40	761.69	89 426.212 7	0.760 1
270.0	4.0	3.0	0.5	2.0	65	11.5	3.40	35.08	869.93	30 518.693 7	0.259 4
270.0	6.0	3.0	1.0	2.0	65	13.4	4.72	51.75	831.92	43 053.451 9	0.366 0
270.0	8.0	3.5	1.5	2.5	65	15.8	6.23	81.21	827.62	67 214.815 0	0.571 3
270.0	10.0	4.0	1.5	2.5	65	18.8	7.45	117.40	824.52	96 802.982 0	0.822 8
300.0	4.0	3.0	0.5	2.0	65	11.5	3.40	35.08	964.17	33 825.086 8	0.287 5
300.0	6.0	3.0	1.0	2.0	65	13.4	4.72	51.75	926.17	47 930.932 1	0.407 4
300.0	8.0	3.5	1.5	2.5	65	15.8	6.23	81.21	921.86	74 869.141 4	0.636 4
300.0	10.0	4.0	1.5	2.5	65	18.8	7.45	117.40	918.77	107 868.136 0	0.916 9

③铜板卷管

尺寸(mm)							重心距 (mm)	断面 (mm^2)	周长 (mm)	体积 (mm^3)	金属重量 (kg/口)
Φ	δ	b	p	e	α	B					
155.0	3.0	3.0	0.5	2.0	65	10.2	2.78	26.56	468.10	12 433.250 9	0.105 7
205.0	3.0	3.0	0.5	2.0	65	10.2	2.78	26.56	642.62	17 068.742 3	0.145 1
255.0	4.0	3.0	0.5	2.0	65	11.5	3.40	35.08	793.41	27 834.506 7	0.236 6
305.0	4.0	3.0	0.5	2.0	65	11.5	3.40	35.08	954.45	33 483.798 4	0.284 6
355.0	4.0	3.0	0.5	2.0	65	11.5	3.40	35.08	1 111.53	38 994.453 5	0.331 5

续表

尺寸 (mm)							重心距 (mm)	断面 (mm^2)	周长 (mm)	体积 (mm^3)	金属重量 (kg/口)
Φ	δ	b	p	e	α	B					
355.0	6.0	3.0	1.0	2.0	65	13.4	4.72	51.75	1 098.96	56 872.979 1	0.483 4
405.0	4.0	3.0	0.5	2.0	65	11.5	3.40	35.08	1 276.86	44 794.851 2	0.380 8
405.0	6.0	3.0	1.0	2.0	65	13.4	4.72	51.75	1 256.04	65 002.112 8	0.552 5
505.0	4.0	3.0	0.5	2.0	65	11.5	3.40	35.08	1 591.02	55 816.161 6	0.474 4
505.0	6.0	3.0	1.0	2.0	65	13.4	4.72	51.75	1 570.20	81 260.380 2	0.690 7

(2) 手工电弧焊接

①碳钢管

尺寸 (mm)							重心距 (mm)	断面 (mm^2)	周长 (mm)	体积 (mm^3)	金属重量 (kg/口)
Φ	δ	b	p	e	α	B					
22.0	3.0	1.5	1.5	1.5	60	7.2	2.77	13.03	67.64	881.287 4	0.006 9
22.0	3.5	1.5	1.5	1.5	60	7.8	3.11	15.37	66.64	1 024.062 8	0.008 0
22.0	4.0	2.0	1.5	2.0	60	8.9	3.59	23.45	66.56	1 561.084 0	0.012 2
22.0	4.5	2.0	1.5	2.0	60	9.5	3.93	26.81	65.52	1 756.457 1	0.013 7
22.0	5.0	2.0	1.5	2.0	60	10.0	4.26	30.45	64.46	1 963.190 2	0.015 3
22.0	5.5	2.0	1.5	2.0	60	10.6	4.59	34.39	63.41	2 180.377 0	0.017 0
25.0	3.0	1.5	1.5	1.5	60	7.2	2.77	13.03	77.06	1 004.085 2	0.007 8
25.0	3.5	1.5	1.5	1.5	60	7.8	3.11	15.37	76.07	1 168.883 9	0.009 1
25.0	4.0	2.0	1.5	2.0	60	8.9	3.59	23.45	75.99	1 782.122 6	0.013 9
25.0	5.0	2.0	1.5	2.0	60	10.0	4.26	30.45	73.89	2 250.208 5	0.017 6
25.0	5.5	2.0	1.5	2.0	60	10.6	4.59	34.39	72.83	2 504.463 7	0.019 5
25.0	7.0	2.0	1.5	2.5	60	12.3	5.84	52.03	71.24	3 706.992 8	0.028 9
28.0	3.0	1.5	1.5	1.5	60	7.2	2.77	13.03	86.49	1 126.883 0	0.008 8
28.0	4.0	1.5	1.5	2.0	60	8.4	3.71	20.79	86.13	1 790.370 6	0.014 0
28.0	5.0	2.0	1.5	2.0	60	10.0	4.26	30.45	83.31	2 537.226 8	0.019 8
28.0	6.0	2.0	1.5	2.0	60	11.2	4.92	38.61	81.20	3 134.859 5	0.024 5
28.0	7.0	2.0	1.5	2.5	60	12.3	5.84	52.03	80.67	4 197.388 4	0.032 7
32.0	3.0	1.5	1.5	1.5	60	7.2	2.77	13.03	99.06	1 290.613 4	0.010 1
32.0	3.5	1.5	1.5	1.5	60	7.8	3.11	15.37	98.06	1 506.799 9	0.011 8
32.0	4.0	2.0	1.5	2.0	60	8.9	3.59	23.45	97.98	2 297.879 2	0.017 9

续表

尺　寸 (mm)							重心距 (mm)	断面 (mm²)	周长 (mm)	体积 (mm³)	金属重量 (kg/口)
Φ	δ	b	p	e	α	B					
32.0	5.0	2.0	1.5	2.0	60	10.0	4.26	30.45	95.88	2 919.917 9	0.022 8
32.0	6.0	2.0	1.5	2.0	60	11.2	4.92	38.61	93.76	3 620.025 1	0.028 2
32.0	7.0	2.0	1.5	2.5	60	12.3	5.84	52.03	93.23	4 851.249 2	0.037 8
32.0	8.0	2.0	1.5	2.5	60	13.5	6.50	62.88	91.11	5 728.762 6	0.044 7
32.0	9.0	3.0	2.0	2.5	60	15.1	6.98	80.40	87.84	7 062.977 6	0.055 1
34.0	3.0	1.5	1.5	1.5	60	7.2	2.77	13.03	105.34	1 372.478 6	0.010 7
34.0	3.5	1.5	1.5	1.5	60	7.8	3.11	15.37	104.34	1 603.347 4	0.012 5
34.0	4.0	2.0	1.5	2.0	60	8.9	3.59	23.45	104.26	2 445.238 2	0.019 1
34.0	5.0	2.0	1.5	2.0	60	10.0	4.26	30.45	102.16	3 111.263 4	0.024 3
34.0	6.0	2.0	1.5	2.0	60	11.2	4.92	38.61	100.05	3 862.607 9	0.030 1
34.0	7.0	2.0	1.5	2.5	60	12.3	5.84	52.03	99.52	5 178.179 6	0.040 4
34.0	8.0	2.0	1.5	2.5	60	13.5	6.50	62.88	97.39	6 123.848 9	0.047 8
34.0	9.0	3.0	2.0	2.5	60	15.1	6.98	80.40	94.13	7 568.164 6	0.059 0
38.0	3.0	1.5	1.5	1.5	60	7.2	2.77	13.03	117.90	1 536.209 0	0.012 0
38.0	3.5	1.5	1.5	1.5	60	7.8	3.11	15.37	116.91	1 796.442 3	0.014 0
38.0	4.0	2.0	1.5	2.0	60	8.9	3.59	23.45	116.83	2 739.956 3	0.021 4
38.0	5.0	2.0	1.5	2.0	60	10.0	4.26	30.45	114.73	3 493.954 4	0.027 3
38.0	6.0	2.0	1.5	2.0	60	11.2	4.92	38.61	112.61	4 347.773 5	0.033 9
38.0	7.0	2.0	1.5	2.5	60	12.3	5.84	52.03	112.08	5 832.040 4	0.045 5
38.0	8.0	2.0	1.5	2.5	60	13.5	6.50	62.88	109.96	6 914.021 3	0.053 9
38.0	9.0	3.0	2.0	2.5	60	15.1	6.98	80.40	106.69	8 578.538 6	0.066 9
42.0	3.0	1.5	1.5	1.5	60	7.2	2.77	13.03	130.47	1 699.939 4	0.013 3
42.0	3.5	1.5	1.5	1.5	60	7.8	3.11	15.37	129.48	1 989.537 1	0.015 5
42.0	4.0	2.0	1.5	2.0	60	8.9	3.59	23.45	129.39	3 034.674 4	0.023 7
42.0	5.0	2.0	1.5	2.0	60	10.0	4.26	30.45	127.30	3 876.645 5	0.030 2
42.0	6.0	2.0	1.5	2.0	60	11.2	4.92	38.61	125.18	4 832.939 2	0.037 7
42.0	7.0	2.0	1.5	2.5	60	12.3	5.84	52.03	124.65	6 485.901 2	0.050 6
42.0	8.0	2.0	1.5	2.5	60	13.5	6.50	62.88	122.52	7 704.193 7	0.060 1
42.0	9.0	3.0	2.0	2.5	60	15.1	6.98	80.40	119.26	9 588.912 6	0.074 8
42.0	10.0	3.0	2.0	2.5	60	16.2	7.64	93.98	117.14	11 009.314 7	0.085 9

续表

尺寸(mm)							重心距	断面	周长	体积	金属重量
Φ	δ	b	p	e	α	B	(mm)	(mm²)	(mm)	(mm³)	(kg/口)
45.0	3.0	1.5	1.5	1.5	60	7.2	2.77	13.03	139.90	1 822.737 2	0.014 2
45.0	3.5	1.5	1.5	1.5	60	7.8	3.11	15.37	138.90	2 134.358 3	0.016 6
45.0	4.0	2.0	1.5	2.0	60	8.9	3.59	23.45	138.82	3 255.712 9	0.025 4
45.0	5.0	2.0	1.5	2.0	60	10.0	4.26	30.45	136.72	4 163.663 8	0.032 5
45.0	6.0	2.0	1.5	2.0	60	11.2	4.92	38.61	134.60	5 196.813 4	0.040 5
45.0	7.0	2.0	1.5	2.5	60	12.3	5.84	52.03	134.08	6 976.296 8	0.054 4
45.0	8.0	2.0	1.5	2.5	60	13.5	6.50	62.88	131.95	8 296.823 0	0.064 7
45.0	9.0	3.0	2.0	2.5	60	15.1	6.98	80.40	128.69	10 346.693 1	0.080 7
45.0	10.0	3.0	2.0	2.5	60	16.2	7.64	93.98	126.57	11 895.068 0	0.092 8
48.0	3.0	1.5	1.5	1.5	60	7.2	2.77	13.03	149.32	1 945.535 0	0.015 2
48.0	3.5	1.5	1.5	1.5	60	7.8	3.11	15.37	148.33	2 279.179 4	0.017 8
48.0	4.0	2.0	1.5	2.0	60	8.9	3.59	23.45	148.24	3 476.751 5	0.027 1
48.0	5.0	2.0	1.5	2.0	60	10.0	4.26	30.45	146.15	4 450.682 1	0.034 7
48.0	6.0	2.0	1.5	2.0	60	11.2	4.92	38.61	144.03	5 560.687 6	0.043 4
48.0	7.0	2.0	1.5	2.5	60	12.3	5.84	52.03	143.50	7 466.692 4	0.058 2
48.0	8.0	2.0	1.5	2.5	60	13.5	6.50	62.88	141.37	8 889.452 3	0.069 3
48.0	9.0	3.0	2.0	2.5	60	15.1	6.98	80.40	138.11	11 104.473 6	0.086 6
48.0	10.0	3.0	2.0	2.5	60	16.2	7.64	93.98	135.99	12 780.821 3	0.099 7
57.0	3.0	1.5	1.5	1.5	60	7.2	2.77	13.03	177.59	2 313.928 4	0.018 0
57.0	3.5	1.5	1.5	1.5	60	7.8	3.11	15.37	176.60	2 713.642 9	0.021 2
57.0	4.0	2.0	1.5	2.0	60	8.9	3.59	23.45	176.52	4 139.867 2	0.032 3
57.0	5.0	2.0	1.5	2.0	60	10.0	4.26	30.45	174.42	5 311.737 0	0.041 4
57.0	6.0	2.0	1.5	2.0	60	11.2	4.92	38.61	172.30	6 652.310 3	0.051 9
57.0	7.0	2.0	1.5	2.5	60	12.3	5.84	52.03	171.77	8 937.879 2	0.069 7
57.0	8.0	2.0	1.5	2.5	60	13.5	6.50	62.88	169.65	10 667.340 3	0.083 2
57.0	9.0	3.0	2.0	2.5	60	15.1	6.98	80.40	166.38	13 377.815 1	0.104 3
57.0	10.0	3.0	2.0	2.5	60	16.2	7.64	93.98	164.27	15 438.081 2	0.120 4
57.0	12.0	3.0	2.0	2.5	60	18.5	8.97	124.60	160.04	19 940.738 0	0.155 5
57.0	14.0	3.0	2.0	2.5	60	20.8	10.30	159.83	155.81	24 904.555 4	0.194 3
60.0	3.0	1.5	1.5	1.5	60	7.2	2.77	13.03	187.02	2 436.726 2	0.019 0

续表

尺 寸 (mm)							重心距 (mm)	断 面 (mm²)	周长 (mm)	体 积 (mm³)	金属重量 (kg/口)
Φ	δ	b	p	e	α	B					
60.0	3.5	1.5	1.5	1.5	60	7.8	3.11	15.37	186.03	2 858.464 1	0.022 3
60.0	4.0	2.0	1.5	2.0	60	8.9	3.59	23.45	185.94	4 360.905 7	0.034 0
60.0	5.0	2.0	1.5	2.0	60	10.0	4.26	30.45	183.85	5 598.755 3	0.043 7
60.0	5.5	2.0	1.5	2.0	60	10.6	4.59	34.39	182.79	6 285.475 6	0.049 0
60.0	6.0	2.0	1.5	2.0	60	11.2	4.92	38.61	181.73	7 016.184 5	0.054 7
60.0	7.0	2.0	1.5	2.5	60	12.3	5.84	52.03	181.20	9 428.274 8	0.073 5
60.0	8.0	2.0	1.5	2.5	60	13.5	6.50	62.88	179.07	11 259.969 6	0.087 8
60.0	9.0	3.0	2.0	2.5	60	15.1	6.98	80.40	175.81	14 135.595 6	0.110 3
60.0	10.0	3.0	2.0	2.5	60	16.2	7.64	93.98	173.69	16 323.834 5	0.127 3
60.0	12.0	3.0	2.0	2.5	60	18.5	8.97	124.60	169.46	21 115.065 4	0.164 7
60.0	14.0	3.0	2.0	2.5	60	20.8	10.30	159.83	165.24	26 410.961 8	0.206 0
68.0	3.5	1.5	1.5	1.5	60	7.8	3.11	15.37	211.16	3 244.653 8	0.025 3
68.0	4.0	2.0	1.5	2.0	60	8.9	3.59	23.45	211.08	4 950.341 9	0.038 6
68.0	5.0	2.0	1.5	2.0	60	10.0	4.26	30.45	208.98	6 364.137 4	0.049 6
68.0	6.0	2.0	1.5	2.0	60	11.2	4.92	38.61	206.86	7 986.515 8	0.062 3
68.0	7.0	2.0	1.5	2.5	60	12.3	5.84	52.03	206.33	10 735.996 4	0.083 7
68.0	8.0	2.0	1.5	2.5	60	13.5	6.50	62.88	204.20	12 840.314 5	0.100 2
68.0	9.0	3.0	2.0	2.5	60	15.1	6.98	80.40	200.94	16 156.343 6	0.126 0
68.0	10.0	3.0	2.0	2.5	60	16.2	7.64	93.98	198.83	18 685.843 3	0.145 7
68.0	12.0	3.0	2.0	2.5	60	18.5	8.97	124.60	194.60	24 246.605 3	0.189 1
68.0	14.0	3.0	2.0	2.5	60	20.8	10.30	159.83	190.37	30 428.045 6	0.237 3
68.0	16.0	3.0	2.0	3.0	60	23.2	11.87	207.40	187.69	38 927.778 8	0.303 6
76.0	3.5	1.5	1.5	1.5	60	7.8	3.11	15.37	236.29	3 630.843 5	0.028 3
76.0	4.0	2.0	1.5	2.0	60	8.9	3.59	23.45	236.21	5 539.778 0	0.043 2
76.0	5.0	2.0	1.5	2.0	60	10.0	4.26	30.45	234.11	7 129.519 5	0.055 6
76.0	6.0	2.0	1.5	2.0	60	11.2	4.92	38.61	231.99	8 956.847 0	0.069 9
76.0	7.0	2.0	1.5	2.5	60	12.3	5.84	52.03	231.46	12 043.718 0	0.093 9
76.0	8.0	2.0	1.5	2.5	60	13.5	6.50	62.88	229.34	14 420.659 3	0.112 5
76.0	9.0	3.0	2.0	2.5	60	15.1	6.98	80.40	226.07	18 177.091 6	0.141 8
76.0	10.0	3.0	2.0	2.5	60	16.2	7.64	93.98	223.96	21 047.852 1	0.164 2

续表

尺 寸 (mm)							重心距 (mm)	断 面 (mm²)	周 长 (mm)	体 积 (mm³)	金属重量 (kg/口)
Φ	δ	b	p	e	α	B					
76.0	12.0	3.0	2.0	2.5	60	18.5	8.97	124.60	219.73	27 378.145 2	0.213 5
76.0	14.0	3.0	2.0	2.5	60	20.8	10.30	159.83	215.50	34 445.129 4	0.268 7
76.0	16.0	3.0	2.0	3.0	60	23.2	11.87	207.40	212.82	44 140.410 4	0.344 3
89.0	4.0	2.0	1.5	2.0	60	8.9	3.59	23.45	277.05	6 497.611 8	0.050 7
89.0	4.5	2.0	1.5	2.0	60	9.5	3.93	26.81	276.00	7 399.395 9	0.057 7
89.0	5.0	2.0	1.5	2.0	60	10.0	4.26	30.45	274.95	8 373.265 4	0.065 3
89.0	5.5	2.0	1.5	2.0	60	10.6	4.59	34.39	273.89	9 418.314 0	0.073 5
89.0	6.0	2.0	1.5	2.0	60	11.2	4.92	38.61	272.83	10 533.635 4	0.082 2
89.0	7.0	2.0	1.5	2.5	60	12.3	5.84	52.03	272.31	14 168.765 6	0.110 5
89.0	8.0	2.0	1.5	2.5	60	13.5	6.50	62.88	270.18	16 988.719 7	0.132 5
89.0	9.0	3.0	2.0	2.5	60	15.1	6.98	80.40	266.92	21 460.807 2	0.167 4
89.0	10.0	3.0	2.0	2.5	60	16.2	7.64	93.98	264.80	24 886.116 4	0.194 1
89.0	12.0	3.0	2.0	2.5	60	18.5	8.97	124.60	260.57	32 466.897 6	0.253 2
89.0	14.0	3.0	2.0	2.5	60	20.8	10.30	159.83	256.35	40 972.890 5	0.319 6
89.0	16.0	3.0	2.0	3.0	60	23.2	11.87	207.40	253.66	52 610.936 8	0.410 4
102.0	4.0	2.0	1.5	2.0	60	8.9	3.59	23.45	317.89	7 455.445 5	0.058 2
102.0	4.5	2.0	1.5	2.0	60	9.5	3.93	26.81	316.84	8 494.294 4	0.066 3
102.0	5.0	2.0	1.5	2.0	60	10.0	4.26	30.45	315.79	9 617.011 3	0.075 0
102.0	5.5	2.0	1.5	2.0	60	10.6	4.59	34.39	314.74	10 822.689 9	0.084 4
102.0	6.0	2.0	1.5	2.0	60	11.2	4.92	38.61	313.67	12 110.423 7	0.094 5
102.0	7.0	2.0	1.5	2.5	60	12.3	5.84	52.03	313.15	16 293.813 2	0.127 1
102.0	8.0	2.0	1.5	2.5	60	13.5	6.50	62.88	311.02	19 556.780 1	0.152 5
102.0	9.0	3.0	2.0	2.5	60	15.1	6.98	80.40	307.76	24 744.522 7	0.193 0
102.0	10.0	3.0	2.0	2.5	60	16.2	7.64	93.98	305.64	28 724.380 7	0.224 1
102.0	12.0	3.0	2.0	2.5	60	18.5	8.97	124.60	301.41	37 555.649 9	0.292 9
102.0	14.0	3.0	2.0	2.5	60	20.8	10.30	159.83	297.19	47 500.651 6	0.370 5
102.0	16.0	3.0	2.0	3.0	60	23.2	11.87	207.40	294.50	61 081.463 2	0.476 4
102.0	18.0	3.0	2.0	3.0	60	25.5	13.20	252.64	290.28	73 337.072 2	0.572 0
108.0	4.0	2.0	1.5	2.0	60	8.9	3.59	23.45	336.74	7 897.522 6	0.061 6
108.0	4.5	2.0	1.5	2.0	60	9.5	3.93	26.81	335.69	8 999.632 2	0.070 2

续表

尺 寸 (mm)							重心距 (mm)	断 面 (mm²)	周长 (mm)	体 积 (mm³)	金属重量 (kg/口)
Φ	δ	b	p	e	α	B					
108.0	5.0	2.0	1.5	2.0	60	10.0	4.26	30.45	334.64	10 191.047 9	0.079 5
108.0	6.0	2.0	1.5	2.0	60	11.2	4.92	38.61	332.52	12 838.172 1	0.100 1
108.0	7.0	2.0	1.5	2.5	60	12.3	5.84	52.03	332.00	17 274.604 4	0.134 7
108.0	8.0	2.0	1.5	2.5	60	13.5	6.50	62.88	329.87	20 742.038 7	0.161 8
108.0	9.0	3.0	2.0	2.5	60	15.1	6.98	80.40	326.61	26 260.083 7	0.204 8
108.0	10.0	3.0	2.0	2.5	60	16.2	7.64	93.98	324.49	30 495.887 3	0.237 9
108.0	12.0	3.0	2.0	2.5	60	18.5	8.97	124.60	320.26	39 904.304 8	0.311 3
108.0	14.0	3.0	2.0	2.5	60	20.8	10.30	159.83	316.04	50 513.464 4	0.394 0
108.0	16.0	3.0	2.0	3.0	60	23.2	11.87	207.40	313.35	64 990.937 0	0.506 9
108.0	18.0	3.0	2.0	3.0	60	25.5	13.20	252.64	309.13	78 099.224 5	0.609 2
114.0	4.0	2.0	1.5	2.0	60	8.9	3.59	23.45	355.59	8 339.599 7	0.065 0
114.0	5.0	2.0	1.5	2.0	60	10.0	4.26	30.45	353.49	10 765.084 5	0.084 0
114.0	6.0	2.0	1.5	2.0	60	11.2	4.92	38.61	351.37	13 565.920 5	0.105 8
114.0	7.0	2.0	1.5	2.5	60	12.3	5.84	52.03	350.85	18 255.395 6	0.142 4
114.0	8.0	2.0	1.5	2.5	60	13.5	6.50	62.88	348.72	21 927.297 3	0.171 0
114.0	9.0	3.0	2.0	2.5	60	15.1	6.98	80.40	345.46	27 775.644 7	0.216 7
114.0	10.0	3.0	2.0	2.5	60	16.2	7.64	93.98	343.34	32 267.393 9	0.251 7
114.0	12.0	3.0	2.0	2.5	60	18.5	8.97	124.60	339.11	42 252.959 8	0.329 6
114.0	14.0	3.0	2.0	2.5	60	20.8	10.30	159.83	334.89	53 526.277 2	0.417 5
114.0	16.0	3.0	2.0	3.0	60	23.2	11.87	207.40	332.20	68 900.410 7	0.537 4
114.0	18.0	3.0	2.0	3.0	60	25.5	13.20	252.64	327.98	82 861.376 9	0.646 3
127.0	4.0	2.0	1.5	2.0	60	8.9	3.59	23.45	396.43	9 297.433 5	0.072 5
127.0	4.5	2.0	1.5	2.0	60	9.5	3.93	26.81	395.38	10 599.868 6	0.082 7
127.0	5.0	2.0	1.5	2.0	60	10.0	4.26	30.45	394.33	12 008.830 5	0.093 7
127.0	6.0	2.0	1.5	2.0	60	11.2	4.92	38.61	392.21	15 142.708 9	0.118 1
127.0	7.0	2.0	1.5	2.5	60	12.3	5.84	52.03	391.69	20 380.443 2	0.159 0
127.0	8.0	2.0	1.5	2.5	60	13.5	6.50	62.88	389.56	24 495.357 7	0.191 1
127.0	9.0	3.0	2.0	2.5	60	15.1	6.98	80.40	386.30	31 059.360 2	0.242 3
127.0	10.0	3.0	2.0	2.5	60	16.2	7.64	93.98	384.18	36 105.658 1	0.281 6
127.0	12.0	3.0	2.0	2.5	60	18.5	8.97	124.60	379.95	47 341.712 1	0.369 3

续表

| 尺　寸 (mm) | | | | | | | 重心距 (mm) | 断　面 (mm²) | 周　长 (mm) | 体　积 (mm³) | 金属重量 (kg/口) |
Φ	δ	b	p	e	α	B					
127.0	14.0	3.0	2.0	2.5	60	20.8	10.30	159.83	375.73	60 054.038 3	0.468 4
127.0	16.0	3.0	2.0	3.0	60	23.2	11.87	207.40	373.04	77 370.937 1	0.603 5
127.0	18.0	3.0	2.0	3.0	60	25.5	13.20	252.64	368.82	93 179.373 6	0.726 8
127.0	20.0	3.0	2.0	3.0	60	27.8	14.53	302.49	364.60	110 290.063 2	0.860 3
133.0	4.0	2.0	1.5	2.0	60	8.9	3.59	23.45	415.28	9739.510 6	0.076 0
133.0	4.5	2.0	1.5	2.0	60	9.5	3.93	26.81	414.23	11 105.206 4	0.086 6
133.0	5.0	2.0	1.5	2.0	60	10.0	4.26	30.45	413.18	12 582.867 0	0.098 1
133.0	6.0	2.0	1.5	2.0	60	11.2	4.92	38.61	411.06	15 870.457 3	0.123 8
133.0	7.0	2.0	1.5	2.5	60	12.3	5.84	52.03	410.54	21 361.234 4	0.166 6
133.0	8.0	2.0	1.5	2.5	60	13.5	6.50	62.88	408.41	25 680.616 4	0.200 3
133.0	9.0	3.0	2.0	2.5	60	15.1	6.98	80.40	405.15	32 574.921 3	0.254 1
133.0	10.0	3.0	2.0	2.5	60	16.2	7.64	93.98	403.03	37 877.164 7	0.295 4
133.0	12.0	3.0	2.0	2.5	60	18.5	8.97	124.60	398.80	49 690.367 0	0.387 6
133.0	14.0	3.0	2.0	2.5	60	20.8	10.30	159.83	394.58	63 066.851 2	0.491 9
133.0	16.0	3.0	2.0	3.0	60	23.2	11.87	207.40	391.89	81 280.410 8	0.634 0
133.0	18.0	3.0	2.0	3.0	60	25.5	13.20	252.64	387.67	97 941.525 9	0.763 9
133.0	20.0	3.0	2.0	3.0	60	27.8	14.53	302.49	383.45	115 991.903 7	0.904 7
159.0	4.5	2.0	1.5	2.0	60	9.5	3.93	26.81	495.92	13 295.003 5	0.103 7
159.0	5.0	2.0	1.5	2.0	60	10.0	4.26	30.45	494.86	15 070.358 9	0.117 5
159.0	5.5	2.0	1.5	2.0	60	10.6	4.59	34.39	493.81	16 980.337 8	0.132 4
159.0	6.0	2.0	1.5	2.0	60	11.2	4.92	38.61	492.75	19 024.033 9	0.148 4
159.0	7.0	2.0	1.5	2.5	60	12.3	5.84	52.03	492.22	25 611.329 6	0.199 8
159.0	8.0	2.0	1.5	2.5	60	13.5	6.50	62.88	490.09	30 816.737 1	0.240 4
159.0	9.0	3.0	2.0	2.5	60	15.1	6.98	80.40	486.83	39 142.352 3	0.305 3
159.0	10.0	3.0	2.0	2.5	60	16.2	7.64	93.98	484.71	45 553.693 3	0.355 3
159.0	12.0	3.0	2.0	2.5	60	18.5	8.97	124.60	480.48	59 867.871 7	0.467 0
159.0	14.0	3.0	2.0	2.5	60	20.8	10.30	159.83	476.26	76 122.373 4	0.593 8
159.0	16.0	3.0	2.0	3.0	60	23.2	11.87	207.40	473.58	98 221.463 6	0.766 1
159.0	18.0	3.0	2.0	3.0	60	25.5	13.20	252.64	469.35	118 577.519 4	0.924 9
159.0	20.0	3.0	2.0	3.0	60	27.8	14.53	302.49	465.14	140 699.879 2	1.097 5

续表

尺　寸 (mm)							重心距 (mm)	断面 (mm²)	周长 (mm)	体积 (mm³)	金属重量 (kg/口)
Φ	δ	b	p	e	α	B					
168.0	5.0	2.0	1.5	2.0	60	10.0	4.26	30.45	523.14	15 931.413 8	0.124 3
168.0	6.0	2.0	1.5	2.0	60	11.2	4.92	38.61	521.02	20 115.656 6	0.156 9
168.0	7.0	2.0	1.5	2.5	60	12.3	5.84	52.03	520.49	27 082.516 4	0.211 2
168.0	8.0	2.0	1.5	2.5	60	13.5	6.50	62.88	518.36	32 594.625 1	0.254 2
168.0	9.0	3.0	2.0	2.5	60	15.1	6.98	80.40	515.10	41 415.693 8	0.323 0
168.0	10.0	3.0	2.0	2.5	60	16.2	7.64	93.98	512.98	48 210.953 2	0.376 0
168.0	11.0	3.0	2.0	2.5	60	17.4	8.31	108.71	510.87	55 538.423 6	0.433 2
168.0	12.0	3.0	2.0	2.5	60	18.5	8.97	124.60	508.75	63 390.854 1	0.494 4
168.0	14.0	3.0	2.0	2.5	60	20.8	10.30	159.83	504.53	80 641.592 6	0.629 0
168.0	16.0	3.0	2.0	3.0	60	23.2	11.87	207.40	501.85	104 085.674 2	0.811 9
168.0	18.0	3.0	2.0	3.0	60	25.5	13.20	252.64	497.63	125 720.747 9	0.980 6
168.0	20.0	3.0	2.0	3.0	60	27.8	14.53	302.49	493.41	149 252.640 0	1.164 2
194.0	5.0	2.0	1.5	2.0	60	10.0	4.26	30.45	604.82	18 418.905 7	0.143 7
194.0	6.0	2.0	1.5	2.0	60	11.2	4.92	38.61	602.70	23 269.233 2	0.181 5
194.0	7.0	2.0	1.5	2.5	60	12.3	5.84	52.03	602.17	31 332.611 6	0.244 4
194.0	8.0	2.0	1.5	2.5	60	13.5	6.50	62.88	600.04	37 730.745 8	0.294 3
194.0	9.0	3.0	2.0	2.5	60	15.1	6.98	80.40	596.78	47 983.124 9	0.374 3
194.0	10.0	3.0	2.0	2.5	60	16.2	7.64	93.98	594.67	55 887.481 8	0.435 9
194.0	12.0	3.0	2.0	2.5	60	18.5	8.97	124.60	590.44	73 568.358 8	0.573 8
194.0	14.0	3.0	2.0	2.5	60	20.8	10.30	159.83	586.21	93 697.114 8	0.730 8
194.0	16.0	3.0	2.0	3.0	60	23.2	11.87	207.40	583.53	121 026.727 1	0.944 0
194.0	18.0	3.0	2.0	3.0	60	25.5	13.20	252.64	579.31	146 356.741 3	1.141 6
194.0	20.0	3.0	2.0	3.0	60	27.8	14.53	302.49	575.09	173 960.615 5	1.356 9
219.0	6.0	2.0	1.5	2.0	60	11.2	4.92	38.61	681.24	26 301.518 4	0.205 2
219.0	7.0	2.0	1.5	2.5	60	12.3	5.84	52.03	680.71	35 419.241 5	0.276 3
219.0	8.0	2.0	1.5	2.5	60	13.5	6.50	62.88	678.58	42 669.323 5	0.332 8
219.0	9.0	3.0	2.0	2.5	60	15.1	6.98	80.40	675.32	54 297.962 4	0.423 5
219.0	10.0	3.0	2.0	2.5	60	16.2	7.64	93.98	673.21	63 268.759 2	0.493 5
219.0	12.0	3.0	2.0	2.5	60	18.5	8.97	124.60	668.98	83 354.421 0	0.650 2
219.0	14.0	3.0	2.0	2.5	60	20.8	10.30	159.83	664.75	106 250.501 6	0.828 8

续表

尺寸(mm)							重心距 (mm)	断面 (mm^2)	周长 (mm)	体积 (mm^3)	金属重量 (kg/口)
Φ	δ	b	p	e	α	B					
219.0	16.0	3.0	2.0	3.0	60	23.2	11.87	207.40	662.07	137 316.200 9	1.071 1
219.0	18.0	3.0	2.0	3.0	60	25.5	13.20	252.64	657.85	166 199.042 7	1.296 4
219.0	20.0	3.0	2.0	3.0	60	27.8	14.53	302.49	653.63	197 718.284 2	1.542 2
245.0	6.0	2.0	1.5	2.0	60	11.2	4.92	38.61	762.92	29 455.095 0	0.229 7
245.0	7.0	2.0	1.5	2.5	60	12.3	5.84	52.03	762.39	39 669.336 7	0.309 4
245.0	8.0	2.0	1.5	2.5	60	13.5	6.50	62.88	760.27	47 805.444 2	0.372 9
245.0	9.0	3.0	2.0	2.5	60	15.1	6.98	80.40	757.00	60 865.3935	0.4748
245.0	10.0	3.0	2.0	2.5	60	16.2	7.64	93.98	754.89	70 945.287 8	0.5534
245.0	12.0	3.0	2.0	2.5	60	18.5	8.97	124.60	750.66	93 531.925 7	0.729 5
245.0	14.0	3.0	2.0	2.5	60	20.8	10.30	159.83	746.43	119 306.023 8	0.930 6
245.0	16.0	3.0	2.0	3.0	60	23.2	11.87	207.40	743.75	154 257.253 7	1.203 2
245.0	18.0	3.0	2.0	3.0	60	25.5	13.20	252.64	739.53	186 835.036 1	1.457 3
245.0	20.0	3.0	2.0	3.0	60	27.8	14.53	302.49	735.31	222 426.259 7	1.734 9
273.0	6.0	2.0	1.5	2.0	60	11.2	4.92	38.61	850.89	32 851.254 4	0.256 2
273.0	7.0	2.0	1.5	2.5	60	12.3	5.84	52.03	850.36	44 246.362 3	0.345 1
273.0	8.0	2.0	1.5	2.5	60	13.5	6.50	62.88	848.23	53 336.651 2	0.416 0
273.0	9.0	3.0	2.0	2.5	60	15.1	6.98	80.40	844.97	67 938.011 5	0.529 9
273.0	10.0	3.0	2.0	2.5	60	16.2	7.64	93.98	842.85	79 212.318 6	0.617 9
273.0	12.0	3.0	2.0	2.5	60	18.5	8.97	124.60	838.62	104 492.315 3	0.815 0
273.0	14.0	3.0	2.0	2.5	60	20.8	10.30	159.83	834.40	133 365.817 0	1.040 3
273.0	15.0	3.0	2.0	3.0	60	22.0	11.21	186.52	833.83	155 523.424 0	1.213 1
273.0	16.0	3.0	2.0	3.0	60	23.2	11.87	207.40	831.72	172 501.464 5	1.345 5
273.0	18.0	3.0	2.0	3.0	60	25.5	13.20	252.64	827.50	209 058.413 7	1.630 7
273.0	20.0	3.0	2.0	3.0	60	27.8	14.53	302.49	823.28	249 034.848 7	1.942 5
325.0	6.0	2.0	1.5	2.0	60	11.2	4.92	38.61	1014.25	39 158.407 6	0.305 4
325.0	8.0	2.0	1.5	2.5	60	13.5	6.50	62.88	1011.59	63 608.892 7	0.496 1
325.0	9.0	3.0	2.0	2.5	60	15.1	6.98	80.40	1008.33	81 072.873 6	0.632 4
325.0	10.0	3.0	2.0	2.5	60	16.2	7.64	93.98	1006.21	94 565.375 7	0.737 6
325.0	12.0	3.0	2.0	2.5	60	18.5	8.97	124.60	1001.98	124 847.324 7	0.973 8
325.0	14.0	3.0	2.0	2.5	60	20.8	10.30	159.83	997.76	159 476.861 4	1.243 9

续表

尺　寸 (mm)							重心距 (mm)	断　面 (mm²)	周　长 (mm)	体　积 (mm³)	金属重量 (kg/口)
Φ	δ	b	p	e	α	B					
325.0	15.0	3.0	2.0	3.0	60	22.0	11.21	186.52	997.19	185 993.370 1	1.450 7
325.0	16.0	3.0	2.0	3.0	60	23.2	11.87	207.40	995.08	206 383.570 1	1.609 8
325.0	18.0	3.0	2.0	3.0	60	25.5	13.20	252.64	990.86	250 330.400 6	1.952 6
325.0	20.0	3.0	2.0	3.0	60	27.8	14.53	302.49	986.64	298 450.799 7	2.327 9
377.0	6.0	2.0	1.5	2.0	60	11.2	4.92	38.61	1 177.61	45 465.560 8	0.354 6
377.0	7.0	2.0	1.5	2.5	60	12.3	5.84	52.03	1 177.08	61 246.743 1	0.477 7
377.0	8.0	2.0	1.5	2.5	60	13.5	6.50	62.88	1 174.96	73 881.134 2	0.576 3
377.0	9.0	3.0	2.0	2.5	60	15.1	6.98	80.40	1 171.69	94 207.735 7	0.734 8
377.0	10.0	3.0	2.0	2.5	60	16.2	7.64	93.98	1 169.58	109 918.432 9	0.857 4
377.0	11.0	3.0	2.0	2.5	60	17.4	8.31	108.71	1 167.46	126 919.049 3	0.990 0
377.0	12.0	3.0	2.0	2.5	60	18.5	8.97	124.60	1 165.35	145 202.334 1	1.132 6
377.0	14.0	3.0	2.0	2.5	60	20.8	10.30	159.83	1 161.12	185 587.905 8	1.447 6
377.0	15.0	3.0	2.0	3.0	60	22.0	11.21	186.52	1 160.56	216 463.316 2	1.688 4
377.0	16.0	3.0	2.0	3.0	60	23.2	11.87	207.40	1 158.44	240 265.675 7	1.874 1
377.0	18.0	3.0	2.0	3.0	60	25.5	13.20	252.64	1 154.22	291 602.387 5	2.274 5
377.0	19.0	3.0	2.0	3.0	60	26.6	13.86	276.99	1 152.11	319 122.238 0	2.489 2
377.0	20.0	3.0	2.0	3.0	60	27.8	14.53	302.49	1 150.00	347 866.750 7	2.713 4
426.0	6.0	2.0	1.5	2.0	60	11.2	4.92	38.61	1 331.55	51 408.839 8	0.401 0
426.0	7.0	2.0	1.5	2.5	60	12.3	5.84	52.03	1 331.02	69 256.537 9	0.540 2
426.0	8.0	2.0	1.5	2.5	60	13.5	6.50	62.88	1 328.89	83 560.746 4	0.651 8
426.0	9.0	3.0	2.0	2.5	60	15.1	6.98	80.40	1 325.63	106 584.817 3	0.831 4
426.0	10.0	3.0	2.0	2.5	60	16.2	7.64	93.98	1 323.52	124 385.736 7	0.970 2
426.0	12.0	3.0	2.0	2.5	60	18.5	8.97	124.60	1 319.29	164 383.016 0	1.282 2
426.0	14.0	3.0	2.0	2.5	60	20.8	10.30	159.83	1 315.06	210 192.543 9	1.639 5
426.0	16.0	3.0	2.0	3.0	60	23.2	11.87	207.40	1 312.38	272 193.044 5	2.123 1
426.0	18.0	3.0	2.0	3.0	60	25.5	13.20	252.64	1 308.16	330 493.298 2	2.577 8
426.0	20.0	3.0	2.0	3.0	60	27.8	14.53	302.49	1 303.94	394 431.781 4	3.076 6
480.0	6.0	2.0	1.5	2.0	60	11.2	4.92	38.61	1 501.20	57 958.575 9	0.452 1
480.0	8.0	2.0	1.5	2.5	60	13.5	6.50	62.88	1 498.54	94 228.074 1	0.735 0
480.0	10.0	3.0	2.0	2.5	60	16.2	7.64	93.98	1 493.16	140 329.296 1	1.094 6

续表

尺寸(mm)							重心距 (mm)	断面 (mm²)	周长 (mm)	体积 (mm³)	金属重量 (kg/口)
Φ	δ	b	p	e	α	B					
480.0	11.0	3.0	2.0	2.5	60	17.4	8.31	108.71	1 491.05	162 097.061 0	1.264 4
480.0	12.0	3.0	2.0	2.5	60	18.5	8.97	124.60	1 488.93	185 520.910 3	1.447 1
480.0	14.0	3.0	2.0	2.5	60	20.8	10.30	159.83	1 484.71	237 307.859 2	1.851 0
480.0	17.0	3.0	2.0	3.0	60	24.3	12.54	229.45	1 479.92	339 559.198 8	2.648 6
480.0	19.0	3.0	2.0	3.0	60	26.6	13.86	276.99	1 475.70	408 751.468 5	3.188 3
480.0	20.0	3.0	2.0	3.0	60	27.8	14.53	302.49	1 473.59	445 748.345 9	3.476 8
508.0	6.0	2.0	1.5	2.0	60	11.2	4.92	38.61	1 589.16	61 354.735 3	0.478 6
508.0	8.0	2.0	1.5	2.5	60	13.5	6.50	62.88	1 586.50	99 759.281 1	0.778 1
508.0	10.0	3.0	2.0	2.5	60	16.2	7.64	93.98	1 581.13	148 596.326 8	1.159 1
508.0	12.0	3.0	2.0	2.5	60	18.5	8.97	124.60	1 576.90	196 481.300 0	1.532 6
508.0	14.0	3.0	2.0	2.5	60	20.8	10.30	159.83	1 572.67	251 367.652 4	1.960 7
508.0	16.0	3.0	2.0	3.0	60	23.2	11.87	207.40	1 569.99	325 622.518 8	2.539 9
508.0	20.0	3.0	2.0	3.0	60	27.8	14.53	302.49	1 561.55	472 356.934 9	3.684 4
530.0	6.0	2.0	1.5	2.0	60	11.2	4.92	38.61	1 658.28	64 023.146 3	0.499 4
530.0	8.0	2.0	1.5	2.5	60	13.5	6.50	62.88	1 655.62	104 105.229 4	0.812 0
530.0	10.0	3.0	2.0	2.5	60	16.2	7.64	93.98	1 650.24	155 091.851 0	1.209 7
530.0	12.0	3.0	2.0	2.5	60	18.5	8.97	124.60	1 646.01	205 093.034 7	1.599 7
530.0	14.0	3.0	2.0	2.5	60	20.8	10.30	159.83	1 641.79	262 414.632 7	2.046 8
530.0	16.0	3.0	2.0	3.0	60	23.2	11.87	207.40	1 639.11	339 957.255 8	2.651 7
530.0	20.0	3.0	2.0	3.0	60	27.8	14.53	302.49	1 630.67	493 263.683 4	3.847 5
559.0	6.0	2.0	1.5	2.0	60	11.2	4.92	38.61	1 749.38	67 540.597 1	0.526 8
559.0	7.0	2.0	1.5	2.5	60	12.3	5.84	52.03	1 748.85	90 997.409 4	0.709 8
559.0	8.0	2.0	1.5	2.5	60	13.5	6.50	62.88	1 746.73	109 833.979 5	0.856 7
559.0	10.0	3.0	2.0	2.5	60	16.2	7.64	93.98	1 741.35	163 654.132 9	1.276 5
559.0	12.0	3.0	2.0	2.5	60	18.5	8.97	124.60	1 737.12	216 444.866 8	1.688 3
559.0	16.0	3.0	2.0	3.0	60	23.2	11.87	207.40	1 730.21	358 853.045 5	2.799 1
559.0	20.0	3.0	2.0	3.0	60	27.8	14.53	302.49	1 721.77	520 822.579 1	4.062 4
630.0	6.0	2.0	1.5	2.0	60	11.2	4.92	38.61	1 972.44	76 152.287 0	0.594 0
630.0	8.0	2.0	1.5	2.5	60	13.5	6.50	62.88	1 969.78	123 859.5401	0.966 1
630.0	10.0	3.0	2.0	2.5	60	16.2	7.64	93.98	1 964.40	184 616.960 9	1.440 0

续表

尺 寸 (mm)							重心距 (mm)	断 面 (mm²)	周 长 (mm)	体 积 (mm³)	金属重量 (kg/口)
Φ	δ	b	p	e	α	B					
630.0	12.0	3.0	2.0	2.5	60	18.5	8.97	124.60	1 960.17	244 237.283 5	1.905 1
630.0	14.0	3.0	2.0	2.5	60	20.8	10.30	159.83	1 955.95	312 628.179 7	2.438 5
630.0	16.0	3.0	2.0	3.0	60	23.2	11.87	207.40	1 953.27	405 115.151 2	3.159 9
630.0	18.0	3.0	2.0	3.0	60	25.5	13.20	252.64	1 949.04	492 406.477 5	3.840 8
630.0	20.0	3.0	2.0	3.0	60	27.8	14.53	302.49	1 944.83	588 294.358 3	4.588 7
660.0	8.0	2.0	1.5	2.5	60	13.5	6.50	62.88	2 064.03	129 785.833 2	1.012 3
660.0	9.0	3.0	2.0	2.5	60	15.1	6.98	80.40	2 060.77	165 691.696 8	1.292 4
660.0	12.0	3.0	2.0	2.5	60	18.5	8.97	124.60	2 054.42	255 980.558 1	1.996 6
660.0	18.0	3.0	2.0	3.0	60	25.5	13.20	252.64	2 043.29	516 217.239 2	4.026 5
660.0	20.0	3.0	2.0	3.0	60	27.8	14.53	302.49	2 039.07	616 803.560 8	4.811 1
720.0	8.0	2.0	1.5	2.5	60	13.5	6.50	62.88	2 252.52	141 638.419 6	1.104 8
720.0	9.0	3.0	2.0	2.5	60	15.1	6.98	80.40	2 249.26	180 847.306 9	1.410 6
720.0	10.0	3.0	2.0	2.5	60	16.2	7.64	93.98	2 247.14	211 189.559 8	1.647 3
720.0	12.0	3.0	2.0	2.5	60	18.5	8.97	124.60	2 242.91	279 467.107 4	2.179 8
720.0	20.0	3.0	2.0	3.0	60	27.8	14.53	302.49	2 227.57	673 821.965 8	5.255 8
762.0	10.0	3.0	2.0	2.5	60	16.2	7.64	93.98	2 379.09	223 590.106 0	1.744 0
762.0	12.0	3.0	2.0	3.0	60	18.5	9.22	130.78	2 376.41	310 787.382 2	2.424 1
762.0	20.0	3.0	2.0	3.0	60	27.8	14.53	302.49	2 359.52	713 734.849 3	5.567 1
813.0	10.0	3.0	2.0	3.0	60	16.2	7.89	99.39	2 540.87	252 542.169 2	1.969 8
813.0	12.0	3.0	2.0	3.0	60	18.5	9.22	130.78	2 536.63	331 741.116 3	2.587 6
813.0	20.0	3.0	2.0	3.0	60	27.8	14.53	302.49	2 519.74	762 200.493 6	5.945 2
864.0	10.0	3.0	2.0	3.0	60	16.2	7.89	99.39	2 701.09	268 466.879 0	2.094 0
864.0	12.0	3.0	2.0	3.0	60	18.5	9.22	130.78	2 696.86	352 694.850 5	2.751 0
864.0	20.0	3.0	2.0	3.0	60	27.8	14.53	302.49	2 679.96	810 666.137 8	6.323 2
914.0	10.0	3.0	2.0	3.0	60	16.2	7.89	99.39	2 858.17	284 079.339 5	2.215 8
914.0	12.0	3.0	2.0	3.0	60	18.5	9.22	130.78	2 853.94	373 237.727 1	2.911 3
914.0	20.0	3.0	2.0	3.0	60	27.8	14.53	302.49	2 837.04	858 181.475 3	6.693 8
965.0	10.0	3.0	2.0	3.0	60	16.2	7.89	99.39	3 018.39	300 004.049 3	2.340 0
965.0	12.0	3.0	2.0	3.0	60	18.5	9.22	130.78	3 014.16	394 191.461 3	3.074 7
965.0	20.0	3.0	2.0	3.0	60	27.8	14.53	302.49	2 997.26	906 647.119 5	7.071 8

续表

尺寸(mm)							重心距	断面	周长	体积	金属重量
Φ	δ	b	p	e	α	B	(mm)	(mm²)	(mm)	(mm³)	(kg/口)
1067.0	10.0	3.0	2.0	3.0	60	16.2	7.89	99.39	3 338.83	331 853.468 9	2.588 5
1067.0	12.0	3.0	2.0	3.0	60	18.5	9.22	130.78	3 334.60	436 098.929 6	3.401 6
1067.0	20.0	3.0	2.0	3.0	60	27.8	14.53	302.49	3 317.70	1 003 578.408 0	7.8279

②碳钢板卷管

尺寸(mm)							重心距	断面	周长	体积	金属重量
Φ	δ	b	p	e	α	B	(mm)	(mm²)	(mm)	(mm³)	(kg/口)
219.0	4.0	2.0	1.5	2.0	60	8.9	3.59	23.46	685.45	16 077.399 3	0.125 4
219.0	5.0	2.0	1.5	2.0	60	10.0	4.26	30.46	683.36	20 813.539 9	0.162 3
219.0	6.0	2.0	1.5	2.0	60	11.2	4.92	38.62	681.24	26 306.127 5	0.205 2
219.0	7.0	2.0	1.5	2.5	60	12.3	5.84	52.04	680.71	35 426.060 2	0.276 3
219.0	8.0	2.0	1.5	2.5	60	13.5	6.50	62.89	678.57	42 678.754 1	0.332 9
219.0	9.0	3.0	2.0	2.5	60	15.1	6.98	80.42	675.31	54 308.792 0	0.423 6
245.0	5.0	2.0	1.5	2.0	60	10.0	4.26	30.46	765.04	23 301.382 0	0.181 8
245.0	6.0	2.0	1.5	2.0	60	11.2	4.92	38.62	762.92	29 460.283 0	0.229 8
245.0	8.0	2.0	1.5	2.5	60	13.5	6.50	62.89	760.26	47 816.082 7	0.373 0
245.0	9.0	3.0	2.0	2.5	60	15.1	6.98	80.42	756.99	60 877.623 9	0.474 8
273.0	4.0	2.0	1.5	2.0	60	8.9	3.59	23.46	855.10	20 056.464 4	0.156 4
273.0	6.0	2.0	1.5	2.0	60	11.2	4.92	38.62	850.88	32 857.065 8	0.256 3
273.0	7.0	2.0	1.5	2.5	60	12.3	5.84	52.04	850.35	44 254.977 1	0.345 2
273.0	8.0	2.0	1.5	2.5	60	13.5	6.50	62.89	848.22	53 348.590 5	0.416 1
273.0	9.0	3.0	2.0	2.5	60	15.1	6.98	80.42	844.96	67 951.750 5	0.530 0
325.0	4.0	2.0	1.5	2.0	60	8.9	3.59	23.46	1 018.46	23 888.156 7	0.186 3
325.0	6.0	2.0	1.5	2.0	60	11.2	4.92	38.62	1 014.24	39 165.376 9	0.305 5
325.0	7.0	2.0	1.5	2.5	60	12.3	5.84	52.04	1 013.71	52 756.897 1	0.411 5
325.0	8.0	2.0	1.5	2.5	60	13.5	6.50	62.89	1 011.58	63 623.247 7	0.496 3
325.0	9.0	3.0	2.0	2.5	60	15.1	6.98	80.42	1 008.32	81 089.414 3	0.632 5

续表

尺 寸 (mm)							重心距 (mm)	断 面 (mm²)	周 长 (mm)	体 积 (mm³)	金属重量 (kg/口)
Φ	δ	b	p	e	α	B					
377.0	4.0	2.0	1.5	2.0	60	8.9	3.59	23.46	1 181.83	27 719.849 0	0.216 2
377.0	5.0	2.0	1.5	2.0	60	10.0	4.26	30.46	1 179.73	35 931.964 8	0.280 3
377.0	6.0	2.0	1.5	2.0	60	11.2	4.92	38.62	1 177.61	45 473.687 9	0.354 7
377.0	7.0	2.0	1.5	2.5	60	12.3	5.84	52.04	1 177.08	61 258.817 0	0.477 8
377.0	8.0	2.0	1.5	2.5	60	13.5	6.50	62.89	1 174.95	73 897.905 0	0.576 4
377.0	9.0	3.0	2.0	2.5	60	15.1	6.98	80.42	1 171.68	94 227.078 1	0.735 0
377.0	10.0	3.0	2.0	2.5	60	16.2	7.64	94.00	1 169.57	109 943.555 6	0.857 6
406.0	4.0	2.0	1.5	2.0	60	8.9	3.59	23.46	1 272.93	29 856.754 4	0.232 9
406.0	6.0	2.0	1.5	2.0	60	11.2	4.92	38.62	1 268.71	48 991.784 5	0.382 1
406.0	7.0	2.0	1.5	2.5	60	12.3	5.84	52.04	1 268.18	66 000.272 4	0.514 8
406.0	8.0	2.0	1.5	2.5	60	13.5	6.50	62.89	1 266.05	79 628.002 3	0.621 1
406.0	9.0	3.0	2.0	2.5	60	15.1	6.98	80.42	1 262.79	101 553.852 1	0.792 1
406.0	10.0	3.0	2.0	2.5	60	16.2	7.64	94.00	1 260.67	118 507.878 2	0.924 4
426.0	4.0	2.0	1.5	2.0	60	8.9	3.59	23.46	1 335.76	31 330.482 2	0.244 4
426.0	6.0	2.0	1.5	2.0	60	11.2	4.92	38.62	1 331.54	51 418.058 0	0.401 1
426.0	7.0	2.0	1.5	2.5	60	12.3	5.84	52.04	1 331.02	69 270.241 6	0.540 3
426.0	8.0	2.0	1.5	2.5	60	13.5	6.50	62.89	1 328.88	83 579.793 5	0.651 9
426.0	9.0	3.0	2.0	2.5	60	15.1	6.98	80.42	1 325.62	106 606.799 7	0.831 5
426.0	10.0	3.0	2.0	2.5	60	16.2	7.64	94.00	1 323.50	124 414.307 6	0.970 4
457.0	4.0	2.0	1.5	2.0	60	8.9	3.59	23.46	1 433.15	33 614.760 3	0.262 2
457.0	6.0	2.0	1.5	2.0	60	11.2	4.92	38.62	1 428.93	55 178.781 9	0.430 4
457.0	7.0	2.0	1.5	2.5	60	12.3	5.84	52.04	1 428.40	74 338.693 9	0.579 8
457.0	8.0	2.0	1.5	2.5	60	13.5	6.50	62.89	1 426.27	89 705.069 9	0.699 7
457.0	9.0	3.0	2.0	2.5	60	15.1	6.98	80.42	1 423.01	114 438.868 5	0.892 6
457.0	10.0	3.0	2.0	2.5	60	16.2	7.64	94.00	1 420.89	133 569.273 2	1.041 8
457.0	11.0	3.0	2.0	2.5	60	17.4	8.31	108.74	1 418.78	154 280.519 7	1.203 4
457.0	12.0	3.0	2.0	2.5	60	18.5	8.97	124.64	1 416.66	176 565.343 9	1.377 2
457.0	13.0	3.0	2.0	2.5	60	19.7	9.63	141.68	1 414.54	200 416.481 9	1.563 2
478.0	4.0	2.0	1.5	2.0	60	8.9	3.59	23.46	1 499.13	35 162.174 5	0.274 3
478.0	5.0	2.0	1.5	2.0	60	10.0	4.26	30.46	1 497.03	45 596.274 5	0.355 7

续表

尺 寸（mm）							重心距 (mm)	断 面 (mm²)	周 长 (mm)	体 积 (mm³)	金属重量 (kg/口)
Φ	δ	b	p	e	α	B					
478.0	6.0	2.0	1.5	2.0	60	11.2	4.92	38.62	1 494.91	57 726.369 0	0.450 3
478.0	8.0	2.0	1.5	2.5	60	13.5	6.50	62.89	1 492.25	93 854.450 7	0.732 1
478.0	9.0	3.0	2.0	2.5	60	15.1	6.98	80.42	1 488.99	119 744.463 5	0.934 0
478.0	10.0	3.0	2.0	2.5	60	16.2	7.64	94.00	1 486.87	139 771.024 1	1.090 2
478.0	12.0	3.0	2.0	2.5	60	18.5	8.97	124.64	1 482.63	184 787.945 2	1.441 3
508.0	6.0	2.0	1.5	2.0	60	11.2	4.92	38.62	1 589.16	61 365.779 2	0.478 7
508.0	8.0	2.0	1.5	2.5	60	13.5	6.50	62.89	1 586.50	99 782.137 6	0.778 3
508.0	9.0	3.0	2.0	2.5	60	15.1	6.98	80.42	1 583.23	127 323.884 9	0.993 1
508.0	10.0	3.0	2.0	2.5	60	16.2	7.64	94.00	1 581.11	148 630.668 2	1.159 3
508.0	12.0	3.0	2.0	2.5	60	18.5	8.97	124.64	1 576.88	196 534.518 6	1.533 0
508.0	14.0	3.0	2.0	2.5	60	20.8	10.30	159.89	1 572.65	251 443.653 8	1.961 3
529.0	6.0	2.0	1.5	2.0	60	11.2	4.92	38.62	1 655.13	63 913.366 4	0.498 5
529.0	8.0	2.0	1.5	2.5	60	13.5	6.50	62.89	1 652.47	103 931.518 4	0.810 7
529.0	9.0	3.0	2.0	2.5	60	15.1	6.98	80.42	1 649.21	132 629.479 9	1.034 5
529.0	10.0	3.0	2.0	2.5	60	16.2	7.64	94.00	1 647.09	154 832.419 1	1.207 7
529.0	12.0	3.0	2.0	2.5	60	18.5	8.97	124.64	1 642.85	204 757.119 9	1.597 1
529.0	14.0	3.0	2.0	2.5	60	20.8	10.30	159.89	1 638.63	261 991.823 7	2.043 5
559.0	6.0	2.0	1.5	2.0	60	11.2	4.92	38.62	1 749.38	67 552.776 6	0.526 9
559.0	8.0	2.0	1.5	2.5	60	13.5	6.50	62.89	1 746.72	109 859.205 3	0.856 9
559.0	9.0	3.0	2.0	2.5	60	15.1	6.98	80.42	1 743.45	140 208.901 3	1.093 6
559.0	10.0	3.0	2.0	2.5	60	16.2	7.64	94.00	1 741.34	163 692.063 2	1.276 8
559.0	12.0	3.0	2.0	2.5	60	18.5	8.97	124.64	1 737.10	216 503.693 2	1.688 7
559.0	14.0	3.0	2.0	2.5	60	20.8	10.30	159.89	1 732.87	277 060.637 9	2.161 1

③合金钢、不锈钢管

尺 寸（mm）							重心距 (mm)	断 面 (mm²)	周 长 (mm)	体 积 (mm³)	金属重量 (kg/口)
Φ	δ	b	p	e	α	B					
22.0	3.0	1.5	1.5	1.5	60	7.2	2.76	13.03	67.64	881.326 9	0.006 9
22.0	3.5	1.5	1.5	1.5	60	7.8	3.11	15.37	66.64	1 024.128 7	0.008 1
22.0	4.0	2.0	1.5	2.0	60	8.9	3.59	23.46	66.56	1 561.180 2	0.012 3
22.0	4.5	2.0	1.5	2.0	60	9.5	3.93	26.81	65.51	1 756.585 8	0.013 8
22.0	5.0	2.0	1.5	2.0	60	10.0	4.26	30.46	64.46	1 963.351 8	0.015 5

续表

尺 寸 (mm)							重心距 (mm)	断面 (mm²)	周长 (mm)	体积 (mm³)	金属重量 (kg/口)
Φ	δ	b	p	e	α	B					
25.0	3.0	1.5	1.5	1.5	60	7.2	2.76	13.03	77.06	1 004.132 2	0.007 9
25.0	3.5	1.5	1.5	1.5	60	7.8	3.11	15.37	76.07	1 168.963 1	0.009 2
25.0	4.0	2.0	1.5	2.0	60	8.9	3.59	23.46	75.99	1 782.239 4	0.014 0
25.0	4.5	2.0	1.5	2.0	60	9.5	3.93	26.81	74.94	2 009.284 3	0.015 8
25.0	5.0	2.0	1.5	2.0	60	10.0	4.26	30.46	73.89	2 250.410 5	0.017 7
25.0	5.5	2.0	1.5	2.0	60	10.6	4.59	34.39	72.83	2 504.710 0	0.019 7
25.0	6.0	2.0	1.5	2.0	60	11.2	4.92	38.62	71.77	2771.2747	0.021 8
25.0	6.5	2.0	1.5	2.0	60	11.8	5.25	43.13	70.70	3 049.196 7	0.024 0
27.0	3.0	1.5	1.5	1.5	60	7.2	2.76	13.03	83.35	1 086.002 3	0.008 6
27.0	3.5	1.5	1.5	1.5	60	7.8	3.11	15.37	82.35	1 265.519 3	0.010 0
27.0	4.0	2.0	1.5	2.0	60	8.9	3.59	23.46	82.27	1 929.612 2	0.015 2
27.0	4.5	2.0	1.5	2.0	60	9.5	3.93	26.81	81.22	2 177.750 1	0.017 2
27.0	5.0	2.0	1.5	2.0	60	10.0	4.26	30.46	80.17	2 441.783 0	0.019 2
27.0	5.5	2.0	1.5	2.0	60	10.6	4.59	34.39	79.11	2 720.803 0	0.021 4
27.0	6.0	2.0	1.5	2.0	60	11.2	4.92	38.62	78.05	3 013.902 0	0.023 7
27.0	6.5	2.0	1.5	2.0	60	11.8	5.25	43.13	76.99	3 320.172 1	0.026 2
32.0	3.0	1.5	1.5	1.5	60	7.2	2.76	13.03	99.05	1 290.677 7	0.010 2
32.0	3.5	1.5	1.5	1.5	60	7.8	3.11	15.37	98.06	1 506.909 9	0.011 9
32.0	4.0	2.0	1.5	2.0	60	8.9	3.59	23.46	97.98	2 298.044 1	0.018 1
32.0	4.5	2.0	1.5	2.0	60	9.5	3.93	26.81	96.93	2 598.914 4	0.020 5
32.0	5.0	2.0	1.5	2.0	60	10.0	4.26	30.46	95.88	2 920.214 2	0.023 0
32.0	5.5	2.0	1.5	2.0	60	10.6	4.59	34.39	94.82	3 261.035 5	0.025 7
32.0	6.0	2.0	1.5	2.0	60	11.2	4.92	38.62	93.76	3 620.470 4	0.028 5
32.0	6.5	2.0	1.5	2.0	60	11.8	5.25	43.13	92.69	3 997.610 9	0.031 5
32.0	7.0	2.0	1.5	2.5	60	12.3	5.84	52.04	93.23	4 851.847 9	0.038 2
34.0	3.0	1.5	1.5	1.5	60	7.2	2.76	13.03	105.34	1 372.547 8	0.010 8
34.0	3.5	1.5	1.5	1.5	60	7.8	3.11	15.37	104.34	1 603.466 1	0.012 6
34.0	4.0	2.0	1.5	2.0	60	8.9	3.59	23.46	104.26	2 445.416 9	0.019 3
34.0	4.5	2.0	1.5	2.0	60	9.5	3.93	26.81	103.21	2 767.380 1	0.021 8
34.0	5.0	2.0	1.5	2.0	60	10.0	4.26	30.46	102.16	3 111.586 7	0.024 5

续表

尺 寸(mm)							重心距 (mm)	断 面 (mm²)	周 长 (mm)	体 积 (mm³)	金属重量 (kg/口)
Φ	δ	b	p	e	α	B					
34.0	5.5	2.0	1.5	2.0	60	10.6	4.59	34.39	101.10	3 477.128 5	0.027 4
34.0	6.0	2.0	1.5	2.0	60	11.2	4.92	38.62	100.04	3 863.097 8	0.030 4
34.0	6.5	2.0	1.5	2.0	60	11.8	5.25	43.13	98.98	4 268.586 3	0.033 6
34.0	7.0	2.0	1.5	2.5	60	12.3	5.84	52.04	99.51	5 178.844 9	0.040 8
38.0	3.0	1.5	1.5	1.5	60	7.2	2.76	13.03	117.90	1 536.288 1	0.012 1
38.0	3.5	1.5	1.5	1.5	60	7.8	3.11	15.37	116.91	1 796.578 6	0.014 2
38.0	4.0	2.0	1.5	2.0	60	8.9	3.59	23.46	116.83	2 740.162 5	0.021 6
38.0	4.5	2.0	1.5	2.0	60	9.5	3.93	26.81	115.78	3 104.311 6	0.024 5
38.0	5.0	2.0	1.5	2.0	60	10.0	4.26	30.46	114.73	3 494.331 6	0.027 5
38.0	5.5	2.0	1.5	2.0	60	10.6	4.59	34.39	113.67	3 909.314 6	0.030 8
38.0	6.0	2.0	1.5	2.0	60	11.2	4.92	38.62	112.61	4 348.352 5	0.034 3
38.0	6.5	2.0	1.5	2.0	60	11.8	5.25	43.13	111.54	4 810.537 3	0.037 9
38.0	7.0	2.0	1.5	2.5	60	12.3	5.84	52.04	112.08	5 832.838 7	0.046 0
42.0	3.0	1.5	1.5	1.5	60	7.2	2.76	13.03	130.47	1 700.028 4	0.013 4
42.0	3.5	1.5	1.5	1.5	60	7.8	3.11	15.37	129.47	1 989.691 1	0.015 7
42.0	4.0	2.0	1.5	2.0	60	8.9	3.59	23.46	129.39	3 034.908 0	0.023 9
42.0	4.5	2.0	1.5	2.0	60	9.5	3.93	26.81	128.35	3 441.243 0	0.027 1
42.0	5.0	2.0	1.5	2.0	60	10.0	4.26	30.46	127.29	3 877.076 5	0.030 6
42.0	5.5	2.0	1.5	2.0	60	10.6	4.59	34.39	126.23	4 341.500 6	0.034 2
42.0	6.0	2.0	1.5	2.0	60	11.2	4.92	38.62	125.17	4 833.607 2	0.038 1
42.0	6.5	2.0	1.5	2.0	60	11.8	5.25	43.13	124.11	5 352.488 3	0.042 2
42.0	7.0	2.0	1.5	2.5	60	12.3	5.84	52.04	124.64	6 486.832 5	0.051 1
42.0	8.0	2.0	1.5	2.5	60	13.5	6.50	62.89	122.51	7 705.401 6	0.060 7
45.0	3.0	1.5	1.5	1.5	60	7.2	2.76	13.03	139.89	1 822.833 7	0.014 4
45.0	3.5	1.5	1.5	1.5	60	7.8	3.11	15.37	138.90	2 134.525 4	0.016 8
45.0	4.0	2.0	1.5	2.0	60	8.9	3.59	23.46	138.82	3 255.967 2	0.025 7
45.0	4.5	2.0	1.5	2.0	60	9.5	3.93	26.81	137.77	3 693.941 6	0.029 1
45.0	5.0	2.0	1.5	2.0	60	10.0	4.26	30.46	136.72	4 164.135 2	0.032 8
45.0	5.5	2.0	1.5	2.0	60	10.6	4.59	34.39	135.66	4 665.640 1	0.036 8
45.0	6.0	2.0	1.5	2.0	60	11.2	4.92	38.62	134.60	5 197.548 2	0.041 0

续表

尺 寸 (mm)							重心距 (mm)	断面 (mm²)	周长 (mm)	体积 (mm³)	金属重量 (kg/口)
Φ	δ	b	p	e	α	B					
45.0	6.5	2.0	1.5	2.0	60	11.8	5.25	43.13	133.53	5 758.951 5	0.045 4
45.0	7.0	2.0	1.5	2.5	60	12.3	5.84	52.04	134.07	6 977.327 9	0.055 0
45.0	8.0	2.0	1.5	2.5	60	13.5	6.50	62.89	131.94	8 298.170 3	0.065 4
48.0	3.0	1.5	1.5	1.5	60	7.2	2.76	13.03	149.32	1 945.638 9	0.015 3
48.0	3.5	1.5	1.5	1.5	60	7.8	3.11	15.37	148.32	2 279.359 8	0.018 0
48.0	4.0	2.0	1.5	2.0	60	8.9	3.59	23.46	148.24	3 477.026 4	0.027 4
48.0	4.5	2.0	1.5	2.0	60	9.5	3.93	26.81	147.20	3 946.640 2	0.031 1
48.0	5.0	2.0	1.5	2.0	60	10.0	4.26	30.46	146.14	4 451.193 9	0.035 1
48.0	5.5	2.0	1.5	2.0	60	10.6	4.59	34.39	145.08	4 989.779 6	0.039 3
48.0	6.0	2.0	1.5	2.0	60	11.2	4.92	38.62	144.02	5 561.489 2	0.043 8
48.0	6.5	2.0	1.5	2.0	60	11.8	5.25	43.13	142.96	6 165.414 7	0.048 6
48.0	7.0	2.0	1.5	2.5	60	12.3	5.84	52.04	143.49	7 467.823 3	0.058 8
48.0	8.0	2.0	1.5	2.5	60	13.5	6.50	62.89	141.36	8 890.938 9	0.070 1
48.0	9.0	3.0	2.0	2.5	60	15.1	6.98	80.42	138.10	11 106.089 9	0.087 5
57.0	3.0	1.5	1.5	1.5	60	7.2	2.76	13.03	177.59	2 314.054 6	0.018 2
57.0	3.5	1.5	1.5	1.5	60	7.8	3.11	15.37	176.60	2 713.862 8	0.021 4
57.0	4.0	2.0	1.5	2.0	60	8.9	3.59	23.46	176.52	4 140.203 9	0.032 6
57.0	4.5	2.0	1.5	2.0	60	9.5	3.93	26.81	175.47	4 704.736 0	0.037 1
57.0	5.0	2.0	1.5	2.0	60	10.0	4.26	30.46	174.42	5 312.370 0	0.041 9
57.0	5.5	2.0	1.5	2.0	60	10.6	4.59	34.39	173.36	5 962.198 1	0.047 0
57.0	6.0	2.0	1.5	2.0	60	11.2	4.92	38.62	172.30	6 653.312 3	0.052 4
57.0	6.5	2.0	1.5	2.0	60	11.8	5.25	43.13	171.23	7 384.804 4	0.058 2
57.0	7.0	2.0	1.5	2.5	60	12.3	5.84	52.04	171.77	8 939.309 5	0.070 4
57.0	7.5	2.0	1.5	2.5	60	12.9	6.17	57.32	170.70	9 785.450 2	0.077 1
57.0	8.0	2.0	1.5	2.5	60	13.5	6.50	62.89	169.64	10 669.245 0	0.084 1
57.0	9.0	3.0	2.0	2.5	60	15.1	6.98	80.42	166.38	13 379.916 4	0.105 4
60.0	3.0	1.5	1.5	1.5	60	7.2	2.76	13.03	187.02	2 436.859 8	0.019 2
60.0	3.5	1.5	1.5	1.5	60	7.8	3.11	15.37	186.02	2 858.697 2	0.022 5
60.0	4.0	2.0	1.5	2.0	60	8.9	3.59	23.46	185.94	4 361.263 1	0.034 4
60.0	4.5	2.0	1.5	2.0	60	9.5	3.93	26.81	184.90	4 957.434 5	0.039 1

续表

尺 寸 (mm)							重心距 (mm)	断 面 (mm²)	周 长 (mm)	体 积 (mm³)	金属重量 (kg/口)
Φ	δ	b	p	e	α	B					
60.0	5.0	2.0	1.5	2.0	60	10.0	4.26	30.46	183.84	5 599.428 7	0.044 1
60.0	5.5	2.0	1.5	2.0	60	10.6	4.59	34.39	182.78	6 286.337 6	0.049 5
60.0	6.0	2.0	1.5	2.0	60	11.2	4.92	38.62	181.72	7 017.253 3	0.055 3
60.0	6.5	2.0	1.5	2.0	60	11.8	5.25	43.13	180.66	7 791.267 7	0.061 4
60.0	7.0	2.0	1.5	2.5	60	12.3	5.84	52.04	181.19	9 429.804 8	0.074 3
60.0	7.5	2.0	1.5	2.5	60	12.9	6.17	57.32	180.13	10 325.721 9	0.081 4
60.0	8.0	2.0	1.5	2.5	60	13.5	6.50	62.89	179.06	11 262.013 7	0.088 7
60.0	8.5	2.0	1.5	2.5	60	14.1	6.83	68.75	177.99	12 237.772 2	0.096 4
60.0	9.0	3.0	2.0	2.5	60	15.1	6.98	80.42	175.80	14 137.858 5	0.111 4
68.0	3.0	1.5	1.5	1.5	60	7.2	2.76	13.03	212.15	2 764.340 4	0.021 8
68.0	3.5	1.5	1.5	1.5	60	7.8	3.11	15.37	211.16	3 244.922 1	0.025 6
68.0	4.0	2.0	1.5	2.0	60	8.9	3.59	23.46	211.07	4 950.754 2	0.039 0
68.0	5.0	2.0	1.5	2.0	60	10.0	4.26	30.46	208.97	6 364.918 6	0.050 2
68.0	6.0	2.0	1.5	2.0	60	11.2	4.92	38.62	206.85	7 987.762 7	0.062 9
68.0	7.0	2.0	1.5	2.5	60	12.3	5.84	52.04	206.32	10 737.792 5	0.084 6
68.0	8.0	2.0	1.5	2.5	60	13.5	6.50	62.89	204.19	12 842.730 2	0.101 2
68.0	9.0	3.0	2.0	2.5	60	15.1	6.98	80.42	200.93	16 159.037 5	0.127 3
68.0	10.0	3.0	2.0	2.5	60	16.2	7.64	94.00	198.81	18 689.221 1	0.147 3
68.0	11.0	3.0	2.0	2.5	60	17.4	8.31	108.74	196.70	21 389.111 1	0.168 5
68.0	12.0	3.0	2.0	2.5	60	18.5	8.97	124.64	194.58	24 251.443 4	0.191 1
68.0	13.0	3.0	2.0	2.5	60	19.7	9.63	141.68	192.46	27 268.954 0	0.214 9
68.0	14.0	3.0	2.0	2.5	60	20.8	10.30	159.89	190.35	30 434.379 1	0.239 8
68.0	15.0	3.0	2.0	3.0	60	22.0	11.20	186.58	189.78	35 408.582 5	0.279 0
68.0	16.0	3.0	2.0	3.0	60	23.2	11.87	207.47	187.67	38 935.537 3	0.306 8
68.0	17.0	3.0	2.0	3.0	60	24.3	12.53	229.52	185.55	42 588.614 4	0.335 6
68.0	18.0	3.0	2.0	3.0	60	25.5	13.20	252.73	183.44	46 360.549 9	0.365 3
76.0	3.0	1.5	1.5	1.5	60	7.2	2.76	13.03	237.28	3 091.821 0	0.024 4
76.0	3.5	1.5	1.5	1.5	60	7.8	3.11	15.37	236.29	3 631.147 0	0.028 6
76.0	4.0	2.0	1.5	2.0	60	8.9	3.59	23.46	236.21	5 540.245 3	0.043 7
76.0	4.5	2.0	1.5	2.0	60	9.5	3.93	26.81	235.16	6 305.160 3	0.049 7

续表

尺 寸 (mm)							重心距 (mm)	断 面 (mm²)	周 长 (mm)	体 积 (mm³)	金属重量 (kg/口)
Φ	δ	b	p	e	α	B					
76.0	5.0	2.0	1.5	2.0	60	10.0	4.26	30.46	234.11	7 130.408 5	0.056 2
76.0	5.5	2.0	1.5	2.0	60	10.6	4.59	34.39	233.05	8 015.081 7	0.063 2
76.0	6.0	2.0	1.5	2.0	60	11.2	4.92	38.62	231.99	8 958.272 1	0.070 6
76.0	6.5	2.0	1.5	2.0	60	11.8	5.25	43.13	230.92	9 959.071 6	0.078 5
76.0	7.0	2.0	1.5	2.5	60	12.3	5.84	52.04	231.46	12 045.780 2	0.094 9
76.0	7.5	2.0	1.5	2.5	60	12.9	6.17	57.32	230.39	13 207.170 9	0.104 1
76.0	8.0	2.0	1.5	2.5	60	13.5	6.50	62.89	229.33	14 423.446 7	0.113 7
76.0	8.5	2.0	1.5	2.5	60	14.1	6.83	68.75	228.26	15 693.699 6	0.123 7
76.0	9.0	3.0	2.0	2.5	60	15.1	6.98	80.42	226.07	18 180.216 6	0.143 3
76.0	9.5	3.0	2.0	2.5	60	15.7	7.31	87.07	225.01	19 590.709 9	0.154 4
89.0	3.0	1.5	1.5	1.5	60	7.2	2.76	13.03	278.12	3 623.976 9	0.028 6
89.0	3.5	1.5	1.5	1.5	60	7.8	3.11	15.37	277.13	4 258.762 5	0.033 6
89.0	4.0	2.0	1.5	2.0	60	8.9	3.59	23.46	277.05	6 498.168 4	0.051 2
89.0	4.5	2.0	1.5	2.0	60	9.5	3.93	26.81	276.00	7 400.187 6	0.058 3
89.0	5.0	2.0	1.5	2.0	60	10.0	4.26	30.46	274.95	8 374.329 5	0.066 0
89.0	5.5	2.0	1.5	2.0	60	10.6	4.59	34.39	273.89	9 419.686 3	0.074 2
89.0	6.0	2.0	1.5	2.0	60	11.2	4.92	38.62	272.83	10 535.349 8	0.083 0
89.0	6.5	2.0	1.5	2.0	60	11.8	5.25	43.13	271.76	11 720.412 2	0.092 4
89.0	7.0	2.0	1.5	2.5	60	12.3	5.84	52.04	272.30	14 171.260 2	0.111 7
89.0	7.5	2.0	1.5	2.5	60	12.9	6.17	57.32	271.23	15 548.348 2	0.122 5
89.0	8.0	2.0	1.5	2.5	60	13.5	6.50	62.89	270.17	16 992.111 0	0.133 9
89.0	8.5	2.0	1.5	2.5	60	14.1	6.83	68.75	269.10	18 501.640 6	0.145 8
89.0	9.0	3.0	2.0	2.5	60	15.1	6.98	80.42	266.91	21 464.632 5	0.169 1
89.0	9.5	3.0	2.0	2.5	60	15.7	7.31	87.07	265.85	23 146.612 5	0.182 4
89.0	10.0	3.0	2.0	2.5	60	16.2	7.64	94.00	264.79	24 890.972 0	0.196 1

续表

尺　寸（mm）							重心距 (mm)	断面 (mm²)	周长 (mm)	体积 (mm³)	金属重量 (kg/口)
Φ	δ	b	p	e	α	B					
89.0	11.0	3.0	2.0	2.5	60	17.4	8.31	108.74	262.67	28 563.197 4	0.225 1
89.0	12.0	3.0	2.0	2.5	60	18.5	8.97	124.64	260.55	32 474.044 7	0.255 9
89.0	13.0	3.0	2.0	2.5	60	19.7	9.63	141.68	258.44	36 616.249 9	0.288 5
89.0	14.0	3.0	2.0	2.5	60	20.8	10.30	159.89	256.33	40 982.549 0	0.322 9
108.0	3.0	1.5	1.5	1.5	60	7.2	2.76	13.03	337.82	4 401.743 4	0.034 7
108.0	3.5	1.5	1.5	1.5	60	7.8	3.11	15.37	336.82	5 176.046 7	0.040 8
108.0	4.0	2.0	1.5	2.0	60	8.9	3.59	23.46	336.74	7 898.209 8	0.062 2
108.0	4.5	2.0	1.5	2.0	60	9.5	3.93	26.81	335.69	9 000.612 0	0.070 9
108.0	5.0	2.0	1.5	2.0	60	10.0	4.26	30.46	334.64	10 192.368 0	0.080 3
108.0	5.5	2.0	1.5	2.0	60	10.6	4.59	34.39	333.58	11 472.569 8	0.090 4
108.0	6.0	2.0	1.5	2.0	60	11.2	4.92	38.62	332.52	12 840.309 6	0.101 2
108.0	6.5	2.0	1.5	2.0	60	11.8	5.25	43.13	331.45	14 294.679 3	0.112 6
108.0	7.0	2.0	1.5	2.5	60	12.3	5.84	52.04	331.99	17 277.731 0	0.136 1
108.0	7.5	2.0	1.5	2.5	60	12.9	6.17	57.32	330.92	18 970.068 9	0.149 5
108.0	8.0	2.0	1.5	2.5	60	13.5	6.50	62.89	329.86	20 746.312 7	0.163 5
108.0	8.5	2.0	1.5	2.5	60	14.1	6.83	68.75	328.79	22 605.554 4	0.178 1
108.0	9.0	3.0	2.0	2.5	60	15.1	6.98	80.42	326.60	26 264.932 8	0.207 0
108.0	9.5	3.0	2.0	2.5	60	15.7	7.31	87.07	325.54	28 343.701 1	0.223 3
108.0	10.0	3.0	2.0	2.5	60	16.2	7.64	94.00	324.48	305 02.080 0	0.240 4
108.0	11.0	3.0	2.0	2.5	60	17.4	8.31	108.74	322.36	35 054.037 4	0.276 2
108.0	12.0	3.0	2.0	2.5	60	18.5	8.97	124.64	320.24	39 913.541 1	0.314 5
108.0	13.0	3.0	2.0	2.5	60	19.7	9.63	141.68	318.13	45 073.327 1	0.355 2
108.0	14.0	3.0	2.0	2.5	60	20.8	10.30	159.89	316.02	50 526.131 3	0.398 1
114.0	3.0	1.5	1.5	1.5	60	7.2	2.76	13.03	356.66	4 647.353 8	0.036 6
114.0	3.5	1.5	1.5	1.5	60	7.8	3.11	15.37	355.67	5 465.715 4	0.043 1
114.0	4.0	2.0	1.5	2.0	60	8.9	3.59	23.46	355.59	8 340.328 2	0.065 7
114.0	4.5	2.0	1.5	2.0	60	9.5	3.93	26.81	354.54	9 506.009 1	0.074 9
114.0	5.0	2.0	1.5	2.0	60	10.0	4.26	30.46	353.49	10 766.485 4	0.084 8

续表

尺寸(mm)							重心距(mm)	断面(mm^2)	周长(mm)	体积(mm^3)	金属重量(kg/口)
Φ	δ	b	p	e	α	B					
114.0	5.5	2.0	1.5	2.0	60	10.6	4.59	34.39	352.43	12 120.848 9	0.095 5
114.0	6.0	2.0	1.5	2.0	60	11.2	4.92	38.62	351.37	13 568.191 7	0.106 9
114.0	6.5	2.0	1.5	2.0	60	11.8	5.25	43.13	350.30	15 107.605 8	0.119 0
114.0	7.0	2.0	1.5	2.5	60	12.3	5.84	52.04	350.84	18 258.721 7	0.143 9
114.0	7.5	2.0	1.5	2.5	60	12.9	6.17	57.32	349.77	20 050.612 3	0.158 0
114.0	8.0	2.0	1.5	2.5	60	13.5	6.50	62.89	348.71	21 931.850 1	0.172 8
114.0	8.5	2.0	1.5	2.5	60	14.1	6.83	68.75	347.64	23 901.527 2	0.188 3
114.0	9.0	3.0	2.0	2.5	60	15.1	6.98	80.42	345.45	27 780.817 0	0.218 9
114.0	9.5	3.0	2.0	2.5	60	15.7	7.31	87.07	344.39	29 984.886 9	0.236 3
114.0	10.0	3.0	2.0	2.5	60	16.2	7.64	94.00	343.33	32 274.008 8	0.254 3
114.0	11.0	3.0	2.0	2.5	60	17.4	8.31	108.74	341.21	37 103.776 4	0.292 4
114.0	12.0	3.0	2.0	2.5	60	18.5	8.97	124.64	339.09	42 262.855 8	0.333 0
114.0	13.0	3.0	2.0	2.5	60	19.7	9.63	141.68	336.98	47 743.983 0	0.376 2
114.0	14.0	3.0	2.0	2.5	60	20.8	10.30	159.89	334.86	53 539.894 1	0.421 9
127.0	3.5	1.5	1.5	1.5	60	7.8	3.11	15.37	396.51	6 093.330 9	0.048 0
127.0	4.0	2.0	1.5	2.0	60	8.9	3.59	23.46	396.43	9 298.251 3	0.073 3
127.0	4.5	2.0	1.5	2.0	60	9.5	3.93	26.81	395.38	10 601.036 3	0.083 5
127.0	5.0	2.0	1.5	2.0	60	10.0	4.26	30.46	394.33	12 010.406 4	0.094 6
127.0	6.0	2.0	1.5	2.0	60	11.2	4.92	38.62	392.21	15 145.269 4	0.119 3
127.0	7.0	2.0	1.5	2.5	60	12.3	5.84	52.04	391.68	20 384.201 7	0.160 6
127.0	8.0	2.0	1.5	2.5	60	13.5	6.50	62.89	389.55	24 500.514 4	0.193 1
127.0	9.0	3.0	2.0	2.5	60	15.1	6.98	80.42	386.29	31 065.233 0	0.244 8
127.0	10.0	3.0	2.0	2.5	60	16.2	7.64	94.00	384.17	36 113.187 9	0.284 6
127.0	11.0	3.0	2.0	2.5	60	17.4	8.31	108.74	382.05	41 544.877 4	0.327 4
127.0	12.0	3.0	2.0	2.5	60	18.5	8.97	124.64	379.93	47 353.037 6	0.373 1
127.0	13.0	3.0	2.0	2.5	60	19.7	9.63	141.68	377.82	53 530.404 3	0.421 8
127.0	14.0	3.0	2.0	2.5	60	20.8	10.30	159.89	375.71	60 069.713 6	0.473 3
127.0	15.0	3.0	2.0	3.0	60	22.0	11.20	186.58	375.13	69 991.215 8	0.551 5
127.0	16.0	3.0	2.0	3.0	60	23.2	11.87	207.47	373.02	77 391.410 9	0.609 8
127.0	17.0	3.0	2.0	3.0	60	24.3	12.53	229.52	370.91	85 131.756 5	0.670 8
127.0	18.0	3.0	2.0	3.0	60	25.5	13.20	252.73	368.79	93 204.988 9	0.734 5
133.0	3.5	1.5	1.5	1.5	60	7.8	3.11	15.37	415.36	6 382.999 6	0.050 3
133.0	4.0	2.0	1.5	2.0	60	8.9	3.59	23.46	415.28	9 740.369 6	0.076 8
133.0	4.5	2.0	1.5	2.0	60	9.5	3.93	26.81	414.23	11 106.433 5	0.087 5
133.0	5.0	2.0	1.5	2.0	60	10.0	4.26	30.46	413.18	12 584.523 8	0.099 2

续表

尺寸(mm)							重心距 (mm)	断面 (mm^2)	周长 (mm)	体积 (mm^3)	金属重量 (kg/口)
Φ	δ	b	p	e	α	B					
133.0	5.5	2.0	1.5	2.0	60	10.6	4.59	34.39	412.12	14 173.732 5	0.111 7
133.0	6.0	2.0	1.5	2.0	60	11.2	4.92	38.62	411.06	15 873.151 5	0.125 1
133.0	6.5	2.0	1.5	2.0	60	11.8	5.25	43.13	409.99	17 681.872 9	0.139 3
133.0	7.0	2.0	1.5	2.5	60	12.3	5.84	52.04	410.53	21 365.192 5	0.168 4
133.0	7.5	2.0	1.5	2.5	60	12.9	6.17	57.32	409.46	23 472.332 9	0.185 0
133.0	8.0	2.0	1.5	2.5	60	13.5	6.50	62.89	408.40	25 686.051 7	0.202 4
133.0	8.5	2.0	1.5	2.5	60	14.1	6.83	68.75	407.33	28 005.440 9	0.220 7
133.0	9.0	3.0	2.0	2.5	60	15.1	6.98	80.42	405.14	32 581.117 3	0.256 7
133.0	9.5	3.0	2.0	2.5	60	15.7	7.31	87.07	404.08	35 181.975 5	0.277 2
133.0	10.0	3.0	2.0	2.5	60	16.2	7.64	94.00	403.02	37 885.116 7	0.298 5
133.0	11.0	3.0	2.0	2.5	60	17.4	8.31	108.74	400.90	43 594.616 4	0.343 5
133.0	12.0	3.0	2.0	2.5	60	18.5	8.97	124.64	398.78	49 702.352 2	0.391 7
133.0	13.0	3.0	2.0	2.5	60	19.7	9.63	141.68	396.67	56 201.060 2	0.442 9
133.0	14.0	3.0	2.0	2.5	60	20.8	10.30	159.89	394.56	63 083.476 5	0.497 1
133.0	15.0	3.0	2.0	3.0	60	22.0	11.20	186.58	393.98	73 508.093 8	0.579 2
133.0	17.0	3.0	2.0	3.0	60	24.3	12.53	229.52	389.76	89 458.177 8	0.704 9
133.0	18.0	3.0	2.0	3.0	60	25.5	13.20	252.73	387.64	97 968.830 1	0.772 0
140.0	3.5	1.5	1.5	1.5	60	7.8	3.11	15.37	437.35	6 720.946 5	0.053 0
140.0	4.0	2.0	1.5	2.0	60	8.9	3.59	23.46	437.27	10 256.174 4	0.080 8
140.0	4.5	2.0	1.5	2.0	60	9.5	3.93	26.81	436.22	11 696.063 6	0.092 2
140.0	5.0	2.0	1.5	2.0	60	10.0	4.26	30.46	435.17	13 254.327 4	0.104 4
140.0	5.5	2.0	1.5	2.0	60	10.6	4.59	34.39	434.11	14 930.058 0	0.117 6
140.0	6.0	2.0	1.5	2.0	60	11.2	4.92	38.62	433.05	16 722.347 2	0.131 8
140.0	6.5	2.0	1.5	2.0	60	11.8	5.25	43.13	431.99	18 630.287 1	0.146 8
140.0	7.0	2.0	1.5	2.5	60	12.3	5.84	52.04	432.52	22 509.681 7	0.177 4
140.0	7.5	2.0	1.5	2.5	60	12.9	6.17	57.32	431.45	24 732.966 9	0.194 9
140.0	8.0	2.0	1.5	2.5	60	13.5	6.50	62.89	430.39	27 069.178 7	0.213 3
140.0	8.5	2.0	1.5	2.5	60	14.1	6.83	68.75	429.32	29 517.409 2	0.232 6
140.0	9.0	3.0	2.0	2.5	60	15.1	6.98	80.42	427.13	34 349.648 9	0.270 7
140.0	9.5	3.0	2.0	2.5	60	15.7	7.31	87.07	426.07	37 096.692 3	0.292 3
140.0	10.0	3.0	2.0	2.5	60	16.2	7.64	94.00	425.01	39 952.367 0	0.314 8
140.0	11.0	3.0	2.0	2.5	60	17.4	8.31	108.74	422.89	45 985.978 5	0.362 4
140.0	12.0	3.0	2.0	2.5	60	18.5	8.97	124.64	420.77	52 443.219 3	0.413 3
140.0	13.0	3.0	2.0	2.5	60	19.7	9.63	141.68	418.66	59 316.825 5	0.467 4
140.0	14.0	3.0	2.0	2.5	60	20.8	10.30	159.89	416.55	66 599.533 1	0.524 8

续表

尺寸(mm)							重心距 (mm)	断面 (mm²)	周长 (mm)	体积 (mm³)	金属重量 (kg/口)
Φ	δ	b	p	e	a	B					
140.0	15.0	3.0	2.0	3.0	60	22.0	11.20	186.58	415.98	77 611.118 1	0.611 6
140.0	17.0	3.0	2.0	3.0	60	24.3	12.53	229.52	411.75	94 505.669 2	0.744 7
140.0	18.0	3.0	2.0	3.0	60	25.5	13.20	252.73	409.63	103 526.644 9	0.815 8
159.0	4.0	2.0	1.5	2.0	60	8.9	3.59	23.46	496.96	11 656.215 8	0.091 9
159.0	4.5	2.0	1.5	2.0	60	9.5	3.93	26.81	495.91	13 296.488 0	0.104 8
159.0	5.0	2.0	1.5	2.0	60	10.0	4.26	30.46	494.86	15 072.365 9	0.118 8
159.0	5.5	2.0	1.5	2.0	60	10.6	4.59	34.39	493.80	16 982.941 6	0.133 8
159.0	6.0	2.0	1.5	2.0	60	11.2	4.92	38.62	492.74	19 027.307 0	0.149 9
159.0	6.5	2.0	1.5	2.0	60	11.8	5.25	43.13	491.68	21 204.554 2	0.167 1
159.0	7.0	2.0	1.5	2.5	60	12.3	5.84	52.04	492.21	25 616.152 5	0.201 9
159.0	7.5	2.0	1.5	2.5	60	12.9	6.17	57.32	491.14	28 154.687 5	0.221 9
159.0	8.0	2.0	1.5	2.5	60	13.5	6.50	62.89	490.08	30 823.380 4	0.242 9
159.0	8.5	2.0	1.5	2.5	60	14.1	6.83	68.75	489.01	33 621.322 9	0.264 9
159.0	9.0	3.0	2.0	2.5	60	15.1	6.98	80.42	486.82	39 149.949 1	0.308 5
159.0	9.5	3.0	2.0	2.5	60	15.7	7.31	87.07	485.76	42 293.780 8	0.333 3
159.0	10.0	3.0	2.0	2.5	60	16.2	7.64	94.00	484.70	45 563.475 0	0.359 0
159.0	11.0	3.0	2.0	2.5	60	17.4	8.31	108.74	482.58	52 476.818 5	0.413 5
159.0	12.0	3.0	2.0	2.5	60	18.5	8.97	124.64	480.46	59 882.715 8	0.471 9
159.0	13.0	3.0	2.0	2.5	60	19.7	9.63	141.68	478.35	67 773.902 7	0.534 1
159.0	14.0	3.0	2.0	2.5	60	20.8	10.30	159.89	476.24	76 143.115 4	0.600 0
159.0	15.0	3.0	2.0	3.0	60	22.0	11.20	186.58	475.67	88 747.898 3	0.699 3
159.0	16.0	3.0	2.0	3.0	60	23.2	11.87	207.47	473.55	98 248.833 8	0.774 2
159.0	17.0	3.0	2.0	3.0	60	24.3	12.53	229.52	471.44	108 206.003 2	0.852 7
159.0	18.0	3.0	2.0	3.0	60	25.5	13.20	252.73	469.32	118 612.142 2	0.934 7
159.0	19.0	3.0	2.0	3.0	60	26.6	13.86	277.09	467.21	129 459.987 1	1.020 1
159.0	20.0	3.0	2.0	3.0	60	27.8	14.52	302.61	465.10	140 742.273 8	1.109 0
168.0	4.0	2.0	1.5	2.0	60	8.9	3.59	23.46	525.23	12 319.393 3	0.097 1
168.0	5.0	2.0	1.5	2.0	60	10.0	4.26	30.46	523.13	15 933.542 0	0.125 6
168.0	5.5	2.0	1.5	2.0	60	10.6	4.59	34.39	522.08	17 955.360 1	0.141 5
168.0	6.0	2.0	1.5	2.0	60	11.2	4.92	38.62	521.01	20 119.130 1	0.158 5
168.0	6.5	2.0	1.5	2.0	60	11.8	5.25	43.13	519.95	22 423.943 9	0.176 7
168.0	7.0	2.0	1.5	2.5	60	12.3	5.84	52.04	520.48	27 087.638 7	0.213 5
168.0	7.5	2.0	1.5	2.5	60	12.9	6.17	57.32	519.42	29 775.502 6	0.234 6
168.0	8.0	2.0	1.5	2.5	60	13.5	6.50	62.89	518.35	32 601.686 4	0.256 9
168.0	8.5	2.0	1.5	2.5	60	14.1	6.83	68.75	517.29	35 565.282 1	0.280 3

续表

尺寸(mm)							重心距(mm)	断面(mm^2)	周长(mm)	体积(mm^3)	金属重量(kg/口)
Φ	δ	b	p	e	α	B					
168.0	9.0	3.0	2.0	2.5	60	15.1	6.98	80.42	515.09	41 423.775 6	0.326 4
168.0	9.5	3.0	2.0	2.5	60	15.7	7.31	87.07	514.03	44 755.559 6	0.352 7
168.0	10.0	3.0	2.0	2.5	60	16.2	7.64	94.00	512.97	48 221.3682	0.3800
168.0	11.0	3.0	2.0	2.5	60	17.4	8.31	108.74	510.86	55 551.426 9	0.437 7
168.0	12.0	3.0	2.0	2.5	60	18.5	8.97	124.64	508.74	63 406.687 7	0.499 6
168.0	13.0	3.0	2.0	2.5	60	19.7	9.63	141.68	506.62	71 779.886 7	0.565 6
168.0	14.0	3.0	2.0	2.5	60	20.8	10.30	159.89	504.51	80 663.759 7	0.635 6
168.0	15.0	3.0	2.0	3.0	60	22.0	11.20	186.58	503.94	94 023.215 2	0.740 9
168.0	16.0	3.0	2.0	3.0	60	23.2	11.87	207.47	501.83	104 114.984 0	0.820 4
168.0	18.0	3.0	2.0	3.0	60	25.5	13.20	252.73	497.60	125 757.904 1	0.991 0
168.0	20.0	3.0	2.0	3.0	60	27.8	14.52	302.61	493.38	149 298.240 8	1.176 5
219.0	4.0	2.0	1.5	2.0	60	8.9	3.59	23.46	685.45	16 077.399 3	0.126 7
219.0	5.0	2.0	1.5	2.0	60	10.0	4.26	30.46	683.36	20 813.539 9	0.164 0
219.0	6.0	2.0	1.5	2.0	60	11.2	4.92	38.62	681.24	26 306.127 5	0.207 3
219.0	6.5	2.0	1.5	2.0	60	11.8	5.25	43.13	680.17	29 333.818 8	0.231 2
219.0	7.0	2.0	1.5	2.5	60	12.3	5.84	52.04	680.71	35 426.060 2	0.279 2
219.0	7.5	2.0	1.5	2.5	60	12.9	6.17	57.32	679.64	38 960.121 3	0.307 0
219.0	8.0	2.0	1.5	2.5	60	13.5	6.50	62.89	678.57	42 678.754 1	0.336 3
219.0	8.5	2.0	1.5	2.5	60	14.1	6.83	68.75	677.51	46 581.050 7	0.367 1
219.0	9.0	3.0	2.0	2.5	60	15.1	6.98	80.42	675.31	54 308.792 0	0.428 0
219.0	9.5	3.0	2.0	2.5	60	15.7	7.31	87.07	674.25	58 705.639 4	0.462 6
219.0	10.0	3.0	2.0	2.5	60	16.2	7.64	94.00	673.19	63 282.763 2	0.498 7
219.0	11.0	3.0	2.0	2.5	60	17.4	8.31	108.74	671.08	72 974.208 0	0.575 0
219.0	12.0	3.0	2.0	2.5	60	18.5	8.97	124.64	668.96	83 375.862 4	0.657 0
219.0	13.0	3.0	2.0	2.5	60	19.7	9.63	141.68	666.85	94 480.462 3	0.744 5
219.0	14.0	3.0	2.0	2.5	60	20.8	10.30	159.89	664.73	106 280.743 8	0.837 5
219.0	15.0	3.0	2.0	3.0	60	22.0	11.20	186.58	664.16	123 916.677 9	0.976 5
219.0	16.0	3.0	2.0	3.0	60	23.2	11.87	207.47	662.05	137 356.501 9	1.082 4
219.0	17.0	3.0	2.0	3.0	60	24.3	12.53	229.52	659.93	151 470.215 5	1.193 6
219.0	18.0	3.0	2.0	3.0	60	25.5	13.20	252.73	657.82	166 250.554 8	1.310 1
219.0	19.0	3.0	2.0	3.0	60	26.6	13.86	277.09	655.71	181 690.255 6	1.431 7
219.0	20.0	3.0	2.0	3.0	60	27.8	14.52	302.61	653.60	197 782.054 1	1.558 5
245.0	4.0	2.0	1.5	2.0	60	8.9	3.59	23.46	767.14	17 993.245 4	0.141 8
245.0	5.0	2.0	1.5	2.0	60	10.0	4.26	30.46	765.04	23 301.382 0	0.183 6
245.0	6.0	2.0	1.5	2.0	60	11.2	4.92	38.62	762.92	29 460.283 0	0.232 1

续表

尺寸(mm)							重心距 (mm)	断面 (mm²)	周长 (mm)	体积 (mm³)	金属重量 (kg/口)
Φ	δ	b	p	e	α	B					
245.0	6.5	2.0	1.5	2.0	60	11.8	5.25	43.13	761.85	32 856.500 1	0.258 9
245.0	7.0	2.0	1.5	2.5	60	12.3	5.84	52.04	762.39	39 677.020 2	0.312 7
245.0	7.5	2.0	1.5	2.5	60	12.9	6.17	57.32	761.32	43 642.475 9	0.343 9
245.0	8.0	2.0	1.5	2.5	60	13.5	6.50	62.89	760.26	47 816.082 7	0.376 8
245.0	8.5	2.0	1.5	2.5	60	14.1	6.83	68.75	759.19	52 196.932 7	0.411 3
245.0	9.0	3.0	2.0	2.5	60	15.1	6.98	80.42	756.99	60 877.623 9	0.479 7
245.0	9.5	3.0	2.0	2.5	60	15.7	7.31	87.07	755.93	65 817.444 8	0.518 6
245.0	10.0	3.0	2.0	2.5	60	16.2	7.64	94.00	754.88	70 961.121 4	0.559 2
245.0	11.0	3.0	2.0	2.5	60	17.4	8.31	108.74	752.76	81 856.410 1	0.645 0
245.0	12.0	3.0	2.0	2.5	60	18.5	8.97	124.64	750.64	93 556.225 9	0.737 2
245.0	13.0	3.0	2.0	2.5	60	19.7	9.63	141.68	748.53	106 053.304 8	0.835 7
245.0	14.0	3.0	2.0	2.5	60	20.8	10.30	159.89	746.41	119 340.382 8	0.940 4
245.0	15.0	3.0	2.0	3.0	60	22.0	11.20	186.58	745.84	139 156.482 4	1.096 6
245.0	16.0	3.0	2.0	3.0	60	23.2	11.87	207.47	743.73	154 303.158 1	1.215 9
245.0	17.0	3.0	2.0	3.0	60	24.3	12.53	229.52	741.61	170 218.040 9	1.341 3
245.0	18.0	3.0	2.0	3.0	60	25.5	13.20	252.73	739.50	186 893.866 9	1.472 7
245.0	19.0	3.0	2.0	3.0	60	26.6	13.86	277.09	737.39	204 323.372 0	1.610 1
245.0	20.0	3.0	2.0	3.0	60	27.8	14.52	302.61	735.28	222 499.292 3	1.753 3
273.0	4.0	2.0	1.5	2.0	60	8.9	3.59	23.46	855.10	20 056.464 4	0.158 0
273.0	5.0	2.0	1.5	2.0	60	10.0	4.26	30.46	853.00	25 980.596 5	0.204 7
273.0	6.0	2.0	1.5	2.0	60	11.2	4.92	38.62	850.88	32 857.065 8	0.258 9
273.0	6.5	2.0	1.5	2.0	60	11.8	5.25	43.13	849.82	36 650.156 9	0.288 8
273.0	7.0	2.0	1.5	2.5	60	12.3	5.84	52.04	850.35	44 254.977 1	0.348 7
273.0	7.5	2.0	1.5	2.5	60	12.9	6.17	57.32	849.29	48 685.011 6	0.383 6
273.0	8.0	2.0	1.5	2.5	60	13.5	6.50	62.89	848.22	53 348.590 5	0.420 4
273.0	8.5	2.0	1.5	2.5	60	14.1	6.83	68.75	847.15	58 244.805 6	0.459 0
273.0	9.0	3.0	2.0	2.5	60	15.1	6.98	80.42	844.96	67 951.750 5	0.535 5
273.0	9.5	3.0	2.0	2.5	60	15.7	7.31	87.07	843.90	73 476.312 1	0.579 0
273.0	10.0	3.0	2.0	2.5	60	16.2	7.64	94.00	842.84	79 230.122 6	0.624 3
273.0	11.0	3.0	2.0	2.5	60	17.4	8.31	108.74	840.72	91 421.858 6	0.720 4
273.0	12.0	3.0	2.0	2.5	60	18.5	8.97	124.64	838.61	104 519.694 3	0.823 6
273.0	13.0	3.0	2.0	2.5	60	19.7	9.63	141.68	836.49	118 516.365 9	0.933 9
273.0	14.0	3.0	2.0	2.5	60	20.8	10.30	159.89	834.38	133 404.609 3	1.051 2
273.0	15.0	3.0	2.0	3.0	60	22.0	11.20	186.58	833.81	155 568.579 5	1.225 9
273.0	16.0	3.0	2.0	3.0	60	23.2	11.87	207.47	831.69	172 553.403 2	1.359 7

续表

尺 寸(mm)							重心距 (mm)	断 面 (mm²)	周 长 (mm)	体 积 (mm³)	金属重量 (kg/口)
Φ	δ	b	p	e	α	B					
273.0	17.0	3.0	2.0	3.0	60	24.3	12.53	229.52	829.58	190 408.006 7	1.500 4
273.0	18.0	3.0	2.0	3.0	60	25.5	13.20	252.73	827.47	209 125.126 1	1.647 9
273.0	19.0	3.0	2.0	3.0	60	26.6	13.86	277.09	825.35	228 697.497 3	1.802 1
273.0	20.0	3.0	2.0	3.0	60	27.8	14.52	302.61	823.24	249 117.856 5	1.963 0
325.0	4.0	2.0	1.5	2.0	60	8.9	3.59	23.46	1 018.46	23 888.156 7	0.188 2
325.0	4.5	2.0	1.5	2.0	60	9.5	3.93	26.81	1 017.42	27 279.143 2	0.215 0
325.0	5.0	2.0	1.5	2.0	60	10.0	4.26	30.46	1 016.36	30 956.280 7	0.243 9
325.0	6.0	2.0	1.5	2.5	60	11.2	5.18	42.35	1 015.84	43 016.990 6	0.339 0
325.0	7.0	2.0	1.5	2.5	60	12.3	5.84	52.04	1 013.71	52 756.897 1	0.415 7
325.0	7.5	2.0	1.5	2.5	60	12.9	6.17	57.32	1 012.65	58 049.720 9	0.457 4
325.0	8.0	2.0	1.5	2.5	60	13.5	6.50	62.89	1 011.58	63 623.247 7	0.501 4
325.0	8.5	2.0	1.5	2.5	60	14.1	6.83	68.75	1 010.52	69 476.569 6	0.547 5
325.0	9.0	3.0	2.0	2.5	60	15.1	6.98	80.42	1 008.32	81 089.414 3	0.639 0
325.0	9.5	3.0	2.0	2.5	60	15.7	7.31	87.07	1 007.26	87 699.922 8	0.691 1
325.0	10.0	3.0	2.0	2.5	60	16.2	7.64	94.00	1 006.20	94 586.839 1	0.745 3
325.0	12.0	3.0	2.0	2.5	60	18.5	8.97	124.64	1 001.97	124 880.421 4	0.984 1
325.0	14.0	3.0	2.0	2.5	60	20.8	10.30	159.89	997.74	159 523.887 3	1.257 0
325.0	16.0	3.0	2.0	3.0	60	23.2	11.87	207.47	995.06	206 446.715 5	1.626 8
325.0	18.0	3.0	2.0	3.0	60	25.5	13.20	252.73	990.83	250 411.750 3	1.973 2
325.0	20.0	3.0	2.0	3.0	60	27.8	14.52	302.61	986.61	298 552.332 8	2.352 6
377.0	4.0	2.0	1.5	2.0	60	8.9	3.59	23.46	1 181.83	27 719.849 0	0.218 4
377.0	4.5	2.0	1.5	2.0	60	9.5	3.93	26.81	1 180.78	31 659.252 0	0.249 5
377.0	5.0	2.0	1.5	2.0	60	10.0	4.26	30.46	1 179.73	35 931.964 8	0.283 1
377.0	6.0	2.0	1.5	2.5	60	11.2	5.18	42.35	1 179.20	49 934.808 4	0.393 5
377.0	7.0	2.0	1.5	2.5	60	12.3	5.84	52.04	1 177.08	61 258.817 0	0.482 7
377.0	8.0	2.0	1.5	2.5	60	13.5	6.50	62.89	1 174.95	73 897.905 0	0.582 3
377.0	9.0	3.0	2.0	2.5	60	15.1	6.98	80.42	1 171.68	94 227.078 1	0.742 5
377.0	10.0	3.0	2.0	2.5	60	16.2	7.64	94.00	1 169.57	109 943.555 6	0.866 4
377.0	12.0	3.0	2.0	2.5	60	18.5	8.97	124.64	1 165.33	145 241.148 4	1.144 5
377.0	14.0	3.0	2.0	2.5	60	20.8	10.30	159.89	1 161.10	185 643.165 2	1.462 9
377.0	16.0	3.0	2.0	3.0	60	23.2	11.87	207.47	1 158.42	240 340.027 8	1.893 9
377.0	18.0	3.0	2.0	3.0	60	25.5	13.20	252.73	1 154.19	291 698.374 5	2.298 6
377.0	20.0	3.0	2.0	3.0	60	27.8	14.52	302.61	1 149.97	347 986.809 1	2.742 1
426.0	4.0	2.0	1.5	2.0	60	8.9	3.59	23.46	1 335.76	31 330.482 2	0.246 9
426.0	4.5	2.0	1.5	2.0	60	9.5	3.93	26.81	1 334.72	35 786.662 3	0.282 0

续表

尺 寸(mm)							重心距 (mm)	断 面 (mm²)	周 长 (mm)	体 积 (mm³)	金属重量 (kg/口)
Φ	δ	b	p	e	α	B					
426.0	5.0	2.0	1.5	2.0	60	10.0	4.26	30.46	1 333.66	40 620.590 3	0.320 1
426.0	6.0	2.0	1.5	2.5	60	11.2	5.18	42.35	1 333.14	56 453.521 4	0.444 9
426.0	7.0	2.0	1.5	2.5	60	12.3	5.84	52.04	1 331.02	69 270.241 6	0.545 8
426.0	8.0	2.0	1.5	2.5	60	13.5	6.50	62.89	1 328.88	83 579.793 5	0.658 6
426.0	9.0	3.0	2.0	2.5	60	15.1	6.98	80.42	1 325.62	106 606.799 7	0.840 1
426.0	10.0	3.0	2.0	2.5	60	16.2	7.64	94.00	1 323.50	124 414.307 6	0.980 4
426.0	12.0	3.0	2.0	2.5	60	18.5	8.97	124.64	1 319.27	164 427.218 2	1.295 7
426.0	14.0	3.0	2.0	2.5	60	20.8	10.30	159.89	1 315.04	210 255.561 7	1.656 8
426.0	16.0	3.0	2.0	3.0	60	23.2	11.87	207.47	1 312.36	272 277.956 7	2.145 6
426.0	18.0	3.0	2.0	3.0	60	25.5	13.20	252.73	1 308.13	330 603.078 0	2.605 2
426.0	20.0	3.0	2.0	3.0	60	27.8	14.52	302.61	1 303.91	394 569.296 5	3.109 2
480.0	4.0	2.0	1.5	2.0	60	8.9	3.59	23.46	1 505.41	35 309.547 3	0.278 2
480.0	4.5	2.0	1.5	2.0	60	9.5	3.93	26.81	1 504.36	40 335.236 9	0.317 8
480.0	5.0	2.0	1.5	2.0	60	10.0	4.26	30.46	1 503.31	45 787.646 9	0.360 8
480.0	6.0	2.0	1.5	2.5	60	11.2	5.18	42.35	1 502.78	63 637.409 1	0.501 5
480.0	7.0	2.0	1.5	2.5	60	12.3	5.84	52.04	1 500.66	78 099.158 5	0.615 4
480.0	8.0	2.0	1.5	2.5	60	13.5	6.50	62.89	1 498.53	94 249.629 9	0.742 7
480.0	9.0	3.0	2.0	2.5	60	15.1	6.98	80.42	1 495.27	120 249.758 2	0.947 6
480.0	10.0	3.0	2.0	2.5	60	16.2	7.64	94.00	1 493.15	140 361.667 0	1.106 0
480.0	12.0	3.0	2.0	2.5	60	18.5	8.97	124.64	1 488.92	18 5571.050 1	1.462 3
480.0	14.0	3.0	2.0	2.5	60	20.8	10.30	159.89	1 484.69	237 379.427 2	1.870 5
480.0	16.0	3.0	2.0	3.0	60	23.2	11.87	207.47	1 482.00	307 474.858 0	2.422 9
480.0	18.0	3.0	2.0	3.0	60	25.5	13.20	252.73	1 477.78	373 477.649 3	2.943 0
480.0	20.0	3.0	2.0	3.0	60	27.8	14.52	302.61	1 473.55	445 905.098 8	3.513 7
508.0	4.0	2.0	1.5	2.0	60	8.9	3.59	23.46	1 593.37	37 372.766 3	0.294 5
508.0	4.5	2.0	1.5	2.0	60	9.5	3.93	26.81	1 592.33	42 693.757 1	0.336 4
508.0	5.0	2.0	1.5	2.0	60	10.0	4.26	30.46	1 591.28	48 466.861 5	0.381 9
508.0	6.0	2.0	1.5	2.5	60	11.2	5.18	42.35	1 590.75	67 362.387 9	0.530 8
508.0	7.0	2.0	1.5	2.5	60	12.3	5.84	52.04	1 588.63	82 677.115 5	0.651 5
508.0	8.0	2.0	1.5	2.5	60	13.5	6.50	62.89	1 586.50	99 782.137 6	0.786 3
508.0	9.0	3.0	2.0	2.5	60	15.1	6.98	80.42	1 583.23	127 323.884 9	1.003 3
508.0	10.0	3.0	2.0	2.5	60	16.2	7.64	94.00	1 581.11	148 630.668 2	1.171 2
508.0	12.0	3.0	2.0	2.5	60	18.5	8.97	124.64	1 576.88	196 534.518 6	1.548 7
508.0	14.0	3.0	2.0	2.5	60	20.8	10.30	159.89	1 572.65	251 443.653 8	1.981 4
508.0	16.0	3.0	2.0	3.0	60	23.2	11.87	207.47	1 569.97	325 725.103 1	2.566 7

续表

尺寸(mm)							重心距 (mm)	断面 (mm²)	周长 (mm)	体积 (mm³)	金属重量 (kg/口)
Φ	δ	b	p	e	α	B					
508.0	18.0	3.0	2.0	3.0	60	25.5	13.20	252.73	1 565.74	395 708.908 5	3.118 2
508.0	20.0	3.0	2.0	3.0	60	27.8	14.52	302.61	1 561.52	472 523.663 0	3.723 5
530.0	4.0	2.0	1.5	2.0	60	8.9	3.59	23.46	1 662.49	38 993.866 9	0.307 3
530.0	4.5	2.0	1.5	2.0	60	9.5	3.93	26.81	1 661.44	44 546.880 0	0.351 0
530.0	5.0	2.0	1.5	2.0	60	10.0	4.26	30.46	1 660.39	50 571.958 6	0.398 5
530.0	5.5	2.0	1.5	2.0	60	10.6	4.59	34.39	1 659.33	57 068.194 6	0.449 7
530.0	6.0	2.0	1.5	2.5	60	11.2	5.18	42.35	1 659.86	70 289.156 9	0.553 9
530.0	7.0	2.0	1.5	2.5	60	12.3	5.84	52.04	1 657.74	86 274.081 6	0.679 8
530.0	8.0	2.0	1.5	2.5	60	13.5	6.50	62.89	1 655.61	104 129.108 0	0.820 5
530.0	9.0	3.0	2.0	2.5	60	15.1	6.98	80.42	1 652.35	132 882.127 2	1.047 1
530.0	10.0	3.0	2.0	2.5	60	16.2	7.64	94.00	1 650.23	155 127.740 6	1.222 4
530.0	12.0	3.0	2.0	2.5	60	18.5	8.97	124.64	1 646.00	205 148.672 3	1.616 6
530.0	14.0	3.0	2.0	2.5	60	20.8	10.30	159.89	1 641.77	262 494.117 5	2.068 5
530.0	16.0	3.0	2.0	3.0	60	23.2	11.87	207.47	1 639.08	340 064.581 4	2.679 7
530.0	18.0	3.0	2.0	3.0	60	25.5	13.20	252.73	1 634.86	413 176.326 4	3.255 8
530.0	20.0	3.0	2.0	3.0	60	27.8	14.52	302.61	1 630.63	493 438.249 1	3.888 3

④不锈钢板卷管

尺寸(mm)							重心距 (mm)	断面 (mm²)	周长 (mm)	体积 (mm³)	金属重量 (kg/口)
Φ	δ	b	p	e	α	B					
219.0	4.0	2.0	1.5	2.0	60	8.9	3.59	23.46	685.45	16 077.399 3	0.126 7
219.0	6.0	2.0	1.5	2.0	60	11.2	4.92	38.62	681.24	26 306.127 5	0.207 3
219.0	8.0	2.0	1.5	2.5	60	13.5	6.50	62.89	678.57	42 678.754 1	0.336 3
219.0	9.0	3.0	2.0	2.5	60	15.1	6.98	80.42	675.31	54 308.792 0	0.428 0
219.0	10.0	3.0	2.0	2.5	60	16.2	7.64	94.00	673.19	63 282.763 2	0.498 7
219.0	12.0	3.0	2.0	2.5	60	18.5	8.97	124.64	668.96	83 375.862 4	0.6570
219.0	14.0	3.0	2.0	2.5	60	20.8	10.30	159.89	664.73	106 280.743 8	0.837 5
273.0	4.0	2.0	1.5	2.0	60	8.9	3.59	23.46	855.10	20 056.464 4	0.158 0
273.0	6.0	2.0	1.5	2.0	60	11.2	4.92	38.62	850.88	32 857.065 8	0.258 9
273.0	8.0	2.0	1.5	2.5	60	13.5	6.50	62.89	848.22	53 348.590 5	0.420 4
273.0	9.0	3.0	2.0	2.5	60	15.1	6.98	80.42	844.96	67 951.750 5	0.535 5
273.0	10.0	3.0	2.0	2.5	60	16.2	7.64	94.00	842.84	79 230.122 6	0.624 3
273.0	12.0	3.0	2.0	2.5	60	18.5	8.97	124.64	838.61	104 519.694 3	0.823 6
273.0	14.0	3.0	2.0	2.5	60	20.8	10.30	159.89	834.38	133 404.609 3	1.051 2
325.0	4.0	2.0	1.5	2.0	60	8.9	3.59	23.46	1 018.46	23 888.156 7	0.188 2

续表

尺寸(mm)							重心距(mm)	断面(mm²)	周长(mm)	体积(mm³)	金属重量(kg/口)
Φ	δ	b	p	e	α	B					
325.0	6.0	2.0	1.5	2.0	60	11.2	4.92	38.62	1 014.24	39 165.376 9	0.308 6
325.0	8.0	2.0	1.5	2.5	60	13.5	6.50	62.89	1 011.58	63 623.247 7	0.501 4
325.0	9.0	3.0	2.0	2.5	60	15.1	6.98	80.42	1 008.32	81 089.414 3	0.639 0
325.0	10.0	3.0	2.0	2.5	60	16.2	7.64	94.00	1 006.20	94 586.839 1	0.745 3
325.0	12.0	3.0	2.0	2.5	60	18.5	8.97	124.64	1 001.97	124 880.421 4	0.984 1
325.0	14.0	3.0	2.0	2.5	60	20.8	10.30	159.89	997.74	159 523.887 3	1.257 0
377.0	4.0	2.0	1.5	2.0	60	8.9	3.59	23.46	1 181.83	27 719.849 0	0.218 4
377.0	6.0	2.0	1.5	2.0	60	11.2	4.92	38.62	1 177.61	45 473.687 9	0.358 3
377.0	8.0	2.0	1.5	2.5	60	13.5	6.50	62.89	1 174.95	73 897.905 0	0.582 3
377.0	9.0	3.0	2.0	2.5	60	15.1	6.98	80.42	1 171.68	94 227.078 1	0.742 5
377.0	10.0	3.0	2.0	2.5	60	16.2	7.64	94.00	1 169.57	109 943.555 6	0.866 4
377.0	12.0	3.0	2.0	2.5	60	18.5	8.97	124.64	1 165.33	145 241.148 4	1.144 5
377.0	14.0	3.0	2.0	2.5	60	20.8	10.30	159.89	1 161.10	185 643.165 2	1.462 9
426.0	4.0	2.0	1.5	2.0	60	8.9	3.59	23.46	13 35.76	31 330.482 2	0.246 9
426.0	6.0	2.0	1.5	2.0	60	11.2	4.92	38.62	1 331.54	51 418.058 0	0.405 2
426.0	8.0	2.0	1.5	2.5	60	13.5	6.50	62.89	1 328.88	83 579.793 5	0.658 6
426.0	9.0	3.0	2.0	2.5	60	15.1	6.98	80.42	1 325.62	106 606.799 7	0.840 1
426.0	10.0	3.0	2.0	2.5	60	16.2	7.64	94.00	1 323.50	124 414.307 6	0.980 4
426.0	12.0	3.0	2.0	2.5	60	18.5	8.97	124.64	1 319.27	164 427.218 2	1.295 7
426.0	14.0	3.0	2.0	2.5	60	20.8	10.30	159.89	1 315.04	210 255.561 7	1.656 8
478.0	4.0	2.0	1.5	2.0	60	8.9	3.59	23.46	1 499.13	35 162.174 5	0.277 1
478.0	5.0	2.0	1.5	2.0	60	10.0	4.26	30.46	1 497.03	45 596.274 5	0.359 3
478.0	6.0	2.0	1.5	2.0	60	11.2	4.92	38.62	1 494.91	57 726.369 0	0.454 9
478.0	8.0	2.0	1.5	2.5	60	13.5	6.50	62.89	1 492.25	93 854.450 7	0.739 6
478.0	9.0	3.0	2.0	2.5	60	15.1	6.98	80.42	1 488.99	119 744.463 5	0.943 6
478.0	10.0	3.0	2.0	2.5	60	16.2	7.64	94.00	1 486.87	139 771.024 1	1.101 4
478.0	12.0	3.0	2.0	2.5	60	18.5	8.97	124.64	1 482.63	184 787.945 2	1.456 1
478.0	14.0	3.0	2.0	2.5	60	20.8	10.30	159.89	1 478.40	236 374.839 6	1.862 6
529.0	4.0	2.0	1.5	2.0	60	8.9	3.59	23.46	1 659.35	38 920.180 5	0.306 7
529.0	5.0	2.0	1.5	2.0	60	10.0	4.26	30.46	1 657.25	50 476.272 4	0.397 8
529.0	6.0	2.0	1.5	2.0	60	11.2	4.92	38.62	1 655.13	63 913.366 4	0.503 6
529.0	8.0	2.0	1.5	2.5	60	13.5	6.50	62.89	1 652.47	103 931.518 4	0.819 0
529.0	9.0	3.0	2.0	2.5	60	15.1	6.98	80.42	1 649.21	132 629.479 9	1.045 1
529.0	10.0	3.0	2.0	2.5	60	16.2	7.64	94.00	1 647.09	154 832.419 1	1.220 1
529.0	12.0	3.0	2.0	2.5	60	18.5	8.97	124.64	1 642.85	204 757.119 9	1.613 5

续表

尺寸(mm)							重心距(mm)	断面(mm²)	周长(mm)	体积(mm³)	金属重量(kg/口)
Φ	δ	b	p	e	α	B					
529.0	14.0	3.0	2.0	2.5	60	20.8	10.30	159.89	1 638.63	261 991.823 7	2.064 5
559.0	6.0	2.0	1.5	2.0	60	11.2	4.92	38.62	1 749.38	67 552.776 6	0.532 3
559.0	8.0	2.0	1.5	2.5	60	13.5	6.50	62.89	1 746.72	109 859.205 3	0.865 7
559.0	9.0	3.0	2.0	2.5	60	15.1	6.98	80.42	1 743.45	140 208.901 3	1.104 8
559.0	10.0	3.0	2.0	2.5	60	16.2	7.64	94.00	1 741.34	163 692.063 2	1.289 9
559.0	12.0	3.0	2.0	2.5	60	18.5	8.97	124.64	1 737.10	216 503.693 2	1.706 0
559.0	14.0	3.0	2.0	2.5	60	20.8	10.30	159.89	1 732.87	277 060.637 9	2.183 2

⑤有缝低温钢管

尺寸(mm)							重心距(mm)	断面(mm²)	周长(mm)	体积(mm³)	金属重量(kg/口)
Φ	δ	b	p	e	α	B					
34.0	4.5	2.0	1.5	2.0	60	9.5	3.93	26.81	103.21	2 767.380 1	0.021 6
42.7	4.9	2.0	1.5	2.0	60	9.9	4.19	29.71	129.70	3 852.919 6	0.030 1
48.6	5.1	2.0	1.5	2.0	60	10.2	4.33	31.22	147.82	4 615.069 0	0.036 0
60.5	3.9	2.0	1.5	2.0	60	8.8	3.53	22.82	187.72	4 283.450 4	0.033 4
60.5	5.5	2.0	1.5	2.0	60	10.6	4.59	34.39	184.35	6 340.360 9	0.049 5
76.3	5.2	2.0	1.5	2.0	60	10.3	4.39	32.00	234.63	7 507.354 1	0.058 6
76.3	7.0	2.0	1.5	2.5	60	12.3	5.84	52.04	232.40	12 094.829 8	0.094 3
89.1	4.0	2.0	1.5	2.0	60	8.9	3.59	23.46	277.36	6 505.537 1	0.050 7
89.1	5.5	2.0	1.5	2.0	60	10.6	4.59	34.39	274.20	9 430.490 9	0.073 6
89.1	7.8	2.0	1.5	2.5	60	13.3	6.37	60.63	270.91	16 425.711 1	0.128 1
101.6	4.0	2.0	1.5	2.0	60	8.9	3.59	23.46	316.63	7 426.616 9	0.057 9
101.6	5.7	2.0	1.5	2.0	60	10.8	4.72	36.05	313.05	11 284.447 0	0.088 0
101.6	8.1	2.0	1.5	2.5	60	13.6	6.58	64.27	309.50	19 892.680 2	0.155 2
114.3	4.0	2.0	1.5	2.0	60	8.9	3.59	23.46	356.53	8 362.434 1	0.065 2
114.3	6.0	2.0	1.5	2.0	60	11.2	4.92	38.62	352.31	13 604.585 8	0.106 1
114.3	8.6	2.0	1.5	2.5	60	14.2	6.89	69.96	348.37	24 371.931 0	0.190 1
139.8	5.0	2.0	1.5	2.0	60	10.0	4.26	30.46	434.54	13 235.190 2	0.103 2
139.8	6.6	2.0	1.5	2.5	60	11.9	5.57	48.03	432.74	20 782.795 5	0.162 1
139.8	9.5	3.0	2.0	2.5	60	15.7	7.31	87.07	425.44	37 041.986 1	0.288 9
165.2	5.0	2.0	1.5	2.0	60	10.0	4.26	30.46	514.34	15 665.620 5	0.122 2
165.2	7.1	2.0	1.5	2.5	60	12.5	5.90	53.08	511.47	27 147.218 1	0.211 7
165.2	11.1	3.0	2.0	2.5	60	17.5	8.37	110.28	501.85	55 343.370 8	0.431 7
216.3	4.0	2.0	1.5	2.0	60	8.9	3.59	23.46	676.97	15 878.446 0	0.123 9
216.3	6.5	2.0	1.5	2.0	60	11.8	5.25	43.13	671.69	28 968.001 9	0.226 0
216.3	8.2	2.0	1.5	2.5	60	13.7	6.63	65.20	669.67	43 664.607 6	0.340 6

续表

尺　寸(mm)							重心距 (mm)	断　面 (mm²)	周　长 (mm)	体　积 (mm³)	金属重量 (kg/口)
Φ	δ	b	p	e	α	B					
216.3	10.3	3.0	2.0	2.5	60	16.6	7.84	98.30	664.08	65 281.348 5	0.509 2
216.3	12.7	3.0	2.0	2.5	60	19.3	9.43	136.45	659.00	89 918.319 6	0.701 4
267.4	4.0	2.0	1.5	2.0	60	8.9	3.59	23.46	837.51	19 643.820 6	0.153 2
267.4	6.5	2.0	1.5	2.0	60	11.8	5.25	43.13	832.22	35 891.425 6	0.280 0
267.4	7.8	2.0	1.5	2.5	60	13.3	6.37	60.63	831.05	50 388.497 4	0.393 0
267.4	9.3	3.0	2.0	2.5	60	15.4	7.18	84.37	826.73	69 754.542 0	0.544 1
267.4	12.7	3.0	2.0	2.5	60	19.3	9.43	136.45	819.53	111 822.915 2	0.872 2
267.4	15.1	3.0	2.0	3.0	60	22.1	11.27	188.61	816.00	153 909.446 5	1.200 5
318.5	4.5	2.0	1.5	2.0	60	9.5	3.93	26.81	997.00	26 731.629 6	0.208 5
318.5	6.5	2.0	1.5	2.0	60	11.8	5.25	43.13	992.76	42 814.849 3	0.334 0
318.5	8.4	2.0	1.5	2.5	60	14.0	6.76	67.56	990.31	66 903.994 0	0.521 9
318.5	10.3	3.0	2.0	2.5	60	16.6	7.84	98.30	985.15	96 843.884 8	0.755 4
318.5	14.3	3.0	2.0	3.0	60	21.2	10.74	172.64	978.23	168 877.584 6	1.317 2
318.5	17.4	3.0	2.0	3.0	60	24.8	12.80	238.67	971.68	231 907.487 7	1.808 9
355.6	4.0	2.0	1.5	2.0	60	8.9	3.59	23.46	1 114.60	26 142.960 3	0.203 9
355.6	6.4	2.0	1.5	2.0	60	11.7	5.19	42.20	1 109.53	46 823.820 0	0.365 2
355.6	7.9	2.0	1.5	2.5	60	13.4	6.43	61.76	1 107.93	68 423.056 3	0.533 7
355.6	9.5	3.0	2.0	2.5	60	15.7	7.31	87.07	1 103.40	96 069.970 7	0.749 3
355.6	11.1	3.0	2.0	2.5	60	17.5	8.37	110.28	1 100.01	121 307.992 5	0.946 2
355.6	15.1	3.0	2.0	3.0	60	22.1	11.27	188.61	1 093.09	206 172.171 2	1.608 1
355.6	19.0	3.0	2.0	3.0	60	26.6	13.86	277.09	1 084.85	30 0601.167 0	2.344 7
406.4	4.0	2.0	1.5	2.0	60	8.9	3.59	23.46	1 274.19	29 886.228 9	0.233 1
406.4	6.0	2.0	1.5	2.0	60	11.2	4.92	38.62	1 269.97	49 040.310 0	0.382 5
406.4	10.3	3.0	2.0	2.5	60	16.6	7.84	98.30	1 261.29	123 990.136 7	0.967 1
457.2	5.0	2.0	1.5	2.0	60	10.0	4.26	30.46	1 431.68	43 606.000 8	0.340 1
457.2	6.0	2.0	1.5	2.0	60	11.2	4.92	38.62	1 429.56	55 203.044 6	0.430 6
457.2	11.1	3.0	2.0	2.5	60	17.5	8.37	110.28	1 419.19	156 507.601 5	1.220 8
508.0	6.0	2.0	1.5	2.0	60	11.2	4.92	38.62	1 589.16	61 365.779 2	0.478 7
508.0	11.9	3.0	2.0	2.5	60	18.4	8.90	122.99	1 577.09	193 972.467 5	1.513 0
558.8	6.0	2.0	1.5	2.0	60	11.2	4.92	38.62	1 748.75	67 528.513 9	0.526 7
558.8	14.3	3.0	2.0	3.0	60	21.2	10.74	172.64	1 733.16	29 9204.541 5	2.333 8
609.6	6.0	2.0	1.5	2.0	60	11.2	4.92	38.62	1 908.34	73 691.248 5	0.574 8
609.6	14.3	3.0	2.0	3.0	60	21.2	10.74	172.64	1 892.75	326 755.974 8	2.548 7
660.4	7.1	2.0	1.5	2.5	60	12.5	5.90	53.08	2 067.19	109 719.010 1	0.855 8
660.4	15.9	3.0	2.0	3.0	60	23.0	11.80	205.33	2 048.96	420 714.388 8	3.281 6

续表

尺寸(mm)							重心距 (mm)	断面 (mm²)	周长 (mm)	体积 (mm³)	金属重量 (kg/口)
Φ	δ	b	p	e	α	B					
711.2	7.1	2.0	1.5	2.5	60	12.5	5.90	53.08	2 226.78	118 189.622 0	0.921 9
711.2	15.9	3.0	2.0	3.0	60	23.0	11.80	205.33	2 208.55	453 483.762 5	3.537 2
762.0	7.1	2.0	1.5	2.5	60	12.5	5.90	53.08	2 386.38	126 660.233 9	0.987 9
762.0	17.5	3.0	2.0	3.0	60	24.9	12.86	240.98	2 364.76	569 865.665 5	4.445 0
812.8	7.1	2.0	1.5	2.5	60	12.5	5.90	53.08	2 545.97	135 130.845 9	1.054 0
812.8	17.5	3.0	2.0	3.0	60	24.9	12.86	240.98	2 524.35	60 8324.741 5	4.744 9
863.6	7.9	2.0	1.5	2.5	60	13.4	6.43	61.76	2 703.86	166 983.799 2	1.302 5
863.6	19.1	3.0	2.0	3.0	60	26.7	13.93	279.59	2 680.57	749 459.189 1	5.845 8
914.4	7.9	2.0	1.5	2.5	60	13.4	6.43	61.76	2 863.45	176 839.873 5	1.379 4
914.4	20.6	3.0	2.0	3.0	60	28.5	14.92	318.47	2 836.99	903 494.381 3	7.047 3
965.2	8.7	2.0	1.5	2.5	60	14.3	6.96	71.18	3 021.34	215 052.282 3	1.677 4
965.2	22.2	3.0	2.0	3.0	60	30.3	15.98	362.80	2 993.21	1 085 948.117 9	8.470 4
1 016.0	8.7	2.0	1.5	2.5	60	14.3	6.96	71.18	3 180.93	226 411.759 4	1.766 0
1 016.0	22.2	3.0	2.0	3.0	60	30.3	15.98	362.80	3 152.81	1 143 848.988 5	8.922 0
1 066.8	10.3	3.0	2.0	2.5	60	16.6	7.84	98.30	3 336.00	327 942.181 4	2.557 9
1 066.8	23.8	3.0	2.0	3.0	60	32.2	17.05	410.09	3 309.03	1 357 012.317 3	10.584 7
1 117.6	10.3	3.0	2.0	2.5	60	16.6	7.84	98.30	3 495.59	343 630.800 2	2.680 3
1 117.6	25.4	3.0	2.0	3.0	60	34.0	18.11	460.34	3 465.25	1 595 195.267 9	12.442 5
1 168.4	11.1	3.0	2.0	2.5	60	17.5	8.37	110.28	3 653.49	402 904.864 9	3.142 7
1 168.4	25.4	3.0	2.0	3.0	60	34.0	18.11	460.34	3 624.84	1 668 662.428 9	13.015 6
1 219.2	11.1	3.0	2.0	2.5	60	17.5	8.37	110.28	3 813.09	420 504.669 4	3.279 9
1 219.2	26.2	3.0	2.0	3.0	60	34.9	18.64	486.57	3 782.75	1 840 582.4573	14.356 5
1 270.0	11.9	3.0	2.0	2.5	60	18.4	8.90	122.99	3 970.99	488 406.427 6	3.809 6
1 270.0	27.0	3.0	2.0	3.0	60	35.9	19.17	513.54	3 940.66	2 023 699.270 2	15.784 9

(3)手工钨极气体保护焊

①碳钢管

尺寸(mm)							重心距 (mm)	断面 (mm²)	周长 (mm)	体积 (mm³)	金属重量 (kg/口)
Φ	δ	b	p	e	α	B					
22.0	3.0	1.5	1.5	1.5	60	7.2	2.76	13.03	67.64	881.326 9	0.006 9
22.0	3.5	1.5	1.5	1.5	60	7.8	3.11	15.37	66.64	1 024.128 7	0.008 0
22.0	4.0	2.0	1.5	2.0	60	8.9	3.59	23.46	66.56	1 561.180 2	0.012 2
22.0	4.5	2.0	1.5	2.0	60	9.5	3.93	26.81	65.51	1 756.585 8	0.013 7
22.0	5.0	2.0	1.5	2.0	60	10.0	4.26	30.46	64.46	1 963.351 8	0.015 3

续表

尺 寸(mm)							重心距 (mm)	断 面 (mm²)	周长 (mm)	体 积 (mm³)	金属重量 (kg/口)
Φ	δ	b	p	e	α	B					
22.0	5.5	2.0	1.5	2.0	60	10.6	4.59	34.39	63.40	2 180.570 5	0.017 0
25.0	3.0	1.5	1.5	1.5	60	7.2	2.76	13.03	77.06	1 004.132 2	0.007 8
25.0	3.5	1.5	1.5	1.5	60	7.8	3.11	15.37	76.07	1 168.963 1	0.009 1
25.0	4.0	2.0	1.5	2.0	60	8.9	3.59	23.46	75.99	1 782.239 4	0.013 9
25.0	5.0	2.0	1.5	2.0	60	10.0	4.26	30.46	73.89	2 250.410 5	0.017 6
25.0	5.5	2.0	1.5	2.0	60	10.6	4.59	34.39	72.83	2 504.710 0	0.019 5
25.0	7.0	2.0	1.5	2.5	60	12.3	5.84	52.04	71.24	3 707.358 7	0.028 9
28.0	3.0	1.5	1.5	1.5	60	7.2	2.76	13.03	86.49	1 126.937 4	0.008 8
28.0	4.0	2.0	1.5	2.0	60	8.9	3.59	23.46	85.41	2 003.298 6	0.015 6
28.0	5.0	2.0	1.5	2.0	60	10.0	4.26	30.46	83.31	2 537.469 2	0.019 8
28.0	6.0	2.0	1.5	2.0	60	11.2	4.92	38.62	81.19	3 135.215 7	0.024 5
28.0	7.0	2.0	1.5	2.5	60	12.3	5.84	52.04	80.66	4 197.854 1	0.032 7
32.0	3.0	1.5	1.5	1.5	60	7.2	2.76	13.03	99.05	1 290.677 7	0.010 1
32.0	3.5	1.5	1.5	1.5	60	7.8	3.11	15.37	98.06	1 506.909 9	0.011 8
32.0	4.0	2.0	1.5	2.0	60	8.9	3.59	23.46	97.98	2 298.044 1	0.017 9
32.0	5.0	2.0	1.5	2.0	60	10.0	4.26	30.46	95.88	2 920.214 2	0.022 8
32.0	6.0	2.0	1.5	2.0	60	11.2	4.92	38.62	93.76	3 620.470 4	0.028 2
32.0	7.0	2.0	1.5	2.5	60	12.3	5.84	52.04	93.23	4 851.847 9	0.037 8
32.0	8.0	2.0	1.5	2.5	60	13.5	6.50	62.89	91.10	5 729.505 9	0.044 7
34.0	3.0	1.5	1.5	1.5	60	7.2	2.76	13.03	105.34	1 372.547 8	0.010 7
34.0	3.5	1.5	1.5	1.5	60	7.8	3.11	15.37	104.34	1 603.466 1	0.012 5
34.0	4.0	2.0	1.5	2.0	60	8.9	3.59	23.46	104.26	2 445.416 9	0.019 1
34.0	5.0	2.0	1.5	2.0	60	10.0	4.26	30.46	102.16	3 111.586 7	0.024 3
34.0	6.0	2.0	1.5	2.0	60	11.2	4.92	38.62	100.04	3 863.097 8	0.030 1
34.0	7.0	2.0	1.5	2.5	60	12.3	5.84	52.04	99.51	5 178.844 9	0.040 4
34.0	8.0	2.0	1.5	2.5	60	13.5	6.50	62.89	97.38	6 124.685 1	0.047 8
38.0	3.0	1.5	1.5	1.5	60	7.2	2.76	13.03	117.90	1 536.288 1	0.012 0
38.0	3.5	1.5	1.5	1.5	60	7.8	3.11	15.37	116.91	1 796.578 6	0.014 0
38.0	4.0	2.0	1.5	2.0	60	8.9	3.59	23.46	116.83	2 740.162 5	0.021 4
38.0	5.0	2.0	1.5	2.0	60	10.0	4.26	30.46	114.73	3 494.331 6	0.027 3
38.0	6.0	2.0	1.5	2.0	60	11.2	4.92	38.62	112.61	4 348.352 5	0.033 9
38.0	7.0	2.0	1.5	2.5	60	12.3	5.84	52.04	112.08	5 832.838 7	0.045 5
38.0	8.0	2.0	1.5	2.5	60	13.5	6.50	62.89	109.95	6 915.043 3	0.053 9
42.0	3.0	1.5	1.5	1.5	60	7.2	2.76	13.03	130.47	1 700.028 4	0.013 3
42.0	3.5	1.5	1.5	1.5	60	7.8	3.11	15.37	129.47	1 989.691 1	0.015 5

续表

尺 寸(mm)							重心距 (mm)	断 面 (mm²)	周 长 (mm)	体 积 (mm³)	金属重量 (kg/口)
Φ	δ	b	p	e	α	B					
42.0	4.0	1.5	1.5	2.0	60	8.4	3.71	20.79	130.11	2 704.831 3	0.021 1
42.0	5.0	2.0	1.5	2.0	60	10.0	4.26	30.46	127.29	3 877.076 5	0.030 2
42.0	6.0	2.0	1.5	2.0	60	11.2	4.92	38.62	125.17	4 833.607 2	0.037 7
42.0	7.0	2.0	1.5	2.5	60	12.3	5.84	52.04	124.64	6 486.832 5	0.050 6
42.0	8.0	2.0	1.5	2.5	60	13.5	6.50	62.89	122.51	7 705.401 6	0.060 1
45.0	3.0	1.5	1.5	1.5	60	7.2	2.76	13.03	139.89	1 822.833 7	0.014 2
45.0	3.5	1.5	1.5	1.5	60	7.8	3.11	15.37	138.90	2 134.525 4	0.016 6
45.0	4.0	2.0	1.5	2.0	60	8.9	3.59	23.46	138.82	3 255.967 2	0.025 4
45.0	5.0	2.0	1.5	2.0	60	10.0	4.26	30.46	136.72	4 164.135 2	0.032 5
45.0	6.0	2.0	1.5	2.0	60	11.2	4.92	38.62	134.60	5 197.548 2	0.040 5
45.0	7.0	2.0	1.5	2.5	60	12.3	5.84	52.04	134.07	6 977.327 9	0.054 4
45.0	8.0	2.0	1.5	2.5	60	13.5	6.50	62.89	131.94	8 298.170 3	0.064 7
48.0	3.0	1.5	1.5	1.5	60	7.2	2.76	13.03	149.32	1 945.638 9	0.015 2
48.0	3.5	1.5	1.5	1.5	60	7.8	3.11	15.37	148.32	2 279.359 8	0.017 8
48.0	4.0	2.0	1.5	2.0	60	8.9	3.59	23.46	148.24	3 477.026 4	0.027 1
48.0	5.0	2.0	1.5	2.0	60	10.0	4.26	30.46	146.14	4 451.193 9	0.034 7
48.0	6.0	2.0	1.5	2.0	60	11.2	4.92	38.62	144.02	5 561.489 2	0.043 4
48.0	7.0	2.0	1.5	2.5	60	12.3	5.84	52.04	143.49	7 467.823 3	0.058 2
48.0	8.0	2.0	1.5	2.5	60	13.5	6.50	62.89	141.36	8 890.938 9	0.069 3
57.0	3.0	1.5	1.5	1.5	60	7.2	2.76	13.03	177.59	2 314.054 6	0.018 0
57.0	3.5	1.5	1.5	1.5	60	7.8	3.11	15.37	176.60	2 713.862 8	0.021 2
57.0	4.0	1.5	1.5	2.0	60	8.4	3.71	20.79	177.24	3 684.463 5	0.028 7
57.0	5.0	2.0	1.5	2.0	60	10.0	4.26	30.46	174.42	5 312.370 0	0.041 4
57.0	6.0	2.0	1.5	2.0	60	11.2	4.92	38.62	172.30	6 653.312 3	0.051 9
57.0	7.0	2.0	1.5	2.5	60	12.3	5.84	52.04	171.77	8 939.309 5	0.069 7
57.0	8.0	2.0	1.5	2.5	60	13.5	6.50	62.89	169.64	10 669.245 0	0.083 2
60.0	3.0	1.5	1.5	1.5	60	7.2	2.76	13.03	187.02	2 436.859 8	0.019 0
60.0	3.5	1.5	1.5	1.5	60	7.8	3.11	15.37	186.02	2 858.697 2	0.022 3
60.0	4.0	2.0	1.5	2.0	60	8.9	3.59	23.46	185.94	4 361.263 1	0.034 0
60.0	5.0	2.0	1.5	2.0	60	10.0	4.26	30.46	183.84	5 599.428 7	0.043 7
60.0	5.5	2.0	1.5	2.0	60	10.6	4.59	34.39	182.78	6 286.337 6	0.049 0
60.0	6.0	2.0	1.5	2.0	60	11.2	4.92	38.62	181.72	7 017.253 3	0.054 7
60.0	7.0	2.0	1.5	2.5	60	12.3	5.84	52.04	181.19	9 429.804 8	0.073 6
60.0	8.0	2.0	1.5	2.5	60	13.5	6.50	62.89	179.06	11 262.013 7	0.087 8
68.0	3.5	1.5	1.5	1.5	60	7.8	3.11	15.37	211.16	3 244.922 1	0.025 3

续表

尺　寸(mm)							重心距 (mm)	断　面 (mm²)	周　长 (mm)	体　积 (mm³)	金属重量 (kg/口)
Φ	δ	b	p	e	α	B					
68.0	4.0	2.0	1.5	2.0	60	8.9	3.59	23.46	211.07	4 950.754 2	0.038 6
68.0	5.0	2.0	1.5	2.0	60	10.0	4.26	30.46	208.97	6 364.918 6	0.049 6
68.0	6.0	2.0	1.5	2.0	60	11.2	4.92	38.62	206.85	7 987.762 7	0.062 3
68.0	7.0	2.0	1.5	2.5	60	12.3	5.84	52.04	206.32	10 737.792 5	0.083 8
68.0	8.0	2.0	1.5	2.5	60	13.5	6.50	62.89	204.19	12 842.730 2	0.100 2
76.0	3.5	1.5	1.5	1.5	60	7.8	3.11	15.37	236.29	3 631.147 0	0.028 3
76.0	4.0	1.5	1.5	2.0	60	8.4	3.71	20.79	236.93	4 925.330 9	0.038 4
76.0	5.0	2.0	1.5	2.0	60	10.0	4.26	30.46	234.11	7 130.408 5	0.055 6
76.0	6.0	2.0	1.5	2.0	60	11.2	4.92	38.62	231.99	8 958.272 1	0.069 9
76.0	7.0	2.0	1.5	2.5	60	12.3	5.84	52.04	231.46	12 045.780 2	0.094 0
76.0	8.0	2.0	1.5	2.5	60	13.5	6.50	62.89	229.33	14 423.446 7	0.112 5
76.0	9.0	3.0	2.0	2.5	60	15.1	6.98	80.42	226.07	18 180.216 6	0.141 8
89.0	4.0	2.0	1.5	2.0	60	8.9	3.59	23.46	277.05	6 498.168 4	0.050 7
89.0	4.5	2.0	1.5	2.0	60	9.5	3.93	26.81	276.00	7 400.187 6	0.057 7
89.0	5.0	2.0	1.5	2.0	60	10.0	4.26	30.46	274.95	8 374.329 5	0.065 3
89.0	5.5	2.0	1.5	2.0	60	10.6	4.59	34.39	273.89	9 419.686 3	0.073 5
89.0	6.0	2.0	1.5	2.0	60	11.2	4.92	38.62	272.83	10 535.349 8	0.082 2
89.0	7.0	2.0	1.5	2.5	60	12.3	5.84	52.04	272.30	14 171.260 2	0.110 5
89.0	8.0	2.0	1.5	2.5	60	13.5	6.50	62.89	270.17	16 992.111 0	0.132 5
89.0	9.0	3.0	2.0	2.5	60	15.1	6.98	80.42	266.91	21 464.632 5	0.167 4
89.0	10.0	3.0	2.0	2.5	60	16.2	7.64	94.00	264.79	24 890.972 0	0.194 1
102.0	4.0	2.0	1.5	2.0	60	8.9	3.59	23.46	317.89	7 456.091 5	0.058 2
102.0	4.5	2.0	1.5	2.0	60	9.5	3.93	26.81	316.84	8 495.214 8	0.066 3
102.0	5.0	2.0	1.5	2.0	60	10.0	4.26	30.46	315.79	9 618.250 5	0.075 0
102.0	5.5	2.0	1.5	2.0	60	10.6	4.59	34.39	314.73	10 824.290 8	0.084 4
102.0	6.0	2.0	1.5	2.0	60	11.2	4.92	38.62	313.67	12 112.427 6	0.094 5
102.0	7.0	2.0	1.5	2.5	60	12.3	5.84	52.04	313.14	16 296.740 2	0.127 1
102.0	8.0	2.0	1.5	2.5	60	13.5	6.50	62.89	311.01	19 560.775 3	0.152 6
102.0	9.0	3.0	2.0	2.5	60	15.1	6.98	80.42	307.75	24 749.048 5	0.193 0
102.0	10.0	3.0	2.0	2.5	60	16.2	7.64	94.00	305.63	28 730.151 1	0.224 1
108.0	4.0	2.0	1.5	2.0	60	8.9	3.59	23.46	336.74	7 898.209 8	0.061 6
108.0	4.5	2.0	1.5	2.0	60	9.5	3.93	26.81	335.69	9 000.612 0	0.070 2
108.0	5.0	2.0	1.5	2.0	60	10.0	4.26	30.46	334.64	10 192.368 0	0.079 5
108.0	6.0	2.0	1.5	2.0	60	11.2	4.92	38.62	332.52	12 840.309 6	0.100 2
108.0	7.0	2.0	1.5	2.5	60	12.3	5.84	52.04	331.99	17 277.731 0	0.134 8

续表

尺　寸(mm)							重心距 (mm)	断 面 (mm²)	周 长 (mm)	体 积 (mm³)	金属重量 (kg/口)
Φ	δ	b	p	e	α	B					
108.0	8.0	2.0	1.5	2.5	60	13.5	6.50	62.89	329.86	20 746.312 7	0.161 8
108.0	9.0	3.0	2.0	2.5	60	15.1	6.98	80.42	326.60	26 264.932 8	0.204 9
108.0	10.0	3.0	2.0	2.5	60	16.2	7.64	94.00	324.48	30 502.080 0	0.237 9
108.0	12.0	3.0	2.0	2.5	60	18.5	8.97	124.64	320.24	39 913.541 1	0.311 3
114.0	4.0	2.0	1.5	2.0	60	8.9	3.59	23.46	355.59	8 340.328 2	0.065 1
114.0	5.0	2.0	1.5	2.0	60	10.0	4.26	30.46	353.49	10 766.485 4	0.084 0
114.0	6.0	2.0	1.5	2.0	60	11.2	4.92	38.62	351.37	13 568.191 7	0.105 8
114.0	7.0	2.0	1.5	2.5	60	12.3	5.84	52.04	350.84	18 258.721 7	0.142 4
114.0	8.0	2.0	1.5	2.5	60	13.5	6.50	62.89	348.71	21 931.850 1	0.171 1
114.0	9.0	3.0	2.0	2.5	60	15.1	6.98	80.42	345.45	27 780.817 0	0.216 7
114.0	10.0	3.0	2.0	2.5	60	16.2	7.64	94.00	343.33	32 274.008 8	0.251 7
114.0	12.0	3.0	2.0	2.5	60	18.5	8.97	124.64	339.09	42 262.855 8	0.329 7
127.0	4.0	2.0	1.5	2.0	60	8.9	3.59	23.46	396.43	9 298.251 3	0.072 5
127.0	4.5	2.0	1.5	2.0	60	9.5	3.93	26.81	395.38	10 601.036 3	0.082 7
127.0	5.0	2.0	1.5	2.0	60	10.0	4.26	30.46	394.33	12 010.406 4	0.093 7
127.0	6.0	2.0	1.5	2.0	60	11.2	4.92	38.62	392.21	15 145.269 4	0.118 1
127.0	7.0	2.0	1.5	2.5	60	12.3	5.84	52.04	391.68	20 384.201 7	0.159 0
127.0	8.0	2.0	1.5	2.5	60	13.5	6.50	62.89	389.55	24 500.514 4	0.191 1
127.0	9.0	3.0	2.0	2.5	60	15.1	6.98	80.42	386.29	31 065.233 0	0.242 3
127.0	10.0	3.0	2.0	2.5	60	16.2	7.64	94.00	384.17	36 113.187 9	0.281 7
127.0	12.0	3.0	2.0	2.5	60	18.5	8.97	124.64	379.93	47 353.037 6	0.369 4
127.0	14.0	3.0	2.0	2.5	60	20.8	10.30	159.89	375.71	60 069.713 6	0.468 5
133.0	4.0	2.0	1.5	2.0	60	8.9	3.59	23.46	415.28	9 740.369 6	0.076 0
133.0	4.5	2.0	1.5	2.0	60	9.5	3.93	26.81	414.23	11 106.433 5	0.086 6
133.0	5.0	2.0	1.5	2.0	60	10.0	4.26	30.46	413.18	12 584.523 8	0.098 2
133.0	6.0	2.0	1.5	2.0	60	11.2	4.92	38.62	411.06	15 873.151 5	0.123 8
133.0	7.0	2.0	1.5	2.5	60	12.3	5.84	52.04	410.53	21 365.192 5	0.166 6
133.0	8.0	2.0	1.5	2.5	60	13.5	6.50	62.89	408.40	25 686.051 7	0.200 4
133.0	9.0	3.0	2.0	2.5	60	15.1	6.98	80.42	405.14	32 581.117 3	0.254 1
133.0	10.0	3.0	2.0	2.5	60	16.2	7.64	94.00	403.02	37 885.116 7	0.295 5
133.0	12.0	3.0	2.0	2.5	60	18.5	8.97	124.64	398.78	49 702.352 2	0.387 7
133.0	14.0	3.0	2.0	2.5	60	20.8	10.30	159.89	394.56	63 083.476 5	0.492 1
133.0	16.0	3.0	2.0	3.0	60	23.2	11.87	207.47	391.87	81 302.177 7	0.634 2
159.0	4.5	2.0	1.5	2.0	60	9.5	3.93	26.81	495.91	13 296.488 0	0.103 7
159.0	5.0	2.0	1.5	2.0	60	10.0	4.26	30.46	494.86	15 072.365 9	0.117 6

尺寸(mm)							重心距(mm)	断面(mm^2)	周长(mm)	体积(mm^3)	金属重量(kg/口)
Φ	*δ*	*b*	*p*	*e*	*α*	*B*					
159.0	5.5	2.0	1.5	2.0	60	10.6	4.59	34.39	493.80	16 982.941 6	0.132 5
159.0	6.0	2.0	1.5	2.0	60	11.2	4.92	38.62	492.74	19 027.307 0	0.148 4
159.0	7.0	2.0	1.5	2.5	60	12.3	5.84	52.04	492.21	25 616.152 5	0.199 8
159.0	8.0	2.0	1.5	2.5	60	13.5	6.50	62.89	490.08	30 823.380 4	0.240 4
159.0	9.0	3.0	2.0	2.5	60	15.1	6.98	80.42	486.82	39 149.949 1	0.305 4
159.0	10.0	3.0	2.0	2.5	60	16.2	7.64	94.00	484.70	45 563.475 0	0.355 4
159.0	12.0	3.0	2.0	2.5	60	18.5	8.97	124.64	480.46	59 882.715 8	0.467 1
159.0	14.0	3.0	2.0	2.5	60	20.8	10.30	159.89	476.24	76 143.115 4	0.593 9
159.0	16.0	3.0	2.0	3.0	60	23.2	11.87	207.47	473.55	98 248.833 8	0.766 3
159.0	18.0	3.0	2.0	3.0	60	25.5	13.20	252.73	469.32	118 612.142 2	0.925 2

②合金钢(哈氏合金)、不锈钢管

尺寸(mm)							重心距(mm)	断面(mm^2)	周长(mm)	体积(mm^3)	金属重量(kg/口)
Φ	*δ*	*b*	*p*	*e*	*α*	*B*					
22.0	3.0	1.5	1.5	1.5	60	7.2	2.76	13.03	67.64	881.326 9	0.006 9
22.0	3.5	1.5	1.5	1.5	60	7.8	3.11	15.37	66.64	1 024.128 7	0.008 1
22.0	4.0	1.5	1.5	2.0	60	8.4	3.71	20.79	67.28	1 398.655 1	0.011 0
22.0	4.5	2.0	1.5	2.0	60	9.5	3.93	26.81	65.51	1 756.585 8	0.013 8
22.0	5.0	2.0	1.5	2.0	60	10.0	4.26	30.46	64.46	1 963.351 8	0.015 5
25.0	3.0	1.5	1.5	1.5	60	7.2	2.76	13.03	77.06	1 004.132 2	0.007 9
25.0	3.5	1.5	1.5	1.5	60	7.8	3.11	15.37	76.07	1 168.963 1	0.009 2
25.0	4.0	2.0	1.5	2.0	60	8.9	3.59	23.46	75.99	1 782.239 4	0.014 0
25.0	4.5	2.0	1.5	2.0	60	9.5	3.93	26.81	74.94	2 009.284 3	0.015 8
25.0	5.0	2.0	1.5	2.0	60	10.0	4.26	30.46	73.89	2 250.410 5	0.017 7
25.0	5.5	2.0	1.5	2.0	60	10.6	4.59	34.39	72.83	2 504.710 0	0.019 7
25.0	6.0	2.0	1.5	2.0	60	11.2	4.92	38.62	71.77	2 771.274 7	0.021 8
27.0	3.0	1.5	1.5	1.5	60	7.2	2.76	13.03	83.35	1 086.002 3	0.008 6
27.0	3.5	1.5	1.5	1.5	60	7.8	3.11	15.37	82.35	1 265.519 3	0.010 0
27.0	4.0	2.0	1.5	2.0	60	8.9	3.59	23.46	82.27	1 929.612 2	0.015 2
27.0	4.5	2.0	1.5	2.0	60	9.5	3.93	26.81	81.22	2 177.750 1	0.017 2
27.0	5.0	2.0	1.5	2.0	60	10.0	4.26	30.46	80.17	2 441.783 0	0.019 2
27.0	5.5	2.0	1.5	2.0	60	10.6	4.59	34.39	79.11	2 720.803 0	0.021 4
27.0	6.0	2.0	1.5	2.0	60	11.2	4.92	38.62	78.05	3 013.902 0	0.023 7
32.0	3.0	1.5	1.5	1.5	60	7.2	2.76	13.03	99.05	1 290.677 7	0.010 2

续表

尺寸(mm)							重心距(mm)	断面(mm^2)	周长(mm)	体积(mm^3)	金属重量(kg/口)
Φ	δ	b	p	e	α	B					
32.0	3.5	1.5	1.5	1.5	60	7.8	3.11	15.37	98.06	1 506.909 9	0.011 9
32.0	4.0	2.0	1.5	2.0	60	8.9	3.59	23.46	97.98	2 298.044 1	0.018 1
32.0	4.5	2.0	1.5	2.0	60	9.5	3.93	26.81	96.93	2 598.914 4	0.020 5
32.0	5.0	2.0	1.5	2.0	60	10.0	4.26	30.46	95.88	2 920.214 2	0.023 0
32.0	5.5	2.0	1.5	2.0	60	10.6	4.59	34.39	94.82	3 261.035 5	0.025 7
32.0	6.0	2.0	1.5	2.0	60	11.2	4.92	38.62	93.76	3 620.470 4	0.028 5
32.0	7.0	2.0	1.5	2.5	60	12.3	5.84	52.04	93.23	4 851.847 9	0.038 2
34.0	3.0	1.5	1.5	1.5	60	7.2	2.76	13.03	105.34	1 372.547 8	0.010 8
34.0	3.5	1.5	1.5	1.5	60	7.8	3.11	15.37	104.34	1 603.466 1	0.012 6
34.0	4.0	2.0	1.5	2.0	60	8.9	3.59	23.46	104.26	2 445.416 9	0.019 3
34.0	4.5	2.0	1.5	2.0	60	9.5	3.93	26.81	103.21	2 767.380 1	0.021 8
34.0	5.0	2.0	1.5	2.0	60	10.0	4.26	30.46	102.16	3 111.586 7	0.024 5
34.0	5.5	2.0	1.5	2.0	60	10.6	4.59	34.39	101.10	3 477.128 5	0.027 4
34.0	6.0	2.0	1.5	2.0	60	11.2	4.92	38.62	100.04	3 863.097 8	0.030 4
34.0	7.0	2.0	1.5	2.5	60	12.3	5.84	52.04	99.51	5 178.844 9	0.040 8
38.0	3.0	1.5	1.5	1.5	60	7.2	2.76	13.03	117.90	1 536.288 1	0.012 1
38.0	3.5	1.5	1.5	1.5	60	7.8	3.11	15.37	116.91	1 796.578 6	0.014 2
38.0	4.0	2.0	1.5	2.0	60	8.9	3.59	23.46	116.83	2 740.162 5	0.021 6
38.0	4.5	2.0	1.5	2.0	60	9.5	3.93	26.81	115.78	3 104.311 6	0.024 5
38.0	5.0	2.0	1.5	2.0	60	10.0	4.26	30.46	114.73	3 494.331 6	0.027 5
38.0	5.5	2.0	1.5	2.0	60	10.6	4.59	34.39	113.67	3 909.314 6	0.030 8
38.0	6.0	2.0	1.5	2.0	60	11.2	4.92	38.62	112.61	4 348.352 5	0.034 3
38.0	7.0	2.0	1.5	2.5	60	12.3	5.84	52.04	112.08	5 832.838 7	0.046 0
42.0	3.0	1.5	1.5	1.5	60	7.2	2.76	13.03	130.47	1 700.028 4	0.013 4
42.0	3.5	1.5	1.5	1.5	60	7.8	3.11	15.37	129.47	1 989.691 1	0.015 7
42.0	4.0	2.0	1.5	2.0	60	8.9	3.59	23.46	129.39	3 034.908 0	0.023 9
42.0	4.5	2.0	1.5	2.0	60	9.5	3.93	26.81	128.35	3 441.243 0	0.027 1
42.0	5.0	2.0	1.5	2.0	60	10.0	4.26	30.46	127.29	3 877.076 5	0.030 6
42.0	5.5	2.0	1.5	2.0	60	10.6	4.59	34.39	126.23	4 341.500 6	0.034 2
42.0	6.0	2.0	1.5	2.0	60	11.2	4.92	38.62	125.17	4 833.607 2	0.038 1
42.0	7.0	2.0	1.5	2.5	60	12.3	5.84	52.04	124.64	6 486.832 5	0.051 1
45.0	3.0	1.5	1.5	1.5	60	7.2	2.76	13.03	139.89	1 822.833 7	0.014 4
45.0	3.5	1.5	1.5	1.5	60	7.8	3.11	15.37	138.90	2 134.525 4	0.016 8
45.0	4.0	2.0	1.5	2.0	60	8.9	3.59	23.46	138.82	3 255.967 2	0.025 7
45.0	4.5	2.0	1.5	2.0	60	9.5	3.93	26.81	137.77	3 693.941 6	0.029 1

续表

尺寸(mm)							重心距(mm)	断面(mm^2)	周长(mm)	体积(mm^3)	金属重量(kg/口)
Φ	δ	b	p	e	α	B					
45.0	5.0	2.0	1.5	2.0	60	10.0	4.26	30.46	136.72	4 164.135 2	0.032 8
45.0	5.5	2.0	1.5	2.0	60	10.6	4.59	34.39	135.66	4 665.640 1	0.036 8
45.0	6.0	2.0	1.5	2.0	60	11.2	4.92	38.62	134.60	5 197.548 2	0.041 0
45.0	7.0	2.0	1.5	2.5	60	12.3	5.84	52.04	134.07	6 977.327 9	0.055 0
48.0	3.0	1.5	1.5	1.5	60	7.2	2.76	13.03	149.32	1 945.638 9	0.015 3
48.0	3.5	1.5	1.5	1.5	60	7.8	3.11	15.37	148.32	2 279.359 8	0.018 0
48.0	4.0	2.0	1.5	2.0	60	8.9	3.59	23.46	148.24	3 477.026 4	0.027 4
48.0	4.5	2.0	1.5	2.0	60	9.5	3.93	26.81	147.20	3 946.640 2	0.031 1
48.0	5.0	2.0	1.5	2.0	60	10.0	4.26	30.46	146.14	4 451.193 9	0.035 1
48.0	5.5	2.0	1.5	2.0	60	10.6	4.59	34.39	145.08	4 989.779 6	0.039 3
48.0	6.0	2.0	1.5	2.0	60	11.2	4.92	38.62	144.02	5 561.489 2	0.043 8
48.0	7.0	2.0	1.5	2.5	60	12.3	5.84	52.04	143.49	7 467.823 3	0.058 8
57.0	3.0	1.5	1.5	1.5	60	7.2	2.76	13.03	177.59	2 314.054 6	0.018 2
57.0	3.5	1.5	1.5	1.5	60	7.8	3.11	15.37	176.60	2 713.862 8	0.021 4
57.0	4.0	2.0	1.5	2.0	60	8.9	3.59	23.46	176.52	4 140.203 9	0.032 6
57.0	4.5	2.0	1.5	2.0	60	9.5	3.93	26.81	175.47	4 704.736 0	0.037 1
57.0	5.0	2.0	1.5	2.0	60	10.0	4.26	30.46	174.42	5 312.370 0	0.041 9
57.0	5.5	2.0	1.5	2.0	60	10.6	4.59	34.39	173.36	5 962.198 1	0.047 0
57.0	6.0	2.0	1.5	2.0	60	11.2	4.92	38.62	172.30	6 653.312 3	0.052 4
57.0	7.0	2.0	1.5	2.5	60	12.3	5.84	52.04	171.77	8 939.309 5	0.070 4
60.0	3.0	1.5	1.5	1.5	60	7.2	2.76	13.03	187.02	2 436.859 8	0.019 2
60.0	3.5	1.5	1.5	1.5	60	7.8	3.11	15.37	186.02	2 858.697 2	0.022 5
60.0	4.0	2.0	1.5	2.0	60	8.9	3.59	23.46	185.94	4 361.263 1	0.034 4
60.0	4.5	2.0	1.5	2.0	60	9.5	3.93	26.81	184.90	4 957.434 5	0.039 1
60.0	5.0	2.0	1.5	2.0	60	10.0	4.26	30.46	183.84	5 599.428 7	0.044 1
60.0	5.5	2.0	1.5	2.0	60	10.6	4.59	34.39	182.78	6 286.337 6	0.049 5
60.0	6.0	2.0	1.5	2.0	60	11.2	4.92	38.62	181.72	7 017.253 3	0.055 3
60.0	6.5	2.0	1.5	2.0	60	11.8	5.25	43.13	180.66	7 791.267 7	0.061 4
60.0	7.0	2.0	1.5	2.5	60	12.3	5.84	52.04	181.19	9 429.804 8	0.074 3
60.0	7.5	2.0	1.5	2.5	60	12.9	6.17	57.32	180.13	10 325.721 9	0.081 4
60.0	8.0	2.0	1.5	2.5	60	13.5	6.50	62.89	179.06	11 262.013 7	0.088 7
68.0	3.0	1.5	1.5	1.5	60	7.2	2.76	13.03	212.15	2 764.340 4	0.021 8
68.0	3.5	1.5	1.5	1.5	60	7.8	3.11	15.37	211.16	3 244.922 1	0.025 6
68.0	4.0	2.0	1.5	2.0	60	8.9	3.59	23.46	211.07	4 950.754 2	0.039 0
68.0	5.0	2.0	1.5	2.0	60	10.0	4.26	30.46	208.97	6 364.918 6	0.050 2

续表

尺寸(mm)							重心距(mm)	断面(mm²)	周长(mm)	体积(mm³)	金属重量(kg/口)
Φ	δ	b	p	e	α	B					
68.0	6.0	2.0	1.5	2.0	60	11.2	4.92	38.62	206.85	7 987.762 7	0.062 9
68.0	7.0	2.0	1.5	2.5	60	12.3	5.84	52.04	206.32	10 737.792 5	0.084 6
68.0	8.0	2.0	1.5	2.5	60	13.5	6.50	62.89	204.19	12 842.730 2	0.101 2
68.0	9.0	3.0	2.0	2.5	60	15.1	6.98	80.42	200.93	16 159.037 5	0.127 3
76.0	3.0	1.5	1.5	1.5	60	7.2	2.76	13.03	237.28	3 091.821 0	0.024 4
76.0	3.5	1.5	1.5	1.5	60	7.8	3.11	15.37	236.29	3 631.147 0	0.028 6
76.0	4.0	2.0	1.5	2.0	60	8.9	3.59	23.46	236.21	5 540.245 3	0.043 7
76.0	4.5	2.0	1.5	2.0	60	9.5	3.93	26.81	235.16	6 305.160 3	0.049 7
76.0	5.0	2.0	1.5	2.0	60	10.0	4.26	30.46	234.11	7 130.408 5	0.056 2
76.0	5.5	2.0	1.5	2.0	60	10.6	4.59	34.39	233.05	8 015.081 7	0.063 2
76.0	6.0	2.0	1.5	2.0	60	11.2	4.92	38.62	231.99	8 958.272 1	0.070 6
76.0	6.5	2.0	1.5	2.0	60	11.8	5.25	43.13	230.92	9 959.071 6	0.078 5
76.0	7.0	2.0	1.5	2.5	60	12.3	5.84	52.04	231.46	12 045.780 2	0.094 9
76.0	7.5	2.0	1.5	2.5	60	12.9	6.17	57.32	230.39	13 207.170 9	0.104 1
76.0	8.0	2.0	1.5	2.5	60	13.5	6.50	62.89	229.33	14 423.446 7	0.113 7
76.0	8.5	2.0	1.5	2.5	60	14.1	6.83	68.75	228.26	15 693.699 6	0.123 7
76.0	9.0	3.0	2.0	2.5	60	15.1	6.98	80.42	226.07	18 180.216 6	0.143 3
89.0	3.0	1.5	1.5	1.5	60	7.2	2.76	13.03	278.12	3 623.976 9	0.028 6
89.0	3.5	1.5	1.5	1.5	60	7.8	3.11	15.37	277.13	4 258.762 5	0.033 6
89.0	4.0	2.0	1.5	2.0	60	8.9	3.59	23.46	277.05	6 498.168 4	0.051 2
89.0	4.5	2.0	1.5	2.0	60	9.5	3.93	26.81	276.00	7 400.187 6	0.058 3
89.0	5.0	2.0	1.5	2.0	60	10.0	4.26	30.46	274.95	8 374.329 5	0.066 0
89.0	5.5	2.0	1.5	2.0	60	10.6	4.59	34.39	273.89	9 419.686 3	0.074 2
89.0	6.0	2.0	1.5	2.0	60	11.2	4.92	38.62	272.83	10 535.349 8	0.083 0
89.0	6.5	2.0	1.5	2.0	60	11.8	5.25	43.13	271.76	11 720.412 2	0.092 4
89.0	7.0	2.0	1.5	2.5	60	12.3	5.84	52.04	272.30	14 171.260 2	0.111 7
89.0	7.5	2.0	1.5	2.5	60	12.9	6.17	57.32	271.23	15 548.348 2	0.122 5
89.0	8.0	2.0	1.5	2.5	60	13.5	6.50	62.89	270.17	16 992.111 0	0.133 9
89.0	8.5	2.0	1.5	2.5	60	14.1	6.83	68.75	269.10	18 501.640 6	0.145 8
89.0	9.0	3.0	2.0	2.5	60	15.1	6.98	80.42	266.91	21 464.632 5	0.169 1
89.0	9.5	3.0	2.0	2.5	60	15.7	7.31	87.07	265.85	23 146.612 5	0.182 4
89.0	10.0	3.0	2.0	2.5	60	16.2	7.64	94.00	264.79	24 890.972 0	0.196 1
108.0	3.0	1.5	1.5	1.5	60	7.2	2.76	13.03	337.82	4 401.743 4	0.034 7
108.0	3.5	1.5	1.5	1.5	60	7.8	3.11	15.37	336.82	5 176.046 7	0.040 8
108.0	4.0	2.0	1.5	2.0	60	8.9	3.59	23.46	336.74	7 898.209 8	0.062 2

续表

尺 寸(mm)							重心距 (mm)	断 面 (mm²)	周 长 (mm)	体 积 (mm³)	金属重量 (kg/口)
Φ	δ	b	p	e	α	B					
108.0	4.5	2.0	1.5	2.0	60	9.5	3.93	26.81	335.69	9 000.612 0	0.070 9
108.0	5.0	2.0	1.5	2.0	60	10.0	4.26	30.46	334.64	10 192.368 0	0.080 3
108.0	5.5	2.0	1.5	2.0	60	10.6	4.59	34.39	333.58	11 472.569 8	0.090 4
108.0	6.0	2.0	1.5	2.0	60	11.2	4.92	38.62	332.52	12 840.309 6	0.101 2
108.0	6.5	2.0	1.5	2.0	60	11.8	5.25	43.13	331.45	14 294.679 3	0.112 6
108.0	7.0	2.0	1.5	2.5	60	12.3	5.84	52.04	331.99	17 277.731 0	0.136 1
108.0	7.5	2.0	1.5	2.5	60	12.9	6.17	57.32	330.92	18 970.068 9	0.149 5
108.0	8.0	2.0	1.5	2.5	60	13.5	6.50	62.89	329.86	20 746.312 7	0.163 5
108.0	8.5	2.0	1.5	2.5	60	14.1	6.83	68.75	328.79	22 605.554 4	0.178 1
108.0	9.0	3.0	2.0	2.5	60	15.1	6.98	80.42	326.60	26 264.932 8	0.207 0
108.0	9.5	3.0	2.0	2.5	60	15.7	7.31	87.07	325.54	28 343.701 1	0.223 3
108.0	10.0	3.0	2.0	2.5	60	16.2	7.64	94.00	324.48	30 502.080 0	0.240 4
114.0	3.0	1.5	1.5	1.5	60	7.2	2.76	13.03	356.66	4 647.353 8	0.036 6
114.0	3.5	1.5	1.5	1.5	60	7.8	3.11	15.37	355.67	5 465.715 4	0.043 1
114.0	4.0	2.0	1.5	2.0	60	8.9	3.59	23.46	355.59	8 340.328 2	0.065 7
114.0	4.5	2.0	1.5	2.0	60	9.5	3.93	26.81	354.54	9 506.009 1	0.074 9
114.0	5.0	2.0	1.5	2.0	60	10.0	4.26	30.46	353.49	10 766.485 4	0.084 8
114.0	5.5	2.0	1.5	2.0	60	10.6	4.59	34.39	352.43	12 120.848 9	0.095 5
114.0	6.0	2.0	1.5	2.0	60	11.2	4.92	38.62	351.37	13 568.191 7	0.106 9
114.0	6.5	2.0	1.5	2.0	60	11.8	5.25	43.13	350.30	15 107.605 8	0.119 0
114.0	7.0	2.0	1.5	2.5	60	12.3	5.84	52.04	350.84	18 258.721 7	0.143 9
114.0	7.5	2.0	1.5	2.5	60	12.9	6.17	57.32	349.77	20 050.612 3	0.158 0
114.0	8.0	2.0	1.5	2.5	60	13.5	6.50	62.89	348.71	21 931.850 1	0.172 8
114.0	8.5	2.0	1.5	2.5	60	14.1	6.83	68.75	347.64	23 901.527 2	0.188 3
114.0	9.0	3.0	2.0	2.5	60	15.1	6.98	80.42	345.45	27 780.817 0	0.218 9
114.0	9.5	3.0	2.0	2.5	60	15.7	7.31	87.07	344.39	29 984.886 9	0.236 3
114.0	10.0	3.0	2.0	2.5	60	16.2	7.64	94.00	343.33	32 274.008 8	0.254 3
114.0	12.0	3.0	2.0	2.5	60	18.5	8.97	124.64	339.09	42 262.855 8	0.333 0
127.0	3.5	1.5	1.5	1.5	60	7.8	3.11	15.37	396.51	6 093.330 9	0.048 0
127.0	4.0	2.0	1.5	2.0	60	8.9	3.59	23.46	396.43	9 298.251 3	0.073 3
127.0	4.5	2.0	1.5	2.0	60	9.5	3.93	26.81	395.38	10 601.036 3	0.083 5
127.0	5.0	2.0	1.5	2.0	60	10.0	4.26	30.46	394.33	12 010.406 4	0.094 6
127.0	6.0	2.0	1.5	2.0	60	11.2	4.92	38.62	392.21	15 145.269 4	0.119 3
127.0	7.0	2.0	1.5	2.5	60	12.3	5.84	52.04	391.68	20 384.201 7	0.160 6
127.0	8.0	2.0	1.5	2.5	60	13.5	6.50	62.89	389.55	24 500.514 4	0.193 1

续表

尺寸(mm)							重心距(mm)	断面(mm^2)	周长(mm)	体积(mm^3)	金属重量(kg/口)
Φ	δ	b	p	e	α	B					
127.0	9.0	3.0	2.0	2.5	60	15.1	6.98	80.42	386.29	31 065.233 0	0.244 8
127.0	10.0	3.0	2.0	2.5	60	16.2	7.64	94.00	384.17	36 113.187 9	0.284 6
127.0	12.0	3.0	2.0	2.5	60	18.5	8.97	124.64	379.93	47 353.037 6	0.373 1
133.0	3.5	1.5	1.5	1.5	60	7.8	3.11	15.37	415.36	6 382.999 6	0.050 3
133.0	4.0	2.0	1.5	2.0	60	8.9	3.59	23.46	415.28	9 740.369 6	0.076 8
133.0	4.5	2.0	1.5	2.0	60	9.5	3.93	26.81	414.23	11 106.433 5	0.087 5
133.0	5.0	2.0	1.5	2.0	60	10.0	4.26	30.46	413.18	12 584.523 8	0.099 2
133.0	5.5	2.0	1.5	2.0	60	10.6	4.59	34.39	412.12	14 173.732 5	0.111 7
133.0	6.0	2.0	1.5	2.0	60	11.2	4.92	38.62	411.06	15 873.151 5	0.125 1
133.0	6.5	2.0	1.5	2.0	60	11.8	5.25	43.13	409.99	17 681.872 9	0.139 3
133.0	7.0	2.0	1.5	2.5	60	12.3	5.84	52.04	410.53	21 365.192 5	0.168 4
133.0	7.5	2.0	1.5	2.5	60	12.9	6.17	57.32	409.46	23 472.332 9	0.185 0
133.0	8.0	2.0	1.5	2.5	60	13.5	6.50	62.89	408.40	25 686.051 7	0.202 4
133.0	8.5	2.0	1.5	2.5	60	14.1	6.83	68.75	407.33	28 005.440 9	0.220 7
133.0	9.0	3.0	2.0	2.5	60	15.1	6.98	80.42	405.14	32 581.117 3	0.256 7
133.0	9.5	3.0	1.5	2.5	60	16.2	7.26	92.50	403.77	37 350.330 9	0.294 3
133.0	10.0	3.0	1.5	2.5	60	16.8	7.59	99.73	402.69	40 159.568 7	0.316 5
133.0	12.0	3.0	1.5	2.5	60	19.1	8.90	131.51	398.38	52 392.115 7	0.412 8
140.0	3.5	1.5	1.5	1.5	60	7.8	3.11	15.37	437.35	6 720.946 5	0.053 0
140.0	4.0	2.0	1.5	2.0	60	8.9	3.59	23.46	437.27	10 256.174 4	0.080 8
140.0	4.5	2.0	1.5	2.0	60	9.5	3.93	26.81	436.22	11 696.063 6	0.092 2
140.0	5.0	2.0	1.5	2.0	60	10.0	4.26	30.46	435.17	13 254.327 4	0.104 4
140.0	5.5	2.0	1.5	2.0	60	10.6	4.59	34.39	434.11	14 930.058 0	0.117 6
140.0	6.0	2.0	1.5	2.0	60	11.2	4.92	38.62	433.05	16 722.347 2	0.131 8
140.0	6.5	2.0	1.5	2.0	60	11.8	5.25	43.13	431.99	18 630.287 1	0.146 8
140.0	7.0	2.0	1.5	2.5	60	12.3	5.84	52.04	432.52	22 509.681 7	0.177 4
140.0	7.5	2.0	1.5	2.5	60	12.9	6.17	57.32	431.45	24 732.966 9	0.194 9
140.0	8.0	2.0	1.5	2.5	60	13.5	6.50	62.89	430.39	27 069.178 7	0.213 3
140.0	8.5	2.0	1.5	2.5	60	14.1	6.83	68.75	429.32	29 517.409 2	0.232 6
140.0	9.0	3.0	2.0	2.5	60	15.1	6.98	80.42	427.13	34 349.648 9	0.270 7
140.0	9.5	3.0	2.0	2.5	60	15.7	7.31	87.07	426.07	37 096.692 3	0.292 3
140.0	10.0	3.0	2.0	2.5	60	16.2	7.64	94.00	425.01	39 952.367 0	0.314 8
140.0	12.0	3.0	2.0	2.5	60	18.5	8.97	124.64	420.77	52 443.219 3	0.413 3
140.0	14.0	3.0	2.0	2.5	60	20.8	10.30	159.89	416.55	66 599.533 1	0.524 8
159.0	4.0	2.0	1.5	2.0	60	8.9	3.59	23.46	496.96	11 656.215 8	0.091 9

续表

尺寸(mm)							重心距(mm)	断面(mm²)	周长(mm)	体积(mm³)	金属重量(kg/口)
Φ	δ	b	p	e	α	B					
159.0	4.5	2.0	1.5	2.0	60	9.5	3.93	26.81	495.91	13 296.488 0	0.104 8
159.0	5.0	2.0	1.5	2.0	60	10.0	4.26	30.46	494.86	15 072.365 9	0.118 8
159.0	5.5	2.0	1.5	2.0	60	10.6	4.59	34.39	493.80	16 982.941 6	0.133 8
159.0	6.0	2.0	1.5	2.0	60	11.2	4.92	38.62	492.74	19 027.307 0	0.149 9
159.0	6.5	2.0	1.5	2.0	60	11.8	5.25	43.13	491.68	21 204.554 2	0.167 1
159.0	7.0	2.0	1.5	2.5	60	12.3	5.84	52.04	492.21	25 616.152 5	0.201 9
159.0	7.5	2.0	1.5	2.5	60	12.9	6.17	57.32	491.14	28 154.687 5	0.221 9
159.0	8.0	2.0	1.5	2.5	60	13.5	6.50	62.89	490.08	30 823.380 4	0.242 9
159.0	8.5	2.0	1.5	2.5	60	14.1	6.83	68.75	489.01	33 621.322 9	0.264 9
159.0	9.0	3.0	2.0	2.5	60	15.1	6.98	80.42	486.82	39 149.949 1	0.308 5
159.0	9.5	3.0	2.0	2.5	60	15.7	7.31	87.07	485.76	42 293.780 8	0.333 3
159.0	10.0	3.0	2.0	2.5	60	16.2	7.64	94.00	484.70	45 563.475 0	0.359 0
159.0	12.0	3.0	2.0	2.5	60	18.5	8.97	124.64	480.46	59 882.715 8	0.471 9
159.0	14.0	3.0	2.0	2.5	60	20.8	10.30	159.89	476.24	76 143.115 4	0.600 0
159.0	16.0	3.0	2.0	3.0	60	23.2	11.87	207.47	473.55	98 248.833 8	0.774 2

③不锈钢板卷管

尺寸(mm)							重心距(mm)	断面(mm²)	周长(mm)	体积(mm³)	金属重量(kg/口)
Φ	δ	b	p	e	α	B					
219.0	4.0	2.0	1.5	2.0	60	8.9	3.59	23.46	685.45	16 077.399 3	0.126 7
219.0	6.0	2.0	1.5	2.0	60	11.2	4.92	38.62	681.24	26 306.127 5	0.207 3
219.0	8.0	2.0	1.5	2.5	60	13.5	6.50	62.89	678.57	42 678.754 1	0.336 3
219.0	9.0	3.0	2.0	2.5	60	15.1	6.98	80.42	675.31	54 308.792 0	0.428 0
219.0	10.0	3.0	2.0	2.5	60	16.2	7.64	94.00	673.19	63 282.763 2	0.498 7
219.0	12.0	3.0	2.0	2.5	60	18.5	8.97	124.64	668.96	83 375.862 4	0.657 0
219.0	14.0	3.0	2.0	2.5	60	20.8	10.30	159.89	664.73	106 280.743 8	0.837 5
273.0	4.0	2.0	1.5	2.0	60	8.9	3.59	23.46	855.10	20 056.464 4	0.158 0
273.0	6.0	2.0	1.5	2.0	60	11.2	4.92	38.62	850.88	32 857.065 8	0.258 9
273.0	8.0	2.0	1.5	2.5	60	13.5	6.50	62.89	848.22	53 348.590 5	0.420 4
273.0	9.0	3.0	2.0	2.5	60	15.1	6.98	80.42	844.96	67 951.750 5	0.535 5
273.0	10.0	3.0	2.0	2.5	60	16.2	7.64	94.00	842.84	79 230.122 6	0.624 3
273.0	12.0	3.0	2.0	2.5	60	18.5	8.97	124.64	838.61	104 519.694 3	0.823 6
273.0	14.0	3.0	2.0	2.5	60	20.8	10.30	159.89	834.38	133 404.609 3	1.051 2
325.0	4.0	2.0	1.5	2.0	60	8.9	3.59	23.46	1 018.46	23 888.156 7	0.188 2

续表

尺　　寸(mm)							重心距 (mm)	断　面 (mm²)	周　长 (mm)	体　积 (mm³)	金属重量 (kg/口)
Φ	δ	b	p	e	α	B					
325.0	6.0	2.0	1.5	2.0	60	11.2	4.92	38.62	1 014.24	39 165.376 9	0.308 6
325.0	8.0	2.0	1.5	2.5	60	13.5	6.50	62.89	1 011.58	63 623.247 7	0.501 4
325.0	9.0	3.0	2.0	2.5	60	15.1	6.98	80.42	1 008.32	81 089.414 3	0.639 0
325.0	10.0	3.0	2.0	2.5	60	16.2	7.64	94.00	1 006.20	94 586.839 1	0.745 3
325.0	12.0	3.0	2.0	2.5	60	18.5	8.97	124.64	1 001.97	124 880.421 4	0.984 1
325.0	14.0	3.0	2.0	2.5	60	20.8	10.30	159.89	997.74	159 523.887 3	1.257 0
377.0	4.0	2.0	1.5	2.0	60	8.9	3.59	23.46	1 181.83	27 719.849 0	0.218 4
377.0	6.0	2.0	1.5	2.0	60	11.2	4.92	38.62	1 177.61	45 473.687 9	0.358 3
377.0	8.0	2.0	1.5	2.5	60	13.5	6.50	62.89	1 174.95	73 897.905 0	0.582 3
377.0	9.0	3.0	2.0	2.5	60	15.1	6.98	80.42	1 171.68	94 227.078 1	0.742 5
377.0	10.0	3.0	2.0	2.5	60	16.2	7.64	94.00	1 169.57	109 943.555 6	0.866 4
377.0	12.0	3.0	2.0	2.5	60	18.5	8.97	124.64	1 165.33	145 241.148 4	1.144 5
377.0	14.0	3.0	2.0	2.5	60	20.8	10.30	159.89	1 161.10	185 643.165 2	1.462 9
426.0	4.0	2.0	1.5	2.0	60	8.9	3.59	23.46	1 335.76	31 330.482 2	0.246 9
426.0	6.0	2.0	1.5	2.0	60	11.2	4.92	38.62	1 331.54	51 418.058 0	0.405 2
426.0	8.0	2.0	1.5	2.5	60	13.5	6.50	62.89	1 328.88	83 579.793 5	0.658 6
426.0	9.0	3.0	2.0	2.5	60	15.1	6.98	80.42	1 325.62	106 606.799 7	0.840 1
426.0	10.0	3.0	2.0	2.5	60	16.2	7.64	94.00	1 323.50	124 414.307 6	0.980 4
426.0	12.0	3.0	2.0	2.5	60	18.5	8.97	124.64	1 319.27	164 427.218 2	1.295 7
426.0	14.0	3.0	2.0	2.5	60	20.8	10.30	159.89	1 315.04	210 255.561 7	1.656 8
478.0	4.0	2.0	1.5	2.0	60	8.9	3.59	23.46	1 499.13	35 162.174 5	0.277 1
478.0	5.0	2.0	1.5	2.0	60	10.0	4.26	30.46	1 497.03	45 596.274 5	0.359 3
478.0	6.0	2.0	1.5	2.0	60	11.2	4.92	38.62	1 494.91	57 726.369 0	0.454 9
478.0	8.0	2.0	1.5	2.5	60	13.5	6.50	62.89	1 492.25	93 854.450 7	0.739 6
478.0	9.0	3.0	2.0	2.5	60	15.1	6.98	80.42	1 488.99	119 744.463 5	0.943 6
478.0	10.0	3.0	2.0	2.5	60	16.2	7.64	94.00	1 486.87	139 771.024 1	1.101 4
478.0	12.0	3.0	2.0	2.5	60	18.5	8.97	124.64	1 482.63	184 787.945 2	1.456 1
478.0	14.0	3.0	2.0	2.5	60	20.8	10.30	159.89	1 478.40	236 374.839 6	1.862 6
529.0	4.0	2.0	1.5	2.0	60	8.9	3.59	23.46	1 659.35	38 920.180 5	0.306 7
529.0	5.0	2.0	1.5	2.0	60	10.0	4.26	30.46	1 657.25	50 476.272 4	0.397 8
529.0	6.0	2.0	1.5	2.0	60	11.2	4.92	38.62	1 655.13	63 913.366 4	0.503 6
529.0	8.0	2.0	1.5	2.5	60	13.5	6.50	62.89	1 652.47	103 931.518 4	0.819 0
529.0	9.0	3.0	2.0	2.5	60	15.1	6.98	80.42	1 649.21	132 629.479 9	1.045 1
529.0	10.0	3.0	2.0	2.5	60	16.2	7.64	94.00	1 647.09	154 832.419 1	1.220 1
529.0	12.0	3.0	2.0	2.5	60	18.5	8.97	124.64	1 642.85	204 757.119 9	1.613 5

续表

尺 寸(mm)							重心距 (mm)	断面 (mm²)	周长 (mm)	体积 (mm³)	金属重量 (kg/口)
Φ	δ	b	p	e	α	B					
529.0	14.0	3.0	2.0	2.5	60	20.8	10.30	159.89	1 638.63	261 991.823 7	2.064 5
559.0	6.0	2.0	1.5	2.0	60	11.2	4.92	38.62	1 749.38	67 552.776 6	0.532 3
559.0	8.0	2.0	1.5	2.5	60	13.5	6.50	62.89	1 746.72	109 859.205 3	0.865 7
559.0	9.0	3.0	2.0	2.5	60	15.1	6.98	80.42	1 743.45	140 208.901 3	1.104 8
559.0	10.0	3.0	2.0	2.5	60	16.2	7.64	94.00	1 741.34	163 692.063 2	1.289 9
559.0	12.0	3.0	2.0	2.5	60	18.5	8.97	124.64	1 737.10	216 503.693 2	1.706 0
559.0	14.0	3.0	2.0	2.5	60	20.8	10.30	159.89	1 732.87	277 060.637 9	2.183 2

④钛管

尺 寸(mm)							重心距 (mm)	断面 (mm²)	周长 (mm)	体积 (mm³)	金属重量 (kg/口)
Φ	δ	b	p	e	α	B					
21.7	3.7	1.5	1.5	1.5	60	8.0	3.24	16.38	65.30	1 069.768 9	0.004 9
27.2	3.9	1.5	1.5	1.5	60	8.3	3.38	17.45	82.28	1 435.318 4	0.006 5
34.0	3.4	1.0	1.5	1.0	60	7.2	2.90	10.28	103.64	1 065.393 5	0.004 8
34.0	4.5	1.5	1.5	1.5	60	9.0	3.78	20.91	102.30	2 138.928 9	0.009 7
42.7	3.6	1.0	1.5	1.0	60	7.4	3.03	11.10	130.59	1 448.852 9	0.006 6
42.7	4.9	1.5	1.5	1.5	60	9.4	4.05	23.45	128.80	3 020.184 1	0.013 7
48.6	3.0	1.0	1.5	1.0	60	6.7	2.62	8.79	150.28	1 320.425 7	0.006 0
48.6	3.7	1.5	1.5	1.5	60	8.0	3.24	16.38	149.81	2 454.292 1	0.011 1
48.6	5.1	1.5	1.5	1.5	60	9.7	4.18	24.79	146.92	3 641.791 8	0.016 5
60.5	3.0	1.0	1.5	1.0	60	6.7	2.62	8.79	187.67	1 648.903 8	0.007 5
60.5	3.9	1.5	1.5	1.5	60	8.3	3.38	17.45	186.78	3 258.478 8	0.014 8
60.5	5.5	1.5	1.5	1.5	60	10.1	4.45	27.60	183.47	5 064.567 5	0.023 0
76.3	3.0	1.0	1.5	1.0	60	6.7	2.62	8.79	237.30	2 085.034 4	0.009 5
76.3	5.2	1.5	1.5	1.5	60	9.8	4.25	25.47	233.74	5 954.180 7	0.027 0
76.3	7.0	2.0	1.5	2.0	60	12.3	5.58	47.93	230.80	11 061.742 8	0.050 2
89.1	3.0	1.0	1.5	1.0	60	6.7	2.62	8.79	277.52	2 438.355 4	0.011 1
89.1	4.0	1.5	1.5	1.5	60	8.4	3.45	17.99	276.43	4 973.925 1	0.022 6
89.1	5.5	1.5	1.5	1.5	60	10.1	4.45	27.60	273.32	7 544.738 8	0.034 3
89.1	7.6	2.0	1.5	2.0	60	13.0	5.98	54.07	269.74	14 584.344 9	0.066 2
101.6	3.0	1.0	1.5	1.0	60	6.7	2.62	8.79	316.79	2 783.395 4	0.012 6
101.6	4.0	1.5	1.5	1.5	60	8.4	3.45	17.99	315.70	5 680.525 8	0.025 8
114.3	3.0	1.0	1.5	1.0	60	6.7	2.62	8.79	356.68	3 133.956 0	0.014 2
114.3	4.0	1.5	1.5	1.5	60	8.4	3.45	17.99	355.60	6 398.432 2	0.029 0
114.3	5.0	1.5	1.5	1.5	60	9.5	4.12	24.11	353.54	8 524.273 0	0.038 7
114.3	6.0	2.0	1.5	1.5	60	11.2	4.66	34.88	350.65	12 232.023 5	0.055 5

续表

尺寸(mm)							重心距(mm)	断面(mm^2)	周长(mm)	体积(mm^3)	金属重量(kg/口)
Φ	δ	b	p	e	α	B					
114.3	8.0	2.0	1.5	2.0	60	13.5	6.24	58.39	348.05	20 324.231 3	0.092 3
114.3	8.6	2.0	1.5	2.0	60	14.2	6.64	65.23	346.77	22 619.548 5	0.102 7
139.8	3.0	1.0	1.5	1.0	60	6.7	2.62	8.79	436.79	3 837.837 7	0.017 4
139.8	4.0	1.5	1.5	1.5	60	8.4	3.45	17.99	435.71	7 839.897 6	0.035 6
139.8	5.0	1.5	1.5	1.5	60	9.5	4.12	24.11	433.65	10 455.863 3	0.047 5
139.8	6.0	2.0	1.5	1.5	60	11.2	4.66	34.88	430.76	15 026.629 4	0.068 2
139.8	8.0	2.0	1.5	2.0	60	13.5	6.24	58.39	428.16	25 002.240 6	0.113 5
141.0	3.0	1.0	1.5	1.0	60	6.7	2.62	8.79	440.56	3 870.961 5	0.017 6
141.0	4.0	1.5	1.5	1.5	60	8.4	3.45	17.99	439.48	7 907.731 3	0.035 9
141.0	6.0	2.0	1.5	1.5	60	11.2	4.66	34.88	434.53	15 158.140 3	0.068 8
141.0	6.6	2.0	1.5	2.0	60	11.9	5.32	44.06	434.91	19 164.104 7	0.087 0
141.0	9.5	2.0	1.5	2.0	60	15.2	7.24	76.26	428.74	32 695.319 9	0.148 4
165.2	3.0	1.0	1.5	1.0	60	6.7	2.62	8.79	516.59	4 538.959 0	0.020 6
165.2	4.0	1.5	1.5	1.5	60	8.4	3.45	17.99	515.51	9 275.710 3	0.042 1
165.2	6.0	2.0	1.5	1.5	60	11.2	4.66	34.88	510.55	17 810.276 2	0.080 9
165.2	7.1	2.0	1.5	2.0	60	12.5	5.65	48.92	509.88	24 944.277 5	0.113 2
165.2	11.0	2.0	1.5	2.5	60	17.0	8.48	102.38	503.16	51 512.098 8	0.233 9
165.2	3.0	1.0	1.5	1.0	60	6.7	2.62	8.79	516.59	4 538.959 0	0.020 6
216.3	4.0	1.5	1.5	1.5	60	8.4	3.45	17.99	676.04	12 164.294 0	0.055 2
216.3	6.0	2.0	1.5	1.5	60	11.2	4.66	34.88	671.09	23 410.447 3	0.106 3
216.3	8.2	2.0	1.5	2.0	60	13.7	6.38	60.63	668.07	40 502.465 6	0.183 9
216.3	12.7	2.0	1.5	2.5	60	18.9	9.60	129.36	660.07	85 389.808 1	0.387 7
267.4	4.0	1.5	1.5	1.5	60	8.4	3.45	17.99	836.58	15 052.877 7	0.068 3
267.4	6.0	2.0	1.5	1.5	60	11.2	4.66	34.88	831.62	29 010.618 5	0.131 7
267.4	8.0	2.0	1.5	2.0	60	13.5	6.24	58.39	829.03	48 410.632 5	0.219 8
267.4	9.3	2.0	1.5	2.0	60	15.0	7.10	73.73	826.26	60 918.112 9	0.276 6
267.4	10.0	2.0	1.5	2.0	60	15.8	7.57	82.79	824.77	68 284.478 2	0.310 0
267.4	12.0	2.0	1.5	2.5	60	18.1	9.14	117.85	822.10	96 882.568 3	0.439 8
267.4	15.1	2.0	1.5	3.0	60	21.7	11.44	180.38	817.05	147 375.090 0	0.669 1
318.5	4.0	1.5	1.5	1.5	60	8.4	3.45	17.99	997.11	17 941.461 5	0.081 5
318.5	6.0	2.0	1.5	1.5	60	11.2	4.66	34.88	992.16	34 610.789 6	0.157 1
318.5	8.0	2.0	1.5	2.0	60	13.5	6.24	58.39	989.56	57 784.996 3	0.262 3
318.5	10.3	2.0	1.5	2.5	60	16.2	8.02	92.24	986.26	90 967.719 8	0.413 0
318.5	12.0	2.0	1.5	2.5	60	18.1	9.14	117.85	982.63	115 801.318 3	0.525 7
318.5	17.4	2.0	1.5	3.0	60	24.3	12.96	229.46	972.69	223 191.675 8	1.013 3

续表

尺寸(mm)							重心距 (mm)	断面 (mm²)	周长 (mm)	体积 (mm³)	金属重量 (kg/口)
Φ	δ	b	p	e	α	B					
355.6	4.0	1.5	1.5	1.5	60	8.4	3.45	17.99	1 113.66	20 038.652 4	0.091 0
355.6	6.0	2.0	1.5	1.5	60	11.2	4.66	34.88	1 108.71	38 676.667 3	0.175 6
355.6	8.0	2.0	1.5	2.0	60	13.5	6.24	58.39	1 106.12	64 591.041 2	0.293 2
355.6	10.0	2.0	1.5	2.0	60	15.8	7.57	82.79	1 101.86	91 225.246 1	0.414 2
355.6	11.1	2.0	1.5	2.5	60	17.1	8.55	103.87	1 101.10	114 374.567 3	0.519 3
355.6	12.0	2.0	1.5	2.5	60	18.1	9.14	117.85	1 099.19	129 536.849 2	0.588 1
355.6	19.0	2.0	1.5	3.0	60	26.2	14.02	267.20	1 085.85	290 143.808 0	1.317 3

⑤铝、铝合金管

尺寸(mm)							重心距 (mm)	断面 (mm²)	周长 (mm)	体积 (mm³)	金属重量 (kg/口)
Φ	δ	b	p	e	α	B					
28.0	5.0	2.5	1.5	2.0	65	11.0	4.18	34.92	82.81	2 891.203 7	0.007 8
28.0	6.0	2.5	1.5	2.0	65	12.2	4.84	44.21	80.67	3 566.578 2	0.009 7
30.0	5.0	2.5	1.5	2.0	65	11.0	4.18	34.92	89.09	3 110.582 7	0.008 4
30.0	6.0	2.5	1.5	2.0	65	12.2	4.84	44.21	86.96	3 844.357 4	0.010 4
30.0	7.0	2.5	1.5	2.5	65	13.5	5.75	59.28	86.40	5 121.729 4	0.013 9
32.0	5.0	2.5	1.5	2.0	65	11.0	4.18	34.92	95.37	3 329.961 7	0.009 0
32.0	6.0	2.5	1.5	2.0	65	12.2	4.84	44.21	93.24	4 122.136 5	0.011 2
32.0	7.0	2.5	1.5	2.5	65	13.5	5.75	59.28	92.68	5 494.202 4	0.014 9
34.0	5.0	2.5	1.5	2.0	65	11.0	4.18	34.92	101.66	3 549.340 7	0.009 6
34.0	6.0	2.5	1.5	2.0	65	12.2	4.84	44.21	99.52	4 399.915 6	0.011 9
34.0	7.0	2.5	1.5	2.5	65	13.5	5.75	59.28	98.96	5 866.675 4	0.015 9
34.0	8.0	3.0	1.5	2.5	65	15.3	6.31	76.38	96.22	7 349.085 8	0.019 9
34.0	9.0	3.0	1.5	2.5	65	16.6	6.97	90.42	94.06	8 505.568 5	0.023 1
34.0	10.0	3.0	1.5	2.5	65	17.8	7.63	105.74	91.92	9 719.247 1	0.026 3
36.0	5.0	2.5	1.5	2.0	65	11.0	4.18	34.92	107.94	3 768.719 7	0.010 2
36.0	6.0	2.5	1.5	2.0	65	12.2	4.84	44.21	105.81	4 677.694 7	0.012 7
36.0	7.0	2.5	1.5	2.5	65	13.5	5.75	59.28	105.25	6 239.148 5	0.016 9
36.0	8.0	3.0	1.5	2.5	65	15.3	6.31	76.38	102.50	7 829.005 5	0.021 2
36.0	9.0	3.0	1.5	2.5	65	16.6	6.97	90.42	100.35	9 073.712 5	0.024 6
36.0	10.0	3.0	1.5	2.5	65	17.8	7.63	105.74	98.20	10 383.620 1	0.028 1
38.0	5.0	2.5	1.5	2.0	65	11.0	4.18	34.92	114.22	3 988.098 7	0.010 8
38.0	6.0	2.5	1.5	2.0	65	12.2	4.84	44.21	112.09	4 955.473 9	0.013 4
38.0	7.0	2.5	1.5	2.5	65	13.5	5.75	59.28	111.53	6 611.621 5	0.017 9
38.0	8.0	3.0	1.5	2.5	65	15.3	6.31	76.38	108.78	8 308.925 2	0.022 5
38.0	9.0	3.0	1.5	2.5	65	16.6	6.97	90.42	106.63	9 641.856 5	0.026 1

续表

尺 寸(mm)							重心距 (mm)	断 面 (mm²)	周 长 (mm)	体 积 (mm³)	金属重量 (kg/口)
Φ	δ	b	p	e	α	B					
38.0	10.0	3.0	1.5	2.5	65	17.8	7.63	105.74	104.48	11 047.993 2	0.029 9
40.0	5.0	2.5	1.5	2.0	65	11.0	4.18	34.92	120.51	4 207.477 8	0.011 4
40.0	6.0	2.5	1.5	2.0	65	12.2	4.84	44.21	118.37	5 233.253 0	0.014 2
40.0	7.0	2.5	1.5	2.5	65	13.5	5.75	59.28	117.81	6 984.094 5	0.018 9
40.0	8.0	3.0	1.5	2.5	65	15.3	6.31	76.38	115.06	8 788.844 9	0.023 8
40.0	9.0	3.0	1.5	2.5	65	16.6	6.97	90.42	112.91	10 210.000 5	0.027 7
40.0	10.0	3.0	1.5	2.5	65	17.8	7.63	105.74	110.77	11 712.366 3	0.031 7
40.0	12.5	3.0	1.5	3.0	65	21.0	9.52	156.61	106.94	16 748.102 0	0.045 4
42.0	5.0	2.5	1.5	2.0	65	11.0	4.18	34.92	126.79	4 426.856 8	0.012 0
42.0	6.0	2.5	1.5	2.0	65	12.2	4.84	44.21	124.66	5 511.032 1	0.014 9
42.0	7.0	2.5	1.5	2.5	65	13.5	5.75	59.28	124.10	7 356.567 5	0.019 9
42.0	8.0	3.0	1.5	2.5	65	15.3	6.31	76.38	121.35	9 268.764 6	0.025 1
42.0	9.0	3.0	1.5	2.5	65	16.6	6.97	90.42	119.20	10 778.144 5	0.029 2
42.0	10.0	3.0	1.5	2.5	65	17.8	7.63	105.74	117.05	12 376.739 4	0.033 5
42.0	12.5	3.0	1.5	3.0	65	21.0	9.52	156.61	113.23	17 732.080 4	0.048 1
45.0	5.0	2.5	1.5	2.0	65	11.0	4.18	34.92	136.21	4 755.925 3	0.012 9
45.0	6.0	2.5	1.5	2.0	65	12.2	4.84	44.21	134.08	5 927.700 8	0.016 1
45.0	7.0	2.5	1.5	2.5	65	13.5	5.75	59.28	133.52	7 915.277 1	0.021 5
45.0	8.0	3.0	1.5	2.5	65	15.3	6.31	76.38	130.77	9 988.644 2	0.027 1
45.0	9.0	3.0	1.5	2.5	65	16.6	6.97	90.42	128.62	11 630.360 5	0.031 5
45.0	10.0	3.0	1.5	2.5	65	17.8	7.63	105.74	126.48	13 373.299 1	0.036 2
45.0	12.5	3.0	1.5	3.0	65	21.0	9.52	156.61	122.65	19 208.047 9	0.052 1
48.0	5.0	2.5	1.5	2.0	65	11.0	4.18	34.92	145.64	5 084.993 8	0.013 8
48.0	6.0	2.5	1.5	2.0	65	12.2	4.84	44.21	143.51	6 344.369 5	0.017 2
48.0	7.0	2.5	1.5	2.5	65	13.5	5.75	59.28	142.95	8 473.986 6	0.023 0
48.0	8.0	3.0	1.5	2.5	65	15.3	6.31	76.38	140.20	10 708.523 7	0.029 0
48.0	9.0	3.0	1.5	2.5	65	16.6	6.97	90.42	138.05	12 482.576 6	0.033 8
48.0	10.0	3.0	1.5	2.5	65	17.8	7.63	105.74	135.90	14 369.858 7	0.038 9
48.0	12.5	3.0	1.5	3.0	65	21.0	9.52	156.61	132.08	20 684.015 4	0.056 1
50.0	5.0	2.5	1.5	2.0	65	11.0	4.18	34.92	151.92	5 304.372 8	0.014 4
50.0	6.0	2.5	1.5	2.0	65	12.2	4.84	44.21	149.79	6 622.148 6	0.017 9
50.0	7.0	2.5	1.5	2.5	65	13.5	5.75	59.28	149.23	8 846.459 6	0.024 0
50.0	8.0	3.0	1.5	2.5	65	15.3	6.31	76.38	146.48	11 188.443 4	0.030 3
50.0	9.0	3.0	1.5	2.5	65	16.6	6.97	90.42	144.33	13 050.720 6	0.035 4
50.0	10.0	3.0	1.5	2.5	65	17.8	7.63	105.74	142.18	15 034.231 8	0.040 7

续表

尺寸(mm)							重心距 (mm)	断 面 (mm²)	周 长 (mm)	体 积 (mm³)	金属重量 (kg/口)
Φ	δ	b	p	e	α	B					
50.0	12.5	3.0	1.5	3.0	65	21.0	9.52	156.61	138.36	21 667.993 8	0.058 7
55.0	5.0	2.5	1.5	2.0	65	11.0	4.18	34.92	167.63	5 852.820 3	0.015 9
55.0	6.0	2.5	1.5	2.0	65	12.2	4.84	44.21	165.50	7 316.596 5	0.019 8
55.0	7.0	2.5	1.5	2.5	65	13.5	5.75	59.28	164.94	9 777.642 2	0.026 5
55.0	8.0	3.0	1.5	2.5	65	15.3	6.31	76.38	162.19	12 388.242 6	0.033 6
55.0	9.0	3.0	1.5	2.5	65	16.6	6.97	90.42	160.04	14 471.080 6	0.039 2
55.0	10.0	3.0	1.5	2.5	65	17.8	7.63	105.74	157.89	16 695.164 5	0.045 2
55.0	12.5	3.0	1.5	3.0	65	21.0	9.52	156.61	154.07	24 127.939 6	0.065 4
60.0	5.0	2.5	1.5	2.0	65	11.0	4.18	34.92	183.34	6 401.267 9	0.017 3
60.0	6.0	2.5	1.5	2.0	65	12.2	4.84	44.21	181.20	8 011.044 3	0.021 7
60.0	7.0	2.5	1.5	2.5	65	13.5	5.75	59.28	180.65	10 708.824 8	0.029 0
60.0	8.0	3.0	1.5	2.5	65	15.3	6.31	76.38	177.90	13 588.041 9	0.036 8
60.0	9.0	3.0	1.5	2.5	65	16.6	6.97	90.42	175.75	15 891.440 6	0.043 1
60.0	10.0	3.0	1.5	2.5	65	17.8	7.63	105.74	173.60	18 356.097 3	0.049 7
60.0	12.5	3.0	1.5	3.0	65	21.0	9.52	156.61	169.78	26 587.885 5	0.072 1
65.0	5.0	2.5	1.5	2.0	65	11.0	4.18	34.92	199.05	6 949.715 4	0.018 8
65.0	6.0	2.5	1.5	2.0	65	12.2	4.84	44.21	196.91	8 705.492 1	0.023 6
65.0	7.0	2.5	1.5	2.5	65	13.5	5.75	59.28	196.35	11 640.007 3	0.031 5
65.0	8.0	3.0	1.5	2.5	65	15.3	6.31	76.38	193.60	14 787.841 1	0.040 1
65.0	9.0	3.0	1.5	2.5	65	16.6	6.97	90.42	191.45	17 311.800 6	0.046 9
65.0	10.0	3.0	1.5	2.5	65	17.8	7.63	105.74	189.31	20 017.030 0	0.054 2
65.0	12.5	3.0	1.5	3.0	65	21.0	9.52	156.61	185.48	29 047.831 3	0.078 7
70.0	5.0	2.5	1.5	2.0	65	11.0	4.18	34.92	214.75	7 498.162 9	0.020 3
70.0	6.0	2.5	1.5	2.0	65	12.2	4.84	44.21	212.62	9 399.939 9	0.025 5
70.0	7.0	2.5	1.5	2.5	65	13.5	5.75	59.28	212.06	12 571.189 9	0.034 1
70.0	8.0	3.0	1.5	2.5	65	15.3	6.31	76.38	209.31	15 987.640 3	0.043 3
70.0	9.0	3.0	1.5	2.5	65	16.6	6.97	90.42	207.16	18 732.160 6	0.050 8
70.0	10.0	3.0	1.5	2.5	65	17.8	7.63	105.74	205.02	21 677.962 7	0.058 7
70.0	12.5	3.0	1.5	3.0	65	21.0	9.52	156.61	201.19	31 507.7772	0.085 4
75.0	5.0	2.5	1.5	2.0	65	11.0	4.18	34.92	230.46	8 046.610 4	0.021 8
75.0	6.0	2.5	1.5	2.0	65	12.2	4.84	44.21	228.33	10 094.387 8	0.027 4
75.0	7.0	2.5	1.5	2.5	65	13.5	5.75	59.28	227.77	13 502.372 5	0.036 6
75.0	8.0	3.0	1.5	2.5	65	15.3	6.31	76.38	225.02	17 187.439 6	0.046 6
75.0	9.0	3.0	1.5	2.5	65	16.6	6.97	90.42	222.87	20 152.520 6	0.054 6
75.0	10.0	3.0	1.5	2.5	65	17.8	7.63	105.74	220.72	23 338.895 4	0.063 2

续表

尺 寸(mm)							重心距 (mm)	断 面 (mm²)	周 长 (mm)	体 积 (mm³)	金属重量 (kg/口)
Φ	δ	b	p	e	α	B					
75.0	12.5	3.0	1.5	3.0	65	21.0	9.52	156.61	216.90	33 967.723 1	0.092 1
80.0	5.0	2.5	1.5	2.0	65	11.0	4.18	34.92	246.17	8 595.058 0	0.023 3
80.0	7.0	2.5	1.5	2.5	65	13.5	5.75	59.28	243.48	14 433.555 0	0.039 1
80.0	10.0	3.0	1.5	2.5	65	17.8	7.63	105.74	236.43	24 999.828 2	0.067 7
80.0	12.5	3.0	1.5	3.0	65	21.0	9.52	156.61	232.61	36 427.668 9	0.098 7
85.0	5.0	2.5	1.5	2.0	65	11.0	4.18	34.92	261.88	9 143.505 5	0.024 8
85.0	8.0	3.0	1.5	2.5	65	15.3	6.31	76.38	256.44	19 587.038 1	0.053 1
85.0	9.0	3.0	1.5	2.5	65	16.6	6.97	90.42	254.29	22 993.240 6	0.062 3
85.0	10.0	3.0	1.5	2.5	65	17.8	7.63	105.74	252.14	26 660.760 9	0.072 3
90.0	5.0	2.5	1.5	2.0	65	11.0	4.18	34.92	277.59	9 691.953 0	0.026 3
90.0	7.0	2.5	1.5	2.5	65	13.5	5.75	59.28	274.89	16 295.920 2	0.044 2
90.0	12.5	3.0	1.5	3.0	65	21.0	9.52	156.61	264.02	41 347.560 6	0.112 1
95.0	8.0	3.0	1.5	2.5	65	15.3	6.31	76.38	287.85	21 986.636 5	0.059 6
95.0	9.0	3.0	1.5	2.5	65	16.6	6.97	90.42	285.70	25 833.960 6	0.070 0
95.0	10.0	3.0	1.5	2.5	65	17.8	7.63	105.74	283.56	29 982.626 4	0.081 3
100.0	5.0	2.5	1.5	2.0	65	11.0	4.18	34.92	309.00	10 788.848 1	0.029 2
100.0	6.0	2.5	1.5	2.0	65	12.2	4.84	44.21	306.87	13 566.626 9	0.036 8
100.0	10.0	3.0	1.5	2.5	65	17.8	7.63	105.74	299.26	31 643.559 1	0.085 8
100.0	12.5	3.0	1.5	3.0	65	21.0	9.52	156.61	295.44	46 267.452 3	0.125 4
105.0	5.0	2.5	1.5	2.0	65	11.0	4.18	34.92	324.71	11 337.295 6	0.030 7
105.0	6.0	2.5	1.5	2.0	65	12.2	4.84	44.21	322.58	14 261.074 7	0.038 6
110.0	5.0	2.5	1.5	2.0	65	11.0	4.18	34.92	340.42	11 885.743 1	0.032 2
110.0	6.0	2.5	1.5	2.0	65	12.2	4.84	44.21	338.28	14 955.522 5	0.040 5
110.0	10.0	3.0	1.5	2.5	65	17.8	7.63	105.74	330.68	34 965.424 6	0.094 8
110.0	12.5	3.0	1.5	3.0	65	21.0	9.52	156.61	326.86	51 187.344 1	0.138 7
115.0	5.0	2.5	1.5	2.0	65	11.0	4.18	34.92	356.12	12 434.190 6	0.033 7
115.0	6.0	2.5	1.5	2.0	65	12.2	4.84	44.21	353.99	15 649.970 4	0.042 4
120.0	5.0	2.5	1.5	2.0	65	11.0	4.18	34.92	371.83	12 982.638 2	0.035 2
120.0	6.0	2.5	1.5	2.0	65	12.2	4.84	44.21	369.70	16 344.418 2	0.044 3
120.0	10.0	3.0	1.5	2.5	65	17.8	7.63	105.74	362.09	38 287.290 0	0.103 8
120.0	12.5	3.0	1.5	3.0	65	21.0	9.52	156.61	358.27	56 107.235 8	0.152 1
125.0	5.0	2.5	1.5	2.0	65	11.0	4.18	34.92	387.54	13 531.085 7	0.036 7
125.0	6.0	2.5	1.5	2.0	65	12.2	4.84	44.21	385.41	17 038.866 0	0.046 2
130.0	5.0	2.5	1.5	2.0	65	11.0	4.18	34.92	403.25	14 079.533 2	0.038 2
130.0	6.0	2.5	1.5	2.0	65	12.2	4.84	44.21	401.12	17 733.313 8	0.048 1

续表

尺寸(mm)							重心距(mm)	断面(mm²)	周长(mm)	体积(mm³)	金属重量(kg/口)
Φ	δ	b	p	e	α	B					
130.0	10.0	3.0	1.5	2.5	65	17.8	7.63	105.74	393.51	41 609.155 5	0.112 8
130.0	12.5	3.0	1.5	3.0	65	21.0	9.52	156.61	389.69	61 027.127 5	0.165 4
135.0	5.0	2.5	1.5	2.0	65	11.0	4.18	34.92	418.96	14 627.980 7	0.039 6
135.0	6.0	2.5	1.5	2.0	65	12.2	4.84	44.21	416.82	18 427.761 7	0.049 9
140.0	5.0	2.5	1.5	2.0	65	11.0	4.18	34.92	434.66	15 176.428 3	0.041 1
140.0	6.0	2.5	1.5	2.0	65	12.2	4.84	44.21	432.53	19 122.209 5	0.051 8
140.0	10.0	3.0	1.5	2.5	65	17.8	7.63	105.74	424.93	44 931.020 9	0.121 8
140.0	12.5	3.0	1.5	3.0	65	21.0	9.52	156.61	421.10	65 947.019 2	0.178 7
145.0	5.0	2.5	1.5	2.0	65	11.0	4.18	34.92	450.37	15 724.875 8	0.042 6
145.0	6.0	2.5	1.5	2.0	65	12.2	4.84	44.21	448.24	19 816.657 3	0.053 7
145.0	10.0	3.0	1.5	2.5	65	17.8	7.63	105.74	440.63	46 591.953 7	0.126 3
150.0	5.0	2.5	1.5	2.0	65	11.0	4.18	34.92	466.08	16 273.323 3	0.044 1
150.0	6.0	2.5	1.5	2.0	65	12.2	4.84	44.21	463.95	20 511.105 1	0.055 6
150.0	7.0	2.5	1.5	2.5	65	13.5	5.75	59.28	463.39	27 470.110 9	0.074 4
155.0	5.0	2.5	1.5	2.0	65	11.0	4.18	34.92	481.79	16 821.770 8	0.045 6
155.0	6.0	2.5	1.5	2.0	65	12.2	4.84	44.21	479.66	21 205.552 9	0.057 5
155.0	7.0	2.5	1.5	2.5	65	13.5	5.75	59.28	479.10	28 401.293 5	0.077 0
160.0	5.0	2.5	1.5	2.0	65	11.0	4.18	34.92	497.50	17 370.218 4	0.047 1
160.0	6.0	2.5	1.5	2.0	65	12.2	4.84	44.21	495.36	21 900.000 8	0.059 3
160.0	7.0	2.5	1.5	2.5	65	13.5	5.75	59.28	494.80	29 332.476 0	0.079 5
165.0	5.0	2.5	1.5	2.0	65	11.0	4.18	34.92	513.20	17 918.665 9	0.048 6
165.0	6.0	2.5	1.5	2.0	65	12.2	4.84	44.21	511.07	22 594.448 6	0.061 2
165.0	7.0	2.5	1.5	2.5	65	13.5	5.75	59.28	510.51	30 263.658 6	0.082 0
170.0	5.0	2.5	1.5	2.0	65	11.0	4.18	34.92	528.91	18 467.113 4	0.050 0
170.0	6.0	2.5	1.5	2.0	65	12.2	4.84	44.21	526.78	23 288.896 4	0.063 1
170.0	7.0	2.5	1.5	2.5	65	13.5	5.75	59.28	526.22	31 194.841 2	0.084 5
175.0	5.0	2.5	1.5	2.0	65	11.0	4.18	34.92	544.62	19 015.560 9	0.051 5
175.0	6.0	2.5	1.5	2.0	65	12.2	4.84	44.21	542.49	23 983.344 2	0.065 0
175.0	7.0	2.5	1.5	2.5	65	13.5	5.75	59.28	541.93	32 126.023 7	0.087 1
180.0	5.0	2.5	1.5	2.0	65	11.0	4.18	34.92	560.33	19 564.008 5	0.053 0
180.0	6.0	2.5	1.5	2.0	65	12.2	4.84	44.21	558.20	24 677.792 1	0.066 9
180.0	7.0	2.5	1.5	2.5	65	13.5	5.75	59.28	557.64	33 057.206 3	0.089 6
185.0	5.0	2.5	1.5	2.0	65	11.0	4.18	34.92	576.04	20 112.456 0	0.054 5
185.0	6.0	2.5	1.5	2.0	65	12.2	4.84	44.21	573.90	25 372.239 9	0.068 8
185.0	7.0	2.5	1.5	2.5	65	13.5	5.75	59.28	573.34	33 988.388 9	0.092 1

续表

尺寸(mm)							重心距 (mm)	断面 (mm²)	周长 (mm)	体积 (mm³)	金属重量 (kg/口)
Φ	δ	b	p	e	α	B					
200.0	5.0	2.5	1.5	2.0	65	11.0	4.18	34.92	623.16	21 757.798 6	0.059 0
200.0	6.0	2.5	1.5	2.0	65	12.2	4.84	44.21	621.03	27 455.583 4	0.074 4
200.0	7.0	2.5	1.5	2.5	65	13.5	5.75	59.28	620.47	36 781.936 6	0.099 7
220.0	5.0	2.5	1.5	2.0	65	11.0	4.18	34.92	685.99	23 951.588 7	0.064 9
220.0	6.0	2.5	1.5	2.0	65	12.2	4.84	44.21	683.86	30 233.374 7	0.081 9
220.0	7.0	2.5	1.5	2.5	65	13.5	5.75	59.28	683.30	40 506.666 8	0.109 8
250.0	6.0	2.5	1.5	2.0	65	12.2	4.84	44.21	778.11	34 400.061 6	0.093 2
250.0	7.0	2.5	1.5	2.5	65	13.5	5.75	59.28	777.55	46 093.762 2	0.124 9
250.0	8.0	3.0	1.5	2.5	65	15.3	6.31	76.38	774.80	59 180.412 9	0.160 4
300.0	6.0	2.5	1.5	2.0	65	12.2	4.84	44.21	935.19	41 344.539 8	0.112 0
300.0	7.0	2.5	1.5	2.5	65	13.5	5.75	59.28	934.63	55 405.587 8	0.150 1
300.0	8.0	3.0	1.5	2.5	65	15.3	6.31	76.38	931.88	71 178.405 3	0.192 9
320.0	6.0	2.5	1.5	2.0	65	12.2	4.84	44.21	998.02	44 122.331 1	0.119 6
320.0	7.0	2.5	1.5	2.5	65	13.5	5.75	59.28	997.46	59 130.318 1	0.160 2
320.0	8.0	3.0	1.5	2.5	65	15.3	6.31	76.38	994.71	75 977.602 2	0.205 9
350.0	7.0	2.5	1.5	2.5	65	13.5	5.75	59.28	1 091.71	64 717.413 5	0.175 4
350.0	8.0	3.0	1.5	2.5	65	15.3	6.31	76.38	1 088.96	83 176.397 7	0.225 4
350.0	9.0	3.0	1.5	2.5	65	16.6	6.97	90.42	1 086.81	98 272.321 2	0.266 3
350.0	10.0	3.0	1.5	2.5	65	17.8	7.63	105.74	1 084.66	114 690.195 6	0.310 8
410.0	7.0	2.5	1.5	2.5	65	13.5	5.75	59.28	1 280.20	75 891.604 3	0.205 7
410.0	8.0	3.0	1.5	2.5	65	15.3	6.31	76.38	1 277.45	97 573.988 5	0.264 4
410.0	9.0	3.0	1.5	2.5	65	16.6	6.97	90.42	1 275.30	115 316.641 3	0.312 5
410.0	10.0	3.0	1.5	2.5	65	17.8	7.63	105.74	1 273.16	134 621.388 4	0.364 8

⑥铝、铝合金板卷管

尺寸(mm)							重心距 (mm)	断面 (mm²)	周长 (mm)	体积 (mm³)	金属重量 (kg/口)
Φ	δ	b	p	e	α	B					
159.0	4.0	2.0	1.5	1.5	65	9.2	3.35	21.17	495.41	10 486.073 0	0.028 4
159.0	5.0	2.5	1.5	2.0	65	11.0	4.18	34.92	494.36	17 260.528 8	0.046 8
159.0	6.0	2.5	1.5	2.0	65	12.2	4.84	44.21	492.22	21 761.111 2	0.059 0
219.0	4.0	2.0	1.5	1.5	65	9.2	3.35	21.17	683.91	14 475.817 6	0.039 2
219.0	5.0	2.5	1.5	2.0	65	11.0	4.18	34.92	682.85	23 841.899 1	0.064 6
219.0	6.0	2.5	1.5	2.0	65	12.2	4.84	44.21	680.72	30 094.485 1	0.081 6
273.0	4.0	2.0	1.5	1.5	65	9.2	3.35	21.17	853.56	18 066.587 7	0.049 0
273.0	5.0	2.5	1.5	2.0	65	11.0	4.18	34.92	852.50	29 765.132 4	0.080 7
273.0	6.0	2.5	1.5	2.0	65	12.2	4.84	44.21	850.36	37 594.521 6	0.101 9
325.0	4.0	2.0	1.5	1.5	65	9.2	3.35	21.17	1 016.92	21 524.366 3	0.058 3

315

续表

尺寸(mm)							重心距(mm)	断面(mm²)	周长(mm)	体积(mm³)	金属重量(kg/口)
Φ	δ	b	p	e	α	B					
325.0	5.0	2.5	1.5	2.0	65	11.0	4.18	34.92	1 015.86	35 468.986 7	0.096 1
325.0	6.0	2.5	1.5	2.0	65	12.2	4.84	44.21	1 013.73	44 816.778 9	0.121 5
377.0	5.0	2.5	1.5	2.0	65	11.0	4.18	34.92	1 179.22	41 172.840 9	0.111 6
377.0	6.0	2.5	1.5	2.0	65	12.2	4.84	44.21	1 177.09	52 039.036 3	0.141 0
377.0	7.0	2.5	1.5	2.5	65	13.5	5.75	59.28	1 176.53	69 745.799 3	0.189 0
426.0	5.0	2.5	1.5	2.0	65	11.0	4.18	34.92	1 333.16	46 547.626 7	0.126 1
426.0	6.0	2.5	1.5	2.0	65	12.2	4.84	44.21	1 331.03	58 844.625 0	0.159 5
426.0	7.0	2.5	1.5	2.5	65	13.5	5.75	59.28	1 330.47	78 871.388 5	0.213 7
478.0	5.0	2.5	1.5	2.0	65	11.0	4.18	34.92	1 496.52	52 251.480 9	0.141 6
478.0	6.0	2.5	1.5	2.0	65	12.2	4.84	44.21	1 494.39	66 066.882 4	0.179 0
478.0	7.0	2.5	1.5	2.5	65	13.5	5.75	59.28	1 493.83	88 555.687 1	0.240 0
529.0	6.0	2.5	1.5	2.0	65	12.2	4.84	44.21	1 654.61	73 150.250 2	0.198 2
529.0	7.0	2.5	1.5	2.5	65	13.5	5.75	59.28	1 654.05	98 053.749 3	0.265 7
529.0	8.0	3.0	1.5	2.5	65	15.3	6.31	76.38	1 651.30	126 129.210 4	0.341 8
620.0	6.0	2.5	1.5	2.0	65	12.2	4.84	44.21	1 940.50	85 789.200 5	0.232 5
620.0	7.0	2.5	1.5	2.5	65	13.5	5.75	59.28	1 939.94	115 001.272 0	0.311 7
620.0	8.0	3.0	1.5	2.5	65	15.3	6.31	76.38	1 937.19	147 965.556 5	0.401 0
720.0	6.0	2.5	1.5	2.0	65	12.2	4.84	44.21	2 254.66	99 678.157 0	0.270 1
720.0	7.0	2.5	1.5	2.5	65	13.5	5.75	59.28	2 254.10	133 624.923 2	0.362 1
720.0	8.0	3.0	1.5	2.5	65	15.3	6.31	76.38	2 251.35	171 961.541 2	0.466 0
820.0	7.0	2.5	1.5	2.5	65	13.5	5.75	59.28	2 568.26	152 248.574 5	0.412 6
820.0	8.0	3.0	1.5	2.5	65	15.3	6.31	76.38	2 565.51	195 957.526 0	0.531 0
820.0	9.0	3.0	1.5	2.5	65	16.6	6.97	90.42	2 563.36	231 786.162 1	0.628 1
920.0	7.0	2.5	1.5	2.5	65	13.5	5.75	59.28	2 882.42	170 872.225 8	0.463 1
920.0	8.0	3.0	1.5	2.5	65	15.3	6.31	76.38	2 879.67	219 953.510 7	0.596 1
920.0	9.0	3.0	1.5	2.5	65	16.6	6.97	90.42	2 877.52	260 193.362 3	0.705 1
1 020.0	7.0	2.5	1.5	2.5	65	13.5	5.75	59.28	3 196.57	189 495.877 1	0.513 5
1 020.0	8.0	3.0	1.5	2.5	65	15.3	6.31	76.38	3 193.83	243 949.495 5	0.661 1
1 020.0	9.0	3.0	1.5	2.5	65	16.6	6.97	90.42	3 191.67	288 600.562 5	0.782 1
1 220.0	8.0	3.0	1.5	2.5	65	15.3	6.31	76.38	3 822.14	291 941.465 0	0.791 2
1 220.0	9.0	3.0	1.5	2.5	65	16.6	6.97	90.42	3 819.99	345 414.962 9	0.936 1
1 220.0	10.0	3.0	1.5	2.5	65	17.8	7.63	105.74	3 817.85	403 692.490 7	1.094 0
1 420.0	8.0	3.0	1.5	2.5	65	15.3	6.31	76.38	4 450.46	339 933.434 5	0.921 2
1 420.0	9.0	3.0	1.5	2.5	65	16.6	6.97	90.42	4 448.31	402 229.363 4	1.090 0
1 420.0	10.0	3.0	1.5	2.5	65	17.8	7.63	105.74	4 446.17	470 129.799 9	1.274 1

续表

尺寸(mm)							重心距(mm)	断面(mm^2)	周长(mm)	体积(mm^3)	金属重量(kg/口)
Φ	δ	b	p	e	α	B					
1 620.0	8.0	3.0	1.5	2.5	65	15.3	6.31	76.38	5 078.78	387 925.404 0	1.051 3
1 620.0	9.0	3.0	1.5	2.5	65	16.6	6.97	90.42	5 076.63	459 043.763 8	1.244 0
1 620.0	10.0	3.0	1.5	2.5	65	17.8	7.63	105.74	5 074.48	536 567.109 1	1.454 1

⑦锆管

尺寸(mm)							重心距(mm)	断面(mm^2)	周长(mm)	体积(mm^3)	金属重量(kg/口)
Φ	δ	b	p	e	α	B					
21.7	3.7	1.5	1.5	1.5	60	8.0	3.24	16.38	65.30	1 069.692 8	0.007 0
27.2	3.9	1.5	1.5	1.5	60	8.3	3.38	17.44	82.28	14 35.195 3	0.009 3
34.0	3.4	1.0	1.5	1.0	60	7.2	2.90	10.28	103.65	1 065.285 5	0.006 9
34.0	4.5	1.5	1.5	1.5	60	9.0	3.78	20.91	102.30	2 138.681 5	0.013 9
42.7	3.6	1.0	1.5	1.0	60	7.4	3.03	11.09	130.59	1 448.680 7	0.009 4
42.7	4.9	1.5	1.5	1.5	60	9.4	4.05	23.44	128.81	3 019.765 9	0.019 7
48.6	3.0	1.0	1.5	1.0	60	6.7	2.62	8.79	150.28	1 320.320 3	0.008 6
48.6	3.7	1.5	1.5	1.5	60	8.0	3.24	16.38	149.81	2 454.072 8	0.016 0
48.6	5.1	1.5	1.5	1.5	60	9.7	4.18	24.78	146.93	3 641.244 6	0.023 7
60.5	3.0	1.0	1.5	1.0	60	6.7	2.62	8.79	187.67	1 648.769 0	0.010 7
60.5	3.9	1.5	1.5	1.5	60	8.3	3.38	17.44	186.79	3 258.145 0	0.021 2
60.5	5.5	1.5	1.5	1.5	60	10.1	4.45	27.60	183.48	5 063.696 7	0.033 0
76.3	3.0	1.0	1.5	1.0	60	6.7	2.62	8.79	237.30	2 084.860 5	0.013 6
76.3	5.2	1.5	1.5	1.5	60	9.8	4.25	25.47	233.74	5 953.188 7	0.038 8
76.3	7.0	2.0	1.5	2.0	60	12.3	5.58	47.92	230.81	11 059.670 6	0.072 0
89.1	3.0	1.0	1.5	1.0	60	6.7	2.62	8.79	277.52	2 438.149 8	0.015 9
89.1	4.0	1.5	1.5	1.5	60	8.4	3.45	17.99	276.43	4 973.367 8	0.032 4
89.1	5.5	1.5	1.5	1.5	60	10.1	4.45	27.60	273.33	7 543.364 8	0.049 1
89.1	7.6	2.0	1.5	2.0	60	13.0	5.98	54.06	269.74	14 581.321 4	0.094 9
101.6	3.0	1.0	1.5	1.0	60	6.7	2.62	8.79	316.79	2 783.158 9	0.018 1
101.6	4.0	1.5	1.5	1.5	60	8.4	3.45	17.99	315.70	5 679.882 6	0.037 0
114.3	3.0	1.0	1.5	1.0	60	6.7	2.62	8.79	356.69	3 133.688 1	0.020 4
114.3	4.0	1.5	1.5	1.5	60	8.4	3.45	17.99	355.60	6 397.701 6	0.041 6
114.3	5.0	1.5	1.5	1.5	60	9.5	4.12	24.11	353.54	8 522.868 2	0.055 5
114.3	6.0	2.0	1.5	1.5	60	11.2	4.66	34.88	350.65	12 229.745 7	0.079 6
114.3	8.0	2.0	1.5	2.0	60	13.5	6.25	58.38	348.06	20 319.664 6	0.132 3
114.3	8.6	2.0	1.5	2.0	60	14.2	6.64	65.21	346.78	22 614.166 4	0.147 2
139.8	3.0	1.0	1.5	1.0	60	6.7	2.62	8.79	436.80	3 837.506 6	0.025 0
139.8	4.0	1.5	1.5	1.5	60	8.4	3.45	17.99	435.71	7 838.991 9	0.051 0
139.8	5.0	1.5	1.5	1.5	60	9.5	4.12	24.11	433.65	10 454.114 9	0.068 1

续表

尺寸(mm)							重心距 (mm)	断面 (mm²)	周长 (mm)	体积 (mm³)	金属重量 (kg/口)
Φ	δ	b	p	e	α	B					
139.8	6.0	2.0	1.5	1.5	60	11.2	4.66	34.88	430.76	15 023.783 8	0.097 8
139.8	8.0	2.0	1.5	2.0	60	13.5	6.25	58.38	428.17	24 996.489 3	0.162 7
141.0	3.0	1.0	1.5	1.0	60	6.7	2.62	8.79	440.57	3 870.627 5	0.025 2
141.0	4.0	1.5	1.5	1.5	60	8.4	3.45	17.99	439.48	7 906.817 3	0.051 5
141.0	6.0	2.0	1.5	1.5	60	11.2	4.66	34.88	434.53	15 155.268 0	0.098 7
141.0	6.6	2.0	1.5	2.0	60	11.9	5.32	44.05	434.92	19 160.449 6	0.124 7
141.0	9.5	2.0	1.5	2.0	60	15.2	7.24	76.24	428.75	32 686.734 5	0.212 8
165.2	3.0	1.0	1.5	1.0	60	6.7	2.62	8.79	516.59	4 538.565 1	0.029 5
165.2	4.0	1.5	1.5	1.5	60	8.4	3.45	17.99	515.51	9 274.630 0	0.060 4
165.2	6.0	2.0	1.5	1.5	60	11.2	4.66	34.88	510.56	17 806.865 0	0.115 9
165.2	7.1	2.0	1.5	2.0	60	12.5	5.65	48.91	509.88	24 939.070 7	0.162 4
165.2	11.0	2.0	1.5	2.5	60	17.0	8.48	102.35	503.17	51 497.888 4	0.335 3
165.2	3.0	1.0	1.5	1.0	60	6.7	2.62	8.79	516.59	4 538.565 1	0.029 5
216.3	4.0	1.5	1.5	1.5	60	8.4	3.45	17.99	676.04	12 162.862 5	0.079 2
216.3	6.0	2.0	1.5	1.5	60	11.2	4.66	34.88	671.09	23 405.898 4	0.152 4
216.3	8.2	2.0	1.5	2.0	60	13.7	6.38	60.61	668.08	40 492.598 7	0.263 6
216.3	12.7	2.0	1.5	2.5	60	18.9	9.61	129.32	660.09	85 363.477 6	0.555 7
267.4	4.0	1.5	1.5	1.5	60	8.4	3.45	17.99	836.58	15 051.095 1	0.098 0
267.4	6.0	2.0	1.5	1.5	60	11.2	4.66	34.88	831.63	29 004.931 7	0.188 8
267.4	8.0	2.0	1.5	2.0	60	13.5	6.25	58.38	829.04	48 398.953 3	0.315 1
267.4	9.3	2.0	1.5	2.0	60	15.0	7.11	73.71	826.27	60 901.468 9	0.396 5
267.4	10.0	2.0	1.5	2.0	60	15.8	7.57	82.77	824.78	68 264.824 0	0.444 4
267.4	12.0	2.0	1.5	2.5	60	18.1	9.14	117.81	822.12	96 853.061 9	0.630 5
267.4	15.1	2.0	1.5	3.0	60	21.7	11.44	180.31	817.07	147 326.849 7	0.959 1
318.5	4.0	1.5	1.5	1.5	60	8.4	3.45	17.99	997.11	17 939.327 6	0.116 8
318.5	6.0	2.0	1.5	1.5	60	11.2	4.66	34.88	992.16	34 603.965 1	0.225 3
318.5	8.0	2.0	1.5	2.0	60	13.5	6.25	58.38	989.57	57 770.943 2	0.376 1
318.5	10.3	2.0	1.5	2.5	60	16.2	8.02	92.21	986.27	90 942.353 7	0.592 0
318.5	12.0	2.0	1.5	2.5	60	18.1	9.14	117.81	982.65	115 765.617 2	0.753 6
318.5	17.4	2.0	1.5	3.0	60	24.3	12.96	229.37	972.73	223 112.813 1	1.452 5
355.6	4.0	1.5	1.5	1.5	60	8.4	3.45	17.99	1 113.67	20 036.263 6	0.130 4
355.6	6.0	2.0	1.5	1.5	60	11.2	4.66	34.88	1 108.72	38 669.016 7	0.251 7
355.6	8.0	2.0	1.5	2.0	60	13.5	6.25	58.38	1 106.13	64 575.264 7	0.420 4
355.6	10.0	2.0	1.5	2.0	60	15.8	7.57	82.77	1 101.87	91 198.585 0	0.593 7
355.6	11.1	2.0	1.5	2.5	60	17.1	8.55	103.84	1 101.12	114 340.782 2	0.744 4

续表

尺寸(mm)							重心距(mm)	断面(mm²)	周长(mm)	体积(mm³)	金属重量(kg/口)
Φ	δ	b	p	e	α	B					
355.6	12.0	2.0	1.5	2.5	60	18.1	9.14	117.81	1 099.21	129 496.650 5	0.843 0
355.6	19.0	2.0	1.5	3.0	60	26.2	14.02	267.10	1 085.89	290 036.859 6	1.888 1

(4)熔化极气体保护焊(自动或半自动)

①碳钢管

尺寸(mm)							重心距(mm)	断面(mm²)	周长(mm)	体积(mm³)	金属重量(kg/口)
Φ	δ	b	p	e	α	B					
22.0	3.0	1.5	1.5	1.5	60	7.2	2.77	13.03	67.64	881.287 4	0.006 9
22.0	3.5	1.5	1.5	1.5	60	7.8	3.11	15.37	66.64	1 024.062 8	0.008 0
22.0	4.0	2.0	1.5	2.0	60	8.9	3.59	23.45	66.56	1 561.084 0	0.012 2
22.0	4.5	2.0	1.5	2.0	60	9.5	3.93	26.81	65.52	1 756.457 1	0.013 7
22.0	5.0	2.0	1.5	2.0	60	10.0	4.26	30.45	64.46	1 963.190 2	0.015 3
22.0	5.5	2.0	1.5	2.0	60	10.6	4.59	34.39	63.41	2 180.377 0	0.017 0
25.0	3.0	1.5	1.5	1.5	60	7.2	2.77	13.03	77.06	1 004.085 2	0.007 8
25.0	3.5	1.5	1.5	1.5	60	7.8	3.11	15.37	76.07	1 168.883 9	0.009 1
25.0	4.0	2.0	1.5	2.0	60	8.9	3.59	23.45	75.99	1 782.122 6	0.013 9
25.0	5.0	2.0	1.5	2.0	60	10.0	4.26	30.45	73.89	2 250.208 5	0.017 6
25.0	5.5	2.0	1.5	2.0	60	10.6	4.59	34.39	72.83	2 504.463 7	0.019 5
25.0	7.0	2.0	1.5	2.5	60	12.3	5.84	52.03	71.24	3 706.992 8	0.028 9
28.0	3.0	1.5	1.5	1.5	60	7.2	2.77	13.03	86.49	1 126.883 0	0.008 8
28.0	3.5	1.5	1.5	1.5	60	7.8	3.11	15.37	85.49	1 313.705 1	0.010 2
28.0	4.0	2.0	1.5	2.0	60	8.9	3.59	23.45	85.41	2 003.161 1	0.015 6
28.0	5.0	2.0	1.5	2.0	60	10.0	4.26	30.45	83.31	2 537.226 8	0.019 8
28.0	6.0	2.0	1.5	2.0	60	11.2	4.92	38.61	81.20	3 134.859 5	0.024 5
28.0	7.0	2.0	1.5	2.5	60	12.3	5.84	52.03	80.67	4 197.388 4	0.032 7
32.0	3.0	1.5	1.5	1.5	60	7.2	2.77	13.03	99.06	1 290.613 4	0.010 1
32.0	3.5	1.5	1.5	1.5	60	7.8	3.11	15.37	98.06	1 506.799 9	0.011 8
32.0	4.0	2.0	1.5	2.0	60	8.9	3.59	23.45	97.98	2 297.879 2	0.017 9
32.0	5.0	2.0	1.5	2.0	60	10.0	4.26	30.45	95.88	2 919.917 9	0.022 8
32.0	6.0	2.0	1.5	2.0	60	11.2	4.92	38.61	93.76	3 620.025 1	0.028 2
32.0	7.0	2.0	1.5	2.5	60	12.3	5.84	52.03	93.23	4 851.249 2	0.037 8
32.0	8.0	2.0	1.5	2.5	60	13.5	6.50	62.88	91.11	5 728.762 6	0.044 7

续表

尺寸(mm)							重心距 (mm)	断面 (mm²)	周长 (mm)	体积 (mm³)	金属重量 (kg/口)
Φ	δ	b	p	e	α	B					
32.0	9.0	3.0	2.0	2.5	60	15.1	6.98	80.40	87.84	7 062.977 6	0.055 1
34.0	3.0	1.5	1.5	1.5	60	7.2	2.77	13.03	105.34	1 372.478 6	0.010 7
34.0	3.5	1.5	1.5	1.5	60	7.8	3.11	15.37	104.34	1 603.347 4	0.012 5
34.0	4.0	2.0	1.5	2.0	60	8.9	3.59	23.45	104.26	2 445.238 2	0.019 1
34.0	5.0	2.0	1.5	2.0	60	10.0	4.26	30.45	102.16	3 111.263 4	0.024 3
34.0	6.0	2.0	1.5	2.0	60	11.2	4.92	38.61	100.05	3 862.607 9	0.030 1
34.0	7.0	2.0	1.5	2.5	60	12.3	5.84	52.03	99.52	5 178.179 6	0.040 4
34.0	8.0	2.0	1.5	2.5	60	13.5	6.50	62.88	97.39	6 123.848 9	0.047 8
34.0	9.0	3.0	2.0	2.5	60	15.1	6.98	80.40	94.13	7 568.164 6	0.059 0
38.0	3.0	1.5	1.5	1.5	60	7.2	2.77	13.03	117.90	1 536.209 0	0.012 0
38.0	3.5	1.5	1.5	1.5	60	7.8	3.11	15.37	116.91	1 796.442 3	0.014 0
38.0	4.0	2.0	1.5	2.0	60	8.9	3.59	23.45	116.83	2 739.956 3	0.021 4
38.0	5.0	2.0	1.5	2.0	60	10.0	4.26	30.45	114.73	3 493.954 4	0.027 3
38.0	6.0	2.0	1.5	2.0	60	11.2	4.92	38.61	112.61	4 347.773 5	0.033 9
38.0	7.0	2.0	1.5	2.5	60	12.3	5.84	52.03	112.08	5 832.040 4	0.045 5
38.0	8.0	2.0	1.5	2.5	60	13.5	6.50	62.88	109.96	6 914.021 3	0.053 9
38.0	9.0	3.0	2.0	2.5	60	15.1	6.98	80.40	106.69	8 578.538 6	0.066 9
42.0	3.0	1.5	1.5	1.5	60	7.2	2.77	13.03	130.47	1 699.939 4	0.013 3
42.0	3.5	1.5	1.5	1.5	60	7.8	3.11	15.37	129.48	1 989.537 1	0.015 5
42.0	4.0	2.0	1.5	2.0	60	8.9	3.59	23.45	129.39	3 034.674 4	0.023 7
42.0	5.0	2.0	1.5	2.0	60	10.0	4.26	30.45	127.30	3 876.645 5	0.030 2
42.0	6.0	2.0	1.5	2.0	60	11.2	4.92	38.61	125.18	4 832.939 2	0.037 7
42.0	7.0	2.0	1.5	2.5	60	12.3	5.84	52.03	124.65	6 485.901 2	0.050 6
42.0	8.0	2.0	1.5	2.5	60	13.5	6.50	62.88	122.52	7 704.193 7	0.060 1
42.0	10.0	3.0	2.0	2.5	60	16.2	7.64	93.98	117.14	11 009.314 7	0.085 9
45.0	3.0	1.5	1.5	1.5	60	7.2	2.77	13.03	139.90	1 822.737 2	0.014 2
45.0	3.5	1.5	1.5	1.5	60	7.8	3.11	15.37	138.90	2 134.358 3	0.016 6
45.0	4.0	2.0	1.5	2.0	60	8.9	3.59	23.45	138.82	3 255.712 9	0.025 4
45.0	5.0	2.0	1.5	2.0	60	10.0	4.26	30.45	136.72	4 163.663 8	0.032 5
45.0	6.0	2.0	1.5	2.0	60	11.2	4.92	38.61	134.60	5 196.813 4	0.040 5
45.0	7.0	2.0	1.5	2.5	60	12.3	5.84	52.03	134.08	6 976.296 8	0.054 4
45.0	8.0	2.0	1.5	2.5	60	13.5	6.50	62.88	131.95	8 296.823 0	0.064 7
45.0	10.0	3.0	2.0	2.5	60	16.2	7.64	93.98	126.57	11 895.068 0	0.092 8
48.0	3.0	1.5	1.5	1.5	60	7.2	2.77	13.03	149.32	1 945.535 0	0.015 2
48.0	3.5	1.5	1.5	1.5	60	7.8	3.11	15.37	148.33	2 279.179 4	0.017 8

续表

尺寸(mm)							重心距(mm)	断面(mm²)	周长(mm)	体积(mm³)	金属重量(kg/口)
Φ	δ	b	p	e	α	B					
48.0	4.0	2.0	1.5	2.0	60	8.9	3.59	23.45	148.24	3 476.751 5	0.027 1
48.0	5.0	2.0	1.5	2.0	60	10.0	4.26	30.45	146.15	4 450.682 1	0.034 7
48.0	6.0	2.0	1.5	2.0	60	11.2	4.92	38.61	144.03	5 560.687 6	0.043 4
48.0	7.0	2.0	1.5	2.5	60	12.3	5.84	52.03	143.50	7 466.692 4	0.058 2
48.0	8.0	2.0	1.5	2.5	60	13.5	6.50	62.88	141.37	8 889.452 3	0.069 3
48.0	10.0	3.0	2.0	2.5	60	16.2	7.64	93.98	135.99	12 780.821 3	0.099 7
57.0	3.0	1.5	1.5	1.5	60	7.2	2.77	13.03	177.59	2 313.928 4	0.018 0
57.0	3.5	1.5	1.5	1.5	60	7.8	3.11	15.37	176.60	2 713.642 9	0.021 2
57.0	4.0	2.0	1.5	2.0	60	8.9	3.59	23.45	176.52	4 139.867 2	0.032 3
57.0	5.0	2.0	1.5	2.0	60	10.0	4.26	30.45	174.42	5 311.737 0	0.041 4
57.0	6.0	2.0	1.5	2.0	60	11.2	4.92	38.61	172.30	6 652.310 3	0.051 9
57.0	7.0	2.0	1.5	2.5	60	12.3	5.84	52.03	171.77	8 937.879 2	0.069 7
57.0	8.0	2.0	1.5	2.5	60	13.5	6.50	62.88	169.65	10 667.340 3	0.083 2
57.0	10.0	3.0	2.0	2.5	60	16.2	7.64	93.98	164.27	15 438.081 2	0.120 4
57.0	12.0	3.0	2.0	2.5	60	18.5	8.97	124.60	160.04	19 940.738 0	0.155 5
57.0	14.0	3.0	2.0	2.5	60	20.8	10.30	159.83	155.81	24 904.555 4	0.194 3
60.0	3.0	1.5	1.5	1.5	60	7.2	2.77	13.03	187.02	2 436.726 2	0.019 0
60.0	3.5	1.5	1.5	1.5	60	7.8	3.11	15.37	186.03	2 858.464 1	0.022 3
60.0	4.0	2.0	1.5	2.0	60	8.9	3.59	23.45	185.94	4 360.905 7	0.034 0
60.0	5.0	2.0	1.5	2.0	60	10.0	4.26	30.45	183.85	5 598.755 3	0.043 7
60.0	5.5	2.0	1.5	2.0	60	10.6	4.59	34.39	182.79	6 285.475 6	0.049 0
60.0	6.0	2.0	1.5	2.0	60	11.2	4.92	38.61	181.73	7 016.184 5	0.054 7
60.0	7.0	2.0	1.5	2.5	60	12.3	5.84	52.03	181.20	9 428.274 8	0.073 5
60.0	8.0	2.0	1.5	2.5	60	13.5	6.50	62.88	179.07	11 259.969 6	0.087 8
60.0	10.0	3.0	2.0	2.5	60	16.2	7.64	93.98	173.69	16 323.834 5	0.127 3
60.0	12.0	3.0	2.0	2.5	60	18.5	8.97	124.60	169.46	21 115.065 4	0.164 7
60.0	14.0	3.0	2.0	2.5	60	20.8	10.30	159.83	165.24	26 410.961 8	0.206 0
68.0	3.5	1.5	1.5	1.5	60	7.8	3.11	15.37	211.16	3 244.653 8	0.025 3
68.0	4.0	2.0	1.5	2.0	60	8.9	3.59	23.45	211.08	4 950.341 9	0.038 6
68.0	5.0	2.0	1.5	2.0	60	10.0	4.26	30.45	208.98	6 364.137 4	0.049 6
68.0	6.0	2.0	1.5	2.0	60	11.2	4.92	38.61	206.86	7 986.515 8	0.062 3
68.0	7.0	2.0	1.5	2.5	60	12.3	5.84	52.03	206.33	10 735.996 4	0.083 7
68.0	8.0	2.0	1.5	2.5	60	13.5	6.50	62.88	204.20	12 840.314 5	0.100 2
68.0	10.0	3.0	2.0	2.5	60	16.2	7.64	93.98	198.83	18 685.843 3	0.145 7
68.0	12.0	3.0	2.0	2.5	60	18.5	8.97	124.60	194.60	24 246.605 3	0.189 1

续表

尺寸(mm)							重心距 (mm)	断面 (mm^2)	周长 (mm)	体积 (mm^3)	金属重量 (kg/口)
Φ	δ	b	p	e	α	B					
68.0	14.0	3.0	2.0	2.5	60	20.8	10.30	159.83	190.37	30 428.045 6	0.237 3
68.0	16.0	3.0	2.0	3.0	60	23.2	11.87	207.40	187.69	38 927.778 8	0.303 6
76.0	3.5	1.5	1.5	1.5	60	7.8	3.11	15.37	236.29	3 630.843 5	0.028 3
76.0	4.0	2.0	1.5	2.0	60	8.9	3.59	23.45	236.21	5 539.778 0	0.043 2
76.0	5.0	2.0	1.5	2.0	60	10.0	4.26	30.45	234.11	7 129.519 5	0.055 6
76.0	6.0	2.0	1.5	2.0	60	11.2	4.92	38.61	231.99	8 956.847 0	0.069 9
76.0	7.0	2.0	1.5	2.5	60	12.3	5.84	52.03	231.46	12 043.718 0	0.093 9
76.0	8.0	2.0	1.5	2.5	60	13.5	6.50	62.88	229.34	14 420.659 3	0.112 5
76.0	9.0	3.0	2.0	2.5	60	15.1	6.98	80.40	226.07	18 177.091 6	0.141 8
76.0	10.0	3.0	2.0	2.5	60	16.2	7.64	93.98	223.96	21 047.852 1	0.164 2
76.0	12.0	3.0	2.0	2.5	60	18.5	8.97	124.60	219.73	27 378.145 2	0.213 5
76.0	14.0	3.0	2.0	2.5	60	20.8	10.30	159.83	215.50	34 445.129 4	0.268 7
76.0	16.0	3.0	2.0	3.0	60	23.2	11.87	207.40	212.82	44 140.410 4	0.344 3
89.0	4.0	2.0	1.5	2.0	60	8.9	3.59	23.45	277.05	6 497.611 8	0.050 7
89.0	4.5	2.0	1.5	2.0	60	9.5	3.93	26.81	276.00	7 399.395 9	0.057 7
89.0	5.0	2.0	1.5	2.0	60	10.0	4.26	30.45	274.95	8 373.265 4	0.065 3
89.0	5.5	2.0	1.5	2.0	60	10.6	4.59	34.39	273.89	9 418.314 0	0.073 5
89.0	6.0	2.0	1.5	2.0	60	11.2	4.92	38.61	272.83	10 533.635 4	0.082 2
89.0	7.0	2.0	1.5	2.5	60	12.3	5.84	52.03	272.31	14 168.765 6	0.110 5
89.0	8.0	2.0	1.5	2.5	60	13.5	6.50	62.88	270.18	16 988.719 7	0.132 5
89.0	9.0	3.0	2.0	2.5	60	15.1	6.98	80.40	266.92	21 460.807 2	0.167 4
89.0	10.0	3.0	2.0	2.5	60	16.2	7.64	93.98	264.80	24 886.116 4	0.194 1
89.0	12.0	3.0	2.0	2.5	60	18.5	8.97	124.60	260.57	32 466.897 6	0.253 2
89.0	14.0	3.0	2.0	2.5	60	20.8	10.30	159.83	256.35	40 972.890 5	0.319 6
89.0	16.0	3.0	2.0	3.0	60	23.2	11.87	207.40	253.66	52 610.936 8	0.410 4
102.0	4.0	2.0	1.5	2.0	60	8.9	3.59	23.45	317.89	7 455.445 5	0.058 2
102.0	4.5	2.0	1.5	2.0	60	9.5	3.93	26.81	316.84	8 494.294 4	0.066 3
102.0	5.0	2.0	1.5	2.0	60	10.0	4.26	30.45	315.79	9 617.011 3	0.075 0
102.0	5.5	2.0	1.5	2.0	60	10.6	4.59	34.39	314.74	10 822.689 9	0.084 4
102.0	6.0	2.0	1.5	2.0	60	11.2	4.92	38.61	313.67	12 110.423 7	0.094 5
102.0	7.0	2.0	1.5	2.5	60	12.3	5.84	52.03	313.15	16 293.813 2	0.127 1
102.0	8.0	2.0	1.5	2.5	60	13.5	6.50	62.88	311.02	19 556.780 1	0.152 5
102.0	9.0	3.0	2.0	2.5	60	15.1	6.98	80.40	307.76	24 744.522 7	0.193 0
102.0	10.0	3.0	2.0	2.5	60	16.2	7.64	93.98	305.64	28 724.380 7	0.224 1
102.0	12.0	3.0	2.0	2.5	60	18.5	8.97	124.60	301.41	37 555.649 9	0.292 9

续表

尺寸(mm)							重心距 (mm)	断面 (mm²)	周长 (mm)	体积 (mm³)	金属重量 (kg/口)
Φ	δ	b	p	e	α	B					
102.0	14.0	3.0	2.0	2.5	60	20.8	10.30	159.83	297.19	47 500.651 6	0.370 5
102.0	16.0	3.0	2.0	3.0	60	23.2	11.87	207.40	294.50	61 081.463 2	0.476 4
102.0	18.0	3.0	2.0	3.0	60	25.5	13.20	252.64	290.28	73 337.072 2	0.572 0
108.0	4.0	2.0	1.5	2.0	60	8.9	3.59	23.45	336.74	7 897.522 6	0.061 6
108.0	4.5	2.0	1.5	2.0	60	9.5	3.93	26.81	335.69	8 999.632 2	0.070 2
108.0	5.0	2.0	1.5	2.0	60	10.0	4.26	30.45	334.64	10 191.047 9	0.079 5
108.0	6.0	2.0	1.5	2.0	60	11.2	4.92	38.61	332.52	12 838.172 1	0.100 1
108.0	7.0	2.0	1.5	2.5	60	12.3	5.84	52.03	332.00	17 274.604 4	0.134 7
108.0	8.0	2.0	1.5	2.5	60	13.5	6.50	62.88	329.87	20 742.038 7	0.161 8
108.0	9.0	3.0	2.0	2.5	60	15.1	6.98	80.40	326.61	26 260.083 7	0.204 8
108.0	10.0	3.0	2.0	2.5	60	16.2	7.64	93.98	324.49	30 495.887 3	0.237 9
108.0	12.0	3.0	2.0	2.5	60	18.5	8.97	124.60	320.26	39 904.304 8	0.311 3
108.0	14.0	3.0	2.0	2.5	60	20.8	10.30	159.83	316.04	50 513.464 4	0.394 0
108.0	16.0	3.0	2.0	3.0	60	23.2	11.87	207.40	313.35	64 990.937 0	0.506 9
108.0	18.0	3.0	2.0	3.0	60	25.5	13.20	252.64	309.13	78 099.224 5	0.609 2
114.0	4.0	2.0	1.5	2.0	60	8.9	3.59	23.45	355.59	8 339.599 7	0.065 0
114.0	5.0	2.0	1.5	2.0	60	10.0	4.26	30.45	353.49	10 765.084 5	0.084 0
114.0	6.0	2.0	1.5	2.0	60	11.2	4.92	38.61	351.37	13 565.920 5	0.105 8
114.0	7.0	2.0	1.5	2.5	60	12.3	5.84	52.03	350.85	18 255.395 6	0.142 4
114.0	8.0	2.0	1.5	2.5	60	13.5	6.50	62.88	348.72	21 927.297 3	0.171 0
114.0	9.0	3.0	2.0	2.5	60	15.1	6.98	80.40	345.46	27 775.644 7	0.216 7
114.0	10.0	3.0	2.0	2.5	60	16.2	7.64	93.98	343.34	32 267.393 9	0.251 7
114.0	12.0	3.0	2.0	2.5	60	18.5	8.97	124.60	339.11	42 252.959 8	0.329 6
114.0	12.0	3.0	2.0	2.5	60	18.5	8.97	124.60	339.11	42 252.959 8	0.329 6
114.0	14.0	3.0	2.0	2.5	60	20.8	10.30	159.83	334.89	53 526.277 2	0.417 5
114.0	16.0	3.0	2.0	3.0	60	23.2	11.87	207.40	332.20	68 900.410 7	0.537 4
127.0	4.0	2.0	1.5	2.0	60	8.9	3.59	23.45	396.43	9 297.433 5	0.072 5
127.0	4.5	2.0	1.5	2.0	60	9.5	3.93	26.81	395.38	10 599.868 6	0.082 7
127.0	5.0	2.0	1.5	2.0	60	10.0	4.26	30.45	394.33	12 008.830 5	0.093 7
127.0	6.0	2.0	1.5	2.0	60	11.2	4.92	38.61	392.21	15 142.708 9	0.118 1
127.0	7.0	2.0	1.5	2.5	60	12.3	5.84	52.03	391.69	20 380.443 2	0.159 0
127.0	8.0	2.0	1.5	2.5	60	13.5	6.50	62.88	389.56	24 495.357 7	0.191 1
127.0	9.0	3.0	2.0	2.5	60	15.1	6.98	80.40	386.30	31 059.360 2	0.242 3
127.0	10.0	3.0	2.0	2.5	60	16.2	7.64	93.98	384.18	36 105.658 1	0.281 6
127.0	12.0	3.0	2.0	2.5	60	18.5	8.97	124.60	379.95	47 341.712 1	0.369 3

续表

尺　　寸(mm)							重心距(mm)	断面(mm²)	周长(mm)	体积(mm³)	金属重量(kg/口)
Φ	δ	b	p	e	α	B					
127.0	14.0	3.0	2.0	2.5	60	20.8	10.30	159.83	375.73	60 054.038 3	0.468 4
127.0	16.0	3.0	2.0	3.0	60	23.2	11.87	207.40	373.04	77 370.937 1	0.603 5
127.0	18.0	3.0	2.0	3.0	60	25.5	13.20	252.64	368.82	93 179.373 6	0.726 8
127.0	20.0	3.0	2.0	3.0	60	27.8	14.53	302.49	364.60	110 290.063 2	0.860 3
133.0	4.0	2.0	1.5	2.0	60	8.9	3.59	23.45	415.28	9 739.510 6	0.076 0
133.0	4.5	2.0	1.5	2.0	60	9.5	3.93	26.81	414.23	11 105.206 4	0.086 6
133.0	5.0	2.0	1.5	2.0	60	10.0	4.26	30.45	413.18	12 582.867 0	0.098 1
133.0	6.0	2.0	1.5	2.0	60	11.2	4.92	38.61	411.06	15 870.457 3	0.123 8
133.0	7.0	2.0	1.5	2.5	60	12.3	5.84	52.03	410.54	21 361.234 4	0.166 6
133.0	8.0	2.0	1.5	2.5	60	13.5	6.50	62.88	408.41	25 680.616 4	0.200 3
133.0	9.0	3.0	2.0	2.5	60	15.1	6.98	80.40	405.15	32 574.921 3	0.254 1
133.0	10.0	3.0	2.0	2.5	60	16.2	7.64	93.98	403.03	37 877.164 7	0.295 4
133.0	12.0	3.0	2.0	2.5	60	18.5	8.97	124.60	398.80	49 690.367 0	0.387 6
133.0	14.0	3.0	2.0	2.5	60	20.8	10.30	159.83	394.58	63 066.851 2	0.491 9
133.0	16.0	3.0	2.0	3.0	60	23.2	11.87	207.40	391.89	81 280.410 8	0.634 0
133.0	18.0	3.0	2.0	3.0	60	25.5	13.20	252.64	387.67	97 941.525 9	0.763 9
133.0	20.0	3.0	2.0	3.0	60	27.8	14.53	302.49	383.45	115 991.903 7	0.904 7
159.0	4.5	2.0	1.5	2.0	60	9.5	3.93	26.81	495.92	13 295.003 5	0.103 7
159.0	5.0	2.0	1.5	2.0	60	10.0	4.26	30.45	494.86	15 070.358 9	0.117 5
159.0	6.0	2.0	1.5	2.0	60	11.2	4.92	38.61	492.75	19 024.033 9	0.148 4
159.0	7.0	2.0	1.5	2.5	60	12.3	5.84	52.03	492.22	25 611.329 6	0.199 8
159.0	8.0	2.0	1.5	2.5	60	13.5	6.50	62.88	490.09	30 816.737 1	0.240 4
159.0	9.0	3.0	2.0	2.5	60	15.1	6.98	80.40	486.83	39 142.352 3	0.305 3
159.0	10.0	3.0	2.0	2.5	60	16.2	7.64	93.98	484.71	45 553.693 3	0.355 3
159.0	12.0	3.0	2.0	2.5	60	18.5	8.97	124.60	480.48	59 867.871 7	0.467 0
159.0	14.0	3.0	2.0	2.5	60	20.8	10.30	159.83	476.26	76 122.373 4	0.593 8
159.0	16.0	3.0	2.0	3.0	60	23.2	11.87	207.40	473.58	98 221.463 6	0.766 1
159.0	18.0	3.0	2.0	3.0	60	25.5	13.20	252.64	469.35	118 577.519 4	0.924 9
159.0	20.0	3.0	2.0	3.0	60	27.8	14.53	302.49	465.14	140 699.879 2	1.097 5
168.0	5.0	2.0	1.5	2.0	60	10.0	4.26	30.45	523.14	15 931.413 8	0.124 3
168.0	6.0	2.0	1.5	2.0	60	11.2	4.92	38.61	521.02	20 115.656 6	0.156 9
168.0	7.0	2.0	1.5	2.5	60	12.3	5.84	52.03	520.49	27 082.516 4	0.211 2
168.0	8.0	2.0	1.5	2.5	60	13.5	6.50	62.88	518.36	32 594.625 1	0.254 2
168.0	9.0	3.0	2.0	2.5	60	15.1	6.98	80.40	515.10	41 415.693 8	0.323 0
168.0	10.0	3.0	2.0	2.5	60	16.2	7.64	93.98	512.98	48 210.953 2	0.376 0

续表

尺 寸(mm)							重心距 (mm)	断 面 (mm²)	周 长 (mm)	体 积 (mm³)	金属重量 (kg/口)
Φ	δ	b	p	e	α	B					
168.0	12.0	3.0	2.0	2.5	60	18.5	8.97	124.60	508.75	63 390.854 1	0.494 4
168.0	14.0	3.0	2.0	2.5	60	20.8	10.30	159.83	504.53	80 641.592 6	0.629 0
168.0	16.0	3.0	2.0	3.0	60	23.2	11.87	207.40	501.85	104 085.674 2	0.811 9
168.0	18.0	3.0	2.0	3.0	60	25.5	13.20	252.64	497.63	125 720.747 9	0.980 6
168.0	20.0	3.0	2.0	3.0	60	27.8	14.53	302.49	493.41	149 252.640 0	1.164 2
194.0	5.0	2.0	1.5	2.0	60	10.0	4.26	30.45	604.82	18 418.905 7	0.143 7
194.0	6.0	2.0	1.5	2.0	60	11.2	4.92	38.61	602.70	23 269.233 2	0.181 5
194.0	7.0	2.0	1.5	2.5	60	12.3	5.84	52.03	602.17	31 332.611 6	0.244 4
194.0	8.0	2.0	1.5	2.5	60	13.5	6.50	62.88	600.04	37 730.745 8	0.294 3
194.0	9.0	3.0	2.0	2.5	60	15.1	6.98	80.40	596.78	47 983.124 9	0.374 3
194.0	10.0	3.0	2.0	2.5	60	16.2	7.64	93.98	594.67	55 887.481 8	0.435 9
194.0	12.0	3.0	2.0	2.5	60	18.5	8.97	124.60	590.44	73 568.358 8	0.573 8
194.0	14.0	3.0	2.0	2.5	60	20.8	10.30	159.83	586.21	93 697.114 8	0.730 8
194.0	16.0	3.0	2.0	3.0	60	23.2	11.87	207.40	583.53	121 026.727 1	0.944 0
194.0	18.0	3.0	2.0	3.0	60	25.5	13.20	252.64	579.31	146 356.741 3	1.141 6
194.0	20.0	3.0	2.0	3.0	60	27.8	14.53	302.49	575.09	173 960.615 5	1.356 9
219.0	6.0	2.0	1.5	2.0	60	11.2	4.92	38.61	681.24	26 301.518 4	0.205 2
219.0	7.0	2.0	1.5	2.5	60	12.3	5.84	52.03	680.71	35 419.241 5	0.276 3
219.0	8.0	2.0	1.5	2.5	60	13.5	6.50	62.88	678.58	42 669.323 5	0.332 8
219.0	9.0	3.0	2.0	2.5	60	15.1	6.98	80.40	675.32	54 297.962 4	0.423 5
219.0	10.0	3.0	2.0	2.5	60	16.2	7.64	93.98	673.21	63 268.759 2	0.493 5
219.0	12.0	3.0	2.0	2.5	60	18.5	8.97	124.60	668.98	83 354.421 0	0.650 2
219.0	14.0	3.0	2.0	2.5	60	20.8	10.30	159.83	664.75	106 250.501 6	0.828 8
219.0	16.0	3.0	2.0	3.0	60	23.2	11.87	207.40	662.07	137 316.200 9	1.071 1
219.0	18.0	3.0	2.0	3.0	60	25.5	13.20	252.64	657.85	166 199.042 7	1.296 4
219.0	20.0	3.0	2.0	3.0	60	27.8	14.53	302.49	653.63	197 718.284 2	1.542 2

②合金钢（哈氏合金）、不锈钢管

尺寸（mm）							重心距（mm）	断面（mm²）	周长（mm）	体积（mm³）	金属重量（kg/口）
Φ	δ	b	p	e	α	B					
22.0	3.0	1.5	1.5	1.5	60	7.2	2.77	13.03	67.64	881.287 4	0.006 9
22.0	3.5	1.5	1.5	1.5	60	7.8	3.11	15.37	66.64	1 024.062 8	0.008 1
22.0	4.0	2.0	1.5	2.0	60	8.9	3.59	23.45	66.56	1 561.084 0	0.012 3
22.0	5.0	2.0	1.5	2.0	60	10.0	4.26	30.45	64.46	1 963.190 2	0.015 5
25.0	3.0	1.5	1.5	1.5	60	7.2	2.77	13.03	77.06	1 004.085 2	0.007 9
25.0	3.5	1.5	1.5	1.5	60	7.8	3.11	15.37	76.07	1 168.883 9	0.009 2
25.0	4.0	2.0	1.5	2.0	60	8.9	3.59	23.45	75.99	1 782.122 6	0.014 0
25.0	4.5	2.0	1.5	2.0	60	9.5	3.93	26.81	74.94	2 009.126 0	0.015 8
25.0	5.0	2.0	1.5	2.0	60	10.0	4.26	30.45	73.89	2 250.208 5	0.017 7
25.0	6.0	2.0	1.5	2.0	60	11.2	4.92	38.61	71.77	2 770.985 2	0.021 8
27.0	3.0	1.5	1.5	1.5	60	7.2	2.77	13.03	83.35	1 085.950 4	0.008 6
27.0	3.5	1.5	1.5	1.5	60	7.8	3.11	15.37	82.35	1 265.431 4	0.010 0
27.0	4.0	2.0	1.5	2.0	60	8.9	3.59	23.45	82.27	1 929.481 6	0.015 2
27.0	5.0	2.0	1.5	2.0	60	10.0	4.26	30.45	80.17	2 441.554 0	0.019 2
27.0	6.0	2.0	1.5	2.0	60	11.2	4.92	38.61	78.06	3 013.568 1	0.023 7
32.0	3.0	1.5	1.5	1.5	60	7.2	2.77	13.03	99.06	1 290.613 4	0.010 2
32.0	3.5	1.5	1.5	1.5	60	7.8	3.11	15.37	98.06	1 506.799 9	0.011 9
32.0	4.0	2.0	1.5	2.0	60	8.9	3.59	23.45	97.98	2 297.879 2	0.018 1
32.0	5.0	2.0	1.5	2.0	60	10.0	4.26	30.45	95.88	2 919.917 9	0.023 0
32.0	6.0	2.0	1.5	2.0	60	11.2	4.92	38.61	93.76	3 620.025 1	0.028 5
32.0	7.0	2.0	1.5	2.5	60	12.3	5.84	52.03	93.23	4 851.249 2	0.038 2
34.0	3.0	1.5	1.5	1.5	60	7.2	2.77	13.03	105.34	1 372.478 6	0.010 8
34.0	3.5	1.5	1.5	1.5	60	7.8	3.11	15.37	104.34	1 603.347 4	0.012 6
34.0	4.0	2.0	1.5	2.0	60	8.9	3.59	23.45	104.26	2 445.238 2	0.019 3
34.0	4.5	2.0	1.5	2.0	60	9.5	3.93	26.81	103.22	2 767.132 7	0.021 8
34.0	5.0	2.0	1.5	2.0	60	10.0	4.26	30.45	102.16	3 111.263 4	0.024 5
34.0	6.0	2.0	1.5	2.0	60	11.2	4.92	38.61	100.05	3 862.607 9	0.030 4
34.0	7.0	2.0	1.5	2.5	60	12.3	5.84	52.03	99.52	5 178.179 6	0.040 8
38.0	3.0	1.5	1.5	1.5	60	7.2	2.77	13.03	117.90	1 536.209 0	0.012 1

续表

尺寸(mm)							重心距(mm)	断面(mm²)	周长(mm)	体积(mm³)	金属重量(kg/口)
Φ	δ	b	p	e	α	B					
38.0	3.5	1.5	1.5	1.5	60	7.8	3.11	15.37	116.91	1 796.442 3	0.014 2
38.0	4.0	2.0	1.5	2.0	60	8.9	3.59	23.45	116.83	2 739.956 3	0.021 6
38.0	4.5	2.0	1.5	2.0	60	9.5	3.93	26.81	115.78	3 104.024 6	0.024 5
38.0	5.0	2.0	1.5	2.0	60	10.0	4.26	30.45	114.73	3 493.954 4	0.027 5
38.0	6.0	2.0	1.5	2.0	60	11.2	4.92	38.61	112.61	4 347.773 5	0.034 3
38.0	7.0	2.0	1.5	2.5	60	12.3	5.84	52.03	112.08	5 832.040 4	0.046 0
42.0	3.0	1.5	1.5	1.5	60	7.2	2.77	13.03	130.47	1 699.939 4	0.013 4
42.0	3.5	1.5	1.5	1.5	60	7.8	3.11	15.37	129.48	1 989.537 1	0.015 7
42.0	4.0	2.0	1.5	2.0	60	8.9	3.59	23.45	129.39	3 034.674 4	0.023 9
42.0	5.0	2.0	1.5	2.0	60	10.0	4.26	30.45	127.30	3 876.645 5	0.030 5
42.0	6.0	2.0	1.5	2.0	60	11.2	4.92	38.61	125.18	4 832.939 2	0.038 1
42.0	7.0	2.0	1.5	2.5	60	12.3	5.84	52.03	124.65	6 485.901 2	0.051 1
42.0	8.0	2.0	1.5	2.5	60	13.5	6.50	62.88	122.52	7 704.193 7	0.060 7
45.0	3.5	1.5	1.5	1.5	60	7.8	3.11	15.37	138.90	2 134.358 3	0.016 8
45.0	4.0	2.0	1.5	2.0	60	8.9	3.59	23.45	138.82	3 255.712 9	0.025 7
45.0	4.5	2.0	1.5	2.0	60	9.5	3.93	26.81	137.77	3 693.585 3	0.029 1
45.0	5.0	2.0	1.5	2.0	60	10.0	4.26	30.45	136.72	4 163.663 8	0.032 8
45.0	6.0	2.0	1.5	2.0	60	11.2	4.92	38.61	134.60	5 196.813 4	0.041 0
45.0	7.0	2.0	1.5	2.5	60	12.3	5.84	52.03	134.08	6 976.296 8	0.055 0
45.0	8.0	2.0	1.5	2.5	60	13.5	6.50	62.88	131.95	8 296.823 0	0.065 4
48.0	3.0	1.5	1.5	1.5	60	7.2	2.77	13.03	149.32	1 945.535 0	0.015 3
48.0	3.5	1.5	1.5	1.5	60	7.8	3.11	15.37	148.33	2 279.179 4	0.018 0
48.0	4.0	2.0	1.5	2.0	60	8.9	3.59	23.45	148.24	3 476.751 5	0.027 4
48.0	5.0	2.0	1.5	2.0	60	10.0	4.26	30.45	146.15	4 450.682 1	0.035 1
48.0	6.0	2.0	1.5	2.0	60	11.2	4.92	38.61	144.03	5 560.687 6	0.043 8
48.0	7.0	2.0	1.5	2.5	60	12.3	5.84	52.03	143.50	7 466.692 4	0.058 8
48.0	8.0	2.0	1.5	2.5	60	13.5	6.50	62.88	141.37	8 889.452 3	0.070 0
57.0	3.5	1.5	1.5	1.5	60	7.8	3.11	15.37	176.60	2 713.642 9	0.021 4
57.0	4.0	2.0	1.5	2.0	60	8.9	3.59	23.45	176.52	4 139.867 2	0.032 6

续表

尺寸(mm)							重心距(mm)	断面(mm^2)	周长(mm)	体积(mm^3)	金属重量(kg/口)
Φ	δ	b	p	e	α	B					
57.0	5.0	2.0	1.5	2.0	60	10.0	4.26	30.45	174.42	5 311.737 0	0.041 9
57.0	6.0	2.0	1.5	2.0	60	11.2	4.92	38.61	172.30	6 652.310 3	0.052 4
57.0	7.0	2.0	1.5	2.5	60	12.3	5.84	52.03	171.77	8 937.879 2	0.070 4
57.0	8.0	2.0	1.5	2.5	60	13.5	6.50	62.88	169.65	10 667.340 3	0.084 1
57.0	9.0	3.0	2.0	2.5	60	15.1	6.98	80.40	166.38	13 377.815 1	0.105 4
60.0	3.5	1.5	1.5	1.5	60	7.8	3.11	15.37	186.03	2 858.464 1	0.022 5
60.0	4.0	2.0	1.5	2.0	60	8.9	3.59	23.45	185.94	4 360.905 7	0.034 4
60.0	5.0	2.0	1.5	2.0	60	10.0	4.26	30.45	183.85	5 598.755 3	0.044 1
60.0	5.5	2.0	1.5	2.0	60	10.6	4.59	34.39	182.79	6 285.475 6	0.049 5
60.0	6.0	2.0	1.5	2.0	60	11.2	4.92	38.61	181.73	7 016.184 5	0.055 3
60.0	7.0	2.0	1.5	2.5	60	12.3	5.84	52.03	181.20	9 428.274 8	0.074 3
60.0	8.0	2.0	1.5	2.5	60	13.5	6.50	62.88	179.07	11 259.969 6	0.088 7
60.0	9.0	3.0	2.0	2.5	60	15.1	6.98	80.40	175.81	14 135.595 6	0.111 4
68.0	4.0	2.0	1.5	2.0	60	8.9	3.59	23.45	211.08	4 950.341 9	0.039 0
68.0	5.0	2.0	1.5	2.0	60	10.0	4.26	30.45	208.98	6 364.137 4	0.050 1
68.0	6.0	2.0	1.5	2.0	60	11.2	4.92	38.61	206.86	7 986.515 8	0.062 9
68.0	7.0	2.0	1.5	2.5	60	12.3	5.84	52.03	206.33	10 735.996 4	0.084 6
68.0	8.0	2.0	1.5	2.5	60	13.5	6.50	62.88	204.20	12 840.314 5	0.101 2
68.0	10.0	3.0	2.0	2.5	60	16.2	7.64	93.98	198.83	18 685.843 3	0.147 2
68.0	14.0	3.0	2.0	2.5	60	20.8	10.30	159.83	190.37	30 428.045 6	0.239 8
68.0	18.0	3.0	2.0	3.0	60	25.5	13.20	252.64	183.47	46 351.542 3	0.365 3
76.0	4.0	2.0	1.5	2.0	60	8.9	3.59	23.45	236.21	5 539.778 0	0.043 7
76.0	5.0	2.0	1.5	2.0	60	10.0	4.26	30.45	234.11	7 129.519 5	0.056 2
76.0	6.0	2.0	1.5	2.0	60	11.2	4.92	38.61	231.99	8 956.847 0	0.070 6
76.0	7.0	2.0	1.5	2.5	60	12.3	5.84	52.03	231.46	12 043.718 0	0.094 9
76.0	8.0	2.0	1.5	2.5	60	13.5	6.50	62.88	229.34	14 420.659 3	0.113 6
76.0	9.0	3.0	2.0	2.5	60	15.1	6.98	80.40	226.07	18 177.091 6	0.143 2
76.0	10.0	3.0	2.0	2.5	60	16.2	7.64	93.98	223.96	21 047.852 1	0.165 9
76.0	12.0	3.0	2.0	2.5	60	18.5	8.97	124.60	219.73	27 378.145 2	0.215 7

续表

尺寸(mm)							重心距(mm)	断面(mm²)	周长(mm)	体积(mm³)	金属重量(kg/口)
Φ	δ	b	p	e	α	B					
89.0	4.0	2.0	1.5	2.0	60	8.9	3.59	23.45	277.05	6 497.611 8	0.051 2
89.0	4.5	2.0	1.5	2.0	60	9.5	3.93	26.81	276.00	7 399.395 9	0.058 3
89.0	5.0	2.0	1.5	2.0	60	10.0	4.26	30.45	274.95	8 373.265 4	0.066 0
89.0	5.5	2.0	1.5	2.0	60	10.6	4.59	34.39	273.89	9 418.314 0	0.074 2
89.0	6.0	2.0	1.5	2.0	60	11.2	4.92	38.61	272.83	10 533.635 4	0.083 0
89.0	7.0	2.0	1.5	2.5	60	12.3	5.84	52.03	272.31	14 168.765 6	0.111 6
89.0	8.0	2.0	1.5	2.5	60	13.5	6.50	62.88	270.18	16 988.719 7	0.133 9
89.0	9.0	3.0	2.0	2.5	60	15.1	6.98	80.40	266.92	21 460.807 2	0.169 1
89.0	10.0	3.0	2.0	2.5	60	16.2	7.64	93.98	264.80	24 886.116 4	0.196 1
89.0	12.0	3.0	2.0	2.5	60	18.5	8.97	124.60	260.57	32 466.897 6	0.255 8
108.0	4.0	2.0	1.5	2.0	60	8.9	3.59	23.45	336.74	7 897.522 6	0.062 2
108.0	4.5	2.0	1.5	2.0	60	9.5	3.93	26.81	335.69	8 999.632 2	0.070 9
108.0	5.0	2.0	1.5	2.0	60	10.0	4.26	30.45	334.64	10 191.047 9	0.080 3
108.0	5.5	2.0	1.5	2.0	60	10.6	4.59	34.39	333.58	11 470.863 3	0.090 4
108.0	6.0	2.0	1.5	2.0	60	11.2	4.92	38.61	332.52	12 838.172 1	0.101 2
108.0	7.0	2.0	1.5	2.5	60	12.3	5.84	52.03	332.00	17 274.604 4	0.136 1
108.0	8.0	2.0	1.5	2.5	60	13.5	6.50	62.88	329.87	20 742.038 7	0.163 4
108.0	9.0	3.0	2.0	2.5	60	15.1	6.98	80.40	326.61	26 260.083 7	0.206 9
108.0	10.0	3.0	2.0	2.5	60	16.2	7.64	93.98	324.49	30 495.887 3	0.240 3
108.0	12.0	3.0	2.0	2.5	60	18.5	8.97	124.60	320.26	39 904.304 8	0.314 4
108.0	14.0	3.0	2.0	2.5	60	20.8	10.30	159.83	316.04	50 513.464 4	0.398 0
114.0	4.0	2.0	1.5	2.0	60	8.9	3.59	23.45	355.59	8 339.599 7	0.065 7
114.0	4.5	2.0	1.5	2.0	60	9.5	3.93	26.81	354.54	9 504.970 0	0.074 9
114.0	5.0	2.0	1.5	2.0	60	10.0	4.26	30.45	353.49	10 765.084 5	0.084 8
114.0	6.0	2.0	1.5	2.0	60	11.2	4.92	38.61	351.37	13 565.920 5	0.106 9
114.0	7.0	2.0	1.5	2.5	60	12.3	5.84	52.03	350.85	18 255.395 6	0.143 9
114.0	8.0	2.0	1.5	2.5	60	13.5	6.50	62.88	348.72	21 927.297 3	0.172 8
114.0	9.0	3.0	2.0	2.5	60	15.1	6.98	80.40	345.46	27 775.644 7	0.218 9
114.0	10.0	3.0	2.0	2.5	60	16.2	7.64	93.98	343.34	32 267.393 9	0.254 3

续表

尺　寸(mm)							重心距(mm)	断面(mm^2)	周长(mm)	体积(mm^3)	金属重量(kg/口)
Φ	δ	b	p	e	α	B					
114.0	12.0	3.0	2.0	2.5	60	18.5	8.97	124.60	339.11	42 252.959 8	0.333 0
114.0	14.0	3.0	2.0	2.5	60	20.8	10.30	159.83	334.89	53 526.277 2	0.421 8
127.0	4.5	2.0	1.5	2.0	60	9.5	3.93	26.81	395.38	10 599.868 6	0.083 5
127.0	5.0	2.0	1.5	2.0	60	10.0	4.26	30.45	394.33	12 008.830 5	0.094 6
127.0	6.0	2.0	1.5	2.0	60	11.2	4.92	38.61	392.21	15 142.708 9	0.119 3
127.0	7.0	2.0	1.5	2.5	60	12.3	5.84	52.03	391.69	20 380.443 2	0.160 6
127.0	8.0	2.0	1.5	2.5	60	13.5	6.50	62.88	389.56	24 495.357 7	0.193 0
127.0	9.0	3.0	2.0	2.5	60	15.1	6.98	80.40	386.30	31 059.360 2	0.244 7
127.0	10.0	3.0	2.0	2.5	60	16.2	7.64	93.98	384.18	36 105.658 1	0.284 5
127.0	12.0	3.0	2.0	2.5	60	18.5	8.97	124.60	379.95	47 341.712 1	0.373 1
127.0	14.0	3.0	2.0	2.5	60	20.8	10.30	159.83	375.73	60 054.038 3	0.473 2
127.0	18.0	3.0	2.0	3.0	60	25.5	13.20	252.64	368.82	93 179.373 6	0.734 3
133.0	4.5	2.0	1.5	2.0	60	9.5	3.93	26.81	414.23	11 105.206 4	0.087 5
133.0	5.0	2.0	1.5	2.0	60	10.0	4.26	30.45	413.18	12 582.867 0	0.099 2
133.0	5.5	2.0	1.5	2.0	60	10.6	4.59	34.39	412.12	14 171.586 1	0.111 7
133.0	6.0	2.0	1.5	2.0	60	11.2	4.92	38.61	411.06	15 870.457 3	0.125 1
133.0	6.5	2.0	1.5	2.0	60	11.8	5.25	43.12	410.00	17 678.574 2	0.139 3
133.0	7.0	2.0	1.5	2.5	60	12.3	5.84	52.03	410.54	21 361.234 4	0.168 3
133.0	7.5	2.0	1.5	2.5	60	12.9	6.17	57.31	409.47	23 467.662 0	0.184 9
133.0	8.0	2.0	1.5	2.5	60	13.5	6.50	62.88	408.41	25 680.616 4	0.202 4
133.0	8.5	2.0	1.5	2.5	60	14.1	6.83	68.74	407.34	27 999.191 0	0.220 6
133.0	9.0	3.0	2.0	2.5	60	15.1	6.98	80.40	405.15	32 574.921 3	0.256 7
133.0	9.5	3.0	2.0	2.5	60	15.7	7.31	87.05	404.09	35 174.924 6	0.277 2
133.0	10.0	3.0	2.0	2.5	60	16.2	7.64	93.98	403.03	37 877.164 7	0.298 5
133.0	12.0	3.0	2.0	2.5	60	18.5	8.97	124.60	398.80	49 690.367 0	0.391 6
133.0	14.0	3.0	2.0	2.5	60	20.8	10.30	159.83	394.58	63 066.851 2	0.497 0
133.0	16.0	3.0	2.0	3.0	60	23.2	11.87	207.40	391.89	81 280.410 8	0.640 5
133.0	18.0	3.0	2.0	3.0	60	25.5	13.20	252.64	387.67	97 941.525 9	0.771 8
140.0	4.5	2.0	1.5	2.0	60	9.5	3.93	26.81	436.23	11 694.767 2	0.092 2

续表

尺寸 (mm)							重心距 (mm)	断面 (mm²)	周长 (mm)	体积 (mm³)	金属重量 (kg/口)
Φ	δ	b	p	e	α	B					
140.0	5.0	2.0	1.5	2.0	60	10.0	4.26	30.45	435.17	13 252.576 4	0.104 4
140.0	6.0	2.0	1.5	2.0	60	11.2	4.92	38.61	433.06	16 719.497 2	0.131 7
140.0	7.0	2.0	1.5	2.5	60	12.3	5.84	52.03	432.53	22 505.490 8	0.177 3
140.0	8.0	2.0	1.5	2.5	60	13.5	6.50	62.88	430.40	27 063.418 1	0.213 3
140.0	9.0	3.0	2.0	2.5	60	15.1	6.98	80.40	427.14	34 343.075 8	0.270 6
140.0	10.0	3.0	2.0	2.5	60	16.2	7.64	93.98	425.02	39 943.922 4	0.314 8
140.0	12.0	3.0	2.0	2.5	60	18.5	8.97	124.60	420.79	52 430.464 5	0.413 2
140.0	14.0	3.0	2.0	2.5	60	20.8	10.30	159.83	416.57	66 581.799 4	0.524 7
140.0	16.0	3.0	2.0	3.0	60	23.2	11.87	207.40	413.89	85 841.463 5	0.676 4
140.0	18.0	3.0	2.0	3.0	60	25.5	13.20	252.64	409.66	103 497.370 3	0.815 6
159.0	5.0	2.0	1.5	2.0	60	10.0	4.26	30.45	494.86	15 070.358 9	0.118 8
159.0	6.0	2.0	1.5	2.0	60	11.2	4.92	38.61	492.75	19 024.033 9	0.149 9
159.0	7.0	2.0	1.5	2.5	60	12.3	5.84	52.03	492.22	25 611.329 6	0.201 8
159.0	8.0	2.0	1.5	2.5	60	13.5	6.50	62.88	490.09	30 816.737 1	0.242 8
159.0	9.0	3.0	2.0	2.5	60	15.1	6.98	80.40	486.83	39 142.352 3	0.308 4
159.0	10.0	3.0	2.0	2.5	60	16.2	7.64	93.98	484.71	45 553.693 3	0.359 0
159.0	12.0	3.0	2.0	2.5	60	18.5	8.97	124.60	480.48	59 867.871 7	0.471 8
159.0	14.0	3.0	2.0	2.5	60	20.8	10.30	159.83	476.26	76 122.373 4	0.599 8
159.0	16.0	3.0	2.0	3.0	60	23.2	11.87	207.40	473.58	98 221.463 6	0.774 0
159.0	18.0	3.0	2.0	3.0	60	25.5	13.20	252.64	469.35	118 577.519 4	0.934 4
159.0	20.0	3.0	2.0	3.0	60	27.8	14.53	302.49	465.14	140 699.879 2	1.108 7
168.0	6.0	2.0	1.5	2.0	60	11.2	4.92	38.61	521.02	20 115.656 6	0.158 5
168.0	8.0	2.0	1.5	2.5	60	13.5	6.50	62.88	518.36	32 594.625 1	0.256 8
168.0	10.0	3.0	2.0	2.5	60	16.2	7.64	93.98	512.98	48 210.953 2	0.379 9
168.0	12.0	3.0	2.0	2.5	60	18.5	8.97	124.60	508.75	63 390.854 1	0.499 5
168.0	14.0	3.0	2.0	2.5	60	20.8	10.30	159.83	504.53	80 641.592 6	0.635 5
168.0	16.0	3.0	2.0	3.0	60	23.2	11.87	207.40	501.85	104 085.674 2	0.820 2
168.0	18.0	3.0	2.0	3.0	60	25.5	13.20	252.64	497.63	125 720.747 9	0.990 7
168.0	20.0	3.0	2.0	3.0	60	27.8	14.53	302.49	493.41	149 252.640 0	1.176 1

续表

尺寸 (mm)							重心距 (mm)	断面 (mm²)	周长 (mm)	体积 (mm³)	金属重量 (kg/口)
Φ	δ	b	p	e	α	B					
219.0	6.0	2.0	1.5	2.0	60	11.2	4.92	38.61	681.24	26 301.518 4	0.207 3
219.0	8.0	2.0	1.5	2.5	60	13.5	6.50	62.88	678.58	42 669.323 5	0.336 2
219.0	10.0	3.0	2.0	2.5	60	16.2	7.64	93.98	673.21	63 268.759 2	0.498 6
219.0	12.0	3.0	2.0	2.5	60	18.5	8.97	124.60	668.98	83 354.421 0	0.656 8
219.0	14.0	3.0	2.0	2.5	60	20.8	10.30	159.83	664.75	106 250.501 6	0.837 3
219.0	16.0	3.0	2.0	3.0	60	23.2	11.87	207.40	662.07	137 316.200 9	1.082 1
219.0	18.0	3.0	2.0	3.0	60	25.5	13.20	252.64	657.85	166 199.042 7	1.309 6
219.0	20.0	3.0	2.0	3.0	60	27.8	14.53	302.49	653.63	197 718.284 2	1.558 0

③不锈钢板卷管

尺寸 (mm)							重心距 (mm)	断面 (mm²)	周长 (mm)	体积 (mm³)	金属重量 (kg/口)
Φ	δ	b	p	e	α	B					
219.0	4.0	2.0	1.5	2.0	60	8.9	3.59	23.45	685.46	16 075.949 2	0.126 7
219.0	6.0	2.0	1.5	2.0	60	11.2	4.92	38.61	681.24	26 301.518 4	0.207 3
219.0	8.0	2.0	1.5	2.5	60	13.5	6.50	62.88	678.58	42 669.323 5	0.336 2
219.0	10.0	3.0	2.0	2.5	60	16.2	7.64	93.98	673.21	63 268.759 2	0.498 6
219.0	12.0	3.0	2.0	2.5	60	18.5	8.97	124.60	668.98	83 354.421 0	0.656 8
219.0	14.0	3.0	2.0	2.5	60	20.8	10.30	159.83	664.75	106 250.501 6	0.837 3
273.0	4.0	2.0	1.5	2.0	60	8.9	3.59	23.45	855.10	20 054.643 2	0.158 0
273.0	6.0	2.0	1.5	2.0	60	11.2	4.92	38.61	850.89	32 851.254 4	0.258 9
273.0	8.0	2.0	1.5	2.5	60	13.5	6.50	62.88	848.23	53 336.651 2	0.420 3
273.0	10.0	3.0	2.0	2.5	60	16.2	7.64	93.98	842.85	79 212.318 6	0.624 2
273.0	12.0	3.0	2.0	2.5	60	18.5	8.97	124.60	838.62	104 492.315 3	0.823 4
273.0	14.0	3.0	2.0	2.5	60	20.8	10.30	159.83	834.40	133 365.817 0	1.050 9
325.0	4.0	2.0	1.5	2.0	60	8.9	3.59	23.45	1 018.47	23 885.978 2	0.188 2
325.0	6.0	2.0	1.5	2.0	60	11.2	4.92	38.61	1 014.25	39 158.407 6	0.308 6
325.0	8.0	2.0	1.5	2.5	60	13.5	6.50	62.88	1 011.59	63 608.892 7	0.501 2
325.0	10.0	3.0	2.0	2.5	60	16.2	7.64	93.98	1 006.21	94 565.375 7	0.745 2
325.0	12.0	3.0	2.0	2.5	60	18.5	8.97	124.60	1 001.98	124 847.324 7	0.983 8
325.0	14.0	3.0	2.0	2.5	60	20.8	10.30	159.83	997.76	159 476.861 4	1.256 7

续表

尺寸（mm）							重心距（mm）	断面（mm²）	周长（mm）	体积（mm³）	金属重量（kg/口）
Φ	δ	b	p	e	α	B					
377.0	4.0	2.0	1.5	2.0	60	8.9	3.59	23.45	1 181.83	27 717.313 2	0.218 4
377.0	6.0	2.0	1.5	2.0	60	11.2	4.92	38.61	1 177.61	45 465.560 8	0.358 3
377.0	8.0	2.0	1.5	2.5	60	13.5	6.50	62.88	1 174.96	73 881.134 2	0.582 2
377.0	10.0	3.0	2.0	2.5	60	16.2	7.64	93.98	1 169.58	109 918.432 9	0.866 2
377.0	12.0	3.0	2.0	2.5	60	18.5	8.97	124.60	1 165.35	145 202.334 1	1.144 2
377.0	14.0	3.0	2.0	2.5	60	20.8	10.30	159.83	1 161.12	185 587.905 8	1.462 4
426.0	4.0	2.0	1.5	2.0	60	8.9	3.59	23.45	1 335.77	31 327.609 6	0.246 9
426.0	6.0	2.0	1.5	2.0	60	11.2	4.92	38.61	1 331.55	51 408.839 8	0.405 1
426.0	8.0	2.0	1.5	2.5	60	13.5	6.50	62.88	1 328.89	83 560.746 4	0.658 5
426.0	10.0	3.0	2.0	2.5	60	16.2	7.64	93.98	1 323.52	124 385.736 7	0.980 2
426.0	12.0	3.0	2.0	2.5	60	18.5	8.97	124.60	1 319.29	164 383.016 0	1.295 3
426.0	14.0	3.0	2.0	2.5	60	20.8	10.30	159.83	1 315.06	210 192.543 9	1.656 3
478.0	4.0	2.0	1.5	2.0	60	8.9	3.59	23.45	1 499.13	35 158.944 6	0.277 1
478.0	5.0	2.0	1.5	2.0	60	10.0	4.26	30.45	1 497.03	45 589.970 7	0.359 2
478.0	6.0	2.0	1.5	2.0	60	11.2	4.92	38.61	1 494.91	57 715.993 0	0.454 8
478.0	8.0	2.0	1.5	2.5	60	13.5	6.50	62.88	1 492.26	93 832.987 9	0.739 4
478.0	9.0	3.0	2.0	2.5	60	15.1	6.98	80.40	1 489.00	119 719.679 4	0.943 4
478.0	10.0	3.0	2.0	2.5	60	16.2	7.64	93.98	1 486.88	139 738.793 9	1.101 1
478.0	12.0	3.0	2.0	2.5	60	18.5	8.97	124.60	1 482.65	184 738.025 3	1.455 7
478.0	14.0	3.0	2.0	2.5	60	20.8	10.30	159.83	1 478.43	236 303.588 3	1.862 1
529.0	5.0	2.0	1.5	2.0	60	10.0	4.26	30.45	1 657.25	50 469.281 7	0.397 7
529.0	6.0	2.0	1.5	2.0	60	11.2	4.92	38.61	1 655.13	63 901.854 8	0.503 5
529.0	8.0	2.0	1.5	2.5	60	13.5	6.50	62.88	1 652.48	103 907.686 3	0.818 8
529.0	9.0	3.0	2.0	2.5	60	15.1	6.98	80.40	1 649.22	132 601.948 0	1.044 9
529.0	10.0	3.0	2.0	2.5	60	16.2	7.64	93.98	1 647.10	154 796.599 9	1.219 8
529.0	12.0	3.0	2.0	2.5	60	18.5	8.97	124.60	1 642.87	204 701.592 2	1.613 0
529.0	14.0	3.0	2.0	2.5	60	20.8	10.30	159.83	1 638.65	261 912.497 3	2.063 9
559.0	5.0	2.0	1.5	2.0	60	10.0	4.26	30.45	1 751.50	53 339.464 6	0.420 3
559.0	6.0	2.0	1.5	2.0	60	11.2	4.92	38.61	1 749.38	67 540.597 1	0.532 2

续表

尺寸（mm）							重心距（mm）	断面（mm^2）	周长（mm）	体积（mm^3）	金属重量（kg/口）
Φ	δ	b	p	e	α	B					
559.0	8.0	2.0	1.5	2.5	60	13.5	6.50	62.88	1 746.73	109 833.979 5	0.865 5
559.0	9.0	3.0	2.0	2.5	60	15.1	6.98	80.40	1 743.46	140 179.753 1	1.104 6
559.0	10.0	3.0	2.0	2.5	60	16.2	7.64	93.98	1 741.35	163 654.132 9	1.289 6
559.0	12.0	3.0	2.0	2.5	60	18.5	8.97	124.60	1 737.12	216 444.866 8	1.705 6
559.0	14.0	3.0	2.0	2.5	60	20.8	10.30	159.83	1 732.89	276 976.561 4	2.182 6
630.0	5.0	2.0	1.5	2.0	60	10.0	4.26	30.45	1 974.55	60 132.230 9	0.473 8
630.0	6.0	2.0	1.5	2.0	60	11.2	4.92	38.61	1 972.44	76 152.287 0	0.600 1
630.0	8.0	2.0	1.5	2.5	60	13.5	6.50	62.88	1 969.78	123 859.540 1	0.976 0
630.0	10.0	3.0	2.0	2.5	60	16.2	7.64	93.98	1 964.40	184 616.960 9	1.454 8
630.0	12.0	3.0	2.0	2.5	60	18.5	8.97	124.60	1 960.17	244 237.283 5	1.924 6
630.0	14.0	3.0	2.0	2.5	60	20.8	10.30	159.83	1 955.95	312 628.179 7	2.463 5
660.0	5.0	2.0	1.5	2.0	60	10.0	4.26	30.45	2 068.80	63 002.413 8	0.496 5
660.0	6.0	2.0	1.5	2.0	60	11.2	4.92	38.61	2 066.68	79 791.029 3	0.628 8
660.0	8.0	2.0	1.5	2.5	60	13.5	6.50	62.88	2 064.03	129 785.833 2	1.022 7
660.0	10.0	3.0	2.0	2.5	60	16.2	7.64	93.98	2 058.65	193 474.493 9	1.524 6
660.0	12.0	3.0	2.0	2.5	60	18.5	8.97	124.60	2 054.42	255 980.558 1	2.017 1
660.0	14.0	3.0	2.0	2.5	60	20.8	10.30	159.83	2 050.20	327 692.243 8	2.582 2
720.0	6.0	2.0	1.5	2.0	60	11.2	4.92	38.61	2 255.18	87 068.513 8	0.686 1
720.0	8.0	2.0	1.5	2.5	60	13.5	6.50	62.88	2 252.52	141 638.419 6	1.116 1
720.0	10.0	3.0	2.0	2.5	60	16.2	7.64	93.98	2 247.14	211 189.559 8	1.664 2
720.0	12.0	3.0	2.0	2.5	60	18.5	8.97	124.60	2 242.91	279 467.107 4	2.202 2
720.0	14.0	3.0	2.0	2.5	60	20.8	10.30	159.83	2 238.69	357 820.372 0	2.819 6
762.0	6.0	2.0	1.5	2.0	60	11.2	4.92	38.61	2 387.13	92 162.752 9	0.726 2
762.0	8.0	2.0	1.5	2.5	60	13.5	6.50	62.88	2 384.47	149 935.230 1	1.181 5
762.0	10.0	3.0	2.0	2.5	60	16.2	7.64	93.98	2 379.09	223 590.106 0	1.761 9
762.0	12.0	3.0	2.0	2.5	60	18.5	8.97	124.60	2 374.86	295 907.691 9	2.331 8
762.0	14.0	3.0	2.0	2.5	60	20.8	10.30	159.83	2 370.64	378 910.061 8	2.985 8
820.0	8.0	2.0	1.5	2.5	60	13.5	6.50	62.88	2 566.68	161 392.730 2	1.271 8
820.0	10.0	3.0	2.0	2.5	60	16.2	7.64	93.98	2 561.30	240 714.669 7	1.896 8

续表

尺寸（mm）							重心距（mm）	断面（mm²）	周长（mm）	体积（mm³）	金属重量（kg/口）
Φ	δ	b	p	e	α	B					
820.0	12.0	3.0	2.0	2.5	60	18.5	8.97	124.60	2 557.07	318 611.356 2	2.510 7
820.0	14.0	3.0	2.0	2.5	60	20.8	10.30	159.83	2 552.85	408 033.919 0	3.215 3
920.0	8.0	2.0	1.5	2.5	60	13.5	6.50	62.88	2 880.84	181 147.040 8	1.427 4
920.0	10.0	3.0	2.0	2.5	60	16.2	7.64	93.98	2 875.46	270 239.779 6	2.129 5
920.0	12.0	3.0	2.0	2.5	60	18.5	8.97	124.60	2 871.23	357 755.604 9	2.819 1
920.0	14.0	3.0	2.0	2.5	60	20.8	10.30	159.83	2 867.01	458 247.466 0	3.611 0
1 020.0	8.0	2.0	1.5	2.5	60	13.5	6.50	62.88	3 195.00	200 901.351 4	1.583 1
1 020.0	10.0	3.0	2.0	2.5	60	16.2	7.64	93.98	3 189.62	299 764.889 5	2.362 1
1 020.0	12.0	3.0	2.0	2.5	60	18.5	8.97	124.60	3 185.39	396 899.853 7	3.127 6
1 020.0	14.0	3.0	2.0	2.5	60	20.8	10.30	159.83	3 181.17	508 461.013 0	4.006 7
1 120.0	8.0	2.0	1.5	2.5	60	13.5	6.50	62.88	3 509.16	220 655.662 0	1.738 8
1 120.0	10.0	3.0	2.0	2.5	60	16.2	7.64	93.98	3 503.78	329 289.999 4	2.594 8
1 120.0	12.0	3.0	2.0	2.5	60	18.5	8.97	124.60	3 499.55	436 044.102 5	3.436 0
1 120.0	14.0	3.0	2.0	2.5	60	20.8	10.30	159.83	3 495.33	558 674.560 0	4.402 4
1 220.0	8.0	2.0	1.5	2.5	60	13.5	6.50	62.88	3 823.32	240 409.972 6	1.894 4
1 220.0	10.0	3.0	2.0	2.5	60	16.2	7.64	93.98	3 817.94	358 815.109 3	2.827 5
1 220.0	12.0	3.0	2.0	2.5	60	18.5	8.97	124.60	3 813.71	475 188.351 3	3.744 5
1 220.0	14.0	3.0	2.0	2.5	60	20.8	10.30	159.83	3 809.49	608 888.107 0	4.798 0

（5）热风焊

塑料管

尺寸（mm）							重心距（mm）	断面（mm²）	周长（mm）	体积（mm³）	金属重量（kg/口）
Φ	δ	b	p	e	α	B					
40.0	3.0	1.0	1.0	1.5	70	7.8	2.88	13.60	124.88	1 698.429 0	0.002 4
50.0	3.5	1.0	1.0	1.5	70	8.5	3.21	16.38	155.29	2 542.831 6	0.003 6
50.0	4.0	1.0	1.0	2.0	70	9.2	3.80	22.57	155.83	3 516.573 5	0.004 9
63.0	4.0	1.0	1.0	2.0	70	9.2	3.80	22.57	196.67	4 438.212 2	0.006 2
63.0	5.5	1.0	1.0	2.0	70	11.3	4.80	34.74	193.52	6 723.187 0	0.009 4
75.0	4.0	1.0	1.0	2.0	70	9.2	3.80	22.57	234.37	5 288.955 6	0.007 4
75.0	6.0	1.0	1.0	2.0	70	12.0	5.13	39.50	230.15	9 091.037 1	0.012 7

续表

尺寸 (mm)							重心距 (mm)	断面 (mm²)	周长 (mm)	体积 (mm³)	金属重量 (kg/口)
Φ	δ	b	p	e	α	B					
90.0	4.5	1.0	1.0	2.0	70	9.9	4.14	26.28	280.46	7 368.957 2	0.010 3
90.0	7.0	1.0	1.0	2.5	70	13.4	6.04	54.53	276.69	15 088.652 3	0.021 1
110.0	5.5	1.0	1.0	2.0	70	11.3	4.80	34.74	341.17	11 852.963 4	0.016 6
110.0	8.5	1.0	1.0	2.5	70	15.5	7.02	73.71	336.31	24 788.608 7	0.034 7
125.0	6.0	1.0	1.0	2.0	70	12.0	5.13	39.50	387.23	15 295.683 3	0.021 4
125.0	10.0	1.0	1.0	2.5	70	17.6	8.01	96.03	380.22	36 513.583 5	0.051 1
140.0	7.0	1.0	1.0	2.5	70	13.4	6.04	54.53	433.77	23 654.729 2	0.033 1
140.0	11.0	1.0	1.0	2.5	70	19.0	8.67	112.67	425.20	47 906.151 7	0.067 1
150.0	7.0	1.0	1.0	2.5	70	13.4	6.04	54.53	465.18	25 367.944 6	0.035 5
150.0	11.0	1.0	1.0	2.5	70	19.0	8.67	112.67	456.62	51 445.679 8	0.072 0
160.0	5.0	1.0	1.0	2.0	70	10.6	4.47	30.33	499.31	15 145.871 2	0.021 2
160.0	8.0	1.0	1.0	2.5	70	14.8	6.70	66.97	494.46	33 112.180 8	0.046 4
160.0	12.0	1.0	1.0	2.5	70	20.4	9.33	130.70	485.90	63 506.883 6	0.088 9
180.0	5.5	1.0	1.0	2.0	70	11.3	4.80	34.74	561.09	19 493.055 7	0.027 3
180.0	9.0	1.0	1.0	2.5	70	16.2	7.35	80.80	555.15	44 855.874 3	0.062 8
180.0	12.0	1.0	1.0	2.5	70	20.4	9.33	130.70	548.73	71 719.007 7	0.100 4
200.0	6.0	1.0	1.0	2.0	70	12.0	5.13	39.50	622.85	24 602.652 5	0.034 4
200.0	10.0	1.0	1.0	2.5	70	17.6	8.01	96.03	615.84	59 140.907 1	0.082 8
200.0	14.0	1.0	1.0	2.5	70	23.2	10.65	170.97	607.30	103 827.763 7	0.145 4
225.0	7.0	1.0	1.0	2.5	70	13.4	6.04	54.53	700.80	38 217.060 0	0.053 5
225.0	10.0	1.0	1.0	2.5	70	17.6	8.01	96.03	694.38	66 683.348 3	0.093 4
225.0	14.0	1.0	1.0	2.5	70	23.2	10.65	170.97	685.84	117 255.455 8	0.164 2
250.0	7.5	1.0	1.0	2.5	70	14.1	6.37	60.58	778.27	47 143.817 9	0.066 0
250.0	10.0	1.0	1.0	2.5	70	17.6	8.01	96.03	772.92	74 225.789 5	0.103 9
250.0	16.0	1.0	1.0	3.0	70	26.0	12.22	225.50	761.63	171 747.119 4	0.240 4
280.0	8.5	1.0	1.0	2.5	70	15.5	7.02	73.71	870.38	64 154.078 0	0.089 8
280.0	16.0	1.0	1.0	3.0	70	26.0	12.22	225.50	855.88	192 999.996 0	0.270 2
300.0	10.0	1.0	1.0	2.5	70	17.6	8.01	96.03	930.00	89 310.671 9	0.125 0
300.0	16.0	1.0	1.0	3.0	70	26.0	12.22	225.50	918.71	207 168.580 5	0.290 0

3. Y形坡口双面对接焊缝

焊缝图形及计算公式

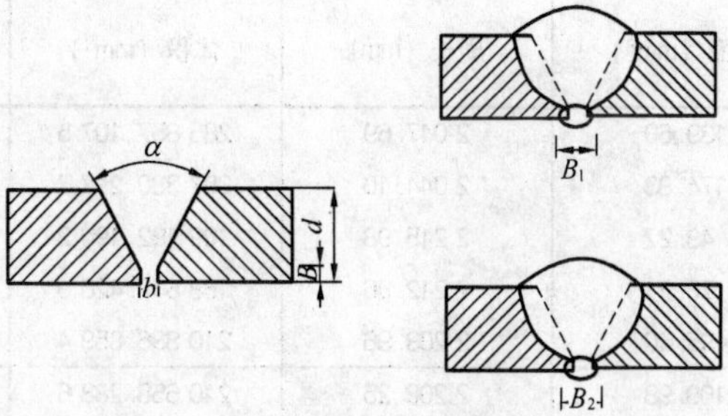

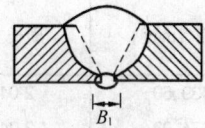

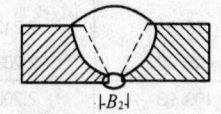

$$B_1 = b + 6$$

$$S_1 = \delta b + (\delta - p)^2 \times tg\alpha/2 + 2/3B \times e + 2/3B_1 \times e$$

$$F_1 = [1/2\delta^2 b + (\delta - p)^2 \times (2\delta + p)/3 \times tg\alpha/2 + 2/3B \times e(\delta + 2/5e) - 4/15B_1 \times e^2]/S_1$$

$$B_2 = b + 10$$

$$S_2 = \delta b + (\delta - p)^2 \times tg\alpha/2 + 2/3B \times e + 2/3B_2 \times e + 9/2 \times \pi$$

$$F_2 = [1/2\delta^2 b + (\delta - p)^2(2\delta + p)/3 \times tg\alpha/2 + 2/3B \times e(\delta + 2/5e) - 4/15B_2 \times e^2 + 18]/S_2$$

$$L = \pi(D - 2\delta + 2F)$$

(1) 手工电弧焊

①碳钢板卷管（封底焊）

尺寸（mm）								重心距（mm）	断面（mm^2）	周长（mm）	体积（mm^3）	金属重量（kg/口）
Φ	δ	b	p	e	α	B	B_1					
610.0	6.0	2.0	1.5	2.0	60	11.2	8.0	3.68	49.27	1 901.82	93 712.016 9	0.731 0
610.0	8.0	2.0	1.5	2.5	60	13.5	8.0	5.19	76.21	1 898.70	144 706.318 7	1.128 7
610.0	9.0	3.0	2.0	2.5	60	15.1	9.0	5.73	95.40	1 895.80	180 865.119 7	1.410 7
610.0	10.0	3.0	2.0	2.5	60	16.2	9.0	6.45	108.98	1 894.09	206 420.789 2	1.610 1
610.0	12.0	3.0	2.0	2.5	60	18.5	9.0	7.90	139.60	1 890.61	263 928.788 4	2.058 6
610.0	14.0	3.0	2.0	2.5	60	20.8	9.0	9.33	174.83	1 887.02	329 917.329 4	2.573 4
630.0	6.0	2.0	1.5	2.0	60	11.2	8.0	3.68	49.27	1 964.65	96 808.051 6	0.755 1
630.0	8.0	2.0	1.5	2.5	60	13.5	8.0	5.19	76.21	1 961.53	149 494.938 9	1.166 1
630.0	9.0	3.0	2.0	2.5	60	15.1	9.0	5.73	95.40	1 958.63	186 859.467 7	1.457 5
630.0	10.0	3.0	2.0	2.5	60	16.2	9.0	6.45	108.98	1 956.92	213 268.289 1	1.663 5
630.0	12.0	3.0	2.0	2.5	60	18.5	9.0	7.90	139.60	1 953.44	272 700.116 1	2.127 1
630.0	14.0	3.0	2.0	2.5	60	20.8	9.0	9.33	174.83	1 949.86	340 902.516 7	2.659 0
660.0	6.0	2.0	1.5	2.0	60	11.2	8.0	3.68	49.27	2 058.90	101 452.103 6	0.791 3
660.0	8.0	2.0	1.5	2.5	60	13.5	8.0	5.19	76.21	2 055.78	156 677.869 3	1.222 1
660.0	9.0	3.0	2.0	2.5	60	15.1	9.0	5.73	95.40	2 052.88	195 850.989 6	1.527 6
660.0	10.0	3.0	2.0	2.5	60	16.2	9.0	6.45	108.98	2 051.17	223 539.538 9	1.743 6

续表

尺寸（mm）								重心距（mm）	断面（mm²）	周长（mm）	体积（mm³）	金属重量（kg/口）
Φ	δ	b	p	e	α	B	B_1					
660.0	12.0	3.0	2.0	2.5	60	18.5	9.0	7.90	139.60	2 047.69	285 857.107 5	2.229 7
660.0	14.0	3.0	2.0	2.5	60	20.8	9.0	9.33	174.83	2 044.10	357 380.297 7	2.787 6
710.0	6.0	2.0	1.5	2.0	60	11.2	8.0	3.68	49.27	2 215.98	109 192.190 2	0.851 7
710.0	8.0	2.0	1.5	2.5	60	13.5	8.0	5.19	76.21	2 212.86	168 649.420 0	1.315 5
710.0	9.0	3.0	2.0	2.5	60	15.1	9.0	5.73	95.40	2 209.96	210 836.859 4	1.644 5
710.0	10.0	3.0	2.0	2.5	60	16.2	9.0	6.45	108.98	2 208.25	240 658.288 6	1.877 1
710.0	12.0	3.0	2.0	2.5	60	18.5	9.0	7.90	139.60	2 204.77	307 785.426 7	2.400 7
710.0	14.0	3.0	2.0	2.5	60	20.8	9.0	9.33	174.83	2 201.18	384 843.265 9	3.001 8
720.0	6.0	2.0	1.5	2.0	60	11.2	8.0	3.68	49.27	2 247.40	110 740.207 6	0.863 8
720.0	8.0	2.0	1.5	2.5	60	13.5	8.0	5.19	76.21	2 244.28	171 043.730 1	1.334 1
720.0	9.0	3.0	2.0	2.5	60	15.1	9.0	5.73	95.40	2 241.38	213 834.033 4	1.667 9
720.0	10.0	3.0	2.0	2.5	60	16.2	9.0	6.45	108.98	2 239.67	244 082.038 5	1.903 8
720.0	12.0	3.0	2.0	2.5	60	18.5	9.0	7.90	139.60	2 236.18	312 171.090 5	2.434 9
720.0	14.0	3.0	2.0	2.5	60	20.8	9.0	9.33	174.83	2 232.60	390 335.859 6	3.044 6
762.0	7.0	2.0	1.5	2.5	60	12.3	8.0	4.44	65.37	2 377.83	155 429.223 3	1.212 3
762.0	8.0	2.0	1.5	2.5	60	13.5	8.0	5.19	76.21	2 376.23	181 099.832 6	1.412 6
762.0	9.0	3.0	2.0	2.5	60	15.1	9.0	5.73	95.40	2 373.32	226 422.164 1	1.766 1
762.0	10.0	3.0	2.0	2.5	60	16.2	9.0	6.45	108.98	2 371.62	258 461.788 3	2.016 0
762.0	12.0	3.0	2.0	2.5	60	18.5	9.0	7.90	139.60	2 368.13	330 590.878 6	2.578 6
762.0	14.0	3.0	2.0	2.5	60	20.8	9.0	9.33	174.83	2 364.55	413 404.752 9	3.224 6
813.0	7.0	2.0	1.5	2.5	60	12.3	8.0	4.44	65.37	2 538.05	165 902.231 7	1.294 0
813.0	8.0	2.0	1.5	2.5	60	13.5	8.0	5.19	76.21	2 536.45	193 310.814 3	1.507 8
813.0	9.0	3.0	2.0	2.5	60	15.1	9.0	5.73	95.40	2 533.54	241 707.751 3	1.885 3
813.0	10.0	3.0	2.0	2.5	60	16.2	9.0	6.45	108.98	2 531.84	275 922.913 0	2.152 2
813.0	12.0	3.0	2.0	2.5	60	18.5	9.0	7.90	139.60	2 528.35	352 957.764 1	2.753 1
813.0	14.0	3.0	2.0	2.5	60	20.8	9.0	9.33	174.83	2 524.77	441 416.980 5	3.443 1
813.0	16.0	3.0	2.0	3.0	60	23.2	9.0	10.83	225.40	2 521.62	568 382.897 5	4.433 4
820.0	8.0	2.0	1.5	2.5	60	13.5	8.0	5.19	76.21	2 558.44	194 986.831 3	1.520 9
820.0	9.0	3.0	2.0	2.5	60	15.1	9.0	5.73	95.40	2 555.54	243 805.773 1	1.901 7

续表

尺 寸（mm）								重心距（mm）	断面（mm²）	周长（mm）	体积（mm³）	金属重量（kg/口）
Φ	δ	b	p	e	α	B	B_1					
820.0	10.0	3.0	2.0	2.5	60	16.2	9.0	6.45	108.98	2 553.83	278 319.537 9	2.170 9
820.0	12.0	3.0	2.0	2.5	60	18.5	9.0	7.90	139.60	2 550.34	356 027.728 8	2.777 0
820.0	14.0	3.0	2.0	2.5	60	20.8	9.0	9.33	174.83	2 546.76	445 261.796 1	3.473 0
820.0	16.0	3.0	2.0	3.0	60	23.2	9.0	10.83	225.40	2 543.61	573 339.790 9	4.472 1
914.0	8.0	2.0	1.5	2.5	60	13.5	8.0	5.19	76.21	2 853.75	217 493.346 5	1.696 4
914.0	9.0	3.0	2.0	2.5	60	15.1	9.0	5.73	95.40	2 850.85	271 979.208 4	2.121 4
914.0	10.0	3.0	2.0	2.5	60	16.2	9.0	6.45	108.98	2 849.14	310 502.787 3	2.421 9
914.0	12.0	3.0	2.0	2.5	60	18.5	9.0	7.90	139.60	2 845.65	397 252.968 8	3.098 6
914.0	14.0	3.0	2.0	2.5	60	20.8	9.0	9.33	174.83	2 842.07	496 892.176 4	3.875 8
914.0	16.0	3.0	2.0	3.0	60	23.2	9.0	10.83	225.40	2 838.92	639 903.788 0	4.991 2
920.0	8.0	2.0	1.5	2.5	60	13.5	8.0	5.19	76.21	2 872.60	218 929.932 6	1.707 7
920.0	9.0	3.0	2.0	2.5	60	15.1	9.0	5.73	95.40	2 869.70	273 777.512 8	2.135 5
920.0	10.0	3.0	2.0	2.5	60	16.2	9.0	6.45	108.98	2 867.99	312 557.037 3	2.437 9
920.0	12.0	3.0	2.0	2.5	60	18.5	9.0	7.90	139.60	2 864.50	399 884.367 1	3.119 1
920.0	14.0	3.0	2.0	2.5	60	20.8	9.0	9.33	174.83	2 860.92	500 187.732 6	3.901 5
920.0	16.0	3.0	2.0	3.0	60	23.2	9.0	10.83	225.40	2 857.77	644 152.553 8	5.024 4
1 016.0	8.0	2.0	1.5	2.5	60	13.5	8.0	5.19	76.21	3 174.19	241 915.309 8	1.886 9
1 016.0	9.0	3.0	2.0	2.5	60	15.1	9.0	5.73	95.40	3 171.29	302 550.382 9	2.359 9
1 016.0	10.0	3.0	2.0	2.5	60	16.2	9.0	6.45	108.98	3 169.58	345 425.036 7	2.694 3
1 016.0	12.0	3.0	2.0	2.5	60	18.5	9.0	7.90	139.60	3 166.09	441 986.739 8	3.447 5
1 016.0	14.0	3.0	2.0	2.5	60	20.8	9.0	9.33	174.83	3 162.51	552 916.631 6	4.312 7
1 016.0	16.0	3.0	2.0	3.0	60	23.2	9.0	10.83	225.40	3 159.36	712 132.806 1	5.554 6
1 020.0	8.0	2.0	1.5	2.5	60	13.5	8.0	5.19	76.21	3 186.76	242 873.033 9	1.894 4
1 020.0	9.0	3.0	2.0	2.5	60	15.1	9.0	5.73	95.40	3 183.85	303 749.252 5	2.369 2
1 020.0	10.0	3.0	2.0	2.5	60	16.2	9.0	6.45	108.98	3 182.15	346 794.536 7	2.705 0
1 020.0	12.0	3.0	2.0	2.5	60	18.5	9.0	7.90	139.60	3 178.66	443 741.005 4	3.461 2
1 020.0	14.0	3.0	2.0	2.5	60	20.8	9.0	9.33	174.83	3 175.08	555 113.669 1	4.329 9
1 020.0	16.0	3.0	2.0	3.0	60	23.2	9.0	10.83	225.40	3 171.93	714 965.316 6	5.576 7
1 120.0	8.0	2.0	1.5	2.5	60	13.5	8.0	5.19	76.21	3 500.92	266 816.135 2	2.081 2

续表

尺寸（mm）								重心距（mm）	断面（mm²）	周长（mm）	体积（mm³）	金属重量（kg/口）
Φ	δ	b	p	e	α	B	B_1					
1 120.0	9.0	3.0	2.0	2.5	60	15.1	9.0	5.73	95.40	3 498.01	333 720.992 2	2.603 0
1 120.0	10.0	3.0	2.0	2.5	60	16.2	9.0	6.45	108.98	3 496.31	381 032.036 1	2.972 0
1 120.0	12.0	3.0	2.0	2.5	60	18.5	9.0	7.90	139.60	3 492.82	487 597.643 6	3.803 3
1 220.0	8.0	2.0	1.5	2.5	60	13.5	8.0	5.19	76.21	3 815.07	290 759.236 4	2.267 9
1 220.0	9.0	3.0	2.0	2.5	60	15.1	9.0	5.73	95.40	3 812.17	363 692.731 9	2.836 8
1 220.0	10.0	3.0	2.0	2.5	60	16.2	9.0	6.45	108.98	3 810.46	415 269.535 5	3.239 1
1 220.0	12.0	3.0	2.0	2.5	60	18.5	9.0	7.90	139.60	3 806.98	531 454.281 9	4.145 3
1 220.0	14.0	3.0	2.0	2.5	60	20.8	9.0	9.33	174.83	3 803.40	664 965.542 1	5.186 7
1 220.0	16.0	3.0	2.0	3.0	60	23.2	9.0	10.83	225.40	3 800.25	856 590.842 3	6.681 4
1 220.0	5.0	2.0	1.5	2.0	60	10.0	8.0	2.95	41.12	3 819.85	157 073.038 9	1.225 2
1 320.0	8.0	2.0	1.5	2.5	60	13.5	8.0	5.19	76.21	4 129.23	314 702.337 7	2.454 7
1 320.0	10.0	3.0	2.0	2.5	60	16.2	9.0	6.45	108.98	4 124.62	449 507.034 9	3.506 2
1 320.0	12.0	3.0	2.0	2.5	60	18.5	9.0	7.90	139.60	4 121.14	575 310.920 2	4.487 4
1 420.0	8.0	2.0	1.5	2.5	60	13.5	8.0	5.19	76.21	4 443.39	338 645.439 0	2.641 4
1 420.0	9.0	3.0	2.0	2.5	60	15.1	9.0	5.73	95.40	4 440.49	423 636.211 3	3.304 4
1 420.0	10.0	3.0	2.0	2.5	60	16.2	9.0	6.45	108.98	4 438.78	483 744.534 3	3.773 2
1 420.0	11.0	3.0	2.0	2.5	60	17.4	9.0	7.18	123.71	4 437.05	548 924.066 9	4.281 6
1 420.0	12.0	3.0	2.0	2.5	60	18.5	9.0	7.90	139.60	4 435.30	619 167.558 5	4.829 5
1 420.0	14.0	3.0	2.0	2.5	60	20.8	9.0	9.33	174.83	4 431.72	774 817.415 0	6.043 6
1 420.0	16.0	3.0	2.0	3.0	60	23.2	9.0	10.83	225.40	4 428.57	998 216.368 1	7.786 1
1 520.0	11.0	3.0	2.0	2.5	60	17.4	9.0	7.18	123.71	4 751.21	587 789.865 8	4.584 8
1 520.0	12.0	3.0	2.0	2.5	60	18.5	9.0	7.90	139.60	4 749.46	663 024.196 8	5.171 6
1 620.0	9.0	3.0	2.0	2.5	60	15.1	9.0	5.73	95.40	5 068.81	483 579.690 7	3.771 9
1 620.0	10.0	3.0	2.0	2.5	60	16.2	9.0	6.45	108.98	5 067.10	552 219.533 1	4.307 3
1 620.0	11.0	3.0	2.0	2.5	60	17.4	9.0	7.18	123.71	5 065.37	626 655.664 8	4.887 9
1 620.0	12.0	3.0	2.0	2.5	60	18.5	9.0	7.90	139.60	5 063.62	706 880.835 0	5.513 7
1 620.0	14.0	3.0	2.0	2.5	60	20.8	9.0	9.33	174.83	5 060.03	884 669.288 0	6.900 4
1 620.0	16.0	3.0	2.0	3.0	60	23.2	9.0	10.83	225.40	5 056.88	1 139 841.893 8	8.890 8
1 820.0	10.0	3.0	2.0	2.5	60	16.2	9.0	6.45	108.98	5 695.42	620 694.531 8	4.841 4

续表

尺寸(mm)								重心距(mm)	断面(mm^2)	周长(mm)	体积(mm^3)	金属重量(kg/口)
Φ	δ	b	p	e	α	B	B_1					
1 820.0	11.0	3.0	2.0	2.5	60	17.4	9.0	7.18	123.71	5 693.69	704 387.262 6	5.494 2
1 820.0	12.0	3.0	2.0	2.5	60	18.5	9.0	7.90	139.60	5 691.93	794 594.111 6	6.197 8
1 820.0	14.0	3.0	2.0	2.5	60	20.8	9.0	9.33	174.83	5 688.35	994 521.161 0	7.757 3
2 020.0	16.0	3.0	2.0	3.0	60	23.2	9.0	10.83	225.40	6 313.52	1 423 092.945 2	11.100 1
2 020.0	10.0	3.0	2.0	2.5	60	16.2	9.0	6.45	108.98	6 323.74	689 169.530 6	5.375 5
2 020.0	11.0	3.0	2.0	2.5	60	17.4	9.0	7.18	123.71	6 322.01	782 118.860 4	6.100 5
2 020.0	12.0	3.0	2.0	2.5	60	18.5	9.0	7.90	139.60	6 320.25	882 307.388 2	6.882 0
2 020.0	14.0	3.0	2.0	2.5	60	20.8	9.0	9.33	174.83	6 316.67	1 104 373.034 0	8.614 1
2 220.0	16.0	3.0	2.0	3.0	60	23.2	9.0	10.83	225.40	6 941.84	1 564 718.470 9	12.204 8
2 220.0	10.0	3.0	2.0	2.5	60	16.2	9.0	6.45	108.98	6 952.06	757 644.529 4	5.909 6
2 220.0	11.0	3.0	2.0	2.5	60	17.4	9.0	7.18	123.71	6 950.33	859 850.458 3	6.706 8
2 220.0	12.0	3.0	2.0	2.5	60	18.5	9.0	7.90	139.60	6 948.57	970 020.664 7	7.566 2
2 220.0	14.0	3.0	2.0	2.5	60	20.8	9.0	9.33	174.83	6 944.99	1 214 224.907 0	9.471 0
2 420.0	10.0	3.0	2.0	2.5	60	16.2	9.0	6.45	108.98	7 580.38	826 119.528 2	6.443 7
2 420.0	12.0	3.0	2.0	2.5	60	18.5	9.0	7.90	139.60	7 576.89	1 057 733.941 3	8.250 3
2 420.0	14.0	3.0	2.0	2.5	60	20.8	9.0	9.33	174.83	7 573.31	1 324 076.780 0	10.327 8
2 420.0	16.0	3.0	2.0	3.0	60	23.2	9.0	10.83	225.40	7 570.16	1 706 343.996 6	13.309 5
2 620.0	10.0	3.0	2.0	2.5	60	16.2	9.0	6.45	108.98	8 208.70	894 594.527 0	6.977 8
2 620.0	12.0	3.0	2.0	2.5	60	18.5	9.0	7.90	139.60	8 205.21	1 145 447.217 8	8.934 5
2 620.0	14.0	3.0	2.0	2.5	60	20.8	9.0	9.33	174.83	8 201.63	1 433 928.653 0	11.184 6
2 620.0	16.0	3.0	2.0	3.0	60	23.2	9.0	10.83	225.40	8 198.48	1 847 969.522 3	14.414 2
2 820.0	10.0	3.0	2.0	2.5	60	16.2	9.0	6.45	108.98	8 837.01	963 069.525 8	7.511 9
2 820.0	12.0	3.0	2.0	2.5	60	18.5	9.0	7.90	139.60	8 833.53	1 233 160.494 4	9.618 7
2 820.0	14.0	3.0	2.0	2.5	60	20.8	9.0	9.33	174.83	8 829.95	1 543 780.526 0	12.041 5
2 820.0	16.0	3.0	2.0	3.0	60	23.2	9.0	10.83	225.40	8 826.80	1 989 595.048 1	15.518 8
3 020.0	10.0	3.0	2.0	2.5	60	16.2	9.0	6.45	108.98	9 465.33	1 031 544.524 6	8.046 0
3 020.0	12.0	3.0	2.0	2.5	60	18.5	9.0	7.90	139.60	9 461.85	1 320 873.771 0	10.302 8
3 020.0	14.0	3.0	2.0	2.5	60	20.8	9.0	9.33	174.83	9 458.26	1 653 632.399 0	12.898 3
3 020.0	16.0	3.0	2.0	3.0	60	23.2	9.0	10.83	225.40	9 455.11	2 131 220.573 8	16.623 5

续表

尺寸 (mm)								重心距 (mm)	断面 (mm²)	周长 (mm)	体积 (mm³)	金属重量 (kg/口)
Φ	δ	b	p	e	α	B	B_1					
3 220.0	12.0	3.0	2.0	2.5	60	18.5	9.0	7.90	139.60	10 090.17	1 408 587.047 5	10.987 0
3 220.0	14.0	3.0	2.0	2.5	60	20.8	9.0	9.33	174.83	10 086.58	1 763 484.272 0	13.755 2
3 220.0	16.0	3.0	2.0	3.0	60	23.2	9.0	10.83	225.40	10 083.43	2 272 846.099 5	17.728 2
3 220.0	18.0	3.0	2.0	3.0	60	25.5	9.0	12.24	270.64	10 079.75	2 727 984.162 5	21.278 3

②碳钢板卷管（清根焊）

尺寸 (mm)								重心距 (mm)	断面 (mm²)	周长 (mm)	体积 (mm³)	金属重量 (kg/口)
Φ	δ	b	p	e	α	B	B_2					
610.0	6.0	1.0	1.5	2.0	60	10.2	11.0	2.82	60.08	1 896.37	113 931.871 6	0.888 7
610.0	8.0	1.0	1.5	2.5	60	12.5	11.0	4.22	85.68	1 892.61	162 165.711 7	1.264 9
610.0	9.0	1.0	2.0	2.5	60	13.1	11.0	4.88	91.54	1 890.48	173 054.771 0	1.349 8
610.0	10.0	1.0	2.0	2.5	60	14.2	11.0	5.64	103.12	1 888.97	194 787.306 9	1.519 3
610.0	12.0	1.0	2.0	2.5	60	16.5	11.0	7.17	129.74	1 886.02	244 686.738 2	1.908 6
610.0	14.0	1.0	2.0	2.5	60	18.8	11.0	8.70	160.97	1 883.04	303 116.976 8	2.364 3
630.0	6.0	1.0	1.5	2.0	60	10.2	11.0	2.82	60.08	1 959.21	117 706.733 3	0.918 1
630.0	8.0	1.0	1.5	2.5	60	12.5	11.0	4.22	85.68	1 955.44	167 549.383 2	1.306 9
630.0	9.0	1.0	2.0	2.5	60	13.1	11.0	4.88	91.54	1 953.31	178 806.412 1	1.394 7
630.0	10.0	1.0	2.0	2.5	60	14.2	11.0	5.64	103.12	1 951.80	201 266.436 2	1.569 9
630.0	12.0	1.0	2.0	2.5	60	16.5	11.0	7.17	129.74	1 948.85	252 838.367 8	1.972 1
630.0	14.0	1.0	2.0	2.5	60	18.8	11.0	8.70	160.97	1 945.88	313 231.138 5	2.443 2
660.0	6.0	1.0	1.5	2.0	60	10.2	11.0	2.82	60.08	2 053.45	123 369.025 9	0.962 3
660.0	8.0	1.0	1.5	2.5	60	12.5	11.0	4.22	85.68	2 049.69	175 624.890 4	1.369 9
660.0	9.0	1.0	2.0	2.5	60	13.1	11.0	4.88	91.54	2 047.56	187 433.873 6	1.462 0
660.0	10.0	1.0	2.0	2.5	60	14.2	11.0	5.64	103.12	2 046.04	210 985.130 1	1.645 7
660.0	12.0	1.0	2.0	2.5	60	16.5	11.0	7.17	129.74	2 043.10	265 065.812 2	2.067 5
660.0	14.0	1.0	2.0	2.5	60	18.8	11.0	8.70	160.97	2 040.12	328 402.381 2	2.561 5
710.0	6.0	1.0	1.5	2.0	60	10.2	11.0	2.82	60.08	2 210.53	132 806.180 1	1.035 9
710.0	8.0	1.0	1.5	2.5	60	12.5	11.0	4.22	85.68	2 206.77	189 084.069 1	1.474 9
710.0	9.0	1.0	2.0	2.5	60	13.1	11.0	4.88	91.54	2 204.64	201 812.976 2	1.574 1
710.0	10.0	1.0	2.0	2.5	60	14.2	11.0	5.64	103.12	2 203.12	227 182.953 2	1.772 0

续表

尺寸(mm)								重心距(mm)	断面(mm^2)	周长(mm)	体积(mm^3)	金属重量(kg/口)
Φ	δ	b	p	e	α	B	B_2					
710.0	12.0	1.0	2.0	2.5	60	16.5	11.0	7.17	129.74	2 200.18	285 444.886 1	2.226 5
710.0	14.0	1.0	2.0	2.5	60	18.8	11.0	8.70	160.97	2 197.20	353 687.785 7	2.758 8
720.0	6.0	1.0	1.5	2.0	60	10.2	11.0	2.82	60.08	2 241.95	134 693.611 0	1.050 6
720.0	8.0	1.0	1.5	2.5	60	12.5	11.0	4.22	85.68	2 238.18	191 775.904 9	1.495 9
720.0	9.0	1.0	2.0	2.5	60	13.1	11.0	4.88	91.54	2 236.05	204 688.796 7	1.596 6
720.0	10.0	1.0	2.0	2.5	60	14.2	11.0	5.64	103.12	2 234.54	230 422.517 8	1.797 3
720.0	12.0	1.0	2.0	2.5	60	16.5	11.0	7.17	129.74	2 231.59	289 520.700 9	2.258 3
720.0	14.0	1.0	2.0	2.5	60	18.8	11.0	8.70	160.97	2 228.62	358 744.866 6	2.798 2
762.0	7.0	1.0	1.5	2.0	60	11.3	11.0	3.49	68.39	2 371.87	162 205.863 1	1.265 2
762.0	8.0	1.0	1.5	2.5	60	12.5	11.0	4.22	85.68	2 370.13	203 081.615 0	1.584 0
762.0	9.0	1.0	2.0	2.5	60	13.1	11.0	4.88	91.54	2 368.00	216 767.242 9	1.690 8
762.0	10.0	1.0	2.0	2.5	60	14.2	11.0	5.64	103.12	2 366.49	244 028.689 2	1.903 4
762.0	12.0	1.0	2.0	2.5	60	16.5	11.0	7.17	129.74	2 363.54	306 639.123 1	2.391 8
762.0	14.0	1.0	2.0	2.5	60	18.8	11.0	8.70	160.97	2 360.57	379 984.606 4	2.963 9
813.0	7.0	1.0	1.5	2.0	60	11.3	11.0	3.49	68.39	2 532.09	173 162.985 3	1.350 7
813.0	8.0	1.0	1.5	2.5	60	12.5	11.0	4.22	85.68	2 530.35	216 809.977 2	1.691 1
813.0	9.0	1.0	2.0	2.5	60	13.1	11.0	4.88	91.54	2 528.22	231 433.927 5	1.805 2
813.0	10.0	1.0	2.0	2.5	60	14.2	11.0	5.64	103.12	2 526.71	260 550.468 8	2.032 3
813.0	12.0	1.0	2.0	2.5	60	16.5	11.0	7.17	129.74	2 523.76	327 425.778 5	2.553 9
813.0	14.0	1.0	2.0	2.5	60	18.8	11.0	8.70	160.97	2 520.79	405 775.718 9	3.165 1
813.0	16.0	1.0	2.0	3.0	60	21.2	11.0	10.26	207.54	2 518.04	522 597.174 1	4.076 3
820.0	8.0	1.0	1.5	2.5	60	12.5	11.0	4.22	85.68	2 552.34	218 694.262 3	1.705 8
820.0	9.0	1.0	2.0	2.5	60	13.1	11.0	4.88	91.54	2 550.21	233 447.001 9	1.820 9
820.0	10.0	1.0	2.0	2.5	60	14.2	11.0	5.64	103.12	2 548.70	262 818.164 1	2.050 0
820.0	12.0	1.0	2.0	2.5	60	16.5	11.0	7.17	129.74	2 545.75	330 278.848 9	2.576 2
820.0	14.0	1.0	2.0	2.5	60	18.8	11.0	8.70	160.97	2 542.78	409 315.675 6	3.192 7
820.0	16.0	1.0	2.0	3.0	60	21.2	11.0	10.26	207.54	2 540.03	527 161.244 0	4.111 9
914.0	8.0	1.0	1.5	2.5	60	12.5	11.0	4.22	85.68	2 847.65	243 997.518 2	1.903 2
914.0	9.0	1.0	2.0	2.5	60	13.1	11.0	4.88	91.54	2 845.52	260 479.714 7	2.031 7

续表

尺 寸 (mm)								重心距 (mm)	断面 (mm²)	周长 (mm)	体积 (mm³)	金属重量 (kg/口)
Φ	δ	b	p	e	α	B	B_2					
914.0	10.0	1.0	2.0	2.5	60	14.2	11.0	5.64	103.12	2 844.01	293 270.071 5	2.287 5
914.0	12.0	1.0	2.0	2.5	60	16.5	11.0	7.17	129.74	2 841.06	368 591.507 9	2.875 0
914.0	14.0	1.0	2.0	2.5	60	18.8	11.0	8.70	160.97	2 838.09	456 852.236 0	3.563 4
914.0	16.0	1.0	2.0	3.0	60	21.2	11.0	10.26	207.54	2 835.34	588 450.182 2	4.589 9
920.0	8.0	1.0	1.5	2.5	60	12.5	11.0	4.22	85.68	2 866.50	245 612.619 6	1.915 8
920.0	9.0	1.0	2.0	2.5	60	13.1	11.0	4.88	91.54	2 864.37	262 205.207 0	2.045 2
920.0	10.0	1.0	2.0	2.5	60	14.2	11.0	5.64	103.12	2 862.86	295 213.810 3	2.302 7
920.0	12.0	1.0	2.0	2.5	60	16.5	11.0	7.17	129.74	2 859.91	371 036.996 8	2.894 1
920.0	14.0	1.0	2.0	2.5	60	18.8	11.0	8.70	160.97	2 856.94	459 886.484 5	3.587 1
920.0	16.0	1.0	2.0	3.0	60	21.2	11.0	10.26	207.54	2 854.19	592 362.242 1	4.620 4
1 016.0	8.0	1.0	1.5	2.5	60	12.5	11.0	4.22	85.68	3 168.09	271 454.242 7	2.117 3
1 016.0	9.0	1.0	2.0	2.5	60	13.1	11.0	4.88	91.54	3 165.97	289 813.084 0	2.260 5
1 016.0	10.0	1.0	2.0	2.5	60	14.2	11.0	5.64	103.12	3 164.45	326 313.630 7	2.545 2
1 016.0	12.0	1.0	2.0	2.5	60	16.5	11.0	7.17	129.74	3 161.51	410 164.818 8	3.199 3
1 016.0	14.0	1.0	2.0	2.5	60	18.8	11.0	8.70	160.97	3 158.53	508 434.461 1	3.965 8
1 016.0	16.0	1.0	2.0	3.0	60	21.2	11.0	10.26	207.54	3 155.78	654 955.200 3	5.108 7
1 020.0	8.0	1.0	1.5	2.5	60	12.5	11.0	4.22	85.68	3 180.66	272 530.977 0	2.125 7
1 020.0	9.0	1.0	2.0	2.5	60	13.1	11.0	4.88	91.54	3 178.53	290 963.412 2	2.269 5
1 020.0	10.0	1.0	2.0	2.5	60	14.2	11.0	5.64	103.12	3 177.02	327 609.456 6	2.555 4
1 020.0	12.0	1.0	2.0	2.5	60	16.5	11.0	7.17	129.74	3 174.07	411 795.144 7	3.212 0
1 020.0	14.0	1.0	2.0	2.5	60	18.8	11.0	8.70	160.97	3 171.10	510 457.293 5	3.981 6
1 020.0	16.0	1.0	2.0	3.0	60	21.2	11.0	10.26	207.54	3 168.35	657 563.240 2	5.129 0
1 120.0	8.0	1.0	1.5	2.5	60	12.5	11.0	4.22	85.68	3 494.82	299 449.334 4	2.335 7
1 120.0	9.0	1.0	2.0	2.5	60	13.1	11.0	4.88	91.54	3 492.69	319 721.617 3	2.493 8
1 120.0	10.0	1.0	2.0	2.5	60	14.2	11.0	5.64	103.12	3 491.18	360 005.102 8	2.808 0
1 120.0	12.0	1.0	2.0	2.5	60	16.5	11.0	7.17	129.74	3 488.23	452 553.292 7	3.529 9
1 220.0	8.0	1.0	1.5	2.5	60	12.5	11.0	4.22	85.68	3 808.98	326 367.691 8	2.545 7
1 220.0	9.0	1.0	2.0	2.5	60	13.1	11.0	4.88	91.54	3 806.85	348 479.822 5	2.718 1
1 220.0	10.0	1.0	2.0	2.5	60	14.2	11.0	5.64	103.12	3 805.34	392 400.749 1	3.060 7

续表

尺寸(mm)								重心距(mm)	断面(mm²)	周长(mm)	体积(mm³)	金属重量(kg/口)
Φ	δ	b	p	e	α	B	B_2					
1 220.0	11.0	1.0	2.0	2.5	60	15.4	11.0	6.40	115.85	3 803.86	440 680.372 0	3.437 3
1 220.0	12.0	1.0	2.0	2.5	60	16.5	11.0	7.17	129.74	3 802.39	493 311.440 6	3.847 8
1 220.0	14.0	1.0	2.0	2.5	60	18.8	11.0	8.70	160.97	3 799.41	611 598.911 4	4.770 5
1 220.0	16.0	1.0	2.0	3.0	60	21.2	11.0	10.26	207.54	3 796.67	787 965.236 4	6.146 1
1 320.0	8.0	1.0	1.5	2.5	60	12.5	11.0	4.22	85.68	4 123.14	353 286.049 2	2.755 6
1 320.0	10.0	1.0	2.0	2.5	60	14.2	11.0	5.64	103.12	4 119.50	424 796.395 3	3.313 4
1 320.0	12.0	1.0	2.0	2.5	60	16.5	11.0	7.17	129.74	4 116.55	534 069.588 5	4.165 7
1 420.0	8.0	1.0	1.5	2.5	60	12.5	11.0	4.22	85.68	4 437.30	380 204.406 6	2.965 6
1 420.0	9.0	1.0	2.0	2.5	60	13.1	11.0	4.88	91.54	4 435.17	405 996.232 8	3.166 8
1 420.0	10.0	1.0	2.0	2.5	60	14.2	11.0	5.64	103.12	4 433.66	457 192.041 6	3.566 1
1 420.0	11.0	1.0	2.0	2.5	60	15.4	11.0	6.40	115.85	4 432.18	513 471.626 4	4.005 1
1 420.0	12.0	1.0	2.0	2.5	60	16.5	11.0	7.17	129.74	4 430.71	574 827.736 5	4.483 7
1 420.0	14.0	1.0	2.0	2.5	60	18.8	11.0	8.70	160.97	4 427.73	712 740.529 3	5.559 4
1 420.0	16.0	1.0	2.0	3.0	60	21.2	11.0	10.26	207.54	4 424.99	918 367.232 7	7.163 3
1 520.0	9.0	1.0	2.0	2.5	60	13.1	11.0	4.88	91.54	4 749.33	434 754.437 9	3.391 1
1 520.0	12.0	1.0	2.0	2.5	60	16.5	11.0	7.17	129.74	4 744.87	615 585.884 4	4.801 6
1 620.0	9.0	1.0	2.0	2.5	60	13.1	11.0	4.88	91.54	5 063.49	463 512.643 1	3.615 4
1 620.0	10.0	1.0	2.0	2.5	60	14.2	11.0	5.64	103.12	5 061.97	521 983.334 1	4.071 5
1 620.0	11.0	1.0	2.0	2.5	60	15.4	11.0	6.40	115.85	5 060.50	586 262.880 7	4.572 9
1 620.0	12.0	1.0	2.0	2.5	60	16.5	11.0	7.17	129.74	5 059.03	656 344.032 4	5.119 5
1 620.0	14.0	1.0	2.0	2.5	60	18.8	11.0	8.70	160.97	5 056.05	813 882.147 2	6.348 3
1 620.0	16.0	1.0	2.0	3.0	60	21.2	11.0	10.26	207.54	5 053.31	1 048 769.228 9	8.180 4
1 820.0	10.0	1.0	2.0	2.5	60	14.2	11.0	5.64	103.12	5 690.29	586 774.626 6	4.576 8
1 820.0	12.0	1.0	2.0	2.5	60	16.5	11.0	7.17	129.74	5 687.35	737 860.328 2	5.755 3
1 820.0	14.0	1.0	2.0	2.5	60	18.8	11.0	8.70	160.97	5 684.37	915 023.765 1	7.137 2
1 820.0	16.0	1.0	2.0	3.0	60	21.2	11.0	10.26	207.54	5 681.62	1 179 171.225 1	9.197 5
2 020.0	10.0	1.0	2.0	2.5	60	14.2	11.0	5.64	103.12	6 318.61	651 565.919 1	5.082 2
2 020.0	11.0	1.0	2.0	2.5	60	15.4	11.0	6.40	115.85	6 317.13	731 845.389 5	5.708 4
2 020.0	12.0	1.0	2.0	2.5	60	16.5	11.0	7.17	129.74	6 315.66	819 376.624 1	6.391 1

续表

尺　寸 (mm)								重心距 (mm)	断面 (mm²)	周长 (mm)	体积 (mm³)	金属重量 (kg/口)
Φ	δ	b	p	e	α	B	B_2					
2 020.0	14.0	1.0	2.0	2.5	60	18.8	11.0	8.70	160.97	6 312.69	1 016 165.383 0	7.926 1
2 020.0	16.0	1.0	2.0	3.0	60	21.2	11.0	10.26	207.54	6 309.94	1 309 573.221 3	10.214 7
2 220.0	10.0	1.0	2.0	2.5	60	14.2	11.0	5.64	103.12	6 946.93	716 357.211 6	5.587 6
2 220.0	11.0	1.0	2.0	2.5	60	15.4	11.0	6.40	115.85	6 945.45	804 636.643 8	6.276 2
2 220.0	12.0	1.0	2.0	2.5	60	16.5	11.0	7.17	129.74	6 943.98	900 892.920 0	7.027 0
2 220.0	14.0	1.0	2.0	2.5	60	18.8	11.0	8.70	160.97	6 941.01	1 117 307.000 9	8.715 0
2 220.0	16.0	1.0	2.0	3.0	60	21.2	11.0	10.26	207.54	6 938.26	1 439 975.217 6	11.231 8
2 420.0	10.0	1.0	2.0	2.5	60	14.2	11.0	5.64	103.12	7 575.25	781 148.504 1	6.093 0
2 420.0	12.0	1.0	2.0	2.5	60	16.5	11.0	7.17	129.74	7 572.30	982 409.215 8	7.662 8
2 420.0	14.0	1.0	2.0	2.5	60	18.8	11.0	8.70	160.97	7 569.33	1 218 448.618 8	9.503 9
2 420.0	16.0	1.0	2.0	3.0	60	21.2	11.0	10.26	207.54	7 566.58	1 570 377.213 8	12.248 9
2 620.0	10.0	1.0	2.0	2.5	60	14.2	11.0	5.64	103.12	8 203.57	845 939.796 5	6.598 3
2 620.0	12.0	1.0	2.0	2.5	60	16.5	11.0	7.17	129.74	8 200.62	1 063 925.511 7	8.298 6
2 620.0	14.0	1.0	2.0	2.5	60	18.8	11.0	8.70	160.97	8 197.65	1 319 590.236 7	10.292 8
2 620.0	16.0	1.0	2.0	3.0	60	21.2	11.0	10.26	207.54	8 194.90	1 700 779.210 0	13.266 1
2 820.0	10.0	1.0	2.0	2.5	60	14.2	11.0	5.64	103.12	8 831.89	910 731.089 0	7.103 7
2 820.0	12.0	1.0	2.0	2.5	60	16.5	11.0	7.17	129.74	8 828.94	1 145 441.807 6	8.934 4
2 820.0	14.0	1.0	2.0	2.5	60	18.8	11.0	8.70	160.97	8 825.96	1 420 731.854 6	11.081 7
2 820.0	16.0	1.0	2.0	3.0	60	21.2	11.0	10.26	207.54	8 823.22	1 831 181.206 2	14.283 2
3 020.0	10.0	1.0	2.0	2.5	60	14.2	11.0	5.64	103.12	9 460.20	975 522.381 5	7.609 1
3 020.0	12.0	1.0	2.0	2.5	60	16.5	11.0	7.17	129.74	9 457.26	1 226 958.103 5	9.570 3
3 020.0	14.0	1.0	2.0	2.5	60	18.8	11.0	8.70	160.97	9 454.28	1 521 873.472 5	11.870 6
3 020.0	16.0	1.0	2.0	3.0	60	21.2	11.0	10.26	207.54	9 451.54	1 961 583.202 5	15.300 3
3 220.0	12.0	1.0	2.0	2.5	60	16.5	11.0	7.17	129.74	10 085.58	1 308 474.399 3	10.206 1
3 220.0	14.0	1.0	2.0	2.5	60	18.8	11.0	8.70	160.97	10 082.60	1 623 015.090 4	12.659 5
3 220.0	16.0	1.0	2.0	3.0	60	21.2	11.0	10.26	207.54	10 079.85	2 091 985.198 7	16.317 5
3 220.0	18.0	1.0	2.0	3.0	60	23.5	11.0	11.76	248.78	10 076.72	2 506 858.881 7	19.553 5

③不锈钢板卷管（封底焊）

尺　寸（mm）								重心距（mm）	断面（mm²）	周长（mm）	体积（mm³）	金属重量（kg/口）
Φ	δ	b	p	e	α	B	B_1					
610.0	5.0	2.0	1.5	2.0	60	10.0	8.0	2.95	41.12	1 903.47	78 271.354 3	0.616 8
610.0	6.0	2.0	1.5	2.0	60	11.2	8.0	3.68	49.27	1 901.82	93 712.016 9	0.738 5
610.0	8.0	2.0	1.5	2.5	60	13.5	8.0	5.19	76.21	1 898.70	144 706.318 7	1.140 3
610.0	9.0	3.0	2.0	2.5	60	15.1	9.0	5.73	95.40	1 895.80	180 865.119 7	1.425 2
610.0	10.0	3.0	2.0	2.5	60	16.2	9.0	6.45	108.98	1 894.09	206 420.789 2	1.626 6
610.0	12.0	3.0	2.0	2.5	60	18.5	9.0	7.90	139.60	1 890.61	263 928.788 4	2.079 8
610.0	14.0	3.0	1.5	2.5	60	21.4	9.0	9.30	182.86	1 886.86	345 039.621 1	2.718 9
630.0	5.0	2.0	1.5	2.0	60	10.0	8.0	2.95	41.12	1 966.31	80 855.016 0	0.637 1
630.0	6.0	2.0	1.5	2.0	60	11.2	8.0	3.68	49.27	1 964.65	96 808.051 6	0.762 8
630.0	8.0	2.0	1.5	2.5	60	13.5	8.0	5.19	76.21	1 961.53	149 494.938 9	1.178 0
630.0	9.0	3.0	2.0	2.5	60	15.1	9.0	5.73	95.40	1 958.63	186 859.467 7	1.472 5
630.0	10.0	3.0	2.0	2.5	60	16.2	9.0	6.45	108.98	1 956.92	213 268.289 1	1.680 6
630.0	12.0	3.0	2.0	2.5	60	18.5	9.0	7.90	139.60	1 953.44	272 700.116 1	2.148 9
630.0	14.0	3.0	2.0	2.5	60	20.8	9.0	9.33	174.83	1 949.86	340 902.516 7	2.686 3
660.0	5.0	2.0	1.5	2.0	60	10.0	8.0	2.95	41.12	2 060.55	84 730.508 7	0.667 7
660.0	6.0	2.0	1.5	2.0	60	11.2	8.0	3.68	49.27	2 058.90	101 452.103 6	0.799 4
660.0	8.0	2.0	1.5	2.5	60	13.5	8.0	5.19	76.21	2 055.78	156 677.869 3	1.234 6
660.0	9.0	3.0	2.0	2.5	60	15.1	9.0	5.73	95.40	2 052.88	195 850.989 6	1.543 3
660.0	10.0	3.0	2.0	2.5	60	16.2	9.0	6.45	108.98	2 051.17	223 539.538 9	1.761 5
660.0	12.0	3.0	2.0	2.5	60	18.5	9.0	7.90	139.60	2 047.69	285 857.107 5	2.252 6
660.0	14.0	3.0	2.0	2.5	60	20.8	9.0	9.33	174.83	2 044.10	357 380.297 7	2.816 2
720.0	6.0	2.0	1.5	2.0	60	11.2	8.0	3.68	49.27	2 247.40	110 740.207 6	0.872 6
720.0	8.0	2.0	1.5	2.5	60	13.5	8.0	5.19	76.21	2 244.28	171 043.730 1	1.347 8
720.0	9.0	3.0	2.0	2.5	60	15.1	9.0	5.73	95.40	2 241.38	213 834.033 4	1.685 0
720.0	10.0	3.0	2.0	2.5	60	16.2	9.0	6.45	108.98	2 239.67	244 082.038 5	1.923 4
720.0	12.0	3.0	2.0	2.5	60	18.5	9.0	7.90	139.60	2 236.18	312 171.090 5	2.459 9
720.0	14.0	3.0	2.0	2.5	60	20.8	9.0	9.33	174.83	2 232.60	390 335.859 6	3.075 8
762.0	6.0	2.0	1.5	2.0	60	11.2	8.0	3.68	49.27	2 379.34	117 241.880 4	0.923 9
762.0	8.0	2.0	1.5	2.5	60	13.5	8.0	5.19	76.21	2 376.23	181 099.832 6	1.427 1

续表

尺寸(mm)								重心距(mm)	断面(mm²)	周长(mm)	体积(mm³)	金属重量(kg/口)
Φ	δ	b	p	e	α	B	B_1					
762.0	9.0	3.0	2.0	2.5	60	15.1	9.0	5.73	95.40	2 373.32	226 422.164 1	1.784 2
762.0	10.0	3.0	2.0	2.5	60	16.2	9.0	6.45	108.98	2 371.62	258 461.788 3	2.036 7
762.0	12.0	3.0	2.0	2.5	60	18.5	9.0	7.90	139.60	2 368.13	330 590.878 6	2.605 1
762.0	14.0	3.0	2.0	2.5	60	20.8	9.0	9.33	174.83	2 364.55	413 404.752 9	3.257 6
820.0	6.0	2.0	1.5	2.0	60	11.2	8.0	3.68	49.27	2 561.55	126 220.380 9	0.994 6
820.0	8.0	2.0	1.5	2.5	60	13.5	8.0	5.19	76.21	2 558.44	194 986.831 3	1.536 5
820.0	9.0	3.0	2.0	2.5	60	15.1	9.0	5.73	95.40	2 555.54	243 805.773 1	1.921 2
820.0	10.0	3.0	2.0	2.5	60	16.2	9.0	6.45	108.98	2 553.83	278 319.537 9	2.193 2
820.0	12.0	3.0	2.0	2.5	60	18.5	9.0	7.90	139.60	2 550.34	356 027.728 8	2.805 5
820.0	14.0	3.0	2.0	2.5	60	20.8	9.0	9.33	174.83	2 546.76	445 261.796 1	3.508 7
920.0	6.0	2.0	1.5	2.0	60	11.2	8.0	3.68	49.27	2 875.71	141 700.554 2	1.116 6
920.0	8.0	2.0	1.5	2.5	60	13.5	8.0	5.19	76.21	2 872.60	218 929.932 6	1.725 2
920.0	9.0	3.0	2.0	2.5	60	15.1	9.0	5.73	95.40	2 869.70	273 777.512 8	2.157 4
920.0	10.0	3.0	2.0	2.5	60	16.2	9.0	6.45	108.98	2 867.99	312 557.037 3	2.462 9
920.0	12.0	3.0	2.0	2.5	60	18.5	9.0	7.90	139.60	2 864.50	399 884.367 1	3.151 1
920.0	14.0	3.0	2.0	2.5	60	20.8	9.0	9.33	174.83	2 860.92	500 187.732 6	3.941 5
1 020.0	8.0	2.0	1.5	2.5	60	13.5	8.0	5.19	76.21	3 186.76	242 873.033 9	1.913 8
1 020.0	9.0	3.0	2.0	2.5	60	15.1	9.0	5.73	95.40	3 183.85	303 749.252 5	2.393 5
1 020.0	10.0	3.0	2.0	2.5	60	16.2	9.0	6.45	108.98	3 182.15	346 794.536 7	2.732 7
1 020.0	12.0	3.0	2.0	2.5	60	18.5	9.0	7.90	139.60	3 178.66	443 741.005 4	3.496 7
1 020.0	14.0	3.0	2.0	2.5	60	20.8	9.0	9.33	174.83	3 175.08	555 113.669 1	4.374 3
1 120.0	8.0	2.0	1.5	2.5	60	13.5	8.0	5.19	76.21	3 500.92	266 816.135 2	2.102 5
1 120.0	9.0	3.0	2.0	2.5	60	15.1	9.0	5.73	95.40	3 498.01	333 720.992 2	2.629 7
1 120.0	10.0	3.0	2.0	2.5	60	16.2	9.0	6.45	108.98	3 496.31	381 032.036 1	3.002 5
1 120.0	12.0	3.0	2.0	2.5	60	18.5	9.0	7.90	139.60	3 492.82	487 597.643 6	3.842 3
1 120.0	14.0	3.0	2.0	2.5	60	20.8	9.0	9.33	174.83	3 489.24	610 039.605 6	4.807 1
1 220.0	8.0	2.0	1.5	2.5	60	13.5	8.0	5.19	76.21	3 815.07	290 759.236 4	2.291 2
1 220.0	9.0	3.0	2.0	2.5	60	15.1	9.0	5.73	95.40	3 812.17	363 692.731 9	2.865 9
1 220.0	10.0	3.0	2.0	2.5	60	16.2	9.0	6.45	108.98	3 810.46	415 269.535 5	3.272 3

续表

尺 寸 (mm)								重心距 (mm)	断面 (mm²)	周长 (mm)	体积 (mm³)	金属重量 (kg/口)
Φ	δ	b	p	e	α	B	B_1					
1 220.0	12.0	3.0	2.0	2.5	60	18.5	9.0	7.90	139.60	3 806.98	531 454.281 9	4.187 9
1 220.0	14.0	3.0	2.0	2.5	60	20.8	9.0	9.33	174.83	3 803.40	664 965.542 1	5.239 9
1 320.0	8.0	2.0	1.5	2.5	60	13.5	8.0	5.19	76.21	4 129.23	314 702.337 7	2.479 9
1 320.0	9.0	3.0	2.0	2.5	60	15.1	9.0	5.73	95.40	4 126.33	393 664.471 6	3.102 1
1 320.0	10.0	3.0	2.0	2.5	60	16.2	9.0	6.45	108.98	4 124.62	449 507.034 9	3.542 1
1 320.0	12.0	3.0	2.0	2.5	60	18.5	9.0	7.90	139.60	4 121.14	575 310.920 2	4.533 5
1 320.0	14.0	3.0	2.0	2.5	60	20.8	9.0	9.33	174.83	4 117.56	719 891.478 5	5.672 7
1 420.0	8.0	2.0	1.5	2.5	60	13.5	8.0	5.19	76.21	4 443.39	338 645.439 0	2.668 5
1 420.0	9.0	3.0	2.0	2.5	60	15.1	9.0	5.73	95.40	4 440.49	423 636.211 3	3.338 3
1 420.0	10.0	3.0	2.0	2.5	60	16.2	9.0	6.45	108.98	4 438.78	483 744.534 3	3.811 9
1 420.0	11.0	3.0	2.0	2.5	60	17.4	9.0	7.18	123.71	4 437.05	548 924.066 9	4.325 5
1 420.0	12.0	3.0	2.0	2.5	60	18.5	9.0	7.90	139.60	4 435.30	619 167.558 5	4.879 0
1 420.0	14.0	3.0	2.0	2.5	60	20.8	9.0	9.33	174.83	4 431.72	774 817.415 0	6.105 6
1 520.0	9.0	3.0	2.0	2.5	60	15.1	9.0	5.73	95.40	4 754.65	453 607.951 0	3.574 4
1 520.0	10.0	3.0	2.0	2.5	60	16.2	9.0	6.45	108.98	4 752.94	517 982.033 7	4.081 7
1 520.0	11.0	3.0	2.0	2.5	60	17.4	9.0	7.18	123.71	4 751.21	587 789.865 8	4.631 8
1 520.0	12.0	3.0	2.0	2.5	60	18.5	9.0	7.90	139.60	4 749.46	663 024.196 8	5.224 6
1 520.0	14.0	3.0	2.0	2.5	60	20.8	9.0	9.33	174.83	4 745.87	829 743.351 5	6.538 4
1 620.0	9.0	3.0	2.0	2.5	60	15.1	9.0	5.73	95.40	5 068.81	483 579.690 7	3.810 6
1 620.0	10.0	3.0	2.0	2.5	60	16.2	9.0	6.45	108.98	5 067.10	552 219.533 1	4.351 5
1 620.0	11.0	3.0	2.0	2.5	60	17.4	9.0	7.18	123.71	5 065.37	626 655.664 8	4.938 0
1 620.0	12.0	3.0	2.0	2.5	60	18.5	9.0	7.90	139.60	5 063.62	706 880.835 0	5.570 2
1 620.0	14.0	3.0	2.0	2.5	60	20.8	9.0	9.33	174.83	5 060.03	884 669.288 0	6.971 2
1 820.0	10.0	3.0	2.0	2.5	60	16.2	9.0	6.45	108.98	5 695.42	620 694.531 8	4.891 1
1 820.0	11.0	3.0	2.0	2.5	60	17.4	9.0	7.18	123.71	5 693.69	704 387.262 6	5.550 6
1 820.0	12.0	3.0	2.0	2.5	60	18.5	9.0	7.90	139.60	5 691.93	794 594.111 6	6.261 4
1 820.0	14.0	3.0	2.0	2.5	60	20.8	9.0	9.33	174.83	5 688.35	994 521.161 0	7.836 8
2 020.0	10.0	3.0	2.0	2.5	60	16.2	9.0	6.45	108.98	6 323.74	689 169.530 6	5.430 7
2 020.0	12.0	3.0	2.0	2.5	60	18.5	9.0	7.90	139.60	6 320.25	882 307.388 2	6.952 6

续表

\multicolumn{8}{c	}{尺 寸 (mm)}	重心距 (mm)	断面 (mm²)	周长 (mm)	体积 (mm³)	金属重量 (kg/口)
Φ	δ	b	p	e	α	B	B_1					
2 020.0	14.0	3.0	2.0	2.5	60	20.8	9.0	9.33	174.83	6 316.67	1 104 373.034 0	8.702 5
2 020.0	16.0	3.0	2.0	3.0	60	23.2	9.0	10.83	225.40	6 313.52	1 423 092.945 2	11.214 0
2 220.0	10.0	3.0	2.0	2.5	60	16.2	9.0	6.45	108.98	6 952.06	757 644.529 4	5.970 2
2 220.0	12.0	3.0	2.0	2.5	60	18.5	9.0	7.90	139.60	6 948.57	970 020.664 7	7.643 8
2 220.0	14.0	3.0	2.0	2.5	60	20.8	9.0	9.33	174.83	6 944.99	1 214 224.907 0	9.568 1
2 220.0	16.0	3.0	2.0	3.0	60	23.2	9.0	10.83	225.40	6 941.84	1 564 718.470 9	12.330 0
2 220.0	18.0	3.0	2.0	3.0	60	25.5	9.0	12.24	270.64	6 938.16	1 877 743.433 0	14.796 6
2 420.0	10.0	3.0	2.0	2.5	60	16.2	9.0	6.45	108.98	7 580.38	826 119.528 2	6.509 8
2 420.0	12.0	3.0	2.0	2.5	60	18.5	9.0	7.90	139.60	7 576.89	1 057 733.941 3	8.334 9
2 420.0	14.0	3.0	2.0	2.5	60	20.8	9.0	9.33	174.83	7 573.31	1 324 076.780 0	10.433 7
2 420.0	16.0	3.0	2.0	3.0	60	23.2	9.0	10.83	225.40	7 570.16	1 706 343.996 6	13.446 0
2 620.0	18.0	3.0	2.0	3.0	60	25.5	9.0	12.24	270.64	8 194.80	2 217 839.724 8	17.476 6
2 620.0	10.0	3.0	2.0	2.5	60	16.2	9.0	6.45	108.98	8 208.70	894 594.527 0	7.049 4
2 620.0	12.0	3.0	2.0	2.5	60	18.5	9.0	7.90	139.60	8 205.21	1 145 447.217 8	9.026 1
2 620.0	14.0	3.0	2.0	2.5	60	20.8	9.0	9.33	174.83	8 201.63	1 433 928.653 0	11.299 4
2 620.0	16.0	3.0	2.0	3.0	60	23.2	9.0	10.83	225.40	8 198.48	1 847 969.522 3	14.562 0
2 620.0	18.0	3.0	2.0	3.0	60	25.5	9.0	12.24	270.64	8 194.80	2 217 839.724 8	17.476 6
2 820.0	10.0	3.0	2.0	2.5	60	16.2	9.0	6.45	108.98	8 837.01	963 069.525 8	7.589 0
2 820.0	12.0	3.0	2.0	2.5	60	18.5	9.0	7.90	139.60	8 833.53	1 233 160.494 4	9.717 3
2 820.0	14.0	3.0	2.0	2.5	60	20.8	9.0	9.33	174.83	8 829.95	1 543 780.526 0	12.165 0
2 820.0	16.0	3.0	2.0	3.0	60	23.2	9.0	10.83	225.40	8 826.80	1 989 595.048 1	15.678 0
2 820.0	18.0	3.0	2.0	3.0	60	25.5	9.0	12.24	270.64	8 823.12	2 387 887.870 7	18.816 6
3 020.0	10.0	3.0	2.0	2.5	60	16.2	9.0	6.45	108.98	9 465.33	1 031 544.524 6	8.128 6
3 020.0	12.0	3.0	2.0	2.5	60	18.5	9.0	7.90	139.60	9 461.85	1 320 873.771 0	10.408 5
3 020.0	14.0	3.0	2.0	2.5	60	20.8	9.0	9.33	174.83	9 458.26	1 653 632.399 0	13.030 6
3 020.0	16.0	3.0	2.0	3.0	60	23.2	9.0	10.83	225.40	9 455.11	2 131 220.573 8	16.794 0
3 020.0	20.0	3.0	2.0	3.0	60	27.8	9.0	13.65	320.49	9 447.68	3 027 906.822 0	23.859 9
3 220.0	18.0	3.0	2.0	3.0	60	25.5	9.0	12.24	270.64	10 079.75	2 727 984.162 5	21.496 5
3 220.0	10.0	3.0	2.0	2.5	60	16.2	9.0	6.45	108.98	10 093.65	1 100 019.523 3	8.668 2

续表

尺寸 (mm)								重心距 (mm)	断面 (mm²)	周长 (mm)	体积 (mm³)	金属重量 (kg/口)
Φ	δ	b	p	e	α	B	B_1					
3 220.0	12.0	3.0	2.0	2.5	60	18.5	9.0	7.90	139.60	10 090.17	1 408 587.047 5	11.099 7
3 220.0	14.0	3.0	2.0	2.5	60	20.8	9.0	9.33	174.83	10 086.58	1 763 484.272 0	13.896 3
3 220.0	16.0	3.0	2.0	3.0	60	23.2	9.0	10.83	225.40	10 083.43	2 272 846.099 5	17.910 0
3 220.0	18.0	3.0	2.0	3.0	60	25.5	9.0	12.24	270.64	10 079.75	2 727 984.162 5	21.496 5
3 220.0	20.0	3.0	2.0	3.0	60	27.8	9.0	13.65	320.49	10 076.00	3 229 277.906 7	25.446 7

④不锈钢板卷管（清根焊）

尺寸 (mm)								重心距 (mm)	断面 (mm²)	周长 (mm)	体积 (mm³)	金属重量 (kg/口)
Φ	δ	b	p	e	α	B	B_2					
610.0	5.0	1.0	1.5	2.0	60	9.0	11.0	2.19	52.92	1 898.70	100 486.982 5	0.791 8
610.0	6.0	1.0	1.5	2.0	60	10.2	11.0	2.82	60.08	1 896.37	113 931.871 6	0.897 8
610.0	8.0	1.0	1.5	2.5	60	12.5	11.0	4.22	85.68	1 892.61	162 165.711 7	1.277 9
610.0	9.0	1.0	2.0	2.5	60	13.1	11.0	4.88	91.54	1 890.48	173 054.771 0	1.363 7
610.0	10.0	1.0	2.0	2.5	60	14.2	11.0	5.64	103.12	1 888.97	194 787.306 9	1.534 9
610.0	12.0	1.0	2.0	2.5	60	16.5	11.0	7.17	129.74	1 886.02	244 686.738 2	1.928 1
610.0	14.0	1.0	2.0	2.5	60	18.8	11.0	8.70	160.97	1 883.04	303 116.976 8	2.388 6
630.0	5.0	1.0	1.5	2.0	60	9.0	11.0	2.19	52.92	1 961.53	103 812.303 2	0.818 0
630.0	6.0	1.0	1.5	2.0	60	10.2	11.0	2.82	60.08	1 959.21	117 706.733 3	0.927 5
630.0	8.0	1.0	1.5	2.5	60	12.5	11.0	4.22	85.68	1 955.44	167 549.383 2	1.320 3
630.0	9.0	1.0	2.0	2.5	60	13.1	11.0	4.88	91.54	1 953.31	178 806.412 1	1.409 0
630.0	10.0	1.0	2.0	2.5	60	14.2	11.0	5.64	103.12	1 951.80	201 266.436 2	1.586 0
630.0	12.0	1.0	2.0	2.5	60	16.5	11.0	7.17	129.74	1 948.85	252 838.367 8	1.992 4
630.0	14.0	1.0	2.0	2.5	60	18.8	11.0	8.70	160.97	1 945.88	313 231.138 5	2.468 3
660.0	5.0	1.0	1.5	2.0	60	9.0	11.0	2.19	52.92	2 055.78	108 800.284 3	0.857 3
660.0	6.0	1.0	1.5	2.0	60	10.2	11.0	2.82	60.08	2 053.45	123 369.025 9	0.972 1
660.0	8.0	1.0	1.5	2.5	60	12.5	11.0	4.22	85.68	2 049.69	175 624.890 4	1.383 9
660.0	9.0	1.0	2.0	2.5	60	13.1	11.0	4.88	91.54	2 047.56	187 433.873 6	1.477 0
660.0	10.0	1.0	2.0	2.5	60	14.2	11.0	5.64	103.12	2 046.04	210 985.130 1	1.662 6
660.0	12.0	1.0	2.0	2.5	60	16.5	11.0	7.17	129.74	2 043.10	265 065.812 2	2.088 7

续表

尺寸 (mm)								重心距 (mm)	断面 (mm²)	周长 (mm)	体积 (mm³)	金属重量 (kg/口)
Φ	δ	b	p	e	α	B	B_2					
660.0	14.0	1.0	2.0	2.5	60	18.8	11.0	8.70	160.97	2 040.12	328 402.381 2	2.587 8
720.0	6.0	1.0	1.5	2.0	60	10.2	11.0	2.82	60.08	2 241.95	134 693.611 0	1.061 4
720.0	8.0	1.0	1.5	2.5	60	12.5	11.0	4.22	85.68	2 238.18	191 775.904 9	1.511 2
720.0	9.0	1.0	2.0	2.5	60	13.1	11.0	4.88	91.54	2 236.05	204 688.796 7	1.612 9
720.0	10.0	1.0	2.0	2.5	60	14.2	11.0	5.64	103.12	2 234.54	230 422.517 8	1.815 7
720.0	12.0	1.0	2.0	2.5	60	16.5	11.0	7.17	129.74	2 231.59	289 520.700 9	2.281 4
720.0	14.0	1.0	2.0	2.5	60	18.8	11.0	8.70	160.97	2 228.62	358 744.866 6	2.826 9
762.0	6.0	1.0	1.5	2.0	60	10.2	11.0	2.82	60.08	2 373.90	142 620.820 5	1.123 9
762.0	8.0	1.0	1.5	2.5	60	12.5	11.0	4.22	85.68	2 370.13	203 081.615 0	1.600 3
762.0	9.0	1.0	2.0	2.5	60	13.1	11.0	4.88	91.54	2 368.00	216 767.242 9	1.708 1
762.0	10.0	1.0	2.0	2.5	60	14.2	11.0	5.64	103.12	2 366.49	244 028.689 2	1.922 9
762.0	12.0	1.0	2.0	2.5	60	16.5	11.0	7.17	129.74	2 363.54	306 639.123 1	2.416 3
762.0	14.0	1.0	2.0	2.5	60	18.8	11.0	8.70	160.97	2 360.57	379 984.606 4	2.994 3
820.0	6.0	1.0	1.5	2.0	60	10.2	11.0	2.82	60.08	2 556.11	153 567.919 5	1.210 1
820.0	8.0	1.0	1.5	2.5	60	12.5	11.0	4.22	85.68	2 552.34	218 694.262 3	1.723 3
820.0	9.0	1.0	2.0	2.5	60	13.1	11.0	4.88	91.54	2 550.21	233 447.001 9	1.839 6
820.0	10.0	1.0	2.0	2.5	60	14.2	11.0	5.64	103.12	2 548.70	262 818.164 1	2.071 0
820.0	12.0	1.0	2.0	2.5	60	16.5	11.0	7.17	129.74	2 545.75	330 278.848 9	2.602 6
820.0	14.0	1.0	2.0	2.5	60	18.8	11.0	8.70	160.97	2 542.78	409 315.675 6	3.225 4
920.0	6.0	1.0	1.5	2.0	60	10.2	11.0	2.82	60.08	2 870.27	172 442.228 0	1.358 8
920.0	8.0	1.0	1.5	2.5	60	12.5	11.0	4.22	85.68	2 866.50	245 612.619 6	1.935 4
920.0	9.0	1.0	2.0	2.5	60	13.1	11.0	4.88	91.54	2 864.37	262 205.207 0	2.066 2
920.0	10.0	1.0	2.0	2.5	60	14.2	11.0	5.64	103.12	2 862.86	295 213.810 3	2.326 3
920.0	12.0	1.0	2.0	2.5	60	16.5	11.0	7.17	129.74	2 859.91	371 036.996 8	2.923 8
920.0	14.0	1.0	2.0	2.5	60	18.8	11.0	8.70	160.97	2 856.94	459 886.484 5	3.623 9
1 020.0	8.0	1.0	1.5	2.5	60	12.5	11.0	4.22	85.68	3 180.66	272 530.977 0	2.147 5
1 020.0	9.0	1.0	2.0	2.5	60	13.1	11.0	4.88	91.54	3 178.53	290 963.412 2	2.292 8
1 020.0	10.0	1.0	2.0	2.5	60	14.2	11.0	5.64	103.12	3 177.02	327 609.456 6	2.581 6
1 020.0	12.0	1.0	2.0	2.5	60	16.5	11.0	7.17	129.74	3 174.07	411 795.144 7	3.244 9

尺寸 (mm)								重心距 (mm)	断面 (mm^2)	周长 (mm)	体积 (mm^3)	金属重量 (kg/口)
Φ	δ	b	p	e	α	B	B_2					
1 020.0	14.0	1.0	2.0	2.5	60	18.8	11.0	8.70	160.97	3 171.10	510 457.293 5	4.022 4
1 120.0	8.0	1.0	1.5	2.5	60	12.5	11.0	4.22	85.68	3 494.82	299 449.334 4	2.359 7
1 120.0	9.0	1.0	2.0	2.5	60	13.1	11.0	4.88	91.54	3 492.69	319 721.617 3	2.519 4
1 120.0	10.0	1.0	2.0	2.5	60	14.2	11.0	5.64	103.12	3 491.18	360 005.102 8	2.836 8
1 120.0	12.0	1.0	2.0	2.5	60	16.5	11.0	7.17	129.74	3 488.23	452 553.292 7	3.566 1
1 120.0	14.0	1.0	2.0	2.5	60	18.8	11.0	8.70	160.97	3 485.26	561 028.102 4	4.420 9
1 220.0	8.0	1.0	1.5	2.5	60	12.5	11.0	4.22	85.68	3 808.98	326 367.691 8	2.571 8
1 220.0	9.0	1.0	2.0	2.5	60	13.1	11.0	4.88	91.54	3 806.85	348 479.822 5	2.746 0
1 220.0	10.0	1.0	2.0	2.5	60	14.2	11.0	5.64	103.12	3 805.34	392 400.749 1	3.092 1
1 220.0	12.0	1.0	2.0	2.5	60	16.5	11.0	7.17	129.74	3 802.39	493 311.440 6	3.887 3
1 220.0	14.0	1.0	2.0	2.5	60	18.8	11.0	8.70	160.97	3 799.41	611 598.911 4	4.819 4
1 320.0	8.0	1.0	1.5	2.5	60	12.5	11.0	4.22	85.68	4 123.14	353 286.049 2	2.783 9
1 320.0	9.0	1.0	2.0	2.5	60	13.1	11.0	4.88	91.54	4 121.01	377 238.027 6	2.972 6
1 320.0	10.0	1.0	2.0	2.5	60	14.2	11.0	5.64	103.12	4 119.50	424 796.395 3	3.347 4
1 320.0	12.0	1.0	2.0	2.5	60	16.5	11.0	7.17	129.74	4 116.55	534 069.588 5	4.208 5
1 320.0	14.0	1.0	2.0	2.5	60	18.8	11.0	8.70	160.97	4 113.57	662 169.720 3	5.217 9
1 420.0	8.0	1.0	1.5	2.5	60	12.5	11.0	4.22	85.68	4 437.30	380 204.406 6	2.996 0
1 420.0	9.0	1.0	2.0	2.5	60	13.1	11.0	4.88	91.54	4 435.17	405 996.232 8	3.199 3
1 420.0	10.0	1.0	2.0	2.5	60	14.2	11.0	5.64	103.12	4 433.66	457 192.041 6	3.602 7
1 420.0	11.0	1.0	2.0	2.5	60	15.4	11.0	6.40	115.85	4 432.18	513 471.626 4	4.046 2
1 420.0	12.0	1.0	2.0	2.5	60	16.5	11.0	7.17	129.74	4 430.71	574 827.736 5	4.529 6
1 420.0	14.0	1.0	2.0	2.5	60	18.8	11.0	8.70	160.97	4 427.73	712 740.529 3	5.616 4
1 520.0	8.0	1.0	1.5	2.5	60	12.5	11.0	4.22	85.68	4 751.46	407 122.764 0	3.208 1
1 520.0	9.0	1.0	2.0	2.5	60	13.1	11.0	4.88	91.54	4 749.33	434 754.437 9	3.425 9
1 520.0	10.0	1.0	2.0	2.5	60	14.2	11.0	5.64	103.12	4 747.81	489 587.687 8	3.858 0
1 520.0	11.0	1.0	2.0	2.5	60	15.4	11.0	6.40	115.85	4 746.34	549 867.253 6	4.333 0
1 520.0	12.0	1.0	2.0	2.5	60	16.5	11.0	7.17	129.74	4 744.87	615 585.884 4	4.850 8
1 520.0	14.0	1.0	2.0	2.5	60	18.8	11.0	8.70	160.97	4 741.89	763 311.338 2	6.014 9
1 620.0	9.0	1.0	2.0	2.5	60	13.1	11.0	4.88	91.54	5 063.49	463 512.643 1	3.652 5

尺　寸（mm）								重心距（mm）	断面（mm^2）	周长（mm）	体积（mm^3）	金属重量（kg/口）
Φ	δ	b	p	e	α	B	B_2					
1 620.0	10.0	1.0	2.0	2.5	60	14.2	11.0	5.64	103.12	5 061.97	521 983.334 1	4.113 2
1 620.0	11.0	1.0	2.0	2.5	60	15.4	11.0	6.40	115.85	5 060.50	586 262.880 7	4.619 8
1 620.0	12.0	1.0	2.0	2.5	60	16.5	11.0	7.17	129.74	5 059.03	656 344.032 4	5.172 0
1 620.0	14.0	1.0	2.0	2.5	60	18.8	11.0	8.70	160.97	5 056.05	813 882.147 2	6.413 4
1 820.0	10.0	1.0	2.0	2.5	60	14.2	11.0	5.64	103.12	5 690.29	586 774.626 6	4.623 8
1 820.0	11.0	1.0	2.0	2.5	60	15.4	11.0	6.40	115.85	5 688.81	659 054.135 1	5.193 3
1 820.0	12.0	1.0	2.0	2.5	60	16.5	11.0	7.17	129.74	5 687.35	737 860.328 2	5.814 3
1 820.0	14.0	1.0	2.0	2.5	60	18.8	11.0	8.70	160.97	5 684.37	915 023.765 1	7.210 4
2 020.0	10.0	1.0	2.0	2.5	60	14.2	11.0	5.64	103.12	6 318.61	651 565.919 1	5.134 3
2 020.0	11.0	1.0	2.0	2.5	60	15.4	11.0	6.40	115.85	6 317.13	731 845.389 5	5.766 9
2 020.0	12.0	1.0	2.0	2.5	60	16.5	11.0	7.17	129.74	6 315.66	819 376.624 1	6.456 7
2 020.0	14.0	1.0	2.0	2.5	60	18.8	11.0	8.70	160.97	6 312.69	1 016 165.383 0	8.007 4
2 020.0	16.0	1.0	2.0	3.0	60	21.2	11.0	10.26	207.54	6 309.94	1 309 573.221 3	10.319 4
2 220.0	10.0	1.0	2.0	2.5	60	14.2	11.0	5.64	103.12	6 946.93	716 357.211 6	5.644 9
2 220.0	12.0	1.0	2.0	2.5	60	16.5	11.0	7.17	129.74	6 943.98	900 892.920 0	7.099 0
2 220.0	14.0	1.0	2.0	2.5	60	18.8	11.0	8.70	160.97	6 941.01	1 117 307.000 9	8.804 4
2 220.0	16.0	1.0	2.0	3.0	60	21.2	11.0	10.26	207.54	6 938.26	1 439 975.217 6	11.347 0
2 220.0	18.0	1.0	2.0	3.0	60	23.5	11.0	11.76	248.78	6 935.13	1 725 302.171 6	13.595 4
2 420.0	10.0	1.0	2.0	2.5	60	14.2	11.0	5.64	103.12	7 575.25	781 148.504 1	6.155 5
2 420.0	12.0	1.0	2.0	2.5	60	16.5	11.0	7.17	129.74	7 572.30	982 409.215 8	7.741 4
2 420.0	14.0	1.0	2.0	2.5	60	18.8	11.0	8.70	160.97	7 569.33	1 218 448.618 8	9.601 4
2 420.0	16.0	1.0	2.0	3.0	60	21.2	11.0	10.26	207.54	7 566.58	1 570 377.213 8	12.374 6
2 620.0	18.0	1.0	2.0	3.0	60	23.5	11.0	11.76	248.78	8 191.77	2 037 924.855 7	16.058 8
2 620.0	10.0	1.0	2.0	2.5	60	14.2	11.0	5.64	103.12	8 203.57	845 939.796 5	6.666 0
2 620.0	12.0	1.0	2.0	2.5	60	16.5	11.0	7.17	129.74	8 200.62	1 063 925.511 7	8.383 7
2 620.0	14.0	1.0	2.0	2.5	60	18.8	11.0	8.70	160.97	8 197.65	1 319 590.236 7	10.398 4
2 620.0	16.0	1.0	2.0	3.0	60	21.2	11.0	10.26	207.54	8 194.90	1 700 779.210 0	13.402 1
2 620.0	18.0	1.0	2.0	3.0	60	23.5	11.0	11.76	248.78	8 191.77	2 037 924.855 7	16.058 8
2 820.0	10.0	1.0	2.0	2.5	60	14.2	11.0	5.64	103.12	8 831.89	910 731.089 0	7.176 6

续表

尺寸(mm)								重心距(mm)	断面(mm^2)	周长(mm)	体积(mm^3)	金属重量(kg/口)
Φ	δ	b	p	e	α	B	B_2					
2 820.0	12.0	1.0	2.0	2.5	60	16.5	11.0	7.17	129.74	8 828.94	1 145 441.807 6	9.026 1
2 820.0	14.0	1.0	2.0	2.5	60	18.8	11.0	8.70	160.97	8 825.96	1 420 731.854 6	11.195 4
2 820.0	16.0	1.0	2.0	3.0	60	21.2	11.0	10.26	207.54	8 823.22	1 831 181.206 2	14.429 7
2 820.0	18.0	1.0	2.0	3.0	60	23.5	11.0	11.76	248.78	8 820.09	2 194 236.197 7	17.290 6
3 020.0	10.0	1.0	2.0	2.5	60	14.2	11.0	5.64	103.12	9 460.20	975 522.381 5	7.687 1
3 020.0	12.0	1.0	2.0	2.5	60	16.5	11.0	7.17	129.74	9 457.26	1 226 958.103 5	9.668 4
3 020.0	14.0	1.0	2.0	2.5	60	18.8	11.0	8.70	160.97	9 454.28	1 521 873.472 5	11.992 4
3 020.0	16.0	1.0	2.0	3.0	60	21.2	11.0	10.26	207.54	9 451.54	1 961 583.202 5	15.457 3
3 020.0	18.0	1.0	2.0	3.0	60	23.5	11.0	11.76	248.78	9 448.40	2 350 547.539 7	18.522 3
3 220.0	10.0	1.0	2.0	2.5	60	14.2	11.0	5.64	103.12	10 088.52	1 040 313.674 0	8.197 7
3 220.0	12.0	1.0	2.0	2.5	60	16.5	11.0	7.17	129.74	10 085.58	1 308 474.399 3	10.310 8
3 220.0	14.0	1.0	2.0	2.5	60	18.8	11.0	8.70	160.97	10 082.60	1 623 015.090 4	12.789 4
3 220.0	16.0	1.0	2.0	3.0	60	21.2	11.0	10.26	207.54	10 079.85	2 091 985.198 7	16.484 8
3 220.0	18.0	1.0	2.0	3.0	60	23.5	11.0	11.76	248.78	10 076.72	2 506 858.881 7	19.754 0
3 220.0	20.0	1.0	2.0	3.0	60	25.8	11.0	13.24	294.63	10 073.47	2 967 938.511 4	23.387 4

⑤有缝低温钢管(封底焊)

尺寸(mm)								重心距(mm)	断面(mm^2)	周长(mm)	体积(mm^3)	金属重量(kg/口)
Φ	δ	b	p	e	α	B	B_1					
609.6	6.0	2.0	1.5	2.0	60	11.2	8.0	3.68	49.27	1 900.56	93 650.096 2	0.730 5
609.6	14.3	3.0	2.0	3.0	60	21.2	9.0	9.62	190.58	1 885.68	359 378.387 0	2.803 2
660.4	7.1	2.0	1.5	2.5	60	12.5	8.0	4.52	66.40	2 058.49	136 680.917 2	1.066 1
660.4	15.9	3.0	2.0	3.0	60	23.0	9.0	10.76	223.26	2 042.39	455 991.625 2	3.556 7
711.2	7.1	2.0	1.5	2.5	60	12.5	8.0	4.52	66.40	2 218.08	147 277.683 1	1.148 8
711.2	17.5	3.0	2.0	3.0	60	24.9	9.0	11.89	258.90	2 199.05	569 330.455 2	4.440 8
762.0	7.1	2.0	1.5	2.5	60	12.5	8.0	4.52	66.40	2 377.67	157 874.449 0	1.231 4
762.0	19.1	3.0	2.0	3.0	60	26.7	9.0	13.02	297.49	2 355.66	700 779.605 2	5.466 1
812.8	7.9	2.0	1.5	2.5	60	13.4	8.0	5.11	75.08	2 535.98	190 392.715 5	1.485 1
812.8	19.1	3.0	2.0	3.0	60	26.7	9.0	13.02	297.49	2 515.25	748 256.484 5	5.836 4

续表

尺　寸（mm）								重心距（mm）	断面（mm²）	周长（mm）	体积（mm³）	金属重量（kg/口）
Φ	δ	b	p	e	α	B	B₂					
863.6	7.9	2.0	1.5	2.5	60	13.4	8.0	5.11	75.08	2 695.57	202 374.407 5	1.578 5
863.6	19.1	3.0	2.0	3.0	60	26.7	9.0	13.02	297.49	2 674.85	795 733.363 9	6.206 7
914.4	7.9	2.0	1.5	2.5	60	13.4	8.0	5.11	75.08	2 855.17	214 356.099 5	1.672 0
914.4	20.6	3.0	2.0	3.0	60	28.5	9.0	14.06	336.35	2 831.61	952 404.798 8	7.428 8
965.2	8.7	2.0	1.5	2.5	60	14.3	8.0	5.71	84.49	3 013.45	254 615.838 8	1.986 0
965.2	22.2	3.0	2.0	3.0	60	30.3	9.0	15.18	380.66	2 988.14	1 137 469.290 8	8.872 3
1 016.0	8.7	2.0	1.5	2.5	60	14.3	8.0	5.71	84.49	3 173.05	268 100.325 9	2.091 2
1 016.0	22.2	3.0	2.0	3.0	60	30.3	9.0	15.18	380.66	3 147.74	1 198 220.041 9	9.346 1
1 066.8	10.3	3.0	2.0	2.5	60	16.6	9.0	6.67	113.28	3 328.66	377 069.704 4	2.941 1
1 066.8	23.8	2.0	2.0	3.0	60	31.2	8.0	16.59	400.13	3 306.16	1 322 886.676 6	10.318 5
1 117.6	10.3	3.0	2.0	2.5	60	16.6	9.0	6.67	113.28	3 488.25	395 148.369 1	3.082 2
1 117.6	25.4	3.0	2.0	3.0	60	34.0	9.0	17.39	478.15	3 460.73	1 654 743.384 3	12.907 0
1 168.4	11.1	3.0	2.0	2.5	60	17.5	9.0	7.25	125.25	3 646.45	456 719.659 1	3.562 4
1 168.4	25.4	3.0	2.0	3.0	60	34.0	9.0	17.39	478.15	3 620.32	1 731 052.632 6	13.502 2
1 219.2	11.1	3.0	2.0	2.5	60	17.5	9.0	7.25	125.25	3 806.05	476 708.731 9	3.718 3
1 219.2	26.2	3.0	2.0	3.0	60	34.9	9.0	17.94	504.37	3 778.35	1 905 676.378 4	14.864 3
1 270.0	11.9	3.0	2.0	2.5	60	18.4	9.0	7.83	137.96	3 964.24	546 903.677 7	4.265 8
1 270.0	27.0	3.0	2.0	3.0	60	35.9	9.0	18.49	531.33	3 936.37	2 091 491.077 2	16.313 6

⑥有缝低温钢管（清根焊）

尺　寸（mm）								重心距（mm）	断面（mm²）	周长（mm）	体积（mm³）	金属重量（kg/口）
Φ	δ	b	p	e	α	B	B₂					
609.6	6.0	1.0	1.5	2.0	60	10.2	11.0	2.82	60.08	1 895.12	113 856.374 4	0.888 1
609.6	14.3	1.0	2.0	3.0	60	19.2	11.0	8.97	176.12	1 881.61	331 388.468 5	2.584 8
660.4	7.1	1.0	1.5	2.5	60	11.5	11.0	3.57	76.77	2 052.55	157 572.600 6	1.229 1
660.4	15.9	1.0	2.0	3.0	60	21.0	11.0	10.18	205.60	2 038.79	419 175.749 0	3.269 6
711.2	7.1	1.0	1.5	2.5	60	11.5	11.0	3.57	76.77	2 212.14	169 824.430 3	1.324 6
711.2	17.5	1.0	2.0	3.0	60	22.9	11.0	11.39	238.04	2 195.89	522 699.396 5	4.077 1
762.0	7.1	1.0	1.5	2.5	60	11.5	11.0	3.57	76.77	2 371.73	182 076.259 9	1.420 2

续表

尺寸 (mm)								重心距 (mm)	断面 (mm²)	周长 (mm)	体积 (mm³)	金属重量 (kg/口)
Φ	δ	b	p	e	α	B	B_2					
762.0	19.1	1.0	2.0	3.0	60	24.7	11.0	12.58	273.42	2 352.91	643 344.139 1	5.018 1
812.8	7.9	1.0	1.5	2.5	60	12.4	11.0	4.15	84.65	2 529.89	214 148.305 8	1.670 4
812.8	19.1	1.0	2.0	3.0	60	24.7	11.0	12.58	273.42	2 512.51	686 980.765 9	5.358 4
863.6	7.9	1.0	1.5	2.5	60	12.4	11.0	4.15	84.65	2 689.49	227 657.387 2	1.775 7
863.6	19.1	1.0	2.0	3.0	60	24.7	11.0	12.58	273.42	2 672.10	730 617.392 6	5.698 8
914.4	7.9	1.0	1.5	2.5	60	12.4	11.0	4.15	84.65	2 849.08	241 166.468 6	1.881 1
914.4	20.6	1.0	2.0	3.0	60	26.5	11.0	13.68	309.28	2 829.22	875 033.781 6	6.825 3
965.2	8.7	1.0	1.5	2.5	60	13.3	11.0	4.73	93.26	3 007.32	280 473.311 1	2.187 7
965.2	22.2	1.0	2.0	3.0	60	28.3	11.0	14.85	350.40	2 986.10	1 046 323.929 9	8.161 3
1 016.0	8.7	1.0	1.5	2.5	60	13.3	11.0	4.73	93.26	3 166.91	295 357.513 3	2.303 8
1 016.0	22.2	1.0	2.0	3.0	60	28.3	11.0	14.85	350.40	3 145.70	1 102 244.952 3	8.597 5
1 066.8	10.3	1.0	2.0	2.5	60	14.6	11.0	5.87	106.82	3 323.60	355 017.099 6	2.769 1
1 066.8	23.8	1.0	2.0	3.0	60	30.2	11.0	16.01	394.47	3 302.52	1 302 729.066 9	10.161 3
1 117.6	10.3	1.0	2.0	2.5	60	14.6	11.0	5.87	106.82	3 483.19	372 064.347 1	2.902 1
1 117.6	25.4	1.0	2.0	3.0	60	32.0	11.0	17.16	441.49	3 459.29	1 527 230.538 2	11.912 4
1 168.4	11.1	1.0	2.0	2.5	60	15.5	11.0	6.48	117.19	3 641.61	426 750.952 0	3.328 7
1 168.4	26.2	1.0	2.0	3.0	60	32.9	11.0	17.74	466.11	3 617.45	1 686 114.046 7	13.151 7
1 219.2	11.1	1.0	2.0	2.5	60	15.5	11.0	6.48	117.19	3 801.20	445 453.259 0	3.474 5
1 219.2	26.2	1.0	2.0	3.0	60	32.9	11.0	17.74	466.11	3 777.05	1 760 501.119 5	13.731 9
1 270.0	11.9	1.0	2.0	2.5	60	16.4	11.0	7.09	128.30	3 959.62	508 005.516 1	3.962 4
1 270.0	27.0	1.0	2.0	3.0	60	33.9	11.0	18.31	491.46	3 935.20	1 934 001.874 1	15.085 2

(2) 埋弧自动焊

①碳钢板卷管（清根焊）

尺寸 (mm)								重心距 (mm)	断面 (mm²)	周长 (mm)	体积 (mm³)	金属重量 (kg/口)
Φ	δ	b	p	e	α	B	B_2					
529.0	8.0	2.0	5.0	2.5	60	9.5	12.0	3.38	71.10	1 632.87	116 097.458 1	0.905 6
529.0	9.0	2.0	5.0	2.5	60	10.6	12.0	4.13	79.06	1 631.32	128 976.148 2	1.006 0
529.0	10.0	2.0	5.0	2.5	60	11.8	12.0	4.92	88.18	1 629.99	143 731.104 5	1.121 1

续表

尺 寸 (mm)								重心距 (mm)	断面 (mm²)	周长 (mm)	体积 (mm³)	金属重量 (kg/口)
Φ	δ	b	p	e	α	B	B_2					
529.0	12.0	2.0	6.0	2.5	60	12.9	12.0	6.27	100.45	1 625.90	163 319.877 9	1.273 9
529.0	14.0	2.0	6.0	2.5	70	17.2	12.0	8.35	135.60	1 626.38	220 542.982 3	1.720 2
610.0	8.0	2.0	5.0	2.5	60	9.5	12.0	3.38	71.10	1 887.34	134 190.257 2	1.046 7
610.0	9.0	2.0	5.0	2.5	60	10.6	12.0	4.13	79.06	1 885.79	149 095.114 6	1.162 9
610.0	10.0	2.0	5.0	2.5	60	11.8	12.0	4.92	88.18	1 884.46	166 169.895 4	1.296 1
610.0	12.0	2.0	6.0	2.5	60	12.9	12.0	6.27	100.45	1 880.36	188 881.088 6	1.473 3
610.0	14.0	2.0	6.0	2.5	70	17.2	12.0	8.35	135.60	1 880.85	255 049.967 2	1.989 4
630.0	8.0	2.0	5.0	2.5	60	9.5	12.0	3.38	71.10	1 950.17	138 657.615 1	1.081 5
630.0	9.0	2.0	5.0	2.5	60	10.6	12.0	4.13	79.06	1 948.62	154 062.760 6	1.201 7
630.0	10.0	2.0	5.0	2.5	60	11.8	12.0	4.92	88.18	1 947.30	171 710.337 6	1.339 3
630.0	12.0	2.0	6.0	2.5	60	12.9	12.0	6.27	100.45	1 943.20	195 192.498 7	1.522 5
630.0	14.0	2.0	6.0	2.5	70	17.2	12.0	8.35	135.60	1 943.68	263 570.210 3	2.055 8
660.0	8.0	2.0	5.0	2.5	60	9.5	12.0	3.38	71.10	2 044.42	145 358.651 8	1.133 8
660.0	9.0	2.0	5.0	2.5	60	10.6	12.0	4.13	79.06	2 042.87	161 514.229 7	1.259 8
660.0	10.0	2.0	5.0	2.5	60	11.8	12.0	4.92	88.18	2 041.54	180 021.000 9	1.404 2
660.0	12.0	2.0	6.0	2.5	60	12.9	12.0	6.27	100.45	2 037.44	204 659.613 8	1.596 3
660.0	14.0	2.0	6.0	2.5	70	17.2	12.0	8.35	135.60	2 037.93	276 350.575 1	2.155 5
720.0	8.0	2.0	5.0	2.5	60	9.5	12.0	3.38	71.10	2 232.92	158 760.725 2	1.238 3
720.0	9.0	2.0	5.0	2.5	60	10.6	12.0	4.13	79.06	2 231.36	176 417.167 8	1.376 1
720.0	10.0	2.0	5.0	2.5	60	11.8	12.0	4.92	88.18	2 230.04	196 642.327 6	1.533 8
720.0	12.0	2.0	6.0	2.5	60	12.9	12.0	6.27	100.45	2 225.94	223 593.844 0	1.744 0
720.0	14.0	2.0	6.0	2.5	70	17.2	12.0	8.35	135.60	2 226.42	301 911.304 6	2.354 9
762.0	8.0	2.0	5.0	2.5	60	9.5	12.0	3.38	71.10	2 364.86	168 142.176 6	1.311 5
762.0	9.0	2.0	5.0	2.5	60	10.6	12.0	4.13	79.06	2 363.31	186 849.224 4	1.457 4
762.0	10.0	2.0	5.0	2.5	60	11.8	12.0	4.92	88.18	2 361.99	208 277.256 2	1.624 6
762.0	12.0	2.0	6.0	2.5	60	12.9	12.0	6.27	100.45	2 357.89	236 847.805 2	1.847 4
762.0	14.0	2.0	6.0	2.5	70	17.2	12.0	8.35	135.60	2 358.37	319 803.815 2	2.494 5
820.0	8.0	2.0	5.0	2.5	60	9.5	12.0	3.38	71.10	2 547.07	181 097.514 3	1.412 6
820.0	9.0	2.0	5.0	2.5	60	10.6	12.0	4.13	79.06	2 545.52	201 255.397 9	1.569 8

续表

尺寸 (mm)								重心距 (mm)	断面 (mm^2)	周长 (mm)	体积 (mm^3)	金属重量 (kg/口)
Φ	δ	b	p	e	α	B	B_2					
820.0	10.0	2.0	5.0	2.5	60	11.8	12.0	4.92	88.18	2 544.20	224 344.538 6	1.749 9
820.0	12.0	2.0	6.0	2.5	60	12.9	12.0	6.27	100.45	2 540.10	255 150.894 4	1.990 2
820.0	14.0	2.0	6.0	2.5	70	17.2	12.0	8.35	135.60	2 540.58	344 512.520 4	2.687 2
820.0	16.0	2.0	6.0	3.0	70	20.0	12.0	10.10	180.14	2 539.05	457 377.760 8	3.567 5
920.0	9.0	2.0	5.0	2.5	60	10.6	12.0	4.13	79.06	2 859.68	226 093.628 0	1.763 5
920.0	10.0	2.0	5.0	2.5	60	11.8	12.0	4.92	88.18	2 858.36	252 046.749 6	1.966 0
920.0	12.0	2.0	6.0	2.5	60	12.9	12.0	6.27	100.45	2 854.26	286 707.944 8	2.236 3
920.0	14.0	2.0	6.0	2.5	70	17.2	12.0	8.35	135.60	2 854.74	387 113.736 2	3.019 5
920.0	16.0	2.0	6.0	3.0	70	20.0	12.0	10.10	180.14	2 853.21	513 969.537 5	4.009 0
1 020.0	9.0	2.0	5.0	2.5	60	10.6	12.0	4.13	79.06	3 173.84	250 931.858 1	1.957 3
1 020.0	10.0	2.0	5.0	2.5	60	11.8	12.0	4.92	88.18	3 172.52	279 748.960 6	2.182 0
1 020.0	12.0	2.0	6.0	2.5	60	12.9	12.0	6.27	100.45	3 168.42	318 264.995 1	2.482 5
1 020.0	14.0	2.0	6.0	2.5	70	17.2	12.0	8.35	135.60	3 168.90	429 714.952 1	3.351 8
1 020.0	16.0	2.0	6.0	3.0	70	20.0	12.0	10.10	180.14	3 167.37	570 561.314 1	4.450 4
1 120.0	9.0	2.0	5.0	2.5	60	10.6	12.0	4.13	79.06	3 488.00	275 770.088 3	2.151 0
1 120.0	10.0	2.0	5.0	2.5	60	11.8	12.0	4.92	88.18	3 486.68	307 451.171 7	2.398 1
1 120.0	12.0	2.0	6.0	2.5	60	12.9	12.0	6.27	100.45	3 482.58	349 822.045 5	2.728 6
1 120.0	14.0	2.0	6.0	2.5	70	17.2	12.0	8.35	135.60	3 483.06	472 316.167 9	3.684 1
1 120.0	16.0	2.0	6.0	3.0	70	20.0	12.0	10.10	180.14	3 481.53	627 153.090 8	4.891 8
1 220.0	10.0	2.0	5.0	2.5	60	11.8	12.0	4.92	88.18	3 800.84	335 153.382 7	2.614 2
1 220.0	12.0	2.0	6.0	2.5	60	12.9	12.0	6.27	100.45	3 796.74	381 379.095 8	2.974 8
1 220.0	14.0	2.0	6.0	2.5	70	17.2	12.0	8.35	135.60	3 797.22	514 917.383 7	4.016 4
1 220.0	16.0	2.0	6.0	3.0	70	20.0	12.0	10.10	180.14	3 795.69	683 744.867 4	5.333 2
1 320.0	10.0	2.0	5.0	2.5	60	11.8	12.0	4.92	88.18	4 114.99	362 855.593 7	2.830 3
1 320.0	12.0	2.0	6.0	2.5	60	12.9	12.0	6.27	100.45	4 110.90	412 936.146 2	3.220 9
1 320.0	14.0	2.0	6.0	2.5	70	17.2	12.0	8.35	135.60	4 111.38	557 518.599 6	4.348 6
1 320.0	16.0	2.0	6.0	3.0	70	20.0	12.0	10.10	180.14	4 109.85	740 336.644 1	5.774 6
1 420.0	12.0	2.0	6.0	2.5	60	12.9	12.0	6.27	100.45	4 425.05	444 493.196 5	3.467 0
1 420.0	14.0	2.0	6.0	2.5	70	17.2	12.0	8.35	135.60	4 425.54	600 119.815 4	4.680 9

续表

尺寸（mm）								重心距（mm）	断面（mm²）	周长（mm）	体积（mm³）	金属重量（kg/口）
Φ	δ	b	p	e	α	B	B_2					
1 420.0	16.0	2.0	6.0	3.0	70	20.0	12.0	10.10	180.14	4 424.01	796 928.420 7	6.216 0
1 520.0	12.0	2.0	6.0	2.5	60	12.9	12.0	6.27	100.45	4 739.21	476 050.246 9	3.713 2
1 520.0	14.0	2.0	6.0	2.5	70	17.2	12.0	8.35	135.60	4 739.70	642 721.031 2	5.013 2
1 520.0	16.0	2.0	6.0	3.0	70	20.0	12.0	10.10	180.14	4 738.17	853 520.197 4	6.657 5
1 620.0	12.0	2.0	6.0	2.5	60	12.9	12.0	6.27	100.45	5 053.37	507 607.297 3	3.959 3
1 620.0	14.0	2.0	6.0	2.5	70	17.2	12.0	8.35	135.60	5 053.85	685 322.247 0	5.345 5
1 620.0	16.0	2.0	6.0	3.0	70	20.0	12.0	10.10	180.14	5 052.33	910 111.974 1	7.098 9
1 820.0	12.0	2.0	6.0	2.5	60	12.9	12.0	6.27	100.45	5 681.69	570 721.398 0	4.451 6
1 820.0	14.0	2.0	6.0	2.5	70	17.2	12.0	8.35	135.60	5 682.17	770 524.678 7	6.010 1
1 820.0	16.0	2.0	6.0	3.0	70	20.0	12.0	10.10	180.14	5 680.65	1 023 295.527 4	7.981 7
2 020.0	12.0	2.0	6.0	2.5	60	12.9	12.0	6.27	100.45	6 310.01	633 835.498 7	4.943 9
2 020.0	14.0	2.0	6.0	2.5	70	17.2	12.0	8.35	135.60	6 310.49	855 727.110 4	6.674 7
2 020.0	16.0	2.0	6.0	3.0	70	20.0	12.0	10.10	180.14	6 308.96	1 136 479.080 7	8.864 5
2 220.0	12.0	2.0	6.0	2.5	60	12.9	12.0	6.27	100.45	6 938.33	696 949.599 4	5.436 2
2 220.0	14.0	2.0	6.0	2.5	70	17.2	12.0	8.35	135.60	6 938.81	940 929.542 0	7.339 3
2 220.0	16.0	2.0	6.0	3.0	70	20.0	12.0	10.10	180.14	6 937.28	1 249 662.634 0	9.747 4
2 420.0	12.0	2.0	6.0	2.5	60	12.9	12.0	6.27	100.45	7 566.65	760 063.700 1	5.928 5
2 420.0	14.0	2.0	6.0	2.5	70	17.2	12.0	8.35	135.60	7 567.13	1 026 131.973 7	8.003 8
2 420.0	16.0	2.0	6.0	3.0	70	20.0	12.0	10.10	180.14	7 565.60	1 362 846.187 3	10.630 2
2 420.0	18.0	2.0	6.0	3.0	70	19.8	12.0	11.37	196.92	7 560.98	1 488 918.202 1	11.613 6
2 620.0	12.0	2.0	6.0	2.5	60	12.9	12.0	6.27	100.45	8 194.97	823 177.800 8	6.420 8
2 620.0	14.0	2.0	6.0	2.5	70	17.2	12.0	8.35	135.60	8 195.45	1 111 334.405 3	8.668 4
2 620.0	16.0	2.0	6.0	3.0	70	20.0	12.0	10.10	180.14	8 193.92	1 476 029.740 6	11.513 0
2 620.0	18.0	2.0	6.0	3.0	70	22.8	12.0	11.79	220.54	8 191.95	1 806 629.492 7	14.091 7
2 820.0	12.0	2.0	6.0	2.5	60	12.9	12.0	6.27	100.45	8 823.28	886 291.901 5	6.913 1
2 820.0	14.0	2.0	6.0	2.5	70	17.2	12.0	8.35	135.60	8 823.77	1 196 536.837 0	9.333 0
2 820.0	16.0	2.0	6.0	3.0	70	20.0	12.0	10.10	180.14	8 822.24	1 589 213.293 9	12.395 9
2 820.0	18.0	2.0	6.0	3.0	70	22.8	12.0	11.79	220.54	8 820.27	1 945 197.117 5	15.172 5
3 020.0	12.0	2.0	6.0	2.5	60	12.9	12.0	6.27	100.45	9 451.60	949 406.002 3	7.405 4

续表

尺寸(mm)								重心距(mm)	断面(mm²)	周长(mm)	体积(mm³)	金属重量(kg/口)
Φ	δ	b	p	e	α	B	B_2					
3 020.0	14.0	2.0	6.0	2.5	70	17.2	12.0	8.35	135.60	9 452.08	1 281 739.268 6	9.997 6
3 020.0	16.0	2.0	6.0	3.0	70	20.0	12.0	10.10	180.14	9 450.56	1 702 396.847 2	13.278 7
3 020.0	18.0	2.0	6.0	3.0	70	22.8	12.0	11.79	220.54	9 448.59	2 083 764.742 2	16.253 4
3 220.0	12.0	2.0	6.0	2.5	60	12.9	12.0	6.27	100.45	10 079.92	1 012 520.103 0	7.897 7
3 220.0	14.0	2.0	6.0	2.5	70	17.2	12.0	8.35	135.60	10 080.40	1 366 941.700 3	10.662 1
3 220.0	16.0	2.0	6.0	3.0	70	20.0	12.0	10.10	180.14	10 078.88	1 815 580.400 6	14.161 5
3 220.0	18.0	2.0	6.0	3.0	70	22.8	12.0	11.79	220.54	10 076.90	2 222 332.367 0	17.334 2

②不锈钢板卷管(清根焊)

尺寸(mm)								重心距(mm)	断面(mm²)	周长(mm)	体积(mm³)	金属重量(kg/口)
Φ	δ	b	p	e	α	B	B_2					
529.0	8.0	2.0	5.0	2.5	60	9.5	12.0	3.38	71.10	1 632.87	116 097.458 1	0.914 8
529.0	9.0	2.0	5.0	2.5	60	10.6	12.0	4.13	79.06	1 631.32	128 976.148 2	1.016 3
529.0	10.0	2.0	5.0	2.5	60	11.8	12.0	4.92	88.18	1 629.99	143 731.104 5	1.132 6
529.0	12.0	2.0	6.0	2.5	60	12.9	12.0	6.27	100.45	1 625.90	163 319.877 9	1.287 0
529.0	14.0	2.0	6.0	2.5	70	17.2	12.0	8.35	135.60	1 626.38	220 542.982 3	1.737 9
610.0	8.0	2.0	5.0	2.5	60	9.5	12.0	3.38	71.10	1 887.34	134 190.257 2	1.057 4
610.0	9.0	2.0	5.0	2.5	60	10.6	12.0	4.13	79.06	1 885.79	149 095.114 6	1.174 9
610.0	10.0	2.0	5.0	2.5	60	11.8	12.0	4.92	88.18	1 884.46	166 169.895 4	1.309 4
610.0	12.0	2.0	6.0	2.5	60	12.9	12.0	6.27	100.45	1 880.36	188 881.088 6	1.488 4
610.0	14.0	2.0	6.0	2.5	70	17.2	12.0	8.35	135.60	1 880.85	255 049.967 2	2.009 8
630.0	8.0	2.0	5.0	2.5	60	9.5	12.0	3.38	71.10	1 950.17	138 657.615 1	1.092 6
630.0	9.0	2.0	5.0	2.5	60	10.6	12.0	4.13	79.06	1 948.62	154 062.760 6	1.214 0
630.0	10.0	2.0	5.0	2.5	60	11.8	12.0	4.92	88.18	1 947.30	171 710.337 6	1.353 1
630.0	12.0	2.0	6.0	2.5	60	12.9	12.0	6.27	100.45	1 943.20	195 192.498 7	1.538 1
630.0	14.0	2.0	6.0	2.5	70	17.2	12.0	8.35	135.60	1 943.68	263 570.210 3	2.076 9
660.0	8.0	2.0	5.0	2.5	60	9.5	12.0	3.38	71.10	2 044.42	145 358.651 8	1.145 4
660.0	9.0	2.0	5.0	2.5	60	10.6	12.0	4.13	79.06	2 042.87	161 514.229 7	1.272 7
660.0	10.0	2.0	5.0	2.5	60	11.8	12.0	4.92	88.18	2 041.54	180 021.000 9	1.418 6

续表

尺　寸 (mm)								重心距 (mm)	断面 (mm²)	周长 (mm)	体积 (mm³)	金属重量 (kg/口)
Φ	δ	b	p	e	α	B	B_2					
660.0	12.0	2.0	6.0	2.5	60	12.9	12.0	6.27	100.45	2 037.44	204 659.613 8	1.612 7
660.0	14.0	2.0	6.0	2.5	70	17.2	12.0	8.35	135.60	2 037.93	276 350.575 1	2.177 6
720.0	8.0	2.0	5.0	2.5	60	9.5	12.0	3.38	71.10	2 232.92	158 760.725 2	1.251 0
720.0	9.0	2.0	5.0	2.5	60	10.6	12.0	4.13	79.06	2 231.36	176 417.167 8	1.390 2
720.0	10.0	2.0	5.0	2.5	60	11.8	12.0	4.92	88.18	2 230.04	196 642.327 6	1.549 5
720.0	12.0	2.0	6.0	2.5	60	12.9	12.0	6.27	100.45	2 225.94	223 593.844 0	1.761 9
720.0	14.0	2.0	6.0	2.5	70	17.2	12.0	8.35	135.60	2 226.42	301 911.304 6	2.379 1
762.0	8.0	2.0	5.0	2.5	60	9.5	12.0	3.38	71.10	2 364.86	168 142.176 6	1.325 0
762.0	9.0	2.0	5.0	2.5	60	10.6	12.0	4.13	79.06	2 363.31	186 849.224 4	1.472 4
762.0	10.0	2.0	5.0	2.5	60	11.8	12.0	4.92	88.18	2 361.99	208 277.256 2	1.641 2
762.0	12.0	2.0	6.0	2.5	60	12.9	12.0	6.27	100.45	2 357.89	236 847.805 2	1.866 4
762.0	14.0	2.0	6.0	2.5	70	17.2	12.0	8.35	135.60	2 358.37	319 803.815 2	2.520 1
820.0	8.0	2.0	5.0	2.5	60	9.5	12.0	3.38	71.10	2 547.07	181 097.514 3	1.427 0
820.0	9.0	2.0	5.0	2.5	60	10.6	12.0	4.13	79.06	2 545.52	201 255.397 9	1.585 9
820.0	10.0	2.0	5.0	2.5	60	11.8	12.0	4.92	88.18	2 544.20	224 344.538 6	1.767 8
820.0	12.0	2.0	6.0	2.5	60	12.9	12.0	6.27	100.45	2 540.10	255 150.894 4	2.010 6
820.0	14.0	2.0	6.0	2.5	70	17.2	12.0	8.35	135.60	2 540.58	344 512.520 4	2.714 8
820.0	16.0	2.0	6.0	3.0	70	20.0	12.0	10.10	180.14	2 539.05	457 377.760 8	3.604 1
920.0	9.0	2.0	5.0	2.5	60	10.6	12.0	4.13	79.06	2 859.68	226 093.628 0	1.781 6
920.0	10.0	2.0	5.0	2.5	60	11.8	12.0	4.92	88.18	2 858.36	252 046.749 6	1.986 1
920.0	12.0	2.0	6.0	2.5	60	12.9	12.0	6.27	100.45	2 854.26	286 707.944 8	2.259 3
920.0	14.0	2.0	6.0	2.5	70	17.2	12.0	8.35	135.60	2 854.74	387 113.736 2	3.050 5
920.0	16.0	2.0	6.0	3.0	70	20.0	12.0	10.10	180.14	2 853.21	513 969.537 5	4.050 1
1 020.0	9.0	2.0	5.0	2.5	60	10.6	12.0	4.13	79.06	3 173.84	250 931.858 1	1.977 3
1 020.0	10.0	2.0	5.0	2.5	60	11.8	12.0	4.92	88.18	3 172.52	279 748.960 6	2.204 4
1 020.0	12.0	2.0	6.0	2.5	60	12.9	12.0	6.27	100.45	3 168.42	318 264.995 1	2.507 9

续表

尺寸（mm）								重心距（mm）	断面（mm^2）	周长（mm）	体积（mm^3）	金属重量（kg/口）
Φ	δ	b	p	e	α	B	B_2					
1 020.0	14.0	2.0	6.0	2.5	70	17.2	12.0	8.35	135.60	3 168.90	429 714.952 1	3.386 2
1 020.0	16.0	2.0	6.0	3.0	70	20.0	12.0	10.10	180.14	3 167.37	570 561.314 1	4.496 0
1 120.0	9.0	2.0	5.0	2.5	60	10.6	12.0	4.13	79.06	3 488.00	275 770.088 3	2.173 1
1 120.0	10.0	2.0	5.0	2.5	60	11.8	12.0	4.92	88.18	3 486.68	307 451.171 7	2.422 7
1 120.0	12.0	2.0	6.0	2.5	60	12.9	12.0	6.27	100.45	3 482.58	349 822.045 5	2.756 6
1 120.0	14.0	2.0	6.0	2.5	70	17.2	12.0	8.35	135.60	3 483.06	472 316.167 9	3.721 9
1 120.0	16.0	2.0	6.0	3.0	70	20.0	12.0	10.10	180.14	3 481.53	627 153.090 8	4.942 0
1 220.0	10.0	2.0	5.0	2.5	60	11.8	12.0	4.92	88.18	3 800.84	335 153.382 7	2.641 0
1 220.0	12.0	2.0	6.0	2.5	60	12.9	12.0	6.27	100.45	3 796.74	381 379.095 8	3.005 3
1 220.0	14.0	2.0	6.0	2.5	70	17.2	12.0	8.35	135.60	3 797.22	514 917.383 7	4.057 5
1 220.0	16.0	2.0	6.0	3.0	70	20.0	12.0	10.10	180.14	3 795.69	683 744.867 4	5.387 9
1 320.0	10.0	2.0	5.0	2.5	60	11.8	12.0	4.92	88.18	4 114.99	362 855.593 7	2.859 3
1 320.0	12.0	2.0	6.0	2.5	60	12.9	12.0	6.27	100.45	4 110.90	412 936.146 2	3.253 9
1 320.0	14.0	2.0	6.0	2.5	70	17.2	12.0	8.35	135.60	4 111.38	557 518.599 6	4.393 2
1 320.0	16.0	2.0	6.0	3.0	70	20.0	12.0	10.10	180.14	4 109.85	740 336.644 1	5.833 9
1 420.0	12.0	2.0	6.0	2.5	60	12.9	12.0	6.27	100.45	4 425.05	444 493.196 5	3.502 6
1 420.0	14.0	2.0	6.0	2.5	70	17.2	12.0	8.35	135.60	4 425.54	600 119.815 4	4.728 9
1 420.0	16.0	2.0	6.0	3.0	70	20.0	12.0	10.10	180.14	4 424.01	796 928.420 7	6.279 8
1 520.0	12.0	2.0	6.0	2.5	60	12.9	12.0	6.27	100.45	4 739.21	476 050.246 9	3.751 3
1 520.0	14.0	2.0	6.0	2.5	70	17.2	12.0	8.35	135.60	4 739.70	642 721.031 2	5.064 6
1 520.0	16.0	2.0	6.0	3.0	70	20.0	12.0	10.10	180.14	4 738.17	853 520.197 4	6.725 7
1 620.0	12.0	2.0	6.0	2.5	60	12.9	12.0	6.27	100.45	5 053.37	507 607.297 3	3.999 9
1 620.0	14.0	2.0	6.0	2.5	70	17.2	12.0	8.35	135.60	5 053.85	685 322.247 0	5.400 3
1 620.0	16.0	2.0	6.0	3.0	70	20.0	12.0	10.10	180.14	5 052.33	910 111.974 1	7.171 7
1 820.0	12.0	2.0	6.0	2.5	60	12.9	12.0	6.27	100.45	5 681.69	570 721.398 0	4.497 3
1 820.0	14.0	2.0	6.0	2.5	70	17.2	12.0	8.35	135.60	5 682.17	770 524.678 7	6.071 7

续表

尺　寸 (mm)								重心距 (mm)	断面 (mm²)	周长 (mm)	体积 (mm³)	金属重量 (kg/口)
Φ	δ	b	p	e	α	B	B_2					
1 820.0	16.0	2.0	6.0	3.0	70	20.0	12.0	10.10	180.14	5 680.65	1 023 295.527 4	8.063 6
2 020.0	12.0	2.0	6.0	2.5	60	12.9	12.0	6.27	100.45	6 310.01	633 835.498 7	4.994 6
2 020.0	14.0	2.0	6.0	2.5	70	17.2	12.0	8.35	135.60	6 310.49	855 727.110 4	6.743 1
2 020.0	16.0	2.0	6.0	3.0	70	20.0	12.0	10.10	180.14	6 308.96	1 136 479.080 7	8.955 5
2 220.0	12.0	2.0	6.0	2.5	60	12.9	12.0	6.27	100.45	6 938.33	696 949.599 4	5.492 0
2 220.0	14.0	2.0	6.0	2.5	70	17.2	12.0	8.35	135.60	6 938.81	940 929.542 0	7.414 5
2 220.0	16.0	2.0	6.0	3.0	70	20.0	12.0	10.10	180.14	6 937.28	1 249 662.634 0	9.847 3
2 420.0	12.0	2.0	6.0	2.5	60	12.9	12.0	6.27	100.45	7 566.65	760 063.700 1	5.989 3
2 420.0	14.0	2.0	6.0	2.5	70	17.2	12.0	8.35	135.60	7 567.13	1 026 131.973 7	8.085 9
2 420.0	16.0	2.0	6.0	3.0	70	20.0	12.0	10.10	180.14	7 565.60	1 362 846.187 3	10.739 2
2 420.0	18.0	2.0	6.0	3.0	70	22.8	12.0	11.79	220.54	7 563.63	1 668 061.868 0	13.144 3
2 620.0	12.0	2.0	6.0	2.5	60	12.9	12.0	6.27	100.45	8 194.97	823 177.800 8	6.486 6
2 620.0	14.0	2.0	6.0	2.5	70	17.2	12.0	8.35	135.60	8 195.45	1 111 334.405 3	8.757 3
2 620.0	16.0	2.0	6.0	3.0	70	20.0	12.0	10.10	180.14	8 193.92	1 476 029.740 6	11.631 1
2 620.0	18.0	2.0	6.0	3.0	70	22.8	12.0	11.79	220.54	8 191.95	1 806 629.492 7	14.236 2
2 820.0	12.0	2.0	6.0	2.5	60	12.9	12.0	6.27	100.45	8 823.28	886 291.901 5	6.984 0
2 820.0	14.0	2.0	6.0	2.5	70	17.2	12.0	8.35	135.60	8 823.77	1 196 536.837 0	9.428 7
2 820.0	16.0	2.0	6.0	3.0	70	20.0	12.0	10.10	180.14	8 822.24	1 589 213.293 9	12.523 0
2 820.0	18.0	2.0	6.0	3.0	70	22.8	12.0	11.79	220.54	8 820.27	1 945 197.117 5	15.328 2
3 020.0	12.0	2.0	6.0	2.5	60	12.9	12.0	6.27	100.45	9 451.60	949 406.002 3	7.481 3
3 020.0	14.0	2.0	6.0	2.5	70	17.2	12.0	8.35	135.60	9 452.08	1 281 739.268 6	10.100 1
3 020.0	16.0	2.0	6.0	3.0	70	20.0	12.0	10.10	180.14	9 450.56	1 702 396.847 2	13.414 9
3 020.0	18.0	2.0	6.0	3.0	70	22.8	12.0	11.79	220.54	9 448.59	2 083 764.742 2	16.420 1
3 220.0	12.0	2.0	6.0	2.5	60	12.9	12.0	6.27	100.45	10 079.92	1 012 520.103 0	7.978 7
3 220.0	14.0	2.0	6.0	2.5	70	17.2	12.0	8.35	135.60	10 080.40	1 366 941.700 3	10.771 5
3 220.0	16.0	2.0	6.0	3.0	70	20.0	12.0	10.10	180.14	10 078.88	1 815 580.400 6	14.306 8
3 220.0	18.0	2.0	6.0	3.0	70	22.8	12.0	11.79	220.54	10 076.90	2 222 332.367 0	17.512 0

4. VY形坡口单面对接焊缝

焊缝图形及计算公式	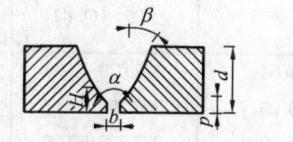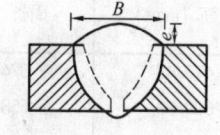	$B = b + 2(H-p)\operatorname{tg}\alpha/2 + 2(\delta-H)\operatorname{tg}\beta + 4$ $S = \delta b + (H-p)^2\operatorname{tg}\alpha/2 + (\delta-H)^2\operatorname{tg}\beta + 2(\delta-H)(H-p)\operatorname{tg}\alpha/2 + 2/3 B \times e$ $F = [1/2\delta^2 b + (\delta-H)(H-p)(\delta+H)/2\operatorname{tg}\alpha/2 + (H-p)^2 \times (2H+p)/3 \times \operatorname{tg}\alpha/2 + (\delta-H)^2(2\delta+H)/3\operatorname{tg}\beta + 2/3 B \times e(\delta+2/5 \times e)]/S$ $L = \pi(D - 2\delta + 2F)$

（1）手工电弧焊

①碳钢管

尺　寸（mm）									重心距（mm）	断面（mm²）	周长（mm）	体积（mm³）	金属重量（kg/口）
Φ	δ	b	p	e	α	β	h	B					
127.0	20.0	3.0	1.5	3.0	70	10	9.0	21.4	10.57	278.96	339.72	94 770.227 2	0.739 2
133.0	20.0	3.0	1.5	3.0	70	10	9.0	21.4	10.57	278.96	358.57	100 028.584 7	0.780 2
133.0	22.0	3.0	1.5	3.0	70	10	9.0	22.1	11.37	315.84	351.04	110 870.798 6	0.864 8
159.0	20.0	3.0	1.5	3.0	70	10	9.0	21.4	10.57	278.96	440.25	122 814.800 7	0.958 0
159.0	22.0	3.0	1.5	3.0	70	10	9.0	22.1	11.37	315.84	432.72	136 668.837 2	1.066 0
159.0	24.0	3.0	1.5	3.0	70	10	9.0	22.8	12.20	354.12	425.39	150 640.944 8	1.175 0
159.0	26.0	3.0	1.5	3.0	70	10	9.0	23.5	13.07	393.81	418.25	164 713.399 9	1.284 8
159.0	28.0	3.0	1.5	3.0	70	10	9.0	24.2	13.96	434.92	411.27	178 868.478 9	1.395 2
168.0	20.0	3.0	1.5	3.0	70	10	9.0	21.4	10.57	278.96	468.53	130 702.337 0	1.019 5
168.0	22.0	3.0	1.5	3.0	70	10	9.0	22.1	11.37	315.84	460.99	145 598.927 4	1.135 7
168.0	24.0	3.0	1.5	3.0	70	10	9.0	22.8	12.20	354.12	453.67	160 653.467 1	1.253 1
168.0	25.0	3.0	1.5	3.0	70	10	9.0	23.1	12.63	373.79	450.08	168 234.429 3	1.312 2
168.0	26.0	3.0	1.5	3.0	70	10	9.0	23.5	13.07	393.81	446.53	175 848.232 5	1.371 6
168.0	28.0	3.0	1.5	3.0	70	10	9.0	24.2	13.96	434.92	439.54	191 165.499 8	1.491 1
168.0	30.0	3.0	1.5	3.0	70	10	9.0	24.9	14.87	477.43	432.71	206 587.545 6	1.611 4
194.0	20.0	3.0	1.5	3.0	70	10	9.0	21.4	10.57	278.96	550.21	153 488.552 9	1.197 2
194.0	22.0	3.0	1.5	3.0	70	10	9.0	22.1	11.37	315.84	542.67	171 396.965 9	1.336 9
194.0	24.0	3.0	1.5	3.0	70	10	9.0	22.8	12.20	354.12	535.35	189 578.531 7	1.478 7
194.0	28.0	3.0	1.5	3.0	70	10	9.0	24.2	13.96	434.92	521.23	226 690.227 0	1.768 2
194.0	30.0	3.0	1.5	3.0	70	10	9.0	24.9	14.87	477.43	514.39	245 584.909 2	1.915 6
219.0	20.0	3.0	1.5	3.0	70	10	9.0	21.4	10.57	278.96	628.75	175 398.375 9	1.368 1
219.0	22.0	3.0	1.5	3.0	70	10	9.0	22.1	11.37	315.84	621.21	196 202.772 2	1.530 4
219.0	24.0	3.0	1.5	3.0	70	10	9.0	22.8	12.20	354.12	613.89	217 391.093 8	1.695 7
219.0	28.0	3.0	1.5	3.0	70	10	9.0	24.2	13.96	434.92	599.76	260 848.618 4	2.034 6
219.0	30.0	3.0	1.5	3.0	70	10	9.0	24.9	14.87	477.43	592.93	283 082.374 2	2.208 0
219.0	35.0	3.0	1.5	3.0	70	10	9.0	26.7	17.23	589.89	576.38	339 997.503 2	2.652 0
245.0	20.0	3.0	1.5	3.0	70	10	9.0	21.4	10.57	278.96	710.43	198 184.591 8	1.545 8
245.0	25.0	3.0	1.5	3.0	70	10	9.0	23.1	12.63	373.79	691.98	258 655.466 9	2.017 5

续表

尺寸（mm）									重心距（mm）	断面（mm^2）	周长（mm）	体积（mm^3）	金属重量（kg/口）
Φ	*δ*	*b*	*p*	*e*	*α*	*β*	*h*	*B*					
245.0	30.0	3.0	1.5	3.0	70	10	9.0	24.9	14.87	477.43	674.61	322 079.737 8	2.512 2
245.0	35.0	3.0	1.5	3.0	70	10	9.0	26.7	17.23	589.89	658.06	388 180.473 2	3.027 8
273.0	20.0	3.0	1.5	3.0	70	10	9.0	21.4	10.57	278.96	798.39	222 723.593 6	1.737 2
273.0	22.0	3.0	1.5	3.0	70	10	9.0	22.1	11.37	315.84	790.86	249 783.313 8	1.948 3
273.0	25.0	3.0	1.5	3.0	70	10	9.0	23.1	12.63	373.79	779.94	291 535.844 2	2.274 0
273.0	28.0	3.0	1.5	3.0	70	10	9.0	24.2	13.96	434.92	769.41	334 630.744 0	2.610 1
273.0	30.0	3.0	1.5	3.0	70	10	9.0	24.9	14.87	477.43	762.57	364 076.898 6	2.839 8
273.0	32.0	3.0	1.5	3.0	70	10	9.0	25.6	15.80	521.36	755.86	394 075.352 8	3.073 8
273.0	35.0	3.0	1.5	3.0	70	10	9.0	26.7	17.23	589.89	746.02	440 069.825 5	3.432 5
273.0	36.0	3.0	1.5	3.0	70	10	9.0	27.0	17.72	613.44	742.79	455 658.265 6	3.554 1
273.0	40.0	3.0	2.0	3.0	70	10	9.0	27.7	20.00	682.99	732.01	499 950.427 7	3.899 6
273.0	50.0	3.0	2.0	3.0	70	10	9.0	31.3	25.26	944.97	702.23	663 591.512 9	5.176 0
325.0	20.0	3.0	1.5	3.0	70	10	9.0	21.4	10.57	278.96	961.76	268 296.025 5	2.092 7
325.0	22.0	3.0	1.5	3.0	70	10	9.0	22.1	11.37	315.84	954.22	301 379.390 8	2.350 8
325.0	25.0	3.0	1.5	3.0	70	10	9.0	23.1	12.63	373.79	943.31	352 599.402 0	2.750 3
325.0	28.0	3.0	1.5	3.0	70	10	9.0	24.2	13.96	434.92	932.77	405 680.198 2	3.164 3
325.0	30.0	3.0	1.5	3.0	70	10	9.0	24.9	14.87	477.43	925.94	442 071.625 8	3.448 2
325.0	32.0	3.0	1.5	3.0	70	10	9.0	25.6	15.80	521.36	919.23	479 245.759 9	3.738 1
325.0	36.0	3.0	1.5	3.0	70	10	9.0	27.0	17.72	613.44	906.16	555 871.253 3	4.335 8
325.0	40.0	3.0	2.0	3.0	70	10	9.0	27.7	20.00	682.99	895.37	611 524.875 9	4.769 9
325.0	50.0	3.0	2.0	3.0	70	10	9.0	31.3	25.26	944.97	865.60	817 965.063 8	6.380 1
325.0	60.0	3.0	2.0	5.0	70	10	9.0	34.8	31.94	1 288.60	844.71	1 088 485.742 6	8.490 2
325.0	65.0	3.0	2.0	5.0	70	10	9.0	36.5	34.76	1 452.80	831.01	1 207 282.776 5	9.416 8
377.0	20.0	3.0	1.5	3.0	70	10	9.0	21.4	10.57	278.96	1 125.12	313 868.457 3	2.448 2
377.0	22.0	3.0	1.5	3.0	70	10	9.0	22.1	11.37	315.84	1 117.59	352 975.467 8	2.753 2
377.0	24.0	3.0	1.5	3.0	70	10	9.0	22.8	12.20	354.12	1 110.26	393 166.486 3	3.066 7
377.0	26.0	3.0	1.5	3.0	70	10	9.0	23.5	13.07	393.81	1 103.12	434 423.789 0	3.388 5
377.0	28.0	3.0	1.5	3.0	70	10	9.0	24.2	13.96	434.92	1 096.14	476 729.652 5	3.718 5
377.0	32.0	3.0	1.5	3.0	70	10	9.0	25.6	15.80	521.36	1 082.59	564 416.167 0	4.402 4

续表

尺 寸 (mm)									重心距 (mm)	断面 (mm²)	周长 (mm)	体积 (mm³)	金属重量 (kg/口)
Φ	δ	b	p	e	α	β	h	B					
377.0	36.0	3.0	1.5	3.0	70	10	9.0	27.0	17.72	613.44	1 069.52	656 084.241 0	5.117 5
377.0	40.0	3.0	2.0	3.0	70	10	9.0	27.7	20.00	682.99	1 058.73	723 099.324 1	5.640 2
377.0	45.0	3.0	2.0	5.0	70	10	9.0	29.5	23.78	848.90	1 051.07	892 252.120 9	6.959 6
377.0	50.0	3.0	2.0	3.0	70	10	9.0	31.3	25.26	944.97	1 028.96	972 338.614 7	7.584 2
377.0	60.0	3.0	2.0	5.0	70	10	9.0	34.8	31.94	1 288.60	1 008.07	1 298 994.815 3	10.132 2
377.0	65.0	3.0	2.0	5.0	70	10	9.0	36.5	34.76	1 452.80	994.37	1 444 615.564 0	11.268 0
426.0	20.0	3.0	1.5	3.0	70	10	9.0	21.4	10.57	278.96	1 279.06	356 811.710 4	2.783 1
426.0	22.0	3.0	1.5	3.0	70	10	9.0	22.1	11.37	315.84	1 271.52	401 594.848 1	3.132 4
426.0	24.0	3.0	1.5	3.0	70	10	9.0	22.8	12.20	354.12	1 264.20	447 679.108 0	3.491 9
426.0	26.0	3.0	1.5	3.0	70	10	9.0	23.5	13.07	393.81	1 257.06	495 046.766 4	3.861 4
426.0	28.0	3.0	1.5	3.0	70	10	9.0	24.2	13.96	434.92	1 250.07	543 680.099 7	4.240 7
426.0	30.0	3.0	1.5	3.0	70	10	9.0	24.9	14.87	477.43	1 243.24	593 561.384 4	4.629 8
426.0	32.0	3.0	1.5	3.0	70	10	9.0	25.6	15.80	521.36	1 236.53	644 672.896 8	5.028 4
426.0	36.0	3.0	1.5	3.0	70	10	9.0	27.0	17.72	613.44	1 223.46	750 515.710 2	5.854 0
426.0	40.0	3.0	2.0	3.0	70	10	9.0	27.7	20.00	682.99	1 212.67	828 236.784 9	6.460 2
426.0	50.0	3.0	2.0	3.0	70	10	9.0	31.3	25.26	944.97	1 182.90	1 117 805.999 2	8.718 9
426.0	55.0	3.0	2.0	3.0	70	10	9.0	33.0	27.99	1 089.19	1 168.62	1 272 848.268 8	9.928 2
426.0	60.0	3.0	2.0	5.0	70	10	9.0	34.8	31.94	1 288.60	1 162.01	1 497 359.133 9	11.679 4
480.0	20.0	3.0	1.5	3.0	70	10	9.0	21.4	10.57	278.96	1 448.70	404 136.928 1	3.152 3
480.0	24.0	3.0	1.5	3.0	70	10	9.0	22.8	12.20	354.12	1 433.85	507 754.242 1	3.960 5
480.0	25.0	3.0	1.5	3.0	70	10	9.0	23.1	12.63	373.79	1 430.25	534 615.776 3	4.170 0
480.0	28.0	3.0	1.5	3.0	70	10	9.0	24.2	13.96	434.92	1 419.72	617 462.225 3	4.816 2
480.0	30.0	3.0	1.5	3.0	70	10	9.0	24.9	14.87	477.43	1 412.88	674 555.908 8	5.261 5
480.0	32.0	3.0	1.5	3.0	70	10	9.0	25.6	15.80	521.36	1 406.17	733 119.088 8	5.718 3
480.0	36.0	3.0	1.5	3.0	70	10	9.0	27.0	17.72	613.44	1 393.10	854 583.043 6	6.665 7
480.0	40.0	3.0	2.0	3.0	70	10	9.0	27.7	20.00	682.99	1 382.32	944 102.558 1	7.364 0
480.0	45.0	3.0	2.0	5.0	70	10	9.0	29.5	23.78	848.90	1 374.66	1 166 941.610 1	9.102 1
480.0	50.0	3.0	2.0	5.0	70	10	9.0	31.3	26.44	986.65	1 359.96	1 341 800.059 5	10.466 0
480.0	55.0	3.0	2.0	5.0	70	10	9.0	33.0	29.17	1 133.22	1 345.64	1 524 900.069 8	11.894 2

续表

尺寸(mm)									重心距(mm)	断面(mm^2)	周长(mm)	体积(mm^3)	金属重量(kg/口)
Φ	δ	b	p	e	α	β	h	B					
480.0	60.0	3.0	2.0	5.0	70	10	9.0	34.8	31.94	1 288.60	1 331.65	1 715 964.709 5	13.384 5
480.0	70.0	3.0	2.0	5.0	70	10	9.0	38.3	37.62	1 625.81	1 304.51	2 120 880.151 3	16.542 9
480.0	75.0	3.0	2.0	5.0	70	10	9.0	40.1	40.51	1 807.63	1 291.29	2 334 177.090 7	18.206 6
508.0	20.0	3.0	1.5	3.0	70	10	9.0	21.4	10.57	278.96	1 536.67	428 675.929 9	3.343 7
508.0	24.0	3.0	1.5	3.0	70	10	9.0	22.8	12.20	354.12	1 521.81	538 904.311 7	4.203 5
508.0	25.0	3.0	1.5	3.0	70	10	9.0	23.1	12.63	373.79	1 518.22	567 496.153 6	4.426 5
508.0	28.0	3.0	1.5	3.0	70	10	9.0	24.2	13.96	434.92	1 507.69	655 719.623 7	5.114 6
508.0	30.0	3.0	1.5	3.0	70	10	9.0	24.9	14.87	477.43	1 500.85	716 553.069 6	5.589 1
508.0	32.0	3.0	1.5	3.0	70	10	9.0	25.6	15.80	521.36	1 494.14	778 980.077 2	6.076 0
508.0	36.0	3.0	1.5	3.0	70	10	9.0	27.0	17.72	613.44	1 481.07	908 543.883 2	7.086 6
508.0	40.0	3.0	2.0	3.0	70	10	9.0	27.7	20.00	682.99	1 470.28	1 004 181.107 2	7.832 6
508.0	45.0	3.0	2.0	5.0	70	10	9.0	29.5	23.78	848.90	1 462.62	1 241 614.480 9	9.684 6
508.0	50.0	3.0	2.0	5.0	70	10	9.0	31.3	26.44	986.65	1 447.92	1 428 590.245 2	11.143 0
508.0	55.0	3.0	2.0	5.0	70	10	9.0	33.0	29.17	1 133.22	1 433.60	1 624 582.978 2	12.671 7
508.0	60.0	3.0	2.0	5.0	70	10	9.0	34.8	31.94	1 288.60	1 419.62	1 829 315.748 6	14.268 7
508.0	70.0	3.0	2.0	5.0	70	10	9.0	38.3	37.62	1 625.81	1 392.47	2 263 893.676 0	17.658 4
508.0	75.0	3.0	2.0	5.0	70	10	9.0	40.1	40.51	1 807.63	1 379.25	2 493 184.970 0	19.446 8
508.0	80.0	3.0	2.0	5.0	70	10	9.0	41.8	43.44	1 998.28	1 366.23	2 730 108.575 8	21.294 8
530.0	20.0	3.0	1.5	3.0	70	10	9.0	21.4	10.57	278.96	1 605.78	447 956.574 2	3.494 1
530.0	24.0	3.0	1.5	3.0	70	10	9.0	22.8	12.20	354.12	1 590.93	563 379.366 3	4.394 4
530.0	26.0	3.0	1.5	3.0	70	10	9.0	23.5	13.07	393.81	1 583.78	623 715.942 9	4.865 0
530.0	28.0	3.0	1.5	3.0	70	10	9.0	24.2	13.96	434.92	1 576.80	685 779.008 2	5.349 1
530.0	30.0	3.0	1.5	3.0	70	10	9.0	24.9	14.87	477.43	1 569.96	749 550.838 8	5.846 5
530.0	32.0	3.0	1.5	3.0	70	10	9.0	25.6	15.80	521.36	1 563.25	815 013.711 0	6.357 1
530.0	36.0	3.0	1.5	3.0	70	10	9.0	27.0	17.72	613.44	1 550.18	950 941.685 7	7.417 3
530.0	40.0	3.0	2.0	3.0	70	10	9.0	27.7	20.00	682.99	1 539.40	1 051 385.681 4	8.200 8
530.0	45.0	3.0	2.0	5.0	70	10	9.0	29.5	23.78	848.90	1 531.74	1 300 286.022 3	10.142 2
530.0	50.0	3.0	2.0	5.0	70	10	9.0	31.3	26.44	986.65	1 517.04	1 496 782.533 9	11.674 9
530.0	55.0	3.0	2.0	5.0	70	10	9.0	33.0	29.17	1 133.22	1 502.72	1 702 905.263 4	13.282 7

续表

\[尺 寸 (mm)\]									重心距 (mm)	断面 (mm²)	周长 (mm)	体积 (mm³)	金属重量 (kg/口)
Φ	δ	b	p	e	α	β	h	B					
530.0	60.0	3.0	2.0	5.0	70	10	9.0	34.8	31.94	1 288.60	1 488.73	1 918 377.279 4	14.963 3
530.0	70.0	3.0	2.0	5.0	70	10	9.0	38.3	37.62	1 625.81	1 461.59	2 376 261.445 3	18.534 8
530.0	75.0	3.0	2.0	5.0	70	10	9.0	40.1	40.51	1 807.63	1 448.37	2 618 119.732 4	20.421 3
530.0	80.0	3.0	2.0	5.0	70	10	9.0	41.8	43.44	1 998.28	1 435.35	2 868 219.580 2	22.372 1
559.0	20.0	3.0	1.5	3.0	70	10	9.0	21.4	10.57	278.96	1 696.89	473 371.968 9	3.692 3
559.0	24.0	3.0	1.5	3.0	70	10	9.0	22.8	12.20	354.12	1 682.03	595 641.938 4	4.646 0
559.0	26.0	3.0	1.5	3.0	70	10	9.0	23.5	13.07	393.81	1 674.89	659 594.847 8	5.144 8
559.0	28.0	3.0	1.5	3.0	70	10	9.0	24.2	13.96	434.92	1 667.91	725 402.742 3	5.658 1
559.0	30.0	3.0	1.5	3.0	70	10	9.0	24.9	14.87	477.43	1 661.07	793 047.898 2	6.185 8
559.0	32.0	3.0	1.5	3.0	70	10	9.0	25.6	15.80	521.36	1 654.36	862 512.591 9	6.727 6
559.0	36.0	3.0	1.5	3.0	70	10	9.0	27.0	17.72	613.44	1 641.29	1 006 829.698 1	7.853 3
559.0	40.0	3.0	2.0	3.0	70	10	9.0	27.7	20.00	682.99	1 630.50	1 113 609.892 9	8.686 2
559.0	45.0	3.0	2.0	5.0	70	10	9.0	29.5	23.78	848.90	1 622.84	1 377 625.781 4	10.745 5
559.0	50.0	3.0	2.0	5.0	70	10	9.0	31.3	26.44	986.65	1 608.14	1 586 672.369 0	12.376 0
559.0	55.0	3.0	2.0	5.0	70	10	9.0	33.0	29.17	1 133.22	1 593.83	1 806 148.275 7	14.088 0
559.0	60.0	3.0	2.0	5.0	70	10	9.0	34.8	31.94	1 288.60	1 579.84	2 035 776.570 0	15.879 1
559.0	70.0	3.0	2.0	5.0	70	10	9.0	38.3	37.62	1 625.81	1 552.69	2 524 382.595 8	19.690 2
559.0	75.0	3.0	2.0	5.0	70	10	9.0	40.1	40.51	1 807.63	1 539.47	2 782 806.464 6	21.705 9
559.0	80.0	3.0	2.0	5.0	70	10	9.0	41.8	43.44	1 998.28	1 526.45	3 050 274.995 2	23.792 1
630.0	20.0	3.0	1.5	3.0	70	10	9.0	21.4	10.57	278.96	1 919.94	535 595.866 2	4.177 6
630.0	24.0	3.0	1.5	3.0	70	10	9.0	22.8	12.20	354.12	1 905.08	674 629.614 7	5.262 1
630.0	26.0	3.0	1.5	3.0	70	10	9.0	23.5	13.07	393.81	1 897.94	747 436.304 9	5.830 0
630.0	28.0	3.0	1.5	3.0	70	10	9.0	24.2	13.96	434.92	1 890.96	822 412.574 1	6.414 8
630.0	30.0	3.0	1.5	3.0	70	10	9.0	24.9	14.87	477.43	1 884.12	899 540.698 8	7.016 4
630.0	32.0	3.0	1.5	3.0	70	10	9.0	25.6	15.80	521.36	1 877.41	978 802.955 4	7.634 7
630.0	36.0	3.0	1.5	3.0	70	10	9.0	27.0	17.72	613.44	1 864.34	1 143 658.969 8	8.920 5
630.0	38.0	3.0	1.5	3.0	70	10	9.0	27.7	18.70	661.59	1 857.96	1 229 217.280 3	9.587 9
630.0	40.0	3.0	2.0	3.0	70	10	9.0	27.7	20.00	682.99	1 853.56	1 265 951.928 0	9.874 4
630.0	45.0	3.0	2.0	5.0	70	10	9.0	29.5	23.78	848.90	1 845.90	1 566 974.846 8	12.222 4

续表

尺　寸（mm）									重心距（mm）	断面（mm²）	周长（mm）	体积（mm³）	金属重量（kg/口）
Φ	δ	b	p	e	α	β	h	B					
630.0	50.0	3.0	2.0	5.0	70	10	9.0	31.3	26.44	986.65	1 831.20	1 806 747.482 6	14.092 6
630.0	55.0	3.0	2.0	5.0	70	10	9.0	33.0	29.17	1 133.22	1 816.88	2 058 915.650 6	16.059 5
630.0	60.0	3.0	2.0	5.0	70	10	9.0	34.8	31.94	1 288.60	1 802.89	2 323 202.419 3	18.121 0
630.0	70.0	3.0	2.0	5.0	70	10	9.0	38.3	37.62	1 625.81	1 775.75	2 887 024.033 3	22.518 8
630.0	75.0	3.0	2.0	5.0	70	10	9.0	40.1	40.51	1 807.63	1 762.53	3 186 005.015 8	24.850 8
630.0	80.0	3.0	2.0	5.0	70	10	9.0	41.8	43.44	1 998.28	1 749.51	3 495 996.873 3	27.268 8
660.0	20.0	3.0	1.5	3.0	70	10	9.0	21.4	10.57	278.96	2 014.19	561 887.653 8	4.382 7
660.0	24.0	3.0	1.5	3.0	70	10	9.0	22.8	12.20	354.12	1 999.33	708 004.689 2	5.522 4
660.0	26.0	3.0	1.5	3.0	70	10	9.0	23.5	13.07	393.81	1 992.19	784 552.413 4	6.119 5
660.0	28.0	3.0	1.5	3.0	70	10	9.0	24.2	13.96	434.92	1 985.21	863 402.643 8	6.734 5
660.0	30.0	3.0	1.5	3.0	70	10	9.0	24.9	14.87	477.43	1 978.37	944 537.656 8	7.367 4
660.0	32.0	3.0	1.5	3.0	70	10	9.0	25.6	15.80	521.36	1 971.66	1 027 939.728 7	8.017 9
660.0	36.0	3.0	1.5	3.0	70	10	9.0	27.0	17.72	613.44	1 958.59	1 201 474.155 0	9.371 5
660.0	38.0	3.0	1.5	3.0	70	10	9.0	27.7	18.70	661.59	1 952.21	1 291 571.062 1	10.074 3
660.0	40.0	3.0	2.0	3.0	70	10	9.0	27.7	20.00	682.99	1 947.80	1 330 321.802 0	10.376 5
660.0	45.0	3.0	2.0	5.0	70	10	9.0	29.5	23.78	848.90	1 940.14	1 646 981.494 1	12.846 5
660.0	50.0	3.0	2.0	5.0	70	10	9.0	31.3	26.44	986.65	1 925.44	1 899 736.967 2	14.817 9
660.0	55.0	3.0	2.0	5.0	70	10	9.0	33.0	29.17	1 133.22	1 911.13	2 165 718.766 7	16.892 6
660.0	60.0	3.0	2.0	5.0	70	10	9.0	34.8	31.94	1 288.60	1 897.14	2 444 649.961 3	19.068 3
660.0	70.0	3.0	2.0	5.0	70	10	9.0	38.3	37.62	1 625.81	1 870.00	3 040 252.809 8	23.714 0
660.0	75.0	3.0	2.0	5.0	70	10	9.0	40.1	40.51	1 807.63	1 856.77	3 356 370.600 8	26.179 7
660.0	80.0	3.0	2.0	5.0	70	10	9.0	41.8	43.44	1 998.28	1 843.75	3 684 330.061 2	28.737 8
660.0	90.0	3.0	2.0	5.0	70	10	9.0	45.4	49.38	2 406.01	1 818.23	4 374 666.264 3	34.122 4
720.0	20.0	3.0	1.5	3.0	70	10	9.0	21.4	10.57	278.96	2 202.69	614 471.229 0	4.792 9
720.0	24.0	3.0	1.5	3.0	70	10	9.0	22.8	12.20	354.12	2 187.83	774 754.838 3	6.043 1
720.0	26.0	3.0	1.5	3.0	70	10	9.0	23.5	13.07	393.81	2 180.69	858 784.630 6	6.698 5
720.0	28.0	3.0	1.5	3.0	70	10	9.0	24.2	13.96	434.92	2 173.70	945 382.783 4	7.374 0
720.0	30.0	3.0	1.5	3.0	70	10	9.0	24.9	14.87	477.43	2 166.86	1 034 531.572 8	8.069 3
720.0	32.0	3.0	1.5	3.0	70	10	9.0	25.6	15.80	521.36	2 160.16	1 126 213.275 4	8.784 5

续表

尺寸（mm）									重心距（mm）	断面（mm²）	周长（mm）	体积（mm³）	金属重量（kg/口）
Φ	δ	b	p	e	α	β	h	B					
720.0	36.0	3.0	1.5	3.0	70	10	9.0	27.0	17.72	613.44	2 147.09	1 317 104.525 5	10.273 4
720.0	38.0	3.0	1.5	3.0	70	10	9.0	27.7	18.70	661.59	2 140.71	1 416 278.625 7	11.047 0
720.0	40.0	3.0	2.0	3.0	70	10	9.0	27.7	20.00	682.99	2 136.30	1 459 061.549 9	11.380 7
720.0	45.0	3.0	2.0	5.0	70	10	9.0	29.5	23.78	848.90	2 128.64	1 806 994.788 8	14.094 6
720.0	50.0	3.0	2.0	5.0	70	10	9.0	31.3	26.44	986.65	2 113.94	2 085 715.936 4	16.268 6
720.0	55.0	3.0	2.0	5.0	70	10	9.0	33.0	29.17	1 133.22	2 099.62	2 379 324.999 1	18.558 7
720.0	60.0	3.0	2.0	5.0	70	10	9.0	34.8	31.94	1 288.60	2 085.63	2 687 545.045 2	20.962 9
720.0	70.0	3.0	2.0	5.0	70	10	9.0	38.3	37.62	1 625.81	2 058.49	3 346 710.362 6	26.104 3
720.0	75.0	3.0	2.0	5.0	70	10	9.0	40.1	40.51	1 807.63	2 045.27	3 697 101.770 9	28.837 4
720.0	80.0	3.0	2.0	5.0	70	10	9.0	41.8	43.44	1 998.28	2 032.25	4 060 996.437 0	31.675 8
720.0	90.0	3.0	2.0	5.0	70	10	9.0	45.4	49.38	2 406.01	2 006.72	4 828 187.817 3	37.659 9
762.0	20.0	3.0	1.5	3.0	70	10	9.0	21.4	10.57	278.96	2 334.63	651 279.731 7	5.080 0
762.0	24.0	3.0	1.5	3.0	70	10	9.0	22.8	12.20	354.12	2 319.78	821 479.942 6	6.407 5
762.0	26.0	3.0	1.5	3.0	70	10	9.0	23.5	13.07	393.81	2 312.63	910 747.182 7	7.103 8
762.0	28.0	3.0	1.5	3.0	70	10	9.0	24.2	13.96	434.92	2 305.65	1 002 768.881 0	7.821 6
762.0	30.0	3.0	1.5	3.0	70	10	9.0	24.9	14.87	477.43	2 298.81	1 097 527.314 0	8.560 7
762.0	32.0	3.0	1.5	3.0	70	10	9.0	25.6	15.80	521.36	2 292.10	1 195 004.758 0	9.321 0
762.0	36.0	3.0	1.5	3.0	70	10	9.0	27.0	17.72	613.44	2 279.03	1 398 045.784 8	10.904 8
762.0	38.0	3.0	1.5	3.0	70	10	9.0	27.7	18.70	661.59	2 272.65	1 503 573.920 3	11.727 9
762.0	40.0	3.0	2.0	3.0	70	10	9.0	27.7	20.00	682.99	2 268.25	1 549 179.373 5	12.083 6
762.0	45.0	3.0	2.0	5.0	70	10	9.0	29.5	23.78	848.90	2 260.59	1 919 004.095 1	14.968 2
762.0	50.0	3.0	2.0	5.0	70	10	9.0	31.3	26.44	986.65	2 245.89	2 215 901.214 9	17.284 0
762.0	55.0	3.0	2.0	5.0	70	10	9.0	33.0	29.17	1 133.22	2 231.57	2 528 849.361 7	19.725 0
762.0	60.0	3.0	2.0	5.0	70	10	9.0	34.8	31.94	1 288.60	2 217.58	2 857 571.604 0	22.289 1
762.0	70.0	3.0	2.0	5.0	70	10	9.0	38.3	37.62	1 625.81	2 190.44	3 561 230.649 5	27.777 6
762.0	75.0	3.0	2.0	5.0	70	10	9.0	40.1	40.51	1 807.63	2 177.22	3 935 613.589 9	30.697 8
762.0	80.0	3.0	2.0	5.0	70	10	9.0	41.8	43.44	1 998.28	2 164.20	4 324 662.900 1	33.732 4
762.0	90.0	3.0	2.0	5.0	70	10	9.0	45.4	49.38	2 406.01	2 138.67	5 145 652.904 4	40.136 1
813.0	20.0	3.0	1.5	3.0	70	10	9.0	21.4	10.57	278.96	2 494.85	695 975.770 6	5.428 6

续表

尺寸（mm）									重心距（mm）	断面（mm^2）	周长（mm）	体积（mm^3）	金属重量（kg/口）
Φ	δ	b	p	e	α	β	h	B					
813.0	24.0	3.0	1.5	3.0	70	10	9.0	22.8	12.20	354.12	2 480.00	878 217.569 3	6.850 1
813.0	26.0	3.0	1.5	3.0	70	10	9.0	23.5	13.07	393.81	2 472.85	973 844.567 3	7.596 0
813.0	28.0	3.0	1.5	3.0	70	10	9.0	24.2	13.96	434.92	2 465.87	1 072 451.999 6	8.365 1
813.0	30.0	3.0	1.5	3.0	70	10	9.0	24.9	14.87	477.43	2 459.03	1 174 022.142 6	9.157 4
813.0	32.0	3.0	1.5	3.0	70	10	9.0	25.6	15.80	521.36	2 452.32	1 278 537.272 7	9.972 6
813.0	36.0	3.0	1.5	3.0	70	10	9.0	27.0	17.72	613.44	2 439.25	1 496 331.599 7	11.671 4
813.0	38.0	3.0	1.5	3.0	70	10	9.0	27.7	18.70	661.59	2 432.87	1 609 575.349 3	12.554 7
813.0	40.0	3.0	2.0	3.0	70	10	9.0	27.7	20.00	682.99	2 428.47	1 658 608.159 3	12.937 1
813.0	45.0	3.0	2.0	5.0	70	10	9.0	29.5	23.78	848.90	2 420.81	2 055 015.395 5	16.029 1
813.0	50.0	3.0	2.0	5.0	70	10	9.0	31.3	26.44	986.65	2 406.11	2 373 983.338 7	18.517 1
813.0	55.0	3.0	2.0	5.0	70	10	9.0	33.0	29.17	1 133.22	2 391.79	2 710 414.659 2	21.141 2
813.0	60.0	3.0	2.0	5.0	70	10	9.0	34.8	31.94	1 288.60	2 377.80	3 064 032.425 4	23.899 5
813.0	70.0	3.0	2.0	5.0	70	10	9.0	38.3	37.62	1 625.81	2 350.66	3 821 719.569 4	29.809 4
813.0	75.0	3.0	2.0	5.0	70	10	9.0	40.1	40.51	1 807.63	2 337.44	4 225 235.084 5	32.956 8
813.0	80.0	3.0	2.0	5.0	70	10	9.0	41.8	43.44	1 998.28	2 324.42	4 644 829.319 6	36.229 7
813.0	90.0	3.0	2.0	5.0	70	10	9.0	45.4	49.38	2 406.01	2 298.89	5 531 146.224 4	43.142 9
813.0	100.0	3.0	2.0	5.0	70	10	9.0	48.9	55.41	2 849.00	2 273.94	6 478 454.832 6	50.531 9
864.0	20.0	3.0	1.5	3.0	70	10	9.0	21.4	10.57	278.96	2 655.08	740 671.809 6	5.777 2
864.0	24.0	3.0	1.5	3.0	70	10	9.0	22.8	12.20	354.12	2 640.22	934 955.196 0	7.292 7
864.0	26.0	3.0	1.5	3.0	70	10	9.0	23.5	13.07	393.81	2 633.07	1 036 941.951 9	8.088 1
864.0	28.0	3.0	1.5	3.0	70	10	9.0	24.2	13.96	434.92	2 626.09	1 142 135.118 2	8.908 7
864.0	30.0	3.0	1.5	3.0	70	10	9.0	24.9	14.87	477.43	2 619.25	1 250 516.971 2	9.754 0
864.0	32.0	3.0	1.5	3.0	70	10	9.0	25.6	15.80	521.36	2 612.55	1 362 069.787 3	10.624 1
864.0	36.0	3.0	1.5	3.0	70	10	9.0	27.0	17.72	613.44	2 599.48	1 594 617.414 5	12.438 0
864.0	38.0	3.0	1.5	3.0	70	10	9.0	27.7	18.70	661.59	2 593.10	1 715 576.778 4	13.381 5
864.0	40.0	3.0	2.0	3.0	70	10	9.0	27.7	20.00	682.99	2 588.69	1 768 036.945 0	13.790 7
864.0	45.0	3.0	2.0	5.0	70	10	9.0	29.5	23.78	848.90	2 581.03	2 191 026.696 0	17.090 0
864.0	50.0	3.0	2.0	5.0	70	10	9.0	31.3	26.44	986.65	2 566.33	2 532 065.462 6	19.750 1
864.0	55.0	3.0	2.0	5.0	70	10	9.0	33.0	29.17	1 133.22	2 552.01	2 891 979.956 6	22.557 4

续表

尺寸（mm）									重心距（mm）	断面（mm²）	周长（mm）	体积（mm³）	金属重量（kg/口）
Φ	δ	b	p	e	α	β	h	B					
864.0	60.0	3.0	2.0	5.0	70	10	9.0	34.8	31.94	1 288.60	2 538.02	3 270 493.246 7	25.509 8
864.0	70.0	3.0	2.0	5.0	70	10	9.0	38.3	37.62	1 625.81	2 510.88	4 082 208.489 3	31.841 2
864.0	75.0	3.0	2.0	5.0	70	10	9.0	40.1	40.51	1 807.63	2 497.66	4 514 856.579 0	35.215 9
864.0	80.0	3.0	2.0	5.0	70	10	9.0	41.8	43.44	1 998.28	2 484.64	4 964 995.739 0	38.727 0
864.0	90.0	3.0	2.0	5.0	70	10	9.0	45.4	49.38	2 406.01	2 459.11	5 916 639.544 5	46.149 8
864.0	100.0	3.0	2.0	5.0	70	10	9.0	48.9	55.41	2 849.00	2 434.16	6 934 924.454 3	54.092 4
914.0	20.0	3.0	1.5	3.0	70	10	9.0	21.4	10.57	2 78.96	2 812.16	784 491.455 6	6.119 0
914.0	24.0	3.0	1.5	3.0	70	10	9.0	22.8	12.20	354.12	2 797.30	990 580.320 2	7.726 5
914.0	26.0	3.0	1.5	3.0	70	10	9.0	23.5	13.07	393.81	2 790.15	1 098 802.132 9	8.570 7
914.0	28.0	3.0	1.5	3.0	70	10	9.0	24.2	13.96	434.92	2 783.17	1 210 451.901 1	9.441 5
914.0	30.0	3.0	1.5	3.0	70	10	9.0	24.9	14.87	477.43	2 776.33	1 325 511.901 2	10.339 0
914.0	32.0	3.0	1.5	3.0	70	10	9.0	25.6	15.80	521.36	2 769.63	1 443 964.409 5	11.262 9
914.0	36.0	3.0	1.5	3.0	70	10	9.0	27.0	17.72	613.44	2 756.56	1 690 976.056 6	13.189 6
914.0	38.0	3.0	1.5	3.0	70	10	9.0	27.7	18.70	661.59	2 750.18	1 819 499.748 1	14.192 1
914.0	40.0	3.0	2.0	3.0	70	10	9.0	27.7	20.00	682.99	2 745.77	1 875 320.068 3	14.627 5
914.0	45.0	3.0	2.0	5.0	70	10	9.0	29.5	23.78	848.90	2 738.11	2 324 371.108 2	18.130 1
914.0	50.0	3.0	2.0	5.0	70	10	9.0	31.3	26.44	986.65	2 723.41	2 687 047.936 9	20.959 0
914.0	55.0	3.0	2.0	5.0	70	10	9.0	33.0	29.17	1 133.22	2 709.09	3 069 985.150 2	23.945 9
914.0	60.0	3.0	2.0	5.0	70	10	9.0	34.8	31.94	1 288.60	2 695.10	3 472 905.816 7	27.088 7
914.0	70.0	3.0	2.0	5.0	70	10	9.0	38.3	37.62	1 625.81	2 667.96	4 337 589.783 3	33.833 2
914.0	75.0	3.0	2.0	5.0	70	10	9.0	40.1	40.51	1 807.63	2 654.74	4 798 799.220 7	37.430 6
914.0	80.0	3.0	2.0	5.0	70	10	9.0	41.8	43.44	1 998.28	2 641.72	5 278 884.385 6	41.175 3
914.0	90.0	3.0	2.0	5.0	70	10	9.0	45.4	49.38	2 406.01	2 616.19	6 294 574.172 0	49.097 7
914.0	100.0	3.0	2.0	5.0	70	10	9.0	48.9	55.41	2 849.00	2 591.24	7 382 443.691 2	57.583 1
965.0	20.0	3.0	1.5	3.0	70	10	9.0	21.4	10.57	278.96	2 972.38	829 187.494 6	6.467 7
965.0	24.0	3.0	1.5	3.0	70	10	9.0	22.8	12.20	354.12	2 957.52	1 047 317.946 8	8.169 1
965.0	26.0	3.0	1.5	3.0	70	10	9.0	23.5	13.07	393.81	2 950.38	1 161 899.517 5	9.062 8
965.0	28.0	3.0	1.5	3.0	70	10	9.0	24.2	13.96	434.92	2 943.39	1 280 135.019 7	9.985 1
965.0	30.0	3.0	1.5	3.0	70	10	9.0	24.9	14.87	477.43	2 936.55	1 402 006.729 8	10.935 7

续表

尺　寸 (mm)									重心距 (mm)	断面 (mm²)	周长 (mm)	体积 (mm³)	金属重量 (kg/口)
Φ	δ	b	p	e	α	β	h	B					
965.0	32.0	3.0	1.5	3.0	70	10	9.0	25.6	15.80	521.36	2 929.85	1 527 496.924 2	11.914 5
965.0	36.0	3.0	1.5	3.0	70	10	9.0	27.0	17.72	613.44	2 916.78	1 789 261.871 5	13.956 2
965.0	38.0	3.0	1.5	3.0	70	10	9.0	27.7	18.70	661.59	2 910.40	1 925 501.177 1	15.018 9
965.0	40.0	3.0	2.0	3.0	70	10	9.0	27.7	20.00	682.99	2 905.99	1 984 748.854 1	15.481 0
965.0	45.0	3.0	2.0	5.0	70	10	9.0	29.5	23.78	848.90	2 898.33	2 460 382.408 7	19.191 0
965.0	50.0	3.0	2.0	5.0	70	10	9.0	31.3	26.44	986.65	2 883.63	2 845 130.060 8	22.192 0
965.0	55.0	3.0	2.0	5.0	70	10	9.0	33.0	29.17	1 133.22	2 869.31	3 251 550.447 7	25.362 1
965.0	60.0	3.0	2.0	5.0	70	10	9.0	34.8	31.94	1 288.60	2 855.32	3 679 366.638 0	28.699 1
965.0	70.0	3.0	2.0	5.0	70	10	9.0	38.3	37.62	1 625.81	2 828.18	4 598 078.703 2	35.865 0
965.0	75.0	3.0	2.0	5.0	70	10	9.0	40.1	40.51	1 807.63	2 814.96	5 088 420.715 3	39.689 7
965.0	80.0	3.0	2.0	5.0	70	10	9.0	41.8	43.44	1 998.28	2 801.94	5 599 050.805 0	43.672 6
965.0	90.0	3.0	2.0	5.0	70	10	9.0	45.4	49.38	2 406.01	2 776.41	6 680 067.492 1	52.104 5
965.0	100.0	3.0	2.0	5.0	70	10	9.0	48.9	55.41	2 849.00	2 751.47	7 838 913.312 9	61.143 5
1 067.0	20.0	3.0	1.5	3.0	70	10	9.0	21.4	10.57	278.96	3 292.82	918 579.572 4	7.164 9
1 067.0	24.0	3.0	1.5	3.0	70	10	9.0	22.8	12.20	354.12	3 277.96	1 160 793.200 2	9.054 2
1 067.0	26.0	3.0	1.5	3.0	70	10	9.0	23.5	13.07	393.81	3 270.82	1 288 094.286 7	10.047 1
1 067.0	28.0	3.0	1.5	3.0	70	10	9.0	24.2	13.96	434.92	3 263.84	1 419 501.256 9	11.072 1
1 067.0	30.0	3.0	1.5	3.0	70	10	9.0	24.9	14.87	477.43	3 257.00	1 554 996.387 0	12.129 0
1 067.0	32.0	3.0	1.5	3.0	70	10	9.0	25.6	15.80	521.36	3 250.29	1 694 561.953 5	13.217 6
1 067.0	36.0	3.0	1.5	3.0	70	10	9.0	27.0	17.72	613.44	3 237.22	1 985 833.501 2	15.489 5
1 067.0	38.0	3.0	1.5	3.0	70	10	9.0	27.7	18.70	661.59	3 230.84	2 137 504.035 2	16.672 5
1 067.0	40.0	3.0	2.0	3.0	70	10	9.0	27.7	20.00	682.99	3 226.43	2 203 606.425 6	17.188 1
1 067.0	45.0	3.0	2.0	5.0	70	10	9.0	29.5	23.78	848.90	3 218.77	2 732 405.009 7	21.312 8
1 067.0	50.0	3.0	2.0	5.0	70	10	9.0	31.3	26.44	986.65	3 204.07	3 161 294.308 5	24.658 1
1 067.0	55.0	3.0	2.0	5.0	70	10	9.0	33.0	29.17	1 133.22	3 189.75	3 614 681.042 6	28.194 5
1 067.0	60.0	3.0	2.0	5.0	70	10	9.0	34.8	31.94	1 288.60	3 175.77	4 092 288.280 7	31.919 8
1 067.0	70.0	3.0	2.0	5.0	70	10	9.0	38.3	37.62	1 625.81	3 148.62	5 119 056.543 0	39.928 6
1 067.0	75.0	3.0	2.0	5.0	70	10	9.0	40.1	40.51	1 807.63	3 135.40	5 667 663.704 4	44.207 8
1 067.0	80.0	3.0	2.0	5.0	70	10	9.0	41.8	43.44	1 998.28	3 122.38	6 239 383.643 9	48.667 2
1 067.0	90.0	3.0	2.0	5.0	70	10	9.0	45.4	49.38	2 406.01	3 096.86	7 451 054.132 2	58.118 2
1 067.0	100.0	3.0	2.0	5.0	70	10	9.0	48.9	55.41	2 849.00	3 071.91	8 751 852.556 3	68.264 4

②合金钢、不锈钢管

尺寸(mm)									重心距 (mm)	断面 (mm²)	周长 (mm)	体积 (mm³)	金属重量 (kg/口)
Φ	δ	b	p	e	α	β	h	B					
159.0	20.0	3.0	1.5	3.0	70	10	9.0	21.4	10.57	278.96	440.25	122 814.800 7	0.967 8
168.0	20.0	3.0	1.5	3.0	70	10	9.0	21.4	10.57	278.96	468.53	130 702.337 0	1.029 9
168.0	22.0	3.0	1.5	3.0	70	10	9.0	22.1	11.37	315.84	460.99	145 598.927 4	1.147 3
219.0	20.0	3.0	1.5	3.0	70	10	9.0	21.4	10.57	278.96	628.75	175 398.375 9	1.382 1
219.0	22.0	3.0	1.5	3.0	70	10	9.0	22.1	11.37	315.84	621.21	196 202.772 2	1.546 1
219.0	24.0	3.0	1.5	3.0	70	10	9.0	22.8	12.20	354.12	613.89	217 391.093 8	1.713 0
219.0	26.0	3.0	1.5	3.0	70	10	9.0	23.5	13.07	393.81	606.75	238 945.617 1	1.882 9
219.0	28.0	3.0	1.5	3.0	70	10	9.0	24.2	13.96	434.92	599.76	260 848.618 4	2.055 5
219.0	30.0	3.0	1.5	3.0	70	10	9.0	24.9	14.87	477.43	592.93	283 082.374 2	2.230 7
273.0	20.0	3.0	1.5	3.0	70	10	9.0	21.4	10.57	278.96	798.39	222 723.593 6	1.755 1
273.0	22.0	3.0	1.5	3.0	70	10	9.0	22.1	11.37	315.84	790.86	249 783.313 8	1.968 3
273.0	24.0	3.0	1.5	3.0	70	10	9.0	22.8	12.20	354.12	783.54	277 466.228 0	2.186 4
273.0	25.0	3.0	1.5	3.0	70	10	9.0	23.1	12.63	373.79	779.94	291 535.844 2	2.297 3
273.0	28.0	3.0	1.5	3.0	70	10	9.0	24.2	13.96	434.92	769.41	334 630.744 0	2.636 9
273.0	30.0	3.0	1.5	3.0	70	10	9.0	24.9	14.87	477.43	762.57	364 076.898 6	2.868 9
273.0	32.0	3.0	1.5	3.0	70	10	9.0	25.6	15.80	521.36	755.86	394 075.352 8	3.105 3
273.0	36.0	3.0	1.5	3.0	70	10	9.0	27.0	17.72	613.44	742.79	455 658.265 6	3.590 6
273.0	38.0	3.0	1.5	3.0	70	10	9.0	27.7	18.70	661.59	736.41	487 207.276 9	3.839 2
325.0	20.0	3.0	1.5	3.0	70	10	9.0	21.4	10.57	278.96	961.76	268 296.025 5	2.114 2
325.0	22.0	3.0	1.5	3.0	70	10	9.0	22.1	11.37	315.84	954.22	301 379.390 8	2.374 9
325.0	24.0	3.0	1.5	3.0	70	10	9.0	22.8	12.20	354.12	946.90	335 316.357 1	2.642 3
325.0	26.0	3.0	1.5	3.0	70	10	9.0	23.5	13.07	393.81	939.76	370 089.200 8	2.916 3
325.0	28.0	3.0	1.5	3.0	70	10	9.0	24.2	13.96	434.92	932.77	405 680.198 2	3.196 8
325.0	30.0	3.0	1.5	3.0	70	10	9.0	24.9	14.87	477.43	925.94	442 071.625 8	3.483 5
325.0	32.0	3.0	1.5	3.0	70	10	9.0	25.6	15.80	521.36	919.23	479 245.759 9	3.776 5
325.0	36.0	3.0	1.5	3.0	70	10	9.0	27.0	17.72	613.44	906.16	555 871.253 3	4.380 3
325.0	38.0	3.0	1.5	3.0	70	10	9.0	27.7	18.70	661.59	899.78	595 287.165 3	4.690 9
325.0	40.0	3.0	2.0	3.0	70	10	9.0	27.7	20.00	682.99	895.37	611 524.875 9	4.818 8
325.0	45.0	3.0	2.0	5.0	70	10	9.0	29.5	23.78	848.90	887.71	753 573.932 2	5.938 2
377.0	20.0	3.0	1.5	3.0	70	10	9.0	21.4	10.57	278.96	1 125.12	313 868.4573	2.473 3

续表

尺　寸 (mm)									重心距 (mm)	断　面 (mm²)	周　长 (mm)	体　积 (mm³)	金属重量 (kg/口)
Φ	δ	b	p	e	α	β	h	B					
377.0	22.0	3.0	1.5	3.0	70	10	9.0	22.1	11.37	315.84	1 117.59	352 975.467 8	2.781 4
377.0	24.0	3.0	1.5	3.0	70	10	9.0	22.8	12.20	354.12	1 110.26	393 166.486 3	3.098 2
377.0	26.0	3.0	1.5	3.0	70	10	9.0	23.5	13.07	393.81	1 103.12	434 423.789 0	3.423 3
377.0	28.0	3.0	1.5	3.0	70	10	9.0	24.2	13.96	434.92	1 096.14	476 729.652 5	3.756 6
377.0	30.0	3.0	1.5	3.0	70	10	9.0	24.9	14.87	477.43	1 089.30	520 066.353 0	4.098 1
377.0	34.0	3.0	1.5	3.0	70	10	9.0	26.3	16.75	566.69	1 076.00	609 761.370 9	4.804 9
377.0	36.0	3.0	1.5	3.0	70	10	9.0	27.0	17.72	613.44	1 069.52	656 084.241 0	5.169 9
377.0	38.0	3.0	1.5	3.0	70	10	9.0	27.7	18.70	661.59	1 063.14	703 367.053 8	5.542 5
377.0	40.0	3.0	2.0	3.0	70	10	9.0	27.7	20.00	682.99	1 058.73	723 099.324 1	5.698 0
377.0	45.0	3.0	2.0	5.0	70	10	9.0	29.5	23.78	848.90	1 051.07	892 252.120 9	7.030 9
377.0	50.0	3.0	2.0	5.0	70	10	9.0	31.3	26.44	986.65	1 036.37	1 022 536.162 3	8.057 6
377.0	55.0	3.0	2.0	5.0	70	10	9.0	33.0	29.17	1 133.22	1 022.06	1 158 209.371 0	9.126 7
426.0	20.0	3.0	1.5	3.0	70	10	9.0	21.4	10.57	278.96	1 279.06	356 811.710 4	2.811 7
426.0	22.0	3.0	1.5	3.0	70	10	9.0	22.1	11.37	315.84	1 271.52	401 594.848 1	3.164 6
426.0	24.0	3.0	1.5	3.0	70	10	9.0	22.8	12.20	354.12	1 264.20	447 679.108 0	3.527 7
426.0	26.0	3.0	1.5	3.0	70	10	9.0	23.5	13.07	393.81	1 257.06	495 046.766 4	3.901 0
426.0	28.0	3.0	1.5	3.0	70	10	9.0	24.2	13.96	434.92	1 250.07	543 680.099 7	4.284 2
426.0	30.0	3.0	1.5	3.0	70	10	9.0	24.9	14.87	477.43	1 243.24	593 561.384 4	4.677 3
426.0	34.0	3.0	1.5	3.0	70	10	9.0	26.3	16.75	566.69	1 229.94	696 996.913 3	5.492 3
426.0	36.0	3.0	1.5	3.0	70	10	9.0	27.0	17.72	613.44	1 223.46	750 515.710 2	5.914 1
426.0	38.0	3.0	1.5	3.0	70	10	9.0	27.7	18.70	661.59	1 217.08	805 211.564 1	6.345 1
426.0	40.0	3.0	2.0	3.0	70	10	9.0	27.7	20.00	682.99	1 212.67	828 236.784 9	6.526 5
426.0	45.0	3.0	2.0	5.0	70	10	9.0	29.5	23.78	848.90	1 205.01	1 022 929.644 9	8.060 7
426.0	50.0	3.0	2.0	5.0	70	10	9.0	31.3	26.44	986.65	1 190.31	1 174 418.987 2	9.254 4
426.0	55.0	3.0	2.0	5.0	70	10	9.0	33.0	29.17	1 133.22	1 175.99	1 332 654.460 7	10.501 3

续表

尺寸(mm)									重心距	断面	周长	体积	金属重量
Φ	δ	b	p	e	α	β	h	B	(mm)	(mm^2)	(mm)	(mm^3)	(kg/口)
480.0	20.0	3.0	1.5	3.0	70	10	9.0	21.4	10.57	278.96	1 448.70	404 136.928 1	3.184 6
480.0	22.0	3.0	1.5	3.0	70	10	9.0	22.1	11.37	315.84	1 441.17	455 175.389 7	3.586 8
480.0	24.0	3.0	1.5	3.0	70	10	9.0	22.8	12.20	354.12	1 433.85	507 754.242 1	4.001 1
480.0	26.0	3.0	1.5	3.0	70	10	9.0	23.5	13.07	393.81	1 426.70	561 855.761 9	4.427 4
480.0	28.0	3.0	1.5	3.0	70	10	9.0	24.2	13.96	434.92	1 419.72	617 462.225 3	4.865 6
480.0	30.0	3.0	1.5	3.0	70	10	9.0	24.9	14.87	477.43	1 412.88	674 555.908 8	5.315 5
480.0	34.0	3.0	1.5	3.0	70	10	9.0	26.3	16.75	566.69	1 399.58	793 134.041 6	6.249 9
480.0	36.0	3.0	1.5	3.0	70	10	9.0	27.0	17.72	613.44	1 393.10	854 583.043 6	6.734 1
480.0	38.0	3.0	1.5	3.0	70	10	9.0	27.7	18.70	661.59	1 386.72	917 448.371 3	7.229 5
480.0	40.0	3.0	2.0	3.0	70	10	9.0	27.7	20.00	682.99	1 382.32	944 102.558 1	7.439 5
480.0	45.0	3.0	2.0	5.0	70	10	9.0	29.5	23.78	848.90	1 374.66	1 166 941.610 1	9.195 5
480.0	50.0	3.0	2.0	5.0	70	10	9.0	31.3	26.44	986.65	1 359.96	1 341 800.059 5	10.573 4
480.0	55.0	3.0	2.0	5.0	70	10	9.0	33.0	29.17	1 133.22	1 345.64	1 524 900.069 8	12.016 2
480.0	60.0	3.0	2.0	5.0	70	10	9.0	34.8	31.94	1 288.60	1 331.65	1 715 964.709 5	13.521 8
530.0	20.0	3.0	1.5	3.0	70	10	9.0	21.4	10.57	278.96	1 605.78	447 956.574 2	3.529 9
530.0	22.0	3.0	1.5	3.0	70	10	9.0	22.1	11.37	315.84	1 598.25	504 787.002 2	3.977 7
530.0	24.0	3.0	1.5	3.0	70	10	9.0	22.8	12.20	354.12	1 590.93	563 379.366 3	4.439 4
530.0	26.0	3.0	1.5	3.0	70	10	9.0	23.5	13.07	393.81	1 583.78	623 715.942 9	4.914 9
530.0	28.0	3.0	1.5	3.0	70	10	9.0	24.2	13.96	434.92	1 576.80	685 779.008 2	5.403 9
530.0	30.0	3.0	1.5	3.0	70	10	9.0	24.9	14.87	477.43	1 569.96	749 550.838 8	5.906 5
530.0	34.0	3.0	1.5	3.0	70	10	9.0	26.3	16.75	566.69	1 556.66	882 149.901 1	6.951 3
530.0	36.0	3.0	1.5	3.0	70	10	9.0	27.0	17.72	613.44	1 550.18	950 941.685 7	7.493 4
530.0	38.0	3.0	1.5	3.0	70	10	9.0	27.7	18.70	661.59	1 543.80	1 021 371.341 0	8.048 4
530.0	40.0	3.0	2.0	3.0	70	10	9.0	27.7	20.00	682.99	1 539.40	1 051 385.681 4	8.284 9
530.0	45.0	3.0	2.0	5.0	70	10	9.0	29.5	23.78	848.90	1 531.74	1 300 286.022 3	10.246 3
530.0	50.0	3.0	2.0	5.0	70	10	9.0	31.3	26.44	986.65	1 517.04	1 496 782.533 9	11.794 6
530.0	55.0	3.0	2.0	5.0	70	10	9.0	33.0	29.17	1 133.22	1 502.72	1 702 905.263 4	13.418 9
530.0	60.0	3.0	2.0	5.0	70	10	9.0	34.8	31.94	1 288.60	1 488.73	1 918 377.279 4	15.116 8

（2）手工钨极气体保护焊

①碳钢管

尺寸(mm)									重心距 (mm)	断面 (mm^2)	周长 (mm)	体积 (mm^3)	金属重量 (kg/口)
Φ	δ	b	p	e	α	β	h	B					
127.0	20.0	3.0	1.5	3.0	70	10	9.0	21.4	10.57	278.96	339.72	94 770.227 2	0.743 9
133.0	20.0	3.0	1.5	3.0	70	10	9.0	21.4	10.57	278.96	358.57	100 028.584 7	0.785 2
133.0	22.0	3.0	1.5	3.0	70	10	9.0	22.1	11.37	315.84	351.04	110 870.798 6	0.870 3
159.0	20.0	3.0	1.5	3.0	70	10	9.0	21.4	10.57	278.96	440.25	122 814.800 7	0.964 1
159.0	22.0	3.0	1.5	3.0	70	10	9.0	22.1	11.37	315.84	432.72	136 668.837 2	1.072 9
159.0	24.0	3.0	1.5	3.0	70	10	9.0	22.8	12.20	354.12	425.39	150 640.944 8	1.182 5
159.0	26.0	3.0	1.5	3.0	70	10	9.0	23.5	13.07	393.81	418.25	164 713.399 9	1.293 0
159.0	28.0	3.0	1.5	3.0	70	10	9.0	24.2	13.96	434.92	411.27	178 868.478 9	1.404 1
168.0	20.0	3.0	1.5	3.0	70	10	9.0	21.4	10.57	278.96	468.53	130 702.337 0	1.026 0
168.0	22.0	3.0	1.5	3.0	70	10	9.0	22.1	11.37	315.84	460.99	145 598.927 4	1.143 0
168.0	24.0	3.0	1.5	3.0	70	10	9.0	22.8	12.20	354.12	453.67	160 653.467 1	1.261 1
168.0	25.0	3.0	1.5	3.0	70	10	9.0	23.1	12.63	373.79	450.08	168 234.429 3	1.320 6
168.0	26.0	3.0	1.5	3.0	70	10	9.0	23.5	13.07	393.81	446.53	175 848.232 5	1.380 4
168.0	28.0	3.0	1.5	3.0	70	10	9.0	24.2	13.96	434.92	439.54	191 165.499 8	1.500 6
168.0	30.0	3.0	1.5	3.0	70	10	9.0	24.9	14.87	477.43	432.71	206 587.545 6	1.621 7
194.0	20.0	3.0	1.5	3.0	70	10	9.0	21.4	10.57	278.96	550.21	153 488.552 9	1.204 9
194.0	22.0	3.0	1.5	3.0	70	10	9.0	22.1	11.37	315.84	542.67	171 396.965 9	1.345 5
194.0	24.0	3.0	1.5	3.0	70	10	9.0	22.8	12.20	354.12	535.35	189 578.531 7	1.488 2
194.0	28.0	3.0	1.5	3.0	70	10	9.0	24.2	13.96	434.92	521.23	226 690.227 0	1.779 5
194.0	30.0	3.0	1.5	3.0	70	10	9.0	24.9	14.87	477.43	514.39	245 584.909 2	1.927 8
219.0	20.0	3.0	1.5	3.0	70	10	9.0	21.4	10.57	278.96	628.75	175 398.375 9	1.376 9
219.0	22.0	3.0	1.5	3.0	70	10	9.0	22.1	11.37	315.84	621.21	196 202.772 2	1.540 2
219.0	24.0	3.0	1.5	3.0	70	10	9.0	22.8	12.20	354.12	613.89	217 391.093 8	1.706 5
219.0	28.0	3.0	1.5	3.0	70	10	9.0	24.2	13.96	434.92	599.76	260 848.618 4	2.047 7
219.0	30.0	3.0	1.5	3.0	70	10	9.0	24.9	14.87	477.43	592.93	283 082.374 2	2.222 2
219.0	35.0	3.0	1.5	3.0	70	10	9.0	26.7	17.23	589.89	576.38	339 997.503 2	2.669 0
245.0	20.0	3.0	1.5	3.0	70	10	9.0	21.4	10.57	278.96	710.43	198 184.591 8	1.555 7
245.0	25.0	3.0	1.5	3.0	70	10	9.0	23.1	12.63	373.79	691.98	258 655.466 9	2.030 4
245.0	30.0	3.0	1.5	3.0	70	10	9.0	24.9	14.87	477.43	674.61	322 079.737 8	2.528 3
245.0	35.0	3.0	1.5	3.0	70	10	9.0	26.7	17.23	589.89	658.06	388 180.473 2	3.047 2

续表

尺寸（mm）									重心距（mm）	断面（mm²）	周长（mm）	体积（mm³）	金属重量（kg/口）
Φ	δ	b	p	e	α	β	h	B					
273.0	20.0	3.0	1.5	3.0	70	10	9.0	21.4	10.57	278.96	798.39	222 723.593 6	1.748 4
273.0	22.0	3.0	1.5	3.0	70	10	9.0	22.1	11.37	315.84	790.86	249 783.313 8	1.960 8
273.0	25.0	3.0	1.5	3.0	70	10	9.0	23.1	12.63	373.79	779.94	291 535.844 2	2.288 6
273.0	28.0	3.0	1.5	3.0	70	10	9.0	24.2	13.96	434.92	769.41	334 630.744 0	2.626 9
273.0	30.0	3.0	1.5	3.0	70	10	9.0	24.9	14.87	477.43	762.57	364 076.898 6	2.858 0
273.0	32.0	3.0	1.5	3.0	70	10	9.0	25.6	15.80	521.36	755.86	394 075.352 8	3.093 5
273.0	36.0	3.0	1.5	3.0	70	10	9.0	27.0	17.72	613.44	742.79	455 658.265 6	3.576 9
325.0	20.0	3.0	1.5	3.0	70	10	9.0	21.4	10.57	278.96	961.76	268 296.025 5	2.106 1
325.0	22.0	3.0	1.5	3.0	70	10	9.0	22.1	11.37	315.84	954.22	301 379.390 8	2.365 8
325.0	25.0	3.0	1.5	3.0	70	10	9.0	23.1	12.63	373.79	943.31	352 599.402 0	2.767 9
325.0	28.0	3.0	1.5	3.0	70	10	9.0	24.2	13.96	434.92	932.77	405 680.198 2	3.184 6
325.0	30.0	3.0	1.5	3.0	70	10	9.0	24.9	14.87	477.43	925.94	442 071.625 8	3.470 3
325.0	32.0	3.0	1.5	3.0	70	10	9.0	25.6	15.80	521.36	919.23	479 245.759 9	3.762 1
325.0	36.0	3.0	1.5	3.0	70	10	9.0	27.0	17.72	613.44	906.16	555 871.253 3	4.363 6
325.0	40.0	3.0	2.0	3.0	70	10	9.0	27.7	20.00	682.99	895.37	611 524.875 9	4.800 5
377.0	20.0	3.0	1.5	3.0	70	10	9.0	21.4	10.57	278.96	1 125.12	313 868.457 3	2.463 9
377.0	22.0	3.0	1.5	3.0	70	10	9.0	22.1	11.37	315.84	1 117.59	352 975.467 8	2.770 9
377.0	24.0	3.0	1.5	3.0	70	10	9.0	22.8	12.20	354.12	1 110.26	393 166.486 3	3.086 4
377.0	26.0	3.0	1.5	3.0	70	10	9.0	23.5	13.07	393.81	1 103.12	434 423.789 0	3.410 2
377.0	28.0	3.0	1.5	3.0	70	10	9.0	24.2	13.96	434.92	1 096.14	476 729.652 5	3.742 3
377.0	32.0	3.0	1.5	3.0	70	10	9.0	25.6	15.80	521.36	1 082.59	564 416.167 0	4.430 7
377.0	36.0	3.0	1.5	3.0	70	10	9.0	27.0	17.72	613.44	1 069.52	656 084.241 0	5.150 3
377.0	40.0	3.0	2.0	3.0	70	10	9.0	27.7	20.00	682.99	1 058.73	723 099.324 1	5.676 3
426.0	20.0	3.0	1.5	3.0	70	10	9.0	21.4	10.57	278.96	1 279.06	356 811.710 4	2.801 0
426.0	22.0	3.0	1.5	3.0	70	10	9.0	22.1	11.37	315.84	1 271.52	401 594.848 1	3.152 5
426.0	24.0	3.0	1.5	3.0	70	10	9.0	22.8	12.20	354.12	1 264.20	447 679.108 0	3.514 3
426.0	26.0	3.0	1.5	3.0	70	10	9.0	23.5	13.07	393.81	1 257.06	495 046.766 4	3.886 1
426.0	28.0	3.0	1.5	3.0	70	10	9.0	24.2	13.96	434.92	1 250.07	543 680.099 7	4.267 9
426.0	30.0	3.0	1.5	3.0	70	10	9.0	24.9	14.87	477.43	1 243.24	593 561.384 4	4.659 5
426.0	32.0	3.0	1.5	3.0	70	10	9.0	25.6	15.80	521.36	1 236.53	644 672.896 8	5.060 7

续表

尺 寸 (mm)									重心距 (mm)	断 面 (mm²)	周 长 (mm)	体 积 (mm³)	金属重量 (kg/口)
Φ	δ	b	p	e	α	β	h	B					
426.0	36.0	3.0	1.5	3.0	70	10	9.0	27.0	17.72	613.44	1 223.46	750 515.710 2	5.891 5
426.0	40.0	3.0	2.0	3.0	70	10	9.0	27.7	20.00	682.99	1 212.67	828 236.784 9	6.501 7
480.0	20.0	3.0	1.5	3.0	70	10	9.0	21.4	10.57	278.96	1 448.70	404 136.928 1	3.172 5
480.0	24.0	3.0	1.5	3.0	70	10	9.0	22.8	12.20	354.12	1 433.85	507 754.242 1	3.985 9
480.0	25.0	3.0	1.5	3.0	70	10	9.0	23.1	12.63	373.79	1 430.25	534 615.776 3	4.196 7
480.0	28.0	3.0	1.5	3.0	70	10	9.0	24.2	13.96	434.92	1 419.72	617 462.225 3	4.847 1
480.0	30.0	3.0	1.5	3.0	70	10	9.0	24.9	14.87	477.43	1 412.88	674 555.908 8	5.295 3
480.0	32.0	3.0	1.5	3.0	70	10	9.0	25.6	15.80	521.36	1 406.17	733 119.088 8	5.755 0
480.0	36.0	3.0	1.5	3.0	70	10	9.0	27.0	17.72	613.44	1 393.10	854 583.043 6	6.708 5
480.0	40.0	3.0	2.0	3.0	70	10	9.0	27.7	20.00	682.99	1 382.32	944 102.558 1	7.411 2
480.0	45.0	3.0	1.5	5.0	70	10	9.0	30.2	23.44	881.51	1 372.53	1 209 891.977 3	9.497 7
508.0	20.0	3.0	1.5	3.0	70	10	9.0	21.4	10.57	278.96	1 536.67	428 675.929 9	3.365 1
508.0	24.0	3.0	1.5	3.0	70	10	9.0	22.8	12.20	354.12	1 521.81	538 904.311 7	4.230 4
508.0	25.0	3.0	1.5	3.0	70	10	9.0	23.1	12.63	373.79	1 518.22	567 496.153 6	4.454 8
508.0	28.0	3.0	1.5	3.0	70	10	9.0	24.2	13.96	434.92	1 507.69	655 719.623 7	5.147 4
508.0	30.0	3.0	1.5	3.0	70	10	9.0	24.9	14.87	477.43	1 500.85	716 553.069 6	5.624 9
508.0	32.0	3.0	1.5	3.0	70	10	9.0	25.6	15.80	521.36	1 494.14	778 980.077 2	6.115 0
508.0	36.0	3.0	1.5	3.0	70	10	9.0	27.0	17.72	613.44	1 481.07	908 543.883 2	7.132 1
508.0	40.0	3.0	2.0	3.0	70	10	9.0	27.7	20.00	682.99	1 470.28	1 004 181.107 2	7.882 8
508.0	45.0	3.0	2.0	5.0	70	10	9.0	29.5	23.78	848.90	1 462.62	1 241 614.480 9	9.746 7
530.0	20.0	3.0	1.5	3.0	70	10	9.0	21.4	10.57	278.96	1 605.78	447 956.574 2	3.516 5
530.0	24.0	3.0	1.5	3.0	70	10	9.0	22.8	12.20	354.12	1 590.93	563 379.366 3	4.422 5
530.0	26.0	3.0	1.5	3.0	70	10	9.0	23.5	13.07	393.81	1 583.78	623 715.942 9	4.896 2
530.0	28.0	3.0	1.5	3.0	70	10	9.0	24.2	13.96	434.92	1 576.80	685 779.008 2	5.383 4
530.0	30.0	3.0	1.5	3.0	70	10	9.0	24.9	14.87	477.43	1 569.96	749 550.838 8	5.884 0
530.0	32.0	3.0	1.5	3.0	70	10	9.0	25.6	15.80	521.36	1 563.25	815 013.711 0	6.397 9
530.0	36.0	3.0	1.5	3.0	70	10	9.0	27.0	17.72	613.44	1 550.18	950 941.685 7	7.464 9
530.0	40.0	3.0	2.0	3.0	70	10	9.0	27.7	20.00	682.99	1 539.40	1 051 385.681 4	8.253 4
530.0	45.0	3.0	2.0	5.0	70	10	9.0	29.5	23.78	848.90	1 531.74	1 300 286.022 3	10.207 2
559.0	20.0	3.0	1.5	3.0	70	10	9.0	21.4	10.57	278.96	1 696.89	473 371.968 9	3.716 0

续表

尺寸(mm)									重心距 (mm)	断面 (mm^2)	周长 (mm)	体积 (mm^3)	金属重量 (kg/口)
Φ	δ	b	p	e	α	β	h	B					
559.0	24.0	3.0	1.5	3.0	70	10	9.0	22.8	12.20	354.12	1 682.03	595 641.938 4	4.675 8
559.0	26.0	3.0	1.5	3.0	70	10	9.0	23.5	13.07	393.81	1 674.89	659 594.847 8	5.177 8
559.0	28.0	3.0	1.5	3.0	70	10	9.0	24.2	13.96	434.92	1 667.91	725 402.742 3	5.694 4
559.0	30.0	3.0	1.5	3.0	70	10	9.0	24.9	14.87	477.43	1 661.07	793 047.898 2	6.225 4
559.0	32.0	3.0	1.5	3.0	70	10	9.0	25.6	15.80	521.36	1 654.36	862 512.591 9	6.770 7
559.0	36.0	3.0	1.5	3.0	70	10	9.0	27.0	17.72	613.44	1 641.29	1 006 829.698 1	7.903 6
559.0	40.0	3.0	2.0	3.0	70	10	9.0	27.7	20.00	682.99	1 630.50	1 113 609.892 9	8.741 8
559.0	45.0	3.0	2.0	5.0	70	10	9.0	29.5	23.78	848.90	1 622.84	1 377 625.781 4	10.814 4
630.0	20.0	3.0	1.5	3.0	70	10	9.0	21.4	10.57	278.96	1 919.94	535 595.866 2	4.204 4
630.0	24.0	3.0	1.5	3.0	70	10	9.0	22.8	12.20	354.12	1 905.08	674 629.614 7	5.295 8
630.0	26.0	3.0	1.5	3.0	70	10	9.0	23.5	13.07	393.81	1 897.94	747 436.304 9	5.867 4
630.0	28.0	3.0	1.5	3.0	70	10	9.0	24.2	13.96	434.92	1 890.96	822 412.574 1	6.455 9
630.0	30.0	3.0	1.5	3.0	70	10	9.0	24.9	14.87	477.43	1 884.12	899 540.698 8	7.061 4
630.0	32.0	3.0	1.5	3.0	70	10	9.0	25.6	15.80	521.36	1 877.41	978 802.955 4	7.683 6
630.0	36.0	3.0	1.5	3.0	70	10	9.0	27.0	17.72	613.44	1 864.34	1 143 658.969 8	8.977 7
630.0	38.0	3.0	1.5	3.0	70	10	9.0	27.7	18.70	661.59	1 857.96	1 229 217.280 3	9.649 4
630.0	40.0	3.0	2.0	3.0	70	10	9.0	27.7	20.00	682.99	1 853.56	1 265 951.928 0	9.937 7
630.0	45.0	3.0	2.0	5.0	70	10	9.0	29.5	23.78	848.90	1 845.90	1 566 974.846 8	12.300 8
630.0	50.0	3.0	2.0	5.0	70	10	9.0	31.3	26.44	986.65	1 831.20	1 806 747.482 6	14.183 0
660.0	20.0	3.0	1.5	3.0	70	10	9.0	21.4	10.57	278.96	2 014.19	561 887.653 8	4.410 8
660.0	24.0	3.0	1.5	3.0	70	10	9.0	22.8	12.20	354.12	1 999.33	708 004.689 2	5.557 8
660.0	26.0	3.0	1.5	3.0	70	10	9.0	23.5	13.07	393.81	1 992.19	784 552.413 4	6.158 7
660.0	28.0	3.0	1.5	3.0	70	10	9.0	24.2	13.96	434.92	1 985.21	863 402.643 8	6.777 7
660.0	30.0	3.0	1.5	3.0	70	10	9.0	24.9	14.87	477.43	1 978.37	944 537.656 8	7.414 6
660.0	32.0	3.0	1.5	3.0	70	10	9.0	25.6	15.80	521.36	1 971.66	1 027 939.728 7	8.069 3
660.0	36.0	3.0	1.5	3.0	70	10	9.0	27.0	17.72	613.44	1 958.59	1 201 474.155 0	9.431 6
660.0	38.0	3.0	1.5	3.0	70	10	9.0	27.7	18.70	661.59	1 952.21	1 291 571.062 1	10.138 8
660.0	40.0	3.0	2.0	3.0	70	10	9.0	27.7	20.00	682.99	1 947.80	1 330 321.802 0	10.443 0
660.0	45.0	3.0	2.0	5.0	70	10	9.0	29.5	23.78	848.90	1 940.14	1 646 981.494 1	12.928 8
660.0	50.0	3.0	2.0	5.0	70	10	9.0	31.3	26.44	986.65	1 925.44	1 899 736.967 2	14.912 9

续表

尺 寸 (mm)									重心距 (mm)	断 面 (mm²)	周 长 (mm)	体 积 (mm³)	金属重量 (kg/口)
Φ	δ	b	p	e	α	β	h	B					
720.0	20.0	3.0	1.5	3.0	70	10	9.0	21.4	10.57	278.96	2 202.69	614 471.229 0	4.823 6
720.0	24.0	3.0	1.5	3.0	70	10	9.0	22.8	12.20	354.12	2187.83	774 754.838 3	6.081 8
720.0	26.0	3.0	1.5	3.0	70	10	9.0	23.5	13.07	393.81	2 180.69	858 784.630 6	6.741 5
720.0	28.0	3.0	1.5	3.0	70	10	9.0	24.2	13.96	434.92	2 173.70	945 382.783 4	7.421 3
720.0	30.0	3.0	1.5	3.0	70	10	9.0	24.9	14.87	477.43	2 166.86	1 034 531.572 8	8.121 1
720.0	32.0	3.0	1.5	3.0	70	10	9.0	25.6	15.80	521.36	2 160.16	1 126 213.275 4	8.840 8
720.0	36.0	3.0	1.5	3.0	70	10	9.0	27.0	17.72	613.44	2 147.09	1 317 104.525 5	10.339 3
720.0	38.0	3.0	1.5	3.0	70	10	9.0	27.7	18.70	661.59	2 140.71	1 416 278.625 7	11.117 8
720.0	40.0	3.0	2.0	3.0	70	10	9.0	27.7	20.00	682.99	2 136.30	1 459 061.549 9	11.453 6
720.0	45.0	3.0	2.0	5.0	70	10	9.0	29.5	23.78	848.90	2 128.64	1 806 994.788 8	14.184 9
720.0	50.0	3.0	2.0	5.0	70	10	9.0	31.3	26.44	986.65	2 113.94	2 085 715.936 4	16.372 9
762.0	20.0	3.0	1.5	3.0	70	10	9.0	21.4	10.57	278.96	2 334.63	651 279.731 7	5.112 5
762.0	24.0	3.0	1.5	3.0	70	10	9.0	22.8	12.20	354.12	2 319.78	821 479.942 6	6.448 6
762.0	26.0	3.0	1.5	3.0	70	10	9.0	23.5	13.07	393.81	2 312.63	910 747.182 7	7.149 4
762.0	28.0	3.0	1.5	3.0	70	10	9.0	24.2	13.96	434.92	2 305.65	1 002 768.881 0	7.871 7
762.0	30.0	3.0	1.5	3.0	70	10	9.0	24.9	14.87	477.43	2 298.81	1 097 527.314 0	8.615 6
762.0	32.0	3.0	1.5	3.0	70	10	9.0	25.6	15.80	521.36	2 292.10	1 195 004.758 0	9.380 8
762.0	36.0	3.0	1.5	3.0	70	10	9.0	27.0	17.72	613.44	2 279.03	1 398 045.784 8	10.974 7
762.0	38.0	3.0	1.5	3.0	70	10	9.0	27.7	18.70	661.59	2 272.65	1 503 573.920 3	11.803 1
762.0	40.0	3.0	2.0	3.0	70	10	9.0	27.7	20.00	682.99	2 268.25	1 549 179.373 5	12.161 1
762.0	45.0	3.0	2.0	5.0	70	10	9.0	29.5	23.78	848.90	2 260.59	1 919 004.095 1	15.064 2
762.0	50.0	3.0	2.0	5.0	70	10	9.0	31.3	26.44	986.65	2 245.89	2 215 901.214 9	17.394 8
813.0	20.0	3.0	1.5	3.0	70	10	9.0	21.4	10.57	278.96	2 494.85	695 975.770 6	5.463 4
813.0	24.0	3.0	1.5	3.0	70	10	9.0	22.8	12.20	354.12	2 480.00	878 217.569 3	6.894 0
813.0	26.0	3.0	1.5	3.0	70	10	9.0	23.5	13.07	393.81	2 472.85	973 844.567 3	7.644 7

续表

尺寸(mm)									重心距	断面	周长	体积	金属重量
Φ	δ	b	p	e	α	β	h	B	(mm)	(mm^2)	(mm)	(mm^3)	(kg/口)
813.0	28.0	3.0	1.5	3.0	70	10	9.0	24.2	13.96	434.92	2 465.87	1 072 451.999 6	8.418 7
813.0	30.0	3.0	1.5	3.0	70	10	9.0	24.9	14.87	477.43	2 459.03	1 174 022.142 6	9.216 1
813.0	32.0	3.0	1.5	3.0	70	10	9.0	25.6	15.80	521.36	2 452.32	1 278 537.272 7	10.036 5
813.0	36.0	3.0	1.5	3.0	70	10	9.0	27.0	17.72	613.44	2 439.25	1 496 331.599 7	11.746 2
813.0	38.0	3.0	1.5	3.0	70	10	9.0	27.7	18.70	661.59	2 432.87	1 609 575.349 3	12.635 2
813.0	40.0	3.0	2.0	3.0	70	10	9.0	27.7	20.00	682.99	2 428.47	1 658 608.159 3	13.020 1
813.0	45.0	3.0	2.0	5.0	70	10	9.0	29.5	23.78	848.90	2 420.81	2 055 015.395 5	16.131 9
813.0	50.0	3.0	2.0	5.0	70	10	9.0	31.3	26.44	986.65	2 406.11	2 373 983.338 7	18.635 8
864.0	20.0	3.0	1.5	3.0	70	10	9.0	21.4	10.57	278.96	2 655.08	740 671.809 6	5.814 3
864.0	24.0	3.0	1.5	3.0	70	10	9.0	22.8	12.20	354.12	2 640.22	934 955.196 0	7.339 4
864.0	26.0	3.0	1.5	3.0	70	10	9.0	23.5	13.07	393.81	2 633.07	1 036 941.951 9	8.140 0
864.0	28.0	3.0	1.5	3.0	70	10	9.0	24.2	13.96	434.92	2 626.09	1 142 135.118 2	8.965 8
864.0	30.0	3.0	1.5	3.0	70	10	9.0	24.9	14.87	477.43	2 619.25	1 250 516.971 2	9.816 6
864.0	32.0	3.0	1.5	3.0	70	10	9.0	25.6	15.80	521.36	2 612.55	1 362 069.787 3	10.692 2
864.0	36.0	3.0	1.5	3.0	70	10	9.0	27.0	17.72	613.44	2 599.48	1 594 617.414 5	12.517 7
864.0	38.0	3.0	1.5	3.0	70	10	9.0	27.7	18.70	661.59	2 593.10	1 715 576.778 4	13.467 3
864.0	40.0	3.0	2.0	3.0	70	10	9.0	27.7	20.00	682.99	2 588.69	1 768 036.945 0	13.879 1
864.0	45.0	3.0	2.0	5.0	70	10	9.0	29.5	23.78	848.90	2 581.03	2 191 026.696 0	17.199 6
864.0	50.0	3.0	2.0	5.0	70	10	9.0	31.3	26.44	986.65	2 566.33	2 532 065.462 6	19.876 7
914.0	20.0	3.0	1.5	3.0	70	10	9.0	21.4	10.57	278.96	2 812.16	784 491.455 6	6.158 3
914.0	24.0	3.0	1.5	3.0	70	10	9.0	22.8	12.20	354.12	2 797.30	990 580.320 2	7.776 1
914.0	26.0	3.0	1.5	3.0	70	10	9.0	23.5	13.07	393.81	2 790.15	1 098 802.132 9	8.625 6
914.0	28.0	3.0	1.5	3.0	70	10	9.0	24.2	13.96	434.92	2 783.17	1 210 451.901 1	9.502 0
914.0	30.0	3.0	1.5	3.0	70	10	9.0	24.9	14.87	477.43	2 776.33	1 325 511.901 2	10.405 3
914.0	32.0	3.0	1.5	3.0	70	10	9.0	25.6	15.80	521.36	2 769.63	1 443 964.409 5	11.335 1

续表

尺寸(mm)									重心距 (mm)	断面 (mm^2)	周长 (mm)	体积 (mm^3)	金属重量 (kg/口)
Φ	δ	b	p	e	α	β	h	B					
914.0	36.0	3.0	1.5	3.0	70	10	9.0	27.0	17.72	613.44	2 756.56	1 690 976.056 6	13.274 2
914.0	38.0	3.0	1.5	3.0	70	10	9.0	27.7	18.70	661.59	2 750.18	1 819 499.748 1	14.283 1
914.0	40.0	3.0	2.0	3.0	70	10	9.0	27.7	20.00	682.99	2 745.77	1 875 320.068 3	14.721 3
914.0	45.0	3.0	2.0	5.0	70	10	9.0	29.5	23.78	848.90	2 738.11	2 324 371.108 2	18.246 3
914.0	50.0	3.0	2.0	5.0	70	10	9.0	31.3	26.44	986.65	2 723.41	2 687 047.936 9	21.093 3
965.0	20.0	3.0	1.5	3.0	70	10	9.0	21.4	10.57	278.96	2 972.38	829 187.494 6	6.509 1
965.0	24.0	3.0	1.5	3.0	70	10	9.0	22.8	12.20	354.12	2 957.52	1 047 317.946 8	8.221 4
965.0	26.0	3.0	1.5	3.0	70	10	9.0	23.5	13.07	393.81	2 950.38	1 161 899.517 5	9.120 9
965.0	28.0	3.0	1.5	3.0	70	10	9.0	24.2	13.96	434.92	2 943.39	1 280 135.019 7	10.049 1
965.0	30.0	3.0	1.5	3.0	70	10	9.0	24.9	14.87	477.43	2 936.55	1 402 006.729 8	11.005 8
965.0	32.0	3.0	1.5	3.0	70	10	9.0	25.6	15.80	521.36	2 929.85	1 527 496.924 2	11.990 9
965.0	36.0	3.0	1.5	3.0	70	10	9.0	27.0	17.72	613.44	2 916.78	1 789 261.871 5	14.045 7
965.0	38.0	3.0	1.5	3.0	70	10	9.0	27.7	18.70	661.59	2 910.40	1 925 501.177 1	15.115 2
965.0	40.0	3.0	2.0	3.0	70	10	9.0	27.7	20.00	682.99	2 905.99	1 984 748.854 1	15.580 3
965.0	45.0	3.0	2.0	5.0	70	10	9.0	29.5	23.78	848.90	2 898.33	2 460 382.408 7	19.314 0
965.0	50.0	3.0	2.0	5.0	70	10	9.0	31.3	26.44	986.65	2 883.63	2 845 130.060 8	22.334 3
1 067.0	20.0	3.0	1.5	3.0	70	10	9.0	21.4	10.57	278.96	3 292.82	918 579.572 4	7.210 8
1 067.0	24.0	3.0	1.5	3.0	70	10	9.0	22.8	12.20	354.12	3 277.96	1 160 793.200 2	9.112 2
1 067.0	26.0	3.0	1.5	3.0	70	10	9.0	23.5	13.07	393.81	3 270.82	1 288 094.286 7	10.111 5
1 067.0	28.0	3.0	1.5	3.0	70	10	9.0	24.2	13.96	434.92	3 263.84	1 419 501.256 9	11.143 1
1 067.0	30.0	3.0	1.5	3.0	70	10	9.0	24.9	14.87	477.43	3 257.00	1 554 996.387 0	12.206 7
1 067.0	32.0	3.0	1.5	3.0	70	10	9.0	25.6	15.80	521.36	3 250.29	1 694 561.953 5	13.302 3
1 067.0	36.0	3.0	1.5	3.0	70	10	9.0	27.0	17.72	613.44	3 237.22	1 985 833.501 2	15.588 8
1 067.0	38.0	3.0	1.5	3.0	70	10	9.0	27.7	18.70	661.59	3 230.84	2 137 504.035 2	16.779 4
1 067.0	40.0	3.0	2.0	3.0	70	10	9.0	27.7	20.00	682.99	3 226.43	2 203 606.425 6	17.298 3
1 067.0	45.0	3.0	2.0	5.0	70	10	9.0	29.5	23.78	848.90	3 218.77	2 732 405.009 7	21.449 4
1 067.0	50.0	3.0	2.0	5.0	70	10	9.0	31.3	26.44	986.65	3 204.07	3 161 294.308 5	24.816 2

②合金钢（哈氏合金）、不锈钢管

尺 寸 (mm)									重心距 (mm)	断 面 (mm²)	周 长 (mm)	体 积 (mm³)	金属重量 (kg/口)
Φ	δ	b	p	e	α	β	h	B					
159.0	20.0	3.0	1.5	3.0	70	10	9.0	21.4	10.57	278.96	440.25	122 814.800 7	0.967 8
168.0	20.0	3.0	1.5	3.0	70	10	9.0	21.4	10.57	278.96	468.53	130 702.337 0	1.029 9
168.0	22.0	3.0	1.5	3.0	70	10	9.0	22.1	11.37	315.84	460.99	145 598.927 4	1.147 3
219.0	20.0	3.0	1.5	3.0	70	10	9.0	21.4	10.57	278.96	628.75	175 398.375 9	1.382 1
219.0	22.0	3.0	1.5	3.0	70	10	9.0	22.1	11.37	315.84	621.21	196 202.772 2	1.546 1
219.0	24.0	3.0	1.5	3.0	70	10	9.0	22.8	12.20	354.12	613.89	217 391.093 8	1.713 0
219.0	26.0	3.0	1.5	3.0	70	10	9.0	23.5	13.07	393.81	606.75	238 945.617 1	1.882 9
273.0	20.0	3.0	1.5	3.0	70	10	9.0	21.4	10.57	278.96	798.39	222 723.593 6	1.755 1
273.0	22.0	3.0	1.5	3.0	70	10	9.0	22.1	11.37	315.84	790.86	249 783.313 8	1.968 3
273.0	24.0	3.0	1.5	3.0	70	10	9.0	22.8	12.20	354.12	783.54	277 466.228 0	2.186 4
273.0	25.0	3.0	1.5	3.0	70	10	9.0	23.1	12.63	373.79	779.94	291 535.844 2	2.297 3
273.0	28.0	3.0	1.5	3.0	70	10	9.0	24.2	13.96	434.92	769.41	334 630.744 0	2.636 9
273.0	30.0	3.0	1.5	3.0	70	10	9.0	24.9	14.87	477.43	762.57	364 076.898 6	2.868 9
273.0	32.0	3.0	1.5	3.0	70	10	9.0	25.6	15.80	521.36	755.86	394 075.352 8	3.105 3
325.0	20.0	3.0	1.5	3.0	70	10	9.0	21.4	10.57	278.96	961.76	268 296.025 5	2.114 2
325.0	22.0	3.0	1.5	3.0	70	10	9.0	22.1	11.37	315.84	954.22	301 379.390 8	2.374 9
325.0	24.0	3.0	1.5	3.0	70	10	9.0	22.8	12.20	354.12	946.90	335 316.357 1	2.642 3
325.0	26.0	3.0	1.5	3.0	70	10	9.0	23.5	13.07	393.81	939.76	370 089.200 8	2.916 3
325.0	28.0	3.0	1.5	3.0	70	10	9.0	24.2	13.96	434.92	932.77	405 680.198 2	3.196 8
325.0	30.0	3.0	1.5	3.0	70	10	9.0	24.9	14.87	477.43	925.94	442 071.625 8	3.483 5
325.0	32.0	3.0	1.5	3.0	70	10	9.0	25.6	15.80	521.36	919.23	479 245.759 9	3.776 5
377.0	20.0	3.0	1.5	3.0	70	10	9.0	21.4	10.57	278.96	1 125.12	313 868.457 3	2.473 3
377.0	22.0	3.0	1.5	3.0	70	10	9.0	22.1	11.37	315.84	1 117.59	352 975.467 8	2.781 4
377.0	24.0	3.0	1.5	3.0	70	10	9.0	22.8	12.20	354.12	1 110.26	393 166.486 3	3.098 2
377.0	26.0	3.0	1.5	3.0	70	10	9.0	23.5	13.07	393.81	1 103.12	434 423.789 0	3.423 3
377.0	28.0	3.0	1.5	3.0	70	10	9.0	24.2	13.96	434.92	1 096.14	476 729.652 5	3.756 6
377.0	30.0	3.0	1.5	3.0	70	10	9.0	24.9	14.87	477.43	1 089.30	520 066.353 0	4.098 1
377.0	34.0	3.0	1.5	3.0	70	10	9.0	26.3	16.75	566.69	1 076.00	609 761.370 9	4.804 9
377.0	36.0	3.0	1.5	3.0	70	10	9.0	27.0	17.72	613.44	1 069.52	656 084.241 0	5.169 9
426.0	20.0	3.0	1.5	3.0	70	10	9.0	21.4	10.57	278.96	1 279.06	356 811.710 4	2.811 7

续表

尺寸 (mm)									重心距 (mm)	断面 (mm²)	周长 (mm)	体积 (mm³)	金属重量 (kg/口)
Φ	δ	b	p	e	α	β	h	B					
426.0	22.0	3.0	1.5	3.0	70	10	9.0	22.1	11.37	315.84	1 271.52	401 594.848 1	3.164 6
426.0	24.0	3.0	1.5	3.0	70	10	9.0	22.8	12.20	354.12	1 264.20	447 679.108 0	3.527 7
426.0	26.0	3.0	1.5	3.0	70	10	9.0	23.5	13.07	393.81	1 257.06	495 046.766 4	3.901 0
426.0	28.0	3.0	1.5	3.0	70	10	9.0	24.2	13.96	434.92	1 250.07	543 680.099 7	4.284 2
426.0	30.0	3.0	1.5	3.0	70	10	9.0	24.9	14.87	477.43	1 243.24	593 561.384 4	4.677 3
426.0	34.0	3.0	1.5	3.0	70	10	9.0	26.3	16.75	566.69	1 229.94	696 996.913 3	5.492 3
426.0	36.0	3.0	1.5	3.0	70	10	9.0	27.0	17.72	613.44	1 223.46	750 515.710 2	5.914 1
426.0	38.0	3.0	1.5	3.0	70	10	9.0	27.7	18.70	661.59	1 217.08	805 211.564 1	6.345 1
480.0	20.0	3.0	1.5	3.0	70	10	9.0	21.4	10.57	278.96	1 448.70	404 136.928 1	3.184 6
480.0	22.0	3.0	1.5	3.0	70	10	9.0	22.1	11.37	315.84	1 441.17	455 175.389 7	3.586 8
480.0	24.0	3.0	1.5	3.0	70	10	9.0	22.8	12.20	354.12	1 433.85	507 754.242 1	4.001 1
480.0	26.0	3.0	1.5	3.0	70	10	9.0	23.5	13.07	393.81	1 426.70	561 855.761 9	4.427 4
480.0	28.0	3.0	1.5	3.0	70	10	9.0	24.2	13.96	434.92	1 419.72	617 462.225 3	4.865 6
480.0	30.0	3.0	1.5	3.0	70	10	9.0	24.9	14.87	477.43	1 412.88	674 555.908 8	5.315 5
480.0	34.0	3.0	1.5	3.0	70	10	9.0	26.3	16.75	566.69	1 399.58	793 134.041 6	6.249 9
480.0	36.0	3.0	1.5	3.0	70	10	9.0	27.0	17.72	613.44	1 393.10	854 583.043 6	6.734 1
480.0	38.0	3.0	1.5	3.0	70	10	9.0	27.7	18.70	661.59	1 386.72	917 448.371 3	7.229 5
480.0	40.0	3.0	2.0	3.0	70	10	9.0	27.7	20.00	682.99	1 382.32	944 102.558 1	7.439 5
530.0	20.0	3.0	1.5	3.0	70	10	9.0	21.4	10.57	278.96	1 605.78	447 956.574 2	3.529 9
530.0	22.0	3.0	1.5	3.0	70	10	9.0	22.1	11.37	315.84	1 598.25	504 787.002 2	3.977 7
530.0	24.0	3.0	1.5	3.0	70	10	9.0	22.8	12.20	354.12	1 590.93	563 379.366 3	4.439 4
530.0	26.0	3.0	1.5	3.0	70	10	9.0	23.5	13.07	393.81	1 583.78	623 715.942 9	4.914 9
530.0	28.0	3.0	1.5	3.0	70	10	9.0	24.2	13.96	434.92	1 576.80	685 779.008 2	5.403 9
530.0	30.0	3.0	1.5	3.0	70	10	9.0	24.9	14.87	477.43	1 569.96	749 550.838 8	5.906 5
530.0	34.0	3.0	1.5	3.0	70	10	9.0	26.3	16.75	566.69	1 556.66	882 149.901 1	6.951 3
530.0	36.0	3.0	1.5	3.0	70	10	9.0	27.0	17.72	613.44	1 550.18	950 941.685 7	7.493 4
530.0	38.0	3.0	1.5	3.0	70	10	9.0	27.7	18.70	661.59	1 543.80	1 021 371.341 0	8.048 4
530.0	40.0	3.0	2.0	3.0	70	10	9.0	27.7	20.00	682.99	1 539.40	1 051 385.681 4	8.284 9

5. U形坡口单面对接焊缝

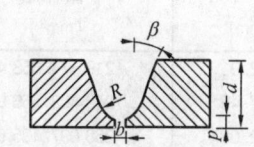

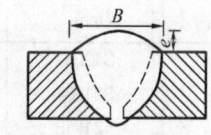

焊缝图形及计算公式		
焊缝图形及计算公式		$B = b + 2R + 2(\delta - P - R)\mathrm{tg}\,\beta + 4$ $S = \delta b + 1/2\pi R^2 + 2R(\delta - P - R) + (\delta - P - R)^2\mathrm{tg}\,\beta + 2/3B \times e$ $F = [1/2\delta^2 b + 1/2\pi R^2 \times (R - 4R/3\pi + P) + 2R \times (\delta - P - R) \times (\delta + P + R)/2 + (\delta - P - R)^2 \times (2\delta + P + R)/3 \times \mathrm{tg}\,\beta + 2/3B \times e(\delta + 2/5e)]/S$ $L = \pi(D - 2\delta + 2F)$

（1）手工电弧焊

①碳钢管

尺寸(mm)								重心距	断面	周长	体积	金属重量
Φ	δ	b	p	e	β	R	B	(mm)	(mm^2)	(mm)	(mm^3)	(kg/口)
127.0	20.0	3.0	1.5	3.0	10.0	6.0	23.4	12.82	340.91	353.88	120 642.620 1	0.941 0
133.0	20.0	3.0	1.5	3.0	10.0	6.0	23.4	12.82	340.91	372.73	127 068.635 6	0.991 1
133.0	22.0	3.0	1.5	3.0	10.0	6.0	24.1	13.95	381.84	367.27	140 238.827 4	1.093 9
159.0	20.0	3.0	1.5	3.0	10.0	6.0	23.4	12.82	340.91	454.41	154 914.703 0	1.208 3
159.0	22.0	3.0	1.5	3.0	10.0	6.0	24.1	13.95	381.84	448.95	171 428.164 2	1.337 1
159.0	24.0	3.0	1.5	3.0	10.0	6.0	24.8	15.09	424.18	443.54	188 140.651 7	1.467 5
159.0	26.0	3.0	1.5	3.0	10.0	6.0	25.5	16.24	467.93	438.17	205 034.441 7	1.599 3
159.0	28.0	3.0	1.5	3.0	10.0	6.0	26.2	17.39	513.10	432.85	222 091.810 7	1.732 3
168.0	20.0	3.0	1.5	3.0	10.0	6.0	23.4	12.82	340.91	482.69	164 553.726 3	1.283 5
168.0	22.0	3.0	1.5	3.0	10.0	6.0	24.1	13.95	381.84	477.23	182 224.473 1	1.421 4
168.0	24.0	3.0	1.5	3.0	10.0	6.0	24.8	15.09	424.18	471.81	200 134.124 3	1.561 0
168.0	25.0	3.0	1.5	3.0	10.0	6.0	25.2	15.66	445.88	469.12	209 173.000 3	1.631 5
168.0	26.0	3.0	1.5	3.0	10.0	6.0	25.5	16.24	467.93	466.44	218 264.956 1	1.702 5
168.0	28.0	3.0	1.5	3.0	10.0	6.0	26.2	17.39	513.10	461.12	236 599.245 1	1.845 5
168.0	30.0	3.0	1.5	3.0	10.0	6.0	26.9	18.55	559.67	455.84	255 119.267 6	1.989 9
194.0	20.0	3.0	1.5	3.0	10.0	6.0	23.4	12.82	340.91	564.37	192 399.793 6	1.500 7
194.0	22.0	3.0	1.5	3.0	10.0	6.0	24.1	13.95	381.84	558.91	213 413.809 9	1.664 6
194.0	24.0	3.0	1.5	3.0	10.0	6.0	24.8	15.09	424.18	553.49	234 781.934 0	1.831 3
194.0	28.0	3.0	1.5	3.0	10.0	6.0	26.2	17.39	513.10	542.80	278 509.611 1	2.172 4
194.0	30.0	3.0	1.5	3.0	10.0	6.0	26.9	18.55	559.67	537.52	300 833.716 9	2.346 5

续表

尺　寸(mm)								重心距 (mm)	断　面 (mm²)	周　长 (mm)	体　积 (mm³)	金属重量 (kg/口)
Φ	*δ*	*b*	*p*	*e*	*β*	*R*	*B*					
219.0	20.0	3.0	1.5	3.0	10.0	6.0	23.4	12.82	340.91	642.91	219 174.858 4	1.709 6
219.0	22.0	3.0	1.5	3.0	10.0	6.0	24.1	13.95	381.84	637.45	243 403.556 8	1.898 5
219.0	24.0	3.0	1.5	3.0	10.0	6.0	24.8	15.09	424.18	632.03	268 097.135 6	2.091 2
219.0	28.0	3.0	1.5	3.0	10.0	6.0	26.2	17.39	513.10	621.34	318 808.039 9	2.486 7
219.0	30.0	3.0	1.5	3.0	10.0	6.0	26.9	18.55	559.67	616.06	344 789.918 1	2.689 4
219.0	35.0	3.0	1.5	3.0	9.0	6.0	26.7	21.20	650.82	601.31	391 346.187 1	3.052 5
245.0	20.0	3.0	1.5	3.0	10.0	6.0	23.4	12.82	340.91	724.59	247 020.925 7	1.926 8
245.0	25.0	3.0	1.5	3.0	10.0	6.0	25.2	15.66	445.88	711.02	317 032.964 0	2.472 9
245.0	30.0	3.0	1.5	3.0	10.0	6.0	26.9	18.55	559.67	697.74	390 504.367 4	3.045 9
245.0	35.0	3.0	1.5	3.0	10.0	6.0	28.7	21.48	682.27	684.71	467 158.204 6	3.643 8
273.0	20.0	3.0	1.5	3.0	10.0	6.0	23.4	12.82	340.91	812.56	277 008.998 3	2.160 7
273.0	22.0	3.0	1.5	3.0	10.0	6.0	24.1	13.95	381.84	807.09	308 181.4102	2.403 8
273.0	25.0	3.0	1.5	3.0	10.0	6.0	25.2	15.66	445.88	798.99	356 254.769 0	2.778 8
273.0	28.0	3.0	1.5	3.0	10.0	6.0	26.2	17.39	513.10	790.99	405 852.646 1	3.165 7
273.0	30.0	3.0	1.5	3.0	10.0	6.0	26.9	18.55	559.67	785.71	439 735.312 8	3.429 9
273.0	32.0	3.0	1.5	3.0	9.0	6.0	26.8	19.60	595.15	779.75	464 069.786 0	3.619 7
273.0	35.0	3.0	1.5	3.0	9.0	6.0	27.7	21.34	666.76	771.85	514 639.831 1	4.014 2
273.0	36.0	3.0	1.5	3.0	9.0	6.0	28.0	21.93	691.27	769.23	531 744.603 1	4.147 6
273.0	40.0	3.0	2.0	3.0	9.0	6.0	29.1	24.43	781.03	759.85	593 460.820 1	4.629 0
273.0	50.0	3.0	2.0	3.0	8.0	6.0	30.8	30.14	1019.03	732.88	746 824.298 4	5.825 2
325.0	20.0	3.0	1.5	3.0	10.0	6.0	23.4	12.82	340.91	975.92	332 701.132 9	2.595 1
325.0	22.0	3.0	1.5	3.0	10.0	6.0	24.1	13.95	381.84	970.46	370 560.083 8	2.890 4
325.0	25.0	3.0	1.5	3.0	10.0	6.0	25.2	15.66	445.88	962.35	429 095.263 9	3.346 9
325.0	28.0	3.0	1.5	3.0	10.0	6.0	26.2	17.39	513.10	954.35	489 673.378 1	3.819 5
325.0	30.0	3.0	1.5	3.0	10.0	6.0	26.9	18.55	559.67	949.07	531 164.211 5	4.143 1
325.0	32.0	3.0	1.5	3.0	9.0	6.0	26.8	19.60	595.15	943.11	561 295.439 2	4.378 1
325.0	36.0	3.0	1.5	3.0	9.0	6.0	28.0	21.93	691.27	932.59	644 671.908 0	5.028 4
325.0	40.0	3.0	2.0	3.0	9.0	6.0	29.1	24.43	781.03	923.21	721 051.377 1	5.624 2
325.0	50.0	3.0	2.0	5.0	8.0	6.0	30.8	31.03	1 060.04	901.85	955 995.695 5	7.456 8
325.0	60.0	3.0	2.0	5.0	8.0	6.0	33.6	37.02	1 350.98	876.63	1 184 298.894 7	9.237 5
377.0	20.0	3.0	1.5	3.0	10.0	6.0	23.4	12.82	340.91	1 139.28	388 393.267 6	3.029 5

续表

尺寸(mm)								重心距	断面	周长	体积	金属重量
Φ	δ	b	p	e	β	R	B	(mm)	(mm^2)	(mm)	(mm^3)	(kg/口)
377.0	22.0	3.0	1.5	3.0	10.0	6.0	24.1	13.95	381.84	1 133.82	432 938.757 3	3.376 9
377.0	24.0	3.0	1.5	3.0	10.0	6.0	24.8	15.09	424.18	1 128.40	478 649.210 0	3.733 5
377.0	26.0	3.0	1.5	3.0	10.0	6.0	25.5	16.24	467.93	1 123.04	525 506.902 1	4.099 0
377.0	28.0	3.0	1.5	3.0	10.0	6.0	26.2	17.39	513.10	1 117.71	573 494.110 0	4.473 3
377.0	32.0	3.0	1.5	3.0	9.0	6.0	26.8	19.60	595.15	1 106.48	658 521.092 5	5.136 5
377.0	36.0	3.0	1.5	3.0	9.0	6.0	28.0	21.93	691.27	1 095.96	757 599.212 9	5.909 3
377.0	40.0	3.0	2.0	3.0	9.0	6.0	29.1	24.43	781.03	1 086.57	848 641.934 1	6.619 4
377.0	45.0	3.0	2.0	5.0	9.0	6.0	30.7	28.29	954.80	1 079.37	1 030 587.208 3	8.038 6
377.0	50.0	3.0	2.0	5.0	8.0	6.0	30.8	31.03	1 060.04	1 065.21	1 129 167.184 7	8.807 5
377.0	60.0	3.0	2.0	5.0	8.0	6.0	33.6	37.02	1 350.98	1 039.99	1 404 998.078 3	10.959 0
426.0	20.0	3.0	1.5	3.0	10.0	6.0	23.4	12.82	340.91	1 293.22	440 872.394 6	3.438 8
426.0	22.0	3.0	1.5	3.0	10.0	6.0	24.1	13.95	381.84	1 287.76	491 718.661 3	3.835 4
426.0	24.0	3.0	1.5	3.0	10.0	6.0	24.8	15.09	424.18	1 282.34	543 947.005 3	4.242 8
426.0	26.0	3.0	1.5	3.0	10.0	6.0	25.5	16.24	467.93	1 276.98	597 539.702 9	4.660 8
426.0	28.0	3.0	1.5	3.0	10.0	6.0	26.2	17.39	513.10	1 271.65	652 479.030 5	5.089 3
426.0	30.0	3.0	1.5	3.0	10.0	6.0	26.9	18.55	559.67	1 266.37	708 747.264 5	5.528 2
426.0	32.0	3.0	1.5	3.0	9.0	6.0	26.8	19.60	595.15	1 260.41	750 137.573 4	5.851 1
426.0	36.0	3.0	1.5	3.0	9.0	6.0	28.0	21.93	691.27	1 249.90	864 011.481 0	6.739 3
426.0	40.0	3.0	2.0	3.0	9.0	6.0	29.1	24.43	781.03	1 240.51	968 871.497 5	7.557 2
426.0	50.0	3.0	2.0	5.0	8.0	6.0	30.8	31.03	1 060.04	1 219.15	1 292 348.011 0	10.080 3
426.0	55.0	3.0	2.0	5.0	8.0	6.0	32.2	34.02	1 202.01	1 206.47	1 450 183.880 1	11.311 4
426.0	60.0	3.0	2.0	5.0	8.0	6.0	33.6	37.02	1 350.98	1 193.93	1 612 964.616 7	12.581 1
480.0	20.0	3.0	1.5	3.0	10.0	6.0	23.4	12.82	340.91	1 462.87	498 706.534 4	3.889 9
480.0	24.0	3.0	1.5	3.0	10.0	6.0	24.8	15.09	424.18	1 451.99	615 907.840 8	4.804 1
480.0	25.0	3.0	1.5	3.0	10.0	6.0	25.2	15.66	445.88	1 449.30	646 215.970 0	5.040 5
480.0	28.0	3.0	1.5	3.0	10.0	6.0	26.2	17.39	513.10	1 441.30	739 523.636 7	5.768 3
480.0	30.0	3.0	1.5	3.0	10.0	6.0	26.9	18.55	559.67	1 436.02	803 692.659 2	6.268 8
480.0	32.0	3.0	1.5	3.0	9.0	6.0	26.8	19.60	595.15	1 430.06	851 102.674 8	6.638 6
480.0	36.0	3.0	1.5	3.0	9.0	6.0	28.0	21.93	691.27	1 419.54	981 282.143 7	7.654 0
480.0	40.0	3.0	2.0	3.0	9.0	6.0	29.1	24.43	781.03	1 410.16	1 101 369.383 6	8.590 7

续表

尺寸(mm)								重心距 (mm)	断面 (mm²)	周长 (mm)	体积 (mm³)	金属重量 (kg/口)
Φ	δ	b	p	e	β	R	B					
480.0	45.0	3.0	2.0	5.0	9.0	6.0	30.7	28.29	954.80	1 402.95	1 339 546.495 0	10.448 5
480.0	50.0	3.0	2.0	5.0	8.0	6.0	30.8	31.03	1 060.04	1 388.79	1 472 179.942 1	11.483 0
480.0	55.0	3.0	2.0	5.0	8.0	6.0	32.2	34.02	1 202.01	1 376.11	1 654 099.891 5	12.902 0
480.0	60.0	3.0	2.0	5.0	8.0	6.0	33.6	37.02	1 350.98	1 363.57	1 842 152.230 4	14.368 8
480.0	70.0	3.0	2.0	5.0	8.0	6.0	36.4	43.09	1 669.91	1 338.86	2 235 774.430 8	17.439 0
480.0	75.0	3.0	2.0	5.0	8.0	6.0	37.8	46.15	1 839.88	1 326.67	2 440 904.469 3	19.039 1
508.0	20.0	3.0	1.5	3.0	10.0	6.0	23.4	12.82	340.91	1 550.83	528 694.607 0	4.123 8
508.0	24.0	3.0	1.5	3.0	10.0	6.0	24.8	15.09	424.18	1 539.95	653 220.866 7	5.095 1
508.0	25.0	3.0	1.5	3.0	10.0	6.0	25.2	15.66	445.88	1 537.26	685 437.775 0	5.346 4
508.0	28.0	3.0	1.5	3.0	10.0	6.0	26.2	17.39	513.10	1 529.26	784 657.877 0	6.120 3
508.0	30.0	3.0	1.5	3.0	10.0	6.0	26.9	18.55	559.67	1 523.98	852 923.604 6	6.652 8
508.0	32.0	3.0	1.5	3.0	9.0	6.0	26.8	19.60	595.15	1 518.02	903 454.949 6	7.046 9
508.0	36.0	3.0	1.5	3.0	9.0	6.0	28.0	21.93	691.27	1 507.51	1 042 089.154 0	8.128 3
508.0	40.0	3.0	2.0	3.0	9.0	6.0	29.1	24.43	781.03	1 498.12	1 170 071.991 2	9.126 6
508.0	45.0	3.0	2.0	5.0	9.0	6.0	30.7	28.29	954.80	1 490.92	1 423 535.427 3	11.103 6
508.0	50.0	3.0	2.0	5.0	8.0	6.0	30.8	31.03	1 060.04	1 476.76	1 565 426.128 6	12.210 3
508.0	55.0	3.0	2.0	5.0	8.0	6.0	32.2	34.02	1 202.01	1 464.08	1 759 834.119 6	13.726 7
508.0	60.0	3.0	2.0	5.0	8.0	6.0	33.6	37.02	1 350.98	1 451.54	1 960 990.252 3	15.295 7
508.0	70.0	3.0	2.0	5.0	8.0	6.0	36.4	43.09	1 669.91	1 426.82	2 382 667.297 1	18.584 8
508.0	75.0	3.0	2.0	5.0	8.0	6.0	37.8	46.15	1 839.88	1 414.63	2 602 748.386 1	20.301 4
508.0	80.0	3.0	2.0	5.0	8.0	6.0	39.2	49.22	2 016.84	1 402.54	2 828 697.970 9	22.063 8
530.0	20.0	3.0	1.5	3.0	10.0	6.0	23.4	12.82	340.91	1 619.95	552 256.663 9	4.307 6
530.0	24.0	3.0	1.5	3.0	10.0	6.0	24.8	15.09	424.18	1 609.07	682 538.244 1	5.323 8
530.0	26.0	3.0	1.5	3.0	10.0	6.0	25.5	16.24	467.93	1 603.70	750 425.647 3	5.853 3
530.0	28.0	3.0	1.5	3.0	10.0	6.0	26.2	17.39	513.10	1 598.38	820 120.494 4	6.396 9
530.0	30.0	3.0	1.5	3.0	10.0	6.0	26.9	18.55	559.67	1 593.10	891 605.061 7	6.954 5
530.0	32.0	3.0	1.5	3.0	9.0	6.0	26.8	19.60	595.15	1 587.14	944 588.879 8	7.367 8
530.0	36.0	3.0	1.5	3.0	9.0	6.0	28.0	21.93	691.27	1 576.62	1 089 866.090 7	8.501 0
530.0	40.0	3.0	2.0	3.0	9.0	6.0	29.1	24.43	781.03	1 567.24	1 224 052.611 5	9.547 6
530.0	45.0	3.0	2.0	5.0	9.0	6.0	30.7	28.29	954.80	1 560.03	1 489 526.731 2	11.618 3

续表

尺寸(mm)								重心距 (mm)	断面 (mm²)	周长 (mm)	体积 (mm³)	金属重量 (kg/口)
Φ	δ	b	p	e	β	R	B					
530.0	50.0	3.0	2.0	5.0	8.0	6.0	30.8	31.03	1 060.04	1 545.87	1 638 690.989 4	12.781 8
530.0	55.0	3.0	2.0	5.0	8.0	6.0	32.2	34.02	1 202.01	1 533.19	1 842 911.013 1	14.374 7
530.0	60.0	3.0	2.0	5.0	8.0	6.0	33.6	37.02	1 350.98	1 520.65	2 054 362.983 9	16.024 0
530.0	70.0	3.0	2.0	5.0	8.0	6.0	36.4	43.09	1 669.91	1 495.94	2 498 083.120 7	19.485 0
530.0	75.0	3.0	2.0	5.0	8.0	6.0	37.8	46.15	1 839.88	1 483.75	2 729 911.463 6	21.293 3
530.0	80.0	3.0	2.0	5.0	8.0	6.0	39.2	49.22	2 016.84	1 471.65	2 968 092.107 7	23.151 1
559.0	20.0	3.0	1.5	3.0	10.0	6.0	23.4	12.82	340.91	1 711.05	583 315.739 1	4.549 9
559.0	24.0	3.0	1.5	3.0	10.0	6.0	24.8	15.09	424.18	1 700.17	721 183.878 0	5.625 2
559.0	26.0	3.0	1.5	3.0	10.0	6.0	25.5	16.24	467.93	1 694.81	793 057.304 9	6.185 8
559.0	28.0	3.0	1.5	3.0	10.0	6.0	26.2	17.39	513.10	1 689.48	866 866.671 8	6.761 6
559.0	30.0	3.0	1.5	3.0	10.0	6.0	26.9	18.55	559.67	1 684.20	942 594.255 2	7.352 2
559.0	32.0	3.0	1.5	3.0	9.0	6.0	26.8	19.60	595.15	1 678.25	998 810.878 8	7.790 7
559.0	36.0	3.0	1.5	3.0	9.0	6.0	28.0	21.93	691.27	1 667.73	1 152 844.780 0	8.992 2
559.0	40.0	3.0	2.0	3.0	9.0	6.0	29.1	24.43	781.03	1 658.34	1 295 208.883 7	10.102 6
559.0	45.0	3.0	2.0	5.0	9.0	6.0	30.7	28.29	954.80	1 651.14	1 576 515.268 2	12.296 8
559.0	50.0	3.0	2.0	5.0	8.0	6.0	30.8	31.03	1 060.04	1 636.98	1 735 267.396 8	13.535 1
559.0	55.0	3.0	2.0	5.0	8.0	6.0	32.2	34.02	1 202.01	1 624.30	1 952 421.463 6	15.228 9
559.0	60.0	3.0	2.0	5.0	8.0	6.0	33.6	37.02	1 350.98	1 611.76	2 177 445.220 9	16.984 1
559.0	70.0	3.0	2.0	5.0	8.0	6.0	36.4	43.09	1 669.91	1 587.05	2 650 222.160 8	20.671 7
559.0	75.0	3.0	2.0	5.0	8.0	6.0	37.8	46.15	1 839.88	1 574.85	2 897 535.520 4	22.600 8
559.0	80.0	3.0	2.0	5.0	8.0	6.0	39.2	49.22	2 016.84	1 562.76	3 151 838.924 4	24.584 3
630.0	20.0	3.0	1.5	3.0	10.0	6.0	23.4	12.82	340.91	1 934.10	659 356.923 0	5.143 0
630.0	24.0	3.0	1.5	3.0	10.0	6.0	24.8	15.09	424.18	1 923.23	815 799.050 7	6.363 2
630.0	26.0	3.0	1.5	3.0	10.0	6.0	25.5	16.24	467.93	1 917.86	897 431.363 1	7.000 0
630.0	28.0	3.0	1.5	3.0	10.0	6.0	26.2	17.39	513.10	1 912.54	981 314.209 6	7.654 3
630.0	30.0	3.0	1.5	3.0	10.0	6.0	26.9	18.55	559.67	1 907.26	1 067 429.866 7	8.326 0
630.0	32.0	3.0	1.5	3.0	9.0	6.0	26.8	19.60	595.15	1 901.30	1 131 561.289 9	8.826 2
630.0	36.0	3.0	1.5	3.0	9.0	6.0	28.0	21.93	691.27	1 890.78	1 307 033.984 7	10.194 9
630.0	38.0	3.0	1.5	3.0	9.0	6.0	28.7	23.10	741.23	1 885.57	1 397 634.499 9	10.901 5
630.0	40.0	3.0	2.0	3.0	9.0	6.0	29.1	24.43	781.03	1 881.40	1 469 419.067 3	11.461 5

续表

尺寸(mm)								重心距(mm)	断面(mm²)	周长(mm)	体积(mm³)	金属重量(kg/口)
Φ	δ	b	p	e	β	R	B					
630.0	45.0	3.0	2.0	5.0	9.0	6.0	30.7	28.29	954.80	1 874.19	1 789 487.203 7	13.958 0
630.0	50.0	3.0	2.0	5.0	8.0	6.0	30.8	31.03	1 060.04	1 860.03	1 971 713.083 9	15.379 4
630.0	55.0	3.0	2.0	5.0	8.0	6.0	32.2	34.02	1 202.01	1 847.35	2 220 533.256 3	17.320 2
630.0	60.0	3.0	2.0	5.0	8.0	6.0	33.6	37.02	1 350.98	1 834.81	2 478 784.490 8	19.334 5
630.0	70.0	3.0	2.0	5.0	8.0	6.0	36.4	43.09	1 669.91	1 810.10	3 022 700.500 3	23.577 1
630.0	75.0	3.0	2.0	5.0	8.0	6.0	37.8	46.15	1 839.88	1 797.91	3 307 925.452 3	25.801 8
630.0	80.0	3.0	2.0	5.0	8.0	6.0	39.2	49.22	2 016.84	1 785.81	3 601 701.820 5	28.093 3
660.0	20.0	3.0	1.5	3.0	10.0	6.0	23.4	12.82	340.91	2 028.35	691 487.000 7	5.393 6
660.0	24.0	3.0	1.5	3.0	10.0	6.0	24.8	15.09	424.18	2 017.48	855 777.292 7	6.675 1
660.0	26.0	3.0	1.5	3.0	10.0	6.0	25.5	16.24	467.93	2 012.11	941 533.077 8	7.344 0
660.0	28.0	3.0	1.5	3.0	10.0	6.0	26.2	17.39	513.10	2 006.79	1 029 672.324 2	8.031 4
660.0	30.0	3.0	1.5	3.0	10.0	6.0	26.9	18.55	559.67	2 001.50	1 120 177.308 2	8.737 4
660.0	32.0	3.0	1.5	3.0	9.0	6.0	26.8	19.60	595.15	1 995.55	1 187 653.012 9	9.263 7
660.0	36.0	3.0	1.5	3.0	9.0	6.0	28.0	21.93	691.27	1 985.03	1 372 184.352 9	10.703 0
660.0	38.0	3.0	1.5	3.0	9.0	6.0	28.7	23.10	741.23	1 979.82	1 467 493.336 8	11.446 4
660.0	40.0	3.0	2.0	3.0	9.0	6.0	29.1	24.43	781.03	1 975.64	1 543 029.004 0	12.035 6
660.0	45.0	3.0	2.0	5.0	9.0	6.0	30.7	28.29	954.80	1 968.44	1 879 475.345 5	14.659 9
660.0	50.0	3.0	2.0	5.0	8.0	6.0	30.8	31.03	1 060.04	1 954.28	2 071 619.712 3	16.158 6
660.0	55.0	3.0	2.0	5.0	8.0	6.0	32.2	34.02	1 202.01	1 941.60	2 333 819.929 2	18.203 8
660.0	60.0	3.0	2.0	5.0	8.0	6.0	33.6	37.02	1 350.98	1 929.06	2 606 110.942 9	20.327 7
660.0	70.0	3.0	2.0	5.0	8.0	6.0	36.4	43.09	1 669.91	1 904.35	3 180 085.714 2	24.804 7
660.0	75.0	3.0	2.0	5.0	8.0	6.0	37.8	46.15	1 839.88	1 892.16	3 481 329.648 9	27.154 4
660.0	80.0	3.0	2.0	5.0	8.0	6.0	39.2	49.22	2 016.84	1 880.06	3 791 784.734 3	29.575 9
660.0	90.0	3.0	2.0	5.0	8.0	6.0	42.0	55.41	2 391.78	1 856.13	4 439 448.711 1	34.627 7
720.0	20.0	3.0	1.5	3.0	10.0	6.0	23.4	12.82	340.91	2 216.85	755 747.156 1	5.894 8
720.0	24.0	3.0	1.5	3.0	10.0	6.0	24.8	15.09	424.18	2 205.97	935 733.776 6	7.298 7
720.0	26.0	3.0	1.5	3.0	10.0	6.0	25.5	16.24	467.93	2 200.60	1 029 736.507 3	8.031 9
720.0	28.0	3.0	1.5	3.0	10.0	6.0	26.2	17.39	513.10	2 195.28	1 126 388.553 4	8.785 8
720.0	30.0	3.0	1.5	3.0	10.0	6.0	26.9	18.55	559.67	2 190.00	1 225 672.191 2	9.560 2
720.0	32.0	3.0	1.5	3.0	9.0	6.0	26.8	19.60	595.15	2 184.04	1 299 836.458 9	10.138 7

续表

尺寸(mm)								重心距 (mm)	断面 (mm²)	周长 (mm)	体积 (mm³)	金属重量 (kg/口)
Φ	δ	b	p	e	β	R	B					
720.0	36.0	3.0	1.5	3.0	9.0	6.0	28.0	21.93	691.27	2 173.52	1 502 485.089 3	11.719 4
720.0	38.0	3.0	1.5	3.0	9.0	6.0	28.7	23.10	741.23	2 168.32	1 607 211.010 8	12.536 2
720.0	40.0	3.0	2.0	3.0	9.0	6.0	29.1	24.43	781.03	2 164.14	1 690 248.877 5	13.183 9
720.0	45.0	3.0	2.0	5.0	9.0	6.0	30.7	28.29	954.80	2 156.94	2 059 451.629 0	16.063 7
720.0	50.0	3.0	2.0	5.0	8.0	6.0	30.8	31.03	1 060.04	2 142.78	2 271 432.969 1	17.717 2
720.0	55.0	3.0	2.0	5.0	8.0	6.0	32.2	34.02	1 202.01	2 130.10	2 560 393.275 2	19.971 1
720.0	60.0	3.0	2.0	5.0	8.0	6.0	33.6	37.02	1 350.98	2 117.55	2 860 763.847 0	22.314 0
720.0	70.0	3.0	2.0	5.0	8.0	6.0	36.4	43.09	1 669.91	2 092.84	3 494 856.142 0	27.259 9
720.0	75.0	3.0	2.0	5.0	8.0	6.0	37.8	46.15	1 839.88	2 080.65	3 828 138.042 2	29.859 5
720.0	80.0	3.0	2.0	5.0	8.0	6.0	39.2	49.22	2 016.84	2 068.56	4 171 950.562 0	32.541 2
720.0	90.0	3.0	2.0	5.0	8.0	6.0	42.0	55.41	2 391.78	2 044.63	4 890 287.814 9	38.144 2
762.0	20.0	3.0	1.5	3.0	10.0	6.0	23.4	12.82	340.91	2 348.79	800 729.264 9	6.245 7
762.0	24.0	3.0	1.5	3.0	10.0	6.0	24.8	15.09	424.18	2 337.92	991 703.315 4	7.735 3
762.0	26.0	3.0	1.5	3.0	10.0	6.0	25.5	16.24	467.93	2 332.55	1 091 478.907 9	8.513 5
762.0	28.0	3.0	1.5	3.0	10.0	6.0	26.2	17.39	513.10	2 327.23	1 194 089.913 8	9.313 9
762.0	30.0	3.0	1.5	3.0	10.0	6.0	26.9	18.55	559.67	2 321.95	1 299 518.609 4	10.136 2
762.0	32.0	3.0	1.5	3.0	9.0	6.0	26.8	19.60	595.15	2 315.99	1 378 364.871 2	10.751 2
762.0	36.0	3.0	1.5	3.0	9.0	6.0	28.0	21.93	691.27	2 305.47	1 593 695.604 8	12.430 8
762.0	38.0	3.0	1.5	3.0	9.0	6.0	28.7	23.10	741.23	2 300.26	1 705 013.382 6	13.299 1
762.0	40.0	3.0	2.0	3.0	9.0	6.0	29.1	24.43	781.03	2 296.09	1 793 302.788 9	13.987 8
762.0	45.0	3.0	2.0	5.0	9.0	6.0	30.7	28.29	954.80	2 288.88	2 185 435.027 4	17.046 4
762.0	50.0	3.0	2.0	5.0	8.0	6.0	30.8	31.03	1 060.04	2 274.72	2 411 302.248 8	18.808 2
762.0	55.0	3.0	2.0	5.0	8.0	6.0	32.2	34.02	1 202.01	2 262.04	2 718 994.617 3	21.208 2
762.0	60.0	3.0	2.0	5.0	8.0	6.0	33.6	37.02	1 350.98	2 249.50	3 039 020.879 9	23.704 4
762.0	70.0	3.0	2.0	5.0	8.0	6.0	36.4	43.09	1 669.91	2 224.79	3 715 195.441 5	28.978 5
762.0	75.0	3.0	2.0	5.0	8.0	6.0	37.8	46.15	1 839.88	2 212.60	4 070 903.917 4	31.753 1
762.0	80.0	3.0	2.0	5.0	8.0	6.0	39.2	49.22	2 016.84	2 200.50	4 438 066.641 4	34.616 9
762.0	90.0	3.0	2.0	5.0	8.0	6.0	42.0	55.41	2 391.78	2 176.57	5 205 875.187 6	40.605 8
813.0	20.0	3.0	1.5	3.0	10.0	6.0	23.4	12.82	340.91	2 509.02	855 350.397 0	6.671 7
813.0	24.0	3.0	1.5	3.0	10.0	6.0	24.8	15.09	424.18	2 498.14	1 059 666.326 8	8.265 4

续表

尺寸(mm)								重心距 (mm)	断面 (mm²)	周长 (mm)	体积 (mm³)	金属重量 (kg/口)
Φ	δ	b	p	e	β	R	B					
813.0	26.0	3.0	1.5	3.0	10.0	6.0	25.5	16.24	467.93	2 492.77	1 166 451.823 0	9.098 3
813.0	28.0	3.0	1.5	3.0	10.0	6.0	26.2	17.39	513.10	2 487.45	1 276 298.708 5	9.955 1
813.0	30.0	3.0	1.5	3.0	10.0	6.0	26.9	18.55	559.67	2 482.17	1 389 189.259 9	10.835 7
813.0	32.0	3.0	1.5	3.0	9.0	6.0	26.8	19.60	595.15	2 476.21	1 473 720.800 3	11.495 0
813.0	36.0	3.0	1.5	3.0	9.0	6.0	28.0	21.93	691.27	2 465.69	1 704 451.230 7	13.294 7
813.0	38.0	3.0	1.5	3.0	9.0	6.0	28.7	23.10	741.23	2 460.48	1 823 773.405 5	14.225 4
813.0	40.0	3.0	2.0	3.0	9.0	6.0	29.1	24.43	781.03	2 456.31	1 918 439.681 3	14.963 8
813.0	45.0	3.0	2.0	5.0	9.0	6.0	30.7	28.29	954.80	2 449.11	2 338 414.868 4	18.239 6
813.0	50.0	3.0	2.0	5.0	8.0	6.0	30.8	31.03	1 060.04	2 434.94	2 581 143.517 0	20.132 9
813.0	55.0	3.0	2.0	5.0	8.0	6.0	32.2	34.02	1 202.01	2 422.26	2 911 581.961 3	22.710 3
813.0	60.0	3.0	2.0	5.0	8.0	6.0	33.6	37.02	1 350.98	2 409.72	3 255 475.848 5	25.392 7
813.0	70.0	3.0	2.0	5.0	8.0	6.0	36.4	43.09	1 669.91	2 385.01	3 982 750.305 1	31.065 5
813.0	75.0	3.0	2.0	5.0	8.0	6.0	37.8	46.15	1 839.88	2 372.82	4 365 691.051 6	34.052 4
813.0	80.0	3.0	2.0	5.0	8.0	6.0	39.2	49.22	2 016.84	2 360.72	4 761 207.594 9	37.137 4
813.0	90.0	3.0	2.0	5.0	8.0	6.0	42.0	55.41	2 391.78	2 336.79	5 589 088.425 8	43.594 9
813.0	100.0	3.0	2.0	5.0	8.0	6.0	44.8	61.65	2 794.71	2 313.17	6 464 633.505 7	50.424 1
864.0	20.0	3.0	1.5	3.0	10.0	6.0	23.4	12.82	340.91	2 669.24	909 971.529 1	7.097 8
864.0	24.0	3.0	1.5	3.0	10.0	6.0	24.8	15.09	424.18	2 658.36	1 127 629.338 1	8.795 5
864.0	26.0	3.0	1.5	3.0	10.0	6.0	25.5	16.24	467.93	2 652.99	1 241 424.738 0	9.683 1
864.0	28.0	3.0	1.5	3.0	10.0	6.0	26.2	17.39	513.10	2 647.67	1 358 507.503 3	10.596 4
864.0	30.0	3.0	1.5	3.0	10.0	6.0	26.9	18.55	559.67	2 642.39	1 478 859.910 5	11.535 1
864.0	32.0	3.0	1.5	3.0	9.0	6.0	26.8	19.60	595.15	2 636.43	1 569 076.729 4	12.238 8
864.0	36.0	3.0	1.5	3.0	9.0	6.0	28.0	21.93	691.27	2 625.91	1 815 206.856 7	14.158 6
864.0	38.0	3.0	1.5	3.0	9.0	6.0	28.7	23.10	741.23	2 620.71	1 942 533.428 4	15.151 8
864.0	40.0	3.0	2.0	3.0	9.0	6.0	29.1	24.43	781.03	2 616.53	2 043 576.573 8	15.939 9
864.0	45.0	3.0	2.0	5.0	9.0	6.0	30.7	28.29	954.80	2 609.33	2 491 394.709 4	19.432 9
864.0	50.0	3.0	2.0	5.0	8.0	6.0	30.8	31.03	1 060.04	2 595.17	2 750 984.785 3	21.457 7
864.0	55.0	3.0	2.0	5.0	8.0	6.0	32.2	34.02	1 202.01	2 582.48	3 104 169.305 4	24.212 5
864.0	60.0	3.0	2.0	5.0	8.0	6.0	33.6	37.02	1 350.98	2 569.94	3 471 930.817 0	27.081 1
864.0	70.0	3.0	2.0	5.0	8.0	6.0	36.4	43.09	1 669.91	2 545.23	4 250 305.168 8	33.152 4

续表

尺寸(mm)								重心距 (mm)	断面 (mm²)	周长 (mm)	体积 (mm³)	金属重量 (kg/口)
Φ	δ	b	p	e	β	R	B					
864.0	75.0	3.0	2.0	5.0	8.0	6.0	37.8	46.15	1 839.88	2 533.04	4 660 478.185 9	36.351 7
864.0	80.0	3.0	2.0	5.0	8.0	6.0	39.2	49.22	2 016.84	2 520.95	5 084 348.548 5	39.657 9
864.0	90.0	3.0	2.0	5.0	8.0	6.0	42.0	55.41	2 391.78	2 497.02	5 972 301.664 1	46.584 0
864.0	100.0	3.0	2.0	5.0	8.0	6.0	44.8	61.65	2 794.71	2 473.39	6 912 405.223 5	53.916 8
914.0	20.0	3.0	1.5	3.0	10.0	6.0	23.4	12.82	340.91	2 826.32	963 521.658 6	7.515 5
914.0	24.0	3.0	1.5	3.0	10.0	6.0	24.8	15.09	424.18	2 815.44	1 194 259.741 4	9.315 2
914.0	26.0	3.0	1.5	3.0	10.0	6.0	25.5	16.24	467.93	2 810.07	1 314 927.595 9	10.256 4
914.0	28.0	3.0	1.5	3.0	10.0	6.0	26.2	17.39	513.10	2 804.75	1 439 104.361 0	11.225 0
914.0	30.0	3.0	1.5	3.0	10.0	6.0	26.9	18.55	559.67	2 799.47	1 566 772.313 0	12.220 8
914.0	32.0	3.0	1.5	3.0	9.0	6.0	26.8	19.60	595.15	2 793.51	1 662 562.934 4	12.968 0
914.0	36.0	3.0	1.5	3.0	9.0	6.0	28.0	21.93	691.27	2 782.99	1 923 790.803 7	15.005 6
914.0	38.0	3.0	1.5	3.0	9.0	6.0	28.7	23.10	741.23	2 777.79	2 058 964.823 4	16.059 9
914.0	40.0	3.0	2.0	3.0	9.0	6.0	29.1	24.43	781.03	2 773.61	2 166 259.801 7	16.896 8
914.0	45.0	3.0	2.0	5.0	9.0	6.0	30.7	28.29	954.80	2 766.41	2 641 374.945 6	20.602 7
914.0	50.0	3.0	2.0	5.0	8.0	6.0	30.8	31.03	1 060.04	2 752.25	2 917 495.832 5	22.756 5
914.0	55.0	3.0	2.0	5.0	8.0	6.0	32.2	34.02	1 202.01	2 739.56	3 292 980.427 0	25.685 2
914.0	60.0	3.0	2.0	5.0	8.0	6.0	33.6	37.02	1 350.98	2 727.02	3 684 141.570 5	28.736 3
914.0	70.0	3.0	2.0	5.0	8.0	6.0	36.4	43.09	1 669.91	2 702.31	4 512 613.858 6	35.198 4
914.0	75.0	3.0	2.0	5.0	8.0	6.0	37.8	46.15	1 839.88	2 690.12	4 949 485.180 2	38.606 0
914.0	80.0	3.0	2.0	5.0	8.0	6.0	39.2	49.22	2 016.84	2 678.02	5 401 153.404 9	42.129 0
914.0	90.0	3.0	2.0	5.0	8.0	6.0	42.0	55.41	2 391.78	2 654.10	6 348 000.917 3	49.514 4
914.0	100.0	3.0	2.0	5.0	8.0	6.0	44.8	61.65	2 794.71	2 630.47	7 351 397.103 7	57.340 9
965.0	20.0	3.0	1.5	3.0	10.0	6.0	23.4	12.82	340.91	2 986.54	1 018 142.790 7	7.941 5
965.0	24.0	3.0	1.5	3.0	10.0	6.0	24.8	15.09	424.18	2 975.66	1 262 222.752 8	9.845 3
965.0	26.0	3.0	1.5	3.0	10.0	6.0	25.5	16.24	467.93	2 970.29	1 389 900.510 9	10.841 2
965.0	28.0	3.0	1.5	3.0	10.0	6.0	26.2	17.39	513.10	2 964.97	1 521 313.155 7	11.866 2
965.0	30.0	3.0	1.5	3.0	10.0	6.0	26.9	18.55	559.67	2 959.69	1 656 442.963 5	12.920 3
965.0	32.0	3.0	1.5	3.0	9.0	6.0	26.8	19.60	595.15	2 953.73	1 757 918.863 6	13.711 8
965.0	36.0	3.0	1.5	3.0	9.0	6.0	28.0	21.93	691.27	2 943.21	2 034 546.429 6	15.869 5
965.0	38.0	3.0	1.5	3.0	9.0	6.0	28.7	23.10	741.23	2 938.01	2 177 724.846 3	16.986 3

		尺寸(mm)						重心距	断面	周长	体积	金属重量
Φ	δ	b	p	e	β	R	B	(mm)	(mm^2)	(mm)	(mm^3)	(kg/口)
965.0	40.0	3.0	2.0	3.0	9.0	6.0	29.1	24.43	781.03	2 933.83	2 291 396.694 1	17.872 9
965.0	45.0	3.0	2.0	5.0	9.0	6.0	30.7	28.29	954.80	2 926.63	2 794 354.786 6	21.796 0
965.0	50.0	3.0	2.0	5.0	8.0	6.0	30.8	31.03	1 060.04	2 912.47	3 087 337.100 8	24.081 2
965.0	55.0	3.0	2.0	5.0	8.0	6.0	32.2	34.02	1 202.01	2 899.79	3 485 567.771 0	27.187 4
965.0	60.0	3.0	2.0	5.0	8.0	6.0	33.6	37.02	1 350.98	2 887.24	3 900 596.539 0	30.424 7
965.0	70.0	3.0	2.0	5.0	8.0	6.0	36.4	43.09	1 669.91	2 862.53	4 780 168.722 2	37.285 3
965.0	75.0	3.0	2.0	5.0	8.0	6.0	37.8	46.15	1 839.88	2 850.34	5 244 272.314 5	40.905 3
965.0	80.0	3.0	2.0	5.0	8.0	6.0	39.2	49.22	2 016.84	2 838.25	5 724 294.358 4	44.649 5
965.0	90.0	3.0	2.0	5.0	8.0	6.0	42.0	55.41	2 391.78	2 814.32	6 731 214.155 5	52.503 5
965.0	100.0	3.0	2.0	5.0	8.0	6.0	44.8	61.65	2794.71	2 790.69	7 799 168.821 4	60.833 5
1 067.0	20.0	3.0	1.5	3.0	10.0	6.0	23.4	12.82	340.91	3 306.98	1 127 385.0549	8.793 6
1 067.0	24.0	3.0	1.5	3.0	10.0	6.0	24.8	15.09	424.18	3 296.10	1 398 148.775 5	10.905 6
1 067.0	26.0	3.0	1.5	3.0	10.0	6.0	25.5	16.24	467.93	3 290.74	1 539 846.341 0	12.010 8
1 067.0	28.0	3.0	1.5	3.0	10.0	6.0	26.2	17.39	513.10	3 285.41	1 685 730.745 3	13.148 7
1 067.0	30.0	3.0	1.5	3.0	10.0	6.0	26.9	18.55	559.67	3 280.13	1 835 784.264 6	14.319 1
1 067.0	32.0	3.0	1.5	3.0	9.0	6.0	26.8	19.60	595.15	3 274.18	1 948 630.721 8	15.199 3
1 067.0	36.0	3.0	1.5	3.0	9.0	6.0	28.0	21.93	691.27	3 263.66	2 256 057.681 5	17.597 2
1 067.0	38.0	3.0	1.5	3.0	9.0	6.0	28.7	23.10	741.23	3 258.45	2 415 244.892 0	18.838 9
1 067.0	40.0	3.0	2.0	3.0	9.0	6.0	29.1	24.43	781.03	3 254.27	2 541 670.479 0	19.825 0
1 067.0	45.0	3.0	2.0	5.0	9.0	6.0	30.7	28.29	954.80	3 247.07	3 100 314.468 5	24.182 5
1 067.0	50.0	3.0	2.0	5.0	8.0	6.0	30.8	31.03	1 060.04	3 232.91	3 427 019.637 3	26.730 8
1 067.0	55.0	3.0	2.0	5.0	8.0	6.0	32.2	34.02	1 202.01	3 220.23	3 870 742.459 1	30.191 8
1 067.0	60.0	3.0	2.0	5.0	8.0	6.0	33.6	37.02	1 350.98	3 207.69	4 333 506.476 0	33.801 4
1 067.0	70.0	3.0	2.0	5.0	8.0	6.0	36.4	43.09	1 669.91	3 182.98	5 315 278.449 5	41.459 2
1 067.0	75.0	3.0	2.0	5.0	8.0	6.0	37.8	46.15	1 839.88	3 170.78	5 833 846.582 9	45.504 0
1 067.0	80.0	3.0	2.0	5.0	8.0	6.0	39.2	49.22	2 016.84	3 158.69	6 370 576.265 5	49.690 5
1 067.0	90.0	3.0	2.0	5.0	8.0	6.0	42.0	55.41	2 391.78	3 134.76	7 497 640.632 0	58.481 6
1 067.0	100.0	3.0	2.0	5.0	8.0	6.0	44.8	61.65	2 794.71	3 111.13	8 694 712.256 9	67.818 8

②合金钢、不锈钢管

		尺 寸 (mm)						重心距 (mm)	断 面 (mm²)	周 长 (mm)	体 积 (mm³)	金属重量 (kg/口)
Φ	δ	b	p	e	β	R	B					
159.0	20.0	3.0	1.5	3.0	10.0	6.0	23.4	12.82	340.91	454.41	154 914.703 0	1.220 7
168.0	20.0	3.0	1.5	3.0	10.0	6.0	23.4	12.82	340.91	482.69	164 553.726 3	1.296 7
168.0	22.0	3.0	1.5	3.0	10.0	6.0	24.1	13.95	381.84	477.23	182 224.473 1	1.435 9
219.0	20.0	3.0	1.5	3.0	10.0	6.0	23.4	12.82	340.91	642.91	219 174.858 4	1.727 1
219.0	22.0	3.0	1.5	3.0	10.0	6.0	24.1	13.95	381.84	637.45	243 403.556 8	1.918 0
219.0	24.0	3.0	1.5	3.0	10.0	6.0	24.8	15.09	424.18	632.03	268 097.135 6	2.112 6
219.0	26.0	3.0	1.5	3.0	10.0	6.0	25.5	16.24	467.93	626.67	293 237.871 2	2.310 7
219.0	28.0	3.0	1.5	3.0	10.0	6.0	26.2	17.39	513.10	621.34	318 808.039 9	2.512 2
219.0	30.0	3.0	1.5	3.0	10.0	6.0	26.9	18.55	559.67	616.06	344 789.918 1	2.716 9
273.0	20.0	3.0	1.5	3.0	10.0	6.0	23.4	12.82	340.91	812.56	277 008.998 3	2.182 8
273.0	22.0	3.0	1.5	3.0	10.0	6.0	24.1	13.95	381.84	807.09	308 181.410 2	2.428 5
273.0	24.0	3.0	1.5	3.0	10.0	6.0	24.8	15.09	424.18	801.68	340 057.971 2	2.679 7
273.0	25.0	3.0	1.5	3.0	10.0	6.0	25.2	15.66	445.88	798.99	356 254.7690	2.807 3
273.0	28.0	3.0	1.5	3.0	10.0	6.0	26.2	17.39	513.10	790.99	405 852.646 1	3.198 1
273.0	30.0	3.0	1.5	3.0	10.0	6.0	26.9	18.55	559.67	785.71	439 735.312 8	3.465 1
273.0	32.0	3.0	1.5	3.0	9.0	6.0	26.8	19.60	595.15	779.75	464 069.786 0	3.656 9
273.0	36.0	3.0	1.5	3.0	9.0	6.0	28.0	21.93	691.27	769.23	531 744.603 1	4.190 1
273.0	38.0	3.0	1.5	3.0	9.0	6.0	28.7	23.10	741.23	764.02	566 314.339 6	4.462 6
325.0	20.0	3.0	1.5	3.0	10.0	6.0	23.4	12.82	340.91	975.92	332 701.132 9	2.621 7
325.0	22.0	3.0	1.5	3.0	10.0	6.0	24.1	13.95	381.84	970.46	370 560.083 8	2.920 0
325.0	24.0	3.0	1.5	3.0	10.0	6.0	24.8	15.09	424.18	965.04	409 353.590 6	3.225 7
325.0	26.0	3.0	1.5	3.0	10.0	6.0	25.5	16.24	467.93	959.67	449 063.929 9	3.538 6
325.0	28.0	3.0	1.5	3.0	10.0	6.0	26.2	17.39	513.10	954.35	489 673.378 1	3.858 6
325.0	30.0	3.0	1.5	3.0	10.0	6.0	26.9	18.55	559.67	949.07	531 164.211 5	4.185 6
325.0	32.0	3.0	1.5	3.0	9.0	6.0	26.8	19.60	595.15	943.11	561 295.439 2	4.423 0
325.0	36.0	3.0	1.5	3.0	9.0	6.0	28.0	21.93	691.27	932.59	644 671.908 0	5.080 0
325.0	38.0	3.0	1.5	3.0	9.0	6.0	28.7	23.10	741.23	927.39	687 402.990 4	5.416 7
325.0	40.0	3.0	2.0	3.0	9.0	6.0	29.1	24.43	781.03	923.21	721 051.377 1	5.681 9
325.0	45.0	3.0	2.0	5.0	9.0	6.0	30.7	28.29	954.80	916.01	874 607.762 6	6.891 9
377.0	20.0	3.0	1.5	3.0	10.0	6.0	23.4	12.82	340.91	1 139.28	388 393.267 6	3.060 5

续表

尺 寸 (mm)								重心距 (mm)	断 面 (mm²)	周 长 (mm)	体 积 (mm³)	金属重量 (kg/口)
Φ	δ	b	p	e	β	R	B					
377.0	22.0	3.0	1.5	3.0	10.0	6.0	24.1	13.95	381.84	1 133.82	432 938.757 3	3.411 6
377.0	24.0	3.0	1.5	3.0	10.0	6.0	24.8	15.09	424.18	1 128.40	478 649.210 0	3.771 8
377.0	26.0	3.0	1.5	3.0	10.0	6.0	25.5	16.24	467.93	1 123.04	525 506.902 1	4.141 0
377.0	28.0	3.0	1.5	3.0	10.0	6.0	26.2	17.39	513.10	1 117.71	573 494.110 0	4.519 1
377.0	30.0	3.0	1.5	3.0	10.0	6.0	26.9	18.55	559.67	1 112.43	622 593.110 1	4.906 0
377.0	34.0	3.0	1.5	3.0	9.0	6.0	27.4	20.76	642.58	1 101.20	707 603.721 9	5.575 9
377.0	36.0	3.0	1.5	3.0	9.0	6.0	28.0	21.93	691.27	1 095.96	757 599.212 9	5.969 9
377.0	38.0	3.0	1.5	3.0	9.0	6.0	28.7	23.10	741.23	1 090.75	808 491.641 2	6.370 9
377.0	40.0	3.0	2.0	3.0	9.0	6.0	29.1	24.43	781.03	1 086.57	848 641.934 1	6.687 3
377.0	45.0	3.0	2.0	5.0	9.0	6.0	30.7	28.29	954.80	1 079.37	1 030 587.208 3	8.121 0
377.0	50.0	3.0	2.0	5.0	8.0	6.0	30.8	31.03	1 060.04	1 065.21	1 129 167.184 7	8.897 8
377.0	55.0	3.0	2.0	5.0	8.0	6.0	32.2	34.02	1 202.01	1 052.53	1 265 148.981 0	9.969 4
426.0	20.0	3.0	1.5	3.0	10.0	6.0	23.4	12.82	340.91	1 293.22	440 872.394 6	3.474 1
426.0	22.0	3.0	1.5	3.0	10.0	6.0	24.1	13.95	381.84	1 287.76	491 718.661 3	3.874 7
426.0	24.0	3.0	1.5	3.0	10.0	6.0	24.8	15.09	424.18	1 282.34	543 947.005 3	4.286 3
426.0	26.0	3.0	1.5	3.0	10.0	6.0	25.5	16.24	467.93	1 276.98	597 539.702 9	4.708 6
426.0	28.0	3.0	1.5	3.0	10.0	6.0	26.2	17.39	513.10	1 271.65	652 479.030 5	5.141 5
426.0	30.0	3.0	1.5	3.0	10.0	6.0	26.9	18.55	559.67	1 266.37	708 747.264 5	5.584 9
426.0	34.0	3.0	1.5	3.0	9.0	6.0	27.4	20.76	642.58	1 255.14	806 520.561 3	6.355 4
426.0	36.0	3.0	1.5	3.0	9.0	6.0	28.0	21.93	691.27	1 249.90	864 011.481 0	6.808 4
426.0	38.0	3.0	1.5	3.0	9.0	6.0	28.7	23.10	741.23	1 244.69	922 594.408 3	7.270 0
426.0	40.0	3.0	2.0	3.0	9.0	6.0	29.1	24.43	781.03	1 240.51	968 871.497 5	7.634 7
426.0	45.0	3.0	2.0	5.0	9.0	6.0	30.7	28.29	954.80	1 233.31	1 177 567.839 8	9.279 2
426.0	50.0	3.0	2.0	5.0	8.0	6.0	30.8	31.03	1 060.04	1 219.15	1 292 348.011 0	10.183 7
426.0	55.0	3.0	2.0	5.0	8.0	6.0	32.2	34.02	1 202.01	1 206.47	1 450 183.880 1	11.427 4

续表

尺寸(mm)								重心距 (mm)	断面 (mm^2)	周长 (mm)	体积 (mm^3)	金属重量 (kg/口)
Φ	δ	b	p	e	β	R	B					
480.0	20.0	3.0	1.5	3.0	10.0	6.0	23.4	12.82	340.91	1 462.87	498 706.534 4	3.929 8
480.0	22.0	3.0	1.5	3.0	10.0	6.0	24.1	13.95	381.84	1 457.40	556 496.514 6	4.385 2
480.0	24.0	3.0	1.5	3.0	10.0	6.0	24.8	15.09	424.18	1 451.99	615 907.840 8	4.853 4
480.0	26.0	3.0	1.5	3.0	10.0	6.0	25.5	16.24	467.93	1 446.62	676 922.789 4	5.334 2
480.0	28.0	3.0	1.5	3.0	10.0	6.0	26.2	17.39	513.10	1 441.30	739 523.636 7	5.827 4
480.0	30.0	3.0	1.5	3.0	10.0	6.0	26.9	18.55	559.67	1 436.02	803 692.659 2	6.333 1
480.0	34.0	3.0	1.5	3.0	9.0	6.0	27.4	20.76	642.58	1 424.78	915 530.955 7	7.214 4
480.0	36.0	3.0	1.5	3.0	9.0	6.0	28.0	21.93	691.27	1 419.54	981 282.1437	7.732 5
480.0	38.0	3.0	1.5	3.0	9.0	6.0	28.7	23.10	741.23	1 414.33	1 048 340.314 9	8.260 9
480.0	40.0	3.0	2.0	3.0	9.0	6.0	29.1	24.43	781.03	1 410.16	1 101 369.383 6	8.678 8
480.0	45.0	3.0	2.0	5.0	9.0	6.0	30.7	28.29	954.80	1 402.95	1 339 546.495 0	10.555 6
480.0	50.0	3.0	2.0	5.0	8.0	6.0	30.8	31.03	1 060.04	1 388.79	1 472 179.942 1	11.600 8
480.0	55.0	3.0	2.0	5.0	8.0	6.0	32.2	34.02	1 202.01	1 376.11	1 654 099.891 5	13.034 3
480.0	60.0	3.0	2.0	5.0	8.0	6.0	33.6	37.02	1 350.98	1 363.57	1 842 152.230 4	14.516 2
530.0	20.0	3.0	1.5	3.0	10.0	6.0	23.4	12.82	340.91	1 619.95	552 256.663 9	4.351 8
530.0	22.0	3.0	1.5	3.0	10.0	6.0	24.1	13.95	381.84	1 614.48	616 476.008 5	4.857 8
530.0	24.0	3.0	1.5	3.0	10.0	6.0	24.8	15.09	424.18	1 609.07	682 538.244 1	5.378 4
530.0	26.0	3.0	1.5	3.0	10.0	6.0	25.5	16.24	467.93	1 603.70	750 425.647 3	5.913 4
530.0	28.0	3.0	1.5	3.0	10.0	6.0	26.2	17.39	513.10	1 598.38	820 120.494 4	6.462 5
530.0	30.0	3.0	1.5	3.0	10.0	6.0	26.9	18.55	559.67	1 593.10	891 605.061 7	7.025 8
530.0	34.0	3.0	1.5	3.0	9.0	6.0	27.4	20.76	642.58	1 581.86	1 016 466.506 0	8.009 8
530.0	36.0	3.0	1.5	3.0	9.0	6.0	28.0	21.93	691.27	1 576.62	1 089 866.090 7	8.588 1
530.0	38.0	3.0	1.5	3.0	9.0	6.0	28.7	23.10	741.23	1 571.41	1 164 771.709 9	9.178 4
530.0	40.0	3.0	2.0	3.0	9.0	6.0	29.1	24.43	781.03	1 567.24	1 224 052.611 5	9.645 5
530.0	45.0	3.0	2.0	5.0	9.0	6.0	30.7	28.29	954.80	1 560.03	1 489 526.731 2	11.737 5
530.0	50.0	3.0	2.0	5.0	8.0	6.0	30.8	31.03	1 060.04	1 545.87	1 638 690.989 4	12.912 9
530.0	55.0	3.0	2.0	5.0	8.0	6.0	32.2	34.02	1 202.01	1 533.19	1 842 911.013 1	14.522 1
530.0	60.0	3.0	2.0	5.0	8.0	6.0	33.6	37.02	1 350.98	1 520.65	2 054 362.983 9	16.188 4

（2）手工钨极气体保护焊

①碳钢管

尺寸（mm）								重心距（mm）	断面（mm²）	周长（mm）	体积（mm³）	金属重量（kg/口）
Φ	δ	b	p	e	β	R	B					
127.0	20.0	3.0	1.5	3.0	10.0	6.0	23.4	12.82	340.91	353.88	120 642.620 1	0.941 0
133.0	20.0	3.0	1.5	3.0	10.0	6.0	23.4	12.82	340.91	372.73	127 068.635 6	0.991 1
133.0	22.0	3.0	1.5	3.0	10.0	6.0	24.1	13.95	381.84	367.27	140 238.827 4	1.093 9
159.0	20.0	3.0	1.5	3.0	10.0	6.0	23.4	12.82	340.91	454.41	154 914.703 0	1.208 3
159.0	22.0	3.0	1.5	3.0	10.0	6.0	24.1	13.95	381.84	448.95	171 428.164 2	1.337 1
159.0	24.0	3.0	1.5	3.0	10.0	6.0	24.8	15.09	424.18	443.54	188 140.651 7	1.467 5
159.0	26.0	3.0	1.5	3.0	10.0	6.0	25.5	16.24	467.93	438.17	205 034.441 7	1.599 3
159.0	28.0	3.0	1.5	3.0	10.0	6.0	26.2	17.39	513.10	432.85	222 091.810 7	1.732 3
168.0	20.0	3.0	1.5	3.0	10.0	6.0	23.4	12.82	340.91	482.69	164 553.726 3	1.283 5
168.0	22.0	3.0	1.5	3.0	10.0	6.0	24.1	13.95	381.84	477.23	182 224.473 1	1.421 4
168.0	24.0	3.0	1.5	3.0	10.0	6.0	24.8	15.09	424.18	471.81	200 134.124 3	1.561 0
168.0	25.0	3.0	1.5	3.0	10.0	6.0	25.2	15.66	445.88	469.12	209 173.000 3	1.631 5
168.0	26.0	3.0	1.5	3.0	10.0	6.0	25.5	16.24	467.93	466.44	218 264.956 1	1.702 5
168.0	28.0	3.0	1.5	3.0	10.0	6.0	26.2	17.39	513.10	461.12	236 599.245 1	1.845 5
168.0	30.0	3.0	1.5	3.0	10.0	6.0	26.9	18.55	559.67	455.84	255 119.267 6	1.989 9
194.0	20.0	3.0	1.5	3.0	10.0	6.0	23.4	12.82	340.91	564.37	192 399.793 6	1.500 7
194.0	22.0	3.0	1.5	3.0	10.0	6.0	24.1	13.95	381.84	558.91	213 413.809 9	1.664 6
194.0	24.0	3.0	1.5	3.0	10.0	6.0	24.8	15.09	424.18	553.49	234 781.934 0	1.831 3
194.0	28.0	3.0	1.5	3.0	10.0	6.0	26.2	17.39	513.10	542.80	278 509.611 1	2.172 4
194.0	30.0	3.0	1.5	3.0	10.0	6.0	26.9	18.55	559.67	537.52	300 833.716 9	2.346 5
219.0	20.0	3.0	1.5	3.0	10.0	6.0	23.4	12.82	340.91	642.91	219 174.858 4	1.709 6
219.0	22.0	3.0	1.5	3.0	10.0	6.0	24.1	13.95	381.84	637.45	243 403.556 8	1.898 5
219.0	24.0	3.0	1.5	3.0	10.0	6.0	24.8	15.09	424.18	632.03	268 097.135 6	2.091 2
219.0	28.0	3.0	1.5	3.0	10.0	6.0	26.2	17.39	513.10	621.34	318 808.039 9	2.486 7
219.0	30.0	3.0	1.5	3.0	10.0	6.0	26.9	18.55	559.67	616.06	344 789.918 1	2.689 4
219.0	35.0	3.0	1.5	3.0	9.0	6.0	27.7	21.34	666.76	602.20	401 526.174 5	3.131 9
245.0	20.0	3.0	1.5	3.0	10.0	6.0	23.4	12.82	340.91	724.59	247 020.925 7	1.926 8
245.0	25.0	3.0	1.5	3.0	10.0	6.0	25.2	15.66	445.88	711.02	317 032.964 0	2.472 9
245.0	30.0	3.0	1.5	3.0	9.0	6.0	26.1	18.45	548.99	697.10	382 704.4434	2.985 1
245.0	35.0	3.0	1.5	3.0	9.0	6.0	27.7	21.34	666.76	683.88	455 988.305 4	3.556 7

续表

尺寸(mm)								重心距(mm)	断面(mm^2)	周长(mm)	体积(mm^3)	金属重量(kg/口)
Φ	δ	b	p	e	β	R	B					
273.0	20.0	3.0	1.5	3.0	10.0	6.0	23.4	12.82	340.91	812.56	277 008.998 3	2.160 7
273.0	22.0	3.0	1.5	3.0	10.0	6.0	24.1	13.95	381.84	807.09	308 181.410 2	2.403 8
273.0	25.0	3.0	1.5	3.0	10.0	6.0	25.2	15.66	445.88	798.99	356 254.769 0	2.778 8
273.0	28.0	3.0	1.5	3.0	10.0	6.0	26.2	17.39	513.10	790.99	405 852.646 1	3.165 7
273.0	30.0	3.0	1.5	3.0	10.0	6.0	26.9	18.55	559.67	785.71	439 735.312 8	3.429 9
273.0	32.0	3.0	1.5	3.0	9.0	6.0	26.8	19.60	595.15	779.75	464 069.786 0	3.619 7
273.0	36.0	3.0	1.5	3.0	9.0	6.0	28.0	21.93	691.27	769.23	531 744.603 1	4.147 6
325.0	20.0	3.0	1.5	3.0	10.0	6.0	22.5	12.73	333.42	975.31	325 191.705 4	2.536 5
325.0	22.0	3.0	1.5	3.0	10.0	6.0	23.1	13.83	372.10	969.71	360 833.851 3	2.814 5
325.0	25.0	3.0	1.5	3.0	10.0	6.0	23.9	15.51	432.22	961.40	415 538.627 6	3.241 2
325.0	28.0	3.0	1.5	3.0	10.0	6.0	24.7	17.20	494.86	953.17	471 691.049 9	3.679 2
325.0	30.0	3.0	1.5	3.0	10.0	6.0	25.3	18.34	538.02	947.74	509 906.788 8	3.977 3
325.0	32.0	3.0	1.5	3.0	9.0	6.0	26.8	19.60	595.15	943.11	561 295.439 2	4.378 1
325.0	36.0	3.0	1.5	3.0	9.0	6.0	28.0	21.93	691.27	932.59	644 671.908 0	5.028 4
325.0	40.0	3.0	1.5	3.0	9.0	6.0	29.3	24.27	792.45	922.21	730 808.072 7	5.700 3
377.0	20.0	3.0	1.5	3.0	10.0	6.0	23.4	12.82	340.91	1 139.28	388 393.267 6	3.029 5
377.0	22.0	3.0	1.5	3.0	10.0	6.0	24.1	13.95	381.84	1 133.82	432 938.757 3	3.376 9
377.0	25.0	3.0	1.5	3.0	10.0	6.0	25.2	15.66	445.88	1 125.72	501 935.758 9	3.915 1
377.0	26.0	3.0	1.5	3.0	10.0	6.0	25.5	16.24	467.93	1 123.04	525 506.902 1	4.099 0
377.0	28.0	3.0	1.5	3.0	10.0	6.0	26.2	17.39	513.10	1 117.71	573 494.110 0	4.473 3
377.0	32.0	3.0	1.5	3.0	9.0	6.0	26.8	19.60	595.15	1 106.48	658 521.092 5	5.136 5
377.0	36.0	3.0	1.5	3.0	9.0	6.0	28.0	21.93	691.27	1 095.96	757 599.212 9	5.909 3
377.0	40.0	3.0	2.0	3.0	9.0	6.0	29.1	24.43	781.03	1 086.57	848 641.934 1	6.619 4
426.0	20.0	3.0	1.5	3.0	10.0	6.0	23.4	12.82	340.91	1 293.22	440 872.394 6	3.438 8
426.0	22.0	3.0	1.5	3.0	10.0	6.0	24.1	13.95	381.84	1 287.76	491 718.661 3	3.835 4
426.0	24.0	3.0	1.5	3.0	10.0	6.0	24.8	15.09	424.18	1 282.34	543 947.005 3	4.242 8
426.0	26.0	3.0	1.5	3.0	10.0	6.0	25.5	16.24	467.93	1 276.98	597 539.702 9	4.660 8
426.0	28.0	3.0	1.5	3.0	10.0	6.0	26.2	17.39	513.10	1 271.65	652 479.030 5	5.089 3
426.0	30.0	3.0	1.5	3.0	10.0	6.0	26.9	18.55	559.67	1 266.37	708 747.264 5	5.528 2
426.0	32.0	3.0	1.5	3.0	9.0	6.0	26.8	19.60	595.15	1 260.41	750 137.573 4	5.851 1

续表

尺寸(mm)								重心距 (mm)	断面 (mm²)	周长 (mm)	体积 (mm³)	金属重量 (kg/口)
Φ	δ	b	p	e	β	R	B					
426.0	36.0	3.0	1.5	3.0	9.0	6.0	28.0	21.93	691.27	1 249.90	864 011.481 0	6.739 3
426.0	40.0	3.0	2.0	3.0	9.0	6.0	29.1	24.43	781.03	1 240.51	968 871.497 5	7.557 2
480.0	20.0	3.0	1.5	3.0	10.0	6.0	23.4	12.82	340.91	1 462.87	498 706.534 4	3.889 9
480.0	24.0	3.0	1.5	3.0	10.0	6.0	24.8	15.09	424.18	1 451.99	615 907.840 8	4.804 1
480.0	26.0	3.0	1.5	3.0	10.0	6.0	25.5	16.24	467.93	1 446.62	676 922.789 4	5.280 0
480.0	28.0	3.0	1.5	3.0	10.0	6.0	26.2	17.39	513.10	1 441.30	739 523.636 7	5.768 3
480.0	30.0	3.0	1.5	3.0	10.0	6.0	26.9	18.55	559.67	1 436.02	803 692.659 2	6.268 8
480.0	32.0	3.0	1.5	3.0	9.0	6.0	26.8	19.60	595.15	1 430.06	851 102.674 8	6.638 6
480.0	36.0	3.0	1.5	3.0	9.0	6.0	28.0	21.93	691.27	1 419.54	981 282.143 7	7.654 0
480.0	40.0	3.0	2.0	3.0	9.0	6.0	29.1	24.43	781.03	1 410.16	1 101 369.383 6	8.590 7
480.0	45.0	3.0	2.0	5.0	9.0	6.0	30.7	28.29	954.80	1 402.95	1 339 546.495 0	10.448 5
508.0	20.0	3.0	1.5	3.0	10.0	6.0	23.4	12.82	340.91	1 550.83	528 694.607 0	4.123 8
508.0	24.0	3.0	1.5	3.0	10.0	6.0	24.8	15.09	424.18	1 539.95	653 220.866 7	5.095 1
508.0	26.0	3.0	1.5	3.0	10.0	6.0	25.5	16.24	467.93	1 534.59	718 084.389 8	5.601 1
508.0	28.0	3.0	1.5	3.0	10.0	6.0	26.2	17.39	513.10	1 529.26	784 657.877 0	6.120 3
508.0	30.0	3.0	1.5	3.0	10.0	6.0	26.9	18.55	559.67	1 523.98	852 923.604 6	6.652 8
508.0	32.0	3.0	1.5	3.0	9.0	6.0	26.8	19.60	595.15	1 518.02	903 454.949 6	7.046 9
508.0	36.0	3.0	1.5	3.0	9.0	6.0	28.0	21.93	691.27	1 507.51	1 042 089.154 0	8.128 3
508.0	40.0	3.0	2.0	3.0	9.0	6.0	29.1	24.43	781.03	1 498.12	1 170 071.991 2	9.126 6
508.0	45.0	3.0	2.0	5.0	9.0	6.0	30.7	28.29	954.80	1 490.92	1 423 535.427 3	11.103 6
530.0	20.0	3.0	1.5	3.0	10.0	6.0	23.4	12.82	340.91	1 619.95	552 256.663 9	4.307 6
530.0	24.0	3.0	1.5	3.0	10.0	6.0	24.8	15.09	424.18	1 609.07	682 538.244 1	5.323 8
530.0	26.0	3.0	1.5	3.0	10.0	6.0	25.5	16.24	467.93	1 603.70	750 425.647 3	5.853 3
530.0	28.0	3.0	1.5	3.0	10.0	6.0	26.2	17.39	513.10	1 598.38	820 120.494 4	6.396 9
530.0	30.0	3.0	1.5	3.0	10.0	6.0	26.9	18.55	559.67	1 593.10	891 605.061 7	6.954 5
530.0	32.0	3.0	1.5	3.0	9.0	6.0	26.8	19.60	595.15	1 587.14	944 588.879 8	7.367 8
530.0	36.0	3.0	1.5	3.0	9.0	6.0	28.0	21.93	691.27	1 576.62	1 089 866.090 7	8.501 0
530.0	40.0	3.0	2.0	3.0	9.0	6.0	29.1	24.43	781.03	1567.24	1 224 052.611 5	9.547 6
530.0	45.0	3.0	2.0	5.0	9.0	6.0	30.7	28.29	954.80	1 560.03	1 489 526.731 2	11.618 3
559.0	20.0	3.0	1.5	3.0	10.0	6.0	23.4	12.82	340.91	1 711.05	583 315.739 1	4.549 9

续表

尺寸(mm)								重心距 (mm)	断面 (mm²)	周长 (mm)	体积 (mm³)	金属重量 (kg/口)
Φ	δ	b	p	e	β	R	B					
559.0	24.0	3.0	1.5	3.0	10.0	6.0	24.8	15.09	424.18	1 700.17	721 183.878 0	5.625 2
559.0	26.0	3.0	1.5	3.0	10.0	6.0	25.5	16.24	467.93	1 694.81	793 057.304 9	6.185 8
559.0	28.0	3.0	1.5	3.0	10.0	6.0	26.2	17.39	513.10	1 689.48	866 866.671 8	6.761 6
559.0	30.0	3.0	1.5	3.0	10.0	6.0	26.9	18.55	559.67	1 684.20	942 594.255 2	7.352 2
559.0	32.0	3.0	1.5	3.0	9.0	6.0	26.8	19.60	595.15	1 678.25	998 810.878 8	7.790 7
559.0	36.0	3.0	1.5	3.0	9.0	6.0	28.0	21.93	691.27	1 667.73	1 152 844.780 0	8.992 2
559.0	40.0	3.0	2.0	3.0	9.0	6.0	29.1	24.43	781.03	1 658.34	1 295 208.883 7	10.102 6
559.0	45.0	3.0	2.0	5.0	9.0	6.0	30.7	28.29	954.80	1 651.14	1 576 515.268 2	12.296 8
630.0	20.0	3.0	1.5	3.0	10.0	6.0	23.4	12.82	340.91	1 934.10	659 356.923 0	5.143 0
630.0	24.0	3.0	1.5	3.0	10.0	6.0	24.8	15.09	424.18	1 923.23	815 799.050 7	6.363 2
630.0	26.0	3.0	1.5	3.0	10.0	6.0	25.5	16.24	467.93	1 917.86	897 431.363 1	7.000 0
630.0	28.0	3.0	1.5	3.0	10.0	6.0	26.2	17.39	513.10	1 912.54	981 314.209 6	7.654 3
630.0	30.0	3.0	1.5	3.0	10.0	6.0	26.9	18.55	559.67	1 907.26	1 067 429.866 7	8.326 0
630.0	32.0	3.0	1.5	3.0	9.0	6.0	26.8	19.60	595.15	1 901.30	1 131 561.289 9	8.826 2
630.0	36.0	3.0	1.5	3.0	9.0	6.0	28.0	21.93	691.27	1 890.78	1 307 033.984 7	10.194 9
630.0	38.0	3.0	1.5	3.0	9.0	6.0	28.7	23.10	741.23	1 885.57	1 397 634.499 9	10.901 5
630.0	40.0	3.0	2.0	3.0	9.0	6.0	29.1	24.43	781.03	1 881.40	1 469 419.067 3	11.461 5
630.0	45.0	3.0	2.0	5.0	9.0	6.0	30.7	28.29	954.80	1 874.19	1 789 487.203 7	13.958 0
630.0	50.0	3.0	2.0	5.0	8.0	6.0	30.8	31.03	1 060.04	1 860.03	1 971 713.083 9	15.379 4
660.0	20.0	3.0	1.5	3.0	10.0	6.0	23.4	12.82	340.91	2 028.35	691 487.000 7	5.393 6
660.0	24.0	3.0	1.5	3.0	10.0	6.0	24.8	15.09	424.18	2 017.48	855 777.292 7	6.675 1
660.0	26.0	3.0	1.5	3.0	10.0	6.0	25.5	16.24	467.93	2 012.11	941 533.077 8	7.344 0
660.0	28.0	3.0	1.5	3.0	10.0	6.0	26.2	17.39	513.10	2 006.79	1 029 672.324 2	8.031 4
660.0	30.0	3.0	1.5	3.0	10.0	6.0	26.9	18.55	559.67	2 001.50	1 120 177.308 2	8.737 4
660.0	32.0	3.0	1.5	3.0	9.0	6.0	26.8	19.60	595.15	1 995.55	1 187 653.012 9	9.263 7
660.0	36.0	3.0	1.5	3.0	9.0	6.0	28.0	21.93	691.27	1 985.03	1 372 184.352 9	10.703 0
660.0	38.0	3.0	1.5	3.0	9.0	6.0	28.7	23.10	741.23	1 979.82	1 467 493.336 8	11.446 4
660.0	40.0	3.0	2.0	3.0	9.0	6.0	29.1	24.43	781.03	1 975.64	1 543 029.004 0	12.035 6
660.0	45.0	3.0	2.0	5.0	9.0	6.0	30.7	28.29	954.80	1 968.44	1 879 475.345 5	14.659 9
660.0	50.0	3.0	2.0	5.0	8.0	6.0	30.8	31.03	1 060.04	1 954.28	2 071 619.712 3	16.158 6

续表

\	尺 寸 (mm)							重心距 (mm)	断面 (mm²)	周长 (mm)	体积 (mm³)	金属重量 (kg/口)
Φ	δ	b	p	e	β	R	B					
720.0	20.0	3.0	1.5	3.0	10.0	6.0	23.4	12.82	340.91	2 216.85	755 747.156 1	5.894 8
720.0	24.0	3.0	1.5	3.0	10.0	6.0	24.8	15.09	424.18	2 205.97	935 733.776 6	7.298 7
720.0	26.0	3.0	1.5	3.0	10.0	6.0	25.5	16.24	467.93	2 200.60	1 029 736.507 3	8.031 9
720.0	28.0	3.0	1.5	3.0	10.0	6.0	26.2	17.39	513.10	2 195.28	1 126 388.553 4	8.785 8
720.0	30.0	3.0	1.5	3.0	10.0	6.0	26.9	18.55	559.67	2 190.00	1 225 672.191 2	9.560 2
720.0	32.0	3.0	1.5	3.0	9.0	6.0	26.8	19.60	595.15	2 184.04	1 299 836.458 9	10.138 7
720.0	36.0	3.0	1.5	3.0	9.0	6.0	28.0	21.93	691.27	2 173.52	1 502 485.089 3	11.719 4
720.0	38.0	3.0	1.5	3.0	9.0	6.0	28.7	23.10	741.23	2 168.32	1 607 211.010 8	12.536 2
720.0	40.0	3.0	2.0	3.0	9.0	6.0	29.1	24.43	781.03	2 164.14	1 690 248.877 5	13.183 9
720.0	45.0	3.0	2.0	5.0	9.0	6.0	30.7	28.29	954.80	2 156.94	2 059 451.629 0	16.063 7
720.0	50.0	3.0	2.0	5.0	8.0	6.0	30.8	31.03	1 060.04	2 142.78	2 271 432.969 1	17.717 2
762.0	20.0	3.0	1.5	3.0	10.0	6.0	23.4	12.82	340.91	2 348.79	800 729.264 9	6.245 7
762.0	24.0	3.0	1.5	3.0	10.0	6.0	24.8	15.09	424.18	2 337.92	991 703.315 4	7.735 3
762.0	26.0	3.0	1.5	3.0	10.0	6.0	25.5	16.24	467.93	2 332.55	1 091 478.907 9	8.513 5
762.0	28.0	3.0	1.5	3.0	10.0	6.0	26.2	17.39	513.10	2 327.23	1 194 089.913 8	9.313 9
762.0	30.0	3.0	1.5	3.0	10.0	6.0	26.9	18.55	559.67	2 321.95	1 299 518.609 4	10.136 2
762.0	32.0	3.0	1.5	3.0	9.0	6.0	26.8	19.60	595.15	2 315.99	1 378 364.871 2	10.751 2
762.0	36.0	3.0	1.5	3.0	9.0	6.0	28.0	21.93	691.27	2 305.47	1 593 695.604 8	12.430 8
762.0	38.0	3.0	1.5	3.0	9.0	6.0	28.7	23.10	741.23	2 300.26	1 705 013.382 6	13.299 1
762.0	40.0	3.0	2.0	3.0	9.0	6.0	29.1	24.43	781.03	2 296.09	1 793 302.788 9	13.987 8
762.0	45.0	3.0	2.0	5.0	9.0	6.0	30.7	28.29	954.80	2 288.88	2 185 435.027 4	17.046 4
762.0	50.0	3.0	2.0	5.0	8.0	6.0	30.8	31.03	1 060.04	2 274.72	2 411 302.248 8	18.808 2
813.0	20.0	3.0	1.5	3.0	10.0	6.0	23.4	12.82	340.91	2 509.02	855 350.397 0	6.671 7
813.0	24.0	3.0	1.5	3.0	10.0	6.0	24.8	15.09	424.18	2 498.14	1 059 666.326 8	8.265 4
813.0	26.0	3.0	1.5	3.0	10.0	6.0	25.5	16.24	467.93	2 492.77	1 166 451.823 0	9.098 3
813.0	28.0	3.0	1.5	3.0	10.0	6.0	26.2	17.39	513.10	2 487.45	1 276 298.708 5	9.955 1
813.0	30.0	3.0	1.5	3.0	10.0	6.0	26.9	18.55	559.67	2 482.17	1 389 189.259 9	10.835 7
813.0	32.0	3.0	1.5	3.0	9.0	6.0	26.8	19.60	595.15	2 476.21	1 473 720.800 3	11.495 0
813.0	36.0	3.0	1.5	3.0	9.0	6.0	28.0	21.93	691.27	2 465.69	1 704 451.230 7	13.294 7
813.0	38.0	3.0	1.5	3.0	9.0	6.0	28.7	23.10	741.23	2 460.48	1 823 773.405 5	14.225 4

续表

尺寸(mm)								重心距 (mm)	断面 (mm²)	周长 (mm)	体积 (mm³)	金属重量 (kg/口)
Φ	δ	b	p	e	β	R	B					
813.0	40.0	3.0	2.0	3.0	9.0	6.0	29.1	24.43	781.03	2 456.31	1 918 439.681 3	14.963 8
813.0	45.0	3.0	2.0	5.0	9.0	6.0	30.7	28.29	954.80	2 449.11	2 338 414.868 4	18.239 6
813.0	50.0	3.0	2.0	5.0	8.0	6.0	30.8	31.03	1 060.04	2 434.94	2 581 143.517 0	20.132 9
864.0	20.0	3.0	1.5	3.0	10.0	6.0	23.4	12.82	340.91	2 669.24	909 971.529 1	7.097 8
864.0	24.0	3.0	1.5	3.0	10.0	6.0	24.8	15.09	424.18	2 658.36	1 127 629.338 1	8.795 5
864.0	26.0	3.0	1.5	3.0	10.0	6.0	25.5	16.24	467.93	2 652.99	1 241 424.738 0	9.683 1
864.0	28.0	3.0	1.5	3.0	10.0	6.0	26.2	17.39	513.10	2 647.67	1 358 507.503 3	10.596 4
864.0	30.0	3.0	1.5	3.0	10.0	6.0	26.9	18.55	559.67	2 642.39	1 478 859.910 5	11.535 1
864.0	32.0	3.0	1.5	3.0	9.0	6.0	26.8	19.60	595.15	2 636.43	1 569 076.729 4	12.238 8
864.0	36.0	3.0	1.5	3.0	9.0	6.0	28.0	21.93	691.27	2 625.91	1 815 206.856 7	14.158 6
864.0	38.0	3.0	1.5	3.0	9.0	6.0	28.7	23.10	741.23	2 620.71	1 942 533.428 4	15.151 8
864.0	40.0	3.0	2.0	3.0	9.0	6.0	29.1	24.43	781.03	2 616.53	2 043 576.573 8	15.939 9
864.0	45.0	3.0	2.0	5.0	9.0	6.0	30.7	28.29	954.80	2 609.33	2 491 394.709 4	19.432 9
864.0	50.0	3.0	2.0	5.0	8.0	6.0	30.8	31.03	1 060.04	2 595.17	2 750 984.785 3	21.457 7
914.0	20.0	3.0	1.5	3.0	10.0	6.0	23.4	12.82	340.91	2 826.32	963 521.658 6	7.515 5
914.0	24.0	3.0	1.5	3.0	10.0	6.0	24.8	15.09	424.18	2 815.44	1 194 259.741 4	9.315 2
914.0	26.0	3.0	1.5	3.0	10.0	6.0	25.5	16.24	467.93	2 810.07	1 314 927.595 9	10.256 4
914.0	28.0	3.0	1.5	3.0	10.0	6.0	26.2	17.39	513.10	2 804.75	1 439 104.361 0	11.225 0
914.0	30.0	3.0	1.5	3.0	10.0	6.0	26.9	18.55	559.67	2 799.47	1 566 772.313 0	12.220 8
914.0	32.0	3.0	1.5	3.0	9.0	6.0	26.8	19.60	595.15	2 793.51	1 662 562.934 4	12.968 0
914.0	36.0	3.0	1.5	3.0	9.0	6.0	28.0	21.93	691.27	2 782.99	1 923 790.803 7	15.005 6
914.0	38.0	3.0	1.5	3.0	9.0	6.0	28.7	23.10	741.23	2 777.79	2 058 964.823 4	16.059 9
914.0	40.0	3.0	2.0	3.0	9.0	6.0	29.1	24.43	781.03	2 773.61	2 166 259.801 7	16.896 8
914.0	45.0	3.0	2.0	5.0	9.0	6.0	30.7	28.29	954.80	2 766.41	2 641 374.945 6	20.602 7
914.0	50.0	3.0	2.0	5.0	8.0	6.0	30.8	31.03	1 060.04	2 752.25	2 917 495.832 5	22.756 5

续表

尺寸(mm)								重心距 (mm)	断面 (mm²)	周长 (mm)	体积 (mm³)	金属重量 (kg/口)
Φ	δ	b	p	e	β	R	B					
965.0	20.0	3.0	1.5	3.0	10.0	6.0	23.4	12.82	340.91	2 986.54	1 018 142.790 7	7.941 5
965.0	24.0	3.0	1.5	3.0	10.0	6.0	24.8	15.09	424.18	2 975.66	1 262 222.752 8	9.845 3
965.0	26.0	3.0	1.5	3.0	10.0	6.0	25.5	16.24	467.93	2 970.29	1 389 900.510 9	10.841 2
965.0	28.0	3.0	1.5	3.0	10.0	6.0	26.2	17.39	513.10	2 964.97	1 521 313.155 7	11.866 2
965.0	30.0	3.0	1.5	3.0	10.0	6.0	26.9	18.55	559.67	2 959.69	1 656 442.963 5	12.920 3
965.0	32.0	3.0	1.5	3.0	9.0	6.0	26.8	19.60	595.15	2 953.73	1 757 918.863 6	13.711 8
965.0	36.0	3.0	1.5	3.0	9.0	6.0	28.0	21.93	691.27	2 943.21	2 034 546.429 6	15.869 5
965.0	38.0	3.0	1.5	3.0	9.0	6.0	28.7	23.10	741.23	2 938.01	2 177 724.846 3	16.986 3
965.0	40.0	3.0	2.0	3.0	9.0	6.0	29.1	24.43	781.03	2 933.83	2 291 396.694 1	17.872 9
965.0	45.0	3.0	2.0	5.0	9.0	6.0	30.7	28.29	954.80	2 926.63	2 794 354.786 6	21.796 0
965.0	50.0	3.0	2.0	5.0	8.0	6.0	30.8	31.03	1 060.04	2 912.47	3 087 337.100 8	24.081 2
1 067.0	20.0	3.0	1.5	3.0	10.0	6.0	23.4	12.82	340.91	3 306.98	1 127 385.054 9	8.793 6
1 067.0	24.0	3.0	1.5	3.0	10.0	6.0	24.8	15.09	424.18	3 296.10	1 398 148.775 5	10.905 6
1 067.0	26.0	3.0	1.5	3.0	10.0	6.0	25.5	16.24	467.93	3 290.74	1 539 846.341 0	12.010 8
1 067.0	28.0	3.0	1.5	3.0	10.0	6.0	26.2	17.39	513.10	3 285.41	1 685 730.745 3	13.148 7
1 067.0	30.0	3.0	1.5	3.0	10.0	6.0	26.9	18.55	559.67	3 280.13	1 835 784.264 6	14.319 1
1 067.0	32.0	3.0	1.5	3.0	9.0	6.0	26.8	19.60	595.15	3 274.18	1 948 630.721 8	15.199 3
1 067.0	36.0	3.0	1.5	3.0	9.0	6.0	28.0	21.93	691.27	3 263.66	2 256 057.681 5	17.597 2
1 067.0	38.0	3.0	1.5	3.0	9.0	6.0	28.7	23.10	741.23	3 258.45	2 415 244.892 0	18.838 9
1 067.0	40.0	3.0	2.0	3.0	9.0	6.0	29.1	24.43	781.03	3 254.27	2 541 670.479 0	19.825 0
1 067.0	45.0	3.0	2.0	5.0	9.0	6.0	30.7	28.29	954.80	3 247.07	3 100 314.468 5	24.182 5
1 067.0	50.0	3.0	2.0	5.0	8.0	6.0	30.8	31.03	1 060.04	3 232.91	3 427 019.637 3	26.730 8

②合金钢（哈氏合金）、不锈钢管

尺寸 (mm)								重心距 (mm)	断面 (mm²)	周长 (mm)	体积 (mm³)	金属重量 (kg/口)
Φ	δ	b	p	e	β	R	B					
159.0	20.0	3.0	1.5	3.0	10.0	6.0	23.4	12.82	340.91	454.41	154 914.703 0	1.220 7
168.0	20.0	3.0	1.5	3.0	10.0	6.0	23.4	12.82	340.91	482.69	164 553.726 3	1.296 7
168.0	22.0	3.0	1.5	3.0	10.0	6.0	24.1	13.95	381.84	477.23	182 224.473 1	1.435 9
219.0	20.0	3.0	1.5	3.0	10.0	6.0	23.4	12.82	340.91	642.91	219 174.858 4	1.727 1
219.0	22.0	3.0	1.5	3.0	10.0	6.0	24.1	13.95	381.84	637.45	243 403.556 8	1.918 0
219.0	24.0	3.0	1.5	3.0	10.0	6.0	24.8	15.09	424.18	632.03	268 097.135 6	2.112 6
219.0	26.0	3.0	1.5	3.0	10.0	6.0	25.5	16.24	467.93	626.67	293 237.871 2	2.310 7
273.0	20.0	3.0	1.5	3.0	10.0	6.0	23.4	12.82	340.91	812.56	277 008.998 3	2.182 8
273.0	22.0	3.0	1.5	3.0	10.0	6.0	24.1	13.95	381.84	807.09	308 181.410 2	2.428 5
273.0	24.0	3.0	1.5	3.0	10.0	6.0	24.8	15.09	424.18	801.68	340 057.971 2	2.679 7
273.0	25.0	3.0	1.5	3.0	10.0	6.0	25.2	15.66	445.88	798.99	356 254.769 0	2.807 3
273.0	28.0	3.0	1.5	3.0	10.0	6.0	26.2	17.39	513.10	790.99	405 852.646 1	3.198 1
273.0	30.0	3.0	1.5	3.0	10.0	6.0	26.9	18.55	559.67	785.71	439 735.312 8	3.465 1
273.0	32.0	3.0	1.5	3.0	9.0	6.0	26.8	19.60	595.15	779.75	464 069.786 0	3.656 9
325.0	20.0	3.0	1.5	3.0	10.0	6.0	23.4	12.82	340.91	975.92	332 701.132 9	2.621 7
325.0	22.0	3.0	1.5	3.0	10.0	6.0	24.1	13.95	381.84	970.46	370 560.083 8	2.920 0
325.0	24.0	3.0	1.5	3.0	10.0	6.0	24.8	15.09	424.18	965.04	409 353.590 6	3.225 7
325.0	26.0	3.0	1.5	3.0	10.0	6.0	25.5	16.24	467.93	959.67	449 063.929 9	3.538 6
325.0	28.0	3.0	1.5	3.0	10.0	6.0	26.2	17.39	513.10	954.35	489 673.378 1	3.858 6
325.0	30.0	3.0	1.5	3.0	10.0	6.0	26.9	18.55	559.67	949.07	531 164.211 5	4.185 6
325.0	32.0	3.0	1.5	3.0	9.0	6.0	26.8	19.60	595.15	943.11	561 295.439 2	4.423 0
377.0	20.0	3.0	1.5	3.0	10.0	6.0	23.4	12.82	340.91	1 139.28	388 393.267 6	3.060 5
377.0	22.0	3.0	1.5	3.0	10.0	6.0	24.1	13.95	381.84	1 133.82	432 938.757 3	3.411 6
377.0	24.0	3.0	1.5	3.0	10.0	6.0	24.8	15.09	424.18	1 128.40	478 649.210 0	3.771 8
377.0	26.0	3.0	1.5	3.0	10.0	6.0	25.5	16.24	467.93	1 123.04	525 506.902 1	4.141 0

续表

尺 寸 (mm)								重心距 (mm)	断 面 (mm²)	周 长 (mm)	体 积 (mm³)	金属重量 (kg/口)
Φ	δ	b	ρ	e	β	R	B					
377.0	28.0	3.0	1.5	3.0	10.0	6.0	26.2	17.39	513.10	1 117.71	573 494.110 0	4.519 1
377.0	30.0	3.0	1.5	3.0	10.0	6.0	26.9	18.55	559.67	1 112.43	622 593.110 1	4.906 0
377.0	34.0	3.0	1.5	3.0	9.0	6.0	27.4	20.76	642.58	1 101.20	707 603.721 9	5.575 9
377.0	36.0	3.0	1.5	3.0	9.0	6.0	28.0	21.93	691.27	1 095.96	757 599.212 9	5.969 9
426.0	20.0	3.0	1.5	3.0	10.0	6.0	23.4	12.82	340.91	1 293.22	440 872.394 6	3.474 1
426.0	22.0	3.0	1.5	3.0	10.0	6.0	24.1	13.95	381.84	1 287.76	491 718.661 3	3.874 7
426.0	24.0	3.0	1.5	3.0	10.0	6.0	24.8	15.09	424.18	1 282.34	543 947.005 3	4.286 3
426.0	26.0	3.0	1.5	3.0	10.0	6.0	25.5	16.24	467.93	1 276.98	597 539.702 9	4.708 6
426.0	28.0	3.0	1.5	3.0	10.0	6.0	26.2	17.39	513.10	1 271.65	652 479.030 5	5.141 5
426.0	30.0	3.0	1.5	3.0	10.0	6.0	26.9	18.55	559.67	1 266.37	708 747.264 5	5.584 9
426.0	34.0	3.0	1.5	3.0	9.0	6.0	27.4	20.76	642.58	1 255.14	806 520.561 3	6.355 4
426.0	36.0	3.0	1.5	3.0	9.0	6.0	28.0	21.93	691.27	1 249.90	864 011.481 0	6.808 4
426.0	38.0	3.0	1.5	3.0	9.0	6.0	28.7	23.10	741.23	1 244.69	922 594.408 3	7.270 0
480.0	20.0	3.0	1.5	3.0	10.0	6.0	23.4	12.82	340.91	1 462.87	498 706.534 4	3.929 8
480.0	22.0	3.0	1.5	3.0	10.0	6.0	24.1	13.95	381.84	1 457.40	556 496.514 6	4.385 2
480.0	24.0	3.0	1.5	3.0	10.0	6.0	24.8	15.09	424.18	1 451.99	615 907.840 8	4.853 4
480.0	26.0	3.0	1.5	3.0	10.0	6.0	25.5	16.24	467.93	1 446.62	676 922.789 4	5.334 2
480.0	28.0	3.0	1.5	3.0	10.0	6.0	26.2	17.39	513.10	1 441.30	739 523.636 7	5.827 4
480.0	30.0	3.0	1.5	3.0	10.0	6.0	26.9	18.55	559.67	1 436.02	803 692.659 2	6.333 1
480.0	34.0	3.0	1.5	3.0	9.0	6.0	27.4	20.76	642.58	1 424.78	915 530.955 7	7.214 4
480.0	36.0	3.0	1.5	3.0	9.0	6.0	28.0	21.93	691.27	1 419.54	981 282.143 7	7.732 5
480.0	38.0	3.0	1.5	3.0	9.0	6.0	28.7	23.10	741.23	1 414.33	1 048 340.314 9	8.260 9
480.0	40.0	3.0	2.0	3.0	9.0	6.0	29.1	24.43	781.03	1 410.16	1 101 369.383 6	8.678 8
530.0	20.0	3.0	1.5	3.0	10.0	6.0	23.4	12.82	340.91	1 619.95	552 256.663 9	4.351 8
530.0	22.0	3.0	1.5	3.0	10.0	6.0	24.1	13.95	381.84	1 614.48	616 476.008 5	4.857 8
530.0	24.0	3.0	1.5	3.0	10.0	6.0	24.8	15.09	424.18	1 609.07	682 538.244 1	5.378 4
530.0	26.0	3.0	1.5	3.0	10.0	6.0	25.5	16.24	467.93	1 603.70	750 425.647 3	5.913 4
530.0	28.0	3.0	1.5	3.0	10.0	6.0	26.2	17.39	513.10	1 598.38	820 120.494 4	6.462 5
530.0	30.0	3.0	1.5	3.0	10.0	6.0	26.9	18.55	559.67	1 593.10	891 605.061 7	7.025 8
530.0	34.0	3.0	1.5	3.0	9.0	6.0	27.4	20.76	642.58	1 581.86	1 016 466.506 0	8.009 8
530.0	36.0	3.0	1.5	3.0	9.0	6.0	28.0	21.93	691.27	1 576.62	1 089 866.090 7	8.588 1
530.0	38.0	3.0	1.5	3.0	9.0	6.0	28.7	23.10	741.23	1 571.41	1 164 771.709 9	9.178 4
530.0	40.0	3.0	2.0	3.0	9.0	6.0	29.1	24.43	781.03	1 567.24	1 224 052.611 5	9.645 5

6. 管 座 焊 接

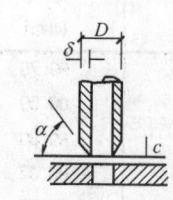

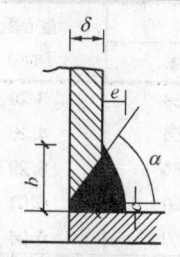

焊缝图形及计算公式		
焊缝图形及计算公式		$S = \delta c + 1/2\delta^2 \mathrm{tg}\,\alpha + 2/3\,be$ $F = [(\delta^2 c)/2 + 1/3\,\delta^3 \mathrm{tg}\alpha + 2/3be(\delta + 2e)/5]/S$ $b = c + \delta \mathrm{tg}\alpha + 2$ $L = \pi(D - 2\delta + 2F)$

手工电弧焊

①碳钢管

尺寸(mm) Φ	δ	b	c	e	α	重心距 (mm)	断面 (mm²)	周长 (mm)	体积 (mm³)	金属重量 (kg/口)
22.0	3.0	8.28	2.0	2.0	55	1.59	23.47	60.25	1 414.2848	0.0110
22.0	3.5	9.00	2.0	2.0	55	1.99	25.42	59.64	1 516.347 9	0.011 8
22.0	4.0	9.71	2.0	3.0	55	2.52	33.85	59.82	2 024.881 8	0.015 8
22.0	4.5	10.43	2.0	3.0	55	2.96	36.28	59.44	2 156.579 2	0.016 8
22.0	5.0	12.14	3.0	3.0	55	3.29	45.71	58.38	2 668.225 0	0.020 8
22.0	5.5	12.85	3.0	4.0	55	3.80	57.20	58.41	3 341.007 6	0.026 1
25.0	3.0	8.28	2.0	2.0	55	1.59	23.47	69.68	1 635.473 8	0.012 8
25.0	3.5	9.00	2.0	2.0	55	1.99	25.42	69.07	1 755.931 3	0.013 7
25.0	4.0	9.71	2.0	3.0	55	2.52	33.85	69.24	2 343.866 1	0.018 3
25.0	5.0	12.14	3.0	3.0	55	3.29	45.71	67.80	3 098.943 4	0.024 2
25.0	5.5	12.85	3.0	4.0	55	3.80	57.20	67.83	3 880.137 6	0.030 3
25.0	7.0	15.00	3.0	4.0	55	5.29	67.42	67.81	4 571.155 8	0.035 7
28.0	3.0	8.28	2.0	2.0	55	1.59	23.47	79.10	1 856.686 4	0.014 5
28.0	4.0	9.71	2.0	3.0	55	2.52	33.85	78.67	2 662.895 6	0.020 8
28.0	5.0	12.14	3.0	3.0	55	3.29	45.71	77.23	3 529.713 3	0.027 5
28.0	6.0	13.57	3.0	4.0	55	4.26	60.61	77.03	4 668.307 0	0.036 4
28.0	7.0	15.00	3.0	4.0	55	5.29	67.42	77.23	5 206.531 8	0.040 6
32.0	3.0	8.28	2.0	2.0	55	1.59	23.47	91.67	2 151.636 6	0.016 8
32.0	3.5	9.00	2.0	2.0	55	1.99	25.42	91.06	2 315.021 0	0.018 1
32.0	4.0	9.71	2.0	3.0	55	2.52	33.85	91.23	3 088.268 2	0.024 1

续表

尺 寸 (mm)						重心距 (mm)	断 面 (mm²)	周 长 (mm)	体积 (mm³)	金属重量 (kg/口)
Φ	δ	b	c	e	α					
32.0	5.0	12.14	3.0	3.0	55	3.29	45.71	89.79	4 104.073 1	0.032 0
32.0	6.0	13.57	3.0	4.0	55	4.26	60.61	89.59	5 429.923 0	0.042 4
32.0	7.0	15.00	3.0	4.0	55	5.29	67.42	89.80	6 053.699 8	0.047 2
32.0	8.0	16.42	3.0	4.0	50	6.01	73.16	88.02	6 439.246 2	0.050 2
32.0	9.0	17.85	3.0	5.0	50	6.94	91.87	87.56	8 044.513 5	0.062 7
34.0	3.0	8.28	2.0	2.0	55	1.59	23.47	97.95	2 299.111 7	0.017 9
34.0	3.5	9.00	2.0	2.0	55	1.99	25.42	97.34	2 474.760 8	0.019 3
34.0	4.0	9.71	2.0	3.0	55	2.52	33.85	97.52	3 300.954 5	0.025 7
34.0	5.0	12.14	3.0	3.0	55	3.29	45.71	96.08	4 391.253 1	0.034 3
34.0	6.0	13.57	3.0	4.0	55	4.26	60.61	95.88	5 810.731 0	0.045 3
34.0	7.0	15.00	3.0	4.0	55	5.29	67.42	96.08	6 477.283 9	0.050 5
34.0	8.0	16.42	3.0	4.0	50	6.01	73.16	94.30	6 898.927 8	0.053 8
34.0	9.0	17.85	3.0	5.0	50	6.94	91.87	93.85	8 621.749 7	0.067 2
38.0	3.0	8.28	2.0	2.0	55	1.59	23.47	110.52	2 594.061 8	0.020 2
38.0	3.5	9.00	2.0	2.0	55	1.99	25.42	109.91	2 794.240 6	0.021 8
38.0	4.0	9.71	2.0	3.0	55	2.52	33.85	110.08	3 726.327 2	0.029 1
38.0	5.0	12.14	3.0	3.0	55	3.29	45.71	108.64	4 965.613 0	0.038 7
38.0	6.0	13.57	3.0	4.0	55	4.26	60.61	108.44	6 572.347 0	0.051 3
38.0	7.0	15.00	3.0	4.0	55	5.29	67.42	108.65	7 324.451 9	0.057 1
38.0	8.0	16.42	3.0	4.0	50	6.01	73.16	106.87	7 818.291 1	0.061 0
38.0	9.0	17.85	3.0	5.0	50	6.94	91.87	106.41	9 776.221 9	0.076 3
42.0	3.0	8.28	2.0	2.0	55	1.59	23.47	123.09	2 889.012 0	0.022 5
42.0	3.5	9.00	2.0	2.0	55	1.99	25.42	122.47	3 113.720 4	0.024 3
42.0	4.0	9.71	2.0	3.0	55	2.52	33.85	122.65	4 151.699 8	0.032 4
42.0	5.0	12.14	3.0	3.0	55	3.29	45.71	121.21	5 539.972 8	0.043 2
42.0	6.0	13.57	3.0	4.0	55	4.26	60.61	121.01	7 333.963 0	0.057 2
42.0	7.0	15.00	3.0	4.0	55	5.29	67.42	121.21	8 171.619 9	0.063 7
42.0	8.0	16.42	3.0	4.0	50	6.01	73.16	119.43	8 737.654 4	0.068 2
42.0	9.0	17.85	3.0	5.0	50	6.94	91.87	118.98	10 930.694 1	0.085 3
42.0	10.0	19.28	3.0	5.0	50	8.07	99.63	119.84	11 939.718 4	0.093 1

续表

尺 寸 (mm)						重心距 (mm)	断 面 (mm²)	周 长 (mm)	体积 (mm³)	金属重量 (kg/口)
Φ	δ	b	c	e	α					
45.0	3.0	8.28	2.0	2.0	55	1.59	23.47	132.51	3 110.224 6	0.024 3
45.0	3.5	9.00	2.0	2.0	55	1.99	25.42	131.90	3 353.330 2	0.026 2
45.0	4.0	9.71	2.0	3.0	55	2.52	33.85	132.07	4 470.729 3	0.034 9
45.0	5.0	12.14	3.0	3.0	55	3.29	45.71	130.63	5 970.742 7	0.046 6
45.0	6.0	13.57	3.0	4.0	55	4.26	60.61	130.43	7 905.175 0	0.061 7
45.0	7.0	15.00	3.0	4.0	55	5.29	67.42	130.64	8 806.996 0	0.068 7
45.0	8.0	16.42	3.0	4.0	50	6.01	73.16	128.86	9 427.176 8	0.073 5
45.0	9.0	17.85	3.0	5.0	50	6.94	91.87	128.41	1 1796.548 3	0.092 0
45.0	10.0	19.28	3.0	5.0	50	8.07	99.63	129.27	12 878.709 1	0.100 5
48.0	3.0	8.28	2.0	2.0	55	1.59	23.47	141.94	3 331.437 3	0.026 0
48.0	3.5	9.00	2.0	2.0	55	1.99	25.42	141.32	3 592.940 1	0.028 0
48.0	4.0	9.71	2.0	3.0	55	2.52	33.85	141.50	4 789.758 8	0.037 4
48.0	5.0	12.14	3.0	3.0	55	3.29	45.71	140.06	6 401.512 7	0.049 9
48.0	6.0	13.57	3.0	4.0	55	4.26	60.61	139.86	8 476.387 0	0.066 1
48.0	7.0	15.00	3.0	4.0	55	5.29	67.42	140.06	9 442.372 0	0.073 7
48.0	8.0	16.42	3.0	4.0	50	6.01	73.16	138.28	10 116.699 3	0.078 9
48.0	9.0	17.85	3.0	5.0	50	6.94	91.87	137.83	12 662.402 5	0.098 8
48.0	10.0	19.28	3.0	5.0	50	8.07	99.63	138.69	13 817.699 7	0.107 8
57.0	3.0	8.28	2.0	2.0	55	1.59	23.47	170.21	3 995.075 1	0.031 2
57.0	3.5	9.00	2.0	2.0	55	1.99	25.42	169.60	4 311.769 6	0.033 6
57.0	4.0	9.71	2.0	3.0	55	2.52	33.85	169.77	5 746.847 2	0.044 8
57.0	5.0	12.14	3.0	3.0	55	3.29	45.71	168.33	7 693.822 4	0.060 0
57.0	6.0	13.57	3.0	4.0	55	4.26	60.61	168.13	10 190.023 0	0.079 5
57.0	7.0	15.00	3.0	4.0	55	5.29	67.42	168.34	11 348.500 1	0.088 5
57.0	8.0	16.42	3.0	4.0	50	6.01	73.16	166.56	12 185.266 6	0.095 0
57.0	9.0	17.85	3.0	5.0	50	6.94	91.87	166.10	15 259.965 0	0.119 0
57.0	10.0	19.28	3.0	5.0	50	8.07	99.63	166.96	16 634.671 6	0.129 8
57.0	12.0	22.14	3.0	5.0	50	10.66	115.15	170.63	19 648.253 0	0.153 3
57.0	14.0	24.99	3.0	5.0	50	13.65	130.67	176.89	23 113.903 2	0.180 3
60.0	3.0	8.28	2.0	2.0	55	1.59	23.47	179.64	4 216.287 7	0.032 9

续表

	尺 寸 (mm)					重心距 (mm)	断 面 (mm²)	周 长 (mm)	体积 (mm³)	金属重量 (kg/口)
Φ	δ	b	c	e	α					
60.0	3.5	9.00	2.0	2.0	55	1.99	25.42	179.02	4 551.379 4	0.035 5
60.0	4.0	9.71	2.0	3.0	55	2.52	33.85	179.20	6 065.876 7	0.047 3
60.0	5.0	12.14	3.0	3.0	55	3.29	45.71	177.76	8 124.592 3	0.063 4
60.0	5.5	12.85	3.0	4.0	55	3.80	57.20	177.79	10 169.987 3	0.079 3
60.0	6.0	13.57	3.0	4.0	55	4.26	60.61	177.56	10 761.235 0	0.083 9
60.0	7.0	15.00	3.0	4.0	55	5.29	67.42	177.76	11 983.876 2	0.093 5
60.0	8.0	16.42	3.0	4.0	50	6.01	73.16	175.98	12 874.789 1	0.100 4
60.0	9.0	17.85	3.0	5.0	50	6.94	91.87	175.53	16 125.819 2	0.125 8
60.0	10.0	19.28	3.0	5.0	50	8.07	99.63	176.39	17 573.662 2	0.137 1
60.0	12.0	22.14	3.0	5.0	50	10.66	115.15	180.06	20 733.516 6	0.161 7
60.0	14.0	24.99	3.0	5.0	50	13.65	130.67	186.31	24 345.439 6	0.189 9
68.0	3.5	9.00	2.0	2.0	55	1.99	25.42	204.16	5 190.338 9	0.040 5
68.0	4.0	9.71	2.0	3.0	55	2.52	33.85	204.33	6 916.622 0	0.053 9
68.0	5.0	12.14	3.0	3.0	55	3.29	45.71	202.89	9 273.312 0	0.072 3
68.0	6.0	13.57	3.0	4.0	55	4.26	60.61	202.69	12 284.467 0	0.095 8
68.0	7.0	15.00	3.0	4.0	55	5.29	67.42	202.89	13 678.212 2	0.106 7
68.0	8.0	16.42	3.0	4.0	50	6.01	73.16	201.11	14 713.515 6	0.114 8
68.0	9.0	17.85	3.0	5.0	50	6.94	91.87	200.66	18 434.763 7	0.143 8
68.0	10.0	19.28	3.0	5.0	50	8.07	99.63	201.52	20 077.637 2	0.156 6
68.0	12.0	22.14	3.0	5.0	50	10.66	115.15	205.19	23 627.552 6	0.184 3
68.0	14.0	24.99	3.0	5.0	50	13.65	130.67	211.45	27 629.536 8	0.215 5
68.0	16.0	27.85	3.0	5.0	50	17.06	146.19	220.28	32 203.402 7	0.251 2
76.0	3.5	9.00	2.0	2.0	55	1.99	25.42	229.29	5 829.298 5	0.045 5
76.0	4.0	9.71	2.0	3.0	55	2.52	33.85	229.46	7 767.367 2	0.060 6
76.0	5.0	12.14	3.0	3.0	55	3.29	45.71	228.02	10 422.031 8	0.081 3
76.0	6.0	13.57	3.0	4.0	55	4.26	60.61	227.82	13 807.698 9	0.107 7
76.0	7.0	15.00	3.0	4.0	55	5.29	67.42	228.03	15 372.548 3	0.119 9
76.0	8.0	16.42	3.0	4.0	50	6.01	73.16	226.25	16 552.242 2	0.129 1
76.0	9.0	17.85	3.0	5.0	50	6.94	91.87	225.79	20 743.708 1	0.161 8
76.0	10.0	19.28	3.0	5.0	50	8.07	99.63	226.66	22 581.612 2	0.176 1

续表

尺 寸 (mm)						重心距 (mm)	断面 (mm²)	周长 (mm)	体积 (mm³)	金属重量 (kg/口)
Φ	δ	b	c	e	a					
76.0	12.0	22.14	3.0	5.0	50	10.66	115.15	230.32	26 521.588 7	0.206 9
76.0	14.0	24.99	3.0	5.0	50	13.65	130.67	236.58	30 913.633 9	0.241 1
76.0	16.0	27.85	3.0	5.0	50	17.06	146.19	245.42	35 877.560 8	0.279 8
89.0	4.0	9.71	2.0	3.0	55	2.52	33.85	270.31	9 149.828 3	0.071 4
89.0	4.5	10.43	2.0	3.0	55	2.96	36.28	269.93	9 792.585 2	0.076 4
89.0	5.0	12.14	3.0	3.0	55	3.29	45.71	268.86	12 288.701 4	0.095 9
89.0	5.5	12.85	3.0	4.0	55	3.80	57.20	268.89	15 381.577 1	0.120 0
89.0	6.0	13.57	3.0	4.0	55	4.26	60.61	268.66	16 282.950 9	0.127 0
89.0	7.0	15.00	3.0	4.0	55	5.29	67.42	268.87	18 125.844 5	0.141 4
89.0	8.0	16.42	3.0	4.0	50	6.01	73.16	267.09	19 540.172 8	0.152 4
89.0	9.0	17.85	3.0	5.0	50	6.94	91.87	266.64	24 495.742 9	0.191 1
89.0	10.0	19.28	3.0	5.0	50	8.07	99.63	267.50	26 650.571 6	0.207 9
89.0	12.0	22.14	3.0	5.0	50	10.66	115.15	271.16	31 224.397 3	0.243 6
89.0	14.0	24.99	3.0	5.0	50	13.65	130.67	277.42	36 250.291 7	0.282 8
89.0	16.0	27.85	3.0	5.0	50	17.06	146.19	286.26	41 848.067 9	0.326 4
102.0	4.0	9.71	2.0	3.0	55	2.52	33.85	311.15	10 532.289 4	0.082 2
102.0	4.5	10.43	2.0	3.0	55	2.96	36.28	310.77	11 274.207 8	0.087 9
102.0	5.0	12.14	3.0	3.0	55	3.29	45.71	309.70	14 155.371 0	0.110 4
102.0	5.5	12.85	3.0	4.0	55	3.80	57.20	309.73	17 717.807 0	0.138 2
102.0	6.0	13.57	3.0	4.0	55	4.26	60.61	309.50	18 758.202 9	0.146 3
102.0	7.0	15.00	3.0	4.0	55	5.29	67.42	309.71	20 879.140 6	0.162 9
102.0	8.0	16.42	3.0	4.0	50	6.01	73.16	307.93	22 528.103 4	0.175 7
102.0	9.0	17.85	3.0	5.0	50	6.94	91.87	307.48	28 247.777 7	0.220 3
102.0	10.0	19.28	3.0	5.0	50	8.07	99.63	308.34	30 719.530 9	0.239 6
102.0	12.0	22.14	3.0	5.0	50	10.66	115.15	312.00	35 927.205 9	0.280 2
102.0	14.0	24.99	3.0	5.0	50	13.65	130.67	318.26	41 586.949 5	0.324 4
102.0	16.0	27.85	3.0	5.0	50	17.06	146.19	327.10	47 818.574 9	0.373 0
102.0	18.0	30.70	3.0	5.0	50	20.88	161.71	338.52	54 741.895 1	0.427 0
108.0	4.0	9.71	2.0	3.0	55	2.52	33.85	330.00	11 170.348 4	0.087 1
108.0	4.5	10.43	2.0	3.0	55	2.96	36.28	329.62	11 958.033 6	0.093 3

续表

尺寸(mm)						重心距 (mm)	断面 (mm²)	周长 (mm)	体积 (mm³)	金属重量 (kg/口)
Φ	δ	b	c	e	α					
108.0	5.0	12.14	3.0	3.0	55	3.29	45.71	328.55	15 016.910 8	0.117 1
108.0	6.0	13.57	3.0	4.0	55	4.26	60.61	328.35	19 900.626 9	0.155 2
108.0	7.0	15.00	3.0	4.0	55	5.29	67.42	328.56	22 149.892 7	0.172 8
108.0	8.0	16.42	3.0	4.0	50	6.01	73.16	326.78	23 907.148 3	0.186 5
108.0	9.0	17.85	3.0	5.0	50	6.94	91.87	326.33	29 979.486 0	0.233 8
108.0	10.0	19.28	3.0	5.0	50	8.07	99.63	327.19	32 597.512 2	0.254 3
108.0	12.0	22.14	3.0	5.0	50	10.66	115.15	330.85	38 097.732 9	0.297 2
108.0	14.0	24.99	3.0	5.0	50	13.65	130.67	337.11	44 050.022 3	0.343 6
108.0	16.0	27.85	3.0	5.0	50	17.06	146.19	345.95	50 574.193 5	0.394 5
108.0	18.0	30.70	3.0	5.0	50	20.88	161.71	357.37	57 790.059 6	0.450 8
114.0	4.0	9.71	2.0	3.0	55	2.52	33.85	348.85	11 808.407 3	0.092 1
114.0	5.0	12.14	3.0	3.0	55	3.29	45.71	347.40	15 878.4506	0.123 9
114.0	6.0	13.57	3.0	4.0	55	4.26	60.61	347.20	21 043.050 9	0.164 1
114.0	7.0	15.00	3.0	4.0	55	5.29	67.42	347.41	23 420.644 8	0.182 7
114.0	8.0	16.42	3.0	4.0	50	6.01	73.16	345.63	25 286.193 2	0.197 2
114.0	9.0	17.85	3.0	5.0	50	6.94	91.87	345.18	31 711.194 4	0.247 3
114.0	10.0	19.28	3.0	5.0	50	8.07	99.63	346.04	34 475.493 4	0.268 9
114.0	12.0	22.14	3.0	5.0	50	10.66	115.15	349.70	40 268.259 9	0.314 1
114.0	14.0	24.99	3.0	5.0	50	13.65	130.67	355.96	46 513.095 1	0.362 8
114.0	16.0	27.85	3.0	5.0	50	17.06	146.19	364.80	53 329.812 1	0.416 0
114.0	18.0	30.70	3.0	5.0	50	20.88	161.71	376.22	60 838.224 0	0.474 5
127.0	4.0	9.71	2.0	3.0	55	2.52	33.85	389.69	13 190.868 4	0.102 9
127.0	4.5	10.43	2.0	3.0	55	2.96	36.28	389.31	14 123.481 9	0.110 2
127.0	5.0	12.14	3.0	3.0	55	3.29	45.71	388.24	17 745.120 3	0.138 4
127.0	6.0	13.57	3.0	4.0	55	4.26	60.61	388.04	23 518.302 9	0.183 4
127.0	7.0	15.00	3.0	4.0	55	5.29	67.42	388.25	26 173.940 9	0.204 2
127.0	8.0	16.42	3.0	4.0	50	6.01	73.16	386.47	28 274.123 9	0.220 5
127.0	9.0	17.85	3.0	5.0	50	6.94	91.87	386.02	35 463.229 1	0.276 6
127.0	10.0	19.28	3.0	5.0	50	8.07	99.63	386.88	38 544.452 8	0.300 6
127.0	12.0	22.14	3.0	5.0	50	10.66	115.15	390.54	44 971.068 5	0.350 8

续表

尺　寸 (mm)						重心距 (mm)	断　面 (mm²)	周　长 (mm)	体积 (mm³)	金属重量 (kg/口)
Φ	δ	b	c	e	α					
127.0	14.0	24.99	3.0	5.0	50	13.65	130.67	396.80	51 849.753 0	0.404 4
127.0	16.0	27.85	3.0	5.0	50	17.06	146.19	405.64	59 300.319 2	0.462 5
127.0	18.0	30.70	3.0	5.0	50	20.88	161.71	417.06	67 442.580 2	0.526 1
127.0	20.0	33.56	3.0	5.0	50	25.10	177.23	431.06	76 396.349 2	0.595 9
133.0	4.0	9.71	2.0	3.0	55	2.52	33.85	408.54	13 828.927 4	0.107 9
133.0	4.5	10.43	2.0	3.0	55	2.96	36.28	408.16	14 807.307 7	0.115 5
133.0	5.0	12.14	3.0	3.0	55	3.29	45.71	407.09	18 606.660 1	0.145 1
133.0	6.0	13.57	3.0	4.0	55	4.26	60.61	406.89	24 660.726 8	0.192 4
133.0	7.0	15.00	3.0	4.0	55	5.29	67.42	407.10	27 444.693 0	0.214 1
133.0	8.0	16.42	3.0	4.0	50	6.01	73.16	405.32	29 653.168 8	0.231 3
133.0	9.0	17.85	3.0	5.0	50	6.94	91.87	404.87	37 194.937 5	0.290 1
133.0	10.0	19.28	3.0	5.0	50	8.07	99.63	405.73	40 422.434 1	0.315 3
133.0	12.0	22.14	3.0	5.0	50	10.66	115.15	409.39	47 141.595 6	0.367 7
133.0	14.0	24.99	3.0	5.0	50	13.65	130.67	415.65	54 312.825 8	0.423 6
133.0	16.0	27.85	3.0	5.0	50	17.06	146.19	424.49	62 055.937 8	0.484 0
133.0	18.0	30.70	3.0	5.0	50	20.88	161.71	435.91	70 490.744 6	0.549 8
133.0	20.0	33.56	3.0	5.0	50	25.10	177.23	449.91	79 737.059 5	0.621 9
159.0	4.5	10.43	2.0	3.0	55	2.96	36.28	489.84	17 770.552 8	0.138 6
159.0	5.0	12.14	3.0	3.0	55	3.29	45.71	488.78	22 339.999 3	0.174 3
159.0	6.0	13.57	3.0	4.0	55	4.26	60.61	488.58	29 611.230 8	0.231 0
159.0	7.0	15.00	3.0	4.0	55	5.29	67.42	488.78	32 951.285 3	0.257 0
159.0	8.0	16.42	3.0	4.0	50	6.01	73.16	487.00	35 629.030 0	0.277 9
159.0	9.0	17.85	3.0	5.0	50	6.94	91.87	486.55	44 699.007 0	0.348 7
159.0	10.0	19.28	3.0	5.0	50	8.07	99.63	487.41	48 560.352 8	0.378 8
159.0	12.0	22.14	3.0	5.0	50	10.66	115.15	491.08	56 547.212 8	0.441 1
159.0	14.0	24.99	3.0	5.0	50	13.65	130.67	497.33	64 986.141 4	0.506 9
159.0	16.0	27.85	3.0	5.0	50	17.06	146.19	506.17	73 996.951 8	0.577 2
159.0	18.0	30.70	3.0	5.0	50	20.88	161.71	517.59	83 699.457 1	0.652 9
159.0	20.0	33.56	3.0	5.0	50	25.10	177.23	531.59	94 213.470 4	0.734 9
168.0	5.0	12.14	3.0	3.0	55	3.29	45.71	517.05	23 632.309 0	0.184 3

续表

尺 寸 (mm)						重心距 (mm)	断 面 (mm²)	周 长 (mm)	体积 (mm³)	金属重量 (kg/口)
Φ	δ	b	c	e	α					
168.0	6.0	13.57	3.0	4.0	55	4.26	60.61	516.85	31 324.866 8	0.244 3
168.0	7.0	15.00	3.0	4.0	55	5.29	67.42	517.05	34 857.413 4	0.271 9
168.0	8.0	16.42	3.0	4.0	50	6.01	73.16	515.27	37 697.597 4	0.294 0
168.0	9.0	17.85	3.0	5.0	50	6.94	91.87	514.82	47 296.569 6	0.368 9
168.0	10.0	19.28	3.0	5.0	50	8.07	99.63	515.68	51 377.324 7	0.400 7
168.0	11.0	20.71	3.0	5.0	50	9.31	107.39	517.19	55 541.143 7	0.433 2
168.0	12.0	22.14	3.0	5.0	50	10.66	115.15	519.35	59 803.003 3	0.466 5
168.0	14.0	24.99	3.0	5.0	50	13.65	130.67	525.61	68 680.750 6	0.535 7
168.0	16.0	27.85	3.0	5.0	50	17.06	146.19	534.44	78 130.379 8	0.609 4
168.0	18.0	30.70	3.0	5.0	50	20.88	161.71	545.87	88 271.703 7	0.688 5
168.0	20.0	33.56	3.0	5.0	50	25.10	177.23	559.86	99 224.535 7	0.774 0
194.0	5.0	12.14	3.0	3.0	55	3.29	45.71	598.73	27 365.648 2	0.213 5
194.0	6.0	13.57	3.0	4.0	55	4.26	60.61	598.53	36 275.370 8	0.282 9
194.0	7.0	15.00	3.0	4.0	55	5.29	67.42	598.74	40 364.005 7	0.314 8
194.0	8.0	16.42	3.0	4.0	50	6.01	73.16	596.95	43 673.458 6	0.340 7
194.0	9.0	17.85	3.0	5.0	50	6.94	91.87	596.50	54 800.639 1	0.427 4
194.0	10.0	19.28	3.0	5.0	50	8.07	99.63	597.36	59 515.243 4	0.464 2
194.0	12.0	22.14	3.0	5.0	50	10.66	115.15	601.03	69 208.620 5	0.539 8
194.0	14.0	24.99	3.0	5.0	50	13.65	130.67	607.29	79 354.066 3	0.619 0
194.0	16.0	27.85	3.0	5.0	50	17.06	146.19	616.13	90 071.393 8	0.702 6
194.0	18.0	30.70	3.0	5.0	50	20.88	161.71	627.55	101 480.416 2	0.791 5
194.0	20.0	33.56	3.0	5.0	50	25.10	177.23	641.55	113 700.946 6	0.886 9
219.0	6.0	13.57	3.0	4.0	55	4.26	60.61	677.07	41 035.470 7	0.320 1
219.0	7.0	15.00	3.0	4.0	55	5.29	67.42	677.28	45 658.805 9	0.356 1
219.0	8.0	16.42	3.0	4.0	50	6.01	73.16	675.49	49 419.479 1	0.385 5
219.0	9.0	17.85	3.0	5.0	50	6.94	91.87	675.04	62 016.090 6	0.483 7
219.0	10.0	19.28	3.0	5.0	50	8.07	99.63	675.90	67 340.165 3	0.525 3
219.0	12.0	22.14	3.0	5.0	50	10.66	115.15	679.57	78 252.483 2	0.610 4
219.0	14.0	24.99	3.0	5.0	50	13.65	130.67	685.83	89 616.869 7	0.699 0
219.0	16.0	27.85	3.0	5.0	50	17.06	146.19	694.67	101 553.138 1	0.792 1
219.0	18.0	30.70	3.0	5.0	50	20.88	161.71	706.09	114 181.101 3	0.890 6
219.0	20.0	33.56	3.0	5.0	50	25.10	177.23	720.09	127 620.572 5	0.995 4

②合金钢、不锈钢管

尺寸(mm)						重心距 (mm)	断面 (mm²)	周长 (mm)	体积 (mm³)	金属重量 (kg/口)
Φ	δ	b	c	e	α					
22.0	3.0	8.28	2.0	2.0	55	1.59	23.47	60.25	1 414.284 8	0.011 1
22.0	3.5	9.00	2.0	2.0	55	1.99	25.42	59.64	1 516.347 9	0.011 9
22.0	4.0	9.71	2.0	3.0	55	2.52	33.85	59.82	2 024.881 8	0.016 0
22.0	4.5	10.43	2.0	3.0	55	2.96	36.28	59.44	2 156.579 2	0.017 0
22.0	5.0	12.14	3.0	3.0	55	3.29	45.71	58.38	2 668.225 0	0.021 0
25.0	3.0	8.28	2.0	2.0	55	1.59	23.47	69.68	1 635.501 2	0.012 9
25.0	3.5	9.00	2.0	2.0	55	1.99	25.42	69.07	1 755.962 1	0.013 8
25.0	4.0	9.71	2.0	3.0	55	2.52	33.85	69.24	2 343.918 9	0.018 5
25.0	4.5	10.43	2.0	3.0	55	2.96	36.28	68.87	2 498.500 6	0.019 7
25.0	5.0	12.14	3.0	3.0	55	3.29	45.71	67.80	3 099.004 3	0.024 4
25.0	5.5	12.85	3.0	4.0	55	3.80	57.20	67.83	3 880.227 0	0.030 6
25.0	6.0	13.57	3.0	4.0	55	4.26	60.61	67.60	4 097.188 5	0.032 3
25.0	6.5	14.28	3.0	4.0	55	4.76	64.01	67.59	4 326.783 6	0.034 1
27.0	3.0	8.28	2.0	2.0	55	1.59	23.47	75.96	1 782.978 8	0.014 0
27.0	3.5	9.00	2.0	2.0	55	1.99	25.42	75.35	1 915.705 0	0.015 1
27.0	4.0	9.71	2.0	3.0	55	2.52	33.85	75.53	2 556.610 2	0.020 1
27.0	4.5	10.43	2.0	3.0	55	2.96	36.28	75.15	2 726.448 2	0.021 5
27.0	5.0	12.14	3.0	3.0	55	3.29	45.71	74.08	3 386.190 5	0.026 7
27.0	5.5	12.85	3.0	4.0	55	3.80	57.20	74.11	4 239.656 2	0.033 4
27.0	6.0	13.57	3.0	4.0	55	4.26	60.61	73.88	4 478.006 6	0.035 3
27.0	6.5	14.28	3.0	4.0	55	4.76	64.01	73.88	4 728.990 5	0.037 3
32.0	3.0	8.28	2.0	2.0	55	1.59	23.47	91.67	2 151.672 8	0.017 0
32.0	3.5	9.00	2.0	2.0	55	1.99	25.42	91.06	2 315.062 0	0.018 2
32.0	4.0	9.71	2.0	3.0	55	2.52	33.85	91.23	3 088.338 6	0.024 3
32.0	4.5	10.43	2.0	3.0	55	2.96	36.28	90.86	3 296.317 1	0.026 0

续表

尺 寸 (mm)						重心距 (mm)	断 面 (mm²)	周 长 (mm)	体积 (mm³)	金属重量 (kg/口)
Φ	δ	b	c	e	α					
32.0	5.0	12.14	3.0	3.0	55	3.29	45.71	89.79	4 104.156 1	0.032 3
32.0	5.5	12.85	3.0	4.0	55	3.80	57.20	89.82	5 138.229 2	0.040 5
32.0	6.0	13.57	3.0	4.0	55	4.26	60.61	89.59	5 430.051 7	0.042 8
32.0	6.5	14.28	3.0	4.0	55	4.76	64.01	89.58	5 734.507 8	0.045 2
32.0	7.0	15.00	3.0	4.0	55	5.29	67.42	89.80	6 053.840 6	0.047 7
34.0	3.0	8.28	2.0	2.0	55	1.59	23.47	97.95	2 299.150 4	0.018 1
34.0	3.5	9.00	2.0	2.0	55	1.99	25.42	97.34	2 474.804 8	0.019 5
34.0	4.0	9.71	2.0	3.0	55	2.52	33.85	97.52	3 301.029 9	0.026 0
34.0	4.5	10.43	2.0	3.0	55	2.96	36.28	97.14	3 524.264 7	0.027 8
34.0	5.0	12.14	3.0	3.0	55	3.29	45.71	96.08	4 391.342 3	0.034 6
34.0	5.5	12.85	3.0	4.0	55	3.80	57.20	96.10	5 497.658 4	0.043 3
34.0	6.0	13.57	3.0	4.0	55	4.26	60.61	95.87	5 810.869 7	0.045 8
34.0	6.5	14.28	3.0	4.0	55	4.76	64.01	95.87	6 136.714 7	0.048 4
34.0	7.0	15.00	3.0	4.0	55	5.29	67.42	96.08	6 477.436 3	0.051 0
38.0	3.0	8.28	2.0	2.0	55	1.59	23.47	110.52	2 594.105 6	0.020 4
38.0	3.5	9.00	2.0	2.0	55	1.99	25.42	109.91	2 794.290 5	0.022 0
38.0	4.0	9.71	2.0	3.0	55	2.52	33.85	110.08	3 726.412 6	0.029 4
38.0	4.5	10.43	2.0	3.0	55	2.96	36.28	109.71	3 980.159 9	0.031 4
38.0	5.0	12.14	3.0	3.0	55	3.29	45.71	108.64	4 965.714 7	0.039 1
38.0	5.5	12.85	3.0	4.0	55	3.80	57.20	108.67	6 216.516 8	0.049 0
38.0	6.0	13.57	3.0	4.0	55	4.26	60.61	108.44	6 572.505 8	0.051 8
38.0	6.5	14.28	3.0	4.0	55	4.76	64.01	108.43	6 941.128 5	0.054 7
38.0	7.0	15.00	3.0	4.0	55	5.29	67.42	108.65	7 324.627 8	0.057 7
42.0	3.0	8.28	2.0	2.0	55	1.59	23.47	123.09	2 889.060 8	0.022 8
42.0	3.5	9.00	2.0	2.0	55	1.99	25.42	122.47	3 113.776 1	0.024 5
42.0	4.0	9.71	2.0	3.0	55	2.52	33.85	122.65	4 151.795 3	0.032 7
42.0	4.5	10.43	2.0	3.0	55	2.96	36.28	122.28	4 436.055 1	0.035 0
42.0	5.0	12.14	3.0	3.0	55	3.29	45.71	121.21	5 540.087 2	0.043 7
42.0	5.5	12.85	3.0	4.0	55	3.80	57.20	121.24	6 935.375 2	0.054 7
42.0	6.0	13.57	3.0	4.0	55	4.26	60.61	121.01	7 334.141 9	0.057 8

续表

尺 寸 (mm)						重心距 (mm)	断 面 (mm²)	周 长 (mm)	体积 (mm³)	金属重量 (kg/口)
Φ	δ	b	c	e	α					
42.0	6.5	14.28	3.0	4.0	55	4.76	64.01	121.00	7 745.542 3	0.061 0
42.0	7.0	15.00	3.0	4.0	55	5.29	67.42	121.21	8 171.819 3	0.064 4
42.0	8.0	16.42	3.0	4.0	50	6.01	73.16	119.43	8 737.871 5	0.068 9
45.0	3.0	8.28	2.0	2.0	55	1.59	23.47	132.51	3 110.277 2	0.024 5
45.0	3.5	9.00	2.0	2.0	55	1.99	25.42	131.90	3 353.390 3	0.026 4
45.0	4.0	9.71	2.0	3.0	55	2.52	33.85	132.07	4 470.832 3	0.035 2
45.0	4.5	10.43	2.0	3.0	55	2.96	36.28	131.70	4 777.976 4	0.037 7
45.0	5.0	12.14	3.0	3.0	55	3.29	45.71	130.63	5 970.866 5	0.047 1
45.0	5.5	12.85	3.0	4.0	55	3.80	57.20	130.66	7 474.519 0	0.058 9
45.0	6.0	13.57	3.0	4.0	55	4.26	60.61	130.43	7 905.369 0	0.062 3
45.0	6.5	14.28	3.0	4.0	55	4.76	64.01	130.42	8 348.852 6	0.065 8
45.0	7.0	15.00	3.0	4.0	55	5.29	67.42	130.64	8 807.213 0	0.069 4
45.0	8.0	16.42	3.0	4.0	50	6.01	73.16	128.86	9 427.414 1	0.074 3
48.0	3.0	8.28	2.0	2.0	55	1.59	23.47	141.94	3 331.493 6	0.026 3
48.0	3.5	9.00	2.0	2.0	55	1.99	25.42	141.32	3 593.004 6	0.028 3
48.0	4.0	9.71	2.0	3.0	55	2.52	33.85	141.50	4 789.869 3	0.037 7
48.0	4.5	10.43	2.0	3.0	55	2.96	36.28	141.13	5 119.897 8	0.040 3
48.0	5.0	12.14	3.0	3.0	55	3.29	45.71	140.06	6 401.645 9	0.050 4
48.0	5.5	12.85	3.0	4.0	55	3.80	57.20	140.09	8 013.662 8	0.063 1
48.0	6.0	13.57	3.0	4.0	55	4.26	60.61	139.86	8 476.596 1	0.066 8
48.0	6.5	14.28	3.0	4.0	55	4.76	64.01	139.85	8 952.163 0	0.070 5
48.0	7.0	15.00	3.0	4.0	55	5.29	67.42	140.06	9 442.606 6	0.074 4
48.0	8.0	16.42	3.0	4.0	50	6.01	73.16	138.28	10 116.956 6	0.079 7
48.0	9.0	17.85	3.0	5.0	50	6.94	91.87	137.83	12 662.756 9	0.099 8
57.0	3.0	8.28	2.0	2.0	55	1.59	23.47	170.21	3 995.142 7	0.031 5
57.0	3.5	9.00	2.0	2.0	55	1.99	25.42	169.60	4 311.847 3	0.034 0
57.0	4.0	9.71	2.0	3.0	55	2.52	33.85	169.77	5 746.980 4	0.045 3
57.0	4.5	10.43	2.0	3.0	55	2.96	36.28	169.40	6 145.661 9	0.048 4
57.0	5.0	12.14	3.0	3.0	55	3.29	45.71	168.33	7 693.983 9	0.060 6
57.0	5.5	12.85	3.0	4.0	55	3.80	57.20	168.36	9 631.094 2	0.075 9

419

续表

尺寸(mm)						重心距 (mm)	断 面 (mm²)	周 长 (mm)	体积 (mm³)	金属重量 (kg/口)
Φ	δ	b	c	e	α					
57.0	6.0	13.57	3.0	4.0	55	4.26	60.61	168.13	10 190.277 3	0.080 3
57.0	6.5	14.28	3.0	4.0	55	4.76	64.01	168.12	10 762.094 0	0.084 8
57.0	7.0	15.00	3.0	4.0	55	5.29	67.42	168.34	11 348.787 5	0.089 4
57.0	7.5	15.71	3.0	4.0	55	5.86	70.82	168.77	11 952.600 7	0.094 2
57.0	8.0	16.42	3.0	4.0	50	6.01	73.16	166.55	12 185.584 3	0.096 0
57.0	9.0	17.85	3.0	5.0	50	6.94	91.87	166.10	15 260.404 2	0.120 3
60.0	3.0	8.28	2.0	2.0	55	1.59	23.47	179.64	4 216.359 1	0.033 2
60.0	3.5	9.00	2.0	2.0	55	1.99	25.42	179.02	4 551.461 5	0.035 9
60.0	4.0	9.71	2.0	3.0	55	2.52	33.85	179.20	6 066.017 4	0.047 8
60.0	4.5	10.43	2.0	3.0	55	2.96	36.28	178.83	6 487.583 3	0.051 1
60.0	5.0	12.14	3.0	3.0	55	3.29	45.71	177.76	8 124.763 2	0.064 0
60.0	5.5	12.85	3.0	4.0	55	3.80	57.20	177.79	10 170.238 0	0.080 1
60.0	6.0	13.57	3.0	4.0	55	4.26	60.61	177.56	10 761.504 4	0.084 8
60.0	6.5	14.28	3.0	4.0	55	4.76	64.01	177.55	11 365.404 4	0.089 6
60.0	7.0	15.00	3.0	4.0	55	5.29	67.42	177.76	11 984.181 1	0.094 4
60.0	7.5	15.71	3.0	4.0	55	5.86	70.82	178.20	12 620.077 6	0.099 4
60.0	8.0	16.42	3.0	4.0	50	6.01	73.16	175.98	12 875.126 9	0.101 5
60.0	8.5	17.14	3.0	5.0	50	6.41	87.99	175.34	15 428.815 1	0.121 6
60.0	9.0	17.85	3.0	5.0	50	6.94	91.87	175.53	16 126.286 7	0.127 1
68.0	3.0	8.28	2.0	2.0	55	1.59	23.47	204.77	4 806.269 5	0.037 9
68.0	3.5	9.00	2.0	2.0	55	1.99	25.42	204.16	5 190.432 8	0.040 9
68.0	4.0	9.71	2.0	3.0	55	2.52	33.85	204.33	6 916.782 8	0.054 5
68.0	5.0	12.14	3.0	3.0	55	3.29	45.71	202.89	9 273.508 1	0.073 1
68.0	6.0	13.57	3.0	4.0	55	4.26	60.61	202.69	12 284.776 6	0.096 8
68.0	7.0	15.00	3.0	4.0	55	5.29	67.42	202.89	13 678.564 1	0.107 8
68.0	8.0	16.42	3.0	4.0	50	6.01	73.16	201.11	14 713.907 0	0.115 9
68.0	9.0	17.85	3.0	5.0	50	6.94	91.87	200.66	18 435.306 5	0.145 3
76.0	3.0	8.28	2.0	2.0	55	1.59	23.47	229.90	5 396.179 9	0.042 5
76.0	3.5	9.00	2.0	2.0	55	1.99	25.42	229.29	5 829.404 0	0.045 9
76.0	4.0	9.71	2.0	3.0	55	2.52	33.85	229.46	7 767.548 2	0.061 2

续表

尺 寸 (mm)						重心距 (mm)	断 面 (mm²)	周长 (mm)	体积 (mm³)	金属重量 (kg/口)
Φ	δ	b	c	e	α					
76.0	4.5	10.43	2.0	3.0	55	2.96	36.28	229.09	8 311.164 0	0.065 5
76.0	5.0	12.14	3.0	3.0	55	3.29	45.71	228.02	10 422.253 0	0.082 1
76.0	5.5	12.85	3.0	4.0	55	3.80	57.20	228.05	13 045.671 6	0.102 8
76.0	6.0	13.57	3.0	4.0	55	4.26	60.61	227.82	13 808.048 8	0.108 8
76.0	6.5	14.28	3.0	4.0	55	4.76	64.01	227.81	14 583.059 6	0.114 9
76.0	7.0	15.00	3.0	4.0	55	5.29	67.42	228.03	15 372.947 1	0.121 1
76.0	7.5	15.71	3.0	4.0	55	5.86	70.82	228.46	16 179.954 4	0.127 5
76.0	8.0	16.42	3.0	4.0	50	6.01	73.16	226.25	16 552.687 2	0.130 4
76.0	8.5	17.14	3.0	5.0	50	6.41	87.99	225.61	19 851.815 9	0.156 4
76.0	9.0	17.85	3.0	5.0	50	6.94	91.87	225.79	20 744.326 4	0.163 5
76.0	10.0	19.28	3.0	5.0	50	8.07	99.63	226.65	22 582.282 4	0.177 9
76.0	12.0	23.14	4.0	5.0	50	10.07	130.49	226.63	29 571.799 1	0.233 0
89.0	3.0	8.28	2.0	2.0	55	1.59	23.47	270.74	6 354.784 2	0.050 1
89.0	3.5	9.00	2.0	2.0	55	1.99	25.42	270.13	6 867.732 4	0.054 1
89.0	4.0	9.71	2.0	3.0	55	2.52	33.85	270.31	9 150.041 9	0.072 1
89.0	4.5	10.43	2.0	3.0	55	2.96	36.28	269.93	9 792.823 3	0.077 2
89.0	5.0	12.14	3.0	3.0	55	3.29	45.71	268.86	12 288.963 4	0.096 8
89.0	5.5	12.85	3.0	4.0	55	3.80	57.20	268.89	15 381.961 4	0.121 2
89.0	6.0	13.57	3.0	4.0	55	4.26	60.61	268.66	16 283.366 1	0.128 3
89.0	6.5	14.28	3.0	4.0	55	4.76	64.01	268.65	17 197.404 5	0.135 5
89.0	7.0	15.00	3.0	4.0	55	5.29	67.42	268.87	18 126.319 5	0.142 8
89.0	7.5	15.71	3.0	4.0	55	5.86	70.82	269.30	19 072.354 3	0.150 3
89.0	8.0	16.42	3.0	4.0	50	6.01	73.16	267.09	19 540.704 9	0.154 0
89.0	8.5	17.14	3.0	5.0	50	6.41	87.99	266.45	23 445.504 1	0.184 8
89.0	9.0	17.85	3.0	5.0	50	6.94	91.87	266.63	24 496.483 7	0.193 0
89.0	9.5	18.57	3.0	5.0	50	7.49	95.75	266.98	25 564.484 3	0.201 4
89.0	10.0	19.28	3.0	5.0	50	8.07	99.63	267.50	26 651.377 9	0.210 0
89.0	12.0	22.14	3.0	5.0	50	10.66	115.15	271.16	31 225.324 7	0.246 1
89.0	14.0	24.99	3.0	5.0	50	13.65	130.67	277.42	36 251.326 7	0.285 7
108.0	3.0	8.28	2.0	2.0	55	1.59	23.47	330.43	7 755.821 4	0.061 1

续表

尺 寸 (mm)						重心距 (mm)	断 面 (mm²)	周 长 (mm)	体 积 (mm³)	金属重量 (kg/口)
Φ	δ	b	c	e	α					
108.0	3.5	9.00	2.0	2.0	55	1.99	25.42	329.82	8 385.289 2	0.066 1
108.0	4.0	9.71	2.0	3.0	55	2.52	33.85	330.00	11 170.609 7	0.088 0
108.0	4.5	10.43	2.0	3.0	55	2.96	36.28	329.62	11 958.325 4	0.094 2
108.0	5.0	12.14	3.0	3.0	55	3.29	45.71	328.55	15 017.232 5	0.118 3
108.0	5.5	12.85	3.0	4.0	55	3.80	57.20	328.58	18 796.538 8	0.148 1
108.0	6.0	13.57	3.0	4.0	55	4.26	60.61	328.35	19 901.137 6	0.156 8
108.0	6.5	14.28	3.0	4.0	55	4.76	64.01	328.34	21 018.370 0	0.165 6
108.0	7.0	15.00	3.0	4.0	55	5.29	67.42	328.56	22 150.479 1	0.174 5
108.0	7.5	15.71	3.0	4.0	55	5.86	70.82	328.99	23 299.708 0	0.183 6
108.0	8.0	16.42	3.0	4.0	50	6.01	73.16	326.78	23 907.807 8	0.188 4
108.0	8.5	17.14	3.0	5.0	50	6.41	87.99	326.14	28 697.817 6	0.226 1
108.0	9.0	17.85	3.0	5.0	50	6.94	91.87	326.33	29 980.405 9	0.236 2
108.0	9.5	18.57	3.0	5.0	50	7.49	95.75	326.67	31 280.015 2	0.246 5
108.0	10.0	19.28	3.0	5.0	50	8.07	99.63	327.19	32 598.517 5	0.256 9
108.0	11.0	20.71	3.0	5.0	50	9.31	107.39	328.70	35 299.689 7	0.278 2
108.0	12.0	22.14	3.0	5.0	50	10.66	115.15	330.85	38 098.899 1	0.300 2
108.0	13.0	23.57	3.0	5.0	50	12.10	122.91	333.66	41 011.122 3	0.323 2
108.0	14.0	24.99	3.0	5.0	50	13.65	130.67	337.11	44 051.335 9	0.347 1
114.0	3.0	8.28	2.0	2.0	55	1.59	23.47	349.28	8 198.254 2	0.064 6
114.0	3.5	9.00	2.0	2.0	55	1.99	25.42	348.67	8 864.517 6	0.069 9
114.0	4.0	9.71	2.0	3.0	55	2.52	33.85	348.85	11 808.683 8	0.093 1
114.0	4.5	10.43	2.0	3.0	55	2.96	36.28	348.47	12 642.168 1	0.099 6
114.0	5.0	12.14	3.0	3.0	55	3.29	45.71	347.40	15 878.791 2	0.125 1
114.0	5.5	12.85	3.0	4.0	55	3.80	57.20	347.43	19 874.826 4	0.156 6
114.0	6.0	13.57	3.0	4.0	55	4.26	60.61	347.20	21 043.591 7	0.165 8
114.0	6.5	14.28	3.0	4.0	55	4.76	64.01	347.19	22 224.990 7	0.175 1
114.0	7.0	15.00	3.0	4.0	55	5.29	67.42	347.41	23 421.266 4	0.184 6
114.0	7.5	15.71	3.0	4.0	55	5.86	70.82	347.84	24 634.661 8	0.194 1
114.0	8.0	16.42	3.0	4.0	50	6.01	73.16	345.63	25 286.892 9	0.199 3
114.0	8.5	17.14	3.0	5.0	50	6.41	87.99	344.99	30 356.442 9	0.239 2

续表

尺寸(mm)						重心距 (mm)	断面 (mm²)	周长 (mm)	体积 (mm³)	金属重量 (kg/口)
Φ	δ	b	c	e	α					
114.0	9.0	17.85	3.0	5.0	50	6.94	91.87	345.17	31 712.170 8	0.249 9
114.0	9.5	18.57	3.0	5.0	50	7.49	95.75	345.52	33 084.919 7	0.260 7
114.0	10.0	19.28	3.0	5.0	50	8.07	99.63	346.04	34 476.561 6	0.271 7
114.0	11.0	20.71	3.0	5.0	50	9.31	107.39	347.54	37 324.013 0	0.294 1
114.0	12.0	22.14	3.0	5.0	50	10.66	115.15	349.70	40 269.501 5	0.317 3
114.0	13.0	23.57	3.0	5.0	50	12.10	122.91	352.51	43 328.003 9	0.341 4
114.0	14.0	24.99	3.0	5.0	50	13.65	130.67	355.96	46 514.496 7	0.366 5
127.0	3.5	9.00	2.0	2.0	55	1.99	25.42	389.51	9 902.846 0	0.078 0
127.0	4.0	9.71	2.0	3.0	55	2.52	33.85	389.69	13 191.177 5	0.103 9
127.0	4.5	10.43	2.0	3.0	55	2.96	36.28	389.31	14 123.827 4	0.111 3
127.0	5.0	12.14	3.0	3.0	55	3.29	45.71	388.24	17 745.501 6	0.139 8
127.0	6.0	13.57	3.0	4.0	55	4.26	60.61	388.04	23 518.909 1	0.185 3
127.0	7.0	15.00	3.0	4.0	55	5.29	67.42	388.25	26 174.638 8	0.206 3
127.0	8.0	16.42	3.0	4.0	50	6.01	73.16	386.47	28 274.910 7	0.222 8
127.0	9.0	17.85	3.0	5.0	50	6.94	91.87	386.02	35 464.328 1	0.279 5
127.0	10.0	19.28	3.0	5.0	50	8.07	99.63	386.88	38 545.657 1	0.303 7
127.0	11.0	20.71	3.0	5.0	50	9.31	107.39	388.39	41 710.046 7	0.328 7
127.0	12.0	22.14	3.0	5.0	50	10.66	115.15	390.54	44 972.473 5	0.354 4
127.0	13.0	23.57	3.0	5.0	50	12.10	122.91	393.35	48 347.914 1	0.381 0
127.0	14.0	24.99	3.0	5.0	50	13.65	130.67	396.80	51 851.345 1	0.408 6
127.0	15.0	26.42	3.0	5.0	50	15.30	138.43	400.89	55 497.743 3	0.437 3
127.0	16.0	27.85	3.0	5.0	50	17.06	146.20	405.64	59 302.085 2	0.467 3
127.0	17.0	29.28	3.0	5.0	50	18.92	153.96	411.02	63 279.347 4	0.498 6
127.0	18.0	30.71	3.0	5.0	50	20.88	161.72	417.06	67 444.506 6	0.531 5
133.0	3.5	9.00	2.0	2.0	55	1.99	25.42	408.36	10 382.074 4	0.081 8
133.0	4.0	9.71	2.0	3.0	55	2.52	33.85	408.54	13 829.251 6	0.109 0
133.0	4.5	10.43	2.0	3.0	55	2.96	36.28	408.16	14 807.670 2	0.116 7
133.0	5.0	12.14	3.0	3.0	55	3.29	45.71	407.09	18 607.060 3	0.146 6
133.0	5.5	12.85	3.0	4.0	55	3.80	57.20	407.12	23 289.403 7	0.183 5
133.0	6.0	13.57	3.0	4.0	55	4.26	60.61	406.89	24 661.363 2	0.194 3

续表

尺寸 (mm)						重心距 (mm)	断面 (mm²)	周长 (mm)	体积 (mm³)	金属重量 (kg/口)
Φ	δ	b	c	e	α					
133.0	6.5	14.28	3.0	4.0	55	4.76	64.01	406.88	26 045.956 3	0.205 2
133.0	7.0	15.00	3.0	4.0	55	5.29	67.42	407.10	27 445.426 0	0.216 3
133.0	7.5	15.71	3.0	4.0	55	5.86	70.82	407.53	28 862.015 5	0.227 4
133.0	8.0	16.42	3.0	4.0	50	6.01	73.16	405.32	29 653.995 8	0.233 7
133.0	8.5	17.14	3.0	5.0	50	6.41	87.99	404.68	35 608.756 4	0.280 6
133.0	9.0	17.85	3.0	5.0	50	6.94	91.87	404.87	37 196.093 0	0.293 1
133.0	9.5	18.57	3.0	5.0	50	7.49	95.75	405.21	38 800.450 5	0.305 7
133.0	10.0	19.28	3.0	5.0	50	8.07	99.63	405.73	40 423.701 2	0.318 5
133.0	11.0	20.71	3.0	5.0	50	9.31	107.39	407.24	43 734.369 9	0.344 6
133.0	12.0	22.14	3.0	5.0	50	10.66	115.15	409.39	47 143.075 9	0.371 5
133.0	13.0	23.57	3.0	5.0	50	12.10	122.91	412.20	50 664.795 7	0.399 2
133.0	14.0	24.99	3.0	5.0	50	13.65	130.67	415.65	54 314.505 9	0.428 0
133.0	15.0	26.42	3.0	5.0	50	15.30	138.43	419.74	58 107.183 2	0.457 9
133.0	17.0	29.28	3.0	5.0	50	18.92	153.96	429.87	66 181.345 7	0.521 5
133.0	18.0	30.71	3.0	5.0	50	20.88	161.72	435.91	70 492.784 2	0.555 5
140.0	3.5	9.00	2.0	2.0	55	1.99	25.42	430.35	10 941.174 3	0.086 2
140.0	4.0	9.71	2.0	3.0	55	2.52	33.85	430.53	14 573.671 3	0.114 8
140.0	4.5	10.43	2.0	3.0	55	2.96	36.28	430.15	15 605.486 7	0.123 0
140.0	5.0	12.14	3.0	3.0	55	3.29	45.71	429.09	19 612.212 1	0.154 5
140.0	5.5	12.85	3.0	4.0	55	3.80	57.20	429.11	24 547.405 9	0.193 4
140.0	6.0	13.57	3.0	4.0	55	4.26	60.61	428.88	25 994.226 4	0.204 8
140.0	6.5	14.28	3.0	4.0	55	4.76	64.01	428.88	27 453.680 4	0.216 3
140.0	7.0	15.00	3.0	4.0	55	5.29	67.42	429.09	28 928.011 1	0.228 0
140.0	7.5	15.71	3.0	4.0	55	5.86	70.82	429.52	30 419.461 7	0.239 7
140.0	8.0	16.42	3.0	4.0	50	6.01	73.16	427.31	31 262.928 4	0.246 4
140.0	8.5	17.14	3.0	5.0	50	6.41	87.99	426.67	37 543.819 2	0.295 8
140.0	9.0	17.85	3.0	5.0	50	6.94	91.87	426.86	39 216.485 4	0.309 0
140.0	9.5	18.57	3.0	5.0	50	7.49	95.75	427.21	40 906.172 5	0.322 3
140.0	10.0	19.28	3.0	5.0	50	8.07	99.63	427.72	42 614.752 6	0.335 8
140.0	11.0	20.71	3.0	5.0	50	9.31	107.39	429.23	46 096.080 4	0.363 2

续表

尺寸(mm)						重心距(mm)	断面(mm²)	周长(mm)	体积(mm³)	金属重量(kg/口)
Φ	δ	b	c	e	α					
140.0	12.0	22.14	3.0	5.0	50	10.66	115.15	431.38	49 675.445 4	0.391 4
140.0	13.0	23.57	3.0	5.0	50	12.10	122.91	434.19	53 367.824 2	0.420 5
140.0	14.0	24.99	3.0	5.0	50	13.65	130.67	437.64	57 188.193 5	0.450 6
140.0	15.0	26.42	3.0	5.0	50	15.30	138.43	441.74	61 151.529 9	0.481 9
140.0	17.0	29.28	3.0	5.0	50	18.92	153.96	451.86	69 567.010 5	0.548 2
140.0	18.0	30.71	3.0	5.0	50	20.88	161.72	457.90	74 049.107 9	0.583 5
159.0	4.0	9.71	2.0	3.0	55	2.52	33.85	490.22	16 594.239 1	0.130 8
159.0	4.5	10.43	2.0	3.0	55	2.96	36.28	489.84	17 770.988 8	0.140 0
159.0	5.0	12.14	3.0	3.0	55	3.29	45.71	488.78	22 340.481 2	0.176 0
159.0	5.5	12.85	3.0	4.0	55	3.80	57.20	488.80	27 961.983 3	0.220 3
159.0	6.0	13.57	3.0	4.0	55	4.26	60.61	488.57	29 611.997 9	0.233 3
159.0	6.5	14.28	3.0	4.0	55	4.76	64.01	488.57	31 274.646 0	0.246 4
159.0	7.0	15.00	3.0	4.0	55	5.29	67.42	488.78	32 952.170 8	0.259 7
159.0	7.5	15.71	3.0	4.0	55	5.86	70.82	489.21	34 646.815 4	0.273 0
159.0	8.0	16.42	3.0	4.0	50	6.01	73.16	487.00	35 630.031 3	0.280 8
159.0	8.5	17.14	3.0	5.0	50	6.41	87.99	486.36	42 796.132 7	0.337 2
159.0	9.0	17.85	3.0	5.0	50	6.94	91.87	486.55	44 700.407 5	0.352 2
159.0	9.5	18.57	3.0	5.0	50	7.49	95.75	486.90	46 621.703 3	0.367 4
159.0	10.0	19.28	3.0	5.0	50	8.07	99.63	487.41	48 561.892 2	0.382 7
159.0	11.0	20.71	3.0	5.0	50	9.31	107.39	488.92	52 506.437 4	0.413 8
159.0	12.0	22.14	3.0	5.0	50	10.66	115.15	491.07	56 549.019 8	0.445 6
159.0	13.0	23.57	3.0	5.0	50	12.10	122.91	493.88	60 704.616 0	0.478 4
159.0	14.0	24.99	3.0	5.0	50	13.65	130.67	497.33	64 988.202 7	0.512 1
159.0	15.0	26.42	3.0	5.0	50	15.30	138.43	501.43	69 414.756 5	0.547 0
159.0	16.0	27.85	3.0	5.0	50	17.06	146.20	506.17	73 999.254 0	0.583 1
159.0	17.0	29.28	3.0	5.0	50	18.92	153.96	511.56	78 756.671 9	0.620 6
159.0	18.0	30.71	3.0	5.0	50	20.88	161.72	517.59	83 701.986 7	0.659 6
159.0	19.0	32.13	3.0	5.0	50	22.94	169.48	524.26	88 850.175 2	0.700 1
159.0	20.0	33.56	3.0	5.0	50	25.10	177.24	531.58	94 216.214 0	0.742 4
168.0	4.0	9.71	2.0	3.0	55	2.52	33.85	518.49	17 551.350 1	0.138 3
168.0	5.0	12.14	3.0	3.0	55	3.29	45.71	517.05	23 632.819 2	0.186 2
168.0	5.5	12.85	3.0	4.0	55	3.80	57.20	517.08	29 579.414 7	0.233 1
168.0	6.0	13.57	3.0	4.0	55	4.26	60.61	516.85	31 325.679 1	0.246 8
168.0	6.5	14.28	3.0	4.0	55	4.76	64.01	516.84	33 084.577 0	0.260 7
168.0	7.0	15.00	3.0	4.0	55	5.29	67.42	517.05	34 858.351 7	0.274 7

续表

尺 寸 (mm)						重心距 (mm)	断 面 (mm²)	周 长 (mm)	体积 (mm³)	金属重量 (kg/口)
Φ	δ	b	c	e	α					
168.0	7.5	15.71	3.0	4.0	55	5.86	70.82	517.49	36 649.246 1	0.288 8
168.0	8.0	16.42	3.0	4.0	50	6.01	73.16	515.27	37 698.659 0	0.297 1
168.0	8.5	17.14	3.0	5.0	50	6.41	87.99	514.63	45 284.070 7	0.356 8
168.0	9.0	17.85	3.0	5.0	50	6.94	91.87	514.82	47 298.054 9	0.372 7
168.0	9.5	18.57	3.0	5.0	50	7.49	95.75	515.17	49 329.060 1	0.388 7
168.0	10.0	19.28	3.0	5.0	50	8.07	99.63	515.68	51 378.958 3	0.404 9
168.0	11.0	20.71	3.0	5.0	50	9.31	107.39	517.19	55 542.922 3	0.437 7
168.0	12.0	22.14	3.0	5.0	50	10.66	115.15	519.35	59 804.923 5	0.471 3
168.0	13.0	23.57	3.0	5.0	50	12.10	122.91	522.15	64 179.938 5	0.505 7
168.0	14.0	24.99	3.0	5.0	50	13.65	130.67	525.60	68 682.943 9	0.541 2
168.0	15.0	26.42	3.0	5.0	50	15.30	138.43	529.70	73 328.916 4	0.577 8
168.0	16.0	27.85	3.0	5.0	50	17.06	146.20	534.44	78 132.832 7	0.615 7
168.0	18.0	30.71	3.0	5.0	50	20.88	161.72	545.86	88 274.403 0	0.695 6
168.0	20.0	33.56	3.0	5.0	50	25.10	177.24	559.86	99 227.467 8	0.781 9
219.0	4.0	9.71	2.0	3.0	55	2.52	33.85	678.71	22 974.979 5	0.181 0
219.0	5.0	12.14	3.0	3.0	55	3.29	45.71	677.27	30 956.067 9	0.243 9
219.0	6.0	13.57	3.0	4.0	55	4.26	60.61	677.07	41 036.539 4	0.323 4
219.0	6.5	14.28	3.0	4.0	55	4.76	64.01	677.06	43 340.853 0	0.341 5
219.0	7.0	15.00	3.0	4.0	55	5.29	67.42	677.28	45 660.043 3	0.359 8
219.0	7.5	15.71	3.0	4.0	55	5.86	70.82	677.71	47 996.353 4	0.378 2
219.0	8.0	16.42	3.0	4.0	50	6.01	73.16	675.49	49 420.882 5	0.389 4
219.0	8.5	17.14	3.0	5.0	50	6.41	87.99	674.86	59 382.385 9	0.467 9
219.0	9.0	17.85	3.0	5.0	50	6.94	91.87	675.04	62 018.056 6	0.488 7
219.0	9.5	18.57	3.0	5.0	50	7.49	95.75	675.39	64 670.748 3	0.509 6
219.0	10.0	19.28	3.0	5.0	50	8.07	99.63	675.90	67 342.333 0	0.530 7
219.0	11.0	20.71	3.0	5.0	50	9.31	107.39	677.41	72 749.670 0	0.573 3
219.0	12.0	22.14	3.0	5.0	50	10.66	115.15	679.57	78 255.044 2	0.616 6
219.0	13.0	23.57	3.0	5.0	50	12.10	122.91	682.37	83 873.432 2	0.660 9
219.0	14.0	24.99	3.0	5.0	50	13.65	130.67	685.83	89 619.810 7	0.706 2
219.0	15.0	26.42	3.0	5.0	50	15.30	138.43	689.92	95 509.156 3	0.752 6
219.0	16.0	27.85	3.0	5.0	50	17.06	146.20	694.66	101 556.445 6	0.800 3
219.0	17.0	29.28	3.0	5.0	50	18.92	153.96	700.05	107 776.655 2	0.849 3
219.0	18.0	30.71	3.0	5.0	50	20.88	161.72	706.08	114 184.761 9	0.899 8
219.0	19.0	32.13	3.0	5.0	50	22.94	169.48	712.76	120 795.742 2	0.951 9

7. 平焊法兰焊接（适用于≤1MPa，不带内坡口）

焊缝图形及计算公式

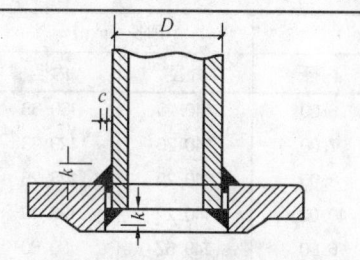

$F_外 = k^2/2 + cn + n^2/2$
$F_内 = \delta k/2$
$L_外 = \pi [D + 2/3 (k^3 + 3c^2n + 3cn^2 + n^3/k^2 + 2cn + n^2)]$
$L_内 = \pi (D + 2c - 2/3\delta)$

（1）手工电弧焊接
① 碳钢平焊法兰

		尺 寸 (mm)			断面 (mm²)		周长 (mm)		体积 (mm³)		体积合计 (mm³)	金属重量 (kg/口)
Φ	δ	k	c	n	外径	内径	外径	内径	外径	内径		
22.0	3.0	4	0.75	1.0	9.25	6.00	77.37	67.54	715.63	405.27	1 120.898 6	0.008 7
22.0	3.5	4	0.75	1.0	9.25	7.00	77.37	66.50	715.63	465.48	1 181.112 6	0.009 2
22.0	4.0	4	0.75	1.0	9.25	8.00	77.37	65.45	715.63	523.60	1 239.232 2	0.009 7
25.0	3.0	4	0.75	1.0	9.25	6.00	86.79	76.97	802.81	461.82	1 264.626 8	0.009 9
25.0	3.5	4	0.75	1.0	9.25	7.00	86.79	75.92	802.81	531.45	1 334.265 6	0.010 4
25.0	4.0	4	0.75	1.0	9.25	8.00	86.79	74.87	802.81	599.00	1 401.810 0	0.010 9
28.0	3.0	4	0.75	1.0	9.25	6.00	96.22	86.39	889.99	518.36	1 408.355 0	0.011 0
28.0	4.0	4	0.75	1.0	9.25	8.00	96.22	84.30	889.99	674.40	1 564.387 8	0.012 2
28.0	5.0	4	0.75	1.0	9.25	10.00	96.22	82.21	889.99	822.05	1 712.043 0	0.013 4
28.0	6.0	4	0.75	1.0	9.25	12.00	96.22	80.11	889.99	961.33	1 851.3206	0.014 4
28.0	7.0	4	0.75	1.0	9.25	14.00	96.22	78.02	889.99	1 092.23	1 982.220 6	0.015 5
32.0	3.0	4	0.75	1.0	9.25	6.00	108.78	98.96	1 006.23	593.76	1 599.992 6	0.012 5
32.0	3.5	4	0.75	1.0	9.25	7.00	108.78	97.91	1 006.23	685.39	1 691.622 6	0.013 2
32.0	4.0	4	0.75	1.0	9.25	8.00	108.78	96.87	1 006.23	774.93	1 781.158 2	0.013 9
34.0	3.0	4	0.75	1.0	9.25	6.00	115.06	105.24	1 064.35	631.46	1 695.811 4	0.013 2
34.0	3.5	4	0.75	1.0	9.25	7.00	115.06	104.20	1 064.35	729.37	1 793.724 6	0.014 0
34.0	4.0	4	0.75	1.0	9.25	8.00	115.06	103.15	1 064.35	825.19	1 889.543 4	0.014 7
38.0	3.0	4	0.75	1.0	9.25	6.00	127.63	117.81	1 180.59	706.86	1 887.449 0	0.014 7
38.0	3.5	4	0.75	1.0	9.25	7.00	127.63	116.76	1 180.59	817.34	1 997.928 6	0.015 6
38.0	4.0	4	0.75	1.0	9.25	8.00	127.63	115.72	1 180.59	925.72	2 106.313 8	0.016 4

续表

尺　寸 (mm)					断面 (mm²)		周长 (mm)		体积 (mm³)		体积合计 (mm³)	金属重量 (kg/口)
Φ	δ	k	c	n	外径	内径	外径	内径	外径	内径		
42.0	3.0	4	0.75	1.0	9.25	6.00	140.20	130.38	1 296.83	782.26	2 079.086 6	0.016 2
42.0	3.5	4	0.75	1.0	9.25	7.00	140.20	129.33	1 296.83	905.30	2 202.132 6	0.017 2
42.0	4.0	4	0.75	1.0	9.25	8.00	140.20	128.28	1 296.83	1 026.26	2 323.084 2	0.018 1
42.0	5.0	4	0.75	1.0	9.25	10.00	140.20	126.19	1 296.83	1 261.88	2 558.704 2	0.020 0
45.0	3.0	4	0.75	1.0	9.25	6.00	149.62	139.80	1 384.01	838.81	2 222.814 8	0.017 3
45.0	3.5	4	0.75	1.0	9.25	7.00	149.62	138.75	1 384.01	971.28	2 355.285 6	0.018 4
45.0	4.0	4	0.75	1.0	9.25	8.00	149.62	137.71	1 384.01	1 101.65	2 485.662 0	0.019 4
45.0	5.0	4	0.75	1.0	9.25	10.00	149.62	135.61	1 384.01	1 356.12	2 740.131 6	0.021 4
48.0	3.0	4	0.75	1.0	9.25	6.00	159.05	149.23	1 471.19	895.36	2 366.543 0	0.018 5
48.0	3.5	4	0.75	1.0	9.25	7.00	159.05	148.18	1 471.19	1 037.25	2 508.438 6	0.019 6
48.0	4.0	4	0.75	1.0	9.25	8.00	159.05	147.13	1 471.19	1 177.05	2 648.239 8	0.020 7
48.0	5.0	4	0.75	1.0	9.25	10.00	159.05	145.04	1 471.19	1 450.37	2 921.559 0	0.022 8
48.0	6.0	4	0.75	1.0	9.25	12.00	159.05	142.94	1 471.19	1 715.31	3 186.500 6	0.024 9
57.0	3.0	4	0.75	1.0	9.25	6.00	187.32	177.50	1 732.73	1 065.00	2 797.727 6	0.021 8
57.0	3.5	4	0.75	1.0	9.25	7.00	187.32	176.45	1 732.73	1 235.17	2 967.897 6	0.023 1
57.0	4.0	4	0.75	1.0	9.25	8.00	187.32	175.41	1 732.73	1 403.25	3 135.973 2	0.024 5
57.0	5.0	4	0.75	1.0	9.25	10.00	187.32	173.31	1 732.73	1 733.12	3 465.841 2	0.027 0
57.0	6.0	4	0.75	1.0	9.25	12.00	187.32	171.22	1 732.73	2 054.61	3 787.331 6	0.029 5
60.0	3.0	4	0.75	1.0	9.25	6.00	196.75	186.93	1 819.90	1 121.55	2 941.455 8	0.022 9
60.0	3.5	4	0.75	1.0	9.25	7.00	196.75	185.88	1 819.90	1 301.15	3 121.050 6	0.024 3
60.0	4.0	4	0.75	1.0	9.25	8.00	196.75	184.83	1 819.90	1 478.65	3 298.551 0	0.025 7
60.0	5.0	4	0.75	1.0	9.25	10.00	196.75	182.74	1 819.90	1 827.36	3 647.268 6	0.028 4
68.0	3.5	4	0.75	1.0	9.25	7.00	221.88	211.01	2 052.38	1 477.08	3 529.458 6	0.027 5
68.0	4.0	4	0.75	1.0	9.25	8.00	221.88	209.96	2 052.38	1 679.71	3 732.091 8	0.029 1
68.0	5.0	4	0.75	1.0	9.25	10.00	221.88	207.87	2 052.38	2 078.69	4 131.075 0	0.032 2
76.0	3.5	5	0.75	1.0	13.75	8.75	249.03	236.14	3 424.18	2 066.26	5 490.433 8	0.042 8
76.0	4.0	5	0.75	1.0	13.75	10.00	249.03	235.10	3 424.18	2 350.96	5 775.141 3	0.045 0
76.0	5.0	5	0.75	1.0	13.75	12.50	249.03	233.00	3 424.18	2 912.53	6 336.702 3	0.049 4
76.0	6.0	5	0.75	1.0	13.75	15.00	249.03	230.91	3 424.18	3 463.61	6 887.791 3	0.053 7
89.0	4.0	5	0.75	1.0	13.75	10.00	289.87	275.94	3 985.74	2 759.37	6 745.110 3	0.052 6

续表

尺寸(mm)					断面(mm²)		周长(mm)		体积(mm³)		体积合计	金属重量
Φ	δ	k	c	n	外径	内径	外径	内径	外径	内径	(mm³)	(kg/口)
89.0	4.5	5	0.75	1.0	13.75	11.25	289.87	274.89	3 985.74	3 092.51	7 078.250 8	0.055 2
89.0	5.0	5	0.75	1.0	13.75	12.50	289.87	273.84	3 985.74	3 423.04	7 408.773 3	0.057 8
89.0	5.5	5	0.75	1.0	13.75	13.75	289.87	272.80	3 985.74	3 750.94	7 736.677 8	0.060 3
89.0	6.0	5	0.75	1.0	13.75	15.00	289.87	271.75	3 985.74	4 076.23	8 061.964 3	0.062 9
102.0	4.0	5	0.75	1.0	13.75	10.00	330.71	316.78	4 547.30	3 167.78	7 715.079 3	0.060 2
102.0	4.5	5	0.75	1.0	13.75	11.25	330.71	315.73	4 547.30	3 551.97	8 099.270 8	0.063 2
102.0	5.0	5	0.75	1.0	13.75	12.50	330.71	314.68	4 547.30	3 933.55	8 480.844 3	0.066 2
102.0	5.5	5	0.75	1.0	13.75	13.75	330.71	313.64	4 547.30	4 312.50	8 859.799 8	0.069 1
102.0	6.0	5	0.75	1.0	13.75	15.00	330.71	312.59	4 547.30	4 688.84	9 236.137 3	0.072 0
108.0	4.0	5	0.75	1.0	13.75	10.00	349.56	335.63	4 806.48	3 356.28	8 162.757 3	0.063 7
108.0	4.5	5	0.75	1.0	13.75	11.25	349.56	334.58	4 806.48	3 764.03	8 570.510 8	0.066 8
108.0	5.0	5	0.75	1.0	13.75	12.50	349.56	333.53	4 806.48	4 169.17	8 975.646 3	0.070 0
108.0	6.0	5	0.75	1.0	13.75	15.00	349.56	331.44	4 806.48	4 971.58	9 778.063 3	0.076 3
114.0	4.0	5	0.75	1.0	13.75	10.00	368.41	354.48	5 065.66	3 544.77	8 610.435 3	0.067 2
114.0	5.0	5	0.75	1.0	13.75	12.50	368.41	352.38	5 065.66	4 404.79	9 470.448 3	0.073 9
114.0	6.0	5	0.75	1.0	13.75	15.00	368.41	350.29	5 065.66	5 254.33	10 319.989 3	0.080 5
114.0	7.0	5	0.75	1.0	13.75	17.50	368.41	348.19	5 065.66	6 093.40	11 159.058 3	0.087 0
114.0	8.0	5	0.75	1.0	13.75	20.00	368.41	346.10	5 065.66	6 921.99	11 987.655 3	0.093 5
127.0	4.0	5	0.75	1.0	13.75	10.00	409.25	395.32	5 627.22	3 953.18	9 580.404 3	0.074 7
127.0	4.5	5	0.75	1.0	13.75	11.25	409.25	394.27	5 627.22	4 435.55	10 062.770 8	0.078 5
127.0	5.0	5	0.75	1.0	13.75	12.50	409.25	393.22	5 627.22	4 915.30	10 542.5193	0.082 2
127.0	6.0	5	0.75	1.0	13.75	15.00	409.25	391.13	5 627.22	5 866.94	11 494.162 3	0.089 7
127.0	7.0	5	0.75	1.0	13.75	17.50	409.25	389.03	5 627.22	6 808.11	12 435.333 3	0.097 0
127.0	8.0	5	0.75	1.0	13.75	20.00	409.25	386.94	5 627.22	7 738.81	13 366.032 3	0.104 3
133.0	4.0	5	0.75	1.0	13.75	10.00	428.10	414.17	5 886.41	4 141.68	10 028.082 3	0.078 2
133.0	4.5	5	0.75	1.0	13.75	11.25	428.10	413.12	5 886.41	4 647.60	10 534.010 8	0.082 2
133.0	5.0	5	0.75	1.0	13.75	12.50	428.10	412.07	5 886.41	5 150.92	11 037.321 3	0.086 1
133.0	6.0	5	0.75	1.0	13.75	15.00	428.10	409.98	5 886.41	6 149.68	12 036.088 3	0.093 9
133.0	7.0	5	0.75	1.0	13.75	17.50	428.10	407.88	5 886.41	7 137.98	13 024.383 3	0.101 6
133.0	8.0	5	0.75	1.0	13.75	20.00	428.10	405.79	5 886.41	8 115.80	14 002.206 3	0.109 2

续表

尺寸（mm）					断面（mm²）		周长（mm）		体积（mm³）		体积合计（mm³）	金属重量（kg/口）
Φ	δ	k	c	n	外径	内径	外径	内径	外径	内径		
159.0	4.5	5	0.75	1.0	13.75	11.25	509.78	494.80	7 009.53	5 566.52	12 576.050 8	0.098 1
159.0	5.0	5	0.75	1.0	13.75	12.50	509.78	493.75	7 009.53	6 171.94	13 181.463 3	0.102 8
159.0	5.5	5	0.75	1.0	13.75	13.75	509.78	492.71	7 009.53	6 774.73	13 784.257 8	0.107 5
159.0	6.0	5	0.75	1.0	13.75	15.00	509.78	491.66	7 009.53	7 374.91	14 384.434 3	0.112 2
159.0	7.0	5	0.75	1.0	13.75	17.50	509.78	489.57	7 009.53	8 567.41	15 576.933 3	0.121 5
159.0	8.0	5	0.75	1.0	13.75	20.00	509.78	487.47	7 009.53	9 749.43	16 758.960 3	0.130 7
168.0	5.0	5	0.75	1.0	13.75	12.50	538.06	522.03	7 398.30	6 525.37	13 923.666 3	0.108 6
168.0	6.0	5	0.75	1.0	13.75	15.00	538.06	519.93	7 398.30	7 799.02	15 197.323 3	0.118 5
168.0	7.0	5	0.75	1.0	13.75	17.50	538.06	517.84	7 398.30	9 062.21	16 460.508 3	0.128 4
168.0	8.0	5	0.75	1.0	13.75	20.00	538.06	515.75	7 398.30	10 314.92	17 713.221 3	0.138 2
168.0	9.0	5	0.75	1.0	13.75	22.50	538.06	513.65	7 398.30	11 557.16	18 955.462 3	0.147 9
168.0	10.0	5	0.75	1.0	13.75	25.00	538.06	511.56	7 398.30	12 788.93	20 187.231 3	0.157 5
194.0	5.0	6	0.75	1.0	19.25	15.00	621.81	603.71	11 969.84	9 055.66	21 025.502 7	0.164 0
194.0	6.0	6	0.75	1.0	19.25	18.00	621.81	601.62	11 969.84	10 829.10	22 798.935 9	0.177 8
194.0	7.0	6	0.75	1.0	19.25	21.00	621.81	599.52	11 969.84	12 589.96	24 559.802 7	0.191 6
194.0	8.0	6	0.75	1.0	19.25	24.00	621.81	597.43	11 969.84	14 338.26	26 308.103 1	0.205 2
194.0	9.0	6	0.75	1.0	19.25	27.00	621.81	595.33	11 969.84	16 074.00	28 043.837 1	0.218 7
194.0	10.0	6	0.75	1.0	19.25	30.00	621.81	593.24	11 969.84	17 797.16	29 767.004 7	0.232 2
194.0	12.0	6	0.75	1.0	19.25	36.00	621.81	589.05	11 969.84	21 205.80	33 175.640 7	0.258 8
219.0	6.0	7	0.75	1.0	25.75	21.00	702.44	680.16	18 087.84	14 283.28	32 371.127 4	0.252 5
219.0	7.0	7	0.75	1.0	25.75	24.50	702.44	678.06	18 087.84	16 612.52	34 700.362 0	0.270 7
219.0	8.0	7	0.75	1.0	25.75	28.00	702.44	675.97	18 087.84	18 927.09	37 014.935 8	0.288 7
219.0	9.0	7	0.75	1.0	25.75	31.50	702.44	673.87	18 087.84	21 227.01	39 314.848 8	0.306 7
219.0	10.0	7	0.75	1.0	25.75	35.00	702.44	671.78	18 087.84	23 512.26	41 600.101 0	0.324 5
219.0	12.0	7	0.75	1.0	25.75	42.00	702.44	667.59	18 087.84	28 038.78	46 126.623 0	0.359 8
245.0	6.0	8	0.75	1.0	33.25	24.00	786.22	761.84	26 141.86	18 284.11	44 425.972 6	0.346 5
245.0	7.0	8	0.75	1.0	33.25	28.00	786.22	759.74	26 141.86	21 272.82	47 414.681 4	0.369 8
245.0	8.0	8	0.75	1.0	33.25	32.00	786.22	757.65	26 141.86	24 244.77	50 386.635 0	0.393 0
245.0	9.0	8	0.75	1.0	33.25	36.00	786.22	755.55	26 141.86	27 199.97	53 341.833 4	0.416 1
245.0	10.0	8	0.75	1.0	33.25	40.00	786.22	753.46	26 141.86	30 138.42	56 280.276 6	0.439 0

续表

尺寸 (mm)					断面 (mm²)		周长 (mm)		体积 (mm³)		体积合计	金属重量
Φ	δ	k	c	n	外径	内径	外径	内径	外径	内径	(mm³)	(kg/口)
245.0	12.0	8	0.75	1.0	33.25	48.00	786.22	749.27	26 141.86	35 965.04	62 106.897 4	0.484 4
273.0	6.0	9	0.75	1.0	41.75	27.00	876.29	849.80	36 585.07	22 944.68	59 529.742 5	0.464 3
273.0	7.0	9	0.75	1.0	41.75	31.50	876.29	847.71	36 585.07	26 702.81	63 287.881 5	0.493 6
273.0	8.0	9	0.75	1.0	41.75	36.00	876.29	845.61	36 585.07	30 442.10	67 027.170 9	0.522 8
273.0	9.0	9	0.75	1.0	41.75	40.50	876.29	843.52	36 585.07	34 162.54	70 747.610 7	0.551 8
273.0	10.0	9	0.75	1.0	41.75	45.00	876.29	841.43	36 585.07	37 864.13	74 449.200 9	0.580 7
273.0	12.0	9	0.75	1.0	41.75	54.00	876.29	837.24	36 585.07	45 210.77	81 795.832 5	0.638 0
325.0	6.0	9	1.25	2.0	45.00	27.00	1 038.54	1 016.31	46 734.45	27 440.31	74 174.755 4	0.578 6
325.0	8.0	9	1.25	2.0	45.00	36.00	1 038.54	1 012.12	46 734.45	36 436.28	83 170.727 0	0.648 7
325.0	9.0	9	1.25	2.0	45.00	40.50	1 038.54	1 010.02	46 734.45	40 905.99	87 640.438 4	0.683 6
325.0	10.0	9	1.25	2.0	45.00	45.00	1 038.54	1 007.93	46 734.45	45 356.85	92 091.300 2	0.718 3
325.0	12.0	9	1.25	2.0	45.00	54.00	1 038.54	1 003.74	46 734.45	54 202.02	100 936.475 0	0.787 3
325.0	14.0	9	1.25	2.0	45.00	63.00	1 038.54	999.55	46 734.45	62 971.80	109 706.251 4	0.855 7
377.0	6.0	9	1.25	2.0	45.00	27.00	1 201.91	1 179.67	54 085.79	31 851.11	85 936.905 8	0.670 3
377.0	7.0	9	1.25	2.0	45.00	31.50	1 201.91	1 177.58	54 085.79	37 093.66	91 179.450 8	0.711 2
377.0	8.0	9	1.25	2.0	45.00	36.00	1 201.91	1 175.48	54 085.79	42 317.35	96 403.146 2	0.751 9
377.0	9.0	9	1.25	2.0	45.00	40.50	1 201.91	1 173.39	54 085.79	47 522.20	101 607.992 0	0.792 5
377.0	10.0	9	1.25	2.0	45.00	45.00	1 201.91	1 171.29	54 085.79	52 708.19	106 793.988 2	0.833 0
377.0	11.0	9	1.25	2.0	45.00	49.50	1 201.91	1 169.20	54 085.79	57 875.34	111 961.134 8	0.873 3
377.0	12.0	9	1.25	2.0	45.00	54.00	1 201.91	1 167.10	54 085.79	63 023.64	117 109.431 8	0.913 5
377.0	14.0	9	1.25	2.0	45.00	63.00	1 201.91	1 162.92	54 085.79	73 263.68	127 349.477 0	0.993 3
426.0	6.0	10	1.25	2.0	54.50	30.00	1 357.98	1 333.61	74 009.80	40 008.28	114 018.078 1	0.889 3
426.0	7.0	10	1.25	2.0	54.50	35.00	1357.98	1 331.51	74 009.80	46 603.02	120 612.820 1	0.940 8
426.0	8.0	10	1.25	2.0	54.50	40.00	1 357.98	1 329.42	74 009.80	53 176.82	127 186.618 1	0.992 1
426.0	9.0	10	1.25	2.0	54.50	45.00	1 357.98	1 327.33	74 009.80	59 729.67	133 739.472 1	1.043 2
426.0	10.0	10	1.25	2.0	54.50	50.00	1 357.98	1 325.23	74 009.80	66 261.58	140 271.382 1	1.094 1
426.0	12.0	10	1.25	2.0	54.50	60.00	1 357.98	1 321.04	74 009.80	79 262.57	153 272.370 1	1.195 5
426.0	14.0	10	1.25	2.0	54.50	70.00	1 357.98	1 316.85	74 009.80	92 179.78	166 189.582 1	1.296 3
480.0	6.0	10	1.25	2.0	54.50	30.00	1 527.62	1 503.26	83 255.53	45 097.67	128 353.198 9	1.001 2
480.0	8.0	10	1.25	2.0	54.50	40.00	1 527.62	1 499.07	83 255.53	59 962.67	143 218.202 9	1.117 1

续表

尺寸 (mm)					断面 (mm²)		周长 (mm)		体积 (mm³)		体积合计 (mm³)	金属重量 (kg/口)
Φ	δ	k	c	n	外径	内径	外径	内径	外径	内径		
480.0	10.0	10	1.25	2.0	54.50	50.00	1 527.62	1 494.88	83 255.53	74 743.90	157 999.430 9	1.232 4
480.0	11.0	10	1.25	2.0	54.50	55.00	1 527.62	1 492.78	83 255.53	82 103.10	165 358.628 9	1.289 8
480.0	12.0	10	1.25	2.0	54.50	60.00	1 527.62	1 490.69	83 255.53	89 441.35	172 696.882 9	1.347 0
480.0	14.0	10	1.25	2.0	54.50	70.00	1 527.62	1 486.50	83 255.53	104 055.03	187 310.558 9	1.461 0
508.0	6.0	10	1.25	2.0	54.50	30.00	1 615.59	1 591.22	88 049.61	47 736.61	135 786.224 5	1.059 1
508.0	8.0	10	1.25	2.0	54.50	40.00	1 615.59	1 587.03	88 049.61	63 481.26	151 530.876 5	1.181 9
508.0	10.0	10	1.25	2.0	54.50	50.00	1 615.59	1 582.84	88 049.61	79 142.14	167 191.752 5	1.304 1
508.0	12.0	10	1.25	2.0	54.50	60.00	1 615.59	1 578.65	88 049.61	94 719.24	182 768.852 5	1.425 6
508.0	14.0	10	1.25	2.0	54.50	70.00	1 615.59	1 574.47	88 049.61	110 212.56	198 262.176 5	1.546 4
530.0	6.0	10	1.25	2.0	54.50	30.00	1 684.70	1 660.34	91 816.39	49 810.07	141 626.458 9	1.104 7
530.0	8.0	10	1.25	2.0	54.50	40.00	1 684.70	1 656.15	91 816.39	66 245.87	158 062.262 9	1.232 9
530.0	10.0	10	1.25	2.0	54.50	50.00	1 684.70	1 651.96	91 816.39	82 597.90	174 414.290 9	1.360 4
530.0	12.0	10	1.25	2.0	54.50	60.00	1 684.70	1 647.77	91 816.39	98 866.15	190 682.542 9	1.487 3
530.0	14.0	10	1.25	2.0	54.50	70.00	1 684.70	1 643.58	91 816.39	115 050.63	206 867.018 9	1.613 6
559.0	6.0	10	1.25	2.0	54.50	30.00	1 775.81	1 751.44	96 781.69	52 543.26	149 324.949 7	1.164 7
559.0	7.0	10	1.25	2.0	54.50	35.00	1 775.81	1 749.35	96 781.69	61 227.17	158 008.855 7	1.232 5
559.0	8.0	10	1.25	2.0	54.50	40.00	1 775.81	1 747.25	96 781.69	69 890.13	166 671.817 7	1.300 0
559.0	10.0	10	1.25	2.0	54.50	50.00	1 775.81	1 743.06	96 781.69	87 153.22	183 934.909 7	1.434 7
559.0	12.0	10	1.25	2.0	54.50	60.00	1 775.81	1 738.88	96 781.69	104 332.54	201 114.225 7	1.568 7
559.0	14.0	10	1.25	2.0	54.50	70.00	1 775.81	1 734.69	96 781.69	121 428.08	218 209.765 7	1.702 0
610.0	6.0	10	1.75	3.0	59.75	30.00	1 933.92	1 914.81	115 551.99	57 444.16	172 996.148 7	1.349 4
610.0	8.0	10	1.75	3.0	59.75	40.00	1 933.92	1 910.62	115 551.99	76 424.66	191 976.648 7	1.497 4
610.0	9.0	10	1.75	3.0	59.75	45.00	1 933.92	1 908.52	115 551.99	85 883.49	201 435.482 7	1.571 2
610.0	10.0	10	1.75	3.0	59.75	50.00	1 933.92	1 906.43	115 551.99	95 321.38	210 873.372 7	1.644 8
610.0	12.0	10	1.75	3.0	59.75	60.00	1 933.92	1 902.24	115 551.99	114 134.33	229 686.320 7	1.791 6
610.0	14.0	10	1.75	3.0	59.75	70.00	1 933.92	1 898.05	115 551.99	132 863.50	248 415.492 7	1.937 6
630.0	6.0	10	1.75	3.0	59.75	30.00	1 996.76	1 977.64	119 306.20	59 329.12	178 635.320 7	1.393 4
630.0	8.0	10	1.75	3.0	59.75	40.00	1 996.76	1 973.45	119 306.20	78 937.94	198 244.140 7	1.546 3
630.0	9.0	10	1.75	3.0	59.75	45.00	1 996.76	1 971.35	119 306.20	88 710.93	208 017.134 7	1.622 5
630.0	10.0	10	1.75	3.0	59.75	50.00	1 996.76	1 969.26	119 306.20	98 462.98	217 769.184 7	1.698 6

续表

尺 寸 (mm)					断面 (mm²)		周长 (mm)		体积 (mm³)		体积合计 (mm³)	金属重量 (kg/口)
Φ	δ	k	c	n	外径	内径	外径	内径	外径	内径		
630.0	12.0	10	1.75	3.0	59.75	60.00	1 996.76	1 965.07	119 306.20	117 904.25	237 210.452 7	1.850 2
630.0	14.0	10	1.75	3.0	59.75	70.00	1 996.76	1 960.88	119 306.20	137 261.74	256 567.944 7	2.001 2
660.0	6.0	10	1.75	3.0	59.75	30.00	2 091.00	2 071.89	124 937.52	62 156.56	187 094.078 7	1.459 3
660.0	8.0	10	1.75	3.0	59.75	40.00	2 091.00	2 067.70	124 937.52	82 707.86	207 645.378 7	1.619 6
660.0	9.0	10	1.75	3.0	59.75	45.00	2 091.00	2 065.60	124 937.52	92 952.09	217 889.612 7	1.699 5
660.0	10.0	10	1.75	3.0	59.75	50.00	2 091.00	2 063.51	124 937.52	103 175.38	228 112.902 7	1.779 3
660.0	12.0	10	1.75	3.0	59.75	60.00	2 091.00	2059.32	124 937.52	123 559.13	248 496.650 7	1.938 3
660.0	14.0	10	1.75	3.0	59.75	70.00	2 091.00	2 055.13	124 937.52	143 859.10	268 796.622 7	2.096 6
710.0	6.0	10	1.75	3.0	59.75	30.00	2 248.08	2 228.97	134 323.05	66 868.96	201 192.008 7	1.569 3
710.0	8.0	10	1.75	3.0	59.75	40.00	2 248.08	2 224.78	134 323.05	88 991.06	223 314.108 7	1.741 9
710.0	9.0	10	1.75	3.0	59.75	45.00	2 248.08	2 222.68	134 323.05	100 020.69	234 343.742 7	1.827 9
710.0	10.0	10	1.75	3.0	59.75	50.00	2 248.08	2 220.59	134 323.05	111 029.38	245 352.432 7	1.913 7
710.0	12.0	10	1.75	3.0	59.75	60.00	2 248.08	2 216.40	134 323.05	132 983.93	267 306.980 7	2.085 0
710.0	14.0	10	1.75	3.0	59.75	70.00	2 248.08	2 212.21	134 323.05	154 854.70	289 177.752 7	2.255 6
720.0	6.0	10	1.75	3.0	59.75	30.00	2 279.50	2 260.38	136 200.16	67 811.44	204 011.594 7	1.591 3
720.0	8.0	10	1.75	3.0	59.75	40.00	2 279.50	2 256.19	136 200.16	90 247.70	226 447.854 7	1.766 3
720.0	9.0	10	1.75	3.0	59.75	45.00	2 279.50	2 254.10	136 200.16	101 434.41	237 634.568 7	1.853 5
720.0	10.0	10	1.75	3.0	59.75	50.00	2 279.50	2 252.00	136 200.16	112 600.18	248 800.338 7	1.940 6
720.0	12.0	10	1.75	3.0	59.75	60.00	2 279.50	2 247.81	136 200.16	134 868.89	271 069.046 7	2.114 3
720.0	14.0	10	1.75	3.0	59.75	70.00	2 279.50	2 243.63	136 200.16	157 053.82	293 253.978 7	2.287 4
762.0	7.0	10	1.75	3.0	59.75	35.00	2 411.45	2 390.23	144 084.00	83 658.19	227 742.193 9	1.776 4
762.0	8.0	10	1.75	3.0	59.75	40.00	2 411.45	2 388.14	144 084.00	95 525.58	239 609.587 9	1.869 0
762.0	9.0	10	1.75	3.0	59.75	45.00	2 411.45	2 386.05	144 084.00	107 372.03	251 456.037 9	1.961 4
762.0	10.0	10	1.75	3.0	59.75	50.00	2 411.45	2 383.95	144 084.00	119 197.54	263 281.543 9	2.053 6
762.0	12.0	10	1.75	3.0	59.75	60.00	2 411.45	2 379.76	144 084.00	142 785.72	28 6869.723 9	2.237 6
762.0	14.0	10	1.75	3.0	59.75	70.00	2 411.45	2 375.57	144 084.00	166 290.12	310 374.127 9	2.420 9
813.0	7.0	10	1.75	3.0	59.75	35.00	2 571.67	2 550.46	153 657.24	89 265.95	242 923.190 5	1.894 8
813.0	8.0	10	1.75	3.0	59.75	40.00	2 571.67	2 548.36	153 657.24	101 934.45	255 591.692 5	1.993 6
813.0	9.0	10	1.75	3.0	59.75	45.00	2 571.67	2 546.27	153 657.24	114 582.01	268 239.250 5	2.092 3
813.0	10.0	10	1.75	3.0	59.75	50.00	2 571.67	2 544.17	153 657.24	127 208.62	280 865.864 5	2.190 8

续表

尺寸(mm)					断面(mm²)		周长(mm)		体积(mm³)		体积合计(mm³)	金属重量(kg/口)
Φ	δ	k	c	n	外径	内径	外径	内径	外径	内径		
813.0	12.0	10	1.75	3.0	59.75	60.00	2 571.67	2 539.98	153 657.24	152 399.02	306 056.260 5	2.387 2
813.0	14.0	10	1.75	3.0	59.75	70.00	2 571.67	2 535.79	153 657.24	177 505.64	331 162.880 5	2.583 1
813.0	16.0	10	1.75	3.0	59.75	80.00	2 571.67	2 531.61	153 657.24	202 528.48	356 185.724 5	2.778 2
820.0	8.0	10	1.75	3.0	59.75	40.00	2 593.66	2 570.35	154 971.22	102 814.10	257 785.314 7	2.010 7
820.0	9.0	10	1.75	3.0	59.75	45.00	2 593.66	2 568.26	154 971.22	115 571.61	270 542.828 7	2.110 2
820.0	10.0	10	1.75	3.0	59.75	50.00	2 593.66	2 566.16	154 971.22	128 308.18	283 279.398 7	2.209 6
820.0	12.0	10	1.75	3.0	59.75	60.00	2 593.66	2 561.97	154 971.22	153 718.49	308 689.706 7	2.407 8
820.0	14.0	10	1.75	3.0	59.75	70.00	2 593.66	2 557.79	154 971.22	179 045.02	334 016.238 7	2.605 3
820.0	16.0	10	1.75	3.0	59.75	80.00	2 593.66	2 553.60	154 971.22	204 287.78	359 258.994 7	2.802 2
914.0	8.0	10	1.75	3.0	59.75	40.00	2 888.97	2 865.66	172 616.02	114 626.51	287 242.527 1	2.240 5
914.0	9.0	10	1.75	3.0	59.75	45.00	2 888.97	2 863.57	172 616.02	128 860.58	301 476.593 1	2.351 5
914.0	10.0	10	1.75	3.0	59.75	50.00	2 888.97	2 861.47	172 616.02	143 073.70	315 689.715 1	2.462 4
914.0	12.0	10	1.75	3.0	59.75	60.00	2 888.97	2 857.29	172 616.02	171 437.11	344 053.127 1	2.683 6
914.0	14.0	10	1.75	3.0	59.75	70.00	2 888.97	2 853.10	172 616.02	199 716.75	372 332.763 1	2.904 2
914.0	16.0	10	1.75	3.0	59.75	80.00	2 888.97	2 848.91	172 616.02	227 912.61	400 528.623 1	3.124 1
920.0	8.0	10	1.75	3.0	59.75	40.00	2 907.82	2 884.51	173 742.28	115 380.50	289 122.774 7	2.255 2
920.0	9.0	10	1.75	3.0	59.75	45.00	2 907.82	2 882.42	173 742.28	129 708.81	303 451.088 7	2.366 9
920.0	10.0	10	1.75	3.0	59.75	50.00	2 907.82	2 880.32	173 742.28	144 016.18	317 758.458 7	2.478 5
920.0	12.0	10	1.75	3.0	59.75	60.00	2 907.82	2 876.13	173 742.28	172 568.09	346 310.366 7	2.701 2
920.0	14.0	10	1.75	3.0	59.75	70.00	2 907.82	2 871.95	173 742.28	201 036.22	374 778.498 7	2.923 3
920.0	16.0	10	1.75	3.0	59.75	80.00	2 907.82	2 867.76	173 742.28	229 420.58	403 162.854 7	3.144 7
1 016.0	8.0	11	1.75	3.0	70.25	84.00	3 211.54	3 186.11	225 610.93	140 188.66	365 799.596 1	2.853 2
1 016.0	9.0	11	1.75	3.0	70.25	49.50	3 211.54	3 184.01	225 610.93	157 608.57	383 219.506 3	2.989 1
1 016.0	10.0	11	1.75	3.0	70.25	55.00	3 211.54	3 181.92	225 610.93	175 005.45	400 616.378 1	3.124 8
1 016.0	12.0	11	1.75	3.0	70.25	66.00	3 211.54	3 177.73	225 610.93	209 730.07	435 341.006 5	3.395 7
1 016.0	14.0	11	1.75	3.0	70.25	77.00	3 211.54	3 173.54	225 610.93	244 362.55	469 973.481 3	3.665 8
1 016.0	16.0	11	1.75	3.0	70.25	88.00	3 211.54	3 169.35	225 610.93	278 902.87	504 513.802 5	3.935 2
1 020.0	8.0	11	1.75	3.0	70.25	44.00	3 224.11	3 198.67	226 493.72	140 741.59	367 235.307 3	2.864 4
1 020.0	9.0	11	1.75	3.0	70.25	49.50	3 224.11	3 196.58	226 493.72	158 230.61	384 724.332 7	3.000 8
1 020.0	10.0	11	1.75	3.0	70.25	55.00	3 224.11	3 194.48	226 493.72	175 696.60	402 190.319 7	3.137 1

续表

尺寸 (mm)					断面 (mm²)		周长 (mm)		体积 (mm³)		体积合计 (mm³)	金属重量 (kg/口)
Φ	δ	k	c	n	外径	内径	外径	内径	外径	内径		
1 020.0	12.0	11	1.75	3.0	70.25	66.00	3 224.11	3 190.29	226 493.72	210 559.46	437 053.178 5	3.409 0
1 020.0	14.0	11	1.75	3.0	70.25	77.00	3 224.11	3 186.11	226 493.72	245 330.16	471 823.883 7	3.680 2
1 020.0	16.0	11	1.75	3.0	70.25	88.00	3 224.11	3 181.92	226 493.72	280 008.71	506 502.435 3	3.950 7
1 120.0	8.0	11	1.75	3.0	70.25	44.00	3 538.27	3 512.83	248 563.46	154 564.63	403 128.087 3	3.144 4
1 120.0	9.0	11	1.75	3.0	70.25	49.50	3 538.27	3 510.74	248 563.46	173 781.53	422 344.992 7	3.294 3
1 120.0	10.0	11	1.75	3.0	70.25	55.00	3 538.27	3 508.64	248 563.46	192 975.40	441 538.859 7	3.444 0
1 120.0	12.0	11	1.75	3.0	70.25	66.00	3 538.27	3 504.45	248 563.46	231 294.02	479 857.478 5	3.742 9
1 220.0	8.0	11	1.75	3.0	70.25	44.00	3 852.43	3 826.99	270 633.20	168 387.67	439 020.867 3	3.424 4
1 220.0	9.0	11	1.75	3.0	70.25	49.50	3 852.43	3 824.90	270 633.20	189 332.45	459 965.652 7	3.587 7
1 220.0	10.0	11	1.75	3.0	70.25	55.00	3 85 2.43	3 822.80	270 633.20	210 254.20	480 887.399 7	3.750 9
1 220.0	12.0	11	1.75	3.0	70.25	66.00	3 852.43	3 818.61	270 633.20	252 028.58	522 661.778 5	4.076 8
1 220.0	14.0	11	1.75	3.0	70.25	77.00	3 852.43	3 814.43	270 633.20	293 710.80	564 344.003 7	4.401 9
1 220.0	16.0	11	1.75	3.0	70.25	88.00	3 852.43	3 810.24	270 633.20	335 300.87	605 934.075 3	4.726 3
1 220.0	5.0	11	1.75	3.0	70.25	27.50	3 852.43	3 833.28	270 633.20	105 415.08	376 048.280 7	2.933 2
1 320.0	8.0	12	1.75	3.0	81.75	48.00	4 168.75	4 141.15	340 795.21	198 775.32	539 570.530 0	4.208 7
1 320.0	10.0	12	1.75	3.0	81.75	60.00	4 168.75	4 136.96	340 795.21	248 217.82	589 013.030 8	4.594 3
1 320.0	12.0	12	1.75	3.0	81.75	72.00	4 168.75	4 132.77	340 795.21	297 559.79	638 355.000 4	4.979 2
1 420.0	8.0	12	1.75	3.0	81.75	48.00	4 482.91	4 455.31	366 477.79	213 855.00	580 332.790 0	4.526 6
1 420.0	9.0	12	1.75	3.0	81.75	54.00	4 482.91	4 453.22	366 477.79	240 473.77	606 951.566 8	4.734 2
1 420.0	10.0	12	1.75	3.0	81.75	60.00	4 482.91	4 451.12	366 477.79	267 067.42	633 545.210 8	4.941 7
1 420.0	11.0	12	1.75	3.0	81.75	66.00	4 482.91	4 449.03	366 477.79	293 635.93	660 113.722 0	5.148 9
1 420.0	12.0	12	1.75	3.0	81.75	72.00	4 482.91	4 446.93	366 477.79	320 179.31	686 657.100 4	5.355 9
1 420.0	14.0	12	1.75	3.0	81.75	84.00	4 482.91	4 442.75	366 477.79	373 190.66	739 668.458 8	5.769 4
1 420.0	16.0	12	1.75	3.0	81.75	96.00	4 482.91	4 438.56	366 477.79	426 101.49	792 579.286 0	6.182 1
1 520.0	11.0	12	1.75	3.0	81.75	66.00	4 797.07	4 763.19	392 160.37	314 370.49	706 530.862 0	5.510 9
1 520.0	12.0	12	1.75	3.0	81.75	72.00	4 797.07	4 761.09	392 160.37	342 798.83	734 959.200 4	5.732 7
1 620.0	9.0	13	1.75	3.0	94.25	58.50	5 113.41	5 081.54	481 938.43	297 269.97	779 208.406 7	6.077 8
1 620.0	10.0	13	1.75	3.0	94.25	65.00	5 113.41	5 079.44	481 938.43	330 163.83	812 102.267 7	6.334 4
1 620.0	11.0	13	1.75	3.0	94.25	71.50	5 113.41	5 077.35	481 938.43	363 030.47	844 968.901 5	6.590 8
1 620.0	12.0	13	1.75	3.0	94.25	78.00	5 113.41	5 075.25	481 938.43	395 869.87	877 808.3081	6.846 9

续表

尺寸 (mm)					断面 (mm²)		周长 (mm)		体积 (mm³)		体积合计 (mm³)	金属重量 (kg/口)
Φ	δ	k	c	n	外径	内径	外径	内径	外径	内径		
1 620.0	14.0	13	1.75	3.0	94.25	91.00	5 113.41	5 071.07	481 938.43	461 467.01	943 405.439 7	7.358 6
1 620.0	16.0	13	1.75	3.0	94.25	104.00	5 113.41	5 066.88	481 938.43	526 955.23	1 008 893.662 5	7.869 4
1 820.0	10.0	13	1.75	3.0	94.25	65.00	5 741.73	5 707.76	541 157.59	371 004.63	912 162.227 7	7.114 9
1 820.0	11.0	13	1.75	3.0	94.25	71.50	5 741.73	5 705.67	541 157.59	407 955.35	949 112.941 5	7.403 1
1 820.0	12.0	13	1.75	3.0	94.25	78.00	5 741.73	5 703.57	541 157.59	444 878.83	986 036.428 1	7.691 1
1 820.0	14.0	13	1.75	3.0	94.25	91.00	5 741.73	5 699.39	541 157.59	518 644.13	1 059 801.719 7	8.266 5
2 020.0	16.0	13	1.75	3.0	94.25	104.00	6 370.05	6 323.52	600 376.75	657 645.79	1 258 022.542 5	9.812 6
2 020.0	10.0	13	1.75	3.0	94.25	65.00	6 370.05	6 336.08	600 376.75	411 845.43	1 012 222.187 7	7.895 3
2 020.0	11.0	13	1.75	3.0	94.25	71.50	6 370.05	6 333.99	600 376.75	452 880.23	1 053 256.981 5	8.215 4
2 020.0	12.0	13	1.75	3.0	94.25	78.00	6 370.05	6 331.89	600 376.75	493 887.79	1 094 264.548 1	8.535 3
2 020.0	14.0	13	1.75	3.0	94.25	91.00	6 370.05	6 327.71	600 376.75	575 821.25	1 176 197.999 7	9.174 3
2 220.0	16.0	14	1.75	3.0	107.75	112.00	7 000.55	6 951.84	754 309.37	778 605.77	1 532 915.135 3	11.956 7
2 220.0	10.0	14	1.75	3.0	107.75	70.00	7 000.55	6 964.40	754 309.37	487 508.25	1 241 817.620 9	9.686 2
2 220.0	11.0	14	1.75	3.0	107.75	77.00	7 000.55	6 962.31	754 309.37	536 097.81	1 290 407.177 3	10.065 2
2 220.0	12.0	14	1.75	3.0	107.75	84.00	7 000.55	6 960.21	754 309.37	584 658.04	1 338 967.412 1	10.443 9
2 220.0	14.0	14	1.75	3.0	107.75	98.00	7 000.55	6 956.03	754 309.37	681 690.55	1 435 999.916 9	11.200 8
2 420.0	10.0	14	1.75	3.0	107.75	70.00	7 628.87	7 592.72	822 010.85	531 490.65	1 353 501.500 9	10.557 3
2 420.0	12.0	14	1.75	3.0	107.75	84.00	7 628.87	7 588.53	822 010.85	637 436.92	1 459 447.772 1	11.383 7
2 420.0	14.0	14	1.75	3.0	107.75	98.00	7 628.87	7 584.35	822 010.85	743 265.91	1 565 276.756 9	12.209 2
2 420.0	16.0	14	1.75	3.0	107.75	112.00	7 628.87	7 580.16	822 010.85	848 977.61	1 670 988.455 3	13.033 7
2 620.0	10.0	14	1.75	3.0	107.75	70.00	8 257.19	8 221.04	889 712.33	575 473.05	1 465 185.380 9	11.428 4
2 620.0	12.0	14	1.75	3.0	107.75	84.00	8 257.19	8 216.85	889 712.33	690 215.80	1 579 928.132 1	12.323 4
2 620.0	14.0	14	1.75	3.0	107.75	98.00	8 257.19	8 212.67	889 712.33	804 841.27	1 694 553.596 9	13.217 5
2 620.0	16.0	14	1.75	3.0	107.75	112.00	8 257.19	8 208.48	889 712.33	919 349.45	1 809 061.775 3	14.110 7
2 820.0	10.0	15	1.75	3.0	122.25	75.00	8 887.70	8 849.36	1 086 521.47	663 702.27	1 750 223.744 7	13.651 7
2 820.0	12.0	15	1.75	3.0	122.25	90.00	8 887.70	8 845.17	1 086 521.47	796 065.73	1 882 587.206 7	14.684 2
2 820.0	14.0	15	1.75	3.0	122.25	105.00	8 887.70	8 840.99	1 086 521.47	928 303.53	2 014 825.004 7	15.715 6
2 820.0	16.0	15	1.75	3.0	122.25	120.00	8 887.70	8 836.80	1 086 521.47	1 060 415.66	2 146 937.138 7	16.746 1
3 020.0	10.0	15	1.75	3.0	122.25	75.00	9 516.02	9 477.68	1 163 333.59	710 826.27	1 874 159.864 7	14.618 4
3 020.0	12.0	15	1.75	3.0	122.25	90.00	9 516.02	9 473.49	1 163 333.59	852 614.53	2 015 948.126 7	15.724 4

续表

尺寸（mm）					断面（mm^2）		周长（mm）		体积（mm^3）		体积合计（mm^3）	金属重量（kg/口）
Φ	δ	k	c	n	外径	内径	外径	内径	外径	内径		
3 020.0	14.0	15	1.75	3.0	122.25	105.00	9 516.02	9 469.31	1 163 333.59	994 277.13	2 157 610.724 7	16.829 4
3 020.0	16.0	15	1.75	3.0	122.25	120.00	9 516.02	9 465.12	1 163 333.59	1 135 814.06	2 299 147.658 7	17.933 4
3 220.0	12.0	15	1.75	3.0	122.25	90.00	10 144.34	10 101.81	1 240 145.71	909 163.33	2 149 309.046 7	16.764 6
3 220.0	14.0	15	1.75	3.0	122.25	105.00	10 144.34	10 097.63	1 240 145.71	1 060 250.73	2 300 396.444 7	17.943 1
3 220.0	16.0	15	1.75	3.0	122.25	120.00	10 144.34	10 093.44	1 240 145.71	1 211 212.46	2 451 358.178 7	19.120 6
3 220.0	18.0	15	1.75	3.0	122.25	135.00	10 144.34	10 089.25	1 240 145.71	1 362 048.53	2 602 194.248 7	20.297 1

②合金钢、不锈钢平焊法兰

尺寸（mm）					断面（mm^2）		周长（mm）		体积（mm^3）		体积合计（mm^3）	金属重量（kg/口）
Φ	δ	k	c	n	外径	内径	外径	内径	外径	内径		
22.0	3.0	4	0.75	1.0	9.25	6.00	77.37	67.54	715.63	405.27	1 120.898 6	0.008 8
22.0	3.5	4	0.75	1.0	9.25	7.00	77.37	66.50	715.63	465.48	1 181.112 6	0.009 3
22.0	4.0	4	0.75	1.0	9.25	8.00	77.37	65.45	715.63	523.60	1 239.232 2	0.009 8
25.0	3.0	4	0.75	1.0	9.25	6.00	86.79	76.97	802.81	461.82	1 264.626 8	0.010 0
25.0	3.5	4	0.75	1.0	9.25	7.00	86.79	75.92	802.81	531.45	1 334.265 6	0.010 5
25.0	4.0	4	0.75	1.0	9.25	8.00	86.79	74.87	802.81	599.00	1 401.810 0	0.011 0
27.0	3.0	4	0.75	1.0	9.25	6.00	93.07	83.25	860.93	499.51	1 360.445 6	0.010 7
27.0	3.5	4	0.75	1.0	9.25	7.00	93.07	82.21	860.93	575.44	1 436.367 6	0.011 3
27.0	4.0	4	0.75	1.0	9.25	8.00	93.07	81.16	860.93	649.26	1 510.195 2	0.011 9
32.0	3.0	4	0.75	1.0	9.25	6.00	108.78	98.96	1 006.23	593.76	1 599.992 6	0.012 6
32.0	3.5	4	0.75	1.0	9.25	7.00	108.78	97.91	1 006.23	685.39	1 691.622 6	0.013 3
32.0	4.0	4	0.75	1.0	9.25	8.00	108.78	96.87	1 006.23	774.93	1 781.158 2	0.014 0
32.0	4.5	4	0.75	1.0	9.25	9.00	108.78	95.82	1 006.23	862.37	1 868.599 4	0.014 7
34.0	3.0	4	0.75	1.0	9.25	6.00	115.06	105.24	1 064.35	631.46	1 695.811 4	0.013 4
34.0	3.5	4	0.75	1.0	9.25	7.00	115.06	104.20	1 064.35	729.37	1 793.724 6	0.014 1
34.0	4.0	4	0.75	1.0	9.25	8.00	115.06	103.15	1 064.35	825.19	1 889.543 4	0.014 9
34.0	4.5	4	0.75	1.0	9.25	9.00	115.06	102.10	1 064.35	918.92	1 983.267 8	0.015 6
38.0	3.0	4	0.75	1.0	9.25	6.00	127.63	117.81	1 180.59	706.86	1 887.449 0	0.014 9
38.0	3.5	4	0.75	1.0	9.25	7.00	127.63	116.76	1 180.59	817.34	1 997.928 6	0.015 7
38.0	4.0	4	0.75	1.0	9.25	8.00	127.63	115.72	1 180.59	925.72	2 106.313 8	0.016 6

续表

尺寸 (mm)					断面 (mm²)		周长 (mm)		体积 (mm³)		体积合计 (mm³)	金属重量 (kg/口)
Φ	δ	k	c	n	外径	内径	外径	内径	外径	内径		
38.0	4.5	4	0.75	1.0	9.25	9.00	127.63	114.67	1 180.59	1 032.02	2 212.604 6	0.017 4
42.0	3.0	4	0.75	1.0	9.25	6.00	140.20	130.38	1 296.83	782.26	2 079.086 6	0.016 4
42.0	3.5	4	0.75	1.0	9.25	7.00	140.20	129.33	1 296.83	905.30	2 202.132 6	0.017 4
42.0	4.0	4	0.75	1.0	9.25	8.00	140.20	128.28	1 296.83	1 026.26	2 323.084 2	0.018 3
42.0	4.5	4	0.75	1.0	9.25	9.00	140.20	127.23	1 296.83	1 145.11	2 441.941 4	0.019 2
45.0	3.0	4	0.75	1.0	9.25	6.00	149.62	139.80	1 384.01	838.81	2 222.814 8	0.017 5
45.0	3.5	4	0.75	1.0	9.25	7.00	149.62	138.75	1 384.01	971.28	2 355.285 6	0.018 6
45.0	4.0	4	0.75	1.0	9.25	8.00	149.62	137.71	1 384.01	1 101.65	2 485.662 0	0.019 6
45.0	4.5	4	0.75	1.0	9.25	9.00	149.62	136.66	1 384.01	1 229.94	2 613.944 0	0.020 6
45.0	5.0	4	0.75	1.0	9.25	10.00	149.62	135.61	1 384.01	1 356.12	2 740.131 6	0.021 6
48.0	3.0	4	0.75	1.0	9.25	6.00	159.05	149.23	1 471.19	895.36	2 366.543 0	0.018 6
48.0	3.5	4	0.75	1.0	9.25	7.00	159.05	148.18	1 471.19	1 037.25	2 508.438 6	0.019 8
48.0	4.0	4	0.75	1.0	9.25	8.00	159.05	147.13	1 471.19	1 177.05	2 648.239 8	0.020 9
48.0	4.5	4	0.75	1.0	9.25	9.00	159.05	146.08	1 471.19	1 314.76	2 785.946 6	0.022 0
48.0	5.0	4	0.75	1.0	9.25	10.00	159.05	145.04	1 471.19	1 450.37	2 921.559 0	0.023 0
57.0	3.0	4	0.75	1.0	9.25	6.00	187.32	177.50	1 732.73	1 065.00	2 797.727 6	0.022 0
57.0	3.5	4	0.75	1.0	9.25	7.00	187.32	176.45	1 732.73	1 235.17	2 967.897 6	0.023 4
57.0	4.0	4	0.75	1.0	9.25	8.00	187.32	175.41	1 732.73	1 403.25	3 135.973 2	0.024 7
57.0	4.5	4	0.75	1.0	9.25	9.00	187.32	174.36	1 732.73	1 569.23	3 301.954 4	0.026 0
57.0	5.0	4	0.75	1.0	9.25	10.00	187.32	173.31	1 732.73	1 733.12	3 465.841 2	0.027 3
60.0	3.0	4	0.75	1.0	9.25	6.00	196.75	186.93	1 819.90	1 121.55	2 941.455 8	0.023 2
60.0	3.5	4	0.75	1.0	9.25	7.00	196.75	185.88	1 819.90	1 301.15	3 121.050 6	0.024 6
60.0	4.0	4	0.75	1.0	9.25	8.00	196.75	184.83	1 819.90	1 478.65	3 298.551 0	0.026 0
60.0	4.5	4	0.75	1.0	9.25	9.00	196.75	183.78	1 819.90	1 654.05	3 473.957 0	0.027 4
60.0	5.0	4	0.75	1.0	9.25	10.00	196.75	182.74	1 819.90	1 827.36	3 647.268 6	0.028 7
68.0	3.0	5	0.75	1.0	13.75	7.50	223.90	212.06	3 078.60	1 590.44	4 669.036 3	0.036 8
68.0	3.5	5	0.75	1.0	13.75	8.75	223.90	211.01	3 078.60	1 846.34	4 924.945 8	0.038 8
68.0	4.0	5	0.75	1.0	13.75	10.00	223.90	209.96	3 078.60	2 099.64	5 178.237 3	0.040 8
68.0	5.0	5	0.75	1.0	13.75	12.50	223.90	207.87	3 078.60	2 598.37	5 676.966 3	0.044 7
68.0	6.0	5	0.75	1.0	13.75	15.00	223.90	205.77	3 078.60	3 086.62	6 165.223 3	0.048 6

续表

尺寸 (mm)					断面 (mm²)		周长 (mm)		体积 (mm³)		体积合计 (mm³)	金属重量 (kg/口)
Φ	δ	k	c	n	外径	内径	外径	内径	外径	内径		
76.0	3.0	6	0.75	1.0	19.25	9.00	251.10	237.19	4 833.70	2 134.72	6 968.413 5	0.054 9
76.0	3.5	6	0.75	1.0	19.25	10.50	251.10	236.14	4 833.70	2 479.51	7 313.204 1	0.057 6
76.0	4.0	6	0.75	1.0	19.25	12.00	251.10	235.10	4 833.70	2 821.16	7 654.853 1	0.060 3
76.0	4.5	6	0.75	1.0	19.25	13.50	251.10	234.05	4 833.70	3 159.66	7 993.360 5	0.063 0
76.0	5.0	6	0.75	1.0	19.25	15.00	251.10	233.00	4 833.70	3 495.03	8 328.726 3	0.065 6
89.0	3.0	6	0.75	1.0	19.25	9.00	291.94	278.03	5 619.88	2 502.28	8 122.166 1	0.064 0
89.0	3.5	6	0.75	1.0	19.25	10.50	291.94	276.98	5 619.88	2 908.34	8 528.217 9	0.067 2
89.0	4.0	6	0.75	1.0	19.25	12.00	291.94	275.94	5 619.88	3 311.25	8 931.128 1	0.070 4
89.0	4.5	6	0.75	1.0	19.25	13.50	291.94	274.89	5 619.88	3 711.02	9 330.896 7	0.073 5
89.0	5.0	6	0.75	1.0	19.25	15.00	291.94	273.84	5 619.88	4 107.64	9 727.523 7	0.076 7
89.0	5.5	6	0.75	1.0	19.25	16.50	291.94	272.80	5 619.88	4 501.13	10 121.009 1	0.079 8
89.0	6.0	6	0.75	1.0	19.25	18.00	291.94	271.75	5 619.88	4 891.47	10 511.352 9	0.082 8
108.0	3.0	6	0.75	1.0	19.25	9.00	351.63	337.72	6 768.92	3 039.50	9 808.419 9	0.077 3
108.0	3.5	6	0.75	1.0	19.25	10.50	351.63	336.67	6 768.92	3 535.09	10 304.007 3	0.081 2
108.0	4.0	6	0.75	1.0	19.25	12.00	351.63	335.63	6 768.92	4 027.53	10 796.453 1	0.085 1
108.0	4.5	6	0.75	1.0	19.25	13.50	351.63	334.58	6 768.92	4 516.84	11 285.757 3	0.088 9
108.0	5.0	6	0.75	1.0	19.25	15.00	351.63	333.53	6 768.92	5 003.00	11 771.919 9	0.092 8
108.0	5.5	6	0.75	1.0	19.25	16.50	351.63	332.49	6 768.92	5 486.02	12 254.940 9	0.096 6
108.0	6.0	6	0.75	1.0	19.25	18.00	351.63	331.44	6 768.92	5 965.90	12 734.820 3	0.100 4
108.0	6.5	6	0.75	1.0	19.25	19.50	351.63	330.39	6 768.92	6 442.64	13 211.558 1	0.104 1
108.0	7.0	6	0.75	1.0	19.25	21.00	351.63	329.34	6 768.92	6 916.23	13 685.154 3	0.107 8
114.0	3.0	6	0.75	1.0	19.25	9.00	370.48	356.57	7 131.78	3 209.14	10 340.921 1	0.081 5
114.0	3.5	6	0.75	1.0	19.25	10.50	370.48	355.52	7 131.78	3 733.01	10 864.782 9	0.085 6
114.0	4.0	6	0.75	1.0	19.25	12.00	370.48	354.48	7 131.78	4 253.73	11 385.503 1	0.089 7
114.0	4.5	6	0.75	1.0	19.25	13.50	370.48	353.43	7 131.78	4 771.31	11 903.081 7	0.093 8
114.0	5.0	6	0.75	1.0	19.25	15.00	370.48	352.38	7 131.78	5 285.74	12 417.518 7	0.097 9
114.0	5.5	6	0.75	1.0	19.25	16.50	370.48	351.34	7 131.78	5 797.04	12 928.814 1	0.101 9
114.0	6.0	6	0.75	1.0	19.25	18.00	370.48	350.29	7 131.78	6 305.19	13 436.967 9	0.105 9
114.0	6.5	6	0.75	1.0	19.25	19.50	370.48	349.24	7 131.78	6 810.20	13 941.980 1	0.109 9
114.0	7.0	6	0.75	1.0	19.25	21.00	370.48	348.19	7 131.78	7 312.07	14 443.850 7	0.113 8

续表

尺寸(mm)					断面(mm²)		周长(mm)		体积(mm³)		体积合计 (mm³)	金属重量 (kg/口)
Φ	δ	k	c	n	外径	内径	外径	内径	外径	内径		
114.0	7.5	6	0.75	1.0	19.25	22.50	370.48	347.15	7 131.78	7 810.80	14 942.579 7	0.117 7
114.0	8.0	6	0.75	1.0	19.25	24.00	370.48	346.10	7 131.78	8 306.39	15 438.167 1	0.121 7
127.0	3.5	6	0.75	1.0	19.25	10.50	411.32	396.37	7 917.96	4 161.83	12 079.796 7	0.095 2
127.0	4.0	6	0.75	1.0	19.25	12.00	411.32	395.32	7 917.96	4 743.82	12 661.778 1	0.099 8
127.0	4.5	6	0.75	1.0	19.25	13.50	411.32	394.27	7 917.96	5 322.66	13 240.617 9	0.104 3
127.0	5.0	6	0.75	1.0	19.25	15.00	411.32	393.22	7 917.96	5 898.35	13 816.316 1	0.108 9
127.0	6.0	6	0.75	1.0	19.25	18.00	411.32	391.13	7 917.96	7 040.33	14 958.287 7	0.117 9
127.0	7.0	6	0.75	1.0	19.25	21.00	411.32	389.03	7 917.96	8 169.73	16 087.692 9	0.126 8
127.0	8.0	6	0.75	1.0	19.25	24.00	411.32	386.94	7 917.96	9 286.57	17 204.531 7	0.135 6
133.0	3.5	6	0.75	1.0	19.25	10.50	430.17	415.21	8 280.82	4 359.76	12 640.572 3	0.099 6
133.0	4.0	6	0.75	1.0	19.25	12.00	430.17	414.17	8 280.82	4 970.01	13 250.828 1	0.104 4
133.0	4.5	6	0.75	1.0	19.25	13.50	430.17	413.12	8 280.82	5 577.13	13 857.942 3	0.109 2
133.0	5.0	6	0.75	1.0	19.25	15.00	430.17	412.07	8 280.82	6 181.10	14 461.914 9	0.114 0
133.0	5.5	6	0.75	1.0	19.25	16.50	430.17	411.03	8 280.82	6 781.93	15 062.745 9	0.118 7
133.0	6.0	6	0.75	1.0	19.25	18.00	430.17	409.98	8 280.82	7 379.62	15 660.435 3	0.123 4
133.0	6.5	6	0.75	1.0	19.25	19.50	430.17	408.93	8 280.82	7 974.17	16 254.983 1	0.128 1
133.0	7.0	6	0.75	1.0	19.25	21.00	430.17	407.88	8 280.82	8 565.57	16 846.389 3	0.132 7
133.0	7.5	6	0.75	1.0	19.25	22.50	430.17	406.84	8 280.82	9 153.84	17 434.653 9	0.137 4
133.0	8.0	6	0.75	1.0	19.25	24.00	430.17	405.79	8 280.82	9 738.96	18 019.776 9	0.142 0
140.0	3.5	6	0.75	1.0	19.25	10.50	452.16	437.21	8 704.15	4 590.66	13 294.810 5	0.104 8
140.0	4.0	6	0.75	1.0	19.25	12.00	452.16	436.16	8 704.15	5 233.91	13 938.053 1	0.109 8
140.0	4.5	6	0.75	1.0	19.25	13.50	452.16	435.11	8 704.15	5 874.01	14 578.154 1	0.114 9
140.0	5.0	6	0.75	1.0	19.25	15.00	452.16	434.06	8 704.15	6 510.97	15 215.113 5	0.119 9
140.0	5.5	6	0.75	1.0	19.25	16.50	452.16	433.02	8 704.15	7 144.78	15 848.931 3	0.124 9
140.0	6.0	6	0.75	1.0	19.25	18.00	452.16	431.97	8 704.15	7 775.46	16 479.607 5	0.129 9
140.0	6.5	6	0.75	1.0	19.25	19.50	452.16	430.92	8 704.15	8 402.99	17 107.142 1	0.134 8
140.0	7.0	6	0.75	1.0	19.25	21.00	452.16	429.88	8 704.15	9 027.39	17 731.535 1	0.139 7
140.0	7.5	6	0.75	1.0	19.25	22.50	452.16	428.83	8 704.15	9 648.64	18 352.786 5	0.144 6
140.0	8.0	6	0.75	1.0	19.25	24.00	452.16	427.78	8 704.15	10 266.75	18 970.896 3	0.149 5
140.0	8.5	6	0.75	1.0	19.25	25.50	452.16	426.73	8 704.15	10 881.72	19 585.864 5	0.154 3

续表

尺寸 (mm)					断面 (mm²)		周长 (mm)		体积 (mm³)		体积合计 (mm³)	金属重量 (kg/口)
Φ	δ	k	c	n	外径	内径	外径	内径	外径	内径		
140.0	9.0	6	0.75	1.0	19.25	27.00	452.16	425.69	8 704.15	11 493.54	20 197.691 1	0.159 2
159.0	4.0	6	0.75	1.0	19.25	12.00	511.85	495.85	9 853.19	5 950.19	15 803.378 1	0.124 5
159.0	4.5	6	0.75	1.0	19.25	13.50	511.85	494.80	9 853.19	6 679.83	16 533.014 7	0.130 3
159.0	5.0	6	0.75	1.0	19.25	15.00	511.85	493.75	9 853.19	7 406.32	17 259.509 7	0.136 0
159.0	5.5	6	0.75	1.0	19.25	16.50	511.85	492.71	9 853.19	8 129.68	17 982.863 1	0.141 7
159.0	6.0	6	0.75	1.0	19.25	18.00	511.85	491.66	9 853.19	8 849.89	18 703.074 9	0.147 4
159.0	6.5	6	0.75	1.0	19.25	19.50	511.85	490.61	9 853.19	9 566.96	19 420.145 1	0.153 0
159.0	7.0	6	0.75	1.0	19.25	21.00	511.85	489.57	9 853.19	10 280.89	20 134.073 7	0.158 7
159.0	7.5	6	0.75	1.0	19.25	22.50	511.85	488.52	9 853.19	10 991.67	20 844.860 7	0.164 3
159.0	8.0	6	0.75	1.0	19.25	24.00	511.85	487.47	9 853.19	11 699.32	21 552.506 1	0.169 8
159.0	8.5	6	0.75	1.0	19.25	25.50	511.85	486.42	9 853.19	12 403.82	22 257.009 9	0.175 4
159.0	9.0	6	0.75	1.0	19.25	27.00	511.85	485.38	9 853.19	13 105.18	22 958.372 1	0.180 9
159.0	9.5	6	0.75	1.0	19.25	28.50	511.85	484.33	9 853.19	13 803.41	23 656.592 7	0.186 4
159.0	10.0	6	0.75	1.0	19.25	30.00	511.85	483.28	9 853.19	14 498.48	24 351.671 7	0.191 9
168.0	4.0	6	0.75	1.0	19.25	12.00	540.13	524.12	10 397.47	6 289.48	16 686.953 1	0.131 5
168.0	5.0	6	0.75	1.0	19.25	15.00	540.13	522.03	10 397.47	7 830.44	18 227.907 9	0.143 6
168.0	5.5	6	0.75	1.0	19.25	16.50	540.13	520.98	10 397.47	8 596.20	18 993.672 9	0.149 7
168.0	6.0	6	0.75	1.0	19.25	18.00	540.13	519.93	10 397.47	9 358.83	19 756.296 3	0.155 7
168.0	6.5	6	0.75	1.0	19.25	19.50	540.13	518.89	10 397.47	10 118.31	20 515.778 1	0.161 7
168.0	7.0	6	0.75	1.0	19.25	21.00	540.13	517.84	10 397.47	10 874.65	21 272.118 3	0.167 6
168.0	7.5	6	0.75	1.0	19.25	22.50	540.13	516.79	10 397.47	11 627.85	22 025.316 9	0.173 6
168.0	8.0	6	0.75	1.0	19.25	24.00	540.13	515.75	10 397.47	12 377.90	22 775.373 9	0.179 5
168.0	8.5	6	0.75	1.0	19.25	25.50	540.13	514.70	10 397.47	13 124.82	23 522.289 3	0.185 4
168.0	9.0	6	0.75	1.0	19.25	27.00	540.13	513.65	10 397.47	13 868.59	24 266.063 1	0.191 2
168.0	9.5	6	0.75	1.0	19.25	28.50	540.13	512.60	10 397.47	14 609.23	25 006.695 3	0.197 1
168.0	10.0	6	0.75	1.0	19.25	30.00	540.13	511.56	10 397.47	15 346.72	25 744.185 9	0.202 9
219.0	4.0	7	0.75	1.0	25.75	14.00	702.44	684.35	18 087.84	9 580.83	27 668.675 8	0.218 0
219.0	5.0	7	0.75	1.0	25.75	17.50	702.44	682.25	18 087.84	11 939.39	30 027.232 0	0.236 6
219.0	6.0	7	0.75	1.0	25.75	21.00	702.44	680.16	18 087.84	14 283.28	32 371.127 4	0.255 1
219.0	6.5	7	0.75	1.0	25.75	22.75	702.44	679.11	18 087.84	15 449.73	33 537.577 3	0.264 3

续表

尺寸 (mm)					断面 (mm²)		周长 (mm)		体积 (mm³)		体积合计 (mm³)	金属重量 (kg/口)
Φ	δ	k	c	n	外径	内径	外径	内径	外径	内径		
219.0	7.0	7	0.75	1.0	25.75	24.50	702.44	678.06	18 087.84	16 612.52	34 700.362 0	0.273 4
219.0	7.5	7	0.75	1.0	25.75	26.25	702.44	677.01	18 087.84	17 771.64	35 859.481 5	0.282 6
219.0	8.0	7	0.75	1.0	25.75	28.00	702.44	675.97	18 087.84	18 927.09	37 014.935 8	0.291 7
219.0	8.5	7	0.75	1.0	25.75	29.75	702.44	674.92	18 087.84	20 078.88	38 166.724 9	0.300 8
219.0	9.0	7	0.75	1.0	25.75	31.50	702.44	673.87	18 087.84	21 227.01	39 314.848 8	0.309 8
219.0	9.5	7	0.75	1.0	25.75	33.25	702.44	672.83	18 087.84	22 371.46	40 459.307 5	0.318 8
219.0	10.0	7	0.75	1.0	25.75	35.00	702.44	671.78	18 087.84	23 512.26	41 600.101 0	0.327 8
219.0	11.0	7	0.75	1.0	25.75	38.50	702.44	669.68	18 087.84	25 782.85	43 870.692 4	0.345 7
219.0	12.0	7	0.75	1.0	25.75	42.00	702.44	667.59	18 087.84	28 038.78	46 126.623 0	0.363 5
245.0	4.0	8	0.75	1.0	33.25	16.00	786.22	766.03	26 141.86	12 256.43	38 398.289 4	0.302 6
245.0	5.0	8	0.75	1.0	33.25	20.00	786.22	763.93	26 141.86	15 278.65	41 420.508 6	0.326 4
245.0	6.0	8	0.75	1.0	33.25	24.00	786.22	761.84	26 141.86	18 284.11	44 425.972 6	0.350 1
245.0	6.5	8	0.75	1.0	33.25	26.00	786.22	760.79	26 141.86	19 780.56	45 922.421 4	0.361 9
245.0	7.0	8	0.75	1.0	33.25	28.00	786.22	759.74	26 141.86	21 272.82	47 414.681 4	0.373 6
245.0	7.5	8	0.75	1.0	33.25	30.00	786.22	758.70	26 141.86	22 760.89	48 902.752 6	0.385 4
245.0	8.0	8	0.75	1.0	33.25	32.00	786.22	757.65	26 141.86	24 244.77	50 386.635 0	0.397 0
245.0	8.5	8	0.75	1.0	33.25	34.00	786.22	756.60	26 141.86	25 724.47	51 866.328 6	0.408 7
245.0	9.0	8	0.75	1.0	33.25	36.00	786.22	755.55	26 141.86	27 199.97	53 341.833 4	0.420 3
245.0	9.5	8	0.75	1.0	33.25	38.00	786.22	754.51	26 141.86	28 671.29	54 813.149 4	0.431 9
245.0	10.0	8	0.75	1.0	33.25	40.00	786.22	753.46	26 141.86	30 138.42	56 280.276 6	0.443 5
245.0	11.0	8	0.75	1.0	33.25	44.00	786.22	751.37	26 141.86	33 060.10	59 201.964 6	0.466 5
245.0	12.0	8	0.75	1.0	33.25	48.00	786.22	749.27	26 141.86	35 965.04	62 106.897 4	0.489 4
273.0	4.0	9	0.75	1.0	41.75	18.00	876.29	853.99	36 585.07	15 371.85	51 956.915 7	0.409 4
273.0	5.0	9	0.75	1.0	41.75	22.50	876.29	851.90	36 585.07	19 167.69	55 752.753 9	0.439 3
273.0	6.0	9	0.75	1.0	41.75	27.00	876.29	849.80	36 585.07	22 944.68	59 529.742 5	0.469 1
273.0	6.5	9	0.75	1.0	41.75	29.25	876.29	848.76	36 585.07	24 826.10	61 411.168 2	0.483 9
273.0	7.0	9	0.75	1.0	41.75	31.50	876.29	847.71	36 585.07	26 702.81	63 287.881 5	0.498 7
273.0	7.5	9	0.75	1.0	41.75	33.75	876.29	846.66	36 585.07	28 574.82	65 159.882 4	0.513 5
273.0	8.0	9	0.75	1.0	41.75	36.00	876.29	845.61	36 585.07	30 442.10	67 027.170 9	0.528 2
273.0	8.5	9	0.75	1.0	41.75	38.25	876.29	844.57	36 585.07	32 304.68	68 889.747 0	0.542 9

续表

尺寸（mm）					断面（mm²）		周长（mm）		体积（mm³）		体积合计（mm³）	金属重量（kg/口）
Φ	δ	k	c	n	外径	内径	外径	内径	外径	内径		
273.0	9.0	9	0.75	1.0	41.75	40.50	876.29	843.52	36 585.07	34 162.54	70 747.610 7	0.557 5
273.0	9.5	9	0.75	1.0	41.75	42.75	876.29	842.47	36 585.07	36 015.70	72 600.762 0	0.572 1
273.0	10.0	9	0.75	1.0	41.75	45.00	876.29	841.43	36 585.07	37 864.13	74 449.200 9	0.586 7
273.0	11.0	9	0.75	1.0	41.75	49.50	876.29	839.33	36 585.07	41 546.87	78 131.941 5	0.615 7
273.0	12.0	9	0.75	1.0	41.75	54.00	876.29	837.24	36 585.07	45 210.77	81 795.832 5	0.644 6
325.0	4.0	9	1.25	2.0	45.00	18.00	1 038.54	1 020.50	46 734.45	18 368.94	65 103.385 4	0.513 0
325.0	4.5	9	1.25	2.0	45.00	20.25	1 038.54	1 019.45	46 734.45	20 643.85	67 378.296 5	0.530 9
325.0	5.0	9	1.25	2.0	45.00	22.50	1 038.54	1 018.40	46 734.45	22 914.05	69 648.495 2	0.548 8
325.0	6.0	9	1.25	2.0	45.00	27.00	1 038.54	1 016.31	46 734.45	27 440.31	74 174.755 4	0.584 5
325.0	7.0	9	1.25	2.0	45.00	31.50	1 038.54	1 014.21	46 734.45	31 947.72	78 682.166 0	0.620 0
325.0	7.5	9	1.25	2.0	45.00	33.75	1 038.54	1 013.17	46 734.45	34 194.35	80 928.802 7	0.637 7
325.0	8.0	9	1.25	2.0	45.00	36.00	1 038.54	1 012.12	46 734.45	36 436.28	83 170.727 0	0.655 4
325.0	8.5	9	1.25	2.0	45.00	38.25	1 038.54	1 011.07	46 734.45	38 673.49	85 407.938 9	0.673 0
325.0	9.0	9	1.25	2.0	45.00	40.50	1 038.54	1 010.02	46 734.45	40 905.99	87 640.438 4	0.690 6
325.0	9.5	9	1.25	2.0	45.00	42.75	1 038.54	1 008.98	46 734.45	43 133.78	89 868.225 5	0.708 2
325.0	10.0	9	1.25	2.0	45.00	45.00	1 038.54	1 007.93	46 734.45	45 356.85	92 091.300 2	0.725 7
325.0	12.0	9	1.25	2.0	45.00	54.00	1 038.54	1 003.74	46 734.45	54 202.02	100 936.475 0	0.795 4
377.0	4.0	9	1.25	2.0	45.00	18.00	1 201.91	1 183.86	54 085.79	21 309.47	75 395.267 0	0.594 1
377.0	4.5	9	1.25	2.0	45.00	20.25	1 201.91	1 182.81	54 085.79	23 951.95	78 037.745 3	0.614 9
377.0	5.0	9	1.25	2.0	45.00	22.50	1 201.91	1 181.77	54 085.79	26 589.72	80 675.511 2	0.635 7
377.0	6.0	9	1.25	2.0	45.00	27.00	1 201.91	1 179.67	54 085.79	31 851.11	85 936.905 8	0.677 2
377.0	7.0	9	1.25	2.0	45.00	31.50	1 201.91	1 177.58	54 085.79	37 093.66	91 179.450 8	0.718 5
377.0	8.0	9	1.25	2.0	45.00	36.00	1 201.91	1 175.48	54 085.79	42 317.35	96 403.146 2	0.759 7
377.0	9.0	9	1.25	2.0	45.00	40.50	1 201.91	1 173.39	54 085.79	47 522.20	101 607.992 0	0.800 7
377.0	10.0	9	1.25	2.0	45.00	45.00	1 201.91	1 171.29	54 085.79	52 708.19	106 793.988 2	0.841 5
377.0	12.0	9	1.25	2.0	45.00	54.00	1 201.91	1 167.10	54 085.79	63 023.64	117 109.431 8	0.922 8
377.0	14.0	9	1.25	2.0	45.00	63.00	1 201.91	1 162.92	54 085.79	73 263.68	127 349.477 0	1.003 5
426.0	4.0	10	1.25	2.0	54.50	20.00	1 357.98	1 337.80	74 009.80	26 755.96	100 765.762 1	0.794 0
426.0	4.5	10	1.25	2.0	54.50	22.50	1 357.98	1 336.75	74 009.80	30 076.89	104 086.695 1	0.820 2
426.0	5.0	10	1.25	2.0	54.50	25.00	1 357.98	1 335.70	74 009.80	33 392.59	107 402.392 1	0.846 3

续表

尺寸 (mm)					断面 (mm²)		周长 (mm)		体积 (mm³)		体积合计 (mm³)	金属重量 (kg/口)
Φ	δ	k	c	n	外径	内径	外径	内径	外径	内径		
426.0	6.0	10	1.25	2.0	54.50	30.00	1 357.98	1 333.61	74 009.80	40 008.28	114 018.078 1	0.898 5
426.0	7.0	10	1.25	2.0	54.50	35.00	1 357.98	1 331.51	74 009.80	46 603.02	120 612.820 1	0.950 4
426.0	8.0	10	1.25	2.0	54.50	40.00	1 357.98	1 329.42	74 009.80	53 176.82	127 186.618 1	1.002 2
426.0	9.0	10	1.25	2.0	54.50	45.00	1 357.98	1 327.33	74 009.80	59 729.67	133 739.472 1	1.053 9
426.0	10.0	10	1.25	2.0	54.50	50.00	1 357.98	1 325.23	74 009.80	66 261.58	140 271.382 1	1.105 3
426.0	12.0	10	1.25	2.0	54.50	60.00	1 357.98	1 321.04	74 009.80	79 262.57	153 272.370 1	1.207 8
426.0	14.0	10	1.25	2.0	54.50	70.00	1 357.98	1 316.85	74 009.80	92 179.78	166 189.582 1	1.309 6
480.0	4.0	10	1.25	2.0	54.50	20.00	1 527.62	1 507.44	83 255.53	30 148.89	113 404.418 9	0.893 6
480.0	4.5	10	1.25	2.0	54.50	22.50	1 527.62	1 506.40	83 255.53	33 893.94	117 149.467 9	0.923 1
480.0	5.0	10	1.25	2.0	54.50	25.00	1 527.62	1 505.35	83 255.53	37 633.75	120 889.280 9	0.952 6
480.0	6.0	10	1.25	2.0	54.50	30.00	1 527.62	1 503.26	83 255.53	45 097.67	128 353.198 9	1.011 4
480.0	7.0	10	1.25	2.0	54.50	35.00	1 527.62	1 501.16	83 255.53	52 540.64	135 796.172 9	1.070 1
480.0	8.0	10	1.25	2.0	54.50	40.00	1 527.62	1 499.07	83 255.53	59 962.67	143 218.202 9	1.128 6
480.0	9.0	10	1.25	2.0	54.50	45.00	1 527.62	1 496.97	83 255.53	67 363.76	150 619.288 9	1.186 9
480.0	10.0	10	1.25	2.0	54.50	50.00	1 527.62	1 494.88	83 255.53	74 743.90	157 999.430 9	1.245 0
480.0	12.0	10	1.25	2.0	54.50	60.00	1 527.62	1 490.69	83 255.53	89 441.35	172 696.882 9	1.360 9
480.0	14.0	10	1.25	2.0	54.50	70.00	1 527.62	1 486.50	83 255.53	104 055.03	187 310.558 9	1.476 0
508.0	4.0	10	1.25	2.0	54.50	20.00	1 615.59	1 595.41	88 049.61	31 908.18	119 957.796 5	0.945 3
508.0	4.5	10	1.25	2.0	54.50	22.50	1 615.59	1 594.36	88 049.61	35 873.15	123 922.757 5	0.976 5
508.0	5.0	10	1.25	2.0	54.50	25.00	1 615.59	1 593.31	88 049.61	39 832.87	127 882.482 5	1.007 7
508.0	6.0	10	1.25	2.0	54.50	30.00	1615.59	1 591.22	88 049.61	47 736.61	135 786.224 5	1.070 0
508.0	7.0	10	1.25	2.0	54.50	35.00	1 615.59	1 589.13	88 049.61	55 619.41	143 669.022 5	1.132 1
508.0	8.0	10	1.25	2.0	54.50	40.00	1 615.59	1 587.03	88 049.61	63 481.26	151 530.876 5	1.194 1
508.0	9.0	10	1.25	2.0	54.50	45.00	1 615.59	1 584.94	88 049.61	71 322.17	159 371.786 5	1.255 8
508.0	10.0	10	1.25	2.0	54.50	50.00	1 615.59	1 582.84	88 049.61	79 142.14	167 191.752 5	1.317 5
508.0	12.0	10	1.25	2.0	54.50	60.00	1 615.59	1 578.65	88 049.61	94 719.24	182 768.852 5	1.440 2
508.0	14.0	10	1.25	2.0	54.50	70.00	1 615.59	1 574.47	88 049.61	110 212.56	198 262.176 5	1.562 3
530.0	4.0	10	1.25	2.0	54.50	20.00	1 684.70	1 664.52	91 816.39	33 290.49	125 106.878 9	0.985 8
530.0	4.5	10	1.25	2.0	54.50	22.50	1 684.70	1 663.48	91 816.39	37 428.24	129 244.627 9	1.018 4
530.0	5.0	10	1.25	2.0	54.50	25.00	1 684.70	1 662.43	91 816.39	41 560.75	133 377.140 9	1.051 0

续表

尺寸(mm)					断面(mm²)		周长(mm)		体积(mm³)		体积合计(mm³)	金属重量(kg/口)
Φ	δ	k	c	n	外径	内径	外径	内径	外径	内径		
530.0	5.5	10	1.25	2.0	54.50	27.50	1 684.70	1 661.38	91 816.39	45 688.03	137 504.417 9	1.083 5
530.0	6.0	10	1.25	2.0	54.50	30.00	1 684.70	1 660.34	91 816.39	49 810.07	141 626.458 9	1.116 0
530.0	7.0	10	1.25	2.0	54.50	35.00	1 684.70	1 658.24	91 816.39	58 038.44	149 854.832 9	1.180 9
530.0	8.0	10	1.25	2.0	54.50	40.00	1 684.70	1 656.15	9 1816.39	66 245.87	158 062.262 9	1.245 5
530.0	9.0	10	1.25	2.0	54.50	45.00	1 684.70	1 654.05	91 816.39	74 432.36	166 248.748 9	1.310 0
530.0	10.0	10	1.25	2.0	54.50	50.00	1 684.70	1 651.96	91 816.39	82 597.90	174 414.290 9	1.374 4
530.0	12.0	10	1.25	2.0	54.50	60.00	1 684.70	1 647.77	91 816.39	98 866.15	190 682.542 9	1.502 6
530.0	14.0	10	1.25	2.0	54.50	70.00	1 684.70	1 643.58	91 816.39	11 5050.63	206 867.018 9	1.630 1
610.0	5.0	10	1.75	3.0	59.75	25.00	1 933.92	1916.90	115 551.99	47 922.49	163 474.482 7	1.288 2
610.0	6.0	10	1.75	3.0	59.75	30.00	1 933.92	1 914.81	115 551.99	57 444.16	172 996.148 7	1.3 632
610.0	8.0	10	1.75	3.0	59.75	40.00	1 933.92	1 910.62	115 551.99	76 424.66	191 976.648 7	1.512 8
610.0	9.0	10	1.75	3.0	59.75	45.00	1 933.92	1 908.52	115 551.99	85 883.49	201 435.482 7	1.587 3
610.0	10.0	10	1.75	3.0	59.75	50.00	1 933.92	1 906.43	115 551.99	95 321.38	210 873.372 7	1.661 7
610.0	12.0	10	1.75	3.0	59.75	60.00	1 933.92	1 902.24	115 551.99	114 134.33	229 686.320 7	1.809 9
610.0	14.0	10	1.75	3.0	59.75	70.00	1 933.92	1 898.05	115 551.99	132 863.50	248 415.492 7	1.957 5
630.0	5.0	10	1.75	3.0	59.75	25.00	1 996.76	1 979.73	119 306.20	49 493.29	168 799.494 7	1.330 1
630.0	6.0	10	1.75	3.0	59.75	30.00	1 996.76	1 977.64	119 306.20	59 329.12	178 635.320 7	1.407 6
630.0	8.0	10	1.75	3.0	59.75	40.00	1 996.76	1 973.45	119 306.20	78 937.94	198 244.140 7	1.562 2
630.0	9.0	10	1.75	3.0	59.75	45.00	1 996.76	1 971.35	119 306.20	88 710.93	208 017.134 7	1.639 2
630.0	10.0	10	1.75	3.0	59.75	50.00	1 996.76	1 969.26	119 306.20	98 462.98	217 769.184 7	1.716 0
630.0	12.0	10	1.75	3.0	59.75	60.00	1 996.76	1 965.07	119 306.20	117 904.25	237 210.452 7	1.869 2
630.0	14.0	10	1.75	3.0	59.75	70.00	1 996.76	1 960.88	119 306.20	137 261.74	256 567.944 7	2.021 8
660.0	5.0	10	1.75	3.0	59.75	25.00	2 091.00	2 073.98	124 937.52	51 849.49	176 787.012 7	1.393 1
660.0	6.0	10	1.75	3.0	59.75	30.00	2 091.00	2 071.89	124 937.52	62 156.56	187 094.078 7	1.474 3
660.0	8.0	10	1.75	3.0	59.75	40.00	2 091.00	2 067.70	124 937.52	82 707.86	207 645.378 7	1.636 2
660.0	9.0	10	1.75	3.0	59.75	45.00	2 091.00	2 065.60	124 937.52	92 952.09	217 889.612 7	1.717 0
660.0	10.0	10	1.75	3.0	59.75	50.00	2 091.00	2 063.51	124 937.52	103 175.38	228 112.902 7	1.797 5
660.0	12.0	10	1.75	3.0	59.75	60.00	2 091.00	2 059.32	124 937.52	123 559.13	248 496.650 7	1.958 2
660.0	14.0	10	1.75	3.0	59.75	70.00	2 091.00	2 055.13	124 937.52	143 859.10	268 796.622 7	2.118 1
720.0	6.0	10	1.75	3.0	59.75	30.00	2 279.50	2 260.38	136 200.16	67 811.44	204 011.594 7	1.607 6

续表

尺寸 (mm)					断面 (mm²)		周长 (mm)		体积 (mm³)		体积合计 (mm³)	金属重量 (kg/口)
Φ	δ	k	c	n	外径	内径	外径	内径	外径	内径		
720.0	8.0	10	1.75	3.0	59.75	40.00	2 279.50	2 256.19	136 200.16	90 247.70	226 447.854 7	1.784 4
720.0	9.0	10	1.75	3.0	59.75	45.00	2 279.50	2 254.10	136 200.16	101 434.41	237 634.568 7	1.872 6
720.0	10.0	10	1.75	3.0	59.75	50.00	2 279.50	2 252.00	136 200.16	112 600.18	248 800.338 7	1.960 5
720.0	12.0	10	1.75	3.0	59.75	60.00	2 279.50	2 247.81	136 200.16	134 868.89	271 069.046 7	2.136 0
720.0	14.0	10	1.75	3.0	59.75	70.00	2 279.50	2 243.63	136 200.16	157 053.82	293 253.978 7	2.310 8
762.0	6.0	10	1.75	3.0	59.75	30.00	2 411.45	2 392.33	144 084.00	71 769.85	215 853.855 9	1.700 9
762.0	8.0	10	1.75	3.0	59.75	40.00	2 411.45	2 388.14	144 084.00	95 525.58	239 609.587 9	1.888 1
762.0	9.0	10	1.75	3.0	59.75	45.00	2 411.45	2 386.05	144 084.00	107 372.03	251 456.037 9	1.981 5
762.0	10.0	10	1.75	3.0	59.75	50.00	2 411.45	2 383.95	144 084.00	119 197.54	263 281.543 9	2.074 7
762.0	12.0	10	1.75	3.0	59.75	60.00	2 411.45	2 379.76	144 084.00	142 785.72	286 869.723 9	2.260 5
762.0	14.0	10	1.75	3.0	59.75	70.00	2 411.45	2 375.57	144 084.00	166 290.12	310 374.127 9	2.445 7
820.0	6.0	10	1.75	3.0	59.75	30.00	2 593.66	2 574.54	154 971.22	77 236.24	232 207.454 7	1.829 8
820.0	8.0	10	1.75	3.0	59.75	40.00	2 593.66	2 570.35	154 971.22	102 814.10	257 785.314 7	2.031 3
820.0	9.0	10	1.75	3.0	59.75	45.00	2 593.66	2 568.26	154 971.22	115 571.61	270 542.828 7	2.131 9
820.0	10.0	10	1.75	3.0	59.75	50.00	2 593.66	2 566.16	154 971.22	128 308.18	283 279.398 7	2.232 2
820.0	12.0	10	1.75	3.0	59.75	60.00	2 593.66	2 561.97	154 971.22	153 718.49	308 689.706 7	2.432 5
820.0	14.0	10	1.75	3.0	59.75	70.00	2 593.66	2 557.79	154 971.22	179 045.02	334 016.238 7	2.632 0
920.0	6.0	10	1.75	3.0	59.75	30.00	2 907.82	2 888.70	173 742.28	86 661.04	260 403.314 7	2.052 0
920.0	8.0	10	1.75	3.0	59.75	40.00	2 907.82	2 884.51	173 742.28	115 380.50	289 122.774 7	2.278 3
920.0	9.0	10	1.75	3.0	59.75	45.00	2 907.82	2 882.42	173 742.28	129 708.81	303 451.088 7	2.391 2
920.0	10.0	10	1.75	3.0	59.75	50.00	2 907.82	2 880.32	173 742.28	144 016.18	317 758.458 7	2.503 9
920.0	12.0	10	1.75	3.0	59.75	60.00	2 907.82	2 876.13	173 742.28	172 568.09	346 310.366 7	2.728 9
920.0	14.0	10	1.75	3.0	59.75	70.00	2 907.82	2 871.95	173 742.28	201 036.22	374 778.498 7	2.953 3
1 020.0	8.0	11	1.75	3.0	70.25	44.00	3 224.11	3 198.67	226 493.72	140 741.59	367 235.307 3	2.893 8
1 020.0	9.0	11	1.75	3.0	70.25	49.50	3 224.11	3 196.58	226 493.72	158 230.61	384 724.332 7	3.031 6
1 020.0	10.0	11	1.75	3.0	70.25	55.00	3 224.11	3 194.48	226 493.72	175 696.60	402 190.319 7	3.169 3
1 020.0	12.0	11	1.75	3.0	70.25	66.00	3 224.11	3 190.29	226 493.72	210 559.46	437 053.178 5	3.444 0
1 020.0	14.0	11	1.75	3.0	70.25	77.00	3 224.11	3 186.11	226 493.72	245 330.16	471 823.883 7	3.718 0
1 120.0	8.0	11	1.75	3.0	70.25	44.00	3 538.27	3 512.83	248 563.46	154 564.63	403 128.087 3	3.176 6
1 120.0	9.0	11	1.75	3.0	70.25	49.50	3 538.27	3 510.74	248 563.46	173 781.53	422 344.992 7	3.328 1

续表

尺寸 (mm)					断面 (mm²)		周长 (mm)		体积 (mm³)		体积合计 (mm³)	金属重量 (kg/口)
Φ	δ	k	c	n	外径	内径	外径	内径	外径	内径		
1 120.0	10.0	11	1.75	3.0	70.25	55.00	3 538.27	3 508.64	248 563.46	192 975.40	441 538.859 7	3.479 3
1 120.0	12.0	11	1.75	3.0	70.25	66.00	3 538.27	3 504.45	248 563.46	231 294.02	479 857.478 5	3.781 3
1 120.0	14.0	11	1.75	3.0	70.25	77.00	3 538.27	3 500.27	248 563.46	269 520.48	518 083.943 7	4.082 5
1 220.0	8.0	11	1.75	3.0	70.25	44.00	3 852.43	3 826.99	270 633.20	168 387.67	439 020.867 3	3.459 5
1 220.0	9.0	11	1.75	3.0	70.25	49.50	3 852.43	3 824.90	270 633.20	189 332.45	459 965.652 7	3.624 5
1 220.0	10.0	11	1.75	3.0	70.25	55.00	3 852.43	3 822.80	270 633.20	210 254.20	480 887.399 7	3.789 4
1 220.0	12.0	11	1.75	3.0	70.25	66.00	3 852.43	3 818.61	270 633.20	252 028.58	522 661.778 5	4.118 6
1 220.0	14.0	11	1.75	3.0	70.25	77.00	3 852.43	3 814.43	270 633.20	293 710.80	564 344.003 7	4.447 0
1 320.0	8.0	12	1.75	3.0	81.75	48.00	4 168.75	4 141.15	340 795.21	198 775.32	539 570.530 0	4.251 8
1 320.0	9.0	12	1.75	3.0	81.75	54.00	4 168.75	4 139.06	340 795.21	223 509.13	564 304.346 8	4.446 7
1 320.0	10.0	12	1.75	3.0	81.75	60.00	4 168.75	4 136.96	340 795.21	248 217.82	589 013.030 8	4.641 4
1 320.0	12.0	12	1.75	3.0	81.75	72.00	4 168.75	4 132.77	340 795.21	297 559.79	638 355.000 4	5.030 2
1 320.0	14.0	12	1.75	3.0	81.75	84.00	4 168.75	4 128.59	340 795.21	346 801.22	687 596.438 8	5.418 3
1 420.0	8.0	12	1.75	3.0	81.75	48.00	4 482.91	4 455.31	366 477.79	213 855.00	580 332.790 0	4.573 0
1 420.0	9.0	12	1.75	3.0	81.75	54.00	4 482.91	4 453.22	366 477.79	240 473.77	606 951.566 8	4.782 8
1 420.0	10.0	12	1.75	3.0	81.75	60.00	4 482.91	4 451.12	366 477.79	267 067.42	633 545.210 8	4.992 3
1 420.0	11.0	12	1.75	3.0	81.75	66.00	4 482.91	4 449.03	366 477.79	293 635.93	660 113.722 0	5.201 7
1 420.0	12.0	12	1.75	3.0	81.75	72.00	4 482.91	4 446.93	366 477.79	320 179.31	686 657.100 4	5.410 9
1 420.0	14.0	12	1.75	3.0	81.75	84.00	4 482.91	4 442.75	366 477.79	373 190.66	739 668.458 8	5.828 6
1 520.0	9.0	12	1.75	3.0	81.75	54.00	4 797.07	4 767.38	392 160.37	257 438.41	649 598.786 8	5.118 8
1 520.0	10.0	12	1.75	3.0	81.75	60.00	4 797.07	4 765.28	392 160.37	285 917.02	678 077.390 8	5.343 2
1 520.0	11.0	12	1.75	3.0	81.75	66.00	4 797.07	4 763.19	392 160.37	314 370.49	706 530.862 0	5.567 5
1 520.0	12.0	12	1.75	3.0	81.75	72.00	4 797.07	4 761.09	392 160.37	342 798.83	734 959.200 4	5.791 5
1 520.0	14.0	12	1.75	3.0	81.75	84.00	4 797.07	4 756.91	392 160.37	399 580.10	791 740.478 8	6.238 9
1 620.0	9.0	13	1.75	3.0	94.25	58.50	5 113.41	5 081.54	481 938.43	297 269.97	779 208.406 7	6.140 2
1 620.0	10.0	13	1.75	3.0	94.25	65.00	5 113.41	5 079.44	481 938.43	330 163.83	812 102.267 7	6.399 4
1 620.0	11.0	13	1.75	3.0	94.25	71.50	5 113.41	5 077.35	481 938.43	363 030.47	844 968.901 5	6.658 4
1 620.0	12.0	13	1.75	3.0	94.25	78.00	5 113.41	5 075.25	481 938.43	395 869.87	877 808.308 1	6.917 1
1 620.0	14.0	13	1.75	3.0	94.25	91.00	5 113.41	5 071.07	481 938.43	461 467.01	943 405.439 7	7.434 0
1 820.0	10.0	13	1.75	3.0	94.25	65.00	5 741.73	5 707.76	541 157.59	371 004.63	912 162.227 7	7.187 8

续表

尺寸（mm）					断面（mm²）		周长（mm）		体积（mm³）		体积合计（mm³）	金属重量（kg/口）
Φ	δ	k	c	n	外径	内径	外径	内径	外径	内径		
1 820.0	11.0	13	1.75	3.0	94.25	71.50	5 741.73	5 705.67	541 157.59	407 955.35	949 112.941 5	7.479 0
1 820.0	12.0	13	1.75	3.0	94.25	78.00	5 741.73	5 703.57	541 157.59	444 878.83	986 036.428 1	7.770 0
1 820.0	14.0	13	1.75	3.0	94.25	91.00	5 741.73	5 699.39	541 157.59	518 644.13	1 059 801.719 7	8.351 2
2 020.0	10.0	13	1.75	3.0	94.25	65.00	6 370.05	6 336.08	600 376.75	411 845.43	1 012 222.187 7	7.976 3
2 020.0	12.0	13	1.75	3.0	94.25	78.00	6 370.05	6 331.89	600 376.75	493 887.79	1 094 264.548 1	8.622 8
2 020.0	14.0	13	1.75	3.0	94.25	91.00	6 370.05	6 327.71	600 376.75	575 821.25	1 176 197.999 7	9.268 4
2 020.0	16.0	13	1.75	3.0	94.25	104.00	6 370.05	6 323.52	600 376.75	657 645.79	1 258 022.542 5	9.913 2
2 220.0	10.0	14	1.75	3.0	107.75	70.00	7 000.55	6 964.40	754 309.37	487 508.25	1 241 817.620 9	9.785 5
2 220.0	12.0	14	1.75	3.0	107.75	84.00	7 000.55	6 960.21	754 309.37	584 658.04	1 338 967.412 1	10.551 1
2 220.0	14.0	14	1.75	3.0	107.75	98.00	7 000.55	6 956.03	754 309.37	681 690.55	1 435 999.916 9	11.315 7
2 220.0	16.0	14	1.75	3.0	107.75	112.00	7 000.55	6 951.84	754 309.37	778 605.77	1 532 915.135 3	12.079 4
2 220.0	18.0	14	1.75	3.0	107.75	126.00	7 000.55	6 947.65	754 309.37	875 403.70	1 629 713.067 3	12.842 1
2 420.0	10.0	14	1.75	3.0	107.75	70.00	7 628.87	7 592.72	822 010.85	531 490.65	1 353 501.500 9	10.665 6
2 420.0	12.0	14	1.75	3.0	107.75	84.00	7 628.87	7 588.53	822 010.85	637 436.92	1 459 447.772 1	11.500 4
2 420.0	14.0	14	1.75	3.0	107.75	98.00	7 628.87	7 584.35	822 010.85	743 265.91	1 565 276.756 9	12.334 4
2 420.0	16.0	14	1.75	3.0	107.75	112.00	7 628.87	7 580.16	822 010.85	848 977.61	1 670 988.455 3	13.167 4
2 620.0	18.0	14	1.75	3.0	107.75	126.00	8 257.19	8 204.29	889 712.33	1 033 740.34	1 923 452.667 3	15.156 8
2 620.0	10.0	14	1.75	3.0	107.75	70.00	8 257.19	8 221.04	889 712.33	575 473.05	1 465 185.380 9	11.545 7
2 620.0	12.0	14	1.75	3.0	107.75	84.00	8 257.19	8 216.85	889 712.33	690 215.80	1 579 928.132 1	12.449 8
2 620.0	14.0	14	1.75	3.0	107.75	98.00	8 257.19	8 212.67	889 712.33	804 841.27	1 694 553.596 9	13.353 1
2 620.0	16.0	14	1.75	3.0	107.75	112.00	8 257.19	8 208.48	889 712.33	919 349.45	1 809 061.775 3	14.255 4
2 620.0	18.0	14	1.75	3.0	107.75	126.00	8 257.19	8 204.29	889 712.33	1 033 740.34	1 923 452.667 3	15.156 8
2 820.0	10.0	15	1.75	3.0	122.25	75.00	8 887.70	8 849.36	1 086 521.47	663 702.27	1 750 223.744 7	13.791 8
2 820.0	12.0	15	1.75	3.0	122.25	90.00	8 887.70	8 845.17	1 086 521.47	796 065.73	1 882 587.206 7	14.834 8
2 820.0	14.0	15	1.75	3.0	122.25	105.00	8 887.70	8 840.99	1 086 521.47	928 303.53	2 014 825.004 7	15.876 8
2 820.0	16.0	15	1.75	3.0	122.25	120.00	8 887.70	8 836.80	1 086 521.47	1 060 415.66	2 146 937.1387	16.917 9
2 820.0	18.0	15	1.75	3.0	122.25	135.00	8 887.70	8 832.61	1 086 521.47	1 192 402.13	2 278 923.608 7	17.957 9
3 020.0	10.0	15	1.75	3.0	122.25	75.00	9 516.02	9 477.68	1 163 333.59	710 826.27	1 874 159.864 7	14.768 4
3 020.0	12.0	15	1.75	3.0	122.25	90.00	9 516.02	9 473.49	1 163 333.59	852 614.53	2 015 948.126 7	15.885 7
3 020.0	14.0	15	1.75	3.0	122.25	105.00	9 516.02	9 469.31	1 163 333.59	994 277.13	2 157 610.724 7	17.002 0

续表

尺 寸（mm）					断面（mm²）		周长（mm）		体积（mm³）		体积合计	金属重量
Φ	δ	k	c	n	外径	内径	外径	内径	外径	内径	（mm³）	（kg/口）
3 020.0	16.0	15	1.75	3.0	122.25	120.00	9 516.02	9 465.12	1 163 333.59	1 135 814.06	2 299 147.658 7	18.117 3
3 020.0	20.0	15	1.75	3.0	122.25	150.00	9 516.02	9 456.74	1 163 333.59	1 418 510.94	2 581 844.5347	20.344 9
3 220.0	18.0	15	1.75	3.0	122.25	135.00	10 144.34	10 089.25	1 240 145.71	1 362 048.53	2 602 194.248 7	20.505 3
3 220.0	10.0	15	1.75	3.0	122.25	75.00	10 144.34	10 106.00	1 240 145.71	757 950.27	1 998 095.984 7	15.745 0
3 220.0	12.0	15	1.75	3.0	122.25	90.00	10 144.34	10 101.81	1 240 145.71	909 163.33	2 149 309.046 7	16.936 6
3 220.0	14.0	15	1.75	3.0	122.25	105.00	10 144.34	10 097.63	1 240 145.71	1 060 250.73	2 300 396.444 7	18.127 1
3 220.0	16.0	15	1.75	3.0	122.25	120.00	10 144.34	10 093.44	1 240 145.71	1 211 212.46	2 451 358.178 7	19.316 7
3 220.0	18.0	15	1.75	3.0	122.25	135.00	10 144.34	10 089.25	1 240 145.71	1 362 048.53	2 602 194.248 7	20.505 3
3 220.0	20.0	15	1.75	3.0	122.25	150.00	10 144.34	10 085.06	1 240 145.71	1 512 758.94	2 752 904.654 7	21.692 9

（2）氧乙炔焊

铜平焊法兰

尺 寸（mm）					断面（mm²）		周长（mm）		体积（mm³）		体积合计	金属重量
Φ	δ	k	c	n	外径	内径	外径	内径	外径	内径	（mm³）	（kg/口）
14.0	3.0	3	0.75	1.0	5.75	4.50	50.35	42.41	289.53	190.85	480.381 2	0.004 1
14.0	3.5	3	0.75	1.0	5.75	5.25	50.35	41.36	289.53	217.16	506.692 1	0.004 3
16.0	3.0	3	0.75	1.0	5.75	4.50	56.64	48.69	325.66	219.13	544.784 0	0.004 6
16.0	3.5	3	0.75	1.0	5.75	5.25	56.64	47.65	325.66	250.15	575.807 3	0.004 9
18.0	3.0	3	0.75	1.0	5.75	4.50	62.92	54.98	361.79	247.40	609.186 8	0.005 2
18.0	3.5	3	0.75	1.0	5.75	5.25	62.92	53.93	361.79	283.14	644.922 5	0.005 5
22.0	3.5	3	0.75	1.0	5.75	5.25	75.49	66.50	434.04	349.11	783.152 9	0.006 7
22.0	4.0	3	0.75	1.0	5.75	6.00	75.49	65.45	434.04	392.70	826.742 6	0.007 0
25.0	3.5	4	0.75	1.0	9.25	7.00	86.79	75.92	802.81	531.45	1 334.265 6	0.011 3
25.0	4.0	4	0.75	1.0	9.25	8.00	86.79	74.87	802.81	599.00	1 401.810 0	0.011 9
25.0	4.5	4	0.75	1.0	9.25	9.00	86.79	73.83	802.81	664.45	1 467.260 0	0.012 5
28.0	3.5	4	0.75	1.0	9.25	7.00	96.22	85.35	889.99	597.43	1 487.418 6	0.012 6
28.0	4.0	4	0.75	1.0	9.25	8.00	96.22	84.30	889.99	674.40	1 564.387 8	0.013 3
30.0	4.0	4	0.75	1.0	9.25	8.00	102.50	90.58	948.11	724.66	1 672.773 0	0.014 2
30.0	5.0	4	0.75	1.0	9.25	10.00	102.50	88.49	948.11	884.88	1 832.994 6	0.015 6

续表

尺寸 (mm)					断面 (mm²)		周长 (mm)		体积 (mm³)		体积合计 (mm³)	金属重量 (kg/口)
Φ	δ	k	c	n	外径	内径	外径	内径	外径	内径		
30.0	6.0	4	0.75	1.0	9.25	12.00	102.50	86.39	948.11	1 036.73	1 984.838 6	0.016 9
32.0	4.0	4	0.75	1.0	9.25	8.00	108.78	96.87	1 006.23	774.93	1 781.158 2	0.015 1
32.0	5.0	4	0.75	1.0	9.25	10.00	108.78	94.77	1 006.23	947.72	1 953.946 2	0.016 6
34.0	4.0	4	0.75	1.0	9.25	8.00	115.06	103.15	1 064.35	825.19	1 889.543 4	0.016 1
34.0	5.0	4	0.75	1.0	9.25	10.00	115.06	101.05	1 064.35	1 010.55	2 074.897 8	0.017 6
36.0	4.0	4	0.75	1.0	9.25	8.00	121.35	109.43	1 122.47	875.46	1 997.928 6	0.017 0
36.0	5.0	4	0.75	1.0	9.25	10.00	121.35	107.34	1 122.47	1 073.38	2 195.849 4	0.018 7
36.0	6.0	4	0.75	1.0	9.25	12.00	121.35	105.24	1 122.47	1 262.92	2 385.392 6	0.020 3
38.0	4.0	4	0.75	1.0	9.25	8.00	127.63	115.72	1 180.59	925.72	2 106.313 8	0.017 9
38.0	5.0	4	0.75	1.0	9.25	10.00	127.63	113.62	1 180.59	1 136.21	2 316.801 0	0.019 7
38.0	6.0	4	0.75	1.0	9.25	12.00	127.63	111.53	1 180.59	1 338.32	2 518.910 6	0.021 4
40.0	4.0	4	0.75	1.0	9.25	8.00	133.91	122.00	1 238.71	975.99	2 214.699 0	0.018 8
40.0	5.0	4	0.75	1.0	9.25	10.00	133.91	119.90	1 238.71	1 199.04	2 437.752 6	0.020 7
40.0	6.0	4	0.75	1.0	9.25	12.00	133.91	117.81	1 238.71	1 413.72	2 652.428 6	0.022 5
45.0	4.0	4	0.75	1.0	9.25	8.00	149.62	137.71	1 384.01	1 101.65	2 485.662 0	0.021 1
45.0	5.0	4	0.75	1.0	9.25	10.00	149.62	135.61	1 384.01	1 356.12	2 740.131 6	0.023 3
45.0	6.0	4	0.75	1.0	9.25	12.00	149.62	133.52	1 384.01	1 602.22	2 986.223 6	0.025 4
48.0	4.0	4	0.75	1.0	9.25	8.00	159.05	147.13	1 471.19	1 177.05	2 648.239 8	0.022 5
48.0	5.0	4	0.75	1.0	9.25	10.00	159.05	145.04	1 471.19	1 450.37	2 921.559 0	0.024 8
48.0	6.0	4	0.75	1.0	9.25	12.00	159.05	142.94	1 471.19	1 715.31	3 186.500 6	0.027 1
50.0	4.0	4	0.75	1.0	9.25	8.00	165.33	153.41	1 529.31	1 227.32	2 756.625 0	0.023 4
50.0	5.0	4	0.75	1.0	9.25	10.00	165.33	151.32	1 529.31	1 513.20	3 042.510 6	0.025 9
50.0	6.0	4	0.75	1.0	9.25	12.00	165.33	149.23	1 529.31	1 790.71	3 320.018 6	0.028 2
55.0	4.0	4	0.75	1.0	9.25	8.00	181.04	169.12	1 674.61	1 352.98	3 027.588 0	0.025 7
55.0	5.0	4	0.75	1.0	9.25	10.00	181.04	167.03	1 674.61	1 670.28	3 344.889 6	0.028 4
55.0	6.0	4	0.75	1.0	9.25	12.00	181.04	164.93	1 674.61	1 979.21	3 653.813 6	0.031 1
65.0	4.0	5	0.75	1.0	13.75	10.00	214.47	200.54	2 949.01	2 005.39	4 954.398 3	0.042 1
65.0	5.0	5	0.75	1.0	13.75	12.50	214.47	198.44	2 949.01	2 480.56	5 429.565 3	0.046 2
65.0	6.0	5	0.75	1.0	13.75	15.00	214.47	196.35	2 949.01	2 945.25	5 894.260 3	0.050 1
68.0	4.0	5	0.75	1.0	13.75	10.00	223.90	209.96	3 078.60	2 099.64	5 178.237 3	0.044 0
68.0	5.0	5	0.75	1.0	13.75	12.50	223.90	207.87	3 078.60	2 598.37	5 676.966 3	0.048 3
68.0	6.0	5	0.75	1.0	13.75	15.00	223.90	205.77	3 078.60	3 086.62	6 165.223 3	0.052 4
76.0	4.0	5	0.75	1.0	13.75	10.00	249.03	235.10	3 424.18	2 350.96	5 775.141 3	0.049 1
76.0	5.0	5	0.75	1.0	13.75	12.50	249.03	233.00	3 424.18	2 912.53	6 336.702 3	0.053 9
76.0	6.0	5	0.75	1.0	13.75	15.00	249.03	230.91	3 424.18	3 463.61	6 887.791 3	0.058 5

续表

尺寸（mm）					断面（mm²）		周长（mm）		体积（mm³）		体积合计	金属重量
Φ	δ	k	c	n	外径	内径	外径	内径	外径	内径	(mm³)	(kg/口)
89.0	4.0	5	0.75	1.0	13.75	10.00	289.87	275.94	3 985.74	2 759.37	6 745.110 3	0.057 3
89.0	6.0	5	0.75	1.0	13.75	15.00	289.87	271.75	3 985.74	4 076.23	8 061.964 3	0.068 5
100.0	4.0	5	0.75	1.0	13.75	10.00	324.43	310.49	4 460.91	3 104.95	7 565.853 3	0.064 3
100.0	6.0	5	0.75	1.0	13.75	15.00	324.43	306.31	4 460.91	4 594.59	9 055.495 3	0.077 0
100.0	8.0	5	0.75	1.0	13.75	20.00	324.43	302.12	4 460.91	6 042.34	10 503.249 3	0.089 3
114.0	4.0	5	0.75	1.0	13.75	10.00	368.41	354.48	5 065.66	3 544.77	8 610.435 3	0.073 2
114.0	6.0	5	0.75	1.0	13.75	15.00	368.41	350.29	5 065.66	5 254.33	1 0319.989 3	0.087 7
120.0	4.0	5	0.75	1.0	13.75	10.00	387.26	373.33	5 324.85	3 733.27	9 058.113 3	0.077 0
120.0	6.0	5	0.75	1.0	13.75	15.00	387.26	369.14	5 324.85	5 537.07	10 861.915 3	0.092 3
130.0	4.0	5	0.75	1.0	13.75	10.00	418.68	404.74	5 756.82	4 047.43	9 804.243 3	0.083 3
130.0	6.0	5	0.75	1.0	13.75	15.00	418.68	400.55	5 756.82	6 008.31	11 765.125 3	0.100 0
135.0	4.0	5	0.75	1.0	13.75	10.00	434.39	420.45	5 972.80	4 204.51	10 177.308 3	0.086 5
135.0	6.0	5	0.75	1.0	13.75	15.00	434.39	416.26	5 972.80	6 243.93	12 216.730 3	0.103 8
135.0	8.0	5	0.75	1.0	13.75	20.00	434.39	412.07	5 972.80	8 241.46	14 214.264 3	0.120 8
150.0	4.0	5	0.75	1.0	13.75	10.00	481.51	467.57	6 620.76	4 675.75	11 296.503 3	0.096 0
150.0	6.0	5	0.75	1.0	13.75	15.00	481.51	463.39	6 620.76	6 950.79	13 571.545 3	0.115 4
165.0	4.0	6	0.75	1.0	19.25	12.00	530.70	514.70	10 216.04	6 176.39	16 392.428 1	0.139 3
165.0	6.0	6	0.75	1.0	19.25	18.00	530.70	510.51	10 216.04	9 189.18	19 405.222 5	0.164 9
165.0	8.0	6	0.75	1.0	19.25	24.00	530.70	506.32	10 216.04	12 151.71	22 367.751 3	0.190 1
185.0	4.0	6	0.75	1.0	19.25	12.00	593.54	577.53	1 1425.56	6 930.37	18 355.928 1	0.156 0
185.0	6.0	6	0.75	1.0	19.25	18.00	593.54	573.34	11 425.56	10 320.16	21 745.714 5	0.184 8
200.0	4.0	7	0.75	1.0	25.75	14.00	642.75	624.65	16 550.82	8 745.17	25 295.982 4	0.215 0
200.0	6.0	7	0.75	1.0	25.75	21.00	642.75	620.47	16 550.82	13 029.79	29 580.601 2	0.251 4
225.0	4.0	7	1.25	2.0	29.00	14.00	720.19	706.34	20 885.37	9 888.71	30 774.079 7	0.261 6
225.0	6.0	7	1.25	2.0	29.00	21.00	720.19	702.15	20 885.37	14 745.10	35 630.469 7	0.302 9
225.0	8.0	7	1.25	2.0	29.00	28.00	720.19	697.96	20 885.37	19 542.85	40 428.216 5	0.343 6
250.0	4.0	8	1.25	2.0	36.50	16.00	800.81	784.88	29 229.47	12 558.02	41 787.4 883	0.355 2
250.0	6.0	8	1.25	2.0	36.50	24.00	800.81	780.69	29 229.47	18 736.50	47 965.968 3	0.407 7
250.0	8.0	8	1.25	2.0	36.50	32.00	800.81	776.50	29 229.47	24 847.96	54 077.427 5	0.459 7
270.0	4.0	9	1.25	2.0	45.00	18.00	865.76	847.71	38 958.99	15 258.75	54 217.741 4	0.460 9
270.0	6.0	9	1.25	2.0	45.00	27.00	865.76	843.52	38 958.99	22 775.03	61 734.019 4	0.524 7
270.0	8.0	9	1.25	2.0	45.00	36.00	865.76	839.33	38 958.99	30 215.91	69 174.899 0	0.588 0
300.0	4.0	9	1.25	2.0	45.00	18.00	960.00	941.96	43 200.15	16 955.22	60 155.365 4	0.511 3
300.0	6.0	9	1.25	2.0	45.00	27.00	960.00	937.77	43 200.15	25 319.73	68 519.875 4	0.582 4
300.0	8.0	9	1.25	2.0	45.00	36.00	960.00	933.58	43 200.15	33 608.84	76 808.987 0	0.652 9

8. 平焊法兰焊接（适用于≤2.5MPa，带内坡口）

焊缝图形及计算公式

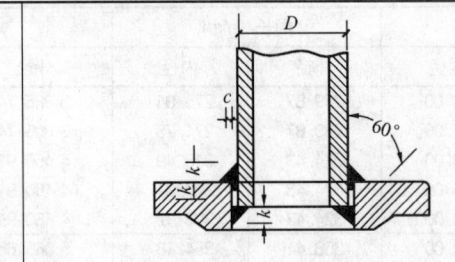

$F_{外} = k^2 \mathrm{tg}60°$
$F_{内} = \delta k/2$
$L_{外} = \pi(D + 2/3k\mathrm{tg}60°)$
$L_{内} = \pi(D + 2c - 2/3\delta)$

（1）手工电弧焊接

① 碳钢平焊法兰

尺寸 (mm)					断面 (mm²)		周长 (mm)		体积 (mm³)		体积合计 (mm³)	金属重量 (kg/口)
Φ	δ	k	c	n	外径	内径	外径	内径	外径	内径		
22.0	3.0	4	0.75	1.0	27.71	6.00	83.63	67.54	2 317.42	405.27	2 722.688 0	0.021 2
22.0	3.5	4	0.75	1.0	27.71	7.00	83.63	66.50	2 317.42	465.48	2 782.902 0	0.021 7
22.0	4.0	4	0.75	1.0	27.71	8.00	83.63	65.45	2 317.42	523.60	2 841.021 6	0.022 2
25.0	3.0	4	0.75	1.0	27.71	6.00	93.05	76.97	2 578.60	461.82	3 040.416 9	0.023 7
25.0	3.5	4	0.75	1.0	27.71	7.00	93.05	75.92	2 578.60	531.45	3 110.055 7	0.024 3
25.0	4.0	4	0.75	1.0	27.71	8.00	93.05	74.87	2 578.60	599.00	3 177.600 1	0.024 8
28.0	3.0	4	0.75	1.0	27.71	6.00	102.47	86.39	2 839.78	518.36	3 358.145 7	0.026 2
28.0	4.0	4	0.75	1.0	27.71	8.00	102.47	84.30	2 839.78	674.40	3 514.178 5	0.027 4
28.0	5.0	4	0.75	1.0	27.71	10.00	102.47	82.21	2 839.78	822.05	3 661.833 7	0.028 6
28.0	6.0	4	0.75	1.0	27.71	12.00	102.47	80.11	2 839.78	961.33	3 801.111 3	0.029 6
28.0	7.0	4	0.75	1.0	27.71	14.00	102.47	78.02	2 839.78	1 092.23	3 932.011 3	0.030 7
32.0	3.0	4	0.75	1.0	27.71	6.00	115.04	98.96	3 188.02	593.76	3 781.784 2	0.029 5
32.0	3.5	4	0.75	1.0	27.71	7.00	115.04	97.91	3 188.02	685.39	3 873.414 2	0.030 2
32.0	4.0	4	0.75	1.0	27.71	8.00	115.04	96.87	3 188.02	774.93	3 962.949 8	0.030 9
34.0	3.0	4	0.75	1.0	27.71	6.00	121.32	105.24	3 362.14	631.46	3 993.603 5	0.031 2
34.0	3.5	4	0.75	1.0	27.71	7.00	121.32	104.20	3 362.14	729.37	4 091.516 7	0.031 9
34.0	4.0	4	0.75	1.0	27.71	8.00	121.32	103.15	3 362.14	825.19	4 187.335 5	0.032 7
38.0	3.0	4	0.75	1.0	27.71	6.00	133.89	117.81	3 710.38	706.86	4 417.241 9	0.034 5
38.0	3.5	4	0.75	1.0	27.71	7.00	133.89	116.76	3 710.38	817.34	4 527.721 5	0.035 3
38.0	4.0	4	0.75	1.0	27.71	8.00	133.89	115.72	3 710.38	925.72	4 636.106 7	0.036 2

续表

尺寸（mm）					断面（mm^2）		周长（mm）		体积（mm^3）		体积合计	金属重量
Φ	δ	k	c	n	外径	内径	外径	内径	外径	内径	（mm^3）	（kg/口）
42.0	3.0	4	0.75	1.0	27.71	6.00	146.46	130.38	4 058.62	782.26	4 840.880 4	0.037 8
42.0	3.5	4	0.75	1.0	27.71	7.00	146.46	129.33	4 058.62	905.30	4 963.926 4	0.038 7
42.0	4.0	4	0.75	1.0	27.71	8.00	146.46	128.28	4 058.62	1 026.26	5 084.878 0	0.039 7
42.0	5.0	4	0.75	1.0	27.71	10.00	146.46	126.19	4 058.62	1 261.88	5 320.498 0	0.041 5
45.0	3.0	4	0.75	1.0	27.71	6.00	155.88	139.80	4 319.80	838.81	5 158.609 3	0.040 2
45.0	3.5	4	0.75	1.0	27.71	7.00	155.88	138.75	4 319.80	971.28	5 291.080 1	0.041 3
45.0	4.0	4	0.75	1.0	27.71	8.00	155.88	137.71	4 319.80	1 101.65	5 421.456 5	0.042 3
45.0	5.0	4	0.75	1.0	27.71	10.00	155.88	135.61	4 319.80	1 356.12	5 675.926 1	0.044 3
48.0	3.0	4	0.75	1.0	27.71	6.00	165.31	149.23	4 580.98	895.36	5 476.338 1	0.042 7
48.0	3.5	4	0.75	1.0	27.71	7.00	165.31	148.18	4 580.98	1 037.25	5 618.233 7	0.043 8
48.0	4.0	4	0.75	1.0	27.71	8.00	165.31	147.13	4 580.98	1 177.05	5 758.034 9	0.044 9
48.0	5.0	4	0.75	1.0	27.71	10.00	165.31	145.04	4 580.98	1 450.37	6 031.354 1	0.047 0
48.0	6.0	4	0.75	1.0	27.71	12.00	165.31	142.94	4 580.98	1 715.31	6 296.295 7	0.049 1
57.0	3.0	4	0.75	1.0	27.71	6.00	193.58	177.50	5 364.52	1 065.00	6 429.524 7	0.050 2
57.0	3.5	4	0.75	1.0	27.71	7.00	193.58	176.45	5 364.52	1 235.17	6 599.694 7	0.051 5
57.0	4.0	4	0.75	1.0	27.71	8.00	193.58	175.41	5 364.52	1 403.25	6 767.770 3	0.052 8
57.0	5.0	4	0.75	1.0	27.71	10.00	193.58	173.31	5 364.52	1 733.12	7 097.638 3	0.055 4
57.0	6.0	4	0.75	1.0	27.71	12.00	193.58	171.22	5 364.52	2 054.61	7 419.128 7	0.057 9
60.0	3.0	4	0.75	1.0	27.71	6.00	203.01	186.93	5 625.70	1 121.55	6 747.253 6	0.052 6
60.0	3.5	4	0.75	1.0	27.71	7.00	203.01	185.88	5 625.70	1 301.15	6 926.848 4	0.054 0
60.0	4.0	4	0.75	1.0	27.71	8.00	203.01	184.83	5 625.70	1 478.65	7 104.348 8	0.055 4
60.0	5.0	4	0.75	1.0	27.71	10.00	203.01	182.74	5 625.70	1 827.36	7 453.066 4	0.058 1
68.0	3.5	5	0.75	1.0	43.30	8.75	231.77	211.01	10 035.48	1 846.34	11 881.825 5	0.092 7
68.0	4.0	5	0.75	1.0	43.30	10.00	231.77	209.96	10 035.48	2 099.64	12 135.117 0	0.094 7
68.0	5.0	5	0.75	1.0	43.30	12.50	231.77	207.87	10 035.48	2 598.37	12 633.846 0	0.098 5
76.0	3.5	5	0.75	1.0	43.30	8.75	256.90	236.14	11 123.73	2 066.26	13 189.987 7	0.102 9
76.0	4.0	5	0.75	1.0	43.30	10.00	256.90	235.10	11 123.73	2 350.96	13 474.695 2	0.105 1
76.0	5.0	5	0.75	1.0	43.30	12.50	256.90	233.00	11 123.73	2 912.53	14 036.256 2	0.109 5
76.0	6.0	5	0.75	1.0	43.30	15.00	256.90	230.91	11 123.73	3 463.61	14 587.345 2	0.113 8
89.0	4.0	5	0.75	1.0	43.30	10.00	297.74	275.94	12 892.14	2 759.37	15 651.509 8	0.122 1

续表

尺寸(mm)					断面(mm^2)		周长(mm)		体积(mm^3)		体积合计(mm^3)	金属重量(kg/口)
Φ	δ	k	c	n	外径	内径	外径	内径	外径	内径		
89.0	4.5	5	0.75	1.0	43.30	11.25	297.74	274.89	12 892.14	3 092.51	15 984.650 3	0.124 7
89.0	5.0	5	0.75	1.0	43.30	12.50	297.74	273.84	12 892.14	3 423.04	16 315.172 8	0.127 3
89.0	5.5	5	0.75	1.0	43.30	13.75	297.74	272.80	12 892.14	3 750.94	16 643.077 3	0.129 8
89.0	6.0	5	0.75	1.0	43.30	15.00	297.74	271.75	12 892.14	4 076.23	16 968.363 8	0.132 4
102.0	4.0	5	0.75	1.0	43.30	10.00	338.58	316.78	14 660.54	3 167.78	17 828.324 5	0.139 1
102.0	4.5	5	0.75	1.0	43.30	11.25	338.58	315.73	14 660.54	3 551.97	18 212.516 0	0.142 1
102.0	5.0	5	0.75	1.0	43.30	12.50	338.58	314.68	14 660.54	3 933.55	18 594.089 5	0.145 0
102.0	5.5	5	0.75	1.0	43.30	13.75	338.58	313.64	14 660.54	4 312.50	18 973.045 0	0.148 0
102.0	6.0	5	0.75	1.0	43.30	15.00	338.58	312.59	14 660.54	4 688.84	19 349.382 5	0.150 9
108.0	4.0	5	0.75	1.0	43.30	10.00	357.43	335.63	15 476.73	3 356.28	18 833.008 2	0.146 9
108.0	4.5	5	0.75	1.0	43.30	11.25	357.43	334.58	15 476.73	3 764.03	19 240.761 7	0.150 1
108.0	5.0	5	0.75	1.0	43.30	12.50	357.43	333.53	15 476.73	4 169.17	19 645.897 2	0.153 2
108.0	6.0	5	0.75	1.0	43.30	15.00	357.43	331.44	15 476.73	4 971.58	20 448.314 2	0.159 5
114.0	4.0	5	0.75	1.0	43.30	10.00	376.28	354.48	16 292.92	3 544.77	19 837.691 8	0.154 7
114.0	5.0	5	0.75	1.0	43.30	12.50	376.28	352.38	16 292.92	4 404.79	20 697.704 8	0.161 4
114.0	6.0	5	0.75	1.0	43.30	15.00	376.28	350.29	16 292.92	5 254.33	21 547.245 8	0.168 1
114.0	7.0	5	0.75	1.0	43.30	17.50	376.28	348.19	16 292.92	6 093.40	22 386.314 8	0.174 6
114.0	8.0	5	0.75	1.0	43.30	20.00	376.28	346.10	16 292.92	6 921.99	23 214.911 8	0.181 1
127.0	4.0	5	0.75	1.0	43.30	10.00	417.12	395.32	18 061.33	3 953.18	22 014.506 5	0.171 7
127.0	4.5	5	0.75	1.0	43.30	11.25	417.12	394.27	18 061.33	4 435.55	22 496.873 0	0.175 5
127.0	5.0	5	0.75	1.0	43.30	12.50	417.12	393.22	18 061.33	4 915.30	22 976.621 5	0.179 2
127.0	6.0	5	0.75	1.0	43.30	15.00	417.12	391.13	18 061.33	5 866.94	23 928.264 5	0.186 6
127.0	7.0	5	0.75	1.0	43.30	17.50	417.12	389.03	18 061.33	6 808.11	24 869.435 5	0.194 0
127.0	8.0	5	0.75	1.0	43.30	20.00	417.12	386.94	18 061.33	7 738.81	25 800.134 5	0.201 2
133.0	4.0	5	0.75	1.0	43.30	10.00	435.97	414.17	18 877.51	4 141.68	23 019.190 2	0.179 5
133.0	4.5	5	0.75	1.0	43.30	11.25	435.97	413.12	18 877.51	4 647.60	23 525.118 7	0.183 5
133.0	5.0	5	0.75	1.0	43.30	12.50	435.97	412.07	18 877.51	5 150.92	24 028.429 2	0.187 4
133.0	6.0	5	0.75	1.0	43.30	15.00	435.97	409.98	18 877.51	6 149.68	25 027.196 2	0.195 2
133.0	7.0	5	0.75	1.0	43.30	17.50	435.97	407.88	18 877.51	7 137.98	26 015.491 2	0.202 9
133.0	8.0	5	0.75	1.0	43.30	20.00	435.97	405.79	18 877.51	8 115.80	26 993.314 2	0.210 5

续表

尺寸 (mm)					断面 (mm²)		周长 (mm)		体积 (mm³)		体积合计 (mm³)	金属重量 (kg/口)
Φ	δ	k	c	n	外径	内径	外径	内径	外径	内径		
159.0	4.5	5	0.75	1.0	43.30	11.25	517.65	494.80	22 414.33	5 566.52	27 980.849 9	0.218 3
159.0	5.0	5	0.75	1.0	43.30	12.50	517.65	493.75	22 414.33	6 171.94	28 586.262 4	0.223 0
159.0	5.5	5	0.75	1.0	43.30	13.75	517.65	492.71	22 414.33	6 774.73	29 189.056 9	0.227 7
159.0	6.0	5	0.75	1.0	43.30	15.00	517.65	491.66	22 414.33	7 374.91	29 789.233 4	0.232 4
159.0	7.0	5	0.75	1.0	43.30	17.50	517.65	489.57	22 414.33	8 567.41	30 981.732 4	0.241 7
159.0	8.0	5	0.75	1.0	43.30	20.00	517.65	487.47	22 414.33	9 749.43	32 163.759 4	0.250 9
168.0	5.0	5	0.75	1.0	43.30	12.50	545.93	522.03	23 638.61	6 525.37	30 163.974 0	0.235 3
168.0	6.0	5	0.75	1.0	43.30	15.00	545.93	519.93	23 638.61	7 799.02	31 437.631 0	0.245 2
168.0	7.0	5	0.75	1.0	43.30	17.50	545.93	517.84	23 638.61	9 062.21	32 700.816 0	0.255 1
168.0	8.0	5	0.75	1.0	43.30	20.00	545.93	515.75	23 638.61	10 314.92	33 953.529 0	0.264 8
168.0	9.0	5	0.75	1.0	43.30	22.50	545.93	513.65	23 638.61	11 557.16	35 195.770 0	0.274 5
168.0	10.0	5	0.75	1.0	43.30	25.00	545.93	511.56	23 638.61	12 788.93	36 427.539 0	0.284 1
194.0	5.0	6	0.75	1.0	62.35	15.00	631.24	603.71	39 358.79	9 055.66	48 414.452 0	0.377 6
194.0	6.0	6	0.75	1.0	62.35	18.00	631.24	601.62	39 358.79	10 829.10	50 187.885 2	0.391 5
194.0	7.0	6	0.75	1.0	62.35	21.00	631.24	599.52	39 358.79	12 589.96	51 948.752 0	0.405 2
194.0	8.0	6	0.75	1.0	62.35	24.00	631.24	597.43	39 358.79	14 338.26	53 697.052 4	0.418 8
194.0	9.0	6	0.75	1.0	62.35	27.00	631.24	595.33	39 358.79	16 074.00	55 432.786 4	0.432 4
194.0	10.0	6	0.75	1.0	62.35	30.00	631.24	593.24	39 358.79	17 797.16	57 155.954 0	0.445 8
194.0	12.0	6	0.75	1.0	62.35	36.00	631.24	589.05	39 358.79	21 205.80	60 564.590 0	0.472 4
219.0	6.0	7	0.75	1.0	84.87	21.00	713.40	680.16	60 545.08	14 283.28	74 828.362 2	0.583 7
219.0	7.0	7	0.75	1.0	84.87	24.50	713.40	678.06	60 545.08	16 612.52	77 157.596 8	0.601 8
219.0	8.0	7	0.75	1.0	84.87	28.00	713.40	675.97	60 545.08	18 927.09	79 472.170 6	0.619 9
219.0	9.0	7	0.75	1.0	84.87	31.50	713.40	673.87	60 545.08	21 227.01	81 772.083 6	0.637 8
219.0	10.0	7	0.75	1.0	84.87	35.00	713.40	671.78	60 545.08	23 512.26	84 057.335 8	0.655 6
219.0	12.0	7	0.75	1.0	84.87	42.00	713.40	667.59	60 545.08	28 038.78	88 583.857 8	0.691 0

续表

尺寸(mm)					断面(mm²)		周长(mm)		体积(mm³)		体积合计(mm³)	金属重量(kg/口)
Φ	δ	k	c	n	外径	内径	外径	内径	外径	内径		
245.0	6.0	8	0.75	1.0	110.85	24.00	798.71	761.84	88 535.63	18 284.11	106 819.740 5	0.833 2
245.0	7.0	8	0.75	1.0	110.85	28.00	798.71	759.74	88 535.63	21 272.82	109 808.449 3	0.856 5
245.0	8.0	8	0.75	1.0	110.85	32.00	798.71	757.65	88 535.63	24 244.77	112 780.402 9	0.879 7
245.0	9.0	8	0.75	1.0	110.85	36.00	798.71	755.55	88 535.63	27 199.97	115 735.601 3	0.902 7
245.0	10.0	8	0.75	1.0	110.85	40.00	798.71	753.46	88 535.63	30 138.42	118 674.044 5	0.925 7
245.0	12.0	8	0.75	1.0	110.85	48.00	798.71	749.27	88 535.63	35 965.04	124 500.665 3	0.971 1
273.0	6.0	9	0.75	1.0	140.29	27.00	890.30	849.80	124 902.57	22 944.68	147 847.247 5	1.153 2
273.0	7.0	9	0.75	1.0	140.29	31.50	890.30	847.71	124 902.57	26 702.81	151 605.386 5	1.182 5
273.0	8.0	9	0.75	1.0	140.29	36.00	890.30	845.61	124 902.57	30 442.10	155 344.675 9	1.211 7
273.0	9.0	9	0.75	1.0	140.29	40.50	890.30	843.52	124 902.57	34 162.54	159 065.115 7	1.240 7
273.0	10.0	9	0.75	1.0	140.29	45.00	890.30	841.43	124 902.57	37 864.13	162 766.705 9	1.269 6
273.0	12.0	9	0.75	1.0	140.29	54.00	890.30	837.24	124 902.57	45 210.77	170 113.337 5	1.326 9
325.0	6.0	9	1.25	2.0	140.29	27.00	1053.67	1 016.31	147 821.12	27 440.31	175 261.427 1	1.367 0
325.0	8.0	9	1.25	2.0	140.29	36.00	1 053.67	1 012.12	147 821.12	36 436.28	184 257.398 7	1.437 2
325.0	9.0	9	1.25	2.0	140.29	40.50	1 053.67	1 010.02	147 821.12	40 905.99	188 727.110 1	1.472 1
325.0	10.0	9	1.25	2.0	140.29	45.00	1 053.67	1 007.93	147 821.12	45 356.85	193 177.971 9	1.506 8
325.0	12.0	9	1.25	2.0	140.29	54.00	1 053.67	1 003.74	147 821.12	54 202.02	202 023.146 7	1.575 8
325.0	14.0	9	1.25	2.0	140.29	63.00	1 053.67	999.55	147 821.12	62 971.80	210 792.923 1	1.644 2
377.0	6.0	9	1.25	2.0	140.29	27.00	1 217.03	1179.67	170 739.67	31 851.11	202 590.783 6	1.580 2
377.0	7.0	9	1.25	2.0	140.29	31.50	1 217.03	1 177.58	170 739.67	37 093.66	207 833.328 6	1.621 1
377.0	8.0	9	1.25	2.0	140.29	36.00	1 217.03	1 175.48	170 739.67	42 317.35	213 057.024 0	1.661 8
377.0	9.0	9	1.25	2.0	140.29	40.50	1 217.03	1 173.39	170 739.67	47 522.20	218 261.869 8	1.702 4
377.0	10.0	9	1.25	2.0	140.29	45.00	1 217.03	1 171.29	170 739.67	52 708.19	223 447.866 0	1.742 9
377.0	11.0	9	1.25	2.0	140.29	49.50	1 217.03	1 169.20	170 739.67	57 875.34	228 615.012 6	1.783 2
377.0	12.0	9	1.25	2.0	140.29	54.00	1 217.03	1 167.10	170 739.67	63 023.64	233 763.309 6	1.823 4

续表

尺寸（mm）					断面（mm^2）		周长（mm）		体积（mm^3）		体积合计	金属重量
Φ	δ	k	c	n	外径	内径	外径	内径	外径	内径	（mm^3）	（kg/口）
377.0	14.0	9	1.25	2.0	140.29	63.00	1 217.03	1 162.92	170 739.67	73 263.68	244 003.354 8	1.903 2
426.0	6.0	10	1.25	2.0	173.20	30.00	1 374.60	1 333.61	238 080.13	40 008.28	278 088.408 5	2.169 1
426.0	7.0	10	1.25	2.0	173.20	35.00	1 374.60	1 331.51	238 080.13	46 603.02	284 683.150 5	2.220 5
426.0	8.0	10	1.25	2.0	173.20	40.00	1 374.60	1 329.42	238 080.13	53 176.82	291 256.948 5	2.271 8
426.0	9.0	10	1.25	2.0	173.20	45.00	1 374.60	1 327.33	238 080.13	59 729.67	297 809.802 5	2.322 9
426.0	10.0	10	1.25	2.0	173.20	50.00	1 374.60	1 325.23	238 080.13	66 261.58	304 341.712 5	2.373 9
426.0	12.0	10	1.25	2.0	173.20	60.00	1 374.60	1 321.04	238 080.13	79 262.57	317 342.700 5	2.475 3
426.0	14.0	10	1.25	2.0	173.20	70.00	1 374.60	1 316.85	238 080.13	92 179.78	330 259.912 5	2.576 0
426.0	16.0	10	1.25	2.0	173.20	80.00	1 374.60	1 312.67	238 080.13	105 013.22	343 093.348 5	2.676 1
480.0	6.0	10	1.25	2.0	173.20	30.00	1 544.24	1 503.26	267 462.89	45 097.67	312 560.557 0	2.438 0
480.0	8.0	10	1.25	2.0	173.20	40.00	1 544.24	1 499.07	267 462.89	59 962.67	327 425.561 0	2.553 9
480.0	10.0	10	1.25	2.0	173.20	50.00	1 544.24	1 494.88	267 462.89	74 743.90	342 206.789 0	2.669 2
480.0	11.0	10	1.25	2.0	173.20	55.00	1 544.24	1 492.78	267 462.89	82 103.10	349 565.987 0	2.726 6
480.0	12.0	10	1.25	2.0	173.20	60.00	1 544.24	1 490.69	267 462.89	89 441.35	356 904.241 0	2.783 9
480.0	14.0	10	1.25	2.0	173.20	70.00	1 544.24	1 486.50	267 462.89	104 055.03	371 517.917 0	2.897 8
480.0	16.0	10	1.25	2.0	173.20	80.00	1 544.24	1 482.31	267 462.89	118 584.93	386 047.817 0	3.011 2
508.0	6.0	10	1.25	2.0	173.20	30.00	1 632.21	1 591.22	282 698.39	47 736.61	330 435.004 3	2.577 4
508.0	8.0	10	1.25	2.0	173.20	40.00	1 632.21	1 587.03	282 698.39	63 481.26	346 179.656 3	2.700 2
508.0	10.0	10	1.25	2.0	173.20	50.00	1 632.21	1 582.84	282 698.39	79 142.14	361 840.532 3	2.822 4
508.0	12.0	10	1.25	2.0	173.20	60.00	1 632.21	1 578.65	282 698.39	94 719.24	377 417.632 3	2.943 9
508.0	14.0	10	1.25	2.0	173.20	70.00	1 632.21	1 574.47	282 698.39	110 212.56	392 910.956 3	3.064 7
508.0	16.0	10	1.25	2.0	173.20	80.00	1 632.21	1 570.28	282 698.39	125 622.11	408 320.504 3	3.184 9
530.0	6.0	10	1.25	2.0	173.20	30.00	1 701.32	1 660.34	294 669.14	49 810.07	344 479.213 0	2.686 9
530.0	8.0	10	1.25	2.0	173.20	40.00	1 701.32	1 656.15	294 669.14	66 245.87	360 915.017 0	2.815 1
530.0	10.0	10	1.25	2.0	173.20	50.00	1 701.32	1 651.96	294 669.14	82 597.90	377 267.045 0	2.942 7

续表

尺 寸 (mm)					断面 (mm²)		周长 (mm)		体积 (mm³)		体积合计 (mm³)	金属重量 (kg/口)
Φ	δ	k	c	n	外径	内径	外径	内径	外径	内径		
530.0	12.0	10	1.25	2.0	173.20	60.00	1 701.32	1 647.77	294 669.14	98 866.15	393 535.297 0	3.069 6
530.0	14.0	10	1.25	2.0	173.20	70.00	1 701.32	1 643.58	294 669.14	115 050.63	409 719.773 0	3.195 8
530.0	16.0	10	1.25	2.0	173.20	80.00	1 701.32	1 639.39	294 669.14	131 151.33	425 820.473 0	3.321 4
559.0	6.0	10	1.25	2.0	173.20	30.00	1 792.43	1 751.44	310 448.77	52 543.26	362 992.033 5	2.831 3
559.0	7.0	10	1.25	2.0	173.20	35.00	1 792.43	1 749.35	310 448.77	61 227.17	371 675.939 5	2.899 1
559.0	8.0	10	1.25	2.0	173.20	40.00	1 792.43	1 747.25	310 448.77	69 890.13	380 338.901 5	2.966 6
559.0	10.0	10	1.25	2.0	173.20	50.00	1 792.43	1 743.06	310 448.77	87 153.22	397 601.993 5	3.101 3
559.0	12.0	10	1.25	2.0	173.20	60.00	1 792.43	1 738.88	310 448.77	104 332.54	414 781.309 5	3.235 3
559.0	14.0	10	1.25	2.0	173.20	70.00	1 792.43	1 734.69	310 448.77	121 428.08	431 876.849 5	3.368 6
559.0	16.0	10	1.25	2.0	173.20	80.00	1 792.43	1 730.50	310 448.77	138 439.84	448 888.613 5	3.501 3
610.0	6.0	10	1.25	2.0	173.20	30.00	1 952.65	1 911.66	338 199.15	57 349.91	395 549.062 6	3.085 3
610.0	8.0	10	1.25	2.0	173.20	40.00	1 952.65	1 907.47	338 199.15	76 298.99	414 498.146 6	3.233 1
610.0	9.0	10	1.25	2.0	173.20	45.00	1 952.65	1 905.38	338 199.15	85 742.12	423 941.272 6	3.306 7
610.0	10.0	10	1.25	2.0	173.20	50.00	1 952.65	1 903.29	338 199.15	95 164.30	433 363.454 6	3.380 2
610.0	12.0	10	1.25	2.0	173.20	60.00	1 952.65	1 899.10	338 199.15	113 945.83	452 144.986 6	3.526 7
610.0	14.0	10	1.25	2.0	173.20	70.00	1 952.65	1 894.91	338 199.15	132 643.59	470 842.742 6	3.672 6
610.0	16.0	10	1.25	2.0	173.20	80.00	1 952.65	1 890.72	338 199.15	151 257.57	489 456.722 6	3.817 8
630.0	6.0	10	1.25	2.0	173.20	30.00	2 015.48	1 974.50	349 081.66	59 234.87	408 316.525 0	3.184 9
630.0	8.0	10	1.25	2.0	173.20	40.00	2 015.48	1 970.31	349 081.66	78 812.27	427 893.929 0	3.337 6
630.0	9.0	10	1.25	2.0	173.20	45.00	2 015.48	1 968.21	349 081.66	88 569.56	437 651.215 0	3.413 7
630.0	10.0	10	1.25	2.0	173.20	50.00	2 015.48	1 966.12	349 081.66	98 305.90	447 387.557 0	3.489 6
630.0	12.0	10	1.25	2.0	173.20	60.00	2 015.48	1 961.93	349 081.66	117 715.75	466 797.409 0	3.641 0
630.0	14.0	10	1.25	2.0	173.20	70.00	2 015.48	1 957.74	349 081.66	137 041.83	486 123.485 0	3.791 8
630.0	16.0	10	1.25	2.0	173.20	80.00	2 015.48	1 953.55	349 081.66	156 284.13	505 365.785 0	3.941 9

②合金钢、不锈钢平焊法兰

尺寸（mm）					断面（mm²）		周长（mm）		体积（mm³）		体积合计	金属重量
Φ	δ	k	c	n	外径	内径	外径	内径	外径	内径	(mm³)	(kg/口)
22.0	3.0	4	0.75	1.0	27.71	6.00	83.63	67.54	2 317.42	405.27	2 722.688 0	0.021 5
22.0	3.5	4	0.75	1.0	27.71	7.00	83.63	66.50	2 317.42	465.48	2 782.902 0	0.021 9
22.0	4.0	4	0.75	1.0	27.71	8.00	83.63	65.45	2 317.42	523.60	2 841.021 6	0.022 4
25.0	3.0	4	0.75	1.0	27.71	6.00	93.05	76.97	2 578.60	461.82	3 040.416 9	0.024 0
25.0	3.5	4	0.75	1.0	27.71	7.00	93.05	75.92	2 578.60	531.45	3 110.055 7	0.024 5
25.0	4.0	4	0.75	1.0	27.71	8.00	93.05	74.87	2 578.60	599.00	3 177.600 1	0.025 0
27.0	3.0	4	0.75	1.0	27.71	6.00	99.33	83.25	2 752.72	499.51	3 252.236 1	0.025 6
27.0	3.5	4	0.75	1.0	27.71	7.00	99.33	82.21	2 752.72	575.44	3 328.158 1	0.026 2
27.0	4.0	4	0.75	1.0	27.71	8.00	99.33	81.16	2 752.72	649.26	3 401.985 7	0.026 8
32.0	3.0	4	0.75	1.0	27.71	6.00	115.04	98.96	3 188.02	593.76	3 781.784 2	0.029 8
32.0	3.5	4	0.75	1.0	27.71	7.00	115.04	97.91	3 188.02	685.39	3 873.414 2	0.030 5
32.0	4.0	4	0.75	1.0	27.71	8.00	115.04	96.87	3 188.02	774.93	3 962.949 8	0.031 2
32.0	4.5	4	0.75	1.0	27.71	9.00	115.04	95.82	3 188.02	862.37	4 050.391 0	0.031 9
34.0	3.0	4	0.75	1.0	27.71	6.00	121.32	105.24	3 362.14	631.46	3 993.603 5	0.031 5
34.0	3.5	4	0.75	1.0	27.71	7.00	121.32	104.20	3 362.14	729.37	4 091.516 7	0.032 2
34.0	4.0	4	0.75	1.0	27.71	8.00	121.32	103.15	3 362.14	825.19	4 187.335 5	0.033 0
34.0	4.5	4	0.75	1.0	27.71	9.00	121.32	102.10	3 362.14	918.92	4 281.059 9	0.033 7
38.0	3.0	4	0.75	1.0	27.71	6.00	133.89	117.81	3 710.38	706.86	4 417.241 9	0.034 8
38.0	3.5	4	0.75	1.0	27.71	7.00	133.89	116.76	3 710.38	817.34	4 527.721 5	0.035 7
38.0	4.0	4	0.75	1.0	27.71	8.00	133.89	115.72	3 710.38	925.72	4 636.106 7	0.036 5
38.0	4.5	4	0.75	1.0	27.71	9.00	133.89	114.67	3 710.38	1 032.02	4 742.397 5	0.037 4
42.0	3.0	4	0.75	1.0	27.71	6.00	146.46	130.38	4 058.62	782.26	4 840.880 4	0.038 1
42.0	3.5	4	0.75	1.0	27.71	7.00	146.46	129.33	4 058.62	905.30	4 963.926 4	0.039 1
42.0	4.0	4	0.75	1.0	27.71	8.00	146.46	128.28	4 058.62	1 026.26	5 084.878 0	0.040 1
42.0	4.5	4	0.75	1.0	27.71	9.00	146.46	127.23	4 058.62	1 145.11	5 203.735 2	0.041 0
45.0	3.0	4	0.75	1.0	27.71	6.00	155.88	139.80	4 319.80	838.81	5 158.609 3	0.040 6
45.0	3.5	4	0.75	1.0	27.71	7.00	155.88	138.75	4 319.80	971.28	5 291.080 1	0.041 7
45.0	4.0	4	0.75	1.0	27.71	8.00	155.88	137.71	4 319.80	1 101.65	5 421.456 5	0.042 7
45.0	4.5	4	0.75	1.0	27.71	9.00	155.88	136.66	4 319.80	1 229.94	5 549.738 5	0.043 7
45.0	5.0	4	0.75	1.0	27.71	10.00	155.88	135.61	4 319.80	1 356.12	5 675.926 1	0.044 7

续表

尺寸 (mm)					断面 (mm²)		周长 (mm)		体积 (mm³)		体积合计 (mm³)	金属重量 (kg/口)
Φ	δ	k	c	n	外径	内径	外径	内径	外径	内径		
48.0	3.0	4	0.75	1.0	27.71	6.00	165.31	149.23	4 580.98	895.36	5 476.338 1	0.043 2
48.0	3.5	4	0.75	1.0	27.71	7.00	165.31	148.18	4 580.98	1 037.25	5 618.233 7	0.044 3
48.0	4.0	4	0.75	1.0	27.71	8.00	165.31	147.13	4 580.98	1 177.05	5 758.034 9	0.045 4
48.0	4.5	4	0.75	1.0	27.71	9.00	165.31	146.08	4 580.98	1 314.76	5 895.741 7	0.046 5
48.0	5.0	4	0.75	1.0	27.71	10.00	165.31	145.04	4 580.98	1 450.37	6 031.354 1	0.047 5
57.0	3.0	4	0.75	1.0	27.71	6.00	193.58	177.50	5 364.52	1 065.00	6 429.524 7	0.050 7
57.0	3.5	4	0.75	1.0	27.71	7.00	193.58	176.45	5 364.52	1 235.17	6 599.694 7	0.052 0
57.0	4.0	4	0.75	1.0	27.71	8.00	193.58	175.41	5 364.52	1 403.25	6 767.770 3	0.053 3
57.0	4.5	4	0.75	1.0	27.71	9.00	193.58	174.36	5 364.52	1 569.23	6 933.751 5	0.054 6
57.0	5.0	4	0.75	1.0	27.71	10.00	193.58	173.31	5 364.52	1 733.12	7 097.638 3	0.055 9
60.0	3.0	4	0.75	1.0	27.71	6.00	203.01	186.93	5 625.70	1 121.55	6 747.253 6	0.053 2
60.0	3.5	4	0.75	1.0	27.71	7.00	203.01	185.88	5 625.70	1 301.15	6 926.848 4	0.054 6
60.0	4.0	4	0.75	1.0	27.71	8.00	203.01	184.83	5 625.70	1 478.65	7 104.348 8	0.056 0
60.0	4.5	4	0.75	1.0	27.71	9.00	203.01	183.78	5 625.70	1 654.05	7 279.754 8	0.057 4
60.0	5.0	4	0.75	1.0	27.71	10.00	203.01	182.74	5 625.70	1 827.36	7 453.066 4	0.058 7
68.0	3.0	5	0.75	1.0	43.30	7.50	231.77	212.06	10 035.48	1 590.44	11 625.916 0	0.091 6
68.0	3.5	5	0.75	1.0	43.30	8.75	231.77	211.01	10 035.48	1 846.34	11 881.825 5	0.093 6
68.0	4.0	5	0.75	1.0	43.30	10.00	231.77	209.96	10 035.48	2 099.64	12 135.117 0	0.095 6
68.0	5.0	5	0.75	1.0	43.30	12.50	231.77	207.87	10 035.48	2 598.37	12 633.846 0	0.099 6
68.0	6.0	5	0.75	1.0	43.30	15.00	231.77	205.77	10 035.48	3 086.62	13 122.103 0	0.103 4
76.0	3.0	5	0.75	1.0	43.30	7.50	256.90	237.19	11 123.73	1 778.93	12 902.662 2	0.101 7
76.0	3.5	5	0.75	1.0	43.30	8.75	256.90	236.14	11 123.73	2 066.26	13 189.987 7	0.103 9
76.0	4.0	5	0.75	1.0	43.30	10.00	256.90	235.10	11 123.73	2 350.96	13 474.695 2	0.106 2
76.0	4.5	5	0.75	1.0	43.30	11.25	256.90	234.05	11 123.73	2 633.05	13 756.784 7	0.108 4
76.0	5.0	5	0.75	1.0	43.30	12.50	256.90	233.00	11 123.73	2 912.53	14 036.256 2	0.110 6
89.0	3.0	5	0.75	1.0	43.30	7.50	297.74	278.03	12 892.14	2 085.24	14 977.374 8	0.118 0
89.0	3.5	5	0.75	1.0	43.30	8.75	297.74	276.98	12 892.14	2 423.61	15 315.751 3	0.120 7
89.0	4.0	5	0.75	1.0	43.30	10.00	297.74	275.94	12 892.14	2 759.37	15 651.509 8	0.123 3
89.0	4.5	5	0.75	1.0	43.30	11.25	297.74	274.89	12 892.14	3 092.51	15 984.650 3	0.126 0
89.0	5.0	5	0.75	1.0	43.30	12.50	297.74	273.84	12 892.14	3 423.04	16 315.172 8	0.128 6

续表

尺寸 (mm)					断面 (mm²)		周长 (mm)		体积 (mm³)		体积合计 (mm³)	金属重量 (kg/口)
Φ	δ	k	c	n	外 径	内 径	外 径	内 径	外 径	内 径		
89.0	5.5	5	0.75	1.0	43.30	13.75	297.74	272.80	12 892.14	3 750.94	16 643.077 3	0.131 1
89.0	6.0	5	0.75	1.0	43.30	15.00	297.74	271.75	12 892.14	4 076.23	16 968.363 8	0.133 7
108.0	3.0	5	0.75	1.0	43.30	7.50	357.43	337.72	15 476.73	2 532.92	18 009.647 2	0.141 9
108.0	3.5	5	0.75	1.0	43.30	8.75	357.43	336.67	15 476.73	2 945.90	18 422.636 7	0.145 2
108.0	4.0	5	0.75	1.0	43.30	10.00	357.43	335.63	15 476.73	3 356.28	18 833.008 2	0.148 4
108.0	4.5	5	0.75	1.0	43.30	11.25	357.43	334.58	15 476.73	3 764.03	19 240.761 7	0.151 6
108.0	5.0	5	0.75	1.0	43.30	12.50	357.43	333.53	15 476.73	4 169.17	19 645.897 2	0.154 8
108.0	5.5	5	0.75	1.0	43.30	13.75	357.43	332.49	15 476.73	4 571.68	20 048.414 7	0.158 0
108.0	6.0	5	0.75	1.0	43.30	15.00	357.43	331.44	15 476.73	4 971.58	20 448.314 2	0.161 1
108.0	6.5	5	0.75	1.0	43.30	16.25	357.43	330.39	15 476.73	5 368.86	20 845.595 7	0.164 3
108.0	7.0	5	0.75	1.0	43.30	17.50	357.43	329.34	15 476.73	5 763.53	21 240.259 2	0.167 4
114.0	3.0	5	0.75	1.0	43.30	7.50	376.28	356.57	16 292.92	2 674.29	18 967.206 8	0.149 5
114.0	3.5	5	0.75	1.0	43.30	8.75	376.28	355.52	16 292.92	3 110.84	19 403.758 3	0.152 9
114.0	4.0	5	0.75	1.0	43.30	10.00	376.28	354.48	16 292.92	3 544.77	19 837.691 8	0.156 3
114.0	4.5	5	0.75	1.0	43.30	11.25	376.28	353.43	16 292.92	3 976.09	20 269.007 3	0.159 7
114.0	5.0	5	0.75	1.0	43.30	12.50	376.28	352.38	16 292.92	4 404.79	20 697.704 8	0.163 1
114.0	5.5	5	0.75	1.0	43.30	13.75	376.28	351.34	16 292.92	4 830.86	21 123.784 3	0.166 5
114.0	6.0	5	0.75	1.0	43.30	15.00	376.28	350.29	16 292.92	5 254.33	21 547.245 8	0.169 8
114.0	6.5	5	0.75	1.0	43.30	16.25	376.28	349.24	16 292.92	5 675.17	21 968.089 3	0.173 1
114.0	7.0	5	0.75	1.0	43.30	17.50	376.28	348.19	16 292.92	6 093.40	22 386.314 8	0.176 4
114.0	7.5	5	0.75	1.0	43.30	18.75	376.28	347.15	16 292.92	6 509.00	22 801.922 3	0.179 7
114.0	8.0	5	0.75	1.0	43.30	20.00	376.28	346.10	16 292.92	6 921.99	23 214.911 8	0.182 9
127.0	3.5	5	0.75	1.0	43.30	8.75	417.12	396.37	18 061.33	3 468.20	21 529.522 0	0.169 7
127.0	4.0	5	0.75	1.0	43.30	10.00	417.12	395.32	18 061.33	3 953.18	22 014.506 5	0.173 5
127.0	4.5	5	0.75	1.0	43.30	11.25	417.12	394.27	18 061.33	4 435.55	22 496.873 0	0.177 3
127.0	5.0	5	0.75	1.0	43.30	12.50	417.12	393.22	18 061.33	4 915.30	22 976.621 5	0.181 1
127.0	6.0	5	0.75	1.0	43.30	15.00	417.12	391.13	18 061.33	5 866.94	23 928.264 5	0.188 6
127.0	7.0	5	0.75	1.0	43.30	17.50	417.12	389.03	18 061.33	6 808.11	24 869.435 5	0.196 0
127.0	8.0	5	0.75	1.0	43.30	20.00	417.12	386.94	18 061.33	7 738.81	25 800.134 5	0.203 3
133.0	3.5	5	0.75	1.0	43.30	8.75	435.97	415.21	18 877.51	3 633.13	22 510.643 7	0.177 4

续表

尺寸 (mm)					断面 (mm²)		周长 (mm)		体积 (mm³)		体积合计 (mm³)	金属重量 (kg/口)
Φ	δ	k	c	n	外径	内径	外径	内径	外径	内径		
133.0	4.0	5	0.75	1.0	43.30	10.00	435.97	414.17	18 877.51	4 141.68	23 019.190 2	0.181 4
133.0	4.5	5	0.75	1.0	43.30	11.25	435.97	413.12	18 877.51	4 647.60	23 525.118 7	0.185 4
133.0	5.0	5	0.75	1.0	43.30	12.50	435.97	412.07	18 877.51	5 150.92	24 028.429 2	0.189 3
133.0	5.5	5	0.75	1.0	43.30	13.75	435.97	411.03	18 877.51	5 651.61	24 529.121 7	0.193 3
133.0	6.0	5	0.75	1.0	43.30	15.00	435.97	409.98	18 877.51	6 149.68	25 027.196 2	0.197 2
133.0	6.5	5	0.75	1.0	43.30	16.25	435.97	408.93	18 877.51	6 645.14	25 522.652 7	0.201 1
133.0	7.0	5	0.75	1.0	43.30	17.50	435.97	407.88	18 877.51	7 137.98	26 015.491 2	0.205 0
133.0	7.5	5	0.75	1.0	43.30	18.75	435.97	406.84	18 877.51	7 628.20	26 505.711 7	0.208 9
133.0	8.0	5	0.75	1.0	43.30	20.00	435.97	405.79	18 877.51	8 115.80	26 993.314 2	0.212 7
140.0	3.5	5	0.75	1.0	43.30	8.75	457.96	437.21	19 829.73	3 825.55	23 655.285 6	0.186 4
140.0	4.0	5	0.75	1.0	43.30	10.00	457.96	436.16	19 829.73	4 361.59	24 191.321 1	0.190 6
140.0	4.5	5	0.75	1.0	43.30	11.25	457.96	435.11	19 829.73	4 895.01	24 724.738 6	0.194 8
140.0	5.0	5	0.75	1.0	43.30	12.50	457.96	434.06	19 829.73	5 425.81	25 255.538 1	0.199 0
140.0	5.5	5	0.75	1.0	43.30	13.75	457.96	433.02	19 829.73	5 953.99	25 783.719 6	0.203 2
140.0	6.0	5	0.75	1.0	43.30	15.00	457.96	431.97	19 829.73	6 479.55	26 309.283 1	0.207 3
140.0	6.5	5	0.75	1.0	43.30	16.25	457.96	430.92	19 829.73	7 002.50	26 832.228 6	0.211 4
140.0	7.0	5	0.75	1.0	43.30	17.50	457.96	429.88	19 829.73	7 522.82	27 352.556 1	0.215 5
140.0	7.5	5	0.75	1.0	43.30	18.75	457.96	428.83	19 829.73	8 040.53	27 870.265 6	0.219 6
140.0	8.0	5	0.75	1.0	43.30	20.00	457.96	427.78	19 829.73	8 555.62	28 385.357 1	0.223 7
140.0	8.5	5	0.75	1.0	43.30	21.25	457.96	426.73	19 829.73	9 068.10	28 897.830 6	0.227 7
140.0	9.0	5	0.75	1.0	43.30	22.50	457.96	425.69	19 829.73	9 577.95	29 407.686 1	0.231 7
159.0	4.0	5	0.75	1.0	43.30	10.00	517.65	495.85	22 414.33	4 958.49	27 372.819 4	0.215 7
159.0	4.5	5	0.75	1.0	43.30	11.25	517.65	494.80	22 414.33	5 566.52	27 980.849 9	0.220 5
159.0	5.0	5	0.75	1.0	43.30	12.50	517.65	493.75	22 414.33	6 171.94	28 586.262 4	0.225 3
159.0	5.5	5	0.75	1.0	43.30	13.75	517.65	492.71	22 414.33	6 774.73	29 189.056 9	0.230 0
159.0	6.0	5	0.75	1.0	43.30	15.00	517.65	491.66	22 414.33	7 374.91	29 789.233 4	0.234 7
159.0	6.5	5	0.75	1.0	43.30	16.25	517.65	490.61	22 414.33	7 972.46	30 386.791 9	0.239 4
159.0	7.0	5	0.75	1.0	43.30	17.50	517.65	489.57	22 414.33	8 567.41	30 981.732 4	0.244 1
159.0	7.5	5	0.75	1.0	43.30	18.75	517.65	488.52	22 414.33	9 159.73	31 574.054 9	0.248 8
159.0	8.0	5	0.75	1.0	43.30	20.00	517.65	487.47	22 414.33	9 749.43	32 163.759 4	0.253 5

续表

尺寸 (mm)					断面 (mm²)		周长 (mm)		体积 (mm³)		体积合计 (mm³)	金属重量 (kg/口)
Φ	δ	k	c	n	外径	内径	外径	内径	外径	内径		
159.0	8.5	5	0.75	1.0	43.30	21.25	517.65	486.42	22 414.33	10 336.52	32 750.845 9	0.258 1
159.0	9.0	5	0.75	1.0	43.30	22.50	517.65	485.38	22 414.33	10 920.99	33 335.314 4	0.262 7
159.0	9.5	5	0.75	1.0	43.30	23.75	517.65	484.33	22 414.33	11 502.84	33 917.164 9	0.267 3
159.0	10.0	5	0.75	1.0	43.30	25.00	517.65	483.28	22 414.33	12 082.07	34 496.397 4	0.271 8
168.0	4.0	5	0.75	1.0	43.30	10.00	545.93	524.12	23 638.61	5 241.24	28 879.845 0	0.227 6
168.0	5.0	5	0.75	1.0	43.30	12.50	545.93	522.03	23 638.61	6 525.37	30 163.974 0	0.237 7
168.0	5.5	5	0.75	1.0	43.30	13.75	545.93	520.98	23 638.61	7 163.50	30 802.111 5	0.242 7
168.0	6.0	5	0.75	1.0	43.30	15.00	545.93	519.93	23 638.61	7 799.02	31 437.631 0	0.247 7
168.0	6.5	5	0.75	1.0	43.30	16.25	545.93	518.89	23 638.61	8 431.92	32 070.532 5	0.252 7
168.0	7.0	5	0.75	1.0	43.30	17.50	545.93	517.84	23 638.61	9 062.21	32 700.816 0	0.257 7
168.0	7.5	5	0.75	1.0	43.30	18.75	545.93	516.79	23 638.61	9 689.87	33 328.481 5	0.262 6
168.0	8.0	5	0.75	1.0	43.30	20.00	545.93	515.75	23 638.61	10 314.92	33 953.529 0	0.267 6
168.0	8.5	5	0.75	1.0	43.30	21.25	545.93	514.70	23 638.61	10 937.35	34 575.958 5	0.272 5
168.0	9.0	5	0.75	1.0	43.30	22.50	545.93	513.65	23 638.61	11 557.16	35 195.770 0	0.277 3
168.0	9.5	5	0.75	1.0	43.30	23.75	545.93	512.60	23 638.61	12 174.35	35 812.963 5	0.282 2
168.0	10.0	5	0.75	1.0	43.30	25.00	545.93	511.56	23 638.61	12 788.93	36 427.539 0	0.287 0
219.0	4.0	7	0.75	1.0	84.87	14.00	713.40	684.35	60 545.08	9 580.83	70 125.910 6	0.552 6
219.0	5.0	7	0.75	1.0	84.87	17.50	713.40	682.25	60 545.08	11 939.39	72 484.466 8	0.571 2
219.0	6.0	7	0.75	1.0	84.87	21.00	713.40	680.16	60 545.08	14 283.28	74 828.362 2	0.589 6
219.0	6.5	7	0.75	1.0	84.87	22.75	713.40	679.11	60 545.08	15 449.73	75 994.812 1	0.598 8
219.0	7.0	7	0.75	1.0	84.87	24.50	713.40	678.06	60 545.08	16 612.52	77 157.596 8	0.608 0
219.0	7.5	7	0.75	1.0	84.87	26.25	713.40	677.01	60 545.08	17 771.64	78 316.716 3	0.617 1
219.0	8.0	7	0.75	1.0	84.87	28.00	713.40	675.97	60 545.08	18 927.09	79 472.170 6	0.626 2
219.0	8.5	7	0.75	1.0	84.87	29.75	713.40	674.92	60 545.08	20 078.88	80 623.959 7	0.635 3
219.0	9.0	7	0.75	1.0	84.87	31.50	713.40	673.87	60 545.08	21 227.01	81 772.083 6	0.644 4
219.0	9.5	7	0.75	1.0	84.87	33.25	713.40	672.83	60 545.08	22 371.46	82 916.542 3	0.653 4
219.0	10.0	7	0.75	1.0	84.87	35.00	713.40	671.78	60 545.08	23 512.26	84 057.335 8	0.662 4
219.0	11.0	7	0.75	1.0	84.87	38.50	713.40	669.68	60 545.08	25 782.85	86 327.927 2	0.680 3
219.0	12.0	7	0.75	1.0	84.87	42.00	713.40	667.59	60 545.08	28 038.78	88 583.857 8	0.698 0
245.0	4.0	8	0.75	1.0	110.85	16.00	798.71	766.03	88 535.63	12 256.43	100 792.057 3	0.794 2

续表

尺寸 (mm)					断面 (mm²)		周长 (mm)		体积 (mm³)		体积合计 (mm³)	金属重量 (kg/口)
Φ	δ	k	c	n	外 径	内 径	外 径	内 径	外 径	内 径		
245.0	5.0	8	0.75	1.0	110.85	20.00	798.71	763.93	88 535.63	15 278.65	103 814.276 5	0.818 1
245.0	6.0	8	0.75	1.0	110.85	24.00	798.71	761.84	88 535.63	18 284.11	106 819.740 5	0.841 7
245.0	6.5	8	0.75	1.0	110.85	26.00	798.71	760.79	88 535.63	19 780.56	108 316.189 3	0.853 5
245.0	7.0	8	0.75	1.0	110.85	28.00	798.71	759.74	88 535.63	21 272.82	109 808.449 3	0.865 3
245.0	7.5	8	0.75	1.0	110.85	30.00	798.71	758.70	88 535.63	22 760.89	111 296.520 5	0.877 0
245.0	8.0	8	0.75	1.0	110.85	32.00	798.71	757.65	88 535.63	24 244.77	112 780.402 9	0.888 7
245.0	8.5	8	0.75	1.0	110.85	34.00	798.71	756.60	88 535.63	25 724.47	114 260.096 5	0.900 4
245.0	9.0	8	0.75	1.0	110.85	36.00	798.71	755.55	88 535.63	27 199.97	115 735.601 3	0.912 0
245.0	9.5	8	0.75	1.0	110.85	38.00	798.71	754.51	88 535.63	28 671.29	117 206.917 3	0.923 6
245.0	10.0	8	0.75	1.0	110.85	40.00	798.71	753.46	88 535.63	30 138.42	118 674.044 5	0.935 2
245.0	11.0	8	0.75	1.0	110.85	44.00	798.71	751.37	88 535.63	33 060.10	121 595.732 5	0.958 2
245.0	12.0	8	0.75	1.0	110.85	48.00	798.71	749.27	88 535.63	35 965.04	124 500.665 3	0.981 1
273.0	4.0	9	0.75	1.0	140.29	18.00	890.30	853.99	124 902.57	15 371.85	140 274.420 7	1.105 4
273.0	5.0	9	0.75	1.0	140.29	22.50	890.30	851.90	124 902.57	19 167.69	144 070.258 9	1.135 3
273.0	6.0	9	0.75	1.0	140.29	27.00	890.30	849.80	124 902.57	22 944.68	147 847.247 5	1.165 0
273.0	6.5	9	0.75	1.0	140.29	29.25	890.30	848.76	124 902.57	24 826.10	149 728.673 2	1.179 9
273.0	7.0	9	0.75	1.0	140.29	31.50	890.30	847.71	124 902.57	26 702.81	151 605.386 5	1.194 7
273.0	7.5	9	0.75	1.0	140.29	33.75	890.30	846.66	124 902.57	28 574.82	153 477.387 4	1.209 4
273.0	8.0	9	0.75	1.0	140.29	36.00	890.30	845.61	124 902.57	30 442.10	155 344.675 9	1.224 1
273.0	8.5	9	0.75	1.0	140.29	38.25	890.30	844.57	124 902.57	32 304.68	157 207.252 0	1.238 8
273.0	9.0	9	0.75	1.0	140.29	40.50	890.30	843.52	124 902.57	34 162.54	159 065.115 7	1.253 4
273.0	9.5	9	0.75	1.0	140.29	42.75	890.30	842.47	124 902.57	36 015.70	160 918.267 0	1.268 0
273.0	10.0	9	0.75	1.0	140.29	45.00	890.30	841.43	124 902.57	37 864.13	162 766.705 9	1.282 6
273.0	11.0	9	0.75	1.0	140.29	49.50	890.30	839.33	124 902.57	41 546.87	166 449.446 5	1.311 6
273.0	12.0	9	0.75	1.0	140.29	54.00	890.30	837.24	124 902.57	45 210.77	170 113.337 5	1.340 5
325.0	4.0	9	1.25	2.0	140.29	18.00	1 053.67	1 020.50	147 821.12	18 368.94	166 190.057 1	1.309 6
325.0	4.5	9	1.25	2.0	140.29	20.25	1 053.67	1 019.45	147 821.12	20 643.85	168 464.968 2	1.327 5
325.0	5.0	9	1.25	2.0	140.29	22.50	1 053.67	1 018.40	147 821.12	22 914.05	170 735.166 9	1.345 4
325.0	6.0	9	1.25	2.0	140.29	27.00	1 053.67	1 016.31	147 821.12	27 440.31	175 261.427 1	1.381 1
325.0	7.0	9	1.25	2.0	140.29	31.50	1 053.67	1 014.21	147 821.12	31 947.72	179 768.837 7	1.416 6

续表

尺寸 (mm)					断面 (mm²)		周长 (mm)		体积 (mm³)		体积合计 (mm³)	金属重量 (kg/口)
Φ	δ	k	c	n	外径	内径	外径	内径	外径	内径		
325.0	7.5	9	1.25	2.0	140.29	33.75	1 053.67	1 013.17	147 821.12	34 194.35	182 015.474 4	1.434 3
325.0	8.0	9	1.25	2.0	140.29	36.00	1 053.67	1 012.12	147 821.12	36 436.28	184 257.398 7	1.451 9
325.0	8.5	9	1.25	2.0	140.29	38.25	1 053.67	1 011.07	147 821.12	38 673.49	186 494.610 6	1.469 6
325.0	9.0	9	1.25	2.0	140.29	40.50	1 053.67	1 010.02	147 821.12	40 905.99	188 727.110 1	1.487 2
325.0	9.5	9	1.25	2.0	140.29	42.75	1 053.67	1 008.98	147 821.12	43 133.78	190 954.897 2	1.504 7
325.0	10.0	9	1.25	2.0	140.29	45.00	1 053.67	1 007.93	147 821.12	45 356.85	193 177.971 9	1.522 2
325.0	12.0	9	1.25	2.0	140.29	54.00	1 053.67	1 003.74	147 821.12	54 202.02	202 023.146 7	1.591 9
377.0	4.0	9	1.25	2.0	140.29	18.00	1 217.03	1 183.86	170 739.67	21 309.47	192 049.144 8	1.513 3
377.0	4.5	9	1.25	2.0	140.29	20.25	1 217.03	1 182.81	170 739.67	23 951.95	194 691.623 1	1.534 2
377.0	5.0	9	1.25	2.0	140.29	22.50	1 217.03	1 181.77	170 739.67	26 589.72	197 329.389 0	1.555 0
377.0	6.0	9	1.25	2.0	140.29	27.00	1 217.03	1 179.67	170 739.67	31 851.11	202 590.783 6	1.596 4
377.0	7.0	9	1.25	2.0	140.29	31.50	1 217.03	1 177.58	170 739.67	37 093.66	207 833.328 6	1.637 7
377.0	8.0	9	1.25	2.0	140.29	36.00	1 217.03	1 175.48	170 739.67	42 317.35	213 057.024 0	1.678 9
377.0	9.0	9	1.25	2.0	140.29	40.50	1 217.03	1 173.39	170 739.67	47 522.20	218 261.869 8	1.719 9
377.0	10.0	9	1.25	2.0	140.29	45.00	1 217.03	1 171.29	170 739.67	52 708.19	223 447.866 0	1.760 8
377.0	12.0	9	1.25	2.0	140.29	54.00	1 217.03	1 167.10	170 739.67	63 023.64	233 763.309 6	1.842 1
377.0	14.0	9	1.25	2.0	140.29	63.00	1 217.03	1 162.92	170 739.67	73 263.68	244 003.354 8	1.922 7
426.0	4.0	10	1.25	2.0	173.20	20.00	1 374.60	1 337.80	238 080.13	26 755.96	264 836.092 5	2.086 9
426.0	4.5	10	1.25	2.0	173.20	22.50	1 374.60	1 336.75	238 080.13	30 076.89	268 157.025 5	2.113 1
426.0	5.0	10	1.25	2.0	173.20	25.00	1 374.60	1 335.70	238 080.13	33 392.59	271 472.722 5	2.139 2
426.0	6.0	10	1.25	2.0	173.20	30.00	1 374.60	1 333.61	238 080.13	40 008.28	278 088.408 5	2.191 3
426.0	7.0	10	1.25	2.0	173.20	35.00	1 374.60	1 331.51	238 080.13	46 603.02	284 683.150 5	2.243 3
426.0	8.0	10	1.25	2.0	173.20	40.00	1 374.60	1 329.42	238 080.13	53 176.82	291 256.948 5	2.295 1
426.0	9.0	10	1.25	2.0	173.20	45.00	1 374.60	1 327.33	238 080.13	59 729.67	297 809.802 5	2.346 7
426.0	10.0	10	1.25	2.0	173.20	50.00	1 374.60	1 325.23	238 080.13	66 261.58	304 341.712 5	2.398 2
426.0	12.0	10	1.25	2.0	173.20	60.00	1 374.60	1 321.04	238 080.13	79 262.57	317 342.700 5	2.500 7
426.0	14.0	10	1.25	2.0	173.20	70.00	1 374.60	1 316.85	238 080.13	92 179.78	330 259.912 5	2.602 4
426.0	16.0	10	1.25	2.0	173.20	80.00	1 374.60	1 312.67	238 080.13	105 013.22	343 093.348 5	2.703 6
480.0	4.0	10	1.25	2.0	173.20	20.00	1 544.24	1 507.44	267 462.89	30 148.89	297 611.777 0	2.345 2
480.0	4.5	10	1.25	2.0	173.20	22.50	1 544.24	1 506.40	267 462.89	33 893.94	301 356.826 0	2.374 7

续表

尺寸 (mm)					断面 (mm²)		周长 (mm)		体积 (mm³)		体积合计 (mm³)	金属重量 (kg/口)
Φ	δ	k	c	n	外径	内径	外径	内径	外径	内径		
480.0	5.0	10	1.25	2.0	173.20	25.00	1 544.24	1 505.35	267 462.89	37 633.75	305 096.639 0	2.404 2
480.0	6.0	10	1.25	2.0	173.20	30.00	1 544.24	1 503.26	267 462.89	45 097.67	312 560.557 0	2.463 0
480.0	7.0	10	1.25	2.0	173.20	35.00	1 544.24	1 501.16	267 462.89	52 540.64	320 003.531 0	2.521 6
480.0	8.0	10	1.25	2.0	173.20	40.00	1 544.24	1 499.07	267 462.89	59 962.67	327 425.561 0	2.580 1
480.0	9.0	10	1.25	2.0	173.20	45.00	1 544.24	1 496.97	267 462.89	67 363.76	334 826.647 0	2.638 4
480.0	10.0	10	1.25	2.0	173.20	50.00	1 544.24	1 494.88	267 462.89	74 743.90	342 206.789 0	2.696 6
480.0	12.0	10	1.25	2.0	173.20	60.00	1 544.24	1 490.69	267 462.89	89 441.35	356 904.241 0	2.812 4
480.0	14.0	10	1.25	2.0	173.20	70.00	1 544.24	1 486.50	267 462.89	104 055.03	371 517.917 0	2.927 6
480.0	16.0	10	1.25	2.0	173.20	80.00	1 544.24	1 482.31	267 462.89	118 584.93	386 047.817 0	3.042 1
508.0	4.0	10	1.25	2.0	173.20	20.00	1 632.21	1 595.41	282 698.39	31 908.18	314 606.576 3	2.479 1
508.0	4.5	10	1.25	2.0	173.20	22.50	1 632.21	1 594.36	282 698.39	35 873.15	318 571.537 3	2.510 3
508.0	5.0	10	1.25	2.0	173.20	25.00	1 632.21	1 593.31	282 698.39	39 832.87	322 531.262 3	2.541 5
508.0	6.0	10	1.25	2.0	173.20	30.00	1 632.21	1 591.22	282 698.39	47 736.61	330 435.004 3	2.603 8
508.0	7.0	10	1.25	2.0	173.20	35.00	1 632.21	1 589.13	282 698.39	55 619.41	338 317.802 3	2.665 9
508.0	8.0	10	1.25	2.0	173.20	40.00	1 632.21	1 587.03	282 698.39	63 481.26	346 179.656 3	2.727 9
508.0	9.0	10	1.25	2.0	173.20	45.00	1 632.21	1 584.94	282 698.39	71 322.17	354 020.566 3	2.789 7
508.0	10.0	10	1.25	2.0	173.20	50.00	1 632.21	1 582.84	282 698.39	79 142.14	361 840.532 3	2.851 3
508.0	12.0	10	1.25	2.0	173.20	60.00	1 632.21	1 578.65	282 698.39	94 719.24	377 417.632 3	2.974 1
508.0	14.0	10	1.25	2.0	173.20	70.00	1 632.21	1 574.47	282 698.39	110 212.56	392 910.956 3	3.096 1
508.0	16.0	10	1.25	2.0	173.20	80.00	1 632.21	1 570.28	282 698.39	125 622.11	408 320.504 3	3.217 6
530.0	4.0	10	1.25	2.0	173.20	20.00	1 701.32	1 664.52	294 669.14	33 290.49	327 959.633 0	2.584 3
530.0	4.5	10	1.25	2.0	173.20	22.50	1 701.32	1 663.48	294 669.14	37 428.24	332 097.382 0	2.616 9
530.0	5.0	10	1.25	2.0	173.20	25.00	1 701.32	1 662.43	294 669.14	41 560.75	336 229.895 0	2.649 5
530.0	5.5	10	1.25	2.0	173.20	27.50	1 701.32	1 661.38	294 669.14	45 688.03	340 357.172 0	2.682 0
530.0	6.0	10	1.25	2.0	173.20	30.00	1 701.32	1 660.34	294 669.14	49 810.07	344 479.213 0	2.714 5
530.0	7.0	10	1.25	2.0	173.20	35.00	1 701.32	1 658.24	294 669.14	58 038.44	352 707.587 0	2.779 3
530.0	8.0	10	1.25	2.0	173.20	40.00	1 701.32	1 656.15	294 669.14	66 245.87	360 915.017 0	2.844 0
530.0	9.0	10	1.25	2.0	173.20	45.00	1 701.32	1 654.05	294 669.14	74 432.36	369 101.503 0	2.908 5
530.0	10.0	10	1.25	2.0	173.20	50.00	1 701.32	1 651.96	294 669.14	82 597.90	377 267.045 0	2.972 9
530.0	12.0	10	1.25	2.0	173.20	60.00	1 701.32	1 647.77	294 669.14	98 866.15	393 535.297 0	3.101 1

续表

Φ	δ	k	c	n	断面 (mm²) 外径	断面 (mm²) 内径	周长 (mm) 外径	周长 (mm) 内径	体积 (mm³) 外径	体积 (mm³) 内径	体积合计 (mm³)	金属重量 (kg/口)
尺寸 (mm)												
530.0	14.0	10	1.25	2.0	173.20	70.00	1 701.32	1 643.58	294 669.14	115 050.63	409 719.773 0	3.228 6
530.0	16.0	10	1.25	2.0	173.20	80.00	1 701.32	1 639.39	294 669.14	131 151.33	425 820.473 0	3.355 5
610.0	5.0	10	1.75	3.0	173.20	25.00	1 952.65	1 916.90	338 199.15	47 922.49	386 121.644 6	3.042 6
610.0	6.0	10	1.75	3.0	173.20	30.00	1 952.65	1 914.81	338 199.15	57 444.16	395 643.310 6	3.117 7
610.0	8.0	10	1.75	3.0	173.20	40.00	1 952.65	1 910.62	338 199.15	76 424.66	414 623.810 6	3.267 2
610.0	9.0	10	1.75	3.0	173.20	45.00	1 952.65	1 908.52	338 199.15	85 883.49	424 082.644 6	3.341 8
610.0	10.0	10	1.75	3.0	173.20	50.00	1 952.65	1 906.43	338 199.15	95 321.38	433 520.534 6	3.416 1
610.0	12.0	10	1.75	3.0	173.20	60.00	1 952.65	1 902.24	338 199.15	114 134.33	452 333.482 6	3.564 4
610.0	14.0	10	1.75	3.0	173.20	70.00	1 952.65	1 898.05	338 199.15	132 863.50	471 062.654 6	3.712 0
610.0	16.0	10	1.75	3.0	173.20	80.00	1 952.65	1 893.86	338 199.15	151 508.90	489 708.050 6	3.858 9
630.0	5.0	10	1.75	3.0	173.20	25.00	2 015.48	1 979.73	349 081.66	49 493.29	398 574.947 0	3.140 8
630.0	6.0	10	1.75	3.0	173.20	30.00	2 015.48	1 977.64	349 081.66	59 329.12	408 410.773 0	3.218 3
630.0	8.0	10	1.75	3.0	173.20	40.00	2 015.48	1 973.45	349 081.66	78 937.94	428 019.593 0	3.372 8
630.0	9.0	10	1.75	3.0	173.20	45.00	2 015.48	1 971.35	349 081.66	88 710.93	437 792.587 0	3.449 8
630.0	10.0	10	1.75	3.0	173.20	50.00	2 015.48	1 969.26	349 081.66	98 462.98	447 544.637 0	3.526 7
630.0	12.0	10	1.75	3.0	173.20	60.00	2 015.48	1 965.07	349 081.66	117 904.25	466 985.905 0	3.679 8
630.0	14.0	10	1.75	3.0	173.20	70.00	2 015.48	1 960.88	349 081.66	137 261.74	486 343.397 0	3.832 4
630.0	16.0	10	1.75	3.0	173.20	80.00	2 015.48	1 956.69	349 081.66	156 535.46	505 617.113 0	3.984 3

（2）氧乙炔焊
铜平焊法兰

Φ	δ	k	c	n	断面 (mm²) 外径	断面 (mm²) 内径	周长 (mm) 外径	周长 (mm) 内径	体积 (mm³) 外径	体积 (mm³) 内径	体积合计 (mm³)	金属重量 (kg/口)
尺寸 (mm)												
14.0	3.0	3	0.75	1.0	15.59	4.50	54.86	42.41	855.23	190.85	1 046.086 3	0.008 9
14.0	3.5	3	0.75	1.0	15.59	5.25	54.86	41.36	855.23	217.16	1 072.397 2	0.009 1
16.0	3.0	3	0.75	1.0	15.59	4.50	61.15	48.69	953.18	219.13	1 172.303 2	0.010 0
16.0	3.5	3	0.75	1.0	15.59	5.25	61.15	47.65	953.18	250.15	1 203.326 5	0.010 2
18.0	3.0	3	0.75	1.0	15.59	4.50	67.43	54.98	1 051.12	247.40	1 298.520 1	0.011 0

续表

尺寸（mm）					断面（mm²）		周长（mm）		体积（mm³）		体积合计	金属重量
Φ	δ	k	c	n	外　径	内　径	外　径	内　径	外　径	内　径	（mm³）	（kg/口）
18.0	3.5	3	0.75	1.0	15.59	5.25	67.43	53.93	1 051.12	283.14	1 334.255 8	0.011 3
22.0	3.5	3	0.75	1.0	15.59	5.25	80.00	66.50	1 247.00	349.11	1 596.114 5	0.013 6
22.0	4.0	3	0.75	1.0	15.59	6.00	80.00	65.45	1 247.00	392.70	1 639.704 2	0.013 9
25.0	3.5	4	0.75	1.0	27.71	7.00	93.05	75.92	2 578.60	531.45	3 110.055 7	0.026 4
25.0	4.0	4	0.75	1.0	27.71	8.00	93.05	74.87	2 578.60	599.00	3 177.600 1	0.027 0
25.0	4.5	4	0.75	1.0	27.71	9.00	93.05	73.83	2 578.60	664.45	3 243.050 1	0.027 6
28.0	3.5	4	0.75	1.0	27.71	7.00	102.47	85.35	2 839.78	597.43	3 437.209 3	0.029 2
28.0	4.0	4	0.75	1.0	27.71	8.00	102.47	84.30	2 839.78	674.40	3 514.178 5	0.029 9
30.0	4.0	4	0.75	1.0	27.71	8.00	108.76	90.58	3 013.90	724.66	3 738.564 2	0.031 8
30.0	5.0	4	0.75	1.0	27.71	10.00	108.76	88.49	3 013.90	884.88	3 898.785 8	0.033 1
30.0	6.0	4	0.75	1.0	27.71	12.00	108.76	86.39	3 013.90	1 036.73	4 050.629 8	0.034 4
32.0	4.0	4	0.75	1.0	27.71	8.00	115.04	96.87	3 188.02	774.93	3 962.949 8	0.033 7
32.0	5.0	4	0.75	1.0	27.71	10.00	115.04	94.77	3 188.02	947.72	4 135.737 8	0.035 2
34.0	4.0	4	0.75	1.0	27.71	8.00	121.32	103.15	3 362.14	825.19	4 187.335 5	0.035 6
34.0	5.0	4	0.75	1.0	27.71	10.00	121.32	101.05	3 362.14	1 010.55	4 372.689 9	0.037 2
36.0	4.0	4	0.75	1.0	27.71	8.00	127.61	109.43	3 536.26	875.46	4 411.721 1	0.037 5
36.0	5.0	4	0.75	1.0	27.71	10.00	127.61	107.34	3 536.26	1 073.38	4 609.641 9	0.039 2
36.0	6.0	4	0.75	1.0	27.71	12.00	127.61	105.24	3 536.26	1 262.92	4 799.185 1	0.040 8
38.0	4.0	4	0.75	1.0	27.71	8.00	133.89	115.72	3 710.38	925.72	4 636.106 7	0.039 4
38.0	5.0	4	0.75	1.0	27.71	10.00	133.89	113.62	3 710.38	1 136.21	4 846.593 9	0.041 2
38.0	6.0	4	0.75	1.0	27.71	12.00	133.89	111.53	3 710.38	1 338.32	5 048.703 5	0.042 9
40.0	4.0	4	0.75	1.0	27.71	8.00	140.17	122.00	3 884.50	975.99	4 860.492 4	0.041 3
40.0	5.0	4	0.75	1.0	27.71	10.00	140.17	119.90	3 884.50	1 199.04	5 083.546 0	0.043 2
40.0	6.0	4	0.75	1.0	27.71	12.00	140.17	117.81	3 884.50	1 413.72	5 298.222 0	0.045 0
45.0	4.0	4	0.75	1.0	27.71	8.00	155.88	137.71	4 319.80	1 101.65	5 421.456 5	0.046 1
45.0	5.0	4	0.75	1.0	27.71	10.00	155.88	135.61	4 319.80	1 356.12	5 675.926 1	0.048 2
45.0	6.0	4	0.75	1.0	27.71	12.00	155.88	133.52	4 319.80	1 602.22	5 922.018 1	0.050 3
48.0	4.0	4	0.75	1.0	27.71	8.00	165.31	147.13	4 580.98	1 177.05	5 758.034 9	0.048 9
48.0	5.0	4	0.75	1.0	27.71	10.00	165.31	145.04	4 580.98	1 450.37	6 031.354 1	0.051 3
48.0	6.0	4	0.75	1.0	27.71	12.00	165.31	142.94	4 580.98	1 715.31	6 296.295 7	0.053 5

续表

尺寸（mm）					断面（mm²）		周长（mm）		体积（mm³）		体积合计（mm³）	金属重量（kg/口）
Φ	δ	k	c	n	外径	内径	外径	内径	外径	内径		
50.0	4.0	4	0.75	1.0	27.71	8.00	171.59	153.41	4 755.10	1 227.32	5 982.420 6	0.0509
50.0	5.0	4	0.75	1.0	27.71	10.00	171.59	151.32	4 755.10	1 513.20	6 268.306 2	0.053 3
50.0	6.0	4	0.75	1.0	27.71	12.00	171.59	149.23	4 755.10	1 790.71	6 545.814 2	0.055 6
55.0	4.0	4	0.75	1.0	27.71	8.00	187.30	169.12	5 190.40	1 352.98	6 543.384 7	0.058 3
55.0	5.0	4	0.75	1.0	27.71	10.00	187.30	167.03	5 190.40	1 670.28	6 860.686 3	0.060 9
55.0	6.0	4	0.75	1.0	27.71	12.00	187.30	164.93	5 190.40	1 979.21	7 169.610 3	0.098 9
65.0	4.0	5	0.75	1.0	43.30	10.00	222.34	200.54	9 627.39	2 005.39	11 632.775 1	0.102 9
65.0	5.0	5	0.75	1.0	43.30	12.50	222.34	198.44	9 627.39	2 480.56	12 107.942 1	0.106 9
65.0	6.0	5	0.75	1.0	43.30	15.00	222.34	196.35	9 627.39	2 945.25	12 572.637 1	0.103 1
68.0	4.0	5	0.75	1.0	43.30	10.00	231.77	209.96	10 035.48	2 099.64	12 135.117 0	0.107 4
68.0	5.0	5	0.75	1.0	43.30	12.50	231.77	207.87	10 035.48	2 598.37	12 633.846 0	0.111 5
68.0	6.0	5	0.75	1.0	43.30	15.00	231.77	205.77	10 035.48	3 086.62	13 122.103 0	0.114 5
76.0	4.0	5	0.75	1.0	43.30	10.00	256.90	235.10	11 123.73	2 350.96	13 474.695 2	0.119 3
76.0	5.0	5	0.75	1.0	43.30	12.50	256.90	233.00	11 123.73	2 912.53	14 036.256 2	0.119 3
76.0	6.0	5	0.75	1.0	43.30	15.00	256.90	230.91	11 123.73	3 463.61	14 587.345 2	0.124 0
89.0	4.0	5	0.75	1.0	43.30	10.00	297.74	275.94	12 892.14	2 759.37	15 651.509 8	0.133 0
89.0	6.0	5	0.75	1.0	43.30	15.00	297.74	271.75	12 892.14	4 076.23	16 968.363 8	0.144 2
100.0	4.0	5	0.75	1.0	43.30	10.00	332.30	310.49	14 388.48	3 104.95	17 493.429 9	0.148 7
100.0	6.0	5	0.75	1.0	43.30	15.00	332.30	306.31	14 388.48	4 594.59	18 983.071 9	0.161 4
100.0	8.0	5	0.75	1.0	43.30	20.00	332.30	302.12	14 388.48	6 042.34	20 430.825 9	0.173 7
114.0	4.0	5	0.75	1.0	43.30	10.00	376.28	354.48	16 292.92	3 544.77	19 837.691 8	0.168 6
114.0	6.0	5	0.75	1.0	43.30	15.00	376.28	350.29	16 292.92	5 254.33	21 547.245 8	0.183 2
120.0	4.0	5	0.75	1.0	43.30	10.00	395.13	373.33	17 109.11	3 733.27	20 842.375 5	0.177 2
120.0	6.0	5	0.75	1.0	43.30	15.00	395.13	369.14	17 109.11	5 537.07	22 646.177 5	0.192 5
130.0	4.0	5	0.75	1.0	43.30	10.00	426.55	404.74	18 469.42	4 047.43	22 516.848 3	0.191 4
130.0	6.0	5	0.75	1.0	43.30	15.00	426.55	400.55	18 469.42	6 008.31	24 477.730 3	0.208 1
135.0	4.0	5	0.75	1.0	43.30	10.00	442.25	420.45	19 149.58	4 204.51	23 354.084 7	0.198 5
135.0	6.0	5	0.75	1.0	43.30	15.00	442.25	416.26	19 149.58	6 243.93	25 393.506 7	0.215 8
135.0	8.0	5	0.75	1.0	43.30	20.00	442.25	412.07	19 149.58	8 241.46	27 391.040 7	0.232 8
150.0	4.0	5	0.75	1.0	43.30	10.00	489.38	467.57	21 190.05	4 675.75	25 865.793 9	0.219 9

续表

尺寸 (mm)					断面 (mm²)		周长 (mm)		体积 (mm³)		体积合计 (mm³)	金属重量 (kg/口)
Φ	δ	k	c	n	外径	内径	外径	内径	外径	内径		
150.0	6.0	5	0.75	1.0	43.30	15.00	489.38	463.39	21 190.05	6 950.79	28 140.835 9	0.239 2
165.0	4.0	6	0.75	1.0	62.35	12.00	540.13	514.70	33 678.12	6 176.39	39 854.509 3	0.338 8
165.0	6.0	6	0.75	1.0	62.35	18.00	540.13	510.51	33 678.12	9 189.18	42 867.303 7	0.364 4
165.0	8.0	6	0.75	1.0	62.35	24.00	540.13	506.32	33 678.12	12 151.71	45 829.832 5	0.389 6
185.0	4.0	6	0.75	1.0	62.35	12.00	602.96	577.53	37 595.82	6 930.37	44 526.194 2	0.378 5
185.0	6.0	6	0.75	1.0	62.35	18.00	602.96	573.34	37 595.82	10 320.16	47 915.980 6	0.407 3
200.0	4.0	7	0.75	1.0	84.87	14.00	653.71	624.65	55 479.27	8 745.17	64 224.440 1	0.545 9
200.0	6.0	7	0.75	1.0	84.87	21.00	653.71	620.47	55 479.27	13 029.79	68 509.058 9	0.582 3
225.0	4.0	7	0.75	1.0	84.87	14.00	732.25	703.19	62 144.81	9 844.73	71 989.532 8	0.611 9
225.0	6.0	7	0.75	1.0	84.87	21.00	732.25	699.01	62 144.81	14 679.13	76 823.931 6	0.653 0
225.0	8.0	7	0.75	1.0	84.87	28.00	732.25	694.82	62 144.81	19 454.88	81 599.687 2	0.693 6
250.0	4.0	8	0.75	1.0	110.85	16.00	814.42	781.73	90 276.83	12 507.76	102 784.585 7	0.873 7
250.0	6.0	8	0.75	1.0	110.85	24.00	814.42	777.55	90 276.83	18 661.10	108 937.932 9	0.926 0
250.0	8.0	8	0.75	1.0	110.85	32.00	814.42	773.36	90 276.83	24 747.43	115 024.259 3	0.977 7
270.0	4.0	9	0.75	1.0	140.29	18.00	880.88	844.57	123 580.35	15 202.20	138 782.550 2	1.179 7
270.0	6.0	9	0.75	1.0	140.29	27.00	880.88	840.38	123 580.35	22 690.21	146 270.553 8	1.243 3
270.0	8.0	9	0.75	1.0	140.29	36.00	880.88	836.19	123 580.35	30 102.81	153 683.159 0	1.306 3
300.0	4.0	9	1.25	2.0	140.29	18.00	975.13	941.96	136 802.59	16 955.22	153 757.803 4	1.306 9
300.0	6.0	9	1.25	2.0	140.29	27.00	975.13	937.77	136 802.59	25 319.73	162 122.313 4	1.378 0
300.0	8.0	9	1.25	2.0	140.29	36.00	975.13	933.58	136 802.59	33 608.84	170 411.425 0	1.448 5

9. 氩弧焊打底焊缝填充金属重量表

(1) Y形坡口

①碳钢管

尺寸 (mm)		断 面 (mm²)	周 长 (mm)	体 积 (mm³)	金属重量 (kg/口)	尺寸 (mm)		断 面 (mm²)	周 长 (mm)	体 积 (mm³)	金属重量 (kg/口)
Φ	δ					Φ	δ				
57.0	5.0	10.80	147.66	1 594.676 2	0.012 4	76.0	9.0	10.80	182.21	1 967.898 2	0.015 3
57.0	6.0	10.80	141.37	1 526.817 6	0.011 9	76.0	10.0	10.80	175.93	1 900.039 7	0.014 8
57.0	7.0	10.80	135.09	1 458.959 0	0.011 4	76.0	12.0	10.80	163.36	1 764.322 6	0.013 8
57.0	8.0	10.80	128.81	1 391.100 5	0.010 9	76.0	14.0	10.80	150.80	1 628.605 4	0.012 7
57.0	9.0	10.80	122.52	1 323.241 9	0.010 3	76.0	16.0	10.80	138.23	1 492.888 3	0.011 6
57.0	10.0	10.80	116.24	1 255.383 4	0.009 8	89.0	5.0	10.80	248.19	2 680.413 1	0.020 9
57.0	12.0	10.80	103.67	1 119.666 2	0.008 7	89.0	5.5	10.80	245.04	2 646.483 8	0.020 6
57.0	14.0	10.80	91.11	983.949 1	0.007 7	89.0	6.0	10.80	241.90	2 612.554 6	0.020 4
60.0	5.0	10.80	157.08	1 696.464 0	0.013 2	89.0	7.0	10.80	235.62	2 544.696 0	0.019 8
60.0	5.5	10.80	153.94	1 662.534 7	0.013 0	89.0	8.0	10.80	229.34	2 476.837 4	0.019 3
60.0	6.0	10.80	150.80	1 628.605 4	0.012 7	89.0	9.0	10.80	223.05	2 408.978 9	0.018 8
60.0	7.0	10.80	144.51	1 560.746 9	0.012 2	89.0	10.0	10.80	216.77	2 341.120 3	0.018 3
60.0	8.0	10.80	138.23	1 492.888 3	0.011 6	89.0	12.0	10.80	204.20	2 205.403 2	0.017 2
60.0	9.0	10.80	131.95	1 425.029 8	0.011 1	89.0	14.0	10.80	191.64	2 069.686 1	0.016 1
60.0	10.0	10.80	125.66	1 357.171 2	0.010 6	89.0	16.0	10.80	179.07	1 933.969 0	0.015 1
60.0	12.0	10.80	113.10	1 221.454 1	0.009 5	102.0	5.0	10.80	289.03	3 121.493 8	0.024 3
60.0	14.0	10.80	100.53	1 085.737 0	0.008 5	102.0	5.5	10.80	285.89	3 087.564 5	0.024 1
68.0	5.0	10.80	182.21	1 967.898 2	0.015 3	102.0	6.0	10.80	282.74	3 053.635 2	0.023 8
68.0	6.0	10.80	175.93	1 900.039 7	0.014 8	102.0	7.0	10.80	276.46	2 985.776 6	0.023 3
68.0	7.0	10.80	169.65	1 832.181 1	0.014 3	102.0	8.0	10.80	270.18	2 917.918 1	0.022 8
68.0	8.0	10.80	163.36	1 764.322 6	0.013 8	102.0	9.0	10.80	263.89	2 850.059 5	0.022 2
68.0	9.0	10.80	157.08	1 696.464 0	0.013 2	102.0	10.0	10.80	257.61	2 782.201 0	0.021 7
68.0	10.0	10.80	150.80	1 628.605 4	0.012 7	102.0	12.0	10.80	245.04	2 646.483 8	0.020 6
68.0	12.0	10.80	138.23	1 492.888 3	0.011 6	102.0	14.0	10.80	232.48	2 510.766 7	0.019 6
68.0	14.0	10.80	125.66	1 357.171 2	0.010 6	102.0	16.0	10.80	219.91	2 375.049 6	0.018 5
68.0	16.0	10.80	113.10	1 221.454 1	0.009 5	102.0	18.0	10.80	207.35	2 239.332 5	0.017 5
76.0	5.0	10.80	207.35	2 239.332 5	0.017 5	108.0	5.0	10.80	307.88	3 325.069 4	0.025 9
76.0	6.0	10.80	201.06	2 171.473 9	0.016 9	108.0	6.0	10.80	301.59	3 257.210 9	0.025 4
76.0	7.0	10.80	194.78	2 103.615 4	0.016 4	108.0	7.0	10.80	295.31	3 189.352 3	0.024 9
76.0	8.0	10.80	188.50	2 035.756 8	0.015 9	108.0	8.0	10.80	289.03	3 121.493 8	0.024 3

续表

尺寸 (mm)		断 面 (mm²)	周 长 (mm)	体 积 (mm³)	金属重量 (kg/口)	尺寸 (mm)		断 面 (mm²)	周 长 (mm)	体 积 (mm³)	金属重量 (kg/口)
Φ	δ					Φ	δ				
108.0	9.0	10.80	282.74	3 053.635 2	0.023 8	133.0	8.0	10.80	367.57	3 969.725 8	0.031 0
108.0	10.0	10.80	276.46	2 985.776 6	0.023 3	133.0	9.0	10.80	361.28	3 901.867 2	0.030 4
108.0	12.0	10.80	263.89	2 850.059 5	0.022 2	133.0	10.0	10.80	355.00	3 834.008 6	0.029 9
108.0	14.0	10.80	251.33	2 714.342 4	0.021 2	133.0	12.0	10.80	342.43	3 698.291 5	0.028 8
108.0	16.0	10.80	238.76	2 578.625 3	0.020 1	133.0	14.0	10.80	329.87	3 562.574 4	0.027 8
108.0	18.0	10.80	226.20	2 442.908 2	0.019 1	133.0	16.0	10.80	317.30	3 426.857 3	0.026 7
114.0	5.0	10.80	326.73	3 528.645 1	0.027 5	133.0	18.0	10.80	304.74	3 291.140 2	0.025 7
114.0	6.0	10.80	320.44	3 460.786 6	0.027 0	133.0	20.0	10.80	292.17	3 155.423 0	0.024 6
114.0	7.0	10.80	314.16	3 392.928 0	0.026 5	159.0	5.0	10.80	468.10	5 055.462 7	0.039 4
114.0	8.0	10.80	307.88	3 325.069 4	0.025 9	159.0	5.5	10.80	464.96	5 021.533 4	0.039 2
114.0	9.0	10.80	301.59	3 257.210 9	0.025 4	159.0	6.0	10.80	461.82	4 987.604 2	0.038 9
114.0	10.0	10.80	295.31	3 189.352 3	0.024 9	159.0	7.0	10.80	455.53	4 919.745 6	0.038 4
114.0	12.0	10.80	282.74	3 063.635 2	0.023 8	159.0	8.0	10.80	449.25	4 851.887 0	0.037 8
114.0	14.0	10.80	270.18	2 917.918 1	0.022 8	159.0	9.0	10.80	442.97	4 784.028 5	0.037 3
114.0	16.0	10.80	257.61	2 782.201 0	0.021 7	159.0	10.0	10.80	436.68	4 716.169 9	0.036 8
114.0	18.0	10.80	245.04	2 646.483 8	0.020 6	159.0	12.0	10.80	424.12	4 580.452 8	0.035 7
127.0	5.0	10.80	367.57	3 969.725 8	0.031 0	159.0	14.0	10.80	411.55	4 444.735 7	0.034 7
127.0	6.0	10.80	361.28	3 901.867 2	0.030 4	159.0	16.0	10.80	398.98	4 309.018 6	0.033 6
127.0	7.0	10.80	355.00	3 834.008 6	0.029 9	159.0	18.0	10.80	386.42	4 173.301 4	0.032 6
127.0	8.0	10.80	348.72	3 766.150 1	0.029 4	159.0	20.0	10.80	373.85	4 037.584 3	0.031 5
127.0	9.0	10.80	342.43	3 698.291 5	0.028 8	168.0	5.0	10.80	496.37	5 360.826 2	0.041 8
127.0	10.0	10.80	336.15	3 630.433 0	0.028 3	168.0	6.0	10.80	490.09	5 292.967 7	0.041 3
127.0	12.0	10.80	323.58	3 494.715 8	0.027 3	168.0	6.0	10.80	490.09	5 292.967 7	0.041 3
127.0	14.0	10.80	311.02	3 358.998 7	0.026 2	168.0	8.0	10.80	477.52	5 157.250 6	0.040 2
127.0	16.0	10.80	298.45	3 223.281 6	0.025 1	168.0	9.0	10.80	471.24	5 089.392 0	0.039 7
127.0	18.0	10.80	285.89	3 087.564 5	0.024 1	168.0	10.0	10.80	464.96	5 021.533 4	0.039 2
127.0	20.0	10.80	273.32	2 951.847 4	0.023 0	168.0	11.0	10.80	458.67	4 953.674 9	0.038 6
133.0	5.0	10.80	386.42	4 173.301 4	0.032 6	168.0	12.0	10.80	452.39	4 885.816 3	0.038 1
133.0	6.0	10.80	380.13	4 105.442 9	0.032 0	168.0	14.0	10.80	439.82	4 750.099 2	0.037 1
133.0	7.0	10.80	373.85	4 037.584 3	0.031 5	168.0	16.0	10.80	427.26	4 614.382 1	0.036 0

续表

尺寸 (mm)		断面 (mm²)	周长 (mm)	体积 (mm³)	金属重量 (kg/口)	尺寸 (mm)		断面 (mm²)	周长 (mm)	体积 (mm³)	金属重量 (kg/口)
Φ	δ					Φ	δ				
168.0	18.0	10.80	414.69	4 478.665 0	0.034 9	245.0	16.0	10.80	669.16	7 226.936 6	0.056 4
168.0	20.0	10.80	402.12	4 342.947 8	0.033 9	245.0	18.0	10.80	656.59	7 091.219 5	0.055 3
194.0	5.0	10.80	578.05	6 242.987 5	0.048 7	245.0	20.0	10.80	644.03	6 955.502 4	0.054 3
194.0	6.0	10.80	571.77	6 175.129 0	0.048 2	273.0	6.0	10.80	819.96	8 855.542 1	0.069 1
194.0	7.0	10.80	565.49	6 107.270 4	0.047 6	273.0	7.0	10.80	813.67	8 787.683 5	0.068 5
194.0	8.0	10.80	559.20	6 039.411 8	0.047 1	273.0	8.0	10.80	807.39	8 719.825 0	0.068 0
194.0	9.0	10.80	552.92	5 971.553 3	0.046 6	273.0	9.0	10.80	801.11	8 651.966 4	0.067 5
194.0	10.0	10.80	546.64	5 903.694 7	0.046 0	273.0	10.0	10.80	794.82	8 584.107 8	0.067 0
194.0	12.0	10.80	534.07	5 767.977 6	0.045 0	273.0	12.0	10.80	782.26	8 448.390 7	0.065 9
194.0	14.0	10.80	521.51	5 632.260 5	0.043 9	273.0	14.0	10.80	769.69	8 312.673 6	0.064 8
194.0	16.0	10.80	508.94	5 496.543 4	0.042 9	273.0	15.0	10.80	763.41	8 244.815 0	0.064 3
194.0	18.0	10.80	496.37	5 360.826 2	0.041 8	273.0	16.0	10.80	757.13	8 176.956 5	0.063 8
194.0	20.0	10.80	483.81	5 225.109 1	0.040 8	273.0	18.0	10.80	744.56	8 041.239 4	0.062 7
219.0	6.0	10.80	650.31	7 023.361 0	0.054 8	273.0	20.0	10.80	731.99	7 905.522 2	0.061 7
219.0	7.0	10.80	644.03	6 955.502 4	0.054 3	325.0	6.0	10.80	983.32	10 619.864 6	0.082 8
219.0	8.0	10.80	637.74	6 887.643 8	0.053 7	325.0	8.0	10.80	970.75	10 484.147 5	0.081 8
219.0	9.0	10.80	631.46	6 819.785 3	0.053 2	325.0	9.0	10.80	964.47	10 416.289 0	0.081 2
219.0	10.0	10.80	625.18	6 751.926 7	0.052 7	325.0	10.0	10.80	958.19	10 348.430 4	0.080 7
219.0	12.0	10.80	612.61	6 616.209 6	0.051 6	325.0	12.0	10.80	945.62	10 212.713 3	0.079 7
219.0	14.0	10.80	600.05	6 480.492 5	0.050 5	325.0	14.0	10.80	933.06	10 076.996 2	0.078 6
219.0	16.0	10.80	587.48	6 344.775 4	0.049 5	325.0	15.0	10.80	926.77	10 009.137 6	0.078 1
219.0	18.0	10.80	574.91	6 209.058 2	0.048 4	325.0	16.0	10.80	920.49	9 941.279 0	0.077 5
219.0	20.0	10.80	562.35	6 073.341 1	0.047 4	325.0	18.0	10.80	907.92	9 805.561 9	0.076 5
245.0	6.0	10.80	731.99	7 905.522 2	0.061 7	325.0	20.0	10.80	895.36	9 669.844 8	0.075 4
245.0	7.0	10.80	725.71	7 837.663 7	0.061 1	377.0	6.0	10.80	1 146.68	12 384.187 2	0.096 6
245.0	8.0	10.80	719.43	7 769.805 1	0.060 6	377.0	7.0	10.80	1 140.40	12 316.328 6	0.096 1
245.0	9.0	10.80	713.14	7 701.946 6	0.060 1	377.0	8.0	10.80	1 134.12	12 248.470 1	0.095 5
245.0	10.0	10.80	706.86	7 634.088 0	0.059 5	377.0	9.0	10.80	1 127.83	12 180.611 5	0.095 0
245.0	12.0	10.80	694.29	7 498.370 9	0.058 5	377.0	10.0	10.80	1 121.55	12 112.753 0	0.094 5
245.0	14.0	10.80	681.73	7 362.653 8	0.057 4	377.0	11.0	10.80	1 115.27	12 044.894 4	0.094 0

续表

尺寸 (mm)		断 面 (mm²)	周 长 (mm)	体 积 (mm³)	金属重量 (kg/口)	尺寸 (mm)		断 面 (mm²)	周 长 (mm)	体 积 (mm³)	金属重量 (kg/口)
Φ	δ					Φ	δ				
377.0	12.0	10.80	1 108.98	11 977.035 8	0.093 4	508.0	14.0	10.80	1 507.97	16 286.054 4	0.127 0
377.0	14.0	10.80	1 096.42	11 841.318 7	0.092 4	508.0	16.0	10.80	1 495.40	16 150.337 3	0.126 0
377.0	15.0	10.80	1 090.14	11 773.460 2	0.091 8	508.0	20.0	10.80	1 470.27	15 878.903 0	0.123 9
377.0	16.0	10.80	1 083.85	11 705.601 6	0.091 3	530.0	6.0	10.80	1 627.35	17 575.367 0	0.137 1
377.0	18.0	10.80	1 071.29	11 569.884 5	0.090 2	530.0	8.0	10.80	1 614.78	17 439.649 9	0.136 0
377.0	19.0	10.80	1 065.00	11 502.025 9	0.089 7	530.0	10.0	10.80	1 602.22	17 303.932 8	0.135 0
377.0	20.0	10.80	1 058.72	11 434.167 4	0.089 2	530.0	12.0	10.80	1 589.65	17 168.215 7	0.133 9
426.0	6.0	10.80	1 300.62	14 046.721 9	0.109 6	530.0	14.0	10.80	1 577.08	17 032.498 6	0.132 9
426.0	7.0	10.80	1 294.34	13 978.863 4	0.109 0	530.0	16.0	10.80	1 564.52	16 896.781 4	0.131 8
426.0	8.0	10.80	1 288.06	13 911.004 8	0.108 5	530.0	20.0	10.80	1 539.38	16 625.347 2	0.129 7
426.0	9.0	10.80	1 281.77	13 843.146 2	0.108 0	559.0	6.0	10.80	1 718.46	18 559.316 2	0.144 8
426.0	10.0	10.80	1 275.49	13 775.287 7	0.107 4	559.0	7.0	10.80	1 712.17	18 491.457 6	0.144 2
426.0	12.0	10.80	1 262.92	13 639.570 6	0.106 4	559.0	8.0	10.80	1 705.89	18 423.599 0	0.143 7
426.0	14.0	10.80	1 250.36	13 503.853 4	0.105 3	559.0	10.0	10.80	1 693.32	18 287.881 9	0.142 6
426.0	16.0	10.80	1 237.79	13 368.136 3	0.104 3	559.0	12.0	10.80	1 680.76	18 152.164 8	0.141 6
426.0	18.0	10.80	1 225.22	13 232.419 2	0.103 2	559.0	16.0	10.80	1 655.62	17 880.730 6	0.139 5
426.0	20.0	10.80	1 212.66	13 096.702 1	0.102 2	559.0	20.0	10.80	1 630.49	17 609.296 3	0.137 4
480.0	6.0	10.80	1 470.27	15 878.903 0	0.123 9	630.0	6.0	10.80	1 941.51	20 968.295 0	0.163 6
480.0	8.0	10.80	1 457.70	15 743.185 9	0.122 8	630.0	8.0	10.80	1 928.94	20 832.577 9	0.162 5
480.0	10.0	10.80	1 445.14	15 607.468 8	0.121 7	630.0	10.0	10.80	1 916.38	20 696.860 8	0.161 4
480.0	11.0	10.80	1 438.85	15 539.610 2	0.121 2	630.0	12.0	10.80	1 903.81	20 561.143 7	0.160 4
480.0	12.0	10.80	1 432.57	15 471.751 7	0.120 7	630.0	14.0	10.80	1 891.24	20 425.426 6	0.159 3
480.0	14.0	10.80	1 420.00	15 336.034 6	0.119 6	630.0	16.0	10.80	1 878.68	20 289.709 4	0.158 3
480.0	17.0	10.80	1 401.15	15 132.458 9	0.118 0	630.0	18.0	10.80	1 866.11	20 153.992 3	0.157 2
480.0	19.0	10.80	1 388.59	14 996.741 8	0.117 0	630.0	20.0	10.80	1 853.54	20 018.275 2	0.156 1
480.0	20.0	10.80	1 382.30	14 928.883 2	0.116 4	660.0	8.0	10.80	2 023.19	21 850.456 3	0.170 4
508.0	6.0	10.80	1 558.23	16 828.922 9	0.131 3	660.0	9.0	10.80	2 016.91	21 782.597 8	0.169 9
508.0	8.0	10.80	1 545.67	16 693.205 8	0.130 2	660.0	12.0	10.80	1 998.06	21 579.022 1	0.168 3
508.0	10.0	10.80	1 533.10	16 557.488 6	0.129 1	660.0	18.0	10.80	1 960.36	21 171.870 7	0.165 1
508.0	12.0	10.80	1 520.53	16 421.771 5	0.128 1	660.0	20.0	10.80	1 947.79	21 036.153 6	0.164 1

续表

尺寸（mm）		断　面	周　长	体　积	金属重量	尺寸（mm）		断　面	周　长	体　积	金属重量
Φ	δ	（mm²）	（mm）	（mm³）	（kg/口）	Φ	δ	（mm²）	（mm）	（mm³）	（kg/口）
720.0	8.0	10.80	2 211.69	23 886.213 1	0.186 3	864.0	12.0	10.80	2 638.94	28 500.595 2	0.222 3
720.0	9.0	10.80	2 205.40	23 818.354 6	0.185 8	864.0	20.0	10.80	2 588.68	27 957.726 7	0.218 1
720.0	10.0	10.80	2 199.12	23 750.496 0	0.185 3	914.0	10.0	10.80	2 808.59	30 332.776 3	0.236 6
720.0	12.0	10.80	2 186.55	2 3614.778 9	0.184 2	914.0	12.0	10.80	2 796.02	30 197.059 2	0.235 5
720.0	20.0	10.80	2 136.29	23 071.910 4	0.180 0	914.0	20.0	10.80	2 745.76	29 654.190 7	0.231 3
762.0	10.0	10.80	2 331.07	25 175.525 8	0.196 4	965.0	10.0	10.80	2 968.81	32 063.169 6	0.250 1
762.0	12.0	10.80	2 318.50	25 039.808 6	0.195 3	965.0	12.0	10.80	2 956.25	31 927.452 5	0.249 0
762.0	20.0	10.80	2 268.24	24 496.940 2	0.191 1	965.0	20.0	10.80	2 905.98	31 384.584 0	0.244 8
813.0	10.0	10.80	2 491.29	26 905.919 0	0.209 9	1 067.0	12.0	10.80	3 276.69	35 388.239 0	0.277 1
813.0	12.0	10.80	2 478.72	26 770.201 9	0.208 8	1 067.0	12.0	10.80	3 276.69	35 388.239 0	0.277 1
813.0	20.0	10.80	2 428.46	26 227.333 4	0.204 6	1 067.0	20.0	10.80	3 226.42	34 845.370 6	0.271 8
864.0	10.0	10.80	2 651.51	28 636.312 3	0.223 4						

②合金钢、不锈钢管

尺寸（mm）		断　面	周　长	体　积	金属重量	尺寸（mm）		断　面	周　长	体　积	金属重量
Φ	δ	（mm²）	（mm）	（mm³）	（kg/口）	Φ	δ	（mm²）	（mm）	（mm³）	（kg/口）
57.0	5.0	10.80	147.66	1 594.676 2	0.012 6	60.0	8.5	10.80	135.09	1 458.959 0	0.011 5
57.0	5.5	10.80	144.51	1 560.746 9	0.012 3	60.0	9.0	10.80	131.95	1 425.029 8	0.011 2
57.0	6.0	10.80	141.37	1 526.817 6	0.012 0	68.0	5.0	10.80	182.21	1 967.898 2	0.015 5
57.0	6.5	10.80	138.23	1 492.888 3	0.011 8	68.0	6.0	10.80	175.93	1 900.039 7	0.015 0
57.0	7.0	10.80	135.09	1 458.959 0	0.011 5	68.0	7.0	10.80	169.65	1 832.181 1	0.014 4
57.0	7.5	10.80	131.95	1 425.029 8	0.011 2	68.0	8.0	10.80	163.36	1 764.322 6	0.013 9
57.0	8.0	10.80	128.81	1 391.100 5	0.011 0	68.0	9.0	10.80	157.08	1 696.464 0	0.013 4
57.0	9.0	10.80	122.52	1 323.241 9	0.010 4	68.0	10.0	10.80	150.80	1 628.605 4	0.012 8
60.0	5.0	10.80	157.08	1 696.464 0	0.013 4	68.0	11.0	10.80	144.51	1 560.746 9	0.012 3
60.0	5.5	10.80	153.94	1 662.534 7	0.013 1	68.0	12.0	10.80	138.23	1 492.888 3	0.011 8
60.0	6.0	10.80	150.80	1 628.605 4	0.012 8	68.0	13.0	10.80	131.95	1 425.029 8	0.011 2
60.0	6.5	10.80	147.66	1 594.676 2	0.012 6	68.0	14.0	10.80	125.66	1 357.171 2	0.010 7
60.0	7.0	10.80	144.51	1 560.746 9	0.012 3	68.0	15.0	10.80	119.38	1 289.312 6	0.010 2
60.0	7.5	10.80	141.37	1 526.817 6	0.012 0	68.0	16.0	10.80	113.10	1 221.454 1	0.009 6
60.0	8.0	10.80	138.23	1 492.888 3	0.011 8	68.0	17.0	10.80	106.81	1 153.595 5	0.009 1

续表

尺寸（mm）		断　面	周　长	体　积	金属重量	尺寸（mm）		断　面	周　长	体　积	金属重量
Φ	δ	(mm²)	(mm)	(mm³)	(kg/口)	Φ	δ	(mm²)	(mm)	(mm³)	(kg/口)
68.0	18.0	10.80	100.53	1 085.737 0	0.008 6	108.0	7.0	10.80	295.31	3 189.352 3	0.025 1
76.0	5.0	10.80	207.35	2 239.332 5	0.017 6	108.0	7.5	10.80	292.17	3 155.423 0	0.024 9
76.0	5.5	10.80	204.20	2 205.403 2	0.017 4	108.0	8.0	10.80	289.03	3 121.493 8	0.024 6
76.0	6.0	10.80	201.06	2 171.473 9	0.017 1	108.0	8.5	10.80	285.89	3 087.564 5	0.024 3
76.0	6.5	10.80	197.92	2 137.544 6	0.016 8	108.0	9.0	10.80	282.74	3 053.635 2	0.024 1
76.0	7.0	10.80	194.78	2 103.615 4	0.016 6	108.0	9.5	10.80	279.60	3 019.705 9	0.023 8
76.0	7.5	10.80	191.64	2 069.686 1	0.016 3	108.0	10.0	10.80	276.46	2 985.776 6	0.023 5
76.0	8.0	10.80	188.50	2 035.756 8	0.016 0	108.0	11.0	10.80	270.18	2 917.918 1	0.023 0
76.0	8.5	10.80	185.35	2 001.827 5	0.015 8	108.0	12.0	10.80	263.89	2 850.059 5	0.022 5
76.0	9.0	10.80	182.21	1 967.898 2	0.015 5	108.0	13.0	10.80	257.61	2 782.201 0	0.021 9
76.0	9.5	10.80	179.07	1 933.969 0	0.015 2	108.0	14.0	10.80	251.33	2 714.342 4	0.021 4
89.0	5.0	10.80	248.19	2 680.413 1	0.021 1	114.0	5.0	10.80	326.73	3 528.645 1	0.027 8
89.0	5.5	10.80	245.04	2 646.483 8	0.020 9	114.0	5.5	10.80	323.58	3 494.715 8	0.027 5
89.0	6.0	10.80	241.90	2 612.554 6	0.020 6	114.0	6.0	10.80	320.44	3 460.786 6	0.027 3
89.0	6.5	10.80	238.76	2 578.625 3	0.020 3	114.0	6.5	10.80	317.30	3 426.857 3	0.027 0
89.0	7.0	10.80	235.62	2 544.696 0	0.020 1	114.0	7.0	10.80	314.16	3 392.928 0	0.026 7
89.0	7.5	10.80	232.48	2 510.766 7	0.019 8	114.0	7.5	10.80	311.02	3 358.998 7	0.026 5
89.0	8.0	10.80	229.34	2 476.837 4	0.019 5	114.0	8.0	10.80	307.88	3 325.069 4	0.026 2
89.0	8.5	10.80	226.20	2 442.908 2	0.019 3	114.0	8.5	10.80	304.74	3 291.140 2	0.025 9
89.0	9.0	10.80	223.05	2 408.978 9	0.019 0	114.0	9.0	10.80	301.59	3 257.210 9	0.025 7
89.0	9.5	10.80	219.91	2 375.049 6	0.018 7	114.0	9.5	10.80	298.45	3 223.281 6	0.025 4
89.0	10.0	10.80	216.77	2 341.120 3	0.018 4	114.0	10.0	10.80	295.31	3 189.352 3	0.025 1
89.0	11.0	10.80	210.49	2 273.261 8	0.017 9	114.0	11.0	10.80	289.03	3 121.493 8	0.024 6
89.0	12.0	10.80	204.20	2 205.403 2	0.017 4	114.0	12.0	10.80	282.74	3 053.635 2	0.024 1
89.0	13.0	10.80	197.92	2 137.544 6	0.016 8	114.0	13.0	10.80	276.46	2 985.776 6	0.023 5
89.0	14.0	10.80	191.64	2 069.686 1	0.016 3	114.0	14.0	10.80	270.18	2 917.918 1	0.023 0
108.0	5.0	10.80	307.88	3 325.069 4	0.026 2	127.0	5.0	10.80	367.57	3 969.725 8	0.031 3
108.0	5.5	10.80	304.74	3 291.140 2	0.025 9	127.0	6.0	10.80	361.28	3 901.867 2	0.030 7
108.0	6.0	10.80	301.59	3 257.2109	0.025 17	127.0	7.0	10.80	355.00	3 834.008 6	0.030 2
108.0	6.5	10.80	298.45	3 223.281 6	0.025 4	127.0	8.0	10.80	348.72	3 766.150 1	0.029 7

续表

尺寸 (mm)		断面 (mm²)	周长 (mm)	体 积 (mm³)	金属重量 (kg/口)	尺寸 (mm)		断面 (mm²)	周长 (mm)	体 积 (mm³)	金属重量 (kg/口)
Φ	δ					Φ	δ				
127.0	9.0	10.80	342.43	3 698.291 5	0.029 1	140.0	6.0	10.80	402.12	4 342.947 8	0.034 2
127.0	10.0	10.80	336.15	3 630.433 0	0.028 6	140.0	6.5	10.80	398.98	4 309.018 6	0.034 0
127.0	11.0	10.80	329.87	3 562.574 4	0.028 1	140.0	7.0	10.80	395.84	4 275.089 3	0.033 7
127.0	12.0	10.80	323.58	3 494.715 8	0.027 5	140.0	7.5	10.80	392.70	4 241.160 0	0.033 4
127.0	13.0	10.80	317.30	3 426.857 3	0.027 0	140.0	8.0	10.80	389.56	4 207.230 7	0.033 2
127.0	14.0	10.80	311.02	3 358.998 7	0.026 5	140.0	8.5	10.80	386.42	4 173.301 4	0.032 9
127.0	15.0	10.80	304.74	3 291.140 2	0.025 9	140.0	9.0	10.80	383.28	4 139.372 2	0.032 6
127.0	16.0	10.80	298.45	3 223.281 6	0.025 4	140.0	9.5	10.80	380.13	4 105.442 9	0.032 4
127.0	17.0	10.80	292.17	3 155.423 0	0.024 9	140.0	10.0	10.80	376.99	4 071.513 6	0.032 1
127.0	18.0	10.80	285.89	3 087.564 5	0.024 3	140.0	11.0	10.80	370.71	4 003.655 0	0.031 5
133.0	5.0	10.80	386.42	4 173.301 4	0.032 9	140.0	12.0	10.80	364.43	3 935.796 5	0.031 0
133.0	5.5	10.80	383.28	4 139.372 2	0.032 6	140.0	13.0	10.80	358.14	3 867.937 9	0.030 5
133.0	6.0	10.80	380.13	4 105.442 9	0.032 4	140.0	14.0	10.80	351.86	3 800.079 4	0.029 9
133.0	6.5	10.80	376.99	4 071.513 6	0.032 1	140.0	15.0	10.80	345.58	3 732.220 8	0.029 4
133.0	7.0	10.80	373.85	4 037.584 3	0.031 8	140.0	17.0	10.80	333.01	3 596.503 7	0.028 3
133.0	7.5	10.80	370.71	4 003.655 0	0.031 5	140.0	18.0	10.80	326.73	3 528.645 1	0.027 8
133.0	8.0	10.80	367.57	3 969.725 8	0.031 3	159.0	5.0	10.80	468.10	5 055.462 7	0.039 8
133.0	8.5	10.80	364.43	3 935.796 5	0.031 0	159.0	5.5	10.80	464.96	5 021.533 4	0.039 6
133.0	9.0	10.80	361.28	3 901.867 2	0.030 7	159.0	6.0	10.80	461.82	4 987.604 2	0.039 3
133.0	9.5	10.80	358.14	3 867.937 9	0.030 5	159.0	6.5	10.80	458.67	4 953.674 9	0.039 0
133.0	10.0	10.80	355.00	3 834.008 6	0.030 2	159.0	7.0	10.80	455.53	4 919.745 6	0.038 8
133.0	11.0	10.80	348.72	3 766.150 1	0.029 7	159.0	7.5	10.80	452.39	4 885.816 3	0.038 5
133.0	12.0	10.80	342.43	3 698.291 5	0.029 1	159.0	8.0	10.80	449.25	4 851.887 0	0.038 2
133.0	13.0	10.80	336.15	3 630.433 0	0.028 6	159.0	8.5	10.80	446.11	4 817.957 8	0.038 0
133.0	14.0	10.80	329.87	3 562.574 4	0.028 1	159.0	9.0	10.80	442.97	4 784.028 5	0.037 7
133.0	15.0	10.80	323.58	3 494.715 8	0.027 5	159.0	9.5	10.80	439.82	4 750.099 2	0.037 4
133.0	17.0	10.80	311.02	3 358.998 7	0.026 5	159.0	10.0	10.80	436.68	4 716.169 9	0.037 2
133.0	18.0	10.80	304.74	3 291.140 2	0.025 9	159.0	11.0	10.80	430.40	4 648.311 4	0.036 6
140.0	5.0	10.80	408.41	4 410.806 4	0.034 8	159.0	12.0	10.80	424.12	4 580.452 8	0.036 1
140.0	5.5	10.80	405.27	4 376.877 1	0.034 5	159.0	13.0	10.80	417.83	4 512.594 2	0.035 6

续表

尺寸 (mm)		断 面 (mm²)	周 长 (mm)	体 积 (mm³)	金属重量 (kg/口)	尺寸 (mm)		断 面 (mm²)	周 长 (mm)	体 积 (mm³)	金属重量 (kg/口)
Φ	δ					Φ	δ				
159.0	14.0	10.80	411.55	4 444.735 7	0.035 0	219.0	7.5	10.80	640.89	6 921.573 1	0.054 5
159.0	15.0	10.80	405.27	4 376.877 1	0.034 5	219.0	8.0	10.80	637.74	6 887.643 8	0.054 3
159.0	16.0	10.80	398.98	4 309.018 6	0.034 0	219.0	8.5	10.80	634.60	6 853.714 6	0.054 0
159.0	17.0	10.80	392.70	4 241.160 0	0.033 4	219.0	9.0	10.80	631.46	6 819.785 3	0.053 7
159.0	18.0	10.80	386.42	4 173.301 4	0.032 9	219.0	9.5	10.80	628.32	6 785.856 0	0.053 5
159.0	19.0	10.80	380.13	4 105.442 9	0.032 4	219.0	10.0	10.80	625.18	6 751.926 7	0.053 2
159.0	20.0	10.80	373.85	4 037.584 3	0.031 8	219.0	11.0	10.80	618.90	6 684.068 2	0.052 7
168.0	5.0	10.80	496.37	5 360.826 2	0.042 2	219.0	12.0	10.80	612.61	6 616.209 6	0.052 1
168.0	5.5	10.80	493.23	5 326.897 0	0.042 0	219.0	13.0	10.80	606.33	6 548.351 0	0.051 6
168.0	6.0	10.80	490.09	5 292.967 7	0.041 7	219.0	14.0	10.80	600.05	6 480.492 5	0.051 1
168.0	6.5	10.80	486.95	5 259.038 4	0.041 4	219.0	15.0	10.80	593.76	6 412.633 9	0.050 5
168.0	7.0	10.80	483.81	5 225.109 1	0.041 2	219.0	16.0	10.80	587.48	6 344.775 4	0.050 0
168.0	7.5	10.80	480.66	5 191.179 8	0.040 9	219.0	17.0	10.80	581.20	6 276.916 8	0.049 5
168.0	8.0	10.80	477.52	5 157.250 6	0.040 6	219.0	18.0	10.80	574.91	6 209.058 2	0.048 9
168.0	8.5	10.80	474.38	5 123.321 3	0.040 4	219.0	19.0	10.80	568.63	6 141.199 7	0.048 4
168.0	9.0	10.80	471.24	5 089.392 0	0.040 1	219.0	20.0	10.80	562.35	6 073.341 1	0.047 9
168.0	9.5	10.80	468.10	5 055.462 7	0.039 8	245.0	5.0	10.80	738.28	7 973.380 8	0.062 8
168.0	10.0	10.80	464.96	5 021.533 4	0.039 6	245.0	6.0	10.80	731.99	7 905.522 2	0.062 3
168.0	11.0	10.80	458.67	4 953.674 9	0.039 0	245.0	6.5	10.80	728.85	7 871.593 0	0.062 0
168.0	12.0	10.80	452.39	4 885.816 3	0.038 5	245.0	7.0	10.80	725.71	7 837.663 7	0.061 8
168.0	13.0	10.80	446.11	4 817.957 8	0.038 0	245.0	7.5	10.80	722.57	7 803.734 4	0.061 5
168.0	14.0	10.80	439.82	4 750.099 2	0.037 4	245.0	8.0	10.80	719.43	7 769.805 1	0.061 2
168.0	15.0	10.80	433.54	4 682.240 6	0.036 9	245.0	8.5	10.80	716.28	7 735.875 8	0.061 0
168.0	16.0	10.80	427.26	4 614.382 1	0.036 4	245.0	9.0	10.80	713.14	7 701.946 6	0.060 7
168.0	18.0	10.80	414.69	4 478.665 0	0.035 3	245.0	9.5	10.80	710.00	7 668.017 3	0.060 4
168.0	20.0	10.80	402.12	4 342.947 8	0.034 2	245.0	10.0	10.80	706.86	7 634.088 0	0.060 2
219.0	5.0	10.80	656.59	7 091.219 5	0.055 9	245.0	11.0	10.80	700.58	7 566.229 4	0.059 6
219.0	6.0	10.80	650.31	7 023.361 0	0.055 3	245.0	12.0	10.80	694.29	7 498.370 9	0.059 1
219.0	6.5	10.80	647.17	6 989.431 7	0.055 1	245.0	13.0	10.80	688.01	7 430.512 3	0.058 6
219.0	7.0	10.80	644.03	6 955.502 4	0.054 8	245.0	14.0	10.80	681.73	7 362.653 8	0.058 0

续表

| 尺寸 (mm) | | 断 面 (mm²) | 周 长 (mm) | 体 积 (mm³) | 金属重量 (kg/口) | 尺寸 (mm) | | 断 面 (mm²) | 周 长 (mm) | 体 积 (mm³) | 金属重量 (kg/口) |
Φ	δ					Φ	δ				
245.0	15.0	10.80	675.44	7 294.795 2	0.057 5	325.0	8.0	10.80	970.75	10 484.147 5	0.082 6
245.0	16.0	10.80	669.16	7 226.936 6	0.056 9	325.0	8.5	10.80	967.61	10 450.218 2	0.082 3
245.0	17.0	10.80	662.88	7 159.078 1	0.056 4	325.0	9.0	10.80	964.47	10 416.289 0	0.082 1
245.0	18.0	10.80	656.59	7 091.219 5	0.055 9	325.0	9.5	10.80	961.33	10 382.359 7	0.081 8
245.0	19.0	10.80	650.31	7 023.361 0	0.055 3	325.0	10.0	10.80	958.19	10 348.430 4	0.081 5
245.0	20.0	10.80	644.03	6 955.502 4	0.054 8	325.0	12.0	10.80	945.62	10 212.713 3	0.080 5
273.0	5.0	10.80	826.24	8 923.400 6	0.070 3	325.0	14.0	10.80	933.06	10 076.996 2	0.079 4
273.0	6.0	10.80	819.96	8 855.542 1	0.069 8	325.0	16.0	10.80	920.49	9 941.279 0	0.078 3
273.0	6.5	10.80	816.82	8 821.612 8	0.069 5	325.0	18.0	10.80	907.92	9 805.561 9	0.077 3
273.0	7.0	10.80	813.67	8 787.683 5	0.069 2	325.0	20.0	10.80	895.36	9 669.844 8	0.076 2
273.0	7.5	10.80	810.53	8 753.754 2	0.069 0	377.0	5.0	10.80	1 152.97	12 452.045 8	0.098 1
273.0	8.0	10.80	807.39	8 719.825 0	0.068 7	377.0	6.0	10.80	1 146.68	12 384.187 2	0.097 6
273.0	8.5	10.80	804.25	8 685.895 7	0.068 4	377.0	7.0	10.80	1 140.40	12 316.328 6	0.097 1
273.0	9.0	10.80	801.11	8 651.966 4	0.068 2	377.0	8.0	10.80	1 134.12	12 248.470 1	0.096 5
273.0	9.5	10.80	797.97	8 618.037 1	0.067 9	377.0	9.0	10.80	1 127.83	12 180.611 5	0.096 0
273.0	10.0	10.80	794.82	8 584.107 8	0.067 6	377.0	10.0	10.80	1 121.55	12 112.753 0	0.095 4
273.0	11.0	10.80	788.54	8 516.249 3	0.067 1	377.0	12.0	10.80	1 108.98	11 977.035 8	0.094 4
273.0	12.0	10.80	782.26	8 448.390 7	0.066 6	377.0	14.0	10.80	1 096.42	11 841.318 7	0.093 3
273.0	13.0	10.80	775.98	8 380.532 2	0.066 0	377.0	16.0	10.80	1 083.85	11 705.601 6	0.092 2
273.0	14.0	10.80	769.69	8 312.673 6	0.065 5	377.0	18.0	10.80	1 071.29	11 569.884 5	0.091 2
273.0	15.0	10.80	763.41	8 244.815 0	0.065 0	377.0	20.0	10.80	1 058.72	11 434.167 4	0.090 1
273.0	16.0	10.80	757.13	8 176.956 5	0.064 4	426.0	5.0	10.80	1 306.91	14 114.580 5	0.111 2
273.0	17.0	10.80	750.84	8 109.097 9	0.063 9	426.0	6.0	10.80	1 300.62	14 046.721 9	0.110 7
273.0	18.0	10.80	744.56	8 041.239 4	0.063 4	426.0	7.0	10.80	1 294.34	13 978.863 4	0.110 2
273.0	19.0	10.80	738.28	7 973.380 8	0.062 8	426.0	8.0	10.80	1 288.06	13 911.004 8	0.109 6
273.0	20.0	10.80	731.99	7 905.522 2	0.062 3	426.0	9.0	10.80	1 281.77	13 843.146 2	0.109 1
325.0	5.0	10.80	989.60	10 687.723 2	0.084 2	426.0	10.0	10.80	1 275.49	13 775.287 7	0.108 5
325.0	6.0	10.80	983.32	10 619.864 6	0.083 7	426.0	12.0	10.80	1 262.92	13 639.570 6	0.107 5
325.0	7.0	10.80	977.04	10 552.006 1	0.083 1	426.0	14.0	10.80	1 250.36	13 503.853 4	0.106 4
325.0	7.5	10.80	973.90	10 518.076 8	0.082 9	426.0	16.0	10.80	1 237.79	13 368.136 3	0.105 3

续表

尺寸 (mm)		断 面 (mm²)	周 长 (mm)	体 积 (mm³)	金属重量 (kg/口)	尺寸 (mm)		断 面 (mm²)	周 长 (mm)	体 积 (mm³)	金属重量 (kg/口)
Φ	δ					Φ	δ				
426.0	18.0	10.80	1 225.22	13 232.419 2	0.104 3	508.0	10.0	10.80	1 533.10	16 557.488 6	0.130 5
426.0	20.0	10.80	1 212.66	13 096.702 1	0.103 2	508.0	12.0	10.80	1 520.53	16 421.771 5	0.129 4
480.0	5.0	10.80	1 476.55	15 946.761 6	0.125 7	508.0	14.0	10.80	1 507.97	16 286.054 4	0.128 3
480.0	6.0	10.80	1 470.27	15 878.903 0	0.125 1	508.0	16.0	10.80	1 495.40	16 150.337 3	0.127 3
480.0	7.0	10.80	1 463.99	15 811.044 5	0.124 6	508.0	18.0	10.80	1 482.84	16 014.620 2	0.126 2
480.0	8.0	10.80	1 457.70	15 743.185 9	0.124 1	508.0	20.0	10.80	1 470.27	15 878.903 0	0.125 1
480.0	9.0	10.80	1 451.42	15 675.327 4	0.123 5	530.0	5.0	10.80	1 633.63	17 643.225 6	0.139 0
480.0	10.0	10.80	1 445.14	15 607.468 8	0.123 0	530.0	5.5	10.80	1 630.49	17 609.296 3	0.138 8
480.0	12.0	10.80	1 432.57	15 471.751 7	0.121 9	530.0	6.0	10.80	1 627.35	17 575.367 0	0.138 5
480.0	14.0	10.80	1 420.00	15 336.034 6	0.120 8	530.0	7.0	10.80	1 621.07	17 507.508 5	0.138 0
480.0	16.0	10.80	1 407.44	15 200.317 4	0.119 8	530.0	8.0	10.80	1 614.78	17 439.649 9	0.137 4
480.0	18.0	10.80	1 394.87	15 064.600 3	0.118 7	530.0	9.0	10.80	1 608.50	17 371.791 4	0.136 9
480.0	20.0	10.80	1 382.30	14 928.883 2	0.117 6	530.0	10.0	10.80	1 602.22	17 303.932 8	0.136 4
508.0	5.0	10.80	1 564.52	16 896.781 4	0.133 1	530.0	12.0	10.80	1 589.65	17 168.215 7	0.135 3
508.0	6.0	10.80	1 558.23	16 828.922 9	0.132 6	530.0	14.0	10.80	1 577.08	17 032.498 6	0.134 2
508.0	7.0	10.80	1 551.95	16 761.064 3	0.132 1	530.0	16.0	10.80	1 564.52	16 896.781 4	0.133 1
508.0	8.0	10.80	1 545.67	16 693.205 8	0.131 5	530.0	18.0	10.80	1 551.95	16 761.064 3	0.132 1
508.0	9.0	10.80	1 539.38	16 625.347 2	0.131 0	530.0	20.0	10.80	1 539.38	16 625.347 2	0.131 0

(2) VY形坡口

①碳钢管

尺寸 (mm)		断 面 (mm²)	周 长 (mm)	体 积 (mm³)	金属重量 (kg/口)	尺寸 (mm)		断 面 (mm²)	周 长 (mm)	体 积 (mm³)	金属重量 (kg/口)
Φ	δ					Φ	δ				
127.0	20.0	11.08	273.32	3 028.376 7	0.023 6	159.0	26.0	11.08	336.15	3 724.555 3	0.029 1
133.0	20.0	11.08	292.17	3 237.230 3	0.025 3	159.0	28.0	11.08	323.58	3 585.319 6	0.028 0
133.0	22.0	11.08	279.60	3 097.994 6	0.024 2	168.0	20.0	11.08	402.12	4 455.542 8	0.034 8
159.0	20.0	11.08	373.85	4 142.262 4	0.032 3	168.0	22.0	11.08	389.56	4 316.307 1	0.033 7
159.0	22.0	11.08	361.28	4 003.026 7	0.031 2	168.0	24.0	11.08	376.99	4 177.071 4	0.032 6
159.0	24.0	11.08	348.72	3 863.791 0	0.030 1	168.0	25.0	11.08	370.71	4 107.453 5	0.032 0

续表

尺寸（mm）		断面	周长	体积	金属重量	尺寸（mm）		断面	周长	体积	金属重量
Φ	δ	(mm²)	(mm)	(mm³)	(kg/口)	Φ	δ	(mm²)	(mm)	(mm³)	(kg/口)
168.0	26.0	11.08	364.43	4 037.835 6	0.031 5	325.0	25.0	11.08	863.94	9 572.455 2	0.074 7
168.0	28.0	11.08	351.86	3 898.599 9	0.030 4	325.0	28.0	11.08	845.09	9 363.601 6	0.073 0
168.0	30.0	11.08	339.29	3 759.364 2	0.029 3	325.0	30.0	11.08	832.52	9 224.365 9	0.072 0
194.0	20.0	11.08	483.81	5 360.574 9	0.041 8	325.0	32.0	11.08	819.96	9 085.130 2	0.070 9
194.0	22.0	11.08	471.24	5 221.339 2	0.040 7	325.0	36.0	11.08	794.82	8 806.658 8	0.068 7
194.0	24.0	11.08	458.67	5 082.103 5	0.039 6	325.0	40.0	11.08	769.69	8 528.187 4	0.066 5
194.0	28.0	11.08	433.54	4 803.632 1	0.037 5	325.0	50.0	11.08	706.86	7 832.008 8	0.061 1
194.0	30.0	11.08	420.97	4 664.396 4	0.036 4	325.0	60.0	11.08	644.03	7 135.830 2	0.055 7
219.0	20.0	11.08	562.35	6 230.798 1	0.048 6	325.0	65.0	11.08	612.61	6 787.741 0	0.052 9
219.0	22.0	11.08	549.78	6 091.562 4	0.047 5	377.0	20.0	11.08	1 058.72	11 730.608 7	0.091 5
219.0	24.0	11.08	537.21	5 952.326 7	0.046 4	377.0	22.0	11.08	1 046.15	11 591.373 0	0.090 4
219.0	28.0	11.08	512.08	5 673.855 3	0.044 3	377.0	24.0	11.08	1 033.59	11 452.137 3	0.089 3
219.0	30.0	11.08	499.51	5 534.619 6	0.043 2	377.0	26.0	11.08	1 021.02	11 312.901 6	0.088 2
219.0	35.0	11.08	468.10	5 186.530 3	0.040 5	377.0	28.0	11.08	1 008.45	11 173.665 9	0.087 2
245.0	20.0	11.08	644.03	7 135.830 2	0.055 7	377.0	32.0	11.08	983.32	10 895.194 5	0.085 0
245.0	25.0	11.08	612.61	6 787.741 0	0.052 9	377.0	36.0	11.08	958.19	10 616.723 0	0.082 8
245.0	30.0	11.08	581.20	6 439.651 7	0.050 2	377.0	40.0	11.08	933.06	10 338.251 6	0.080 6
245.0	35.0	11.08	549.78	6 091.562 4	0.047 5	377.0	45.0	11.08	901.64	9 990.162 3	0.077 9
273.0	20.0	11.08	731.99	8 110.480 2	0.063 3	377.0	50.0	11.08	870.22	9 642.073 1	0.075 2
273.0	22.0	11.08	719.43	7 971.244 5	0.062 2	377.0	60.0	11.08	807.39	8 945.894 5	0.069 8
273.0	25.0	11.08	700.58	7 762.390 9	0.060 5	377.0	65.0	11.08	775.98	8 597.805 2	0.067 1
273.0	28.0	11.08	681.73	7 553.537 4	0.058 9	426.0	20.0	11.08	1 212.66	13 436.246 2	0.104 8
273.0	30.0	11.08	669.16	7 414.301 7	0.057 8	426.0	22.0	11.08	1 200.09	13 297.010 5	0.103 7
273.0	32.0	11.08	656.59	7 275.066 0	0.056 7	426.0	24.0	11.08	1 187.52	13 157.774 8	0.102 6
273.0	35.0	11.08	637.74	7 066.212 4	0.055 1	426.0	26.0	11.08	1 174.96	13 018.539 1	0.101 5
273.0	36.0	11.08	631.46	6 996.594 5	0.054 6	426.0	28.0	11.08	1 162.39	12 879.303 4	0.100 5
273.0	40.0	11.08	606.33	6 718.123 1	0.052 4	426.0	30.0	11.08	1 149.83	12 740.067 6	0.099 4
273.0	50.0	11.08	543.50	6 021.944 5	0.047 0	426.0	32.0	11.08	1 137.26	12 600.831 9	0.098 3
325.0	20.0	11.08	895.36	9 920.544 5	0.077 4	426.0	36.0	11.08	1 112.13	12 322.360 5	0.096 1
325.0	22.0	11.08	882.79	9 781.308 8	0.076 3	426.0	40.0	11.08	1 086.99	12 043.889 1	0.093 9

续表

尺寸（mm）		断　面	周　长	体　积	金属重量	尺寸（mm）		断　面	周　长	体　积	金属重量
Φ	δ	（mm²）	（mm）	（mm³）	（kg/口）	Φ	δ	（mm²）	（mm）	（mm³）	（kg/口）
426.0	50.0	11.08	1 024.16	11 347.710 5	0.088 5	508.0	75.0	11.08	1 124.69	12 461.596 2	0.097 2
426.0	55.0	11.08	992.75	10 999.621 2	0.085 8	508.0	80.0	11.08	1 093.28	12 113.506 9	0.094 5
426.0	60.0	11.08	961.33	10 651.532 0	0.083 1	530.0	20.0	11.08	1 539.38	17 056.374 7	0.133 0
480.0	20.0	11.08	1 382.30	15 315.928 3	0.119 5	530.0	24.0	11.08	1 514.25	16 777.903 3	0.130 9
480.0	24.0	11.08	1 357.17	15 037.456 9	0.117 3	530.0	26.0	11.08	1 501.68	16 638.667 6	0.129 8
480.0	25.0	11.08	1 350.89	14 967.839 0	0.116 7	530.0	28.0	11.08	1 489.12	16 499.431 9	0.128 7
480.0	28.0	11.08	1 332.04	14 758.985 5	0.115 1	530.0	30.0	11.08	1 476.55	16 360.196 2	0.127 6
480.0	30.0	11.08	1 319.47	14 619.749 8	0.114 0	530.0	32.0	11.08	1 463.99	16 220.960 4	0.126 5
480.0	32.0	11.08	1 306.91	14 480.514 0	0.112 9	530.0	36.0	11.08	1 438.85	15 942.489 0	0.124 4
480.0	36.0	11.08	1 281.77	14 202.042 6	0.110 8	530.0	40.0	11.08	1 413.72	15 664.017 6	0.122 2
480.0	40.0	11.08	1 256.64	13 923.571 2	0.108 6	530.0	45.0	11.08	1 382.30	15 315.928 3	0.119 5
480.0	45.0	11.08	1 225.22	13 575.481 9	0.105 9	530.0	50.0	11.08	1 350.89	14 967.839 0	0.116 7
480.0	50.0	11.08	1 193.81	13 227.392 6	0.103 2	530.0	55.0	11.08	1 319.47	14 619.749 8	0.114 0
480.0	55.0	11.08	1 162.39	12 879.303 4	0.100 5	530.0	60.0	11.08	1 288.06	14 271.660 5	0.111 3
480.0	60.0	11.08	1 130.98	12 531.214 1	0.097 7	530.0	70.0	11.08	1 225.22	13 575.481 9	0.105 9
480.0	70.0	11.08	1 068.14	11 835.035 5	0.092 3	530.0	75.0	11.08	1 193.81	13 227.392 6	0.103 2
480.0	75.0	11.08	1 036.73	11 486.946 2	0.089 6	530.0	80.0	11.08	1 162.39	12 879.303 4	0.100 5
508.0	20.0	11.08	1 470.27	16 290.578 3	0.127 1	559.0	20.0	11.08	1 630.49	18 065.833 6	0.140 9
508.0	24.0	11.08	1 445.14	16 012.106 9	0.124 9	559.0	24.0	11.08	1 605.36	17 787.362 2	0.138 7
508.0	25.0	11.08	1 438.85	15 942.489 0	0.124 4	559.0	26.0	11.08	1 592.79	17 648.126 5	0.137 7
508.0	28.0	11.08	1 420.00	15 733.635 5	0.122 7	559.0	28.0	11.08	1 580.22	17 508.890 8	0.136 6
508.0	30.0	11.08	1 407.44	15 594.399 7	0.121 6	559.0	30.0	11.08	1 567.66	17 369.655 1	0.135 5
508.0	32.0	11.08	1 394.87	15 455.164 0	0.120 6	559.0	32.0	11.08	1 555.09	17 230.419 4	0.134 4
508.0	36.0	11.08	1 369.74	15 176.692 6	0.118 4	559.0	36.0	11.08	1 529.96	16 951.947 9	0.132 2
508.0	40.0	11.08	1 344.60	14 898.221 2	0.116 2	559.0	40.0	11.08	1 504.83	16 673.476 5	0.130 1
508.0	45.0	11.08	1 313.19	14 550.131 9	0.113 5	559.0	45.0	11.08	1 473.41	16 325.387 2	0.127 3
508.0	50.0	11.08	1 281.77	14 202.042 6	0.110 8	559.0	50.0	11.08	1 441.99	15 977.298 0	0.124 6
508.0	55.0	11.08	1 250.36	13 853.953 3	0.108 1	559.0	55.0	11.08	1 410.58	15 629.208 7	0.121 9
508.0	60.0	11.08	1 218.94	13 505.864 1	0.105 3	559.0	60.0	11.08	1 379.16	15 281.119 4	0.119 2
508.0	70.0	11.08	1 156.11	12 809.685 5	0.099 9	559.0	70.0	11.08	1 316.33	14 584.940 8	0.113 8

续表

尺寸 (mm)		断 面 (mm²)	周 长 (mm)	体 积 (mm³)	金属重量 (kg/口)	尺寸 (mm)		断 面 (mm²)	周 长 (mm)	体 积 (mm³)	金属重量 (kg/口)
Φ	δ					Φ	δ				
559.0	75.0	11.08	1 284.91	14 236.851 6	0.111 0	660.0	60.0	11.08	1 696.46	18 796.821 1	0.146 6
559.0	80.0	11.08	1 253.50	13 888.762 3	0.108 3	660.0	70.0	11.08	1 633.63	18 100.642 6	0.141 2
630.0	20.0	11.08	1 853.54	20 537.267 5	0.160 2	660.0	75.0	11.08	1 602.22	17 752.553 3	0.138 5
630.0	24.0	11.08	1 828.41	20 258.796 1	0.158 0	660.0	80.0	11.08	1 570.80	17 404.464 0	0.135 8
630.0	26.0	11.08	1 815.84	20 119.560 4	0.156 9	660.0	90.0	11.08	1 507.97	16 708.285 4	0.130 3
630.0	28.0	11.08	1 803.28	19 980.324 7	0.155 8	720.0	20.0	11.08	2 136.29	23 670.071 0	0.184 6
630.0	30.0	11.08	1 790.71	19 841.089 0	0.154 8	720.0	24.0	11.08	2 111.16	23 391.599 6	0.182 5
630.0	32.0	11.08	1 778.15	19 701.853 2	0.153 7	720.0	26.0	11.08	2 098.59	23 252.363 9	0.181 4
630.0	36.0	11.08	1 753.01	19 423.381 8	0.151 5	720.0	28.0	11.08	2 086.02	23 113.128 2	0.180 3
630.0	38.0	11.08	1 740.45	19 284.146 1	0.150 4	720.0	30.0	11.08	2 073.46	22 973.892 5	0.179 2
630.0	40.0	11.08	1 727.88	19 144.910 4	0.149 3	720.0	32.0	11.08	2 060.89	22 834.656 8	0.178 1
630.0	45.0	11.08	1 696.46	18 796.821 1	0.146 6	720.0	36.0	11.08	2 035.76	22 556.185 3	0.175 9
630.0	50.0	11.08	1 665.05	18 448.731 8	0.143 9	720.0	38.0	11.08	2 023.19	22 416.949 6	0.174 9
630.0	55.0	11.08	1 633.63	18 100.642 6	0.141 2	720.0	40.0	11.08	2 010.62	22 277.713 9	0.173 8
630.0	60.0	11.08	1 602.22	17 752.553 3	0.138 5	720.0	45.0	11.08	1 979.21	21 929.624 6	0.171 1
630.0	70.0	11.08	1 539.38	17 056.374 7	0.133 0	720.0	50.0	11.08	1 947.79	21 581.535 4	0.168 3
630.0	75.0	11.08	1 507.97	16 708.285 4	0.130 3	720.0	55.0	11.08	1 916.38	21 233.446 1	0.165 6
630.0	80.0	11.08	1 476.55	16 360.196 2	0.127 6	720.0	60.0	11.08	1 884.96	20 885.356 8	0.162 9
660.0	20.0	11.08	1 947.79	21 581.535 4	0.168 3	720.0	70.0	11.08	1 822.13	20 189.178 2	0.157 5
660.0	24.0	11.08	1 922.66	21 303.063 9	0.166 2	720.0	75.0	11.08	1 790.71	19 841.089 0	0.154 8
660.0	26.0	11.08	1 910.09	21 163.828 2	0.165 1	720.0	80.0	11.08	1 759.30	19 492.999 7	0.152 0
660.0	28.0	11.08	1 897.53	21 024.592 5	0.164 0	720.0	90.0	11.08	1 696.46	18 796.821 1	0.146 6
660.0	30.0	11.08	1 884.96	20 885.356 8	0.162 9	762.0	20.0	11.08	2 268.24	25 132.046 0	0.196 0
660.0	32.0	11.08	1 872.39	20 746.121 1	0.161 8	762.0	24.0	11.08	2 243.10	24 853.574 6	0.193 9
660.0	36.0	11.08	1 847.26	20 467.649 7	0.159 6	762.0	26.0	11.08	2 230.54	24 714.338 9	0.192 8
660.0	38.0	11.08	1 834.69	20 328.414 0	0.158 6	762.0	28.0	11.08	2 217.97	24 575.103 2	0.191 7
660.0	40.0	11.08	1 822.13	20 189.178 2	0.157 5	762.0	30.0	11.08	2 205.40	24 435.867 5	0.190 6
660.0	45.0	11.08	1 790.71	19 841.089 0	0.154 8	762.0	32.0	11.08	2 192.84	24 296.631 7	0.189 5
660.0	50.0	11.08	1 759.30	19 492.999 7	0.152 0	762.0	36.0	11.08	2 167.70	24 018.160 3	0.187 3
660.0	55.0	11.08	1 727.88	19 144.910 4	0.149 3	762.0	38.0	11.08	2 155.14	23 878.924 6	0.186 3

续表

| 尺寸 (mm) | | 断面 (mm²) | 周 长 (mm) | 体 积 (mm³) | 金属重量 (kg/口) | 尺寸 (mm) | | 断面 (mm²) | 周 长 (mm) | 体 积 (mm³) | 金属重量 (kg/口) |
Φ	δ					Φ	δ				
762.0	40.0	11.08	2 142.57	23 739.688 9	0.185 2	864.0	28.0	11.08	2 538.41	28 125.613 8	0.219 4
762.0	45.0	11.08	2 111.16	23 391.599 6	0.182 5	864.0	30.0	11.08	2 525.85	27 986.378 1	0.218 3
762.0	50.0	11.08	2 079.74	23 043.510 3	0.179 7	864.0	32.0	11.08	2 513.28	27 847.142 4	0.217 2
762.0	55.0	11.08	2 048.32	22 695.421 1	0.177 0	864.0	36.0	11.08	2 488.15	27 568.671 0	0.215 0
762.0	60.0	11.08	2 016.91	22 347.331 8	0.174 3	864.0	38.0	11.08	2 475.58	27 429.435 3	0.213 9
762.0	70.0	11.08	1 954.08	21 651.153 2	0.168 9	864.0	40.0	11.08	2 463.01	27 290.199 6	0.212 9
762.0	75.0	11.08	1 922.66	21 303.063 9	0.166 2	864.0	45.0	11.08	2 431.60	26 942.110 3	0.210 1
762.0	80.0	11.08	1 891.24	20 954.974 7	0.163 4	864.0	50.0	11.08	2 400.18	26 594.021 0	0.207 4
762.0	90.0	11.08	1 828.41	20 258.796 1	0.158 0	864.0	55.0	11.08	2 368.77	26 245.931 7	0.204 7
813.0	20.0	11.08	2 428.46	26 907.301 3	0.209 9	864.0	60.0	11.08	2 337.35	25 897.842 4	0.202 0
813.0	24.0	11.08	2 403.32	26 628.829 9	0.207 7	864.0	70.0	11.08	2 274.52	25 201.663 9	0.196 6
813.0	26.0	11.08	2 390.76	26 489.594 2	0.206 6	864.0	75.0	11.08	2 243.10	24 853.574 6	0.193 9
813.0	28.0	11.08	2 378.19	26 350.358 5	0.205 5	864.0	80.0	11.08	2 211.69	24 505.485 3	0.191 1
813.0	30.0	11.08	2 365.62	26 211.122 8	0.204 4	864.0	90.0	11.08	2 148.85	23 809.306 8	0.185 7
813.0	32.0	11.08	2 353.06	26 071.887 1	0.203 4	864.0	100.0	11.08	2 086.02	23 113.128 2	0.180 3
813.0	36.0	11.08	2 327.93	25 793.415 6	0.201 2	914.0	20.0	11.08	2 745.76	30 423.003 1	0.237 3
813.0	38.0	11.08	2 315.36	25 654.179 9	0.200 1	914.0	24.0	11.08	2 720.63	30 144.531 6	0.235 1
813.0	40.0	11.08	2 302.79	25 514.944 2	0.199 0	914.0	26.0	11.08	2 708.06	30 005.295 9	0.234 0
813.0	45.0	11.08	2 271.38	25 166.854 9	0.196 3	914.0	28.0	11.08	2 695.49	29 866.060 2	0.233 0
813.0	50.0	11.08	2 239.96	24 818.765 7	0.193 6	914.0	30.0	11.08	2 682.93	29 726.824 5	0.231 9
813.0	55.0	11.08	2 208.54	24 470.676 4	0.190 9	914.0	32.0	11.08	2 670.36	29 587.588 8	0.230 8
813.0	60.0	11.08	2 177.13	24 122.587 1	0.188 2	914.0	36.0	11.08	2 645.23	29 309.117 4	0.228 6
813.0	70.0	11.08	2 114.30	23 426.408 5	0.182 7	914.0	38.0	11.08	2 632.66	29 169.881 7	0.227 5
813.0	75.0	11.08	2 082.88	23 078.319 3	0.180 0	914.0	40.0	11.08	2 620.09	29 030.646 0	0.226 4
813.0	80.0	11.08	2 051.46	22 730.230 0	0.177 3	914.0	45.0	11.08	2 588.68	28 682.556 7	0.223 7
813.0	90.0	11.08	1 988.63	22 034.051 4	0.171 9	914.0	50.0	11.08	2 557.26	28 334.467 4	0.221 0
813.0	100.0	11.08	1 925.80	21 337.872 9	0.166 4	914.0	55.0	11.08	2 525.85	27 986.378 1	0.218 3
864.0	20.0	11.08	2 588.68	28 682.556 7	0.223 7	914.0	60.0	11.08	2 494.43	27 638.288 8	0.215 6
864.0	24.0	11.08	2 563.55	28 404.085 2	0.221 6	914.0	70.0	11.08	2 431.60	26 942.110 3	0.210 1
864.0	26.0	11.08	2 550.98	28 264.849 5	0.220 5	914.0	75.0	11.08	2 400.18	26 594.021 0	0.207 4

续表

尺寸 (mm)		断 面 (mm²)	周 长 (mm)	体 积 (mm³)	金属重量 (kg/口)	尺寸 (mm)		断 面 (mm²)	周 长 (mm)	体 积 (mm³)	金属重量 (kg/口)
Φ	δ					Φ	δ				
914.0	80.0	11.08	2 368.77	26 245.931 7	0.204 7	965.0	100.0	11.08	2 403.32	26 628.829 9	0.207 7
914.0	90.0	11.08	2 305.93	25 549.753 2	0.199 3	1 067.0	20.0	11.08	3 226.42	35 748.769 1	0.278 8
914.0	100.0	11.08	2 243.10	24 853.574 6	0.193 9	1 067.0	24.0	11.08	3 201.29	35 470.297 6	0.276 7
965.0	20.0	11.08	2 905.98	32 198.258 4	0.251 1	1 067.0	26.0	11.08	3 188.72	35 331.061 9	0.275 6
965.0	24.0	11.08	2 880.85	31 919.787 0	0.249 0	1 067.0	28.0	11.08	3 176.16	35 191.826 2	0.274 5
965.0	26.0	11.08	2 868.28	31 780.551 3	0.247 9	1 067.0	30.0	11.08	3 163.59	35 052.590 5	0.273 4
965.0	28.0	11.08	2 855.71	31 641.315 6	0.246 8	1 067.0	32.0	11.08	3 151.02	34 913.354 8	0.272 3
965.0	30.0	11.08	2 843.15	31 502.079 8	0.245 7	1 067.0	36.0	11.08	3 125.89	34 634.883 4	0.270 2
965.0	32.0	11.08	2 830.58	31 362.844 1	0.244 6	1 067.0	38.0	11.08	3 113.33	34 495.647 6	0.269 1
965.0	36.0	11.08	2 805.45	31 084.372 7	0.242 5	1 067.0	40.0	11.08	3 100.76	34 356.411 9	0.268 0
965.0	38.0	11.08	2 792.88	30 945.137 0	0.241 4	1 067.0	45.0	11.08	3 069.34	34 008.322 7	0.265 3
965.0	40.0	11.08	2 780.32	30 805.901 3	0.240 3	1 067.0	50.0	11.08	3 037.93	33 660.233 4	0.262 5
965.0	45.0	11.08	2 748.90	30 457.812 0	0.237 6	1 067.0	55.0	11.08	3 006.51	33 312.144 1	0.259 8
965.0	50.0	11.08	2 717.48	30 109.722 7	0.234 9	1 067.0	60.0	11.08	2 975.10	32 964.054 8	0.257 1
965.0	55.0	11.08	2 686.07	29 761.633 4	0.232 1	1 067.0	70.0	11.08	2 912.26	32 267.876 3	0.251 7
965.0	60.0	11.08	2 654.65	29 413.544 2	0.229 4	1 067.0	75.0	11.08	2 880.85	31 919.787 0	0.249 0
965.0	70.0	11.08	2 591.82	28 717.365 6	0.224 0	1 067.0	80.0	11.08	2 849.43	31 571.697 7	0.246 3
965.0	75.0	11.08	2 560.40	28 369.276 3	0.221 3	1 067.0	90.0	11.08	2 786.60	30 875.519 1	0.240 8
965.0	80.0	11.08	2 528.99	28 021.187 0	0.218 6	1 067.0	100.0	11.08	2 723.77	30 179.340 6	0.235 4
965.0	90.0	11.08	2 466.16	27 325.008 5	0.213 1						

②合金钢、不锈钢管

尺寸 (mm)		断 面 (mm²)	周 长 (mm)	体 积 (mm³)	金属重量 (kg/口)	尺寸 (mm)		断 面 (mm²)	周 长 (mm)	体 积 (mm³)	金属重量 (kg/口)
Φ	δ					Φ	δ				
159.0	20.0	11.08	373.85	4 142.262 4	0.032 6	219.0	24.0	11.08	537.21	5 952.326 7	0.046 9
168.0	20.0	11.08	402.12	4 455.542 8	0.035 1	219.0	26.0	11.08	524.65	5 813.091 0	0.045 8
168.0	22.0	11.08	389.56	4 316.307 1	0.034 0	219.0	28.0	11.08	512.08	5 673.855 3	0.044 7
219.0	20.0	11.08	562.35	6 230.798 1	0.049 1	219.0	30.0	11.08	499.51	5 534.619 6	0.043 6
219.0	22.0	11.08	549.78	6 091.562 4	0.048 0	273.0	20.0	11.08	731.99	8 110.480 2	0.063 9

续表

尺寸 (mm)		断 面 (mm²)	周 长 (mm)	体 积 (mm³)	金属重量 (kg/口)	尺寸 (mm)		断 面 (mm²)	周 长 (mm)	体 积 (mm³)	金属重量 (kg/口)
Φ	δ					Φ	δ				
273.0	22.0	11.08	719.43	7 971.244 5	0.062 8	377.0	50.0	11.08	870.22	9 642.073 1	0.076 0
273.0	24.0	11.08	706.86	7 832.008 8	0.061 7	377.0	55.0	11.08	838.81	9 293.983 8	0.073 2
273.0	25.0	11.08	700.58	7 762.390 9	0.061 2	426.0	20.0	11.08	1 212.66	13 436.246 2	0.105 9
273.0	28.0	11.08	681.73	7 553.537 4	0.059 5	426.0	22.0	11.08	1 200.09	13 297.010 5	0.104 8
273.0	30.0	11.08	669.16	7 414.301 7	0.058 4	426.0	24.0	11.08	1 187.52	13 157.774 8	0.103 7
273.0	32.0	11.08	656.59	7 275.066 0	0.057 3	426.0	26.0	11.08	1 174.96	13 018.539 1	0.102 6
273.0	36.0	11.08	631.46	6 996.594 5	0.055 1	426.0	28.0	11.08	1 162.39	12 879.303 4	0.101 5
273.0	38.0	11.08	618.90	6 857.358 8	0.054 0	426.0	30.0	11.08	1 149.83	12 740.067 6	0.100 4
325.0	20.0	11.08	895.36	9 920.544 5	0.078 2	426.0	34.0	11.08	1 124.69	12 461.596 2	0.098 2
325.0	22.0	11.08	882.79	9 781.308 8	0.077 1	426.0	36.0	11.08	1 112.13	12 322.360 5	0.097 1
325.0	24.0	11.08	870.22	9 642.073 1	0.076 0	426.0	38.0	11.08	1 099.56	12 183.124 8	0.096 0
325.0	26.0	11.08	857.66	9 502.837 3	0.074 9	426.0	40.0	11.08	1 086.99	12 043.889 1	0.094 9
325.0	28.0	11.08	845.09	9 363.601 6	0.073 8	426.0	45.0	11.08	1 055.58	11 695.799 8	0.092 2
325.0	30.0	11.08	832.52	9 224.365 9	0.072 7	426.0	50.0	11.08	1 024.16	11 347.710 5	0.089 4
325.0	32.0	11.08	819.96	9 085.130 2	0.071 6	426.0	55.0	11.08	992.75	10 999.621 2	0.086 7
325.0	36.0	11.08	794.82	8 806.658 8	0.069 4	480.0	20.0	11.08	1 382.30	15 315.928 3	0.120 7
325.0	38.0	11.08	782.26	8 667.423 1	0.068 3	480.0	22.0	11.08	1 369.74	15 176.692 6	0.119 6
325.0	40.0	11.08	769.69	8 528.187 4	0.067 2	480.0	24.0	11.08	1 357.17	15 037.456 9	0.118 5
325.0	45.0	11.08	738.28	8 180.098 1	0.064 5	480.0	26.0	11.08	1 344.60	14 898.221 2	0.117 4
377.0	20.0	11.08	1058.72	11 730.608 7	0.092 4	480.0	28.0	11.08	1 332.04	14 758.985 5	0.116 3
377.0	22.0	11.08	1046.15	11 591.373 0	0.091 3	480.0	30.0	11.08	1 319.47	14 619.749 8	0.115 2
377.0	24.0	11.08	1033.59	11 452.137 3	0.090 2	480.0	34.0	11.08	1 294.34	14 341.278 3	0.113 0
377.0	26.0	11.08	1021.02	11 312.901 6	0.089 1	480.0	36.0	11.08	1 281.77	14 202.042 6	0.111 9
377.0	28.0	11.08	1008.45	11 173.665 9	0.088 0	480.0	38.0	11.08	1 269.21	14 062.806 9	0.110 8
377.0	30.0	11.08	995.89	11 034.430 2	0.087 0	480.0	40.0	11.08	1 256.64	13 923.571 2	0.109 7
377.0	34.0	11.08	970.75	10 755.958 8	0.084 8	480.0	45.0	11.08	1 225.22	13 575.481 9	0.107 0
377.0	36.0	11.08	958.19	10 616.723 0	0.083 7	480.0	50.0	11.08	1 193.81	13 227.392 6	0.104 2
377.0	38.0	11.08	945.62	10 477.487 3	0.082 6	480.0	55.0	11.08	1 162.39	12 879.303 4	0.101 5
377.0	40.0	11.08	933.06	10 338.251 6	0.081 5	480.0	60.0	11.08	1 130.98	12 531.214 1	0.098 7
377.0	45.0	11.08	901.64	9 990.162 3	0.078 7	530.0	20.0	11.08	1 539.38	17 056.374 7	0.134 4

续表

尺寸 (mm)		断 面 (mm²)	周 长 (mm)	体 积 (mm³)	金属重量 (kg/口)	尺寸 (mm)		断 面 (mm²)	周 长 (mm)	体 积 (mm³)	金属重量 (kg/口)
Φ	δ					Φ	δ				
530.0	22.0	11.08	1 526.82	16 917.139 0	0.133 3	530.0	38.0	11.08	1 426.29	15 803.253 3	0.124 5
530.0	24.0	11.08	1 514.25	16 777.903 3	0.132 2	530.0	40.0	11.08	1 413.72	15 664.017 6	0.123 4
530.0	26.0	11.08	1 501.68	16 638.667 6	0.131 1	530.0	45.0	11.08	1 382.30	15 315.928 3	0.120 7
530.0	28.0	11.08	1 489.12	16 499.431 9	0.130 0	530.0	50.0	11.08	1 350.89	14 967.839 0	0.117 9
530.0	30.0	11.08	1 476.55	16 360.196 2	0.128 9	530.0	55.0	11.08	1 319.47	14 619.749 8	0.115 2
530.0	34.0	11.08	1 451.42	16 081.724 7	0.126 7	530.0	60.0	11.08	1 288.06	14 271.660 5	0.112 5
530.0	36.0	11.08	1 438.85	15 942.489 0	0.125 6						

(3) U形坡口

①碳钢管

尺寸 (mm)		断 面 (mm²)	周 长 (mm)	体 积 (mm³)	金属重量 (kg/口)	尺寸 (mm)		断 面 (mm²)	周 长 (mm)	体 积 (mm³)	金属重量 (kg/口)
Φ	δ					Φ	δ				
127.0	20.0	13.03	273.32	3 561.349 2	0.027 8	194.0	20.0	13.03	483.81	6 303.997 4	0.049 2
133.0	20.0	13.03	292.17	3 806.959 5	0.029 7	194.0	22.0	13.03	471.24	6 140.257 2	0.047 9
133.0	22.0	13.03	279.60	3 643.219 3	0.028 4	194.0	24.0	13.03	458.67	5 976.517 0	0.046 6
159.0	20.0	13.03	373.85	4 871.270 7	0.038 0	194.0	28.0	13.03	433.54	5 649.036 6	0.044 1
159.0	22.0	13.03	361.28	4 707.530 5	0.036 7	194.0	30.0	13.03	420.97	5 485.296 4	0.042 8
159.0	24.0	13.03	348.72	4 543.790 3	0.035 4	219.0	20.0	13.03	562.35	7 327.373 6	0.057 2
159.0	26.0	13.03	336.15	4 380.050 1	0.034 2	219.0	22.0	13.03	549.78	7 163.633 4	0.055 9
159.0	28.0	13.03	323.58	4 216.309 9	0.032 9	219.0	24.0	13.03	537.21	6 999.893 2	0.054 6
168.0	20.0	13.03	402.12	5 239.686 1	0.040 9	219.0	28.0	13.03	512.08	6 672.412 8	0.052 0
168.0	22.0	13.03	389.56	5 075.946 0	0.039 6	219.0	30.0	13.03	499.51	6 508.672 6	0.050 8
168.0	24.0	13.03	376.99	4 912.205 8	0.038 3	219.0	35.0	13.03	468.10	6 099.322 2	0.047 6
168.0	25.0	13.03	370.71	4 830.335 7	0.037 7	245.0	20.0	13.03	644.03	8 391.684 8	0.065 5
168.0	26.0	13.03	364.43	4 748.465 6	0.037 0	245.0	25.0	13.03	612.61	7 982.334 4	0.062 3
168.0	28.0	13.03	351.86	4 584.725 4	0.035 8	245.0	30.0	13.03	581.20	7 572.983 9	0.059 1
168.0	30.0	13.03	339.29	4 420.985 2	0.034 5	245.0	35.0	13.03	549.78	7 163.633 4	0.055 9

续表

| 尺寸 (mm) | | 断面 (mm²) | 周长 (mm) | 体积 (mm³) | 金属重量 (kg/口) | 尺寸 (mm) | | 断面 (mm²) | 周长 (mm) | 体积 (mm³) | 金属重量 (kg/口) |
Φ	δ					Φ	δ				
273.0	20.0	13.03	731.99	9 537.866 2	0.074 4	377.0	60.0	13.03	807.39	10 520.307 3	0.082 1
273.0	22.0	13.03	719.43	9 374.126 0	0.073 1	426.0	20.0	13.03	1 212.66	15 800.928 5	0.123 2
273.0	25.0	13.03	700.58	9 128.515 7	0.071 2	426.0	22.0	13.03	1 200.09	15 637.188 3	0.122 0
273.0	28.0	13.03	681.73	8 882.905 4	0.069 3	426.0	24.0	13.03	1 187.52	15 473.448 1	0.120 7
273.0	30.0	13.03	669.16	8 719.165 2	0.068 0	426.0	26.0	13.03	1 174.96	15 309.708 0	0.119 4
273.0	32.0	13.03	656.59	8 555.425 0	0.066 7	426.0	28.0	13.03	1 162.39	15 145.967 8	0.118 1
273.0	35.0	13.03	637.74	8 309.814 7	0.064 8	426.0	30.0	13.03	1 149.83	14 982.227 6	0.116 9
273.0	36.0	13.03	631.46	8 227.944 6	0.064 2	426.0	32.0	13.03	1 137.26	14 818.487 4	0.115 6
273.0	40.0	13.03	606.33	7 900.464 3	0.061 6	426.0	36.0	13.03	1 112.13	14 491.007 0	0.113 0
273.0	50.0	13.03	543.50	7 081.763 3	0.055 2	426.0	40.0	13.03	1 086.99	14 163.526 6	0.110 5
325.0	20.0	13.03	895.36	11 666.488 7	0.091 0	426.0	50.0	13.03	1 024.16	13 344.825 6	0.104 1
325.0	22.0	13.03	882.79	11 502.748 5	0.089 7	426.0	55.0	13.03	992.75	12 935.475 2	0.100 9
325.0	25.0	13.03	863.94	11 257.138 2	0.087 8	426.0	60.0	13.03	961.33	12 526.124 7	0.097 7
325.0	28.0	13.03	845.09	11 011.527 9	0.085 9	480.0	20.0	13.03	1 382.30	18 011.421 1	0.140 5
325.0	30.0	13.03	832.52	10 847.787 7	0.084 6	480.0	24.0	13.03	1 357.17	17 683.940 7	0.137 9
325.0	32.0	13.03	819.96	10 684.047 5	0.083 3	480.0	25.0	13.03	1 350.89	17 602.070 6	0.137 3
325.0	36.0	13.03	794.82	10 356.567 1	0.080 8	480.0	28.0	13.03	1 332.04	17 356.460 4	0.135 4
325.0	40.0	13.03	769.69	10 029.086 8	0.078 2	480.0	30.0	13.03	1 319.47	17 192.720 2	0.134 1
325.0	50.0	13.03	706.86	9 210.385 8	0.071 8	480.0	32.0	13.03	1 306.91	17 028.980 0	0.132 8
325.0	60.0	13.03	644.03	8 391.684 8	0.065 5	480.0	36.0	13.03	1 281.77	16 701.499 6	0.130 3
377.0	20.0	13.03	1058.72	13 795.111 2	0.107 6	480.0	40.0	13.03	1 256.64	16 374.019 2	0.127 7
377.0	22.0	13.03	1 046.15	13 631.371 0	0.106 3	480.0	45.0	13.03	1 225.22	15 964.668 7	0.124 5
377.0	24.0	13.03	1 033.59	13 467.630 8	0.105 0	480.0	50.0	13.03	1 193.81	15 555.318 2	0.121 3
377.0	26.0	13.03	1 021.02	13 303.890 6	0.103 8	480.0	55.0	13.03	1 162.39	15 145.967 8	0.118 1
377.0	28.0	13.03	1 008.45	13 140.150 4	0.102 5	480.0	60.0	13.03	1 130.98	14 736.617 3	0.114 9
377.0	32.0	13.03	983.32	12 812.670 0	0.099 9	480.0	70.0	13.03	1 068.14	13 917.916 3	0.108 6
377.0	36.0	13.03	958.19	12 485.189 6	0.097 4	480.0	75.0	13.03	1 036.73	13 508.565 8	0.105 4
377.0	40.0	13.03	933.06	12 157.709 3	0.094 8	508.0	20.0	13.03	1 470.27	19 157.602 5	0.149 4
377.0	45.0	13.03	901.64	11 748.358 8	0.091 6	508.0	24.0	13.03	1 445.14	18 830.122 1	0.146 9
377.0	50.0	13.03	870.22	11 339.008 3	0.088 4	508.0	25.0	13.03	1 438.85	18 748.252 0	0.146 2

续表

尺寸（mm）		断面	周长	体积	金属重量	尺寸（mm）		断面	周长	体积	金属重量
Φ	δ	（mm²）	（mm）	（mm³）	（kg/口）	Φ	δ	（mm²）	（mm）	（mm³）	（kg/口）
508.0	28.0	13.03	1 420.00	18 502.641 7	0.144 3	559.0	28.0	13.03	1 580.22	20 590.329 1	0.160 6
508.0	30.0	13.03	1 407.44	18 338.901 5	0.143 0	559.0	30.0	13.03	1 567.66	20 426.589 0	0.159 3
508.0	32.0	13.03	1 394.87	18 175.161 3	0.141 8	559.0	32.0	13.03	1 555.09	20 262.848 8	0.158 1
508.0	36.0	13.03	1 369.74	17 847.680 9	0.139 2	559.0	36.0	13.03	1 529.96	19 935.368 4	0.155 5
508.0	40.0	13.03	1 344.60	17 520.200 5	0.136 7	559.0	40.0	13.03	1 504.83	19 607.888 0	0.152 9
508.0	45.0	13.03	1 313.19	17 110.850 1	0.133 5	559.0	45.0	13.03	1 473.41	19 198.537 5	0.149 7
508.0	50.0	13.03	1 281.77	16 701.499 6	0.130 3	559.0	50.0	13.03	1 441.99	18 789.187 0	0.146 6
508.0	55.0	13.03	1 250.36	16 292.1491	0.127 1	559.0	55.0	13.03	1 410.58	18 379.836 6	0.143 4
508.0	60.0	13.03	1 218.94	15 882.7986	0.123 9	559.0	60.0	13.03	1 379.16	17 970.486 1	0.140 2
508.0	70.0	13.03	1 156.11	15 064.097 7	0.117 5	559.0	70.0	13.03	1 316.33	17 151.785 1	0.133 8
508.0	75.0	13.03	1 124.69	14 654.747 2	0.114 3	559.0	75.0	13.03	1 284.91	16 742.434 6	0.130 6
508.0	80.0	13.03	1 093.28	14 245.396 7	0.111 1	559.0	80.0	13.03	1 253.50	16 333.084 2	0.127 4
530.0	20.0	13.03	1 539.38	20 058.173 5	0.156 5	630.0	20.0	13.03	1 853.54	24 151.678 3	0.188 4
530.0	24.0	13.03	1 514.25	19 730.693 1	0.153 9	630.0	24.0	13.03	1 828.41	23 824.197 9	0.185 8
530.0	26.0	13.03	1 501.68	19 566.952 9	0.152 6	630.0	26.0	13.03	1 815.84	23 660.457 7	0.184 6
530.0	28.0	13.03	1 489.12	19 403.212 8	0.151 3	630.0	28.0	13.03	1 803.28	23 496.717 6	0.183 3
530.0	30.0	13.03	1 476.55	19 239.472 6	0.150 1	630.0	30.0	13.03	1 790.71	23 332.977 4	0.182 0
530.0	32.0	13.03	1 463.99	19 075.732 4	0.148 8	630.0	32.0	13.03	1 778.15	23 169.237 2	0.180 7
530.0	36.0	13.03	1 438.85	18 748.252 0	0.146 2	630.0	36.0	13.03	1 753.01	22 841.756 8	0.178 2
530.0	40.0	13.03	1 413.72	18 420.771 6	0.143 7	630.0	38.0	13.03	1 740.45	22 678.016 6	0.176 9
530.0	45.0	13.03	1 382.30	18 011.421 1	0.140 5	630.0	40.0	13.03	1 727.88	22 514.276 4	0.175 6
530.0	50.0	13.03	1 350.89	17 602.070 6	0.137 3	630.0	45.0	13.03	1 696.46	22 104.925 9	0.172 4
530.0	55.0	13.03	1 319.47	17 192.720 2	0.134 1	630.0	50.0	13.03	1 665.05	21 695.575 4	0.169 2
530.0	60.0	13.03	1 288.06	16 783.369 7	0.130 9	630.0	55.0	13.03	1 633.63	21 286.225 0	0.166 0
530.0	70.0	13.03	1 225.22	15 964.668 7	0.124 5	630.0	60.0	13.03	1 602.22	20 876.874 5	0.162 8
530.0	75.0	13.03	1 193.81	15 555.318 2	0.121 3	630.0	70.0	13.03	1 539.38	20 058.173 5	0.156 5
530.0	80.0	13.03	1 162.39	15 145.967 8	0.118 1	630.0	75.0	13.03	1 507.97	19 648.823 0	0.153 3
559.0	20.0	13.03	1 630.49	21 245.289 9	0.165 7	630.0	80.0	13.03	1 476.55	19 239.472 6	0.150 1
559.0	24.0	13.03	1 605.36	20 917.809 5	0.163 2	660.0	20.0	13.03	1 947.79	25 379.729 8	0.198 0
559.0	26.0	13.03	1 592.79	20 754.069 3	0.161 9	660.0	24.0	13.03	1 922.66	25 052.249 4	0.195 4

续表

尺寸 (mm)		断 面 (mm²)	周 长 (mm)	体 积 (mm³)	金属重量 (kg/口)	尺寸 (mm)		断 面 (mm²)	周 长 (mm)	体 积 (mm³)	金属重量 (kg/口)
Φ	δ					Φ	δ				
660.0	26.0	13.03	1 910.09	24 888.509 2	0.194 1	720.0	80.0	13.03	1 759.30	22 923.626 9	0.178 8
660.0	28.0	13.03	1 897.53	24 724.769 0	0.192 9	720.0	90.0	13.03	1 696.46	22 104.925 9	0.172 4
660.0	30.0	13.03	1 884.96	24 561.028 8	0.191 6	762.0	20.0	13.03	2 268.24	29 555.104 7	0.230 5
660.0	32.0	13.03	1 872.39	24 397.288 6	0.190 3	762.0	24.0	13.03	2 243.10	29 227.624 3	0.228 0
660.0	36.0	13.03	1 847.26	24 069.808 2	0.187 7	762.0	26.0	13.03	2 230.54	29 063.884 1	0.226 7
660.0	38.0	13.03	1 834.69	23 906.068 0	0.186 5	762.0	28.0	13.03	2 217.97	28 900.143 9	0.225 4
660.0	40.0	13.03	1 822.13	23 742.327 8	0.185 2	762.0	30.0	13.03	2 205.40	28 736.403 7	0.224 1
660.0	45.0	13.03	1 790.71	23 332.977 4	0.182 0	762.0	32.0	13.03	2 192.84	28 572.663 5	0.222 9
660.0	50.0	13.03	1 759.30	22 923.626 9	0.178 8	762.0	36.0	13.03	2 167.70	28 245.183 1	0.220 3
660.0	55.0	13.03	1 727.88	22 514.276 4	0.175 6	762.0	38.0	13.03	2 155.14	28 081.442 9	0.219 0
660.0	60.0	13.03	1 696.46	22 104.925 9	0.172 4	762.0	40.0	13.03	2 142.57	27 917.702 7	0.217 8
660.0	70.0	13.03	1 633.63	21 286.225 0	0.166 0	762.0	45.0	13.03	2 111.16	27 508.352 3	0.214 6
660.0	75.0	13.03	1 602.22	20 876.874 5	0.162 8	762.0	50.0	13.03	2 079.74	27 099.001 8	0.211 4
660.0	80.0	13.03	1 570.80	20 467.524 0	0.159 6	762.0	55.0	13.03	2 048.32	26 689.651 3	0.208 2
660.0	90.0	13.03	1 507.97	19 648.823 0	0.153 3	762.0	60.0	13.03	2 016.91	26 280.300 8	0.205 0
720.0	20.0	13.03	2 136.29	27 835.832 6	0.217 1	762.0	70.0	13.03	1 954.08	25 461.599 9	0.198 6
720.0	24.0	13.03	2 111.16	27 508.352 3	0.214 6	762.0	75.0	13.03	1 922.66	25 052.249 4	0.195 4
720.0	26.0	13.03	2 098.59	27 344.612 1	0.213 3	762.0	80.0	13.03	1 891.24	24 642.898 9	0.192 2
720.0	28.0	13.03	2 086.02	27 180.871 9	0.212 0	762.0	90.0	13.03	1 828.41	23 824.197 9	0.185 8
720.0	30.0	13.03	2 073.46	27 017.131 7	0.210 7	813.0	20.0	13.03	2 428.46	31 642.792 1	0.246 8
720.0	32.0	13.03	2 060.89	26 853.391 5	0.209 5	813.0	24.0	13.03	2 403.32	31 315.311 7	0.244 3
720.0	36.0	13.03	2 035.76	26 525.911 1	0.206 9	813.0	26.0	13.03	2 390.76	31 151.571 5	0.243 0
720.0	38.0	13.03	2 023.19	26 362.170 9	0.205 6	813.0	28.0	13.03	2 378.19	30 987.831 3	0.241 7
720.0	40.0	13.03	2 010.62	26 198.430 7	0.204 3	813.0	30.0	13.03	2 365.62	30 824.091 1	0.240 4
720.0	45.0	13.03	1 979.21	25 789.080 2	0.201 2	813.0	32.0	13.03	2 353.06	30 660.351 0	0.239 2
720.0	50.0	13.03	1 947.79	25 379.729 8	0.198 0	813.0	36.0	13.03	2 327.93	30 332.870 6	0.236 6
720.0	55.0	13.03	1 916.38	24 970.379 3	0.194 8	813.0	38.0	13.03	2 315.36	30 169.130 4	0.235 3
720.0	60.0	13.03	1 884.96	24 561.028 8	0.191 6	813.0	40.0	13.03	2 302.79	30 005.390 2	0.234 0
720.0	70.0	13.03	1 822.13	23 742.327 8	0.185 2	813.0	45.0	13.03	2 271.38	29 596.039 7	0.230 8
720.0	75.0	13.03	1 790.71	23 332.977 4	0.182 0	813.0	50.0	13.03	2 239.96	29 186.689 2	0.227 7

续表

尺寸 (mm)		断面 (mm²)	周 长 (mm)	体 积 (mm³)	金属重量 (kg/口)	尺寸 (mm)		断面 (mm²)	周 长 (mm)	体 积 (mm³)	金属重量 (kg/口)
Φ	δ					Φ	δ				
813.0	55.0	13.03	2 208.54	28 777.338 7	0.224 5	914.0	32.0	13.03	2 670.36	34 794.790 8	0.271 4
813.0	60.0	13.03	2 177.13	28 367.988 3	0.221 3	914.0	36.0	13.03	2 645.23	34 467.310 4	0.268 8
813.0	70.0	13.03	2 114.30	27 549.287 3	0.214 9	914.0	38.0	13.03	2 632.66	34 303.570 2	0.267 6
813.0	75.0	13.03	2 082.88	27 139.936 8	0.211 7	914.0	40.0	13.03	2 620.09	34 139.830 0	0.266 3
813.0	80.0	13.03	2 051.46	26 730.586 3	0.208 5	914.0	45.0	13.03	2 588.68	33 730.479 6	0.263 1
813.0	90.0	13.03	1 988.63	25 911.885 4	0.202 1	914.0	50.0	13.03	2 557.26	33 321.129 1	0.259 9
813.0	100.0	13.03	1 925.80	25 093.184 4	0.195 7	914.0	55.0	13.03	2 525.85	32 911.778 6	0.256 7
864.0	20.0	13.03	2 588.68	33 730.479 6	0.263 1	914.0	60.0	13.03	2 494.43	32 502.428 1	0.253 5
864.0	24.0	13.03	2 563.55	33 402.999 2	0.260 5	914.0	70.0	13.03	2 431.60	31 683.727 2	0.247 1
864.0	26.0	13.03	2 550.98	33 239.259 0	0.259 3	914.0	75.0	13.03	2 400.18	31 274.376 7	0.243 9
864.0	28.0	13.03	2 538.41	33 075.518 8	0.258 0	914.0	80.0	13.03	2 368.77	30 865.026 2	0.240 7
864.0	30.0	13.03	2 525.85	32 911.778 6	0.256 7	914.0	90.0	13.03	2 305.93	30 046.325 2	0.234 4
864.0	32.0	13.03	2 513.28	32 748.038 4	0.255 4	914.0	100.0	13.03	2 243.10	29 227.624 3	0.228 0
864.0	36.0	13.03	2 488.15	32 420.558 0	0.252 9	965.0	20.0	13.03	2 905.98	37 864.919 4	0.295 3
864.0	38.0	13.03	2 475.58	32 256.817 8	0.251 6	965.0	24.0	13.03	2 880.85	37 537.439 0	0.292 8
864.0	40.0	13.03	2 463.01	32 093.077 6	0.250 3	965.0	26.0	13.03	2 868.28	37 373.698 8	0.291 5
864.0	45.0	13.03	2 431.60	31 683.727 2	0.247 1	965.0	28.0	13.03	2 855.71	37 209.958 6	0.290 2
864.0	50.0	13.03	2 400.18	31 274.376 7	0.243 9	965.0	30.0	13.03	2 843.15	37 046.218 4	0.289 0
864.0	55.0	13.03	2 368.77	30 865.026 2	0.240 7	965.0	32.0	13.03	2 830.58	36 882.478 2	0.287 7
864.0	60.0	13.03	2 337.35	30 455.675 7	0.237 6	965.0	36.0	13.03	2 805.45	36 554.997 9	0.285 1
864.0	70.0	13.03	2 274.52	29 636.974 8	0.231 2	965.0	38.0	13.03	2 792.88	36 391.257 7	0.283 9
864.0	75.0	13.03	2 243.10	29 227.624 3	0.228 0	965.0	40.0	13.03	2 780.32	36 227.517 5	0.282 6
864.0	80.0	13.03	2 211.69	28 818.273 8	0.224 8	965.0	45.0	13.03	2 748.90	35 818.167 0	0.279 4
864.0	90.0	13.03	2 148.85	27 999.572 8	0.218 4	965.0	50.0	13.03	2 717.48	35 408.816 5	0.276 2
864.0	100.0	13.03	2 086.02	27 180.871 9	0.212 0	965.0	55.0	13.03	2 686.07	34 999.466 0	0.273 0
914.0	20.0	13.03	2 745.76	35 777.232 0	0.279 1	965.0	60.0	13.03	2 654.65	34 590.115 6	0.269 8
914.0	24.0	13.03	2 720.63	35 449.751 6	0.276 5	965.0	70.0	13.03	2 591.82	33 771.414 6	0.263 4
914.0	26.0	13.03	2 708.06	35 286.011 4	0.275 2	965.0	75.0	13.03	2 560.40	33 362.064 1	0.260 2
914.0	28.0	13.03	2 695.49	35 122.271 2	0.274 0	965.0	80.0	13.03	2 528.99	32 952.713 6	0.257 0
914.0	30.0	13.03	2 682.93	34 958.531 0	0.272 7	965.0	90.0	13.03	2 466.16	32 134.012 7	0.250 6

续表

尺寸 (mm)		断面 (mm²)	周 长 (mm)	体 积 (mm³)	金属重量 (kg/口)	尺寸 (mm)		断面 (mm²)	周 长 (mm)	体 积 (mm³)	金属重量 (kg/口)
Φ	δ					Φ	δ				
965.0	100.0	13.03	2 403.32	31 315.311 7	0.244 3	1 067.0	45.0	13.03	3 069.34	39 993.541 9	0.311 9
1 067.0	20.0	13.03	3 226.42	42 040.294 3	0.327 9	1 067.0	50.0	13.03	3 037.93	39 584.191 4	0.308 8
1 067.0	24.0	13.03	3 201.29	41 712.813 9	0.325 4	1 067.0	55.0	13.03	3 006.51	39 174.840 9	0.305 6
1 067.0	26.0	13.03	3 188.72	41 549.073 7	0.324 1	1 067.0	60.0	13.03	2 975.10	38 765.490 5	0.302 4
1 067.0	28.0	13.03	3 176.16	41 385.333 5	0.322 8	1 067.0	70.0	13.03	2 912.26	37 946.789 5	0.296 0
1 067.0	30.0	13.03	3 163.59	41 221.593 3	0.321 5	1 067.0	75.0	13.03	2 880.85	37 537.439 0	0.292 8
1 067.0	32.0	13.03	3 151.02	41 057.853 1	0.320 3	1 067.0	80.0	13.03	2 849.43	37 128.088 5	0.289 6
1 067.0	36.0	13.03	3 125.89	40 730.372 8	0.317 7	1 067.0	90.0	13.03	2 786.60	36 309.387 6	0.283 2
1 067.0	38.0	13.03	3 113.33	40 566.632 6	0.316 4	1 067.0	100.0	13.03	2 723.77	35 490.686 6	0.276 8
1 067.0	40.0	13.03	3 100.76	40 402.892 4	0.315 1						

②合金钢管、不锈钢管

尺寸 (mm)		断面 (mm²)	周 长 (mm)	体 积 (mm³)	金属重量 (kg/口)	尺寸 (mm)		断面 (mm²)	周 长 (mm)	体 积 (mm³)	金属重量 (kg/口)
Φ	δ					Φ	δ				
159.0	20.0	13.03	373.85	4 871.270 7	0.038 4	273.0	32.0	13.03	656.59	8 555.425 0	0.067 4
168.0	20.0	13.03	402.12	5 239.686 1	0.041 3	273.0	36.0	13.03	631.46	8 227.944 6	0.064 8
168.0	22.0	13.03	389.56	5 075.946 0	0.040 0	273.0	38.0	13.03	618.90	8 064.204 5	0.063 5
219.0	20.0	13.03	562.35	7 327.373 6	0.057 7	325.0	20.0	13.03	895.36	11 666.488 7	0.091 9
219.0	22.0	13.03	549.78	7 163.633 4	0.056 4	325.0	22.0	13.03	882.79	11 502.748 5	0.090 6
219.0	24.0	13.03	537.21	6 999.893 2	0.055 2	325.0	24.0	13.03	870.22	11 339.008 3	0.089 4
219.0	26.0	13.03	524.65	6 836.153 0	0.053 9	325.0	26.0	13.03	857.66	11 175.268 1	0.088 1
219.0	28.0	13.03	512.08	6 672.412 8	0.052 6	325.0	28.0	13.03	845.09	11 011.527 9	0.086 8
219.0	30.0	13.03	499.51	6 508.672 6	0.051 3	325.0	30.0	13.03	832.52	10 847.787 7	0.085 5
273.0	20.0	13.03	731.99	9 537.866 2	0.075 2	325.0	32.0	13.03	819.96	10 684.047 5	0.084 2
273.0	22.0	13.03	719.43	9 374.126 0	0.073 9	325.0	36.0	13.03	794.82	10 356.567 1	0.081 6
273.0	24.0	13.03	706.86	9 210.385 8	0.072 6	325.0	38.0	13.03	782.26	10 192.827 0	0.080 3
273.0	25.0	13.03	700.58	9 128.515 7	0.071 9	325.0	40.0	13.03	769.69	10 029.086 8	0.079 0
273.0	28.0	13.03	681.73	8 882.905 4	0.070 0	325.0	45.0	13.03	738.28	9 619.736 3	0.075 8
273.0	30.0	13.03	669.16	8 719.165 2	0.068 7	377.0	20.0	13.03	1058.72	13 795.111 2	0.108 7

续表

尺寸 (mm)		断 面 (mm²)	周 长 (mm)	体 积 (mm³)	金属重量 (kg/口)	尺寸 (mm)		断 面 (mm²)	周 长 (mm)	体 积 (mm³)	金属重量 (kg/口)
Φ	δ					Φ	δ				
377.0	22.0	13.03	1046.15	13 631.371 0	0.107 4	480.0	24.0	13.03	1 357.17	17 683.940 7	0.139 3
377.0	24.0	13.03	1033.59	13 467.630 8	0.106 1	480.0	26.0	13.03	1 344.60	17 520.200 5	0.138 1
377.0	26.0	13.03	1021.02	13 303.890 6	0.104 8	480.0	28.0	13.03	1 332.04	17 356.460 4	0.136 8
377.0	28.0	13.03	1008.45	13 140.150 4	0.103 5	480.0	30.0	13.03	1 319.47	17 192.720 2	0.135 5
377.0	30.0	13.03	995.89	12 976.410 2	0.102 3	480.0	34.0	13.03	1 294.34	16 865.239 8	0.132 9
377.0	34.0	13.03	970.75	12 648.929 8	0.099 7	480.0	36.0	13.03	1 281.77	16 701.499 6	0.131 6
377.0	36.0	13.03	958.19	12 485.189 6	0.098 4	480.0	38.0	13.03	1 269.21	16 537.759 4	0.130 3
377.0	38.0	13.03	945.62	12 321.449 4	0.097 1	480.0	40.0	13.03	1 256.64	16 374.019 2	0.129 0
377.0	40.0	13.03	933.06	12 157.709 3	0.095 8	480.0	45.0	13.03	1 225.22	15 964.668 7	0.125 8
377.0	45.0	13.03	901.64	11 748.358 8	0.092 6	480.0	50.0	13.03	1 193.81	15 555.318 2	0.122 6
377.0	50.0	13.03	870.22	11 339.008 3	0.089 4	480.0	55.0	13.03	1 162.39	15 145.967 8	0.119 4
377.0	55.0	13.03	838.81	10 929.657 8	0.086 1	480.0	60.0	13.03	1 130.98	14 736.617 3	0.116 1
426.0	20.0	13.03	1 212.66	15 800.928 5	0.124 5	530.0	20.0	13.03	1 539.38	20 058.173 5	0.158 1
426.0	22.0	13.03	1 200.09	15 637.188 3	0.123 2	530.0	22.0	13.03	1 526.82	19 894.433 3	0.156 8
426.0	24.0	13.03	1 187.52	15 473.448 1	0.121 9	530.0	24.0	13.03	1 514.25	19 730.693 1	0.155 5
426.0	26.0	13.03	1 174.96	15 309.708 0	0.120 6	530.0	26.0	13.03	1 501.68	19 566.952 9	0.154 2
426.0	28.0	13.03	1 162.39	15 145.967 8	0.119 4	530.0	28.0	13.03	1 489.12	19 403.212 8	0.152 9
426.0	30.0	13.03	1 149.83	14 982.227 6	0.118 1	530.0	30.0	13.03	1 476.55	19 239.472 6	0.151 6
426.0	34.0	13.03	1 124.69	14 654.747 2	0.115 5	530.0	34.0	13.03	1 451.42	18 911.992 2	0.149 0
426.0	36.0	13.03	1 112.13	14 491.007 0	0.114 2	530.0	36.0	13.03	1 438.85	18 748.252 0	0.147 7
426.0	38.0	13.03	1 099.56	14 327.266 8	0.112 9	530.0	38.0	13.03	1 426.29	18 584.511 8	0.146 4
426.0	40.0	13.03	1 086.99	14 163.526 6	0.111 6	530.0	40.0	13.03	1 413.72	18 420.771 6	0.145 2
426.0	45.0	13.03	1 055.58	13 754.176 1	0.108 4	530.0	45.0	13.03	1 382.30	18 011.421 1	0.141 9
426.0	50.0	13.03	1 024.16	13 344.825 6	0.105 2	530.0	50.0	13.03	1 350.89	17 602.070 6	0.138 7
426.0	55.0	13.03	992.75	12 935.475 2	0.101 9	530.0	55.0	13.03	1 319.47	17 192.720 2	0.135 5
480.0	20.0	13.03	1 382.30	18 011.421 1	0.141 9	530.0	60.0	13.03	1 288.06	16 783.369 7	0.132 3
480.0	22.0	13.03	1 369.74	17 847.680 9	0.140 6						

附表三 焊缝无损探伤及热处理消耗量计算表

1. X射线探伤

(1) 板材对接焊缝探伤

单位：10张

编 号		001	002	003	004
项目名称		板厚（mm 以内）			
		16	30	42	42 以外
名 称	单位	数 量			
人工 探伤工	工日	3.680	4.085	4.904	6.688
材料 X射线胶片 80×300	张	12.000	12.000	12.000	—
X射线胶片 100×300	张	—	—	—	12.000
显影药剂	L	0.260	0.260	0.260	0.260
定影药剂	L	0.260	0.260	0.260	0.260
铅箔增感屏 80×300	副	0.500	0.500	0.500	—
铅箔增感屏 100×300	副	—	—	—	0.500
暗袋	副	0.500	0.500	0.500	0.500
医用白胶布	m²	0.120	0.120	0.120	0.120
记号笔	支	0.200	0.200	0.200	0.200
阿拉伯铅号码	套	0.200	0.200	0.200	0.200
英文铅号码	套	0.200	0.200	0.200	0.200
像质计	个	0.200	0.200	0.200	0.200
铅板 δ2~3	块	0.300	0.300	0.300	0.300
电	kW·h	0.750	0.750	0.750	0.750
水	t	0.300	0.300	0.300	0.300
机械 X光探伤机 2005	台班	1.000	—	—	—
X光探伤机 2505	台班	—	1.110	—	—
X光探伤机 3005	台班	—	—	1.330	1.820
自动洗片机	台班	0.070	0.080	0.090	0.180

(2) 管材对接焊缝探伤

单位：10 张

编　号			005	006	007	008	009	010	011
项目名称			透照厚度（mm 以内）						
			80×300				80×150		
			16	32	42	42以上	16	30	42
名　称		单位	数　量						
人工	探伤工	工日	4.232	5.253	6.569	8.179	4.232	5.253	6.569
材料	X射线胶片 80×300	张	12.000	12.000	12.000	—	—	—	—
	X射线胶片 100×300	张	—	—	—	12.000	—	—	—
	X射线胶片 80×150	张	—	—	—	—	12.000	12.000	12.000
	显影药剂	L	0.260	0.260	0.260	0.260	0.130	0.130	0.130
	定影药剂	L	0.260	0.260	0.260	0.260	0.130	0.130	0.130
	铅箔增感屏 80×300	副	0.500	0.500	0.500	—	0.500	0.500	0.500
	铅箔增感屏 100×300	副	—	—	—	0.500	—	—	—
	铅箔增感屏 80×150	副	0.500	0.500	0.500	0.500	0.500	0.500	0.500
	暗袋	副	0.500	0.500	0.500	0.500	0.500	0.500	0.500
	定位标志尺	m	0.100	0.100	0.100	0.100	0.100	0.100	0.100
	医用白胶布	m^2	0.120	0.120	0.120	0.120	0.120	0.120	0.120
	记号笔	支	0.200	0.200	0.200	0.200	0.200	0.200	0.200
	阿拉伯铅号码	套	0.200	0.200	0.200	0.200	0.200	0.200	0.200
	英文铅号码	套	0.200	0.200	0.200	0.200	0.200	0.200	0.200
	沟槽像质计	个	0.100	0.100	0.100	0.100	0.100	0.100	0.100
	贴片磁铁	副	0.210	0.210	0.210	0.210	0.210	0.210	0.210
	铅板 δ2~3	块	0.300	0.300	0.300	0.300	0.300	0.300	0.300
	电	kW·h	0.750	0.750	0.750	0.750	0.751	0.751	0.751
	水	t	0.300	0.300	0.300	0.300	0.300	0.300	0.300
	松紧带	m	0.500	0.500	0.500	0.500	0.500	0.500	0.500

续表

编号			005	006	007	008	009	010	011
项目名称			透照厚度（mm以内）						
			80×300				80×150		
			16	32	42	42以上	16	30	42
名称		单位	数量						
机械	X光探伤机2005	台班	1.150	—	—	—	1.150	—	—
	X光探伤机2505	台班	—	1.430	1.790	—	—	1.430	1.790
	X光探伤机3005	台班	—	—	—	2.220	—	—	—
	自动洗片机	台班	0.080	0.100	0.125	0.154	0.080	0.100	0.125

2. γ射线探伤

（1）板材对接焊缝探伤

单位：10张

编号			012	013	014	015
项目名称			透照厚度（mm以内）			
			28	40	48	48以上
名称		单位	数量			
人工	探伤工	工日	1.343	1.472	1.840	2.456
材料	X射线胶片80×300	张	12.000	12.000	—	—
	X射线胶片100×300	张	—	—	12.000	12.000
	显影药剂	L	0.260	0.260	0.260	0.260
	定影药剂	L	0.260	0.260	0.260	0.260
	铅箔增感屏80×300	副	0.500	0.500	—	—
	铅箔增感屏100×300	副	—	—	0.500	0.500
	暗袋	副	0.500	0.500	0.500	0.500
	医用白胶布	m^2	0.120	0.120	0.120	0.120
	记号笔	支	0.200	0.200	0.200	0.200
	阿拉伯铅号码	套	0.380	0.380	0.380	0.380
	英文铅号码	套	0.380	0.380	0.380	0.380
	像质计	个	0.200	0.200	0.200	0.200
	铅板δ2~3	块	0.300	0.300	0.300	0.300
	压敏胶粘带	m	10.500	10.500	10.500	10.500
	电	kW·h	0.750	0.750	0.750	0.750
	水	t	0.300	0.300	0.300	0.300
机械	γ射线探伤仪192/1Y	台班	0.180	0.200	0.250	0.330
	自动洗片机	台班	0.013	0.014	0.018	0.023

（2）管材对接焊缝探伤（外透法）

单位：10张

编号			016	017	018	019	020
项目名称			透照厚度（mm以内）				
			80×300				80×150
			30	40	50	50以上	30
名称		单位	数量				
人工	探伤工	工日	5.710	7.140	8.890	11.100	5.710
材料	X射线胶片 80×300	张	12.000	12.000	—	—	—
	X射线胶片 100×300	张	—	—	12.000	12.000	—
	X射线胶片 80×150	张	—	—	—	—	12.000
	显影药剂	L	0.260	0.260	0.260	0.260	0.130
	定影药剂	L	0.260	0.260	0.260	0.260	0.130
	铅箔增感屏 80×300	副	0.500	0.500	—	—	—
	铅箔增感屏 100×300	副	—	—	0.500	0.500	—
	铅箔增感屏 80×150	副	—	—	—	—	0.500
	暗袋	副	0.500	0.500	0.500	0.500	0.500
	医用白胶布	m^2	0.120	0.120	0.120	0.120	0.120
	记号笔	支	0.200	0.200	0.200	0.200	0.200
	阿拉伯铅号码	套	0.380	0.380	0.380	0.380	0.380
	英文铅号码	套	0.380	0.380	0.380	0.380	0.380
	像质计	个	0.200	0.200	0.200	0.200	0.200
	沟槽像质计	个	0.100	0.100	0.100	0.100	0.100
	贴片磁铁	副	0.210	0.210	0.210	0.210	0.210
	铅板 δ2～3	块	0.300	0.300	0.300	0.300	0.300
	压敏胶粘带	m	10.500	10.500	10.500	10.500	10.500
	电	kW·h	0.750	0.750	0.750	0.750	0.750
	水	t	0.300	0.300	0.300	0.300	0.300
	定位标志尺	m	0.100	0.100	0.100	0.100	0.100
	松紧带	m	0.500	0.500	0.500	0.500	0.500
机械	γ射线探伤仪 192/2Y	台班	1.430	1.790	—	—	1.430
	γ射线探伤仪 192/1Y	台班	—	—	2.220	2.780	—
	自动洗片机	台班	0.100	0.125	0.154	0.193	0.100

3. 超声波探伤

（1）板材对接焊缝探伤

单位：10m

编　号			021	022	023	024
项目名称			金属板材对接焊缝			
			板厚（mm以内）			
			25	46	80	120
名　称		单位	数　量			
人工	探伤工	工日	0.750	1.000	1.500	2.130
材料	斜探头	个	0.160	0.160	0.330	0.330
	直探头	个	0.050	0.050	0.050	0.050
	探头线	根	0.020	0.020	0.020	0.020
	铁砂布 0～2#	张	2.000	2.000	4.000	4.000
	耦合剂	kg	0.500	0.500	1.000	1.000
	棉纱头	kg	0.200	0.200	0.400	0.400
	毛刷	把	0.100	0.100	0.200	0.200
机械	超声波探伤机 CTS-26	台班	0.375	0.500	0.750	1.065

（2）管材对接焊缝探伤

单位：10个口

编　号			025	026	027	028
项目名称			公称直径（mm以内）			
			150	250	350	350以上
名　称		单位	数　量			
人工	探伤工	工日	0.764	1.454	2.245	2.907
材料	斜探头	个	0.080	0.130	0.340	0.550
	直探头	个	0.025	0.040	0.056	0.083
	探头线	根	0.010	0.016	0.023	0.034
	铁砂布 0～2#	张	0.320	1.630	4.500	6.640
	耦合剂	kg	0.250	0.410	1.020	1.660
	棉纱头	kg	0.100	0.160	0.410	0.660
	毛刷	把	0.050	0.080	0.200	0.330
机械	超声波探伤机 CTS-26	台班	0.415	0.790	1.220	1.580

4. 磁粉探伤

（1）板材对接焊缝探伤

单位：10m

编　号			029	030
项目名称			普通磁粉	荧光磁粉
名　称		单位	数　量	
人工	探伤工	工日	1.080	2.110
材料	磁膏	g	50.000	—
	荧光磁粉	g	—	5.000
	棉纱头	kg	0.230	0.230
机械	磁力探伤机 B300	台班	1.176	1.766

（2）管材对接焊缝探伤

单位：10个口

编　号			031	032	033	034
项目名称			普通磁粉			
			公称直径（mm以内）			
			150	250	350	350以上
名　称		单位	数　量			
人工	探伤工	工日	0.460	0.791	1.086	1.233
材料	磁膏	g	25.000	40.663	51.025	66.880
	尼龙砂轮片 Φ100	片	0.150	0.150	0.150	0.150
	棉纱头	kg	0.115	0.187	0.235	0.308
机械	磁力探伤机 B300	台班	0.250	0.430	0.590	0.670

5. 渗透探伤

(1) 板材对接焊缝探伤

单位：10m

编　号			035
项 目 名 称			渗透探伤
名　称		单位	数　量
人工	探伤工	工日	0.670
材料	渗透剂 500mL	瓶	1.000
	显像剂 500mL	瓶	2.000
	清洗剂 500mL	瓶	3.000
	棉质卫生纸	卷	2.000
机械	轴流风机 7.5kW	台班	0.050

(2) 管材对接焊缝探伤

单位：10个口

编　号			036	037	038	039
项 目 名 称			公称直径（mm 以内）			
			100	200	350	500
名　称		单位	数　量			
人工	探伤工	工日	0.313	0.635	1.086	1.527
材料	渗透剂 500mL	瓶	0.339	0.688	1.020	1.661
	显像剂 500mL	瓶	0.678	1.376	2.040	3.322
	清洗剂 500mL	瓶	1.017	2.064	3.060	4.983
	棉质卫生纸	卷	0.678	1.376	2.040	3.322
机械	轴流风机 7.5kW	台班	0.024	0.048	0.071	0.116

6. 板材焊缝局部热处理

单位：10m 焊缝

编号			040	041	042	043	044	045	046
项目名称			钢板厚度（mm 以内）						
			10～15	16～20	21～25	26～30	31～40	41～50	51～60
名称		单位	数量						
人工	热处理工	工日	6.624	7.949	8.906	10.019	12.512	14.444	18.299
材料	电加热片 履带式	m^2	0.090	0.110	0.120	0.130	0.180	0.210	0.250
	热电耦 1000℃ 1m	个	0.500	0.500	0.500	0.500	0.500	0.500	0.500
	高硅布 δ50	m^2	2.860	3.430	3.840	4.320	5.840	6.570	7.910
	其他材料	%	3.000	3.000	3.000	3.000	3.000	3.000	3.000
机械	自控热处理机	台班	3.800	4.200	4.600	5.290	6.670	7.820	9.140

7. 管道焊缝焊后局部热处理

（1）碳钢管

单位：10 个口

编号			047	048	049	050	051	052	053	054	055	056
项目名称			电加热片									
			外径×壁厚（mm 以内）									
			219×20～30	219×31～50	273×20～30	273×31～50	325×20～30	325×31～50	325×51～65	377×20～30	377×31～50	377×51～65
名称		单位	数量									
人工	热处理工	工日	11.960	17.340	18.690	26.760	18.690	18.690	34.830	18.690	26.760	34.830
材料	高硅布 δ25	m^2	3.600	4.630	4.360	5.650	5.090	6.630	7.650	5.830	8.790	9.980
	电加热片 履带式	m^2	0.060	0.078	0.072	0.102	0.090	0.120	0.138	0.102	0.162	0.186
	热电耦 1 000℃ 1m	个	0.500	0.500	0.500	0.500	1.000	1.000	1.000	1.000	1.000	1.000
	其他材料	%	3.000	3.000	3.000	3.000	3.000	3.000	3.000	3.000	3.000	3.000
机械	自控热处理机	台班	1.990	2.890	3.120	4.460	3.120	3.120	5.810	3.120	4.460	5.810

续表

编号			057	058	059	060	061	062	063	064	065
项目名称			电加热片								
			外径×壁厚（mm 以内）								
			426×20~30	426×31~50	426×51~65	480×20~30	480×31~50	480×51~80	580×20~30	530×31~50	530×51~80
名称		单位	数量								
人工	热处理工	工日	20.190	28.260	36.330	20.190	28.260	39.030	20.190	28.260	39.030
材料	高硅布 δ25	m²	6.520	8.530	9.870	7.290	11.060	14.070	7.990	12.160	15.490
	电加热片　履带式	m²	0.114	0.156	0.180	0.132	0.204	0.264	0.144	0.228	0.294
	热电耦　1 000℃　1m	个	1.500	1.500	1.500	1.500	1.500	1.500	1.500	1.500	1.500
	其他材料	%	3.000	3.000	3.000	3.000	3.000	3.000	3.000	3.000	3.000
机械	自控热处理机	台班	3.370	4.710	6.060	3.370	4.710	6.510	3.370	4.710	6.510

（2）低合金钢管

单位：10 个口

编号			066	067	068	069	070	071	072	073	074	075	076	077
项目名称			电加热片											
			外径×壁厚（mm 以内）											
			57×3~147	76×3~14	89×4~16	114×6~18	133×6~25	159×6~25	159×26~30	219×6~25	219×26~35	273×6~25	273×26~50	325×6~25
名称		单位	数量											
人工	热处理工	工日	8.880	8.880	9.770	11.450	14.030	14.030	16.600	14.030	19.150	14.650	37.390	14.650
材料	高硅布 δ25	m²	1.040	1.220	1.480	1.690	2.170	2.500	2.750	3.250	3.600	9.080	5.560	4.580
	电加热片　履带式	m²	0.012	0.012	0.018	0.024	0.030	0.036	0.042	0.054	0.060	0.066	0.102	0.078
	热电耦　1 000℃　1m	个	0.500	0.500	0.500	0.500	0.500	0.500	0.500	0.500	0.500	0.500	0.500	1.000
	其他材料	%	3.000	3.000	3.000	3.000	3.000	3.000	3.000	3.000	3.000	3.000	3.000	3.000
机械	自控热处理机	台班	1.480	1.480	1.630	1.910	2.340	2.340	2.770	2.340	3.190	2.440	6.230	2.440

续表

编号		078	079	080	081	082	083	084	085	086	087	088	089
项目名称		电加热片											
		外径×壁厚（mm以内）											
		325×26~50	325×51~75	377×6~25	377×26~50	426×12~25	426×26~50	480×14~25	480×26~50	480×51~75	530×14~25	530×26~50	530×51~75
名称	单位	数量											
人工	热处理工	工日	37.390	52.800	21.980	37.390	23.850	46.760	23.850	39.260	54.680	23.850	39.260	54.680
材料	高硅布 δ25	m²	6.630	7.650	5.240	7.610	5.850	8.530	6.530	9.550	13.270	7.160	10.490	13.820
	电加热片 履带式	m²	0.120	0.138	0.090	0.138	0.102	0.156	0.114	0.174	0.264	0.126	0.192	0.258
	热电耦 1000℃ 1m	个	1.000	1.000	1.000	1.000	1.500	1.500	1.500	1.500	1.500	1.500	1.500	1.500
	其他材料	%	3.000	3.000	3.000	3.000	3.000	3.000	3.000	3.000	3.000	3.000	3.000	3.000
机械	自控热处理机	台班	6.230	8.800	3.660	6.230	3.980	7.790	3.980	6.540	9.110	3.980	6.540	9.110

（3）中高合金钢管

单位：10个口

编号		090	091	092	093	094	095	096	097	098	099	100	101
项目名称		电加热片											
		外径×壁厚（mm以内）											
		57×3~14	76×3~14	89×4~16	108×6~18	114×6~18	133×6~25	159×6~25	159×26~30	219×6~25	219×26~35	273×6~25	273×26~50
名称	单位	数量											
人工	热处理工	工日	10.540	10.540	11.590	13.690	13.690	16.820	16.820	19.940	16.820	23.090	26.310	40.410
材料	高硅布 δ25	m²	1.040	1.220	1.480	1.690	1.750	2.170	2.500	2.750	3.250	3.600	3.930	5.650
	电加热片 履带式	m²	0.012	0.012	0.018	0.024	0.024	0.030	0.036	0.042	0.054	0.060	0.066	0.102
	热电耦 1000℃ 1m	个	0.500	0.500	0.500	0.500	0.500	0.500	0.500	0.500	0.500	0.500	0.500	0.500
	其他材料	%	3.000	3.000	3.000	3.000	3.000	3.000	3.000	3.000	3.000	3.000	3.000	3.000
机械	自控热处理机	台班	1.760	1.760	1.930	2.280	2.280	2.800	2.800	3.320	2.800	3.850	4.390	6.740

续表

编号			102	103	104	105	106	107	108	109	110	111	112	113	114
项目名称			电加热片												
			外径×壁厚（mm 以内）												
			325×6 ～25	325×26 ～50	325×51 ～75	377×6 ～25	377×26 ～50	426×12 ～25	426×26 ～50	480×14 ～25	480×26 ～50	480×51 ～75	530×14 ～25	530×26 ～50	530×51 ～75
人工	热处理工	工日	26.320	40.410	63.940	26.310	40.410	28.460	42.560	28.460	42.560	66.090	28.460	42.560	66.080
材料	高硅布 δ25	m²	4.580	6.630	7.650	5.240	7.610	5.850	8.530	6.530	9.550	13.270	7.160	10.490	13.820
	电加热片 履带式	m²	0.078	0.120	0.138	0.090	0.138	0.102	0.156	0.114	0.170	0.264	0.126	0.192	0.258
	热电耦 1000℃ 1m	个	1.000	1.000	1.000	1.000	1.000	1.500	1.500	1.500	1.500	1.500	1.500	1.500	1.500
	其他材料	%	3.000	3.000	3.000	3.000	3.000	3.000	3.000	3.000	3.000	3.000	3.000	3.000	3.000
机械	自控热处理机	台班	4.390	6.740	10.660	4.390	6.740	4.740	7.090	4.740	7.090	11.020	4.740	7.090	11.010

附录一 《气焊、手工电弧焊及气体保护焊焊缝坡口的基本形式与尺寸》
(GB 985—88)

Basic forms and sizes of weld grooves for gas welding manual arc
welding and gas-shielded arc welding

1. **主题内容及适用范围**

   本标准规定了钢焊接接头的各种坡口形式与坡口尺寸。

   本标准适用于气焊（用于薄板）、手工电弧焊及气体保护焊焊接的碳钢、低合金钢焊接接头。

2. **引用标准**

   GB 324 焊缝在图样上的符号表示方法

   GB 5185 金属焊接及钎焊方法在图样上的表示代号

3. **焊缝坡口的基本形式与尺寸**（按表1规定）。

焊缝坡口的基本形式与尺寸

表1

序号	工件厚度 δ，mm	名称	符号	坡口形式	焊缝形式	坡口尺寸 (mm) $\alpha°(\beta°)$	b	P	H	R	说明
1	1~2	卷边坡口	八 八	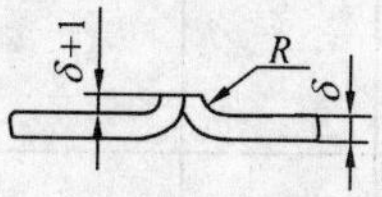		—	—	—	—	1~2	大多不加填充材料
2	1~3	I形坡口	‖	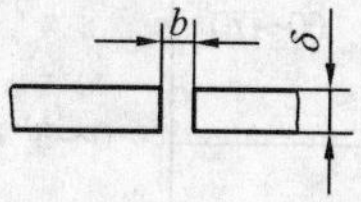	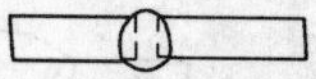	—	0~1.5	—	—	—	
	3~6					—	0~2.5	—	—	—	

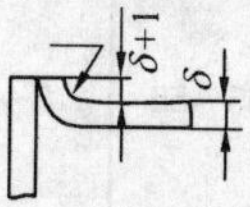

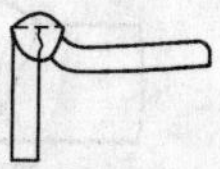

505

续表

序号	工件厚度 δ/mm	名称	符号	坡口形式	焊缝形式	α°(β°)	b	P	H	R	说明
3	2~4	I形带垫板坡口	 ⊔	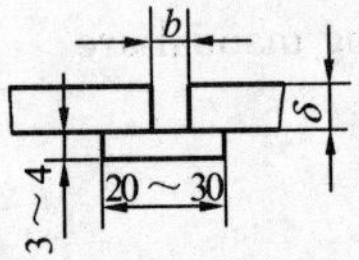	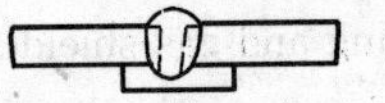	—	0~3.5	—	—	—	
4	3~26	Y形坡口	 Y	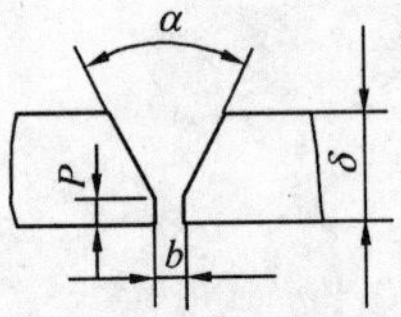	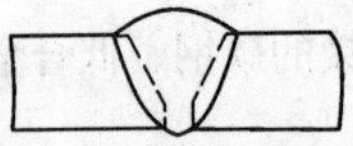 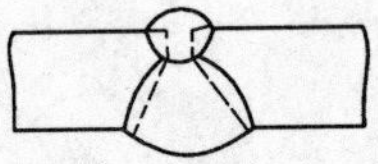	40~60	0~3	1~4	—	—	
5	>16	V形带垫板坡口	 ⊻	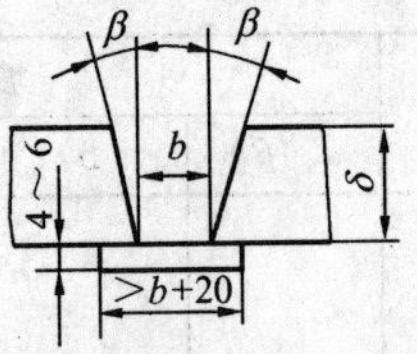	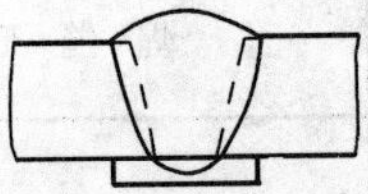	(5~15)	6~15	—	—	—	
6	6~26	Y形带垫板坡口	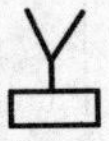 ⊻	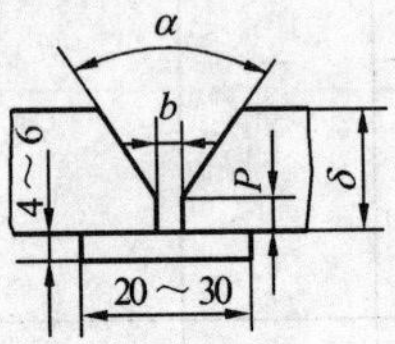	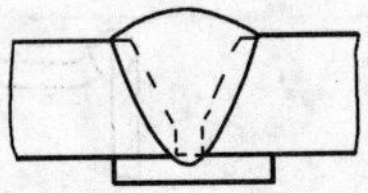	45~55	3~6	0~2	—	—	
7	>20	VY形坡口	 Y	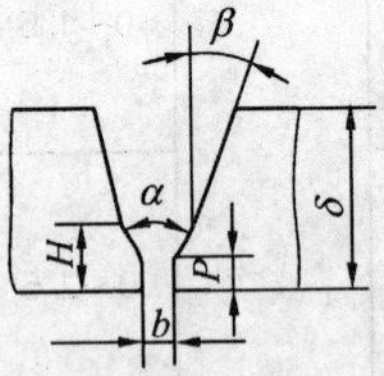	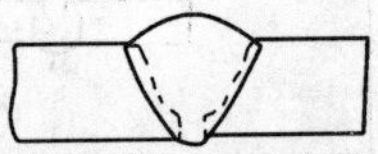 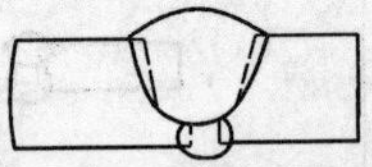	60~70 (8~10)	0~3	1~3	8~10	—	

续表

序号	工件厚度 δ/mm	名称	符号	坡口形式	焊缝形式	坡口尺寸（mm） α°（β°）	b	P	H	R	说明
						α°（β°）	b	P	H	R	
8	20～60	带钝边U形坡口				（1～8）	0～3	1～3	—	6～8	
9	12～60	双Y形坡口				40～60			—	—	
10	＞10	双V形坡口						—	$\frac{\delta}{2}$	—	
11		2/3双V形坡口						—	$\frac{\delta}{3}$	—	

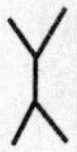

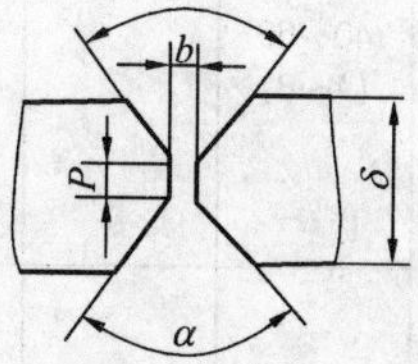

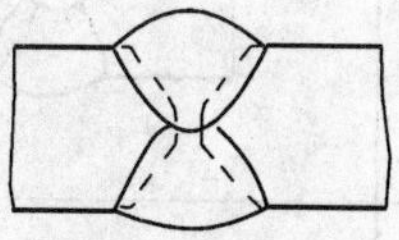

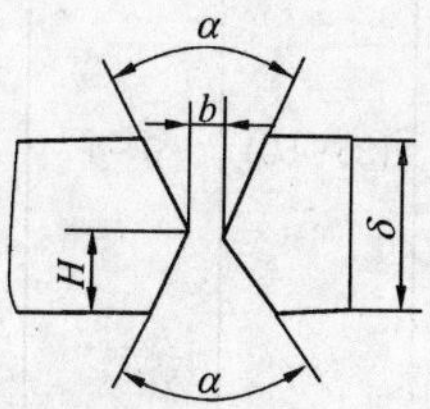

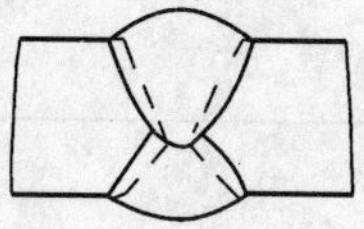

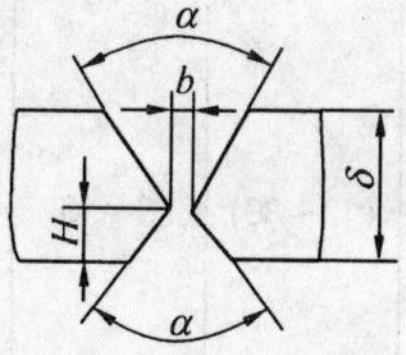

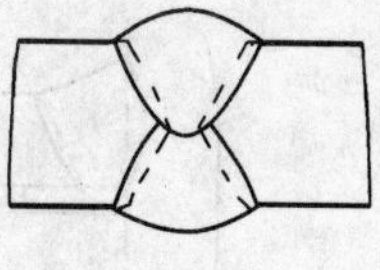

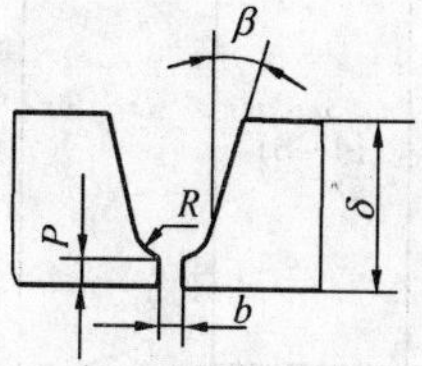

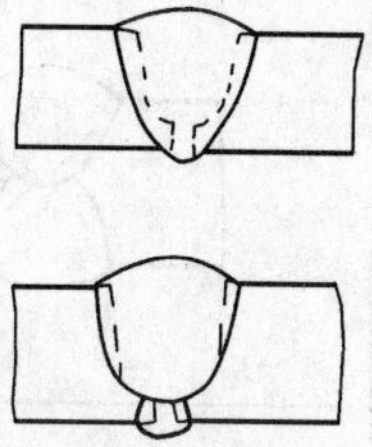

续表

序号	工件厚度 δ/mm	名称	符号	坡口形式	焊缝形式	坡口尺寸（mm） α°（β°）	b	P	H	R	说明
12	>30	双U形坡口带钝边				(1~8)	0~3	2~4	$\frac{\delta-P}{2}$	6~8	
13		UY形坡口				40~60 (1~8)					
14	30~40	单边V形坡口				(35~50)	0~4	—	—	—	
15	>16	单边V形带垫板坡口				(12~30)	6~10	—	—	—	

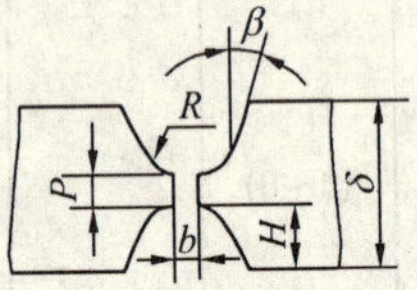

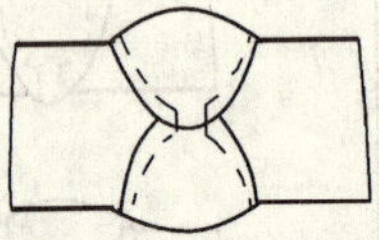

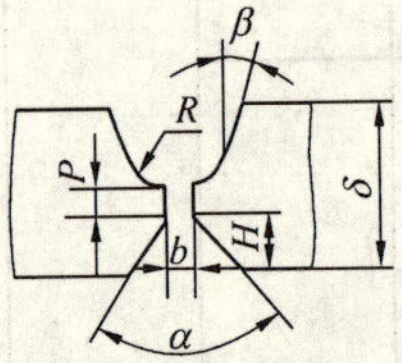

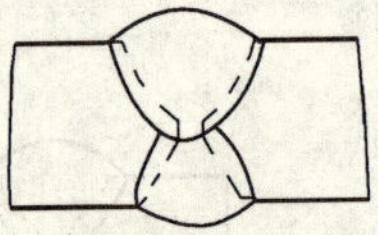

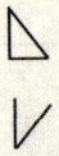

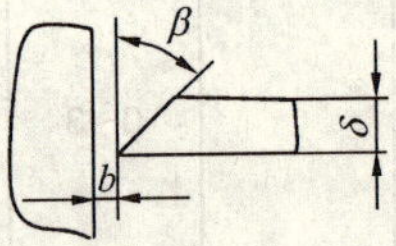

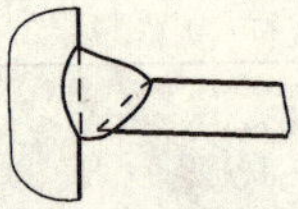

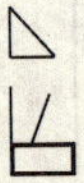

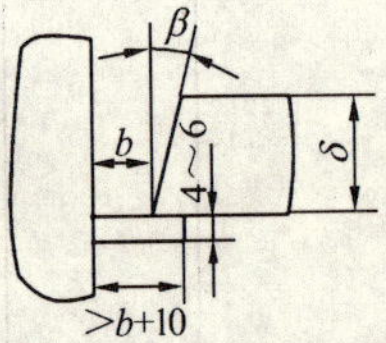

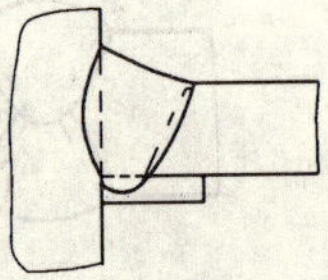

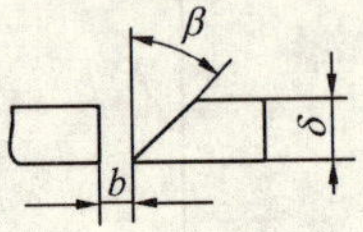

续表

序号	工件厚度 δ/mm	名称	符号	坡口形式	焊缝形式	坡口尺寸（mm）					说明
						α°(β°)	b	P	H	R	
16	6~15	V形带垫板坡口		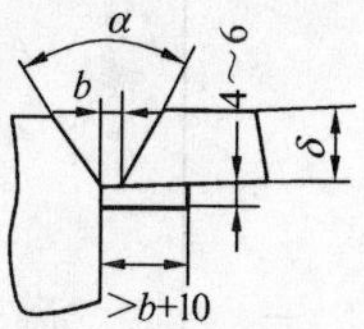	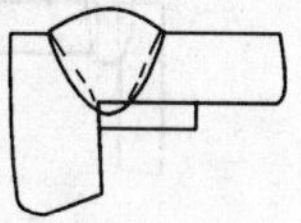	30~40	3~5	—	—	—	
	>15					20~30	5~8	—	—	—	
17	>16	带钝边J形坡口		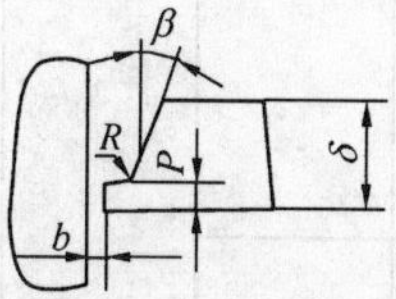	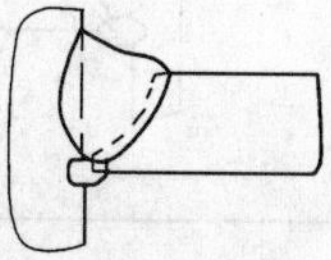	(10~20)	0~3	2~4	—	6~8	
18	>30	带钝边双J形坡口		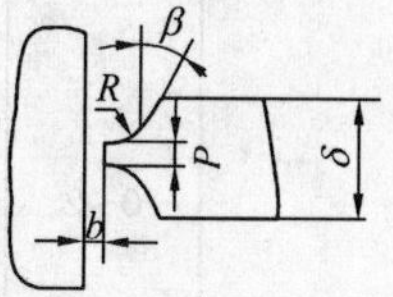	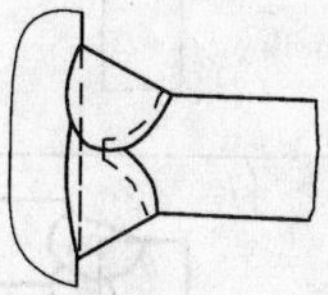	(10~20)	0~3	2~4	—	6~8	
19	>10	双单边V形坡口				(35~50)	0~3	—	$\dfrac{\delta}{2}$	—	

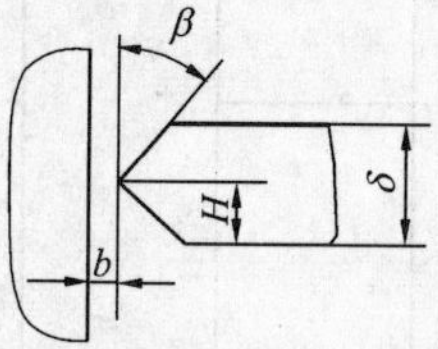

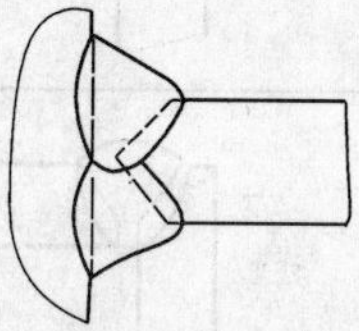

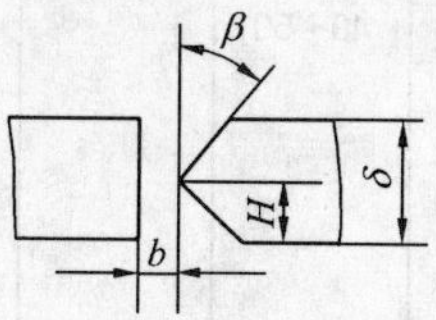

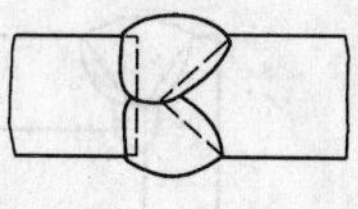

续表

序号	工件厚度 δ/mm	名称	符号	坡口形式	焊缝形式	坡口尺寸（mm） α°（β°）	b	P	H	R	说明
20	2~8	I形坡口				—		—	—	—	值由设计确定
21	4~30	错边I形坡口				—	0~2	—	—	—	
22	12~30	Y形坡口				40~50		0~3	—	—	

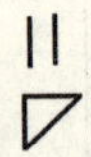

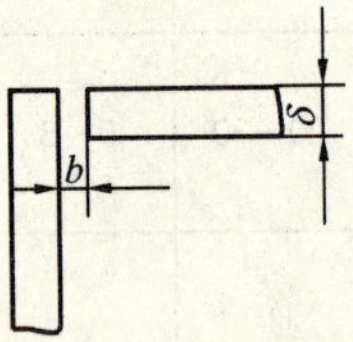

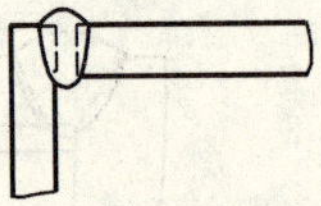

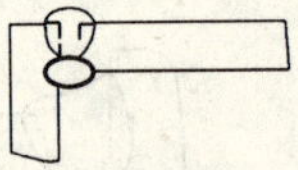

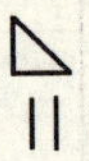

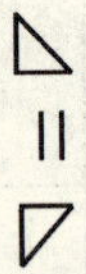

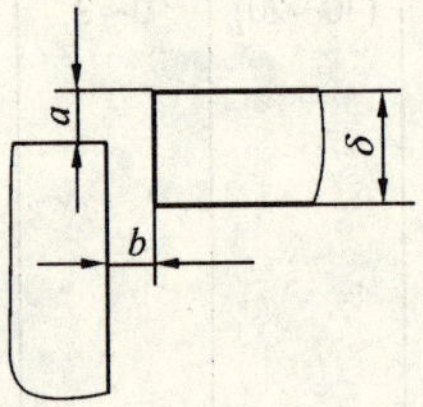

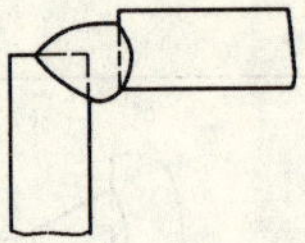

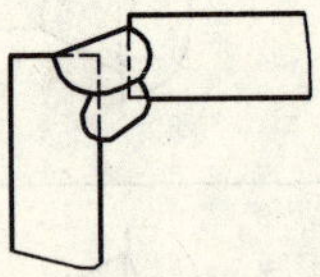

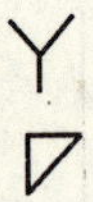

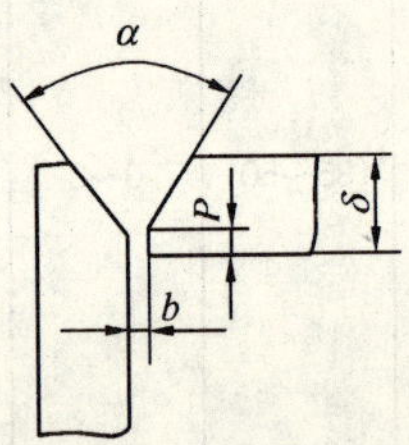

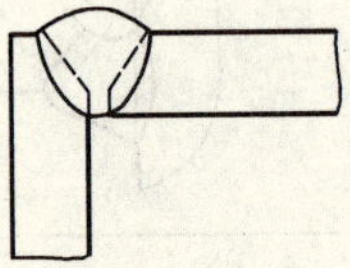

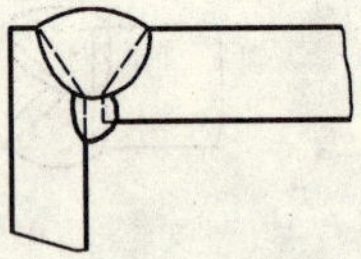

续表

序号	工件厚度 δ/mm	名称	符号	坡口形式	焊缝形式	坡口尺寸 (mm)					说明
						α°(β°)	b	P	H	R	
23	6~30	带钝边单边V形坡口		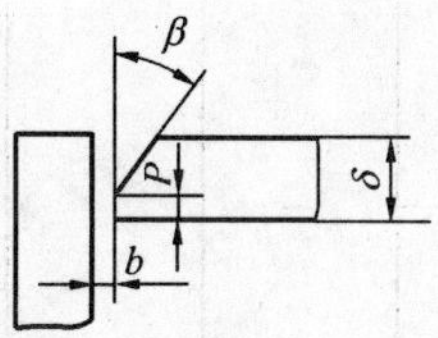	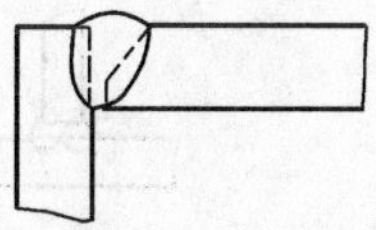	35~50	0~3	1~3	—	—	
24	20~40	带钝边双单边V形坡口		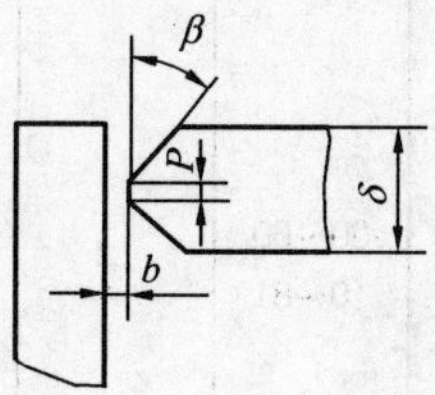	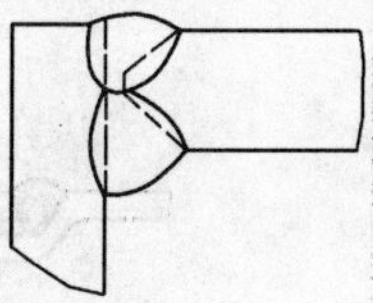				—	—	
25	20~40	带钝边双单边V形坡口		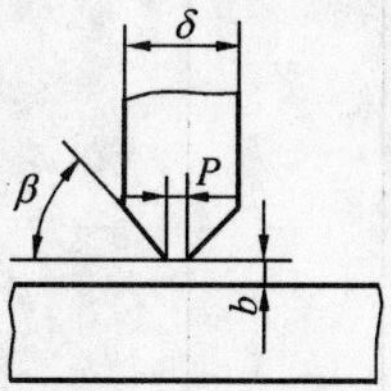	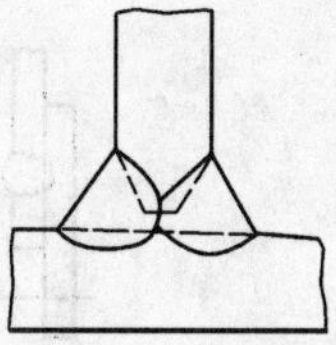	(40~50)			—	—	

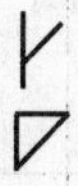

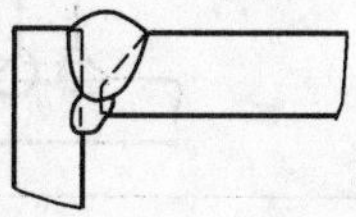

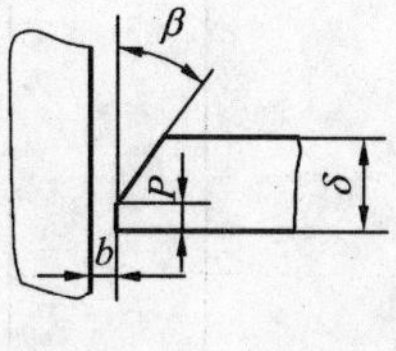

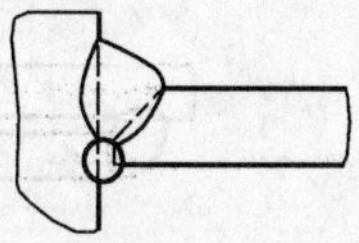

序号	工件厚度 δ/mm	名称	符号	坡口形式	焊缝形式	坡口尺寸（mm） α°（β°）	b	P	H	R	说明
26	2～30	I形坡口				—	0～2	—	—	—	仅适用于薄板
27		I形坡口				—		—	—	—	i 值由设计确定
28	1～3	锁边坡口				30～60（0～8）	—	—	—	—	
29	>2	塞焊坡口				—	—	—	—	—	孔径 $\phi \geq (0.8\sim2)\delta$ 且 $\leqslant 10$，若为长孔，L 由设计确定，塞焊点间距由设计确定

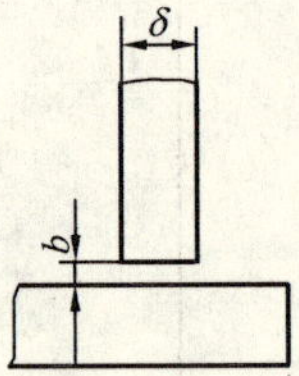

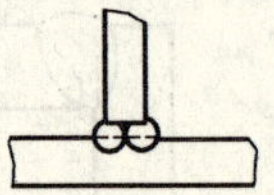

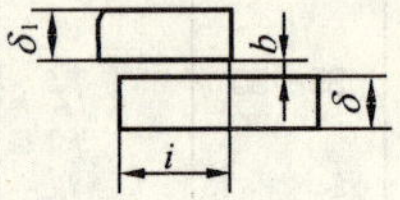

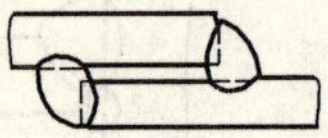

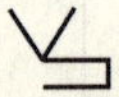

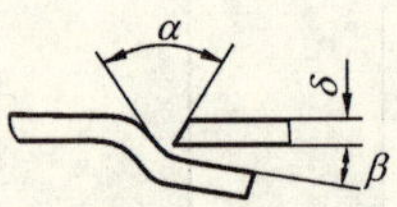

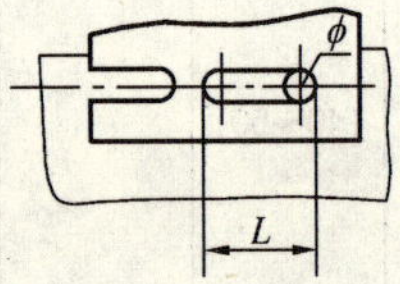

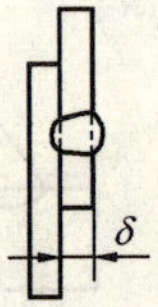

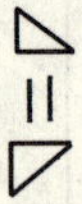

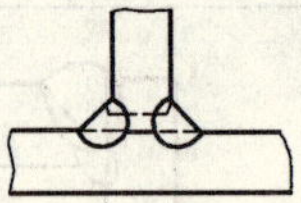

4. 不同厚度的钢板对接接头的两板厚度差 ($\delta-\delta_1$) 不超过表 2 规定时则焊缝坡口的基本形式与尺寸按较厚板的尺寸数据来选取；否则，应在厚板上作出如图 1 所示的单面或双面削薄，其削薄长度 $L \geqslant 3(\delta-\delta_1)$。

不同厚度的钢板对接接头的两板厚度差（mm） 表 2

较薄板厚度 δ_1	$\geqslant 2\sim 5$	$>5\sim 9$	$>9\sim 12$	>12
允许厚度差 ($\delta-\delta_1$)	1	2	3	4

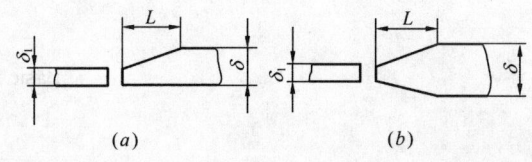

图 1

5. 钝边和坡口面应去除毛刺。
6. 本标准中的各种焊缝符号及标注方法按 GB 324—88 中有关规定执行。
   焊接方法代号按 GB 5185—2005 执行。
7. 特殊需要的坡口形式和尺寸，可根据具体情况自行规定。
8. 焊接接头为了达到全熔透的目的、允许进行清根焊接。

附录二 《埋弧焊焊缝坡口的基本形式和尺寸》

(GB 986—88)

Basic forms and sizes of weld grooves for
submerged arc welding

1. **主题内容与适用范围**
   本标准规定了埋弧焊焊缝坡口的基本形式和尺寸。
   本标准适用于碳钢和低合金钢埋弧焊焊接接头。
2. **引用标准**
   GB 324—88 焊缝在图样上的符号表示方法。
3. 埋弧焊焊缝坡口的基本形式和尺寸应符合表 1 的规定。
4. 焊缝在图样中的表示符号应符合 GB 324—88 标准的规定。
5. 为了获得全焊透焊缝，允许焊缝清根
6. **不同厚度钢板对接焊缝坡口的基本形式和尺寸**
   不同厚度钢板对接焊的重要受力接头，如果两板厚度差 $(\delta-\delta_1)$ 符合表 2 规定时，其坡口尺寸按厚板的厚度选择，否则，厚钢板要按图 1 规定削薄。厚板单面削薄按图 1(a) 规定，双面削薄按图 1(b) 规定，削薄长度 $L \geqslant 3(\delta-\delta_1)$。

表1

序号	工件厚度 δ, mm	名称	符号	坡口形式	焊缝形式	坡口尺寸, mm					说明
						$\alpha°(\beta°)$	b	P	H	R	
1	3~10	I形坡口	‖	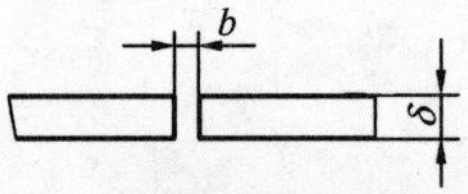		—	0~1	—	—	—	焊缝有效厚度值由设计者确定
2	3~6		⊻			—	0~1	—	—	—	封底焊道允许采用任何明弧焊
3	6~20					—	0~2.5	—	—	—	允许后焊侧采用碳弧气刨清根
4	6~12		‖			—	0~4	—	—	—	需采用 HD[1] 和 TD[2] 保护熔池

续表

序号	工件厚度 δ, mm	名称	符号	坡口形式	焊缝形式	α°(β°)	b	P	H	R	说明
5	6~24	I形坡口		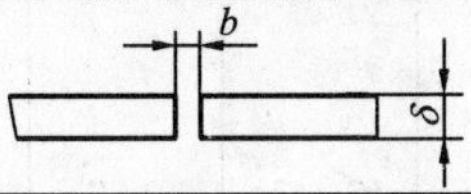		—	0~4	—	—	—	需采用HD保护熔池，同序号3
6	3~12	I形带垫板坡口		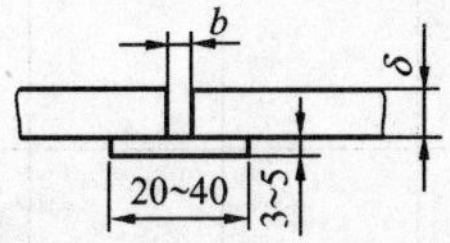		—	0~5	—	—	—	
7	10~20	带钝边单边V形坡口		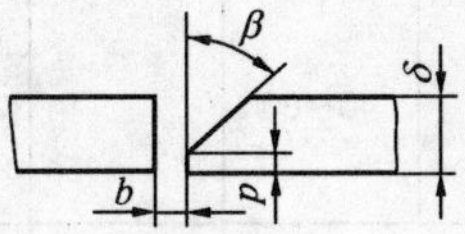		(35~50)	0~4	5~8	—	—	同序号4
8	10~20	带钝边单边V形坡口			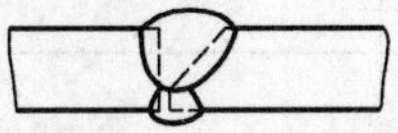	(35~50)	0~2.5	6~10	—	—	同序号3
9	10~30	带钝边单边V形带垫板坡口		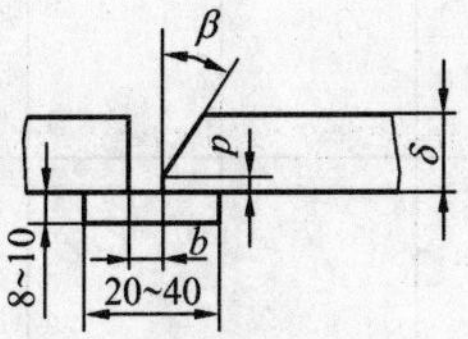		(20~40)	2~5	0~4	—	—	
10	16~30	带钝边单边V形锁边坡口		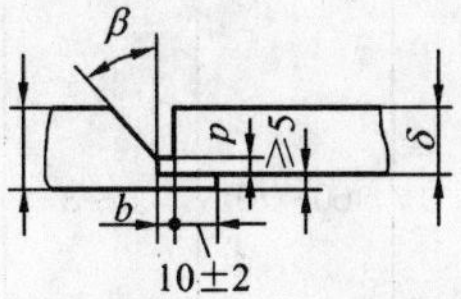					—	—	

续表

序号	工件厚度 δ, mm	名称	符号	坡口形式	焊缝形式	坡口尺寸，mm α°（β°）	b	P	H	R	说明
11	20～50	带钝边J形坡口				(6～12)	0～2	6～10	—	3～10	
12	10～24	Y形坡口				50～80	0～2.5	5～8	—	—	同序号4
13	10～30					40～80		6～10	—	—	同序号3
14	10～30	Y形带垫板坡口				40～60	2～5	2～5	—	—	
15	16～30	Y形锁边坡口				40～60	2～5	2～5	—	—	
16	6～16	反Y形坡口				60～70	0～3	—	5～10	—	坡口侧采用手工明弧焊，同序号3

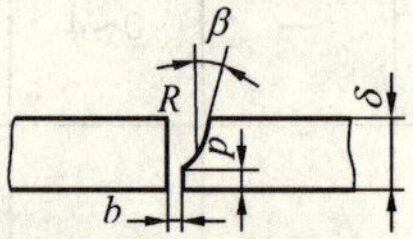

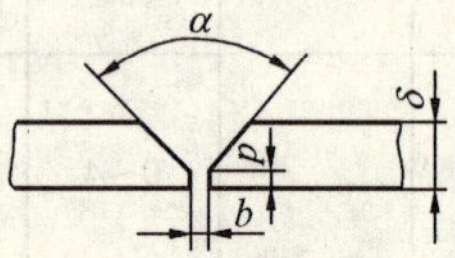

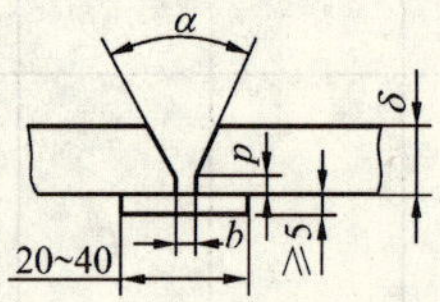

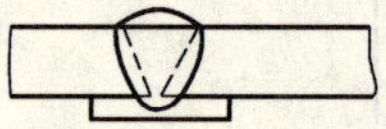

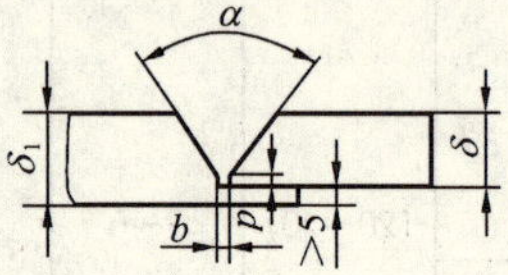

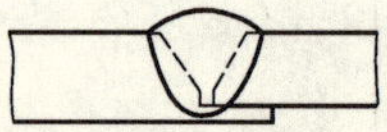

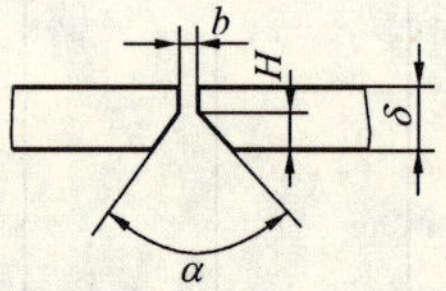

续表

序号	工件厚度 δ, mm	名称	符号	坡口形式	焊缝形式	坡口尺寸, mm					说明
						α°(β°)	b	P	H	R	
17	30~60	V Y 形复合坡口	 Y	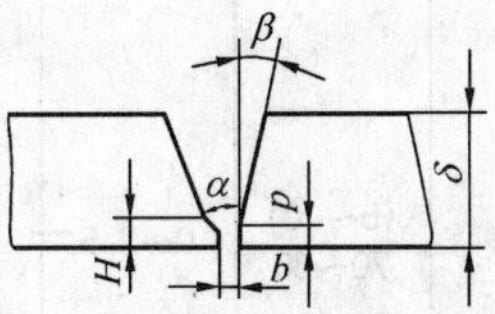	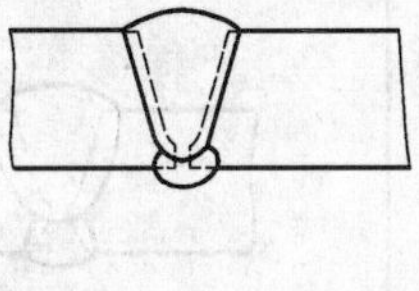	(8~12) 65~72	0~2.5	1~3	8~12	—	底焊缝采用任何明弧焊，全焊透至H高度
18	20~30	带钝边双单边V形坡口	K	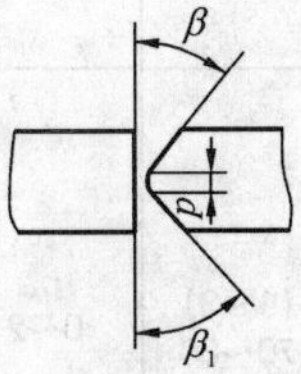		β=45~60 β₁=40~50	0~2.5	5~10	—	—	允许采用不对称坡口
19	24~60	双Y形坡口	X	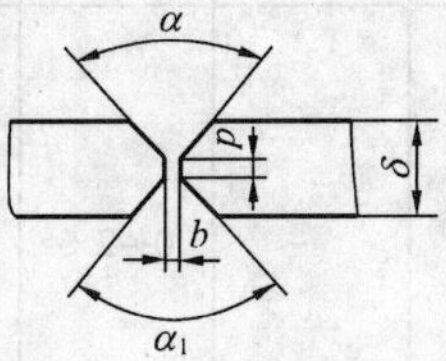	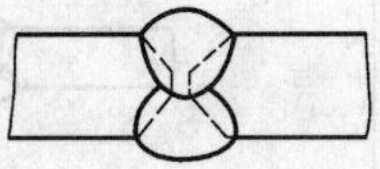	α=50~80 α₁=50~60	0~2.5	5~10	—	—	1. α=α₁，只标出α值 2. 允许采用角度不对称，高度不对称，角度高度都不对称的双"Y"坡口
20	50~160	带钝边双U形坡口	)(	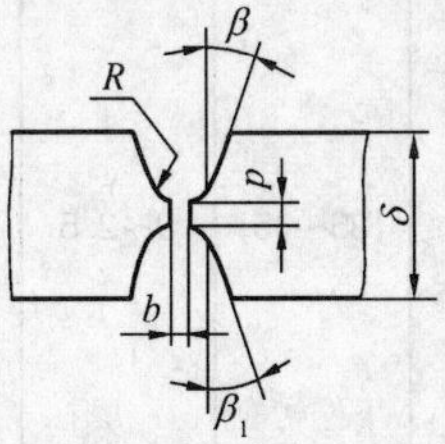	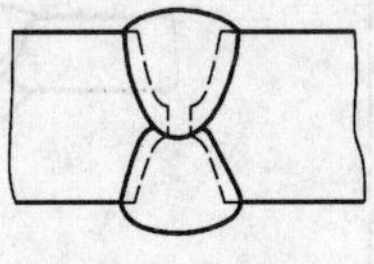	(5~12)	0~2.5	6~10	—	6~10	1. β=β₁，只标出β值 2. 允许采用角度不对称，高度不对称，角度高度都不对称的双"U"坡口

续表

序号	工件厚度 δ，mm	名称	符号	坡口形式	焊缝形式	坡口尺寸，mm α°（β°）	b	P	H	R	说明
21	40～160	UY形坡口				(5～10) 70～80	0～2.5	2～3	9～11	8～11	同序号2
22	60～250	窄间隙坡口				(1～3) 70～80	0～2	1.5～2.5	9～11	8～11	1. 窄间隙坡口适用于首层焊一道，以后每层焊两道 2. 内坡口侧采用任何明弧焊
23	6～14	I形坡口				—	0～2.5	—	—	—	$\delta > \delta_1$；同序号2
24	10～20	带钝边单边V形坡口				(35～45)	0～2.5	0～3	—	—	同序号2

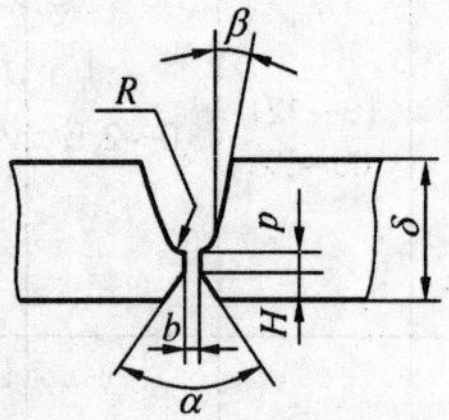

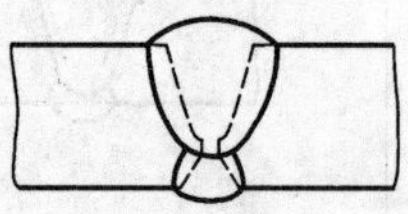

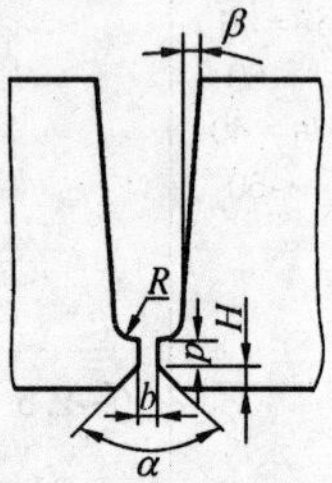

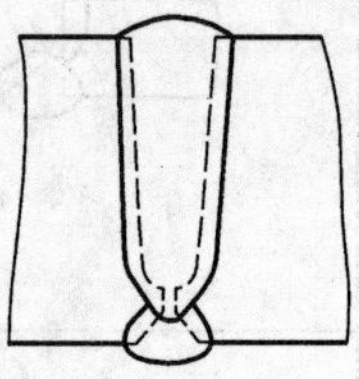

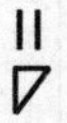

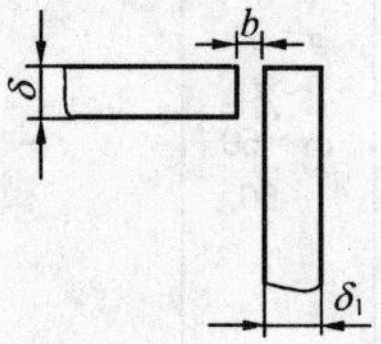

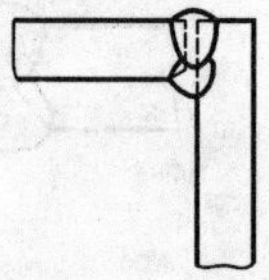

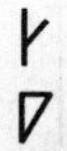

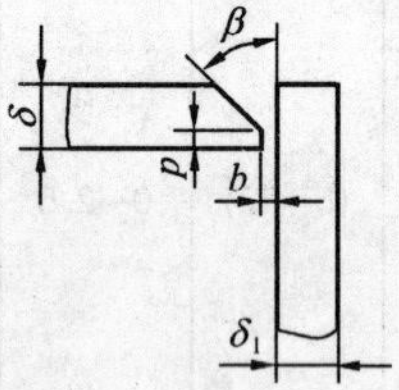

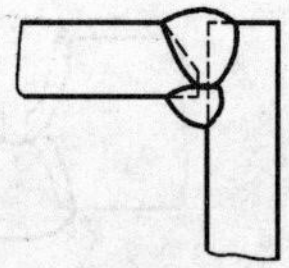

续表

序号	工件厚度 δ, mm	名称	符号	坡口形式	焊缝形式	α°(β°)	b	P	H	R	说明
25	20~40	带钝边双面单边V形坡口		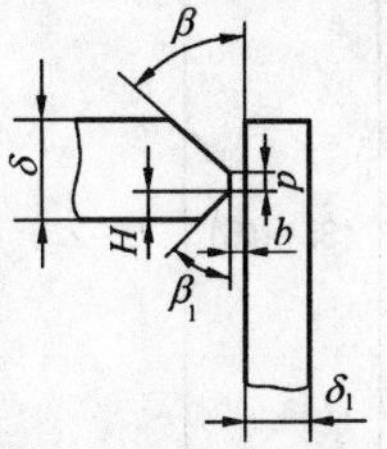	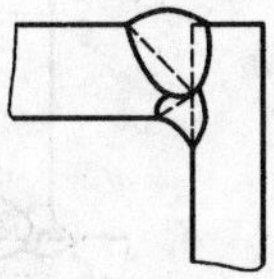	β=35~45 β₁=40~50	0~2.5	1~3	0~10	—	同序号2
26	30~120	带钝边J形单边V形组合坡口	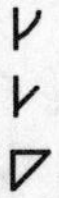	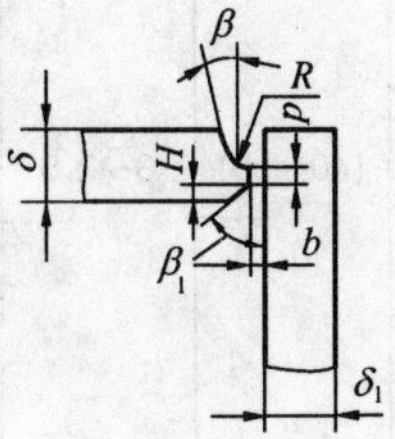		β=10~20 β₁=40~50	0~2.5	1~3	0~10	7~10	同序号2
27	2~60	I形坡口		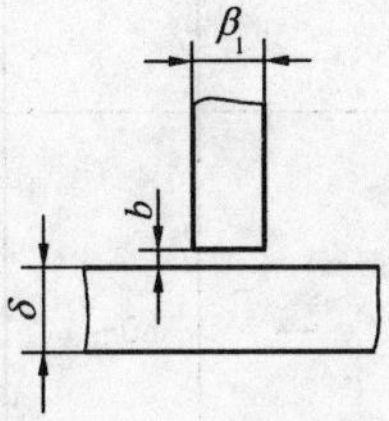		—	0~3	—	—	—	
28					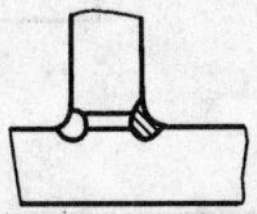	—	0~2	—	—	—	

续表

序号	工件厚度 δ, mm	名称	符号	坡口形式	焊缝形式	坡口尺寸, mm $\alpha°$ ($\beta°$)	b	P	H	R	说明
29	10~24	带钝边单边V形坡口	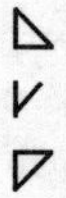	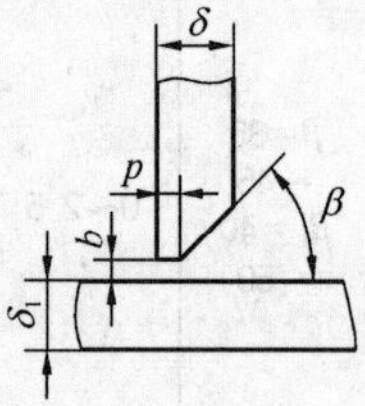	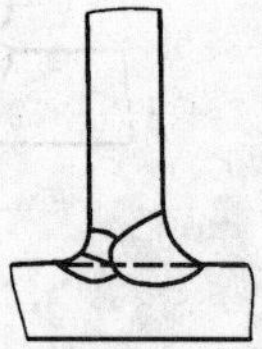	(35~45)	0~2.5	3~7	—	—	同序号2
30	10~40	带钝边双单边V形坡口	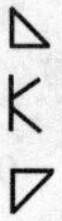	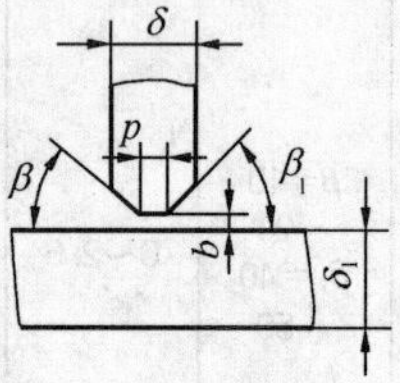	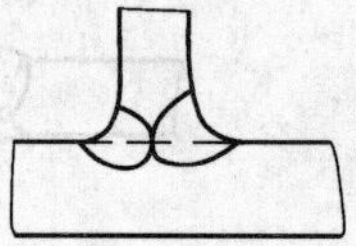	(40~50)	0~2.5	3~5	—	—	允许采用对称坡口
31	30~60	带钝边双J形坡口	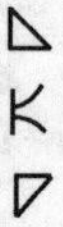	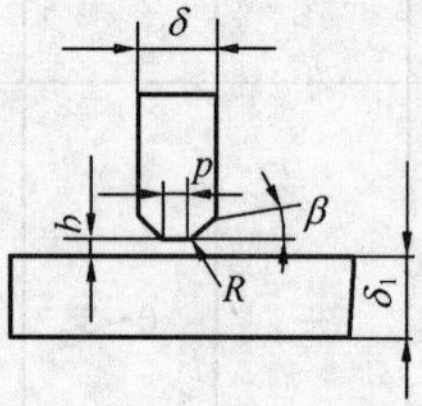	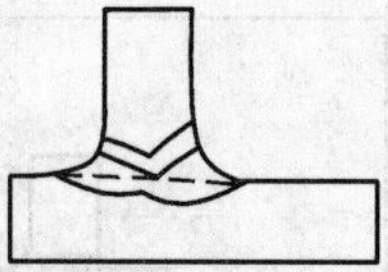	(30~50)	0~2.5	3~5	—	5~7	同序号3
32	3~12	搭接接头		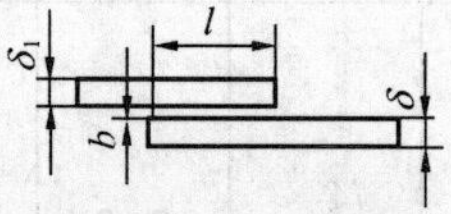	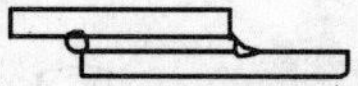	—	0~1	—	—	—	搭接长度 l 根据具体情况定

注：1) HD表示采用焊剂垫。
　　2) TD表示采用铜垫。

不同厚度的钢板对接接头的两板厚度差（mm）　　　　表2

薄板厚度	≥2～5	>5～9	>9～12	>12
允许厚度差 $(\delta-\delta_1)$	1	2	3	4

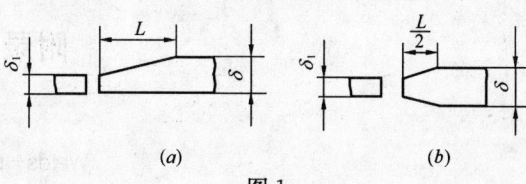

图1

7. 特殊需要的焊缝坡口形式和尺寸，可根据具体情况自行规定。

附录三 《焊缝符号表示法》

(GB 324—88)

Welds – symbolic representation on drawings

本标准等效采用国际标准 ISO 2553—84《焊缝在图样上的符号表示法》。

1. 主题内容及适用范围
本标准规定了焊缝符号表示方法。
本标准适用于金属熔化焊及电阻焊。

2. 引用标准
GB 5185—2005 金属焊接及钎焊方法在图样上的表示代号。

3. 总则
3.1 为了简化图样上的焊缝一般应采用本标准规定的焊缝符号表示。但也可采用技术制图方法表示。

3.2 焊缝符号应明确地表示所要说明的焊缝,而且不使图样增加过多的注解。

3.3 焊缝符号一般由基本符号与指引线组成。必要时还可以加上辅助符号、补充符号和焊缝尺寸符号。图形符号的比例、尺寸和在图样上的标注方法,按技术制图有关规定。

3.4 为了方便,允许制定专门的说明书或技术条件,用以说明焊缝尺寸和焊接工艺等内容。必要时也可在焊缝符号中表示这些内容。

4. 符号

4.1 基本符号
基本符号是表示焊缝横截面形状的符号,见表1。

基本符号　　　　　　　　　　　　　　　　　　　　　表1

序号	名称	示意图	符号	序号	名称	示意图	符号
1	卷边焊缝[1](卷边完全熔化)		∧	3	V形焊缝		V
2	I形焊缝		‖	4	单边V形焊缝		V

续表

序号	名 称	示 意 图	符号	序号	名 称	示 意 图	符号
5	带钝边 V 形焊缝		Y	10	角焊缝	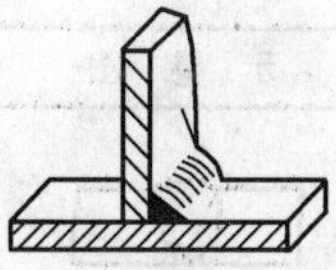	◣
6	带钝边单边 V 形焊缝		Ⱶ	11	塞焊缝或槽焊缝	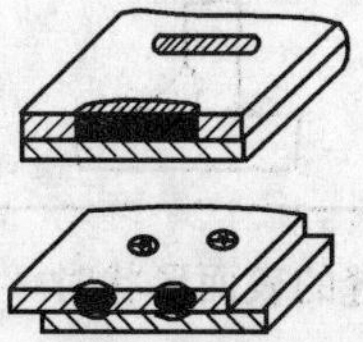	⊔
7	带钝边 U 形焊缝		 Y	12	点焊缝	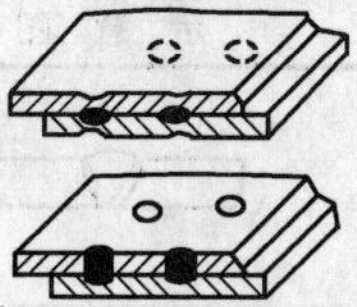	○
8	带钝边 J 形焊缝		⌶	13	缝焊缝	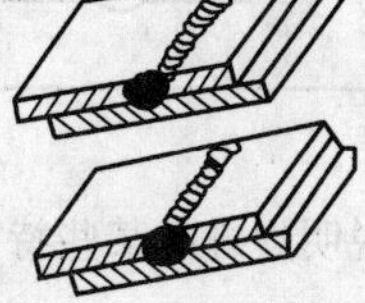	⊖
9	封底焊缝		⌒				

注：1) 不完全熔化的卷边焊缝用 I 形焊缝符号来表示，并加注焊缝有效厚度 S，见表7。

4.2 辅助符号

辅助符号是表示焊缝表面形状特征的符号,见表2。

辅助符号　　　　　　　　　　　　　　　　　　　　　　表2

序号	名 称	示 意 图	符 号	说 明	序号	名 称	示 意 图	符 号	说 明
1	平面符号		—	焊缝表面齐平（一般通过加工）	3	凸面符号		⌒	焊缝表面凸起
2	凹面符号	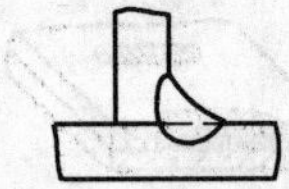	⌣	焊缝表面凹陷					

不需要确切地说明焊缝的表面形状时,可以不用辅助符号。辅助符号的应用示例见表3。

辅助符号的应用示例　　　　　　　　　　　　　　　　表3

名 称	示 意 图	符 号	名 称	示 意 图	符 号
平面V形对接焊缝		V̄	凹面角焊缝		
凸面X形对接焊缝		 X̂	平面封底V形焊缝		

4.3 补充符号

补充符号是为了补充说明焊缝的某些特征而采用的符号,见表4。

补充符号　　　　　　　　　　　　　　　　　　　　　　表4

序号	名 称	示 意 图	符 号	说 明	序号	名 称	示 意 图	符 号	说 明
1	带垫板符号[1]	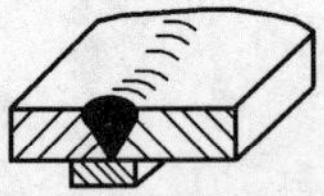	▭	表示焊缝底部有垫板	2	三面焊缝符号[1]	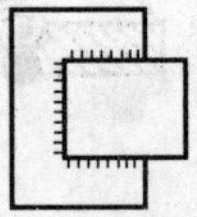	⊐	表示三面带有焊缝

续表

序号	名称	示意图	符号	说明	序号	名称	示意图	符号	说明
3	周围焊缝符号	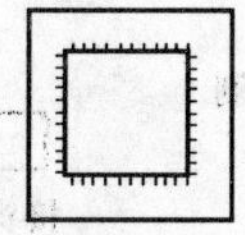	○	表示环绕工件周围焊缝	5	尾部符号		＜	可以参照GB 5185标注焊接工艺方法等内容
4	现场符号		 🚩	表示在现场或工地上进行焊接					

采用说明：

1〕ISO 2553标准未作规定。

补充符号的应用示例见表5。

补充符号应用示例   表5

示意图	标注示例	说明	示意图	标注示例	说明
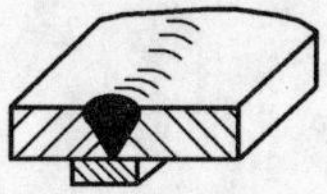	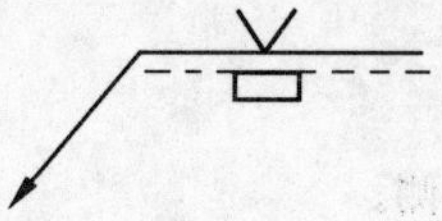	表示V形焊缝的背面底部有垫板	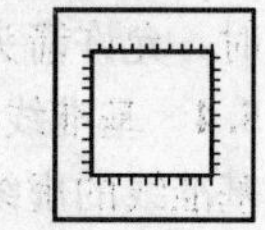	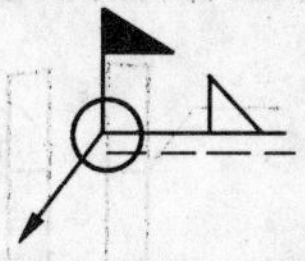	表示在现场沿工件周围施焊
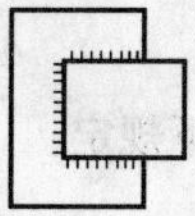	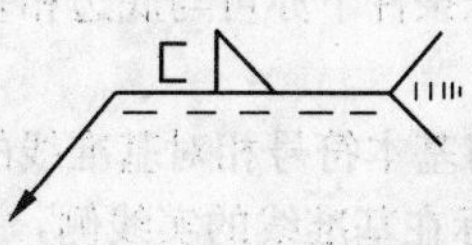	工件三面带有焊缝，焊接方法为手工电弧焊			

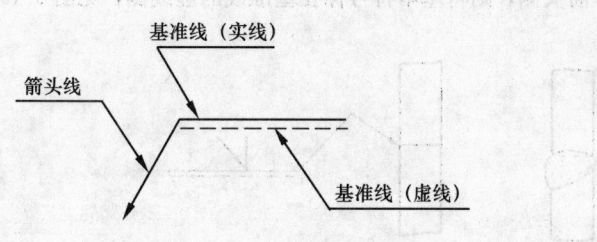

图1 指引线

5. 符号在图样上的位置

5.1 基本要求

完整的焊缝表示方法除了上述基本符号、辅助符号、补充符号以外，还包括指引线、一些尺寸符号及数据。

指引线一般由带有箭头的指引线（简称箭头线）和两条基准线（一条为实线，另一条为虚线）两部分组成。如图1所示。

5.2 箭头线和接头的关系

图2和图3给出的示例说明下列术语的含义：

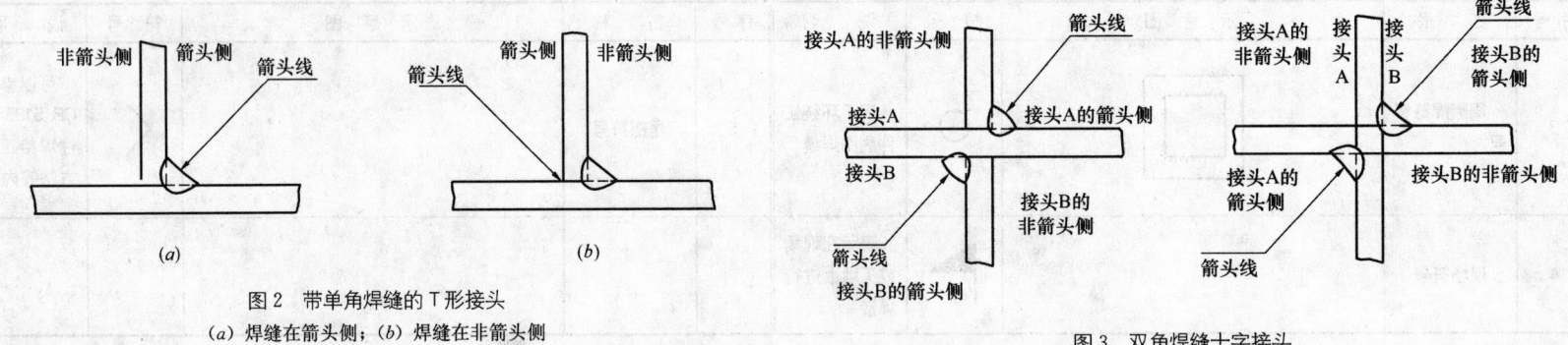

图 2 带单角焊缝的 T 形接头
(a) 焊缝在箭头侧；(b) 焊缝在非箭头侧

图 3 双角焊缝十字接头

a. 接头的箭头侧；
b. 接头的非箭头侧。

5.3 箭头线的位置

箭头线相对焊缝的位置一般没有特殊要求，见图 4 (a)、(b)。但是在标注 V、Y、J 形焊缝时，箭头线应指向带有坡口一侧的工件，见图 4 (c)、(d)。

必要时，允许箭头线弯折一次，如图 5。

5.4 基准线的位置

基准线的虚线可以画在基准线的实线下侧或上侧。

基准线一般应与图样的底边相平行，但在特殊条件下亦可与底边相垂直。

5.5 基本符号相对基准线的位置

为了能在图样上确切地表示焊缝的位置，特将基本符号相对基准线的位置作如下规定：

a. 如果焊缝在接头的箭头侧，则将基本符号标在基准线的实线侧，见图 6 (a)；
b. 如果焊缝在接头的非箭头侧，则将基本符号标在基准线的虚线侧，见图 6 (b)；

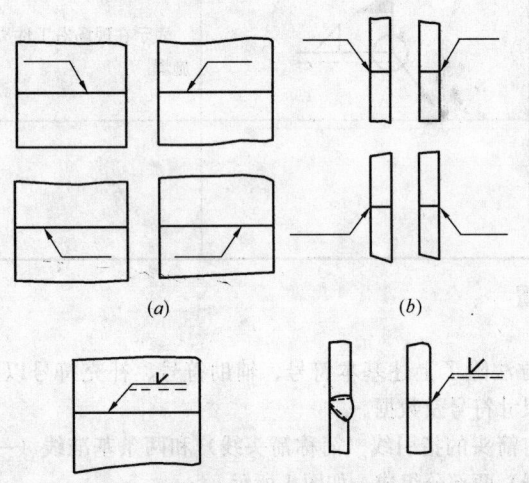

图 4 箭头线的位置

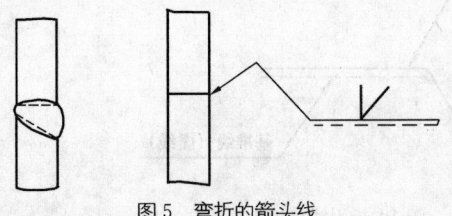

图 5 弯折的箭头线

c. 标对称焊缝及双面焊缝时，可不加虚线，见图6（c）、（d）。

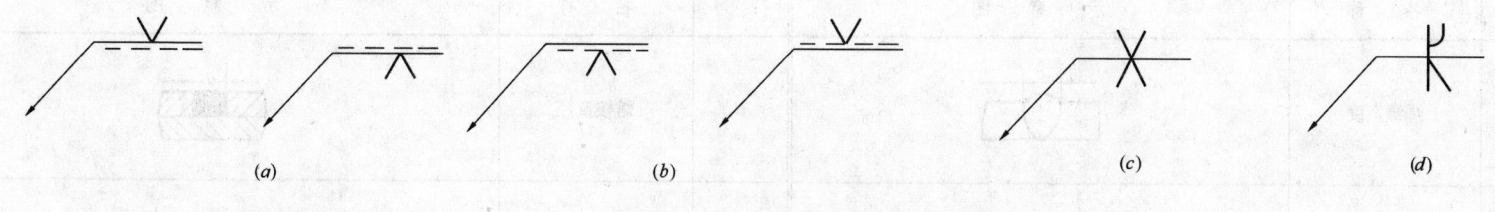

图6 基本符号相对基准线的位置
(a) 焊缝在接头的箭头侧；(b) 焊缝在接头的非箭头侧；
(c) 对称焊缝；(d) 双面焊缝

6. 焊缝尺寸符号及其标注位置

6.1 一般要求

6.1.1 基本符号必要时可附带有尺寸符号及数据，这些尺寸符号见表6。

6.1.2 焊缝尺寸符号及数据的标注原则如图7。

a. 焊缝横截面上的尺寸标在基本符号的左侧；
b. 焊缝长度方向尺寸标在基本符号的右侧；
c. 坡口角度、坡口面角度、根部间隙等尺寸标在基本符号的上侧或下侧[1]；

焊缝尺寸符号[2]   表6

符号	名称	示意图	符号	名称	示意图
δ	工件厚度	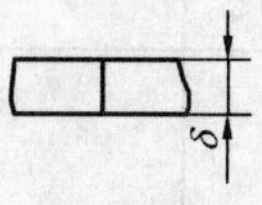	b	根部间隙	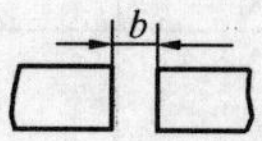
α	坡口角度	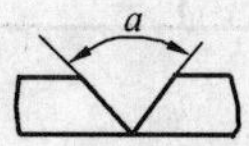	P	钝边	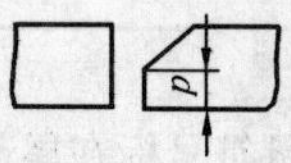

采用说明：

1] ISO 2553标准未作具体规定。 2] 对焊缝尺寸符号，ISO 2553标准未作详细规定。

续表

符号	名称	示意图	符号	名称	示意图
c	焊缝宽度	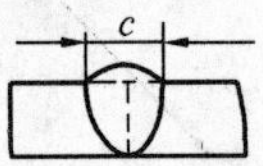	d	熔核直径	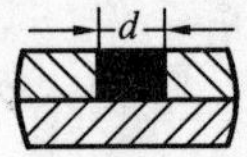
R	根部半径	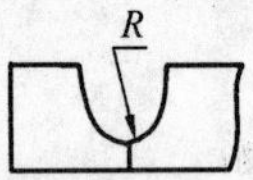	S	焊缝有效厚度	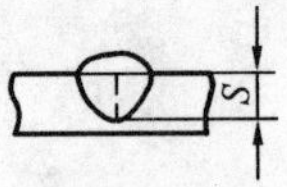
l	焊缝长度	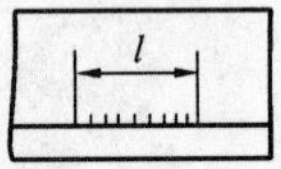	N	相同焊缝数量符号	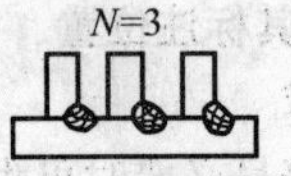
n	焊缝段数	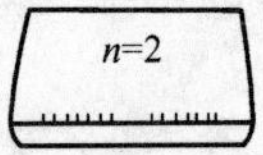	H	坡口深度	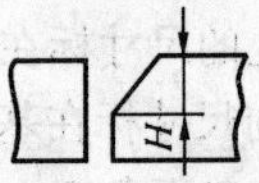
e	焊缝间距	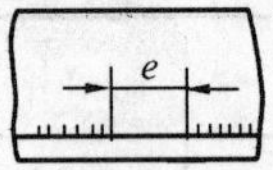	h	余高	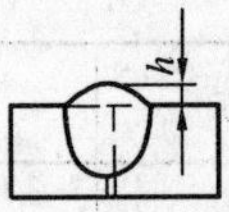
K	焊脚尺寸	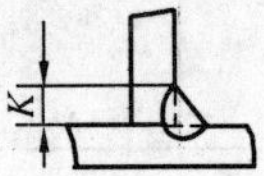	β	坡口面角度	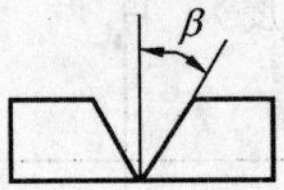

d. 相同焊缝数量符号标在尾部[1];
e. 当需要标注的尺寸数据较多又不易分辨时,可在数据前面增加相应的尺寸符号。

采用说明:
1) ISO 2553 标准对相同焊缝数量及焊缝段数未作明确区分,均用 n 表示。

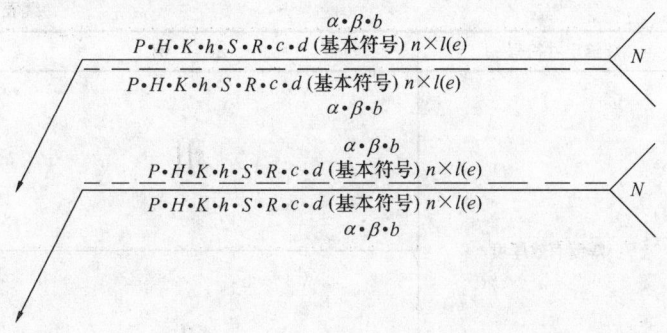

图7 焊缝尺寸的标注原则

当箭头线方向变化时，上述原则不变。

焊缝尺寸的标注示例见表7。

6.2 关于尺寸符号的说明

6.2.1 确定焊缝位置的尺寸不在焊缝符号中给出，而是将其标注在图样上。

6.2.2 在基本符号的右侧无任何标注且又无其他说明时，意味着焊缝在工件的整个长度上是连续的。

6.2.3 在基本符号的左侧无任何标注且又无其他说明时，表示对接焊缝要完全焊透。

6.2.4 塞焊缝，槽焊缝带有斜边时，应该标注孔底部的尺寸。

焊缝尺寸的标注示例 表7

序号	名称	示意图	焊缝尺寸符号	示例
1	对接焊缝	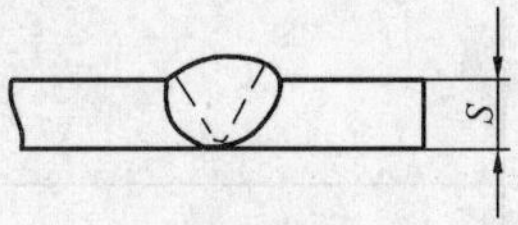 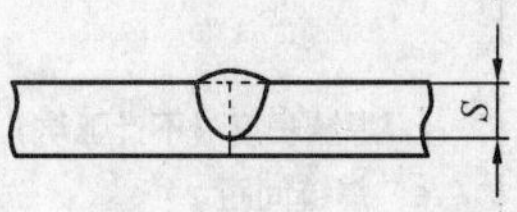	S：焊缝有效厚度	

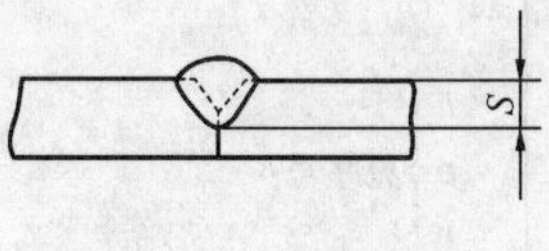

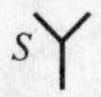

续表

序号	名 称	示 意 图	焊缝尺寸符号	示 例
2	卷边焊缝	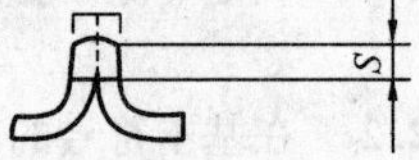 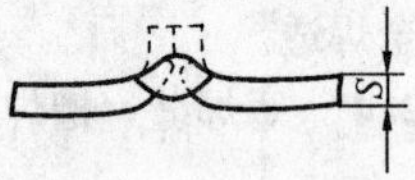 (图)	S：焊缝有效厚度	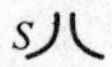 $S\|\|$ $S\!\wedge$
3	连续角焊缝	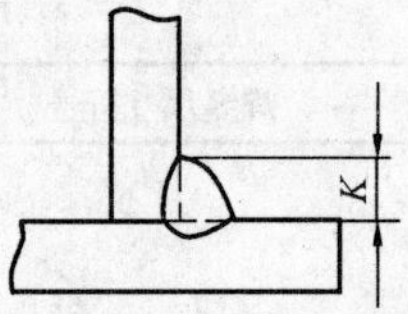 (图)	K：焊角尺寸[1]	$K\triangle$
4	断续角焊缝	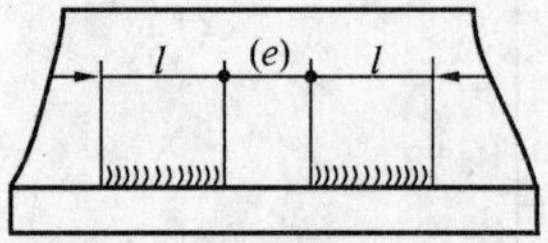 (图)	l：焊缝长度（不计弧坑） e：焊缝间距 n：焊缝段数	$K\triangle n\times l(e)$
5	交错断续角焊缝	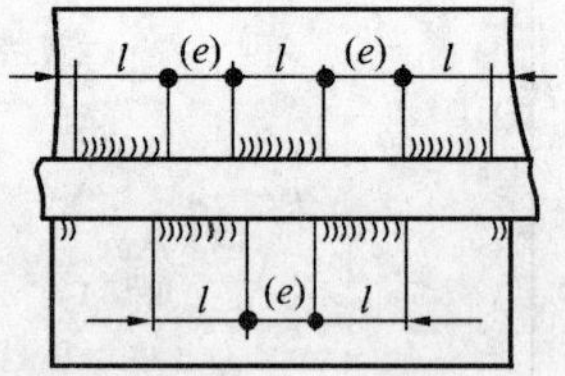 (图)	$\left.\begin{array}{l}l\\e\\n\end{array}\right\}$见序号4 K：见序号3	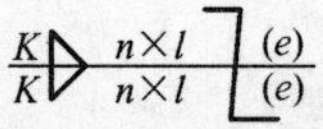 $\dfrac{K\triangle}{K\triangle}\dfrac{n\times l}{n\times l}\dfrac{(e)}{(e)}$

续表

序号	名 称	示 意 图	焊缝尺寸符号	示 例
6	塞焊缝或槽焊缝	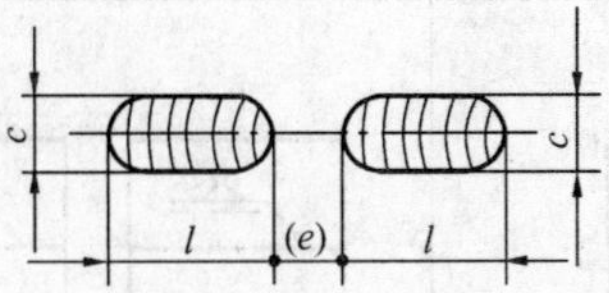	$\left.\begin{array}{l}l\\e\\n\end{array}\right\}$见序号4 c:槽宽	$c\sqcap n\times l(e)$
		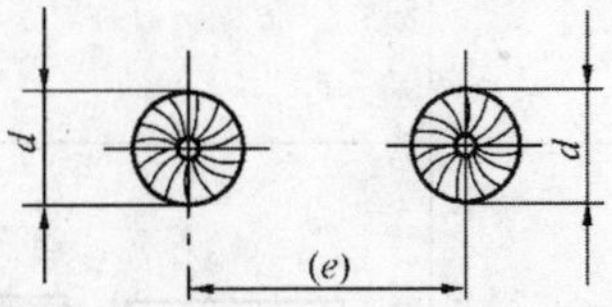	$\left.\begin{array}{l}n\\e\end{array}\right\}$见序号4 d:孔的直径	$d\sqcap n\times(e)$
7	缝焊缝	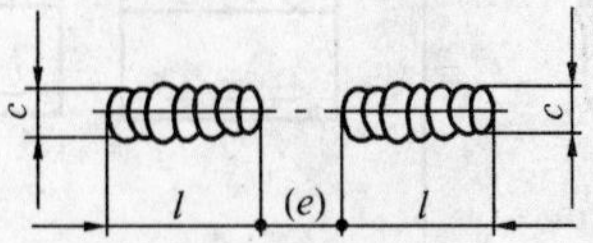	$\left.\begin{array}{l}l\\e\\n\end{array}\right\}$见序号4 c:焊缝宽度	$c\ominus n\times l(e)$
8	点焊缝	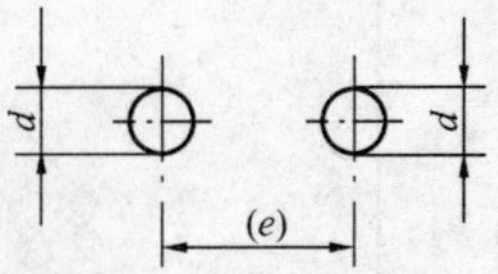	n:见序号4 e:间距 d:焊点直径	$d\bigcirc n\times(e)$

采用说明：
1) ISO 2553 标准规定角焊缝的尺寸标注采用 a、z 两种尺寸。

7. 符号应用举例（见附录 A）

附 录 A[1)]
符号应用举例
（补充件）

A1 基本符号的应用举例见表 A1。

采用说明：
1) 本标准采用了 ISO 2553 标准中具有代表性的应用示例，但对 ISO 2553 标准中的附录 B 因不适合于我国国情未采用。

基本符号应用举例 表A1

序号	符号	示意图	图示法	标注方法	
1	八				
2	‖				
3	V				

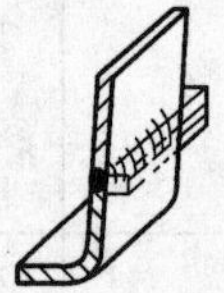

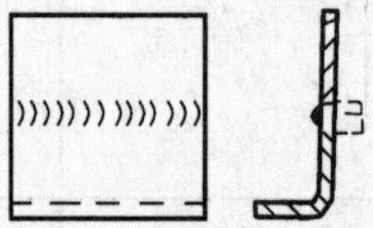

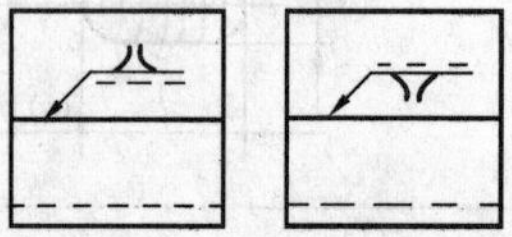

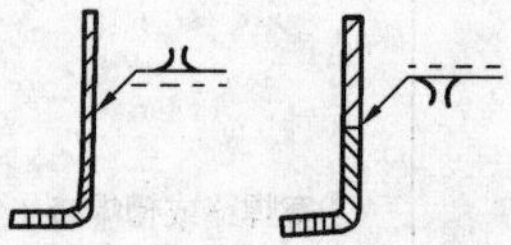

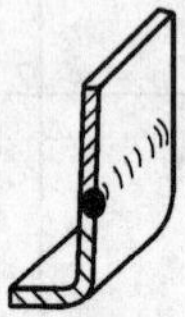

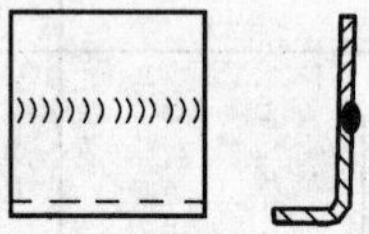

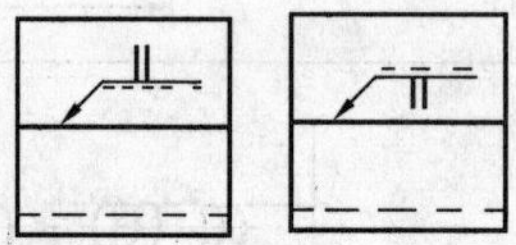

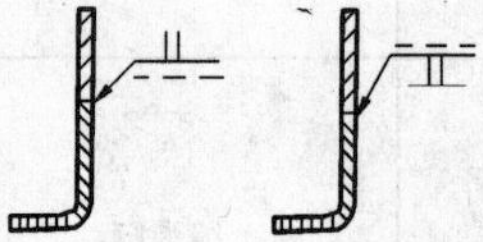

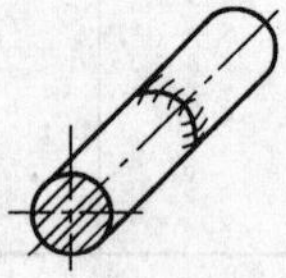

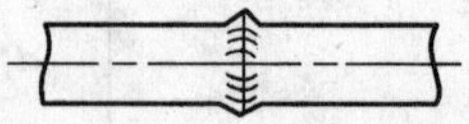

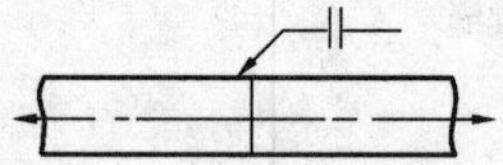

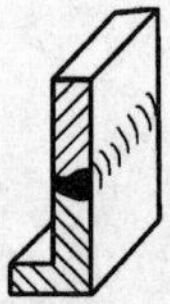

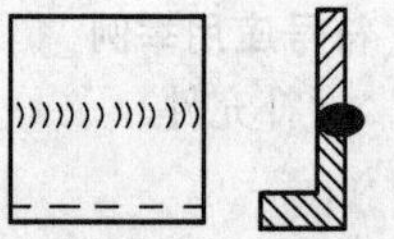

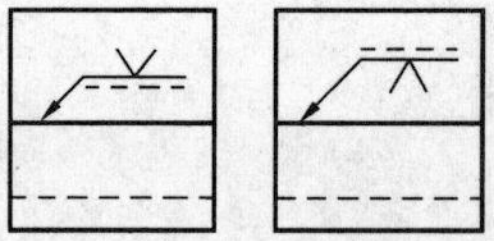

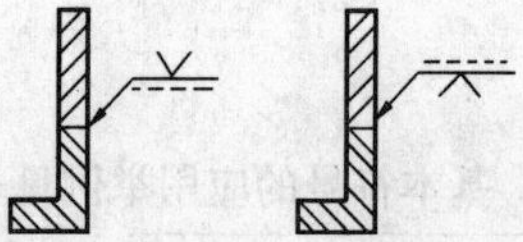

序号	符号	示意图	图示法	标注方法
4				
5				
6				
7				
8				

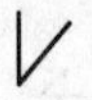

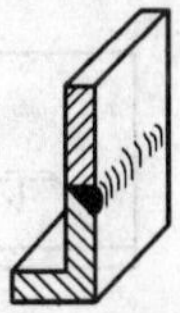

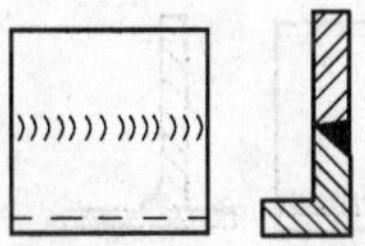

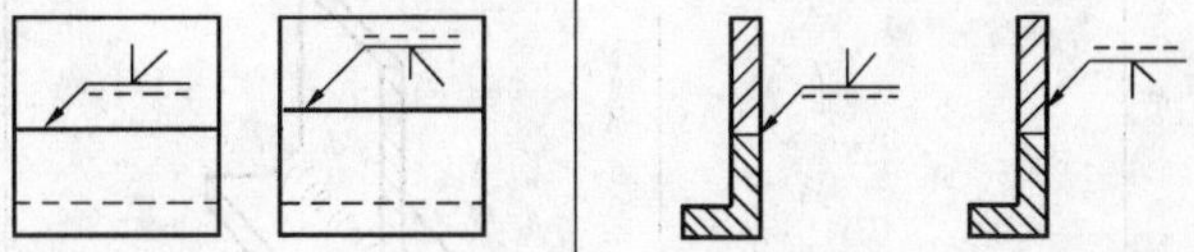

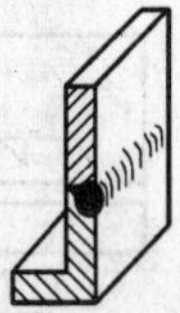

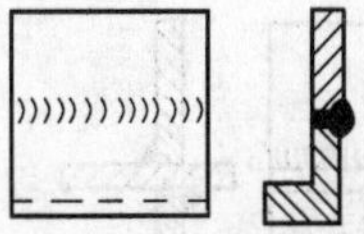

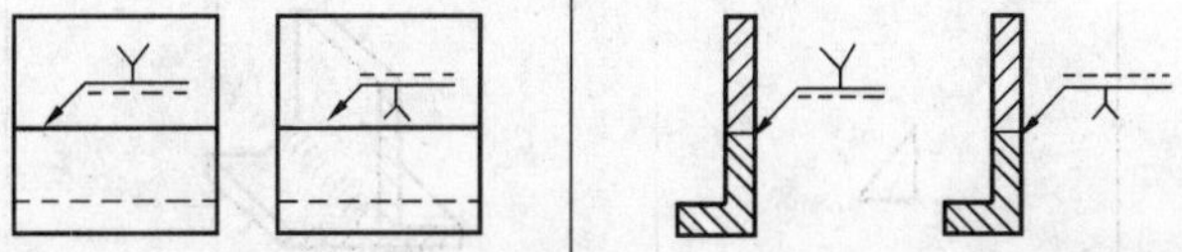

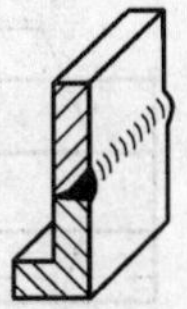

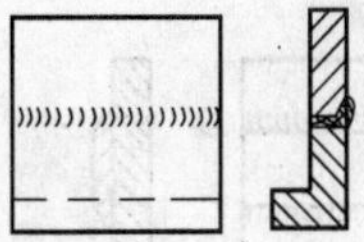

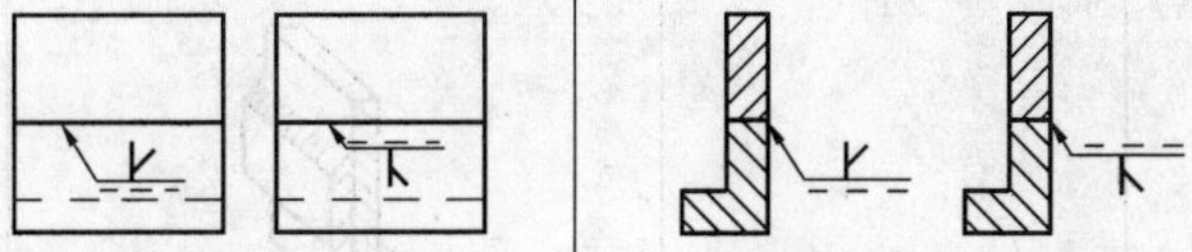

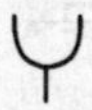

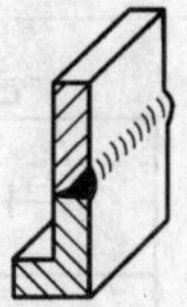

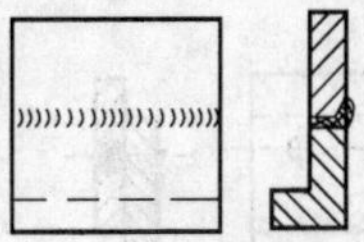

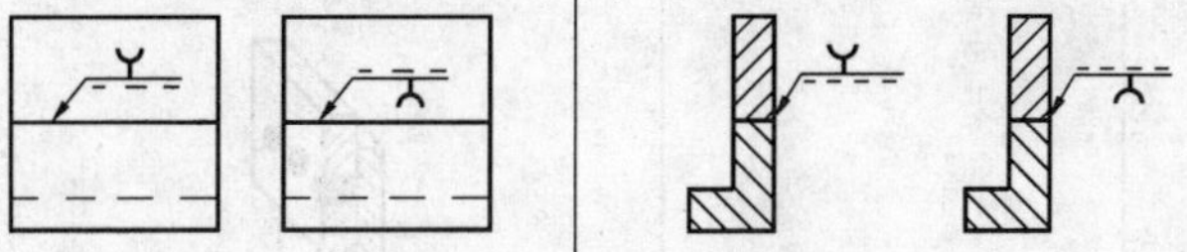

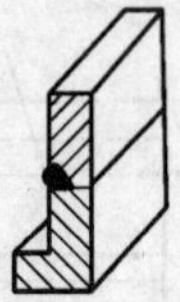

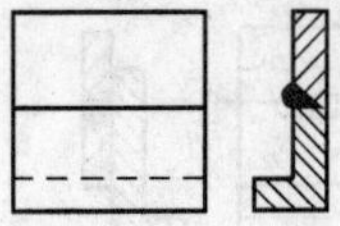

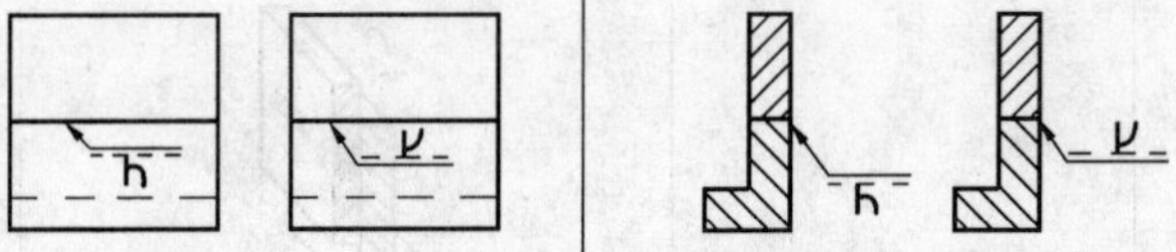

续表

序号	符号	示意图	图示法	标注方法
9	△	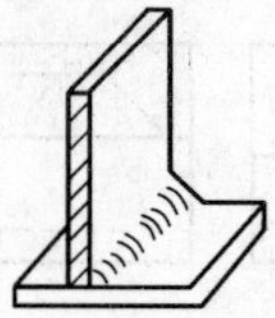	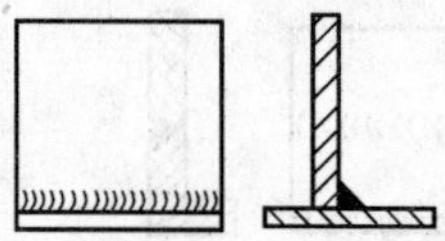	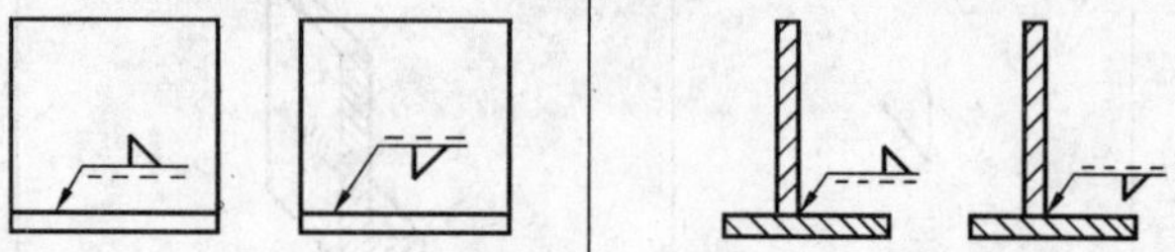
10	⊓	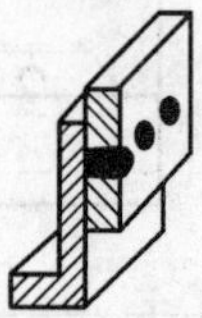	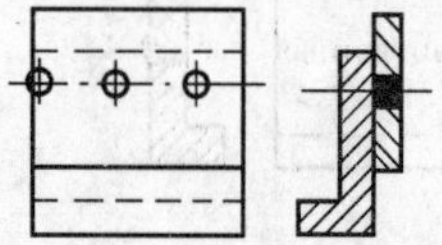	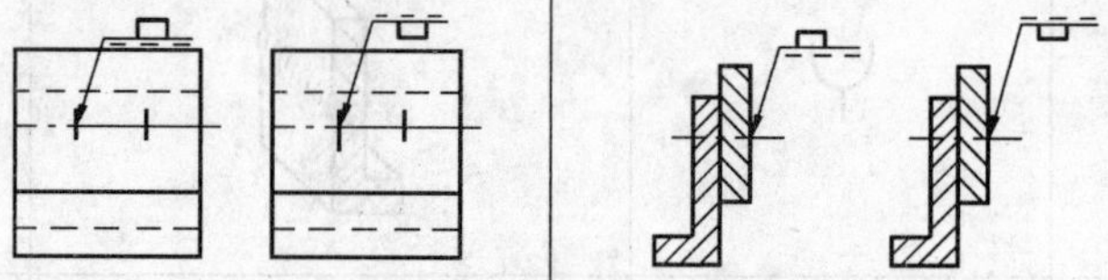

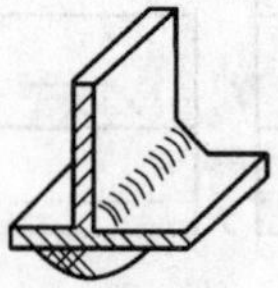

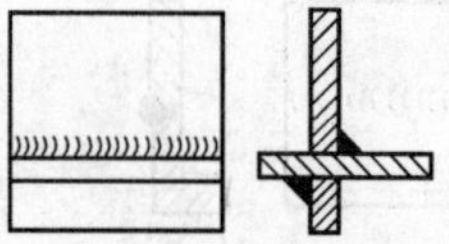

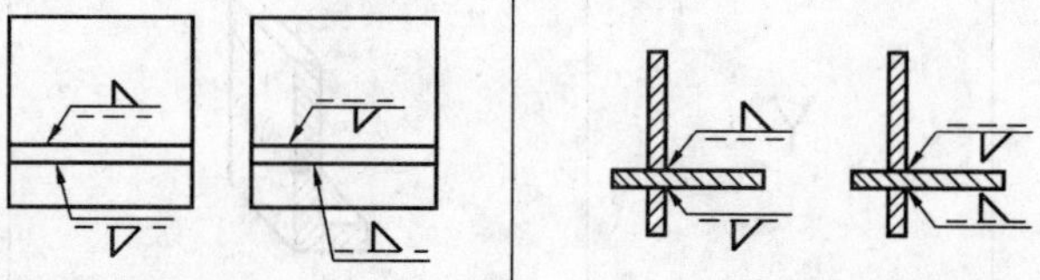

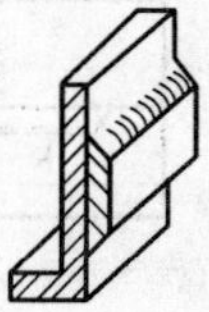

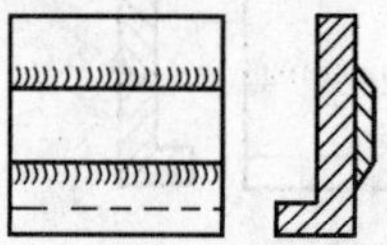

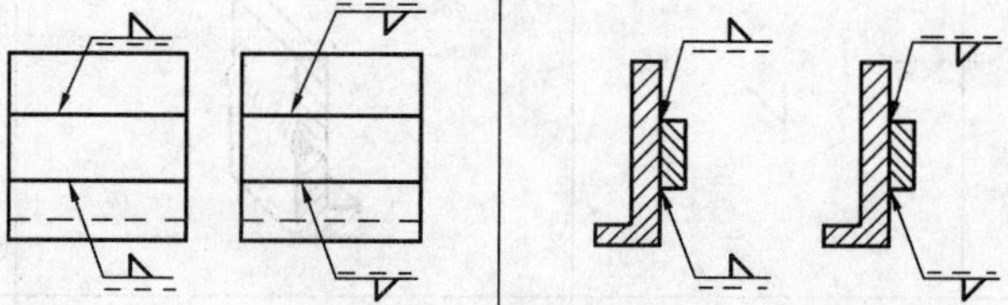

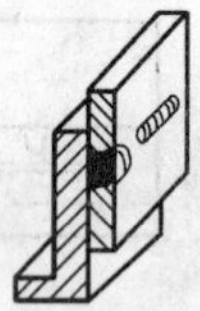

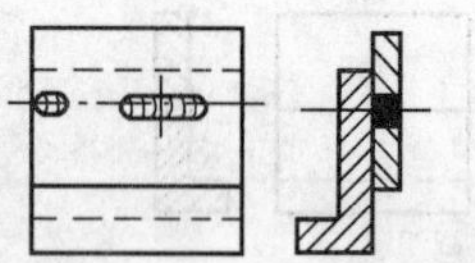

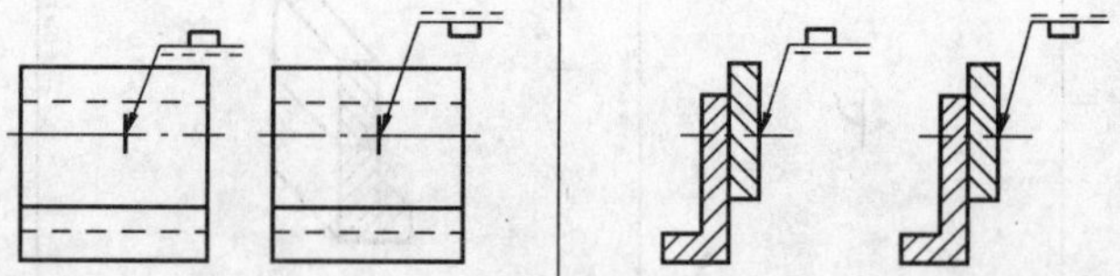

534

续表

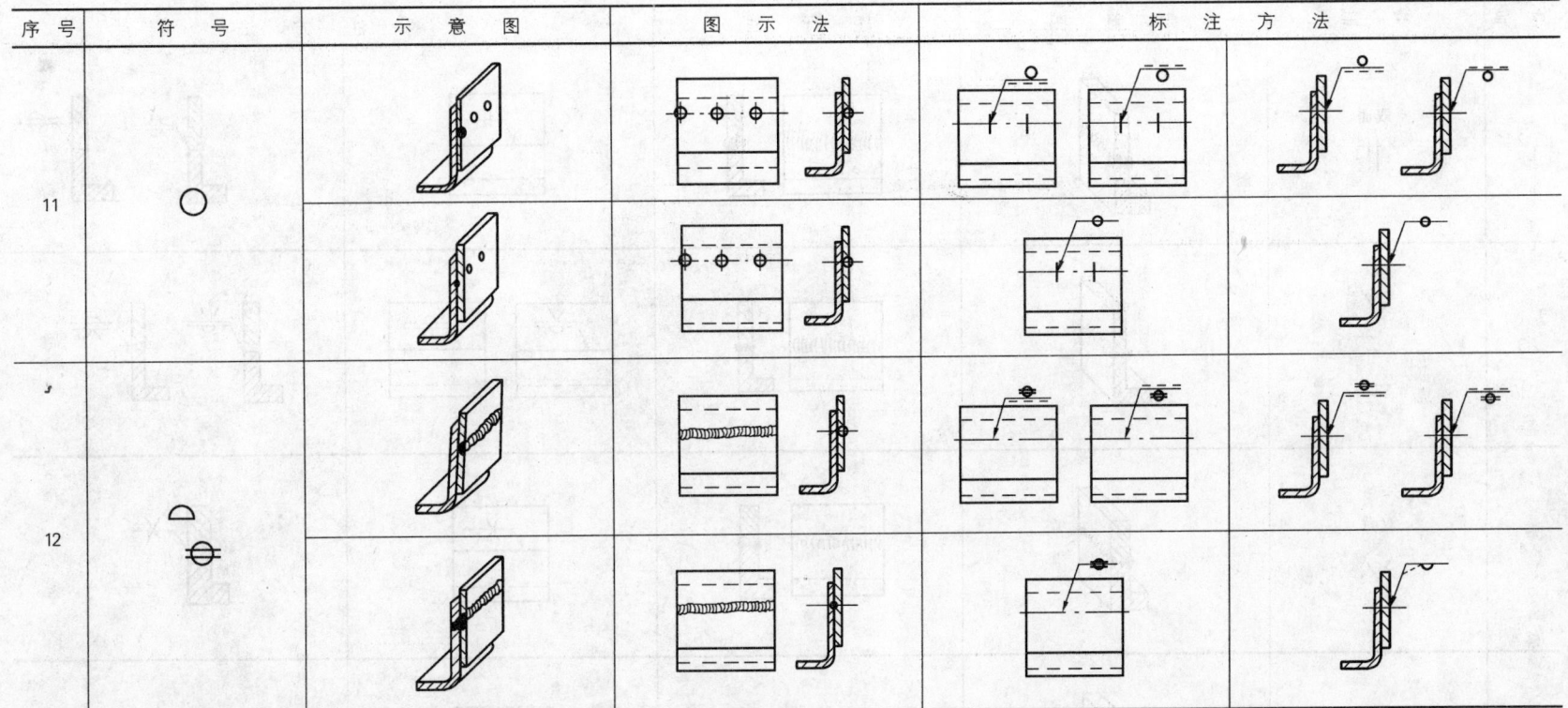

序号	符号	示意图	图示法	标注方法
11				
12				

A2 基本符号的组合举例

基本符号的组合举例见表 A2。

表 A2

基本符号的组合举例

序号	符号组合	示意图	图示法	标注方法
1				

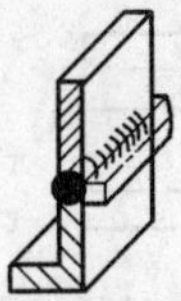

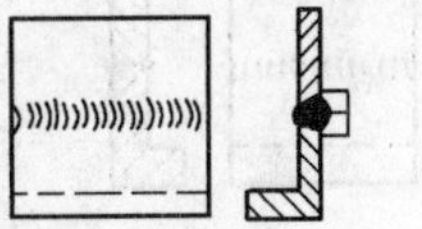

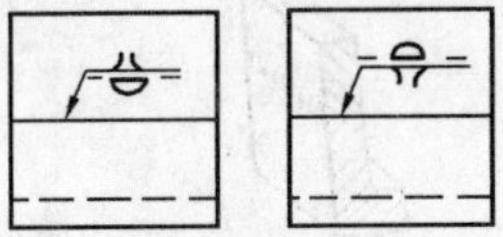

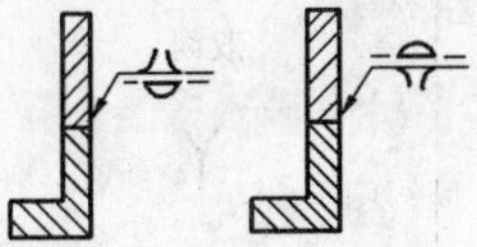

续表

序号	符号	示意图	图示法	标注方法	
2	双面 ||				
3	V ◡				
4	双面 V				
5	双面 ⊬				
6	双面 Y				

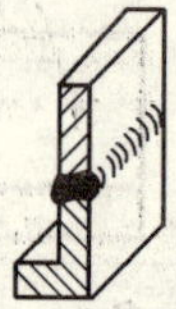

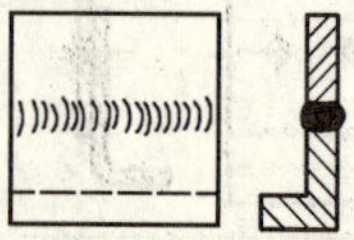

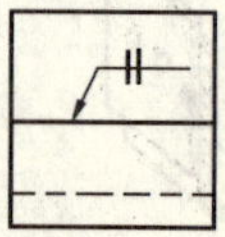

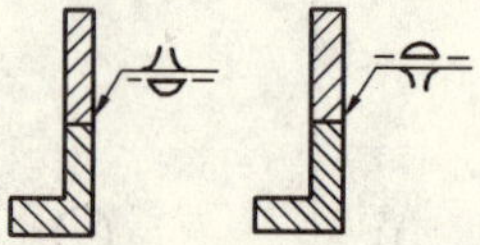

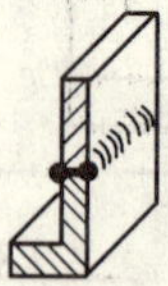

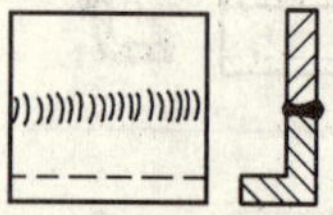

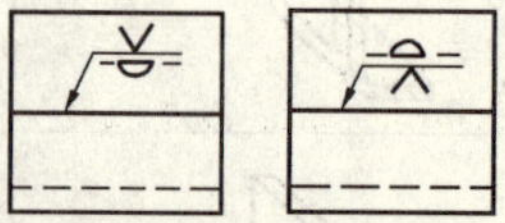

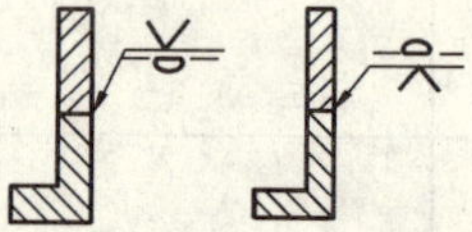

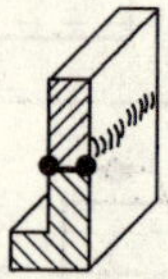

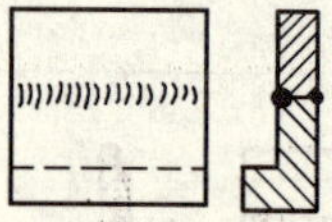

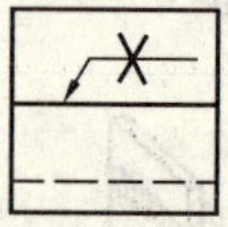

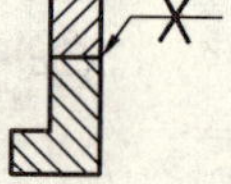

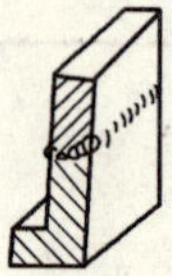

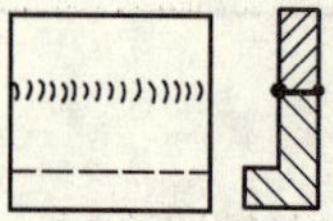

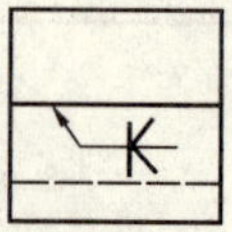

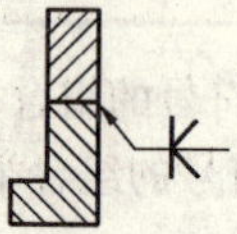

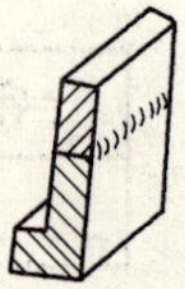

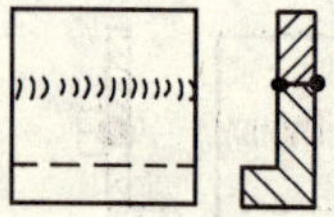

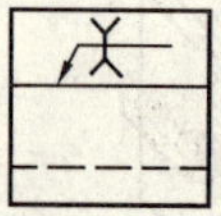

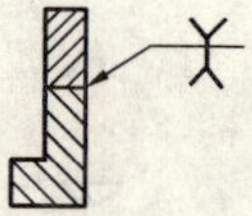

序号	符号	示意图	图示法	标注方法
7	双面			
8	双面			
9	双面			
10				
11				

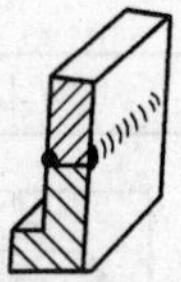

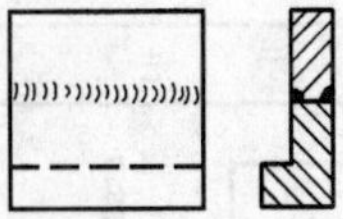

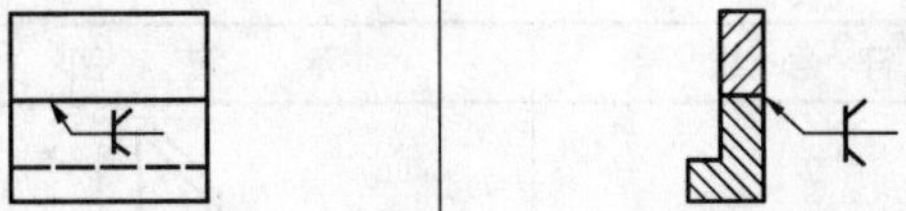

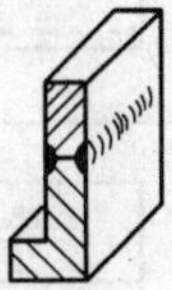

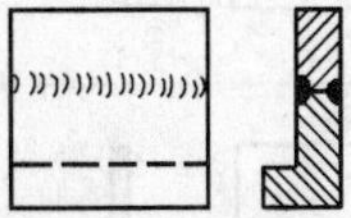

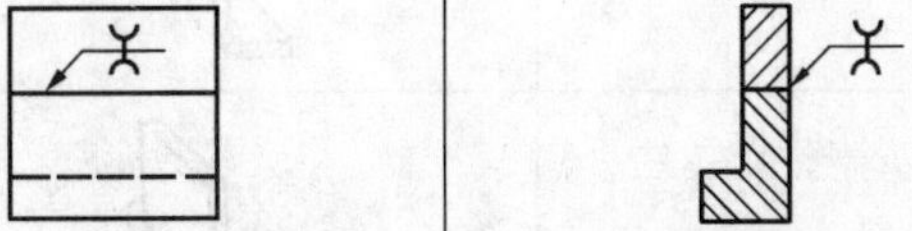

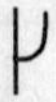

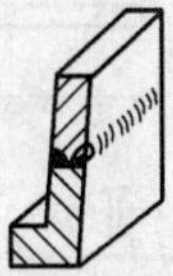

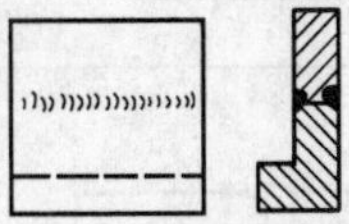

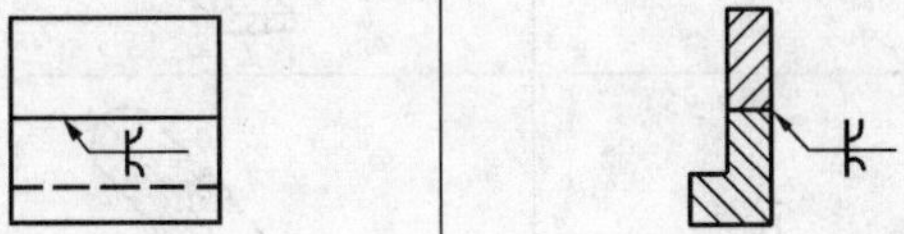

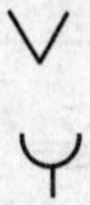

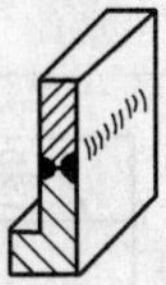

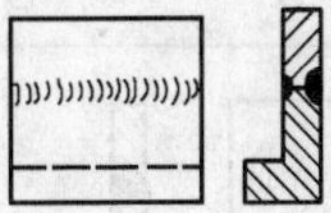

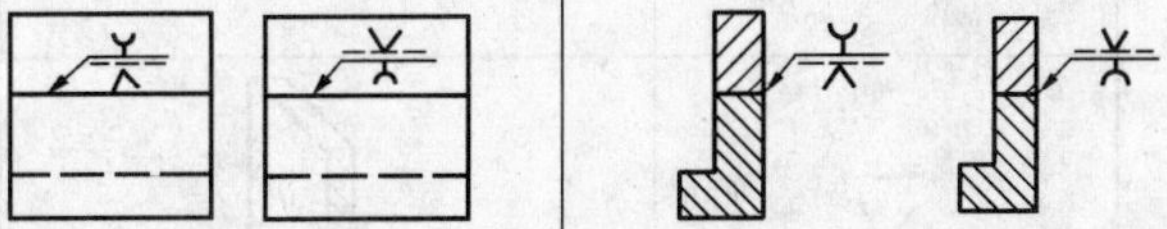

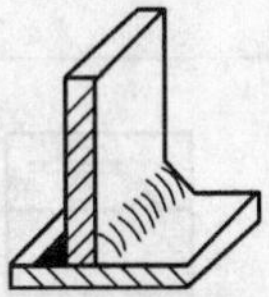

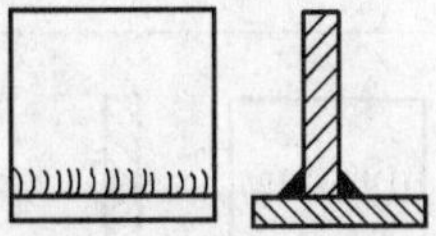

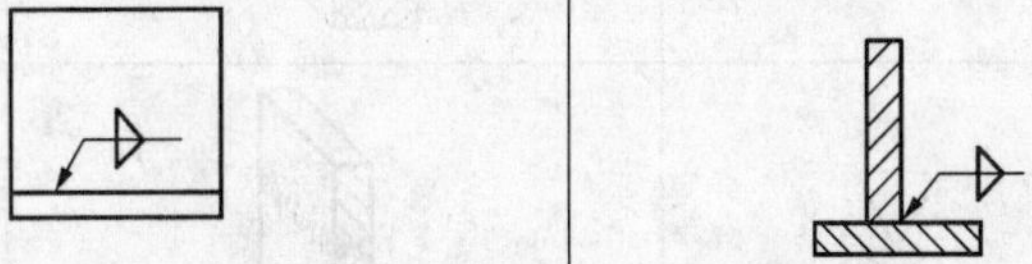

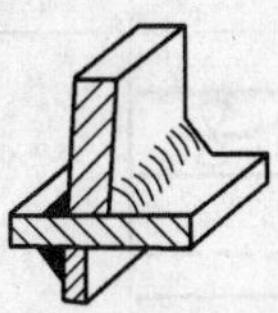

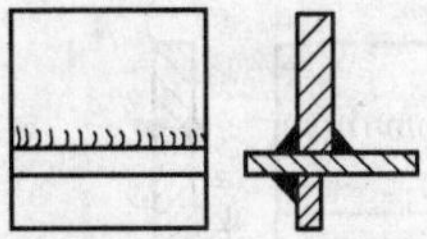

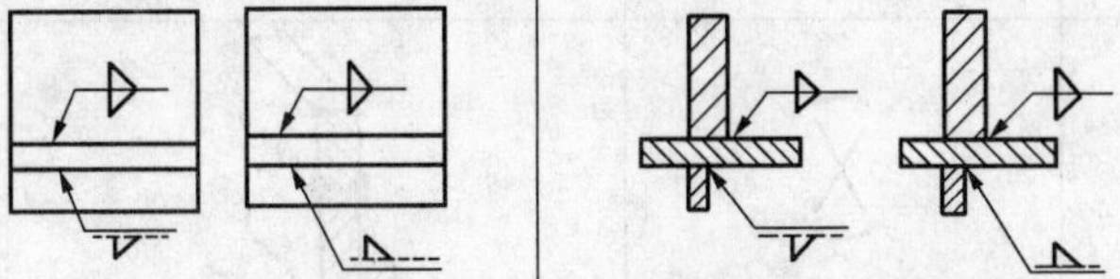

A3 基本符号与辅助符号的组合举例

基本符号与辅助符号的组合应用举例见表 A3。

基本符号与辅助符号的组合举例　　表 A3

序号	符号组合	示意图	图示法	标注方法
1		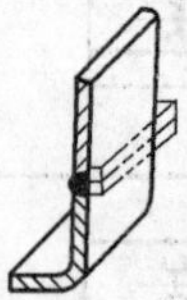	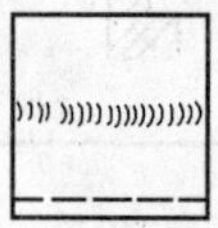	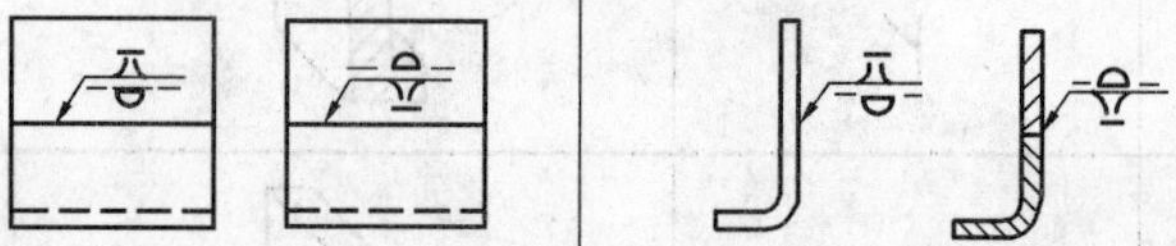
2		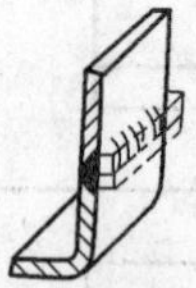	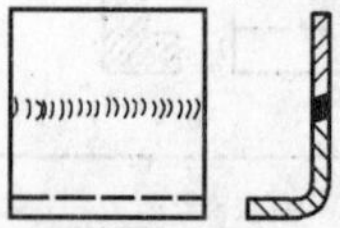	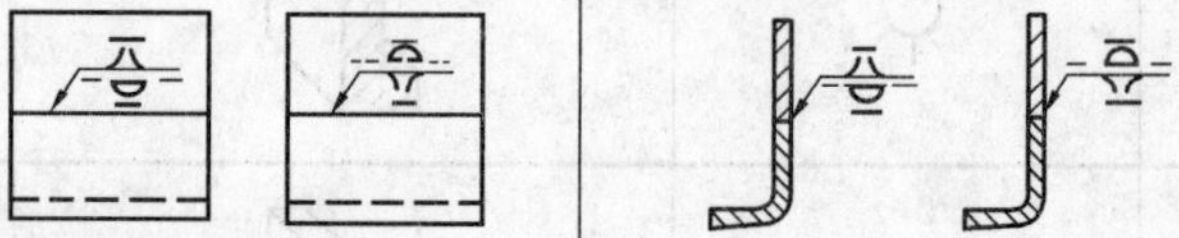
3		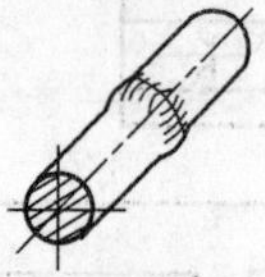		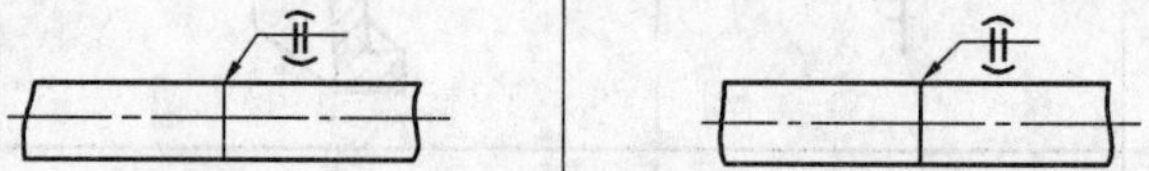
4		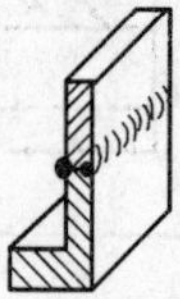	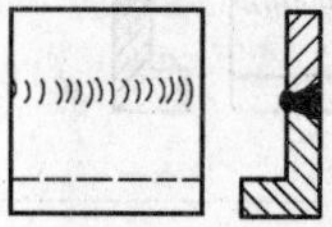	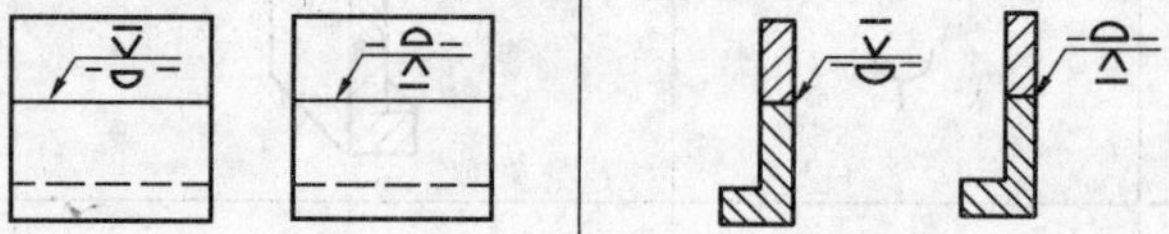
5		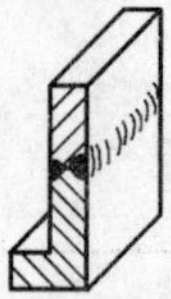	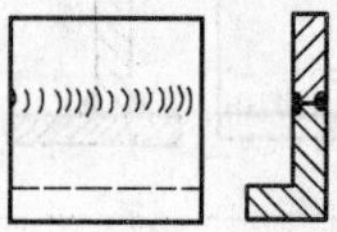	
6		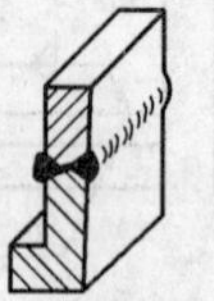	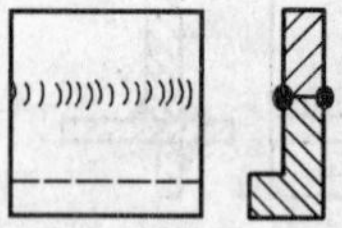	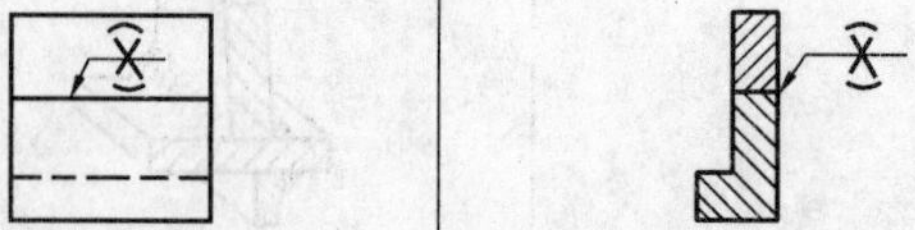

序号	符 号	示 意 图	图 示 法	标 注 方 法
7  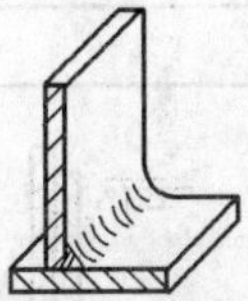 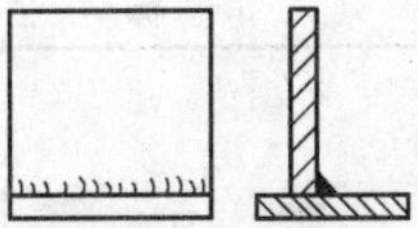 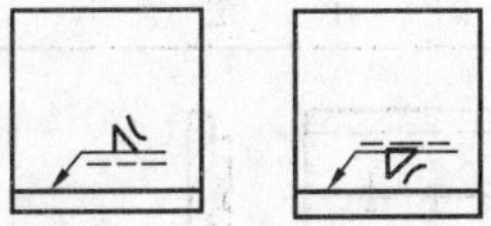 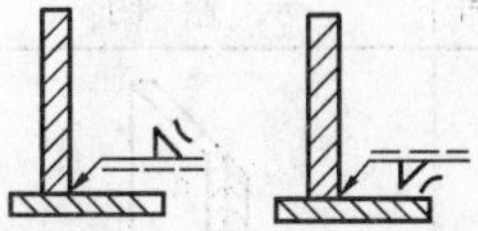				

A4 特殊情况举例[1)]

喇叭形焊缝、单边喇叭形焊缝、堆焊缝及锁边焊缝的标注见表 A4。

特殊焊缝的标注　　表 A4

序号	符 号	示 意 图	图 示 法	标 注 方 法
1			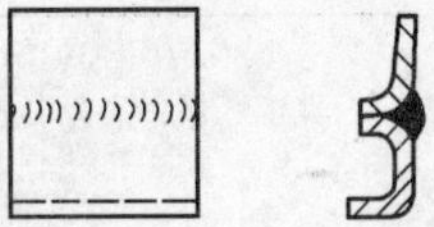	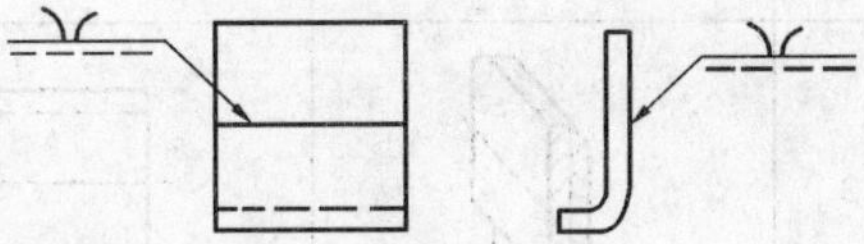
2		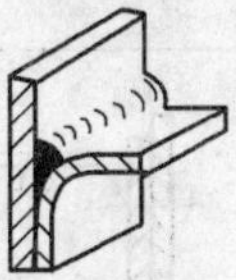	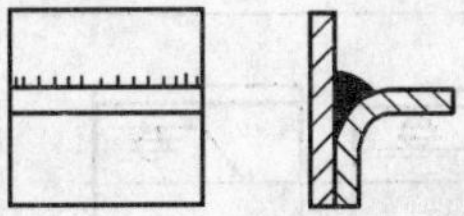	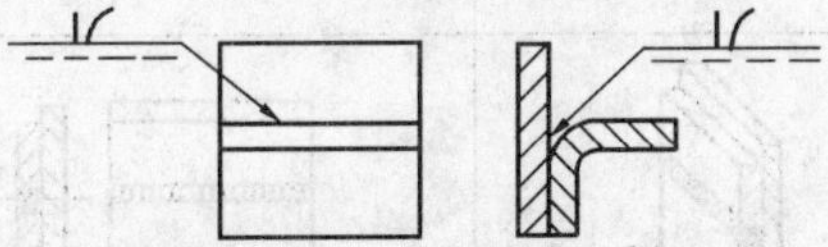
3		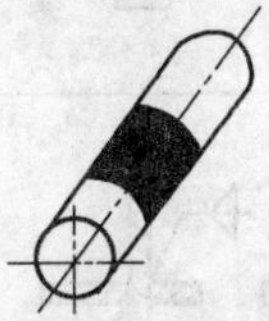		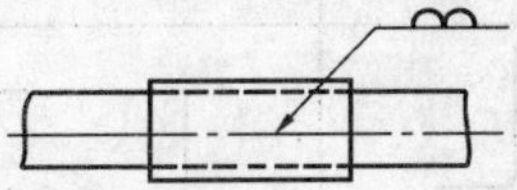
4			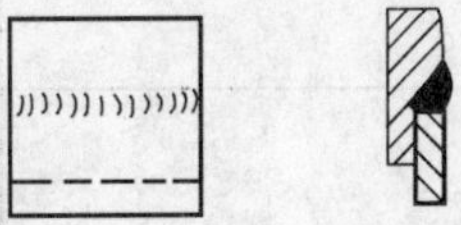	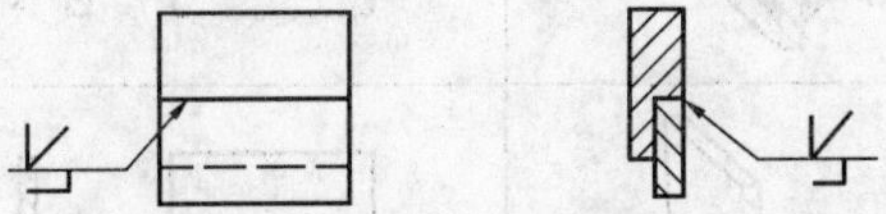

采用说明：
1) ISO 2553 标准没有此内容。

A5 错误标注示例见表 A5。

错误标注示例 表 A5

序号	示意图	图示法	标注方法		错误标注
1	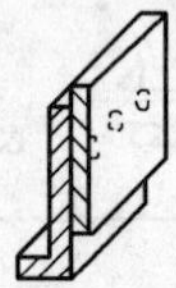	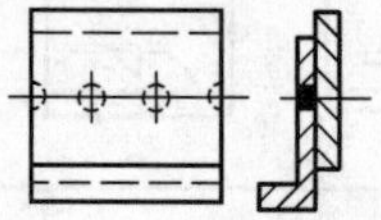	—	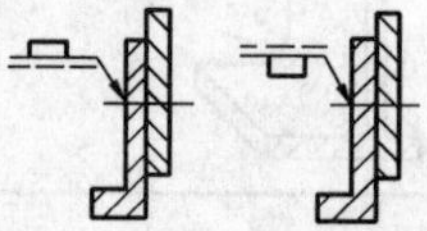	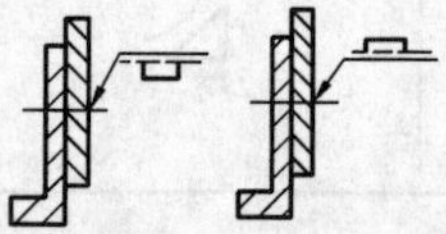
2	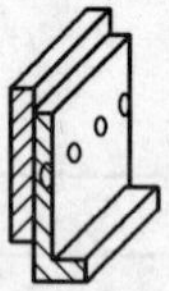	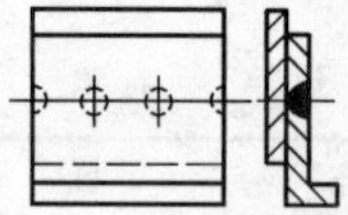	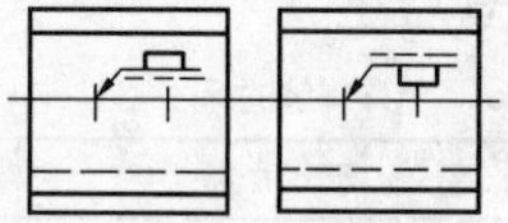	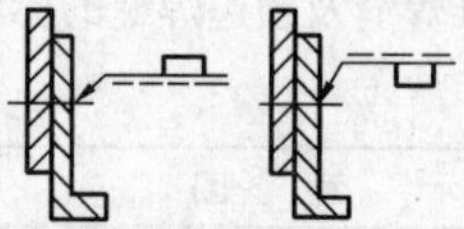	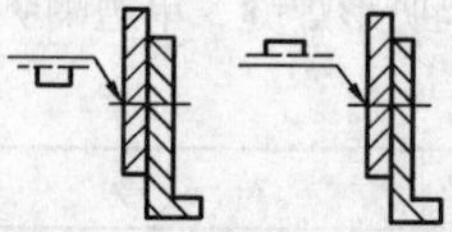
3	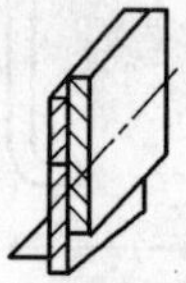	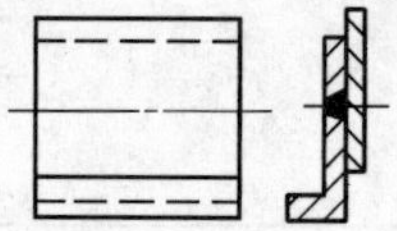	—	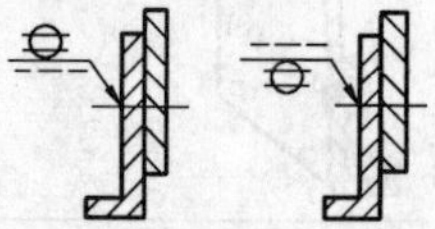	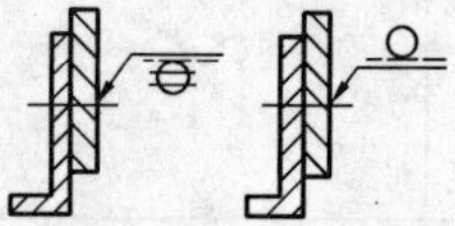
4	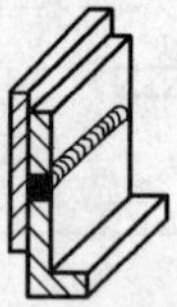	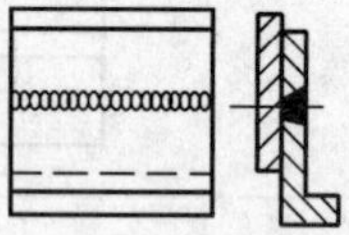	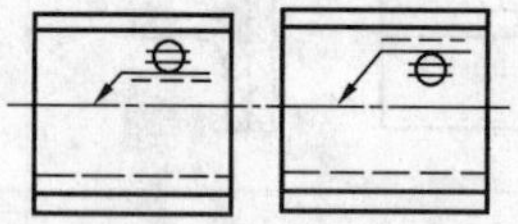	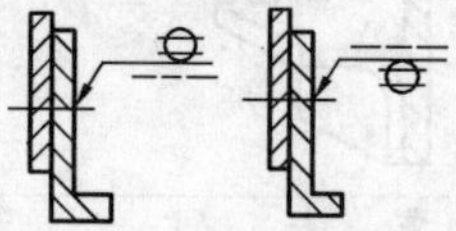	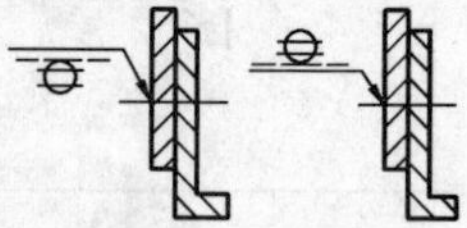
5		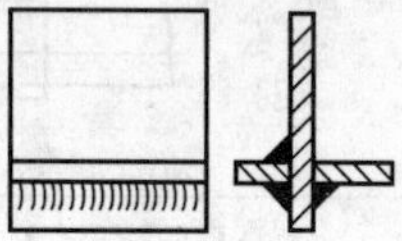	—	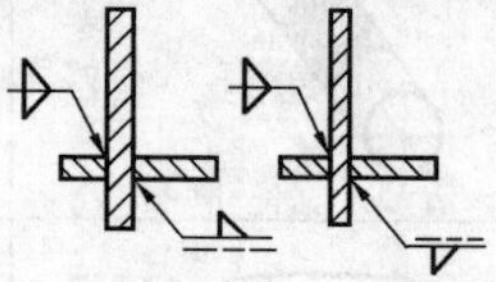	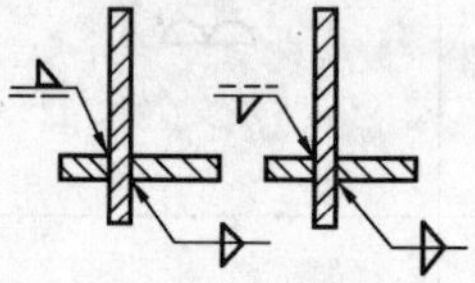
6	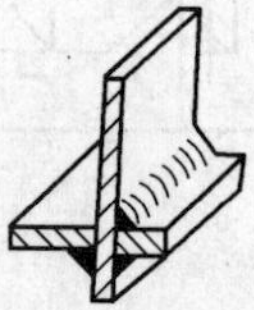	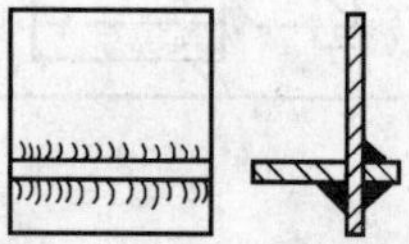	—	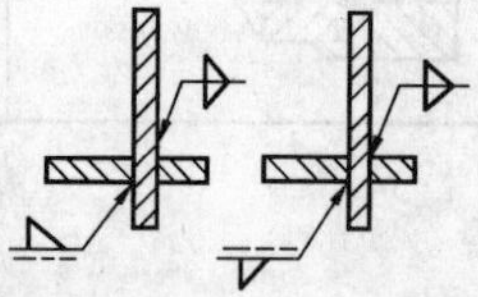	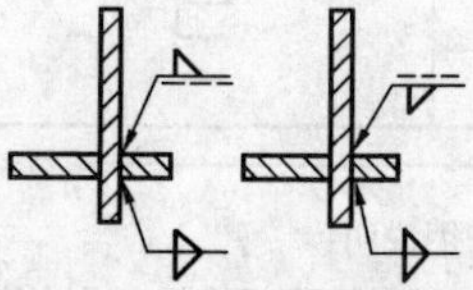

续表

序 号	示 意 图	图 示 法	标 注 方 法		错 误 标 注
7		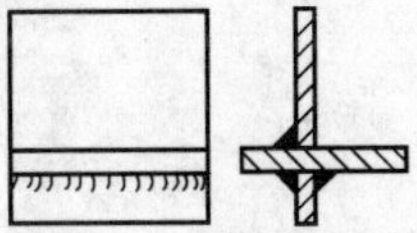	—	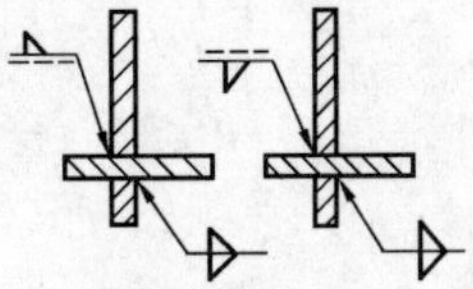	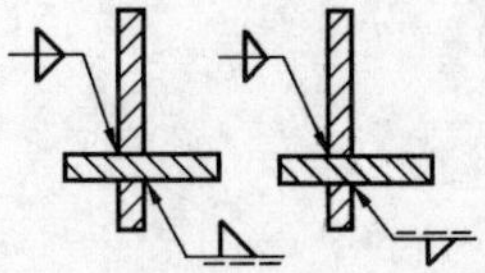
8	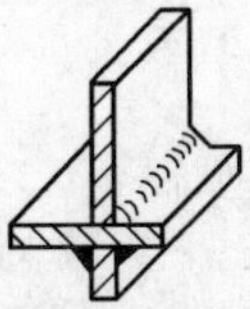	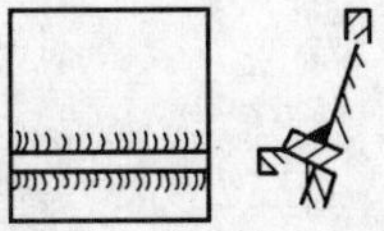	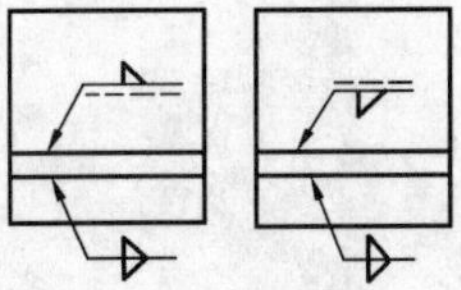	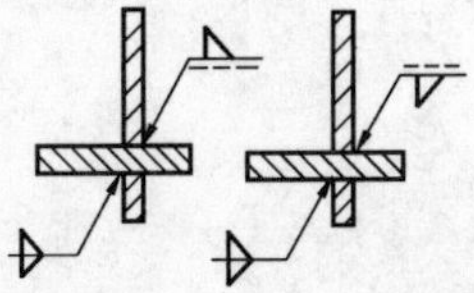	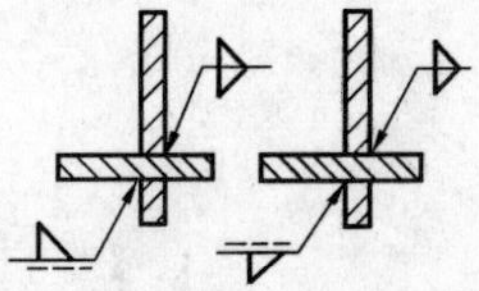

注：当箭头线指不到所要表示的接头时，不可采用焊缝符号标注方法。

541